冲模及冲压技术实用手册

钟翔山 主编

金盾出版社

内 容 提 要

全书共分九章，主要介绍了冲裁、弯曲、拉深、成形等冲压加工工序的工艺及模具设计，同时，结合生产实际，还介绍了复合模、级进模的冲压件加工特点、生产操作要点以及相应模具的设计，对冲模材料的选用及寿命进行了较为详尽的介绍，同时还以较多的实例介绍了冲压工艺的编制原则与方法。

全书内容系统、实用，结构清晰明了，可供从事冲压工艺及模具设计工作的工程技术人员、工人使用，也可作为大专院校机电专业和模具设计与制造专业师生的参考书。

图书在版编目(CIP)数据

冲模及冲压技术实用手册/钟翔山主编. — 北京:金盾出版社,2015.1
ISBN 978-7-5082-9726-2

Ⅰ.①冲… Ⅱ.①钟… Ⅲ.①冲模—设计—技术手册 ②冲压—工艺—技术手册 Ⅳ.①TG38-62

中国版本图书馆 CIP 数据核字(2014)第 237016 号

金盾出版社出版、总发行
北京太平路 5 号(地铁万寿路站往南)
邮政编码:100036 电话:68214039 83219215
传真:68276683 网址:www.jdcbs.cn
封面印刷:北京印刷一厂
正文印刷:北京军迪印刷有限责任公司
装订:兴浩装订厂
各地新华书店经销
开本:705×1 000 1/16 印张:31.625 字数:749 千字
2015 年 1 月第 1 版第 1 次印刷
印数:1~3 000 册 定价:90.00 元

前　言

冲压是在常温下利用冲模在压力机上对材料施压，使其产生分离或变形，从而获得一定形状、尺寸和性能的工件。这种加工方法具有质量稳定、操作简便、生产效率高、易于实现机械化与自动化的优点，在汽车、机械、电子、仪器仪表、电子、航空航天等行业得到广泛的应用。

冲压由于其独特的加工原理，使得其加工具有特殊性。一方面应根据企业实际生产情况制定合理的冲压工艺；另一方面应针对具体加工件制定合理有效的加工方案，而加工方案的正确制定及模具结构的合理设计，又往往需多年生产实践经验的积累和总结才能完成。鉴于此，针对冲压加工的特点，解决冲压加工的实际问题，促成本书的编写。

本书介绍了冲裁、弯曲、拉深、成形等冲压加工工序的工艺及模具设计，结合生产加工的需要，介绍了各自典型的模具结构、操作要点以及常见加工缺陷的防止措施等内容，还介绍了复合模、级进模加工冲压件的特点、生产操作要点以及相应模具的设计，并对冲模材料的选用及寿命进行了较为详尽的介绍，同时还以较多的实例介绍了冲压工艺的编制原则与方法，为方便读者查阅冲压工艺编制与冲模设计的资料，特将冲压常用的材料、设备的规格以及冲模零件的技术要点、螺钉及销钉的选用原则在附录进行了汇总。

本书在内容编排上注重实践，突出重点，简明扼要，具有针对性、实用性，注重专业知识与操作技能、方法的有机融合，着眼于工作能力的培养与提高。

本书由钟翔山主编，钟礼耀、钟翔屿、孙东红、钟静玲、陈黎娟等为副主编，参加资料整理与编写的有曾冬秀、周莲英、周彬林、刘梅连、欧阳勇、周爱芳、周建华、胡程英、李澎、彭英、周四平、李拥军、李卫平、周六根、王齐、曾俊斌，参与部分文字处理工作的有钟师源、孙雨暄、欧阳露、周宇琼、谭磊、付英、刘玉燕、付美、曾杰斌、罗晓强、胡永杰、罗兵秋、丁军勇、廖为民、康恒、王炎平、李明亮等。全书由钟翔山整理统稿，钟礼耀、钟翔屿、孙东红校审。

本书的编写得到了同行及有关专家、高级技师的热情帮助、指导和鼓励，在此一并表示由衷的感谢。由于水平有限，经验不足，疏漏之处难免，热诚希望读者指正。

钟翔山

目　录

第1章　冲压加工技术概述

1.1　冲压加工原理及特点

冲压是在常温下利用冲模在压力机上对材料施加压力，使其产生分离或变形，从而获得一定形状、尺寸和性能的零件的加工方法。因冲压通常在室温下进行，故称为冷冲压，又因为主要是利用板料加工，所以又称为板料冲压。

1. 冲压加工原理

冲压加工的基本原理是依据待加工材料的机械性能，在常温下借助压力机、冲压模的作用进行压力变形加工。图1-1为曲柄压力机冲压加工原理图。

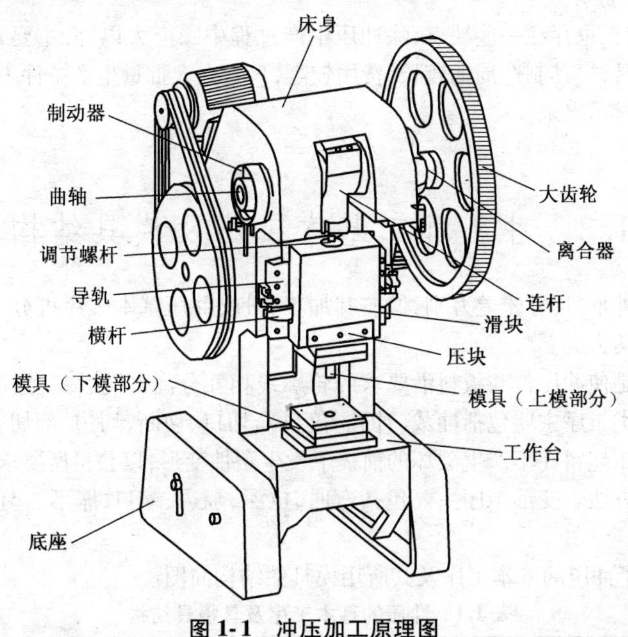

图1-1　冲压加工原理图

冲压加工时，冲模通过其模柄将上模部分固定在压力机的滑块上，下模则用压板固定在压力机的工作台上，当压力机的滑块沿其导轨作垂直于工作台表面的上下移动时，上模和下模就获得了相对运动，此时，将待加工的坯料置于下模的适当位置，便可通过压力机的运动，利用凸模与凹模之间的作用，冲压出各种各样的制件。不同的冲压加工工序其冲压变形过程也不同。

2. 冲压加工特点

由于冲压加工的产品主要由模具保证，因此，具有质量稳定、操作简便、生产效率高、易于实现机械化与自动化等优点。因此,冲压加工在汽车、机械、仪器仪表、电子及航空航天等行业得到广泛的应用。

统计资料表明,全世界的钢材中,有60%~70%是板材,其中大部分经过冲压加工制成产品。其中,汽车生产中大概有60%~70%的零件是采用冲压加工完成的,如汽车车身、底盘、油箱、散热器片等;在机电、仪器仪表生产中,冲压件占60%~70%,如锅炉的汽包,容器的壳体,电机、电器的铁心硅钢片等;而在电子产品中,冲压件的数量更是占到零件总数的85%以上。

冲压加工与其他加工方法(如机械加工)相比具有以下几方面的优点。

①冲压加工生产效率极高,且操作简便,易于实现自动化。一台冲压设备每分钟可生产的工件从几件到几十件,而采用高速冲床生产每分钟可高达数百件甚至一千件。

②材料利用率高(一般可达75%~85%),可大量节约材料,制件成本相应较低。

③冲压工件的尺寸精度与模具的精度相关,尺寸比较稳定,互换性好。

④可以利用金属材料的塑性变形,适当提高工件的强度、刚度等力学性能指标。

⑤可获得其他加工方法难以加工或不能加工的形状复杂的工件,如薄壳件、大型覆盖件(汽车覆盖件、车门)等。

然而,冲压加工也存在一些缺点,除冲压生产过程中噪声大以外,主要是冲压加工一般需要有专用的模具,模具制造周期较长、费用较高,只有在大批量生产条件下,冲压加工的优越性才能更好地显示出来。

1.2　冲压加工基本工序及模具结构

冲压件尽管外形、尺寸千差万别,但按其加工特性,冲压基本工序可分为分离类工序与塑性变形类工序两大类。

分离类工序是使冲压件与板料沿要求的轮廓线相互分离,并获得一定断面质量的冲压加工方法。分离类工序主要包括冲裁(冲孔、落料)、切口、切断、切边、剖切等工序。塑性变形类工序是使冲压坯料在不产生破坏的前提下发生塑性变形,以获得所要求的形状、尺寸和精度的冲压加工方法。变形工序主要包括弯曲、拉深、翻边、缩口、胀形、起伏成形、整形、冷挤压等工序。

表1-1给出了冲压的基本工序及其所用模具的结构简图。

表1-1　冲压的基本工序及其模具结构

类别	工序名称	工序简图	工序特点	所用模具结构简图
分离类工序	落料		用模具沿封闭轮廓线冲切板料,切下的部分是工件	
	冲孔		用模具沿封闭轮廓线冲切板料,切下的部分是废料	

续表 1-1

类别	工序名称	工序简图	工序特点	所用模具结构简图
分离类工序	切断		用剪刀或模具将板料沿不封闭轮廓线分离	
	切口		用模具沿不封闭轮廓将部分板料切开并使其下弯	
	切边		用模具将工件边缘的多余材料冲切下来	
	剖切		用模具将冲压成形的半成品切开成为两个或数个工件	
塑性变形类工序	弯曲		用模具将板料弯成各种角度和形状	
	拉深 不变薄拉深		用模具将板料坯料冲制成各种开口的空心件	
	拉深 变薄拉深		用模具采用减小直径和壁厚的方法改变空心半成品的尺寸	
	起伏成形		用模具将板料局部拉深成凸起和凹进形状	
	翻边 翻孔		用模具将板料上的孔或外缘翻成直壁	
	翻边 外缘翻边			

续表 1-1

类别	工序名称		工序简图	工序特点	所用模具结构简图
塑形变形工序	缩口及扩口			用模具使空心件或管状坯料的径向尺寸缩小	
	胀形			用模具使空心件或管状坯料向外扩张，使径向尺寸增大	
	校形	校平	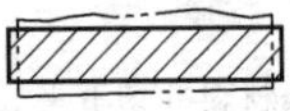	将翘曲的平板件压平或将成形件不准确的地方压成正确形状	
		整形			
	冷挤压			使金属沿凸、凹模间隙或凹模模口流动，从而使原坯料转变为薄壁空心件或横断面不等的半成品	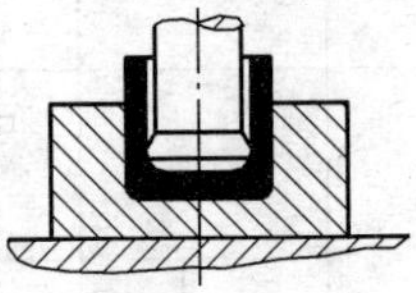

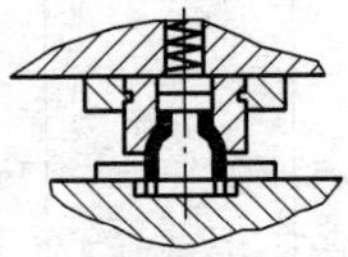

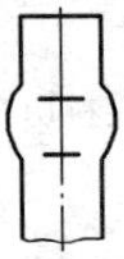

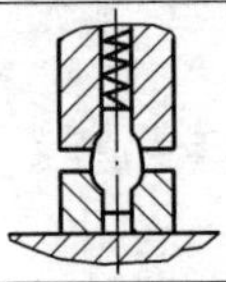

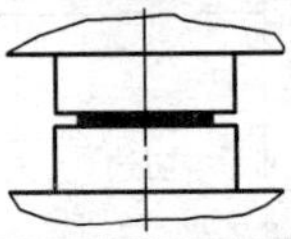

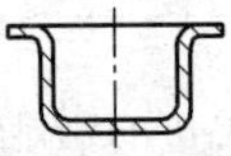

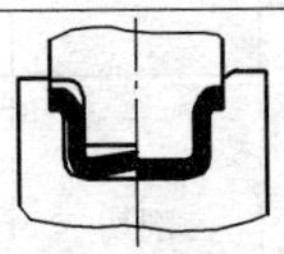

1.3　冲压加工生产要素

根据冲压加工原理可知，冲压件主要是利用板料通过安放在压力机上的模具来完成加工，因此，材料、冲压设备、模具就构成了冲压加工的基本生产要素。

1.3.1　冲压常用原材料及其规格、标记

冲压加工常用的原材料主要有金属板料和卷料两种，其中又以板料应用最多，有时也可对某些型材(管材)及非金属材料进行加工。冲压板料的常用材料如图1-2所示。

用来冲压加工的材料除要有良好的使用性能外，还必须具有良好的冲压成形性能及良好的表面质量，使之适合冲压工艺特点，易于接受冲压加工。

1. 表征冲压成形性能的指标

材料的冲压成形性能是指材料对各种冲压加工方法的适应能力，包括便于加工、容易得到高质量和高精度的冲压件、生产率高(一次冲压工序的极限变形程度大)、对模具损伤小、不产生废品等。

材料的冲压成形性能是通过试验来获得的。试验方法主要有间接试验和直接试验两种。

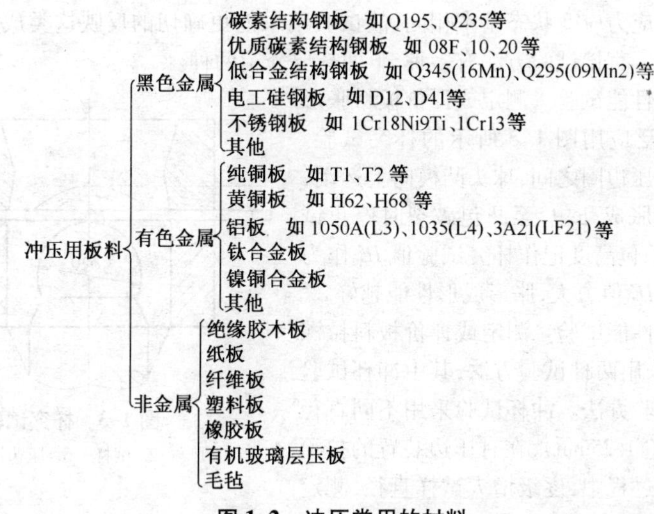

图1-2 冲压常用的材料

(1)间接试验 间接试验的方法有拉伸试验、硬度试验和金相试验等，尤其是拉伸试验简单易行，虽然间接试验时试样的受力情况与实际冲压变形有一定差别，但研究表明，这种试验能从不同角度反映板材的冲压成形性能。表征冲压成形性能的几项重要指标如下。

①均匀伸长率δ_b。均匀伸长率δ_b是在拉伸实验中，开始出现拉伸细颈时的伸长率，表示材料产生均匀变形或稳定变形的能力。一般情况下，冲压成形都是在板料的均匀变形范围内进行。均匀伸长率对冲压成形有较为直接的意义，δ_b越大，材料的极限变形程度越大，越有利于冲压成形。

②屈强比(σ_s/σ_b)。屈强比是材料的屈服点和抗拉强度的比值，是一项反映材料冲压性能的综合性指标。屈强比小，表明板料由屈服到破裂前的塑性变形阶段长，有利于冲压成形。一般来讲，较小的屈强比对材料在各种成形工艺中的抗破裂性都有利。

③硬化指数n。硬化指数n表示材料在冷塑性变形中材料的硬化程度。n值越大的材料硬化效应越大，抗缩颈能力越强，抗破裂性通常也就越强。

④板厚方向性系数r。板厚方向性系数r是指板料试样在拉伸实验时，宽度应变ε_b与厚度应变ε_t的比值，故又称塑性应变比。冲压成形时，一般希望变形发生在板平面方向，而厚度方向则不希望发生过大的变化。当r值大于1时，表示宽度方向的变形比厚度方向的变形更大，即r值越大，有利于提高板料冲压成形极限。

冲压加工所用板料都是经过轧制的材料，由于纤维组织的影响，其各个方向的力学性能并不一致，因此，板厚方向性系数是从各个不同方向取样，取其平均值作为标准。

⑤板平面方向性Δr。由于轧制板材时，晶粒在伸长方向被拉长，杂质和偏析物也会定向分布，形成纤维组织，在板料平面内不同方向上裁取实验试样时，实验中所测得的各种力学性能、物理性能等也不一样。板料的这种力学性能、物理性能在板平面方向出现的各向异性称为板平面方向性，用Δr表示。板平面方向性Δr的存在，常会使板料拉深时口部出现凸耳。凸耳的大小和位置与Δr有关，所以Δr叫作凸耳参数。凸耳影响工件的形状和尺寸精度，必要时需增加切边工序。

(2)直接试验 直接试验也称模拟试验，是直接模拟某一类实际成形方式来成形小尺寸的试样。由于应力应变状态基本相同,故试验结果能更确切的反映这类成形方式下板料的冲压成形性能。直接试验方法有多种,下面择要介绍两种。

①胀形成形性能试验。测定或评价板料胀形成形性能时,广泛应用图1-3所示的杯突试验。试样放在凹模与压边圈之间,球头凸模向上运动,将试样在凹模内胀成凸包,至凸包破裂时停止试验,并将此时的凸包高度记作杯突试验值 *IE* 作为胀形性能指标。*IE* 值愈大,胀形成形性能越好。

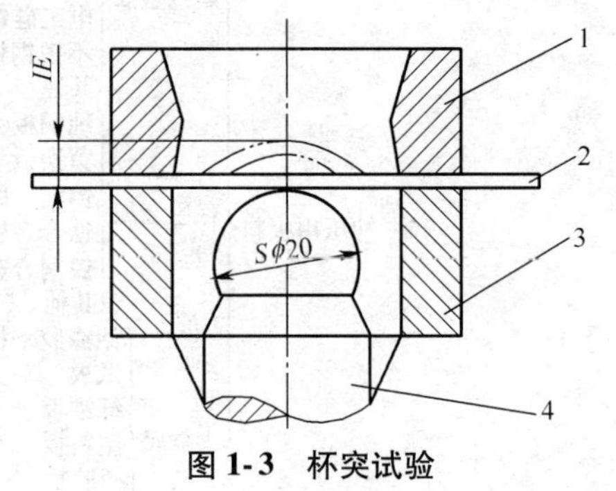

图1-3 杯突试验

1. 凹模 2. 试样 3. 压边圈 4. 凸模

②拉深成形性能试验。测定或评价板料拉深成形性能时,常采用两种试验方法,其中冲杯试验是一种传统的试验方法。冲杯试验采用不同直径的试样(直径级差1.25mm),在有压边装置的拉深模中进行。试验过程中,逐级增大试样直径,测定杯体底部圆角附近不被拉破时的最大试样直径 D_{max},并用极限拉深比 *LDR* 作为拉深成形性能指标。极限拉深比 *LDR* 计算公式如下:

$$LDR=\frac{D_{max}}{d_{凸}}$$

式中 $d_{凸}$——凸模直径。

LDR 越大,拉深成形性能越好。

此外,生产中为了解决一些具体问题,例如为了分析材料的流动与变形方式,确定合理的坯料形状和尺寸、修改模具、改进润滑或提出改进工件设计等,常利用应变分析网格法进行更为直接的工艺试验。这种方法的实质是在坯料表面预先做出一定尺寸的小圆圈或小方格的密集网格,压制成形后,观察测定网格的变形,以此作为分析工件变形情况的根据。此法对于复杂的成形件有直接的实用价值。

2. 冲压加工对材料的具体要求

冲压所用的材料不仅要满足使用要求,还应满足冲压工艺要求和后续加工要求,具体有以下几方面。

(1)良好的冲压性能 由于各种不同的冲压方法其应力状态和变形特点均不同,所以对冲压用材料的冲压性能要求也不一样,具体有以下两方面的要求。

①良好的塑性和稳定的变形。在变形区部位,材料内部应力主要是拉应力,其变形主要是长度伸长和厚度减薄。当主要变形部位超过成形极限时,便会引起破裂。因此,要求材料具有良好的塑性和塑性变形的稳定性。塑性好的材料允许的成形极限大,可减少工序,减少因材质不良而产生的废、次品。

影响材料塑性的因素是化学成分、金相组织和力学性能。一般来说,钢中的碳、硅、硫的含量增加都会使材料的塑性降低,脆性增加。其中含碳量对材料塑性影响最大,一般认为含碳量为0.05%~0.15%的低碳钢具有良好的塑性。

钢板的晶粒大小对塑性影响甚大。晶粒大,则塑性降低,在冲压成形时,不仅容易产生破裂,而且制件表面还容易产生粗糙的橘皮,对后续的抛光、电镀、涂漆等工序带来不利的影响。若晶粒过细,又会使材料的强度及硬度增加,冲压件回弹现象增加,冲模寿命短。因此,钢板的晶粒大小应适中。复杂拉深用的冷轧薄钢板,其适宜材料晶粒为6~8级,中板为5~7级,且相邻级别不超过2级。

材料塑性的好坏,通常用伸长率δ、断面收缩率ψ和杯突试验值(冲压深度)IE等塑性指标来表示。伸长率、断面收缩率及杯突试验值越大,则材料塑性越好。

一般来说,用于变形的材料必须有足够的塑性和韧性、良好的弯曲性能和拉深性能。塑性好,允许变形程度大,不但可以减少工序及中间退火的次数,而且可以不需要中间退火。分离工序的材料则需要有适当的塑性,若塑性太高,材料太软,则冲裁后的加工件尺寸精度及允许的毛刺高度都难以达到规定的要求;若塑性太低,材料太硬、太脆,则会降低冲模寿命。

②抗压失稳起皱能力高。在变形区部位,当材料内部主要是压缩应力时,如直壁工件的拉深、缩口及外凸曲线翻边,其变形主要是压缩,厚度增加,这时,容易产生失稳起皱。因此,要求材料具有良好塑性的同时,还要求材料具有较高的抗压失稳起皱能力。抗压失稳起皱能力通常用屈强比(σ_s/σ_b)和板厚方向性系数(r)等指标来表示。

较小的屈强比(σ_s/σ_b)几乎对所用冲压成形都有利,并可提高成形工件的尺寸及形状的稳定性。如在拉深时,材料的屈服点σ_s低,则变形区的切向压应力小,材料抗压失稳起皱的能力高,则防止起皱必需的压边力和摩擦损失都将相应地降低,有利于提高极限变形程度。屈强比越大,则其允许变形程度的范围就越小。

r值的大小表明板料平面方向和厚度方向变形难易程度。当$r>1$时,板料厚度方向的变形比宽度方向的变形困难。所以,r值大的材料复杂形状工件拉深成形时,厚度方向变形比较困难,即变薄量小,而在板料平面内的压缩变形比较容易,坯料中间部分起皱的趋向性降低,也就是抗压失稳起皱的能力高,有利于冲压加工的进行和产品质量的提高。

(2)*良好的表面质量*　良好的表面质量是指材料表面无缺陷,光洁、平整、无锈。

①材料表面无缺陷。材料表面质量的好坏将直接影响制件的外观性,表面如有裂纹、麻点、划痕、结疤、气泡等缺陷,在冲压过程中,容易在缺陷部位产生应力集中而引起破裂。

②材料表面平整。材料表面若挠曲不平,会影响剪切和冲压时的定位精度,以及由于定位不稳而造成废品,或因冲裁过程中材料变形时的展开而损坏模具。在变形工序中,材料表面的平面度也会影响材料的流向,引起局部起皱或破裂。

③材料表面无锈。材料表面有锈不仅影响冲压性能,损伤模具,而且还会影响后续焊接和涂漆等工序的正常进行。

(3)*板厚应符合国家标准*　冲压材料的厚度公差应符合国家标准规定。厚度公差太大,影响工件质量,并可能损伤模具和设备。

3. 冲压常用材料的力学性能

冲压常用金属材料及非金属材料的力学性能见附表C。

4. 冲压常用材料的规格及图样表示

冲压用材料大部分是各种规格的板料、条料、块料和带料。板料的尺寸较大,用于大型工件的冲压,主要规格有500mm×1 500mm、900mm×1 800mm、1 000mm×2 000mm等;条料是根据冲压件的需要,利用板料裁剪而成,主要用于中小型工件的冲压;块料是将裁剪的条料继续裁剪而成,一般用于中小型工件的单件小批量生产或价值昂贵的有色金属冲压,并广泛用于冷挤压;带料又称卷料,有各种不同的宽度和长度,宽度在300mm以下,长度可达几十米,成卷状供应,主要是薄料,适用于大批量自动送料的生产。

冲压加工中应用最多的是厚度在4mm以下的轧制薄钢板,按国家标准GB 13237-91规定,钢板的厚度精度可分为Ⅰ(特别高级的精整表面)、Ⅱ(高级的精整表面)、Ⅲ(较高的精整表面)、Ⅳ(普通的精整表面)四组,每组按拉深级别又可分为Z(最深拉深)、S(深拉深)、P(普通拉深)三级。在冲压工艺资料和图样上,对材料的表示方法有特殊的规定,如,

$$\text{钢板}\frac{\text{B-1.0×1000×1500-GB/T 708—2006}}{\text{0.8-Ⅱ-S-GB13237-91}}$$

表示08钢板,板料尺寸为1.0×1000×1500,普通精度,较高级的精整表面,深拉深级的冷轧钢板。

1.3.2 冲压加工设备

冲压加工设备主要包括机械压力机、液压机、剪切机等,其中,机械压力机在冲压生产中应用最广。

1. 冲压设备的分类

冲压设备属于锻压机械类,型号用汉语拼音字母、英文字母和数字表示。

其中,第一个字母为类别代号,用汉语拼音字母表示,见表1-2所示。

表1-2 通用锻压设备的类别代号

类别	机械压力机	液压机	自动锻压机	锤	锻机	剪切机	弯曲校正机	其他
字母代号	J	Y	Z	C	D	Q	W	T

第二个字母代表同一型号产品的变型顺序号。凡主参数与基本型号相同,但其他参数与基本型号不同的称为变型,用字母A,B,C……表示。

第三、第四个数字分别为组、型代号。前面一个数字代表"组",后一个字母代表"型"。在标准中,每类锻压设备分为10组,每组分为10型。表1-3为通用曲柄压力机型号。

表1-3 通用曲柄压力机型号

组		型号	名称	组		型号	名称
特征	号			特征	号		
开式单柱	1	1	单柱固定台压力机	开式双柱	2	8	开式柱形台压力机
		2	单柱升降台压力机			9	开式底传动压力机
		3	单柱柱形台压力机	闭式	3	1	闭式单点压力机
开式双柱	2	1	开式双柱固定台压力机			2	闭式单点切边压力机
		2	开式双柱升降台压力机			3	闭式侧滑块压力机
		3	开式双柱可倾压力机			6	闭式双点压力机
		4	开式双柱转台压力机			7	闭式双点切边压力机
		5	开式双柱双点压力机			9	闭式四点压力机

注:从11至39组、型代号中,凡未列出的序号均留作待发展的组、型代号使用。

横线后的数字代表主参数,一般用压力机的公称压力作为主参数。型号中的公称压力用工程单位制中的“t·f”表示,当转化为法定单位制的“kN”时,应把此数乘10。

最后一个字母代表产品的重大改进顺序号。凡型号已确定的锻压机械,若结构和性能与原产品有显著不同,则称为改进,用字母A,B,C……表示。

有些锻压设备紧接组、型号代号后还有一个字母,代表设备的通用性能。例如J21G-20中的“G”代表高速;J92K-250中的“K”代表“数控”。

例如,设备型号JC23-63A“J”代表机械压力机;“C”代表同一型号产品的第三种变形顺序;“23”为组、型代号,为开式双柱可倾压力机;“63”代表设备的公称压力为630kN;“A”代表产品经过第一次重大改进。

2. 机械压力机

机械压力机又称冲床。冲压车间常用的机械压力机有曲柄压力机、摩擦压力机等。

(1)曲柄压力机　曲柄压力机是以曲柄传动的锻压机械,按公称压力的大小分为大、中、小型。小型冲床的公称压力小于1 000kN,中型冲床压力为1 000~3 000kN,3 000 kN以上的为大型冲床。按压力机连杆数目可分为单点和双点式,其中,单点压力机的滑块由一个连杆带动,用于台面较小的压力机;双点压力机的滑块由两个连杆带动,用于左、右台面较宽的压力机。按压力机滑块的数目可分为单动、双动和三动压力机。图1-4为不同运动滑块数目的曲柄压力机工作示意图。

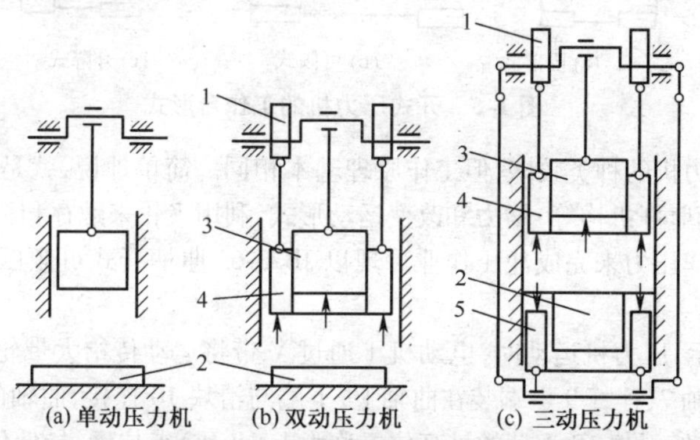

图1-4　不同运动滑块数目曲柄压力机工作示意图

1. 凸轮　2. 工作台　3. 内滑块　4. 外滑块　5. 下滑块

单动压力机只有一个滑块,主要用于冲裁、弯曲等工序作业,拉深作业时,常利用气垫压边。

双动压力机有内、外两个滑块。两个滑块可分别运动,外滑块主要用于压边,内滑块用于拉深,所以又称为拉深压力机。通常内滑块采用曲柄连杆机构驱动,外滑块用曲轴凸轮机构,带侧滑块用曲柄杠杆机构或多杠杆机构驱动。外滑块通常有四个加力点,用于调整作用于坯料周边的压边力。

三动压力机除了压力机的上部有一个内滑块和一个外滑块之外,压力机下部有一个下滑块,上、下两面的滑块作相反方向的运动,用以完成相反方向的拉深工作。三动压力机主要用于大型覆盖件的拉深和成形。

此外,曲柄压力机按结构形式还可分为开式和闭式压力机,由于都是通用性冲压设备,故应用广泛。

①曲柄开式压力机。曲柄开式压力机主要用于冲压加工中的冲孔、落料、切边、浅拉深、成形等工序;床身多为C型结构,从而使操作者可以从前、左、右三个方向接近工作台;压力机采用刚性离合器,结构简单,不能实现寸动行程;工作台下设有气垫供浅拉深时切边或工件顶出之用。曲柄开式压力机可附设通用的辊式或夹钳式送料装置,实现自动送料。小吨位压力机采用滑块行程调节机构及无级变速装置,可提高行程次数。由于床身刚性所限,开式压力机只适用于中、小型压力机。

开式压力机按其工作台结构可分为可倾压力机(压力机的工作台及床身可以在一定角度范围内向后倾斜、固定式压力机(压力机的工作台及床身固定)、升降式压力机(压力机的工作台可以在一定范围内升降),如图1-5所示。

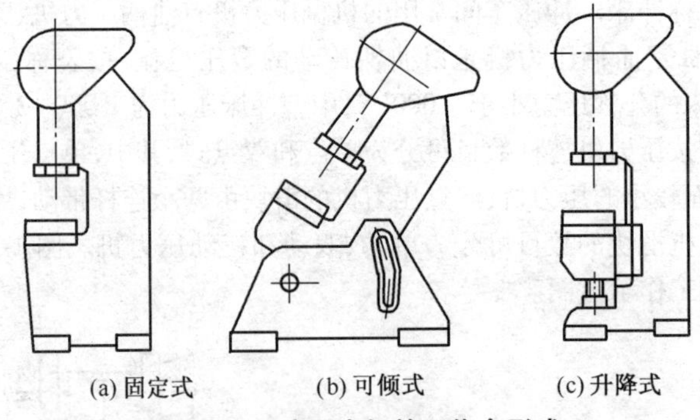

(a) 固定式　(b) 可倾式　(c) 升降式

图1-5　开式压力机的工作台形式

尽管曲柄压力机的种类较多,但工作原理基本相同。简单地说,就是通过曲柄机构(曲柄连杆机构、曲柄肘杆机构等)增力和改变运动形式,利用飞轮来贮存和释放能量,通过曲柄压力机产生的工作压力来完成冲压作业。现以JB23-63曲柄开式可倾压力机为例,说明其结构与传动原理。

如图1-6所示,压力机运动时,电动机1通过V带将运动传给大带轮3,再经小齿轮4、大齿轮5传给曲轴7,连杆9上端装在曲轴上,下端与滑块10连接,曲轴的旋转运动变为滑块的往复直线运动,滑块10运动的最高位置称为上止(死)点位置,最低位置称为下止(死)点位置。由于生产工艺的需要,滑块有时运动,有时停止,所以装有离合器6和制动器8。由于压力机在整个工作时间周期内进行工艺操作的时间很短,大部分时间为无负荷的空程。为使电动机的负荷均匀,有效利用设备能量,应装有飞轮,此处大带轮同时起飞轮作用。

当压力机工作时,将所用模具的上模11装在滑块上,下模12直接装在工作台14上,或在工作台面上加垫板13,便可获得合适的闭合高度。此时,将材料放在上下模之间,即能进行冲裁或其他工艺加工。

由图1-6可知,滑块10的行程(即滑块上死点至下死点的距离)等于曲轴7偏心距的两倍,具有压力机行程较大且不能调节的特点。但是,由于曲轴在压力机上由两个或多个对称轴承支持,压力机所受的负荷较均匀,因此,曲柄压力机也可以用来制造大行程和较大吨位的压力机。

图1-7所示为偏心压力机,通过调节压力机偏心套5的位置可实现压力机滑块行程的

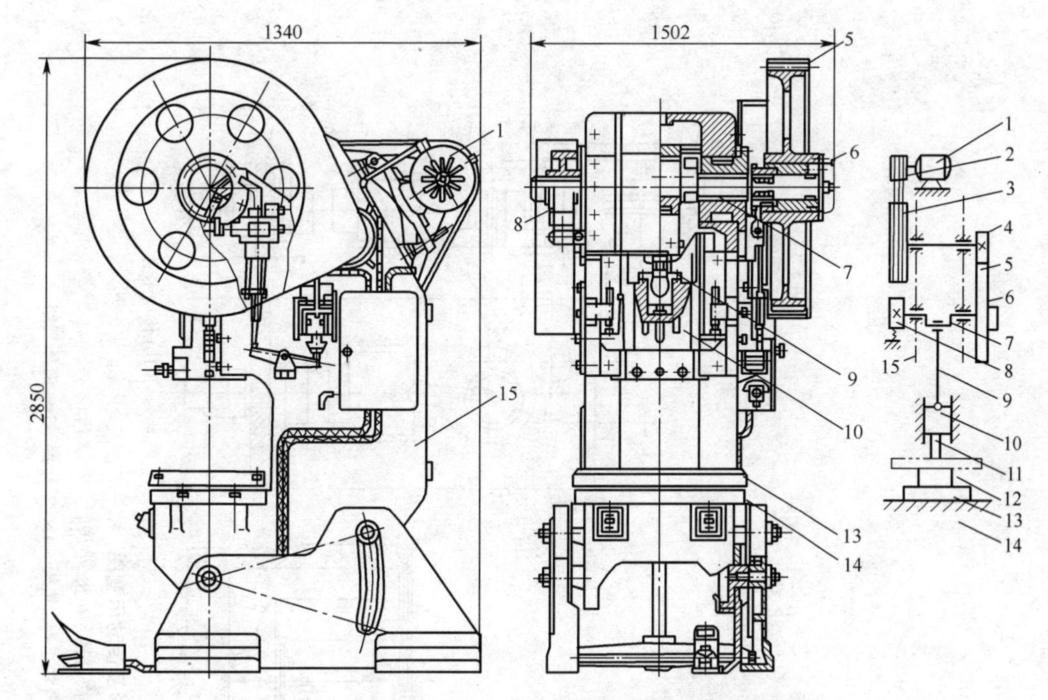

图 1-6 JB23-63 曲柄开式可倾压力机结构图与传动示意图

1. 电动机 2. 小带轮 3. 大带轮 4. 小齿轮 5. 大齿轮 6. 离合器 7. 曲轴 8. 制动器 9. 连杆 10. 滑块 11. 上模 12. 下模 13. 垫板 14. 工作台 15. 机身

调节。该类偏心压力机具有行程不大但可适当调节的特点,因此,可用于要求行程不大的导板式等模具的冲裁加工。

②曲柄闭式压力机。操作者只能从前后两个方向接近工作台,床身为左右封闭,刚性较好,能承受较大的压力,因此,适用于一般要求的大、中型压力机和精度要求较高的轻型压力机,主要用于冷冲压加工中的冲孔、落料、切边、弯曲、拉深、成形等工序。

曲柄闭式压力机一般采用摩擦离合器及制动器,有复杂的控制系统,并采用平衡器来平衡连杆和滑块部位,工作起来比较平稳,同时设有气垫。图 1-8 为曲柄闭式压力机的外形及传动示意图。

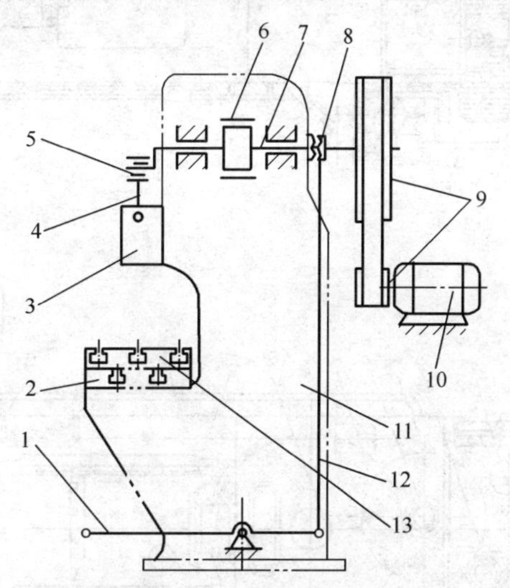

图 1-7 偏心压力机结构简图

1. 脚踏板 2. 工作台 3. 滑块 4. 连杆 5. 偏心套 6. 制动器 7. 偏心主轴 8. 离合器 9. 带轮 10. 电动机 11. 床身 12. 操纵杆 13. 工作台垫板

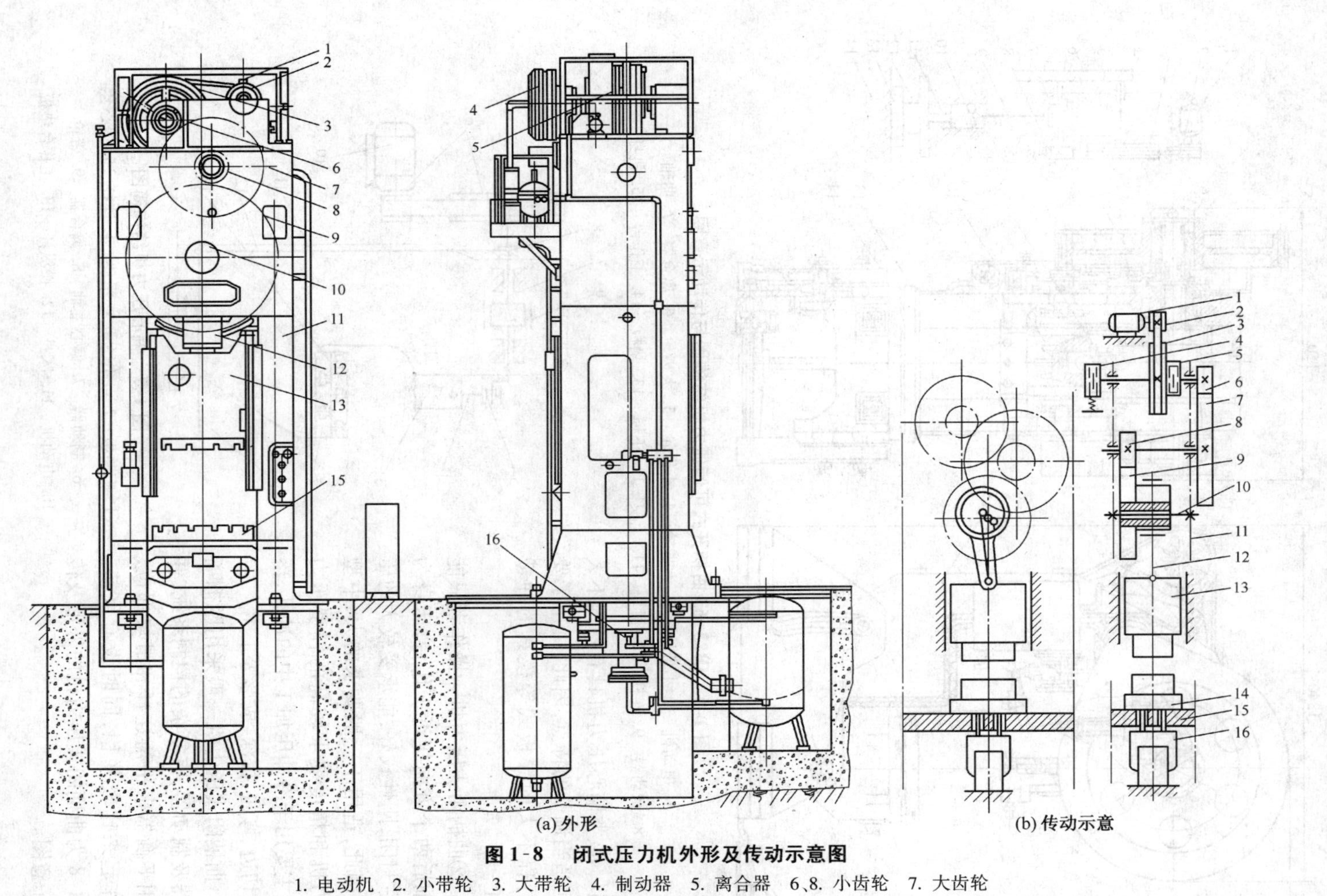

(a) 外形　　(b) 传动示意

图1-8　闭式压力机外形及传动示意图

1. 电动机　2. 小带轮　3. 大带轮　4. 制动器　5. 离合器　6、8. 小齿轮　7. 大齿轮
9. 带偏心轴颈的大齿轮　10. 轴　11. 床身　12. 连杆　13. 滑块　14. 垫板　15. 工作台　16. 液压气垫

(2)摩擦压力机 摩擦压力机与曲柄压力机一样有增力机构和飞轮,利用螺旋传动机构来增力和改变运动形式,在实际生产中应用最为广泛。图 1-9 为摩擦压力机的结构简图。

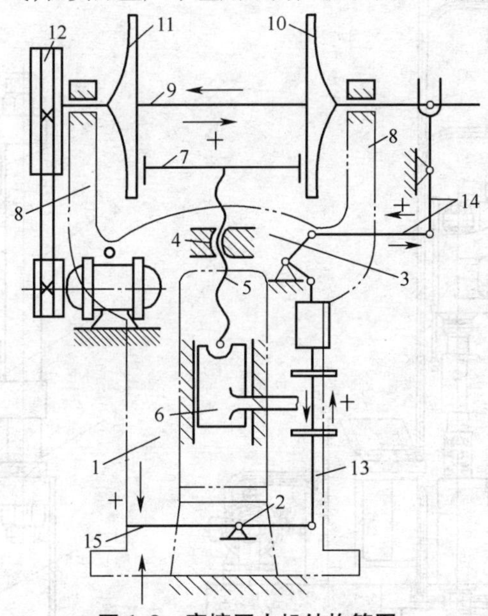

图 1-9 摩擦压力机结构简图

1. 床身 2. 工作台 3. 横梁 4. 螺纹套筒 5. 螺杆 6. 滑块 7. 飞轮 8. 支架 9. 转轴 10、11. 摩擦盘 12. 带轮 13、14. 杠杆系统 15. 操纵系统

工作时,操纵手柄 15 通过杠杆系统 13、14,操纵转轴 9 向左或向右移动;摩擦盘 10 和 11 之间的距离,略大于飞轮 7 的直径;转轴 9 由电动机通过带轮传动而旋转,当其向左或向右移动时,摩擦盘与螺纹套筒 4 传动螺纹配合,于是,滑块 6 被带动向上或向下做直线运动,向上为回程,向下为工作行程。

摩擦压力机没有固定的下死点,一般用于校平、压印、切边、切断、弯曲等冲压作业和模锻作业。

3. 冲压液压机

冲压液压机用于板材冲压成形,适用于冷挤压、复杂拉深及成形等冲压工序。其工作原理是静压传递原理(帕斯卡原理),即将高压液体压入液压缸内,借助于液压柱塞推动滑块运行实现冲压。

液压机的工作介质主要有两种,水压机采用乳化液,油压机采用油。

乳化液由 2%的乳化脂和 98%的软水混合而成,具有较好的防腐和防锈性能,并有一定的润滑作用。乳化液的价格便宜,不燃烧,不易污染工作场地,故耗热量大以及热加工用的液压机多为水压机。

油压机应用的工作介质为全损耗系统用油,有时也采用透平机油或其他类型的液压油,在防腐蚀、防锈和润滑性能方面优于乳化液,但油的成本高,也易于污染场地,中小型液压机多采用油压机。

常用的冲压液压机主要有上压式液压机(见图 1-10a)及下压式液压机(见图 1-10b)两种。

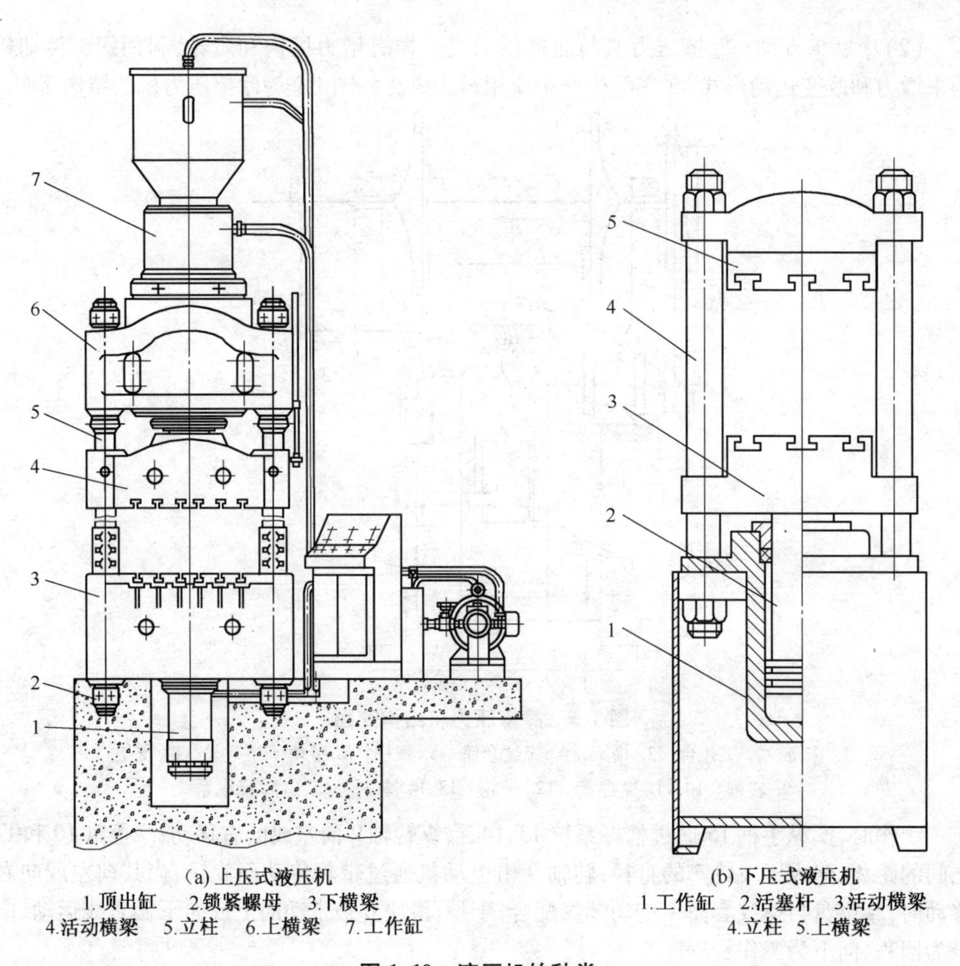

(a) 上压式液压机
1.顶出缸 2.锁紧螺母 3.下横梁
4.活动横梁 5.立柱 6.上横梁 7.工作缸

(b) 下压式液压机
1.工作缸 2.活塞杆 3.活动横梁
4.立柱 5.上横梁

图 1-10 液压机的种类

上压式液压机的活塞从上向下移动,对工件加压,送料和取件操作在固定工作台上进行,操作方便,而且易实现快速下行,应用广泛。

下压式液压机的上横梁固定在立柱上不动,当柱塞上升,带动活动横梁上升,对工件施压。卸压时,柱塞靠自重复位。下压式液压机的重心位置较低,稳定性好。

4. 其他压力机

随着现代冲压技术的发展,高速自动压力机、数控回转头压力机等各种新型压力机得到了广泛应用。图 1-11 为高速自动压力机及其辅助装置。高速自动压力机除压力机主体以外,还包括开卷、校平和送料机等。

高速自动压力机的冲压速度在 600 次/min 以上,主要用于电子、仪表、汽车等行业部件的特大批量的冲裁、弯曲、浅拉深等工序的生产冲孔、落料等。为充分发挥高速自动压力机的作用,需要高质量的卷料、送料精度高(送料精度高达±0.01~0.03mm)的自动送料机构以及高精度、高寿命的级进模。

数控回转头压力机是利用数控技术对板料进行冲孔和步冲的压力机,被冲制的板料固

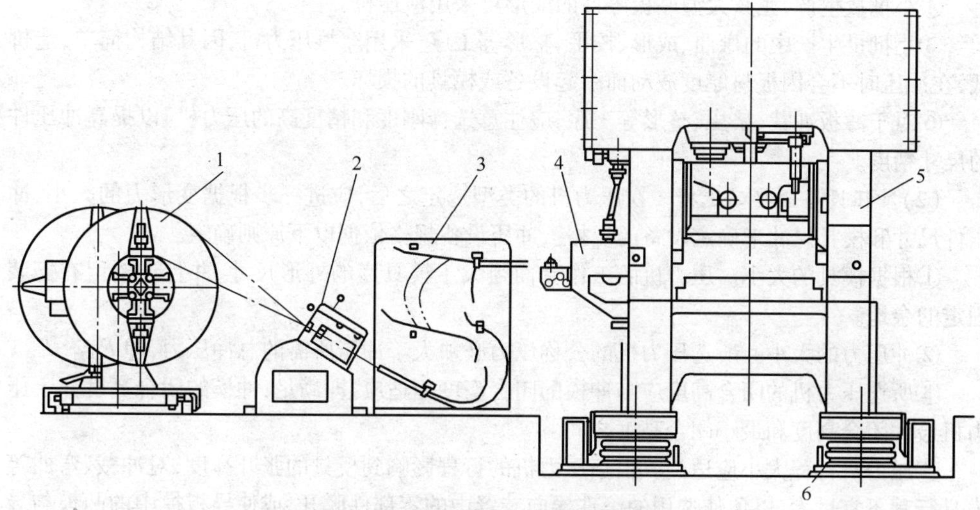

图 1-11 高速压力机及其辅助装置

1. 开卷机 2. 校平机构 3. 供料缓冲机构 4. 送料机构 5. 高速自动压力机 6. 弹性支撑

定在工作台上,按计算机控制的程序做前后和左右移动及定位,模具安装在压力机转塔内实现自动调换,采用单次冲裁方式或步冲冲裁方式,冲出不同形状和尺寸的孔及零件,通用性强,生产率高,突破了传统冲压加工离不开专用模具的束缚,主要用于冲裁、切口及浅拉深,特别适用于单件小批量生产。图 1-12 所示为数控回转头压力机外形图。

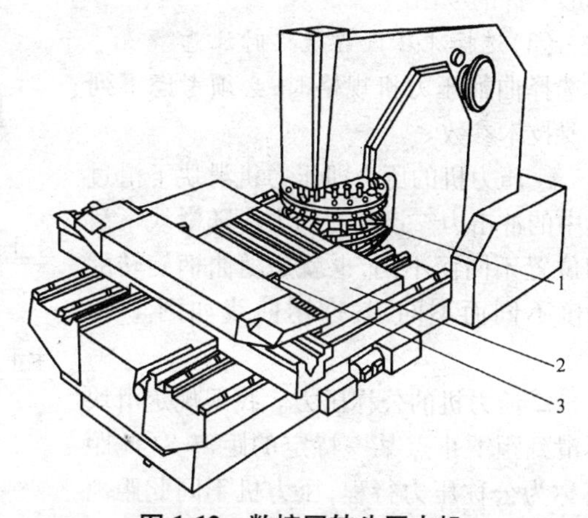

图 1-12 数控回转头压力机

1. 转盘 2. 工作台 3. 夹钳

5. 冲压加工设备的选用

冲压设备的选择是冲压工艺及模具设计中一项重要内容,直接关系到冲压设备的安全使用、冲压工艺能否顺利实现和模具寿命、产品质量、生产效率、成本高低等重要问题。冲压设备的选用包括选择设备类型和确定设备规格两项内容。

选择冲压设备总的原则是先定类型,然后确定冲压机的规格。

(1)冲压设备类型的选择 冲压设备类型的选择主要是根据冲压工艺特点和生产批量大小、冲压件的几何尺寸及精度要求、安全操作等因素来确定。冲压设备类型的确定主要根据以下原则。

①中、小型冲压件根据操作方便性选择,主要选用开式单柱(或双柱)的机械压力机。

②大、中型冲压件多选用双柱闭式机械压力机,根据冲压工序可分别选用通用压力机、专用压力机。

③大批量、形状复杂件的生产件选用高速压力机或多工位自动压力机。

④小批量生产,尤其大型厚板零件的成形可采用液压机。

⑤小批量生产中的弯曲、成形、校平、整形等工序,采用摩擦压力机,因其结构简单,造价低,在冲压时不会因板料厚度波动而引起设备或模具的损坏。

⑥对于薄板冲裁、挤压、整形等工序,应注意选择刚度和精度高的压力机,以提高冲压件的尺寸精度。

(2)冲压设备规格的选择　在压力机的类型选定之后,应进一步根据变形力的大小、冲压件尺寸和模具尺寸来确定设备的规格。冲压设备规格依据以下原则确定。

①根据模具的大小。压力机的工作台面须大于模具座的外形尺寸,并且还要留有安装固定的余地。

②冲压力的大小。所选压力机的公称压力必须大于冲压所需的总冲压力,即 $F_{压机}>F_{总}$。

③所选压力机的闭合高度应与冲模的闭合高度相适应,即满足:冲模的闭合高度介于压力机最大闭合高度和最小闭合高度之间。

④压力机行程大小应适当。由于压力机的行程影响到模具的张开高度,对冲裁、弯曲等模具行程不宜过大,以免使选用的滚珠导向装置中的零部件脱开,或使导板模中的凸模与导板分离;对拉深模,压力机行程至少应大于成品零件高度的两倍以上,以保证坯料的放进和成形零件的取出。

(3)选择冲压设备规格时注意事项　在选择曲柄压力机规格时,必须考虑下列主要技术参数。

①压力机的压力即压力机滑块下滑过程中的冲击力。该压力的大小随滑块下滑的位置不同而不同,也就是随曲柄旋转的角度不同而不同,其许用曲线如图1-13所示。

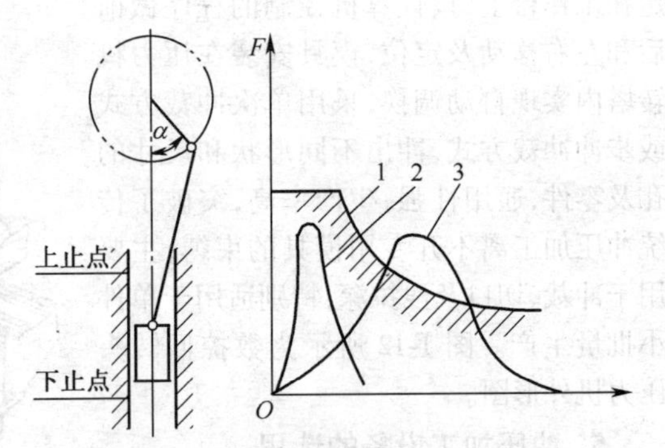

图1-13　压力机许用压力曲线

1. 压力机许用压力曲线　2. 冲裁工艺冲裁力实际变化曲线　3. 拉深工艺拉深力实际变化曲线

②压力机的公称压力。我国规定滑块下滑到距下止点某一特定的距离 S(此距离称为公称压力行程,压力机不同此距离也不同,如JC23－40规定为7mm,JA31－400规定为13mm,一般约为滑块行程0.05~0.07倍),滑块行程或曲柄旋转到距下止点某一特定角度 α(此角度称为公称压力角,随压力机不同公称压力角也不相同)时所产生的冲击力称为压力机的公称压力。公称压力的大小表示压力机本身能够承受冲击的大小。压力机的强度和刚性就是按公称压力进行设计的。因此,压力机的承载能力受压力机各主要构件强度的限制。

③冲压工序中冲压力的大小也是随凸模(或压力机滑块)的行程而变化。从图1-13中曲线2、3可以看出,实际冲压力曲线不同步,在选择压力机吨位时,应保证凸模在任何位置所需的冲压力小于压力机在该位置所产生的冲压力。也就是说,应使在一次行程内所完成的各种冲压工序所需力的合力曲线,在全行程范围内均低于压力机的许用负荷曲线。

从图1-13中的曲线3可知,最大拉深力虽然小于压力机的最大公称压力,但大于曲柄旋转到最大拉深力位置时压力机所产生的冲压力,也就是拉深冲压力曲线不在压力机许用压力曲线范围内,故应选用比图中曲线1所示压力更大吨位的压力机。在使用中,为保证冲压力,一般冲裁、弯曲时,压力机的吨位应比计算的冲压力大30%左右,对工作行程较大的工序(如拉深),压力机吨位应比计算出的拉深力大60%~100%。

1.3.3 冲压模具

冲压模具简称冲模,是冲压生产中必不可少的工艺装备,其设计、制造质量直接影响到冲压件的加工质量、生产效率及制造成本。

一般来说,冲压件的不同加工工序需要不同的模具与之配套,而采用不同的加工工艺就需要设计不同结构的模具与其对应,即使对相同结构的冲压件,若生产批量、设备、规模不同,也需要由与之协调的不同模具来完成。冲压加工的这种特点使模具的结构、类型多种多样。图1-14为按不同的冲压加工工艺、模具结构及模具机械化程度,对冲模进行的分类。

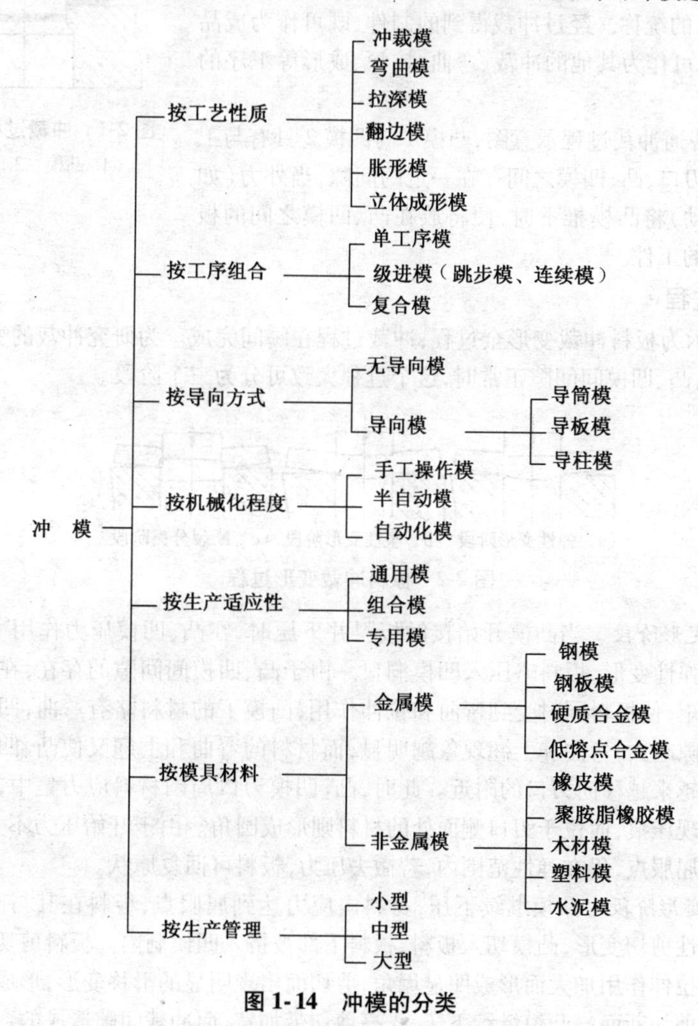

图1-14 冲模的分类

第2章 冲 裁

2.1 冲裁过程分析

冲裁加工是利用模具使板料产生分离的加工,通常冲压生产中的冲裁指普通冲裁,即由凸、凹模刃口之间产生剪裂缝的形式来实现板料分离,而俗称的冲裁加工则是分离类工序(冲孔、落料、切口、切断、切边、剖切等工序)加工的统称。经过冲裁得到的制件,既可作为成品件直接使用,也可作为其他的冲裁、弯曲、拉深、成形等工序的坯料。

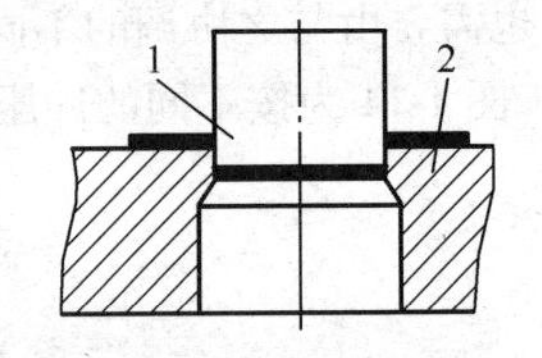

图 2-1 冲裁过程示意图

1. 凸模 2. 凹模

图 2-1 是普通冲裁过程示意图,凸模 1 与凹模 2 具有与工件轮廓一致的刃口,凸、凹模之间存在一定的间隙,当外力(如压力机滑块运动)将凸模推下时,便将放在凸、凹模之间的板料冲裁成需要的工件。

1. 冲裁过程

图 2-2 所示为板料冲裁变形全过程,冲裁过程在瞬间完成。为研究冲裁的变形原理,在模具刃口尖锐,凸、凹模间间隙正常时,这个过程大致可分为三个阶段。

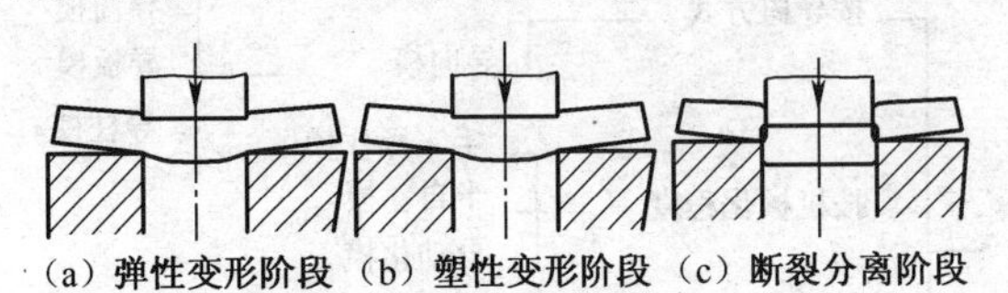

(a) **弹性变形阶段** (b) **塑性变形阶段** (c) **断裂分离阶段**

图 2-2 板料冲裁变形过程

(1) 弹性变形阶段 当凸模开始接触板料并下压时,在凸、凹模压力作用下,板料表面受到压缩产生弹性变形,板料略压入凹模洞口。由于凸、凹模间间隙的存在,在冲裁力作用下产生弯曲力矩,使板料同时受到弯曲和拉伸作用,凸模下的材料略有弯曲,凹模上的材料则向上翘。间隙越大,弯曲和上翘现象越明显,而材料的弯曲和上翘又使凸、凹模端面与材料表面接触面越来越移向刃口的附近。此时,凸、凹模刃口周围材料应力集中,位于刃口端面处的材料出现压痕,而位于刃口侧面处的材料则形成圆角。由于开始压力不大,材料的内应力还未达到屈服点,仍在弹性范围内,若撤去压力,板料可回复原状。

(2) 塑性变形阶段 凸模继续下压,材料内应力达到屈服点,板料在其与凸、凹模刃口接触处产生塑性剪切变形,凸模切入板料,板料下部被挤入凹模洞内。板料剪切面边缘的圆角由于弯曲和拉伸作用加大而形成明显塌角,剪切面出现明显的滑移变形,形成一段光亮且与板面垂直的剪切断面。凸模继续下压,光亮剪切带加宽,而冲裁间隙造成的弯矩使材料产生弯曲应力,弯曲应力达到材料抗弯强度时便发生弯曲塑性变形,使冲裁件平面边缘上出现

"弯弯"现象。随着塑性剪切变形的发展,分离变形应力随之增加,终至凸、凹模刃口侧面材料内应力超过抗剪强度,便出现微裂纹。由于微裂纹产生的位置是在离刃尖不远的侧面,裂纹的产生也就留下了毛刺。

(3)断裂分离阶段　凸模继续下行,刃口侧面附近产生的微裂纹不断扩大并向内延伸发展,至上、下两裂纹相遇重合,板料便完全分离,粗糙的断裂带同时也留在冲裁件断面上。凸模继续下压,已分离的材料便从凹模型腔中推出,而已形成的毛刺同时被拉长留在冲裁件上。

2. 冲裁受力分析

在无压边装置的冲裁过程中,板料所受外力如图2-3所示,其中,F_1、F_2为凸、凹模对板料的垂直作用力;F_3、F_4为凸、凹模对板料的侧压力;μF_1、μF_2为凸、凹模端面与板料间的摩擦力,其方向与间隙大小有关,但一般指向模具刃口(μ是摩擦因数);μF_3、μF_4为凸、凹模侧面与板料间的摩擦力。

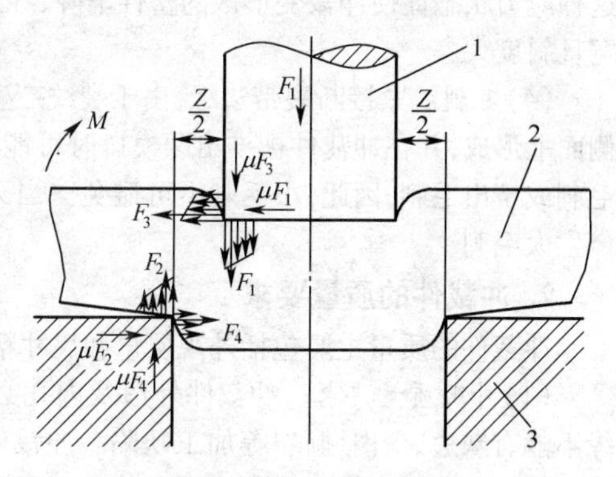

图 2-3　板料冲裁时的受力

1. 凸模　2. 板料　3. 凹模

板料由于受到模具表面的力偶矩作用而弯曲,并从模具表面上翘起,使模具表面和板料的接触面仅局限在刃口附近的狭小区域,宽度约为板厚的0.2~0.4倍。接触面间相互作用的垂直压力分布并不均匀,而是随着模具刃口的逼近而急剧增大。

2.2　冲裁件的质量分析

冲裁件应保证一定的尺寸、形状精度,能满足图样的形状、尺寸要求,冲切表面应光洁、无裂纹、撕裂和过高的毛刺等缺陷。

1. 冲裁件的断面特征

由冲裁变形过程分析可知,冲裁过程的变形很复杂,冲裁变形区为凸、凹模刃口连线的周围材料部分,其变形性质以塑性剪切变形为主,并伴有拉伸、弯曲与横向挤压等变形,所以,冲裁件及废料的平面常有翘曲现象。

图2-4为正常冲裁工作条件下冲裁件的断面特征。由图可见,冲裁件断面不整齐,断面有明显的圆角带、光亮带、断裂带、毛刺四个特征区。

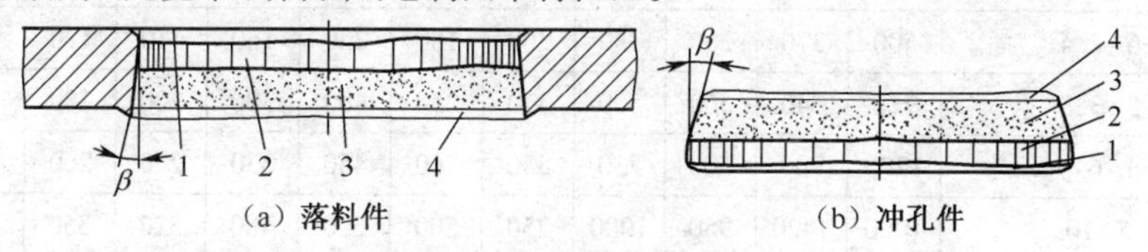

图 2-4　冲裁件的断面特征

1. 圆角带　2. 光亮带　3. 断裂带　4. 毛刺

(1)圆角带(塌角)　产生于板料靠近凸模或凹模刃口又不与模面接触的材料表面,受到弯曲、拉伸作用而形成的。冲裁间隙越大,材料塑性越好,塌角越严重。

(2)光亮带　光亮带是冲裁断面质量最好的区域,既光亮平整又与板平面垂直,由于凸模切入板料,板料被挤入凹模而产生塑性剪切变形所形成,是在塑性状态下实现的剪切变形,表面质量较好。冲裁间隙越小,材料塑性越好,光亮带越宽,通常光亮带约占整个断面的1/3~1/2。

(3)断裂带　断裂带表面粗糙,并有4°~6°(图中的β角)的斜度,是由冲裁时形成的裂纹扩展而成。由于凸、凹模间间隙的影响,除有切应力τ作用外,还有正向拉应力σ作用。这种应力状态促使冲裁变形区的塑性下降,导致裂纹并形成粗糙表面。间隙越大,断裂带越宽且斜度大。

(4)毛刺　紧接断裂带边缘,由于裂纹产生的位置不是正对着刃口,而是在靠近刃口的侧面上形成,并在冲裁件被推出凹模口时可能加重,而间隙过大或过小,会形成明显的拉断毛刺或挤出毛刺,因此,小毛刺不可避免。当刃口圆角(磨损)后,裂纹起点远离刃口,又会产生大毛刺。

2. 冲裁件的质量要求

冲裁件的质量主要包括外观质量和尺寸精度。

(1)外观质量要求　冲裁件外形及内孔必须符合图样要求,冲切面应光洁、平直,内外缘不能有缺边、少肉、撕裂等加工缺陷。冲裁件的表面粗糙度一般在Ra12.5μm以下,具体数值可参考表2-1,同时不能有明显的毛刺和塌角。冲裁件剪裂断面允许的毛刺高度可参考表2-2。

表2-1　冲裁件剪切面的近似表面粗糙度

材料厚度t/mm	≤1	1~2	2~3	3~4	4~5
表面粗糙度R_a/μm	3.2	6.3	12.5	25	50

表2-2　任意冲裁件允许的毛刺高度　(μm)

冲件材料厚度t/mm	材料抗拉强度σ_b											
	<250MPa			250~400MPa			400~630MPa			>630MPa和硅钢		
	Ⅰ	Ⅱ	Ⅲ	Ⅰ	Ⅱ	Ⅲ	Ⅰ	Ⅱ	Ⅲ	Ⅰ	Ⅱ	Ⅲ
≤0.35	100	70	50	70	50	40	50	40	30	30	20	20
0.4~0.6	150	110	80	100	70	50	70	50	40	40	30	20
0.65~0.95	230	170	120	170	130	90	100	70	50	50	40	30
1~1.5	340	250	170	240	180	120	150	110	70	80	60	40
1.6~2.4	500	370	250	350	260	180	220	160	110	120	90	60
2.5~3.8	720	540	360	500	370	250	400	300	200	180	130	90
4~6	1200	900	600	730	540	360	450	330	220	260	190	130
6.5~10	1900	1420	950	1000	750	500	650	480	320	350	260	170

注:Ⅰ类——正常毛刺;Ⅱ类——用于较高要求的冲件;Ⅲ类——用于特高要求的冲件。

一般情况下,若毛刺高度超过表2-2数值,表明毛刺已大,必须对模具进行刃磨或维修。

(2)*尺寸精度要求* 加工件的尺寸精度必须符合图样规定。冲裁加工件的尺寸精度与冲模的制造精度有直接的关系。冲模的精度越高,冲裁件的精度也越高。表2-3为当冲模有合理间隙与锋利刃口时,其制造精度与冲裁件精度的关系。

表2-3 冲裁件的精度 (mm)

冲模制造精度	材料厚度											
	0.5	0.8	1	1.6	2	3	4	5	6	8	10	12
IT6~IT7	IT8	IT8	IT9	IT10	IT10	—	—	—	—	—	—	—
IT7~IT8	—	IT9	IT10	IT10	IT12	IT12	IT12	—	—	—	—	—
IT9	—	—	—	IT12	IT12	IT12	IT12	IT12	IT14	IT14	IT14	IT14

表2-4、表2-5、表2-6所提供的冲裁件尺寸精度,是指在合理间隙情况下对铝、铜、软钢等常用材料冲裁加工的数据。表中普通冲裁精度、较高冲裁精度分别指采用IT8~IT7级、IT7~IT6级制造精度的冲裁模加工获得的冲裁件。

表2-4 冲裁件外径尺寸的公差 (mm)

材料厚度	工件外径尺寸							
	普通冲裁精度加工件				较高冲裁精度加工件			
	<10	10~50	50~150	150~300	<10	10~50	50~150	150~300
0.2~0.5	0.08	0.10	0.14	0.20	0.025	0.03	0.05	0.08
0.5~1.0	0.12	0.16	0.22	0.30	0.03	0.04	0.06	0.10
1.0~2.0	0.18	0.22	0.30	0.50	0.04	0.06	0.08	0.12
2.0~4.0	0.24	0.28	0.40	0.70	0.06	0.08	0.10	0.15
4.0~6.0	0.30	0.35	0.50	1.00	0.10	0.12	0.15	0.20

表2-5 冲裁件内径尺寸的公差 (mm)

材料厚度	工件内径尺寸					
	普通冲裁精度加工件			较高冲裁精度加工件		
	<10	10~50	50~150	<10	10~50	50~150
0.2~1	0.05	0.08	0.12	0.02	0.04	0.08
1~2	0.06	0.10	0.16	0.03	0.06	0.10
2~4	0.08	0.12	0.20	0.04	0.08	0.12
4~6	0.10	0.15	0.25	0.06	0.10	0.15

表2-6 孔间距离的公差 (mm)

材料厚度	普通冲裁精度加工件			较高冲裁精度加工件		
	中心距离					
	50以下	50~150	150~300	50以下	50~150	150~300
1以下	±0.1	±0.15	±0.2	±0.03	±0.05	±0.08

续表 2-6

材料厚度	普通冲裁精度加工件			较高冲裁精度加工件		
	中心距离					
	≤50	50~150	150~300	≤50	50~150	150~300
1~2	±0.12	±0.2	±0.3	±0.04	±0.06	±0.10
2~4	±0.15	±0.25	±0.35	±0.06	±0.08	±0.12
4~6	±0.2	±0.3	±0.4	±0.08	±0.10	±0.15

注:适用于本表数值所指的孔应同时冲出。

3. 冲裁件的检测

冲裁件的质量检测主要包括外观和尺寸精度两部分,其中,外观质量主要以冲裁件的断面光亮带大小、毛刺的高低、直线度及外观形状等为主。而尺寸检查主要以冲裁件的线性尺寸和形状位置尺寸精度为主。

冲裁件的质量检查方式采用"三检制",即自检、互检、专检;检查类型主要有首检、巡检、末检和抽检。

(1)外观质量的检测　外观质量的检测主要是检查冲裁件的形状、表面质量、断面质量,检查方法主要以目测为主,必要时辅以量具、量仪检查。一般来说,冲裁后的制件形状必须符合图样的要求,边缘不能有残缺、少边,表面应无明显的划痕、挠曲及扭弯等现象。

金属件的断面质量主要是检查冲裁断面光亮带的宽度和毛刺高度,非金属材料件断面质量主要是检查冲件边缘是否有分层和崩裂现象。冲裁件的毛刺高度是体现断面质量的重要参数,也是确定模具是否进行维修刃磨的重要指标。冲裁件的毛刺高度应符合表2-2的规定,毛刺高度的测量方法如图2-5所示。

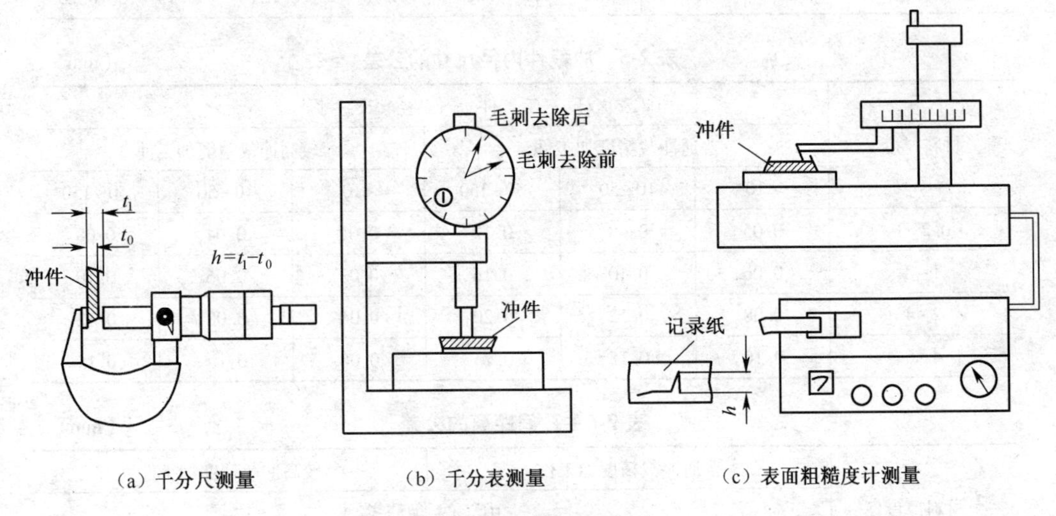

(a) 千分尺测量　(b) 千分表测量　(c) 表面粗糙度计测量

图 2-5　毛刺的测量方法

①用千分尺或千分表来测量毛刺高度(图2-5a、b)时,先测得含有毛刺的冲裁件厚度 t_1

和板材厚度 t_0，将此二者的厚度相减，即可得出毛刺的高度 $h=t_1-t_0$。此时，由于毛刺本身极为脆弱，稍加受力就会被碰破，难以得到精确的测量结果。但此法比较简便，精度不高、要求不严的冲裁件仍经常采用。

②用表面粗糙度计的方法来测得局部毛刺的高度（图 2-5c）。此法需对多点进行测量，其测量值比较精确，但测量方法复杂、麻烦。

(2)尺寸精度的检测　冲裁件尺寸的检查测量方法是在检查测量冲裁件尺寸时，其冲孔件应测量其最小一端截面尺寸 d，而落料件外形应按截面最大的一端 D 测量，如图 2-6 所示。在检查后，其大小端之差应在初始间隙最大范围之内，并允许在落料凹模一面和冲孔凸模一面有自然圆角。

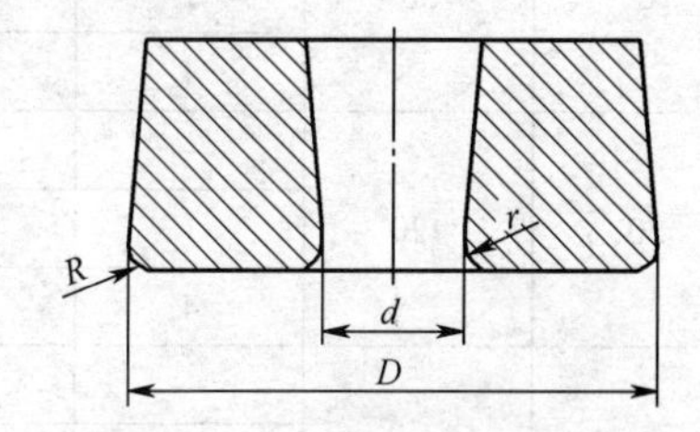

图 2-6　冲裁件尺寸的测量

对产品图样上已标明的尺寸和形状位置公差，应按图样要求进行检测，其中，未注的各线性尺寸、圆角半径或角度公差要求按 GB/T 15055—2007《冲压件未注公差尺寸极限偏差》要求执行；未注的直线度、平面度、平行度、垂直度和倾斜度、圆度、同轴度、对称度、圆跳动等冲压件形位置数值可按 GB/T 1184—2002《冲压件形状和位置公差未注公差》的相应等级的规定选取。表 2-7 及表 2-8 分别给出了常用的冲裁件线性尺寸、角度未注尺寸公差；表 2-9 及表 2-10 分别给出了常用的直线度、平面度及平行度、垂直度和倾斜度未注尺寸公差。平行度未注公差值由平行要素的平面度或直线度的未注公差值和平行要素间的尺寸公差分别控制。

表 2-7　未注公差冲裁件线性尺寸的极限偏差　(mm)

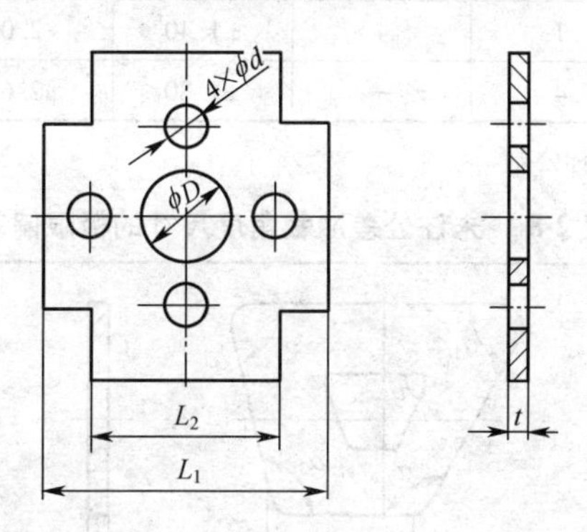

基本尺寸 L、$D(d)$		材料厚度		公差等级			
大于	至	大于	至	f	m	c	v
0.5	3	—	1	±0.05	±0.10	±0.15	±0.20
		1	3	±0.15	±0.20	±0.30	±0.40
3	6	—	1	±0.10	±0.15	±0.20	±0.30
		1	4	±0.20	±0.30	±0.40	±0.55
		4	—	±0.30	±0.40	±0.60	±0.80

续表 2-7

基本尺寸 L、$D(d)$		材料厚度		公差等级			
大于	至	大于	至	f	m	c	v
6	30	—	1	±0.15	±0.20	±0.30	±0.40
		1	4	±0.30	±0.40	±0.55	±0.75
		4	—	±0.45	±0.60	±0.80	±1.20
30	120	—	1	±0.20	±0.30	±0.40	±0.55
		1	4	±0.40	±0.55	±0.75	±1.05
		4	—	±0.60	±0.80	±1.10	±1.50
120	400	—	1	±0.25	±0.35	±0.50	±0.70
		1	4	±0.50	±0.70	±1.00	±1.40
		4	—	±0.75	±1.05	±1.45	±2.10
400	1 000	—	1	±0.35	±0.50	±0.70	±1.00
		1	4	±0.70	±1.00	±1.40	±2.00
		4	—	±1.05	±1.45	±2.10	±2.90
1 000	2 000	—	1	±0.45	±0.65	±0.90	±1.30
		1	4	±0.90	±1.30	±1.80	±2.50
		4	—	±1.40	±2.00	±2.80	±3.90
2 000	4 000	—	1	±0.70	±1.00	±1.40	±2.00
		1	4	±1.40	±2.00	±2.80	±3.90
		4	—	±1.80	±2.60	±3.60	±5.00

注：对于 0.5mm 及以下的尺寸应标公差。

表 2-8 未注公差冲裁角度尺寸的极限偏差

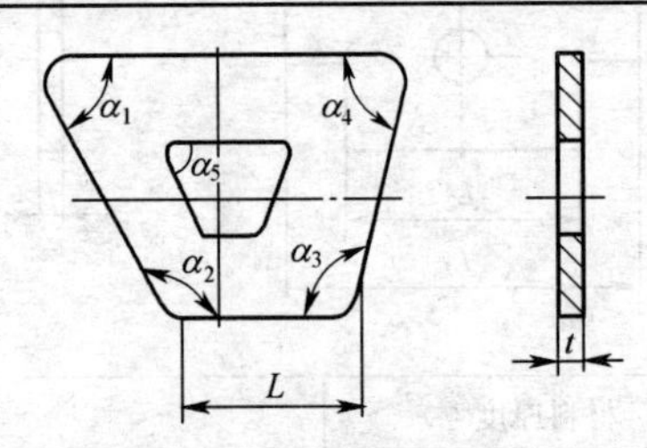

公差等级	短边长度 L/mm						
	≤10	10~25	25~63	63~160	160~400	400~1 000	1 000~2 500
f	±1°00′	±0°40′	±0°30′	±0°20′	±0°15′	±0°10′	±0°06′
m	±1°30′	±1°00′	±0°45′	±0°30′	±0°20′	±0°15′	±0°10′
c、v	±2°00′	±1°30′	±1°00′	±0°40′	±0°30′	±0°20′	±0°15′

表 2-9 直线度、平面度未注公差 (mm)

公差等级	主参数(L、H、D)						
	≤10	10~25	25~63	63~160	160~400	400~1 000	1 000
1	0.06	0.10	0.15	0.25	0.40	0.60	0.90
2	0.12	0.20	0.30	0.50	0.80	1.20	1.80
3	0.25	0.40	0.60	1.00	1.60	2.50	4.00
4	0.50	0.80	1.20	2.00	3.20	5.00	8.00
5	1.00	1.60	2.50	4.00	6.50	10.00	16.00

注:本表适用于金属材料冲压件,非金属材料冲压件可参照执行。

表 2-10 同轴度、对称度未注公差 (mm)

公差等级	主参数(B、D、L)							
	≤3	3~10	10~25	25~63	63~160	160~400	400~1 000	1 000
1	0.12	0.20	0.30	0.40	0.50	0.60	0.80	1.00
2	0.25	0.40	0.60	0.80	1.00	1.20	1.60	2.00
3	0.50	0.80	1.20	1.60	2.00	2.50	3.20	4.00
4	1.00	1.60	2.50	3.20	4.00	5.00	6.50	8.00

注:本表适用于金属材料冲压件,非金属材料冲压件可参照执行。

冲裁件的倒角尺寸和倒角高度尺寸在图样上一般不提出允差要求,在检查时可按表 2-11 进行检查。

表 2-11 冲裁件的倒角尺寸允差

<table>
<tr><th>类型</th><th>图 示</th><th colspan="8">允许偏差值</th></tr>
<tr><td rowspan="3">非配合零件</td><td rowspan="3">C 45° R R</td><td colspan="8">非配合半径及倒角</td></tr>
<tr><td>R 或 C</td><td>0.3</td><td>0.5</td><td>1~3</td><td>4~5</td><td>6~8</td><td>10~16</td><td>20~30</td></tr>
<tr><td>ΔR 或 ΔC</td><td>±0.2</td><td>±0.3</td><td>±0.5</td><td>±1</td><td>±2</td><td>±4</td><td>±5</td></tr>
<tr><td rowspan="3">配合零件</td><td rowspan="3">r R C×45°</td><td colspan="8">配合半径及倒角</td></tr>
<tr><td>R、r、C</td><td colspan="2">0.4~1</td><td colspan="2">1.5~3</td><td colspan="2">4~6</td><td>8~12</td></tr>
<tr><td>ΔR、Δr、ΔC</td><td colspan="2">-0.2</td><td colspan="2">-0.5</td><td colspan="2">-1</td><td>-2</td></tr>
</table>

冲裁件有清角要求的,在图样上有注明的按要求检查,未注明的,在检查时允许有不大于 0.3~0.5 mm 的小圆角。

4. 影响冲裁件质量的因素

冲裁件的质量主要由冲裁断面质量、尺寸精度及形状精度三部分组成。各部分的影响因素主要有以下几方面。

(1)断面质量的影响因素 冲裁件的断面质量指标是圆角带所占比例越小越好,光亮带的比例越大越好,断裂带的比例越小越好,毛刺越薄越好,总锥度越小越好。影响断面质量的因素主要有以下三点。

①材料力学性能的影响。塑性好的材料冲裁时裂纹出现得较迟,板料被剪切的深度较大,所得断面光亮带所占的比例就大,圆角也大;而塑性差的材料,板料被剪切不久就出现裂纹,使断面光亮带所占的比例小,圆角小,大部分是有斜度的断裂带。

②模具间隙的影响。模具间隙适中时,冲裁时上、下刃口处产生的剪裂纹基本重合,切断面的圆角、毛刺和斜度均很小,冲裁件断面质量较好。

模具间隙过小时,凸模刃口处的裂纹比合理间隙时向外错开一段距离,上、下裂纹不重合,产生第二次剪切,从而在剪切面上形成略带倒锥的第二个光亮带。在第二个光亮带下面存在着潜伏的裂纹,由于间隙过小,端面出现挤长的毛刺。这种挤长毛刺虽比合理间隙时的毛刺高,但容易去除,而且断面的斜度和圆角小,冲裁件的翘曲小,所以,只要中间撕裂不是很深,仍可使用。

模具间隙过大时,凸模刃口处的裂纹比合理间隙时向内错开一段距离,板料受弯曲与拉伸作用增大,使剪切断面塌角增大,塑性变形阶段较早结束,断面光亮带减小,光亮带的斜度增大,形成厚而大的拉长毛刺,而且难以去除,冲裁件平面还可能产生穹弯现象。

③模具刃口状态的影响。模具刃口状态对冲裁过程中的应力状态及冲裁件的断面质量有较大影响。当刃口磨损成圆角时,刃口与材料的接触面积增大,挤压作用增大,冲裁件圆角和光亮带增大。当凸、凹刃口磨钝后,即使间隙合理也会在冲裁件上产生较大的毛刺,凸模刃口磨钝时,在落料件上端产生毛刺;凹模刃口磨钝时,冲孔件的孔口下端产生毛刺;凸、凹模刃口同时磨钝时,冲裁件上、下端都会产生毛刺。

(2)尺寸精度的影响因素 冲裁件的尺寸精度是指冲裁件的实际尺寸与图样上基本尺寸之差,差值越小,精度越高。冲裁件的尺寸精度与许多因素有关,如冲模的制造精度、冲裁间隙、材料性质等,其中主要因素是冲裁间隙。

①冲模制造精度的影响。冲模制造精度对冲裁件尺寸精度有直接影响,冲模的精度越高,在其他条件相同时,冲裁件的精度也越高。一般情况下,冲模的制造精度要比冲裁件的精度高2~4个精度等级。模具制造精度与冲裁件精度的关系见表2-3。

②冲裁间隙的影响。当间隙过大时,板料在冲裁过程中除受剪切外还产生较大的拉伸与弯曲变形,冲裁后,材料弹性恢复使冲裁件尺寸向实体方向收缩。对于落料件,其尺寸将会小于凹模尺寸;对于冲孔件,其尺寸将会大于凸模尺寸。

当间隙过小时,板料冲裁过程中除剪切外还会受到较大的挤压作用,冲裁后,材料的弹性恢复使冲裁件尺寸向实体的反方向胀大。对于落料件,其尺寸将会大于凹模尺寸;对于冲孔件,其尺寸将会小于凸模尺寸。

当间隙适当时,在冲裁过程中,板料的变形区在比较纯的剪切作用下被分离,使落料件的尺寸等于凹模尺寸,冲孔件尺寸等于凸模的尺寸。

③材质的影响。材料的性质对该材料在冲裁过程中的弹性变形量有很大影响。对比较

软的材料,如软钢的弹性变形量较小,冲裁后的回弹值也较小,因而加工件精度高。而硬的材料,情况正好与此相反。

(3)形状误差的影响因素　冲裁件的形状误差是指翘曲、扭曲、变形等缺陷。间隙过大容易引起翘曲(穹弯);材料的不平、间隙不均匀、凹模后角对材料摩擦不均匀会产生扭曲缺陷;坯料的边缘冲孔或孔距太小等会因胀形而产生变形。

影响冲裁件形状误差的主要因素是刃口间隙。研究表明,间隙对冲裁件穹弯影响的一般规律为:小间隙时,穹弯较大;间隙为(5%~15%)t 时,穹弯较小;随着间隙的增大穹弯又增大,使冲裁件的平直度降低。

5. 保证冲裁件质量的措施

根据上述影响冲裁件质量的因素,为提高冲裁件质量,主要可采取以下措施:提高冲模的制造精度;选用合理的冲裁间隙;选用合适的冲裁材料,尽量选用塑性好的材料,控制好冲裁材料的品质,其中,应特别加强材料的表面质量、机械性能、厚度偏差等项目的检测;尽量简化冲裁件的外形形状,保证其冲裁工艺性;选用具有足够刚度、机身导轨精度高、滑块运动平稳的压力机进行冲裁加工;加强冲裁加工设备的合理使用、维护保养及模具工作状态的检查及性能的修护等工作。

2.3 冲裁件的工艺性分析

冲裁件的工艺性指冲裁件在冲压加工中的难易程度。良好的冲裁工艺性是指在满足冲裁件使用要求的前提下,能以最简单、最经济的冲裁方式加工出来。因此,在编制冲压工艺规程和设计模具之前,应从工艺角度分析冲件设计是否合理,是否符合冲裁的工艺要求。

冲裁件的工艺性主要包括冲裁件的结构、尺寸、精度、断面粗糙度、材料等。

①冲裁件的外形或内孔应尽可能设计成简单、对称,以有利于材料的合理利用。

②冲裁件的内、外形转角处要尽量避免尖角,以便于模具加工,减少热处理开裂,减少冲裁时尖角处的崩刃和过快磨损。冲裁件的最小圆角半径可参照表 2-12 选取。

表 2-12　冲裁件最小圆角半径

冲件种类		最小圆角半径/R			
		黄铜、铝	合金钢	软钢	备注
落料	交角≥90°	$0.18t$	$0.35t$	$0.25t$	≥0.25
	交角<90°	$0.35t$	$0.70t$	$0.50t$	≥0.50
冲孔	交角≥90°	$0.20t$	$0.45t$	$0.30t$	≥0.30
	交角< 90°	$0.40t$	$0.90t$	$0.60t$	≥0.60

③冲裁件的凸出悬壁和凹槽不宜过长,否则会降低模具寿命和冲裁件质量。如图 2-7 所示,一般情况下,悬臂和凹槽的宽度 $b \geqslant 1.5t$(t 为料厚,当料厚 $t<1$ mm 时,按 1 mm 计算);当冲件材料为黄铜、铝、软钢时,$b \geqslant 1.2t$;当冲件材料为高碳钢时,$b \geqslant 2t$。悬臂和凹槽的长度 $l \leqslant 5b$。

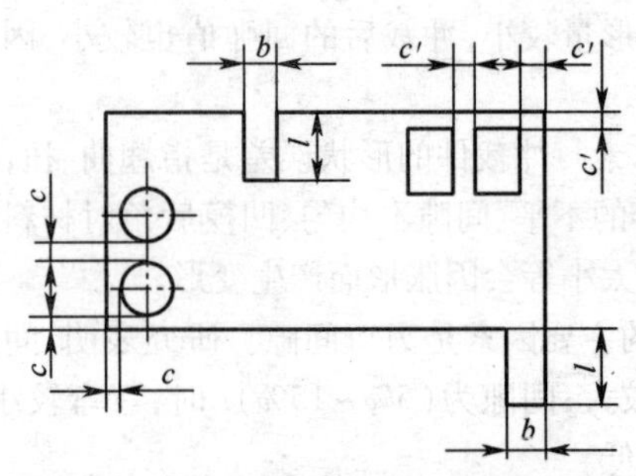

图 2-7 冲裁件上悬臂及凹槽的要求

④冲孔尺寸不宜过小，否则凸模强度不够。冲孔的最小尺寸取决于材料性能、凸模强度和模具结构等因素。用无导向凸模和带护套凸模冲制，孔的最小尺寸可参考表 2-13 及表 2-14。

表 2-13 用自由凸模冲孔的最小尺寸

材 料	冲孔最小直径或最小边长	
	圆孔	矩形孔
硬钢 $\tau>700$ MPa	1.3t	t
软钢 $\tau=400\sim700$ MPa 及黄铜	t	0.7t
铝、锌	0.8t	0.6t
夹布胶木及夹纸胶木	0.4t	0.35t

表 2-14 用带护套凸模冲孔的最小尺寸

材 料	冲孔最小直径或最小边长	
	圆孔	矩形孔
硬钢 $\tau>700$ MPa	0.5t	0.4t
软钢 $\tau=400\sim700$ MPa 及黄铜	0.35t	0.3t
铝、锌	0.3t	0.28t

⑤冲裁件的孔与孔之间、孔与边缘之间的距离不能过小，否则凹模强度不够，容易破裂，且工件边缘容易产生膨胀或歪扭变形。对圆孔，最小距离 $c\geqslant(1\sim1.5)t$；对矩形孔，最小距离 $c'\geqslant(1.5\sim2)t$，如图 2-7 所示。

⑥冲裁所用的材料，不仅要满足使用要求，还应满足冲压工艺要求和后续加工要求。即应有良好的抗破裂性、良好的贴模性和定形性；材料的表面应光洁、平整，无缺陷损伤；材料的厚度公差应符合国家标准。

⑦冲裁件内外形的经济精度为 IT12～IT14 级，一般要求落料件精度最好低于 IT10，冲孔件最好低于 IT9 级。

⑧冲裁零件的断面粗糙度、形状及尺寸精度应符合表 2-1～表 2-11 的要求。

2.4 冲裁的有关计算

在编制冲压工艺规程和设计模具之前,应根据冲裁零件的形状、尺寸和精度等方面进行必要的分析、计算,以对冲压工艺规程的编制及模具的设计、压力机的选用等提供必要的依据。主要包括冲裁排样冲裁力计算、降低冲裁力的方法、模具压力中心的计算。

2.4.1 冲裁排样

冲裁件在条料上的布置方法称为排样。排样的基本原则为提高材料利用率,同时使操作人员方便、安全、劳动强度低,使模具结构简单等。

1. 排样的主要形式及应用

按排样时有无废料来分,冲裁排样的方法主要分为:有废料排样、少废料排样、无废料排样三种,其分别具有以下特点。

①有废料排样。在冲裁件与条料侧边之间以及冲裁件与冲裁件之间都留有搭边,冲裁沿着冲裁件的封闭轮廓进行,冲件尺寸完全由冲模来保证,因此,精度高,模具寿命也高,但材料利用率低。

②少废料排样。仅在冲件之间或冲件与条料侧边之间留有搭边,冲裁只沿着冲裁件的部分轮廓进行,因受剪裁条料质量和定位误差的影响,其冲件质量稍差,同时,边缘毛刺被凸模带入间隙影响模具寿命,但材料利用率稍高,冲模结构简单。

③无废料排样。无废料排样实际是无任何搭边,冲裁件沿直线或曲线切断条料而获得。采用无废料排样时,冲件质量和模具寿命更差一些,但材料利用率最高。

三种冲裁排样方法按冲裁零件排布的不同,又可分为:直排、斜排、直对排、斜对排等形式。表 2-15 给出了冲裁排样的主要形式及其应用。

表 2-15 冲裁排样的主要形式及其应用

排样形式	有废料排样		少、无废料排样	
	简图	应用	简图	应用
直排		用于简单几何形状(方形、矩形、圆形)的冲件		用于方形或矩形冲件
斜排		用于 T 形、L 形、S 形、十字形、椭圆形冲件	第 1 方案 第 2 方案	用于 L 形或其他形状的冲件,在外形上允许有不大的缺陷

续表 2-15

排样形式	有废料排样		少、无废料排样	
	简　图	应　用	简　图	应　用
直对排	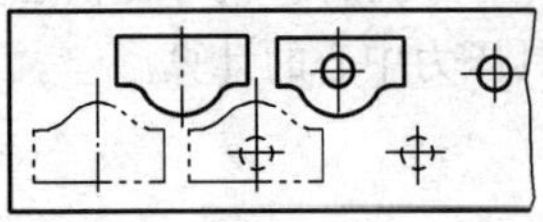	用于T形、U形、山形、梯形、三角形、半圆形的冲件	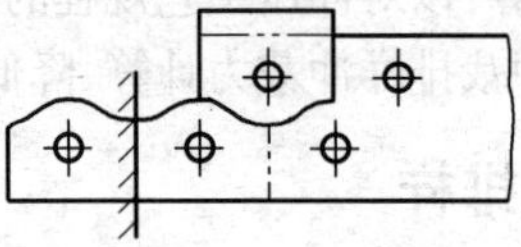	用于T形、U形、山形、梯形、三角形、半圆形的冲件，在外形上允许有不大的缺陷
斜对排		用于材料利用率比直对排时高的情况		多用于T形冲件
混合排	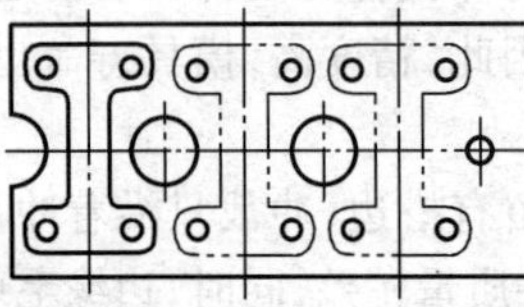	用于材料及厚度都相同的两种以上的冲件	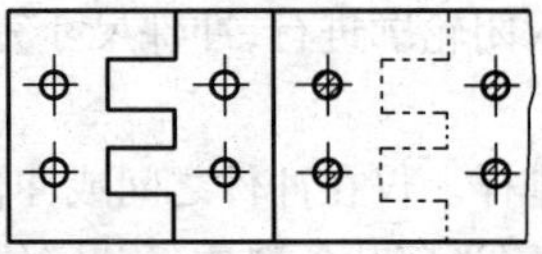	用于两个外形互相嵌入的不同冲件（铰链等）
多排	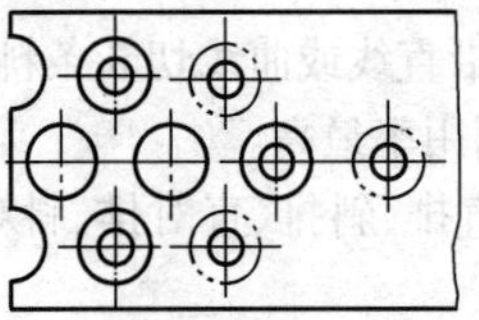	用于大批生产中尺寸不大的圆形、六角形、方形、矩形冲件	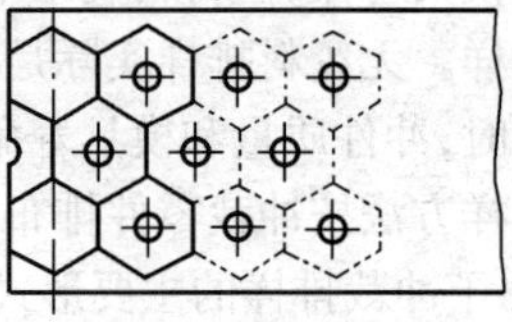	用于大批量生产中，尺寸不大的方形、矩形及六角形冲件
冲裁搭边	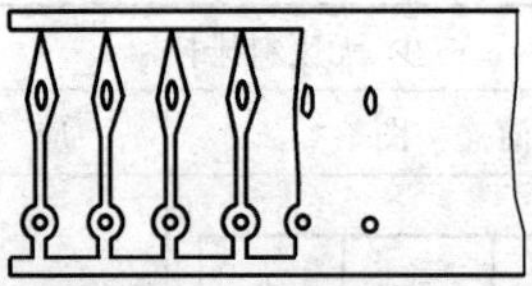	大批生产中用于小的窄冲件（表针及类似的冲件）或带料的连续拉深	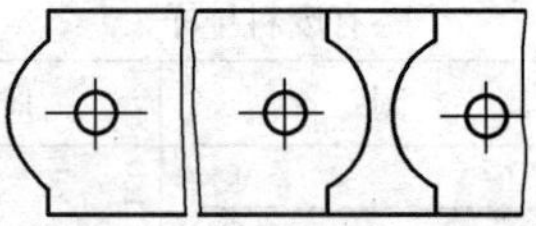	用于以宽度均匀的条料或带料冲制长形件

2. 材料利用率的确定

不论材料采用何种排样形式，都要产生废料。冲裁所产生的废料可分为两类：一类是结构废料，是由冲件的形状特点产生的；另一类是由于冲件之间和冲件与条料侧边之间的搭边，以及料头、料尾和边余料而产生的废料，称为工艺废料，如图2-8所示。

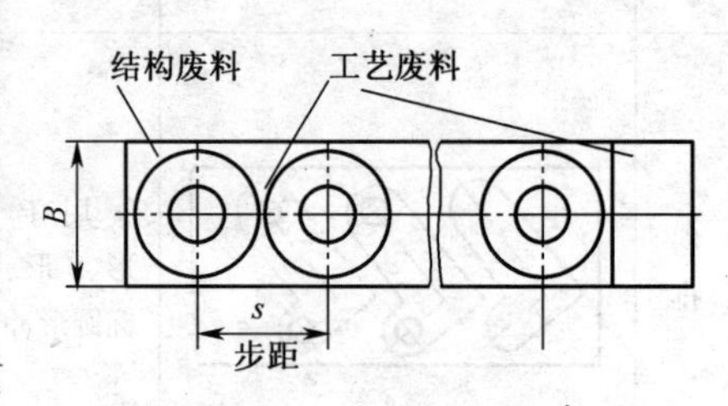

图 2-8　废料的种类

排样时，材料是否经济，可采用材料利用率 K 进行判断，K 值可由下式计算：

$$K=\frac{M_{成}}{H}\times100\%, H=\frac{M}{n}$$

式中　$M_{成}$——一个成品零件的质量,kg;

H——单个零件的材料消耗定额,kg;

M——冲压用原材料的重量,kg;

n——原材料上排样所得的零件数量。

计算的 K 值越大,材料的利用率就越高。一般来说,材料的费用约占冲裁件成本的60/%以上,可见,材料利用率是一项很重要的经济指标。要提高材料利用率,主要应从减少工艺废料着手。减少工艺废料的有力措施是设计合理的排样方案、选择合适的板料规格和合理的裁板法(减少料头、料尾和边余料)、利用废料作小零件(如采用表 2-15 中的混合排样)等。

对一定形状的冲件,结构废料不可避免,但充分利用结构废料是可能的。当两个冲件的材料和厚度相同时,较小尺寸的冲件可在较大尺寸冲件的废料中冲制,从而使结构废料得到充分利用。如电机转子硅钢片就是在定子硅钢片的废料中取出的。

3. 排样图的设计

根据零件形状结构与尺寸精度,确定排样方法,进行排样图的设计时,首先应确定条料宽度,然后还要选择板料规格,并确定裁板方法(纵向剪裁或横向剪裁)。值得注意的是,在选择板料规格和确定裁板法时,还应综合考虑材料利用率、纤维方向(对弯曲件)、操作方便和材料供应情况等。当条料长度确定后,就可以绘出排样图。如图 2-9 所示,一张完整的排样图应标注条料宽度 B、条料长度 L、板料厚度 t、端距 l、步距 S、工件间搭边 a_1 和侧搭边 a。

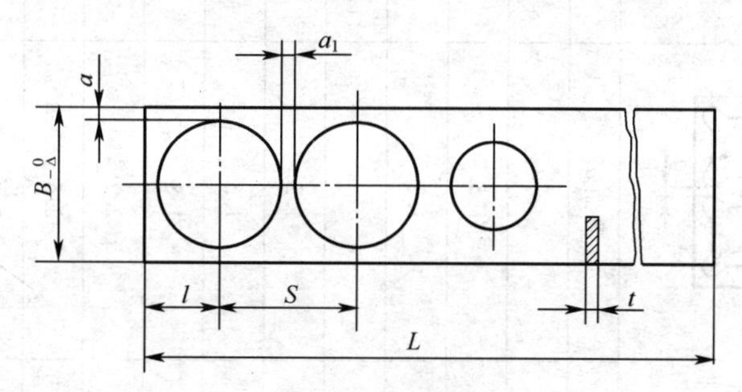

图 2-9　排样图

排样图设计的重点在于搭边、条料宽度、步距等数值的确定。

(1)搭边值的确定　冲裁排样时,冲裁件与冲裁件之间以及冲裁件与条料侧边之间留下一定的工艺余量,称为搭边。设置搭边的目的是为了补偿冲裁过程中,条料的裁剪误差、送料步距误差及补偿由于条料与导料板之间间隙所造成的送料歪斜误差等;同时使冲裁过程中凸、凹模刃口能双边受力;使条料在连续送进时有一定的刚度,避免工件缺角等废品的发生以及提高模具寿命与工作断面质量。

搭边过大,浪费材料,过小,不但起不到应有的作用,还容易挤进凹模,增加刃口磨损,影响模具寿命。搭边值通常由经验确定。表 2-16 为常用材料的搭边值。

表 2-16 搭边 a 和 a_1 数值(低碳钢) (mm)

材料厚度 t	圆件及 $r>2t$ 的圆角		矩形件边长 $L\leq50$		矩形件边长 $L>50$ 或圆角 $r\leq2t$	
	工件间 a_1	侧面 a	工件间 a_1	侧面 a	工件间 a_1	侧面 a
<0. 25	1. 8	2	2. 2	2. 5	2. 8	3
0. 25~0. 5	1. 2	1. 5	1. 8	2	2. 2	2. 5
0. 5~0. 8	1	1. 2	1. 5	1. 8	1. 8	2
0. 8~1. 2	0. 8	1	1. 2	1. 5	1. 5	1. 8
1. 2~1. 5	1	1. 2	1. 5	1. 8	1. 8	2
1. 6~2	1. 2	1. 5	1. 8	2	2. 0	2. 2
2~2. 5	1. 5	1. 8	2	2. 2	2. 0	2. 5
2. 5~3	1. 8	2. 2	2. 2	2. 5	2. 5	2. 8
3~3. 6	2. 2	2. 5	2. 5	2. 8	2. 8	3. 2
3. 5~4	2. 5	2. 8	2. 8	3. 2	3. 2	3. 5
4. 5~5	3	3. 5	3. 5	4	4	4. 5
5~12	0. 6t	0. 7t	0. 7t	0. 8t	0. 8t	0. 9t

注:对于其他材料,应将表中数值乘以相应系数:中碳钢 0. 9;高碳钢 0. 8;硬黄铜 1~1. 1;硬铝 1~1. 2;软黄铜、紫铜 1. 2;铝 1. 3~1. 4;非金属(皮革、纸、纤维板等)1. 5~2。

(2)步距的确定　条料在模具上每次送进的距离称为送料步距 A。步距是决定挡料销位置的依据。

步距的计算与排样方式有关,送料步距的大小为条料上两个对应冲裁件对应点之间的距离,如图 2-10a、图 2-10b 所示。

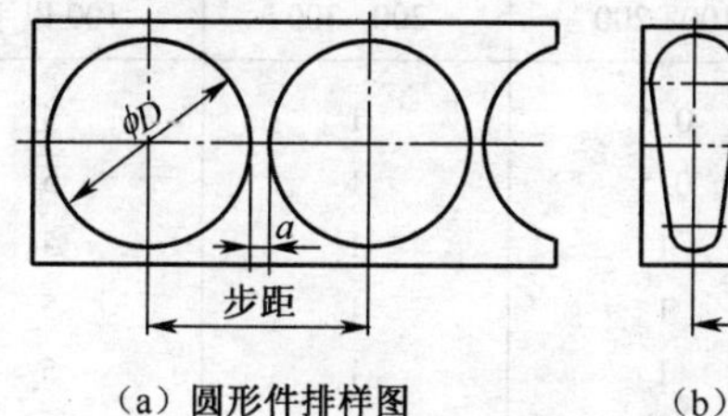

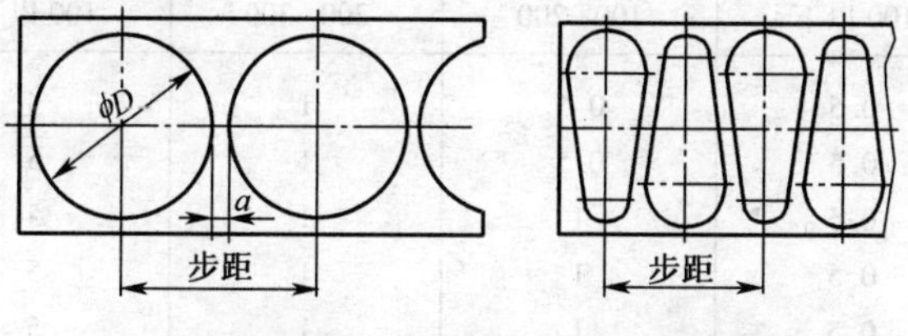

(a) 圆形件排样图　　(b) 异形件排样图

图 2-10　步距的确定

(3)条料宽度的确定　条料宽度的确定与模具是否采用侧压装置或侧刃有关。确定的原则是:最小条料宽度要保证冲裁时工件周边有足够的搭边值,最大条料宽度能在冲裁时顺利通过导料板。

①当导料板之间有侧压装置时,能使条料始终沿着导料板送进,见图 2-11 所示。

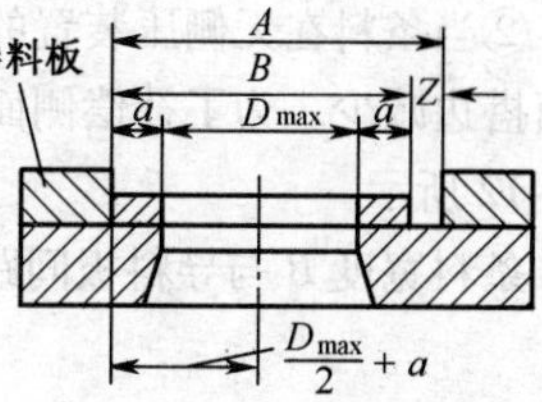

图 2-11　有侧压装置的冲裁

条料宽度 B 与导料板间距离 A 按下式计算:

$$B_{-\Delta}^{\ 0} = (D_{max} + 2a)_{-\Delta}^{\ 0}$$

$$A = B + Z = D_{max} + 2a + Z$$

式中　D_{max}——条料宽度方向冲裁件的最大尺寸,mm;

a——冲裁件与条料侧边之间的搭边,mm,见表 2-16;

Δ——条料宽度的单向(负向)偏差,mm,见表 2-17、表 2-18;

Z——导料板与条料最大宽度之间的间隙,mm,见表 2-17。

表 2-17　条料宽度偏差 Δ　(mm)

条料宽度 B	材料厚度 t			
	~1	1~2	2~3	3~5
~50	0.4	0.5	0.7	0.9
50~100	0.5	0.6	0.8	1.0
100~150	0.6	0.7	0.9	1.1
150~220	0.7	0.8	1.0	1.2
220~300	0.8	0.9	1.1	1.3

表 2-18　条料宽度偏差 Δ　(mm)

条料宽度 B	材料厚度 t		
	~0.5	0.5~1	1~2
~20	0.05	0.08	0.10
20~30	0.08	0.10	0.15
30~50	0.10	0.15	0.20

表 2-19　导料板与条料之间的最小间隙 Z_{min}　（mm）

材料厚度 t	无侧压装置			有侧压装置	
	条料宽度 B			条料宽度 B	
	100以下	100~200	200~300	100以下	100以上
~0.5	0.5	0.5	1	5	8
0.5~1	0.5	0.5	1	5	8
1~2	0.5	1	1	5	8
2~3	0.5	1	1	5	8
3~4	0.5	1	1	5	8
4~5	0.5	1	1	5	8

②当条料在无侧压装置的导料板之间送料时，应考虑在送料过程中因条料的摆动而使侧面搭边减少。为了补偿侧面搭边的减少，条料宽度 B 应增加一个条料可能的摆动量 Z，见图 2-12 所示。

条料宽度 B 与导料板间距离 A 按下式计算：

$$B_{-\Delta}^{\ 0} = (D_{max} + 2a + Z)_{-\Delta}^{\ 0}$$

$$A = B + Z = D_{max} + 2a + 2Z$$

③当条料的送进步距用侧刃定位时，条料宽度必须增加侧刃切去的部分，见图 2-13 所示。

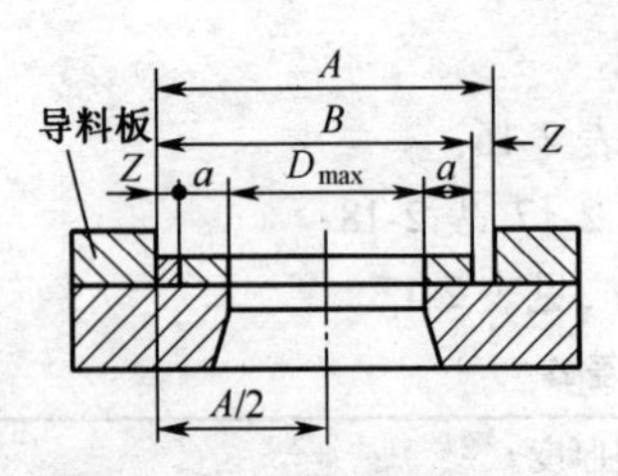

图 2-12　无侧压装置的冲裁

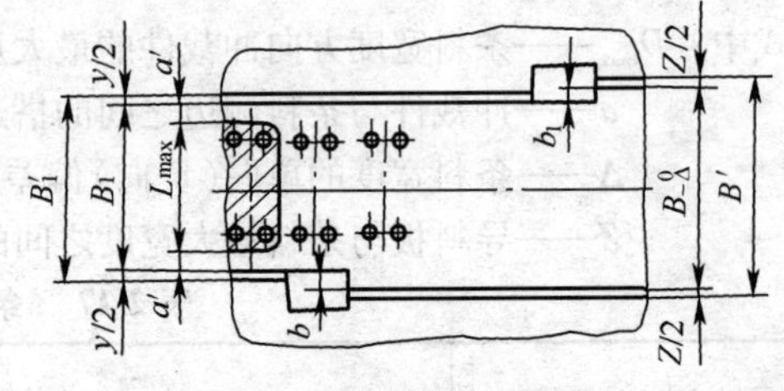

图 2-13　有侧刃的冲裁

条料的宽度 B 为：

$$B_{-\Delta}^{\ 0} = (L_{max} + 2a' + nb_1)_{-\Delta}^{\ 0} = (L_{max} + 1.5a + nb_1)_{-\Delta}^{\ 0}$$

导料板间距离 B' 为：

$$B' = B + Z = L_{max} + 1.5a + nb_1 + Z$$

导料板间距离 B_1' 为：

$$B_1' = L_{max} + 1.5a + y$$

式中　L_{max}——条料宽度方向的最大尺寸，mm；

a——侧搭边值，mm，见表 2-16；

n——侧刃数；

b_1——侧刃冲切的料边宽度，mm，见表 2-20；

Z——冲切前的条料宽度与导料板间的间隙,mm,见表 2-19;

y——冲切后的条料宽度与导料板间的间隙,mm,见表 2-20。

表 2-20 b_1、y 值 (mm)

条料厚度 t	b_1		y
	金属材料	非金属材料	
~1.5	1.5	2	0.10
>1.5~2.5	2.0	3	0.15
>2.5~3	2.5	4	0.20

2.4.2 冲裁力计算

冲裁力是选用合适压力机的主要依据,也是设计模具和校核模具强度所必需的数据。普通平刃口冲裁,其冲裁力的计算公式为:

$$F = k\,L\,t\,\tau$$

式中 F——冲裁力,N;

L——冲裁件周长,mm;

t——板料厚度,mm;

τ——材料的抗剪强度,MPa;

k——安全系数,一般取 1.3。

在一般情况下,材料的抗拉强度 $\sigma_b \approx 1.3\tau$,为计算方便,可用下式计算冲裁力:

$$F = L\,t\,\sigma_b$$

在冲裁加工中,除了冲裁力外,还有卸料力、推件力和顶件力。将冲裁后紧箍在凸模上的料拆卸下来的力称为卸料力,以 $F_{卸}$ 表示;将卡在凹模中的料推出或顶出的力称为推件力或顶件力,以 $F_{推}$ 与 $F_{顶}$ 表示,如图 2-14 所示,其大小由下列经验公式确定:

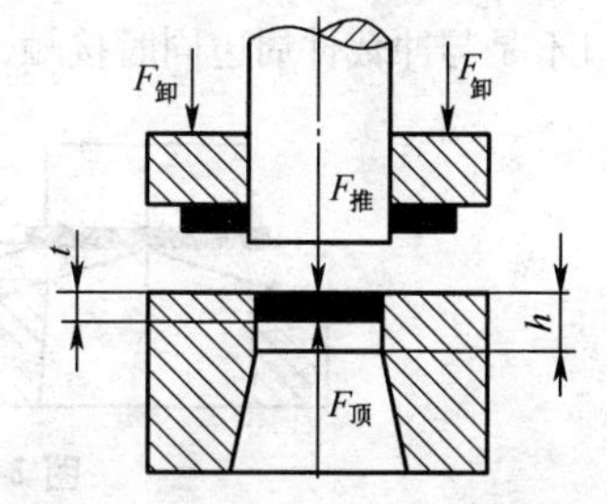

图 2-14 卸料力、推件力和顶件力

卸料力 $F_{卸}$ 为: $F_{卸} = K_{卸}\,F$

推件力 $F_{推}$ 为: $F_{推} = nK_{推}\,F$

顶件力 $F_{顶}$ 为: $F_{顶} = K_{顶}\,F$

式中 $F_{卸}$——卸料力,N; $F_{推}$——推件力,N; $F_{顶}$——顶件力,N;

$K_{卸}$、$K_{推}$、$K_{顶}$——分别为卸料系数、推件系数、顶件系数,其值见表 2-21;

F——冲裁力,N;

n——卡在凹模孔内的工件数,$n=h/t$(h 为凹模刃口孔的直壁高度,t 为工件材料厚度)。

表 2-21 卸料力、推件力及顶件力的系数

料厚/mm	$K_{卸}$	$K_{推}$	$K_{顶}$
纯铜、黄铜	0.02~0.06	0.03~0.09	
铝、铝合金	0.025~0.08	0.03~0.07	

续表 2-21

料厚/mm		$K_{卸}$	$K_{推}$	$K_{顶}$
钢	≤0.1	0.06~0.075	0.1	0.14
	0.1~0.5	0.045~0.055	0.065	0.08
	0.5~2.5	0.04~0.05	0.050	0.06
	2.5~6.5	0.03~0.04	0.040	0.05
	>6.5	0.02~0.03	0.025	0.03

冲裁时所需总冲压力为冲裁力、卸料力、推件力和顶件力之和。这些力在选择压力机时是否都要考虑进去,应根据不同的模具结构分别对待。

采用刚性卸料装置和下出料方式冲裁模的 $F_{总} = F_{冲} + F_{推}$

采用弹性卸料装置和下出料方式冲裁模的 $F_{总} = F_{冲} + F_{推} + F_{卸}$

采用弹性卸料装置和上出料方式冲裁模的 $F_{总} = F_{冲} + F_{卸} + F_{顶}$

根据冲裁模的总压力选择压力机时,一般应满足:压力机的公称压力≥$1.2F_{总}$。

2.4.3 降低冲裁力的方法

在生产加工中,为实现小设备冲裁大工件,必须减小冲裁力,有时为使冲裁过程平稳,以减小冲击、振动和降低噪声,也必须减小冲裁力。降低冲裁力主要有以下几种方法。

1. 斜刃冲裁

在冲裁时,将凸模或凹模刃口做成如图 2-15 所示的斜刃口。在斜刃冲裁过程中,整个刃口不是与冲裁件周边同时接触,而是逐步切入,可以减少落料力和冲孔力。

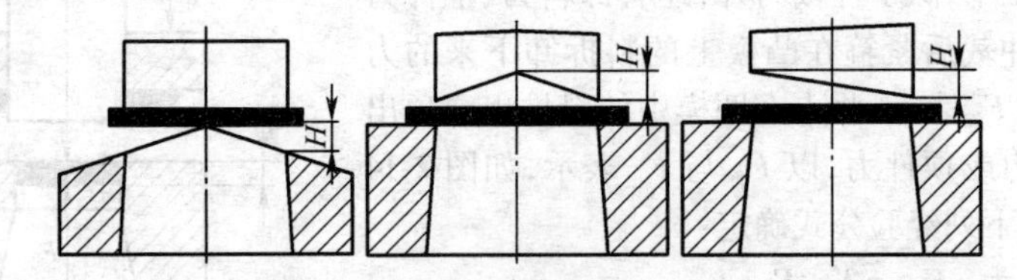

图 2-15 凸模及凹模各种斜刃形式

刃口倾斜程度 H 越大,冲裁力越小。当 $H=2t$ 时,所需冲裁力为平刃冲裁的 30/%;当 $H=t$ 时,所需冲裁力约为平刃冲裁的 50/%,但 H 越大,凸模进入凹模越深,板料的弯曲较严重,所以 H 的取值一般按表 2-22 选取。

表 2-22 刃口倾斜程度 H 取值表 (mm)

材料厚度/t	冲压件的轮廓尺寸		
	100~250	250~500	>500
	斜度值 H		
0.8~2	2	3	4
2~4	3	4	5
4~6	4	5	6
6~8	5	6	8

为获得平整的冲裁件，落料时，凹模应做成有斜坡，而凸模做成平面。冲孔时，凸模应做成有斜坡，而凹模做成平面。斜刃高度 H 应等于被冲材料厚度的 1~3 倍。

合理的使用斜刃口对冲床和冲模可形成有利的工作条件，但采用斜刃也有刃口制造与修磨比较复杂、刃口极易磨损、工件不够平整等缺点，因此，斜刃口仅适用于形状简单、精度要求不高、料不太厚的大件冲裁。

2. 阶梯凸模冲裁

在多凸模冲裁时，可采用凸模高度不一的阶梯形冲裁结构，如图 2-16 所示。由于采用阶梯冲裁时，各个凸模冲裁力的最大峰值不同时出现，因此，也可降低总的冲裁力。

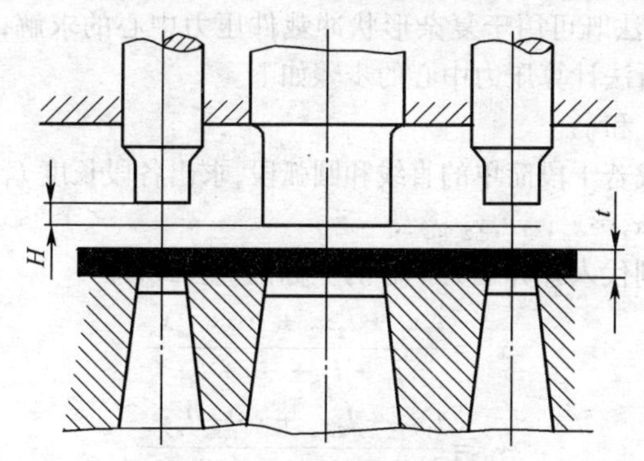

图 2-16 多凸模阶梯冲裁

采用阶梯冲裁时，各阶梯凸模的布置要注意对称，以减小水平侧向分力的影响及压力中心的偏移。各凸模间的高度相差量 H 与板料厚度有关。对薄料，取 $H=t$，对于厚料（$t>3$mm），取 $H=0.5t$。

阶梯冲裁的冲裁力，一般只按产生最大冲裁力的那一个凸模进行计算。

3. 加热冲裁

在生产实际中，将材料加热后冲裁，也是降低冲裁力常用的方法。一般将钢材加热到 700℃~900℃时，冲裁力只有常温的 1/3 不到，但加工出来的零件断面质量差，有氧化皮，仅用于精度要求不高的厚料冲裁。

2.4.4 模具压力中心的计算

冲压力合力的作用点称为模具的压力中心。为保证冲模平衡地工作，模具压力中心必须通过模柄轴线且和压力机滑块的中心线重合，否则，滑块就会受到偏心荷载而导致滑块导轨和模具的不正常磨损，降低模具寿命甚至损坏模具。

1. 计算原则

整个压力中心的计算是根据合力对某轴之力矩，等于各分力对同轴的力矩之和的力学原理进行求解。

2. 形状简单件压力中心的计算

冲裁形状对称的冲件时，其压力中心位于冲件轮廓图形的几何中心；冲裁直线段时，其压力中心即是线段的中点；冲裁圆弧线段时（图 2-17 所示），压力中心的位置按下式计算：

$$x_0 = \frac{180\ r\ \sin\alpha}{\alpha\pi} = \frac{57.29\ r\ \sin\alpha}{\alpha}$$

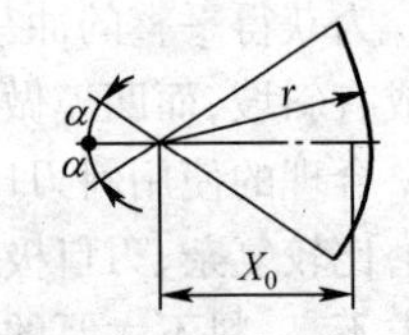

图 2-17 圆弧的压力中心

式中 r——圆弧半径,mm;

α——中心半角,(°);

x_0——圆弧压力中心与圆心距离,mm。

3. 形状复杂件压力中心的计算

生产中,复杂形状冲裁件的压力中心通常采用解析法或悬挂法进行计算。

(1)*解析法* 解析法既可用于复杂形状冲裁件压力中心的求解,也可用于多凸模冲模压力中心的求解。解析法计算压力中心的步骤如下。

①先选定坐标轴 x 和 y。

②将工件周边分成若干段简单的直线和圆弧段,求出各段长度 $L_1,L_2\cdots L_n$ 及其各段的压力中心的坐标尺寸 $x_1,x_2\cdots x_n$; $y_1,y_2\cdots y_n$。

③将上述数据分别代入计算压力中心的坐标位置公式,即

$$x_0 = \frac{l_1x_1 + l_2x_2 + \cdots + l_nx_n}{l_1 + l_2 + \cdots + l_n}$$

$$y_0 = \frac{l_1y_1 + l_2y_2 + \cdots + l_ny_n}{l_1 + l_2 + \cdots + l_n}$$

如冲裁如图 2-18 所示较复杂轮廓的工件时,则其压力中心的计算顺序如下:

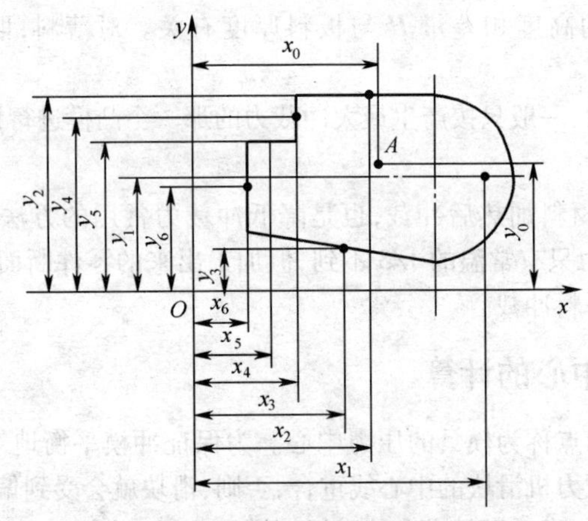

图 2-18 压力中心计算示意图

①按比例绘出凸模工作部位的轮廓图。

②从离开轮廓形状任意选的地方确定 x 和 y 轴。

③将轮廓线分成若干部分而决定其重心的坐标 $x_1,x_2\cdots x_n$ 和 $y_1,y_2\cdots y_n$。

④因为冲裁力和剪切长度 $L_1,L_2\cdots L_n$ 成正比,所以,在计算总的冲裁力时可用 $L_1,L_2\cdots L_n$ 来表示,然后按上述压力中心的坐标位置计算公式确定压力中心的坐标。

与复杂轮廓压力中心的求解类似,冲裁如图 2-19 所示多凸模冲裁件时,冲模压力中心

的计算顺序如下：

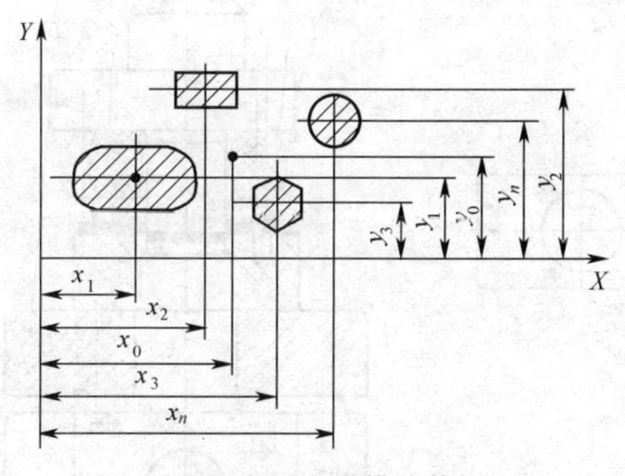

图 2-19 多凸模冲裁

①按比例绘出凸模工作部位的轮廓图。

②选择坐标轴 x 轴和 y 轴。

③找出每个独立凸模的重心和它的坐标。

④计算出每一个凸模轮廓的周长 $L_1, L_2 \cdots L_n$，然后，按上述压力中心的坐标位置计算公式确定压力中心的坐标。

(2) *悬挂法* 除解析法外，在生产中，还可用悬挂法来确定复杂冲裁件的压力中心，具体做法是：用匀质细金属丝沿冲裁轮廓弯制成模拟件，然后用缝纫线将模拟件悬吊起来，并从吊点作铅垂线；再取模拟件的另一点，以同样的方法作另一铅垂线，两垂线的交点即为压力中心。悬挂法的理论根据是：用匀质金属丝代替均布于冲裁件轮廓的冲裁力，显然，该模拟件的重心就是冲裁的压力中心。

2.5 冲裁模典型结构分析

根据冲裁加工工序组合方式的不同，冲裁模可分为单工序冲裁模、复合冲裁模和级进冲裁模三种。根据冲裁零件材料的不同，可分为金属冲裁模和非金属冲裁模两类。

1. 单工序冲裁模

在冲床的一次冲压过程中完成一个冲裁工序的冲模称为单工序冲裁模，如落料模、冲孔模。根据导向方式的不同，其又可分为无导向冲裁模、导板式冲裁模和导柱式冲裁模。

(1) *无导向冲裁模* 如图 2-20b 所示，无导向冲孔模是冲裁图 2-20a 所示加工件用的模具。

模具工作时，将剪切好的坯料由安装在凹模 5 上的 3 个定位销定位，上模 1 与凹模 5 共同冲出圆孔，由压缩后的聚氨酯 2 提供动力给卸料板 4 将夹在上模 1 冲头上的零件推出。

无导向冲裁模一般既无模架，也无导板与卸料板，甚至没有定位装置，只有整体结构的或镶拼组合结构的凸模与凹模，生产使用时，必须由操作人员对模具间隙进行调整，模具的导向由压力机滑块及导轨导向精度保证。

无导向冲裁模既可用于冲孔，也可用于落料，尽管使用时模具间隙调整麻烦，冲件质量差，操作也不够安全，但由于模具结构简单，制造容易，成本低，因此，生产中依然使用广泛，主要适用于精度要求不高、形状简单、批量小的冲裁件。

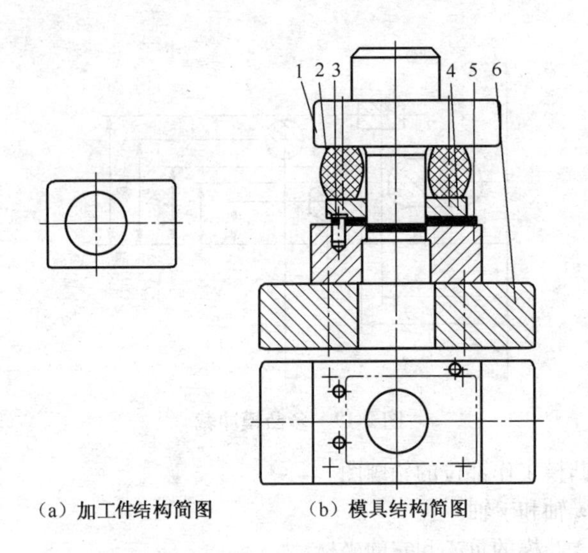

（a）加工件结构简图　（b）模具结构简图

图 2-20　无导向冲孔模

1. 上模　2. 聚氨酯　3. 定位销　4. 卸料板　5. 凹模　6. 下模板

（2）导板式冲裁模　图 2-21c 为冲裁图 2-21a 所示圆形加工件用的导板式落料模，图 2-21b 为其排样图。

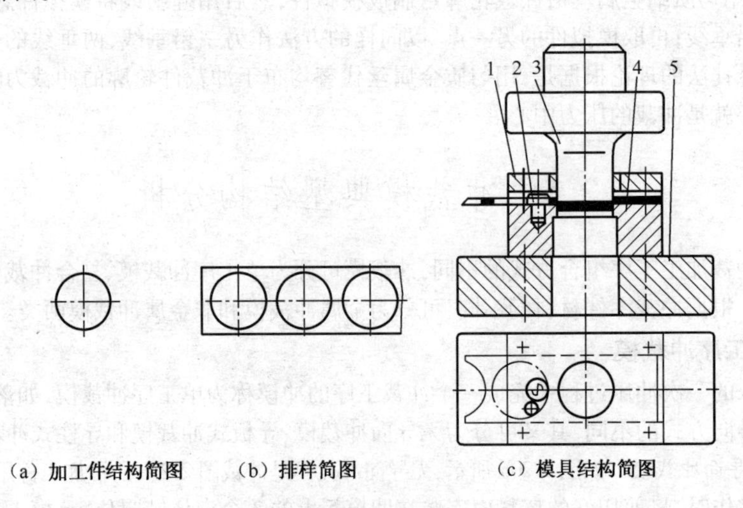

（a）加工件结构简图　（b）排样简图　（c）模具结构简图

图 2-21　导板式落料模

1. 导板　2. 圆柱销　3. 上模　4. 凹模　5. 下模板

该类模具的上模 3 的工作部分与导板 1 成小间隙配合进行导向，对冲裁小于 0.8 mm 的材料时，一般采用 H6/h5 的配合，对冲裁大于 3 mm 的材料，则选用 H8/h7 级配合。导板同时兼起卸料作用，冲裁时，要保证凸模始终不脱离导板，以保证导板的导向精度，尤其是多凸模或小凸模若离开导板再进入导板时，凸模的锐利刃边易被碰损，同时也啃坏导板上的导向孔，从而影响凸模的寿命或使凸模与导板之间的导向精度受到影响。

同样,导板式冲裁模不但可用于落料,也可用于冲孔。导板式冲裁模较无导向模精度高,制造复杂,但使用较安全,安装容易,一般用于板料厚度 t>0.5 mm 的形状简单,尺寸不大的单工序冲裁或多工序的级进模,要求压力机行程要小,以保证工作时凸模始终不脱离导板。形状复杂、尺寸较大的加工件,不宜采用这种结构,最好采用有导柱导套型模架导向的模具结构。

(3) 导柱式冲裁模　图 2-22 为采用模架导向的落料模,采用了后侧滑动导柱式模架。其中,图 2-22a 采用了固定卸料板卸料,凸模 5 直接由凸模固定板 4 固定在上模座 3 上,固定卸料板 6 完成卸料工作。冲裁条料自右向左送进,条料的两侧面由导料板 7 控制送料的方向,定位销 10 确定了条料送进的准确位置。凹模 8 为整体式凹模,凹模直接固定在下模座 9 上,下模座 9 上开有漏料孔,落料件由漏料孔直接落在模具的下方。

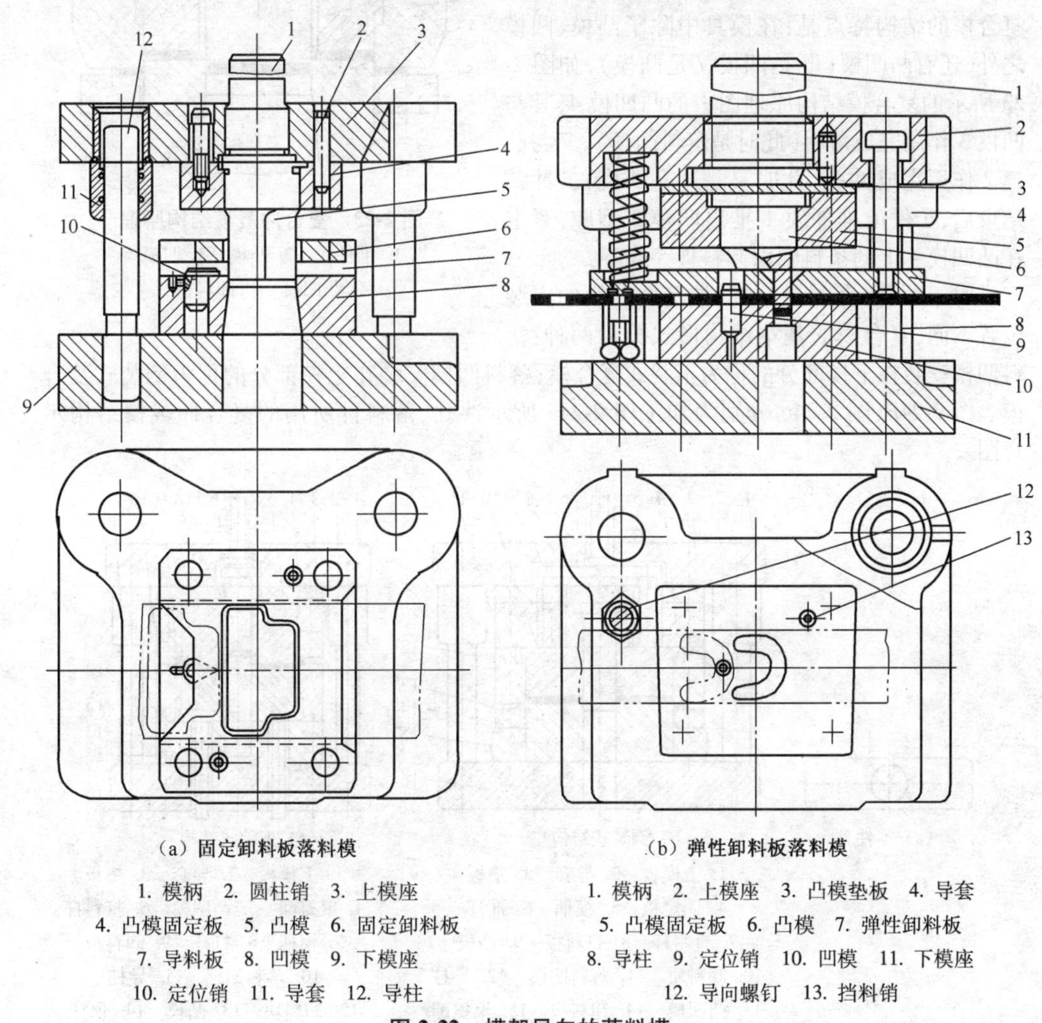

(a) 固定卸料板落料模

1. 模柄　2. 圆柱销　3. 上模座
4. 凸模固定板　5. 凸模　6. 固定卸料板
7. 导料板　8. 凹模　9. 下模座
10. 定位销　11. 导套　12. 导柱

(b) 弹性卸料板落料模

1. 模柄　2. 上模座　3. 凸模垫板　4. 导套
5. 凸模固定板　6. 凸模　7. 弹性卸料板
8. 导柱　9. 定位销　10. 凹模　11. 下模座
12. 导向螺钉　13. 挡料销

图 2-22　模架导向的落料模

图 2-22b 采用了弹性卸料板卸料,并在凸模 6 与上模座 2 之间增加了垫板 3,它可以使

凸模所受到的冲裁力均匀分布于上模座。弹性卸料板采用弹簧作为弹性元件，冲裁时，弹性卸料板7将条料压在凹模10平面上，提高了冲裁质量；冲裁后，凸模6后退，弹性卸料板7将条料从凸模6上卸下。

模架导向的冲裁模导柱导向精度较高，模具使用寿命长，适用于大批量生产的加工件。图2-22a类固定卸料板冲裁模结构主要用于料较厚 $t>0.5$ mm 工件的冲裁（冲孔、落料）；图2-22b类弹性卸料板冲裁模则可用于料较厚 $t<0.5$ mm 工件的冲孔或落料，能保持工件有较好的平面度，但固定卸料板冲裁模结构较弹性卸料板冲裁模结构简单。

2. 复合冲裁模

在冲床的一次冲压过程中，在模具同一部位上同时完成两道次以上工序的冲模称为复合模。复合模的结构特点是：在模具中除了凸模、凹模之外，还有凸凹模（既是凹模又是凸模），如图2-23所示的复合模结构原理图中的凸凹模4，其与凹模3作用完成落料（此时是落料凸模），又与凸模2作用完成冲孔（此时又是冲孔凹模）。冲裁结束后，工件由推件块1推出凹模3型腔，紧卡在凸凹模4上的条料则由卸料板5卸下。

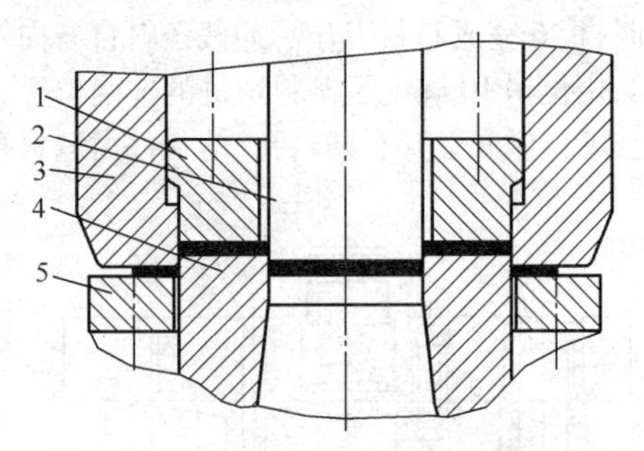

图2-23 复合冲裁模结构原理

1. 推件块 2. 凸模 3. 凹模 4. 凸凹模 5. 卸料板

对于冲孔-落料复合模，按落料凹模的安装位置不同，复合模的基本结构形式分为两种：落料凹模安装在下模部分的称为正装式复合模；落料凹模安装在上模部分的称为倒装式复合模。图2-24b、图2-24c分别为加工图2-24a所示冲孔、落料件所用的复合冲裁模结构示意图。

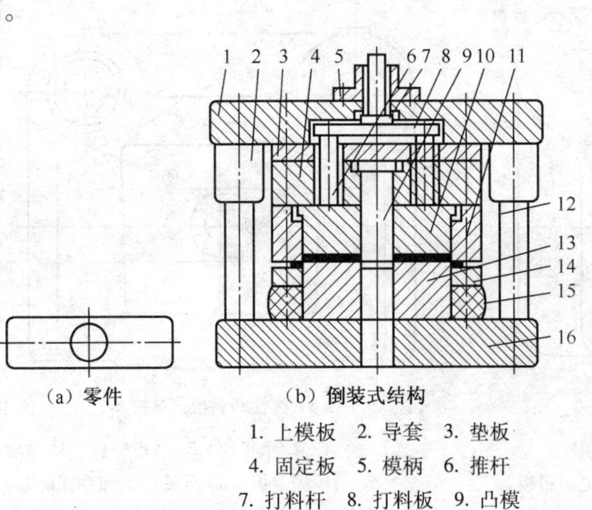

（a）零件　（b）倒装式结构

1. 上模板 2. 导套 3. 垫板 4. 固定板 5. 模柄 6. 推杆 7. 打料杆 8. 打料板 9. 凸模 10. 卸料块 11. 落料凹模 12. 导柱 13. 凸凹模 14. 卸料板 15. 聚氨酯 16. 下模板

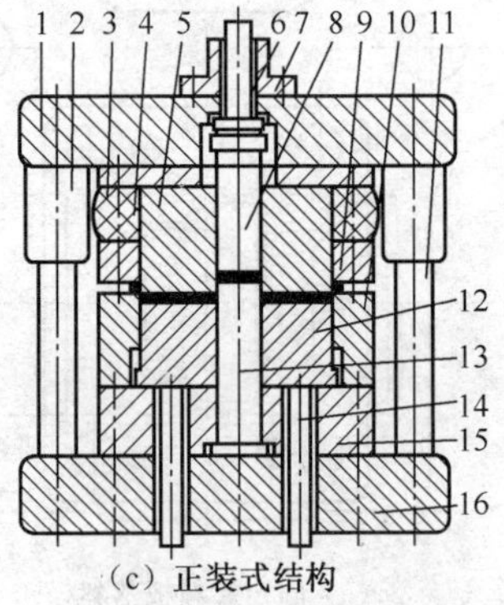

（c）正装式结构

1. 上模板 2. 导套 3. 垫板 4. 聚氨酯 5. 凸凹模 6. 打料杆 7. 模柄 8. 打杆 9. 卸料板 10. 落料凹模 11. 导柱 12. 卸料块 13. 凸模 14. 顶杆 15. 固定板 16. 下模板

图2-24 冲孔-落料复合模

图 2-24b 为倒装式复合模(落料凹模 11 装在上模),整套模具采用导柱 12 及导套 2 导向。冲裁时,卸料板 14 先压住条料起校平作用,随着压力机滑块的继续下行,落料凹模 11 将卸料板 14 压下与凸模 9、凸凹模 13 共同作用,将零件外形冲出,压力机滑块上行时,卸料板 14 在聚氨酯块 15 作用下将条料从凸凹模上卸下,而打料杆 7 受压力机横杆的推动,通过打料板 8、推杆 6 与卸料块 10 将工件从落料凹模型腔中推出,冲孔废料则直接由凸凹模孔漏到压力机台面上。

图 2-24c 为正装复合模,其工作过程与倒装式相似,冲出的工件由压力机的下顶缸或通过弹性缓冲器由顶杆 14 通过卸料块 12 顶出,条料及冲孔废料则由压机横杆通过上模的卸料板 9 及打杆 8 推出。

由于倒装式复合模冲孔废料可以从压力机工作台孔中漏出,工件从上模推下,比较容易引出去,操作方便、安全,能保证较高的生产率,因此,应优先采用。而正装式复合模,冲孔废料由上模带上,再由推料装置推出,工件则由下模的推件装置向上推出,条料由上模卸料装置脱出,三者混杂在一起,万一来不及排除废料或工件而进行下一次冲压,就易崩裂模具刃口。

由于正装式复合模的顶件板、卸料板均有弹性,条料与冲裁件同时受到压平作用,所以对较软、较薄的冲裁件能达到平整要求,冲裁件的精度也较高。而倒装式复合模中,冲裁后工件嵌在上模部分的落料凹模内,需由刚性或弹性推件装置推出,刚性推件装置推件可靠,可以将工件稳当地推出凹模,但在冲裁时,刚性推件装置对工件不起压平作用,故工件平整度及尺寸精度比用弹性推件装置时要低些。

采用冲孔-落料复合模,工件的精度较高,形位误差小,同轴度可达 0.02~0.04 mm,工件的毛刺在同一侧,可以利用短条料或边角余料冲裁,模具的体积较小。但凸凹模的内、外形之间的壁厚不能太薄,凸凹模的最小壁厚见表 2-23,否则,因其强度不够会造成胀裂而损坏。因此,冲孔-落料复合模适宜冲裁软料和薄料。

表 2-23 凸凹模的最小壁厚 (mm)

料厚	0.4	0.5	0.6	0.7	0.8	0.9	1	1.2	1.5	1.75
最小壁厚 a	1.4	1.6	1.8	2	2.3	2.5	2.7	3.2	3.8	4
最小直径 D	15					18			21	
料厚	2	2.1	2.5	2.75	3	3.5	4	4.5	5	5.5
最小壁厚 a	4.9	5	5.8	6.3	6.7	7.8	8.5	9.3	10	12
最小直径 D	21	25		28		32		35	40	45

不仅仅冲孔、落料工序可以复合,根据零件的不同结构,还可实现分离类各工序间、变形类各工序间的复合或分离类、变形类各工序间的复合,既保证产品质量又提高工作效率,但考虑到模具的强度、刚度及工作的可靠性,复合模中复合的工序数目不宜超过 4 个。图 2-25

为分离类工序（落料、冲孔）及变形类工序（翻边）的复合模。该复合模在一次冲压行程中可以完成落料、冲孔、翻边三个工序。

该模具的凸凹模1为落料凸模与翻边凹模的组合，凸凹模4为翻边凸模与冲孔凹模的组合，弹性卸料板3完成条料废料的卸料，弹顶器同时推动顶料圈6和顶芯7，完成条料废料的排出工作。

3. 冲裁级进模

在冲床的一次冲压过程中，同一副模具的不同工位上同时完成两道以上冲压工序的冲模称为级进模，或跳步模、连续模。图2-26为冲孔-落料级进模的工作原理图。

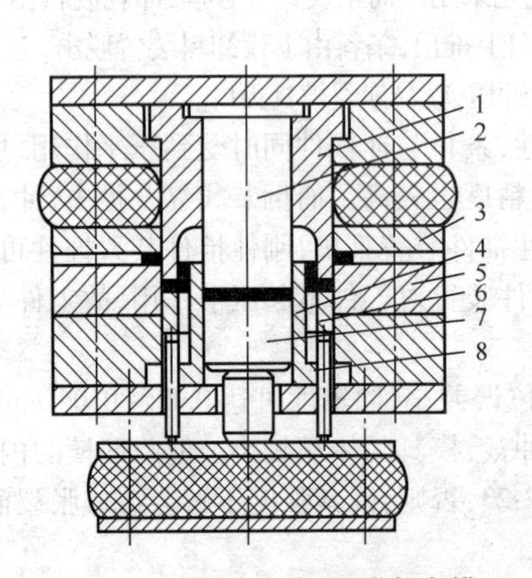

图2-25 落料-冲孔-翻边复合模

1. 凸凹模 2. 冲孔凸模 3. 弹性卸料板 4. 凸凹模 5. 凹模 6. 顶料圈 7. 顶芯 8. 顶杆

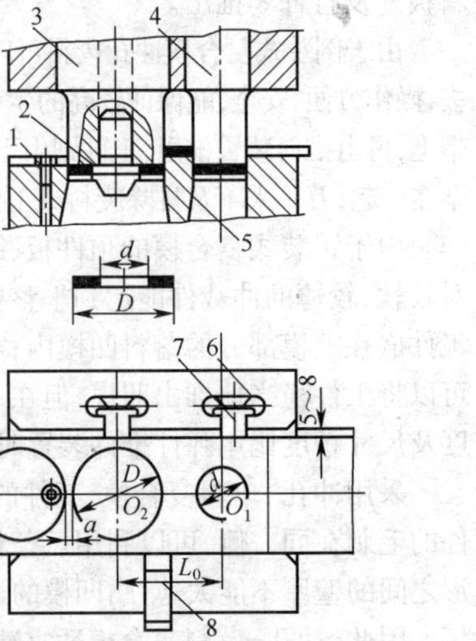

图2-26 冲孔-落料级进模工作原理

1. 挡料销 2. 导正销 3. 落料凸模 4. 冲孔凸模 5. 凹模 6. 弹簧 7. 侧压块 8. 始用挡料销

条料送进时，先用始用挡料销8定位，在O_1位置上由冲孔凸模4冲出内孔d。此时，落料凸模3是空冲。当第二次送进时，退回始用挡料销8，利用挡料销1粗定位，送进距离为$L=D+a$，这时带孔的条料位于O_2处，落料凸模3下行时，装在凸模3中的导正销2插入内孔d中实现精确定位，接着落料凸模3的刃口部分对条料进行冲裁，得到内径为d、外径为D的工件。与此同时，在O_1的位置上又冲出了一个内孔d，待下次送料时，在O_2的位置上冲出下一个工件，如此往复进行。

在级进模中，除了需具有普通模具的一般结构外，还需根据要求设置始用挡料装置、侧压装置、导正销和侧刃等结构件。图2-27为用导正销定距、手工送料的冲孔-落料级进模。其工件如图中右上角所示。上、下模用导板导向。模柄1用螺纹与上模座连接。为防止冲压中螺纹的松动，采用骑缝的紧定螺钉2拧紧。冲孔凸模3与落料凸模4之间的距离就是送料步距A。

送料时，由固定挡料销6进行初定位，由两个装在落料凸模上的导正销5进行精定位。导正销与落料凸模的配合为H7/r6，其连接的结构应保证在修磨凸模时装拆方便，因此，落料凸模安装导正销的孔是一个通孔。导正销头部的形状应有利于在导正时插入已冲的孔，与孔的配合应略有间隙。为了保证首件的正确定距，带导正销的级进模，常采用始用挡料装

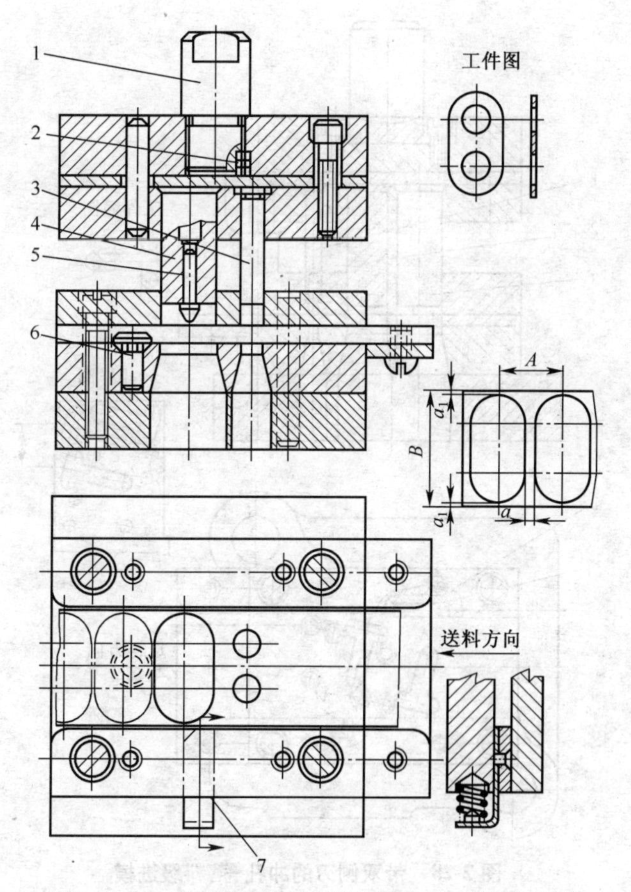

图 2-27 用导正销定距手工送料的冲孔-落料级进模

1. 模柄 2. 螺钉 3. 冲孔凸模 4. 落料凸模 5. 导正销 6. 固定挡料销 7. 始用挡料销

置，安装在导板下的导料板中间。在条料冲制首件时，用手推始用挡料销 7，使它从导料板中伸出来抵住条料的前端即可冲第一件上的两个孔，以后各次冲裁时就由固定挡料销 6 控制送料步距作初定位。

级进模是一种多工序、高效率、高精度的冲压模具，除最常见的冲裁级进模外，冲裁工序也可与成形类工序组成级进模，常见的有落料、拉深级进模和拉深、胀形级进模。

与单工序模和复合模相比，级进模构成模具的结构复杂、零件数量多、精度及热处理要求高、模具装配与制造复杂，要求精确控制步距，适用于批量较大或外形尺寸较小、材料厚度较薄的冲压件生产。由于级进模可以在一套模具中完成冲裁、弯曲、拉深等多道工序，因此，生产效率高，模具的导向精度和定位精度较高，能够保证工件的加工精度，并且采用级进模冲压时，大多采用条料、带料自动送料，冲床或模具内装有安全检测装置，易实现自动化加工，操作安全。由于级进模生产效率高，需要的设备和操作人员较少，因此，大批量生产时成本相对较低。

图 2-28 为用侧刃定距的冲孔落料级进模，所冲裁的零件如图中的右上角所示。根据零件的形状与尺寸，为提高材料的利用率，采用了斜对排的排样方式。在上模的凸模固定板中，共安装了六个冲孔凸模 1，两个落料凸模 2 以及两个侧刃 3，双侧刃采用前后错开排列。

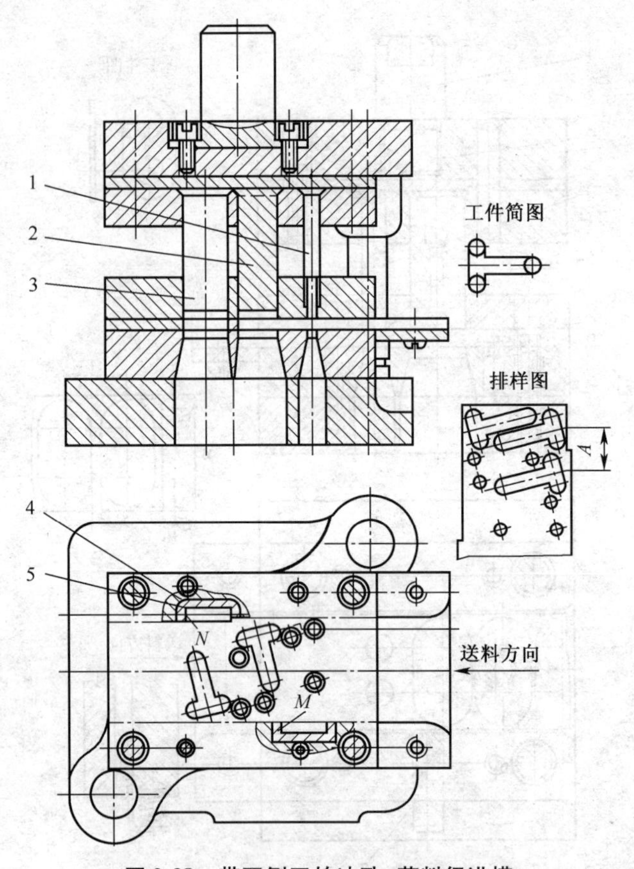

图 2-28 带双侧刃的冲孔-落料级进模

1. 冲孔凸模 2. 落料凸模 3. 侧刃 4. 导料板 5. 镶块

第一次冲裁时,条料抵在左侧刃的凸肩 M 处,冲出三个孔及左边一狭条。第二次冲裁时,落一个已冲过孔的料,同时又冲出三个孔。第三次冲裁时,落第二个料,并在右边冲去一个狭条。以后在每次冲裁时都同时冲两件的孔、落两件的料,并在左、右各冲去一狭条来定距。每次送料时,条料上的左、右凸肩分别抵住导料板中的凸肩 M 和 N,每冲一次可以得到两个冲裁件。

导料板中的凸肩 M 和 N 对于送料步距的控制起着重要作用。为了提高其耐磨性,在此镶有淬火钢做的镶块5。该模具可以采用手工送料,当为带料或卷料时,也可直接实现自动送料。

图 2-28 所示模具也可采用单侧刃定位,但条料冲完最后一件的孔时,条料的狭边被冲完,于是在条料上不再存在凸肩,在落料时无法再定位,所以末件是废品。因此,生产中常采用错开排列的双侧刃,一个侧刃排在第一个工作位置或其前面,另一个侧刃排在最后一个工作位置或其后面,以避免条料末端的浪费。有时,为提高送料精度,使送料时条料不致歪斜,可将左、右两侧刃并排布置。

一般来说,以固定挡料销与始用挡料销构成的定位系统,多用于手工送料,大多用板裁条料或带料加工。送料至固定挡料销必须将材料抬起,越过挡料销才能靠搭边定位,定位精度可达 ±0.3 mm。若增加导正销可校准送料步距,定位精度可达 ±0.15 mm;而用侧刃切边定位既适于手工送料,更适于自动送料,送进原材料只要贴着凹模表面,紧靠导料板送进,生产效率高。

此外，生产中广泛采用单侧刃或双侧刃进行粗定位，再用导正销进行导正的定距方式。当采用滚珠导柱模架并选用结构合理适宜的导正销时，能使定位精度达到 ±0.002 mm 左右。外形尺寸较大、生产批量不大的加工件，一般采用挡料销或始用挡料销用手推动作粗定位，后续工序也可用导正销进行精定位的定位方式。

4. 非金属材料冲裁模

根据非金属材料组织与力学性能的不同，非金属材料的冲裁方式有尖刃凸模冲裁和普通冲裁模冲裁两种。

(1) 尖刃凸模冲裁　尖刃凸模冲裁主要用于冲裁皮革、毛毡、纸板、纤维布、石棉布、橡胶以及各种热塑性塑料薄膜等纤维性及弹性材料。

尖刃凸模结构如图 2-29 所示，其中，图 2-29a 为落料用外斜刃，图 2-29b 为冲孔用内斜刃，图 2-29c 为裁切硫化硬橡胶板时，在加热状态下，为保证裁切的边缘垂直而使用的凸模两面斜刃。图 2-29d 为毛毡密封圈复合模结构。尖刃凸模的斜角 α 取值可参见表 2-24。

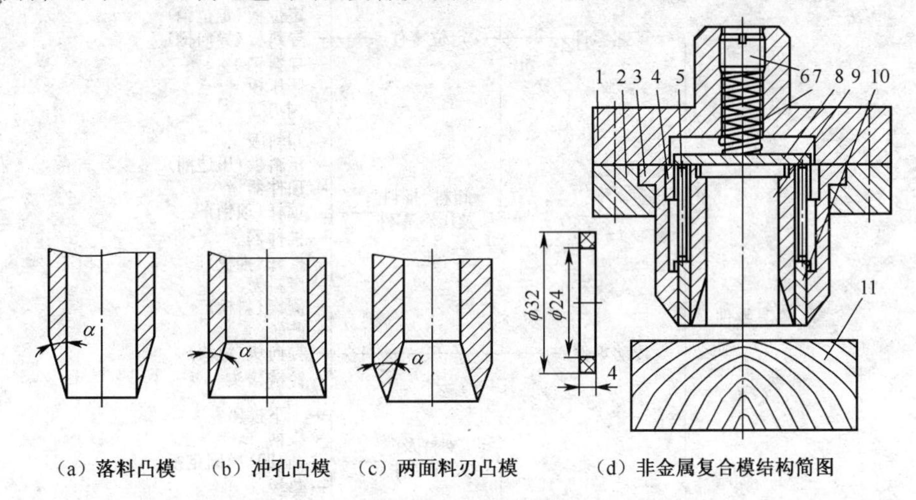

(a) 落料凸模　(b) 冲孔凸模　(c) 两面料刃凸模　(d) 非金属复合模结构简图

图 2-29　尖刃冲裁模

1. 上模　2. 固定板　3. 落料凹模　4. 冲孔凸模　5. 推杆　6. 螺塞
7. 弹簧　8. 推板　9. 卸料杆　10. 推件器　11. 硬木垫

表 2-24　尖刃凸模斜角 α 的取值

材料名称	α/(°)
烘热的硬橡皮	8~12
皮、毛毡、棉布纺织品	10~15
纸、纸板、马粪纸	15~20
石棉	20~25
纤维板	25~30
红纸板、纸胶板、布胶板	30~40

设计时，其尖刃的斜面方向应对着废料。冲裁时，在板料下面垫一块硬木、层板、聚氨酯橡胶板、有色金属板等，以防止刃口受损或甭裂，不必再使用凹模。尖刃凸模可安装在小吨位压力机或直接用手工加工。

(2)普通冲裁模冲裁 对于一些较硬的云母、酚醛纸胶板、酚醛布胶板、环氧酚醛玻璃布胶板等非金属材料,则可采用普通结构的冲裁模进行加工。由于这些材料都具有一定的硬度与脆性,为减少断面裂纹、脱层等缺陷,应适当增大压边力与反顶力,减小模具间隙,搭边值也比一般金属材料大些。对于料厚大于1.5 mm而形状又较复杂的各种纸胶板和布胶板冲裁件,冲裁前需将坯料预热到一定温度后再进行冲裁。

5. 模具零件的组成

从分析冲裁模的结构可知,尽管模具的结构形式和复杂程度不同,但模具零件的组成却有共同的特点。图2-30为模具零件的分类情况。

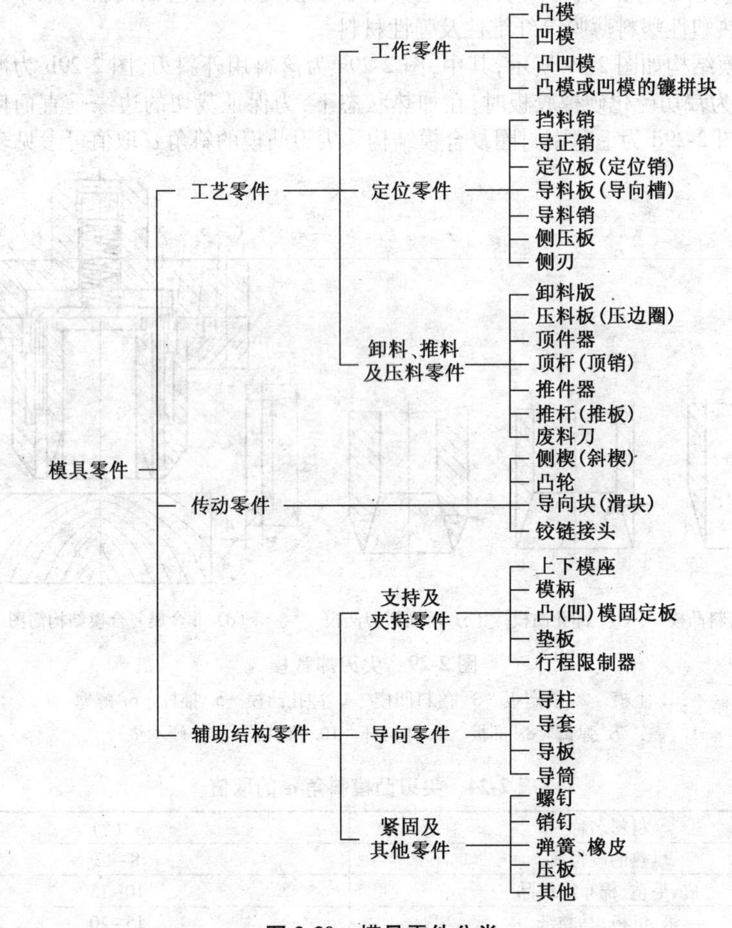

图2-30 模具零件分类

2.6 冲裁模工作零件的设计及选用

冲裁模中的工作零件是指直接进行冲裁工作的零件,主要有凸模、凹模、凸凹模及其刃口镶块等。

2.6.1 工作零件刃口尺寸的计算

模具刃口(工作)部分尺寸精度是影响冲裁件尺寸精度的首要因素,模具的合理间隙也要靠模具工作部分的尺寸及其精度来保证。因此,正确确定凸、凹模刃口尺寸和公差等级是冲裁模设计的一项重要工作。在确定凸、凹模工作部分尺寸及其制造公差时,必须考虑到冲裁变形规律、冲裁件公差等级、模具磨损和制造的特点。

1. 冲裁间隙的确定

冲裁间隙 Z 是指冲裁凸模和凹模之间刃口(工作)部分的尺寸之差,即:$Z=D_{凹}-D_{凸}$。冲裁间隙 $D_{凸}$ 的大小直接影响冲裁件的质量,同时对模具寿命也有较大的影响。冲裁间隙是保证合理冲裁过程的最主要的工艺参数。

在实际生产中,合理间隙的数值由实验方法来确定。由于没有一个绝对合理的间隙数值,加之各个行业对冲裁件的具体要求也不一致,因此,各行各业甚至各个企业都有自身的冲裁间隙表。若制件质量要求不太高,但要求模具寿命较长,可参照表 2-25 选用较大的间隙,若制件质量要求较高,可参照表 2-26 选用较小的间隙。

表 2-25 冲裁模初始双面间隙 Z(汽车拖拉机行业用) (mm)

板料厚度	08、10、35、09Mn、Q235		Q345		40、50		65Mn	
	Z_{min}	Z_{max}	Z_{min}	Z_{max}	Z_{min}	Z_{max}	Z_{min}	Z_{max}
0.5	0.04	0.06	0.04	0.06	0.04	0.06	0.04	0.06
0.6	0.048	0.072	0.048	0.072	0.048	0.072	0.048	0.072
0.7	0.064	0.092	0.064	0.092	0.064	0.092	0.064	0.092
0.8	0.072	0.104	0.072	0.104	0.072	0.104	0.064	0.092
0.9	0.09	0.126	0.09	0.126	0.09	0.126	0.09	0.126
1	0.1	0.14	0.1	0.14	0.1	0.14	0.09	0.126
1.2	0.126	0.18	0.132	0.18	0.132	0.18		
1.5	0.132	0.24	0.17	0.24	0.17	0.23		
1.75	0.22	0.32	0.22	0.32	0.22	0.32		
2	0.246	0.36	0.26	0.38	0.26	0.38		
2.1	0.26	0.38	0.28	0.4	0.28	0.4		
2.5	0.36	0.5	0.38	0.54	0.38	0.54		
2.75	0.4	0.56	0.42	0.6	0.42	0.6		
3	0.46	0.64	0.48	0.66	0.48	0.66		
3.5	0.54	0.74	0.58	0.78	0.58	0.78		
4	0.64	0.88	0.68	0.92	0.68	0.92		
4.5	0.72	1	0.68	0.96	0.78	1.04		
5.5	0.94	1.28	0.78	1.1	0.98	1.32		
6	1.08	1.4	0.84	1.2	1.14	1.5		
6.5			0.94	1.3				
8			1.2	1.68				

注:冲裁皮革、石墨和纸板时,间隙取 08 钢的 25%。

表 2-26 冲裁模初始双面间隙 Z(电器、仪表行业) (mm)

板料厚度	软铝		纯铜、黄铜、软钢 (ω_c0.08%~0.2%)		硬铝、中等硬钢 (ω_c0.3%~0.4%)		硬钢 (ω_c0.5%~0.6%)	
	Z_{min}	Z_{max}	Z_{min}	Z_{max}	Z_{min}	Z_{max}	Z_{min}	Z_{max}
0.2	0.008	0.012	0.01	0.014	0.012	0.016	0.014	0.018
0.3	0.012	0.018	0.015	0.021	0.018	0.024	0.021	0.027
0.4	0.016	0.024	0.02	0.028	0.024	0.032	0.028	0.036
0.5	0.02	0.03	0.025	0.035	0.03	0.04	0.035	0.045
0.6	0.024	0.036	0.03	0.042	0.036	0.048	0.042	0.054
0.7	0.028	0.042	0.035	0.049	0.042	0.056	0.049	0.063
0.8	0.032	0.048	0.04	0.056	0.048	0.064	0.056	0.072
0.9	0.036	0.054	0.045	0.063	0.054	0.072	0.063	0.081
1	0.04	0.06	0.05	0.07	0.06	0.08	0.07	0.09
1.2	0.06	0.084	0.072	0.096	0.084	0.108	0.096	0.12
1.5	0.075	0.105	0.09	0.12	0.105	0.135	0.12	0.15
1.8	0.09	0.126	0.108	0.144	0.126	0.162	0.144	0.18
2	0.1	0.14	0.12	0.16	0.14	0.18	0.16	0.2
2.2	0.132	0.176	0.154	0.198	0.176	0.22	0.198	0.242
2.5	0.15	0.2	0.175	0.225	0.2	0.25	0.225	0.275
2.8	0.168	0.224	0.196	0.252	0.224	0.28	0.252	0.308
3	0.18	0.24	0.21	0.27	0.24	0.3	0.27	0.33
3.5	0.245	0.315	0.28	0.35	0.315	0.385	0.35	0.42
4	0.28	0.36	0.32	0.4	0.36	0.44	0.4	0.48
4.5	0.315	0.405	0.36	0.45	0.405	0.495	0.45	0.54
5	0.35	0.45	0.4	0.5	0.45	0.55	0.5	0.6
6	0.48	0.6	0.54	0.66	0.6	0.72	0.66	0.78
7	0.56	0.7	0.63	0.77	0.7	0.84	0.77	0.91
8	0.72	0.88	0.8	0.96	0.88	1.04	0.96	1.12
9	0.81	0.99	0.9	1.08	0.99	1.17	1.08	1.26
10	0.9	1.1	1	1.2	1.1	1.3	1.2	1.4

注:表中所列的 Z_{min} 与 Z_{max} 只是指新制造模具时,初始间隙的变动范围,并非磨损极限。

冲裁间隙的合理数值应在设计凸模和凹模工作部分时给予保证,同时在模具装配时,必须保证间隙沿封闭轮廓线分布均匀,才能保证取得满意的效果。

合理间隙值有一个相当大的变动范围,约为(5%~25%)t 左右,取较小的间隙有利于提高冲件的质量,取较大的间隙则有利于提高模具的寿命。因此,在保证冲件质量的前提下,应采用较大的间隙。

除此之外,冲裁的双面间隙 Z 还可按下式进行计算:

$$z = m\,t$$

式中 m——系数,见表 2-27,2-28; t——板料厚度,mm。

表 2-27 机械制造及汽车、拖拉机行业的 m 值

材料名称	m 值
08 钢、10 钢、黄铜、纯铜	0.08~0.10
Q235、Q255、25 钢	0.1~0.12
45 钢	0.12~0.14

表 2-28 电器仪表行业的 m 值

材料类型	材料名称	m 值
金属材料	铝、纯铜、纯铁	0.04
	硬铝、黄铜、08 钢、10 钢	0.05
	锡磷青铜、铍合金、铬钢	0.06
	硅钢片、弹簧钢、高碳钢	0.07
非金属材料	纸布、皮革、石棉、橡胶、塑料	0.02
	硬纸板、胶纸板、胶布板、云母片	0.03

2. 凸模、凹模刃口尺寸计算的原则

冲裁凸、凹模刃口尺寸的计算有两个基本原则。

①冲孔时,孔的直径决定于凸模的尺寸,间隙由增加凹模的尺寸取得;落料时,外形尺寸决定了凹模的尺寸,间隙由减小凸模的尺寸取得。

②凸模和凹模应考虑磨损规律。凹模磨损后会增大落料件的尺寸,凸模磨损后会减小冲孔件的尺寸。为提高模具寿命,在制造新模具时应把凹模尺寸做得趋向于落料件的最小极限尺寸,把凸模尺寸做得趋向于冲孔件的最大极限尺寸,保证模具工作零件在尺寸合格范围内有最大的磨损量。

制造模具时,凸、凹模之间应保证合理间隙,常用以下两种方法来保证合理间隙。

①分别加工法。分别加工法是分别规定凸模和凹模的尺寸和公差,分别进行制造,用凸模和凹模的尺寸及制造公差来保证间隙要求。该种加工方法加工的凸模和凹模具有互换性,制造周期短,便于成批制造。但采用凸、凹模分开加工时,由于凸、凹模存在制造偏差 $\delta_{凸}$ 和 $\delta_{凹}$,因此,应保证下述关系:

$$|\delta_{凸}| + |\delta_{凹}| \leqslant Z_{\max} - Z_{\min}$$

也就是说,新制造的模具应该保证 $|\delta_{凸}| + |\delta_{凹}| + Z_{\min} \leqslant Z_{\max}$,否则,模具的初始间隙已超过允许的变动范围,直接影响模具的使用寿命及冲裁件的质量。

采用分开制造的简单形状冲裁模的凸、凹模的制造偏差见表 2-29。若选用下述偏差不能保证上述要求,则应提高凸、凹模的制造公差等级来满足上述条件;若制造上有困难或不

经济,则应采用单配加工法。

②单配加工法。单配加工法是用凸模和凹模相互单配的方法来保证合理间隙。加工后,凸模和凹模必须对号入座,不能互换。通常,落料件选择凹模为基准模,冲孔件选择凸模为基准模。在作为基准模的零件图上标注尺寸和公差,相配的非基准模的零件图上标注与基准模相同的基本尺寸,但不注公差,然后在技术条件上注明按基准模的实际尺寸配作,保证间隙值在 $Z_{min} \sim Z_{max}$ 之内。这种加工方法的特点是模具的间隙由配制保证,工艺比较简单,不必校核 $|\delta_凸| + |\delta_凹| + Z_{min} \leqslant Z_{max}$ 条件,并且还可放大基准件的制造公差,使制造容易,故目前一般工厂常常采用此种加工方法。

3. 凸模和凹模分别加工时刃口尺寸的计算

(1)凸模和凹模分别加工时刃口尺寸的计算公式　凸模和凹模分别加工时,冲模刃口与工件尺寸及公差分布情况如图 2-31 所示,落料、冲孔各工序凸模和凹模刃口部分尺寸的计算公式为:

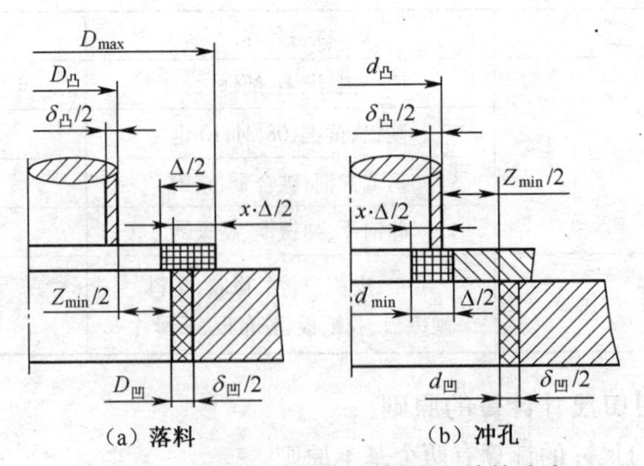

图 2-31　凸模和凹模工作部分尺寸的确定

落料

$$D_凹 = (D_{max} - x\Delta)^{+\delta_凹}_{0}$$

$$D_凸 = (D_凹 - Z_{min}) = (D_{max} - x\Delta - Z_{min})^{0}_{-\delta_凸}$$

冲孔

$$d_凸 = (d_{min} + x\Delta)^{0}_{-\delta_凸}$$

$$d_凹 = (d + Z_{min}) = (d_{min} + x\Delta + Z_{min})^{+\delta_凹}_{0}$$

式中 $D_凹$、$D_凸$——落料凹模和凸模的公称尺寸;

$d_凸$、$d_凹$——冲孔凸模和凹模的公称尺寸;

d_{min}——冲孔件的最小极限尺寸;Δ——冲裁件的公差;

$\delta_凸$、$\delta_凹$——分别为凸模和凹模的制造偏差,凸模偏差取负向,凹模偏差取正向。一般可按零件公差 Δ 的 1/3~1/4 来选取,对于简单的圆形或方形件,由于制造简单,精度容易保证,制造公差可按 IT6~IT8 级选取,或按表 2-29 来选取。

x——磨损系数,其值应在 0.5~1 之间,与冲裁件精度有关。可直接按冲裁件公差值查表 2-30 或按冲裁件的公差等级选取:当工件公差为 IT10 以上时,取 $x=1$;当工件公差为 IT11~IT13 时,取 $x=0.75$;当工件公差为 IT14 以下时,取 $x=0.5$。

表 2-29 简单形状冲裁时凸、凹模的制造偏差 (mm)

公称尺寸	凸模偏差 $\delta_凸$	凹模偏差 $\delta_凹$	公称尺寸	凸模偏差 $\delta_凸$	凹模偏差 $\delta_凹$
≤18	−0.02	+0.02	180~260	−0.03	+0.045
18~30	−0.02	+0.025	260~360	−0.035	+0.05
30~80	−0.02	+0.03	360~500	−0.04	+0.06
80~120	−0.025	+0.035	>500	−0.05	+0.07
120~180	−0.03	+0.04			

表 2-30 磨损系数 x (mm)

材料厚度	工件公差 Δ				
1	≤0.16	0.17~0.35	≥0.36	<0.16	≥0.16
1~2	≤0.2	0.21~0.41	≥0.42	<0.2	≥0.2
2~4	≤0.24	0.25~0.49	≥0.5	<0.24	≥0.24
4	≤0.3	0.31~0.59	≥0.6	<0.3	≥0.3
磨损系数	非圆形 x 值				圆形 x 值
	1	0.75	0.5	0.75	0.5

(2)计算实例 如冲制图 2-32 所示的垫圈，材料为 Q235 钢，料厚为 3 mm，分别计算落料和冲孔的凸模和凹模工作部分的尺寸。

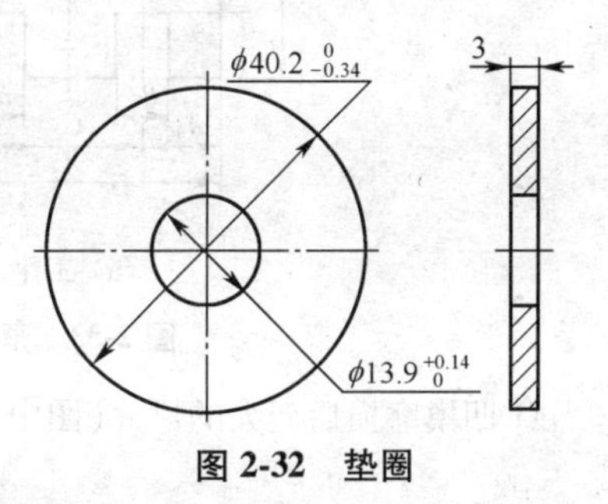

图 2-32 垫圈

解：由表 2-25 查得：

$Z_{min}=-0.46$ mm，$Z_{max}=-0.64$ mm

$Z_{max}-Z_{min}=(0.64-0.46)$ mm $=0.18$ mm

由表 2-29 查得凸模和凹模的制造偏差：

落料部分：$\delta_凹=+0.03$ mm，$\delta_凸=-0.02$ mm

$|\delta_凸|+|\delta_凹|=0.05$ mm<0.18 mm

冲孔部分：$\delta_凹=+0.02$ mm，$\delta_凸=-0.02$ mm

$|\delta_凸|+|\delta_凹|=0.04$ mm<0.18 mm

故，均能满足分别加工时，$|\delta_凸|+|\delta_凹|\leqslant Z_{max}-Z_{min}$ 的要求。

由表 2-30 查得，磨损系数 $x=0.5$。根据凸模和凹模分别加工时工作尺寸的计算公式，可得：

落料：$D_凹=(D_{max}-x\Delta)^{+\delta_凹}_{0}=(40.2-0.5\times0.34)^{+0.03}_{0}=40.03^{+0.03}_{0}$

$D_凸=(D_凹-Z_{min})=(D_{max}-x\Delta-Z_{min})^{0}_{-\delta_凸}=(40.2-0.5\times0.34-0.46)^{0}_{-0.02}=39.57^{0}_{-0.02}$

$d_凸=(d_{min}+x\Delta)^{0}_{-\delta_凸}=(13.9+0.5\times0.24)^{0}_{-0.02}=13.97^{0}_{-0.02}$

冲孔：

$d_凹=(d_凸+Z_{min})^{+\delta_凹}_{0}=(d_{min}+x\Delta+Z_{min})^{+\delta_凹}_{0}=(13.9+0.5\times0.14+0.46)^{+0.02}_{0}=14.43^{+0.02}_{0}$

4. 凸模和凹模单配加工时刃口尺寸的计算

(1)凸模和凹模单配加工的步骤 凸模和凹模制造尺寸的步骤如下。

①首先选定基准模，就是按设计尺寸制出一个基准件（凸模或凹模）。

②判定基准模中各尺寸磨损后是增大、减小还是不变。

③根据判定情况，增大尺寸按冲裁件上该尺寸的最大极限尺寸减 $X\Delta$ 计算，凸、凹模制造偏差取正向，大小按该尺寸公差 Δ 的 1/3~1/4 选取；减小尺寸按冲裁件上该尺寸的最小极限尺寸加 $X\Delta$ 计算，凸、凹模制造偏差取负向，大小按该尺寸公差 Δ 的 1/3~1/4 来选取；不变尺寸按冲裁件上该尺寸的中间尺寸计算，凸、凹模制造偏差取正负对称分布，大小按该尺寸公差 Δ 的 1/8 选取。

④基准模外的尺寸按基准模实际尺寸配制，保证间隙要求。

（2）凸模和凹模单配加工时刃口尺寸的计算公式　根据冲裁件结构的不同，刃口尺寸的计算公式也不同。

1）落料　图 2-33a 为工件图，图 2-33b 为冲裁该工件所用落料凹模刃口的轮廓图，图中虚线表示凹模刃口磨损后尺寸的变化情况。

落料时，应以凹模为基准件配作凸模。从图 2-33b 可看出，凹模磨损后刃口尺寸有变大、变小和不变三种情况，故凹模刃口尺寸也应分三种情况进行计算。

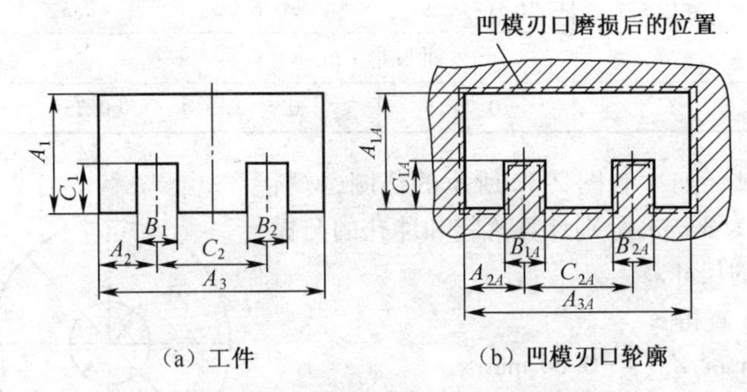

图 2-33　落料凹模刃口磨损后的变化情况

①凹模磨损后变大的尺寸（图中 A_1、A_2、A_3），按一般落料凹模尺寸公式计算，即

$$A_A=(A_{max}-x\Delta)^{+\delta_A}_{0}$$

②凹模磨损后变小的尺寸（图中 B_1、B_2），按一般冲孔凸模公式计算，因它在凹模上相当于冲孔凸模尺寸，即

$$B_A=(B_{min}+x\Delta)^{0}_{-\delta_A}$$

③凹模磨损后无变化的尺寸（图中 C_1、C_2），其基本计算公式为 $C_A=(C_{min}+0.5\Delta)\pm0.5\delta_A$。为方便使用，随工件尺寸的标注方法不同，将其分为三种情况：

工件尺寸为 $C^{+\Delta}_{0}$时，$C_A=(C+0.5\Delta)\pm0.5\delta_A$

工件尺寸为 $C^{0}_{-\Delta}$时，$C_A=(C+0.5\Delta)\pm0.5\delta_A$

工件尺寸为 $C\pm\Delta'$时，$C_A=C\pm\delta_A'$

式中　A_A、B_A、C_A——相应的凹模刃口尺寸；

A_{max}——工件的最大极限尺寸；　B_{min}——工件的最小极限尺寸；

C——工件的基本尺寸；　Δ——工件公差；　Δ'——工件偏差；

δ_A、$0.5\delta_A$、δ_A'——凹模制造偏差，通常取 $\delta_A=\Delta/4$，$\delta_A'=\Delta'/4$。

以上是落料凹模刃口尺寸的计算方法。落料用的凸模刃口尺寸按凹模实际尺寸配制，

并保证最小间隙 Z_{min}。故在凸模上只标注公称尺寸,不标注偏差,同时在图样技术要求上注明“凸模刃口尺寸按凹模实际尺寸配制,保证双面间隙值为 $Z_{min} \sim Z_{max}$”。

2)冲孔 图 2-34a 为工件孔尺寸,图 2-34b 为冲孔凸模刃口轮廓,图中虚线表示冲孔凸模刃口磨损后尺寸的变化情况。

冲孔时应以凸模为基准件配作凹模。凸模刃口尺寸的计算同样要考虑不同的磨损情况,分别进行计算。

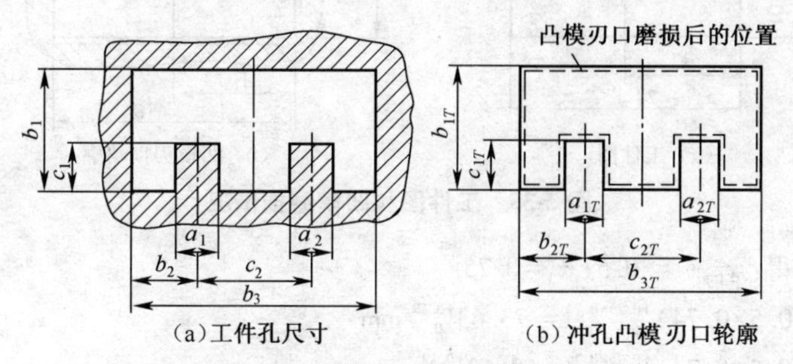

图 2-34 冲孔凸模刃口磨损后的变化情况

①凸模磨损后变大的尺寸(图中 a_1、a_2),因它在冲孔凸模上相当于落料凹模尺寸,故按落料凹模尺寸公式计算,即

$$a_T = (a_{max} - x\Delta)^{+\delta_T}_{0}$$

②凸模磨损后变小的尺寸(图中 b_1、b_2、b_3),按冲孔凸模尺寸公式计算,即

$$b_T = (b_{min} + x\Delta)^{0}_{-\delta_A}$$

③凸模磨损后无变化的尺寸(图中 c_1、c_2),随工件尺寸的标注方法不同又可分为三种情况:

工件尺寸为 $c^{+\Delta}_{0}$时,$c_T = (c+0.5\Delta) \pm 0.5\delta_T$

工件尺寸为 $c^{0}_{-\Delta}$时,$c_T = (c-0.5\Delta) \pm 0.5\delta_T$

工件尺寸为 $c \pm \Delta'$时,$c_T = c \pm \delta_T'$

式中 a_T、b_T、c_T——相应的凸模刃口尺寸;

a_{max}——工件孔的最大极限尺寸; b_{min}——工件孔的最小极限尺寸;

c——工件孔的基本尺寸; Δ——工件公差; Δ'——工件偏差;

δ_T、$0.5\delta_T$、δ_T'——凸模制造偏差,通常取 $\delta_T = \Delta/4$,$\delta_T' = \Delta'/4$。

冲孔用的凹模刃口尺寸应根据凸模的实际尺寸及最小合理间隙 Z_{min} 配制。故在凹模上只标注公称尺寸,不标注偏差,同时在图样技术要求上注明“凹模刃口尺寸按凸模实际尺寸配制,保证双面间隙值 $Z_{min} \sim Z_{max}$”。

(3)计算实例 图 2-35a 为汽车零件加工图,采用料厚 2 mm 的 Q235 钢制成,试计算落料凹、凸模刃口尺寸。

解:考虑到工件形状较复杂,采用单配法加工凹、凸模。凹模磨损后其尺寸变化有三种情况,见图 2-35b。

①凹模磨损后变大的尺寸:A_1、A_2、A_3。

刃口尺寸计算公式:$A_A = (A_{max} - x\Delta)^{+\delta_A}_{0}$

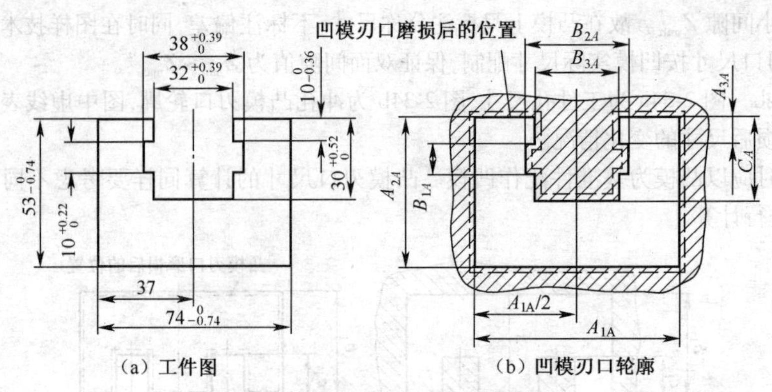

图 2-35 工件图和凹模磨损情况

查表 2-30 得：x_1、x_2 = 0.5；x_3 = 0.75

$A_{1A}=(74-0.5\times0.74)_{0}^{+0.25\times0.74}=73.63_{0}^{+0.19}$ mm

$A_{2A}=(53-0.5\times0.74)_{0}^{+0.25\times0.74}=52.63_{0}^{+0.19}$ mm

$A_{3A}=(10-0.75\times0.36)_{0}^{+0.25\times0.36}=9.73_{0}^{+0.09}$ mm

②凹模磨损后变小的尺寸：B_1、B_2、B_3。

刃口尺寸计算公式：$B_A=(B_{min}+x\Delta)_{-\delta_A}^{0}$

查表 2-30 得：x_1、x_2、x_3 = 0.75

$B_{1A}=(10+0.75\times0.22)_{-0.25\times0.22}^{0}=10.17_{-0.06}^{0}$ mm

$B_{2A}=(38+0.75\times0.39)_{-0.25\times0.39}^{0}=38.29_{-0.10}^{0}$ mm

$B_{3A}=(32+0.75\times0.39)_{-0.25\times0.39}^{0}=32.29_{-0.1}^{0}$ mm

③凹模磨损后无变化的尺寸是 C，工件尺寸为 $30_{0}^{+0.52}$

$C_A=(C+0.5\Delta)\pm0.5\delta_A=[(30+0.5\times0.52)\pm0.5\times0.25\times0.52]$ mm $=(30.26\pm0.07)$ mm

查表 2-25 得：Z_{min} = 0.246 mm；Z_{max} = 0.360 mm

故凸模刃口尺寸按凹模实际尺寸配制，保证双面间隙值(0.246~0.360) mm。

(4) 凸模和凹模单配加工注意事项　当用电火花加工冲模时，一般采用成型磨削的方法加工凸模与电极，然后用尺寸与凸模相同或相近的电极(有时甚至直接用凸模作电极)在电火花机床上加工凹模。因此，机械加工的制造公差只适用凸模，而凹模的尺寸精度主要决定于电极精度和电火花加工间隙的误差。基于电火花的这种加工特性，因此，在凸模和凹模单配加工时，一般都是在凸模上标注尺寸和制造公差，而凹模只在图样上注明"凹模刃口尺寸按凸模实际尺寸配制，保证双面间隙值为 Z_{min}~Z_{max}"，凸模的刃口尺寸可由前面所述的相关公式确定。

2.6.2 工作零件的设计及选用

冲件形状尺寸及生产加工条件的不同，造成冲模结构的多样性，设计和选用冲模零件，应充分考虑各类零件的工作条件、装配关系、维修、制造等方面的要求，以使冲模零件具有良好的工作性能、足够的使用寿命，并使加工、装配容易，成本低廉。

1. 凸模的设计及选用

(1)凸模形式及其固定　凸模的结构形式主要根据冲裁件的形状和尺寸而定。常见的圆形凸模,国标提供了三种选用形式,如图 2-36a、b、c 所示。其中,为避免应力集中和保证强度与刚度的要求,对冲裁直径为 1~30 mm 的圆形凸模选用图 2-36a 所示圆滑过渡的阶梯形,或图 2-36b 所示中部增加过渡形状结构;对直径为 5~29 mm 的圆形凸模也可选用图 2-36c 所示快换凸模型结构形式。

非圆形凸模在生产中使用广泛,其结构设计类似于圆形凸模形式,图 2-36d 为单面冲裁凸模,突起部分 a 用于平衡侧向力;图 2-36e 为整体剪裁凸模;图 2-36f 为镶拼剪裁凸模形式。

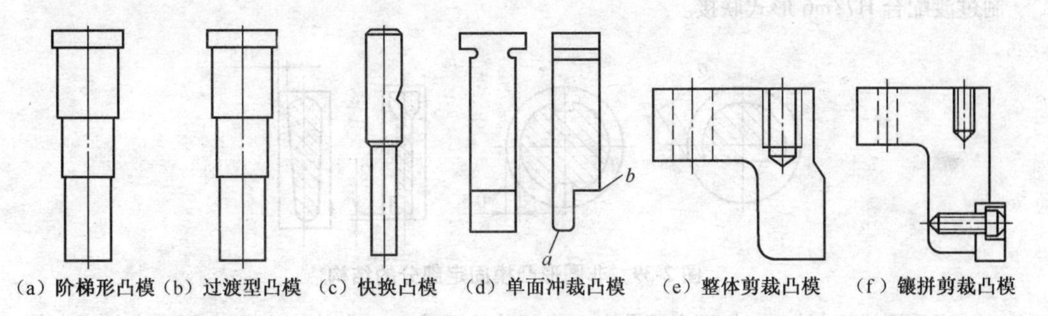

(a) 阶梯形凸模 (b) 过渡型凸模 (c) 快换凸模 (d) 单面冲裁凸模 (e) 整体剪裁凸模 (f) 镶拼剪裁凸模

图 2-36　凸模的结构形式

图 2-36a、b 所示的阶梯形凸模与凸模固定板,一般采用基孔制过渡配合 H7/m6 固定,结构形式如图 2-37a 所示;图 2-37c 所示的快换凸模与凸模固定板,采用基孔制间隙配合 H7/h6,结构形式如图 2-37d、e、f 所示;对冲制小孔的易损凸模除采用图 2-37c 所示的衬套结构外,也常采用图 2-37d、e、f 所示的快换结构及图 2-37b 所示的铆接结构。此外,还采用图 2-37g 所示的利用低熔点合金、环氧树脂、无机胶结剂等将凸模胶结在固定板上的方法。

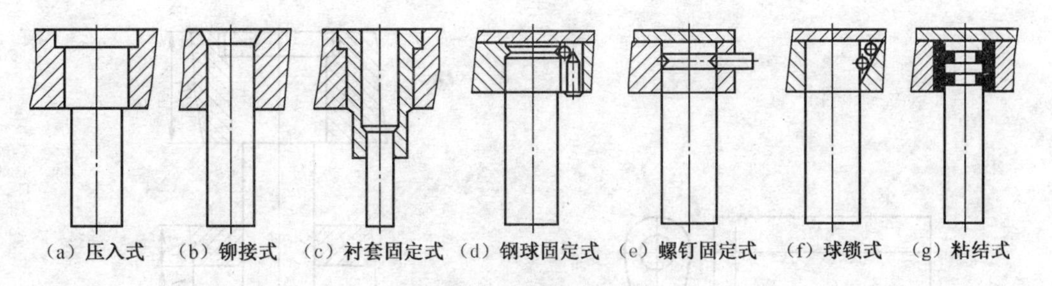
(a) 压入式 (b) 铆接式 (c) 衬套固定式 (d) 钢球固定式 (e) 螺钉固定式 (f) 球锁式 (g) 粘结式

图 2-37　凸模的固定形式

对冲制或落料尺寸较大的凸模与固定板,则采用图 2-38a、b、c 所示螺钉联接形式,其中,图 2-38a 为凸模与凸模固定板通过固定板槽口定位,螺钉紧固,通过限定刃口长度,以减少端面和侧面刃磨面积的结构形式;图 2-38b、c 所示凸模则通过螺钉压紧,销钉定位,一般对大尺寸凸模则采用直接固定在上模板上的结构形式;图 2-38d 为等截面凸模通过上端开孔插入圆销以承受卸料力的形式。

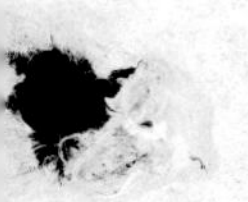

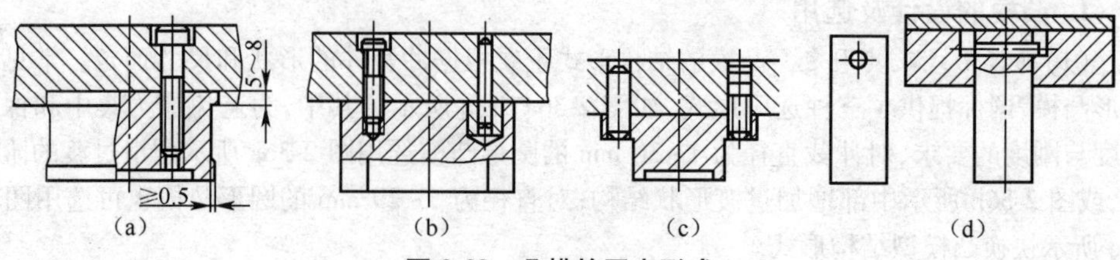

图 2-38 凸模的固定形式

上述固定形式既用于圆形凸模,同样适用于非圆形凸模。一般来说,非圆形凸模与凸模固定板配合的固定部分做成圆形或矩形形状,如图 2-39 所示。采用图 2-37a、b 所示的基孔制过渡配合 H7/m6 形式联接。

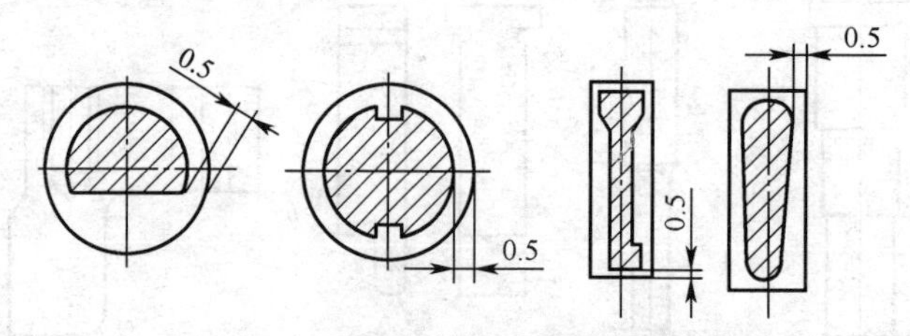

图 2-39 非圆形凸模固定部分的结构

当采用线切割加工时,固定部分和工作部分的尺寸应一致,与凸模固定板配合的固定部分,一般采用过盈配合或铆接;若采用铆接,则凸模铆接部分硬度为 40~45HRC(长度范围为 10~25 mm),如图 2-40 示。

(2)凸模的长度 凸模长度主要根据模具结构,并考虑修磨、操作安全、装配等确定。对采用固定卸料板的冲裁模,如图 2-41 所示,凸模长度一般取凸模固定板的厚度 H_1 和卸料板的厚度 H_2 及导尺厚度 H_3 三者之和再加 20~40 mm 的附加长度。附加长度主要包括凸模进入凹模的深度 0.5~1 mm,总修磨量 6~12 mm 及模具闭合状态下凸模固定板与卸料板之间的安全距离 15~20 mm。

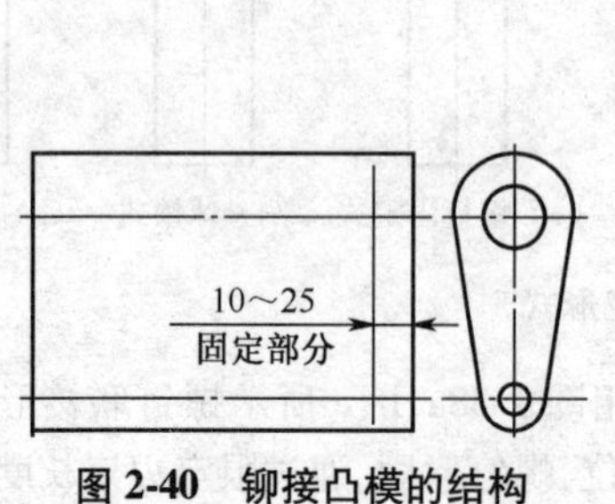

图 2-40 铆接凸模的结构

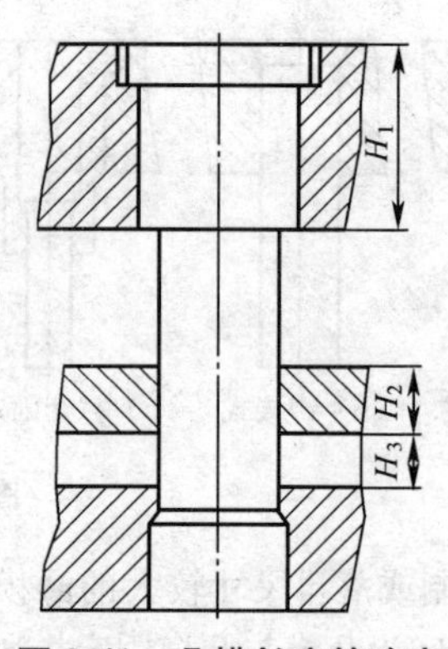

图 2-41 凸模长度的确定

对采用弹性卸料板的冲裁模,则没有导尺厚度 H_3,其凸模的长度应考虑固定板至卸料板之间弹性元件的高度。

(3)凸模强度的校核 一般情况下,凸模的强度足够,所以不用进行强度计算。但对于特别细长的凸模或板料厚度较大的情况,应进行压应力和弯曲应力的校核,检查其危险断面尺寸和自由长度是否满足强度要求。

①压应力的校核。

圆形凸模按下式进行压应力校核: $d_{\min} \geqslant \dfrac{4t\tau}{[\sigma_{压}]}$

非圆形凸模按下式进行压应力校核: $A_{\min} \geqslant \dfrac{F}{[\sigma_{压}]}$

式中 $d_{\min}$——凸模最小直径,mm; $A_{\min}$——凸模最小截面的面积,mm^2;

t——料厚,mm; τ——材料的抗剪强度,MPa; F——冲裁力,N;

$[\sigma_{压}]$——凸模材料的许用压应力,MPa。$[\sigma_{压}]$的值取决于材料、热处理和冲模的结构,如T8A、T10A、Cr12MoV、GCr15等工具钢淬火硬度为58~62 HRC时,取1000~1600 MPa,当有特殊导向时,可取2000~3000 MPa。表2-31给出了冲模主要材料的许用应力。

表 2-31 冲模主要材料的许用应力 (MPa)

钢号(冲模材料)	许用应力			
	拉伸	压缩	弯曲	剪切
Q215、Q235、25	108~147	118~157	127~157	98~137
Q275、40、50	127~157	137~167	167~177	118~147
铸钢 ZG310-570, ZG340-640	—	108~147	118~147	88~118
铸铁 HT200、HT250	—	88~137	34~44	25~34
T7A 硬度 54~58HRC	—	539~785	353~490	—
T8A, T10A Cr12MoV, GCr15 硬度 52~60HRC	245	981~1569	294~490	—
Q235 硬度 52~60HRC	—	294~392	196~275	—
20(表面渗碳) 硬度 60~64HRC	—	245~294	—	—
65Mn 硬度 43~48HRC	—	—	490~785	—

注:小直径有导向的凸模此值可取2000~3000 MPa。

②弯曲应力的校核。凸模的抗弯应力根据模具结构特点,可分为无导向装置和有导向装置凸模两种情况进行校核。无导向装置的凸模结构如图2-42a示。

圆形凸模按下式计算：$L_{max} \leqslant 95\dfrac{d^2}{\sqrt{F}}$

非圆形凸模按下式计算：$L_{max} \leqslant 425\sqrt{\dfrac{I}{F}}$

带导向装置的凸模，结构如图2-41b示。

圆形凸模按下式计算：$L_{max} \leqslant 270\dfrac{d^2}{\sqrt{F}}$

非圆形凸模按下式计算：$L_{max} \leqslant 1200\sqrt{\dfrac{I}{F}}$

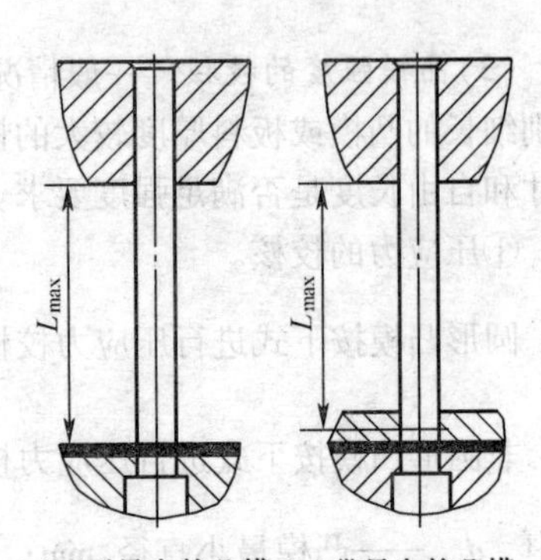

(a)无导向的凸模 (b)带导向的凸模

图2-42 凸模的长度决定

式中 L_{max}——允许的凸模最大自由长度，mm；

d——凸模的最小直径，mm；

F——冲裁力，N； I——凸模最小横截面的惯性矩，mm^4。

2. 凹模的设计及选用

(1)凹模的形式及其固定 凹模根据其刃口形状主要分为直壁刃口型(以下简称Ⅰ型)、锥形刃口型(以下简称Ⅱ型)、铆刀刃口型(以下简称Ⅲ型)。各种类型的结构形状如图2-43、图2-44、图2-45所示，其中各种凹模洞口的主要参数见表2-32。

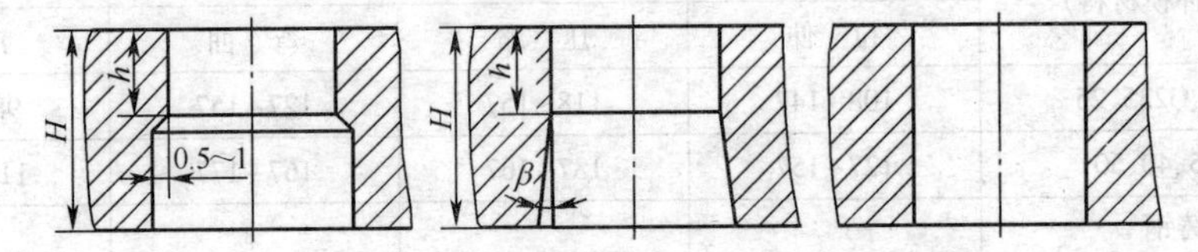

图2-43 凹模直壁刃口形状(Ⅰ型)

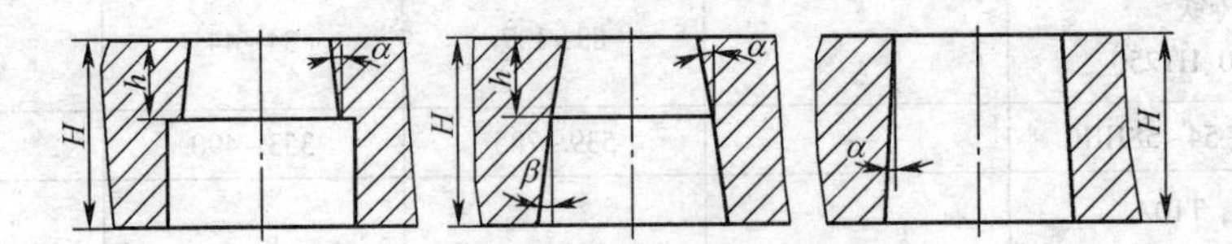

图2-44 凹模锥形刃口形状(Ⅱ型)

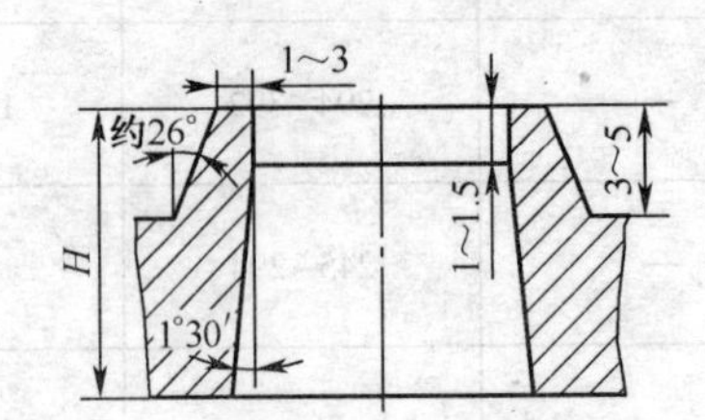

图2-45 凹模铆刀刃口形状(Ⅲ型)

Ⅰ型孔壁垂直于顶面，刃口尺寸不随修磨刃口增大，刃口强度也较好，适用于冲裁精度较高或形状复杂的工件，或冲件以及废料逆冲压方向推出的冲裁模加工。该种凹模刃口孔内易于聚集废料或工件，增大了凹模的胀裂力、推件力和孔壁的磨损。

表 2-32　凹模洞口的主要参数

板料厚度/mm	$\alpha/(')$	$\beta/(°)$	h/mm
≤0.5	15	2	≥4
0.5~1	15	2	≥5
1~2.5	15	2	≥6
>2.5	30	3	≥8

Ⅱ型适用于形状简单，公差等级要求不高，材料较薄的零件加工，以及用于要求废料向下落的模具结构中。该种模具工件或废料很容易从凹模孔内落下，孔壁所受的摩擦力及胀裂力很小。

Ⅲ型，淬火硬度为35~40 HRC，是一种低硬度的凹模刃口，可用锤打斜面的方法来调整冲裁间隙，直到试出合格的冲裁件为止，主要用于冲裁板料厚度0.3 mm以下的小间隙、无间隙模具。

凹模的固定形式主要有图2-46所示的直接固定及凹模固定板固定两种形式，其中图2-46a型主要用于外形尺寸较小且易损的凹模；图2-46b型主要用于外形较大凹模的固定；图2-46c、d主要用于外形尺寸较小凹模的固定，一般采用基孔制过渡配合H7/m6固定。

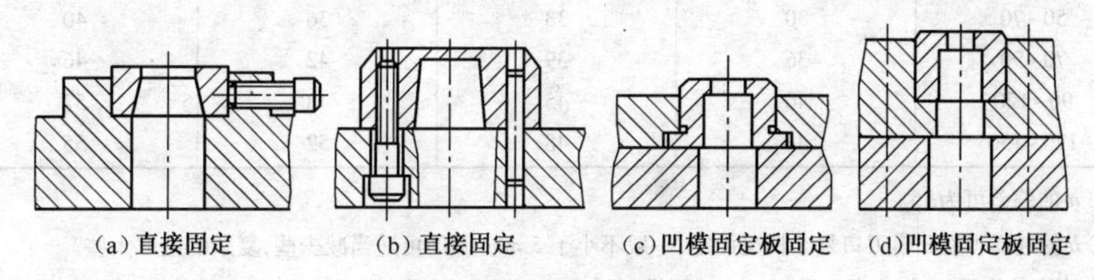

(a)直接固定　(b)直接固定　(c)凹模固定板固定　(d)凹模固定板固定

图 2-46　凹模的固定形式

（2）凹模外形尺寸的确定　凹模的外形尺寸应保证有足够的强度及刚度，其大小一般根据被冲材料的厚度及冲裁件的最大外形尺寸来确定，即：

凹模厚度H应不小于15 mm，其值可按下式计算：

$$H = K b$$

凹模壁厚（指凹模刃口与外边缘的距离）C应不小于30 mm，其值可按下式计算：

$$C = (1.5 \sim 2)H$$

式中　b——冲裁件的最大外形尺寸；

K——考虑板厚的影响而取的系数，其值见表2-33。

表 2-33　系数 K 值　(mm)

最大外形尺寸 b	料厚 t				
	0.5	1	2	3	>3
≤50	0.3	0.35	0.42	0.5	0.6
50~100	0.2	0.22	0.28	0.35	0.42
100~200	0.15	0.18	0.2	0.24	0.3
>200	0.1	0.12	0.15	0.18	0.22

根据凹模壁厚即可算出其相应凹模外形尺寸的长与宽,然后在冷冲模标准中选取标准规格。

此外,根据凹模壁厚在确定凹模外形尺寸时,还应考虑到凹模刃口与边缘、刃口和刃口之间的距离,其值应符合表2-34尺寸要求;另螺纹孔、圆柱销孔之间的距离及其到刃口边的距离,应符合表2-35尺寸要求。

表2-34 凹模刃口与边缘、刃口与刃口之间的距离 (mm)

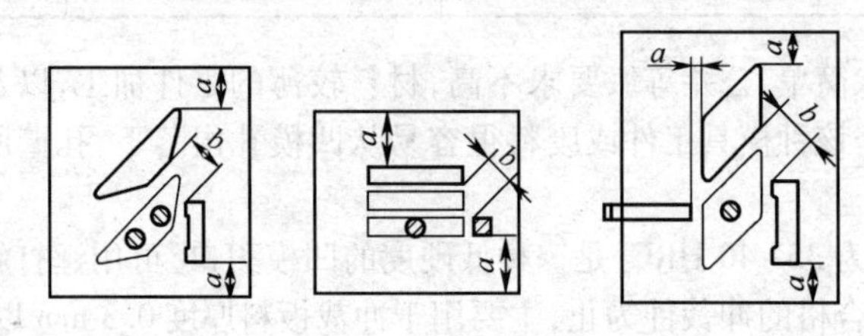

料宽	料厚			
	<0.8	0.8~1.5	1.5~3	3~5
<40	22	24	28	32
40~50	24	27	31	35
50~70	30	33	36	40
70~90	36	39	42	46
90~120	40	45	48	52
120~150	44	48	52	55

注:① a 的偏差可为±5。

② b 的选择可看凹模刃口复杂情况而定,一般不小于5 mm,圆的可适当减少些,复杂的应取大些。

③ 决定外缘尺寸时,应尽量选用标准的凹模坯料。

表2-35 螺纹孔、销孔之间及至刃口边的距离 (mm)

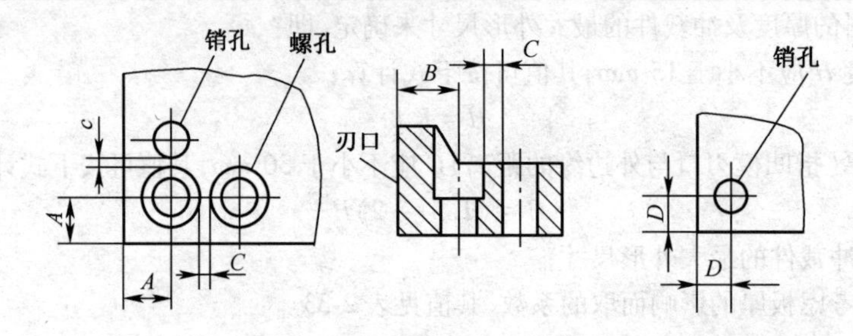

螺钉孔		M4	M6	M8	M10	M12	M16	M20	M24
A	淬火	8	10	12	14	16	20	25	30
	不淬火	6.5	8	10	11	13	16	20	25
B	淬火	7	12	14	17	19	24	28	35
C	淬火	5							
	不淬火	3							

续表 2-35

销钉孔		$\phi2$	$\phi3$	$\phi4$	$\phi5$	$\phi6$	$\phi8$	$\phi10$	$\phi12$	$\phi16$	$\phi20$	$\phi25$
D	淬火	5	6	7	8	9	11	12	15	16	20	25
	不淬火	3	3.5	4	5	6	7	8	10	13	16	20

3. 凸凹模的设计

在复合模中,必定有一个凸凹模。凸凹模是复合模中的一个特殊零件,其内、外缘均为刃口,内形刃口起冲孔凹模作用,因此,可按凹模设计。其外形刃口起落料凸模作用,可按凸模设计。内、外缘之间的壁厚由冲裁件形状和尺寸决定,由于冲裁时孔内因积存废料会产生胀力,若壁厚较小,过大的胀力将会使凸凹模早期损坏,考虑到模具强度及寿命的要求,积聚废料的凸凹模的最小壁厚应满足表 2-23 的要求。

同样,对多刃口凹模,各刃口因积聚废料的胀力及模具强度的要求,决定了各刃口之间的距离 a 不能太小,故表 2-23 中的最小壁厚 a 同样适用于多刃口凹模中各刃口之间的距离。

对不积聚废料的凸凹模的最小壁厚,黑色金属和硬材料约为工件料厚的 1.5 倍,但不小于 0.7 mm;有色金属和软材料约等于工件料厚,但不小于 0.5 mm。

4. 凸、凹模的镶拼结构

大、中型及形状复杂的凹模和凸模往往锻造、机械加工或热处理很困难,而当凸、凹模中局部磨损又会带来整个凸、凹模的报废。为解决这一问题,常采用镶拼结构。镶拼结构有镶接和拼接两种。镶接是将局部形状分割出再镶入;拼接是将整体凹模块分割成若干块加工后再拼接起来。

(1)镶拼结构的设计原则　设计镶拼结构凸、凹模的一般原则如下。

①便于机械加工,减少钳工工作量,并减少热处理变形。当有尖角时,可在尖角处分段;尽可能将形状复杂的内形加工改为外形加工;根据形状可沿对称轴线分割,使形状、尺寸相同的分块可以一同磨削加工;圆弧形分割时,拼接线应在离切点 3~5 mm 的直线部分,拼接线要与刃口垂直;镶块间的接头,应在刀刃点的最低处。

②便于维修更换与调整,比较薄弱或易磨损的局部凸出或凹进部分,应单独做成一块或采用镶接结构。

③凹模上和凸模上镶块的接头不应重合,保证凸模与凹模的拼接线错开约 3~5 mm,以免产生冲裁毛刺。

④镶块的固定可以采用热套、锥套、框套、螺钉紧固、螺钉销钉紧固,以及低熔点合金和环氧树脂浇注等方法。分块时,应考虑到便于布置紧固螺钉孔和销钉孔。采用螺钉、销钉固定时,应注意螺钉销钉的加工精度和布置方法,螺钉应淬火磨光,销孔热处理后应研磨,有时为了避免销孔热处理变形,可以用加软钢套的办法。此外,每块镶块应以两个销钉定位,螺钉布置应接近刃口而销钉则远离刃口,两者参差排列。

(2)镶拼设计实例　镶拼结构在模具设计上应用较广,以下为镶拼结构设计的几个实例。

①图 2-47 为常用的凹模镶拼结构及固定形式。

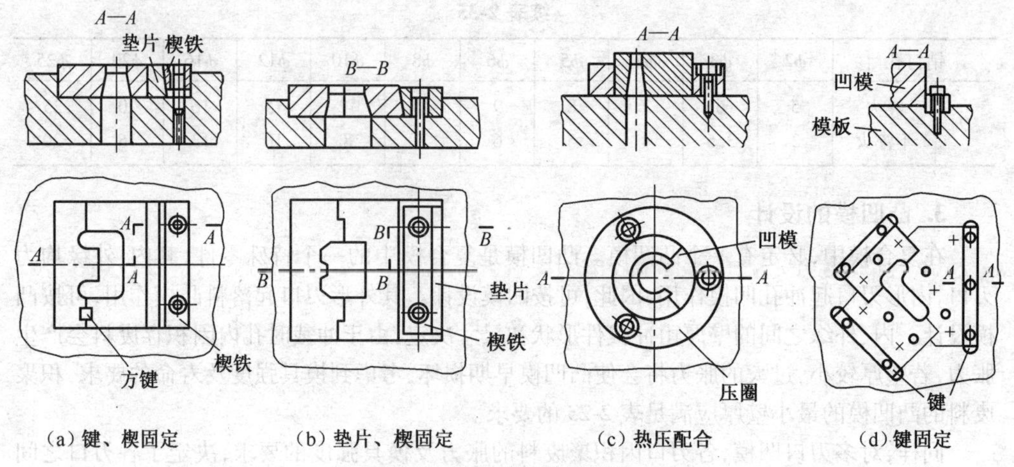

(a) 键、楔固定　(b) 垫片、楔固定　(c) 热压配合　(d) 键固定

图 2-47　凹模镶拼结构及固定形式

②对大型或厚料冲裁件的镶拼模，为减小冲裁力，可以将凸模(冲孔时)或凹模(落料时)做成波浪形斜刃，如图 2-48 所示，斜刃要取对称，分块线一般取在波浪的高点或低点，每块最好取一个或半个波形，以便于加工制造。

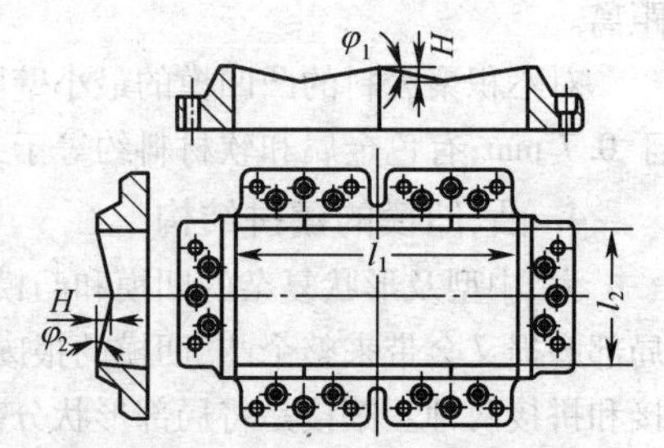

图 2-48　斜刃冲裁模的镶拼结构

③对大、中型镶块模，可采用图 2-49 所示的螺钉、销钉紧固结构。图 2-49a 为只靠螺钉、销钉紧固，用于冲压料厚 $t<1.5$ mm 零件的结构；图 2-49b 由于增加了止推键，故可用于冲压料厚 $t=1.5 \sim 2.5$ mm 的零件；图 2-49c 采用了窝槽形式，能克服因料厚较大而可能导致的较大水平推力，用于冲压料厚 $t>2.5$ mm 的零件。

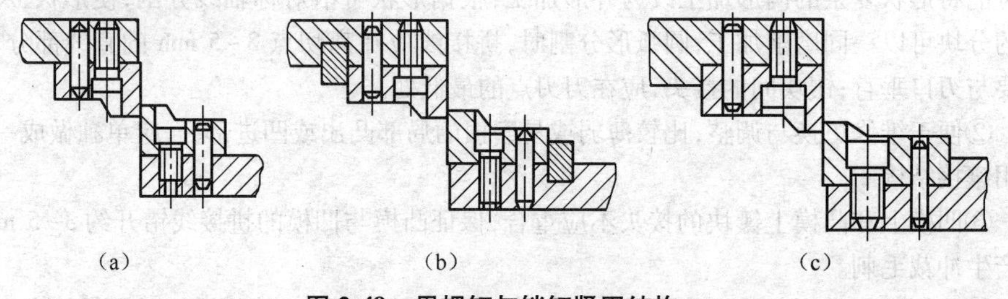

(a)　(b)　(c)

图 2-49　用螺钉与销钉紧固结构

2.7　其他零部件的设计及选用

组成冲模的零部件中除工作零件外，还包括定位零件、卸料零件、导向零件等。

2.7.1　定位零件的设计及选用

为保证模具正常工作和冲出合格的冲裁件，必须保证坯料或工序件对模具的工作刃口处于正确的相对位置,即必须定位。坯料在模具上的定位包括两个方面,即在送料方向上的定位(即挡料)及与送料方向垂直方向上的定位(即送进导向)。不同的定位方式根据坯料形状、尺寸及模具的结构形式进行选择,常用的定位零件有定位件、挡料件、导正销等。

(1)**定位件**　用于单个坯料冲压加工时内孔或外形轮廓定位的定位零件,常见的有定位销、定位板,如图 2-50 所示。为保证定位可靠,要求定位销圆柱头高度及定位板厚度大于板料厚度,定位板必须保证有两个圆柱销。

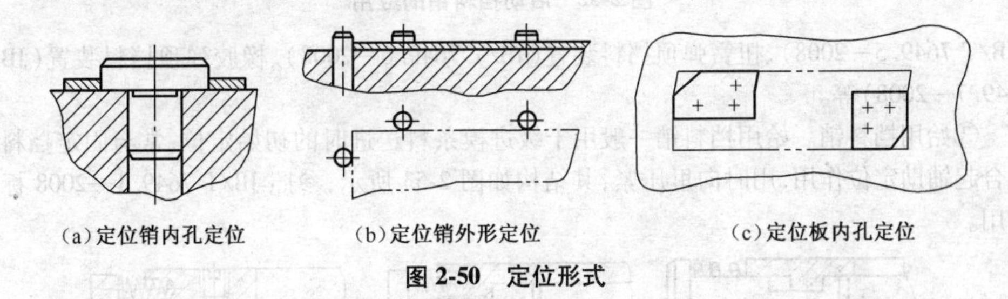

(a)定位销内孔定位　(b)定位销外形定位　(c)定位板内孔定位

图 2-50　定位形式

(2)**挡料件**　为保证条料或带料送进时有准确的送进距,一般用挡料销。挡料销主要分固定挡料销、活动挡料销、始用挡料销、定距侧刃等。

①固定挡料销。固定挡料销主要用于带固定及弹压卸料板模具中的条料定位,同时保证送进时的送进距,一般装在凹模上,主要有圆柱形挡料销及钩形挡料销两种。圆柱形挡料销又称台肩式挡料销,其固定及工作部分的直径差别较大,不至于削弱凹模强度,使用简单、方便,如图 2-50a 所示。固定挡料销可参照 JB/T 7649. 10—2008 选用。

钩形挡料销的固定及工作部分形状不对称,需要钻孔并加定向装置,一般用于冲制较大和料厚的工件,如图 2-51b 所示。

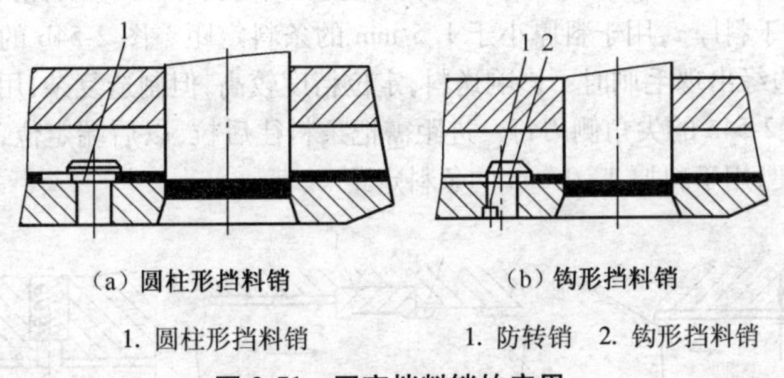

(a)圆柱形挡料销　(b)钩形挡料销

1. 圆柱形挡料销　1. 防转销　2. 钩形挡料销

图 2-51　固定挡料销的应用

②活动挡料销。图 2-52a、b 为伸缩式活动挡料销,常用于带有活动的下卸料板的敞开式冲模,冲裁时,后端带有弹簧或弹簧片的挡料销随凹模下行而压入孔内。图 2-52c 为回带式挡料销,送进方向上带有斜面,当条料向前送进时,对挡料销的斜面施加压力,将挡料销抬高,并将弹簧顶起,挡料销越过条料上的搭边进入下一个孔中,此时将条料后拉,挡料销抵住搭边而定位,常用于刚性卸料板的冲裁模,适用于冲制料厚大于 0. 8 mm 的窄形(一般为 6~20 mm)工件。

活动挡料销常用于倒装复合模,装于卸料板上,其结构形式有弹簧弹顶挡料装置

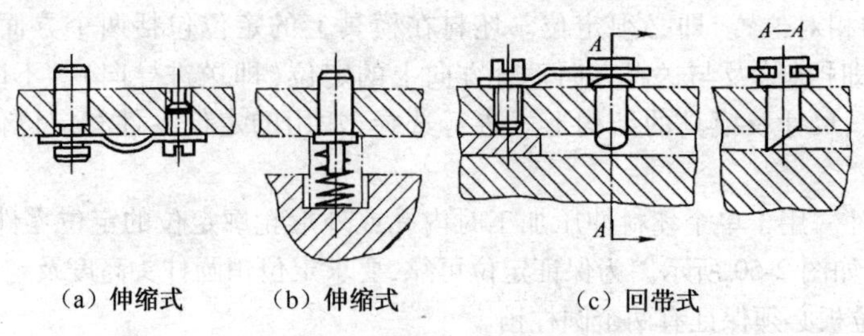

(a) 伸缩式 (b) 伸缩式 (c) 回带式

图 2-52 活动挡料销的应用

(JB/T 7649.5—2008)、扭簧弹顶挡料装置(JB/T 7649.6—2008)、橡胶弹顶挡料装置(JB/T 7649.7—2008)等。

③始用挡料销。始用挡料销一般用于级进模条料送进时的初始定位，常与固定挡料销配合起辅助定位作用，用时向里压紧，其结构如图 2-53 所示，参照 JB/T 7649.1—2008 标准选用。

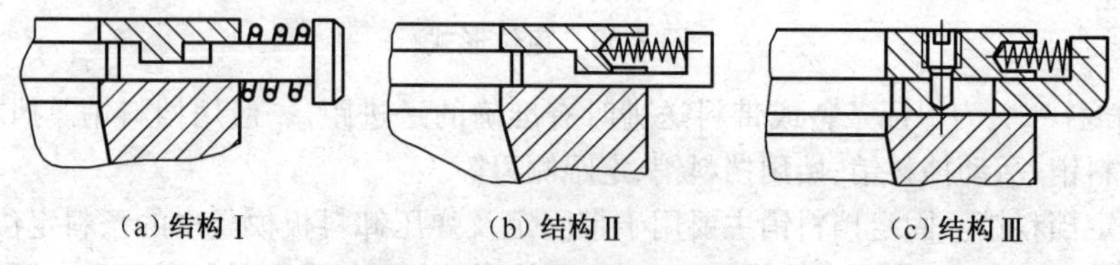
(a) 结构Ⅰ (b) 结构Ⅱ (c) 结构Ⅲ

图 2-53 始用挡料销的结构

④定距侧刃。定距侧刃可以切去条料侧边少量材料，使条(卷)料形成台阶，从而达到挡料的目的。定距侧刃常用于级进模中。图 2-54 为定距侧刃的形式。图 2-54a 的矩形侧刃制造方便，但当侧刃尖角磨钝后，条料的边缘出现毛刺，从而影响送料。侧刃断面长度 B 等于送料步距公称尺寸加上 0.05~0.1 mm，断面宽度 m 一般取 6~8 mm，侧刃裁切下来的料边宽度 a 可近似等于料厚 t，用于料厚小于 1.5 mm 的条料定距。图 2-54b 的成形侧刃两端做成凸模，条料的边缘出现毛刺时不影响送料，定位精度较高，但制造复杂，用于料厚小于 3mm 的条料定距。图 2-54c 的尖角侧刃每一进距需把条料往后拉，以后端定位，其特点是不浪费材料，但操作不便，用于料厚 1~2 mm 的条料定距。

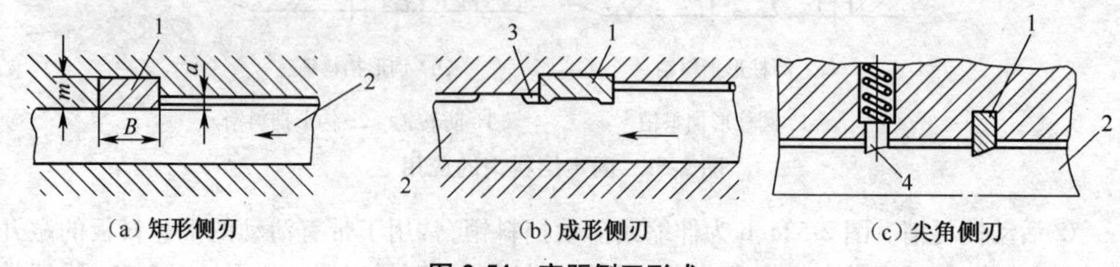

(a) 矩形侧刃 (b) 成形侧刃 (c) 尖角侧刃

图 2-54 定距侧刃形式

1. 侧刃 2. 条料 3. 空隙 4. 挡销

侧刃已实现标准化，可参照 JB/T 7648.1—2008 设计或选用，其固定一般采用图 2-55 所示的几种方法。

侧刃端部的凸起部分可保证冲裁时先于侧刃进入凹模，平衡侧刃单边冲裁时产生的侧向力，防止侧刃折断。

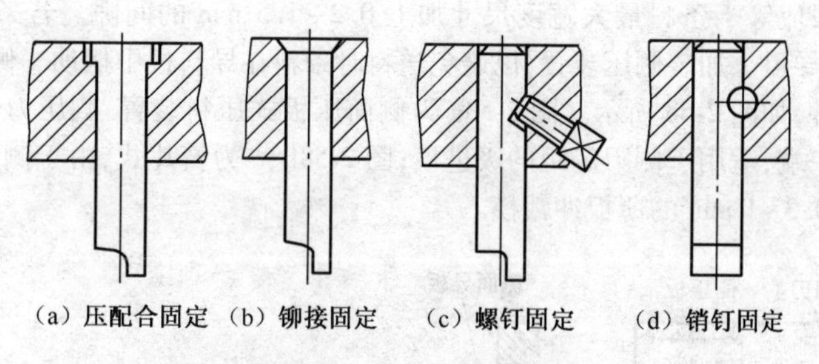

图 2-55　侧刃的固定方法

(3) 导正销　为保证级进模具冲裁件内孔和外缘的相对位置精度，消除送料及导向中产生的误差，在级进模的第二工位以后的凸模上常设置导正销，以使模具工作前，通过导正销先插入已冲好的孔中，使孔与外形的相对位置准确，从而消除送料步距的误差，起精确定位作用。导正销已标准化，可参照 JB/T 7647—2008 标准选用或根据市场规格选购。

根据导正销与凸模装配方法的不同，有图 2-56 所示的五种典型结构。

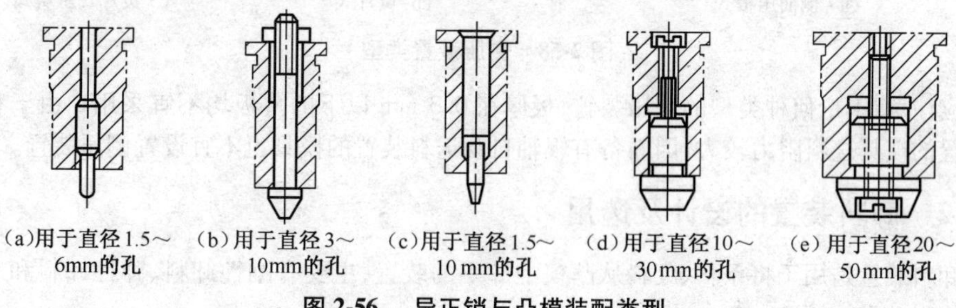

图 2-56　导正销与凸模装配类型

设计导正销时，应考虑到上一工位冲孔后的孔径会发生弹性收缩而变小，因此，导正销的直径应比冲孔凸模直径减小 0.04~0.15 mm；导正销的头部分圆弧（圆锥）及圆柱两部分，圆柱部分的高度 h 按材料厚度和冲孔直径确定，一般取 $(0.5 \sim 1)t$。当设计带挡料销与导正销的级进模时，应根据导正销在导正条料时条料的活动方向，留出一定的活动余量（条料被拉回或推前），一般取 0.1 mm。

(4) 导尺和侧压　使用条料或卷料冲裁时，一般用导尺或导料销来导正材料的送进方向。导尺用于刚性卸料，而导料销用于弹性卸料。导尺分分离式和整体式两种，如图 2-57 所示。

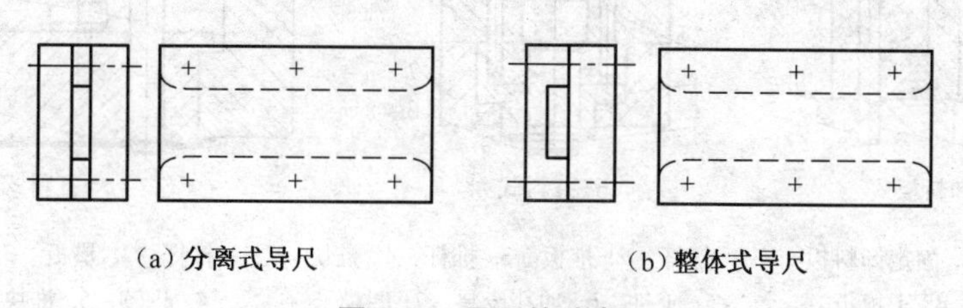

图 2-57　导尺的种类

导尺已实现标准化，设计或选用时可参照 JB/T 7648.6—2008 进行。选用导尺时，其导尺间的宽度一般应等于条料最大宽度尺寸加上0.2~1.5 mm的间隙。若条料宽度公差过大,则需在一侧导尺上加装侧压装置,以避免送料时条料在导料板中摆动。侧压装置有压板式和簧片式两种,如图2-58所示。图2-58a为侧面压板式压料装置,侧压力大而均匀,一般装在模具进料一端,适用于侧刃定距的级进模;图2-58b、c为簧片式,由于侧压力较小,适用于板料厚度为0.3~1 mm的薄板冲裁模。

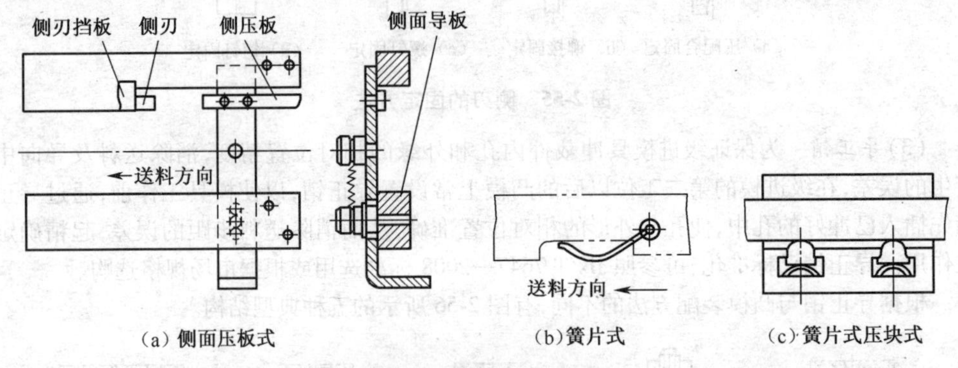

图2-58 侧压装置类型

应注意,不论何种类型的侧压装置,板厚在0.3 mm以下的薄板均不宜采用。由于有侧压装置的模具送料阻力较大,因而备有辊轴自动送料装置的模具也不宜设置侧压装置。

2.7.2 卸料装置的设计及选用

卸料装置是用于将条料、废料从凸模上卸下的装置,主要有刚性卸料、弹性卸料和废料切刀卸料几类。

1. 刚性卸料装置的设计及选用

刚性卸料装置是靠卸料板与冲压件(或废料)的硬性碰撞实现卸料,特点是卸料力不可调节,但卸料比较可靠,用于卸料力较大的厚料冲裁,其结构如图2-59所示。

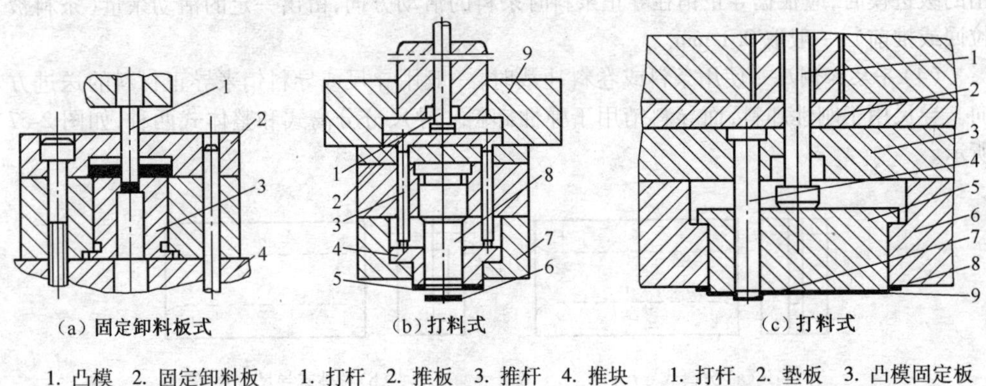

1. 凸模 2. 固定卸料板 3. 凹模 4. 下模板

1. 打杆 2. 推板 3. 推杆 4. 推块 5. 工件 6. 冲孔废料 7. 凹模 8. 凸模 9. 上模板

1. 打杆 2. 垫板 3. 凸模固定板 4. 凸模 5. 推块 6. 凹模 7. 冲孔废料 8. 落料废料 9. 工件

图2-59 刚性卸料装置

图 2-59a 所示固定卸料板式卸料装置，用于正装模（形成冲压件外轮廓的凹模装在下模的冲模），固定卸料板多装在下模。这种卸料装置结构简单，卸料力大，卸料可靠，操作安全，多用于单工序模和级进模，尤其适宜冲厚料（料厚大于 0.8 mm）的冲裁模，缺点是冲裁件精度和平整度较低。固定卸料板和凸模之间的间隙以不使工件或废料拉进间隙为准，其单边间隙 C 按表 2-36 选取。刚性卸料板的厚度 h_0 与卸料力大小及卸料件尺寸有关（参见图 2-60），其厚度可参考表 2-36 选取，也可取0.8~1.0倍的凹模厚度设计，其外形与凹模尺寸相同。

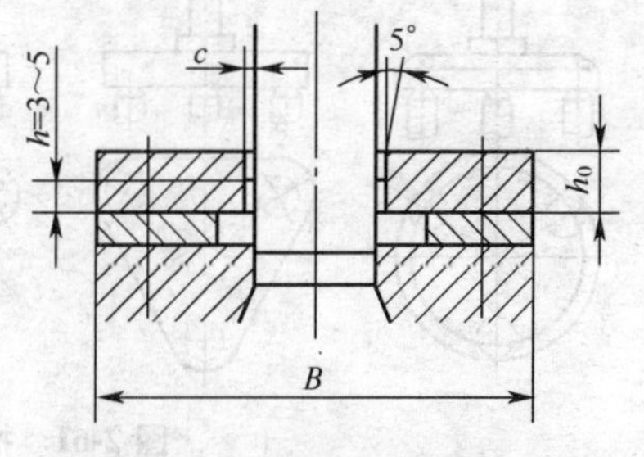

图 2-60　固定卸料板的尺寸

图 2-59b、c 所示打料式卸料装置装在上模，在冲压结束后上模回程时，利用压力机滑块上的打料横杆撞击上模内的推杆，将废料或冲压件从凹模中推卸出来，所以又称推件装置。

表 2-36　卸料板与凸模的单边间隙　（mm）

材料厚度	固定卸料板 C	弹压卸料板 C'	材料厚度	固定卸料板 C	弹压卸料板 C'
<0.5		0.05	1~3	0.3	0.15
<1	0.2	0.10	3~6	0.5	0.2

表 2-37　卸料板的厚度　（mm）

冲件料厚 t	卸料板宽度 B									
	≤50		50~80		80~125		125~200		>200	
	h_0	h_0'	h_0	h_0'	h_0	h_0'	h_0	h_0'	h_0	h_0'
~0.8	6	8	6	10	8	12	10	14	12	16
0.8~1.5	6	10	8	12	10	14	12	16	14	18
1.5~3	8	—	10	—	12	—	14	—	16	—
3~4.5	10	—	12	—	14	—	16	—	18	—
4.5	12	—	14	—	16	—	18	—	20	—

打料式卸料装置主要由打杆、推板 、推杆、推块等组成，如图 2-59b 所示。有的打料式卸料装置则由打杆直接推动推块，甚至直接由推杆推件，如图 2-59c 所示。为保证工作的可靠，各推杆长短一致，且分布均匀，推板要有足够的刚度，一般装在上模座的孔内。

推板的平面形状尺寸不必设计得太大，只要能覆盖到连接推杆，且保证本身强度足够便可。图 2-61 为推板与推杆的常用布置形式，可根据实际需要选用。

2. 弹性卸料装置的设计及选用

弹性卸料装置是靠弹性零件的弹力、气压或液压力的作用产生卸料力，具有敞开的工作空间，操作方便，生产效率高，冲压前可对坯料有预压作用，冲压后可使冲压件平稳卸料，具

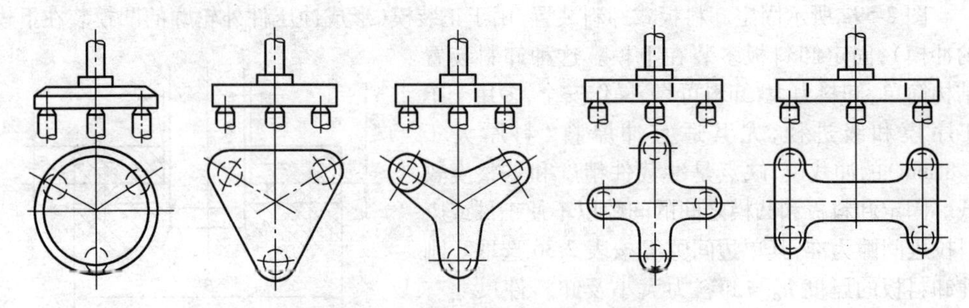

图 2-61 推板与推杆的常用布置形式

有卸料力可以调节的特点，主要用于冲制薄料（厚度小于 1.5 mm）及要求平整的加工件。弹性卸料板和凸模的单边间隙一般取 0.1～0.3 mm。当弹性卸料板用来作凸模导向时，凸模与卸料板的配合为 H7/h6，其结构如图 2-62 所示。

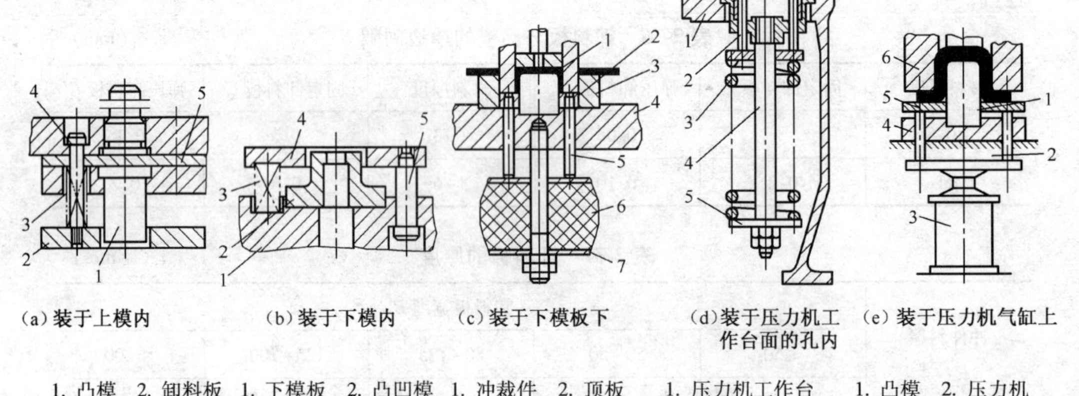

(a) 装于上模内　(b) 装于下模内　(c) 装于下模板下　(d) 装于压力机工作台面的孔内　(e) 装于压力机气缸上

1. 凸模 2. 卸料板 3. 弹簧 4. 卸料螺钉 5. 凸模固定板

1. 下模板 2. 凸凹模 3. 弹簧 4. 卸料板 5. 卸料螺钉

1. 冲裁件 2. 顶板 3. 凹模 4. 下模板 5. 顶杆 6. 橡胶 7. 压板

1. 压力机工作台 2. 顶杆 3. 弹簧 4. 螺杆 5. 顶板

1. 凸模 2. 压力机工作台 3. 气缸 4. 下模板 5. 压边圈 6. 凹模

图 2-62 弹性卸料装置 I

图 2-62a、b 所示弹性卸料装置的弹性零件（弹簧、橡胶），可安装在模具的上模内，也可在下模内使用，卸料力依靠装在模具内的弹簧、橡胶等弹性零件获得，但由于受模具安装空间的限制，使卸料力受到限制。

图 2-62c、d 所示弹性卸料装置的弹性零件（弹簧、橡胶），安装在下模板下或压力机工作台面的孔内使用，由于安装空间加大，使卸料力也有所增大。此外，冲床上的附件，如气垫、液压垫等，这些附件多数装设在冲床工作台下面，因此，可按图 2-62d 所示结构设计模具。

此外，对较大的薄板以及工件精度要求较高的冲裁件，若受模具结构安排或生产设备的限制，也可采用将弹性元件直接安放在推板上的结构，如图 2-63a、b 所示。这种装置出件平稳无撞击，冲件质量较高，其中，推板与推杆的布置形式可参见图 2-61 设计。

弹压卸料板不仅起卸料的作用，同时还起压料的作用，当零件使用侧面导板定位零件时

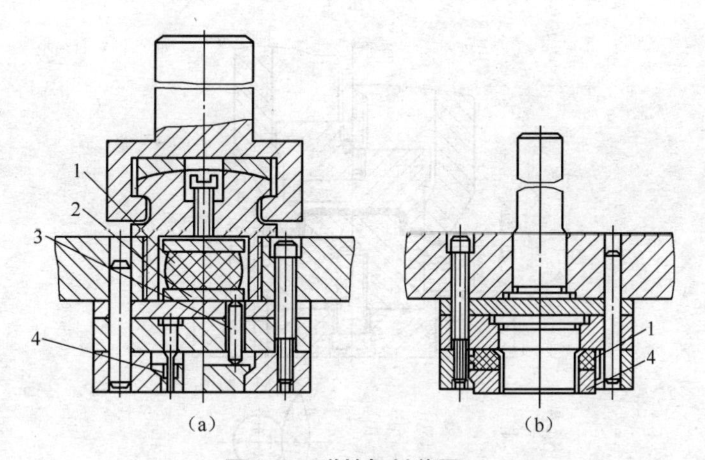

图 2-63　弹性卸料装置Ⅱ

1. 聚氨酯橡胶　2. 推板　3. 推杆　4. 推块

(参见图 2-64),弹压卸料板的压料台肩高度 h 按下式计算:

$$h = H - t + (0.1 \sim 0.3)t$$

式中　h——弹压卸料板压料台肩的高度,mm;

H——侧面导板的厚度,mm;

t——板料厚度,mm。

系数——当板料厚度小于 1 mm 时,式中系数取 0.3;当板料厚度大于 1 mm 时,式中系数取 0.1。

若卸料板同时起导向作用时,卸料板与凸模按 H7/h6 配合制造,且应保证其间隙比凸、凹模间隙小。此外,在模具开启状态,卸料板应高出模具工作零件刃口 0.3~0.5 mm,以便顺利卸料。

若弹压卸料板不提供凸模的导向作用,参见图 2-65,此时,弹压卸料板与凸模之间的单边间隙 C' 按表 2-36 选取。卸料板的厚度 h_0' 参考表 2-37 选取。

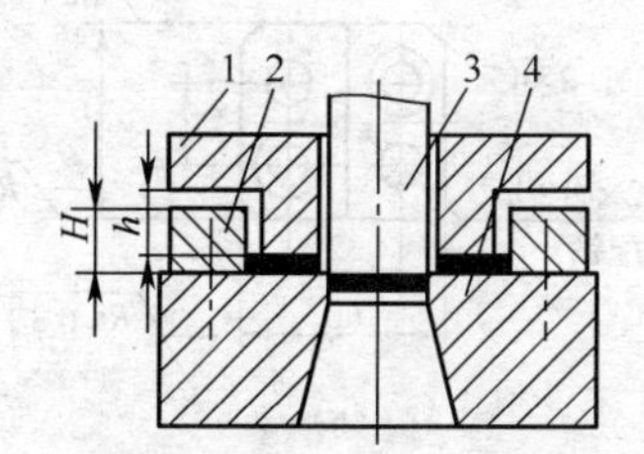

图 2-64　弹压卸料板压料台肩高度的确定

1. 弹压卸料板　2. 侧面导板 3. 凸模　4. 凹模

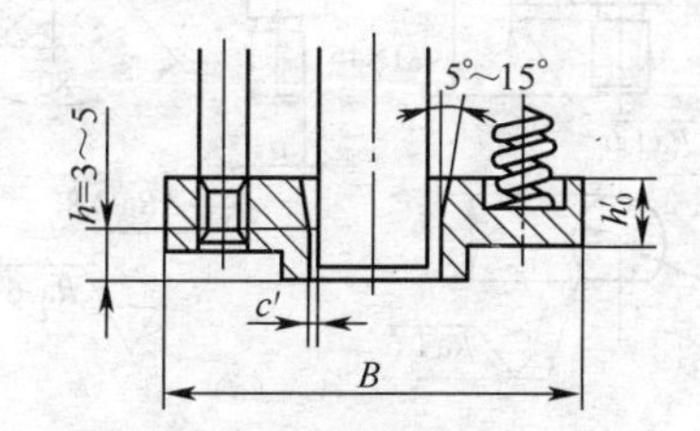

图 2-65　弹压卸料板的尺寸

3. 废料切刀卸料装置的设计及选用

对于大型冲裁件或成形件切边时,由于冲件尺寸大或板料厚度大,卸料力大,因此,往往采用废料切刀代替卸料板,将废料切开而卸料。

如图 2-66 所示的废料切刀卸料装置,当凹模 1 向下切边时,同时把已切下的废料压向废料切刀 2 上,从而将其外形废料分段切断。为保证废料的切断,废料切口的刃口长度应比

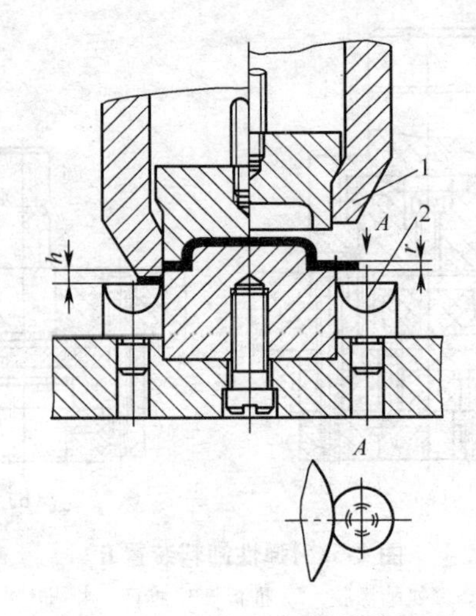

图 2-66 废料切刀卸料装置

1. 凹模 2. 废料切刀

废料宽度稍大，刃口比凸模刃口低，其值 h 大约为板料厚度的 2.5~4 倍，并且不小于 2 mm。对于冲件形状简单的冲裁模，一般设两个废料切刀；对冲件形状复杂的冲裁模，可以用弹压卸料加废料切刀进行卸料。

图 2-67 为国家标准中的废料切刀结构。图 3-67a 为圆废料切刀，用于小型模具和切薄板废料；图 2-67b 为方形废料切刀，用于大型模具和切厚板废料。

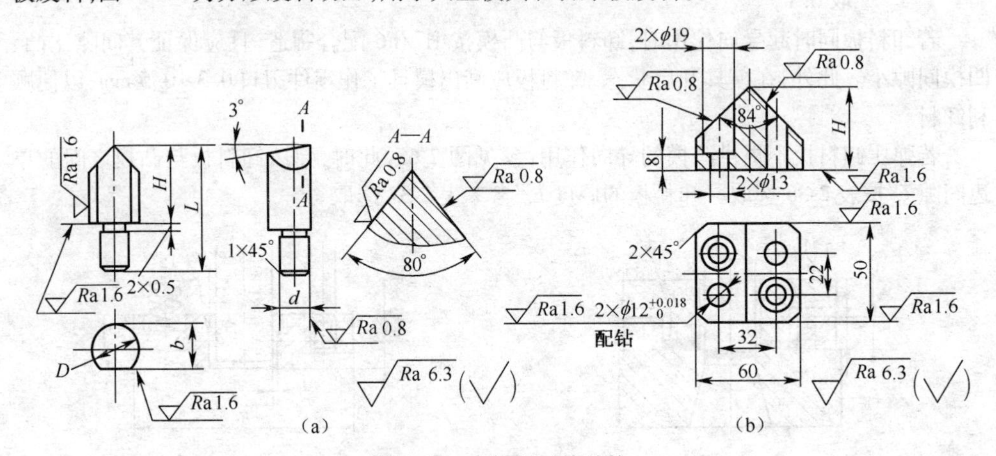

图 2-67 废料切刀的结构

2.7.3 弹性元件的设计及选用

弹簧和橡胶是模具中广泛应用的弹性元件，主要用于卸料、推件和压边等工作，其中又以圆柱螺旋压缩弹簧及聚氨酯橡胶应用最广。

1. 圆柱螺旋压缩弹簧的设计及选用

圆柱螺旋压缩弹簧已标准化，模具设计时弹簧只需按标准选用即可，一般选用原则是在满足模具结构要求的前提下，保证所选用的弹簧能够提供所需的压力和行程。

为保证冲模正常工作所必需的弹簧最大允许压紧量[a]，即

$$[a] \geqslant a_0 + a + a'$$

式中 a_0——弹簧预压紧量；

a——工艺行程(卸料、顶件行程)，一般取料厚加1 mm；

a'——余量，主要考虑模具的刃磨量，一般取5~10 mm。

(1)圆柱螺旋压缩弹簧的选用步骤 圆柱形螺旋压缩弹簧的选用，应以弹簧的特性线(见图2-68)为依据，按下述步骤进行。

①根据模具结构和工艺力(卸料力、顶件力)初步确定弹簧的根数为n，并求出分配在每根弹簧上的工艺力F/n。

②根据所需的预压力F_0和必需的弹簧总压紧量$a+a'$，预选弹簧的直径为D，弹簧丝的直径为d，以及弹簧的圈数(即自由高度)，然后，利用弹簧特性线校核所选弹簧的性能，使之满足预压力和最大压缩量的要求。

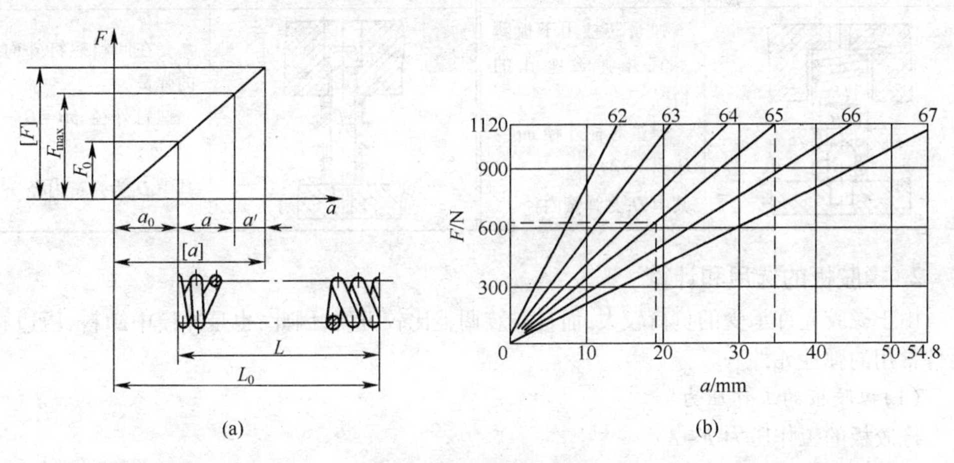

图2-68 弹簧的特性线

(2)圆柱螺旋压缩弹簧选用实例 如冲制外径为80 mm，内孔为50 mm，板厚$t=1$ mm的低碳钢垫圈，且凸凹模的总刃磨量为6 mm，如果卸料力为3600 N时，试计算并选用卸料弹簧。

解：①根据模具结构和卸料力大小，初选弹簧根数$n=6$，则每根弹簧上的卸料力为

$$\frac{F}{n} = \frac{3600}{6} = 600\ \text{N}$$

②根据所需的预紧力F_0>600 N和必需的弹簧总压缩量$a+a'=(1+1+10)$ mm=12 mm，参照弹簧的特性线(图2-68b)和弹簧的规格，预选弹簧的直径$D=$ 40 mm，弹簧丝的直径$d=$ 6mm，弹簧自由长度$L_0=110$mm。

③校验所选弹簧的性能。由弹簧的特性线可见，当预紧力$F_0=620$ N时，该弹簧预紧量$a_0=19$ mm，而最大许用压缩量[a]=34.5 mm，实际所需工艺行程$a=2$ mm，取余量$a'=10$ mm，则$a_0+a+a'=31$ mm，即满足：

$$F_0 > \frac{F}{N}$$

$$[a] \geqslant a_0 + a + a'$$

因此,该弹簧选用合适。

(3)卸料板弹簧的安装结构 圆柱螺旋压缩弹簧与卸料板配合使用,常用于模具的卸料,其安装结构见表2-38。

表2-38 卸料板弹簧的安装结构

安装简图	使用说明	安装简图	使用说明
	单面弹簧座孔,用于弹簧外露高度 h 小于外径 D 的情况		双面加工弹簧座孔,适用于 h 大于外径 D 的情况
	弹簧芯柱用于板薄不宜开弹簧座孔的情况 弹簧芯柱外径 $\phi B = D_i-(1\sim2)$ 其中 D_i 为弹簧内径		套在卸料螺钉外面的弹簧 螺钉外径 $\phi B = D_i-(1\sim2)$ 其中 D_i 为弹簧内径

2. 橡胶板的选用和计算

由于橡胶允许承受的负荷较大,而且安装调整比较方便,因此,也是冲模中卸料、压边和顶件常用的弹性元件。

(1)橡胶板的工作压力

橡胶板的工作压力 $F=Aq$

式中 F——橡胶板工作压力,N;

A——橡胶板横截面积,mm^2;

q——单位压力,见图2-69,一般取2~3 MPa。

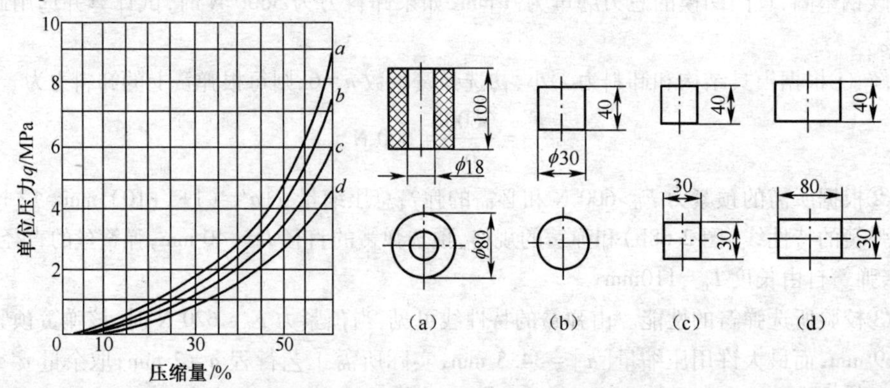

图2-69 橡胶板的单位压力

(2) *橡胶板的压缩量和厚度* 橡胶的最大压缩量一般不超过厚度 H 的 45%，橡胶的预压缩量为(10%~15%)H，因此

$$h=(0.25\sim0.3)H$$

式中 H——橡胶板自由状态下的厚度，mm；

h——许可压缩量，即冲模所需的工作行程，mm。

(3) *橡胶板的几何尺寸* 橡胶板截面尺寸可按表 2-39 计算。

橡胶板的厚度 H 应满足以下要求：$0.5\leqslant H/D\leqslant1.5$。

如果 $H/D>1.5$，应将其分成若干块，每块均满足上述要求，并用薄钢片隔开。

表 2-39 橡胶板截面尺寸的计算

橡胶板形式						
计算项目/mm	d	D	d	a	a	b
计算公式	按结构选用	$\sqrt{d^2+1.27\dfrac{F}{q}}$	$\sqrt{1.27\dfrac{F}{q}}$	$\sqrt{\dfrac{F}{q}}$	$\dfrac{F}{bq}$	$\dfrac{F}{aq}$

注：q 为橡胶板单位压力，一般取 2~3 MPa；F 为所需工作压力。

目前，已广泛应用聚氨酯橡胶(PUR)替代普通工业用橡胶作弹性元件。聚氨酯橡胶具有高强度、高弹性、高耐磨性和易于机械加工的特性，在冲模中应用越来越多，目前在市场已形成系列产品，选用时可参照聚氨酯橡胶块的压缩量与压力的关系，适当选择其形状和大小。如果需要用非标准形状的聚氨酯橡胶时，则应进行必要的计算。聚氨酯橡胶的压缩量一般在 10%~35%范围内。表 2-40 为市场上某生产厂家的聚氨酯(邵氏硬度 90HA)垫块规格表，供相关弹性元件设计时参考选用。

表 2-40 聚氨酯(邵氏硬度 90HA)垫块规格表 (mm)

D	d	L	压缩 15%L	负载/N	压缩 20%L	负载/N	压缩 25%L	负载/N
40	14	80	12	4560	16	5394	20	6276
50		110	16.5	7747	22	9218	27.5	10787
70		110	16.5	18633	22	22555	27.5	24517
70		140	21		28		35	

续表 2-40

D	d	L	压缩 15%L	负载/N	压缩 20%L	负载/N	压缩 25%L	负载/N
70	14	170	25.5	18 633	34	22 555	42.5	24 517
70		110	16.5		22		27.5	
70		140	21		28		35	
70	22	170	25.5		34		42.5	
90		140	21	27 459	28	33 342	35	40 207
90		170	25.5		34		42.5	
90		200	30		40		50	
100		140	21	35 990	28	42 659	35	49 720

2.7.4 导向零件的设计及选用

导向零件主要有导柱、导套，按其结构形式分滑动和滚动两种结构形式。

1. 滑动导柱、导套的设计及选用

滑动导柱、导套已标准化，可参考标准选用，但选用时，导柱长度 L 应保证上模板在最低位置时（模具闭合状态），导柱上端与上模板顶面距离不小于 10～15 mm，而下模板底面与导柱底面的距离不小于 3 mm，如图 2-70 所示，导柱的下部与下模板导柱孔采用过盈配合，导套的外径与上模板导套孔采用过盈配合，导套的总长须保证在冲压时导柱一定要进入导套 10 mm 以上。

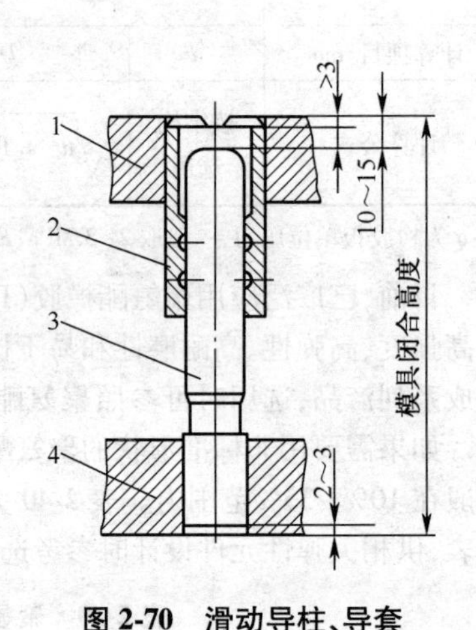

图 2-70 滑动导柱、导套

1. 上模板 2. 导套 3. 导柱 4. 下模板

导柱与导套之间采用间隙配合，对冲裁模导柱和导套的配合可根据凸、凹模间隙选择。凸、凹模间隙小于 0.03 mm，采用 H6/h5 配合；大于 0.03 mm 时，采用 H7/h6 配合；拉深厚度为 4～8 mm 的金属板时，采用 H7/f7 配合。在所有的配合中，导柱和导套配合的间隙均应小于冲裁或拉深的模具间隙，否则，应选用滚珠导柱、导套或采取其他措施。

2. 滚珠导柱、导套的设计及选用

滚珠导柱、导套也已标准化，可参考标准选用。滚珠导柱、导套是一种无间隙、精度高、寿命较长的导向装置，尤其适用于高速冲模、精密冲裁模以及硬质合金模具的冲压工作。图 2-71 为常见的滚珠导柱、导套结构形式。

滚珠导套与上模板导套孔采用过盈配合，导柱与下模板导柱孔为过盈配合，滚珠与导柱、导套之间为微量过盈，工作时，模具在上止点，仍有 2～3 圈滚珠与导柱、导套配合起导向作用。

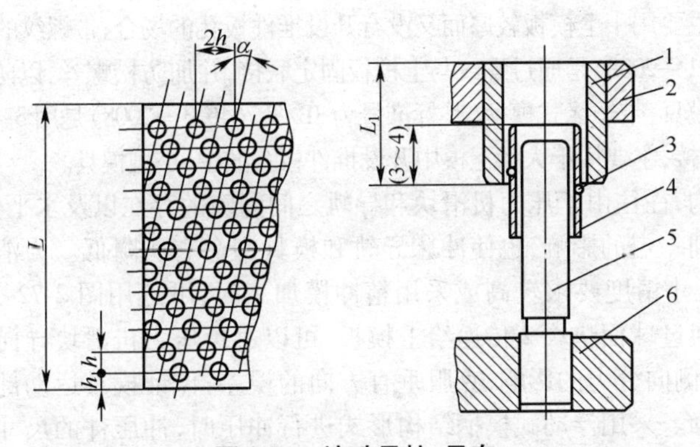

图 2-71　滚珠导柱、导套

1. 导套　2. 上模板　3. 滚珠　4. 滚珠夹持圈　5. 导柱　6. 下模板

2.7.5　支承及夹持件的设计及选用

支承零件主要包括上、下模板及模柄、垫板、固定板等零件，这类零件已经标准化。

1. 上、下模板的设计及选用

上、下模板是整个模具的基础，模具的各个零件都直接或间接地固定在上、下模板上。上模板通过模柄安装在冲床滑块上，下模板用压板和螺栓固定在工作台上。

按标准选择模板时，应根据凹模（或凸模）卸料和定位装置等平面布置来选择模板尺寸，一般应取模板尺寸大于凹模尺寸 40～70 mm，模板厚度为凹模厚度的 1～1.5 倍，下模板的外形尺寸每边应超出冲床台面孔边 40～50 mm。

模板常见材料一般为铸铁 HT250，有时也采用铸钢 ZG230-450，或用厚钢板 Q235-A、Q275-A 制作。其中铸铁 HT250 的许用压应力[σ]为 90～140 MPa，铸钢 ZG230-450 的许用压应力[σ]为 110～150 MPa，或参见表 2-31。

2. 模柄的设计及选用

模柄的作用是将模具的上模板固定在冲床的滑块上，并将作用力由压力机传给模具。常用的模柄类型如图 2-72 所示。

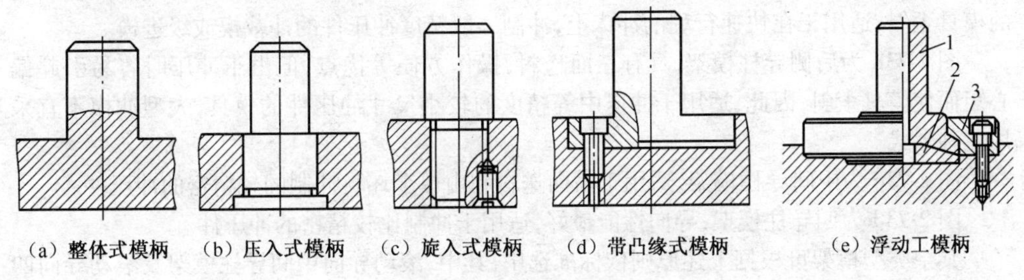

图 2-72　常用模柄类型

1. 模柄　2. 球面垫块　3. 锥面压板

整体式模柄是模柄与上模板做成一个整体，主要用于小型有导柱或无导柱的模具；带台阶的压入式模柄（其标准号为 JB/T 7646.2—2008）安装时与模板安装孔用 H7/m6 配合，并加销钉以防转动,主要用于上模板较厚而又没有开设推件板孔的场合;带螺纹的旋入式模柄(其标准号为 JB/T 7646.1—2008)是通过螺纹与上模板固定联接,并加防松螺丝,以防止转动,主要用于中、小型有导柱的模具;带凸缘式模柄(其标准号为 JB/T 7646.3—2008)是用3~4个螺钉和附加销钉与上模板固定联接,主要用于大型上模中开设推件板孔的中、小型模具。

采用上述结构,往往由于压力机滑块和导轨之间间隙的存在以及水平侧向分力的作用,而使模具精度受到一定的影响,也使冲床导轨和模具寿命有所降低。为消除这种不利的影响,对冲压件的尺寸精度要求较高或采用精冲模加工时,可选用图 2-72e 所示的浮动式模柄。模柄的压力通过球面垫块 2 传递给上模板,可以避免压力机滑块导向误差对模具导向的影响,消除水平侧向分力的影响,克服垂直方向的误差,保证模具运动部分在冲压过程中动作的平稳与准确。采用浮动式模柄结构形式进行冲压时,冲压件的尺寸精度一般可保持在±0.1 mm 范围内,其选用可参见 JB/T 7646.5—2008。

3. 模架的设计及选用

各种上、下模板及模柄与导向装置已组装成标准的模架。图 2-73 为常用的滑动导向模架结构。

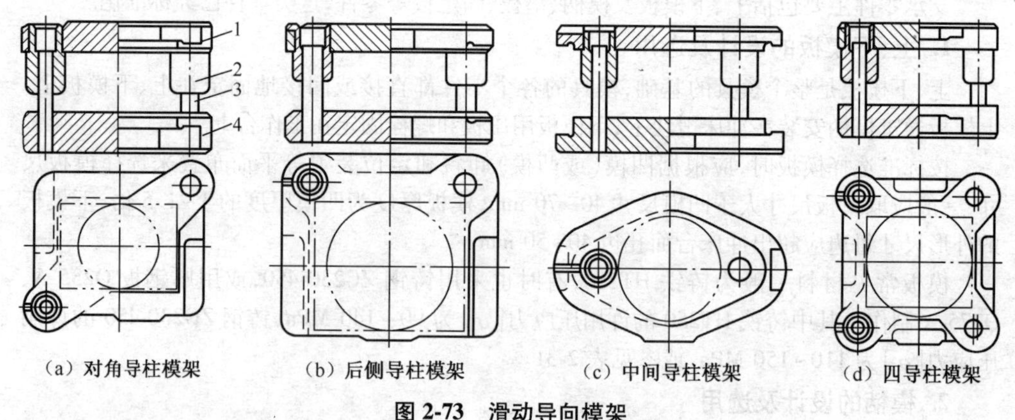

图 2-73 滑动导向模架

1. 上模板 2. 导套 3. 导柱 4. 下模板

图 2-73a 为对角导柱模架,两个导柱装在对角线上,冲压时可防止由于偏心力矩而引起的模具歪斜,适用于在快速行程的冲床上,冲制一般精度冲压件的冲裁模或级进模。

图 2-73b 为后侧导柱模架,具有三面送料,操作方便等优点,但由于冲压时容易引起偏心矩而使模具歪斜,因此,适用于冲压中等精度的较小尺寸冲压件的模具,大型冲模不宜采用此种形式。

图 2-73c 为中间导柱模架,适用于横向送料和由单个坯料冲制的较精密的冲压件。

图 2-73d 为四导柱模架,导向性能最好,适用于冲制比较精密的冲压件。

其余类型模架可根据上述原则依标准选用,其中,滚动导向中间导柱模架及滚动导向四导柱模架对应的标准为 GB/T 2852.3—2008。

4. 垫板及凸、凹模固定板的设计及选用

①垫板。垫板的作用是直接承受和扩散凸模传递的压力,以降低模座所受的单位压力,防止模座被压出凹坑,影响凸模的正常工作。模具中最为常见的是凸模垫板。模具是否加

装垫板,根据模座所受压力的大小进行判断,若模座所受单位压力大于模座材料的许用压应力,则需加垫板。加装的垫板外形尺寸可与固定板相同,其厚度一般取 3~10 mm,通常选用 45 钢,淬火硬度为 43~48 HRC。垫板上下表面应磨平,以保证平行度要求。

②固定板。固定板主要用于小型凸模、凹模或凸凹模等工作零件的固定,最常见的是凸模固定板。标准的凸模固定板分为圆形固定板和矩形固定板两种。凸模固定板的厚度一般取凹模厚度的 0.6~0.8 倍,其平面尺寸可与凹模、卸料板外形尺寸相同,固定板的凸模安装孔与凸模采用过渡配合 H7/m6、H7/n6,压装后将凸模端面与固定板一起磨平。固定板材料一般选用 Q235 或 45 钢制造,无需热处理淬硬。

5. 紧固件的设计及选用

模具上常用的紧固零件是螺钉和销钉,螺钉与销钉都是标准件,设计模具时可按标准选用。

螺钉在模具中起紧固作用,而销钉则起定位作用。模具中广泛应用的是内六角螺钉和圆柱销钉。螺钉、销钉的规格应根据冲压工艺、凹模厚度等确定,螺钉规格可参照表 2-41 选用。使用销钉一般成对使用,同一组合中的销钉一般不少于两个,拧入深度一般不小于其直径的 2 倍。

表 2-41 螺钉规格选用

凹模厚度/mm	≤13	13~19	19~25	25~32	>35
螺钉规格	M4、M5	M5、M6	M6、M8	M8、M10	M10、M12

螺钉和销钉的安装位置应合理,其与模具工作刃口的边缘应有一定的距离,必须满足表 2-35 的要求。

2.8 冲模零件常用材料及热处理要求

冲模零件材料的选用对模具寿命和成本有直接关系,冲模零件所用的材料和热处理硬度见表 2-42。

表 2-42 冲模零件的材料和热处理硬度

零件名称		材料	热处理硬度 HRC	
			凸模	凹模
冲裁模的凸模、凹模、凸凹模及其镶块	t≤3 mm,形状简单	T10A、9Mn2V	58~60	60~62
	t≤3 mm,形状复杂	CrWMn、Cr12、Cr12MoV、Cr6WV	58~60	60~62
	t>3 mm,高强度材料冲裁	Cr6WV、CrWMn、9CrSi	54~56	56~58
		65Cr4W3Mo2VNb(65Nb)	56~58	58~60
	硅钢板冲裁	Cr12MoV、Cr4W2MoV、CT35	60~62	61~63
		CT33、TLMW50、YG15、YG20	66~68	66~68
	特大批量(t≤2 mm)	CT35、CT33、TLMW50、YG15、YG20	66~68	66~68

续表 2-42

零件名称		材 料	热处理硬度 HRC	
			凸模	凹模
冲裁模的凸模、凹模、凸凹模及其镶块	细长凸模	T10A、CrWV、9Mn2V、Cr12、Cr12MoV	56~60,尾部回火 40~50	
	精密冲裁	Cr12MoV、W18Cr4V	58~60	62~64
	大型模镶块	T10A、9Mn2V、Cr12MoV	58~60	60~62
	加热冲裁	3Cr2W8、5CrNiMo、6Cr4Mo、3Ni2WV(GG-2)	48~52	
	棒料高速剪切	6CrW2Si	55~58	
上、下模板		HT400、ZG310-570、Q235、45	(45)调质 28~32	
模柄	普通	Q235	42~48	
	浮动	45		
导柱、导套	滑动	20	(20)渗碳淬火 56~62	
	滚动	GCr15	62~66	
固定板、卸料板、推件板、顶板、侧压板、始用挡块		45	42~48	
承料板		Q235		
导料板		Q235、45	(45)调质 28~32	
垫板	一般	45	42~48	
		T7A、9Mn2V	52~55	
	重载	CrWMn、Cr6WV、Cr12MoV	60~62	
顶杆、推杆、拉杆	一般	45	42~48	
	重载	CrWMn、Cr6WV	56~60	
挡料销、导料销		45	42~48	
导正销		T10A	50~54	
		9Mn2V、Cr12	52~56	
侧刃		T10A、Cr6WV	58~60	
		9Mn2V、Cr12	58~62	
废料切刀		T8A、T10A、9Mn2V	58~60	
侧刃挡块		45	42~48	
		T8A、T10A、9Mn2V	58~60	
斜楔、滑块、导向块		T8A、T10A、CrWMn、Cr6WV	58~62	
限位块		45	42~48	

续表 2-42

零件名称	材 料	热处理硬度 HRC	
		凸模	凹模
锤面压圈、凸球面垫块	45	42~48	
支承块	Q235		
钢球保持圈	H62		
弹簧、簧片	65Mn、60Si2MnA	42~48	
扭簧	65Mn	44~50	
销钉	45	42~48	
	T7A	50~55	
螺钉、卸料螺钉	45	35~40	
螺母、垫圈、压圈	Q235		

2.9 冲裁模设计实例

设计冲裁模时,首先应根据冲件的形状、尺寸、精度要求、材料性能、生产批量、冲压设备、模具加工条件等多方面的因素作综合的分析,研究和考虑冲裁件的工艺性,以便制订合理的工艺方案,然后根据工艺方案设计零件的排样方式,计算冲裁力并选定设备,便可进行模具的总体设计,同时计算模具各工作部件的受力,最后进行零件的设计。

1. 冲裁模设计步骤

冲裁模的设计一般采取如下步骤。

①根据取得的资料分析加工件的冲压工艺性,确定工艺方案。

②进行必要的计算。主要包括:选择排样方法、确定搭边值、计算送料步距、画出排样图;计算冲压力(冲裁力、卸料力、顶件力等);压力中心;确定凹模的外形尺寸及厚度;选用与计算(弹簧或橡皮);计算其他主要零件的工作部分尺寸;必要时,对模具主要零部件进行强度验算。

③模具总体设计。

④模具主要零件的设计。

⑤选择压力机的型号或验算已选的设备。

⑥绘制模具总图。

⑦绘制模具非标准零件图。

事实上,上述的设计步骤并没有严格的先后顺序,具体设计时,这些内容往往交错进行。

2. 冲裁模设计实例

连接板结构如图 2-74 所示,料厚 $t=1.5$ mm 的 20 钢,中等批量生产,毛刺高度小于 0.08 mm,冲件平整,无翘曲变形等缺陷。

设计步骤:

(1)根据取得的资料分析加工件的冲压工艺性,确定工艺方案　该加工件外形简单、对称，精度要求不高，冲压的基本工序为冲孔、落料，可采用单工序冲孔和落料完成。考虑到加工件生产批量要求，现采用冲孔-落料复合模加工的方案。

(2)排样　按矩形件边长 $L>50$ 查表2-16可得，最小搭边值 $a_1=2.0$ mm，$a=2.5$ mm。加工件排样如图2-75所示。

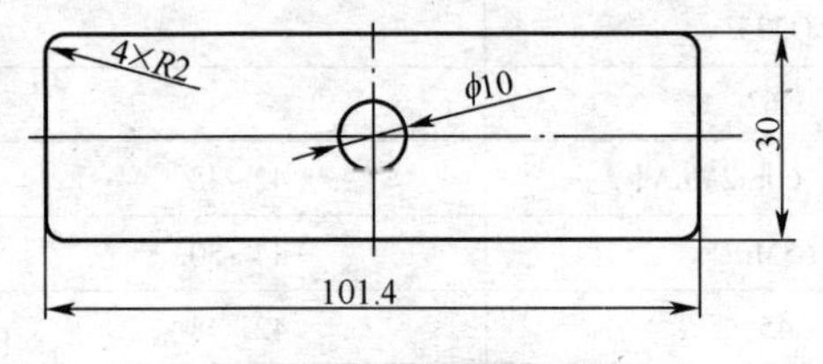

图2-74　加工件结构简图

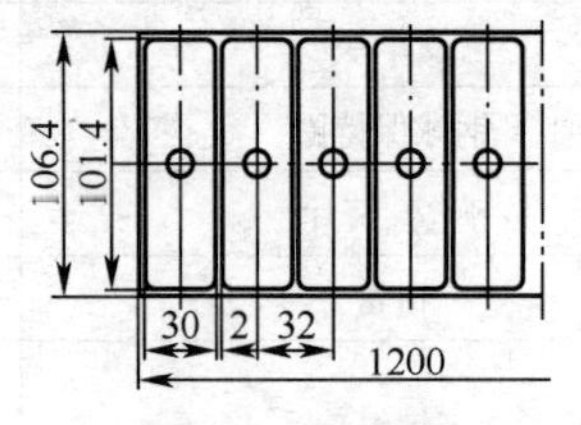

图2-75　排样图

(3)进行必要的计算

1)冲压力的计算

①冲裁力的计算。冲裁力的计算公式为：$F=KLt\tau$

根据加工件所用的材料，查表可取 $\tau=360$ MPa，且 $K=1.3$，

$L=2\times(101.4-2\times2+30-2\times2)+4\times3.14+10\times3.14=290.76$ mm，

$F=KLt\tau=1.3\times290.76\times1.5\times360=204113.52$ N

②卸料力的计算。卸料力的计算公式为：$F_{卸}=K_{卸}F$

查表2-21，得 $K_{卸}=0.04$，$F_{卸}=0.04\times204113.52=8164.54$ N

③推件力的计算。推件力的计算公式为：$F_{推}=nK_{推}F$

查表2-21，得 $K_{推}=0.05$，设计时决定选取直壁凹模刃口，凹模洞口的直刃壁高度为12 mm，则卡在凹模洞口的工件数为 $n=h/t=12/1.5=8$，将查表或计算得到的数据代入公式，得

$$F_{推}=8\times0.05\times204113.52=81645.41 \text{ N}$$

④选择压力机时的总冲压力为：

$$F_{总}=F+F_{卸}+F_{推}=204113.52+8164.54+40822.7=293923.46 \text{ N}\approx294(\text{kN})$$

2)计算压力中心

因冲件呈左右及上下对称形式，故其压力中心在零件的几何中心。

3)计算各主要零件的厚度

①凹模的厚度。按经验公式 $H=Kb$，其中 $b=101.4$，K 按表2-33查出为0.2。

$$H=Kb=101.4\times0.2=20.28$$

考虑到加工件外形落料后，顶料板结构上安放的需要，实际取整数 $H=35$。

根据 H 及工件尺寸即可估算凹模的外形尺寸：长度×宽度=180×100

②计算凸、凹模工作部分尺寸。由表2-25查得 $Z_{min}=0.13$，$Z_{max}=0.24$，查表2-29得，最大尺寸101.4凸、凹模的制造公差分别取：$\delta_{凸}=-0.025$，$\delta_{凹}=+0.035$

校核：$Z_{max}-Z_{min}=0.24-0.13=0.11$，$|\delta_{凸}|+|\delta_{凹}|=0.025+0.035=0.06$

满足 $Z_{max}-Z_{min}\geqslant|\delta_{凸}|+|\delta_{凹}|$ 的条件

由于加工件形状并不很复杂，因此，可采用凸、凹模分开的加工方法。分析加工件冲裁后凸、凹模磨损情况，落料磨损后凹模增大，没有缩小和尺寸不变的情况；冲孔磨损后凸模缩小,没有尺寸增大和尺寸不变的情况。

对外轮廓的落料的尺寸,由金属冲压件未注公差尺寸的极限偏差表,可查出其各尺寸的极限偏差为:$30_{-0.8}^{0}$,$101.4_{-0.8}^{0}$。

凸、凹模刃口部分尺寸计算如下:

$$D_{凹} = (D - x\Delta)_{0}^{+\delta_{凹}} \qquad D_{凸} = (D_{凹} - Z_{\min})_{-\delta_{凸}}^{0}$$

由表 2-30 查得磨损系数 $x=0.5$,另外,查表 2-29 得,尺寸 30 凸、凹模的制造公差分别取:$\delta_{凸}=-0.02$,$\delta_{凹}=+0.025$,因此:

$30_{凹}=(30-0.5\times0.8)_{0}^{+0.025}=29.6_{0}^{+0.025}$

$30_{凸}=(29.6-0.13)_{-0.02}^{0}=29.47_{-0.02}^{0}$

$101.4_{凹}=(101.4-0.5\times0.8)_{0}^{+0.025}=101_{0}^{+0.025}$

$101.4_{凸}=(101-0.13)_{-0.02}^{0}=100.87_{-0.02}^{0}$

对内形冲孔的尺寸,由金属冲压件未注公差尺寸的极限偏差表,可查出其各尺寸的极限偏差为 $\phi10_{0}^{+0.6}$。

凸、凹模刃口部分尺寸计算如下:

$$d_{凸} = (d_{\min} + x\Delta)_{-\delta_{凸}}^{0} \qquad d_{凹} = (d_{凸} + Z_{\min})_{0}^{+\delta_{凹}}$$

由表 2-30 查得磨损系数 $x=0.5$,另外,查表 2-29 得,尺寸 30 凸、凹模的制造公差分别取:

$\delta_{凸}=-0.02$,$\delta_{凹}=+0.02$,因此:

$d_{凸}=(d_{\min}+x\Delta)_{-\delta_{凸}}^{0}$

$=(10+0.5\times0.6)_{-0.02}^{0}=10.3_{-0.02}^{0}$

$d_{凹}=(d_{凸}+Z_{\min})_{0}^{+\delta_{凹}}$

$=(10.3+0.13)_{0}^{+0.02}=10.43_{0}^{+0.02}$

(4)模具总体设计　有了上述各步计算所得的数据及确定的工艺方案,便可以对模具进行总体设计。

(5)选定设备　因为 294 kN＜400 kN,所以初选 J23-400 型开式可倾曲柄压力机。

(6)绘制模具总图　考虑到加工件要求冲件平整、无翘曲变形等缺陷,故宜选用倒装式复合模。设计的模具结构如图 2-76 所示。

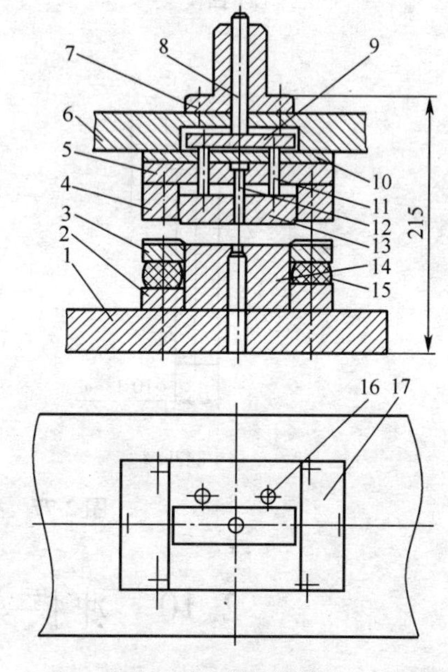

图 2-76 模具结构图

1. 下模板　2. 落料凸模固定板　3. 卸料板　4. 凹模　5. 冲孔凸模固定板　6. 上模板　7. 模柄　8. 打杆　9. 打料板　10. 垫板　11. 打棒　12. 圆凸模　13. 顶料板　14. 凸凹模　15. 橡胶　16. 定位销　17. 定位板

(7)绘制模具非标准零件图　模具主要零件结构尺寸如图 2-77 所示,其余零件图略。

设计的凹模如图 2-77a 所示,采用 T10 钢制造,热处理硬度为 58～62HRC;设计的凸凹模如图 2-77b 所示,采用 T10 钢制造,热处理硬度为 56～60HRC;设计的圆凸模如图 2-77c 所示,采用 T10 钢制造,热处理硬度为 56～60HRC;设计的顶料板如图 2-77d 所示,采用 45 钢制造,热处理硬度为35~40HRC。

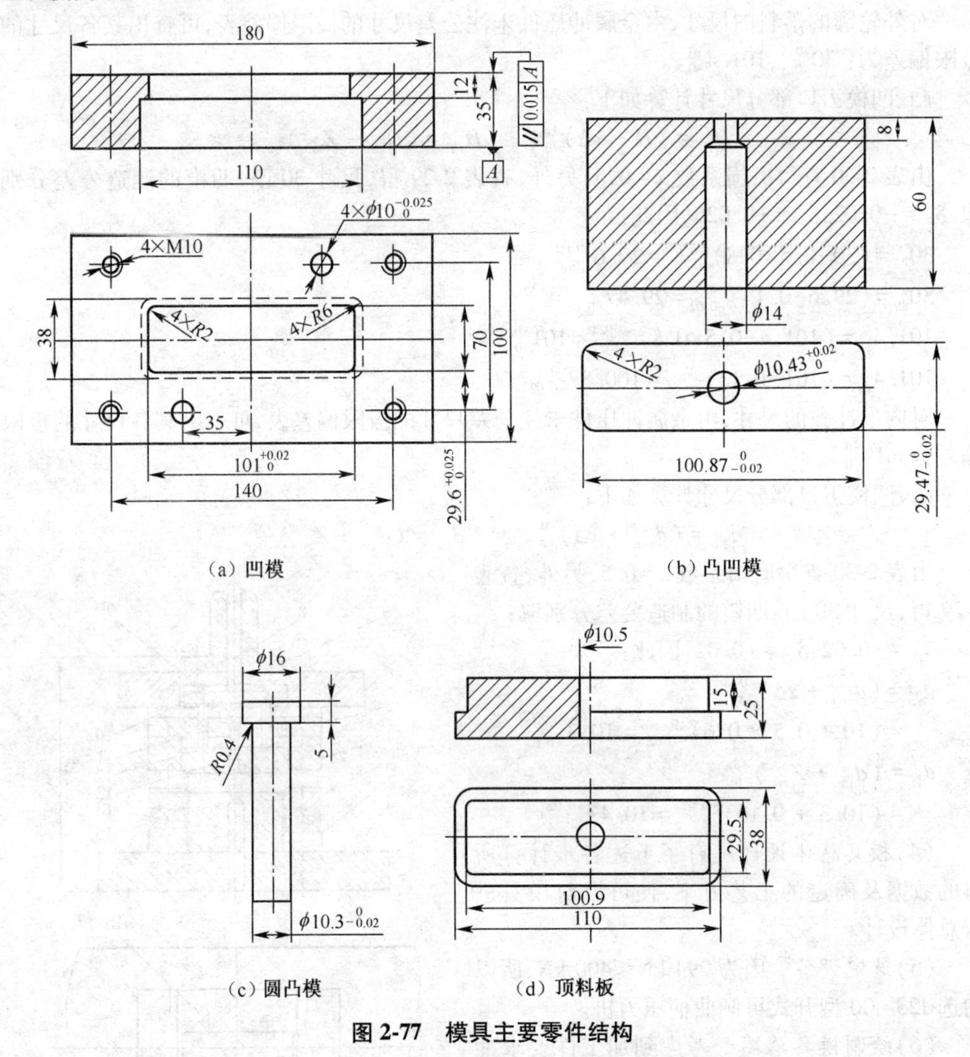

(a) 凹模　(b) 凸凹模

(c) 圆凸模　(d) 顶料板

图2-77　模具主要零件结构

2.10　冲模安装与调试的方法

冲模的使用寿命、工作安全和冲压件的质量等与模具的正确安装有着极为密切的关系。冲模在压力机上总的安装原则是：首先将上模固定在压力机滑块上，再根据上模位置调整固定下模；在模具安装过程中，必须进行压力机相应的调整。

1. 冲模安装的步骤

(1)冲模安装前的技术准备工作　冷冲模具在安装前，必须做好以下技术准备工作。

1)熟悉冲模的结构及动作原理　安装冲模前，首先应熟悉所要冲制零件形状、尺寸精度和技术要求，掌握所冲零件的相关工艺文件和本工序的加工内容；其次，熟悉所用冲模的种类、结构及动作原理、使用特点，了解该模具的安装方法及应注意的事项。

2）检查冲模的安装条件

①冲模的闭合高度必须要与压力机的装模高度相符。冲模在安装前，其闭合高度必须要先经过测定，模具的闭合高度 H_0 的数值应满足：

$$H_{min} + 10\ \text{mm} \leqslant H_0 \leqslant H_{max} - 5\ \text{mm}$$

如果模具闭合高度太小，不符合上述要求，可在压力机台面上加一个磨平的垫板，使之满足上述要求才能进行装模，如图 2-78 所示。

式中 H_0——模具的闭合高度，mm；

H_{max}——压力机最大闭合高度，mm；

H_{min}——压力机最小闭合高度，mm。

图中其他尺寸所表示的意义分别为：

N——打料横杆的行程；

M——打料横杆到滑块下表面之间的距离；

h——模柄孔深或模柄的高度；

d——模柄孔或模柄的直径；

L——台面到滑块导轨的距离；

l——装模高度调节量（封闭高度调节量）；

D——垫板孔径；

$a×b$——垫板尺寸； $k×s$——滑块底面尺寸；

$a_1×b_1$——工作台孔尺寸； $A×B$——工作台尺寸。

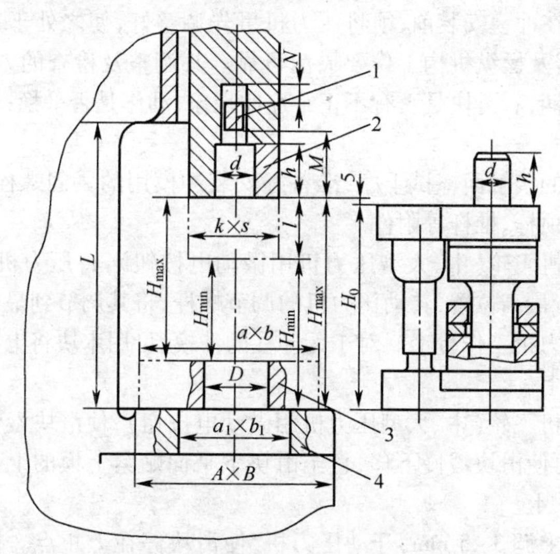

图 2-78 压力机和模具安装的尺寸关系

1. 顶件横梁 2. 模柄夹持块 3. 垫板 4. 工作台

当多套冲模联合安装在同一台压力机上实现多工位冲压时，各套冲模的闭合高度应相同。

②所选用压力机的公称压力必须大于模具工艺力的 1.2~1.3 倍。

③冲模各安装孔(槽)位置必须与压力机各安装孔(槽)相适应。

④压力机工作台面的漏料孔尺寸应大于或能通过制品及废料尺寸,也可直接落于工作台面,由人工清除。压力机的工作台尺寸、滑块底面尺寸应能满足冲模的正确安装,即工作台面和滑块下平面的大小应与安装的冲模相适应,并要留有一定的余地。一般情况下,冲床的工作台面应大于冲模模板尺寸50~70 mm以上。

⑤冲模打料杆的长度与直径应与压力机的打料机构相适应。

3)检查压力机的技术要求

①压力机的刹车、离合器及操作机构应工作正常。

②压力机上的打料螺钉应调整到合适位置。

③压力机上的压缩空气垫操作要灵活、可靠。

④压力机的工作形式应与冲模结构形式相吻合,例如,开式压力机适用于左、右方向送、出料的冲压作业,自动冲床可保证较高的生产率。

⑤压力机滑块行程大小要满足冲模的冲压要求,即压力机的行程应满足制品高度尺寸要求,并保证冲压后的制品能顺利从冲模中取出(弯曲、拉深);其行程次数(滑块每分钟冲压次数)应符合生产率和材料变形速度的要求。

4)检查冲模的表面质量　检查模具的表面状态,使用状态,保证其合格。

①检查冲模的工作部件(凸、凹模)、定位卸料部位是否符合图样要求。

②检查导向部位是否工作灵活。

③检查各紧固螺钉、销钉安装是否紧固。

(2)冲模的安装

①调整压力机。在冲模安装前,须将压力机事先调整好,使之处于正常工作状态,即压力机的制动器、离合器及操纵机构工作要灵活可靠。其调整及检查的方法是:先开启电源,踩一下脚踏板或按手柄,看滑块是否有不正常连冲现象,动作是否平稳;若发现异常,应在排除故障后再安装冲模。

②将模具与冲床的接触面擦拭干净,准备好安装冲模用的紧固螺栓、螺母、压板、垫块、垫板及冲模所需要的顶杆、推杆等附件。

③用手搬动压力机飞轮(中、大型压力机用微动电按钮),将压力机滑块调节到压力机的上止点,即滑块运行最高位置,转动压力机的调节螺杆,将其调节到最短长度。

④将冲模放在压力机工作台上。对于无导柱的冲模,可用木块将上模托起;有导柱的冲模直接放在工作台面上。

⑤用手搬动压力机飞轮(中、大型压力机用微动电按钮),使滑块慢慢靠近上模,并将模柄对准滑块孔,然后再使滑块缓慢下移,直至滑块下平面贴紧上模的上平面后,拧紧紧固螺钉,将上模固紧在滑块上。

⑥将压力机滑块上调3~5 mm,开动压力机,使滑块停在上止点。擦净导柱、导套及滑块各部位,加以润滑油,再开动压力机空行程2~3次,将滑块停于下止点,并依靠导柱和导套的自动调节将上、下模导正,然后将下模的压板螺钉紧固。若模具中有打料装置时,还需调整打料杆的打料位置;若模具需要使用气垫,则应调节压缩空气到适当的压力。

⑦将剪切的条料放于模具适当位置进行试冲。根据试冲情况,可调节上滑块的高度,直至能冲下合格的零件后,再锁紧调节螺杆。

⑧正式生产。试冲件经检验合格后,便可转入正式生产。

2. 冲模安装时冲床的调整

安装冲模时,冲床调整的主要内容是冲床行程和冲床闭合高度,模具中有打料杆时,还需调整打料杆的打料位置。

(1)冲床行程的调整　大多数冲床(如曲轴压力机)的滑块行程不可调节,但有一些压力机(偏心压力机,即压力机所用的主轴为图 2-79 所示的偏心轴)的滑块行程可调,如图 2-79a 所示采用偏心轴和偏心套结构,转动偏心套的位置即可调节行程。

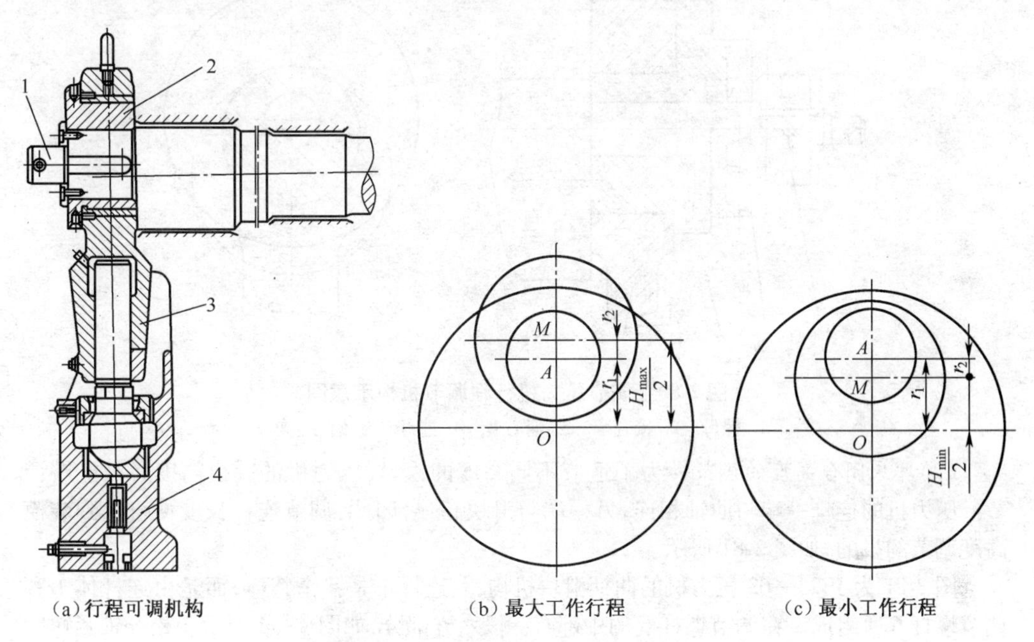

图 2-79　行程可调机构及其行程调节

1. 偏心轴　2. 偏心套　3. 连杆　4. 滑块

O—主轴轴中心　A—偏心主轴偏心部分中心　M—偏心套中心

当偏心轴和偏心套的偏心距位于同一方向时,其工作行程数值为最大,如图 2-79b 所示,即:

$$H_{max} = 2(r_1 + r_2)$$

式中　H_{max}——压力机最大工作行程,mm;

r_1——偏心轴的偏心半径,mm;

r_2——偏心套的偏心半径,mm。

当偏心轴和偏心套的偏心距位于相反方向时,其工作行程数值为最小,如图 2-77c 所示,即:

$$H_{min} = 2(r_1 - r_2)$$

式中　H_{min}——压力机最小工作行程,mm。

图 2-80 为偏心压力机行程调节机构示意图,调节方法如下。

偏心主轴 5 的前端为偏心部分,其上套有偏心套 3。偏心套与接合套 2 由端齿啮合,并由螺母 1 锁紧，接合套 2 与偏心主轴 5 以键相连接，连杆 4 自由地套在偏心套上。这样，主轴做旋转运动时将带动偏心套的中心 M 沿主轴中心 O 作圆周运动，从而使连杆和滑块做上下往复运动。松开螺母 1，使接合套的端齿脱开，转动偏心套，从而调节偏心套中心 M 到主轴 O 的距离，即可在一定范围内调节滑块行程。行程的调节范围为 $2\overline{AM}$（其中，A 为偏心主轴偏心部分中心，M 为偏心套中心，O 为偏心主轴的中心）。

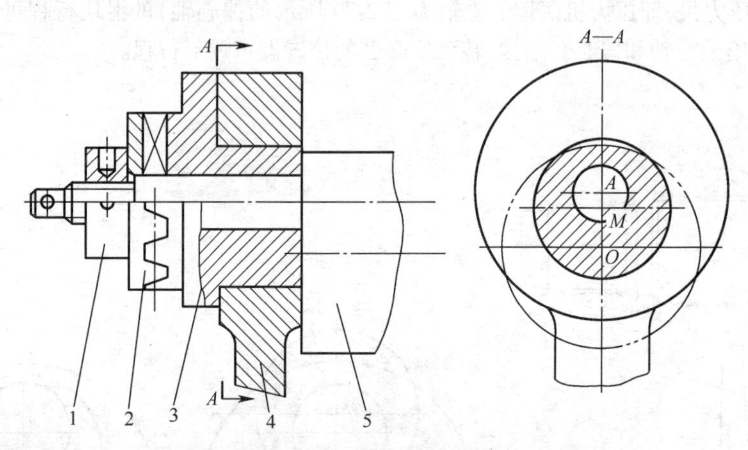

图 2-80　偏心压力机行程调节机构示意图

1. 螺母　2. 接合套　3. 偏心套　4. 连杆　5. 偏心主轴

(2) *冲床闭合高度的调节*　为了适应不同高度的模具，压力机的装模高度必须能够调节。压力机的连杆一端与曲轴相连，另一端与滑块相连，因此，调节连杆长度便可达到装模高度调节的目的，如图 2-81 所示。

图 2-81 为 JB23—63 压力机的曲柄滑块机构，其连杆不是一个整体，而是由连杆体 1 和调节螺杆 6 所组成。在调节螺杆 6 的中部有一段六方部分，如图 A—A 所示。松开锁紧螺钉 9 用扳手扳动带六方的调节螺杆 6，即可调节连杆的长度。较大的压力机是通过电动机、齿轮或蜗轮机构来调节螺杆的。

滑块在下止点位置时，滑块下平面与工作台平面的距离称为冲床的闭合高度。当连杆调节到最短长度时，闭合高度达最大值，称为冲床的最大闭合高度；当连杆调节到最大长度时，闭合高度达最小值，称为冲床的最小闭合高度。

为使模具正确安装在冲床上并能使冲压作业正常进行，冲床的最大闭合高度必须略大于冲模的闭合高度，使模具能够在冲床工作台面与滑块下平面之间安装进去；冲床的最小闭合高度必须小于冲模的闭合高度，使上、下模得以在冲压作业中吻合。

冲床的闭合高度调节完成后，必须将锁紧装置锁紧，以免冲床工作过程中松动而使连杆长度发生变化，影响冲压作业的正常进行。这一点对于变形基本工序中的某些冲压工序（如弯曲、压印等）尤为重要。

(3) *打料装置的调整*　冲压结束后，工件往往会卡在模内，为了将工件推出，压力机一般在滑块部件上设置打料装置。图 2-82 为刚性打料装置，由一根穿过滑块的打料横杆 4 及固定于机身的挡头螺钉 3 等组成。当滑块下行冲压时，通过上模中的顶杆 7 使打料横杆在滑块中升起，当滑块上行接近上止点时，打料横杆两端被机身的挡头螺钉挡住，滑块继续上

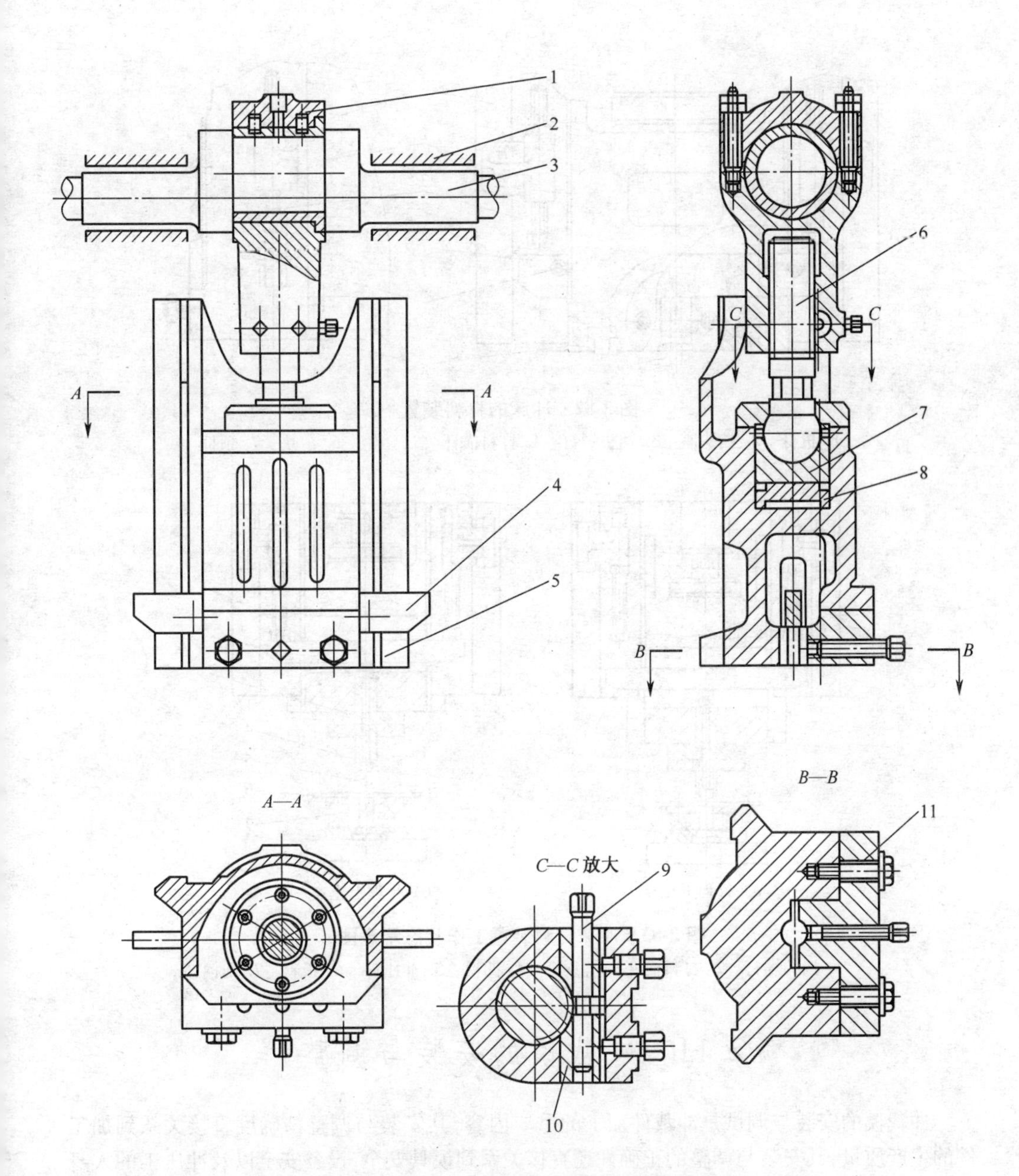

图 2-81 JB23—63 压力机的曲柄滑块机构

1. 连接体 2. 轴瓦 3. 曲轴 4. 打料横杆 5. 滑块 6. 调节螺杆 7. 支承座 8. 保险块 9. 锁紧螺钉 10. 锁紧块 11. 模柄夹持块

升,打料横杆便相对滑块向下移动,推动上模中的顶杆将工件顶出。打料横杆的最大工作行程为 H-h,如果打料横杆过早与挡头螺钉相撞,会发生设备事故,所以,在更换模具、调节压力机装模高度时,必须相应地调节挡头螺钉的位置。

图 2-83a、b 分别为冲床打料装置的工作初始、终止状态示意图。

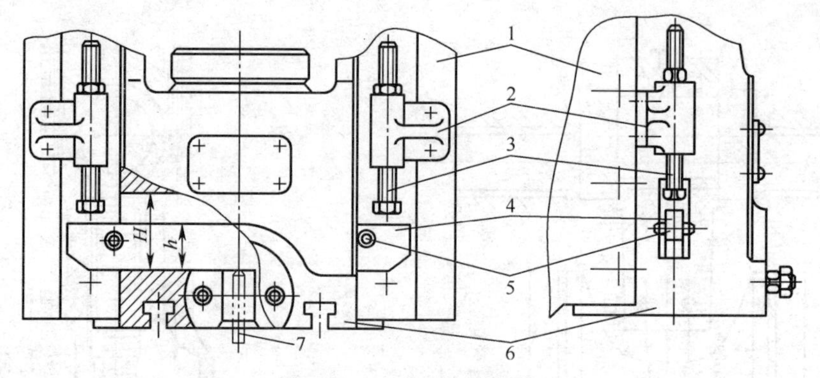

图 2-82 冲床的打料装置

1. 机身 2. 挡头座 3. 挡头螺钉 4. 打料横杆 5. 挡销 6. 滑块 7. 顶杆

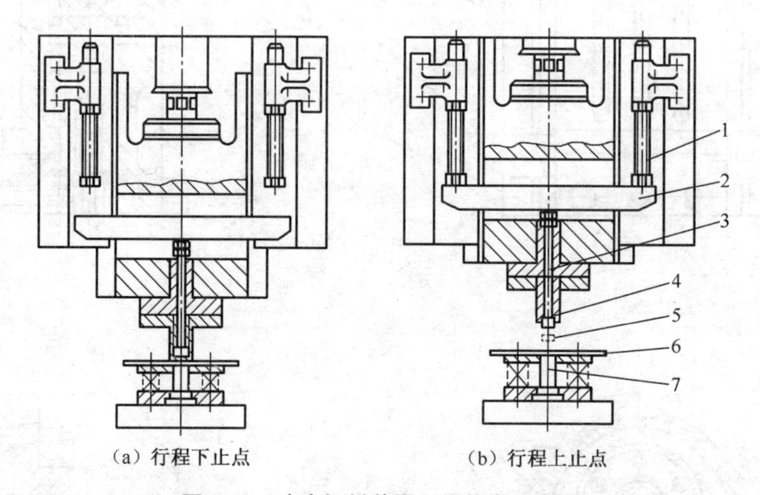

(a) 行程下止点 (b) 行程上止点

图 2-83 冲床打料装置工作状态示意图

1. 挡头螺钉 2. 打料横杆 3. 顶杆 4. 凹模 5. 冲压件 6. 板料 7. 凸模

2.11 冲裁模的安装与调整

冲裁模的安装与调试是冲裁件加工的重要内容,其安装与调整精确度直接关系到加工件的生产质量,其安装与调整的正确性还直接关系到模具安全、设备安全以及冲压工的人身安全。

1. 冲裁模的安装方法

冲裁模的安装分无导向冲裁模和有导向冲裁模两种。

(1)无导向冲裁模的安装方法 无导向冲裁模的安装比较复杂,其安装方法如下。

①按上述要求分别做好模具安装前的技术准备、模具和压力机台面的清洁及压力机的检查工作。

②将冲模放在压力机的中心处,如图 2-84 所示,其上、下模用垫块 3 垫起。

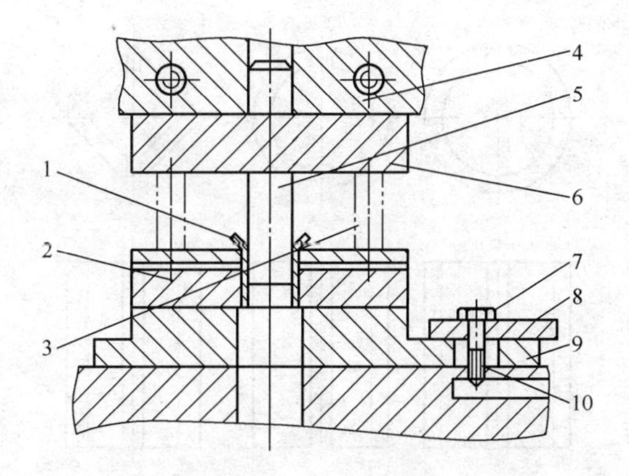

图 2-84 无导向冲裁模的安装与调整

1. 硬纸板 2. 凹模 3. 垫块 4. 压力机滑块 5. 凸模
6. 上模板 7. 螺母 8. 压板 9. 垫铁 10. T 形螺栓

③将压力机滑块 4 上的螺母松开,用手或撬杠转动压力机飞轮,使压力机滑块下降到与上模板 6 接触,并使冲模的模柄进入滑块的模柄孔中。滑块的模柄孔有圆形及方形两种,如图 2-85 所示。

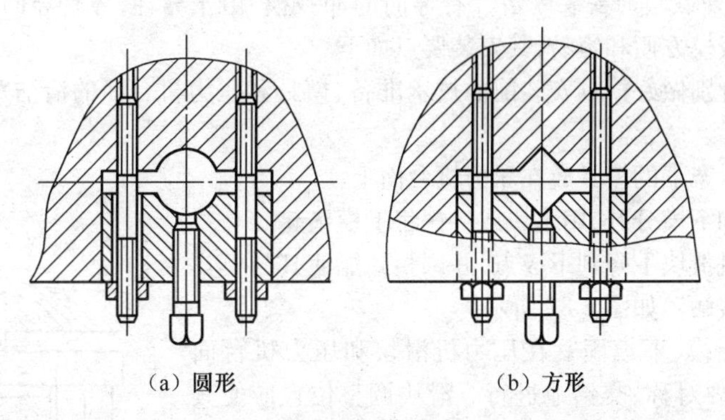

(a)圆形 (b)方形

图 2-85 模柄孔

一般来说,待安装的冲模模柄直径与压力机滑块上的模柄孔相符,若出现模柄外形尺寸小于模柄孔尺寸时,禁止用随意能够得到的铁块、铁片等杂物作为衬垫,必须采用如图 2-86 所示的专用开口衬套或对开衬套将模具模柄包裹后一同进入压力机滑块上的模柄孔中,其中图 2-86a、图 2-86b 用于圆形模柄孔,图 2-86c 用于方形模柄孔。

假如按上述要求将滑块 4 调到下极点位置还不能与上模板接触时,则需要调整压力机连杆上的螺杆,使滑块与上模板接触。如果连杆调整到下极点,仍不能使滑块与上模板接触,则需要在下模底部加垫块,将下模垫起,直到接触为止。

④滑块的高度调整好后,将模柄紧固在压力机滑块上。

⑤调整凸凹模的间隙,即在凹模的刃口上,垫以相当于凸、凹模单面间隙值厚的硬纸片或铜片 1,并用透光法调整凸凹模的间隙,并使之均匀。

⑥间隙调好后,将螺栓 10 插入压力机台面槽内,并通过压块 8、垫块 9 和螺母 7,将下模

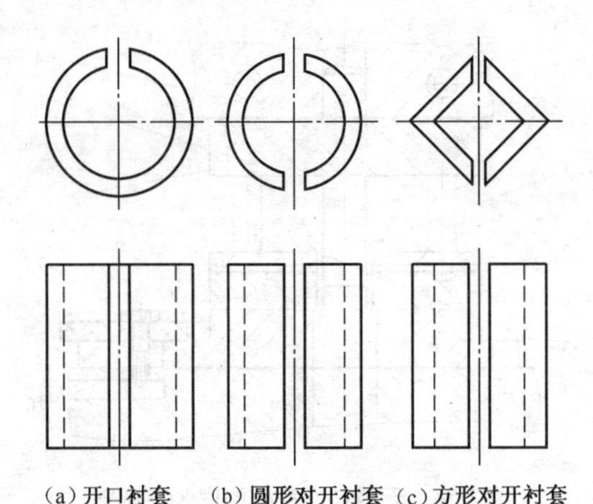

图 2-86 常用衬套形式

紧固在压力机上。注意:紧固螺栓时,要对称、交错地进行。

⑦开动压力机进行试冲。在试冲过程中,若需调整冲模间隙,可稍松开螺母7,用手锤根据冲模间隙分布情况,沿下模调整方向轻轻锤击下模板,直到合适为止。

(2)*有导向冲裁模的安装方法* 有导向的冲裁模,由于导柱、导套导向,故安装与调整比无导向的冲裁模方便和容易,其安装要点如下。

①按要求分别做好模具安装前的技术准备、模具和压力机台面的清洁及压力机的检查工作。

②将闭合状态下的模具放在压力机台面上。

③将上模和下模分开,用木块或垫铁将上模垫起。

④将压力机滑块下降到下极点,并调整到能使其与模具上模板上平面接触。如图 2-87 所示。

⑤分别将上模、下模固紧在压力机滑块和压力机台面上,螺钉紧固时要对称、交错地进行。滑块调整位置应使其在上极点时,凸模不至于逸出导板之外,或导套下降距离不得超过导柱长度的1/3为止。

⑥紧固牢固后,进行试冲,试冲合格转入正式生产。

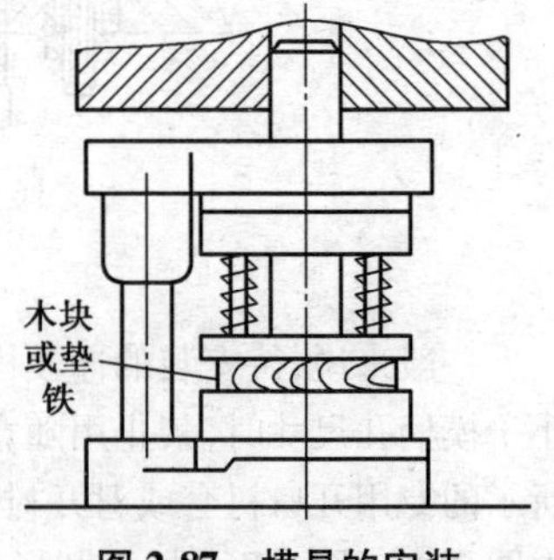

图 2-87 模具的安装

2. 冲裁模的调整要点

①凸、凹模配合深度的调整。冲裁模的上、下模要有良好的配合,即保证上、下模的工作零件凸、凹模相互咬合深度适中,不能太深或太浅,以能冲下合适的零件为准。一般冲裁模保证凸模进入凹模的深度约为0.5~1 mm,采用硬质合金模冲裁时不应超过0.5 mm。凸、凹模的配合深度依靠调节压力机连杆长度来实现。

②凸、凹模间隙的调整。冲裁时,必须保证凸、凹模周边有均匀的间隙,间隙不适当或不均匀,将直接影响冲裁件的质量。

有导向零件的冲裁模,其安装调整比较方便,只要保证导向件运动顺畅即可,因为导向件(如导柱和导套)的配合比较精密,可以保证上、下模的配合间隙均匀。

对于无导向的冲裁模,可在凹模刃口周围衬以紫铜箔或硬纸板进行调整。铜箔或纸板厚度相当于凸、凹模之间的单面间隙。当冲裁件坯料厚度超过1.5 mm时,因模具间隙较大,可用上述衬垫的方法调整。对较薄坯料的冲模可人工观测凸、凹模吻合后周边缝隙大小的方法来调整模具,当发现凸模与凹模在某一方向上缝隙偏大,可先将上模紧固,下模松开,用紫铜棒轻轻敲击下模侧面进行调整后,再重复观测凸、凹模吻合后周边缝隙,直到均匀为止。对于直边刃口的冲裁模,还可用透光及塞尺测试间隙大小的方法来调整,直到上、下模互相对中,且间隙均匀后,用螺钉将冲模紧固在压力机上进行试冲。试冲后,检查试冲件是否有明显的毛刺及断面粗糙,如不合适应松开下模,再按前述方法继续调整,直到间隙合适。

为便于以后生产时调整无导向冲裁模的间隙,可采取在第一次调整好间隙后,将厚度等同凸凹模单面间隙的铜片或硬纸片,与凸模共同压入模具型腔的方法来减少冲裁模的调整工作量。

③定位装置的调整。检查冲裁模的定位零件如定位销、定位块、定位板是否符合定位要求,定位是否可靠。若位置不合适,在调整时应进行修整,必要时要进行更换。

④卸料系统的调整。卸料系统的调整主要包括卸料板或顶件器工作是否灵活;卸料弹簧及橡胶弹性是否足够;卸料器的运动行程是否足够;漏料孔是否畅通无阻;打料杆、推料杆是否能顺利推出制品与废料。若发现故障,应调整,必要时更换新品。

2.12 冲裁件的加工缺陷及控制

冲裁产生的缺陷主要有:毛刺大、制件表面挠曲、凸模和凹模刃口磨损过快等。这些缺陷有些是相互关联或互为因果,产生的原因是多方面的,既可能是材料方面、也可能是冲裁模调试或模具方面,还可能是由于操作者的操作疏忽,因此,解决方案也是多方面的,必须在仔细分析缺陷产生原因的基础上采取措施解决。

1. 冲裁断面毛刺大

在冲裁加工中,冲裁件的断面产生不同程度的毛刺是不可避免的,但若毛刺太大而影响制件的使用,这是不允许的。

(1)毛刺大的主要原因　冲裁加工中,冲裁断面毛刺大的主要原因有:

①凸、凹模之间的间隙不当。冲裁间隙过大、过小或不均匀,均可产生毛刺。

②刃口由于磨损和其他原因而变钝。

③模具上、下模安装不牢固,冲模因受振动而发生移动,使冲裁间隙变化。

(2)减少毛刺的措施　根据毛刺产生原因的不同,可分别采取相应的措施。

①毛刺的特征、产生原因及解决措施见表2-43。

表2-43　冲裁断面毛刺类型、特征、产生的原因及解决措施

类型	简　图	毛刺特征、产生的原因和解决措施
倒锥形		特征:倒锥形毛刺。 原因:凸、凹模间隙太小。 措施:修整凸模或凹模,使之间隙适当加大

续表 2-43

类型	简 图	毛刺特征、产生的原因和解决措施
拉断形		特征:较厚的拉断毛刺,并在切断面上有大的锥度,断面较粗糙。 原因:凸、凹模间隙过大。 措施:更换新的凸、凹模,使之间隙变小,保证其在合理的间隙范围内
带斜度或不均匀		特征:一侧有较大的带斜度毛刺或毛刺分布不均匀。 原因:间隙分布不均匀。 措施:首先检查凸、凹模的同心度,若同心度超差,则应重新调整、安装,保证其间隙均匀;其次,检查凸、凹模的垂直度,用角尺检查凸模与凹模固定板之间的垂直度,若垂直度超差,应重新调整、安装,保证其间隙均匀
表面弯曲形		特征:带有中等厚度的毛刺,冲件变得弯曲且圆较大。 原因:凸、凹模工作刃口磨损钝。 措施:1. 冲孔件孔边毛刺大,冲孔废料圆角带的圆角增大,形成大的塌角情形,这时是凹模刃口变钝,凹模刃口带有圆角,需重磨凹模刃口; 2. 落料件上产生较大的毛刺,板料余料圆角处产生大圆角,这时是凸模刃口变钝,凸模有圆角。需重磨凸模刃口; 3. 落料件、板料余料或冲孔件、冲孔废料上都产生大的毛刺和塌角,这时是冲裁凸模和凹模刃口都变钝了。需要磨凸、凹模刃口

②经常检查上模与下模安装是否牢固,防止在冲压加工过程中松动。图 2-88 为保证上、下模安装牢固,防止紧固螺母松动的几种方法。

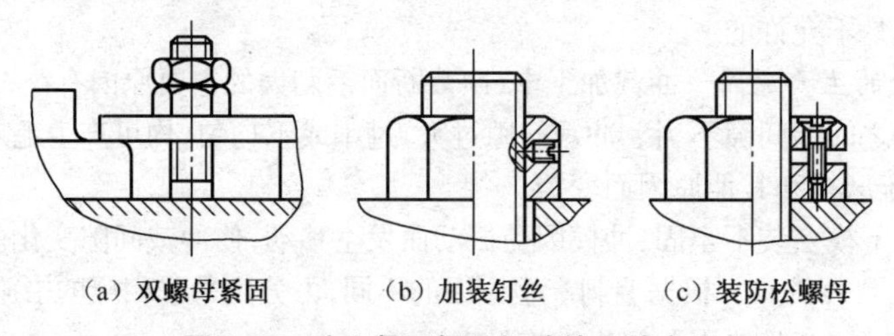

(a) 双螺母紧固　(b) 加装钉丝　(c) 装防松螺母

图 2-88　防止紧固螺母松动的几种方法

工件上的毛刺也可以通过后处理的方法去除,最常用的方法就是滚光处理,较大冲裁件的毛刺则可采用钳工锉削法去除。

2. 冲裁断面粗糙

冲裁加工的断面由圆角带、光亮带、断裂带和毛刺四部分组成。断面粗糙会影响制件的使用和精度,因此,在冲压时应给予充分注意和重视。冲裁断面粗糙的类型、断面特征、产生的原因及解决措施见表2-44。

表2-44 冲裁断面类型、特征、产生的原因及解决措施

类型	简图	断面特征、产生的原因和解决措施
断裂面不直	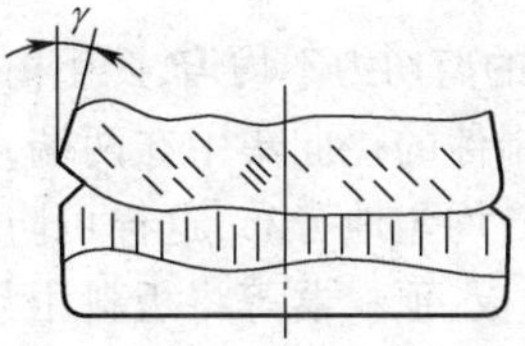	特征:冲裁断面有明显斜角、粗糙、裂纹和凹坑、圆角处的圆角增大,并出现较高的拉断毛刺。 原因:凸、凹模间隙过大,刃口处裂纹不重合而强行撕裂,或由于使用的板料塑性较差所造成。 措施:更换凸模或凹模,调整其间隙在合理范围内,或采用塑性较好的板料
断面有裂口	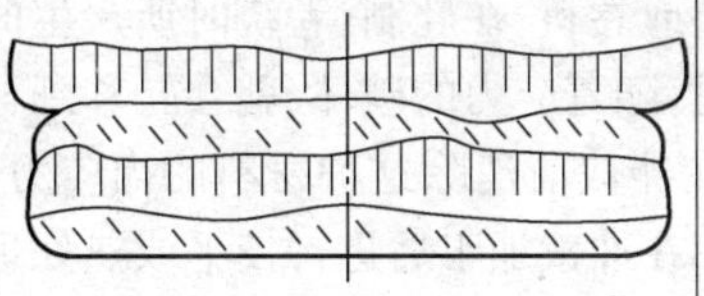	特征:冲裁断面带有裂口、较大毛刺、双层光亮断面,工件上部形成齿状毛刺。 原因:凸、凹模间隙过小,刃口处裂纹不重合而造成。 措施:用研修或成形磨削修磨凸模或凹模,以放大间隙,减少裂口与毛刺的产生
断面圆角过大	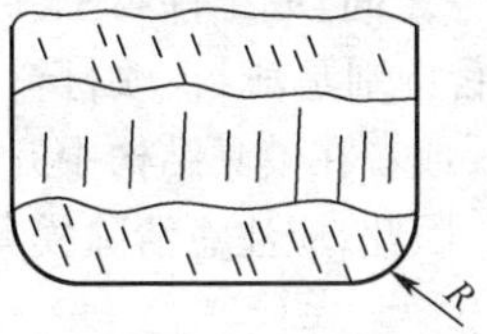	特征:冲件断面圆角过大。 原因:凸、凹模之间间隙过大,且刃口由于长时间使用磨损变钝引起。 措施:重新更换凸模并与凹模匹配间隙,使其在最小合理间隙值范围内,同时对凹模刃口进行刃磨,使其变得锋利

3. 冲件挠曲

冲裁时,若冲件不平整,形成凹形圆弧面,则表明冲件产生了挠曲变形。这是由于板料冲裁是一个复杂的受力过程,板料与凸模、凹模刚接触的瞬间首先要拉深、弯曲,然后剪断、撕裂。在整个冲裁过程中,板料除受垂直方向的冲裁力外,还受拉、弯、挤压力的作用,这些力使冲件表面不平产生挠曲。影响工件挠曲的因素有很多方面。

①凸、凹模间间隙的影响。当凸、凹模间间隙过大时,在冲裁过程中,制件的拉深、弯曲力变大,易产生挠曲。改善的办法:可在冲裁时用凸模和压料板(或顶出器)将制件压紧,或用凹模面和退料板将搭边部位压紧,以及保持锋利的刃口,都能收到良好的效果。当间隙过小时,材料冲裁时受到的挤压力部分变大,使工件产生较大的挠曲。

②凸、凹模形状的影响。当凸、凹模刃口不锋利时,制件的拉深、弯曲力变大,也会使工件产生较大的挠曲。另外,凹模刃口部位的反锥面,使制件在通过尺寸小的部位时,外周向中心压缩引起工件的挠曲,如图2-89所示。

③卸料板与凸模间间隙的影响。当冲裁模使用较长时间后,由于长期磨损,使卸料板与凸模间的间隙加大,致使在卸料时易使制品或废料带入卸料孔中,使制品发生翘曲变形。

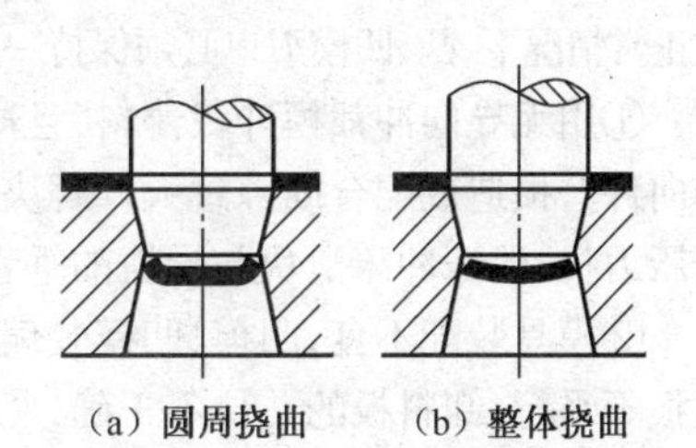

(a) 圆周挠曲　(b) 整体挠曲

图2-89 凹模反锥引起的挠曲

以上缺陷可从以下方面进行排除:重新调整卸料板与凸模间的间隙,使之配合适当,一般应修整为H7/h6的配合形式。在冲裁厚度为0.3 mm以下的有色金属工件时,可采用橡胶板作为卸料板,若用钢板做卸料板,则易使工件拉入间隙中,造成工件表面弯曲变形,影响产品质量。

④工件形状的影响。当工件形状复杂时,工件周围的剪切力不均匀,产生由周围向中心的力,使工件出现挠曲。在冲制接近板厚的细长孔时,制件的挠曲集中在两端,使其不能成为平面。解决这类挠曲的办法,首先是考虑冲裁力合理、均匀地分布,这样可防止挠曲的产生;另外,增大压料力,用较强的弹簧、橡胶等,通过压料板、顶料器等将板料压紧,也能收到良好的效果。

⑤材料内部应力的影响。作为工件原料的板料或卷料,在轧制、卷绕时所产生的内部应力,使其本身就存在一定的挠曲,而在冲压成工件时,随着应力的破坏,就会转移到材料的表面,从而增加工件的挠曲度。要消除这类挠曲,应在冲裁前消除这种材料的内应力,可以通过校平或热处理退火等方法来进行,当然,也可采用在冲裁加工后进行校平或热处理退火等方法来进行。

⑥油、空气的影响。冲裁过程中,在凸模、凹模与工件之间,或工件与工件之间,如果有油、空气不能及时排出而压迫工件时,工件也会产生挠曲,特别是薄料、软材料更为明显,因此,在冲裁过程中如需加润滑油时,应尽可能均匀地涂油,或者在模具结构中开设油、气排出孔。此外,制件和冲模之间有杂物也易使工件产生挠曲。因此,应注意清除模具以及板料工作表面的脏物。

4. 尺寸精度超差

冲裁时,冲件的尺寸精度产生超差的原因及解决措施主要有以下几点。

①模具刃口尺寸制造误差,解决措施:修理模具刃口尺寸至合格。

②冲裁过程中的回弹。上道工序的制件形状与下道工序模具工作部分的支承面形状不一致,使制件在冲裁过程中发生变形,冲裁完毕后产生弹性回复,因而影响尺寸精度。解决措施:更改下道工序模具工作部分的支承面形状,使之与上道工序的制件形状一致。

③由于操作时定位不正确,或者定位机构设计得不合理冲裁过程中坯料发生窜动,或者是剪切件的缺陷(如棱形、缺边等)引起定位不准,均能引起尺寸超差。解决措施:重新设计并更换定位机构,控制剪切件的加工质量,保证定位的准确性。

5. 凸、凹模刃口相碰

冲裁过程中,凸、凹模刃口相碰,俗称啃模。啃模是不允许的,易导致冲模致命缺陷的发生。在正常情况下,凸、凹模刃口必须保持一定的间隙,发生刃口相碰的主要原因及解决措施如下。

①用无导向冲裁模冲裁薄料,且冲床滑块与导轨的间隙大于凸、凹模的间隙,或模具的导向件磨损造成配合间隙过大。解决措施主要有:采用导向模,这对薄板冲裁尤为重要;检修压力机,保证冲床滑块与导轨的垂直度及间隙;更换新的导柱、导套,使间隙合适。

②模具装配不良,凸模、凹模装偏或不同心,凸模、导柱等零件安装不垂直安装面;上、下模板不平行;卸料板的孔位不正确,使冲孔凸模位移。解决措施主要有:重装凸模或凹模,使之同心或重磨安装面或重新装配凸模及导柱,使之垂直安装面;以下模板为基准,修磨上模板的上平面;修整或更换卸料板。

③冲裁时发生重复冲，或两件以上板料叠冲。重复冲就是冲一次后，冲裁件未被取走时又接着冲一次，这样往往使冲裁件的冲裁边有一条窄条被裁下，并挤入模具间隙，造成凸模的挤偏移位，因而导致啃模。多件叠冲也可能造成凸模被挤偏而发生啃模或凹模被挤裂。解决措施主要有：冲裁作业时，一定要避免重复冲或叠冲现象，应注意将残留在模具上的废料或冲裁件清除。

2.13 简易冲裁模加工

在产品试制或小批量、多品种冲件的生产中，由于加工件数量少，模具费用在冲压件成本中所占的比例相对增大，为此，生产中广泛应用薄板冲模、钢皮冲模、组合冲模与聚氨酯橡胶模、锌基合金冲模等简易冲模。

2.13.1 薄板冲模的冲裁加工

在冷压生产中，采用很薄的钢板 0.5~0.8 mm 作为凹模的冲模，称为薄板冲模。薄板冲模的设计与制造易实现标准化、系列化，主要适用于新产品试制和小批量冲压 0.1~2 mm 的各种中、小型加工件，冲制数量可达几千件至万件，但当一块凹模达不到规定的冲压件数量时，可在模具制造时，多加工几个凹模，以备更换继续冲压。

1. 薄板冲模的特点

薄板冲模多采用通用模架结构，故制造加工一副新冲模，只需制造凸模后，即可用冲压的方法制造出导板、凹模等零件，因而模具制造工艺简单，制造周期短，而且导板及凹模等零件又采用较薄的钢板，只为普通冲模厚度的 1/30~1/40，节约了贵重金属材料，大大降低了制模成本。

薄板冲模在制作时，不需要专用的机械加工设备，也不需要较高的制模技术，便于推广使用，特别是在电子、仪表行业的多品种小批量冲压生产中，显示出很大的优越性。

2. 薄板冲模的设计

在着手设计薄板冲模时，不论其冲压性质如何，应首先确定凸模尺寸。其设计过程大致如下。

①计算凸模工作部分尺寸。凸模工作部分尺寸可根据所冲板料的厚度来确定计算方法。当冲裁料厚在 1mm 以下的工件时，可按无间隙冲裁计算；当冲裁料厚 1~3mm 的板料时，应按有间隙冲裁计算，其间隙值可按一般设计资料选取。各种不同厚度的板料，所用凸模工作部分尺寸 $D_{凸}$ 的计算方法见表 2-45。

表 2-45 薄板冲模凸模工作部分尺寸的计算

材料 厚度/mm	金属材料	非金属材料
≤1	$D_{凸}=(D-0.5\Delta)_{-T}$	$D_{凸}=(D-0.75\Delta)_{-T}$
1~3	$D_{凸}=(D-0.5\Delta-Z)_{-T}$	$D_{凸}=(D-0.75\Delta-Z)_{-T}$

注：式中 D 为工件公称尺寸，Δ 为工件制造公差，T 为凸模制造公差，Z 为凸凹模间隙值。T、Z 值可按设计一般冲模方法选取。

②确定凸模的结构形式。凸模的结构形式可根据制件形状及尺寸确定。生产中,薄板冲模常用的凸模结构形式主要有直通和阶梯两种。为加工方便,在设计允许的情况下,应尽量设计成直通式结构。

薄板冲模的凸模一般用螺钉固定在上模板上。在设计螺钉孔时,必须与上模板中部的蜂窝式通孔相适应(假如用通用模架),以便于固定。螺孔的位置尽量设计在凸模的边缘部位,以防降低凸模强度。固定凸模上的螺孔要设计两个以上,其位置要尽量对称,以保持力的平衡。在特殊情况下,假如只能设置一个孔时,也应尽量设置在冲模的压力中心部位。

③确定冲模各零件材料及淬火硬度。薄板冲模的主要工作零件,如凸模、凹模、导板及垫板等所使用的材料及热处理要求见表2-46。

表2-46 薄板冲模工作零件的材料及热处理

名称	材料	厚度/mm	热处理要求 HRC
凸模	T10A、9Mn2V		58~62
导板	45、T10A	1~6,0.5~0.8	
导料板	45	1~1.5	
凹模	T10A、65Mn	0.5~0.8	40~45
垫板	45	1~1.5	40~45
凸凹模	T10A、Cr12		58~62

3. 实例应用

图2-90为一单工序通用薄板冲模结构,模具的上模部分是由模柄1和在导板4内上、下滑动的固定板2及一块厚度较薄的凸模7等组成,而凹模5和垫板8均由很薄的钢板制成。下模部分是由下模板9及螺钉10和弹簧11组成。

冲模工作时,凹模5随上模一起下降,当垫板与下模板接触时,凸模开始冲裁。当压力机滑块上升时,凹模在弹簧11作用下一起回升,并把落下的工件留在下模板9上。这种模具结构简单,制作容易,很适于一般形状不太复杂的小型冲压件生产。

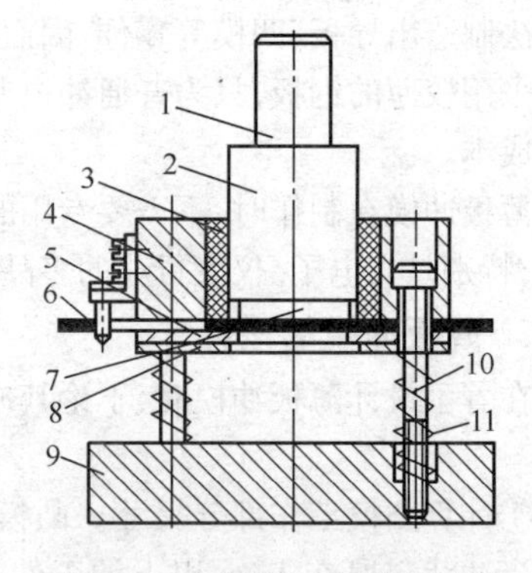

图2-90 通用单工序薄板冲模

1. 模柄 2. 固定板 3. 环氧树脂浇注导向孔 4. 导板 5. 凹模 6. 条料 7. 凸模 8. 垫板 9. 下模板 10. 螺钉 11. 弹簧

图2-91为另一种结构形式的通用单工序薄板冲模。其冲裁外形尺寸可在30~40 mm范围内。

整套模具采用通用模架结构。通用模架主要由上模板6、下模板14、折动垫板15、支承柱1、螺钉4、弹簧2、卸料螺钉7和卸料弹簧8及小导柱3组成。

模具工作部分主要由凸模9、导板10、凹模12、垫板13和导料板11组成,其中凸模9上端设有固定螺孔,通过螺钉将其固定在上模板上。凸模的下端伸入导板10形孔中,并以其作为定位和导向。导板、导料板、凹模及垫板四者通过卸料螺钉7、小导柱3与上模板连在一起。另外,为了便于送料时定位,导板上设置有弹性导料销16。

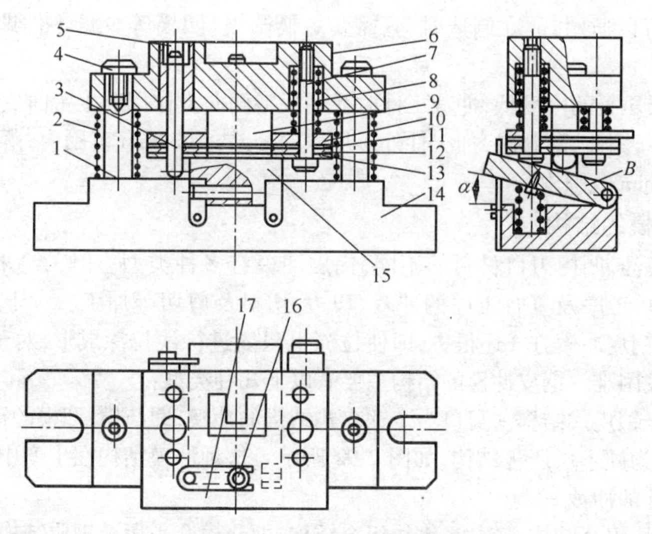

图 2-91　通用单工序薄板冲模

1. 支承柱　2. 弹簧　3. 小导柱　4. 螺钉　5. 塞柱　6. 上模板　7. 卸料螺钉　8. 卸料弹簧　9. 凸模　10. 导板　11. 导料板　12. 凹模　13. 垫板　14. 下模板　15. 折动垫板　16. 弹性挡料销　17. 弹簧片

模具工作时,压力机滑块首先驱动上模板下行。这时,与上模板相连的导板、导料板、凹模和垫板组件随之向下运动。同时,本来翘起成一定角度的折动垫板 15 逐渐被压平。当下行到垫板与下模板上平面全部吻合时(即折动垫翘起角 $\alpha=0$ 时),垫板及凹模等组件便以下模板作支承而停止不动。此后,凸模随上模板继续下行,并压缩卸料弹簧 8,致使材料在凸、凹模作用下分离,完成冲裁工作。当压力机滑块回升时,整个上模上行,卸料弹簧 8 首先进行脱料,然后,在弹簧 2 作用下,一起随上模板复位,所冲裁的工件通过垫板漏料孔落在下模板中部的折动垫板上,并随着折动垫板翘起时形成的斜坡而滑出模外。

2.13.2　钢皮冲模的冲裁加工

钢皮冲模又称钢带冲模,是用价格比较低廉的硬木层压板(桦木或水曲柳及山毛榛)代替钢材作为模具的基体,用 2~3 mm 淬硬钢皮或用过的废钢锯条,直接嵌镶在硬木层压板中作为凸、凹模刃口而制成的一种简易冲模结构,主要适用于尺寸精度要求不高、任务紧迫的中小批量及试制性生产的冲压件冲裁。其冲件的外形尺寸不易过大或过小,一般应控制在 50 mm×50 mm~2500 mm×2500 mm 之间,其冲裁厚度应不超过 3mm。钢皮冲模只适用于大中型较薄工件的冲裁及切边等,对于冲压件的投影面积小于 5000 mm^2,并且外形尺寸较复杂、尺寸精度要求较高的工件不宜采用钢皮冲模结构。

1. 钢皮冲模的特点

钢皮冲模结构简单,模具制造周期短,由于采用硬木层压板作为模具的基体,因此,模具成本低廉,一般可比普通钢模成本低 85%左右。又由于硬木层压板具有弹性在冲裁较厚工件时,钢带刀刃对模板的侧压力大一些,模板的弹性压缩量也大一些;而在冲裁较薄工件时,由于侧压力较小,模板的弹性压缩量也小一些,使得凸、凹模之间的间隙能自动调整,因而一副钢皮冲模可冲压不同厚度和性质的材料,并能得到同样理想的断面质量。

钢皮冲模模架可以通用,故在制造时,只需要更换凸模、凹模等少量零件即可完成模具的制造加工。

由于硬木层压板的刚度低,冲裁工件时受到板料侧向力作用产生弯曲变形,从而改变钢带的形状及尺寸,因此,落料时,加工件外形尺寸的公差在0.4mm范围内,落料兼冲孔时,孔的公差在0.12 mm范围内。

2. 钢皮冲模的结构

按钢皮冲模凸、凹模刃口材料的不同,钢皮冲模有多种类型。但无论采用何类钢皮冲模,它只能完成单工序及复合工序的冲裁、切边、切口及剪切等加工。对于弯曲、拉深等工序,目前用这种钢皮冲模方式还很少,即使拉深也只能进行浅拉深成形,对于大型盒形件的拉深和弯曲比较困难。钢皮冲模的结构主要有以下几种类型:

①刃口为全钢皮式结构。刃口为全钢皮式结构的冲模,即凸模、凹模的刃口全采用淬硬的钢皮,而其余为硬木层压板结构,如图2-92所示。这种冲模结构在生产中应用最多,主要用于大型较厚件的冲裁。

②钢皮、钢块组合结构。钢皮、钢块组合结构,即凸模全采用全钢质结构,而凹模刃口采用钢皮结构,或者在受力大而结构薄弱的部位采用钢质镶块,其余部位采用钢皮刃口的冲模结构。

③软、硬钢皮组合结构。图2-93为软硬钢皮组合式冲模结构。这种结构的特点是上、下模均采用淬硬的钢皮和软钢皮,并同时嵌入各自的桦木层压板槽内。这种结构的优点是可以增加模具强度,使模具更加坚固耐用。

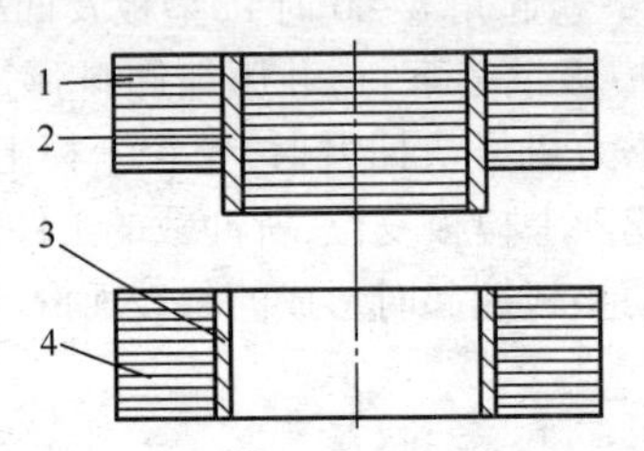

图2-92 全钢皮式结构

1. 凸模固定板 2. 凸模
3. 凹模 4. 凹模固定板

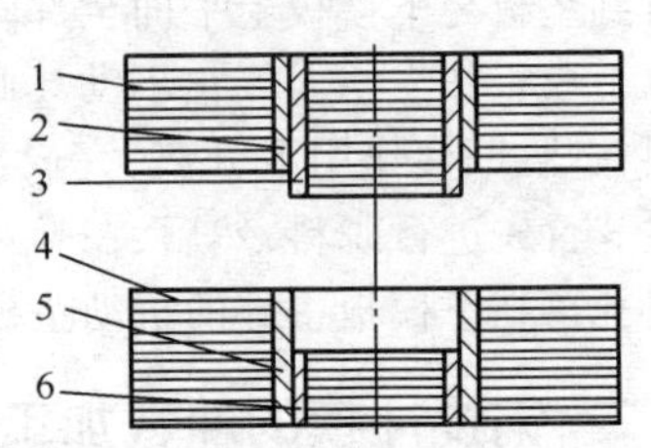

图2-93 软硬钢皮组合结构

1. 凸模固定板 2. 软钢层 3、5. 淬硬钢皮
4. 凹模固定板 6. 软钢皮

④钢皮、橡胶组合结构。钢皮、橡胶组合结构,是指凹模用橡胶,凸模用钢皮结构的冲模。这种冲模结构,一般适于冲压薄板料的工件。一般情况下,凸模钢板固定在硬木板上,而凹模橡胶放在用硬木板制成的特殊容框内。

3. 钢皮冲模的设计

钢皮冲模的设计主要是钢带凸模、凹模的设计,包括以下内容。

①钢带凸模与钢带凹模刃口尺寸与公差的确定。其与一般常规钢制冲模相同。

②钢皮冲模凸、凹模间隙的确定。由于内、外模是非金属材料,冲裁时钢带侧向力的作用会产生一定的弹性压缩变形,从而扩大钢带凸模与钢带凹模的间隙。因此,在设计时,钢带冲模的初始间隙要比普通冲模要小些,其间隙值可参照表2-47选取。

表 2-47 钢皮冲模凸、凹模间隙值 (mm)

材料厚度	双面间隙
0.35	<0.03
0.5	<0.05
>0.5	<0.1

③凸、凹模刃口、材料的确定。凸、凹模刃口的几何形状和尺寸与其结构形式有关。图 2-94 为切刀式钢带刃口，在冲裁零件外形时，其尺寸决定于凹模，所以钢带凹模的斜刃向外；在冲裁零件孔时，其尺寸决定于凸模，所以钢带凸模的刃口斜面向内。切刀式钢带刃口在冲裁有色金属时，刃口的最佳斜角 α 取 45°。

图 2-95 为直角式钢带刃口，钢带刃口的角度与常规冲裁模一样取 90°。

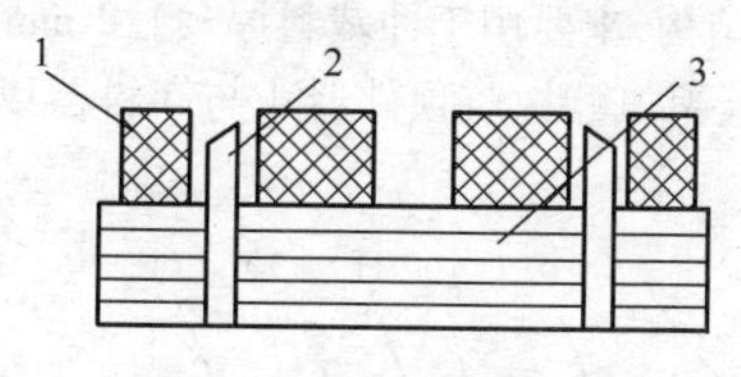

图 2-94 切刀式钢带刃口

1. 聚氨酯橡胶卸料器 2. 钢带刀刃 3. 层压板固定板

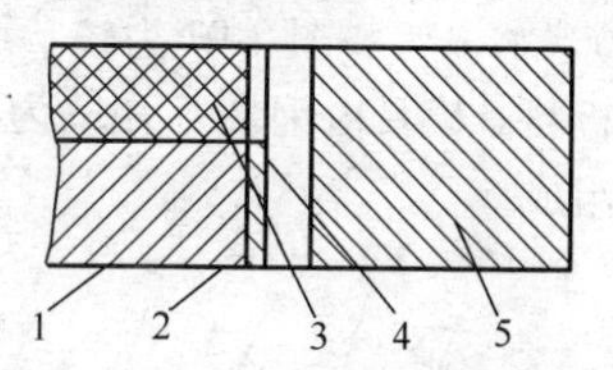

图 2-95 直角式钢带刃口

1. 层压板 2. 垫片 3. 钢带 4. 外模板 5. 刀刃

图 2-96 为斜角式钢带刃口，一般均取 45°斜角，其中，图 2-94a 的平口部分宽度 a 取 0.5 mm 或取钢带厚度的 1/3；图 2-96 的钢带刃口，刃尖两侧均呈 45°斜角，两边宽度各为 0.15t 或 0.85t（t 为钢带厚度）。

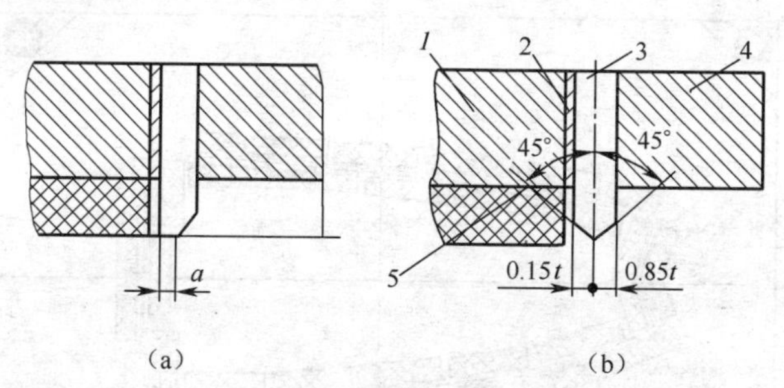

图 2-96 斜角式钢带刃口

1. 内模板 2. 垫片 3. 钢皮刃口 4. 外模板 5. 顶件器

凸、凹模的刃口高度 H_1 与硬木层压板的厚度 H 有关，其刃口高度可按下述方法确定：

$$H_1 = (0.4 \sim 0.6)H$$

钢带刀刃的材料一般采用弹簧钢制成，淬火硬度为 58～62HRC，也可以采用高速钢（W18CrOV）废锯条，不必淬火，在磨削后直接作为直线形的钢带刀刃使用；也可以选用碳素工具钢（T8A、T10A），淬火硬度为 60～62HRC。其中应用最多的还是弹簧钢（60Si2Mn），因为它易弯曲成任意形状的刃口。

钢带的厚度决定于冲裁件的材料种类、厚度以及刃口的寿命。在一般情况下，为保证冲模的使用寿命，钢带的厚度略大于冲裁件的厚度（对于有色金属冲裁件，钢带厚度可以等于冲裁件的厚度)，但最小不应少于1.5mm，以保证冲裁时必要的刚度、强度与稳定性。

④钢带在模板内的安装主要采用压入法、螺钉连接法、螺钉侧压法、螺栓连接法。

压入法。压入法是将钢带直接压入层压板内，主要适用于冲裁较薄钢板或有色金属板。这种钢带冲模的固紧程度要求比较严格，模板中的刃槽宽度比钢带厚度应略小0.1~0.2 mm。经精修后将钢带表面涂一层无机粘结剂后压入。

螺钉连接法。螺钉连接法适用于冲裁厚度为2~2.5 mm的钢板，螺钉穿过钢带并将它固定在内模板的侧面上。

螺钉侧压法。螺钉侧压法适用于冲裁厚度在2 mm左右的钢板，螺钉穿过外模板对钢带施加侧向压力，使钢带贴紧在内模板的侧面上。

螺栓连接法。螺栓连接法主要适用于大型厚钢板($t \geqslant 3$ mm)的钢带冲模，螺栓穿过钢带与内模板连接起来。

(4) 实例应用　图2-97为较常用的钢带冲裁模结构，主要用于冲裁料厚≤1.2 mm的有色金属板料。模具由钢带刀刃3、内模板9、外模板2、聚氨酯橡胶顶件器4与卸料器以及简易模架组成。

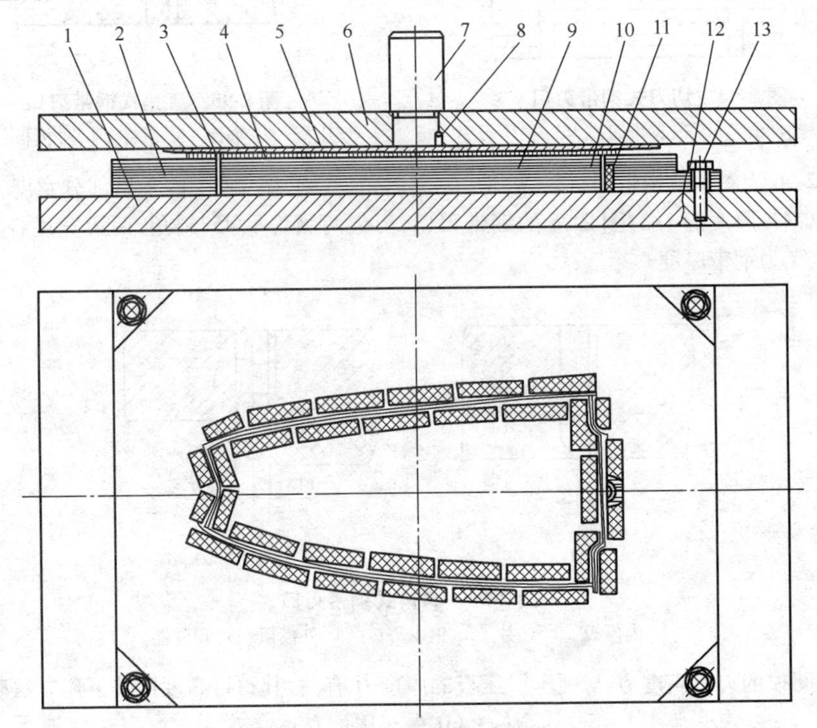

图2-97　钢皮冲裁模

1. 模座　2. 外模板　3. 钢带刀刃　4. 聚氨酯橡胶顶件器　5. 平板　6. 上模板　7. 模柄　8. 止动螺钉　9. 内模板　10. 紧固螺钉　11. 低熔点合金　12. 垫圈　13. 螺钉

整套模具冲裁采用图2-94所示的切刀式钢带刃口形式，钢带刀刃3采用45°斜角，利用螺钉固定在内模板上。冲裁加工时，将坯料放在刃口上，坯料上方覆盖一块平板5。当加工件从坯料中分离后，刃口切入平板5表面。平板5采用较软的2 mm的有色金属板(如硬铝板），防止带尖角的刃口在冲击荷载作用下卷刃或崩裂。在每冲裁一个加工件后，平板必须往对角线方向前后、左右移动一微小距离，避免前后两次冲裁的刀刃痕迹重叠，使加工件无法分离。平板可采用划伤报废的铝板，正反面都可使用。

为防止紧固螺钉在冲击荷载作用下松动，以及考虑刃口拆卸时不损坏模板，可利用低熔点合金填满半圆凹槽。为方便装配外模板，沿外模板刃槽相应的位置铣出埋藏螺钉头部的半圆凹槽，还应在内模板表面固定许多均布的聚氨酯橡胶顶件器，使加工件从刃口内部顶出，并且在外模板表面上均布许多聚氨酯橡胶卸料器使残料较为平整以减少搭边量。

2.13.3　聚氨酯橡胶模的冲裁加工

聚氨酯橡胶是一种人工合成的以氨基甲酸酯为主链的具有高弹性的高分子材料。聚氨酯橡胶模是用聚氨酯橡胶代替冲模中的凸模或凹模，模具结构如图2-98所示。

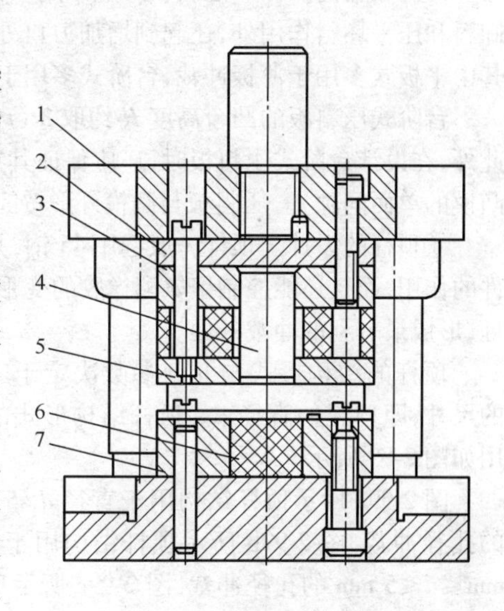

图2-98　聚氨酯橡胶模

1. 模架　2. 垫板　3. 固定板　4. 钢凸模　5. 压料板　6. 聚氨酯橡胶模垫　7. 容框

聚氨酯橡胶模可用来完成冲裁、弯曲、拉深、起伏成形、胀形等多种冲压工序。用聚氨酯橡胶冲裁模冲裁厚度在0.3 mm以下的材料时效果最佳，当被加工材料为黑色金属，如碳钢、不锈钢、合金钢等时，最大冲裁料厚一般不大于1.5 mm，弯曲不大于3 mm，成形不大于1.5 mm；加工有色金属，如铜、黄铜、铝、铝合金等时，最大冲裁料厚一般不大于2.5 mm，弯曲不大于4 mm，成形不大于3.5 mm；冲裁非金属材料、塑料薄膜时，最大料厚约为2 mm。

聚氨酯橡胶模冲裁时，条料搭边应较大，一般以3~5 mm为宜。压力机吨位宜选得大一些，最好选用速度较慢的液压机或摩擦压力机。

1. 聚氨酯橡胶模的特点

用聚氨酯橡胶模进行冲裁时，只需要一个钢质的凸模或凹模，落料时用橡胶模垫作凹模，冲孔时用橡胶模垫作凸模。橡胶模垫应放在容框内，使橡胶不向外挤出来，并能产生较大的单位压力。

利用聚氨酯橡胶模进行冲裁，不需要较贵重的滚珠导柱模架，制造成本低廉，解决了钢制普通冲模冲薄料模具制造困难的问题，模具结构简单、制模周期短、安装方便，且模具的通用性较强，一副模具可以冲裁不同厚度的制件。但此种模具的使用寿命有限，仅用于工件的小批量试制性生产或多品种少量生产。

2. 聚氨酯橡胶模的设计

聚氨酯橡胶模的设计程序与普通冲模基本相同，主要包括聚氨酯橡胶模垫、容框、压料板及顶杆的设计。

①聚氨酯橡胶模垫设计。用作冲裁的聚氨酯橡胶硬度以邵氏硬度90~95 A为宜，具有

较好的综合力学性能，金属凸模或凹模的刃口应锋利。橡胶的厚度一般为12~20 mm，橡胶的变形量一般在30/%以下。同一种橡胶在压缩量相等的情况下，厚度越大，所产生的单位压力越小，这对冲裁不利。聚氨酯橡胶的形状与压料板内腔应基本一致，其外形尺寸取与容框的过盈量为0.3~0.5mm。

②容框设计。容框的型腔应与凸模的外形相仿，其单边间隙一般为0.5~1.5 mm。间隙太大，搭边量增加，浪费材料，并且易使橡胶产生割损和脱圈现象；间隙太小，则因橡胶不易突入缝隙，对材料产生的剪切力小，不利于材料分离。容框一般采用45钢制造。

③压料板的设计。压料板一般采用45钢制造，并淬火至40~45HRC使用。压料板除起卸料和压平坯料作用外，还起到增加刃口处剪切力的作用，其形式有平板式和台阶式两种，其中平板式多用于薄板冲裁，台阶式多用于较硬及较厚板料的冲裁。

台阶式压料板的凸台高度 H 约取 $3t$（t 为冲裁板材的厚度），具体数值可经过试验确定。此外，在设计台阶式压料板时，还应保证其有效压料宽度 $b>t$；台阶宽度 $B=b+c$（C 为容框与凸模的单面间隙）。压料板与凸模外形按间隙配合H8/h7选取。

④顶杆的设计。顶杆一般选用45钢，并淬火至40~45HRC使用。顶杆不仅起顶出加工件的作用，而且还能控制聚氨酯橡胶的变形程度，提高模垫的使用寿命，保证刃口处受力合理，形成最有利的冲裁条件。

顶杆的结构形式与几何参数决定于工件的尺寸，即型腔的直径 d。顶杆结构形式的选用如图2-99所示。

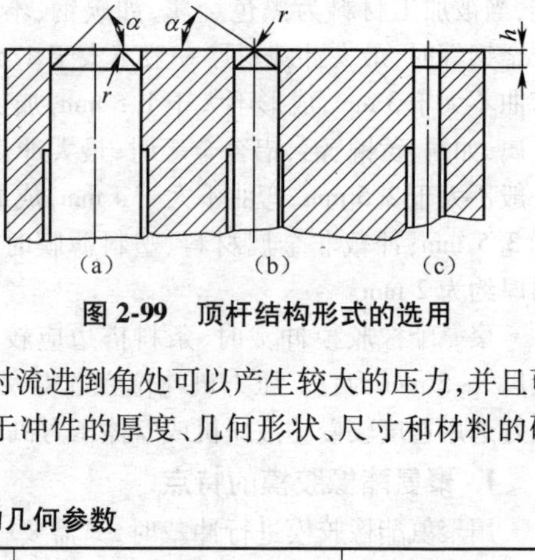

图2-99a所示顶杆结构用于直径 $d>5$ mm的孔径冲裁，图2-99b所示顶杆结构用于2.5 mm $\leqslant d \leqslant 5$ mm的孔径冲裁，图2-99c所示顶杆结构用于 $d<2.5$ mm的孔径冲裁。

图2-99　顶杆结构形式的选用

顶杆的主要参数为端头处的橡胶压入深度 h 与倒角 α。端头的倒角尺寸合理，橡胶冲孔时流进倒角处可以产生较大的压力，并且可以控制模垫的压入深度。这两个参数主要决定于冲件的厚度、几何形状、尺寸和材料的硬度。顶杆主要参数可参见表2-48进行设计。

表2-48　顶杆的几何参数

材料及几何形状	顶杆 a	顶杆 b	顶杆 c
冲裁件厚度/mm	0.2~0.3	0.1~0.2	<0.1
冲裁件直径/mm	>5	2.5~5.0	<2.5
冲裁件材料硬度	硬	半硬	软
顶杆角度 α/(°)	70~75	60~70	—
顶杆高度 h/mm	0.6~1.0	0.4~0.6	0.4
顶杆圆角 r/mm	0.5	0.5	—

当一个凸凹模内同时有几种不同直径的顶杆时，为使不同孔径的刃口内橡胶模垫的变形程度一致，保证各刃口处受力状态相近，端部不同形状的顶杆橡胶压入深度 h 应相等。

顶杆与凹模之间、压料板与凸模之间必须采用很小间隙的间隙配合，尤其冲裁厚度小于0.03 mm的工件时，必须采用小间隙值（一般取H8/h7），如果两者间隙过大，可能会将薄料嵌入间隙内，造成顶件或推件困难。顶杆与凸凹模内孔配合按H8/h7选取。

⑤钢制凸、凹模的设计。凸、凹模的材料与普通钢模相同，冲裁形状简单、材料厚度大于0.5 mm的加工件可采用T10A，并淬火至58~62 HRC；形状较复杂、材料较厚的加工件采用Cr12、Cr12MoV等，并淬火至60~64 HRC。

在聚氨酯橡胶冲裁模中，钢制凸、凹模尺寸的确定与普通钢制冲模凸、凹模尺寸的确定略有不同。实践证明，用聚氨酯橡胶模冲裁所得的加工件，其落料件的外形尺寸比相应的模具外形尺寸稍大，而冲孔的尺寸比相应的模具孔尺寸稍小，可按下式确定：

$$落料时:D_{凸}=(D_1-0.5\Delta)_{-\delta_{凸}}^{0}$$

$$冲孔时:d_{凹}=(d_1+0.5\Delta)_{0}^{+\delta_{凹}}$$

式中 $D_{凸}$——落料凸模工作部分尺寸； $d_{凹}$——冲孔凹模工作部分尺寸；

D_1——加工件外形最大极限尺寸； d_1——加工件孔的最小极限尺寸；

$\delta_{凸}$——落料凸模偏差值； $\delta_{凹}$——冲孔凹模偏差值；

Δ——加工件的公差值。

$\delta_{凸}$、$\delta_{凸}$值可高于加工件精度1~2级。

3. 实例应用

图2-100为厚度0.2 mm铍青铜制成的游轮，游轮的模数为$m=1.5$，齿数$Z=48$，外径为$\phi75$ mm，小批量生产。

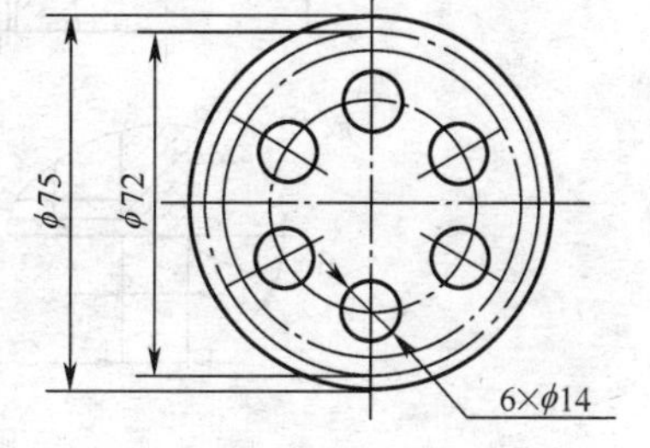

图2-100 游轮结构图

设计的聚氨酯橡胶模如图2-101所示。

采用邵氏硬度95A的聚氨酯橡胶作聚氨酯橡胶模垫，模垫的外形只需与工件的外径相仿，而不必与工件的实际外形一致，从而简化了模垫的结构。

由于工件硬度较大，为增大模垫与凸、凹模刃口对工件的剪切力，压料板采用台阶式结构，冲裁时与凸、凹模同时进入凹模容框内，此时，应保证橡胶模垫的外径比工件的外径大4~6 mm。

2.13.4 锌基合金冲裁模的冲裁加工

以锌为基体，加入少量的铝、铜及微量的镁组成的四元合金，通过铸造方法制造出的模具，称为锌合金冲模。锌基合金ω_{zn} 93%、ω_{Al} 4%、ω_{cu} 3%、ω_{Mg} 0.03%~0.05%，熔点约为380℃。这种材料的抗压强度可达860 MPa以上，布氏硬度为120~130HBS，具有优良的耐磨性、铸造性和切削加工性，而且还可以重熔后再利用。但由于锌基合金材料本身熔点低，必然带来强度低、模具使用寿命短等问题，其虽是一种简易、快速、经济的冲裁模，但不能取代钢制冲裁模。因此，主要适用于中、小批量的冲裁加工或新产品试制、老产品的小批量多品种生产。

锌基合金冲裁模可以冲裁冷轧钢板、铜板、不锈钢板、硅钢片、铝板以及红胶布板、纤维板等有色金属和非金属板料，冲裁厚度为0.4~4 mm，一次刃磨寿命可达200~30000件。

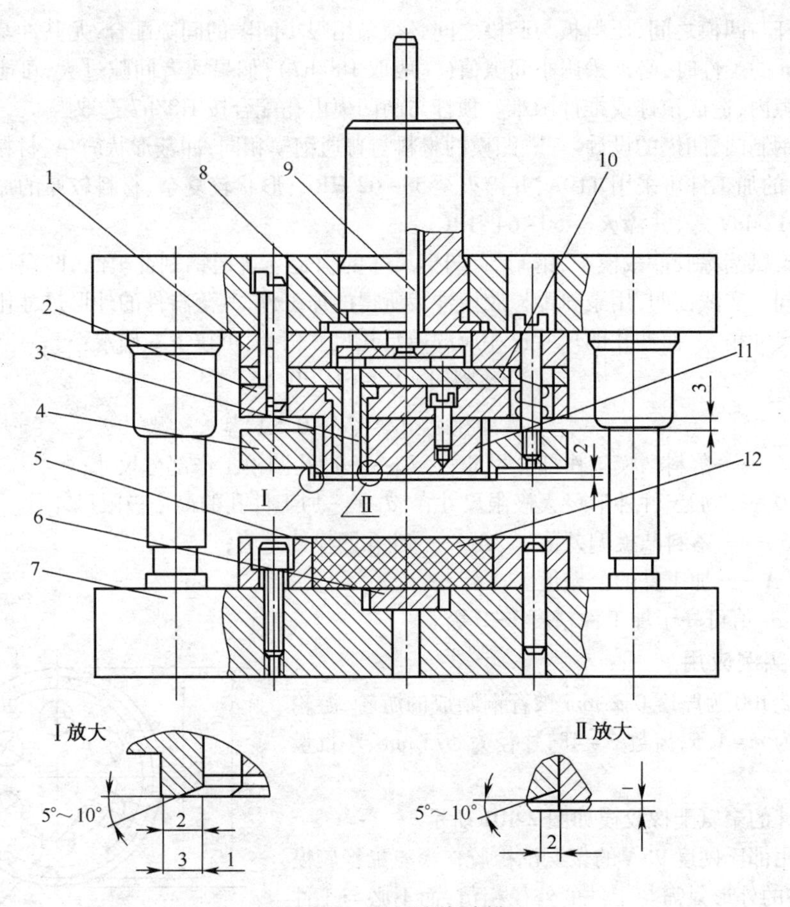

图 2-101 聚氨酯橡胶模

1. 平板 2. 固定板 3. 推杆 4. 卸料板 5. 橡胶容框 6. 托板
7. 模座 8. 打板 9. 打杆 10. 垫板 11. 凸模 12. 聚氨酯橡胶模垫

1. 锌基合金冲裁模的特点

用锌基合金可以制造冲裁模，也可以制造弯曲模、拉深模及其他成形模。对于锌基合金冲裁模，一般落料凹模和冲孔凸模采用锌合金制造，而落料凸模和冲孔凹模仍用模具钢制造。

锌基合金冲裁模制模周期短，制模技术简便，可采用铸造制模法代替大量的机械加工，减轻了对制模工人的技术要求，并且模具的型腔磨损后可用补焊的方法修补。

2. 锌基合金冲裁模的设计

锌基合金冲裁模的设计应符合以下原则。

①冲裁中、小型制品的锌基合金冲裁模，应采用导柱、导套模架。因为锌基合金冲裁模的凸、凹模间隙在模具使用前尚未精确确定，冲裁间隙是由凸模与合金凹模磨损获得，所以，必须保证其凸、凹模导向精度。

②在设计冲裁模时，其落料凹模采用锌合金，而凸模采用工具钢；冲孔时凸模采用锌合

金，而凹模采用工具钢，即在落料时只设计凸模，而在冲孔时只设计凹模。

③凹模刃口高度。锌基合金冲裁模凹模刃口高度将影响制件的质量。高度太小，强度不够，模具寿命低；高度太大，制件平直度、质量将受影响，故建议采用下述高度值：当板厚 $t \leqslant 1$ mm 时，凹模刃口高度 h 为 5~8 mm；当板厚 $1<t \leqslant 2$ mm 时，h 为 8~12 mm；当板厚 $2<t \leqslant 3$ mm 时，h 为 12~15 mm；当板厚 $t>3$ mm 时，h 为 15~15 mm。

④凹模的厚度与宽度。凹模的厚度一般不小于 30 mm，宽度应不小于 40 mm。

3. 实例应用

图 2-102 所示垫板，采用料厚 4 mm 的 Q235-A 钢板制成，小批量生产。

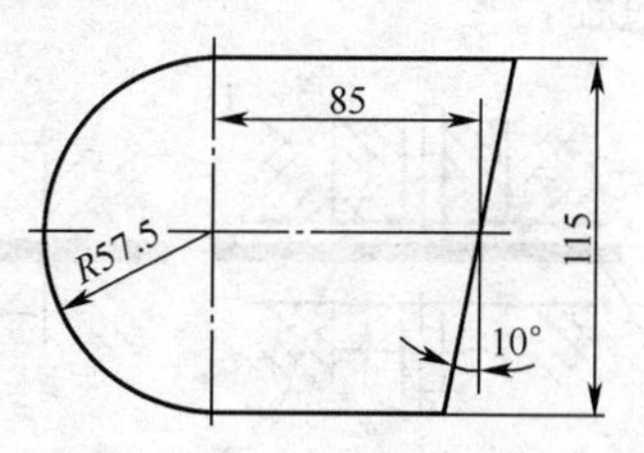

图 2-102 垫板结构图

图 2-103 为设计锌基合金落料模。

该模具为锌基合金冲裁模的常见结构，其中凹模 8 由锌基合金浇注铸造而成，而凸模 5 则采用钢制成。此类模具不仅结构简单、制造方便，而且能使凸、凹模间隙均匀一致，冲裁薄板料具有极大的优越性。

为提高模具寿命，适应零件较大批量的生产，生产中还常常采用在凸模和凹模上分别镶以模具钢块的锌基冲模结构，即凸、凹模在浇注锌基合金成形后，分别镶以钢块，根据冲裁材料的厚度及批量生产要求的不同，可选用局部嵌镶或全部嵌镶等方式。

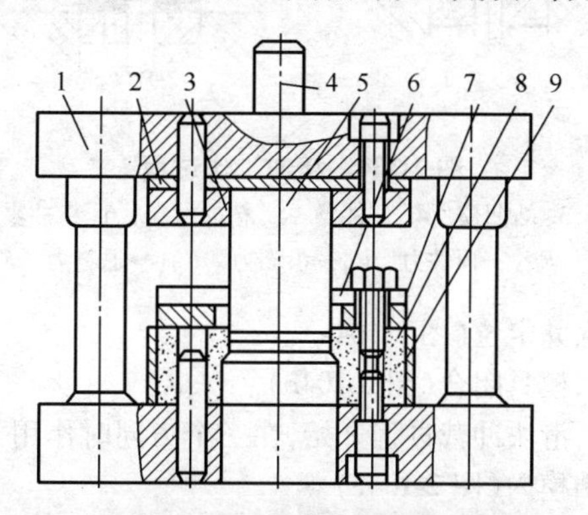

图 2-103 锌基合金落料模

1. 模架 2. 垫板 3. 凸模固定板 4. 模柄 5. 凸模 6. 卸料板 7. 导板 8. 锌合金凹模 9. 凹模框

2.14 精密冲裁加工

2.14.1 精冲加工过程

精密冲裁简称精冲，冲裁全过程以塑性剪切变形的方式完成板料分离工序，一次冲压行程即可获得较低表面粗糙度和较高尺寸精度冲裁件的工艺方法。精冲工艺加工出来的冲件，不存在因材料撕裂而产生的断裂带，整个工件断面全是光亮带，断面的表面粗糙度 Ra1.6~0.2 μm，尺寸精度可达 IT6~IT9 级。精冲件的剪切面，可直接作为成品件工作表面。

精冲后的工件具有较优良的质量，特别是精冲若与其他加工工序如弯曲、拉深、成形等结合，可取代普通冲裁及后续的机械加工等多道工序所制出的工件，提高了生产效率，降低了成本，是一种提高冲裁件质量既经济又高效的加工方法。

精冲加工是在专用精冲压力机上，借助带齿圈压板的特殊结构，在强作用下，使金属产生塑性剪切变形，从而沿凹模刃口使制品与板料分离的工艺过程。图2-104为精冲工作过程。

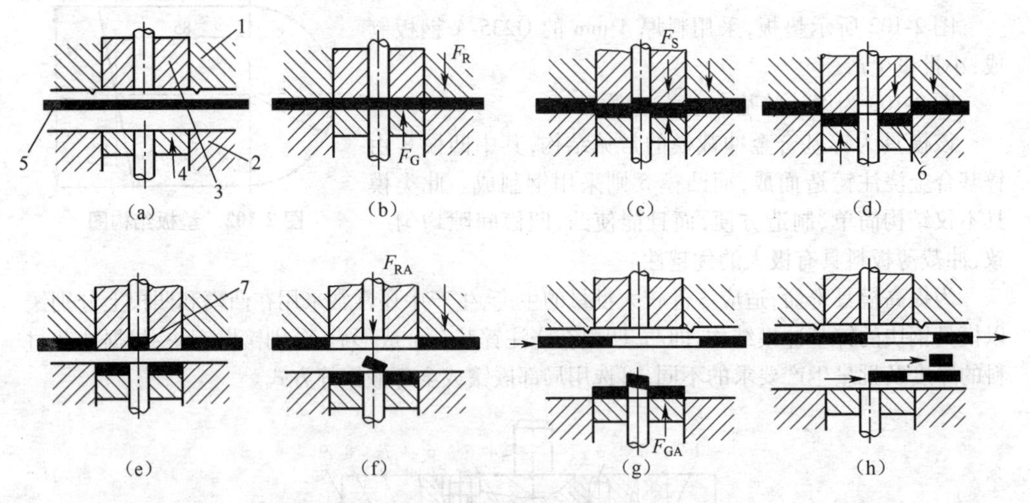

图2-104 精冲工作过程

1. 导板 2. 凹模 3. 凸凹模 4. 顶件器 5. 精冲材料 6. 精冲零件 7. 内形废料

F_G—反压力 F_{GA}—顶件力 F_R—齿圈力 F_{RA}—退料力 F_S—冲裁力

①模具开启，材料送入并定位(图2-104a)。

②滑块快速上升运动，模具闭合(图2-104b)。

③随着冲裁力的施加，滑块冲裁过程开始，在三个力同时作用下，将工件整个料厚冲入凹模内，而内形废料冲入凸模内(图2-104c)。

④冲裁过程结束，滑块快速回程到终点(图2-104d)。

⑤模具开启(图2-104e)。

⑥退料力(F_{RA})从导板上脱下废料，并从冲裁凸模内顶出内形废料(图2-104f)。

⑦顶件力(F_{GA})作用在顶件器上，并在模具内从凹模中顶出精冲工件。材料又开始送料(图2-104g)。

⑧工件和废料被清理(图2-104h)。

2.14.2 精冲加工的模具结构形式

精冲加工必须在冲裁力、压边力、反压力三向作用力下才能完成，且这三力要求独立可调，并相互匹配工作，三力的提供一般必须在专用精冲压力机上。根据凸模和模座的相对关系可分为：活动凸模式，即凸模相对模座是活动的；固定凸模式，即凸模固定在模座上。

(1)活动凸模式精冲模 图2-105为活动凸模式精冲模,其特点是凸模靠模座和压边圈的内孔导向,凹模和压边圈分别固定上、下模座上,凸模通过压边圈和凹模保持相对的位置。活动凸模式模具主要适于中、小尺寸工件的加工。

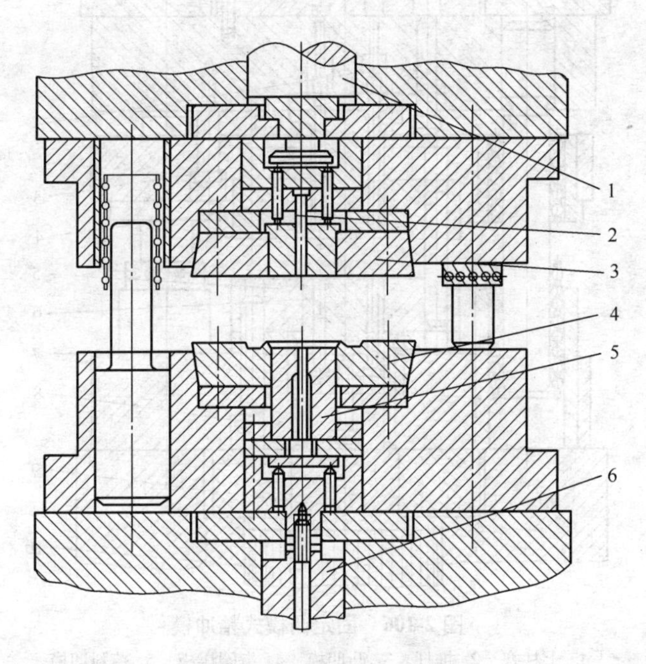

图2-105 活动凸模式精冲模

1. 上柱塞 2. 冲孔凸模 3. 落料凹模 4. 齿圈压板 5. 凸凹模 6. 滑块

落料凹模3及冲孔凸模2固定在上模上,齿圈压板4固定在下模上。凸凹模5可以在模架内上下移动,由精冲压力机工作台面中的滑块6驱动。精冲时,上模的下压产生压边力,由上柱塞1通过推杆传递给推板产生反压力,由滑块6带动凸凹模5向上运动,产生冲裁力。

(2)固定凸模式精冲模 图2-106为固定凸模式精冲模,其特点是凸模固定在模座上,压边圈通过传力杆和模座、凸模保持相对运动。固定凸模式精冲模适于:大型或窄长的零件、不对称的复杂零件、内孔较多的零件、冲压力较大的厚零件、需要级进模精冲的零件等。

落料凹模5及冲孔凸模7固定在下模上,凸凹模3固定在上模上,模具的齿圈压板4的压边力,由压力机的上柱塞1通过推杆2传递,顶板6的反压力则由机床的下柱塞10,通过顶块9与顶杆8传递,上、下柱塞一般采用液压传动。

一般在生产中,采用专用精冲模,进行冲裁。随着精冲工艺的发展,精冲与普冲工艺(如弯曲、翻边)和其他成形工艺(如挤压、压扁、半冲孔等)相结合而成为复合工艺,精冲模具也由单工序模向多工序的连续模、连续复合模方向发展。

精冲模精冲间隙小,受力比普通冲模大,故模具设计时,应选用导向精度高、刚性好的滚珠钢板模架。

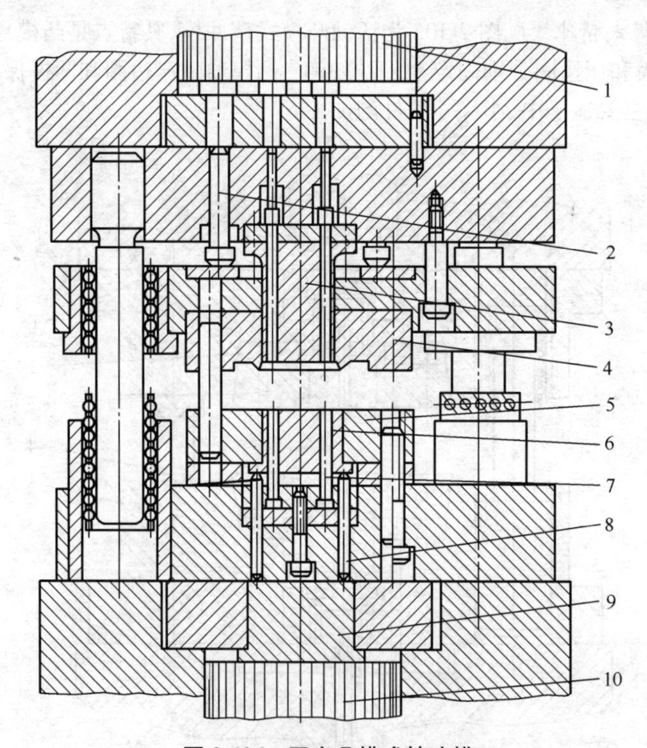

图2-106 固定凸模式精冲模

1. 上柱塞 2. 推杆 3. 凸凹模 4. 齿圈压板 5. 落料凹模
6. 顶板 7. 冲孔凸模 8. 顶杆 9. 顶块 10. 下柱塞

2.14.3 精冲主要工艺参数的确定

为保证精冲加工件的质量，在制定精冲加工工艺及其相关冲模设计时，应确定好以下工艺参数。

1. 排样

精冲的排样基本与普通冲裁排样相同，但要注意工件上形状复杂或带有齿形的部分，以及要求精度高的剪切面，应放在靠材料送进的一端，以便冲裁时有最充分的搭边，如图2-107所示。

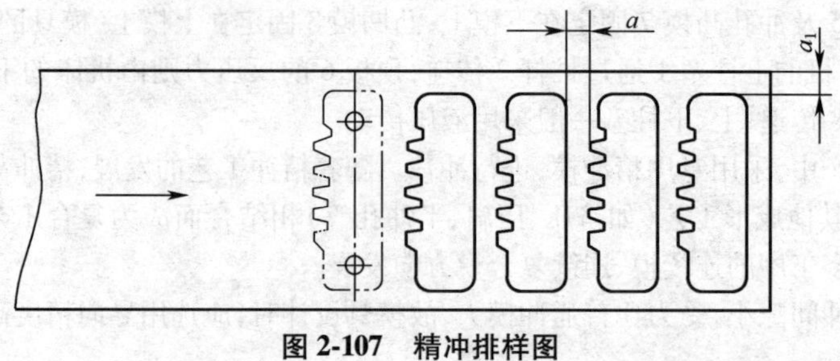

图2-107 精冲排样图

因为精冲时齿圈压板要压紧材料，故精冲的搭边值比普通冲裁时要大些，具体按表 2-49 选取。

表 2-49 精冲搭边数值 (mm)

材料厚度		0.5	1.0	1.25	1.5	2.0	2.5	3.0	3.5	4.0	5	6	8	10	12.5	15
搭边	a	1.5	2	2	2.5	3	4	4.5	5	5.5	6	7	8	9	10	12.5
	a_1	2	3	3.5	4	4.5	5	5.5	6	6.5	7	8	10	12	15	18

2. 精冲力的计算

精冲力包括冲裁力 $F_{冲}$、齿圈压板力 $F_{压}$和推板反力 $F_{推}$三部分。

①冲裁力。精冲冲裁力 $F_{冲}$的计算方法与普通冲裁力一样，其计算公式为：

$$F_{冲}=L\,t\,\sigma_b(\mathrm{N})$$

式中 L——内、外冲裁周边长度的总和，mm； t——料厚，mm；

σ_b——材料的抗拉强度，MPa。

②齿圈压板力。齿圈压板力 $F_{压}$按 $F_{压}=(0.3\sim0.5)F_{冲}$选取。

③推板反压力。推板反压力 $F_{推}$按 $F_{推}=(0.1\sim0.15)F_{冲}$选取。

④精冲总冲压力。精冲总冲压力 $F_{总}=F_{冲}+F_{压}+F_{推}$。

3. 精冲模间隙的确定

合理的间隙值是保证精冲件剪切断面质量和模具寿命的重要因素。间隙值的大小与材料性质、材料厚度、工件形状等因素有关。塑性好的材料，间隙值取大一些，低塑性材料的间隙值取小一些，具体数值见表 2-50。

表 2-50 凸模和凹模的双面间隙(占材料厚度 t/%)

材料厚度 t/mm	外形/t/%	内形/t/%		
		$d<t$	$d=t\sim5t$	$d>5t$
0.5	1	2.5	2	1
1		2.5	2	1
2		2.5	1	0.5
3		2	1	0.5
4		1.7	0.75	0.5
6		1.7	0.5	0.5
10		1.5	0.5	0.5
15		1	0.5	0.5

4. 精冲模结构参数的确定

精冲模的结构参数主要包括凸、凹模刃口尺寸及齿圈齿形参数。

(1)凸、凹模刃口尺寸的确定　精冲模刃口尺寸设计与普通冲裁模刃口尺寸设计基本相同，落料件以凹模为基准，冲孔件以凸模为基准，不同的是精冲后，工件外形和内孔均有微量收缩，一般外形要比凹模小 0.01 mm 以下，内孔也比冲孔凸模略小些。另外，还要考虑到使用中的磨损，故精冲模刃口尺寸按下面公式计算。

①落料　$D_{凹}=(D_{min}+0.25\Delta)^{+0.25\Delta}_{0}$

凸模按凹模实际尺寸配制，保证双面间隙值 Z。

②冲孔　$d_{凸}=(d_{max}-0.25\Delta)^{0}_{-0.25\Delta}$

凹模按凸模实际尺寸配制，保证双面间隙值 Z。

③中心距 $C_{凹}=(C_{min}+0.5\Delta)\pm\Delta/3$

式中　$D_{凹}$、$d_{凸}$——凹模、凸模尺寸，mm；　$C_{凹}$——凹模孔中心距尺寸，mm；

D_{min}——工件最小极限尺寸，mm；　d_{max}——工件最大极限尺寸，mm；

C_{min}——工件孔中心距最小极限尺寸，mm；　Δ——工件公差。

(2)齿圈的确定　齿圈是齿形压边圈上的“V”形凸起圈，围绕在工件的剪切周边，并离开模具刃口一定距离。齿圈是精冲模（包含简易精冲模）的重要组成部分。

①齿圈的设置。齿圈的分布应根据工件形状和加工的可能性进行设置。通常，形状简单的精冲件，齿圈可做成与工件外形相同的形状；形状复杂的精冲件，齿圈可做成与工件外形近似。

冲小孔时一般不需要齿圈，冲直径大于料厚10倍的大孔时，可在顶杆上考虑加齿圈（用于固定凸模式模具）。当材料厚度小于3.5 mm时，只需在齿圈压板上设置单面齿圈；当材料厚度大于3.5 mm时，需在齿圈压板和凹模上都加工齿圈，即双面齿圈。为保证材料在齿圈嵌入后具有足够的强度，上、下齿圈可微微错开。

②齿圈的齿形参数。齿圈的齿形参数见表2-51和表2-52。

表2-51　单面齿圈尺寸（压板）　(mm)

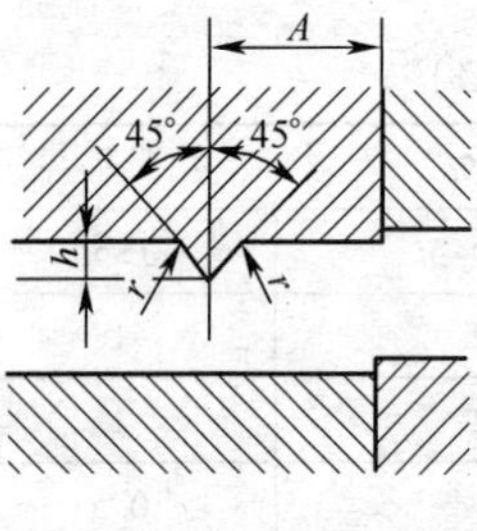

材料厚度 t	A	h	r
1~1.7	1	0.3	0.2
1.8~2.2	1.4	0.4	0.2
2.3~2.7	1.8	0.5	0.1
2.8~3.2	2.1	0.6	0.1
3.3~3.7	2.5	0.7	0.2
3.8~4.5	2.8	0.8	0.2

表2-52　双面齿圈尺寸（压板和凹模）　(mm)

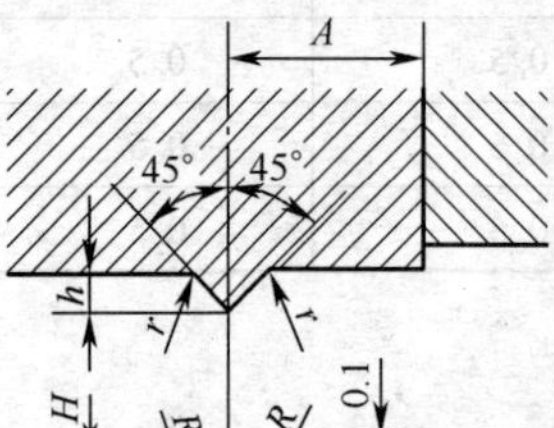

材料厚度 t	A	H	R	h	r
4.5~5.5	2.5	0.8	0.8	0.5	0.2
5.6~7	3	1	1	0.7	0.2
7.1~9	3.5	1.2	1.2	0.8	0.2
9.1~11	4.5	1.5	1.5	1	0.5
11.1~13	5.5	1.8	2	1.2	0.5
13.1~15	7	2.2	3	1.6	0.5

（3）*刃口圆角的确定* 为改善金属的流动性，提高工件的冲切断面质量，应在凹模刃口处倒很小的圆角，但当凹模刃口太小时，有时也会出现二次剪切和细纹。因此，一般凹模刃口取0.05~0.1 mm的圆角效果较好。对于冲孔凸模，一般在冲裁薄料时采用清角，冲裁厚料时，采用0.05 mm左右的圆角。在实际生产试制时，还要对刃口圆角进行适当修整。

2.14.4 精冲加工的经济精度

精密冲裁时，材料在齿圈压板、凸模、凹模、顶出器的共同作用下，变形材料处于三向压应力状态，通过间隙极小的凸、凹模刃口间的相互作用而完成变形冲裁，因此，可获得IT6~IT9的尺寸精度，断面的表面粗糙度Ra可达1.6~0.2 μm。表2-53为正常情况下，精密冲裁抗拉强度极限至600 MPa钢材可达到的尺寸精度。

表2-53 精密冲裁达到的尺寸精度

料厚	内形	外形	孔距	料厚	内形	外形	孔距
0.5~1	IT6~IT7	IT7	IT7	5~6.3	IT8	IT9	IT8
1~3	IT7	IT7	IT7	6.3~8	IT8~IT9	IT9	IT8
3~4	IT7	IT8	IT7	8~12.5	IT9~IT10	IT9~IT10	IT8~IT9
4~5	IT7~IT8	IT8	IT8	12.5~16	IT10~IT11	IT10~IT11	IT9

实施精冲的材料必须具有一定的塑性，塑性越好，越适于精冲。在黑色金属中，含碳量小于0.35/%，$\sigma_b = 300 \sim 600$ MPa的材料精冲效果最好，含碳量高的材料经过事先球化退火，以及纯铜、黄铜、软青铜、铝及其合金等有色金属也适宜精冲。适宜精密冲裁的主要材料见表2-54。

表2-54 各种材料精密冲裁的适应性

材料	可精冲的最大厚度/mm	精冲效果	材料	可精冲的最大厚度/mm	精冲效果
10	15	很好	15CrMn	5	很好
15	12	很好	15Cr	5	好
20	10	很好	20CrMo	4	好
25	10	很好	20CrMn	4.5	好
30	10	很好	42Mn2V	6	好
35	8	好	GCr15	6	尚可
40	7	好	0Cr13	6	好
45	7	好	1Cr13	5	好
50	6	好	4Cr13	4	好
55	6	好	Cr17	3	好
60	4	好	0Cr18Ni9	3	好
65	3	好	1Cr18Ni9	3	很好
T8A	3	好	1Cr18Ni9Ti	3	好

注：很好——理想的精冲材料，剪切面粗糙度低，模具寿命长。好——适宜于精冲的材料，剪切面光洁度低，模具寿命正常。尚可——勉强用于精冲的材料，用于形状复杂的零件冲裁时，剪切面撕裂，模具寿命短。

2.14.5 精冲加工的工艺性

对精密冲裁来讲,由于精冲模结构牢固和配合紧密,使模具冲裁过程较为平稳。因而在普通冲裁中不能生产的零件,完全可能在精密冲裁模上完成。

精冲圆孔允许的最小孔径 d、窄槽宽度 b、窄长槽长度 L、孔与孔之间和孔与边缘之间的距离 W、圆角半径 R 主要由冲孔凸模所能承受的最大压应力来决定,其值与材料厚度及材料性质有关。

图 2-108 所示的精冲圆孔及窄槽,其允许的最小孔径 d、窄槽宽度 b 可分别从图 2-109、图 2-110 中查出。

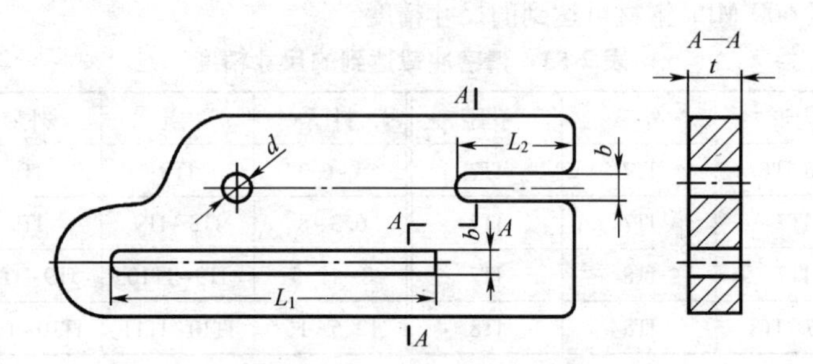

图 2-108 孔径与窄槽示意图

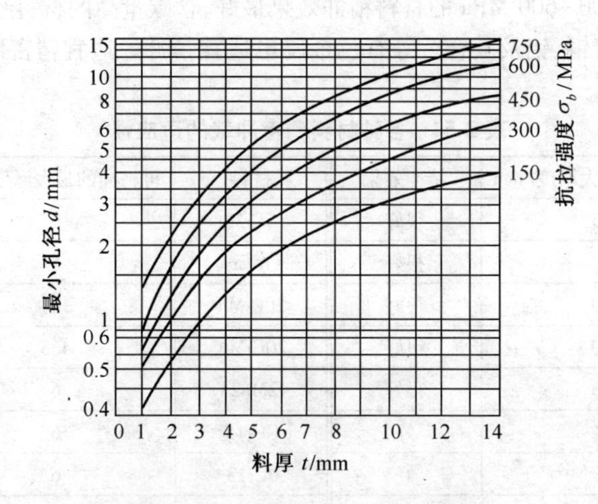

图 2-109 精冲件最小孔径的确定

精冲工件上的孔、槽和内外轮廓之间的距离,可根据图 2-111 所示区分为不同的壁厚 W_1、W_2、W_3、W_4。最小壁厚 W_2 直接按图 2-110 的表决定,而 W_1 处的最小壁厚按 0.85 W_2 决定。W_3 和 W_4 的最小壁厚参照图 2-110 中的最小槽宽求出。

精冲时的允许工件最小圆角半径与工件的尖角角度、材料厚度及其力学性能等因素有关。图 2-112 为抗拉强度低于 450 MPa 的材料各参数间的关系曲线。当材料的抗拉强度超过此值时,数据应按比例增加。工件轮廓上凹进部分的圆角半径相当于凸起部分所需圆角半径的 2/3。

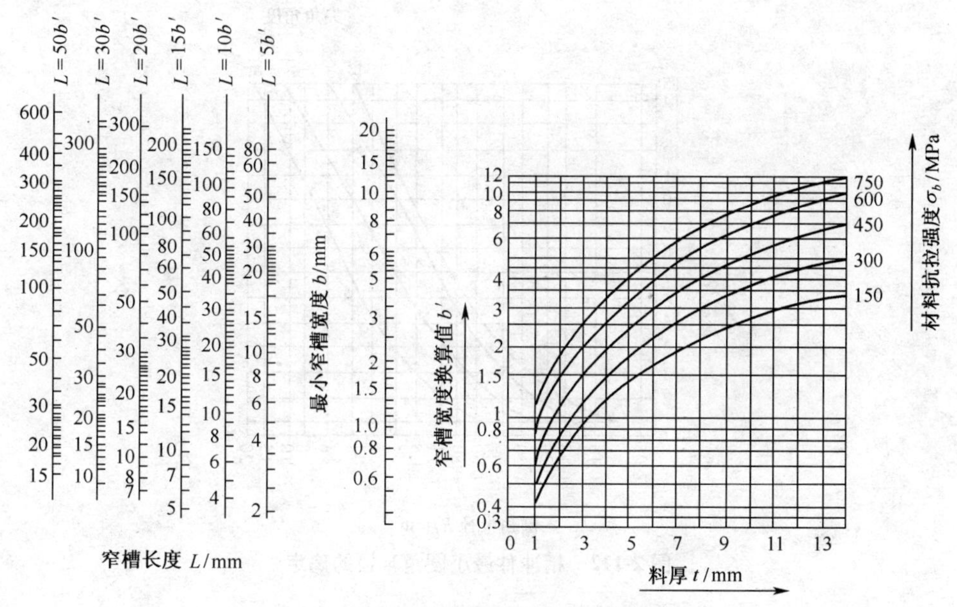

图 2-110 精冲件最小窄槽宽度的确定

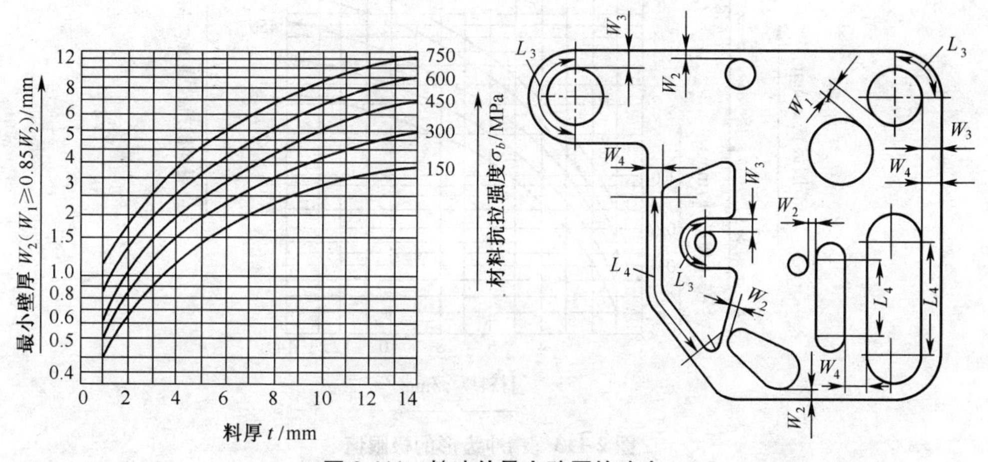

图 2-111 精冲件最小壁厚的确定

精冲齿轮时，凸模齿形部分承受着较大的压应力与弯曲应力，为避免齿形根部断裂，必须限制其最小模数 m 和节圆齿宽 b，其数值按图 2-113 查得。

当精冲图 2-114 所示窄悬臂和小凸起时，其最小数值按图 2-110 中的最小窄槽宽度 b 的 1.3~1.4 倍确定。

2.14.6 精冲加工的操作要点及注意事项

精冲加工的操作是一种频繁重复的简单劳动，操作者极易疲劳，因此，必须集中精力，严格按冲压操作规程、冲压操作安全要点进行操作，同时，操作过程中注重精冲加工的操作注

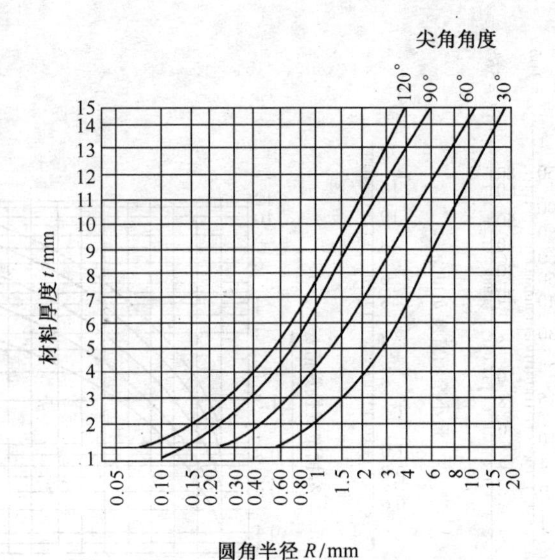

图 2-112 精冲件最小圆角半径的确定

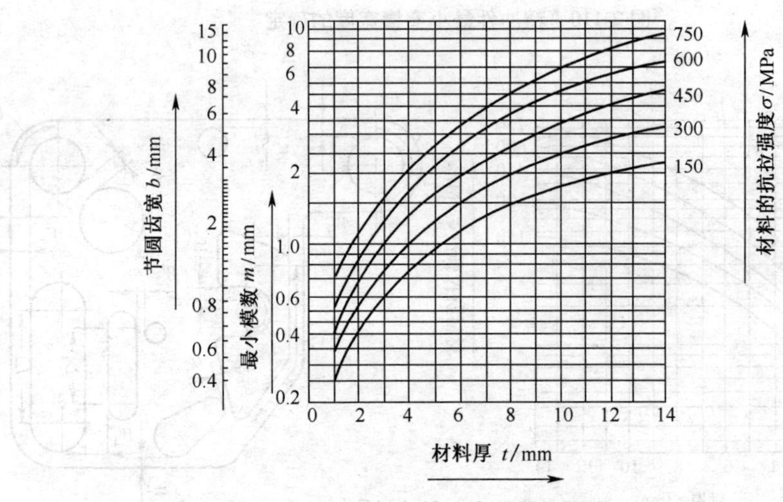

图 2-113 精冲齿形的极限值

图 2-114 窄悬臂和小凸起示意图

意事项。精冲加工的操作要点及注意事项主要有以下内容。

1. 精冲加工的操作要点

精冲模一般在专用压力机上使用，精冲加工的操作可按下述步骤进行。

①安装前的准备工作。接通压力机总电源及液压泵电动机电源；检查滑块是否在下止点位置；把连接上、下模板的接合环(或压板螺钉)装进上、下工作台上。

②安装模具。将试冲板料放在凸模与凹模之间，以防在安装不合适时凸、凹模相碰撞；将模具放在压力机工作台上，使它符合材料送进方向，并用拉杆把凸模固定在滑块上；测量模板上表面和上工作台之间的距离，如该距离小于滑块的行程，应将上工作台提升，直到合适为止；用调整模具的辅助滑块驱动电动机，将滑块上升到上止点；降下工作台，把材料夹在模具中；将上、下板分别固定在上、下工作台上；将滑块再降到下止点位置，并把试冲的材料放置在凸模、凹模之间。

③调试冲模。用(低速调节)电动机使压力机转动一个行程，检查上工作台是否调整合适，注意不能调得太低，以免冲裁时损坏模具；接通主驱动电动机电源；调整齿圈压力和推板反向压力，使其调整到最小，即齿圈能全部压边为止；下降上工作台，使其距离比材料厚度小0.1 mm；开动主驱动电源，使压力机转动一个行程，使凸、凹模接触板料进行冲压；检查凸模进入材料的深度，并继续调整上工作台，直到冲下工件为止，注意调整时凸模决不能冲进凹模孔。

④检查。检查所冲下工件的剪切面，若剪切面被撕裂或不光洁，应适当加大齿圈压板压力和反向推件器压力，加大这些压力时，稍微将上工作台降低即可；调整模具的安全机构、送料长度及定位和排除工件及废料机构，使其送、排料通畅，定位合理；开动压力机，即可投入生产。在冲压时，其冲裁速度不要太高，并能进行相应调节。

2. 精冲加工的注意事项

在精冲加工中，为保证加工的工作安全、冲压件的质量和冲模的使用寿命，冲压操作人员在精冲模的安装、调整和精冲加工过程中，还应注意以下事项。

①注重精冲加工时板料的润滑。精冲时，金属材料在高压下塑剪变形，零件与模具之间发生强烈摩擦并产生局部高温，同时，金属材料与模具间发生“冷焊”附着磨损和氧化磨损。使用润滑剂，可以形成一耐压耐温的坚韧润滑薄膜，附着在金属表面，将零件和模具隔开，减少金属与模具间的摩擦，散发热量，从而保证加工件的质量、模具的寿命等。因此，精冲模上设计有专门的润滑系统。

在精冲加工中，冲裁速度要慢，一般应为5~15 mm/s为宜，同时应注意润滑。润滑最好选用精冲润滑剂，如北京机电研究所研制的F系列精冲润滑剂，具有较好的精冲润滑性能，并在电器、照相机、汽车及仪器仪表等工业中广泛应用，效果显著，其技术参数见表2-55。

表2-55 F系列精冲润滑剂的技术参数

种类	化学成分/%							物理力学性能					使用范围
	氯化石蜡	机酸酯	S+P添加剂	B-N	乙醇胺	含氯量	余量	运动黏度/(cSt/s)(50℃)	闪点/℃	凝固点/℃	摩擦系数 μ	油膜强度/(ρ/N)	
FⅠ	10~15	0.11	5~10	—	—	28.4	50号机油	74.66	151	-10	0.057	2000	板<4 mm
FⅡ	40~45	—	5~10	0.11	—	19.5	20号机油	53.19	137	-12	0.042	1150	$t>5$ mm
FⅢ	30~40	—	5~10	—	35	15.8	10号机油	32.74	140	-12	0.050	2000	$t>8$ mm

若生产批量较小,也可采用肥皂水加全损耗系统用油,润滑可在被冲板料上、下面进行。为使润滑剂流入凸、凹模刃口侧面及模具活动部分,在带齿压板内孔口部以及顶板内、外形口部都带倒角,这样涂在冲压材料表面的润滑剂受压后就能沿倒角流入模具。在润滑前对钢质材料进行磷化处理,可达到良好的润滑效果。磷化处理的配方及方法见表2-56。

表2-56 钢质材料磷化处理的配方及方法

化学成分	用量	处理方法
氧化锌(ZnO)	15g/L	将待处理钢材在常温除油除锈二合一溶液中浸渍2~15 min后,除去钢件表面的油污及锈蚀,然后水洗1~2 min,再浸入温度为65℃~75℃磷化液中10~15 min,最后将钢件取出,晾干或风干即可
磷酸(H_3PO_4)	8g/L	
硝酸(HNO_3)	18g/L	

皂化处理的方法是在每升水中加100~200 g硬脂酸钠,处理时,将板料放入溶液中加热到60℃~70℃,静置30~35 min即可。

②不允许磨损的刃口继续冲裁。小间隙是精冲模的主要特征。间隙的大小及其沿刃口周边的均匀性,直接影响精冲件剪切面质量。精冲间隙主要取决于材料厚度,也和冲裁轮廓及工件的材质有关。若刃口为均匀磨损,则精冲间隙变大,变形区材料受到较大的拉伸作用,并产生拉应力,而拉应力正是诱导产生微裂纹及撕裂的原因,从而使剪切面形成撕裂。若刃口为不均匀磨损,则使精冲后的工件在间隙大的一边产生撕裂,在间隙小的一边产生波浪形凸瘤。因此,磨损的工作零件需要重新更换。

③正确调整齿圈压板及推板的压力齿圈压板力$F_{压}$的作用主要是在冲压过程中,对板料剪切周围施加静压力,防止金属流动,形成塑剪变形,其次是冲裁完毕起卸料的作用;推板反压力$F_{推}$对精冲件的弯度、切割面的锥度、塌角等都有一定的影响,从对精冲件的质量来看,推板反压力越大越好,但是反压力过大,对凸模寿命又有影响,因此,$F_{压}$、$F_{推}$的取值均需经试冲后确定,在满足精冲要求的条件下应选用最小值。

④精冲模不宜在普通压力机上使用。精冲模有凸出的齿形压边圈,材料在压边圈和凹模、反压板和凸模的压紧下实现冲裁,精冲工艺过程要求设备同时提供三向作用力(冲裁力、压边力和反顶力)。普通压力机一般不能同时提供这三个力,而且压力机的刚性和运动精度也较差,故精冲模通常使用在专用的精冲压力机上。

⑤在普通压力机上进行精冲加工必须对模具采取措施。由于采用专用精冲模必须有专用精冲压力机。因此,是否采用精冲模加工,很大程度上取决于加工企业是否有精冲压力机。但精冲压力机昂贵的设备价格一定程度上限制了它的使用。若受加工设备的限制,而冲裁零件的加工精度又较普通冲裁高,则可在模具结构上采用一些独立的施力装置,如加装机械或液压装置提供压边和反压力,才能在通用压力机上实现精冲。

2.14.7 精冲液压模架

图2-115为通用精冲液压模架结构图。这种模架在国内已成功获得推广应用,并已建立规格系列,可以和各种机型不同规格的通用压力机配套使用,精冲各种小尺寸的精冲件,具有压力稳定、可调范围大、通用性好等优点。

使用通用液压精冲模架精冲与专用精冲模类似,装入通用液压精冲模架的精冲模和装在专用精冲机上的固定凸模式精冲模完全一样,而且可以通同。

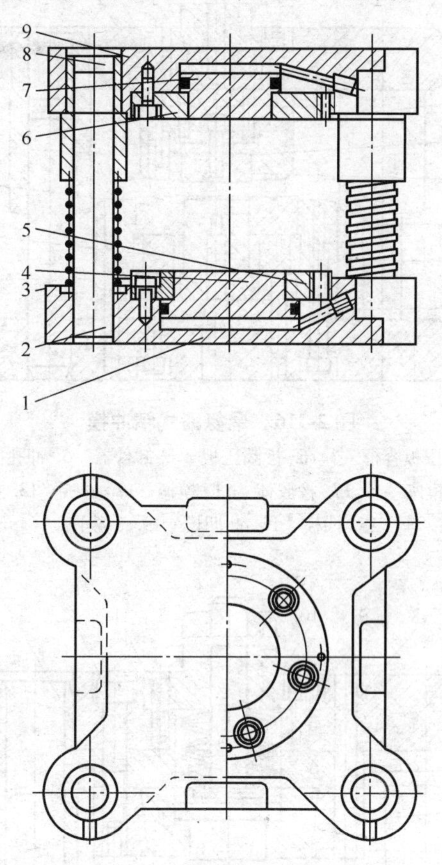

图 2-115 通用精冲液压模架

1. 下模板 2. 导柱 3. 弹簧 4. 下活塞 5. 下压板 6. 上压板 7. 上活塞 8. 导套 9. 上模板

此外,为实现精冲加工,还可以采用简易精冲模具,即在普通模具上采取技术措施,从而获得三向压力,达到精冲的要求和目的的模具称为简易精冲模。一般采用聚氨酯橡胶(或碟簧)作为精冲模的施压元件,提供压边力和反顶力。常用的简易精冲模结构如图 2-116、图 2-117 所示。

简易精冲模具有结构简单,可以在通用压力机上使用的优点,但由于施加的压力不易均衡,而使模具偏载。另外,精冲过程中,这些元件施加的压力和反顶力将随着冲裁的进行而不断增大,将恶化精冲模具的受力条件和刃口的工作状况,降低模具的使用寿命,无法适应大量生产的要求。

尽管冲裁的工件质量不如精冲压力机冲制的高,生产效率也不如精冲机高,且仅适用于厚度不大于 4 mm 材料的冲裁,但由于使用灵活,不受专用精冲压力机的限制,在小批量生产中应用广泛。

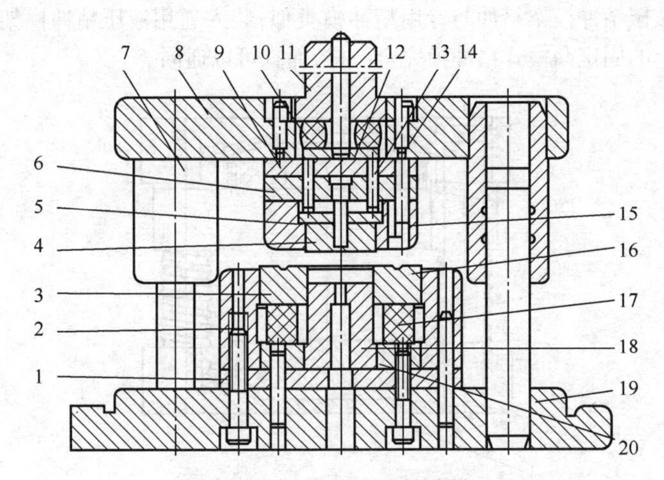

图 2-116 聚氨酯式精冲模

1、9. 垫板 2. 齿圈压板容框 3、16. 齿圈压板 4. 卸件器 5. 冲孔凸模 6、20. 固定板 7. 导套 8. 上模座 10、17. 橡胶体 11. 模柄 12. 推板 13. 推杆 14. 螺钉 15. 凹模 18. 凸凹模 19. 下模座

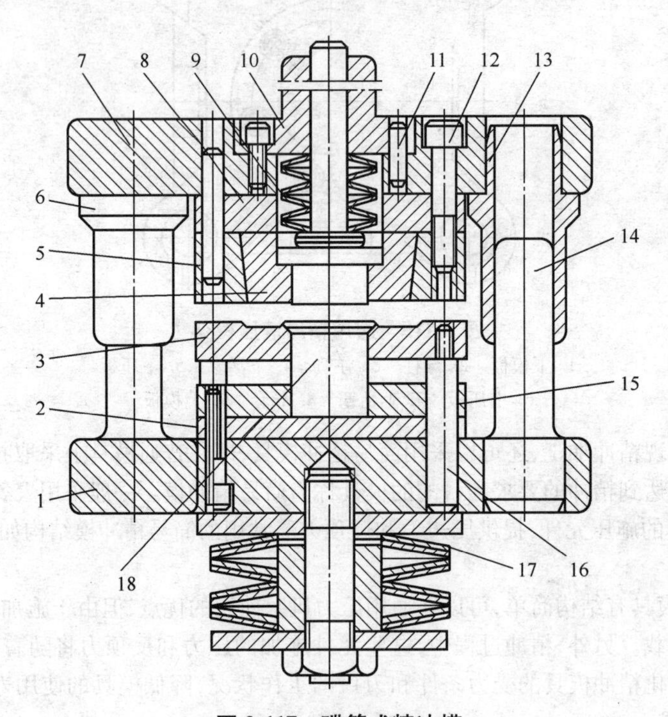

图 2-117 碟簧式精冲模

1. 下模板 2、8. 垫板 3. 齿圈压板 4. 凹模 5. 凹模框 6、13. 导套 7. 上模板 9、17. 碟簧组 10. 模柄 11. 销钉 12. 螺钉 14. 导柱 15. 固定板 16. 顶杆 18. 凸模

2.15 提高冲裁件质量的方法

冲裁加工的断面由圆角带、光亮带、断裂带和毛刺四部分组成，一般来说，在冲裁间隙正常的工作条件下，当冲裁低碳钢工件时，其冲裁断面上的圆角带占材料厚度 t 的 6%~8%，光亮带占材料厚度 t 的 25%~40%，断裂带占材料厚度 t 的 50%~60%，剪裂角 β 为 6°~10°，毛刺高度在材料厚度 t 的 5%以下。在实际生产中，提高冲裁断面的质量就是要增大光亮带，减少圆角带、断裂带和毛刺，除采用精冲加工外，提高冲裁件质量常用的方法还有以下几种。

(1) 凸、凹模采用尽量小的合理间隙　间隙对光亮带大小的影响最为重要，采用较小的间隙可以明显地增大光亮带在断面上所占比例。

(2) 压紧凹模上材料　一般采用弹性卸料板可以在冲裁时起到压紧凹模上材料的作用。因此，采用弹性卸料板断面质量要好于采用固定卸料板。

(3) 对凸模下面的材料施加反向压力　如图 2-118 所示，可改变断裂部分的受力情况，使光亮带增大。

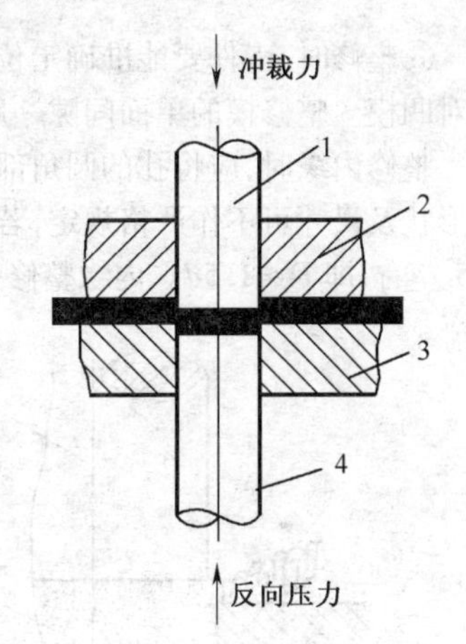

图 2-118　冲裁凸模反向加压

1. 凸模　2. 弹性卸料板
3. 凹模　4. 反向凸模

(4) 采用光洁冲裁和整修工艺　为提高冲裁件的断面质量，还可选用光洁冲裁与整修加工工艺。

1) 光洁冲裁。光洁冲裁是指采用小间隙、凹模带圆角刃口的模具进行的冲裁。落料时，凹模刃口带圆角，凸模仍为普通形式；冲孔时，凸模刃口带圆角，而凹模为普通形式。圆角半径一般可取板料厚度的 10%。

由于采用了圆角刃口和很小的冲裁间隙，加强了冲裁变形区的静水压，使挤压作用加大，拉深、断裂作用减小，从而使工件剪切面上的剪裂带大大减小，再加上圆角对剪切面的压平作用，使平滑光亮带增大。由于刃口带有圆角，将在废料上留下拉长的毛刺。

为提高对工件的挤压作用，减小拉深、弯曲的影响，增加光亮带的高度，凸、凹模的间隙要小于等于 0.01~0.02 mm。由于冲裁后的工件要产生弹性回跳，冲件的尺寸一般要比凹模工作部分相应的尺寸大 0.02~0.05 mm。这在模具设计和加工时需要考虑。

光洁冲裁一般不需要特殊的设备，但由于挤压作用大，冲裁力比一般冲裁要大 50%~100%，冲裁的工件精度可达 IT11~IT8 级，剪切面的表面粗糙度 Ra 可达 1.6~0.4 μm，主要适用于简单轮廓形状的软金属，如铝、铜及 05、08 钢等延性高材料的冲裁。此外，在冲裁外形时，需要利用冲裁搭边约束材料来提高压缩力，所以，只能用于冲裁封闭曲线轮廓，并且搭边宽度不能太小。

2) 整修。整修就是在模具上利用切削的方法将冲裁件的边缘切去一薄层金属，以除去普通冲裁时在断面上留下的塌角、毛刺与断裂带等，从而得到断面光滑平整的工件。整修分外缘整修和内缘整修两种。整修具有以下特点。

①整修后，材料的回弹较小，工件精度可达 IT7~IT6 级，表面粗糙度 Ra 可达 0.8~0.4 μm。

②整修余量为0.1~0.4 mm(双面),板料厚、工件形状复杂、材料硬余量取大值。当板料厚度较大(t>3 mm)或工件形状复杂时,要采用多次整修方法逐步成形,每次整修余量要均匀。整修余量的参考值见表2-57。

表2-57 整修余量 (mm)

材料厚度/t	软钢	中硬钢	硬钢	锌白铜	黄铜
1.2	0.06	0.08	0.10	0.13	0.13
1.6	0.08	0.10	0.13	0.15	0.15
2.0	0.09	0.13	0.15~0.18	0.18	0.18
2.4	0.10	0.15	0.18~0.20	0.20	0.20
2.8	0.13	0.18	0.23~0.28	0.25	0.25
3.2	0.18	0.23	0.30~0.36	0.36	0.36

③整修时,工件要能准确定位,保证余量均匀。整修外缘时,应将冲件带有圆角的部分正对凹模。整修模的单面间隙一般取0.006~0.02 mm,图2-119为外缘整修。

整修内缘时,应将孔的圆角部分朝上放置,整修内缘凹模一般只起支承坯料的作用,型腔形状及尺寸可不作严格规定,若挖成圆穴,则圆穴直径D一般取整修内缘凸模直径d的1.5左右,即$D \approx 1.5d$。内缘整修过程如图2-120所示。

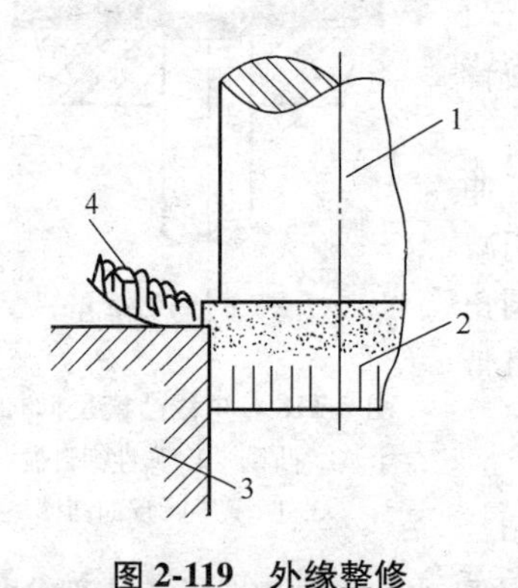

图2-119 外缘整修

1. 凸模 2. 工件 3. 凹模 4. 切屑

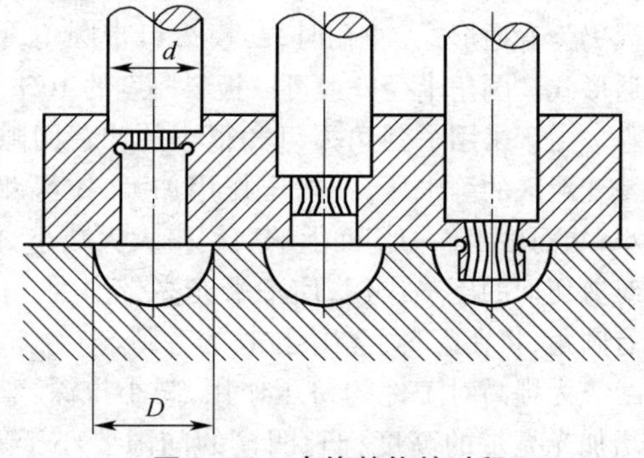

图2-120 内缘整修的过程

④采用整修工艺必须及时清除切屑,加工比较麻烦,生产率较低,但整修后的冲裁件质量较高,其使用不受材料软硬、塑性好坏的限制。所以,用其他方法提高冲件质量有困难时,可考虑采用整修的方法。

⑤外缘或内缘还可以用挤光的方法进行整修。挤光的实质是对冲裁件断面采用表面塑性变形来提高其质量。工作时,外缘挤光是将工件强行压入凹模而挤光;内孔挤光则是用硬度很高的心棒,强行通过工件尺寸稍小的孔,将孔挤光。两者都要求工件材料有较好的塑性才能获得满意的效果。挤光凸模比凹模尺寸大(0.1~0.2)t(t为板料厚度),单边挤光量取小于0.04~0.06 mm的数值。由于凸模尺寸比凹模尺寸大,因此,行至下止点时,凸模应离凹模工作面0.1~0.2 mm。这时,冲件尚未完全压入凹模,而是由下一个零件将其推进,同时模具中应设置行程限位装置。图2-121分别为生产中常用的外缘、内孔整修挤光凸模、凹模

结构。

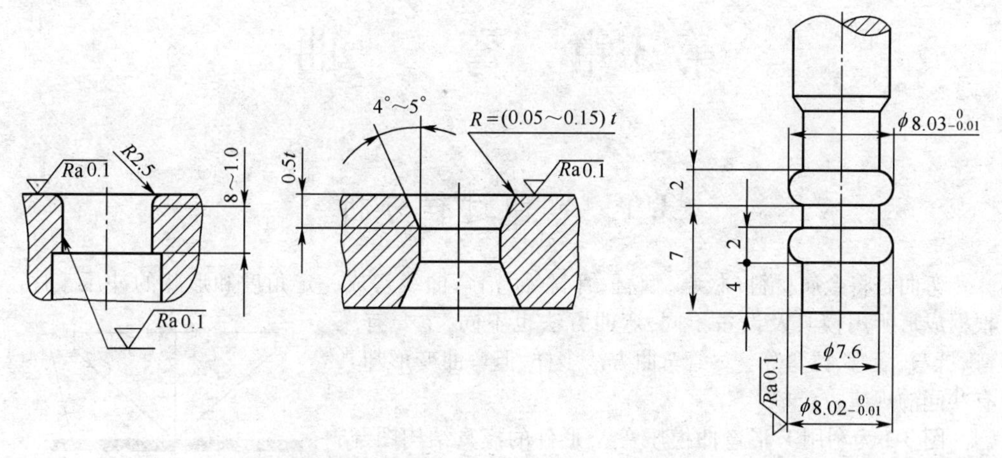

（a）外缘整修挤光凹模

（b）冲孔、挤光凸模

图 2-121 外缘、内孔整修挤光凸模、凹模结构

整修模结构与普通冲裁模相似，但由于间隙小，常采用高精度滚珠模架。

第3章 弯　　曲

3.1 弯曲过程分析

弯曲是将金属材料(板料、型材、管材等)沿弯曲线弯成一定角度和形状的冲压工序。根据成形所用模具及设备不同,弯曲方法也不同,主要有压弯、折弯、滚弯、拉弯等。尽管弯曲方法多样,但弯曲变形却具有共同的规律。

图3-1为利用V形弯曲模压弯V形件的模具结构图,凸模1与凹模2分别与工件内、外形轮廓基本一致,当外力(如压力机滑块运动)将凸模推下时,便将放在凸、凹模之间的板料弯曲成形。

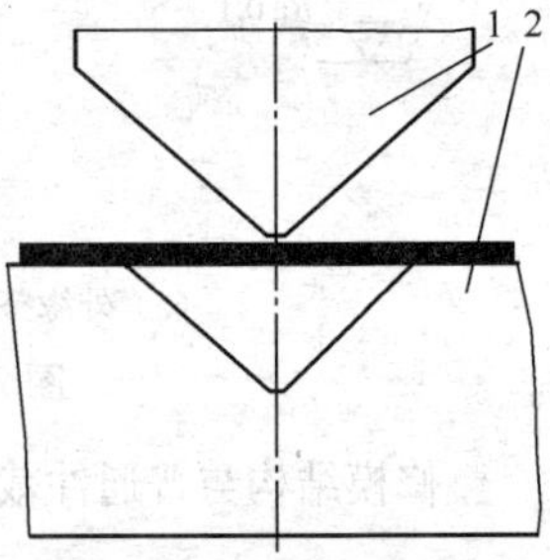

图3-1　弯曲模结构图

1. 凸模　2. 凹模

1. 弯曲过程

图3-2为零件的整个弯曲变形过程示意图,随着凸模的下压,板料的内弯曲半径R_0逐渐减小($R_0>R_1>R_2>\cdots>R_K$),弯曲力臂L_0也逐渐减小($L_0>L_1>L_2>\cdots>L_K$),当凸模与板料、凹模三者完全贴合时,板料的内弯曲半径R_0便与凸模的半径R_K一致,弯曲力臂也减小至L_K,弯曲过程结束。

弯曲有自由弯曲和校正弯曲之分,区别在于自由弯曲是在凸模、板料、凹模三者完全贴合时停止下压,而校正弯曲则是在自由弯曲的基础上凸模继续下压,使工件产生进一步的塑性变形,减小弯曲件的回弹。

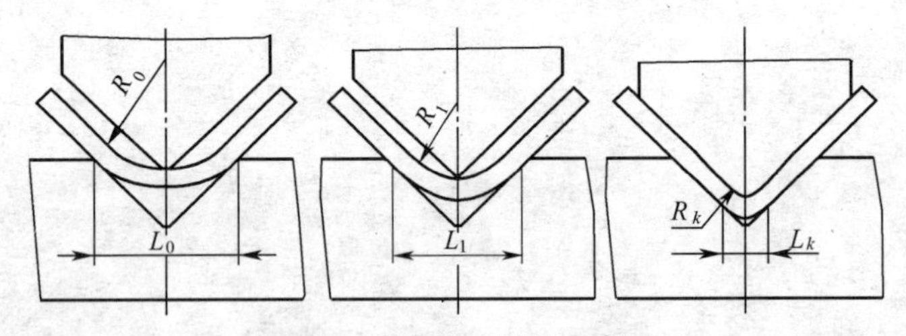

图3-2　弯曲变形过程示意图

2. 弯曲变形分析

(1)弯曲变形的特点　可采用弯曲前在板材侧面设置正方形网格,观察弯曲前后网格的变化来获得。其弯曲前后网格的变化情况见图3-3。

观察弯曲后该坐标网格可以发现以下几点。

①圆角部分的正方形坐标网格由正方形变成了扇形,其他部位则没有变形或变形很小。

②变形区内,侧面网格由正方形变成了扇形,靠近凹模的外侧受切向拉伸,长度伸长,靠凸模的内侧受切向压缩,长度缩短,由内、外表面至板料中心,其缩短和伸长的程度逐渐变

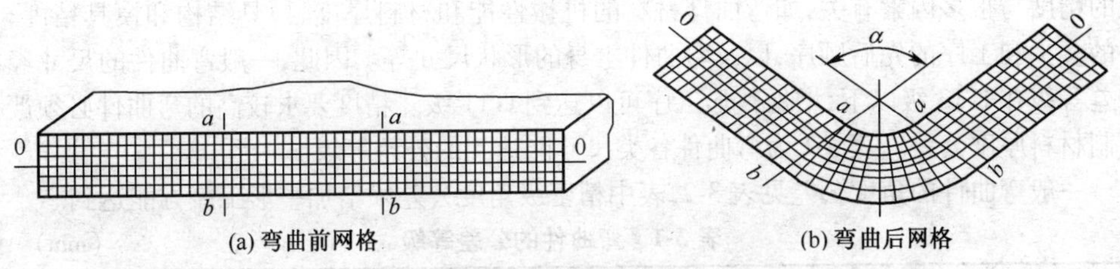

图 3-3 弯曲前后网格的变化

小。在缩短和伸长两者之间变形前后长度不变的那层金属称为中性层。

(2) 弯曲变形区断面的变化 如图 3-4 所示，观察弯曲后断面的变化可以发现以下几点。

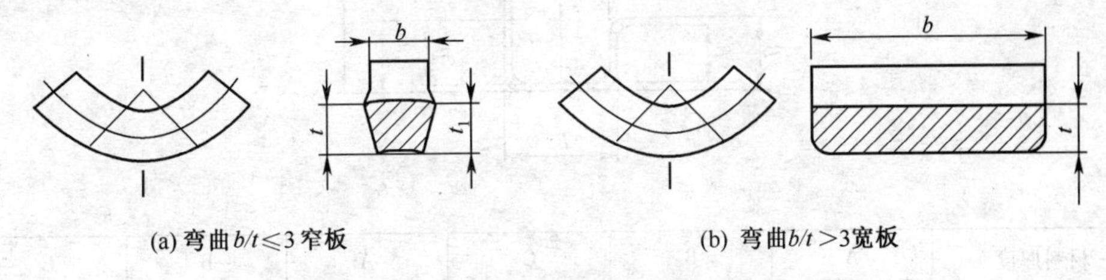

图 3-4 弯曲变形区断面的变化

①变形区内的板料横截面发生变形。对弯曲窄板($b/t \leqslant 3$)，内层材料受到切向压缩后，向宽度方向流动，使宽度增大，外层材料受到切向拉伸后，材料的不足便由宽度和厚度方向来补充，致使宽度变窄，整个截面呈内宽外窄的扇形。对宽度较大的板料($b/t>3$)，由于宽度方向材料多，阻力大，材料向宽度方向流动困难，横截面形状基本保持不变，仍为矩形。

②厚度减薄。板料弯曲时，内层受切向压缩而缩短，厚度应增加，但由于凸模紧压板料，厚度增加阻力很大，而外层受切向拉伸而伸长，厚度方向变薄不受约束，在整个厚度上增厚量小于变薄量，从而出现厚度变薄现象。

一般弯曲件均属于宽度较大的板料，因此，弯曲前后板料宽度方向基本不变。如果弯曲件的弯曲半径为 r，弯曲板料厚度为 t，则相对弯曲半径 r/t 较小的弯曲件，由于弯曲时变形区板料厚度有明显变薄现象，按照体积不变的原则，必然会使板料长度有所增加。

3.2 弯曲件的质量分析

弯曲是成形加工的重要组成工序，在冲压加工中应用广泛，但受各种因素的影响，弯曲件往往易产生质量问题，因此，有必要对弯曲件进行质量分析。

1. 弯曲件的质量要求

与冲裁件一样，弯曲件的质量主要也包括外观质量及尺寸精度两方面的要求。

(1) 外观质量要求 弯曲件的外观质量要求主要有表面应光洁、无明显划痕，弯曲工件的内、外弯曲圆角不允许有裂纹；弯曲变形区域不应有严重的压痕及料厚变薄现象，同时，还不应有非要求的扭转和翘曲变形。

(2) 尺寸精度要求 弯曲后的工件各部分尺寸及形位精度应符合图样要求。弯曲件加工的精度与很多因素有关,如弯曲件材料的机械性能和材料厚度、模具结构和模具精度、工序的多少和工序的先后顺序,以及弯曲件本身的形状尺寸等。因此,一般弯曲件的尺寸经济公差等级在IT13级以下,增加整形工序可以达到IT11级。精度要求较高的弯曲件必须严格控制材料厚度公差。表3-1为弯曲件各类尺寸能达到的公差等级。

一般弯曲件的角度公差见表3-2,表中精密级角度公差须增加整形工序方能达到。

表3-1 弯曲件的公差等级 (mm)

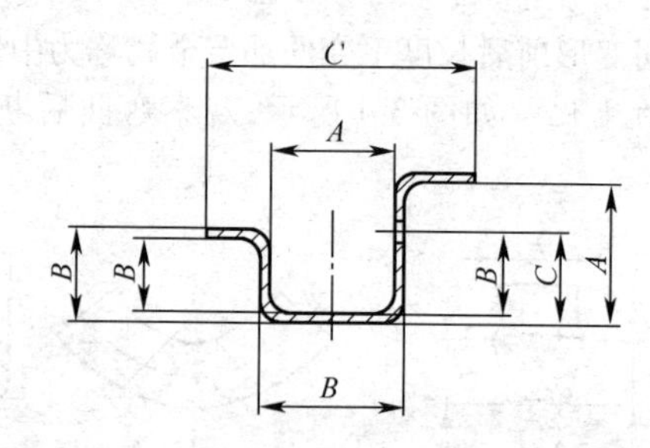

材料厚度 t/ mm	A	B	C	A	B	C
	经济级			精密级		
≤1	IT13	IT15	IT16	IT11	IT13	IT13
1~4	IT14	IT16	IT17	IT12	IT13~14	IT13~14

表3-2 弯曲件角度公差

弯曲件短边尺寸	1~6	6~10	10~25	25~63	63~160	160~400
经济级	±1°30′~±3°	±1°30′~±3°	±50′~±2°	±50′~±2°	±25′~±1°	±15′~±30′
精密级	±1°	±1°	±30′	±30′	±20′	±10′

2. 弯曲件的检测

弯曲件的质量检测主要包括外观和尺寸精度两部分。外观质量检查主要以目测观察,而尺寸检查主要以零件的线性尺寸和形状位置尺寸精度为主,一般采用游标卡尺、高度尺、万能角度尺等检测量具。形状复杂或大尺寸冲压弯曲件,可采用检验样板、样架等专用检具检测。

对产品图样上已表明的尺寸、角度和形状位置公差,按图样要求进行检测,未注的尺寸公差及形位公差分别按GB/T 15055—2007《冲压件未注公差尺寸极限偏差》、GB/T 1184—1996《形状和位置公差未注公差值》中的规定选取,表3-3、表3-4及表3-5分别给出了未注的成形件线性尺寸的极限偏差、未注公差成形圆角半径线性尺寸的极限偏差、未注弯曲角度尺寸的极限偏差要求,具体检测时,可按以下要求执行。未注直线度、平面度及平行度、垂直度和倾斜度形位公差参见表2-9及表2-10。

表 3-3 未注公差成形件线性尺寸的极限偏差 (mm)

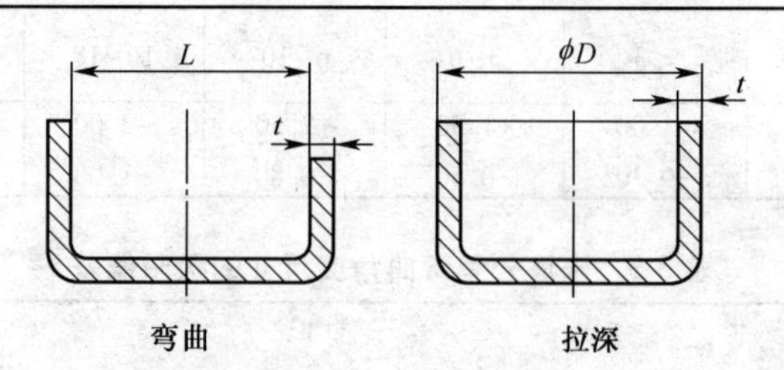

基本尺寸 L、D		材料厚度		公差等级			
大于	至	大于	至	f	m	c	v
0.5	3	—	1	±0.15	±0.20	±0.35	±0.50
		1	4	±0.30	±0.45	±0.60	±1.00
3	6	—	1	±0.20	±0.30	±0.50	±0.70
		1	4	±0.40	±0.60	±1.00	±1.60
		4	–	±0.55	±0.90	±1.40	±2.20
6	30	—	1	±0.25	±0.40	±0.60	±1.00
		1	4	±0.50	±0.80	±1.30	±2.00
		4	–	±0.80	±1.30	±2.00	±3.20
30	120	—	1	±0.30	±0.50	±0.80	±1.30
		1	4	±0.60	±1.00	±1.60	±2.50
		4	–	±1.00	±1.60	±2.50	±4.00
120	400	–	1	±0.45	±0.70	±1.10	±1.80
		1	4	±0.90	±1.40	±2.20	±3.50
		4	—	±1.30	±2.00	±3.30	±5.00
400	1 000	—	1	±0.55	±0.90	±1.40	±2.20
		1	4	±1.10	±1.70	±2.80	±4.50
		4	—	±1.70	±2.80	±4.50	±7.00
1 000	2 000	—	1	±0.80	±1.30	±2.00	±3.30
		1	4	±1.40	±2.20	±3.50	±5.50
		4	—	±2.00	±3.20	±5.00	±8.00

注:对于 0.5 及 0.5 mm 以下的尺寸应标公差。

表 3-4 未注公差成形圆角半径线性尺寸的极限偏差 (mm)

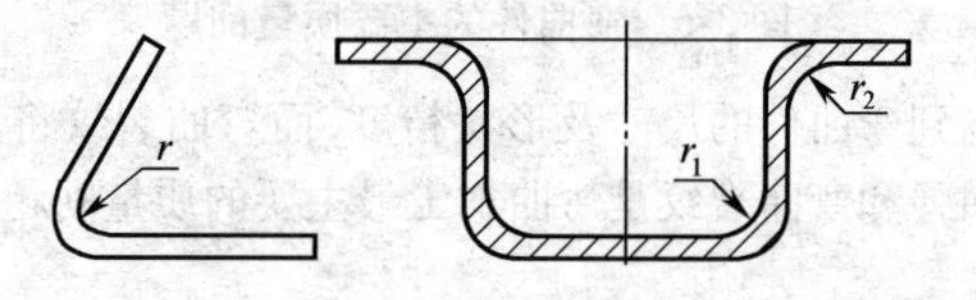

续表 3-4

基本尺寸 r、r_1、r_2	≤3	3~6	6~10	10~18	18~30	>30
极限偏差	+1.00 −0.30	+1.50 −0.50	+2.50 −0.80	+3.00 −1.00	+4.00 −1.50	+5.00 −2.00

表 3-5 未注公差弯曲角度尺寸的极限偏差

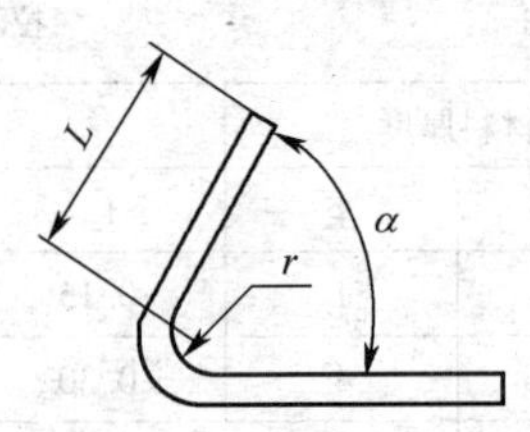

公差等级	短边长度 L						
	≤10	10~25	25~63	63~160	160~400	400~1 000	1 000
f	±1°15′	±1°00′	±0°45′	±0°35′	±0°30′	±0°20′	±0°15′
m	±2°00′	±1°30′	±1°00′	±0°45′	±0°35′	±0°30′	±0°20′
c v	±3°00′	±2°00′	±1°30′	±1°15′	±1°00′	±0°45′	±0°30′

3. 弯曲件的主要质量问题及其影响因素

(1)弯曲件的主要质量问题 弯曲是在板料弯曲线附近区域发生的变形加工，由于其压弯并不完全是材料的塑性变形，弯曲部位还存在着弹性变形，所以，工件在材料弯曲变形结束后，因弹性恢复，将使弯曲件的角度、弯曲半径与模具的形状尺寸不一致，即产生弯曲加工的回弹现象，如图 3-5a 所示；另一方面，弯曲变形区域存在的内应力若超过材料强度极限，在弯曲过程中又将产生弯曲裂纹，如图 3-5b 所示。

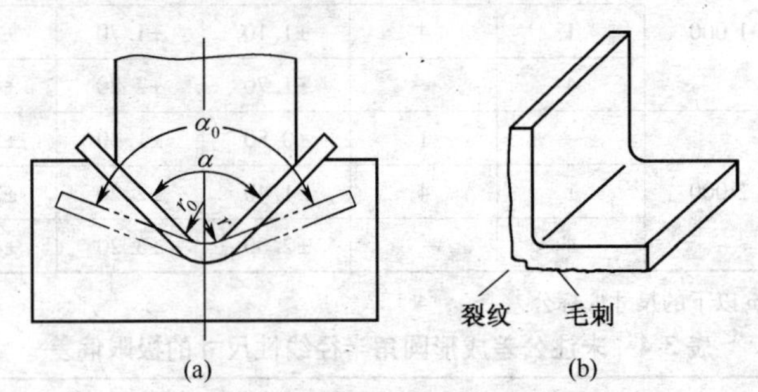

图 3-5 弯曲件的主要质量问题

弯曲回弹直接影响到弯曲件的尺寸及形状精度，而弯曲裂纹将直接影响到弯曲加工件使用的可靠性。弯曲回弹和弯曲裂纹是弯曲加工最主要的质量问题。弯曲回弹的表现形式有两个方面。

①弯曲角度的变化 $\Delta\alpha$。卸载前板料的弯曲件角度为 α(与凸模顶角吻合),卸载后变为 α_0,则角度的变化 $\Delta\alpha$ 为:

$$\Delta\alpha=\alpha_0-\alpha$$

式中 α——模具的角度; α_0——弯曲后工件的实际角度。

②弯曲半径的变化 Δr。卸载前板料的内半径为 r(与凸模的半径吻合),卸载后变为 r_0,则半径的变化 Δr 为:

$$\Delta r=r_0-r$$

式中 r——模具的半径; r_0——弯曲后工件的实际半径。

弯曲裂纹主要产生于厚料的弯曲,产生部位多为板料的弯曲外侧,且边缘多有毛刺。此外,在弯曲加工过程中,弯曲件还存在坯料偏移、弯曲模加工及安装等方面产生的尺寸精度和外观质量等质量问题。

(2)影响弯曲回弹的因素 影响弯曲回弹的因素主要有以下几点。

①材料的力学性能。弯曲回弹量与材料的屈服强度 σ_s 和弹性模量 E 的比值(σ_s/E),以及加工硬化程度成正比。

②弯曲角度 α。弯曲角 α 越大,表示变形区的长度越大,回弹角也就越大,但弯曲角对曲率半径的回弹没有影响。

③相对弯曲半径 r/t。相对弯曲半径越小,回弹值越小。当 r/t 小时,弯曲坯料外表面上的总切向变形程度大,塑性变形程度增大,而弹性变形在总的变形当中所占的比例却减小,因此,随着相对弯曲半径的减小而变小;相反,当 r/t 很大时,由于变形程度太小,使坯料大部分处于弹性变形状态,产生很大的变形,则往往用普通弯曲方法根本无法成形。

④弯曲方式和模具结构。弯曲方式和模具结构对弯曲过程、弯曲受力状况以及坯料变形区和非变形区都有较大影响,从而影响回弹值。

⑤弯曲力。使压力机的压力超过弯曲变形所需的力,即采用带一定校正成分的弯曲方法时,可以改变弯曲变形区的应力状态和应变性质,从而减小回弹量。

⑥弯曲件形状。弯曲形状复杂,一次弯曲成形角的数量越多,各部分的回弹相互牵制,回弹就少。

(3)影响弯曲裂纹的因素 影响弯曲裂纹的因素主要有以下几种。

①材料的力学性能。材料的塑性越好,其塑性指标(δ、ψ)越高,材料抗弯曲裂纹的能力也越高。

②板料的表面质量和坯料的断面质量。板料的表面如有划伤、裂纹或侧面(剪切或冲裁断面)有毛刺、裂口和冷作硬化等缺陷,弯曲时容易开裂。

③弯曲件的相对宽度。弯曲件的相对宽度 b/t 不同,变形区的应力状态也不同,在相对弯曲半径相同的条件下,相对宽度 b/t 大时,其应变强度大;b/t 小时,其应变强度小。当窄板($b/t\leqslant 3$)弯曲时,在板料宽度方向的应力为零,宽度方向的材料可以自由流动,以缓解弯曲圆角外侧的拉应力,因此,抗裂能力有所增强,但当($b/t>3$)弯曲时,其影响变小。

④弯曲件的角度。弯曲件的角度 α 越大,其抗裂能力就越强,这是因为板料的弯曲变形不仅局限于圆角部分,由于金属纤维之间的相互牵制,靠近圆角的直边部分也参与了变形,因而扩大了变形区的范围,这对圆角外表面受拉的状态有缓解作用,有利于增强弯曲变形能力。

⑤板料的厚度。一般板料厚度越大,其弯曲变形能力越低。因为变形区内切向应变在厚度方向上按线性规律变化,表面最大,中性层为零;当板料厚度较小时,切向应变变化的梯度大,其数值很快地由最大值衰减为零,与切向变形最大外表面相邻近的金属可以起到阻止表面金属产生局部不稳定塑性变形的作用,所以,在这种情况下可能得到较大的变形。

4. 保证弯曲件质量的措施

弯曲加工的特性决定了弯曲回弹不可消除,若处理不当,就易使弯曲件与图样的弯曲尺寸、形状不符,从而影响到弯曲件的质量。但其产生是有一定规律的,如若能针对性的采取措施就可减少回弹的影响。同样,对弯曲加工采取适当的控制措施,也能预防弯曲裂纹的产生。

(1)控制弯曲回弹的措施　根据弯曲回弹产生的因素,可采取以下几种措施。

①材料选用。在满足弯曲件使用要求的前提下,尽可能选用弹性模量 E 大、屈服强度 σ_s 小的冲压材料,减少弯曲回弹。

②改进弯曲件的结构设计。在不影响弯曲件使用的前提下,可在弯曲件设计上改进某些结构,增强弯曲件的刚度以减小回弹,如在弯曲变形区设置加强筋,如图 3-6a、b 所示,或采用 U 形边翼结构,如图 3-6c 所示,通过增加弯曲件截面惯性矩,减少弯曲回弹。

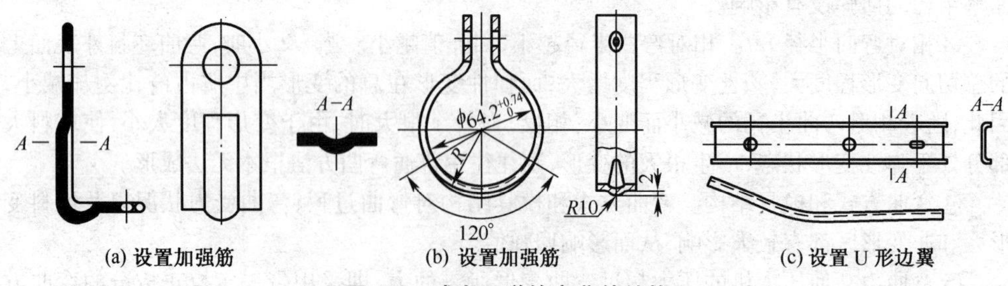

图 3-6　减少回弹的弯曲件结构

③采取校正弯曲代替自由弯曲或增加校正工序。图 3-7 是将弯曲凸模的角部做成局部突起的形状对弯曲变形区进行校正的模具结构。其控制弯曲回弹原理是:在弯曲变形终了时,凸模力将集中作用在弯曲变形区,迫使内层金属受挤压,产生伸长变形,卸载后,弯曲回弹将会减少。一般认为,当弯曲变形区金属的校正压缩量为板厚的 2%~5%时,就可得到较好的效果。

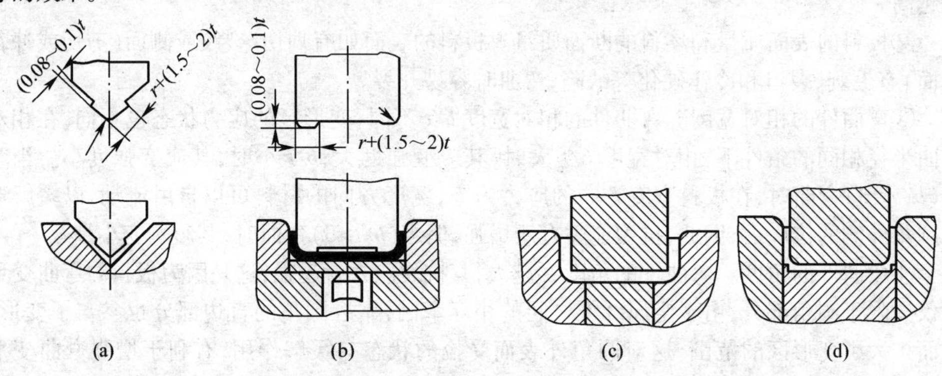

图 3-7　校正法的模具结构

图 3-8 为通过纵向加压校正法控制弯曲回弹的另一种模具结构。其控制弯曲回弹原理是:在弯曲过程结束时,用凸模上的突肩沿弯曲坯料的纵向加压,使变形区内外层金属切向受压,通过减小内外层坯料切向应力的差别,来实现弯曲回弹的减小。

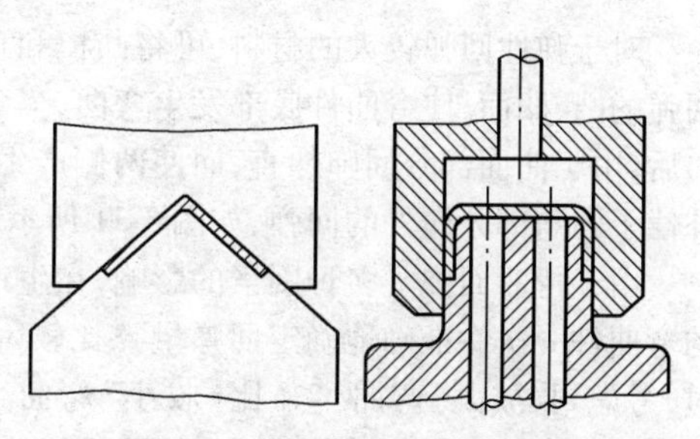

图 3-8 纵向加压法模具结构

④从工艺上采取措施。对一些硬材料或已经冷作硬化的材料,弯曲前先进行退火处理,降低其硬度,减少弯曲时的回弹,待弯曲后再淬硬;对回弹较大的材料,在条件允许的情况下,甚至可采用加热弯曲;对相对弯曲半径很大的长弯曲件,由于变形程度很小,变形区大部分或全部处于弹性变形状态,弯曲回弹量很大,甚至根本无法成形,这时可以采用拉弯工艺,如图 3-9a 所示;对弯曲回弹大的弯曲件加工可采用软凹模弯曲,用橡胶或聚氨酯软凹模代替金属凹模,如图 3-9b 所示;用调节凸模压入凹模深度的方法控制弯曲回弹,使卸载后的弯曲件回弹小,以获得较高精度的零件。

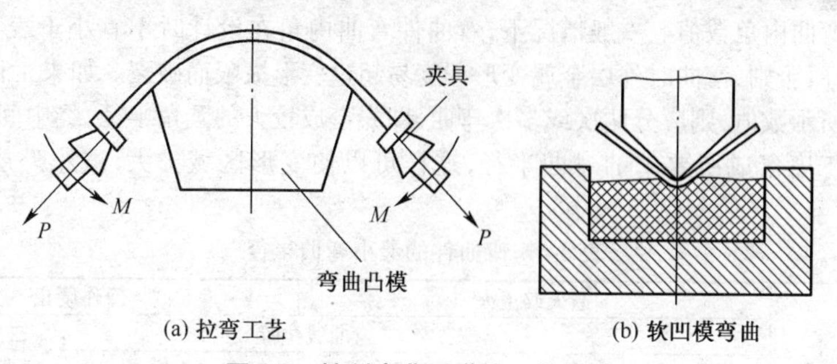

图 3-9 控制弯曲回弹的工艺措施

⑤从模具结构上采取措施。为消除弯曲件的回弹,实际生产中广泛使用补偿法,即根据弯曲件的回弹趋势,预先估算回弹量,然后修正凸模或凹模工作部分的形状和尺寸,从而使弯曲件的回弹量得到补偿。

如图 3-10 所示,将凸模做成斜度,凸模圆角半径预先做小,并且使凸、凹模间隙等于最小料厚的模具结构,通过在凸模上设置回弹角 α,使弯曲件在出模后的回弹量得到补偿,主要用于一般材料(如 Q215、Q235、10、20 和 H62M 等)的弯曲加工。其中,图 3-10a 将弯曲回弹角放在上模,而图 3-10b 则将弯曲回弹角放在下模,图 3-10c 则采用带摆动块的凹模结构。

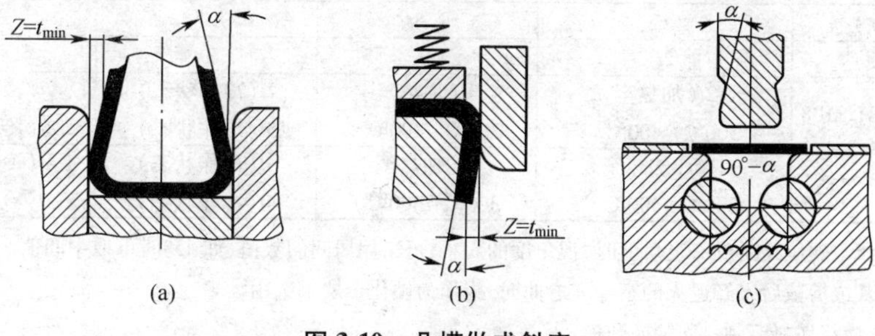

图 3-10 凸模做成斜度

对于弹性回弹较大的材料，可将凸模和顶件板设计成补偿回弹的凸、凹面，使弯曲件底部发生弯曲，当弯曲件从凹模中取出后，由于曲面部分回弹伸直，而使两侧产生向里的变形，从而补偿了圆角部分向外的回弹，如图3-11所示。

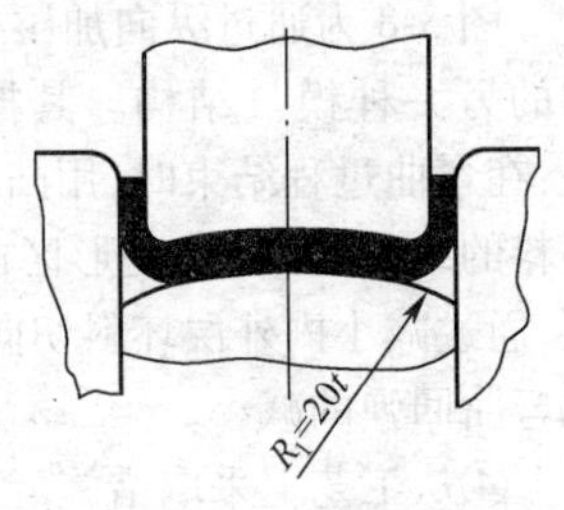

图3-11 回弹补偿

由于弯曲回弹受多种因素的影响，在生产中，对 r/t 值较大的弯曲件一次性准确地确定回弹量 α 比较困难，而在修磨凸模时，考虑到“放大”弯曲半径比“收小”弯曲半径容易，因此，工件的曲率半径比图样要求略小，试模后能比较容易修正，便于质量的控制。对于较硬材料，可根据回弹值对模具工作部分的形状和尺寸进行修正。

（2）控制弯曲裂纹的措施　根据弯曲裂纹产生的因素，可采取以下几种措施。

①选用表面质量好、无缺陷的材料作坯料。对有缺陷坯料，应在弯曲前清除干净，为防止弯裂，对板料上的较大毛刺应去除，小毛刺放在弯曲圆角的内侧。

②从工艺上采取措施。对比较脆的材料、厚料及冷作硬化的材料，采用加热弯曲的方法，或者先退火增加材料塑性再进行弯曲。

③控制弯曲内角数值。一般情况下，弯曲件弯曲内角在设计时不宜小于表3-6所示的最小弯曲半径，否则，弯曲时外层金属变形程度易超过变形极限而破裂。如果工件的弯曲半径小于表中所示数值，则应分两次或多次弯曲，即先弯成较大的圆角半径，经中间退火后，然后再用校正工序弯成所要求的弯曲半径，这样可以使变形区域扩大，减小外层材料的伸长率。

表3-6 弯曲件的最小弯曲半径

材料	退火或正火		冷作硬化	
	弯曲线位置			
	垂直碾压纹向	平行碾压纹向	垂直碾压纹向	平行碾压纹向
紫铜、锌	0.1t	0.35t	t	2t
黄铜、铝	0.1t	0.3t	0.5t	t
磷青铜			t	3t
08、10、Q215	0.1t	0.4t	0.4t	0.8t
15~20、Q235	0.1t	0.5t	0.5t	t
25~30、Q255	0.2t	0.6t	0.6t	1.2t
35~40、Q275	0.3t	0.8t	0.8t	1.5t
45~50、Q295	0.5t	t	t	1.7t
55~60、Q315	0.7t	1.3t	1.3t	2t
65Mn、T7	t	2t	2t	3t
硬铝（软）	t	1.5t	1.5t	2.5t
硬铝（硬）	2t	3t	3t	4t
镁锰合金MB1、MB8	2t（加热至300℃~400℃）	3t（加热至300℃~400℃）	7t（冷作状态） 5t（冷作状态）	9t（冷作状态） 8t（冷作状态）
钛合金TA2、TA5	1.5t（加热至300℃~400℃）	2t（加热至300℃~400℃）	3t（冷作状态） 4t（冷作状态）	4t（冷作状态） 5t（冷作状态）

注：①当弯曲线与碾压纹路成一定角度时，视角度的大小，可采用居间的数值，如45°时可取中间值。

②对在冲裁或剪裁后未经退火的窄毛坯弯曲时，应作为硬化金属来选用。

③弯曲时，应将坯料毛刺一面朝向凸模。

④控制弯曲方向。弯曲加工及工件排样时，弯曲线与板料轧制方向按以下工艺规定：单向V形弯曲时，弯曲线应垂直于轧制方向；双向弯曲时，弯曲线与轧制方向最好成45°。如图3-12所示。

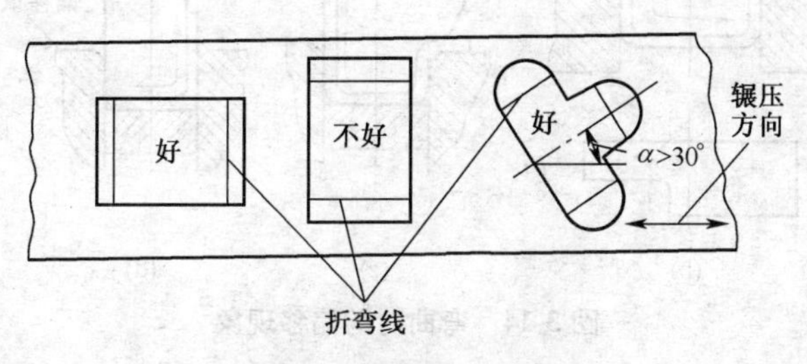

图3-12 弯曲方向的控制

⑤改善产品结构的工艺性。选用合理的圆角半径，对小弯曲圆角及厚料的弯曲加工，可在局部弯曲部位增加工艺切口、开槽等；尽可能避免在弯曲区外侧有任何能引起应力集中的几何形状，如清角、槽口等，以避免根部断裂。如图3-13a在小圆角半径弯曲件的弯角内侧开槽，保证弯曲小圆角半径不产生裂纹；图3-13b所示弯曲件改进前易发生撕裂，改进后是将原容易撕裂处的清角移出弯曲区之外，推荐移出距离 $b \geqslant r$，保证弯曲时不产生裂纹。

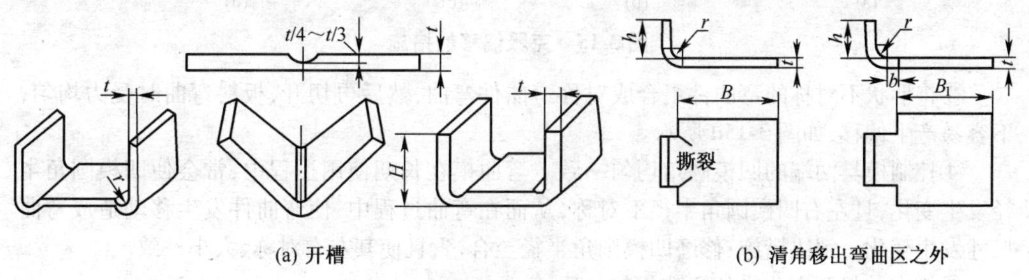

图3-13 改善产品结构的工艺性

⑥避免在蓝脆区和热脆区热弯。采用热弯加工工艺，选择热压温度时，应避免在蓝脆区和热脆区进行弯曲加工。这是因为在加热过程的某些温度区间，往往由于过剩相的析出或相变等原因而出现脆性，使金属的塑性降低和变形抗力增加，如碳钢加热到200℃～400℃之间时，因为时效作用（夹杂物以沉淀的形式在晶界滑移面上析出）使塑性降低，变形抗力增加，这个温度范围称为蓝脆区，这时钢的性能变坏，易于脆断，断口呈蓝色。而在800℃～950℃范围内，又会出现塑性降低现象，同样弯曲时出现断裂，该温度称为热脆区。

(3)控制弯曲偏移的措施　板料在弯曲过程中产生偏移，易造成弯曲件形状不符图样要求。其产生原因较多，图3-14a、b为制件坯料形状不对称造成的偏移；图3-14c为工件结构不对称造成的偏移；图3-14d、e为弯曲模结构不合理造成的偏移。此外，凸模与凹模的圆角不对称、间隙不对称，也会导致弯曲时产生偏移现象，一般可采取以下几种措施。

①采用压料装置，使坯料在压紧状态下逐渐弯曲成形，从而防止坯料的滑动，得到平整的工件，如图3-15a、b所示。

②利用坯料上的孔或设计工艺孔，用定位销插入孔内再弯曲，使坯料无法移动，如图3-15c所示。

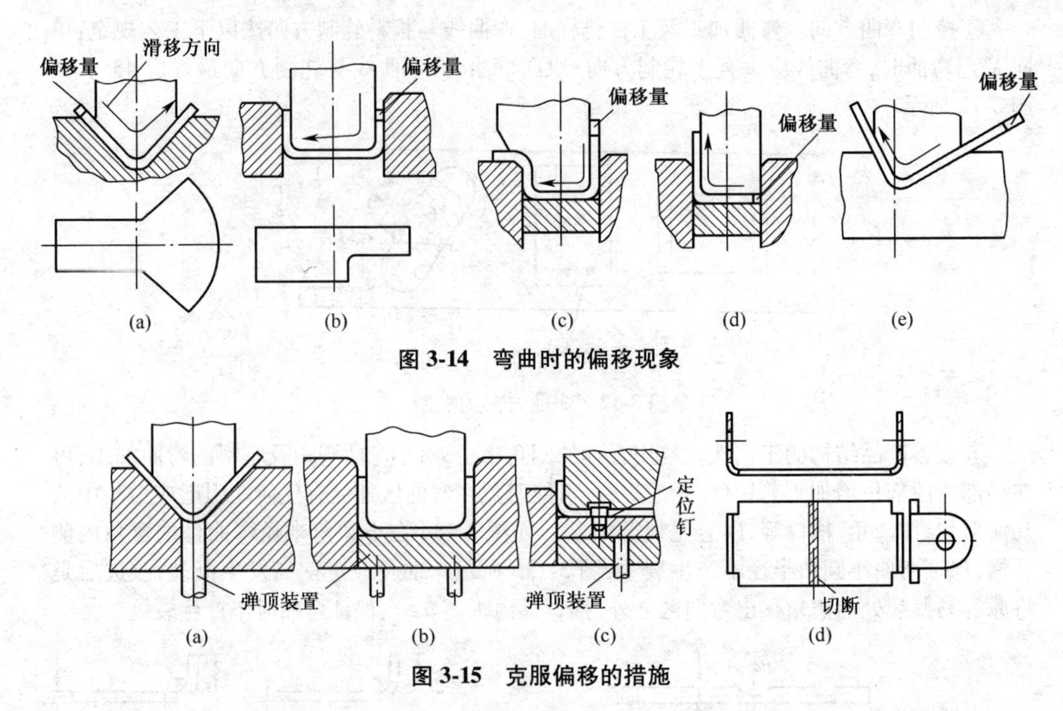

图 3-14　弯曲时的偏移现象

图 3-15　克服偏移的措施

③将形状不对称的弯曲件组合成对称弯曲件弯曲，然后再切开，板料弯曲时受力均匀，不容易产生偏移，如图 3-15d 所示。

④控制模具两端的凹模圆角均匀一致。弯曲模在长期使用过程中，常会使凹模圆角半径发生变化，且左右凹模圆角半径不对称，从而在弯曲过程中，使弯曲件发生移动造成弯曲尺寸发生变化。解决措施：修磨凹模圆角半径至合格，且使其左右对称、大小一致。

⑤检查并保证弯曲模的间隙均匀一致。

3.3　弯曲件的工艺性分析

弯曲件的结构应具有良好的工艺性，从而可简化工艺过程，并可提高弯曲件的公差等级，简化模具设计。弯曲件的工艺性主要考虑以下方面内容。

①弯曲件的最小弯曲半径。弯曲件的最小弯曲半径不得小于表 3-6 中所列的数据，否则，会造成变形区外层材料的破裂。

②弯曲件孔边距 s。带孔的板料在弯曲时，如果孔位于弯曲变形区内，则孔的形状会发生畸变。因此，孔边到弯曲半径 r 中心的距离 s（如图 3-16a 所示）一定要严格控制。当 $t<2$ mm时，$s \geqslant t$；当 $t \geqslant 2$ mm 时，$s \geqslant 2t$。

如不能满足上述条件，应弯曲后再冲孔。如结构允许，也可采取在弯曲线上冲工艺孔（如图 3-16b 所示）或冲凸缘形缺口、月牙槽的措施，以转移变形区（如图 3-16c、d 所示）。

③弯曲件的直边高度 h。当弯 90°角时，为使弯曲时有足够的弯曲力臂，必须使弯曲边高度 $h>2t$，最好大于 $3t$（如图 3-17a 所示）；当弯曲侧面带有斜角的弯曲件时，侧边的最小高度 $h_{\min}=(2\sim4)t$ 或 $h_{\min}=(1.5t+r)$，如图 3-17b 所示。若弯曲件的直边高度不满足上述要

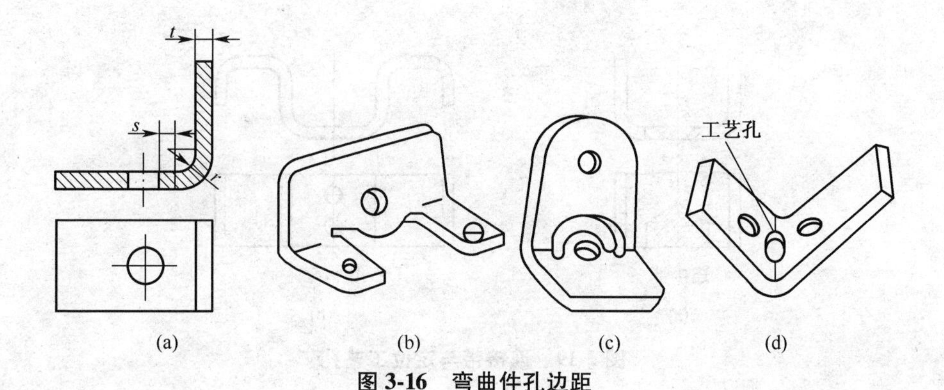

图 3-16 弯曲件孔边距

求时，可采用开槽后弯曲或增加直边高度，弯曲后再除去。

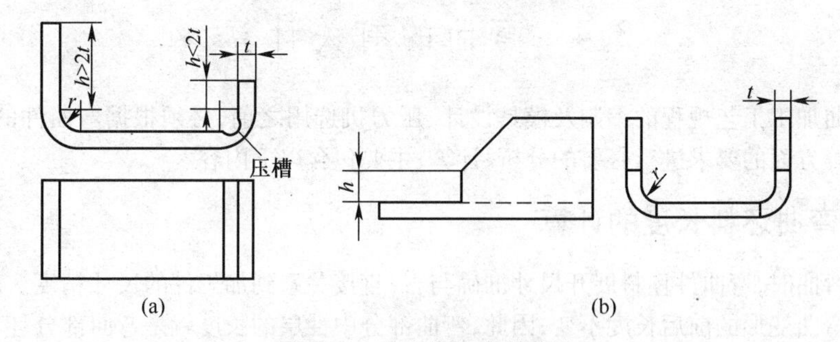

图 3-17 弯曲件的直边高度

④弯曲件的形状。弯曲件的形状应尽量对称，弯曲半径应左右一致，以保证板料不会因摩擦阻力不匀而产生滑动，造成工件偏移。

⑤其他工艺性要求。在局部弯曲某一段边缘时，为避免角部畸形或由于应力集中而产生撕裂，可预先冲工艺孔或切槽，或将弯曲线位移一段距离，如图 3-18 所示。

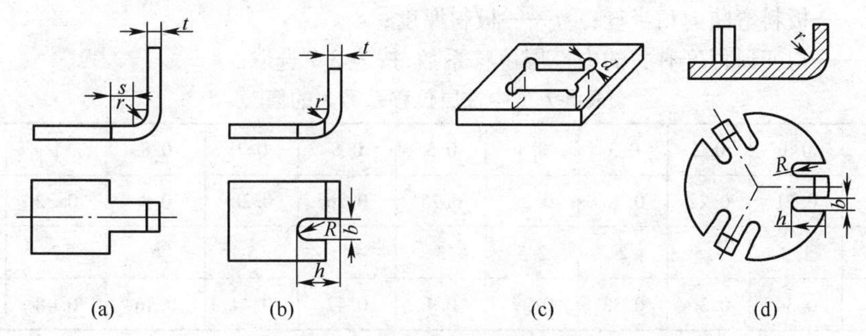

图 3-18 防止角部畸或撕裂的措施

弯曲区有缺口的冲压件，若弯曲前冲出缺口，则弯曲后底部将不平整，为此可在缺口处留连接带，弯曲后再冲出缺口，如图 3-19a 所示。为使坯料在弯曲时准确定位，在加工件允许的条件下可以添加定位工艺孔，如图 3-19b 所示。

⑥弯曲件的尺寸公差。一般弯曲件的尺寸公差等级在 IT13 级以下，角度公差大于 15′，

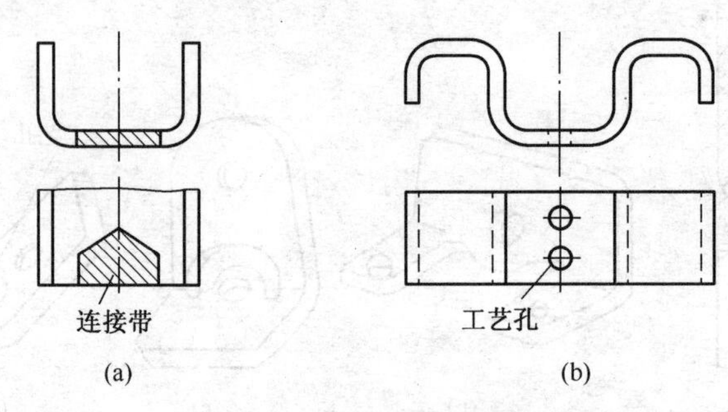

图 3-19 连接带与定位工艺孔

否则应增加整形工序。

3.4 弯曲的有关计算

在弯曲加工工艺规程的编制及模具设计、压力机选用之前,必须根据弯曲件的形状、尺寸和精度等方面的要求进行必要的分析、计算,主要包含以下内容。

3.4.1 弯曲坯料长度的计算

板料弯曲时,弯曲件坯料展开尺寸准确与否,直接关系到加工件的尺寸精度。由于弯曲中性层在弯曲变形的前后长度不变,因此,弯曲部分中性层的长度就是弯曲部分坯料的展开长度,这也是弯曲件坯料长度计算的原则。

1. 弯曲中性层位置的确定

由于弯曲中性层的长度就是弯曲件坯料的长度,因此,整个弯曲件坯料长度计算的关键就在于如何确定弯曲中性层曲率半径。生产中,一般用经验公式确定中性层的曲率半径 ρ:

$$\rho = r + x t$$

式中 r——板料弯曲内角半径; t——板料厚度;

x——与变形程度有关的中性层位移系数,按表 3-7 选取。

表 3-7 中性层位移系数 x 的值

r/t	0.1	0.2	0.3	0.4	0.5	0.6	0.7	0.8	1	1.2
x	0.21	0.22	0.23	0.24	0.25	0.26	0.28	0.3	0.32	0.33
r/t	1.3	1.5	2	2.5	3	4	5	6	7	≥8
x	0.34	0.36	0.38	0.39	0.4	0.42	0.44	0.46	0.48	0.5

对于 $r=(0.6\sim3.5)t$ 的铰链式弯曲件,可用卷圆方法获得,如图 3-20 所示。

铰链卷圆时,凸模对坯料一端施加压力,故产生不同于一般压弯的塑性变形,材料未变薄而是增厚,中性层由板料厚度中间向弯曲外层移动,因此,中性层位移系数大于或等于 0.5(见表 3-8)。

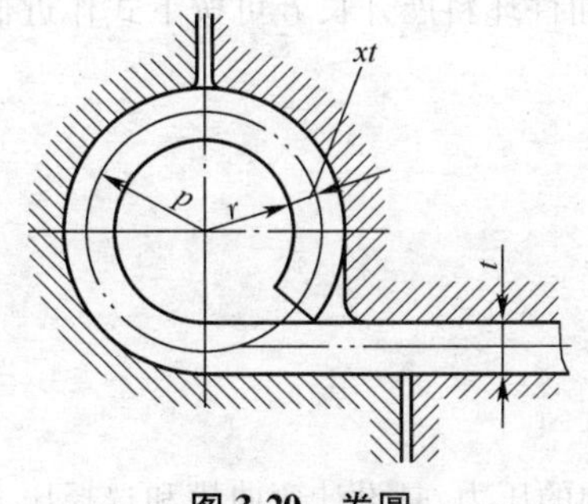

图 3-20　卷圆

表 3-8　卷圆时中性层位移系数

r/t	0.5	0.6	0.7	0.8	0.9	1.0	1.1	1.2
x	0.77	0.76	0.75	0.73	0.72	0.70	0.69	0.67
r/t	1.3	1.4	1.5	1.6	1.8	2.0	2.5	≥3
x	0.66	0.64	0.62	0.60	0.58	0.54	0.52	0.5

中性层位置确定后，可求出直线及圆弧部分长度之和，获得弯曲件展开料的长度。但由于弯曲变形受很多因素影响，如材料性能、模具结构、弯曲方式等，所以，形状复杂、弯角较多及尺寸公差较小的弯曲件，应先用上述公式进行初步计算，确定试弯坯料，待试弯合格后再确定准确的坯料长度。

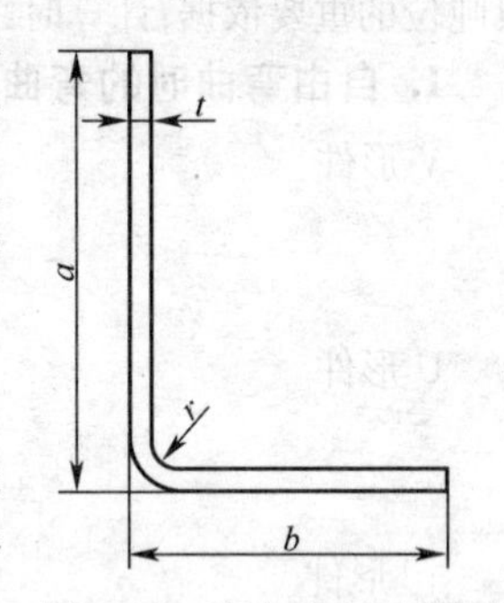

图 3-21　弯曲直角示意图

2. 弯曲坯料长度的计算公式

生产中，弯曲角度为 90°时，常用扣除法计算弯曲件展开长度，如图 3-21 所示，当板料厚度为 t，弯曲内角半径为 r，弯曲件坯料展开长 L 为 $L=a+b-u$

式中　a、b——折弯两直角边的长度；

u——两直角边之和与中性层长度之差，见表 3-9。

表 3-9　弯曲 90°时展开长度扣除值 u

料厚 t	弯曲半径 r											
	1	1.2	1.6	2	2.5	3	4	5	6	8	10	12
	平均值 u											
1	1.92	1.97	2.1	2.23	2.24	2.59	2.97	3.36	3.76	4.57	5.39	6.22
1.5	2.64		2.9	3.02	3.18	3.34	3.7	4.07	4.45	5.24	6.04	6.85
2	3.38			3.81	3.98	4.13	4.46	4.81	5.18	5.94	6.72	7.52
2.5	4.12			4.33	4.8	4.93	5.24	5.57	5.93	6.66	7.42	8.21
3	4.86			5.29	5.5	5.76	6.04	6.35	6.69	7.4	8.14	8.91
3.5	5.6			6.02	6.24	6.45	6.85	7.15	7.47	8.15	8.88	9.63
4	6.33			6.76	6.98	7.19	7.62	7.95	8.26	8.92	9.62	10.36
4.5	7.07			7.5	7.72	7.93	8.36	8.66	9.06	9.69	10.38	11.1
5	7.81			8.24	8.45	8.76	9.1	9.53	9.87	10.48	11.15	11.85
6	9.29				9.93	10.15						
7									11.46	12.08	12.71	13.38
8									12.91		14.29	14.93
9						13.1	13.53	13.96	14.39	15.24	15.58	16.51

生产中,若对弯曲件长度的尺寸要求不精确,则弯曲件坯料展开长 L 可按下式作近似计算:

当弯曲半径 $r \leqslant 1.5t$ 时, $L=a+b+0.5t$;

当弯曲半径 $1.5t<r \leqslant 5t$ 时, $L=a+b$;

当弯曲半径 $5t<r \leqslant 10t$ 时, $L=a+b-1.5t$;

当弯曲半径 $r>10t$ 时, $L=a+b-3.5t$;

3.4.2 弯曲力的计算

弯曲力是指工件完成预定弯曲时需要压力机所施加的压力,是设计弯曲模和选择压力机吨位的重要依据,计算时,先分清弯曲类型,分别运用经验公式。

1. 自由弯曲时的弯曲力 $F_{自}$

V 形件

$$F_{自} = \frac{0.6K\,b\,t^2\sigma_b}{r+t}$$

U 形件

$$F_{自} = \frac{0.7K\,b\,t^2\sigma_b}{r+t}$$

⊔⊓形件

$$F_{自} = 2.4b\,t\,\sigma_b\alpha\,\beta$$

式中 $F_{自}$——冲压行程结束时的自由弯曲力,N;

K——安全系数,一般取 $K=1.3$;

b——弯曲件的宽度,mm;

t——弯曲材料的厚度,mm;

r——弯曲件的内弯曲半径,mm;

σ_b——材料的强度极限, MPa;

α——系数,其值见表 3-10、3-11;

β——系数,其值见表 3-12。

表 3-10 系数 α 之值

r/t	伸长率/%						
	20	25	30	35	40	45	50
10	0.416	0.379	0.337	0.302	0.265	0.233	0.204
8	0.434	0.398	0.361	0.326	0.288	0.257	0.227
6	0.459	0.426	0.392	0.358	0.321	0.290	0.259
4	0.502	0.467	0.437	0.407	0.371	0.341	0.312
2	0.555	0.552	0.520	0.507	0.470	0.445	0.417
1	0.619	0.615	0.607	0.680	0.576	0.560	0.540
0.5	0.690	0.688	0.684	0.680	0.678	0.673	0.662
0.25	0.704	0.732	0.746	0.760	0.769	0.764	0.764

表 3-11 各种金属板料的伸长率

材料	伸长率	材料	伸长率
Q195(A_1)	0.20~0.30	Q295(A_6)	0.10~0.15
Q215(A_2)	0.20~0.28	Q315(A_7)	0.08~0.15
Q235(A_3)	0.18~0.25	紫铜板	0.30~0.40
Q255(A_4)	0.15~0.20	黄铜	0.35~0.40
Q275(A_5)	0.13~0.18	锌	0.05~0.08

表 3-12 系数β之值

Z/t	r/t						
	10	8	6	4	2	1	0.5
1.20	0.130	0.151	0.181	0.245	0.388	0.570	0.765
1.15	0.145	0.161	0.185	0.262	0.420	0.605	0.822
1.10	0.162	0.184	0.214	0.290	0.460	0.675	0.830
1.08	0.170	0.200	0.230	0.300	0.490	0.710	0.960
1.06	0.180	0.207	0.250	0.322	0.520	0.755	1.120
1.04	0.190	0.222	0.277	0.360	0.560	0.835	1.130
1.02	0.208	0.250	0.353	0.410	0.760	0.990	1.380

注:Z/t 称为间隙系数(Z 为凸凹模间隙),一般有色金属的间隙系数为 1.0~1.1,黑色金属的间隙系数为 1.05~1.15。

2. 校正弯曲时的弯曲力 $F_{校}$

由于校正弯曲时的校正弯曲力比压弯力大得多,而且两个力先后作用,因此,只需计算校正力。V 形件和 U 形件的校正力均按下式计算:

$$F_{校} = A P$$

式中 $F_{校}$——校正弯曲时的弯曲力,N; A——校正部分的垂直投影面积, mm^2;

P——单位面积上的校正力, MPa;按表 3-13 选取。

表 3-13 单位面积上的校正力 P (MPa)

材料	料厚 t/ mm		材料	料厚 t/ mm	
	≤3	3~10		≤3	3~10
铝	30~40	50~60	25~35 钢	100~120	120~150
黄铜	60~80	80~100	钛合金 TA2	160~180	180~210
10~20 钢	80~100	100~120	钛合金 TA3	160~200	200~260

3. 顶件力和卸料力 F_Q

不论采用何种形式的弯曲,在压弯时均需顶件力和卸料力。顶件力和卸料力 F_Q可近似

取自由弯曲力的30%~80%,即:$F_Q=(0.3\sim0.8)\ F_{自}$

4. 压力机吨位 $F_{压}$

自由弯曲时,考虑到压弯过程中的顶件力和卸料力的影响,压力机吨位为:

$$F_{压}\geqslant F_{自}+F_Q=(1.3\sim1.8)\ F_{自}$$

校正弯曲时,校正力比顶件力和卸料力大许多,F_Q的分量已无足轻重,因此,压力机吨位为:

$$F_{压}\geqslant F_{校}$$

3.4.3　弯曲回弹的确定

压弯过程并不完全是材料的塑性变形过程,其弯曲部位还存在着弹性变形,所以,工件在材料弯曲变形结束后,由于弹性恢复,将使弯曲件的角度、弯曲半径与模具的形状尺寸不一致,即出现回弹。材料的回弹数值受材料的力学性能、模具间隙、相对弯曲半径等因素的影响,而且各因素又相互影响,因此,计算回弹值比较复杂,也不准确,生产中一般按经验数值作为参考。

1. 弯曲回弹值的确定

(1)弯曲半径的回弹值不大　当$r/t<5$时,弯曲半径的回弹值不大,因此,只考虑角度的回弹。角度回弹的经验数值可根据加工件的结构及使用模具的结构,按表3-14~表3-17查取。

表3-14　90°单角自由弯曲的角度回弹值$\Delta\alpha$

材　料	r/t	材料厚度t/ mm		
		<0.8	0.8~2	>2
软钢$\sigma_b=350$ MPa 软黄铜$\sigma_b\leqslant350$ MPa 铝、锌	<1	4°	2°	0°
	1~5	5°	3°	1°
	>5	6°	4°	2°
中硬钢$\sigma_b=(400\sim500)$ MPa 硬黄铜$\sigma_b=(350\sim400)$ MPa 硬青铜	<1	5°	2°	0°
	1~5	6°	3°	1°
	>5	8°	5°	3°
硬钢$\sigma_b>550$ MPa	<1	7°	4°	2°
	1~5	9°	5°	3°
	>5	12°	7°	6°
硬铝2A12(LY12)	<2	2°	3°	4°30′
	2~5	4°	6°	8°30′
	>5	6°30′	10°	14°
超硬铝7A04(LC4)	<2	2°30′	5°	8°
	3~5	4°	8°	11°30′
	>5	7°	12°	19°

表 3-15 90°单角校正弯曲时的角度回弹值 Δα

材 料	r/t		
	≤1	1~2	2~3
Q235	−1°~1°30′	0°~2°	1°30′~2°30′
纯铜、铝、黄铜	0°~1°30′	0°~3°	2°~4°

表 3-16 V 形校正弯曲时的回弹角

材 料	r/t	弯曲角度 α						
		150°	135°	120°	105°	90°	60°	30°
		回弹角 Δα						
2A12(硬) LY12Y	2	2°	2°30′	3°30′	4°	4°30	6°	7°30′
	3	3°	3°30′	4°	5°	6°	7°30′	9°
	4	3°30′	4°30′	5°	6°	7°30′	9°	10°30′
	5	4°30′	5°30′	6°30′	7°30′	8°30′	10°	11°30′
	6	5°30′	6°30′	7°30′	8°30′	9°30′	11°30′	13°30′
2A12(软) LY12M	2	0°30′	1°	1°30′	2°	2°	2°30′	3°
	3	1°	1°30′	2°	2°30′	2°30′	3°	4°30′
	4	1°30′	1°30′	2°	2°30′	3°	4°30′	5°
	5	1°30′	2°	2°30′	3°	4°	5°	6°
	6	2°30′	3°	3°30′	4°	4°30′	5°30′	6°30′
7A04(硬) LC4Y	3	5°	6°	7°	8°	8°30′	9°	11°30′
	4	6°	7°30′	8°	8°30′	9°	12°	14°
	5	7°	8°	8°30′	10°	11°30′	13°30′	16°
	6	7°30′	8°30′	10°	12°	13°30′	15°30′	18°
7A04(软) LC4M	2	1°	1°30′	1°30′	2°	2°30′	3°	3°30′
	3	1°30′	2°	2°30′	2°	3°	3°30′	4°
	4	2°	2°30′	3°	3°	3°30′	4°	4°30′
	5	2°30′	3°	3°30′	3°30′	4°	5°	6°
	6	3°	3°30′	4°	4°	5°	6°	7°
20 (已退火)	1	0°30′	1°	1°	1°30′	1°30′	2°	2°30′
	2	0°30′	1°	1°30′	2°	2°	3°	3°30′
	3	1°	1°30′	2°	2°	2°30′	3°30′	4°
	4	1°	1°30′	2°	2°30′	3°	4°	5°
	5	1°30′	2°	2°30′	3°	3°30′	4°30′	5°30′
	6	1°30′	2°	2°30′	3°	4°	5°	6°

续表 3-16

材料	r/t	弯曲角度 α						
		150°	135°	120°	105°	90°	60°	30°
		回弹角 $\Delta\alpha$						
30CrSiA（已退火）	1	0°30′	1°	1°	1°30′	2°	2°30′	3°
	2	0°30′	1°30′	1°30′	2°	2°30′	3°30′	4°30′
	3	1°	1°30′	2°	2°30′	3°	4°	5°30′
	4	1°30′	2°	3°	3°30′	4°	5°	6°30′
	5	2°	2°30′	3°	4°	4°30′	5°30′	7°
	6	2°30′	3°	4°	4°30′	5°30′	6°30′	8°
1Cr17Ni8（1Cr18Ni9Ti）	0.5	0°	0°	0°30′	0°30′	1°	1°30′	2°
	1	0°30′	0°30′	1°	1°	1°30′	2°	2°30′
	2	0°30′	1°	1°30′	1°30′	2°	2°30′	3°
	3	1°	1°	2°	2°	2°30′	2°30′	4°
	4	1°	1°30′	2°30′	3°	3°30′	4°	4°30′
	5	1°30′	2°	3°	3°30′	4°	4°30′	5°30′
	6	2°	3°	3°30′	4°	4°30′	5°30′	6°30′

表 3-17　U 形件弯曲时的角度回弹角值 $\Delta\alpha$

材料的牌号和状态	r/t	凸模和凹模的单边间隙						
		0.8t	0.9t	t	1.1t	1.2t	1.3t	1.4t
		回弹角 $\Delta\alpha$						
2A12(硬)(LY21Y)	2	−2°	0°	2°30′	5°	7°30′	10°	12°
	3	−1°	1°30′	4°	6°30′	9°30′	12°	14°
	4	0°	3°	5°30′	8°30′	11°30′	14°	16°30′
	5	1°	4°	7°	10°	12°30′	15°	18°
	6	2°	5°	8°	11°	13°30′	16°30′	19°30′
2A12(软)(LY21M)	2	−1°30′	0°	1°30′	3°	5°	7°	8.5°
	3	−1°30′	0°30′	2°30′	4°	6°	8°	9°30′
	4	−1°	1°	3°	4°30′	6°30′	9°	10°30′
	5	−1°	1°	3°	5°	7°	9°30′	11°
	6	−0°30′	1°30′	3°30′	6°	8°	10°	12°
7A04(硬)(LC4Y)	3	3°	7°	10°	12°30′	14°	16°	17°
	4	4°	8°	11°	13°30′	15°	17°	18°
	5	5°	9°	12°	14°	16°	18°	20°
	6	6°	10°	13°	15°	17°	20°	23°
	8	8°	13°30′	16°	19°	21°	23°	26°

续表 3-17

材料的牌号和状态	r/t	凸模和凹模的单边间隙						
		0.8t	0.9t	t	1.1t	1.2t	1.3t	1.4t
		回弹角△α						
7A04(软)(LC4M)	2	-3°	-2°	0°	3°	5°	6°30′	8°
	3	-2°	-1°30′	2°	3°30′	6°30′	8°	9°
	4	-1°30′	-1°	2°30′	4°30′	7°	8°30′	10°
	5	-1°	-1°	3°	5°30′	8°	9°	11°
	6	0°	-0°30′	3°30′	6°30′	8°30′	10°	12°
20(已退火)	1	-2°30′	-1°	0°30′	1°30′	3°	4°	5°
	2	-2°	-0°30′	1°	2°	3°30′	5°	6°
	3	-1°30′	0°	1°30′	3°	4°30′	6°	7°30′
	4	-1°	-0°30′	2°30′	4°	5°30′	7°	9°
	5	-0°30′	1°30′	3°	5°	6°30′	8°	10°
	6	-0°30′	2°	4°	6°	7°30′	9°	11°

(2) 弯曲半径的回弹值较大　当 $r/t \geqslant 10$ 时,因相对弯曲半径较大,此时,工件不仅角度有回弹,弯曲半径也有较大的回弹,一般先近似计算凸模的弯曲角度及弯曲圆角半径,然后试验验证修正。角度及弯曲半径可利用下式进行近似计算,图 3-22 为弯曲凸模计算简图。

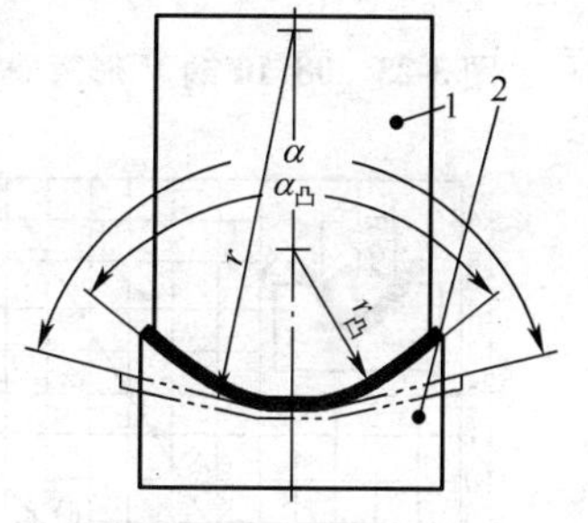

图 3-22　弯曲凸模计算图

①板料弯曲

$$r_{凸}=\frac{r}{1+3\frac{\sigma_s r}{E\,t}}=\frac{1}{\frac{1}{r}+3\frac{\sigma_s}{E\,t}}$$

$$\alpha_{凸}=\alpha-(180°-\alpha)\left(\frac{r}{r_{凸}}-1\right)=180°-\frac{r}{r_{凸}}(180°-\alpha)$$

式中　r——工件的圆角半径,mm;　$r_{凸}$——凸模的圆角半径,mm;

α——弯曲件的角度,(°);　$\alpha_{凸}$——弯曲凸模角度,(°);

t——坯料的厚度,mm;　E——弯曲材料的弹性模量,MPa;

σ_s——弯曲材料的屈服点,MPa。

②棒料弯曲

$$r_{凸}=\frac{r}{1+3.4\frac{\sigma_s r}{E\,d}}$$

$$\alpha_{凸}=\alpha-(180°-\alpha)\left(\frac{r}{r_{凸}}-1\right)=180°-\frac{r}{r_{凸}}(180°-\alpha)$$

式中　d——棒料直径,mm。

角度及曲率回弹值除可按上述进行计算外，还可查阅图 3-23 ~ 图 3-27 所示的相关图表确定。其中，图 3-23 ~ 图 3-26 为碳素钢 V 形弯曲回弹值，U 形弯曲的回弹还与凹模和凸模的间隙 c 成正比，20 钢 U 形弯曲时的回弹角数值见图 3-27。

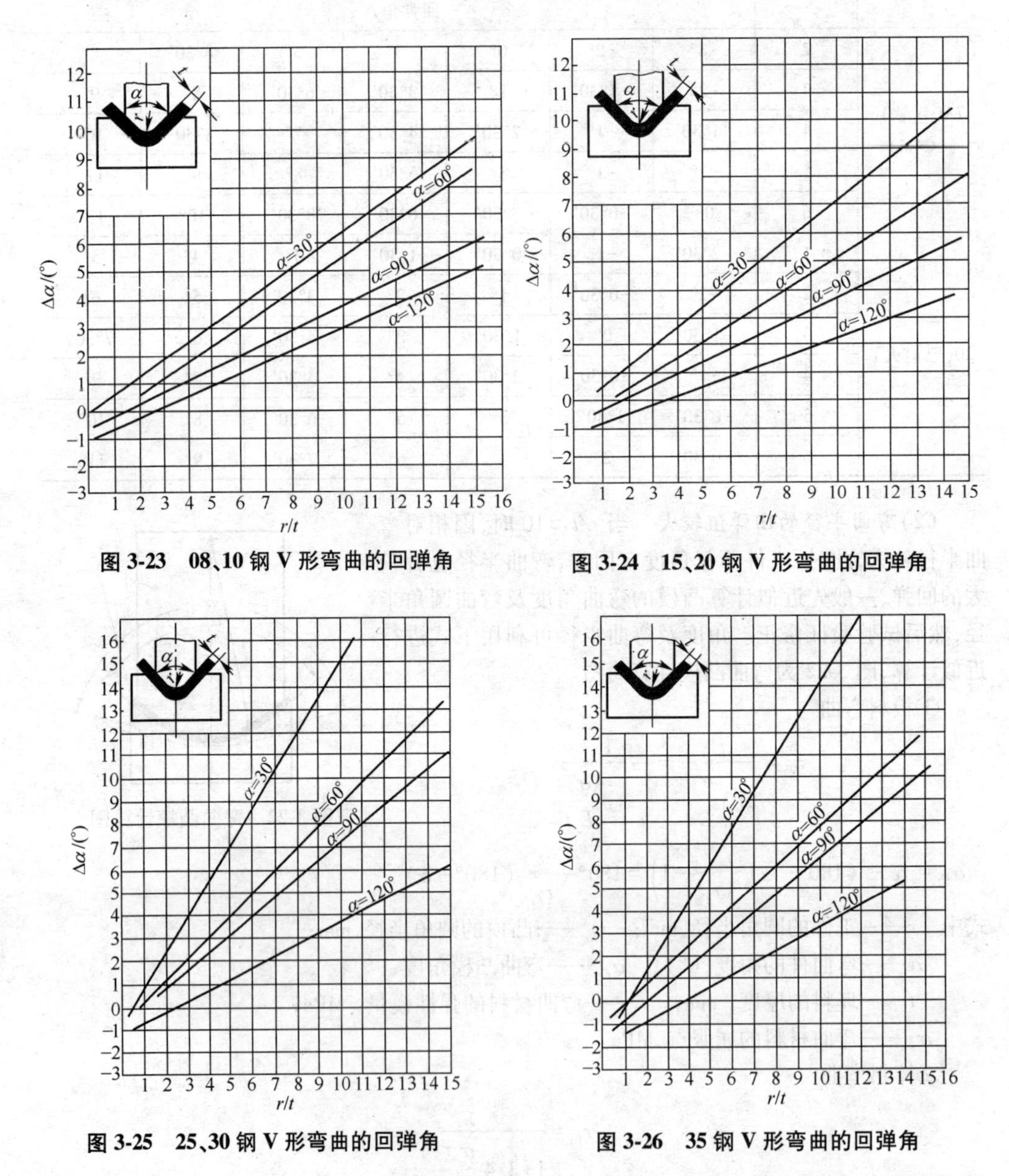

图 3-23　08、10 钢 V 形弯曲的回弹角

图 3-24　15、20 钢 V 形弯曲的回弹角

图 3-25　25、30 钢 V 形弯曲的回弹角

图 3-26　35 钢 V 形弯曲的回弹角

此外，当 $r/t \geqslant 10$ 时，此时角度及弯曲半径均有较大回弹，在设计弯曲凸模时，弯曲凸模圆角半径也可近似取 $r' = r/H$，凸模中心角 $\alpha' = \alpha/H$。式中，r，α 为弯曲件图样上的半径及弯曲角，H 为回弹系数，取决于材料性质和相对弯曲半径，常用材料的 H 值可由图 3-28 查得。

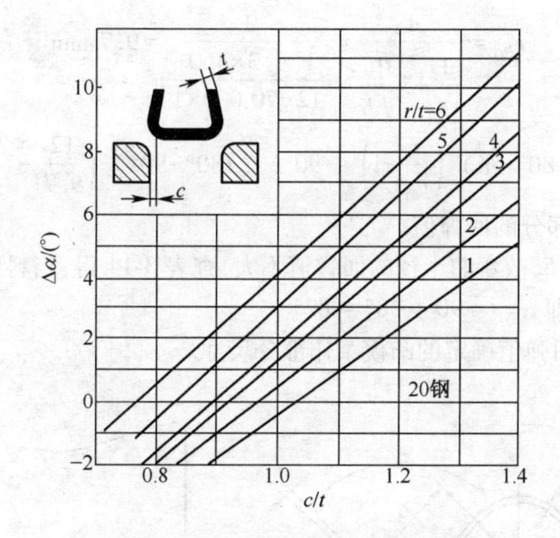

图 3-27 20 钢 U 形弯曲的回弹角

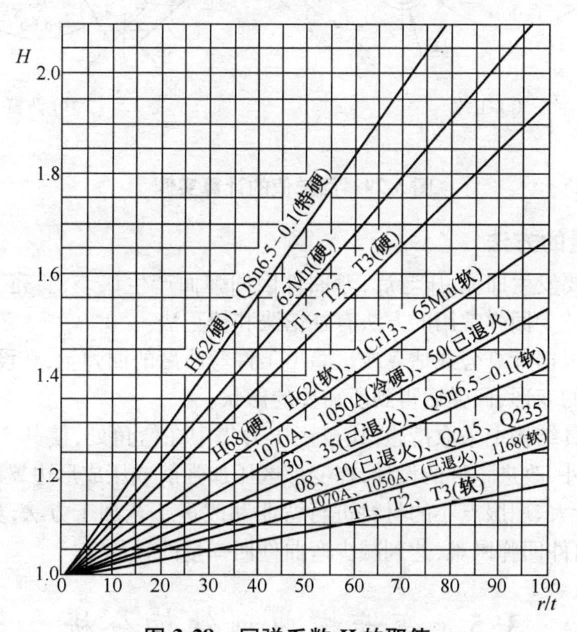

图 3-28 回弹系数 *H* 的取值

2. 实例应用

如图 3-29a 所示工件，材料为 7A04，$\sigma_S = 460\text{MPa}$，$E = 70\ 000\text{MPa}$，求凸模的工作部分尺寸。

解：先求工件中间弯曲部分的回弹值。由图知：$r_1 = 12$，$\alpha_1 = 90°$，$t = 1$

因 $r_1/t = 12 > 10$，因此，工件不仅角度有回弹，弯曲半径也有回弹。

由计算公式可知：

$$r_{凸1}=\frac{1}{\frac{1}{r}+3\frac{\sigma_s}{Et}}=\frac{1}{\frac{1}{12}+\frac{3\times460}{70\ 000\times1}}=9.7\ \text{mm}$$

$$\alpha_{凸1}=\alpha-(180°-\alpha)\left(\frac{r}{r_凸}-1\right)=90°-(180°-90°)\left(\frac{12}{9.7}-1\right)=68.66°$$

然后求两侧弯曲部分的回弹值。

因 $r_2/t=4/1=4<5$，故弯曲半径的回弹值不大，查表3-14得，当料厚为1mm时，超硬铝7A04的回弹角为8°，即 $\alpha_{凸2}=90°-8°=82°$

图3-29b为根据回弹值确定的凸模工作部分尺寸。

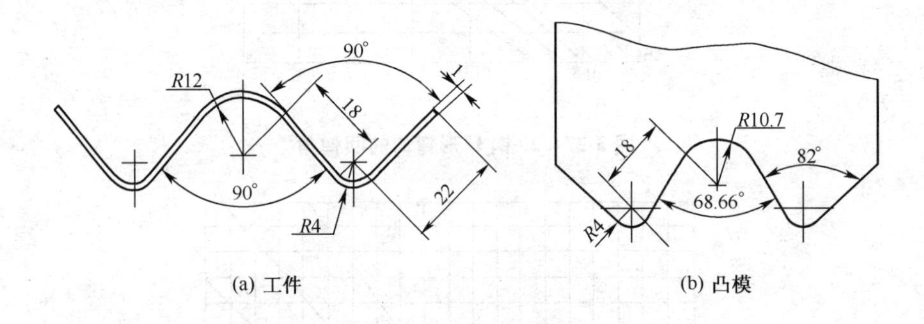

(a) 工件　　(b) 凸模

图3-29　回弹值的计算实例

3. 减少回弹量的方法

弯曲加工必然要发生回弹，压弯后，弯曲件因回弹而产生误差，要完全消除回弹极其困难。生产中控制或减少回弹常用的方法有补偿法和校正法。

补偿法要预先根据计算公式估算或试验出工件弯曲后的回弹量，在设计模具时，使工件的变形超出原设计的变形，回弹后得到所需要的形状。

校正法是在模具结构上采取措施，让校正压力集中在弯角处，使其产生一定塑性变形，克服回弹。除此之外，改进零件的设计，在变形区压加强筋或压成形边翼以增加弯曲件的刚性，及选用弹性模量大、屈服点小的材料进行弯曲和改进工艺加工方法，如用拉弯代替一般的弯曲，均可使弯曲件回弹困难，达到减少弯曲件回弹量的目的。

3.5　弯曲模典型结构分析

弯曲件的形状千变万化，按外形结构划分主要有V、U、Z、⊔⊓形件及夹箍形圆筒件以及由上述单一结构要素组成的具有不同形状弯角、圆弧等构成的多向弯曲的半封闭或封闭件。不同形状的零件一般需制定不同的加工工艺方案，且要用不同的弯曲模来满足其加工要求。根据弯曲加工工序组合方式不同，弯曲模可分为单工序弯曲模、复合弯曲模和级进弯曲模三种。

1. 单工序弯曲模

（1）V、U形件弯曲模结构　V、U形件形状简单，最简单的模具结构为敞开式，如图3-30

所示。

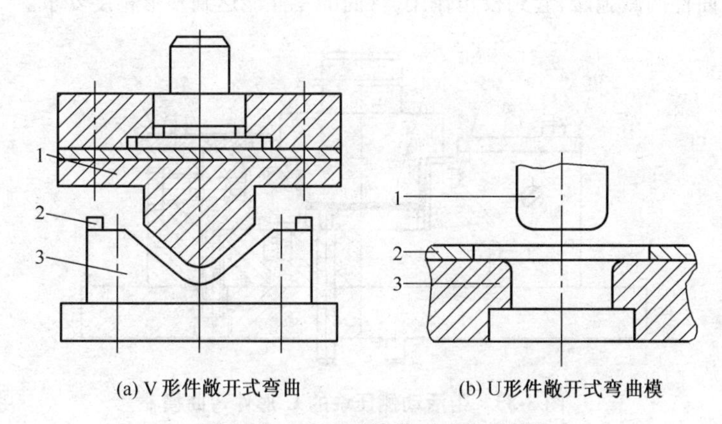

(a) V形件敞开式弯曲　　(b) U形件敞开式弯曲模

图 3-30　V、U 形件敞开式弯曲模

1. 凸模　2. 定位板　3. 凹模

这种模具制造方便，通用性强，但采用这种模具弯曲时，板料容易滑动，弯曲件的边长不易控制，工件弯曲精度不高，且 U 形件的底部不平整。

为提高 V 形件的弯曲精度，防止板料滑动，可采用图 3-31 结构。其中，图 3-31a 弹簧顶杆 3 是为防止压弯时坯料偏移而采用的压料装置。3-31b、c 均设置了压料装置，并以定位销定位，为克服弯曲的侧向力作用，分别设置了止推块 6，使凸模接触坯料前先行与止推块 6 紧贴，能防止坯料及凸模的偏移，从而保证弯曲件的质量。

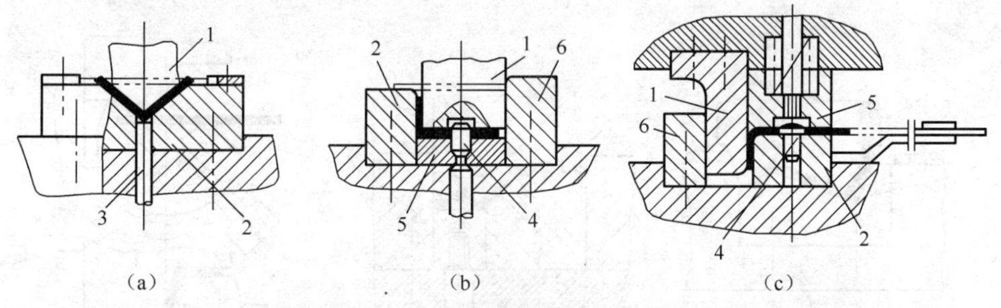

图 3-31　带有压料装置及定位销的弯曲模

1. 凸模　2. 凹模　3. 顶杆　4. 定位销　5. 压料板　6. 止推块

图 3-32 为带压料的 U 形件弯曲模。弯曲时，坯料被压在凸模 1 和压料板 3 之间逐渐下降，两端未被压住的材料沿凹模圆角滑动并弯曲，进入凸模和凹模间的间隙，将零件弯成 U 形。由于弯曲过程中，板料始终处于凸模 1 和压料板 3 间的压力作用下，因此，能保证 U 形件底部的平整及弯曲件的精度。

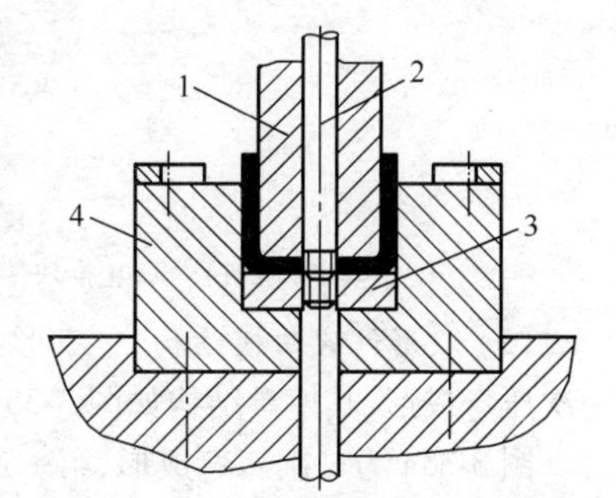

图 3-32　带压料装置的 U 形件弯曲模

1. 凸模　2. 推杆　3. 压料板　4. 凹模

图 3-33 为带活动侧压块的 U 形件弯曲模，活动侧压块对弯曲件有校正作用，回弹小。工作时凸模下行，首先与坯料接触弯成 U 形，随之凸模肩部压住活动凹模侧压块向下，由于斜面作用使活动凹模侧压块向中

心滑动，对弯曲件两侧施压，起到校正作用，弯曲的零件能达到整形精度要求。

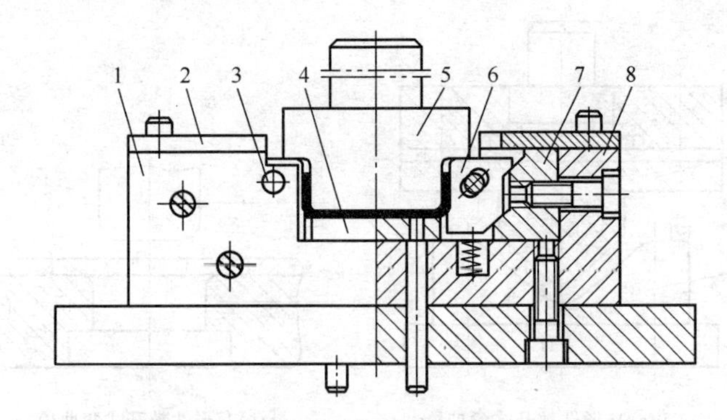

图3-33　带活动侧压块的U形件弯曲模

1. 挡板　2. 定位板　3. 轴销　4. 顶件器　5. 凸模
6. 活动凹模侧压块　7. 凹模斜面垫块　8. 凹模框

（2）Z形件弯曲模结构　Z形件的弯曲加工及模具结构一般有三种形式。图3-34a所示弯曲模结构简单，但压弯时坯料容易走动，主要用于精度要求不高的工件弯曲。图3-34b所示带压料装置，坯料由定位板和定位销定位，能防止坯料的偏移。图3-34c为转动凹模结构，坯料由一边定位，凸模下压时，凹模转动，逐渐将坯料弯曲成形。这种结构有利于坯料的偏移。转动凹模靠一重锤反转复位，凹模下有一导销7插入底座的槽中，在凹模转动中起导向作用。

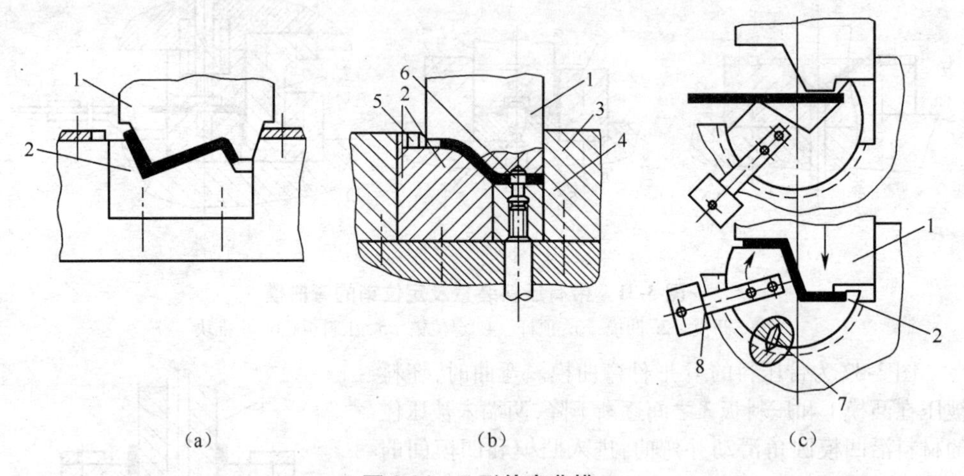

图3-34　Z形件弯曲模

1. 凸模　2. 凹模　3. 止推块　4. 压料板　5. 定位板　6. 定位销　7. 导销　8. 重锤

（3）⺇形件弯曲模结构　⺇形弯曲件可以根据加工件的生产批量二次压弯成形，也可一次压弯成形，其模具结构如图3-35所示。

图3-35a为二次压弯成形，第一道先压成U形，第二道工序压成图样形状件。这种加工主要用于弯边较高，外侧弯曲圆角半径很小，角度公差要求很严的⺇形件。采用这种方法时，工件高度最好为料厚的12～15倍，避免模具壁部太薄，强度不够。此外，还需考虑工件

定位，最好工件有定位孔，防止两道工序弯曲后，弯边高度不一致。

图 3-35b 为一次压弯成形模，压弯时先压成 U 形，然后凸凹模继续下压与活动凸模作用，最后将坯料弯成图样形状。这种结构需要凹模下腔空间较大，以方便工件侧边的摆动。此类模具结构简单，应用普遍，一般工件不应大于材料厚度的 8~10 倍，弯曲部分圆角 R 尽可能大，料厚小于 1 mm。图 3-35c 为一次压弯成形的另一种形式，其特点是采用了摆动式凹模结构，两凹模能绕销轴转动，工作前由缓冲器通过顶杆将它顶起。这种结构，要求弯曲圆角半径很小，料厚小于 1 mm，工件高度也不应大于材料厚度的 8~10 倍。图 3-35d 为一次压弯成形最简单的弯曲模，随着凸模的下降，材料被压在凸模与压料板之间，板料先向上弯曲，后与凸模圆角接触，由于凸模肩部妨碍了坯料的滑动，增加了坯料通过凹模圆角的摩擦力，因此，材料在弯曲时有拉长现象，工件脱模后，工件两肩部与底面不易平齐，并有竖直边变薄现象，不易得到精度较高的工件。特别是当材料厚、弯曲件直壁高、圆角半径小时，这一现象更为严重。

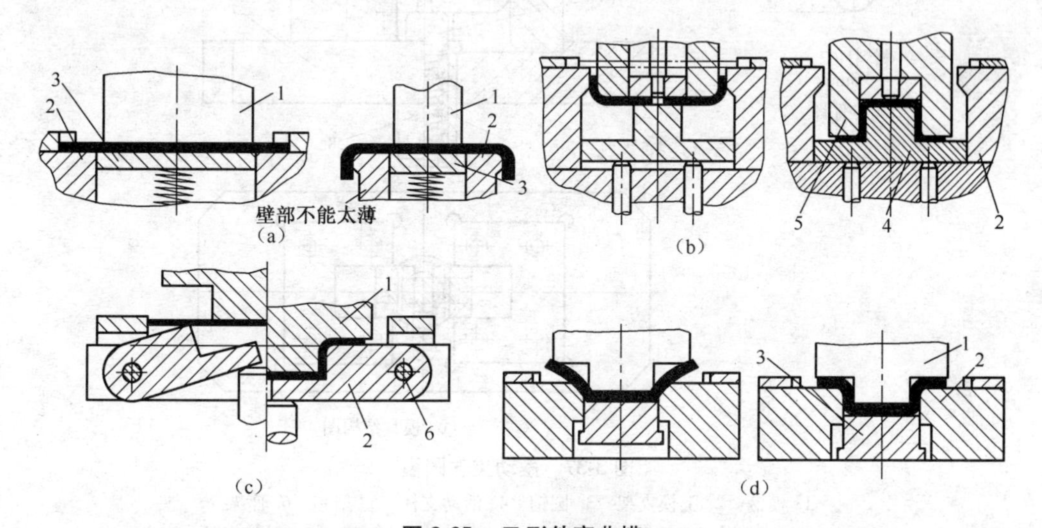

图 3-35　⺆形件弯曲模

1. 凸模　2. 凹模　3. 压料板　4. 活动凸模　5. 凸凹模　6. 销轴

(4) 夹箍类圆筒件弯曲模结构　夹箍类圆筒件的加工，按其尺寸大小可分别采用以下两种模具加工。

①直径小于 ϕ10 mm 的加工件，根据生产批量的不同，采取不同的加工方案和模具。小批量生产时，采取先弯成 U 形，再由 U 形弯成圆形的二次成形，模具结构如图 3-36 所示。大批量生产时，采取一次直接成形法，图 3-37 为一次成形卷圆模。

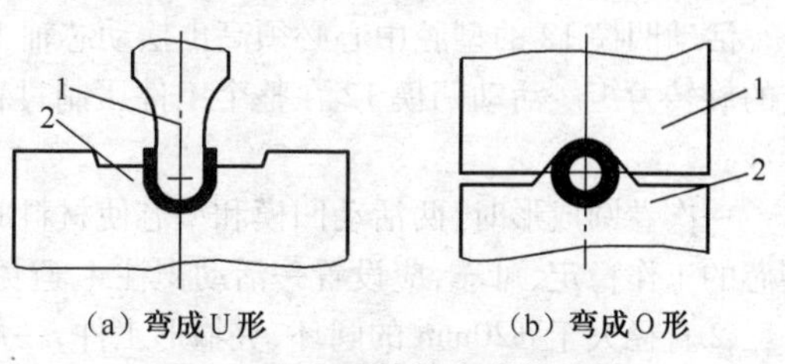

图 3-36　小圆筒的弯曲模结构

1. 凸模　2. 凹模

坯料件用活动凹模 12 上的定位槽定位，上模下行时，型芯 5 先将坯料弯成 U 形，然后型芯 5 压活动凹模 12，使其向中心摆动，将工件弯曲成形。上模回升后，活动凹模 12 在弹簧 9

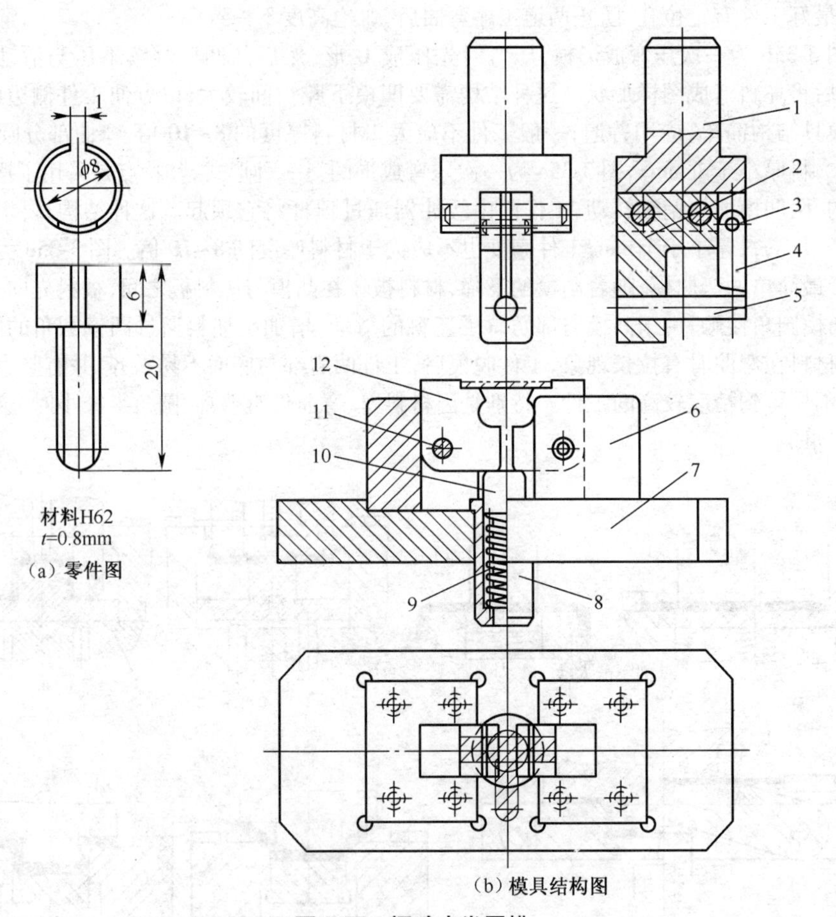

（b）模具结构图

图3-37　摆动夹卷圆模

1. 模柄　2. 上模支架　3. 圆销　4. 活动支柱　5. 型芯　6. 座架
7. 底座　8. 弹簧套筒　9. 弹簧　10. 顶柱　11. 芯轴　12. 活动凹模

的作用下，被顶柱10顶起分开，工件留在型芯5上，由纵向取出。

活动凹模12的型腔中心必须高出摆动芯轴11一定距离，使型芯5上下运动时，能有一定的旋转力矩。活动凹模12在整个工件压制过程中，能灵活地摆动，且不与其他工件发生干涉。

一次卷圆成形时，两活动凹模和型芯使材料成形，工件成形质量比二次成形好。为保证型芯的工作稳定、可靠，应设置一活动支柱4，避免型芯在悬臂状态下工作。

②直径大于ϕ20mm的圆环、夹箍形工件，一般采用二道工序成形，即先预弯，再弯曲成形。其弯曲模的结构如图3-38所示。

(5)铰链件弯曲模结构　铰链件广泛用于产品零件间的连接，主要有两种形式，即偏圆、正圆，如图3-39所示。

铰链形工件弯曲成形时，材料受到挤压和弯曲作用，中性层位置会由材料厚度的中间向外层方向移动，其中性层位移系数x值见表3-8。

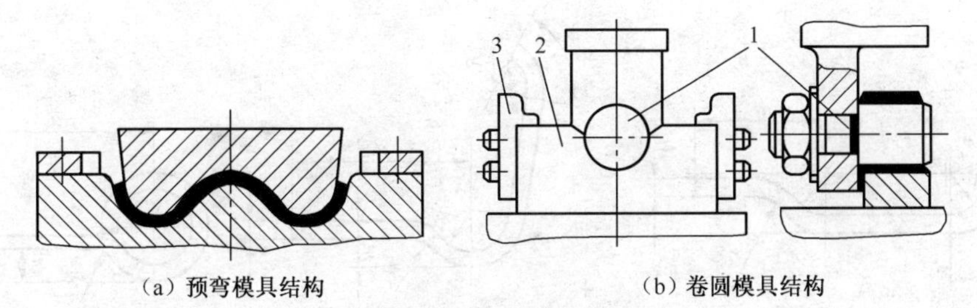

（a）预弯模具结构　　（b）卷圆模具结构

图 3-38　夹箍卷圆模具结构简图

1. 凸模　2. 凹模　3. 定位板

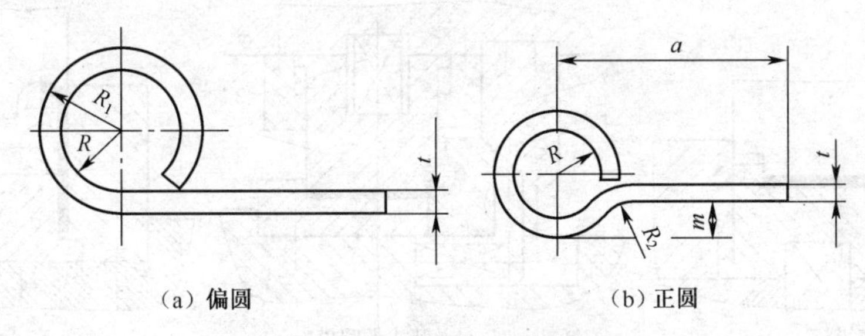

（a）偏圆　　（b）正圆

图 3-39　铰链的主要形式

因铰链头部卷圆要求较高，给成形带来一定的困难，一般均需安排预弯工序。图 3-39a 所示铰链由预弯、卷圆两道工序完成；图 3-39b 所示铰链，当 $r/t>0.5$ 并对卷圆质量要求较高时，采用两道预弯工序，然后卷圆；当 $r/t=0.5\sim2.2$，但卷圆质量要求一般时，采用一次预弯即可卷圆。

卷圆时，可采用有芯棒和无芯棒两种形式。不论是偏圆形还是正圆形铰链，当 $r/t\geqslant4$ 或对卷圆有较严格要求的场合，都应采用有芯棒卷圆。

一次预弯成形的成形方法见图 3-40。

预弯端部圆弧 α 为 75°~80°，并将凹模的圆弧中心向内侧偏移 Δ 值，使其局部变薄成形，R_1 的偏移量 Δ 值见表 3-18。

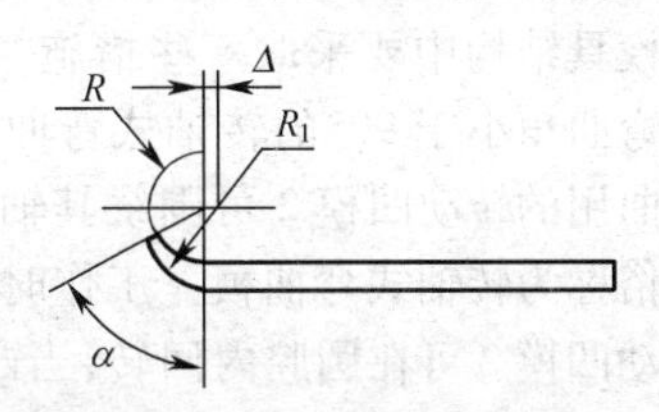

图 3-40　一次预弯成形方法

表 3-18　R_1 的偏移量 Δ 值　　(mm)

材料厚度 t	1	1.5	2	2.5	3	3.5	4	4.5	5	5.5	6
偏移量 Δ	0.3	0.35	0.4	0.45	0.48	0.50	0.55	0.60	0.60	0.65	0.65

图 3-41 为卷圆质量要求较高时，采用两道预弯工序弯制正圆形铰链的成形方法。

图 3-42a 所示模具结构为预弯模，图 3-42b 所示卷圆模，由于卷圆凹模从水平方向卷圆成形，称为卧式卷圆模，因坯料定位稳定可靠，压料方便，工件成形质量较好，在生产中应用广泛；图 3-42c 因卷圆凹模从垂直方向卷圆成形，称为立式卷圆模。尽管立式卷圆易使立面材料发生失稳变形，工件成形质量不高，但模具结构简单，制造成本低，因此，在生产中仍有应用，常用于料较厚且直边长度较小，成形质量要求不高工件的卷圆。

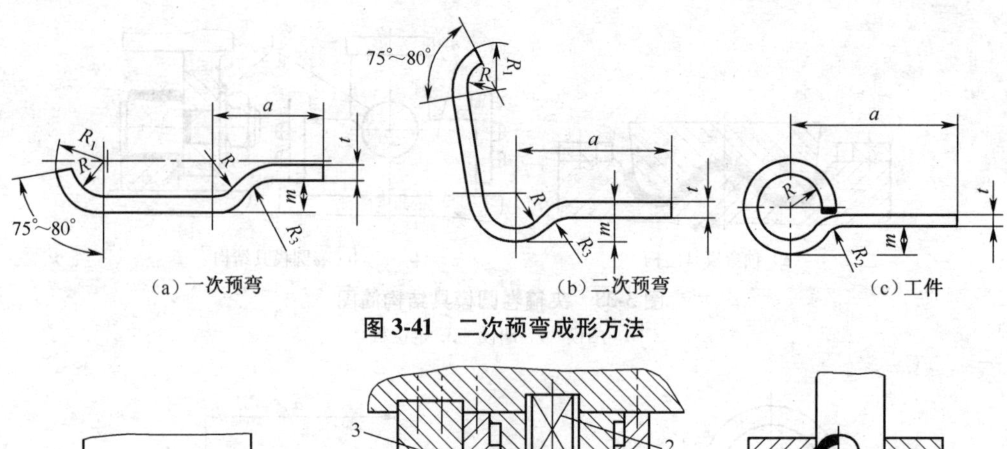

(a) 一次预弯　　(b) 二次预弯　　(c) 工件

图 3-41　二次预弯成形方法

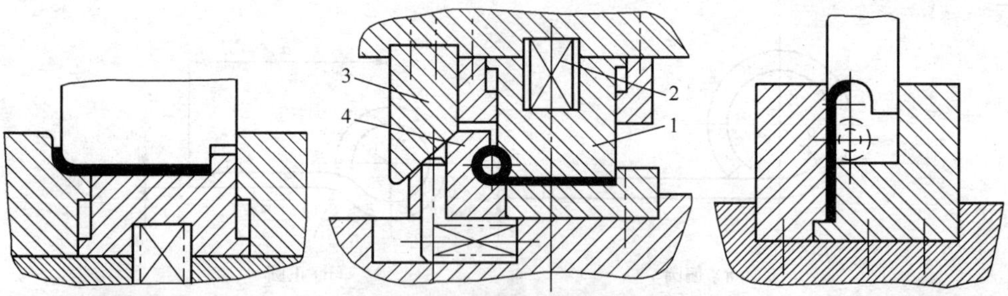

(a) 预弯模　　(b) 卧式卷圆模　　(c) 立式卷圆模

图 3-42　铰链件弯曲模结构

1. 凸模　2. 弹簧　3. 斜楔　4. 凹模

(6) 多向弯曲的半封闭或封闭件弯曲模结构　具有多向弯曲的半封闭或封闭件，有时由于弯曲件的工艺性不好，往往在模具结构中要采取一些措施。图 3-43 为弯曲角小于 90°的转轴式弯曲模，由于弯曲用的转动凹模 2 可围绕其轴线转动，故俗称为转轴式弯曲模。工作时，两侧的转动凹模 2 可在圆腔内回转，当凸模 1 上升后，弹簧 3 使转动凹模 2 复位。这种结构的模具强度好、弯曲力较大，适用弯曲的料厚范围广，因此，生产中既可用于较薄料弯曲角小于 90°的弯曲成形，又可用于较厚板料的弯曲成形。

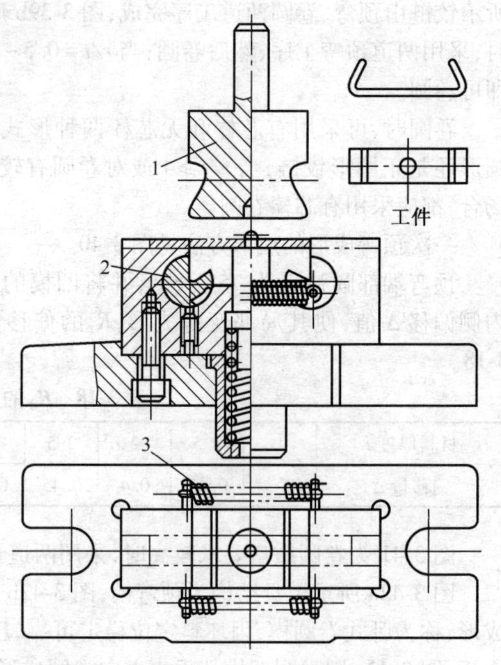

图 3-43　弯曲角小于 90°的转轴式弯曲模

1. 凸模　2. 转动凹模　3. 弹簧

图 3-44 为弯曲角小于 90°的带斜楔弯曲模结构。

坯料首先在凸模 8 作用下被压成 U 形件。随着上模板 4 继续向下移动，弹簧 3 被压缩，装于上模板 4 上的两块斜楔 2 压向滚柱 1，使装有滚柱 1 的活动凹模块 5、6

分别向中间移动，将U形件两侧边向里弯成小于90°角度。当上模回程时，弹簧7使凹模块复位。由于模具结构是靠弹簧3的弹力将坯料压成U形件，受弹簧弹力的限制，此弯曲模只适用于弯曲薄料。

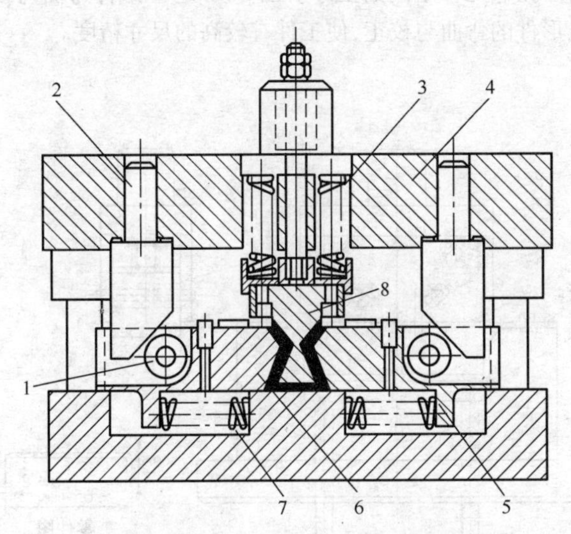

图3-44　弯曲角小于90°的带斜楔弯曲模

1. 滚柱　2. 斜楔　3、7. 弹簧　4. 上模板　5、6. 凹模块　8. 凸模

多向弯曲的半封闭或封闭件，由于弯曲的多方向性，在很多情况下，仅靠压力机输出垂直方向的压力不能完全弯曲成形，需从水平、与冲压方向呈任意角度倾斜的、由里向外和由外向里、甚至由下向上的施力方向冲弯成形，以满足各方向弯曲力的要求。图3-45所示为常见的多向弯曲半封闭或封闭件的弯曲模结构简图。

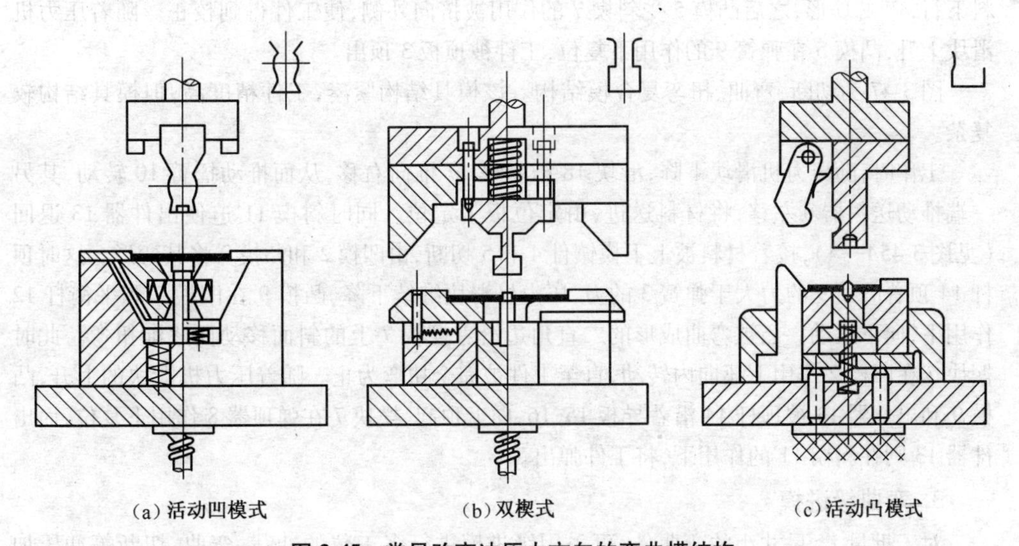

(a) 活动凹模式　　(b) 双楔式　　(c) 活动凸模式

图3-45　常见改变冲压力方向的弯曲模结构

2. 复合弯曲模

对于尺寸不大的弯曲件,还可以采用复合模,即在压力机一次行程内,在模具同一位置上完成落料、弯曲、冲孔等几种不同的工序。图3-46是U形件弯曲与校正复合模结构。该模具能同时完成U形件的弯曲与校正,使工件有较高的尺寸精度。

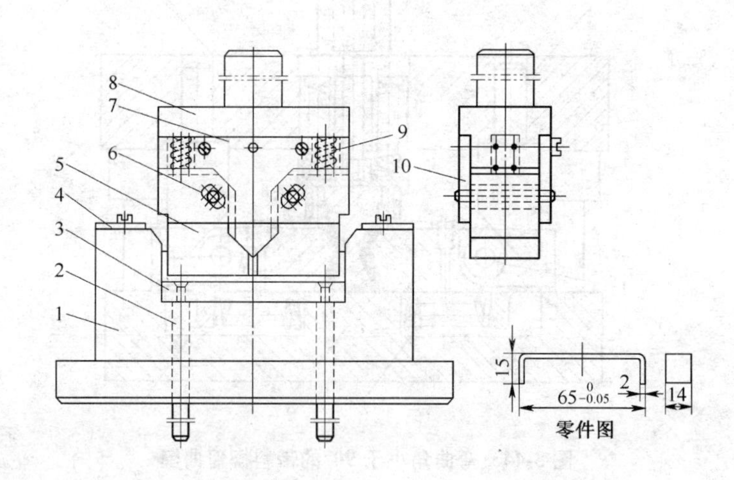

图3-46　U形件弯曲、校正复合模

1. 凹模　2. 顶杆　3. 顶板　4. 定位板　5. 凸模
6. 圆销　7. 斜楔　8. 上模座　9. 弹簧　10. 导板

弯曲时,坯料放在顶板3上,由定位板4定位。随着压力机滑块的下降,凸模5压紧坯料下行,弯成U形,之后凸模5受斜楔7的作用被挤向外侧,使工件得到校正。随着压力机滑块上升,凸模5在弹簧9的作用下复位,工件被顶板3顶出。

图3-47为切断、弯曲、扭弯复合模结构。该模具结构紧凑,工件精度高,但模具结构较复杂。

工作时,随压力机滑块下降,滑块18被斜楔17推向右移,从而推动摇臂10转动,其另一端推动送料器6左移,将材料送进,由定位板1定位。同时斜楔11迫使出件器13退回(见图3-45*A*—*A*),接着材料被上下模镶件4和5切断,由凹模2和凸模9将其弯形。这时顶杆14顶着凸模9的力大于弹簧3的力,压力机滑块继续下降,凸模9在凹模2和平衡杆12作用下,向下运动。已被弯曲成形的二直角边沿着摆块7上的斜面移动而逐渐扭弯。此时摆块7在凹模2作用下还向内转动,直至工件被完全扭弯为止。随着压力机滑块的上升,凸模9和出件器13被顶杆14沿着导板15、16,向上顶起,摆块7在弹顶器8作用下复位,而出件器13则在斜楔11的作用下,将工件弹出。

3. 弯曲级进模

对于批量大、尺寸小的弯曲件,可采用级进模进行多工位的冲裁、弯曲、切断等冲压加工。图3-48为同时进行冲孔、切断和弯曲的级进模。

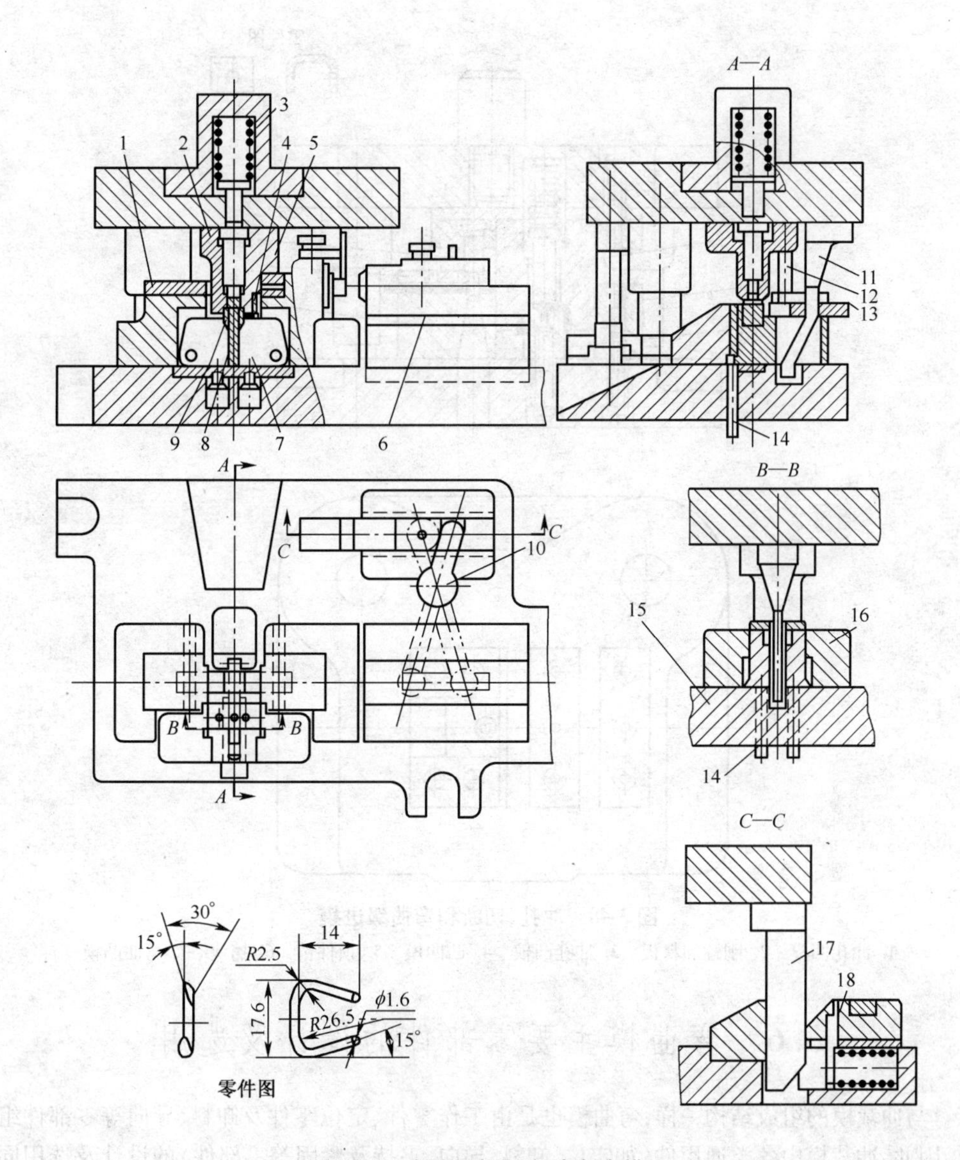

图 3-47 切断、弯曲、扭弯复合模

1. 定位板 2. 凹模 3. 弹簧 4. 上模镶件 5. 下模镶件 6. 送料器 7. 摆块 8. 弹顶器 9. 凸模 10. 摇臂 11、17. 斜楔 12. 平衡杆 13. 出件器 14. 顶杆 15、16. 导板 18. 滑块

模具工作时，条料以导料板导向，从刚性卸料板 2 下面送至挡块 6 右侧定位。上模下行时，条料被凸凹模 4 切断，并随即将所切断的坯料压弯成形，与此同时冲孔凸模 3 在条料上冲孔。上模回程时，刚性卸料板 2 卸下条料，顶件销 5 在弹簧的作用下推出工件，侧壁带孔的 U 形弯曲件加工成形。

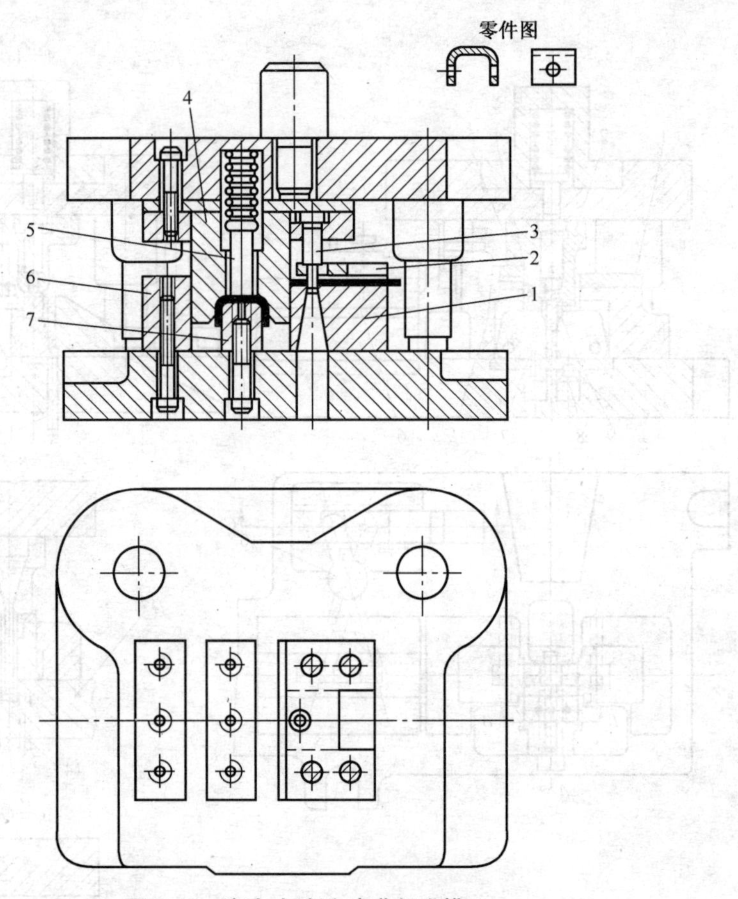

图 3-48 冲孔、切断和弯曲级进模

1. 冲孔凹模 2. 刚性卸料板 3. 冲孔凸模 4. 凸凹模 5. 顶件销 6. 挡块 7. 弯曲凸模

3.6 弯曲模主要零部件的设计及选用

与冲裁模的组成结构一样,弯曲模也是由工作零件、定位零件及卸料、导向等零部件组成,因此,冲裁模中各类通用件(如定位、卸料、导向、夹持及紧固等零部件)的设计及选用同样适用于弯曲模设计。弯曲模的设计主要是模具工作零件及其传动件的设计。

3.6.1 弯曲模工作部分的结构尺寸

弯曲模工作部分的结构尺寸主要是凸、凹模圆角半径、凹模深度、凸、凹模的尺寸与制造公差等。

1. 弯曲凸模圆角半径

凸模圆角半径一般取略小于弯曲件内圆角半径,凹模圆角半径不能太小,否则,会擦伤材料表面。凹模深度要适当。过小,则工件两端的自由部分太多,弯曲件回弹大,不平直,影响零件质量；过大，则多消耗模具钢材，且需较大的压力机行程。

2. 弯曲凹模的圆角半径及其工作部分的深度

①对V形件弯曲，其模具结构如图3-49所示，凹模厚度H及槽深h的确定见表3-19。

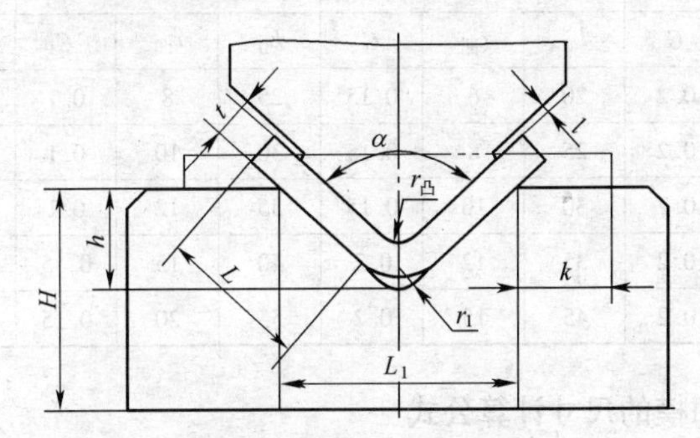

图 3-49 弯曲 V 形件模具结构

表 3-19 弯曲 V 形件尺寸 H 及 h 的确定

材料厚度	<1	1~2	2~3	3~4	4~5	5~6	6~7	7~8
h	3.5	7	11	14.5	18	21.5	25	28.5
H	20	30	40	45	55	65	70	80

注：①当弯曲角度为85°~95°时，$L_1=8t$时，$r_凸=r_1=t$

②当K(小端)≥2t时，h值按$h=L_1/2-0.4t$计算

②V形与U形弯曲模的圆角半径$r_凹$、深度L_0及计算间隙公式中的系数C的确定如图3-50所示及表3-20。

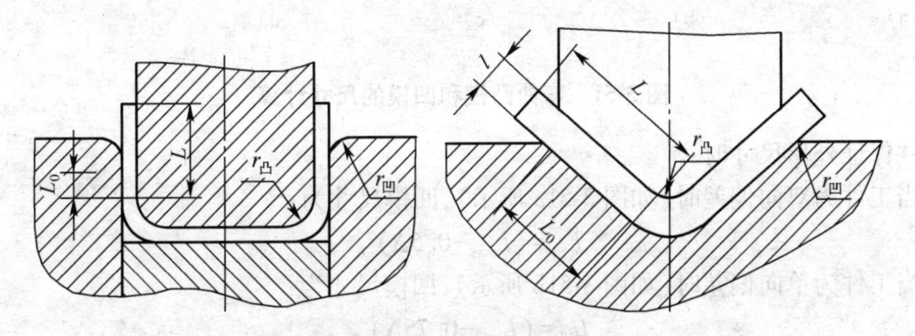

图 3-50 弯曲模结构尺寸

表 3-20 弯曲凹模的圆角半径 $r_凹$、深度 L_0 及计算间隙公式中的系数 C

弯边长度 L	材料厚度 t											
	≤0.5			0.5~2			2~4			4~7		
	L_0	$r_凹$	C	L_0	$r_凹$	C	L_0	$r_凹$	C	L_0	$r_凹$	C
10	6	3	0.1	10	3	0.1	10	4	0.08			
20	8	3	0.1	12	4	0.1	15	5	0.08	20	8	0.06
35	12	4	0.15	15	5	0.1	20	6	0.08	25	8	0.06

续表 3-20

弯边长度 L	材料厚度 t											
	≤0.5			0.5~2			2~4			4~7		
	L_0	$r_凹$	C	L_0	$r_凹$	C	L_0	$r_凹$	C	L_0	$r_凹$	C
50	15	5	0.2	20	6	0.15	25	8	0.1	30	10	0.08
75	20	6	0.2	25	8	0.15	30	10	0.1	35	12	0.1
100	25	6	0.2	30	10	0.15	35	12	0.1	40	15	0.1
150	30	6	0.2	35	12	0.2	40	15	0.15	50	20	0.1
200	40	6	0.2	45	15	0.2	55	20	0.15	65	25	0.15

3. 弯曲凸模和凹模的尺寸计算公式

确定弯曲凸模和凹模尺寸的原则是：当工件要保证外形尺寸（如图 3-51a、b 所示）时，模具以凹模为基准（即凹模做成名义尺寸），间隙取在凸模上；当工件要保证内形尺寸（如图 3-51c、d 所示）时，模具以凸模为基准（即凸模做成名义尺寸），间隙取在凹模上。

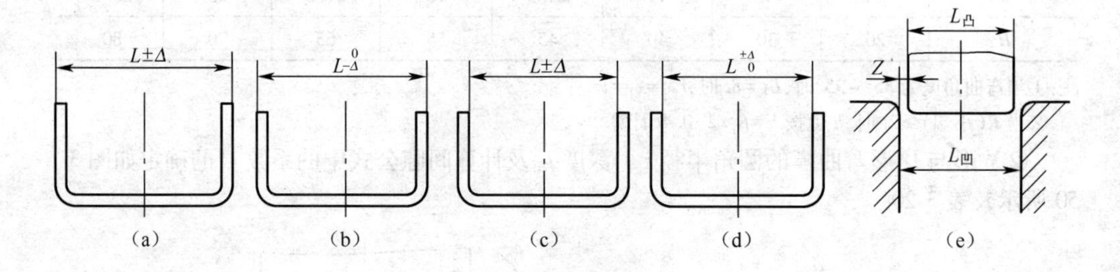

图 3-51　弯曲凸模和凹模的尺寸计算

工件保证外形尺寸时：

①当工件为双向偏差时（如图 3-51a 所示），凹模尺寸为：

$$L_凹=(L_{max}-0.5\Delta)_{\ 0}^{+\delta_凹}$$

②当工件为单向偏差时（如图 3-51b 所示），凹模尺寸为：

$$L_凹=(L_{max}-0.75\Delta)_{\ 0}^{+\delta_凹}$$

③不论工件外形为何种偏差时（如图 3-51e 所示），凸模尺寸为：

$$L_凸=(L_凹-2Z)_{-\delta_凸}^{\ 0}$$

工件保证内形尺寸时：

①当工件为双向偏差时（如图 3-51c 所示），凸模尺寸为：

$$L_凸=(L_{min}+0.5\Delta)_{-\delta_凸}^{\ 0}$$

②当工件为单向偏差时（如图 3-51d 所示），凸模尺寸为：

$$L_凸=(L_{min}+0.75\Delta)_{-\delta_凸}^{\ 0}$$

③不论工件外形为何种偏差时（如图 3-51e 所示），凹模尺寸为：

$$L_凹=(L_凸+2Z)_{\ 0}^{+\delta_凹}$$

式中 L_{max}——弯曲件宽度的最大尺寸,mm; L_{min}——弯曲件宽度的最小尺寸,mm;
$L_凸$——凸模宽度 mm; $L_凹$——凹模宽度 mm;
Δ——弯曲件宽度的尺寸公差 mm;
$\delta_凸$、$\delta_凹$——凸模和凹模的制造偏差 mm,一般按 IT7~IT9 级选用。

3.6.2 弯曲凸模、凹模间的间隙

凸模与凹模之间的间隙大小对弯曲所需的压力及加工件的质量影响很大。由于弯曲 V 形工件时,凸、凹模间隙是靠调整压力机闭合高度来控制的,不需要在模具结构上确定间隙。对 U 形类工件(生产中习惯称为双角弯曲)则必须选择合适的间隙,间隙的大小与工件质量和弯曲力有很大的关系。若间隙过大,则回弹量大,降低工件的精度;间隙越小,所需的弯曲力越大,同时工件受压部分变薄越严重,若间隙过小,则可能发生划伤或断裂,降低模具寿命,甚至造成模具损坏。

一般弯曲件的间隙可由表 3-21 查得,也可由下列近似计算公式直接求得。

有色金属(紫铜、黄铜):

$$Z=(1\sim1.1)t$$

钢:

$$Z=(1.05\sim1.15)t$$

当工件精度要求较高时,其间隙值应适当减少,取 $Z=t$。生产中,当对材料厚度变薄要求不高时,为减少回弹,也取负间隙,取 $Z=(0.85\sim0.95)t$。

表 3-21 弯曲模凹模和凸模的间隙

材料厚度 t	材料		材料厚度 t	材料	
	铝合金	钢		铝合金	钢
	间隙 Z			间隙 Z	
0.5	0.52	0.55	2.5	2.62	2.58
0.8	0.84	0.86	3	3.15	3.07
1	1.05	1.07	4	4.2	4.1
1.2	1.26	1.27	5	5.25	5.75
1.5	1.57	1.58	6	6.3	6.7
2	2.1	2.08			

在双角弯曲时,间隙与材料的种类、厚度、厚度公差以及弯边长度 L 都有关系,间隙值按下式确定:

$$Z=t_{max}+c\ t=t+\Delta+c\ t$$

式中 Z——凸模与凹模单边的间隙, mm; t_{max}——材料厚度的上限值, mm;
t——材料的公称厚度, mm; Δ——材料厚度的上偏值, mm;
c——弯曲模的间隙系数, mm, 见表 3-20。

3.6.3 斜楔的设计

斜楔是将压力机滑块的垂直向下运动,转化为水平或倾斜运动的传动零件,常用于滑块

式弯曲模、摆动式弯曲模以及自动送料冲模等。斜楔设计时,应分析斜楔在工作时的受力状态,并正确选择楔块的尺寸与角度。

1. 斜楔的尺寸及角度计算

(1)水平运动 斜楔应与滑块配合使用,斜楔通过压力机带动作垂直运动,而与之配对的滑块经两接触斜面间的压力作用实现水平或倾斜运动。

图3-52为斜楔与滑块水平运动示意图,图中S为滑块行程,S_1为斜楔行程,尺寸a应大于5mm,尺寸b应大于或等于滑块斜面长度的五分之一。

楔块角度α一般取40°,为增大滑块行程S,可取45°或50°;在滑块受力很大时,可取$\alpha \leqslant 30°$。

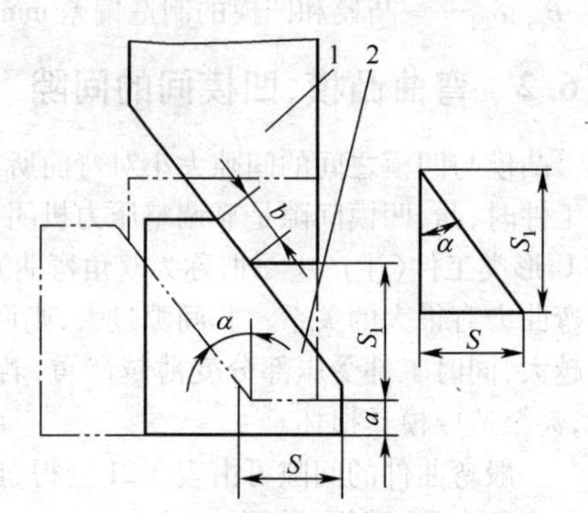

图3-52 斜楔与滑块水平运动图

1. 斜楔 2. 滑块

α与S/S_1的关系为:$\tan\alpha = \dfrac{S}{S_1}$

α与S/S_1的关系也可直接查表3-22。

表3-22 α与S/S_1的相应关系

α	30°	40°	45°	50°	55°
S/S_1	0.5774	0.8391	1	1.1918	1.4281

(2)倾斜运动 图3-53为斜楔与滑块倾斜运动示意图,楔块角度α一般取45°,为增大滑块行程S,α可取50°、55°和60°,在行程要求很大,又受到结构限制的特殊情况下,α可取65°或70°,但$(90°-\alpha+\beta) \geqslant 45°$时,滑块行程$S$与斜楔行程$S_1$的比值为:

$$\frac{S}{S_1} = \frac{\sin\alpha}{\cos(\alpha-\beta)}$$

α、β和S/S_1的关系见表3-23。

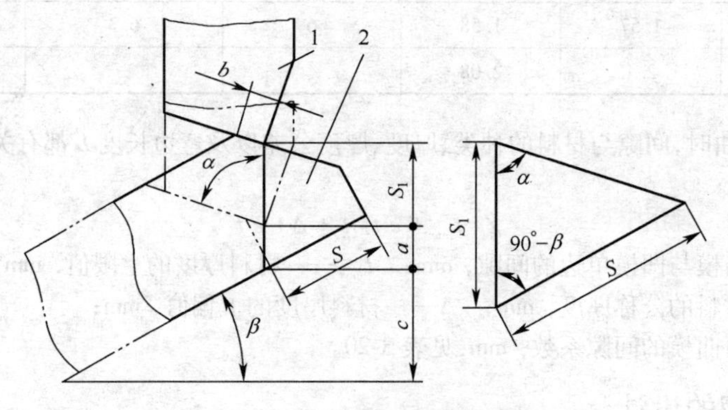

图3-53 斜楔与滑块倾斜运动图

1. 斜楔 2. 滑块

表 3-23 α、β 与 S/S_1 的相应关系

β/(°)	α/(°)										
	10	12	14	16	18	20	22	24	26	28	30
45	0.8632	0.8431	0.8249	0.8085	0.7936	0.7802	0.7682	0.7574	0.7479	0.7394	0.7321
50	1.0	0.9721	0.9469	0.9240	0.9033	0.8846	0.8676	0.8523	0.8385	0.8262	0.8152
55	1.1584	1.1200	1.0854	1.0541	1.0257	1.0	0.9767	0.9557	0.9366	0.9194	0.9038
60	1.3473	1.2943	1.2467	1.2039	1.1654	1.1305	1.0990	1.0705	1.0446	1.0212	1.0
65	1.5801	1.5060	1.4401	1.3814	1.3289	1.2817	1.2392	1.2009	1.1662	1.1348	1.1064
70	1.8794	1.7733	1.6804	1.5987	1.5263	1.4619	1.4043	1.3527	1.3063	1.2645	1.2267

2. 斜楔的受力状态

(1)水平运动 楔块水平运动时的受力大小及其相互关系如图 3-54 示。

图中 F——冲裁力或滑块侧压力；

α——斜楔角度；

F_α——楔块之间的正压力，$F_\alpha = F\sec\alpha$；

$F\tan\alpha$——压力机滑块的压力。

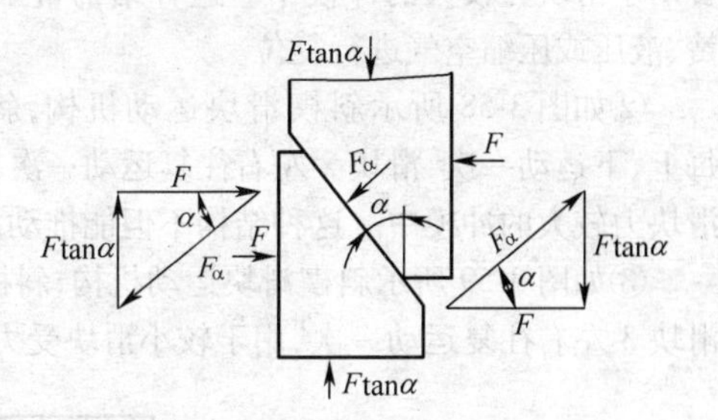

图 3-54 楔块的水平运动受力图

(2)倾斜运动 楔块倾斜运动时的受力大小及其相互关系如图 3-55 示。

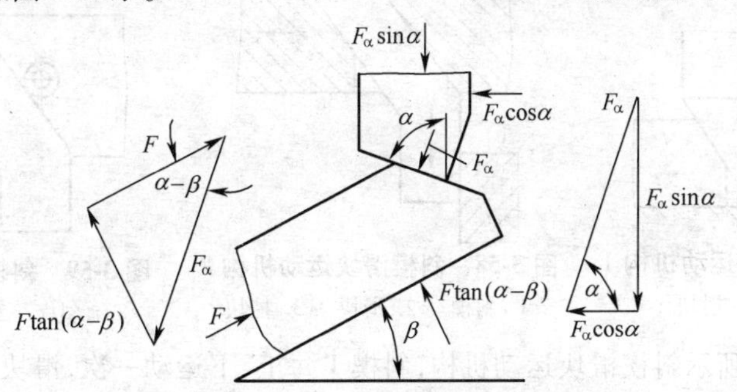

图 3-55 楔块的倾斜运动受力图

图中 F——冲裁力； α——斜楔角度； β——倾斜角度；

F_α——楔块之间的正压力，$F_\alpha = F\sec(\alpha-\beta)$；

$F_\alpha\sin\alpha$——压力机滑块的压力；

$F_\alpha\cos\alpha$——斜楔侧压力；

$F\tan(\alpha-\beta)$——滑块正压力。

3. 弯曲模中常用的斜楔滑块机构

由于弯曲件的多方向性，特别是多向弯曲件在弯曲模中多采用斜楔传力机构，图 3-56 为常见的斜楔滑块机构。

由图可见，由于斜楔的作用，除了垂直作用力之外，总还有一个水平或倾斜力存在，为使斜楔工作可靠，在斜楔滑块机构中应设置防偏挡块，在大型的斜楔滑块机构上，常把后挡块与模座做成一个整体。

为使滑块工作迅速、可靠，在斜楔滑块机构中应设置导向及复位机构。复位一般采用弹

簧、橡皮或气缸做储能动力。如果斜楔间的接触面和滑动面上单位压力过大，还应设置防磨板，以提高斜楔滑块机构的寿命及方便日后的维修、保养。目前，市场上已有系列化的斜楔结构可供采购，在模具设计时也可根据生产厂家的技术资料选用。此外，模具中还常用如下斜楔滑块机构。

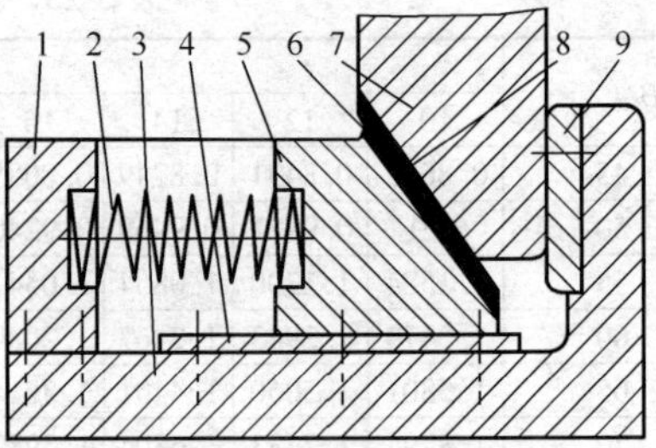

图 3-56 斜楔滑块机构结构图

1. 弹簧座 2. 弹簧 3. 下模板 4. 导向块 5. 滑块 6、8. 防磨板 7. 斜楔 9. 防偏挡块

①如图 3-57 所示斜楔滑块运动机构，斜楔 1 向下运动，滑块 2、3 沿水平面分别向左、右移动，主要用于滑块力较大的冲模中。这种结构常采用弹簧、液压或压缩空气进行复位。

②如图 3-58 所示斜楔滑块运动机构，斜楔 1 每上、下运动一次，滑块 2 左右往复运动一次，用于滑块力较大的冲模中。这种结构不但能推动滑块，还可同时对滑块进行强制复位。

③如图 3-59 所示斜楔滑块运动机构，斜楔 1 每上、下运动一次，斜楔 1 通过滚轮 2 推动滑块 3 左右往复运动一次，用于较小滑块受力较小件。

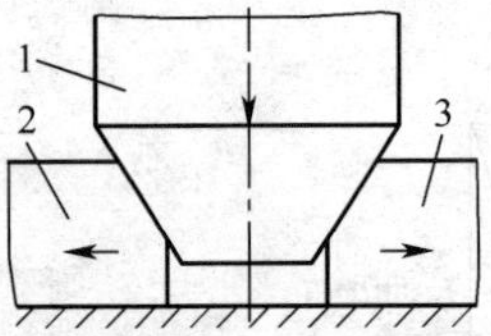

图 3-57 斜楔滑块运动机构Ⅰ

1. 斜楔 2、3. 滑块

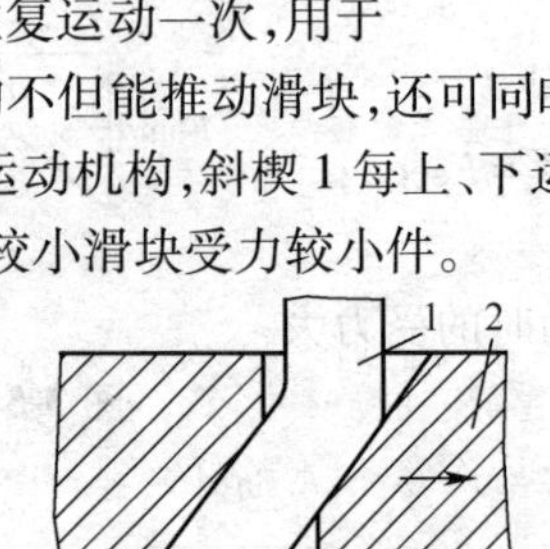
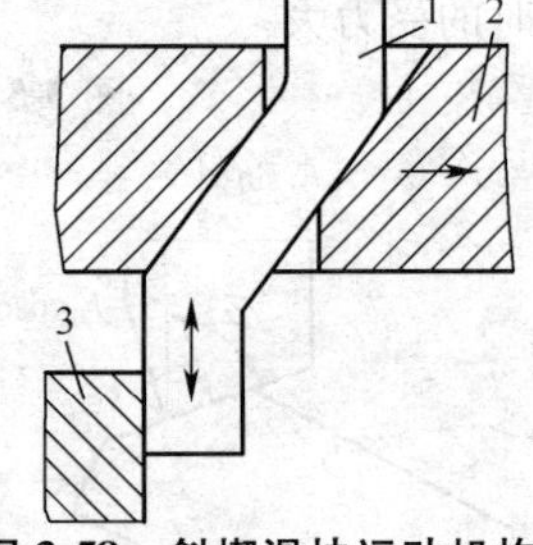

图 3-58 斜楔滑块运动机构Ⅱ

1. 斜楔 2. 滑块 3. 挡块

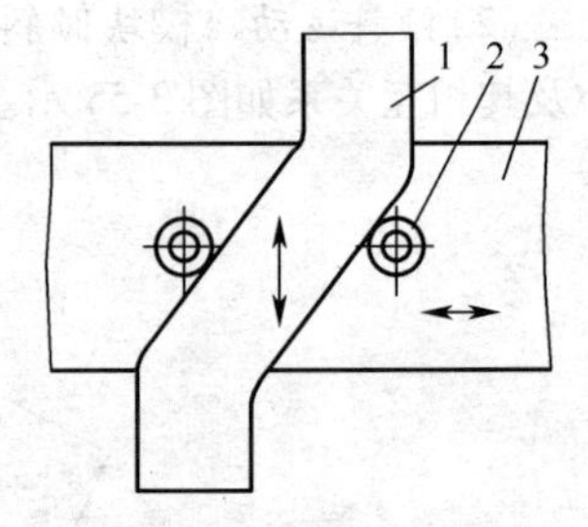

图 3-59 斜楔滑块运动机构Ⅲ

1. 斜楔 2. 滚轮 3. 滑块

④如图 3-60 所示斜楔滑块运动机构，斜楔 1 每上、下运动一次，滑块左右往复运动两次，用于滑块力较大的冲模中，可实现两次冲裁及复位。

⑤如图 3-61 所示斜楔滑块运动机构，斜楔 1 固定不动，滑块 2 在冲压力和弹顶力的作用下，做单方向的水平移动，可实施横向冲压，依靠弹簧复位。

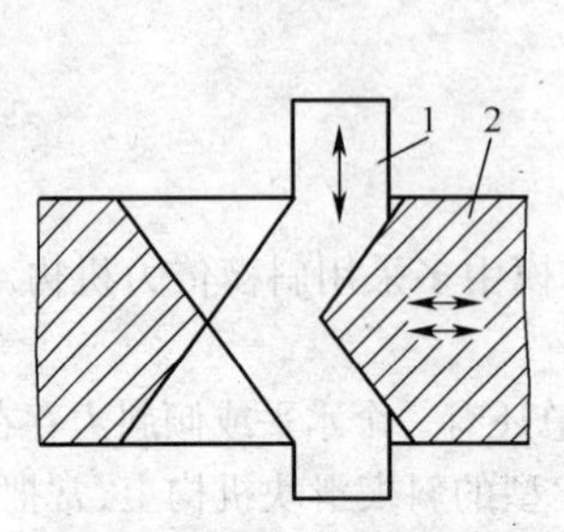

图 3-60 斜楔滑块运动机构Ⅳ

1. 斜楔 2. 滑块

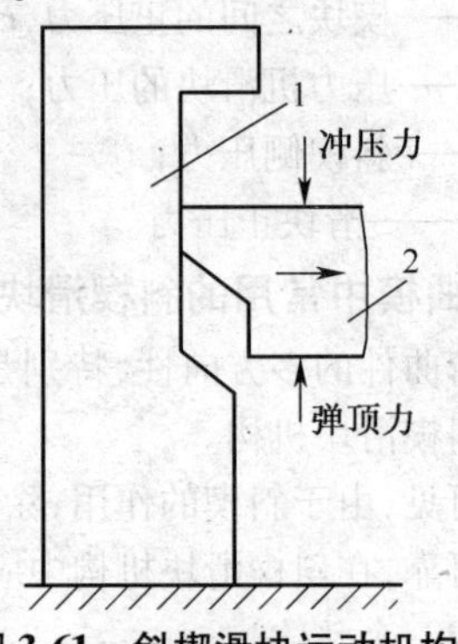

图 3-61 斜楔滑块运动机构Ⅴ

1. 斜楔 2. 滑块

3.7 弯曲模设计实例

弯曲模没有固定的结构形式,需根据加工件结构、材料性能、形状、精度要求和产量,进行综合分析,确定模具结构形式。因此,从一定的程度上说,弯曲模的设计就是模具结构的设计。

在模具设计前期,首先根据工件结构,合理安排工序。对于简单形状的弯曲件,考虑一次成形,此时,主要考虑工序的安排能否保证工件形状尺寸、公差等级要求;对于形状较复杂的弯曲件,一般采用两次或多次弯曲成形;对于特别小的工件,应尽可能用一套复杂的模具成形,这样有利于解决弯曲件的定位及操作安全问题;对多次弯曲件,一般先弯两端部分的角,后弯中间部分的角,且前次弯曲必须考虑后次弯曲有可靠的定位,后次弯曲不影响前次已成形的部分;对弯曲角和弯曲次数多的工件、非对称形状的工件,要注重分析所采用工艺的可靠性;对有孔或有切口的工件,要注意由于弯曲作用引起的尺寸误差,这时,最好是在弯曲之后再冲孔和切口。

模具设计时,对多角弯曲件、半封闭弯曲件和封闭弯曲件,一般考虑采用摆块式弯曲模;对几个方向的弯曲件,一般在模具设计中多应用斜楔和滑块的配对结构。

弯曲模结构设计,必须考虑坯料可靠的定位,一般选取不发生变形的部位来定位,在选用已发生变形的部位作定位时,要有不妨碍材料移动的结构。对弯曲件的回弹,应考虑在制造和试模时能够修正模具工作部分的几何形状及补偿回弹。模具结构设计应使坯料的变形尽可能是纯弯曲变形,避免坯料产生严重的局部变薄或变形不足。

1. 弯曲模设计步骤

弯曲模设计一般采取如下步骤:分析加工件的冲压工艺,并根据加工件生产批量、企业设备、模具制造能力确定工艺方案;进行必要的计算,主要包括坯料尺寸的计算、弯曲力的计算、各主要零件的尺寸计算、确定凹模的外形尺寸及厚度、回弹量的计算;模具总体设计;模具主要零件的结构设计;选择压力机的型号或验算已选的设备;绘制模具总图;绘制模具非标准零件图。

2. 托架弯曲模设计

如图 3-62 所示托架,材料为 20 钢,厚 1.5 mm,小批量生产。

(1)分析加工件的冲压工艺并确定工艺方案 该加工件进行冲压的基本工序为冲孔、落料和弯曲,其中,冲孔和落料属于简单的分离工序,由于制件上 ϕ10mm孔的边与弯曲中心的距离为 6 mm,大于 1t(1.5 mm),弯曲时不会引起孔变形,因此 ϕ10 mm 孔可以在压弯前冲出,冲出的孔还可用于后续工序的定位。

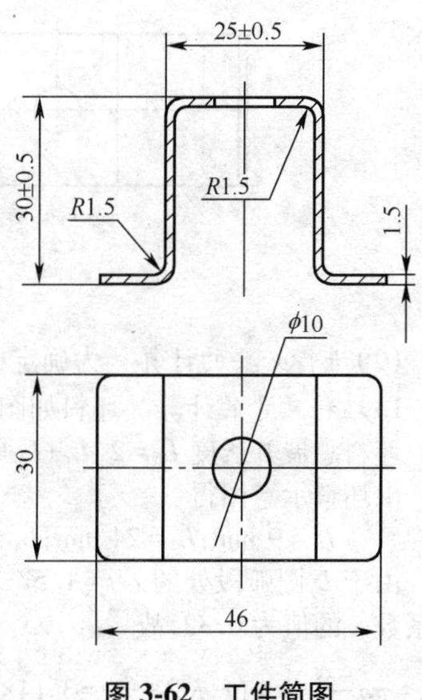

图 3-62 工件简图

该工件为 U 形件,形状较简单,且左右对称,因此，弯曲时不会引起滑动及偏移，采取一般的定位方式便可满足要求。其弯曲成形的工艺有图3-63所示的三种。由于图3-63c方案模具结构简单，制造周期短、模具寿命长，采用校正弯曲，工件的回弹容易控制，尺寸和形状精确，且各弯曲工序都能利用ϕ10 mm孔和一个侧面定位，定位基准与设计基准一致，操作也比较简单方便，尽管该方案工序较分散，需用压力机、模具和操作人员多，但考虑到加工件生产批量不大，能保证生产要求，因此，采用图3-63c所示的方案加工。

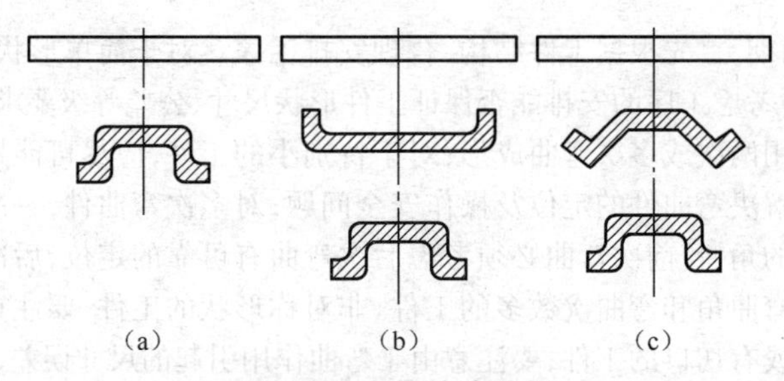

图3-63 加工方案分析

由此，可确定第一道弯曲及第二道弯曲的工序图，如图3-64所示。

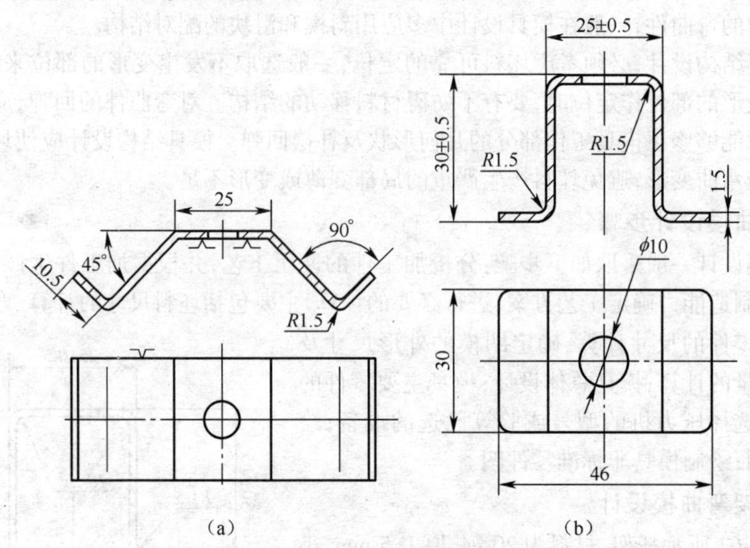

图3-64 弯曲工序图

(2)进行必要的计算 为确定模具的结构，须进行如下必要的计算。

1)坯料尺寸的计算 坯料如图3-65所示。

坯料总展开长度 $L_0=2(L_1+L_2+L_3+L_4)+L_5$

由坯料示意图得：

$L_1=9$ mm；$L_3=24$ mm；$L_5=25-1.5\times4=19$(mm)。

由于L_2圆弧段处的$r/t=1.5/1.5=1$，由表3-7查得，中性层位移系数x的值为0.32，故

$$L_2=\pi\rho\frac{\alpha}{180°}=\pi(r+Kt)\frac{\alpha}{180°}=3.14\times(1.5+0.32\times1.5)\div2=3.11(\text{mm})$$

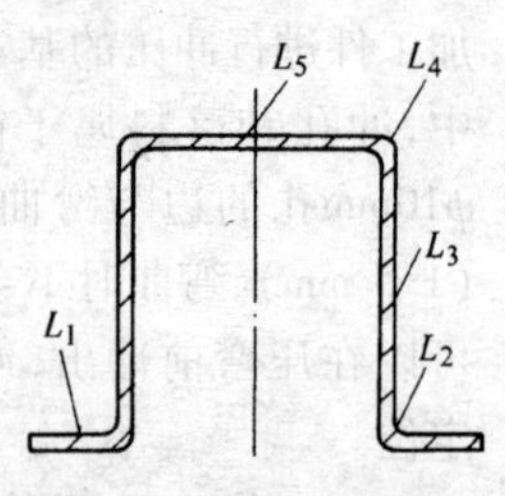

图3-65 坯料示意图

$$L_2=L_4$$

$$L_0=2(L_1+L_2+L_3+L_4)+L_5=2\times(9+3.11+24+3.11)+19=97.44(\text{mm})\approx 97.4\text{mm}$$

2）弯曲力的计算

①第一次弯曲（校正弯曲）。因 $F_{校}=AP$

校正面积 A 为 1 670mm^2，单位校正力 P 查表 3-13 取 80 MPa。

故 $F_{校}=1\ 670\times 80=133\ 600$（N）。

所以，$F_{冲}$取 133 600N，初步选择 JB23-160 型冲床。

②第二次弯曲（自由弯曲）。由于第二次弯曲时仍需压料力，故自由弯曲时所需总的冲压力：

$$F=F_{自}+F_Q$$

根据 U 形件的计算公式：

$$F_{自}=\frac{0.7Kbt^2\sigma_b}{r+t}=\frac{0.7\times 1.3\times 30\times 1.5^2\times 400}{1.5+1.5}=8\ 190\ (\text{N})$$

$$F_Q=0.3F_{自}=0.3\times 8\ 190=2\ 457\ (\text{N})$$

故 $F_{冲}=8\ 190+2\ 457=10\ 647(\text{N})\approx 10.6\text{kN}$，所以，初步选择 160kN 冲床。

3）模具主要零部件的计算　由于第一道弯曲已完成工件下边两直角边，故只要对零件第二道工序的弯曲加工模具主要零部件进行计算。

①凹、凸模间隙计算。根据间隙公式 $Z=t+ct$，查表 3-20 得 $c=0.1$

故 $Z=1.1\times 1.5=1.65$（mm）。

②确定凹、凸模工作尺寸。该工件以外形尺寸标注，故先确定凹模尺寸。

凹模工作尺寸：工件弯曲尺寸偏差标准为双向偏差，故由公式 $L_{凹}=(L_{max}-0.5\Delta)^{+\delta_{凹}}_{0}$

可知：$L_{凹}=24.75$，取 IT7 级精度，查表得 $L_{凹}=24.75^{+0.021}_{0}$ mm。

凸模工作尺寸：$L_{凸}=(L_{凹}-2Z)^{0}_{-\delta_{凸}}=21.6^{0}_{-0.021}$ mm。

③确定凸、凹模圆角半径。为减小回弹，一般应取较小的圆角半径。

凸模圆角半径 $r_{凸}$：因为 $r/t=1.5/1.5=1$，故取 $r_{凸}=1.5$mm

凹模圆角半径 $r_{凹}$：因为 $t=1.5<2$ mm，取 $r_{凹}=(3\sim 6)\times 1.5=4.5\sim 9$（mm）。

实际取 $r_{凹}=5$ mm。

④凹模深度 L_0。由于加工件的直边长度为 24mm，厚度为 1.5mm，故查表 3-20，取 $L_0=15$mm。

（3）模具总体设计　根据上述分析，选择 U 形件单工序弯曲模。其中，第一道弯曲模具结构如图 3-66a 所示；第二道弯曲模，考虑工件形状特点，便于定位，采用凸模在下、凹模在上的结构。模具结构如图 3-66b 所示。

（4）选定设备　由于所计算的压弯力为 $F_{冲}=10.6$kN，根据压力机的额定弯曲力，同时，考虑到所设计模具的闭合高度、外廓尺寸均应小于所选定的设备，故确定选择 160kN 冲床。

（5）绘制模具非标准零件图　以第二道弯曲模的非标准零件进行分析说明。

①凸模及凸模固定板。凸模与固定板采用 M8/h7 过渡配合，其中，凸模采用 T10A 制成，热处理至 58～62HRC，尺寸及形状如图 3-67a 所示；固定板采用 45 钢制成，尺寸及形状如图 3-67b 所示。

②凹模。凹模采用 T10A 制成，局部（工作部分）热处理至 60～64HRC，尺寸及形状如图

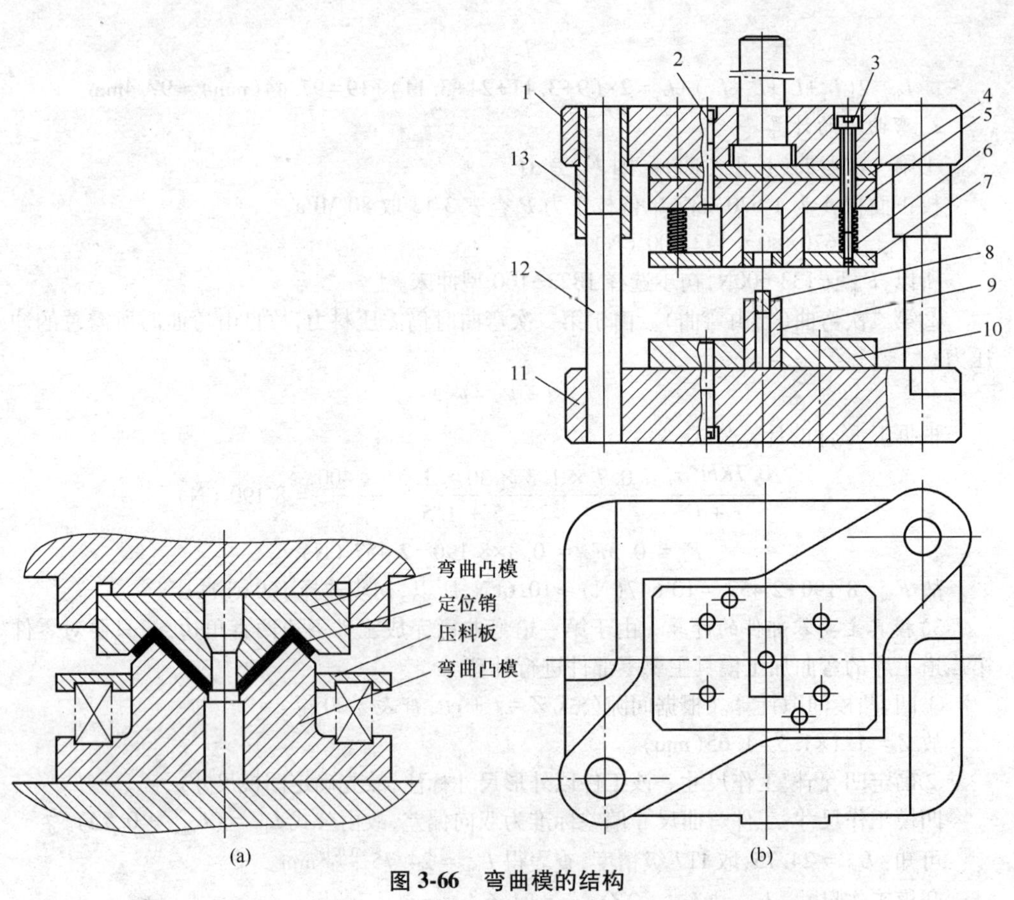

图 3-66 弯曲模的结构

1. 上模座 2. 螺栓 3. 螺钉 4. 垫板 5. 凹模 6. 弹簧 7. 卸料板
8. 定位销 9. 凸模 10. 凸模固定板 11. 下模座 12. 导柱 13. 导套

3-68 所示。

③卸料装置。该模具采用弹性卸料装置，卸料板结构如图 3-69 所示，选用圆柱螺旋压缩弹簧实现卸料，连接卸料板与上模架的内六角螺栓从卸料板内孔通过。卸料板与凹模配合处留有 0.1~0.5mm 的单边间隙。

④定位件。完成第一次弯曲的工件利用上表面与凸模的接触定位，可限制三个自由度（一个移动自由度和两个转动自由度）；利用弯曲工件的中间孔与销的定位可限制一个移动自由度；利用材料已弯曲部分的形状与凸模侧边的接触，限制两个自由度，以实现完全定位。

⑤垫板。在上模架与凹模之间采用垫板，材料为 45 钢，调质处理至 43~48HRC，形状与尺寸如图 3-70 所示。

（6）模具零件的选用　以第二道弯曲模的模架选用进行具体分析、说明，其他定位元件、紧固连接件等可采用同样的方法参照选用。

根据凸、凹模工作尺寸及零件的精度要求，选用滑动对角导柱模架（GB/T 2851.1—2008），型号为模架 160×100×160~195（GB/T 2851.1—2008）。

具体结构如下：

为灰铸铁。

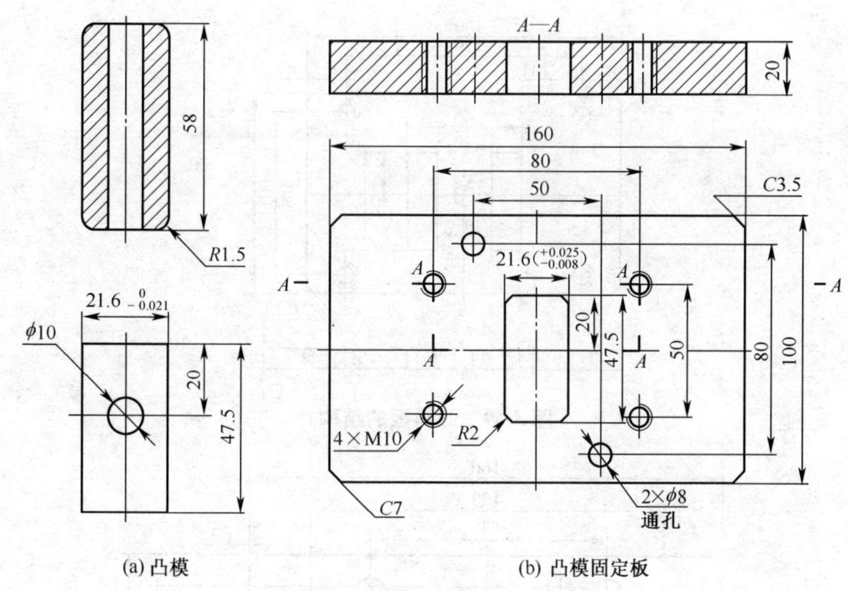

图 3-67 凸模及凸模固定板的结构

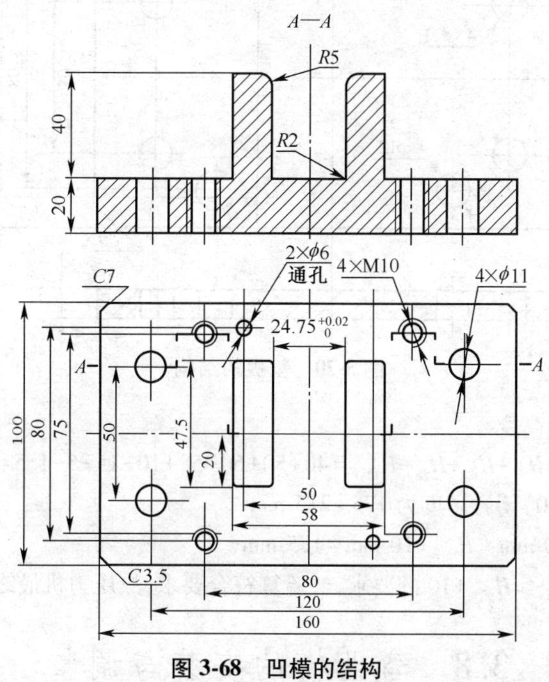

图 3-68 凹模的结构

模座：上模座尺寸为 160mm×100mm×40mm，下模座尺寸为 160mm×100mm×50mm，材料为灰铸铁。

模架：模架导柱为 ϕ25mm×150mm 与 ϕ28mm×150mm，导套为 ϕ25mm×90mm×ϕ38mm 与 ϕ28mm× 90mm × ϕ38mm，采用 H7/h6 配合，材料为 20 钢，并经渗碳淬火后，硬度为 58~62HRC。

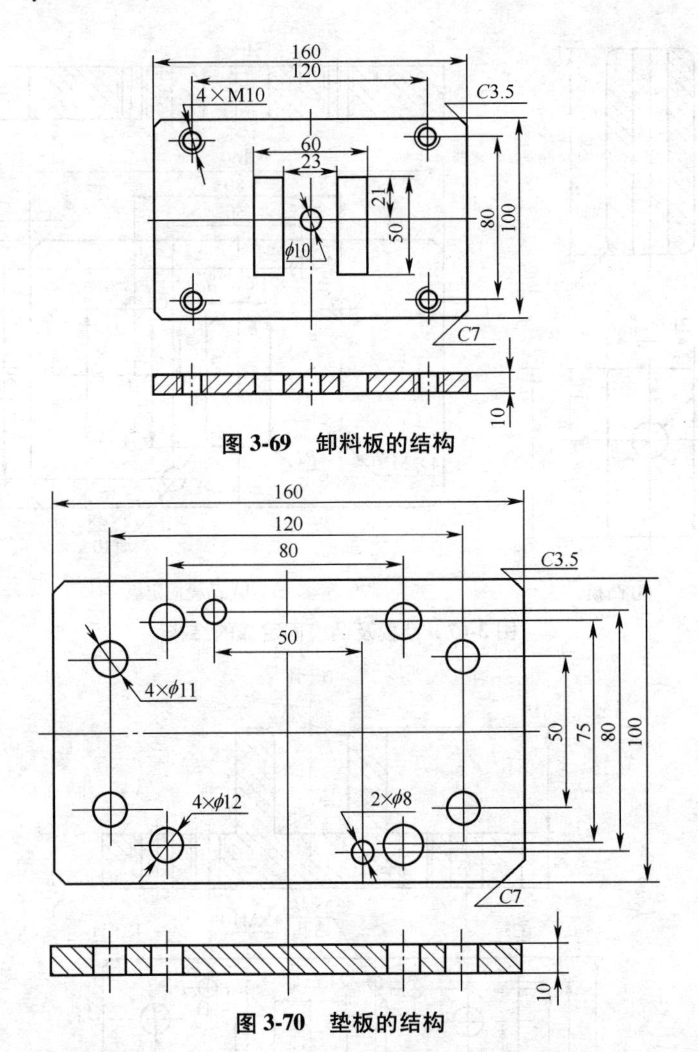

图 3-69 卸料板的结构

图 3-70 垫板的结构

该模具实际闭合高度

$H_{m}=H_{下模}+H_{上模}+H_{凸}+H_{凹}+H_{垫}-H_{行程}=40+50+60+58+10-15-5-1.5=190.5$ (mm)；

压力机(JB23-160)闭合高度为 175~215 mm，

$H_{max}-5$ mm = 210 mm　$H_{min}+10$ mm = 185 mm，

满足 $H_{max}-5 \geqslant H_{m} \geqslant H_{min}+10$ 的要求，经验算符合要求，故压力机最终确定为JB23-160。

3.8 弯曲模的安装与调整

采用弯曲模进行弯曲加工时，应严格按冲压操作规程进行，严防发生误操作。为完成好零件的弯曲加工，应做好弯曲模的安装和调整。

1.弯曲模的安装方法

弯曲模安装分无导向弯曲模和有导向弯曲模两种，其安装方法与冲裁模基本相同。弯曲模的安装除了应进行凸、凹模间隙的调整、卸料装置调试外，还应完成弯曲上模在压力机上的位置调整，一般可按下述方法进行。

首先，压力机滑块进行粗略调整后，在上凸模下平面与下模卸料板之间垫一块比坯料略厚的垫片（垫片一般为坯料厚度的1~1.2倍）或试样，然后用调节连杆长度的方法，扳动飞轮（刚性离合器的压力机）或点动（带摩擦离合器的压力机）飞轮，直到滑块能正常通过下止点而无阻滞或顶住现象，这样扳动飞轮数周，才能最后固定下模，进行试冲。试冲前，应先将放入模具内的垫片取出，试冲合格后，可将各紧固零件再拧紧一次，并再次检查，才能正式投入生产。

2.弯曲模的调整要点

①凸、凹模间隙的调整。一般来说，弯曲模按上述安装方法完成在压力机上的位置定位之后，弯曲上、下模间的间隙也同时得到保证。对有导向的弯曲模，由于上、下模在压力机上的相对位置全由导向零件决定，因此，其上、下模的侧向间隙也同时得到保证；对无导向装置的弯曲模，其上、下模的侧向间隙，可采用垫纸板或标准样件的方法进行调整，只有在间隙调整完成后，才可将下模板固定、试冲。

②定位装置的调整。弯曲模定位零件的定位形状应与坯件相一致。在调整时，应充分保证其定位可靠性和稳定性。利用定位块及定位钉的弯曲模，假如试冲后，发现位置及定位不准确，应及时调整定位位置或更换定位零件。

③卸件、退件装置的调整。弯曲模的卸料系统应足够大，卸料用弹簧或橡胶应有足够的弹力；顶出器及卸料系统应动作灵活，并能顺利地卸出制品零件，不应有卡死及发涩现象。卸料系统作用于制品的作用力要调整均衡，以保证制品卸料后表面平整，不产生变形和翘曲。

④调整弯曲模注意事项。在弯曲模调整时，如果上模的位置偏下，或忘记将垫片或杂物从模具中清理出去，则在冲压过程中，上模和下模就会在行程下止点位置时剧烈撞击，严重时可能损坏模具或冲床。因此，生产现场如果有现成的弯曲件时，可将试件直接放在模具工作位置，进行模具安装调整。

3.9 弯曲件的加工缺陷及控制

在弯曲加工过程中，由于弯曲材料、模具、压力机和操作等各方面的影响，弯曲件往往产生这样或那样的问题，表3-24给出了弯曲件常见缺陷的产生原因及解决措施。

表3-24 弯曲件常见缺陷的产生原因及解决措施

质量缺陷	产生原因	解决措施
弯曲尺寸不合格	1. 坯料定位不可靠； 2. 弯曲工艺顺序不正确； 3. 所用弯曲材料厚薄不均； 4. 模具两端的弯曲凹模圆角不一致； 5. 压力机的精度、气垫压力不合乎要求 ； 6. 弯曲展开料不正确； 7. 定位零件磨损； 8. 弯曲模弯曲间隙不均匀	1. 尽量采用孔定位，并采用气垫、橡胶或弹簧压紧坯料； 2. 合理安排弯曲工艺顺序； 3. 将凹模修整成可换成镶块结构，通过调整弯曲模间隙的办法来解决，或更换材料，采用料厚均匀稳定的板料； 4. 修磨凹模圆角半径，且使其左右对称、大小一致 5. 选用吨位大且压力机精度较高的压力机，通常取加工力是压力机吨位70%~80%比较合适； 6. 检查并重新校核弯曲展开料； 7. 检查定位零件是否磨损； 8. 检查并调整弯曲模，弯曲间隙均匀一致

续表 3-24

质量缺陷	产生原因	解决措施
弯曲件弯曲后成喇叭口	1. 模具间隙过大; 2. 压料装置动作失灵;	1. 检查凸模及凹模的磨损情况,若凸模磨损严重且弯曲件需保证内形尺寸,则应更换凸模工作块,并调整模具间隙合适,反之,应更换凹模; 2. 检查模具压料装置是否动作失灵,若压料装置失灵,则应更换或调整新的压料装置
弯曲件弯曲后出现挠曲与扭曲	1. 弯曲件材料的成分、组织、力学性能等不均匀; 2. 弯曲所用的板料不平整; 3. 弯曲形状不合理; 4. 模具刚性不够	1. 若条件允许,可将弯曲件材料进行回火处理; 2. 弯曲加工前,采用校平机或退火来改善板料的平整度; 3. 保证弯曲形状合理; 4. 模具要有较高的刚性
弯曲件底面不平	1. 卸料杆的着力点分布不均匀或卸料时将卸料杆顶弯; 2. 弯曲成形时,压料力不足	1. 增加卸料杆数量,使其均匀分布; 2. 增加压料力,增加校正,材料在弯曲成形后,再进行校正(镦死)
弯曲等高U形件时侧壁一头高一头低	1. 弯曲模上的定位销、定位板松动或磨损; 2. 弯曲凹模边缘的两处圆角半径大小不一致	1. 重新调整定位销和定位板的位置;若磨损严重,则需更换; 2. 修整圆角半径,尽量使其两处大小一致
弯曲件厚度变薄	1. 采用尖角凸模时,凸模进入材料太深; 2. 凹模圆角半径太小; 3. 凸、凹模间隙太小	1. 严格控制尖角凸模进入凹模的深度; 2. 修整增大凹模圆角半径; 3. 适当加大间隙
弯曲件表面出现压痕或擦伤	1. 下料坯料有冲裁毛刺; 2. 弯曲凸、凹模的表面质量差; 3. 弯曲凹模圆角半径的太小; 4. 凸、凹模间隙不合理; 5. 凸模进入凹模深度过大; 6. 弯曲凸、凹模的间隙不均匀	1. 除净冲裁毛刺; 2. 对凸、凹模的工作表面进行高质量的抛光; 3. 适当修磨弯曲凹模圆角半径,凹模圆角半径一般不应小于3 mm; 4. 修整凸、凹模间隙使其合理; 5. 合理控制凸模进入凹模的深度; 6. 调整模具的间隙,使之处于均匀状态

3.10 提高弯曲件质量的方法

由于弯曲加工件形状的复杂性,成形又受多种因素的影响,因此,弯曲件的加工精度并不高,要保证并提高弯曲件的质量,必须采取一定的措施并采用相应的加工方法。

1. 提高弯曲件质量的方法

为提高弯曲件质量,除选用精度较高、压力足够的压力机加工;设计、制造精度较高的弯曲模;尽量选用塑性好的材料,并控制好弯曲材料的质量;设计合理、实用的弯曲形状,并满足弯曲加工的工艺性等有效措施外,还有以下几种方法。

(1)*严格按弯曲加工的工艺操作* 模具的安装、调整以及生产操作的熟练程度对工件的质量都会产生一定的影响。例如，送料的准确性，坯料定位的可靠性，润滑的正确性都会对弯曲件形状及精度、表面质量产生影响。因此，应严格按工艺规程进行操作。

(2) 正确制定合理、实用的冲压工艺方案　一般应注意以下几方面。

①选择合理的坯料制备方式。一般采用落料制坯比剪床制坯尺寸精度更高。

②注意板料（卷料、条料）的轧制方向和毛刺的正、反面。

③正确确定坯料展开尺寸。因弯曲变形时，弯曲件长度会有增减，故对于尺寸精度较高的弯曲件，应先按理论或经验公式估算坯料展开长度，经过多次试弯，最后确定出坯料展开尺寸和落料模刃口尺寸。

④弯曲工艺方案的制订应考虑弯曲件尺寸标注方式，注意带孔弯曲件的冲压加工顺序。孔边与弯曲变形区间距较大时，可以先冲孔，后弯曲。如果孔边在弯曲变形区附近，或孔与基准面的位置尺寸有严格要求时，则需在弯曲成形后再冲孔。如图 3-71 所示的弯曲件有三种尺寸标注方式。图 3-71a 所示的标注方式可先落料、冲孔，然后弯曲成形；图 3-71b、c 所示的标注方式，冲孔则应在弯曲成形后进行。

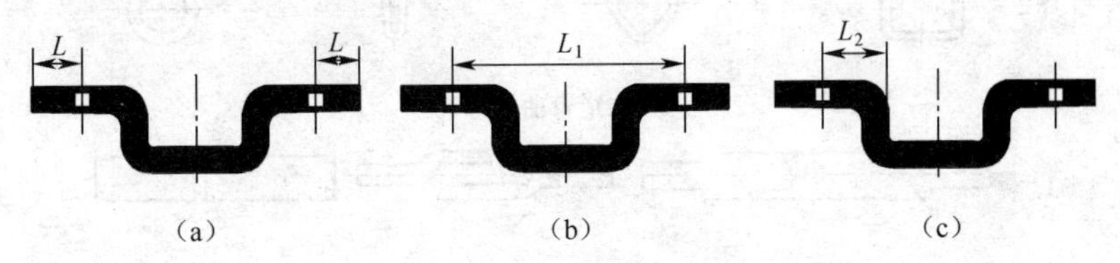

图 3-71　弯曲件的尺寸标注

⑤对弯曲工艺性差的加工件，为保证其加工精度，制定合理、实用的加工工艺方案往往是保证弯曲件质量的关键，如，弯曲对两孔同轴度有一定要求的 U 形件，可能因坯料展开长度不够或产生滑动，引起图 3-72a 所示的孔中心线的错移；或弯曲后回弹，出现图 3-72b 所示的孔中心线倾斜；或因弯曲平面不平，出现起伏，使两孔轴中心线不在一条直线上，出现图 3-72c 所示的孔偏斜。

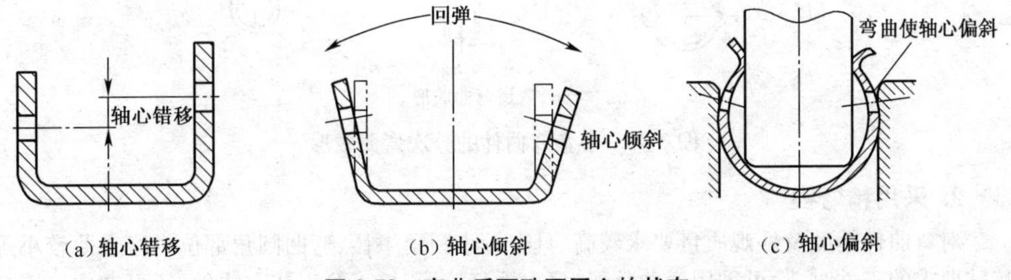

图 3-72　弯曲后两孔不同心的状态

此类加工件，若孔的同轴度要求不太高，为减少加工工序，提高效率，可采用直接冲孔再弯曲的加工工艺，但弯曲加工工艺及模具结构中必须采取以下措施：准确计算加工件的展开尺寸，各定位尺寸必须经过试验决定；提高弯曲模的制造精度；弯曲模中要有防止坯料位置移动、弯曲件回弹及弯曲平面出现起伏的装置；若孔的同轴度要求较高，最好采用先弯曲，后冲孔的加工工艺；如生产批量较大，可考虑设计、制造精弯模加工该类工件。

(3) 减少弯曲次数，提高制件精度　对于形状简单的 V 形、U 形和 Z 形等弯曲件，一般采用一次弯曲成形；对于尺寸小，材料薄，形状较复杂的弹性接触件，采用一次复合弯曲成形。多次弯曲定位不易准确，操作不方便，同时材料经过多次弯曲后塑性会下降。

（4）增加整形或校平工序　当弯曲件相对弯曲半径 r/t 小于或接近其极限值，或弯曲件尺寸精度要求较高、对表面形状以及平整度有特殊要求时，应在弯曲之后增加整形或校平工序。

（5）正确安排弯曲件的加工顺序　对于多角弯曲件采用简单模分次弯曲成形时，一般应先弯曲两端的角，后弯中间的角。前次弯曲必须考虑后次弯曲有可靠的定位，后次弯曲不影响前次弯曲成形的部分。图 3-73 为常见的多角弯曲件分次弯曲成形示例图。

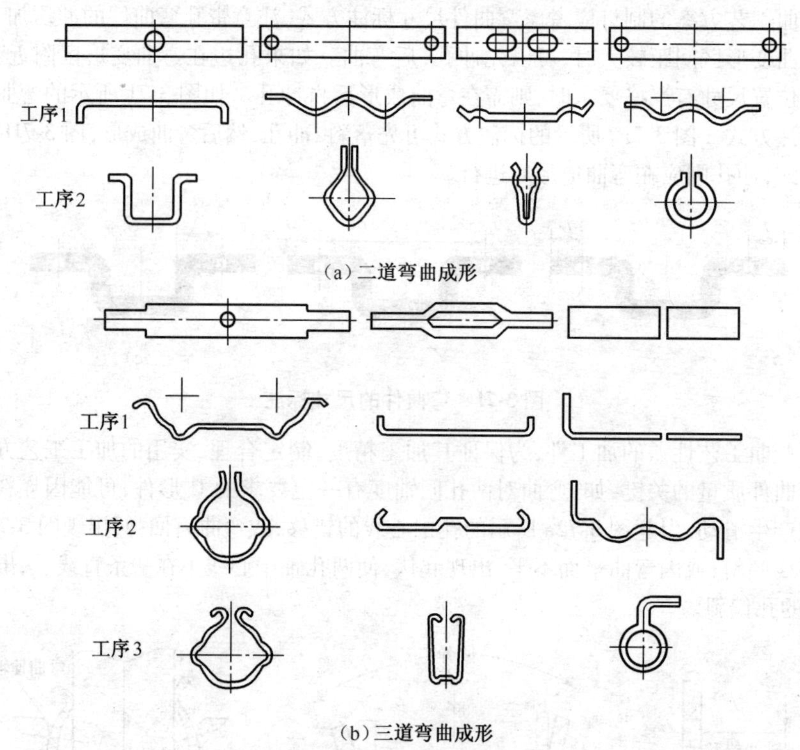

图 3-73　多角弯曲件的分次弯曲成形

2. 采用精弯模

对弯曲件精度及外观质量要求较高、具有较小圆角半径、弯曲圆角部位料厚变薄较小等特殊要求的工件时，除可采用弯曲整形、多次重复校形、校正等工艺方法外，还可考虑采用精弯模。精弯模主要有折板式、翻转模块式两类结构。

精弯模是指坯料在弯曲过程中，始终随折板（或翻转模块）回转成形，其间不产生滑移，弯曲后的加件能达到较高尺寸精度和表面质量的弯曲模。

精弯时，坯料可用定位板或定位销定位。由于坯料与定位板或定位销之间始终无相对滑动，因而减少了材料在弯曲过程中的滑动，这是精弯能获得较高精度弯曲件的根本原因。

一般凹模圆角半径对材料弯曲成形影响很大，圆角过小时材料拉薄。采用精弯时，不存在沿凹模圆角流动的阻力，因而避免了材料变薄伸长现象。精弯模制作要求和成本都较高，一般不推荐使用,只有在制作要求高,生产批量大的情况下才使用。精弯模具适用于孔位相对位置精度要求较高,又不便于弯曲成形后再冲孔的场合;弯曲用坯料不易放平稳的窄长形工件的弯曲。

(1)折板式精弯模 图 3-74 为单角 V 形弯曲件折板式弯曲模。

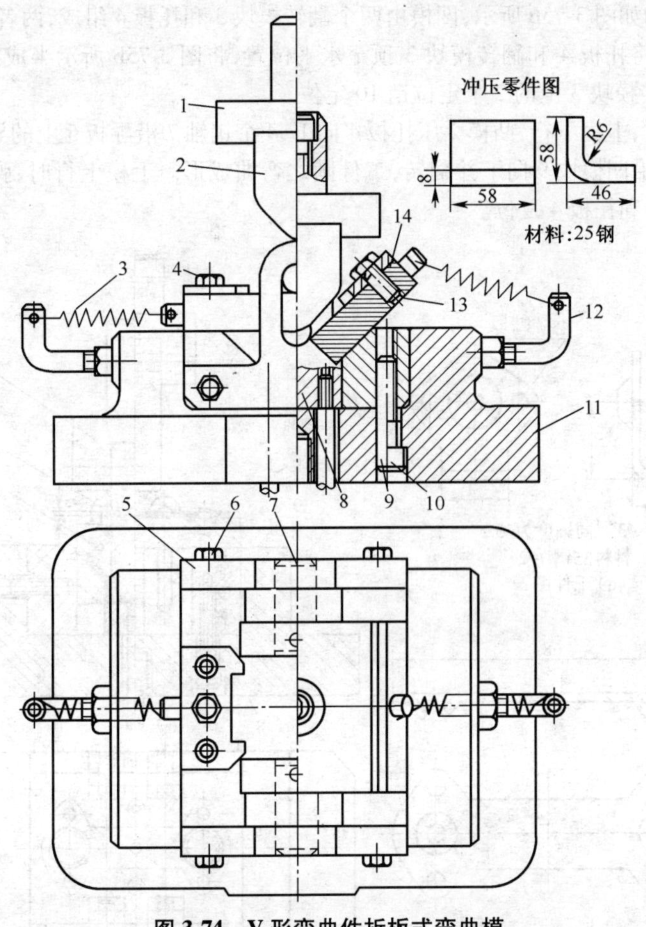

图 3-74 V 形弯曲件折板式弯曲模

1. 上模座 2. 弯曲凸模 3. 拉力弹簧 4、6、10、13. 螺钉 5. 支承板 7. 小轴 8. 弹顶器垫板 9. 圆柱销 11. 下模座 12. 支杆 14. 折板

该模具适用于精度较高的 V 形弯曲件加工。弯曲角可按需要分别设计凸模角度及折弯板垫角。由于弯曲凸模与凹模在弯曲过程中始终贴紧加工件表面,故无压痕。该冲模弯曲属镦压校正弯曲,弯曲件不仅表面平整,而且回弹小,如果在试弯后按实测回弹量修整弯曲凸模,则可获取更高精度的弯曲件。

图 3-74 所示凹模在拉簧及弹顶器的作用下,位于水平状态(图中左半部所示),工作时,坯料由定位板定位,凸模下行,使凹模一方面靠凹模座滑动,另一方面绕小轴转动,从而使坯料压弯成形(图中右半部所示)。

(2)翻转模块式精弯模 图 3-75a 所示双角零件用厚 2 mm 的 35 钢制成,两侧边 4×

$\phi 3^{+0.1}_{0}$ mm 孔同轴度允差 $\phi 0.2$mm，生产批量较大。

该零件的基本形式为 U 形件，两侧边有两个对称的锥台，两侧边的 $4\times\phi 3^{+0.1}_{0}$ mm 孔不同轴度允差，如采用一般 U 形件弯曲模结构难以保证产品要求，为此，决定采用翻转模块式精弯模，工艺方案为：落工件外形⟶冲 $4\times\phi 3^{+0.1}_{0}$ mm 孔和 2 锥台⟶弯曲成形

精弯模结构如图 3-75c 所示，凹模由两个翻转模块 3 和托板 4 组成，两者用销轴 7 连接。冲压前，顶杆 6 将托板 4 和翻转模块 3 顶至水平位置，将图 3-75b 所示半成品件上的 $\phi 3^{+0.1}_{0}$ mm 孔，置于翻转模块 3 上的 2 个定位销 10 定位。

模具工作时，上模下行，凸模 2 压托板 4 向下，4 个销轴 7 沿导板 5 上的导向槽 A 向下滑动，翻转模块 3 沿凹模块 9 向下并翻转，工件随之弯曲成形。上模上行时，弹顶器通过顶杆 6，使翻转模块 3 和托板 4 复位。

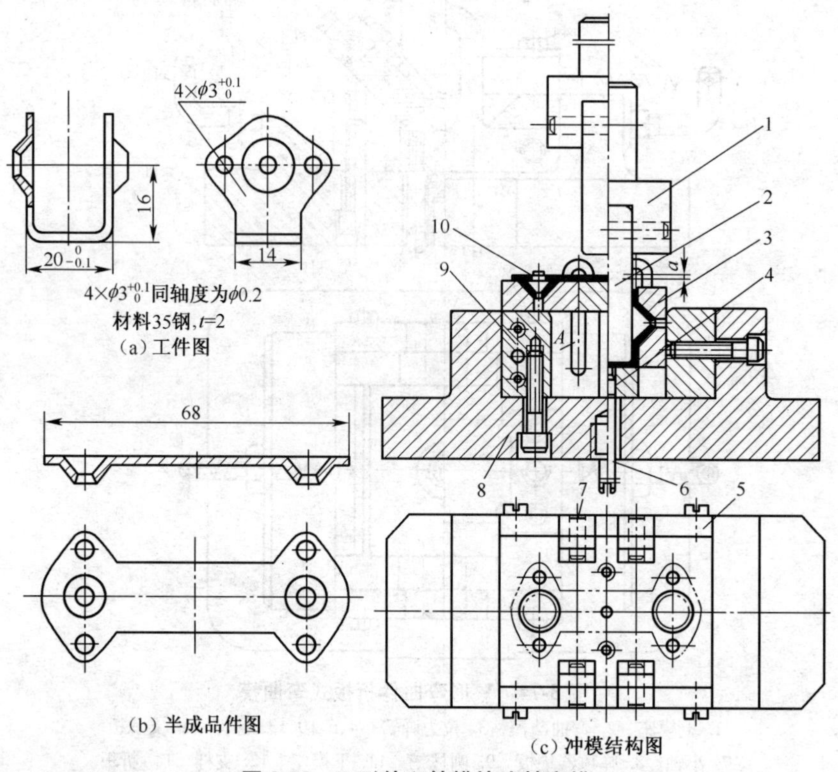

图 3-75 U 形件翻转模块式精弯模

1. 模柄 2. 凸模 3. 翻转模块 4. 托板 5. 导板 6. 顶杆 7. 销轴 8. 下模座 9. 凹模块 10. 定位销

(3) 确定回转中心 图 3-74 和图 3-75c 为 90°的 V、U 形精弯模。精弯模设计的关键是确定活动凹模回转中心的位置。

①弯曲中心角 $\alpha=90°$时，活动凹模块回转中心位置的确定，如图 3-76 所示。活动凹模块的回转中心与活动凹模工作表面的距离 h 为：

$$h = 0.215\,r + (1 - 0.785\,k)t$$

式中 r——弯曲件内弯曲半径； t——材料厚度；

k——中性层系数，见表 3-25。

表 3-25 中性层系数

r/t	0.1	0.15	0.2	0.25	0.3	0.4	0.5	0.6	0.7	0.8	0.9
k	0.23	0.26	0.29	0.31	0.32	0.35	0.37	0.38	0.39	0.40	0.405
r/t	1	1.1	1.2	1.3	1.4	1.5	1.6	1.7	1.8	1.9	2.0
k	0.41	0.42	0.424	0.429	0.433	0.436	0.439	0.44	0.445	0.447	0.449
r/t	2.5	3	3.5	3.75	4	4.5	5	6	10	15	30
k	0.458	0.464	0.468	0.47	0.472	0.474	0.477	0.479	0.488	0.493	0.496

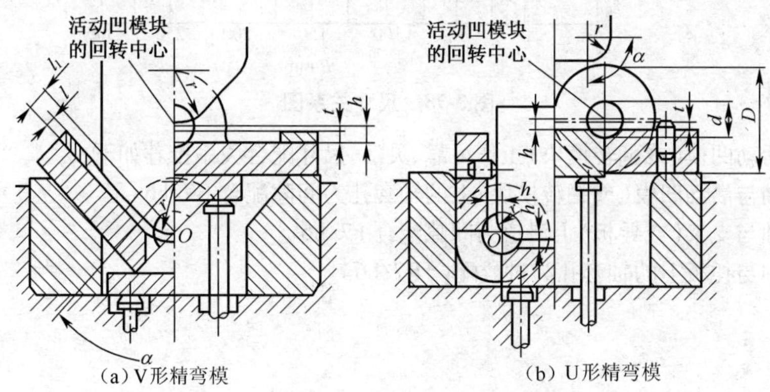

(a) V形精弯模 (b) U形精弯模

图 3-76 $\alpha=90°$的精弯模

②弯曲中心角 $\alpha\neq90°$时，V、U 形精弯模的 h 值计算如下：

$$h = r + t - \frac{0.785\ (r + k\,t)}{\tan\dfrac{\alpha}{2}}$$

式中 α——精弯角度，见图 3-77。

③回转轴轴销和轴套直径的确定。连接活动凹模并起支承作用支架的轴销直径 d 和轴套直径 D，与弯曲件材料厚度 t、弯曲线长度 B 有关。d 、D 与 t、B 关系见图 3-78，d 、D 可直接由图表查得。

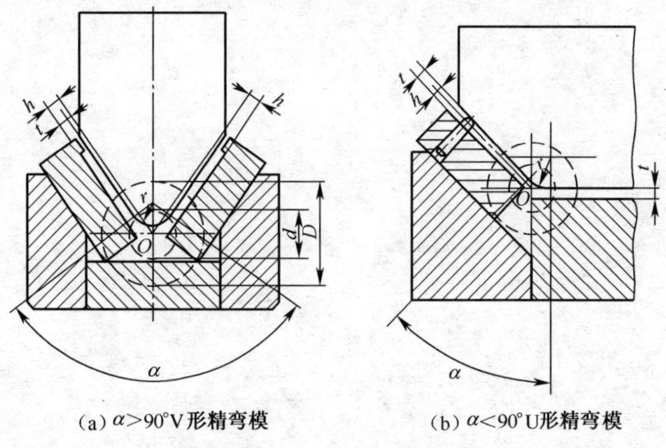

(a) $\alpha>90°$V形精弯模 (b) $\alpha<90°$U形精弯模

图 3-77 $\alpha\neq90°$的精弯模

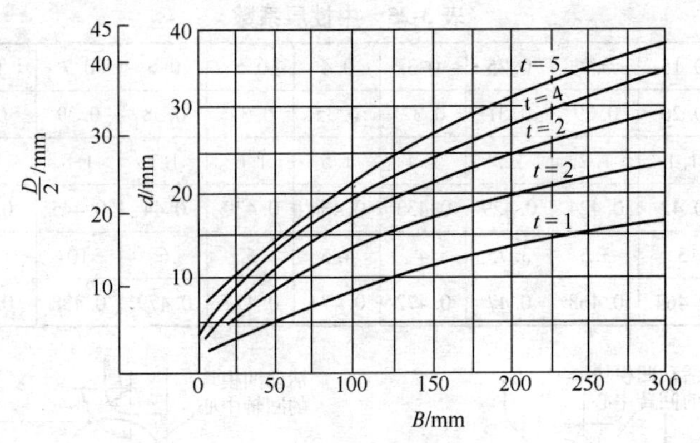

图 3-78 尺寸关系图

为使活动凹模(或翻转模块)工作可靠、灵活,尺寸配合关系推荐如下:

①销轴与活动凹模(或翻转模块)上的轴套孔为间隙配合 G7/h6。

②销轴与支架(或导板)上滑道为间隙配合 F7/h6。

③销轴与托板上的轴套孔为过盈配合 R7/h6。

第4章　拉　深

4.1　拉深过程分析

平面板料在凸模压力作用下，通过凹模形成一个开口空腔工件的冲压工序称为拉深。拉深工序习惯上又称为拉延、压延、延伸、拉伸、引伸等。采用拉深冲压方法可得到筒形、阶梯形、锥形、方形、球形和各种不规则形状的薄壁工件。

图4-1为圆筒形拉深模结构图，置于凹模3上表面的坯料，在压料板1的压边力和凸模2的拉深力作用下，被拉入凹模3，最后形成圆筒形拉深件。

1. 拉深过程

图4-2为直径为D，厚度为t的圆形平板坯料，置于凹模定位孔中，拉深成筒形件的拉深过程。

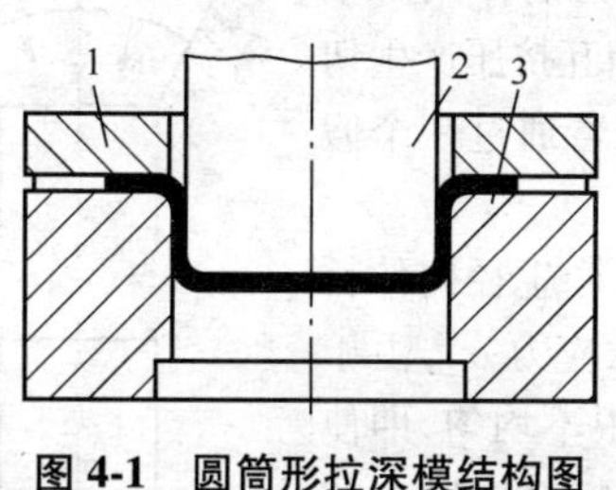

图4-1　圆筒形拉深模结构图

1. 压料板　2. 凸模　3. 凹模

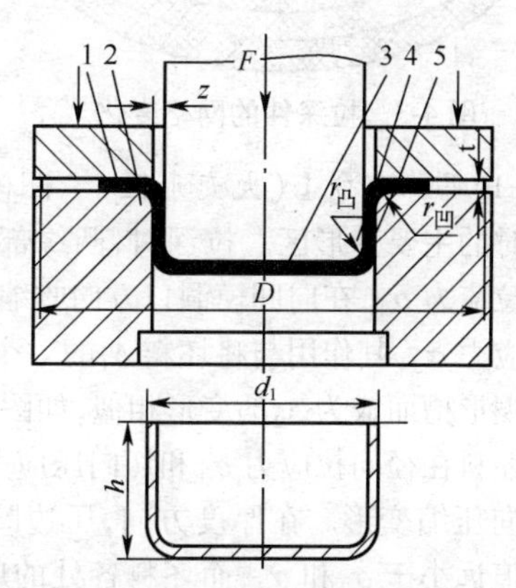

图4-2　筒形件拉深过程

1. 凸缘部分　2. 凹模圆角部分　3. 圆筒底部　4. 凸模圆角部分　5. 筒壁部分

凸模下行接触板料后，向下施压，由于拉深力F与凸、凹模间间隙Z形成弯矩，使板料弯曲下凹，并在凸、凹模圆角导引下，拉入凹模洞口，板料慢慢演变成筒底（凸模下的中心部分板料）、筒壁（拉入洞口内的圆环部分板料），凸缘（未被拉入洞口内的环形部分）三大部分。

随着凸模的继续下降，筒底基本不动，环形凸缘不断向洞口收缩，并被拉入凹模洞口转变成筒壁，于是，筒壁逐渐加高，凸缘逐渐缩小，最后凸缘全部拉入凹模洞口转变为筒壁，拉深过程结束。圆形板料变成了一个直径为d_1、高度为h的开口空腔圆筒。

2. 拉深变形分析

拉深过程就是环形凸缘逐渐收缩向凹模洞口流动，转移成筒壁的过程。拉深过程是一个比较复杂的塑性变形过程。为进一步说明金属的流动过程，拉深前可将坯料画上等距同心圆和分度相等的辐射线组成的扇形网格，拉深后观察这些网格的变化发现：拉深件底部的网格基本保持不变，而筒壁的网格发生了很大的变化；原来的同心圆变成筒壁上的水平圆筒线，而且其间距也增大了，越靠近筒口增大越多；原来分度相等的辐射线变成等距的竖线，即每一扇形面积内的材料都各自在其范围内沿着半径方向流动；每一梯形块进行流动时，周围方向被压缩，半径方向被拉长，最后变成筒壁部分，如图4-3所示。

拉深过程中，坯料各部分的应力应变状态不一样，按坯料各部位应力应变状态的不同，可分成五个区域，各区域的应力应变状态如图4-4所示。

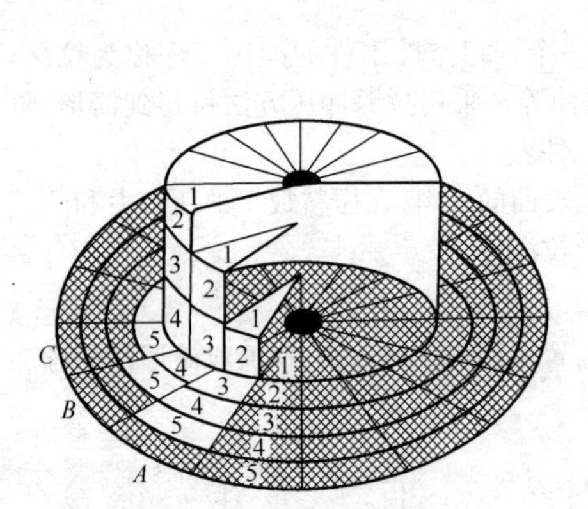

图4-3　拉深件的网格变化

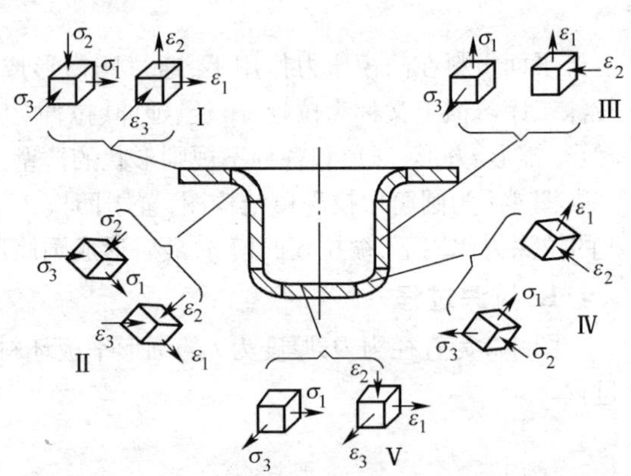

图4-4　拉深过程中坯料各部分的应力应变状态

(1)凸缘部分Ⅰ(大变形区)　凹模上面的环状区域即凸缘，是拉深时的主要变形区。拉深时，凸缘部分材料因拉深力的作用产生径向拉应力σ_1，在向凹模洞口方向收缩流动时，材料相互挤压产生切向压应力σ_3，其作用与将坯料A_1的一个扇形部分被拉着通过一个假想的楔形槽而成为A_2的变形相似，如图4-5所示。

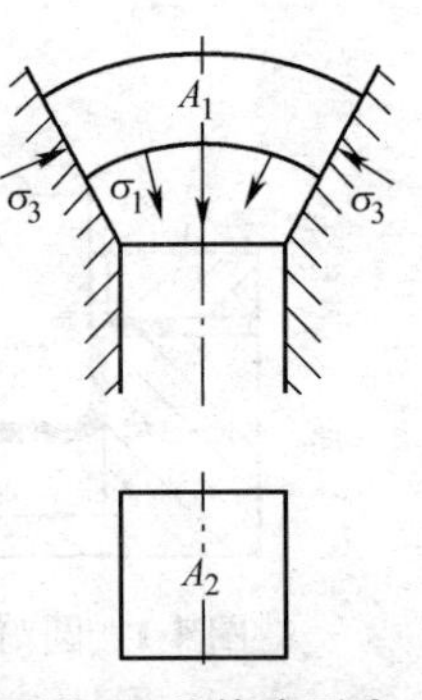

图4-5　凸缘扇形小单元的变形

坯料在径向拉应力σ_1和切向压应力σ_3的作用下，产生径向伸长和切向压缩变形。在厚度方向，压边圈对材料施加压应力σ_2，由于σ_2的值远小于σ_1和σ_3，而坯料各处的应力与应变又很不均匀，即使在凸缘变形区也是这样，越靠近外缘，变形程度越大，板料增厚也越多，因而当凸缘部分转变为侧壁时，各处的厚度变得不均匀。筒壁上部变厚、越靠筒口越厚，最厚增加达25%(1.25t)；筒底稍许变薄，在凸模圆角处最薄，最薄处约为原来厚度的87%。由于产生了较大的塑性变形，引起材料冷作硬化，工件口部材料变形程度大，冷作硬化严重，硬度也高。由上向下，越接近底部硬化越小，硬度越低，因此，靠近底部的筒壁成为拉深时的危险断面，见图4-6。

不用压边圈时，料厚变化相对会更大一些，而当凸缘较大，板料又较薄时，拉深时凸缘部分会由于切向压应力的作用失去稳定而拱起，形成所谓"起皱现象"，故常用压边圈对凸缘进行压边。

(2)凹模圆角部分Ⅱ(过渡区)　此处也是凸缘与筒壁交合过渡部分，材料的变形较复杂，除有与凸缘部分相同的特点即受径向拉应力σ_1和切向压应力σ_3作用外，还承受凹模圆

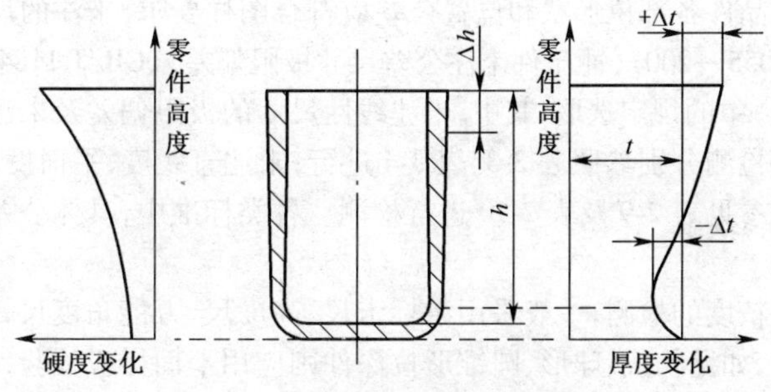

图 4-6 拉深件壁厚和硬度的变化

角挤压和弯曲形成的厚向压应力 σ_2 的作用。

(3) 筒壁Ⅲ(传力区) 这是已变形区,由凸缘部分材料经切向压缩、径向拉伸收缩流动转移而成,基本上不再发生大的变形。在继续拉深时,起着将凸模的拉深力传递到凸缘上的作用,筒壁材料在传递拉深力的过程中,自身承受单向拉应力 σ_1 作用,纵向稍有伸长,厚度稍有变薄。

(4) 凸模圆角部分Ⅳ(过渡区) 筒壁与筒底交合过渡部分,径向和切向承受拉应力作用,厚向受凸模圆角挤压和弯曲产生的压应力作用。拉深过程中,径向拉长,厚度减薄,变薄最严重处是凸模圆角与筒壁相接部位。拉深开始时,处于凸、凹模间,需要转移的材料少,受变形的程度小,冷作硬化程度低,又不受凸模圆角处有益的摩擦,需要传递拉深力的面积较小。因此,该处成了拉深时最易破裂的"危险断面"。

(5) 圆筒底部Ⅴ(小变形区) 凸模底部下压接触到板料中心区的圆形部分为筒底。在拉深过程中,这一区域始终保持平面形状,受四周均匀径向拉力作用,可以认为是不产生塑性变形或很小塑性变形区域,底部材料将凸模作用力传给圆筒壁部,使其产生轴向拉应力。

4.2 拉深件的质量分析

拉深是成形加工的重要工序之一,在汽车、航空、电器、仪表、电子等行业占有相当重要的地位,但由于拉深时应力、应变的复杂性,拉深件往往易产生质量问题。

1. 拉深件的质量要求

拉深件的质量要求是能满足工件图样的形状、尺寸要求,无裂纹、起皱,没有明显、急剧的轮廓变化,不允许有任何锥角、缩颈现象。

拉深件的加工精度与很多因素有关,因此,尺寸精度不高,一般拉深件的尺寸经济公差等级在 IT11 级以下。

拉深件的壁厚除有特殊要求外,其厚度变化允许值为 $1.2t \sim 0.6t$,矩形盒四角允许有增厚,多次拉深的工件外壁或凸缘表面也允许有轻微的印痕。

2. 拉深件的检测

①拉深件表面的质量检测一般采用目测观察的方法进行检查,检查内容主要是拉深件的内、外拉深圆角部位不允许有裂纹、破损;外表面不允许有压痕、严重划痕、凹凸鼓起或折皱,翘曲等。

②拉深后的成品件各部位形状和位置公差应符合图样要求，未注的尺寸公差及形位公差分别按 GB/T 15055—2007《冲压件未注公差尺寸极限偏差》、GB/T 1184—1996《形状和位置公差未注公差值》中的规定选取，其中，未注线性尺寸的极限偏差及未注成形圆角半径线性尺寸的极限偏差检测分别参照表 3-3、表 3-4 进行；未注直线度、平面度及平行度、垂直度和倾斜度形位公差参见表 2-9 及表 2-10 进行检测。各类标准中，具体公差等级按相应的企业标准规定选取。

③拉深件尺寸精度的检测，一般采用游标卡尺、高度尺、万能角度尺等检测量具。较复杂的中小型拉深件，如抛物线、球形、圆锥形拉深件则应用平面样板检验，即在检验时，通过拉深件曲面形状与样板的符合程度作为检查的依据；大型复杂曲面工件可采用检验样板、样架、立体型面样板或样架等专用检具检测，也可借助三坐标测量仪作关键尺寸的检查、测量。

3. 拉深件的主要质量问题及其影响因素

(1)拉深件的主要质量问题　从拉深加工过程分析可知：拉深时应力、应变复杂，且不断变化，拉深件的壁厚不均匀。因此，拉深件凸缘区在切向压应力作用下会“起皱”和筒壁传力区上危险断面的“拉裂”。这是拉深件的主要质量问题。

起皱主要是由于凸缘切向压应力超过了板材临界压应力所致，与压杆失稳类似，如图 4-7 所示。凸缘起皱不仅取决于切向压应力的大小，而且取决于凸缘的相对厚度。

拉深时产生破裂的原因是筒壁总拉应力增大，超过了筒壁最薄弱处(即筒壁的底部转角处)的材料强度时，拉深件产生破裂，如图 4-8 所示。所以，此处承载能力的大小决定拉深能否成形。

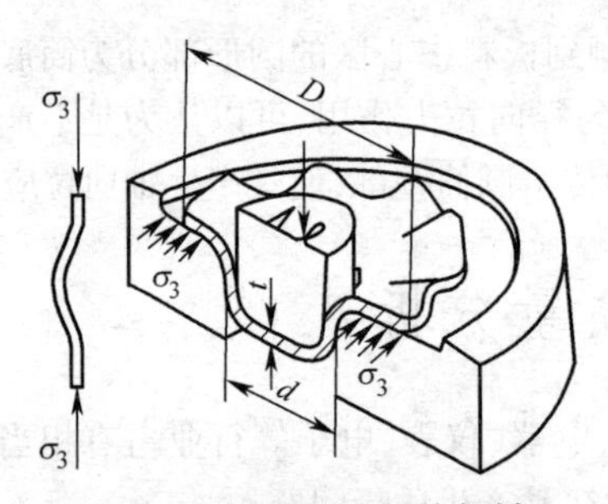

图 4-7　拉深时坯料的起皱

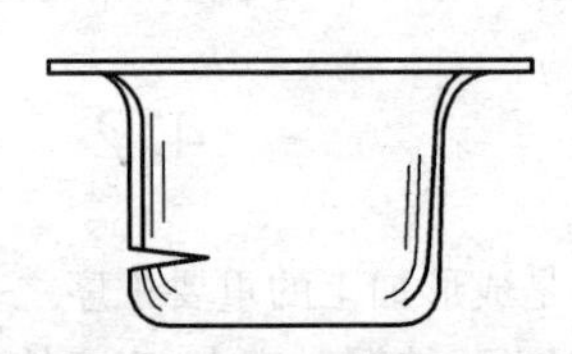

图 4-8　拉深时坯料的破裂

(2)影响拉深件质量的因素　影响拉深起皱的因素主要有以下几点。

①变形程度。变形程度越大，需要转移的多余材料就越多，则拉深力增大，使切向压应力 σ_3 增大，越容易使凸缘变形区失稳起皱。

②材料的力学性能。板料的屈强比 σ_s/σ_b 小，材料不易出现拉深细颈，塑性变形过程稳定性高，因而危险断面的严重变薄和拉断减少，拉深件的精度提高，

③凸模圆角半径。凸模圆角半径的数值对于筒壁传力区的最大拉应力影响不大，但是，影响危险断面的强度，圆角半径太小，使板料绕凸模弯曲的拉应力增加，降低危险断面的强度；圆角半径太大，又会减少传递拉深力的承载面积，同时还会减少凸模端面与板料的接触面积，增加板料的悬空部分，易产生内皱现象。

④凹模圆角半径。凹模圆角半径太小，板料在拉深过程中的弯曲抗力会增加，筒壁传力区的最大拉应力也增加，易引起拉断；凹模圆角半径太大，又会减少有效压边面积，使板料失

稳起皱。

⑤凸、凹模间隙。板料在拉深过程中有增厚现象，间隙的大小应有利于板料的塑性流动，不致使板料受到太大的挤压作用与摩擦阻力，避免因拉深力的增大使拉深件拉破。但间隙太大时，坯料容易起皱且会影响拉深件的准确性。

⑥摩擦与润滑条件。为减少板料在拉深过程中的摩擦损耗，凹模与压边圈的工作表面应比较光滑，并且必须采用润滑剂；为增加危险断面的强度，在不影响拉深件表面质量的条件下，凸模表面可以稍为粗糙，而且拉深时不应在凸模与板料的接触表面涂抹润滑剂。

⑦压边力。为减少拉深时筒壁传力区的最大拉应力，在保证凸缘不起皱的情况下，将压边力取为最小。

⑧板料的相对厚度 t/D（t 为料厚，D 为坯料直径）。板料的相对厚度越大，拉深时抵抗失稳起皱的能力就越大，越不容易起皱，因而可以减小压边力，减少摩擦损耗，避免拉深件的破裂；坯料的相对厚度 t/D 越小，拉深变形区抵抗失稳的能力越差，越容易起皱。

4. 保证拉深件质量的措施

一般来说，起皱并不是拉深工艺的主要问题，因为它可以通过压边、使用拉深筋予以消除，而拉裂则是拉深工艺的主要问题，可采取以下措施。

①制定合理、实用的加工工艺方案是保证拉深件成功的关键，也直接关系到拉深件的加工成本。加工工艺方案主要包括：确定拉深加工各工序的变形程度、安排加工次序、计算合理的坯料形状和尺寸。

②合理选用并控制好拉深材料。拉深件所采用的材料不同，不仅影响拉深件的形状与精度，也可能使拉深件出现裂纹。在条件允许的条件下，应选用屈强比 σ_s/σ_b 小、成形性能好、金相组织、表面质量好的材料进行拉深。

③正确、合理、实用的模具结构是决定拉深件加工质量、制造成本的主要因素，也是决定拉深件形状和尺寸精度的关键，因此，应选用合适的拉深模具及合理的凸、凹模圆角半径，并设置合适的压边力。

④严格按拉深加工的工艺操作。模具的安装、调整以及生产操作的熟练程度都会对拉深加工产生一定的影响。如坯料定位的可靠性，润滑的正确性都会对拉深件形状及精度、表面质量产生影响。

⑤设计并控制拉深件的形状。拉深件的形状对拉深质量影响极大，拉深工艺性差的材料不但会增加拉深次数，而且易造成各种拉深缺陷。

4.3 拉深件的工艺性分析

拉深件的结构应具有良好的工艺性，以简化工艺过程，并有利于保证拉深件质量。拉深件的工艺性主要考虑以下几方面的内容。

①拉深件的形状应尽量简单、对称，有利于拉深成形。对某些半敞开及不对称的空心件，宜将两个或几个合并成对称的形状一起拉深，然后切开，避免单个成形时受力不对称而使拉深变形困难。

②对于带凸缘的圆筒形拉深件，用压边圈拉深时，最合适的凸缘在以下范围：

$$d+12t \leqslant d_{凸} \leqslant d+25t$$

式中 d——圆筒件直径,mm; t——材料厚度,mm; $d_{凸}$——凸缘直径,mm。

③拉深深度不宜过大(即 H 不宜大于 $2d$)。当一次可拉深成形时,其高度为:

无凸缘圆筒件 $H \leqslant (0.5 \sim 0.7)d$

矩形件 $H \leqslant (0.3 \sim 0.8)B$ 且 $r_{角} = (0.05 \sim 0.2)B$

式中 B——矩形件的短边宽度; $r_{角}$——矩形件角部圆角半径

④凸缘件一次拉深成形的条件为:拉深件直径(d)与坯料直径(D)的比值为 $d/D \geqslant 0.4$。

⑤拉深圆角半径应合适。

圆筒件:底与壁的圆角半径 $r_{凸}$ 应满足 $r_{凸} \geqslant t$,凸缘与壁之间的圆角半径 $r_{凹} \geqslant 2t$,从有利于变形的条件来看,最好取 $r_{凸} \approx (3 \sim 5)t$,$r_{凹} \approx (4 \sim 8)t$。若 $r_{凸}$(或 $r_{凹}$)$\geqslant (0.1 \sim 0.3)t$ 时,可增加整形。

矩形件:盒角部分的圆角半径 $r_{角} \geqslant 3t$。为了减少拉深次数,应尽量取 $r_{角} \geqslant 1/5H$(H 为盒形件高)

⑥拉深件的制造精度。拉深件的制造精度不宜要求过高,一般在IT11级以下;拉深件的厚度变化为(不变薄拉深),上下壁厚约为 $1.2t \sim 0.6t$,矩形盒四角也要增厚;多次拉深工件的外壁或凸缘表面允许在有深过程中所产生的印痕。

4.4 拉深件的工艺设计

在冲压生产中,拉深件种类很多,形状各异,由于变形区的位置、变形性质、应力应变状态及其分布各不相同,所以,工艺参数、工序数目与顺序的确定方法、模具设计原则与方法均不同,但按其变形力学特点,拉深件可分为筒形件(筒形件、带凸缘圆筒件、阶梯圆筒件,如图4-9a所示)、曲面旋转体拉深件(球形、抛物线形、锥形等,如图4-9b所示)、盒形件(方形、矩形、椭圆形、多角形等,如图4-9c所示)和不规则形状拉深件(如图4-9d所示)等四种基本类型。

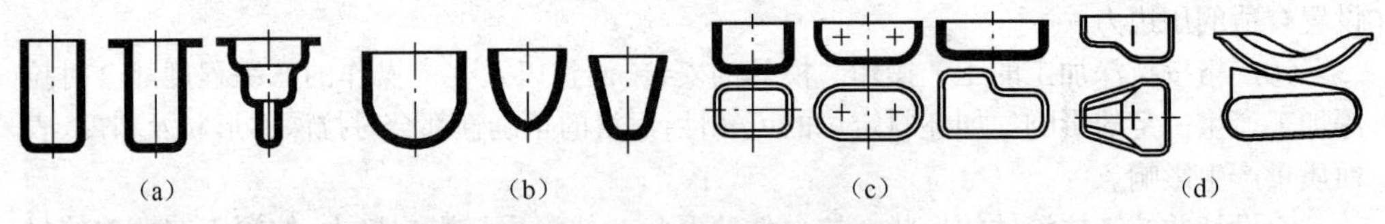

图4-9 拉深件的基本类型

不论何种类型,在进行拉深加工工艺规程的编制及模具的设计、压力机的选用之前,必须根据拉深件的形状、尺寸和精度等方面的要求进行必要的分析、计算,主要包含以下几方面的内容。

4.4.1 拉深件坯料尺寸确定的依据

板料在拉深过程中,材料没有增减,只发生塑性变形,因而拉深件符合以下规律。

①体积不变原理。拉深前后,拉深件的体积不变,在不变薄拉深中,虽然在拉深过程中板料的厚度发生一些变化,有增厚也有变薄。但实践证明,其平均厚度与原坯料厚度差别不大,因此,拉深变形前后体积不变就可转变为拉深前后工件的表面积近似相等。

②形状相似原理。坯料的形状一般与拉深件的形状相似,如,拉深件截面轮廓是圆的,

坯料的形状也应是圆的。

③计算坯料尺寸时，须加上修边余量。在大多数情况下，拉深后的工件口部或凸缘周边并不整齐，须将不平的顶端或凸缘的毛边切去，所以，在计算坯料尺寸时就必须加入修边余量。修边余量 Δh 取值见表 4-1~表 4-3。

表 4-1　无凸缘筒形件的修边余量 Δh　(mm)

工件总高度 h	工件相对高度 h/d				附图
	0.5~0.8	0.8~1.6	1.6~2.5	2.5~4	
≤10	1	1.2	1.5	2	
11~20	1.2	1.6	2	2.5	
21~50	2	2.5	3.3	4	
51~100	3	3.8	5	6	
101~150	4	5	6.5	8	
151~200	5	6.3	8	10	
201~250	6	7.5	9	11	
>250	7	8.5	10	12	

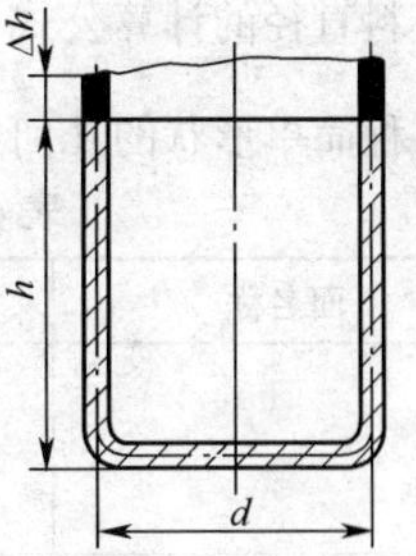

表 4-2　带凸缘圆筒件的修边余量 Δh　(mm)

凸缘直径 $d_{凸}$	凸缘的相对直径 $d_{凸}/d$				附图
	<1.5	1.5~2	2~2.5	2.5~3	
≤25	1.6	1.4	1.5	1	
26~50	2.5	2	1.8	1.6	
51~100	3.5	3	2.5	2.2	
101~150	4.3	3.6	3	2.5	
151~200	5	4.2	3.5	2.7	
201~250	5.5	4.6	3.8	2.8	
>250	6	5	4	3	

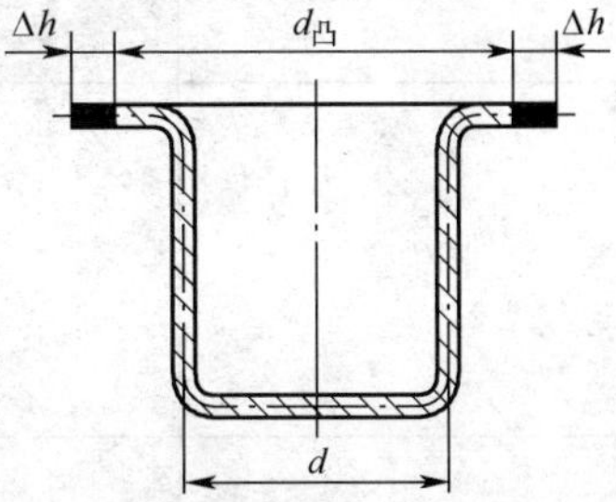

表 4-3　无凸缘矩形件的修边余量 Δh　(mm)

相对高度 $h/r_{角}$	修边余量 Δh	附　图
2.5~6	$(0.03 \sim 0.05)h$	
7~17	$(0.04 \sim 0.06)h$	
18~44	$(0.05 \sim 0.08)h$	
45~100	$(0.08 \sim 0.1)h$	

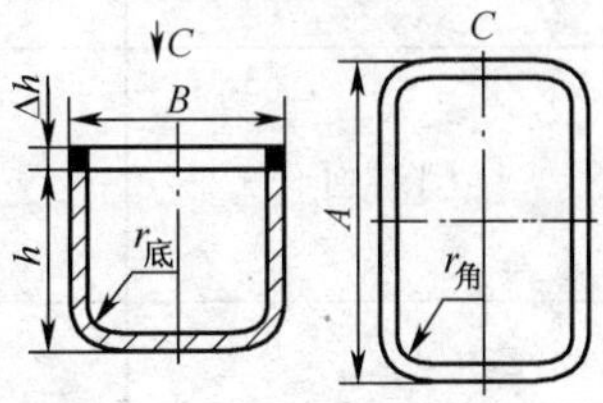

有凸缘矩形件的修边余量可参考表 4-2 选取。使用时，表中 $d_{凸}$ 对应矩形件短边凸缘宽度 $B_{凸}$，d 对应矩形件短边宽度 B。

4.4.2 旋转体拉深件坯料尺寸的计算

根据拉深变形的规律,可在求出工件表面积的基础上,再求出拉深件的坯料尺寸。

1. 形状简单旋转拉深件的坯料直径计算

(1)简单旋转拉深件坯料直径的计算 形状简单的旋转拉深件的坯料直径计算:首先将拉深件划分为若干个简单的几何形状,然后,分别求出各简单几何体的面积 A,并相加求出总面积 $\sum A$,由 $\sum A=\pi D^2/4$ 知

坯料直径的计算公式为: $D=\sqrt{\dfrac{4}{\pi}\sum A}$

各种简单形状的几何体表面积计算公式见表4-4。

表4-4 各种简单形状的几何体表面积计算公式

平面名称	简图	面积 A
圆	d	$A=\dfrac{\pi d^2}{4}$
环	d, d_1	$A=\dfrac{\pi}{4}(d^2-d_1{}^2)$
圆筒壁	h, d	$A=\pi dh$
圆锥壁	d, h, l	$A=\dfrac{\pi}{4}d\sqrt{d^2+4h^2}$ $=\dfrac{\pi dl}{2}$
无顶圆锥壁	d, h, l, d_1	$A=\pi l\left(\dfrac{d+d_1}{2}\right)$ $l=\sqrt{h^2+\left(\dfrac{d-d_1}{2}\right)^2}$
半球面	r	$A=2\pi r^2=\dfrac{\pi d^2}{2}$
小半球面	S, r, h	$A=2\pi rh$ $A=\dfrac{\pi}{4}(S^2+4h^2)$

续表 4-4

平面名称	简图	面积 A
腰截球面		$A = 2\pi rh$
凸形球侧面	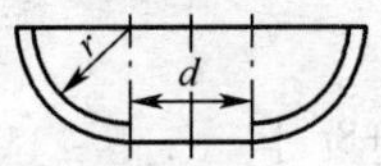	$A = \frac{\pi}{2}(\pi d + 4r)r$
凹形球侧面	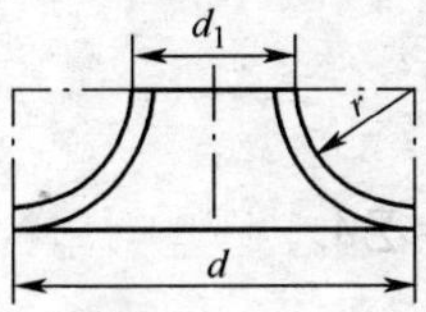	$A = \frac{\pi}{2}(\pi d - 4r)r$ $= \frac{\pi}{2}(\pi d_1 + 2.28r)r$
凸形球环侧面	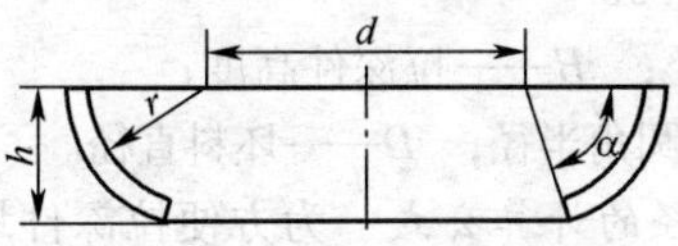	$h = r \times \sin\alpha$ $l = \frac{\pi r\alpha}{180}$ $A = \pi(dl + 2rh)$
凹形球环侧面	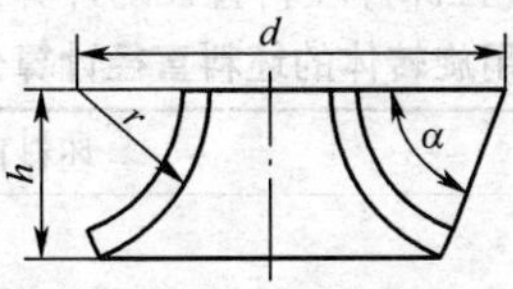	$h = r \times \sin\alpha$ $l = \frac{\pi r\alpha}{180}$ $A = \pi(dl - 2rh)$
凸形球环侧面	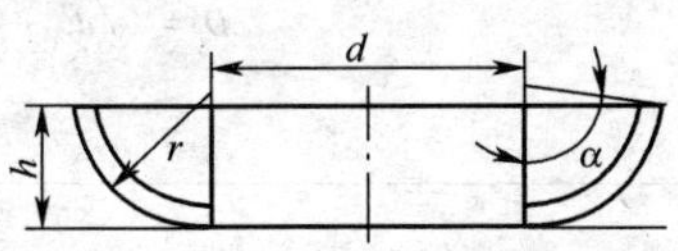	$h = r(1 - \cos\alpha)$ $l = \frac{\pi rd}{180}$ $A = \pi(dl + 2rh)$
凹形球环侧面	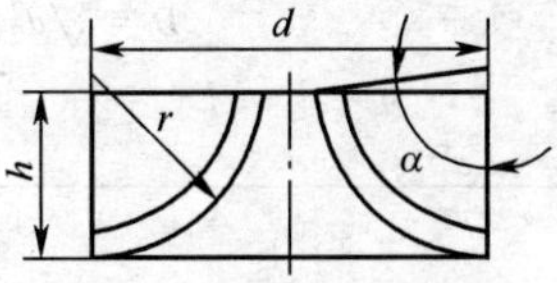	$h = r(1 - \cos\alpha)$ $l = \frac{\pi rd}{180}$ $A = \pi(dl - 2rh)$
凸形球环侧面	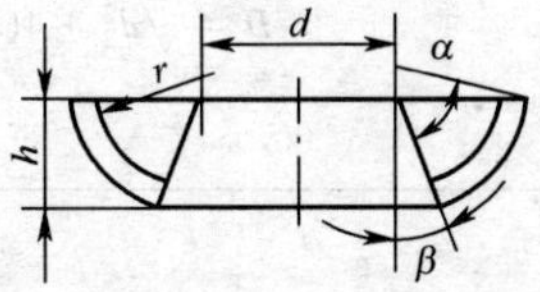	$h = r[\cos\beta - \cos(\alpha + \beta)]$ $l = \frac{\pi r\alpha}{180}$ $A = \pi(dl + 2rh)$
凹形球环侧面	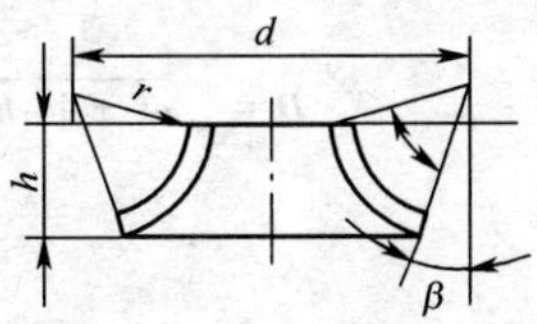	$h = r[\cos\beta - \cos(\alpha + \beta)]$ $l = \frac{\pi r\alpha}{180}$ $A = \pi(dl - 2rh)$

(2)简单旋转拉深件坯料直径的计算实例 如图4-10所示圆筒形拉深件,为便于计算,该拉深件可分为圆筒直壁部分1、圆弧旋转而成的球台部分2,以及底部圆形平板3三部分组成。

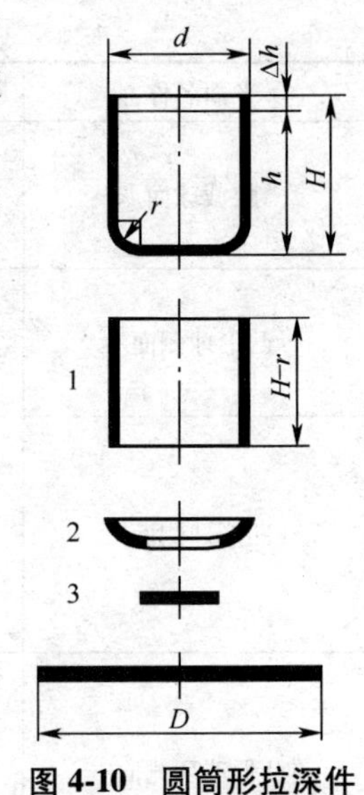

图4-10 圆筒形拉深件坯料尺寸计算

工件的总面积为圆筒直壁部分表面积A_1、球台部分表面积A_2和底部圆形平板表面积A_3三部分之和,即

$$A_1 \pi d(H-r)$$

$$A_2 = \frac{\pi}{4}[2\pi r(d-2r)+8r^2]$$

$$A_3 = \frac{\pi}{4}(d-2r)^2$$

$$\frac{\pi}{4}D^2 = A_1+A_2+A_3 = \sum A_i$$

即:$D = \sqrt{d^2 + 4dH - 1.72dr - 0.56r^2}$

式中 d——拉深件圆筒部分中径; H——拉深件高度;

r——工件中线在圆角处的圆角半径; D——坯料直径。

(3)常用旋转拉深件坯料直径的计算公式 为方便拉深件坯料直径的计算,表4-5给出了常用旋转拉深件坯料直径的计算公式,

表4-5 常用旋转体的坯料直径计算公式

拉深件形状	坯料直径 D
d, h	$D = \sqrt{d^2 + 4dh}$
d_2, d_1, h	$D = \sqrt{d_2^2 + 4d_1 h}$
d_2, h_2, d_1, h_1	$D = \sqrt{d_2^2 + 4(d_1 h_1 + d_2 h_2)}$
d_2, l, d_1, h	$D = \sqrt{d_1^2 + 4d_1 h + 2l(d_1 + d_2)}$

续表 4-5

拉深件形状	坯料直径 D
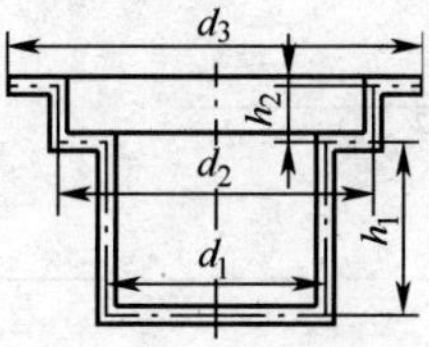	$D=\sqrt{d_3^2+4(d_1h_1+d_2h_2)}$
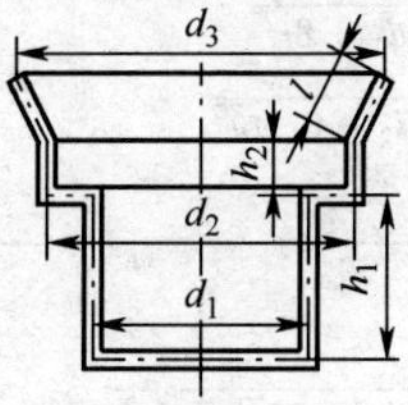	$D=\sqrt{d_2^2+4(d_1h_1+d_2h_2)+2l(d_2+d_3)}$
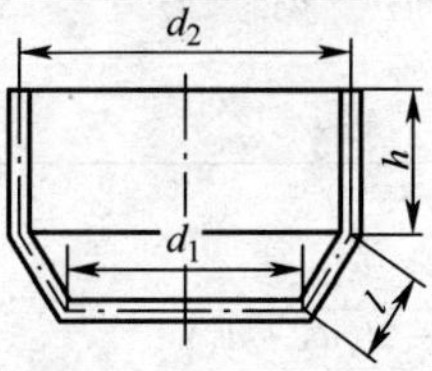	$D=\sqrt{d_1^2+2l(d_1+d_2)+4d_2h}$
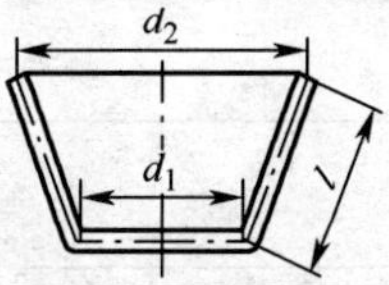	$D=\sqrt{d_1^2+2l(d_1+d_2)}$
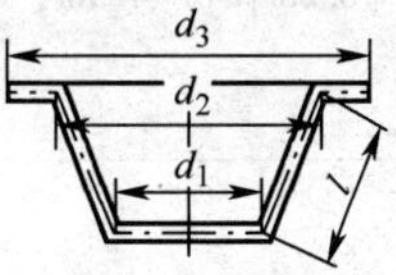	$D=\sqrt{d_1^2+2l(d_1+d_2)d_3^2-d_2^2}$
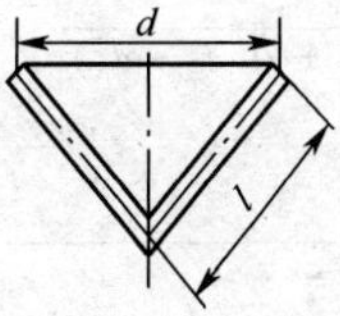	$D=\sqrt{2dl}$
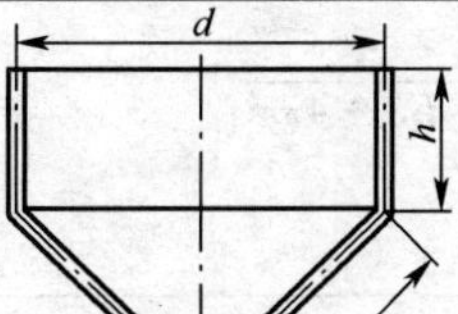	$D=\sqrt{2d(l+2h)}$
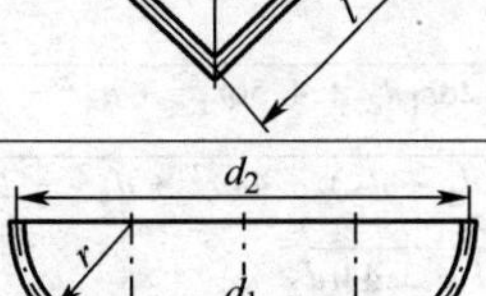	$D=\sqrt{d_1^2+2r(\pi d_1+4r)}$

续表 4-5

拉深件形状	坯料直径 D
 d_2, d_3, d_1, r	$D = \sqrt{d_1^2 + 6.28rd_1 + 8r^2 + d_3^2 - d_2^2}$
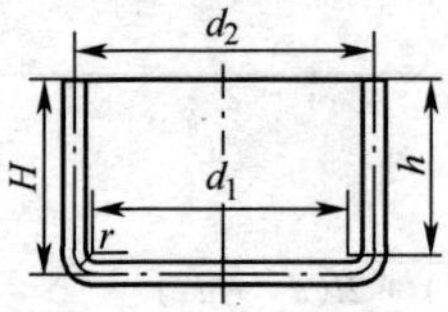 d_2, d_1, H, h, r	$D = \sqrt{d_1^2 + 4d_2h + 6.28rd_1 + 8r^2}$ $= \sqrt{d_2^2 + 4d_2H - 1.72rd_2 - 0.56r^2}$
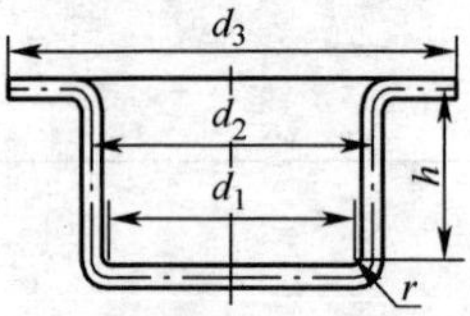 d_3, d_2, d_1, h, r	$D = \sqrt{d_1^2 + 2\pi rd_1 + 8r^2 + 4d_2h + d_3^2 - d_2^2}$
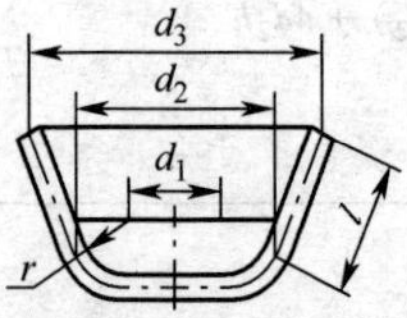 d_3, d_2, d_1, l, r	$D = \sqrt{d_1^2 + 2\pi rd_1 + 8r_2 + 2l(d_2 + d_3)}$
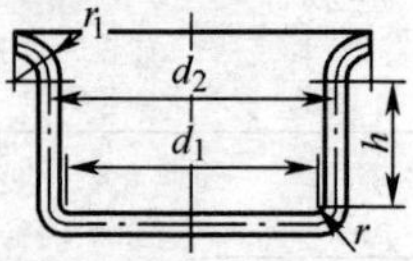 r_1, d_2, d_1, h, r	$D = \sqrt{d_1^2 + 6.28rd_1 + 8r^2 + 4d_2h + 6.28r_1d_2 + 4.56r_1^2}$
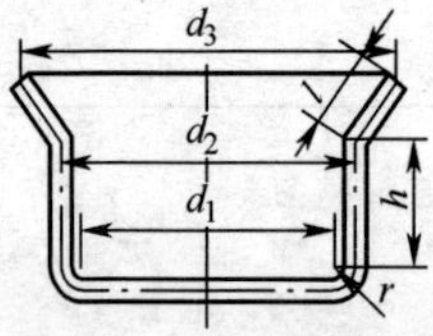 d_3, l, d_2, d_1, h, r	$D = \sqrt{d_1^2 + 2\pi rd_1 + 8r^2 + 4d_2h + 2l(d_2 + d_3)}$
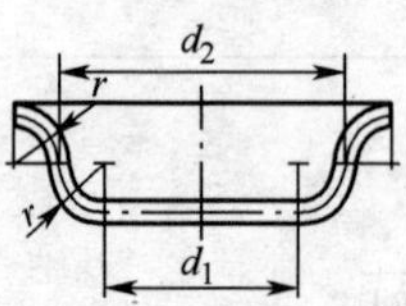 d_2, r, r, d_1	$D = \sqrt{d_1^2 + 2\pi r(d_1 + d_2) + 4\pi r^2}$
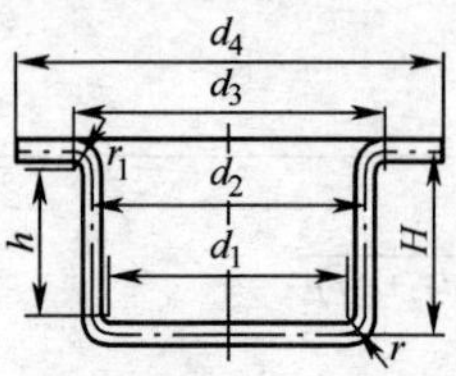 d_4, d_3, r_1, d_2, d_1, h, H, r	$D = \sqrt{d_1^2 + 6.28rd_1 + 8r^2 + 4d_2h + 6.28r_1d_2 + 4.56r_1^2 + d_4^2 - d_3^2}$ 当 $r_1 = r$ 时，$D = \sqrt{d_1^2 + 4d_2h + 2\pi r(d_1 + d_2) + 4\pi r^2 + d_4^2 - d_3^2}$ 或 $D = \sqrt{d_4^2 + 4d_2H - 3.44rd_2}$

续表 4-5

拉深件形状	坯料直径 D
	$D=\sqrt{8Rh}$ 或 $D=\sqrt{s^2+4h^2}$
	$D=\sqrt{d_2{}^2+4h^2}$
	$D=\sqrt{2d^2}=1.414d$
	$D=\sqrt{d_1{}^2+d_2{}^2}$
	$D=1.414\sqrt{d_1{}^2+2d_1h+l(d_1+d_2)}$
	$D=\sqrt{d_1{}^2+4\left[h_1{}^2+d_1h_2+\frac{l}{2}(d_1+d_2)\right]}$
	$D=\sqrt{d^2+4(h_1{}^2+dh_2)}$
	$D=\sqrt{d_2{}^2+4(h_1{}^2+d_1h_2)}$

续表 4-5

拉深件形状	坯料直径 D
	$D = \sqrt{d_1{}^2 + 4h^2 + 2l(d_1 + d_2)}$
	$D = 1.414\sqrt{d_1{}^2 + l(d_1 + d_2)}$
	$D = 1.414\sqrt{d^2 + 2dh}$ 或 $D = 2\sqrt{dh}$
	$D = \sqrt{d_1{}^2 + d_2{}^2 + 4d_1 h}$

在计算中,拉深件尺寸均按厚度中线计算,但当板料厚度小于 1 mm 时,也可以按外形或内形尺寸计算。

2. 复杂旋转拉深件坯料直径的计算

(1)复杂旋转拉深件坯料直径计算公式　对形状复杂的旋转体拉深件,在求坯料直径时,须利用"久里金法则",即:任意形状的母线 AB 绕轴线 $O—O$ 旋转,所得到的旋转体表面积等于该母线长度 L 和其重心绕该轴线旋转所得周长 $2\pi X$ 的乘积。(X 是该母线重心到旋转轴线的距离),即旋转体表面积为:$A = 2\pi LX$,如图 4-11 所示。

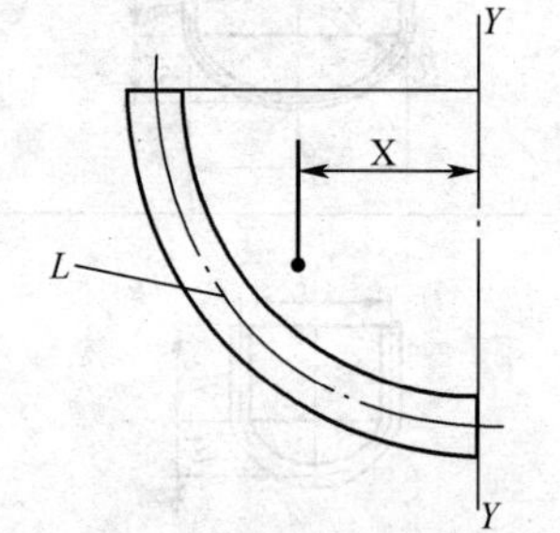

图 4-11　旋转体表面积的计算

而坯料面积为: $A_{毛} = \dfrac{\pi D^2}{4}$

因拉深前后材料的表面积不变,旋转体的表面积等于坯料面积,即: $A = A_{毛}$

对于复杂的旋转体拉深件,由于整个绕轴母线长 L 及其重心到轴线距离 X 不易计算,此时,可将拉深件的母线分解成若干简单的容易计算的单元线段(直线或圆弧线),分别算出

各线段的长度 $l_1, l_2, \cdots, l_n$，并算出各线段的重心至轴线的距离 $x_1, x_2, \cdots, x_n$。旋转体的表面积为各单元线段表面积之和，即

$$A = 2\pi x_1 l_1 + 2\pi x_2 l_2 + \cdots + 2\pi x_n l_n = 2\pi \sum xl$$

故，坯料直径为：$D = \sqrt{8 \sum xl}$

(2)圆弧曲线段长度、重心位置的确定　由上述可知：只要知道旋转体母线长度及其重心的旋转半径，就可求出坯料的直径。而任何复杂的曲线均可划分为直线和圆弧段，因此，要求出复杂旋转体母线长度及其重心的旋转半径，首先需要确定各线段的长度和重心到旋转轴的距离。对于直线段，长度可直接由图样上得到，重心就是直线的中点。而圆弧的重心不在圆弧上，圆弧重心位置的计算公式如下。

①圆心角 α<90°时，圆弧 R 的重心到 Y—Y 中心线距离 A 或 B（如图 4-12a、b 所示）的计算公式：

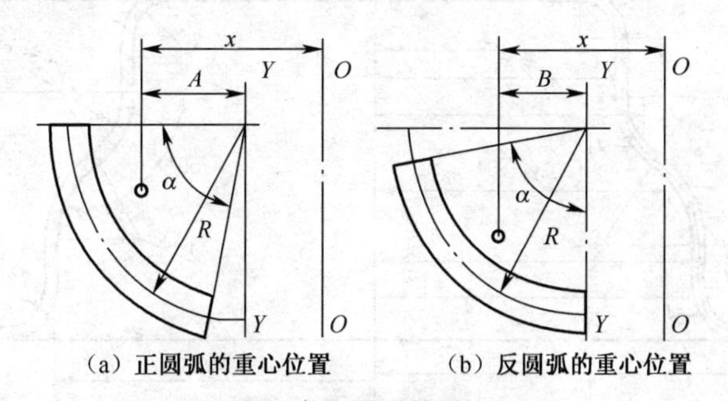

(a) 正圆弧的重心位置　(b) 反圆弧的重心位置

图 4-12　圆弧的重心

O—O 为旋转体的回转中心　x 为圆弧重心到回转中心的距离

$$A = \frac{180°\sin\alpha}{\pi\alpha}R$$

$$B = \frac{180°(1 - \cos\alpha)}{\pi\alpha}R$$

式中　α——曲线的圆心角，(°)；　R——曲线圆弧半径，mm。

②圆心角 $\alpha = 90°$ 时，弧 R 的重心到 Y—Y 中心线距离 B（如图 4-13 所示）的计算公式：

$$B = \frac{2}{\pi}R$$

各弧 R 的重心确定后，即可求出该段母线到回转中心 O—O 的距离 x。

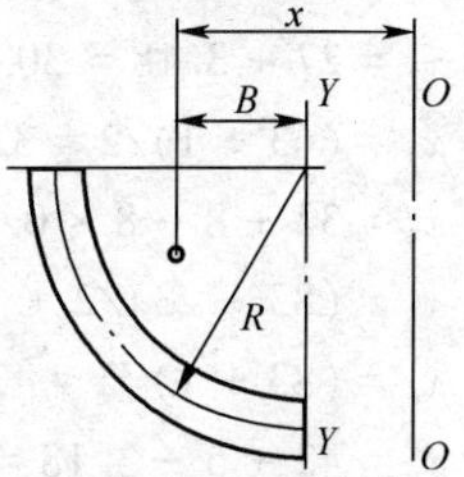

③圆心角 $\alpha = 0 \sim 180°$ 半径为 R 的弧长 L 计算公式为：

$$L = \frac{\alpha\pi R}{180°}$$

式中　α——曲线的圆心角，(°)；　R——曲线圆弧半径，mm。

图 4-13　圆弧的重心

O—O 为旋转体的回转中心

x 为圆弧重心到回转中心的距离

(3)复杂旋转拉深件坯料直径的计算方法　求坯料直径的方法主要有解析法、作图解析法、作图法。

①利用解析法求解坯料直径的步骤。解析法主要适用于直线和圆弧相连接的拉深件,其求解步骤如下。

第一步:把母线分成若干容易计算的简单曲线(直线或圆弧)。

第二步:求出每一重心相对于旋转中心轴的距离(即重心半径)x。

第三步:求出母线各段的长度 l 。

第四步:将各段长度 l 与其重心半径 x 相乘,并求和 $\sum x = l_1x_1 + l_2x_2 + \cdots + l_nx_n$

第五步:根据所求得的 $\sum lx$,按 $D = \sqrt{8\sum lx}$ 即可算出坯料直径 D。

例如,解析法求解图 4-14 所示旋转体拉深件(料厚 t=1 mm)的坯料直径。

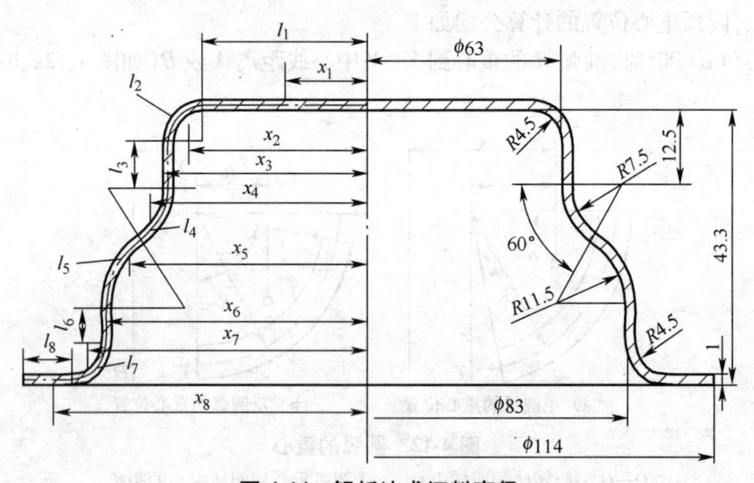

图 4-14 解析法求坯料直径

首先,求出直线长度和圆弧长度 l :

l_1 = 27 mm,l_2 = 7. 85 mm,l_3 = 8 mm,l_4 = 8. 376 mm,l_5 = 12. 564 mm,l_6 = 8 mm,l_7 = 7. 85 mm,l_8 = 10 mm ,再算出直线重心和圆弧重心至轴线的距离(几何重心的求解按上述圆弧曲线段长度、重心位置所确定的关系求解),由此,可得到:

$x_1 = 27/2 = 13.5$ (mm)

$x_2 = 27 + 3.18 = 30.18$ (mm)

$x_3 = (63 + 1)/2 = 32$ (mm)

$x_4 = 32 + 8 - 8 \times 0.827 = 33.384$ (mm)

$x_5 = (83 - 23)/2 + 12 \times 0.827 = 39.924$ (mm)

$x_6 = (83 + 1)/2 = 42$ (mm)

$x_7 = 42 + 5 - 3.18 = 43.82$ (mm)

$x_8 = (83 + 2 + 9)/2 + (10/2) = 52$ (mm)

则,坯料直径为:

$$D = \sqrt{8\times(27\times13.5+7.85\times30.18+8\times32+8.38\times33.38+12.56\times39.92+8\times42+7.85\times43.82+10\times52)}$$
$$= 150.6\ (\text{mm})$$

②作图解析法求解坯料直径的步骤。解析法主要适用于曲线连接的拉深件(如图 4-15

所示），求解步骤如下。

第一步：将拉深件的母线分成线段 1,2,3,…,n，把各线段近似当作直线看待。

第二步：从图上量出各线段长度 $l_1,l_2,l_3,\cdots,l_n$ 及其重心至轴线距离 $x_l,x_2,x_3,\cdots,x_n$。

第三步：按公式 $D=\sqrt{8\sum lx}$ 计算出坯料直径 D。为了计算方便，若把各线段长度 l_1，$l_2,l_3,\cdots,l_n$ 取成相等，即 $l_1=l_2=l_3\cdots=l_n=l$，则坯料直径 D 为：

$$D=\sqrt{8l(x_1+x_2+\cdots+x_n)}$$

例如，作图解析法求解图 4-16 所示旋转体拉深件（料厚为 0.7 mm）的坯料直径。

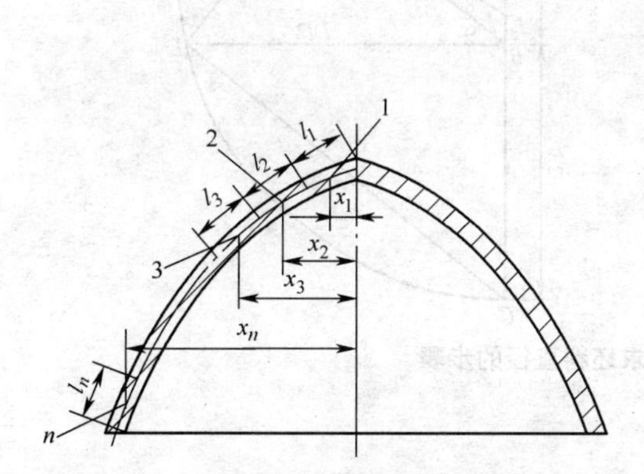

图 4-15 母线为曲线连接的旋转体拉深件

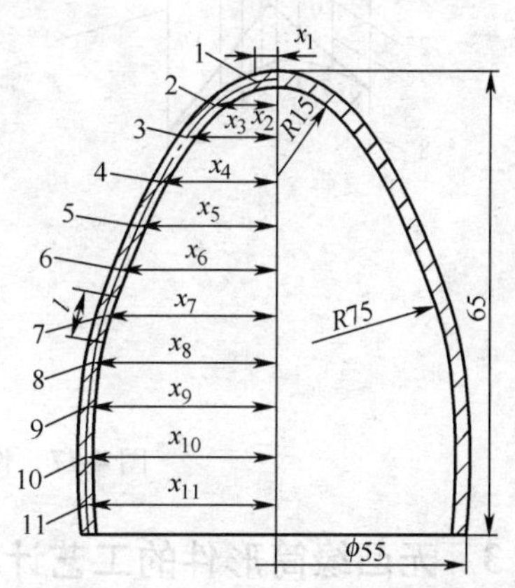

图 4-16 作图解析法求坯料直径

首先，从图上量出 $l=7$ mm，将母线刚好分成 11 等分，然后量出各线段重心至轴线的距离：

$x_1=3.5$ mm，$x_2=9.8$ mm，$x_3=13.8$ mm，$x_4=17.2$ mm，$x_5=20.5$ mm，$x_6=23$ mm，$x_7=25$ mm，$x_8=26.5$ mm，$x_9=27$ mm，$x_{10}=27.1$ mm，$x_{11}=27.1$ mm

然后按公式计算出坯料直径 D：

$$D=\sqrt{8\times7\ (3.5+9.8+13.8+17.2+20.5+23+25+26.5+27+27.1+27.1)}$$
$$=\sqrt{8\times1543.5}=111\ (\text{mm})$$

③作图法求解坯料直径的步骤。应用作图法求解坯料直径时，一定要严格按比例作图，否则误差很大。其求解步骤（如图 4-17 所示）如下。

第一步：先将拉深件的母线分成几个简单的线段（直线和圆弧），并计算其长度 l_1、l_2、l_3、…、l_n 及其重心位置。

第二步：通过各线段的重心作轴线的平行线，另作一根平行于轴线的直线 AB，在直线 AB 上依次量取各线段长度 $l_1,l_2,l_3,\cdots,l_n$，总长 AB 即为母线长度 L。

第三步：自任意点 O 作射线 1,2,3,4,…,n+1，然后依次作直线 1′,2′,3′,4′,…,n'+1 与各射线平行，1′ 与 n'+1 的交点就是拉深件母线的重心位置，其与旋转轴的距离即为母线重心旋转半径 X。

第四步：将直线 AB 延长至 C，使 $BC=2X$，再以 AC 为直径作半圆，然后在 B 点作 AC 的垂线 BE，则 BE 的长度就是坯料半径 $D/2$。

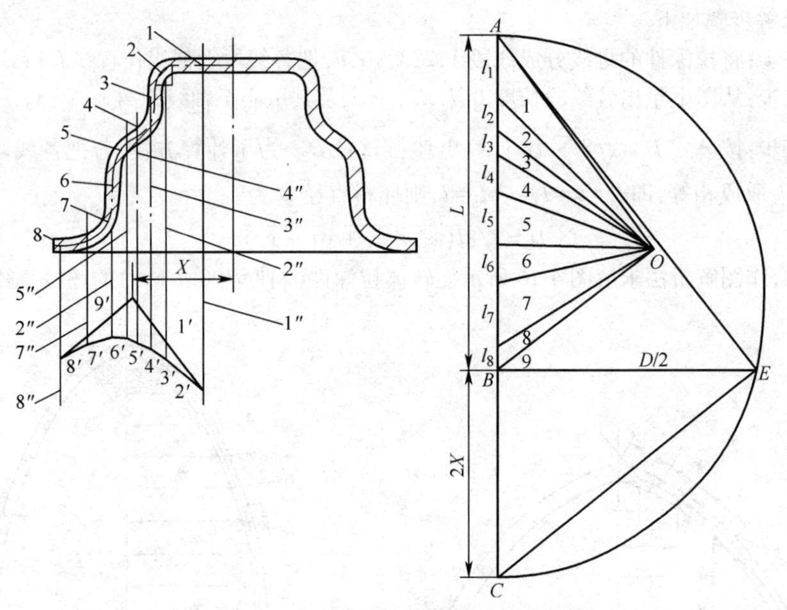

图 4-17 作图法求坯料直径的步骤

4.4.3 无凸缘筒形件的工艺计算

在拉深工艺设计中，拉深系数是衡量拉深变形程度的一个重要工艺参数，合理地选定拉深系数可以减少拉深次数。

1. 拉深系数及极限拉深系数

拉深系数是每次拉深前、后直径之比值，以 m 表示，是用来衡量拉深过程中变形程度的指标。根据拉深系数的定义，由图 4-18 可知：

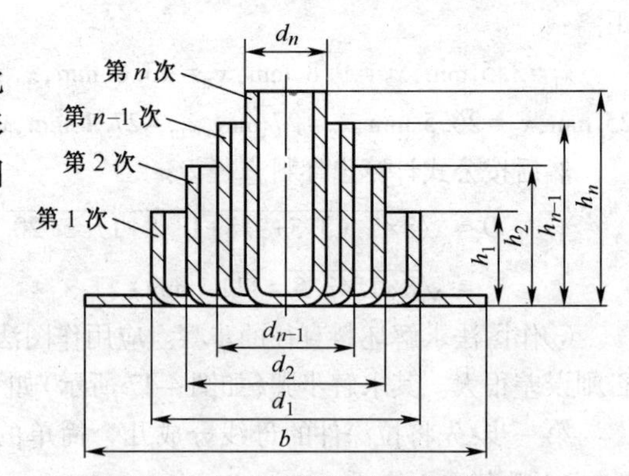

图 4-18 无凸缘筒形件的多次拉深

第一次拉深系数 $m_1 = \dfrac{d_1}{D}$

第二次拉深系数 $m_2 = \dfrac{d_2}{d_1}$

…

第 n 次拉深系数 $m_n = \dfrac{d_n}{d_{n-1}}$

式中 D——坯料直径； $d_1, d_2, \cdots, d_n$——各次拉深后的中径。

从以上各式可以看出，拉深系数 m 表示拉深前后坯料直径的变化率，其数值永远小于 1。拉深系数的倒数称为拉深比 K，$K = \dfrac{1}{m} = \dfrac{D}{d}$。显然，拉深系数 m 越小，拉深比 K 越大，拉深前后直径差别越大，即变形程度越大。但如果在制订拉深工艺时，m 取得过小，就会使拉深件起皱、断裂或严重变薄超差。因此，m 的减小有一个客观的界限，这个界限就是筒壁传力区所承受的最大拉应力和危险断面的有效抗拉强度相等时的拉深系数,称为极限拉深系数。

2. 极限拉深系数的确定

极限拉深系数可以用理论计算方法确定,即传力区的最大拉应力与危险断面的抗拉强度相等时的拉深系数理论值。但在实际生产中,极限拉深系数值一般是在一定的拉深条件下,用实验的方法求出。表4-6、表4-7为无凸缘筒形件的极限拉深系数。

表4-6 无凸缘筒形件带压边圈时各次拉深的极限拉深系数

拉深系数	坯料相对厚度 $t/D \times 100$					
	2~1.5	1.5~1	1~0.6	0.6~0.3	0.3~0.15	0.15~0.08
m_1	0.48~0.5	0.5~0.53	0.53~0.55	0.55~0.58	0.58~0.6	0.6~0.63
m_2	0.73~0.75	0.75~0.76	0.76~0.78	0.78~0.79	0.79~0.8	0.8~0.82
m_3	0.76~0.78	0.78~0.79	0.79~0.8	0.8~0.81	0.81~0.82	0.82~0.84
m_4	0.78~0.8	0.8~0.81	0.81~0.82	0.82~0.83	0.83~0.85	0.85~0.86
m_5	0.8~0.82	0.82~0.84	0.84~0.85	0.85~0.86	0.86~0.87	0.87~0.88

注:①表中小的数值适用于在第一次拉深中大的凹模圆角半径 $r_{凹}=(8\sim15)t$,大的数值适用于小的凹模圆角半径 $r_{凹}=(4\sim8)t$

②表中拉深系数适用于08、10和15Mn等普通拉深碳钢与软黄铜(H62、H68)。在有中间退火的情况下,拉深系数数值可比表列数值小3%~5%。

③拉深塑性较小的金属时(20~25、Q215、Q235、酸洗钢、硬铝、硬黄铜等),拉深系数应取比表列数值增大1.5%~2%,而拉深塑性更好的金属时(如05等)可取比表中所列数值小1.5%~2%。

表4-7 无凸缘筒形件不带压边圈时各次拉深的极限拉深系数

拉深系数	坯料相对厚度 $t/D \times 100$				
	1.5	2.0	2.5	3.0	>3
m_1	0.65	0.60	0.55	0.53	0.50
m_2	0.80	0.75	0.75	0.75	0.70
m_3	0.84	0.80	0.80	0.80	0.75
m_4	0.87	0.84	0.84	0.84	0.78
m_5	0.90	0.87	0.87	0.87	0.82
m_6	—	0.90	0.90	0.90	0.85

注:此表适用于08、10、15Mn等材料,其余各项同表4-6。

在实际生产中,为了提高工艺稳定性,提高加工件质量,必须采用稍大于极限值的拉深系数。

3. 拉深系数的影响因素

由上可知,极限拉深系数取决于筒壁传力区最大拉应力与危险断面的抗拉强度,因此,凡是影响筒壁传力区的最大拉应力及危害断面抗拉强度的因素都会影响极限拉深系数。影响拉深系数的主要因素见表4-8。

表4-8 影响拉深系数的主要因素

因 素	对拉深系数的影响
材料的内部组织及力学性能	一般来说,板料塑性好、组织均匀、晶粒大小适当、屈强比小、塑性好、板厚方向系数(r值)大时,板材拉深性能好,可以采用较小的m值
材料的相对厚度(t/D)	当t/D较小时,抵抗失稳起皱的能力小,容易起皱,为防皱而增加压料力又会引起摩擦阻力相对增大,因此m要大,反之,m可小
拉深道次	在拉深之后,材料将产生冷作硬化,塑性降低,故第一次拉深,m值最小,以后各道依次增加。只有当工序间增加了退火,才可再取较小的拉深系数
拉深方式(用或不用压边圈)	有压边圈时,因不易起皱,m可取得小些;不用压边圈时,m要取大些
凹模和凸模圆角半径($r_凹$和$r_凸$)	凹模圆角半径较大,m可小,因拉深时,圆角处弯曲力小,且金属容易流动,摩擦阻力小。但$r_凹$太大时,坯料在压边圈下的压边面积减小,容易起皱。 凸模圆角半径较大,m可小,如$r_凸$过小,则易使危险断面变薄,严重导致破裂
润滑条件及模具情况	模具表面光滑,间隙正常,润滑良好,均可改善金属流动条件,有助于拉深系数的减小
拉深速度(v)	一般情况,拉深速度对拉深系数影响不大。但对于复杂大型拉深件,由于变形复杂且不均匀,若拉深速度过大,会使局部变形加剧,不易向邻近部位扩展,导致破裂。另外,对速度敏感的金属(如钛合金、不锈钢、耐热钢),拉深速度大时,拉深系数应适当加大

4. 无凸缘筒形件拉深次数的确定

无凸缘筒形件的拉深次数,可分别通过以下工艺计算方式来确定。

(1)查表法 根据拉深件的相对拉深高度h/d和材料的相对厚度$t/D\times100$,从表4-9直接查得拉深次数。

表4-9 无凸缘筒形件的最大相对拉深高度h_1/d_1

拉深次数	坯料相对厚度 $t/D\times100$					
	2~1.5	1.5~1	1~0.6	0.6~0.3	0.3~0.15	0.15~0.08
1	0.94~0.77	0.84~0.65	0.7~0.57	0.62~0.5	0.52~0.45	0.46~0.38
2	1.88~1.54	1.6~1.32	1.36~1.1	1.13~0.94	0.96~0.83	0.9~0.7
3	3.5~2.7	2.8~2.2	2.3~1.8	1.9~1.5	1.6~1.3	1.3~1.1
4	5.6~4.3	4.3~3.5	3.6~2.9	2.9~2.4	2.4~2	2~1.5
5	8.9~6.6	6.6~5.1	5.2~4.1	4.1~3.3	3.3~2.7	2.7~2

注:大的h/d比值适用于在第一道工序的大凹模圆角半径(由$t/D\times100=2\sim1.5$时的$r_凹=8t$到$t/D\times100=0.15\sim0.08$时的$r_凹=15t$),小的比值适用于小的凹模圆角半径$r_凹=(4\sim8)t$。

(2)计算法 采用公式直接计算拉深次数n

$$n=1+\frac{\lg d_n-\lg(m_1D)}{\lg m_n}$$

式中 n——拉深次数； d_n——工件直径,mm； D——坯料直径,mm；

m_1——第一次拉深系数,查表4-10；

m_n——第一次拉深以后各次的平均拉深系数,查表4-10。

计算所得的拉深次数,取较大整数值,即为所求拉深次数。

表 4-10 各种金属材料的拉深系数

材料	第一次拉深 m_1	以后各次拉深 m_n
08 钢	0.52~0.54	0.68~0.72
铝和铝合金 8A06M、1035M、3A21M	0.52~0.55	0.70~0.75
硬铝 2A12M、2A11M	0.56~0.58	0.75~0.80
黄铜 H62	0.52~0.54	0.70~0.72
黄铜 H68	0.50~0.52	0.68~0.70
纯铜 T1、T2、T3	0.50~0.55	0.72~0.80
无氧铜	0.50~0.55	0.75~0.80
镍、镁镍、硅镍	0.48~0.53	0.70~0.75
康铜 BMn40-1.5	0.50~0.56	0.74~0.84
白铁皮	0.58~0.65	0.80~0.85
镍铬合金 Cr20Ni80	0.54~0.59	0.78~0.84
合金钢 30CrMnSiA	0.62~0.70	0.80~0.84
膨胀合金 4J29	0.55~0.60	0.80~0.85
不锈钢 1Cr18Ni9Ti	0.52~0.55	0.78~0.81
不锈钢 1Cr13	0.52~0.56	0.75~0.78
钛合金 BT1	0.58~0.60	0.80~0.85
钛合金 BT4	0.60~0.70	0.80~0.85
钛合金 BT5	0.60~0.65	0.80~0.85
锌	0.65~0.70	0.85~0.90
酸洗钢板	0.54~0.58	0.75~0.78

(3) 推算法 筒形件的拉深次数,也可根据 t/D 值查出 $m_1, m_2, m_3, \cdots$,然后从第一道工序开始,依次求半成品直径,即:$d_1 = m_1 D$, $d_2 = m_2 d_1$, $\cdots$, $d_n = m_n d_{n-1}$

直到计算得出的直径不大于工件要求的直径为止。这样不仅可以求出拉深次数,还可知道中间工序的尺寸。

(4) 查图法 确定拉深次数也可采用查图法。

首先在图4-19中的横坐标上找到相应坯料直径 D 数值的点,从此点作一垂线；再从纵坐标上找到相应工件直径 d 的点,由此点作水平线,并与垂线相交,交点便是拉深次数。如交点位于两斜线之间,应取较大的次数。此线图适用于酸洗软钢板的圆筒形拉深件,图中的粗斜线用于材料厚度为0.5~2.0 mm的拉深件,细斜线用于材料厚度为2~3 mm的拉深件。

5. 无凸缘筒形件工序尺寸的确定

(1) 工序件直径的确定 拉深次数(m)确定后,由表查得各次拉深的极限拉深系数,并加以调整(一般是增大)。调整的原则是:保证 $m_1 \times m_2 \times \cdots \times m_n = d/D$,并且,使 $m_1 < m_2 < \cdots < m_n$

最后按调整后的拉深系数计算各次拉深直径:$d_1 = m_1 D$, $d_2 = m_2 d_1$, $\cdots$, $d_n = m_n d_{n-1}$

(2) 工序件圆角半径的确定 圆角半径的确定参见“4.6 拉深模主要零部件的设计及选

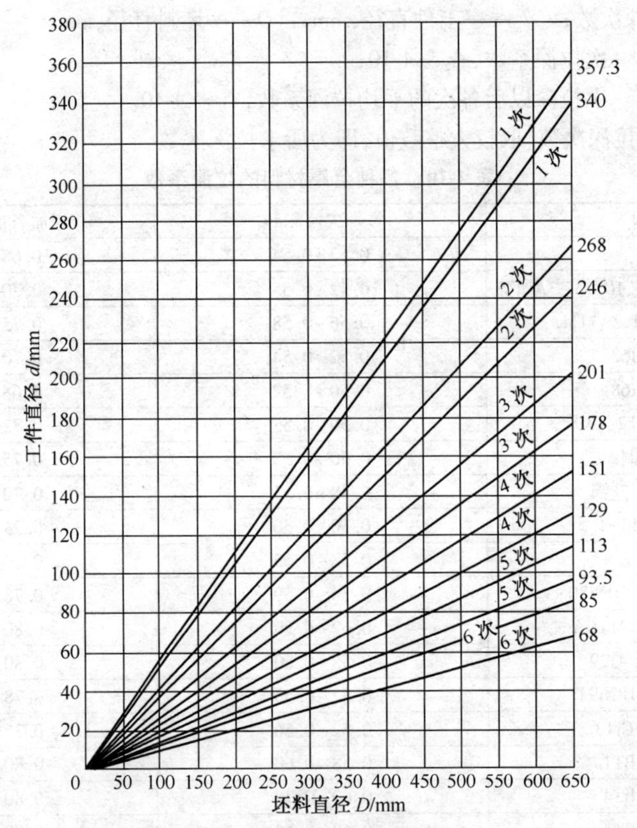

图 4-19　确定拉深次数线图

用”的相关内容。

(3) 工序件高度的计算　一般来说，对多次拉深的旋转体，只需将半成品直径、底部圆角半径等相关数值代入表 4-5 中的相应公式便可求出相应的拉深高度。常见筒形件各道拉深工序的拉深高度见表 4-11。

表 4-11　常见筒形件各道拉深工序拉深高度的计算公式

简　　图	拉深工序	公　　式
(图：d、h)	1	$h_1 = 0.25\left(\frac{D}{m_1} - d_1\right)$
	2	$h_2 = 0.25\left(\frac{D}{m_1 m_2} - d_2\right)$ $h_2 = \frac{h_1}{m_2} + 0.25\left(\frac{d_1}{m_2} - d_2\right)$
	n	$h_n = 0.25\left(\frac{D}{m_1 m_2 \cdots m_n} - d_n\right)$ $h_n = \frac{h_{n-1}}{m_n} + 0.25\left(\frac{d_{n-1}}{m_n} - d_n\right)$

续表 4-11

简　　图	拉深工序	公　　式
	1	$h_1 = 0.25\left(\frac{D}{m_1} - d_1\right) + 0.43\frac{r_1}{d_1}(d_1 + 0.32r_1)$
	2	$h_2 = 0.25\left(\frac{D}{m_1 m_2} - d_2\right) + 0.43\frac{r_2}{d_2}(d_2 + 0.32r_2)$ 当 $r_1 = r_2 = r$ $h_2 = \frac{h_1}{m_2} + 0.25\left(\frac{d_1}{m_2} - d_2\right) - 0.43\frac{r}{d_2}(d_1 - d_2)$
	n	$h_n = 0.25\left(\frac{D}{m_1 m_2 \cdots m_n} - d_n\right) + 0.43\frac{r_n}{d_n}(d_n + 0.32r_n)$ 当 $r_1 = r_n = r$ $h_n = \frac{h_{n-1}}{m_n} + 0.25\left(\frac{d_{n-1}}{m_n} - d_n\right) - 0.43\frac{r}{d_n}(d_{n-1} - d_n)$
	1	$h_1 = 0.25\left(\frac{D}{m_1} - d_1\right) + 0.57\frac{a_1}{d_1}(d_1 + 0.86a_1)$
	2	$h_2 = 0.25\left(\frac{D}{m_1 m_2} - d_2\right) + 0.57\frac{a_2}{d_2}(d_2 + 0.86a_2)$ 当 $a_1 = a_2 = a$ $h_n = \frac{h_1}{m_2} + 0.25\left(\frac{d_1}{m_2} - d_1\right) - 0.57\frac{a}{d_2}(d_1 - d_2)$
	n	$h_n = 0.25\left(\frac{D}{m_1 m_2 \cdots m_n} - d_n\right) + 0.57\frac{a_n}{d_n}(d_n + 0.86a_n)$ 当 $a_1 = a_n = a$ $h_n = \frac{h_{n-1}}{m_n} + 0.25\left(\frac{d_{n-1}}{m_n} - d_n\right) - 0.57\frac{a}{d_n}(d_{n-1} - d_n)$
	1	$h_1 = 0.25\frac{D}{m_1}$
	2	$h_2 = 0.25\frac{D}{m_1 m_2}$ $h_2 = \frac{h_1}{m_2}$
	n	$h_n = 0.25\frac{D}{m_1 m_2 \cdots m_n}$ $h_n = \frac{h_{n-1}}{m_n}$

注：式中 D——坯料直径，mm；

$d_1, d_2, \cdots, d_n$——工件各道工序的中性直径，mm；

$r_1, r_2, \cdots, r_n$——工件底部各道工序的圆角中性半径，mm；

$a_1, a_2, \cdots, a_n$——各道工序斜角的尺寸，mm；

$m_1, m_2, \cdots, m_n$——各道工序的拉深系数。

6. 无凸缘筒形件拉深工序尺寸计算实例

如图4-20所示,无凸缘筒形件采用料厚 $t=2$ mm 的10钢制成,求它的坯料尺寸及拉深各工序件尺寸。

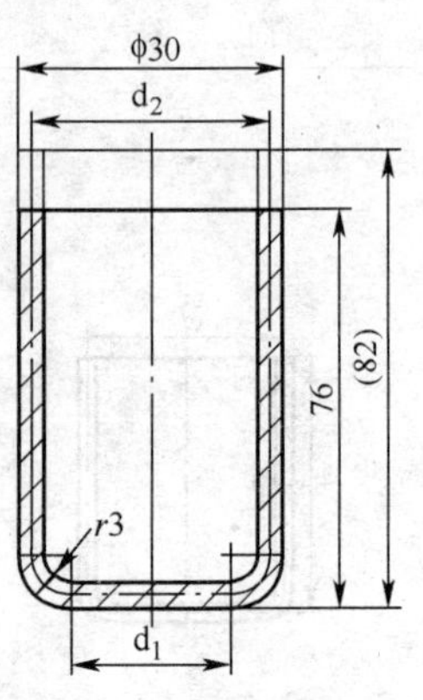

图 4-20　无凸缘筒形件

解:因板料厚度 $t>1$ mm,故按板厚中线尺寸确定。

①计算坯料直径。根据拉深件尺寸,其相对高度为:

$$\frac{H}{d}=\frac{76-1}{30-2}=\frac{75}{28}\approx 2.7$$

查表4-1得切边量 $\Delta h=6$ mm,据拉深件形状查表4-4知:

坯料直径 D 为:$D=\sqrt{d^2+4d(H+\Delta h)-1.72dr-0.56r^2}$

将 $d=28$ mm, $r=3+1=4$ mm, $H=75$ mm 代入上式得:

$$D=98.2\text{ mm}$$

②确定拉深次数。坯料相对厚度为:

$$t/D\times 100=2/98.2\times 100=2.03>2$$

查表4-31可不用压料圈,但为了保险起见,首次拉深仍采用压料圈。采用压料圈后,首次拉深的拉深系数较小,减少了拉深次数。

根据 $t/D\times 100=2.03$,查表4-6得各次极限拉深系数如下:

$$m_1=0.50, m_2=0.75, m_3=0.78, m_4=0.80, \cdots$$

故　$d_1=m_1D=0.50\times 98.2\text{ mm}=49.2\text{ mm}$

$d_2=m_2d_1=0.75\times 49.2\text{ mm}=36.9\text{ mm}$

$d_3=m_3d_2=0.78\times 36.9\text{ mm}=28.8\text{ mm}$

$d_4=m_4d_3=0.8\times 28.8\text{ mm}=23\text{ mm}$

因 $d_4=23\text{ mm}<28\text{ mm}$

所以,应4次拉深成形。

③确定各次拉深直径。调整后的各次拉深系数如下:

$$m_1=0.52, m_2=0.78, m_3=0.83, m_4=0.846$$

各次拉深直径为:

$d_1=0.52\times 98.2\text{ mm}=51.6\text{ mm}$

$d_2=0.78\times 51.6\text{ mm}=39.9\text{ mm}$

$d_3=0.83\times 39.9\text{ mm}=33.1\text{ mm}$

$d_4=0.846\times 33.1\text{ mm}=28.0\text{ mm}$

各次工序件底部圆角半径按表4-37可取以下数值:

$$r_1=8\text{ mm},\quad r_2=5\text{ mm},\quad r_3=4\text{ mm}$$

把各次拉深工序件的直径和底部圆角半径代入表4-11中底部带圆角的无凸缘筒形件的有关公式可得:

$$h_1=\left[0.25\times\left(\frac{98.2^2}{51.6}-51.6\right)+0.43\times\frac{8}{51.6}\times(51.6+0.32\times 8)\right]=37\text{ (mm)}$$

$$h_2=\left[0.25\times\left(\frac{98.2^2}{39.9}-39.9\right)+0.43\times\frac{5}{39.9}\times(39.9+0.32\times 5)\right]=52.7\text{ (mm)}$$

$$h_3 = \left[0.25 \times \left(\frac{98.2^2}{33.1} - 33.1\right) + 0.43 \times \frac{4}{33.1} \times (33.1 + 0.32 \times 4)\right] = 66.3\ (\text{mm})$$

$h_4 = 81$ mm

以上计算所得工序件有关尺寸都是中线尺寸，换算成工序件的外径和总高度，如图 4-21 所示。

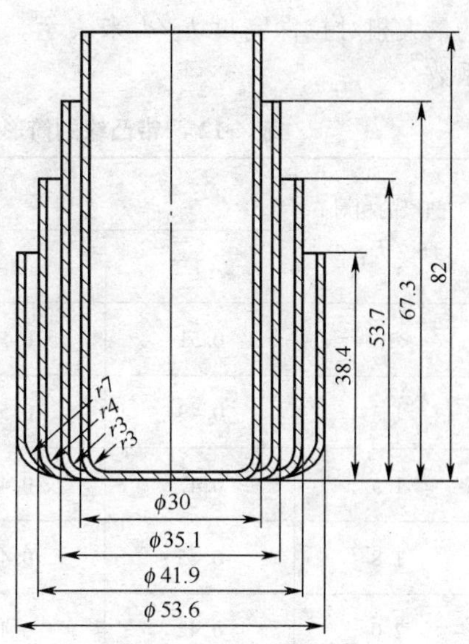

图 4-21　拉深工序件尺寸

4.4.4　带凸缘筒形件的工艺计算

带凸缘圆筒形件拉深过程中，其变形区的应力状态与变形特点与无凸缘筒形件相同，但有凸缘圆筒形件拉深时，坯料凸缘部分不是全部进入凹模口部，只是拉深到凸缘外径符合设计要求（包括切边余量）时，拉深工作就停止。因此，其拉深成形过程和工艺计算与无凸缘筒形件有一定差别，主要体现在首次拉深上。

1. 带凸缘筒形件的拉深系数

拉深带凸缘筒形件时，决不可应用无凸缘筒形件的第一次拉深系数 m_1，因为这些系数只有当全部凸缘都转变为工件侧表面时才适用。而在拉深带凸缘筒形件时，可在同样的比例关系 $m_1 = d_1/D$ 下，也就是在采用相同的坯料直径 D 和相同的工件直径 d_1 时，拉深出各种不同凸缘直径 $d_凸$ 和不同高度 h 的工件，如图 4-22 所示。

显然，工件凸缘直径和高度不同，其实际变形程度也不同，凸缘直径越小，工件高度越大，其变形程度越大。但这些不同情况只是无凸缘拉深过程的中间阶段，不是其拉深过程的终结。因此，用一般的 $m_1 = d_1/D$ 不能表达拉深带凸缘工件时实际的变形过程。

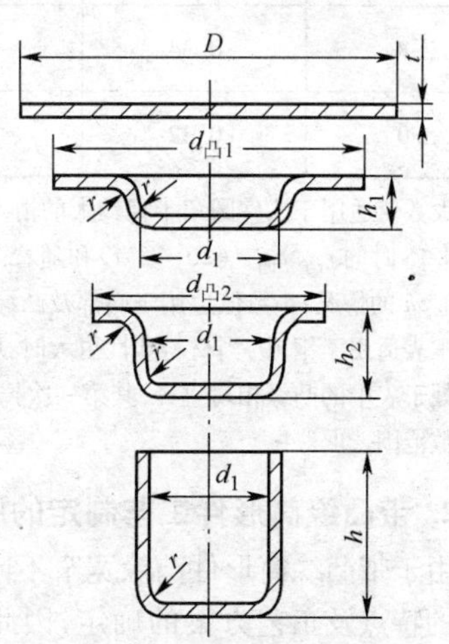

图 4-22　拉深过程中凸缘的变化

根据变形前后面积相等的原则，带凸缘筒形件的坯料直径 D 为：

$$D = \sqrt{d_凸^2 + 4d_1h - 3.44d_1r}$$

故，带凸缘筒形件的第一次拉深系数为：

$$m_1 = \frac{d_1}{D} = \frac{1}{\sqrt{\left(\frac{d_凸}{d_1}\right)^2 + 4\frac{h_1}{d_1} - 3.44\frac{r}{d_1}}}$$

式中　$\frac{d_凸}{d_1}$——凸缘的相对直径（$d_凸$包括修边余量）；　$\frac{h_1}{d_1}$——相对拉深高度；

$\frac{r}{d_1}$——底部及凸缘部分的相对圆角半径。

由上述分析可知,影响带凸缘筒形件第一次拉深的实际变形程度主要决定于第一次拉深后凸缘的相对直径 $d_凸/d_1$ 及相对拉深高度 h_1/d_1。此外,m_1 还应考虑坯料相对厚度 t/D 的影响。因此,带凸缘筒形件第一次拉深的许可变形程度,可用相应于 $d_凸/d_1$ 不同比值的最大相对拉深高度 h_1/d_1 来表示。表4-12为带凸缘筒形件第一次拉深的最小拉深系数。

表4-12 带凸缘的筒形件(10钢)第一次拉深的极限拉深系数

凸缘的相对直径 $d_凸/d$	坯料相对厚度 $t/D×100$				
	2~1.5	1.5~1	1~0.6	0.6~0.3	0.3~0.15
<1.1	0.51	0.53	0.55	0.57	0.59
1.3	0.49	0.51	0.53	0.54	0.55
1.5	0.47	0.49	0.5	0.51	0.52
1.8	0.45	0.46	0.47	0.48	0.48
2.0	0.42	0.43	0.44	0.45	0.45
2.2	0.4	0.41	0.42	0.42	0.42
2.5	0.37	0.38	0.38	0.38	0.38
2.8	0.34	0.35	0.35	0.35	0.35
3.0	0.32	0.33	0.33	0.33	0.33

注:①大数值适用于工件圆角半径较大的情况[由 $t/D×100=2\sim1.5$ 时的 $r_凸$、$r_凹=(10\sim12)t$ 到 $t/D×100=0.3\sim0.15$ 时的 $r_凸$、$r_凹=(20\sim25)t$]和随着凸缘直径的增加及相对拉深深度的减小,其数值也逐渐减小到 $r\leq0.5h$ 的情况;小数值适用于底部及凸缘小的圆角半径 $r_凸$、$r_凹=(4\sim8)t$。

②本表适用于钢10,当材料塑性更大时,取大值,塑性较小时,取小值。

③处于表中的凸缘相对直径,其第一次拉深的极限拉深系数,按其凸缘相对直径在表中所对应的极限拉深系数范围选取。

2. 带凸缘筒形件工艺制定的原则

由于带凸缘筒形件凸缘宽窄不同,直接影响到其拉深变形的特点及工艺方案的确定,因此,带凸缘筒形件可分为窄凸缘件、宽凸缘件两类。当 $d_凸/d=1.1\sim1.4$ 时,称为窄凸缘件或小凸缘筒形件;当 $d_凸/d>1.4$,则称为宽凸缘件,如图4-23所示。

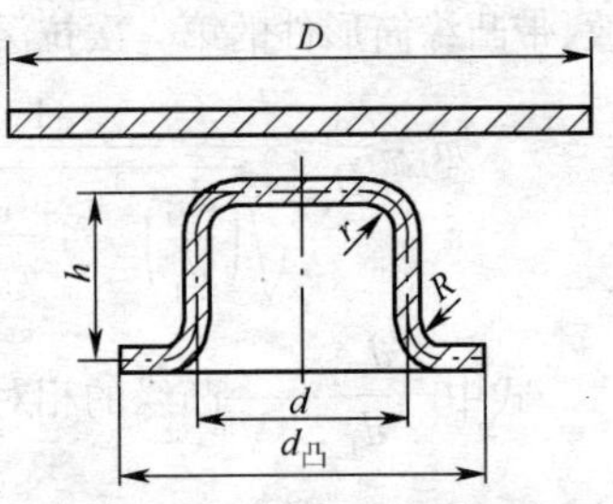

图4-23 带凸缘筒形件及其坯料

制定凸缘筒形件的拉深件工艺时,一般根据凸缘宽窄不同,分别遵守如下原则。

①对窄凸缘件的拉深，可在前几次拉深中不留凸缘，先拉成无凸缘筒形件，而在以后工序中形成锥形凸缘，并在最后一道工序中将凸缘压平，如图 4-24 所示。因此，窄凸缘件的拉深与无凸缘筒形件的拉深相似，其拉深系数的选定与无凸缘筒形件完全相同，可作为一般无凸缘筒形件来制订拉深工艺。

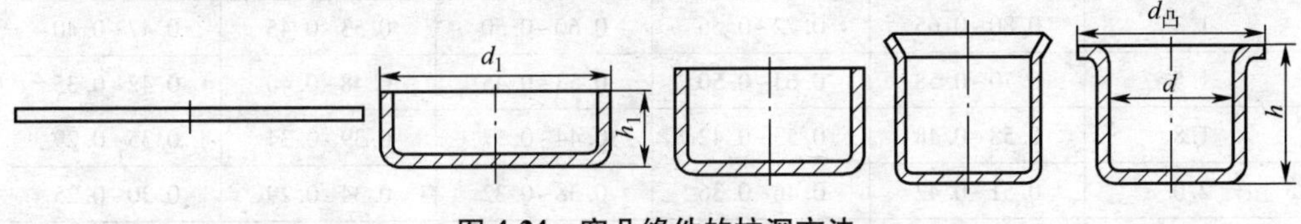

图 4-24 窄凸缘件的拉深方法

②对宽凸缘件的拉深，凸缘直径在首次拉深时就应拉出，以后各次拉深中凸缘直径保持不变。当坯料相对厚度较小，且第一次拉深成大圆角曲面形状有起皱危险时，应减少拉深直径，增加拉深高度，如图 4-25a 所示；当坯料相对厚度较大，在第一次拉深成大圆角曲面形状不致起皱时，应减少拉深直径和圆角半径，拉深高度基本不变，如图 4-25b 所示。

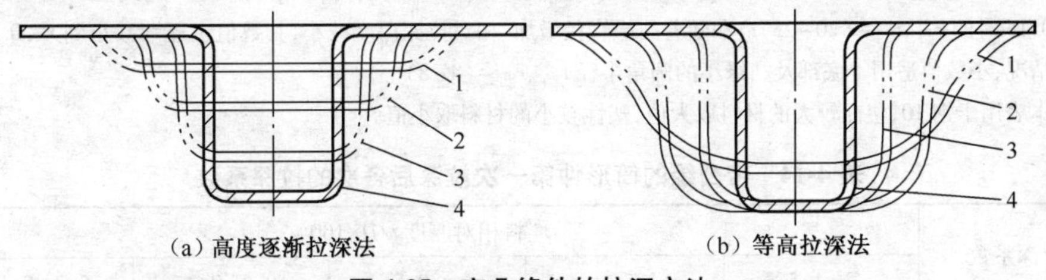

(a) 高度逐渐拉深法　(b) 等高拉深法

图 4-25 宽凸缘件的拉深方法

③另外，宽凸缘件首次拉深时，拉入凹模的材料要比按面积计算所需的材料多 3%～5%。这些材料在以后各次拉深中，一部分挤回到凸缘上，另一部分就留在圆筒中，为以后各次拉深中，不使凸缘部分再参与变形，避免拉破提供保证。这一原则，对于厚度小于 0.5 mm 的拉深件，效果更显著。事实上，这一原则是通过正确计算各次拉深高度和严格控制凸模进入凹模的深度来实现的。

3. 带凸缘筒形件拉深次数的确定

在具体制定有凸缘筒形件的拉深工艺时，窄凸缘件拉深次数的确定可当作无凸缘筒形件进行，宽凸缘件的拉深次数应根据表 4-12 中的拉深系数或表 4-13 中不同凸缘相对直径 $d_凸/d$ 的最大相对深度 h/d 判断。若可以一次成形，则计算到此结束；若不能一次成形，则需初步假定一个较小的凸缘相对直径 $d_凸/d$ 值，并根据其值从表 4-12 中初选首次拉深系数 m_1，初算出相应的拉深直径 d_1，然后算出该拉深直径 d_1 的拉深高度 h_1，再验算选取的拉深系数及相对深度 h/d 是否满足表 4-12、表 4-13 的相应要求。若满足，按表 4-14 选取后续的拉深系数；若不满足，重新假定凸缘相对直径 $d_凸/d$ 值，重复上述判定步骤，待满足表 4-12、表 4-13 的相应要求后，再按表 4-14 选取后续的拉深系数，并计算后续相关的工序参数。

4. 带凸缘筒形件拉深工序尺寸的计算

(1) 带凸缘筒形件拉深工序尺寸的计算步骤　带凸缘筒形件拉深工序尺寸的计算一般按以下步骤进行。

表 4-13　带凸缘筒形件第一次拉深的最大相对深度 h_1/d_1

凸缘的相对直径 $d_凸/d$	坯料相对厚度 $t/D\times100$				
	2~1.5	1.5~1	1~0.6	0.6~0.3	0.3~0.15
<1.1	0.90~0.75	0.82~0.65	0.70~0.57	0.62~0.5	0.52~0.45
1.3	0.80~0.65	0.72~0.56	0.60~0.50	0.53~0.45	0.47~0.40
1.5	0.70~0.58	0.63~0.50	0.53~0.45	0.48~0.40	0.42~0.35
1.8	0.58~0.48	0.53~0.42	0.44~0.37	0.39~0.34	0.35~0.29
2.0	0.51~0.42	0.46~0.36	0.38~0.32	0.34~0.29	0.30~0.25
2.2	0.45~0.35	0.40~0.31	0.33~0.27	0.29~0.25	0.26~0.22
2.5	0.35~0.28	0.32~0.25	0.27~0.22	0.23~0.20	0.21~0.17
2.8	0.27~0.22	0.24~0.19	0.21~0.17	0.18~0.15	0.16~0.13
3.0	0.22~0.18	0.20~0.16	0.17~0.14	0.15~0.12	0.13~0.10

注:①大数值适用于工件圆角半径较大的情况(由 $t/D\times100=2\sim1.5$ 时的 $r_凸$、$r_凹=(10\sim12)t$ 到 $t/D\times100=0.3\sim0.15$ 时的 $r_凸$、$r_凹=(20\sim25)t$)和随着凸缘直径增加、相对拉深深度减小,其数值也逐渐减小到 $r\leqslant0.5h$ 的情况;小数值适用于底部及凸缘小的圆角半径 $r_凸$、$r_凹=(4\sim8)t$。

②本表用于钢 10,塑性较大的材料取大值,塑性较小的材料取小值。

表 4-14　带凸缘的筒形件第一次拉深后各次的拉深系数

拉深系数	坯料相对厚度 $t/D\times100$				
	2~1.5	1.5~1	1~0.6	0.6~0.3	0.3~0.15
m_2	0.73	0.75	0.76	0.78	0.8
m_3	0.75	0.78	0.79	0.8	0.82
m_4	0.78	0.8	0.82	0.83	0.84
m_5	0.8	0.82	0.84	0.85	0.86

注: 上述数值用于钢 10;在应用中间退火的情况下,可将拉深系数减小 5%~8%。

①查表 4-2,选定修边余量 Δh。

②预算坯料直径 D。

③计算坯料相对厚度 $t/D\times100$ 和凸缘的相对直径 $d_凸/d$,从表 4-13 查出第一次拉深允许的最大相对高度 h/d 之值,然后与工件的相对高度 h_1/d_1 对比,按以下原则判断是否一次拉成。

若 $h/d\leqslant h_1/d_1$ 时,则可一次成形,工序尺寸计算到此结束。

若 $h/d>h_1/d_1$ 时,则一次不能成形,需多次拉深,这时,应计算各工序间的尺寸。

④从表 4-12 查出第一次拉深系数 m_1,从表 4-14 查出以后各工序的拉深系数 $m_2, m_3, m_4, \cdots$,并预算各工序的拉深直径:$d_1=m_1D$, $d_2=m_2d_l$, $d_3=m_3d_2$, $\cdots$,通过计算,即可知道所需的拉深次数。

⑤确定拉深次数后,调整各工序的拉深系数,使各工序变形程度的分配更合理。

⑥根据调整后各工序的拉深系数,再计算各工序的拉深直径:$d_1=m_lD$, $d_2=m_2d_1$,

$d_3=m_3d_2,\cdots$。

⑦选定各工序的圆角半径。

⑧为保证以后各次拉深时凸缘不参加变形，避免拉破，在预算的材料表面积上增加3%～5%，然后重新计算坯料直径。

⑨计算第一次拉深高度，并校核第一次拉深的相对高度，检查是否安全。

⑩计算以后各次的拉深高度并画出工序图。

(2)带凸缘筒形件拉深高度的确定　带凸缘筒形件拉深高度（如图4-21所示），可按下式计算：

$$h_1=\frac{0.25}{d_1}(D^2-d_{凸}{}^2)+0.43(r_1+R_1)+\frac{0.14}{d_1}(r_1^2-R_1^2)$$

$$h_2=\frac{0.25}{d_2}(D^2-d_{凸}{}^2)+0.43(r_2+R_2)+\frac{0.14}{d_2}(r_2^2-R_2^2)$$

$$\cdots$$

$$h_n=\frac{0.25}{d_n}(D^2-d_{凸}{}^2)+0.43(r_n+R_n)+\frac{0.14}{d_n}(r_n{}^2-R_n{}^2)$$

式中　D——坯料直径，mm；　$d_{凸}$——零件凸缘直径，mm。

$d_1,d_2,\cdots d_n$——各次拉深后工序件的中线直径，mm；

$r_1,r_2,\cdots r_n$——各次拉深后工序件的底部圆角中线半径，mm；

$R_1,R_2,\cdots R_n$——各次拉深后工序件凸缘处的圆角中线半径，mm；

$h_1,h_2,\cdots h_n$——各次拉深后工序件的拉深高度，mm。

5. 带凸缘筒形件拉深工序尺寸计算实例

(1)如图4-26所示带凸缘筒形件，采用料厚为1 mm的10钢制成，试计算其工序尺寸。

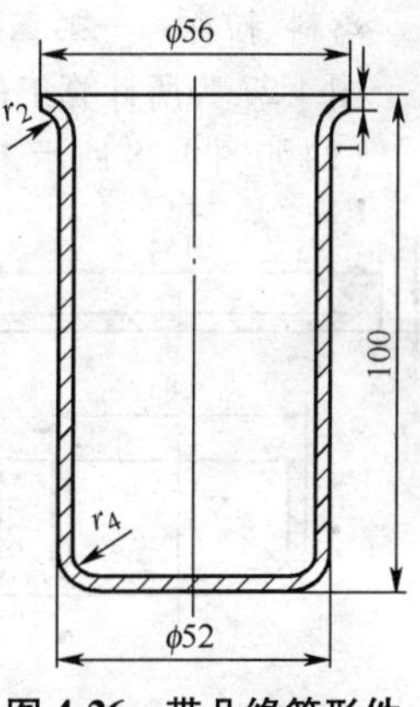

图4-26　带凸缘筒形件

解：①查表4-2选取修边余量$\Delta h=3.5$ mm。

②按表4-5所列公式（公式中各数值按板料的中心层的数值）计算坯料直径D：

$$D=\sqrt{d_1^2+6.28rd_1+8r^2+4d_2h+6.28r_2d_2+4.56r_1^2+d_4^2-d_3^2}$$

$$=\sqrt{42^2+6.28\times4.5\times42+8\times4.5^2+4\times51\times92+6.28\times2.5\times51+4.56\times2.5^2+63^2-56^2}$$

$$=\sqrt{23593}\approx154\ (\text{mm})$$

③当凸缘相对直径$d_{凸}/d=63/51=1.24$，坯料相对厚度$t/D\times100=1/154\times100=0.63$时，由表4-13查出$h_1/d_1=0.55$，而$h/d=1.95>0.55$，故不能一次拉深成形。因$d_{凸}/d=1.24<1.4$，属窄凸缘筒形拉深件，可先拉成筒形，然后将凸缘翻出。

④由表4-12查出$m_1=0.53\sim0.55$，$m_2=0.76\sim0.78$，$m_3=0.79\sim0.80$，计算各工序列拉深直径d_1,d_2,d_3为：

$$d_1=D\times m_1=154\times0.53=82\ (\text{mm})$$

$$d_2=d_1\times m_2=82\times0.76=63\ (\text{mm})$$

$$d_3=d_2\times m_3=63\times0.79=50\ (\text{mm})$$

⑤合理选取各次拉深的圆角半径（具体选取参见4.6.1拉深模工作部分的设计）。

凹模圆角半径：$R_{凹1}=7.5$ mm；$R_{凹2}=4$ mm；$R_{凹3}=4$ mm。

凸模圆角半径：$R_{凸1}=6$ mm；$R_{凸2}=4$ mm；$R_{凸3}=4$ mm。

⑥按拉深件形状查表4-11有关公式计算各工序半成品高度：

首次拉深后高度：

$$h_1=0.25\left(\frac{D}{m_1}-d_1\right)+0.43\frac{r_1}{d_1}(d_1+0.32r_1)$$

$$=0.25\left(\frac{154}{0.53}-82\right)+0.43\times\frac{6.5}{82}(82+0.32\times6.5)\approx53.1\ (\text{mm})$$

第二次拉深后高度：

$$h_2=0.25\left(\frac{D}{m_1m_2}-d_2\right)+0.43\frac{r_2}{d_2}(d_2+0.32r_2)$$

$$=0.25\left(\frac{154}{0.53\times0.76}-63\right)+0.43\times\frac{4.5}{63}(63+0.32\times4.5)\approx78.5\ (\text{mm})$$

第三次拉深后高度 $h_3=100$ mm(达到工件高度要求)。

⑦根据上述计算，由此可初步确定该工件加工工艺方案为：

落料、拉深⟶第二次拉深⟶第三次拉深⟶整形(使圆角达到要求)⟶修边

图4-27为所计算工件前三道工序的工序尺寸。

(2)如图4-28所示带凸缘拉深件，采用料厚为2 mm的08钢制成，试计算其工序尺寸。

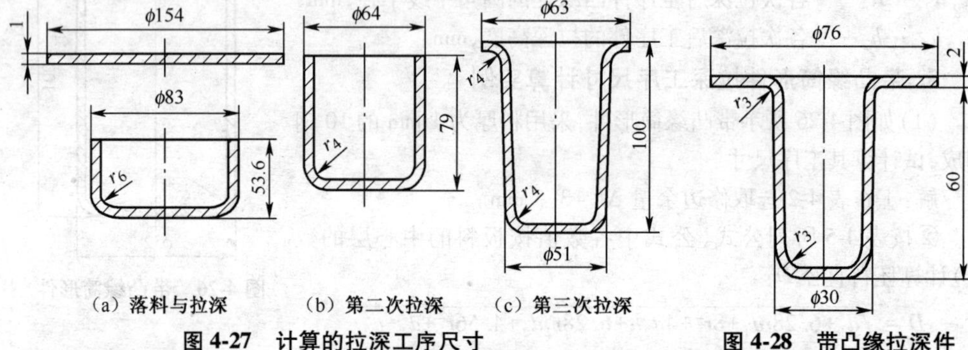

图4-27　计算的拉深工序尺寸　　**图4-28　带凸缘拉深件**

解：由于板料厚度大于1 mm，故按料厚中心线计算。

①查表4-2选取修边余量 $\Delta h=2.2$ mm

故实际凸缘直径 $d_凸=76+2\times2.2\approx80$ (mm)。

②按表4-5所列公式，初算坯料直径 D 为：

$$D=\sqrt{d_1^{\ 2}+6.28rd_1+8r^2+4d_2h+6.28r_1d_2+4.56r_1^{\ 2}+(d_4^{\ 2}-d_3^{\ 2})}$$

$$=\sqrt{20^2+6.28\times4\times20+8\times4^2+4\times28\times52+6.28\times4\times28+4.56\times4^2+(80^2-36^2)}$$

$$=\sqrt{7\,630+5\,104}=\sqrt{12\,734}\approx113\ (\text{mm})$$

(其中，$7\,630\times\frac{\pi}{4}$ mm² 为该拉深件除去凸缘部分的表面积，即拉深件最后拉深部分实际

所需材料)

③确定一次能否拉深成形

$$h/d=60/28=2.14;\ d_{凸}/d=80/28=2.85;$$

$$t/D\times100=2/113\times100=1.77$$

由表 4-13 查出 $h_1/d_1=0.22$,远远小于工件的 $h/d=2.14$,故拉深件不能一次拉深成形。

④计算拉深次数及各次拉深直径。用逼近法确定第一次拉深直径(以表格形式列出有关数据便于比较),见表 4-15。

表 4-15 逼近法确定第一次拉深直径

凸缘相对直径假定值 $N=d_{凸}/d_1$	坯料相对厚度 $t/D\times100$	第一次拉深直径 $d_1=d_{凸}/N$	实际拉深系数 $m_1=d_1/D$	极限拉深系数/m_1 由表 4-12 查得	拉深系数相差值 $\Delta m=m_1-[m_1]$
1.2	1.77	$d_1=80/1.2=67$	0.59	0.49	+0.10
1.3	1.77	$d_1=80/1.3=62$	0.55	0.49	+0.06
1.4	1.77	$d_1=80/1.4=57$	0.50	0.47	0.03
1.5	1.77	$d_1=80/1.5=53$	0.47	0.47	0
1.6	1.77	$d_1=80/1.6=50$	0.44	0.45	−0.01

应选取实际拉深系数稍大于极限拉深系数,故暂定第一次拉深直径 $d=57$ mm,再确定以后各次拉深直径。

由表 4-12 查得:$m_2=0.74$,$d_2=d_l\times m_2=57\times0.74=42$(mm)

$m_3=0.77$,$d_3=d_2\times m_3=42\times0.77=32$(mm)

$m_4=0.79$,$d_4=d_3\times m_4=32\times0.79=25$(mm)

从上述数据看出,各次拉深变形程度分配不合理,现调整见表 4-16。

表 4-16 各次拉深变行程度调整

极限拉深系数$[m_n]$	实际拉深系数 m_n	各次拉深直径 d_n	拉深系数差值 $\Delta m=m_n-[m_n]$
$[m_1]=0.47$	$m_1=0.495$	$d_1=D\times m_1=113\times0.495=56$	+0.025
$[m_2]=0.74$	$m_2=0.77$	$d_2=d_1\times m_2=56\times0.77=43$	+0.03
$[m_3]=0.77$	$m_3=0.79$	$d_3=d_2\times m_3=43\times0.79=34$	+0.02
$[m_4]=0.79$	$m_4=0.82$	$d_4=d_3\times m_4=34\times0.82=28$	+0.03

表中数据表明,各次拉深系数差值 Δm 颇接近,亦即变形程度分配合理。

⑤合理选取各次拉深的圆角半径(具体选取参见"4.6.1 拉深模工作部分的设计")。

凹模圆角半径:$R_{凹1}=9$ mm;$R_{凹2}=6.5$ mm;$R_{凹3}=4$ mm;$R_{凹4}=3$ mm。

凸模圆角半径:$R_{凸1}=7$ mm;$R_{凸2}=6$ mm;$R_{凸3}=4$ mm;$R_{凸3}=3$ mm。

⑥为确保以后各次拉深时凸缘不参加变形,避免拉破,根据上述计算工序尺寸的原则,拟于第一次拉入凹模的材料比工件最后拉深部分实际所需材料多 5%。这样,坯料直径应修正为:

$$D=\sqrt{7630\times1.05+5104}=115\ (\text{mm})$$

则第一次拉深高度:

$$h_1=\frac{0.25}{d_1}(D^2-d_{凸}{}^2)+0.43(r_1+R_1)+\frac{0.14}{d_1}(r_1^2-R_1^2)$$

$$=\frac{0.25}{56}(115^2-80^2)+0.43(8+10)+\frac{0.14}{56}(8^2-10^2)$$

$$=38.1\ (\mathrm{mm})$$

⑦校核第一次拉深相对高度。查表4-13，当 $d_{凸}/d_1=80/56=1.43$，$t/D\times100=2/115\times100=1.74$ 时，拉深允许最大相对高度 $[h_1/d_1]=0.70>h/d=38.1/56=0.68$，故安全。

⑧计算以后各次拉深高度。设第二次拉深时多拉入3%的材料（其余2%的材料返回到凸缘上）。为了计算方便，先求出假想的坯料直径：

$$D=\sqrt{7630\times1.03+5104}=114\ (\mathrm{mm})$$

$$h_2=\frac{0.25}{d_2}(D_2{}^2-d_{凸}{}^2)+0.43(r_2+R_2)+\frac{0.14}{d_2}(r_2{}^2-R_2{}^2)$$

$$=\frac{0.25}{43}(114^2-80^2)+0.43(7+7.5)+\frac{0.14}{43}(7^2-7.5^2)$$

$$=44.8\ (\mathrm{mm})$$

第三次拉深多拉入1.5%的材料（另1.5%的材料返回到凸缘上），则假想坯料直径为：

$$D=\sqrt{7630\times1.015+5104}=113.5\ (\mathrm{mm})$$

$$h_3=\frac{0.25}{d_3}(D_3{}^2-d_{凸}{}^2)+0.43(r_3+R_3)+\frac{0.14}{d_3}(r_3{}^2-R_3{}^2)$$

$$=\frac{0.25}{34}(113.5^2-80^2)+0.43(5+5)+\frac{0.14}{34}(5^2-5^2)$$

$$=52.3\ (\mathrm{mm})$$

$$h_4=60\ \mathrm{mm}$$

⑨根据上述计算，可初步确定该工件加工工艺方案为：落料、拉深⟶第二次拉深⟶第三次拉深⟶第四次拉深⟶修边

将上述按中线尺寸计算的工序件尺寸换算为外径和总高。图4-29为所计算宽凸缘拉深件前四道工序的工序尺寸。

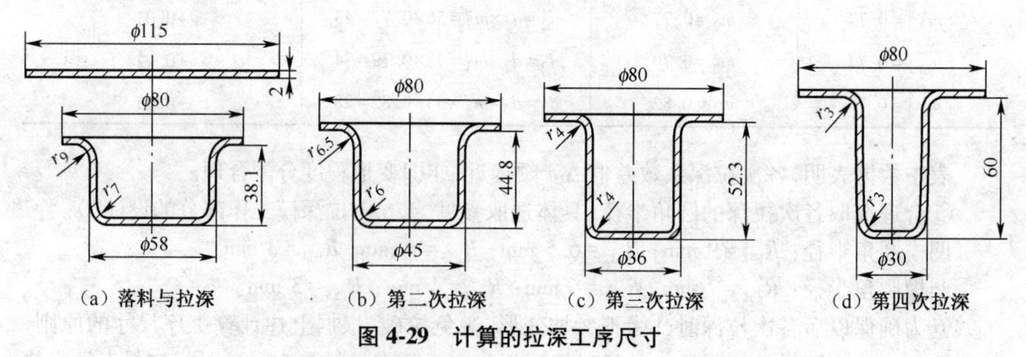

（a）落料与拉深　（b）第二次拉深　（c）第三次拉深　（d）第四次拉深

图4-29　计算的拉深工序尺寸

4.4.5　阶梯筒形件拉深方案的确定

阶梯筒形件（如图4-30所示）的拉深与筒形件的拉深基本相同，但由于阶梯筒形件形状复杂，其拉深工艺难点主要是拉深方案的确定。一般来说，阶梯筒形件的拉深加工方案可按

如下原则确定。

1. 一次可拉深成形的阶梯筒形件

当材料的相对厚度较大（$t/D>0.01$），阶梯之间直径之差和工件高度较小时，可用一道工序拉深成形。具体可用两种近似方法判断。

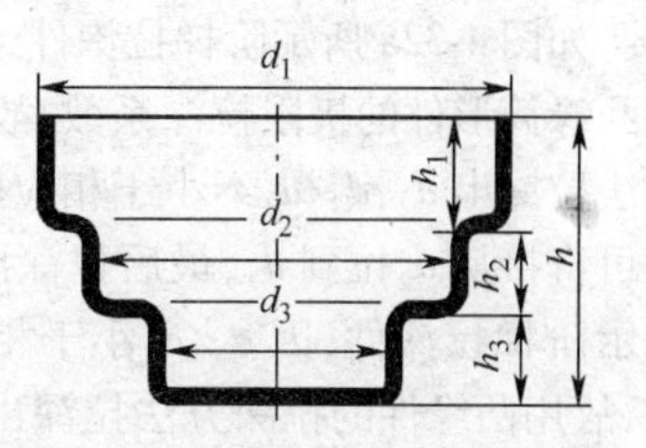

图 4-30　阶梯筒形拉深件示意图

①算出工件高度与最小直径之比 h/d_n 和相对厚度 $t/D\times100$，由表 4-9 查得拉深次数，若拉深次数为 1，则可一次拉出。

②据 3. M. 克里满诺维奇经验公式，即

$$m_{假}=\frac{\dfrac{h_1}{h_2}\times\dfrac{d_1}{D}+\dfrac{h_2}{h_3}\times\dfrac{d_2}{D}+\cdots+\dfrac{h_{n-1}}{h_n}\times\dfrac{d_{n-1}}{D}+\dfrac{d_n}{D}}{\dfrac{h_1}{h_2}+\dfrac{h_2}{h_3}+\cdots+\dfrac{h_{n-1}}{h_n}+1}$$

式中　$m_{假}$——假定拉深系数；　D——坯料直径，mm；

$h_1, h_2, \cdots h_n$——各级阶梯的高度，mm；

$d_1, d_2, \cdots d_n$——由大至小的各阶梯的直径，mm。

如果由公式计算所得的假定拉深系数 $m_{假}$ 等于或大于由相同坯料拉深筒形工件的第一次极限拉深系数 m_1，则这种阶梯形工件可以一次拉深完成，否则就需用多次拉深。

2. 多次拉深成形的阶梯筒形件

（1）相邻直径比值大于相应拉深系数　当任意两相邻阶梯直径的比值（d_2/d_1，d_3/d_2，…，d_n/d_{n-1}）均大于相应的无凸缘筒形件的极限拉深系数时，则拉深顺序为由大阶梯到小阶梯依次拉出，其拉深次数等于阶梯数目，如图 4-31 所示。

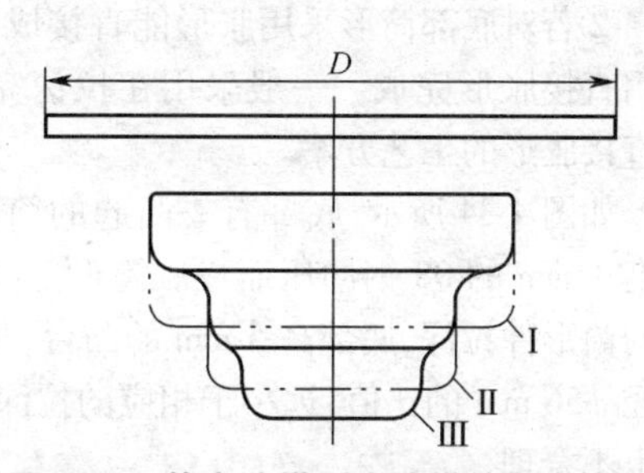

图 4-31　从大阶梯到小阶梯的多次拉深

（2）相邻直径比值小于相应拉深系数　当某相邻两阶梯直径的比值小于相应无凸缘筒形件的极限拉深系数时，在这个阶梯成形时，应采用带凸缘零件的拉深方法，如图 4-32 所示。

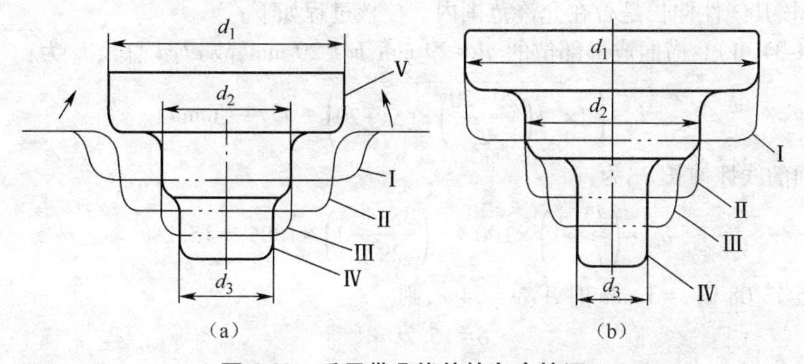

图 4-32　采用带凸缘件的多次拉深

如图4-32a所示阶梯拉深件，因d_2/d_1小于相应无凸缘筒形件的极限拉深系数，故用凸缘件的拉深方法拉深出d_2，d_3/d_2不小于相应的极限拉深系数，故可直接从d_2拉到d_3，最后拉深出d_1。而图4-32b所示阶梯拉深件，因d_3/d_2小于相应的极限拉深系数，故用凸缘件的拉深方法拉深出d_3，d_2/d_1不小于相应的极限拉深系数，故可直接从d_1拉到d_2。

图4-33所示为某阶梯拉深件的加工实例，采用厚度为0.5 mm的H62料制成，因$d_2/d_1=16.5/34.5=0.48$，小于相应的极限拉深系数，故采用凸缘件的拉深方法先拉出直径16.5 mm，然后再拉出直径34.5 mm。

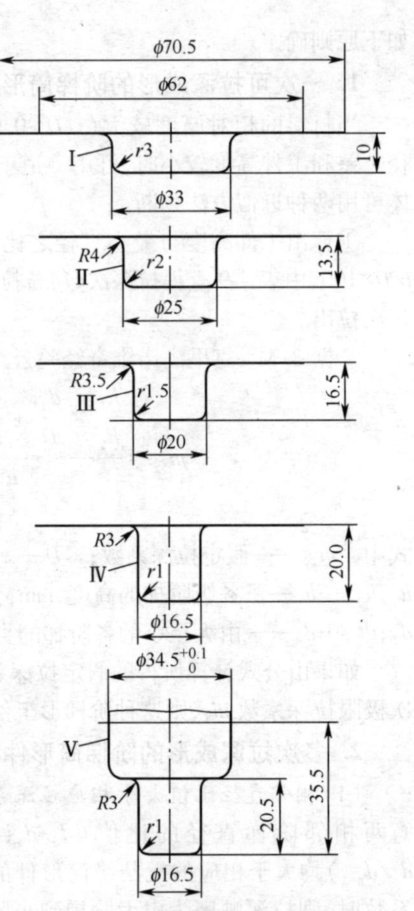

图4-33　阶梯拉深件的加工实例

(3)最小直径与相邻直径比值大　当最小直径的筒体与其相邻阶梯直径的比值较大时，需多次拉深，原则上可采用图4-32所示的带凸缘件的多次拉深加工方法。

①若最小直径的筒体底部有孔，则在拉深过程中，可先预冲工艺孔，采用局部聚料和中间扩孔成形的工艺措施来保证材料供给，防止材料开裂。

②若对底部筒形采用胀形能直接成形的，则可采用直接胀形完成。一般采用在拉深完其他形状后直接胀形的工艺方案。

如图4-34所示，底部有一凸起的筒形件，采用厚度1 mm的08钢冲压而成。筒形部分可按无凸缘的筒形件拉深，底部高5 mm的凸台，与筒形部分直径ϕ56 mm的比值，远小于相应的拉深系数，即使增加拉深系数，对工艺成形也不利，经济上也不合理。

由于筒形件拉深时平底部不参与变形，其材料可保持原材料的塑性，为此，考虑采用局部胀形的成形工艺。由于材料的极限变形程度受材料塑性的限制，因此，在运用该工艺方案之前，需校核其线性伸长是否在允许范围内。校核过程如下：

由图4-34可知：横向成形部位的$ab=29$ mm，$bc=20$ mm，故$abcd$总长l_0为：

$$l_0=\left(2\times\sqrt{\left(\frac{29-20}{2}\right)^2+5^2}+20\right)=33.4\ (\text{mm})$$

$a-d$间的线性伸长δ_{ad}为：

$$\delta_{ad}=\left(\frac{l_a}{l_0}-1\right)\times100\%=\left(\frac{33.4}{29}-1\right)\times100\%=15.2\%$$

查表5-13 08钢$t=1$ mm时，$[\delta]=24\%$，则

$$\delta=15.2\%<[\delta]$$

由图4-34可知：纵向成形部位$ef=20$，故ef的成形内腔为$20-(29-20)=11$ (mm)。同

理,在$e-f$间的线性伸长δ_{ef}为:

$$l_{ef}=\left(2\times\sqrt{\left(\frac{29-20}{2}\right)^2+5^2}+11\right)=24.4\ (\text{mm})$$

$$\delta_{ef}=\left(\frac{l_{ef}}{l'_0}-1\right)\times100\%=\left(\frac{24.4}{20}-1\right)\times100\%=22\%<[\delta]$$

由此,可确定采用局部胀形。由于筒形部分需要二次拉成,故零件的冲压工艺方案为:落料并首次拉深 ⟶ 第二次拉深 ⟶ 胀形成凸台。

③若底部小筒形状不能直接胀形,则先成形鼓包,再成形,即在进行大直径圆筒拉深的同时,将小筒拉深成过渡形状,如图 4-35 所示的球形或大圆角的筒形;过渡形状的面积采用与需成形的小筒等面积的方法完成(有时为使后续的拉深工序不产生过大的拉应力,也在过渡形状时增大 5%~10%的表面积)。然后,在后续的小筒拉深中,再按宽凸缘件的拉深方法,逐渐拉制出小直径的部分,即先将过渡形状拉成大直径部分,然后再将大圆筒壁的材料逐渐向小直径筒形部分转移,最后拉成小圆筒。

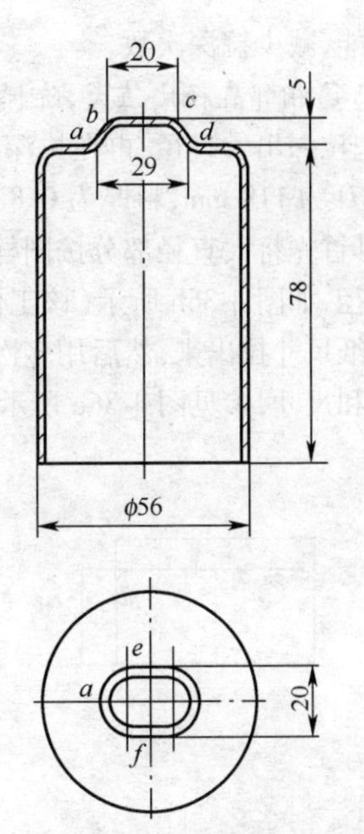

图 4-34 底部有凸起的筒形件拉深

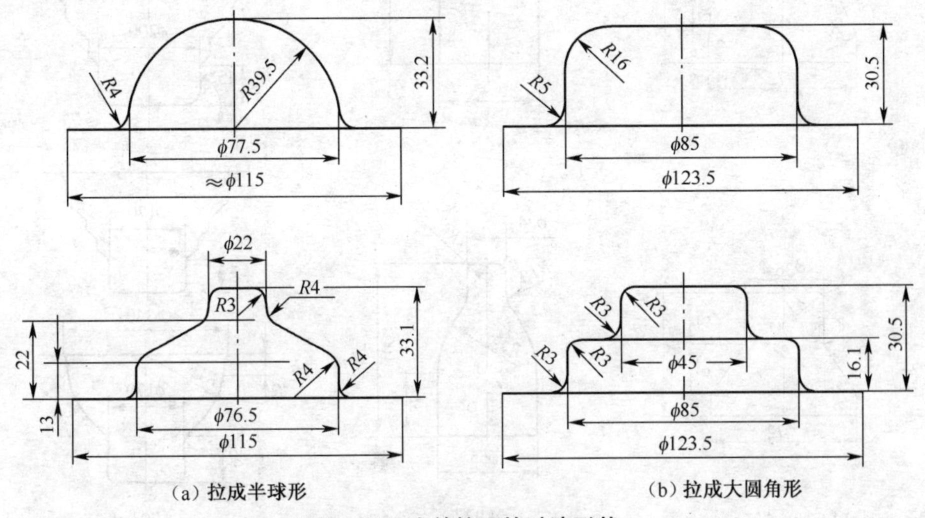

(a) 拉成半球形　　(b) 拉成大圆角形

图 4-35 小筒拉深的过渡形状

在实际生产中,对拉深性能较好的材料,有时为获得较好的小筒成形件,一般采取以下几种措施。

①特意使过渡形状的面积小于成形件表面积的 3%~8%,从而在工件成形中有少量的变薄成形,保证零件表面成形充分,外观挺括。

②对坯料相对厚度较小;易产生失稳需多次拉深才能完成的拉深件,多采用反拉深成形小筒,一方面能提高抗失稳能力,防止起皱,克服多次拉深可能出现的拉痕,同时还可提高拉

深性能，减少拉深次数。

(4)相邻直径比值大，阶梯呈锥形　当拉深大、小直径比值大，阶梯部分带锥形的工件时，先拉深出大直径，再在拉深小直径的过程中拉出侧壁锥形，如图4-36a所示（该工件坯料直径 D 为118 mm，料厚为0.8 mm）；若拉深大、小直径差值大，阶梯部分带曲面锥形的工件时，可首先将大直径部分按图样尺寸拉出来，此时将头部制成与图纸近似的 R，其次再拉出小直径，如图4-36b所示（该工件坯料直径 D 为139 mm，料厚为1 mm）；或采用先将大直径按图纸尺寸拉出来，然后用多次拉深做成与曲锥形近似的阶梯形状，最后经整形达到要求的形状和尺寸，参见图4-36c所示（该工件坯料直径 D 为500 mm，料厚为1 mm）。

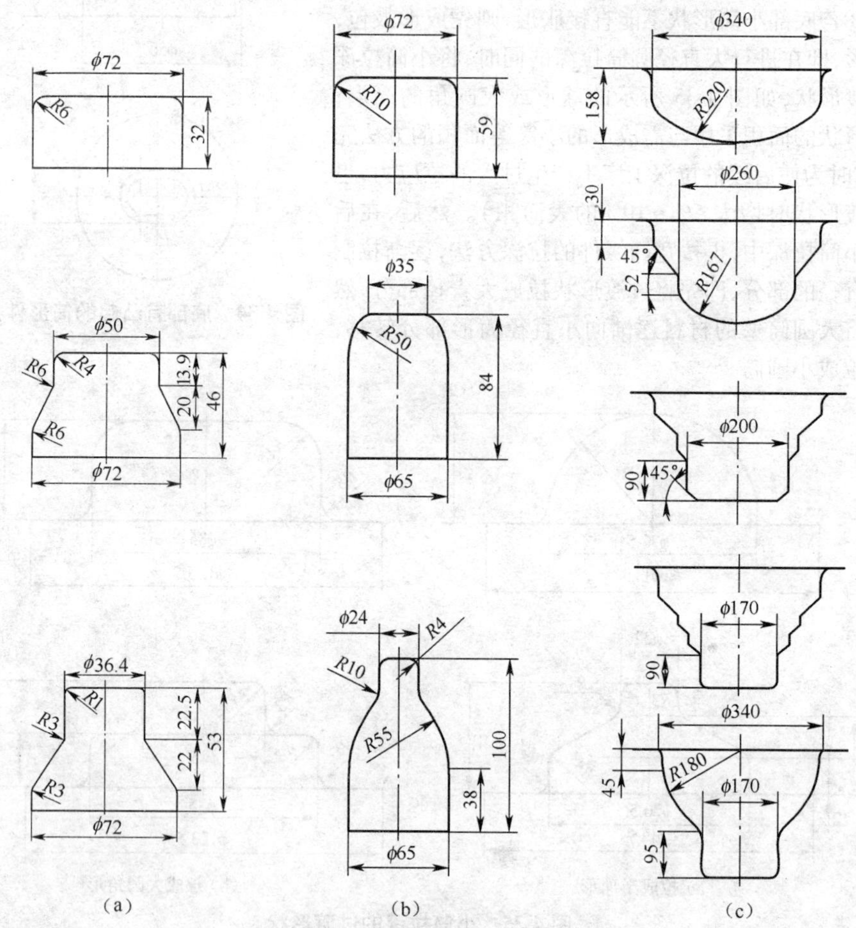

图4-36　带锥形阶梯件的多次拉深

3. 阶梯筒形件拉深注意事项

在生产过程中，由于工件结构的多样性，对某些阶梯异形拉深件展开料进行精确计算很困难，为此，根据工件结构选用以下三种解决方案。

一是通过必要的计算，经生产试模后，分析情况，进行改进；二是改变加工工艺方案，通过制定工艺方案，将某些阶梯形展开料难以计算的部分，拆分或转化为几种较易计算的阶梯组合件;三是给工件留出足够的加工余量,最后修边成形。

4.4.6 矩形拉深件的工艺计算

矩形件属于非轴对称拉深件,主要包括方形拉深件和长形拉深件,如图 4-37 所示。

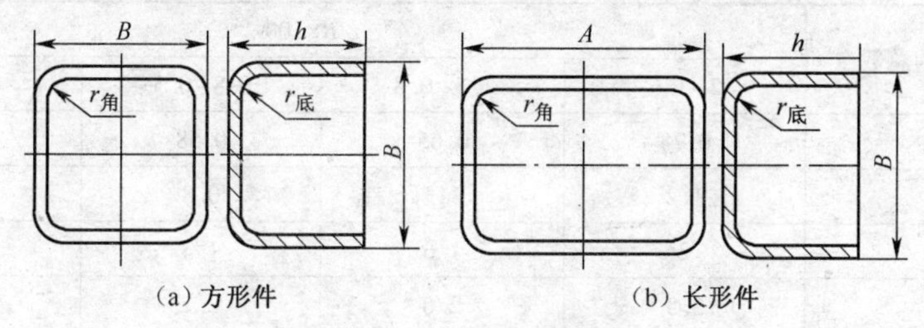

(a) 方形件 (b) 长形件

图 4-37 矩形件示意图

1. 矩形件拉深次数的确定

矩形件初次拉深的极限变形程度,可以用其相对高度 $H/r_{角}$ 来表示。平板坯料一次拉深的最大相对高度决定矩形件的相对圆角半径 $r_{角}/B$、坯料相对厚度 t/D 和板料的性能,见表 4-17。

表 4-17 矩形件在第一次拉深中的最大相对圆角半径 $H/r_{角}$(08、10 钢)

比值 $r_{角}/B$	方形件			长形件		
	坯料的相对厚度 $t/D\times100$					
	0.3~0.6	0.6~1	1~2	0.3~0.6	0.6~1	1~2
0.4	2.2	2.5	2.8	2.5	2.8	3.1
0.3	2.8	3.2	3.5	3.2	3.5	3.8
0.2	3.5	3.8	4.2	3.8	4.2	4.6
0.1	4.5	5	5.5	4.5	5	5.5
0.05	5	5.5	6	5	5.5	6

注:表中数值对塑性较差的材料应减少 5%~7%,对塑性较好的材料应增加 5%~7%。

矩形件第一次拉深的极限变形程度还可以用其相对高度 H/B 来表示,见表 4-18。

表 4-18 矩形件第一次拉深的最大相对高度 H/B(08、10 钢)

比值 $r_{角}/B$	坯料的相对厚度 $t/D\times100$			
	2.0~1.5	1.5~1.0	1.0~0.5	0.5~0.2
0.30	1.2~1.0	1.1~0.95	1.0~0.9	0.9~0.85
0.20	1.0~0.9	0.9~0.82	0.85~0.70	0.8~0.7
0.15	0.9~0.75	0.8~0.7	0.75~0.65	0.7~0.6
0.10	0.8~0.6	0.7~0.55	0.65~0.5	0.6~0.45
0.05	0.7~0.5	0.6~0.45	0.55~0.4	0.5~0.35
0.02	0.5~0.4	0.45~0.35	0.4~0.3	0.35~0.25

注:①除了 $r_{角}/B$ 和 t/D 外,许可拉深高度与矩形件的绝对尺寸有关,对较小尺寸($B<100$ mm)取上限值,对大尺寸矩形件取下限值。

②对于其他材料,应根据金属塑性的大小,选取表中数据修正。1Cr18Ni9Ti 和铝合金的修正系数为 1.1~1.15,20~25 钢为 0.85~0.9。

如果矩形件的相对高度 $H/r_{角}$ 或 H/B 不超过表4-17、表4-18所列极限值，则矩形件可一次拉成，否则，需要多道拉深工序。

表4-19为多次拉深所能达到的最大相对高度 H_n/B，用此表可初步判断拉深的次数。

表4-19 矩形件多次拉深所能达到的最大相对高度 H_n/B

拉深工序的总数	$t/B×100$			
	2~1.6	1.3~0.8	0.8~0.5	0.5~0.3
1	0.75	0.65	0.58	0.5
2	1.2	1	0.8	0.7
3	2	1.6	1.3	1.2
4	3.5	2.6	2.2	2
5	5	4	3.4	3
6	6	5	4.5	5

2. 矩形件拉深坯料形状及尺寸的确定

矩形件拉深时，正确确定其坯料形状和尺寸，不仅能够节省材料和得到口部平齐的拉深件，而且也有利于坯料的变形，保证拉深件的质量。坯料尺寸过大，会引起危险断面拉应力的无谓增加，对提高变形程度和减少工序不利；坯料局部尺寸过大，会加剧坯料周边变形分布的不均程度，造成变形困难，以致在变形过分集中的部位引起局部起皱。

矩形件坯料展开尺寸的确定，同样根据面积不变原则，另外，还要根据矩形件拉深沿周边的切向压缩与径向拉深变形不均匀的特点，对坯料的形状与尺寸作一定的修正。以下按浅矩形件及深矩形件两类进行分析。

(1)浅矩形件 （指能一次拉深完成，包括第一次为拉深，第二次为整形的矩形件）拉深坯料展开尺寸的确定。

1)四角为直角 四角为直角（或很小圆角）的浅矩形件坯料展开，如图4-38所示。

①当用简便的方法绘制矩形件角部展开外形时，盒壁两端尺寸为：

$$A \approx a+2h \qquad B \approx b+2h$$

②当考虑底部圆角半径 r_0 时，坯料的展开尺寸为：

$$A=a+2(h-0.43r_0) \qquad B=b+2(h-0.43r_0)$$

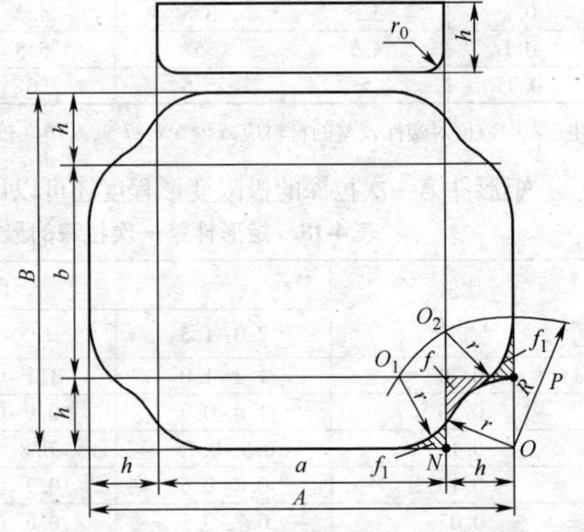

图4-38 四角为直角的浅矩形件坯料展开

作图法：首先以外角顶点 O 为圆心，以半径 $r=h$（考虑底部圆角半径 r_0 时 $r=h-r_0$）划弧 NP，另以 O 为圆心，以半径 $R=2h$（考虑底部圆角半径 r_0 时 $R=2h-0.86r_0$）划弧交内矩形两边于 O_1、O_2 点；然后分别以 O_1、O_2 为圆心，以 r 为半径划弧与 O 为圆心的弧相切即可。

由图可知：切掉部分面积 f_1 之和等于增加部分面积 f 之值。

2)四角为圆角　四角为圆角的浅矩形坯料展开,如图 4-39 所示。

①直边部分按弯曲变形计算,其展开长度 $L = H + 0.57r_a$

②圆角部分按四分之一筒形件拉深变形计算,展开的角部坯料半径 R 为

当 $r_b = r_a = r$ 时, $R = \sqrt{2rH}$

当 $r_b \neq r_a$ 时,

$$R = \sqrt{r_b^{\ 2} + 2r_bH - 0.86r_a(r_b + 0.16r_a)}$$

③平分 ab 线段,并从中点 c 向半径为 R 的圆弧作切线,再以 R 为半径作圆弧与直边和切线相切。

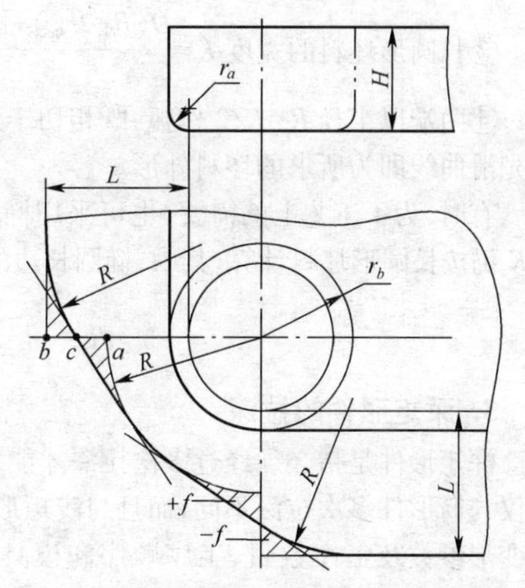

图 4-39　四角为圆角的浅矩形件坯料展开

完成作图后的轮廓即为矩形件的展开料。由于圆角部分多余的材料(+f)被转移到侧壁上,补偿坯料切去部分(-f),既符合面积相等原则,也符合变形规律,因此,生产中,若对加工件的口部平齐性没有特殊要求,可用这种方法确定坯料外形。

(2)深矩形件坯料展开尺寸的确定　深矩形件指二次或二次以上拉深才能完成的拉深件。深矩形件坯料展开尺寸的确定同样根据面积不变原则。

1)方形件　方形件采用圆形坯料,如图 4-40a 所示,坯料直径根据面积不变原则求出:

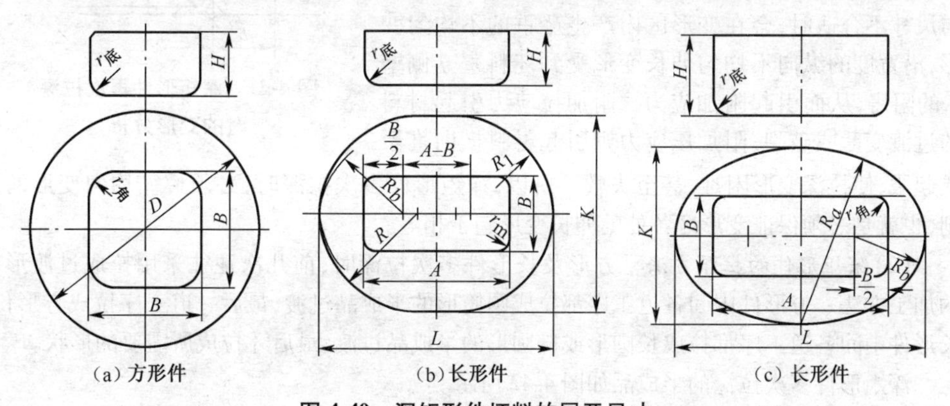

图 4-40　深矩形件坯料的展开尺寸

当 $r_b=r_a=r$ 时, $D=1.13\sqrt{B^2+4B(H-0.43r)-1.72r(H+0.33r)}$

当 $r_b \neq r_a$,且 $r_b>r_a$ 时,

$$D=1.13\sqrt{B^2+4B(H-0.43r_a)-1.72r_b(H+0.5r_b)-4r_a(0.11r_a-0.18r_b)}$$

2)长形件　长形件的坯料形状为长圆形,两边圆弧与中间长边用相切弧线光滑过渡连接,展开尺寸如图 4-40b,其作图的要点如下。

①长圆形坯料的圆弧半径 R_b 为 $D/2$(D 按方形件的坯料直径计算, R_b 的圆心离短边距离为 $B/2$)。

②长圆形坯料的长度 $L=2R_b+(A-B)=D+(A-B)$。

③长圆形坯料的宽度 $K=\dfrac{D(B-2r_{角})+[B+2(H-0.43r_{底})](A-B)}{A-2r_{角}}$

④两端以半径 $R=K/2$ 作弧，既相切于 R_b 的圆弧，又相切于两长边的展开直线，所连成的光滑曲线即为所求的坯料外形。

有时，为了工艺上的需要，也可采用椭圆形坯料，展开尺寸如图 4-40c 所示。此时，R_b、L、K 仍按长圆形坯料计算，其中，椭圆长边的圆弧半径 R_a 为：

$$R_a=\frac{0.25(L^2+K^2)-LR_b}{L-2R_b}$$

3. 深矩形件的拉深

深矩形件是指必须经过多次拉深才能成形的矩形件。深矩形件多次拉深的变形情况，不仅与筒形件多次拉深不同，而且与浅矩形件一次拉深中的变形也有很大差别，所以，确定其变形参数及工序数目、工序顺序和模具设计时，都必须考虑深矩形件多次拉深的变形特点。

(1)深矩形件多次拉深变形特点　矩形件再次拉深时所用的中间坯料是已经形成直立侧壁的空腔体，其变形情况如图 4-41 所示。坯料的底部和已经进入凹模高度为 h_2 的侧壁是不应产生塑性变形的传力区，与凹模端面接触的宽度为 b 的环形凸缘是变形区，高度为 h_1 的直立侧壁是不变形区。当空腔体半成品形状与尺寸不合适时，会在变形区内产生严重的不均匀变形，沿宽度的纵向不均匀伸长变形受到坯料直立侧壁 h_1 的阻碍，从而引起附加应力。附加拉应力引起材料的过渡变薄或破裂；附加压应力则引起材料横向堆聚或起皱，使拉深变形困难，甚至失败。所以，深矩形件多次拉深时，必须遵循均匀变形的原则，也就是必须保证变形区各处的伸长变形趋于相等。

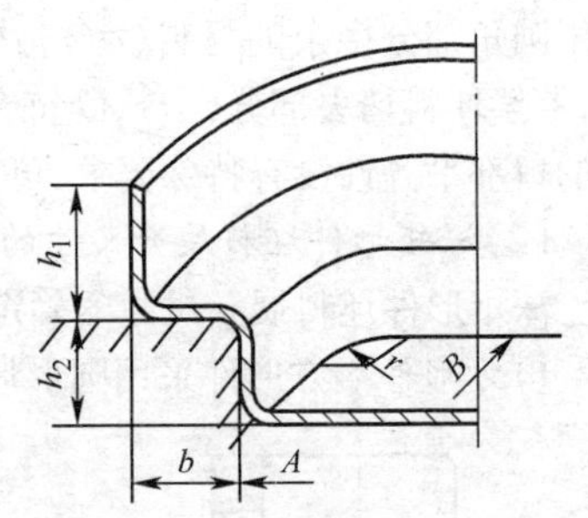

图 4-41　深矩形件再次拉深时的变形分析

(2)深矩形件的拉深方法　方形及长形件多次拉深时，前几次往往采用拉成过渡形状的加工方法。方形件中间各道工序都拉成圆筒形的半成品过渡，最后一道工序拉成方形件；长形件中间各道工序都拉成长圆形或椭圆形的半成品过渡，最后才拉成所需要的形状。

深矩形件多次拉深的半成品如图 4-42 所示。

1)方形件多次拉深的计算　方形件的拉深计算是从$(n-1)$道工序，即倒数第二道工序开始，由里向外进行计算，其中，第$(n-1)$道工序的半成品尺寸 D_{n-1} 为：

$$D_{n-1}=1.41B-0.82r_{角}+2\delta$$

式中　D_{n-1}——$(n-1)$道拉深工序所得筒形件半成品的内径；

B——方形件的宽度(按内表面计算)；

$r_{角}$——方形件角部的内圆角半径；

δ——由$(n-1)$道拉深后的半成品圆角内表面，到最后拉深成方形件内表面之间的距离，称为角部壁间的距离，简称壁间距，如图 4-42a 所示。

壁间距 δ 直接影响到坯料变形区拉深变形程度和分布均匀程度，一般角部壁间距 δ 可

按 $\delta=(0.2\sim0.25)r_{角}$ 确定。控制角部壁间距，实际上是控制角部拉深系数。角部壁间距 δ 也可按表 4-20 选取。

表 4-20 角部壁间距 δ 值

角部相对圆角半径 r/B	0.025	0.05	0.1	0.2	0.3	0.4
相对壁间距离 δ/r	0.12	0.13	0.135	0.16	0.17	0.2

其他各道工序可参照圆筒形工件的拉深方法，即直径 D 的平板坯料拉深成直径为 D_{n-1}、高度为 H_{n-1} 的圆筒形工件。

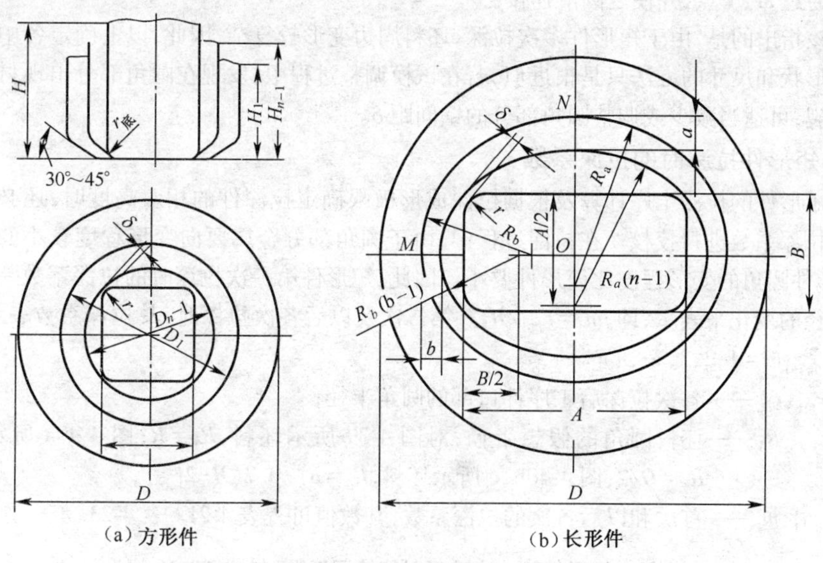

(a) 方形件　　(b) 长形件

图 4-42 深矩形件多次拉深的半成品形状及尺寸

2) 长形件多次拉深的计算　长形件的拉深计算与方形件的拉深计算相似，也是从 $(n-1)$ 道拉深工序开始，由里向外计算，中间各道工序都拉成椭圆形或长圆形的半成品，其中第 $(n-1)$ 道拉深工序是一个椭圆形半成品，其半径用下式计算：

$$R_{a(n-1)}=0.705A-0.41\,r_{角}+\delta$$

$$R_{b(n-1)}=0.705B-0.41\,r_{角}+\delta$$

式中　$R_{a(n-1)}$ 与 $R_{b(n-1)}$——分别为 $(n-1)$ 道拉深工序所得椭圆形半成品在长轴和短轴方向上的曲率半径；

A 与 B——分别为长形件的长度和宽度；

$r_{角}$——长形件角部的内圆角半径；

δ——角部壁间距，同样可取 $\delta=(0.2\sim0.25)r_{角}$，如图 4-42b 所示。

$(n-1)$ 道拉深工序所得椭圆形半成品的长轴和短轴分别为：

$$长轴=2R_{b(n-1)}+A-B$$

$$短轴=2R_{a(n-1)}-A+B$$

由 $(n-1)$ 道工序的半成品形状和尺寸，可进行 $(n-2)$ 道工序的计算。第 $(n-2)$ 道工序仍

是一个椭圆形半成品。为控制从$(n-2)$道工序拉深至$(n-1)$道工序的变形程度,应保证:

$$\frac{R_{a(n-1)}}{R_{a(n-1)}+a}=\frac{R_{b(n-1)}}{R_{b(n-1)}+b}=0.75 \sim 0.85$$

即

$$a=(0.18 \sim 0.33)R_{a(n-1)}$$

$$b=(0.18 \sim 0.33)R_{b(n-1)}$$

a与b分别为椭圆形半成品之间长轴与短轴上的壁间距。此时,通过相关的计算机绘图软件便可很方便地绘出所求的半成品椭圆图形,也可按以下步骤通过作图求出。首先由a、b值找出图上的M、N点,如图4-42b所示,然后选定$R_{a(n-2)}$及$R_{b(n-2)}$,即图中的R_a和R_b,使其圆弧通过M、N点,并使之圆滑连接。

应该指出的是,由于矩形件多次拉深,坯料周边变形较复杂,因此,以上确定各中间工序半成品形状和尺寸的方法只是很近似,若在试模调整过程中,发现在圆角部分出现材料的堆聚或拉裂,可适当减少或调整圆角部分的壁间距δ。

4. 矩形件拉深时的拉深系数

在矩形件的拉深工序计算及根据拉深成形极限确定拉深件的相对高度时,还必须对矩形件的拉深系数进行校核。在拉深过程中,由于圆角部分金属要向变形程度较小的侧壁流动,矩形件圆角的变形程度比筒形件要小。因此,矩形件第一次拉深时的拉深系数一般都用圆角半径的变化来表示,即,$m_1=r_{角1}/R_Y$。第二次及以后各次拉深时,其拉深系数表示为:$m_i=r_{角i}/r_{角i-1}(i=1,2,3,\cdots,n)$

式中　$r_{角1}$,$r_{角i}$——各次拉深后工序件口部的圆角半径;

R_Y——坯料圆角的假想半径,对图4-39所示坯料,$R_Y=R$;图4-40a所示坯料,$R_Y=D/2$;图4-40b、c所示坯料,$R_Y=R_b-0.7(B-2r_{角})$;

m_1,m_i——首次和以后各次的拉深系数,其数值可查表4-21~表4-23。

表4-21　矩形件第一次拉深时的拉深系数(材料:08、10钢)

r/B	坯料相对厚度 $t/D\times100$							
	0.3~0.6		0.6~1.0		1.0~1.5		1.5~2.0	
	矩形	方形	矩形	方形	矩形	方形	矩形	方形
0.025	0.31		0.30		0.29		0.28	
0.05	0.32		0.31		0.30		0.29	
0.10	0.33		0.32		0.31		0.30	
0.15	0.35		0.34		0.33		0.32	
0.2	0.36	0.39	0.36	0.36	0.34	0.35	0.33	0.34
0.3	0.40	0.42	0.38	0.40	0.37	0.39	0.36	0.38
0.4	0.44	0.48	0.42	0.45	0.41	0.43	0.40	0.42

注:D对于方形件指坯料直径,对于长形件指坯料宽度。

表 4-22　矩形件第二次及以后各次拉深时的拉深系数

r/B	坯料相对厚度 $t/D\times100$		
	0.1~0.3	0.3~1.0	1.0~2.0
0.05	0.50	0.48	0.45
0.1	0.53	0.51	0.48
0.2	0.60	0.57	0.54
0.3	0.66	0.63	0.60
0.4	0.73	0.70	0.67

表 4-23　常用材料的矩形件拉深时的拉深系数

材　料	第一次拉深系数 m_1	以后各次拉深系数 m_n
低碳钢	0.25~0.40	0.40~0.55
不锈钢	0.30~0.40	0.45~0.60
黄铜	0.20~0.30	0.30~0.45
H62、H68	0.30~0.35	0.40~0.45
硬铝	0.35~0.45	0.45~0.55

矩形件拉深时，首先按上述相关拉深系数确定该工件是否能一次拉深成形。如果不能一次成形，则应用最小拉深系数计算出第一次拉深以后半成品的圆角尺寸，然后用表面积相等的原则，计算半成品的其他尺寸，确定能否用第二次拉深把第一次拉深后的半成品冲制成所需工件尺寸。然后也用同样的方法对拉深系数进行计算。如果计算所得之圆角半径 $r_{角i}$ 小于工件的圆角半径，则该工件可在第二次拉深时拉出。否则，计算过程应按上述的程序重复进行，直至第 n 次拉深后的圆角半径 $r_{角n}$ 等于或小于工件的相应尺寸时为止。

5. 矩形件拉深工序尺寸计算实例

如图 4-43 所示方形件，采用料厚为 0.5 mm 的 08F 钢制成，试确定其拉深工序件形状和尺寸。

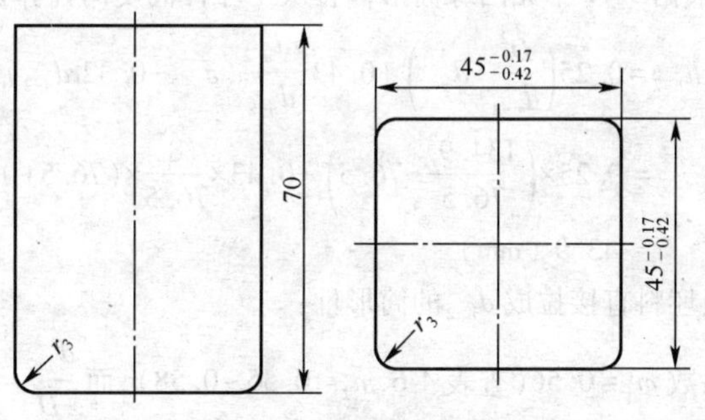

图 4-43　方形拉深件

解：该工件板料厚度小于 1 mm，可按工件内形尺寸进行计算。

①初步估计拉深次数。根据工件相对高度 $H/B=70/45=1.55$，相对厚度 $t/B=0.5/45=1.11\%$，查表4-19初步估计需三次拉深成形（$n=3$）。

②确定坯料的形状和尺寸。多次拉深的矩形件，一般需要切边，根据工件拉深次数查表4-3，确定切边量 $\Delta h=0.05H=0.05\times70\ \text{mm}=3.5\ \text{mm}$。所以总高度为（$70+3.5$）mm $=73.5$ mm。

采用圆形坯料，其直径计算如下：

$$D=1.13\sqrt{B^2+4B(H-0.43r)-1.72r(H+0.33r)}$$

$$=1.13\sqrt{44^2+4\times44\times(73.5-0.43\times3)-1.72\times3\times(73.5+0.33\times3)}=134.9\ (\text{mm})$$

③校核是否需要多次拉深成形。根据 $r/B=0.067$ 和 $t/D\times100=0.5/134.9\times100=0.37$，查表4-17得矩形件第一次拉深许可的比值 $H/r_1\approx4.8$，故一次拉深极限高度 $H=3\times4.8\ \text{mm}=14.4\ \text{mm}$，而工件拉深高度为73.5 mm，所以，不能一次拉深成形，需要多次拉深。

④确定各拉深工序件形状和尺寸。该工件由平板圆坯料拉深成方形件，采用圆筒形工序件的过渡方式。

（$n-1$）道所得工序件的尺寸计算如下：

根据 $r/B=0.067$ 查表4-20得 $\delta=0.132r=0.132\times3\ \text{mm}=0.4\ \text{mm}$。

$d_{n-1}=1.41B-0.82r+2\delta=(1.41\times44\ \text{mm}-0.82\times3\ \text{mm}+2\times0.4\ \text{mm})=60.38\ \text{mm}\approx60.4\ \text{mm}$

确定 $r_{dn-1}=3.6$ mm，根据4-11中无凸缘筒形件各次工序高度的计算公式，则

$$h_{n-1}=0.25\left(\frac{D^2}{d_{n-1}}-d_{n-1}\right)+0.43\frac{rd_{n-1}}{d_{n-1}}(d_{n-1}+0.32rd_{n-1})$$

$$=0.25\times\left(\frac{134.9^2}{60.4}-60.4\right)+0.43\times\frac{3.6}{60.4}\times(60.4+0.32\times3.6)$$

$$=61.79\ (\text{mm})\approx61.8\ (\text{mm})$$

（$n-2$）道所得工序件尺寸计算如下：

初定拉深次数为三次，所以从（$n-2$）到（$n-1$）道的拉深属于第二次拉深，取 m_2 即（m_{n-1}）$=0.79$，得

$$d_{n-2}=\frac{d_{n-1}}{m_{n-1}}=\frac{60.4}{0.79}=76.45\ (\text{mm})\approx76.5\ (\text{mm})$$

取 $r_{dn-2}=8$ mm，根据4-11中无凸缘筒形件各次工序件高度的计算公式，则

$$h_{n-2}=0.25\left(\frac{D^2}{d_{n-2}}-d_{n-2}\right)+0.43\frac{rd_{n-2}}{d_{n-2}}(d_{n-2}+0.32rd_{n-2})$$

$$=0.25\times\left(\frac{134.9^2}{76.5}-76.5\right)+0.43\times\frac{8}{76.5}\times(76.5+0.32\times8)$$

$$\approx43.9\ (\text{mm})$$

检查能否由平板坯料直接拉成 d_{n-2} 的筒形件：

选取首次拉深系数 $m_1=0.56$（查表4-6，$m_1=0.55\sim0.58$），而 $\dfrac{d_{n-2}}{D}=\dfrac{76.5}{134.9}=0.57$

所以，可以由平板坯料直接拉成 d_{n-2} 的筒形件。

至此，该工件需要三道拉深成形工艺，与初步估计的拉深次数相符。各道拉深工序件尺

寸如图 4-44 所示。

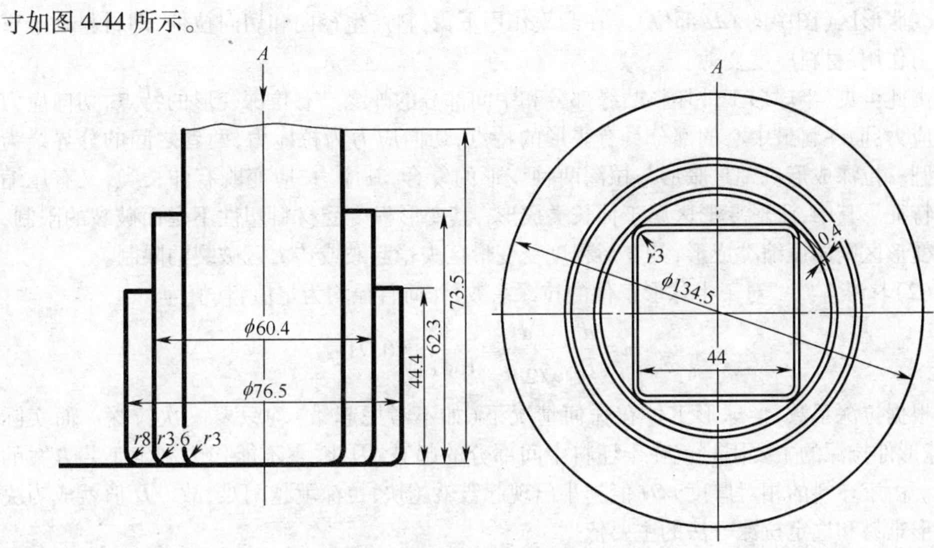

图 4-44 方形件三次拉深工序尺寸

4.4.7 其他形状工件的拉深件

1. 半球形工件的拉深

半球形工件分类如图 4-45 所示。

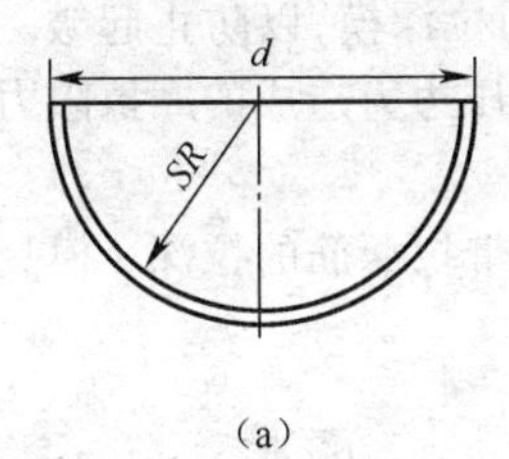

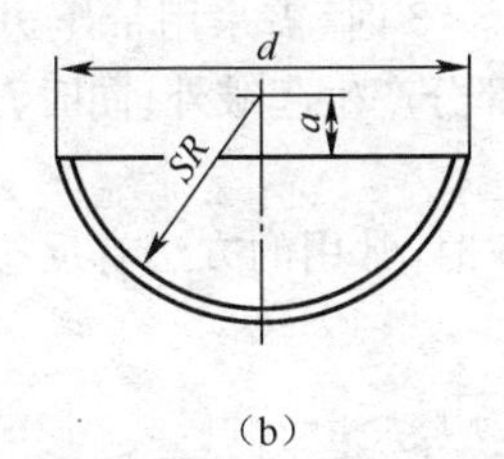

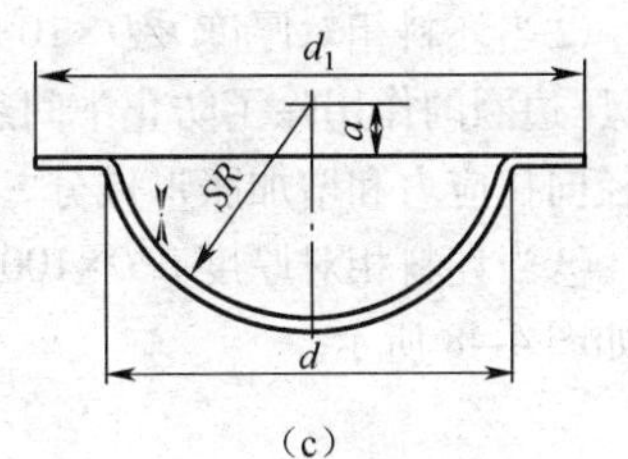

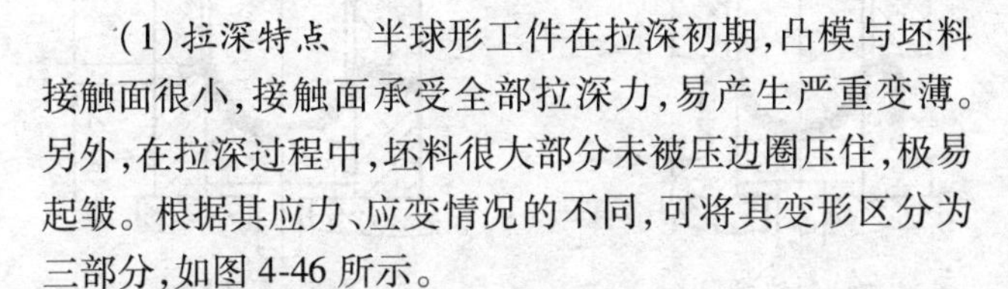

图 4-45 半球形件的种类

(1) 拉深特点　半球形工件在拉深初期，凸模与坯料接触面很小，接触面承受全部拉深力，易产生严重变薄。另外，在拉深过程中，坯料很大部分未被压边圈压住，极易起皱。根据其应力、应变情况的不同，可将其变形区分为三部分，如图 4-46 所示。

①凸缘区(图中的 AB 部位)。其变形特点和应力、应变状态与圆筒件拉深时相同，即径向为拉应力 σ_r，切向为压应力 σ_θ。

②拉深变形区(图中的 BC 部位)。该变形区材料悬空，在凸模作用下，坯料受径向拉伸(为径向拉应力 σ_r)，切向压缩(为切向压应力 σ_θ)的变形。由于该变形区的材料悬空，抗失稳能力差，易起皱。

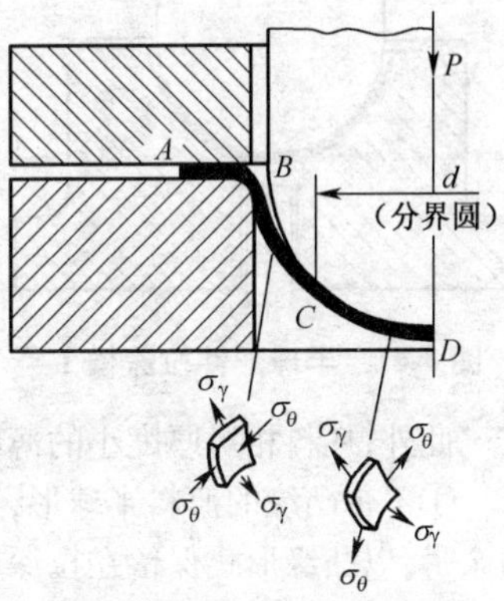

图 4-46 半球形件拉深成形的应力应变状态

③胀形区(图中的 CD 部位)。在凸模作用下,材料产生径向和切向拉伸,即材料处于双拉应力作用,材料厚度变薄。

由此可见,半球形工件坯料凸缘部分和中间部分的外缘具有拉深变形的特点,切向应力为压应力;而坯料最中心的部分具有胀形的特点,切向应力为拉应力,两者之间的分界线为分界圆。拉深成形机理是胀形与拉深两种变形的复合,其应力、应变既有伸长类,又有压缩类的特征。其中,胀形变形区属于伸长类成形,其变形程度受材料塑性不足而破裂的限制;拉深变形区则属压缩类成形,其变形程度受变形区失稳起皱或传力区破裂的限制。

(2)拉深系数　对于半球形工件的拉深系数,任何直径均为定值,其值为:

$$m=\frac{d}{D}=\frac{d}{\sqrt{2d^2}}=\frac{1}{1.414}=0.71$$

根据拉深系数,半球形工件在任何情况下(如不考虑起皱)均只要一次拉深。而实际上,球形件拉深的主要困难就在于坯料中间部分的起皱,因此,它不能作为制定工艺方案的根据。由于坯料的相对厚度 t/D 值越小出现起皱就越快,拉深就越困难,故 t/D 值就成为决定成形难易和选定拉深方法的主要依据。

(3)半球形工件的拉深方法　制定半球形工件的拉深加工方案及模具设计的原则如下。

①当坯料相对厚度 $t/D\times100>3$ 时,不用压边圈,利用简单模具即可拉成。为保证球形件的表面质量、几何形状和尺寸精度,凹模应设计成带球形底,以便拉深结束时,能在凹模内对工件作一次校形。模具结构如图 4-47 所示。

②当坯料相对厚度 $t/D\times100=0.5\sim3$ 时,需采用带压边圈的拉深模,以防止起皱。此时,压边圈的作用除了防止中间悬空部分产生起皱外,同时,也靠压边力造成的摩擦阻力引起径向拉应力和增加胀形成分。

③当坯料相对厚度 $t/D\times100<0.5$ 时,常用的方法有反拉深、带拉深筋的拉深。模具结构如图 4-48 所示。

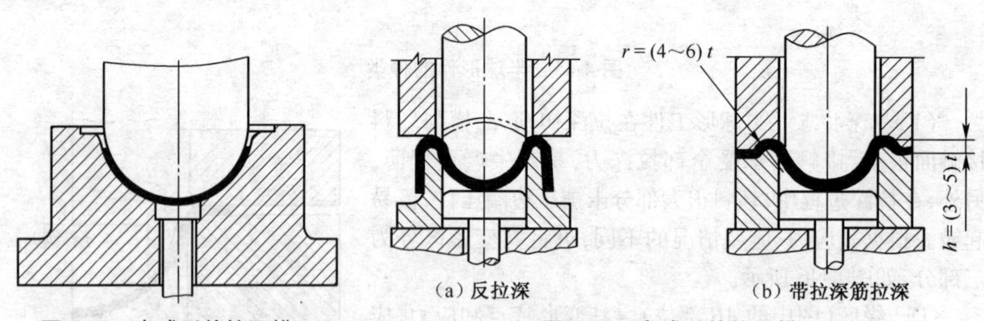

图 4-47　半球形件拉深模 I　　图 4-48　半球形件拉深模 II

此外,坯料相对厚度小的薄料拉深时,制定工艺方案或模具设计时,还应注意以下几点。

①不带凸缘的薄料半球形,采用压边圈拉深时,计算坯料须加上宽度不小于 10 mm 的修边余量,以凸缘形式保留在拉深件上,否则工件难以拉好。

②尺寸大的薄壁球形件,可以用正、反拉深结合的方法,免去压边圈(图 4-49)。凸凹模和凹模的每侧间隙取(1.3～1.5)t;凸凹模和凸模的每侧间隙取(1.2～1.3)t。

③薄料的半球形拉深件,还可采用液压或橡皮成形,不但能减少拉深次数,改善工作条件,而且对拉深更为有利。

2. 抛物线形工件的拉深

抛物线形工件的拉深变形特点与半球形工件类似,即同样是胀形与拉深两种变形的复合。图 4-50 为抛物线形工件的结构简图,其工艺方案及模具设计的原则如下。

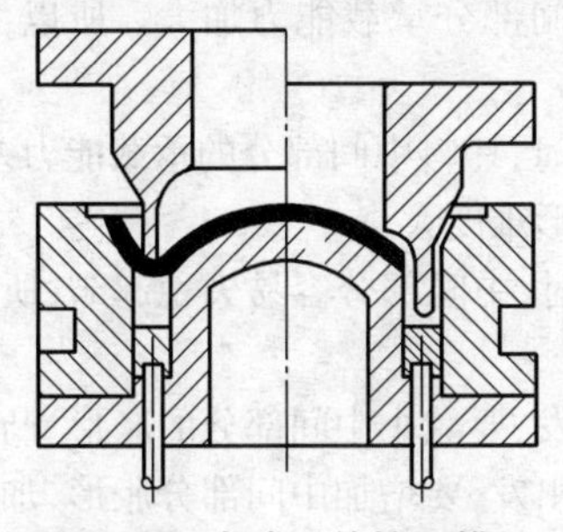

图 4-49 半球形件拉深模Ⅲ

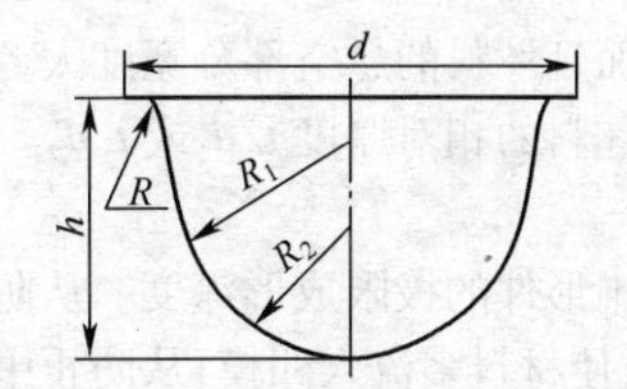

图 4-50 抛物线形工件结构

1) 浅抛物线形工件 当 $h/d < 0.5$ 时,其拉深特点及拉深模具结构与半球形工件类似。

2) 深抛物线形工件 当 $h/d \geqslant 0.5$ 时,一般需要采用多次拉深或反向拉深。其拉深成形方法有以下几种。

①先将下部形状按尺寸拉成近似形,然后在再拉深阶段使工件上部形状成形,最后全部成形。图 4-51 为汽车灯前罩的拉深加工工序。

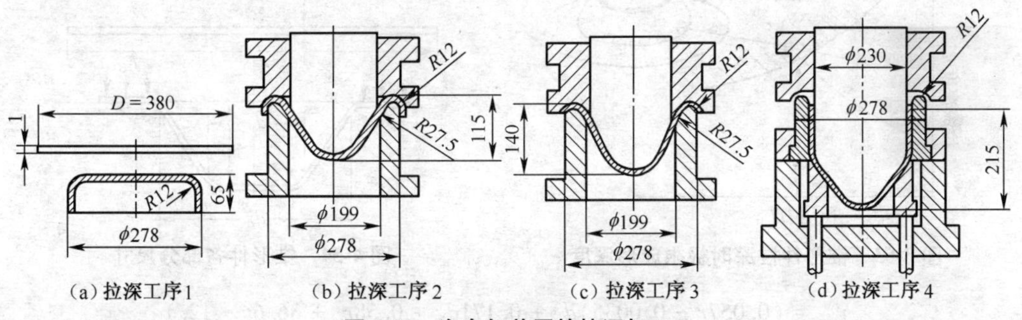

(a) 拉深工序 1 (b) 拉深工序 2 (c) 拉深工序 3 (d) 拉深工序 4

图 4-51 汽车灯前罩的拉深加工

②多次拉深,先拉成近似形状的阶梯圆筒件,最后全部成形。

③多次拉深,使拉深直径缩小,制成圆形预备形状,然后用反拉深,最后全部成形。

3) 薄抛物线加工件 此种加工件采用液压或橡皮成形。

3. 锥形件的拉深

图 4-52 为锥形件结构简图,其拉深变形特点与半球形件类似,同样属胀形与拉深两种变形的复合。

(1) 锥形件的拉深性能 锥形件的拉深性能主要取决于锥形件各部分的尺寸,与其几何形状 h/d_2 及 d_1/d_2、坯料的相对厚度 t/d_1 或 t/d_2 以及材料的冲压性能 n 值、r 值等有关。

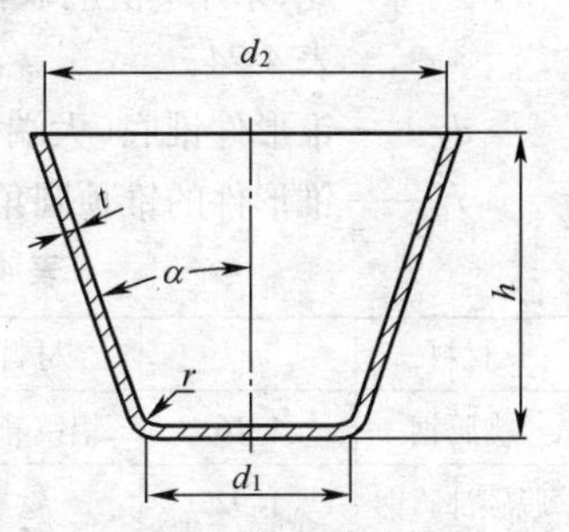

图 4-52 锥形件结构图

其关系如下。

①锥形件的相对高度 h/d_2。假如其他条件相同，当锥形件的高度 h 较大时，在不产生胀形变形的情况下，坯料贴模所需的径向收缩量增大，中间悬空部分起皱的可能性增大。虽然加强胀形成形部分的措施可以减小径向收缩量，但高度 h 过大时，胀形增大受到板材塑性的限制。另一方面，锥形件高度增大时，坯料的直径也要增大，增加了压边圈下的变形区宽度，其结果使拉深变形所需的径向拉应力增大，使坯料中间部分承载能力加大。所以，h/d_2 越大，成形难度越大。

②相对锥顶直径 d_1/d_2。相对锥顶直径 d_1/d_2 越小时，坯料中间部分的承载能力差，易于拉裂。而且坯料的悬空部分宽度大，容易起皱，所以成形难度大。

③坯料的相对厚度 t/d_1 或 t/d_2。坯料相对厚度小时，中间部分容易失稳起皱，所以成形难度大。

④锥形件的极限成形深度。从防止破裂的角度出发，要减小中间部分的胀形、凸缘部分的约束，使材料多流入凹模；从防止中间悬空部分起皱出发，要增加中间部分胀形，加大对凸缘部分的约束，使材料少流入凹模。因此，如果对凸缘部分的约束过小，会使悬空部分起皱，相反，则中部易发生破裂。显然，在合适的约束条件下，既不发生破裂，又不起皱的最大成形高度 h_{max} 是锥形件的成形极限，如图 4-53 所示。

图 4-54 为带凸缘锥形件拉深示意图，其极限成形深度与加工件的几何尺寸、模具尺寸、材料特性及板材厚度等有关。极限成形深度 h_{max} 可用以下公式计算。

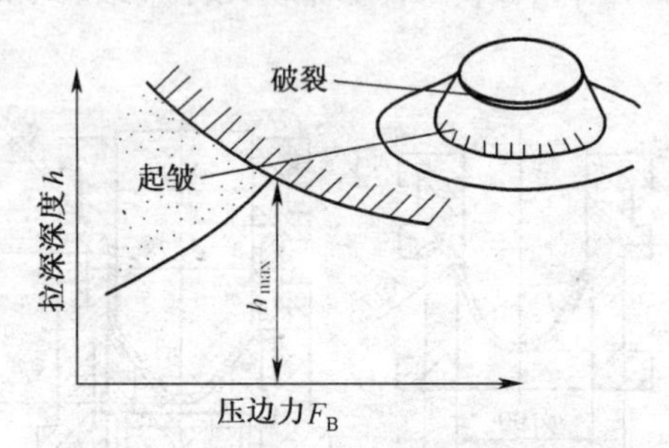

图 3-53　锥形件拉深时极限成形深度

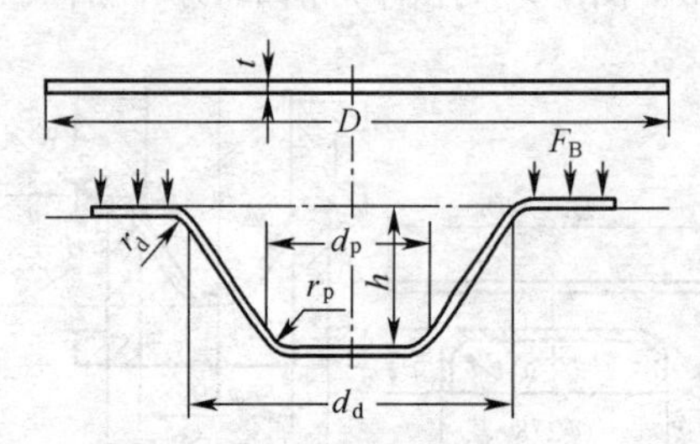

图 4-54　锥形件各部分尺寸

$$h_{max} = (0.057r - 0.0035)d_d + 0.171d_p + 0.58r_p + 36.6t - 12.1$$

式中　r——板厚异向系数，由于板材轧制的方向性，板材平面内各方向上的 r 值均不同。因此，采用 r 值应取各个方向上的平均值。常见材料各个方向上的平均 r 值参见表 4-24；

d_d——锥形件锥底（大端）直径，mm；　d_p——锥形件的锥顶（小端）直径，mm；

r_p——锥形件的锥顶圆角半径，mm；　t——板料厚度，mm。

表 4-24　常用板材的厚度异向系数 r 值

材料	r	材料	r	材料	r	材料	r
沸腾钢	1.16	铝镇静钢	1.49	铜（半硬）	0.85	不锈钢	1.10
脱碳沸腾钢	1.92	钛	5.51	铝（软）	1.08	黄铜（软）	1.05
钛镇静钢	2.08	铜（软）	0.89	铝（半硬）	0.87	黄铜（半硬）	0.99

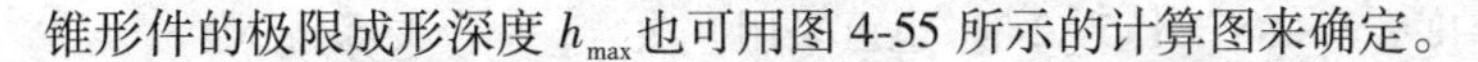

锥形件的极限成形深度 h_{max} 也可用图 4-55 所示的计算图来确定。

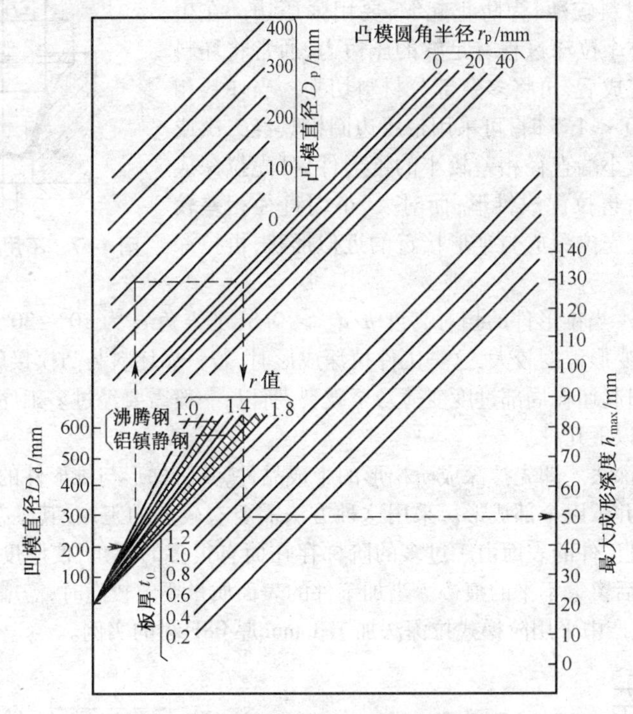

图 4-55 锥形件一次拉深高度计算图

应该指出，当 $t/D \times 100 < 0.2$，且 $d_p/d_d > 0.5$ 时，上述计算锥形件极限成形深度 h_{max} 的公式不适用。因为这时坯料中间部分的起皱极易产生，极限成形高度接近材料无法流入的胀形深度。这种情况最好按胀形极限考虑。

为保证拉深工艺的稳定性，锥形件拉深过程中一般都需拉出凸缘，再采用修边工序切去多余部分，只有在相对高度不大，材料相对厚度 $t/D \times 100 > 2.5$ 时，可以不加凸缘，而直接在拉深结束时精整修锥形部分。

(2) 锥形件的拉深方法　锥形件的拉深加工工艺根据锥形件相对高度 h/d_2 的不同（如图 4-52 所示），一般分三类制定。

1) 浅锥形件　当锥形件的相对高度 $h/d_2 = 0.25 \sim 0.3$ 时，称为浅锥形件。这类工件可采用带压边装置的拉深模一次拉成。由于坯料的变形程度不大，故回弹较严重，不易获得精确形状。为消除这一缺陷，就必须增加压边力或增大接触面的摩擦系数，使坯料在变形过程中产生很大的径向拉应力（超过材料的弹性极限）。

当 $\alpha > 45°$，通常采用图 4-56 所示带有拉深筋的模具结构；

当 $\alpha < 30°$ 时，可按有凸缘锥形件直接拉深成形。

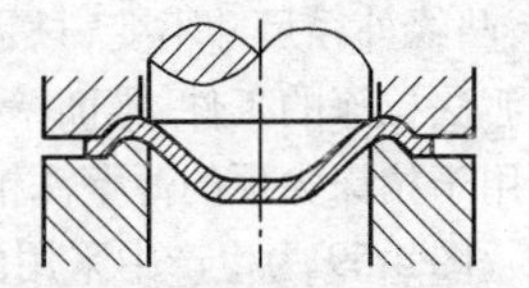

图 4-56 浅锥形件的拉深模

2) 中等深度锥形件　当锥形件的相对高度 $h/d_2 = 0.3 \sim 0.7$ 时，称为中等深度锥形件。在坯料的相对厚度 $t/D \times 100 > 2.5$ 的情况下进行拉深时，可以不用压边圈，只需要在工作行程终了时对加工件进行整形，如图 4-57 所示。

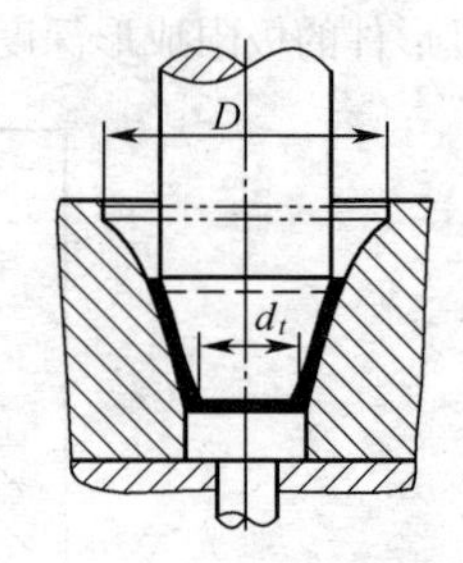

图4-57　不用压边圈的拉深

当坯料的相对厚度 $t/D \times 100 = 1.5 \sim 2$ 时，也可采用一次拉深完成，但因材料较薄，为防止起皱，要用强压边。在生产中，为保证在整个拉深过程有足够的压边力，通常将坯料直径放大，拉深完成后，再将多余部分材料切去。当坯料相对厚度 $t/D \times 100 < 1.5$ 时，可采用带压边圈模具经二次或三次拉深。对大、小端直径相差较小的锥形件，可先拉深成圆筒形或半球形，再拉深成锥形；而对大、小端直径相差较大的锥形件，则应先拉深成与锥形接近的近似形状，再拉深成锥形件。

3）深锥形件　当锥形件的相对高度 $h/d_2 > 0.8$，半锥角 α 为 10°~30°时，称为深锥形件。由于坯料的变形程度较大，这类工件拉深成形时，若只靠坯料与凸模接触的局部面积传递变形力，极易引起坯料局部过度变薄乃至破裂，所以，一般需要经过多工序拉深逐渐成形。拉深方法通常有以下几种。

①阶梯式拉深法。即先拉深成阶梯形的半成品件，其阶梯形与锥形件的内形相切，最后在精压模中整形并予以全部成形。采用这种方法需要有较多的工序，其工艺程序与阶梯件的拉深相同，并且工件的表面由于过多的阶梯存在而有很多的圆角，使厚度不均匀，致使锥形部分的表面最后留下不平的痕迹。当加工件的表面质量要求较高时，需增加抛光工序。

图4-58为生产中采用阶梯式拉深法加工1 mm厚08F料的实例。

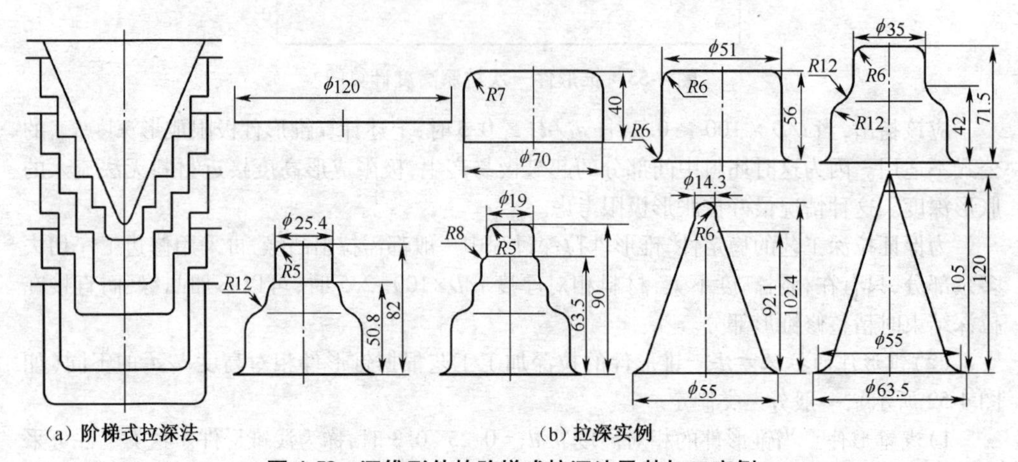

（a）阶梯式拉深法　（b）拉深实例

图4-58　深锥形件的阶梯式拉深法及其加工实例

②曲面过渡法。首先将坯料拉深成圆弧曲面的过渡形状，取其表面积等于或略大于锥形件的面积，曲面开口处的直径等于或略大于锥形件的大端直径。在以后的各道变形过程中，凸缘外径尺寸不变，只是逐渐增大曲面的曲率半径和制件高度，最后得到深锥件。曲面过渡法拉深的工件，锥面壁厚较均匀，表面光滑无痕，模具数量少，结构比较简单。这种方法适用于拉深尖顶的薄壁深锥件。

图4-59为生产中采用曲面过渡法拉深0.4 mm厚08F料的锥形加工实例。其锥形部分共有6道拉深工序：第一道工序，拉深面积略大于或等于成品锥形面积，大头直径可以略小于或等于锥形大头直径；第一、二、三道工序，拉出的形体的母线为曲线形，经过这三道工序，

锥形部分已具雏形，同时储备了多余金属材料，保证以后三道工序的成形；第四、五、六道工序，拉出锥顶角为60°的锥形体，逐道减小锥顶圆弧的 R 值，加高锥体高度，使锥顶逐渐变锐，锥形部分成形后，再经外缘翻边，便达到图样要求的形状和尺寸。

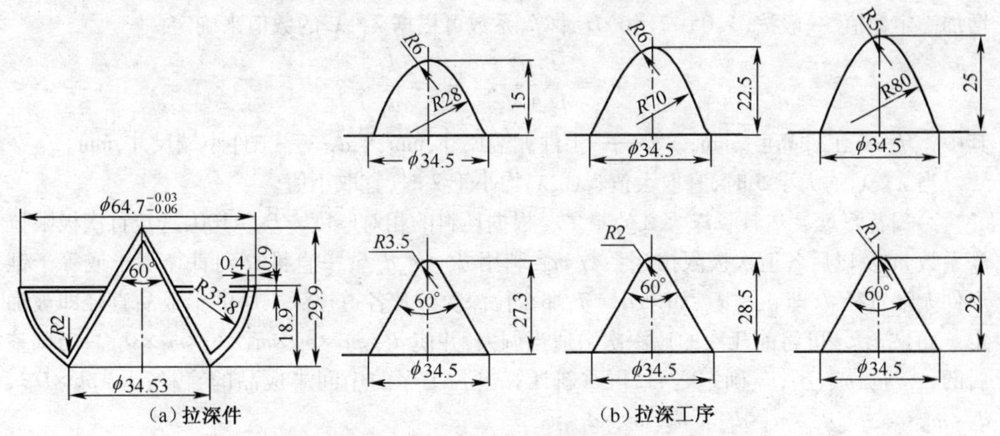

图 4-59 深锥形件的曲面过渡法加工实例

③逐步增加锥形高度拉深法。这种方法是将坯料先拉深成圆筒形，其面积与锥形件面积相等，而直径等于锥形件大端直径，在以后的过渡拉深过程中，保持口部尺寸不变，而只改变底部尺寸，并逐步增加其高度，最后成形为薄壁深锥件。这种拉深方法的优点是工序数目少，锥面壁厚均匀程度、表面质量都高于阶梯过渡法，但低于曲面过渡法。若表面质量要求较高，可用旋压法补救。在一般的产品技术要求中，相对高度 $h/d_2>0.8$ 且对成形表面质量均有一定的要求深锥件，一般都采用逐步增加锥形高度的拉深方法。逐步增加锥形高度拉深法有从口部开始逐渐成形法和从底部开始逐渐成形法两种。图 4-60 为生产中采用逐步增加锥形高度拉深法加工 1 mm 厚 08 料的实例。

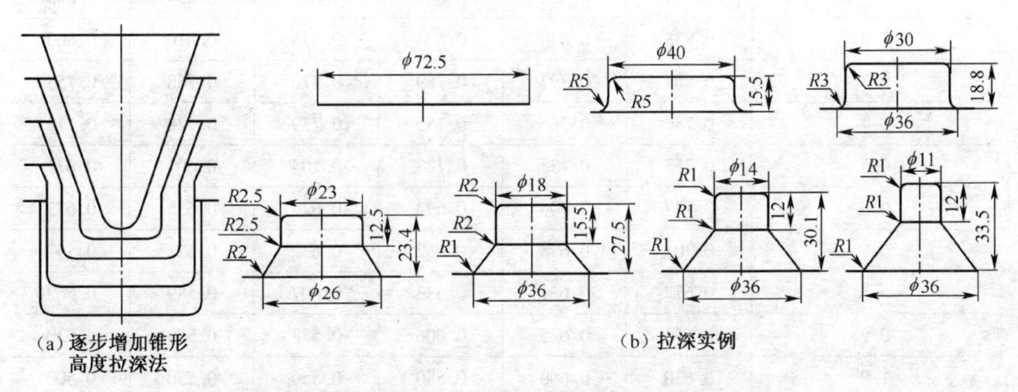

图 4-60 深锥形件的逐步增加锥形高度拉深法及其加工实例

(3) 锥形件的拉深工艺计算　锥形件的拉深工艺计算主要包括坯料直径的确定、拉深次数的确定等。

1) 坯料直径的确定　坯料尺寸是确定拉深工艺的基本尺寸，因此，坯料尺寸的精确程度将决定拉深工艺和模具设计的可靠性。一般采用等面积加修边余量来确定坯料直径尺寸

D,但对有色金属薄壁等壁厚深锥件,由于其材料厚度一般处于下偏差,再加上工序间的加工硬化,且其塑性降低,工件要经过多次筒形和锥形拉深,圆筒形坯料口部及锥形件大端处的壁厚增厚。因此,在确定坯料直径时,相应的黑色金属薄壁等壁厚深锥件的坯料直径 D 应增加一定数值,一般按(1.05~1.16)D 计算,系数可根据 λ_1、λ_2的数值来确定。

$$\lambda_1=\frac{2H}{d_2+d_1},\quad \lambda_2=\frac{d_2}{d_1}$$

其中　H——工件高度,mm;　d_2——工件大端尺寸,mm;　d_1——工件小端尺寸,mm。

当 λ_1、λ_2均大于5时,宜取大值;λ_1、λ_2均小于2时,宜取小值。

2)*圆筒形过渡坯料拉深次数的确定*　根据坯料的相对厚度 $t/D_{坯}\times100$,选定首次极限拉深系数 m_1及以后各道次极限拉深系数 m_n,利用 $d_n=m_n d_{n-1}$,一直推算到直径小于或等于锥形件大端直径 d,即 $d_n\leqslant d$。如果 $d_n=d$,那么拉深次数及各道拉深工序的半成品直径即被确定。如果 $d_n<d$ 可将前几次的拉深次数适当调大,并使 $d_n=m_1\times m_2\times m_3\times\cdots\times m_n\times D_{坯}$。当调整后的 $m_1,m_2,m_3,\cdots,m_n$确定之后,再重新计算出各工序的中间半成品的直径:$d_1=m_1\times D_{坯}$,$d_2=m_2\times d_1,\cdots,d_n=m_n\times d_{n-1}$, $d_2=m_n\times d_{n-1}$。

3)*锥形件拉深次数的确定*　锥形件能否一次成形,可根据该加工件的极限拉深系数 $m_{极}$进行判定,即 $m_{极}=d_2/D$

式中　d_2——锥形件大端直径,mm;　D——坯料直径,mm。

若所求的 $m_{极}$小于或等于表4-25所列的锥形件所能达到的极限拉深系数[$m_{极}$],则可判定该锥形件能一次成形。

表4-25　锥形件极限拉深系数[$m_{极}$]

K \ $(t/D)\times100$	0.08~0.15	0.15~0.30	0.30~0.60	0.60~1.00	1.00~1.50	1.50~2.00
0.1	0.869	0.864	0.861	0.857	0.854	0.849
0.2	0.838	0.830	0.824	0.816	0.810	0.800
0.3	0.809	0.797	0.789	0.776	0.768	0.755
0.4	0.780	0.765	0.755	0.739	0.728	0.712
0.5	0.753	0.735	0.723	0.704	0.691	0.671
0.6	0.727	0.706	0.692	0.670	0.655	0.633
0.7	0.701	0.678	0.662	0.638	0.621	0.597
0.8	0.677	0.651	0.633	0.607	0.589	0.562
0.9	0.653	0.625	0.606	0.578	0.559	0.530
1.0	0.630	0.600	0.580	0.550	0.530	0.500

注:①本表适用于08、10、15钢与软黄铜H62、H68。

②表中 K 为相对锥顶直径,$K=d_1/d_2$,其中 d_1 为锥形件小端直径,mm;d_2 为锥形件大端直径,mm;t 为料厚,mm;D 为锥形件坯料直径,mm。

若所求的 $m_{极}$大于表4-25所列的锥形件所能达到的极限拉深系数[$m_{极}$],则可判定该锥形件不能一次成形。此时,锥形件的拉深次数可按以下方法计算确定。

①平均拉深系数法。确定由圆筒过渡到锥形件的拉深次数与圆筒件相同,拉深系数按底部圆筒直径来计算。拉深次数可按下式进行确定:

$$n = 1 + \frac{\lg d_1 - \lg d_2}{\lg m_{平均}}$$

式中　n——计算的拉深次数;　d_1——工件的小端直径,mm;

d_2——工件的大端直径,mm;　$m_{平均}$——平均拉深系数。

需要特别指出,式中的平均拉深系数 $m_{平均}$ 是指拉深成圆筒件后,从圆筒拉深到锥形件这段过程中各拉深系数的平均值,而计算出的拉深次数 n 也是指从圆筒件拉深到锥形件的拉深次数,并不包含从坯料拉深成圆筒件的拉深次数。

如式中得出的拉深次数 n 为带小数的值时,要进位取整数。计算出拉深次数之后,再根据拉深系数逐渐增大的原则,合理分配拉深系数,进而求出各次拉深直径。平均拉深系数法主要用于从圆筒口部开始逐渐成形法。

②平均直径法。锥形件的拉深系数 m_n 用平均直径 $d_{平均}$(锥形件的大端直径与小端直径之和的一半)求得,即:

$$m_n = \frac{d_{n平均}}{d_{n-1平均}}, d_{平均} = \frac{d_{1n} - d_{2n}}{2}$$

式中　n——拉深次数$(1,2,3,\cdots,n)$;　d_{1N}, d_{2n}——第 n 道拉深的小端、大端直径;

$d_{n平均}$——第 n 道拉深的平均直径;　$d_{n-1平均}$——第 $n-1$ 道拉深的平均直径。

需要特别指出:式中所求出的锥形件拉深系数 m_n 是指拉深成圆筒件后,从圆筒拉深到锥形件这段过程中各道工序中的拉深系数,而计算出的拉深次数 n 也是指从圆筒件拉深到锥形件的拉深次数,并不包含从坯料拉深成圆筒件的拉深次数。

根据平均直径确定的深锥形件的极限拉深系数可参照表 4-25,也可参照冲压手册中相应的圆筒件拉深的极限拉深系数选定,但需要注意:此时选定的极限拉深系数中的拉深次数项,应包含从坯料拉深成圆筒件的拉深次数,若某板料从坯料拉深成圆筒件共拉深了 3 次,则从圆筒件拉深成锥形件的第一次拉深时,此道工序拉深的极限拉深系数,应查对相应圆筒件第 4 次的极限拉深系数。而从表 4-26 中,则可直接根据相应的坯料相对厚度查阅即可。

表 4-26　深锥形件的拉深系数

坯料相对厚度 $t/d'_{n-1} \times 100$	0.5	1.0	1.5	2.0
m_n	0.85	0.8	0.75	0.7

根据深锥形件的极限拉深系数、圆筒件直径(即锥形件的大端直径),可先确定各次拉深的圆锥面平均直径,再确定各次锥形件的小端直径,进而确定拉深次数。其确定方法与圆筒件拉深一样,此处不再详述。平均直径法主要用于从圆筒底部开始逐渐成形法。

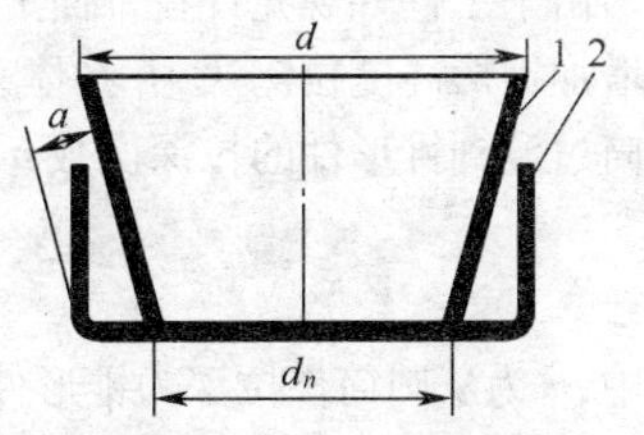

图 4-61　拉深次数的确定

1. 成品　2. 坯料

③壁间距离法。首先将圆筒形过渡件与成品锥形件画在一起,如图 4-61 所示,即可确定出底部转角处的壁间距离 a,然后按下式计算成形锥面所需的过渡拉深

次数。

拉深次数 n 计算公式为：$n=\dfrac{a}{Z}$

式中 Z——允许间隙，mm。不用压边圈拉深时，$Z=(8\sim10)t$；当 $m_n\leqslant0.8$，$t/d'_{n-1}\times100<1$ 时，$Z=8t$；当 $m_n\geqslant0.9$，$t/d'_{n-1}\times100>2$ 时，$Z=10t$。

如果计算的拉深次数 n 不是整数，则应取进位后的整数值，并对各次拉深系数进行调整。

壁间距离法适用范围广，但对相对高度 $h/d_2>0.8$，壁厚 $t\leqslant1.2$ mm 的薄壁深锥件，用该法计算的成形锥面所需的过渡拉深次数一般偏少，在工件的大批量生产中，易出现拉裂、起皱现象，可用其他方法核算后，再在该法计算的基础上适当地增加拉深次数，以保持工艺的稳定性。

(4) 锥形件拉深工序尺寸计算实例

如图4-62所示深锥形筒件，采用料厚0.8 mm的2A11铝板制成，试确定其拉深次数。

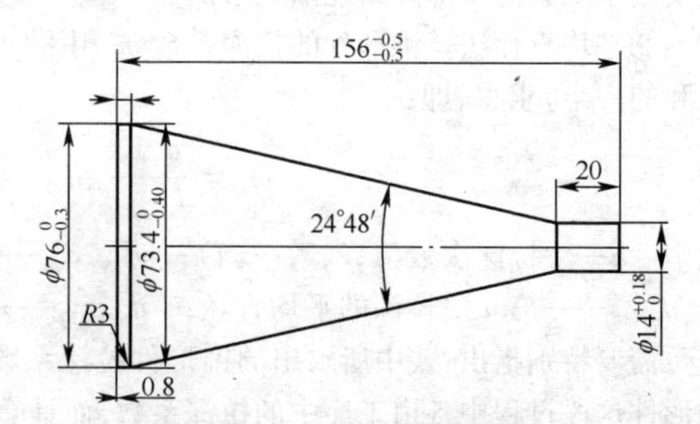

图4-62 深锥形筒件结构图

解：该工件相对高度 $h/d_2=(156-20-5)/73.4=1.78>0.8$，属深锥形件，根据表面积相等原则，代入相应坯料直径计算公式，并加修边余量，可确定坯料直径为 $\phi169$ mm。

由工件的坯料相对厚度 $t/D\times100=0.47$，查表4-6可得，第一次极限拉深系数 $m_1=0.56\sim0.58$，以后各次拉深极限拉深系数 $m_n=0.75\sim0.80$，取第一次拉深系数 $m_1=0.58$，第二次拉深系数 $m_2=0.75$。那么，由坯料拉深为筒径等于锥形件大端尺寸的圆筒件拉深次数可确定为：

第一次拉深直径：$D_1=m_1D=0.58\times169=98$ (mm)

第二次拉深直径：$D_2=m_2D_1=0.75\times98=73.5$ (mm) <74 mm

故，调整第二次拉深系数，取 $m_2=0.755$

则第二次拉深直径：$D_2=m_2D_1=0.755\times98=74$(mm)

因此，由坯料拉深为圆筒件共需二次拉深。

由于工件外观允许在锥面上有轻微的皱纹和波纹，因此，从圆筒件拉深为锥形件选用逐步增加锥形高度拉深法，并具体采用圆筒口部开始逐渐成形法，如图4-60a所示。于是，从圆筒过渡到锥形件的拉深次数 n 可按以下公式确定：

$$n=1+\frac{\lg d_1-\lg d_2}{\lg m_{平均}}$$

其中，n 为从圆筒件拉深为锥形件需要的拉深次数；d_1 为零件的小端直径，按料厚中心取，此处为14.8 mm；d_2 为零件的大端直径，按料厚中心取，此处为74.2 mm；$m_{平均}$ 为平均拉深系数，由于坯料拉深为圆筒件共需二次拉深，而查表4-6可知，第三次以后的极限拉深系数 $m_n=0.75\sim0.80$，故取 $m_{平均}=0.77$。

代入上述各数据,得:

$$n = 1 + \frac{\lg d_1 - \lg d_2}{\lg m_{平均}} = 1 + \frac{\lg 14.8 - \lg 74.2}{\lg 0.77} = 7.2$$

取 $n=8$,并适当调整各次的拉深系数后,那么,各次的锥部拉深直径分别为:

第 1 次锥部拉深直径:$D_1 = m_1 D = 0.77 \times 74.2 = 57.1$ (mm);

第 2 次锥部拉深直径:$D_2 = m_2 D_1 = 0.77 \times 57.1 = 44$ (mm);

第 3 次锥部拉深直径:$D_3 = m_3 D_2 = 0.77 \times 44 = 33.9$ (mm);

第 4 次锥部拉深直径:$D_4 = m_4 D_3 = 0.77 \times 33.9 = 26.1$ (mm);

第 5 次锥部拉深直径:$D_5 = m_5 D_4 = 0.77 \times 26.1 = 20.1$ (mm);

第 6 次锥部拉深直径:$D_6 = m_6 D_5 = 0.85 \times 20.1 = 17.1$ (mm);

第 7 次锥部拉深直径:$D_7 = m_7 D_6 = 0.9 \times 17.1 = 15.4$ (mm);

第 8 次锥部拉深直径:$D_8 = m_8 D_7 = 0.96 \times 15.4 = 14.8$ (mm)。

根据上述计算的锥形件拉深次数,可确定该加工件的工艺方案为:剪切条料⟶落料⟶拉深成圆筒形(共 2 次)⟶退火⟶拉成锥形件半成品(共 4 次)⟶退火⟶拉成锥形件成品(共 4 次)⟶修边

4.4.8 拉深力、压边力与拉深功

在拉深加工过程中,压力机主要提供拉深力及压边力。计算拉深力及压边力的目的在于选择加工设备和设计模具。

1. 拉深力的计算

计算拉深力的实用公式见表 4-27。

表 4-27 计算拉深力的实用公式

拉深形式	拉深工序	公式
无凸缘的筒形件	第一道	$F = \pi d_1 t \sigma_b k_1$
	第二道以及以后各道	$F = \pi d_n t \sigma_b k_2$
带凸缘的筒形件	各工序	$F = \pi d_1 t \sigma_b k_3$
横截面为矩形、方形、椭圆件等拉深件	各工序	$F = L t \sigma_b k$

式中 F——拉深力,N;

$d_1, d_2, \cdots d_n$——筒形件的第 1 道,第 2 道,…,第 n 道工序中性层直径,按中性线($d_1 = d-t$, $d_2 = d_1 - t$, …, $d_n = d_{n-1} - t$)计算,mm;

t——材料厚度,mm;

σ_b——强度极限,MPa;

k_1, k_2, k_3——系数,见表 4-28、4-29、4-30;

k——修正系数,取 0.5~0.8;

L——横截面周边长度,mm。

2. 压边力的计算

(1)采用压边圈的条件 在拉深过程中,工件起皱原因很多,在生产中常采用压边圈来防止工件凸缘部分起皱。

表 4-28　筒形件第一次拉深的系数 k_1(08~15 钢)

坯料的相对厚度 $t/D\times100$	坯料的相对直径 D/t	第一次拉深系数 m_1									
		0.45	0.48	0.5	0.52	0.55	0.6	0.65	0.7	0.75	0.8
5	20	0.95	0.85	0.75	0.65	0.6	0.5	0.43	0.35	0.28	0.2
2	50	1.1	1.0	0.9	0.8	0.75	0.6	0.5	0.42	0.35	0.25
1.2	83		1.1	1	0.9	0.8	0.68	0.56	0.47	0.37	0.3
0.8	125			1.1	1	0.9	0.75	0.6	0.5	0.4	0.33
0.5	200				1.1	1	0.82	0.67	0.55	0.45	0.36
0.2	500					1.1	0.9	0.75	0.6	0.5	0.4
0.1	1000						1.1	0.9	0.75	0.6	0.5

注：在小圆角半径的情况下 $r=(4\sim8)t$，系数 k_1 取比表中大 5%的数值。

表 4-29　筒形件第二次及以后各次拉深的系数 k_2(08~15 钢)

坯料的相对厚度 $t/D\times100$	第 1 次最大拉深的相对厚度 $t/d_1\times100$	第二次拉深系数 m_2									
		0.7	0.72	0.75	0.78	0.8	0.82	0.85	0.88	0.9	0.92
5	11	0.85	0.7	0.6	0.5	0.42	0.32	0.28	0.2	0.15	0.12
2	4	1.1	0.9	0.75	0.6	0.52	0.42	0.32	0.25	0.2	0.14
1.2	2.5		1.1	0.9	0.75	0.62	0.52	0.42	0.3	0.25	0.16
0.8	1.5			1.0	0.82	0.7	0.57	0.46	0.35	0.27	0.18
0.5	0.9			1.1	0.9	0.76	0.63	0.5	0.4	0.3	0.2
0.2	0.3				1	0.85	0.7	0.56	0.44	0.33	0.23
0.1	0.15				1.1	1	0.82	0.68	0.55	0.4	0.3

注：在小圆角半径的情况下 $r=(4\sim8)t$，系数 k_2 取比表中大 5%的数值。以后各次拉深(3、4、5 次)的系数 k_2，对照该表查出其相应的 m_n 及 t/D 数值所对应的数值。无中间退火时，系数取较大值，有中间退火系数取较小值。如果第一次拉深小于极限许可值，即以大拉深系数 m_1 拉深，则在相同的 $t/D\times100$ 情况下，相对厚度 $t/d_1\times100$ 将小于表中所列值。

表 4-30　拉深带凸缘的筒形件的系数 k_3 的数值(08~15 钢)(用于 $t/D\times100=0.6\sim2$)

比值 $d_凸/d$	第一次拉深系数 $m_1=d_1/D$										
	0.35	0.38	0.4	0.42	0.45	0.5	0.55	0.6	0.65	0.7	0.75
3	1	0.9	0.83	0.75	0.68	0.56	0.45	0.37	0.3	0.23	0.18
2.8	1.1	1	0.9	0.83	0.75	0.62	0.5	0.42	0.34	0.26	0.2
2.5		1.1	1	0.9	0.82	0.7	0.56	0.46	0.37	0.3	0.22
2.2			1.1	1	0.9	0.77	0.64	0.52	0.42	0.33	0.25
2				1.1	1	0.85	0.7	0.58	0.47	0.37	0.28
1.8					1.1	0.95	0.8	0.65	0.53	0.43	0.33
1.5						1.1	0.9	0.75	0.62	0.5	0.4
1.3							1	0.85	0.7	0.56	0.45

注：上述系数也可以用于带凸缘的锥形及球形工件在无拉深筋模具上的拉深。在有拉深筋模具内拉深相同的工件时，系数需增大 10%~20%。

是否采用压边圈可按表 4-31 确定，也可以用下面公式估算。

坯料不用压边圈的条件如下：

用锥形凹模时，首次拉深 $\dfrac{t}{D}\geqslant0.03(1-m)$；以后各次拉深 $\dfrac{t}{D}\geqslant0.03\left(\dfrac{1-m}{m}\right)$。

表 4-31 采用压边圈的范围

拉深方式	第一次拉深		以后各次拉深	
	$t/D \times 100$	m_1	$t/d_{n-1} \times 100$	m_n
用压边圈	<1.5	<0.6	<1	<0.8
可用	1.5~2	0.6	1~1.5	0.8
不用压边圈	>2	>0.6	>1.5	>0.8

用平端面凹模时，首次拉深$\frac{t}{D} \geqslant 0.045(1-m)$；以后各次拉深$\frac{t}{D} \geqslant 0.045\left(\frac{1-m}{m}\right)$。

如果不符合上述条件时，则拉深中须采用压边装置。

(2)压边力的计算公式　压边力的大小必须合适，过小，则不能防止起皱；过大则增加了拉深力，甚至引起拉裂。计算压边力 F_Y的公式见表 4-32。

表 4-32 压边力的计算公式

拉 深 情 况	公 式
拉深任何形状的零件	$F_Y = Ap$
筒形件第一次拉深(用平板坯料)	$F_Y = \frac{\pi}{4}[D^2 - (d_1 + 2r_{凹})^2]p$
筒形件以后各次拉深(用筒形坯料)	$F_Y = \frac{\pi}{4}[{d_{n-1}}^2 - (d_n + 2r_{凹})^2]p$

式中 A——在压边圈下的坯料投影面积，mm^2；

P——单位压边力，MPa，见表 4-33；

$d_1 \cdots d_n$——第 1 次…n 次的拉深凹模直径，mm；

$r_{凹}$——凹模圆角半径，mm；

D——平坯料直径，mm。

表 4-33 单位压边力 P

材 料	P/MPa	材 料	P/MPa
软钢(t<0.5)	2.5~3.0	铝	0.8~1.2
软钢(t>0.5)	2.0~2.5	20 钢、08 钢	2.5~3.0
黄铜	1.5~2.0	高合金钢、高锰钢、不锈钢	3.0~4.0
紫铜、杜拉铝(退火)	1.0~1.5	耐热钢(软化状态)	2.8~3.5

压边力计算公式中的单位压边力 P 除可由表 4-33 查出外，也可采用以下经验公式计算：

$$p = 48(z-1.1)\frac{D}{t}\sigma_b \times 10^{-5}$$

式中 z——各工序拉深系数的倒数；

σ_b——坯料材料的抗拉强度，MPa；

t——坯料厚度，mm；

D——坯料直径，mm。

3. 压力机吨位的选择

拉深加工中，尽管工件主要受到拉深力 F 及压边力 F_Y，但选择压力机时，却不能简单地将两者相加，这是因为压力机的公称压力是指在接近下止点时的压力，所以要考虑压力机的压力曲线，如图 4-63 所示。

压力机的选用,一般可按下式作概略估算。

浅拉深时:

$$F_{压} \geqslant (1.25 \sim 1.4)(F+F_Y)$$

深拉深时:

$$F_{压} \geqslant (1.7 \sim 2)(F+F_Y)$$

式中　$F_{压}$——压力机的公称压力,N;

F——拉深力,N;　F_Y——压边力,N。

4. 拉深功的计算

由于拉深工作行程较大,消耗功较多,因此,除计算拉深功外还需验算压力机的电动机功率。拉深力不是常数,而是随凸模工作行程的改变而改变,如图 4-64 所示。为了计算实际的拉深功(即曲线下的面积),不能用最大拉深力 F_{max},而应该用其平均值 $F_{平均}$。拉深功 W 的计算公式如下:

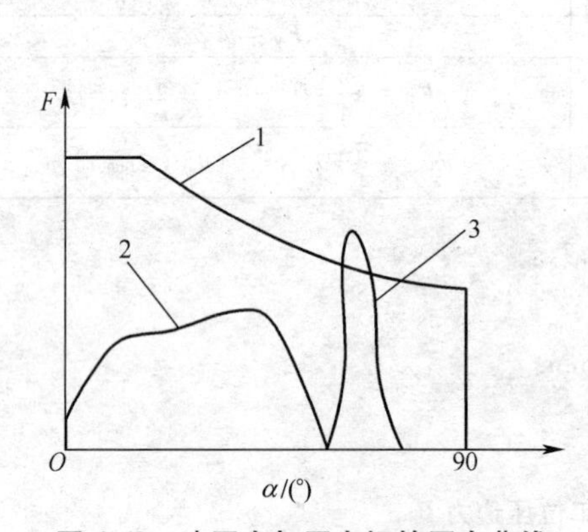

图 4-63　冲压力与压力机的压力曲线

1. 压力机的压力曲线　2. 拉深力曲线　3. 落料力曲线

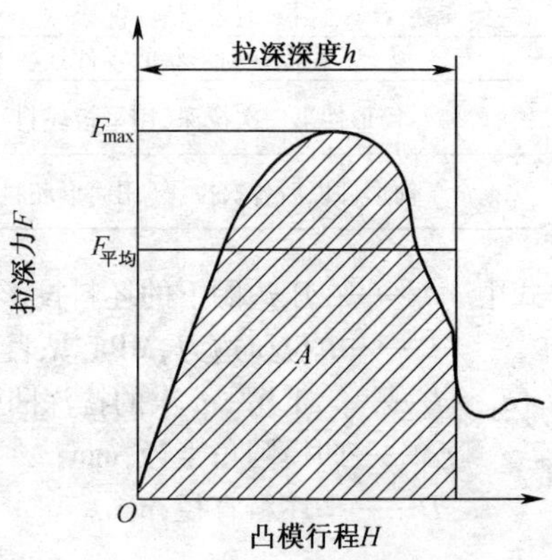

图 4-64　拉深力-凸模行程图

$$W = F_{平均} h \times 10^{-3} = c\, F_{max} h \times 10^{-3}$$

式中　W——拉深功,J;　$F_{平均}$——平均拉深力,N;　F_{max}——最大拉深力,N;

h——拉深深度,mm;　c——系数(查表 4-34);

表 4-34　系数 c 与拉深系数的关系

拉深系数 m	0.55	0.60	0.65	0.70	0.75	0.80
系数 c	0.8	0.77	0.74	0.70	0.67	0.64

拉深功率 P 按下式计算:

$$p = \frac{W n}{60 \times 750 \times 1.36}$$

压力机的电动机所需功率 $P_{电}$ 按下式计算:

$$p_{电} = \frac{k W n}{60 \times 750 \times 1.36 \times \eta_1 \times \eta_2}$$

式中　P——拉深功率,kW;

$P_{电}$——压力机的电动机功率,kW;

k——不平衡系数，$k=1.2\sim1.4$；

W——拉深功，J；

η_1——压力机效率，$\eta_1=0.6\sim0.8$；

η_2——电动机效率，$\eta_2=0.9\sim0.95$；

n——压力机每分钟的行程次数。

4.5 拉深模典型结构分析

拉深加工一般在单动压力机上进行，也可在双动、三动压力机上进行，因此，拉深模可分为单动压力机用拉深模和双动压力机用拉深模；根据拉深顺序，可分为首次拉深及首次以后拉深用拉深模两种；根据是否采用压边圈，可分为带压边和不带压边两种；根据工序组合情况的不同，可分为单工序拉深模、复合工序拉深模和级进拉深模三种。

1. 首次拉深模

图 4-65 为不需压边圈的无凸缘圆筒件拉深模结构。图 4-65a 中凹模 2 上平面的浅槽 D 为安置拉深坯料用，其浅槽深度无特殊要求，便于坯料安放即可，拉深件直接从凹模底下落下；图 4-65b 中定位板 2 用于拉深坯料的定位，为便于从凸模上卸下拉深件，在凹模 3 下装有卸件器 4，当拉深工作行程结束，凸模回程时，卸件器下平面作用于拉深件口部，把工件卸下。

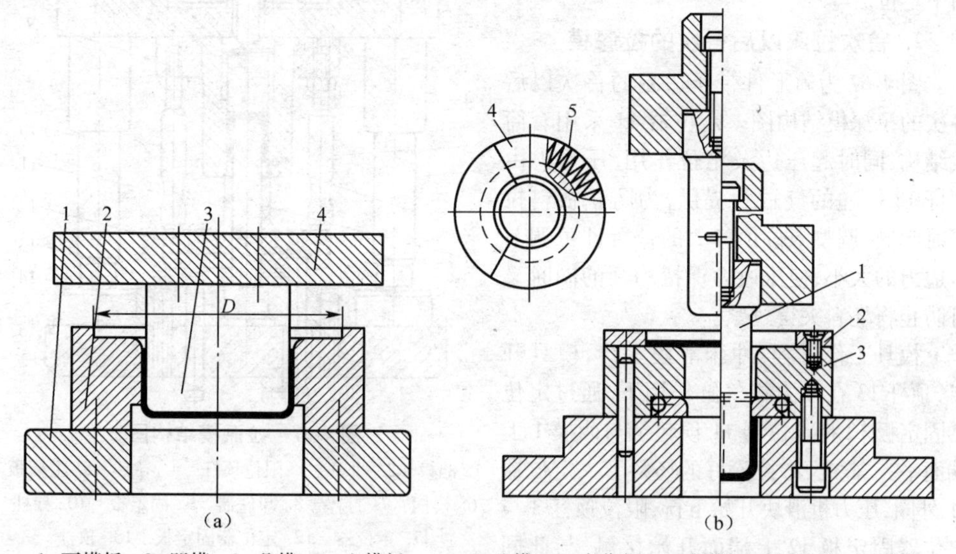

1. 下模板 2. 凹模 3. 凸模 4. 上模板　　1. 凸模 2. 定位板 3. 凹模 4. 卸件器 5. 弹簧

图 4-65 不带压边圈的拉深模结构简图

图 4-66 为使用压边圈进行首次拉深的模具结构，其中，图 4-66a 中压边圈 4 安装在下模，压边力通过安装于下模的顶杆 5 传递，传递力可以是弹性缓冲器、弹簧，也可以是压力机上的气缸力等。落料好的坯料置于压边圈 4 的定位圈中定位，凸模 3 及凹模 2、压边圈 4 共同作用便可将坯料拉深出来；图 4-66b 为倒装式具有锥形压边圈的拉深模，压料装置的弹性元件在下模底下，工作行程可以较大，可用于拉深深度较大、拉深系数较小件的拉深。

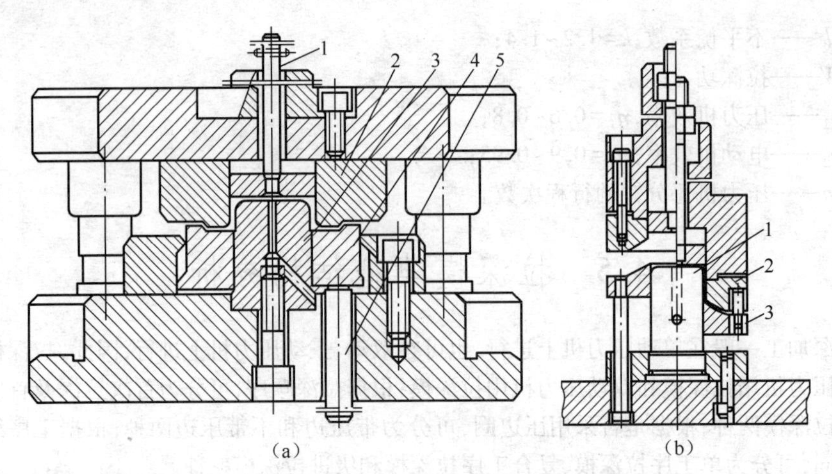

1. 推杆　2. 凹模　3. 凸模　4. 压边圈　5. 顶杆　　1. 凸模　2. 凹模　3. 压边圈

图 4-66　带压边圈的拉深模

图 4-66 所示模具结构也可用于带凸缘拉深件的首次拉深后各次的拉深，拉深时，将前次拉深好的凸缘置于压边圈 4 的定位圈中定位。

2. 首次拉深以后各次的拉深模

图 4-67 为筒形件带压边圈的首次以后各次的拉深模结构图。定位器 11 采用套筒式结构，同时起压边及定位作用，压紧力由顶杆 13 传递的气缸力提供，为防止板料拉深时起皱，调整限位顶杆 3 的位置即可调节压边力的大小，使压边力保持均衡的同时又可防止将坯料夹得过紧。

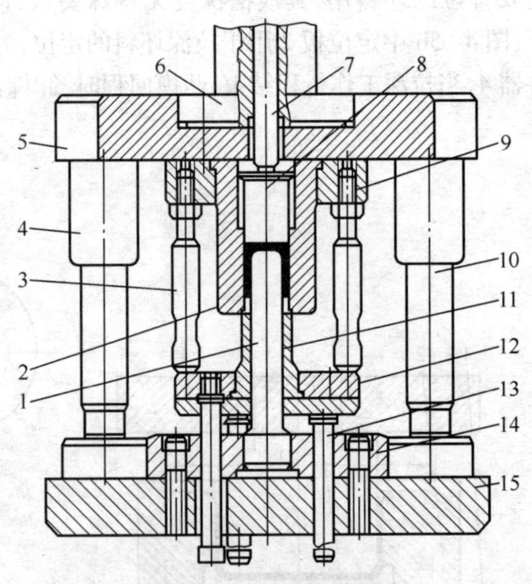

图 4-67　拉深模结构图

1. 凸模　2. 凹模　3. 限位顶杆　4. 导套　5. 上模板　6. 模柄　7. 打棒　8. 卸件器　9. 固定板　10. 导柱　11. 定位器　12. 定位器固定板　13. 顶杆　14. 凸模固定板　15. 下模座

模具工作过程：冲床滑块上行，模具开启，顶杆 13 在压力机气缸作用下，通过定位器固定板 12 将定位器 11 顶起至与凸模 1 上端面平齐，此时，将拉深好的坯料套入定位器 11 外圈，压力机滑块开始下行，限位顶杆 3 与定位器固定板 12 上端面开始接触，与此同时，凹模 2 与定位器 11 上端面也开始接触，随着压力机滑块逐渐下行，限位顶杆 3 对定位器固定板 12 逐步压下，凹模 2 与定位器 11 共同作用，将半成品拉深件逐渐拉深成成品。当拉深完成时，顶杆 13 在压力机气缸作用下将定位器 11 顶至与凸模 1 上端面平齐，与此同时，打棒 7 将拉深好的零件从凹模 2 型腔中顶出。

图 4-68 为带凸缘拉深件的带压边圈的首次以后各次的拉深模结构图。

模具工作原理与图 4-67 基本类似，只是考虑到该拉深件带凸缘，为保证工件凸缘的平整性，在模具中增加了压平圈 11，使工件凸缘在工作终位能得到校平。

3. 落料-拉深复合模

图 4-69 为落料-拉深复合模结构简图。该模具既可用于筒形件,也可用于带凸缘拉深件的落料与拉深的复合。但采用该类复合模时,须保证落料拉深上模 2 有足够的壁厚,否则影响模具寿命,必要时须对此进行强度校核。此外,拉深也可以与其他工序复合,如拉深、切边复合;拉深、成形复合等。

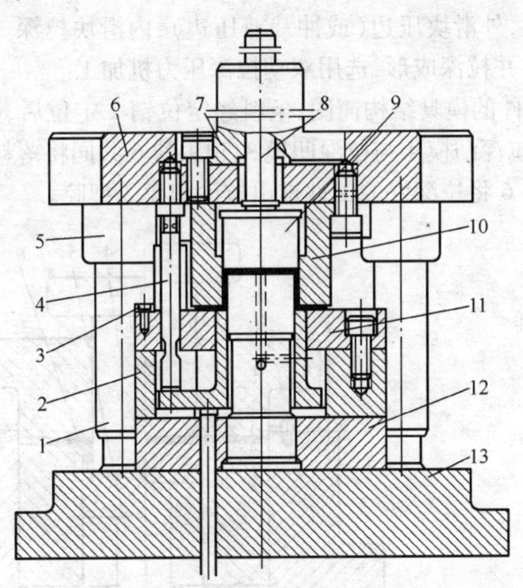

图 4-68 模具结构简图

1. 导柱 2. 空心垫板 3. 定距套 4. 顶杆 5. 导套 6. 上模座 7. 模柄 8. 打棒 9. 卸件器 10. 凹模 11. 压平圈 12. 凸模固定板 13. 下模座

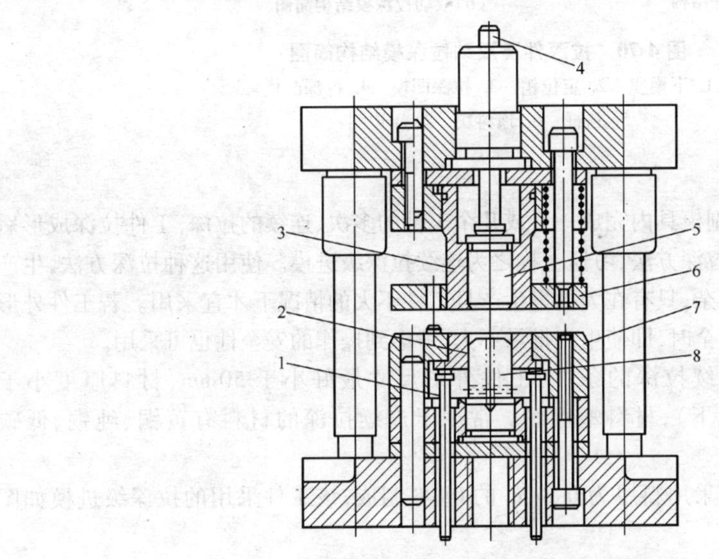

图 4-69 落料-拉深复合模结构简图

1. 顶杆 2. 压边圈 3. 落料拉深上模 4. 推杆 5. 卸料器 6. 卸料板 7. 落料凹模 8. 拉深凸模

模具工作过程为:坯料送入,上模下行,落料凹模 7 及落料拉深上模 3 分别与坯料接触落料,落下的圆形坯料被卸料板 6 及落料拉深上模 2 压紧校平。当滑块继续下行时,坯料在落料拉深上模 3 与卸料板 6 共同夹持下,压向拉深凸模 8 共同完成拉深。拉深后的工件通过卸料器 5 推下。

4. 双动压力机用拉深模

双动压力机拉深时,外滑块压边(或冲裁兼压边),内滑块拉深。图 4-70a 所示拉深件,采用条料直接剪切下料并拉深成形,选用双动拉深压力机加工。

图 4-70b 为上述工件的模具结构简图,条料经定位销 2 定位后,由压边圈 7 及下模座 1 共同作用实施落料后,拉深凸模 4 与拉深凹模 3、顶料块 6 共同将落料后的坯料拉深成形,最终由顶杆 5 带动顶料块 6 将拉深好的工件推出拉深凹模 3 型腔。

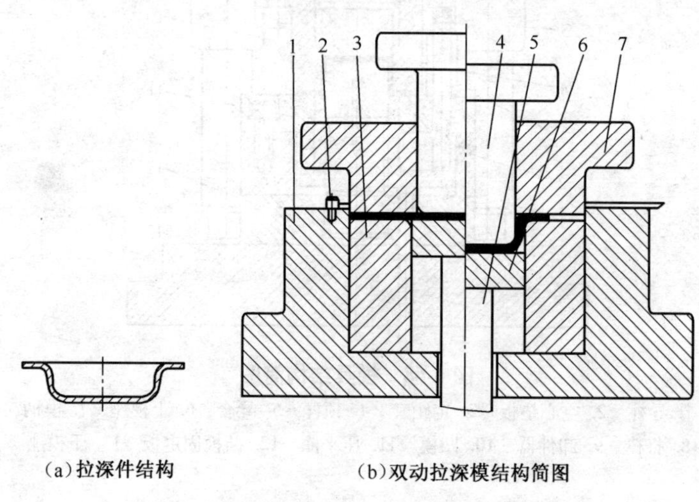

(a)拉深件结构　　(b)双动拉深模结构简图

图 4-70　拉深件及双动拉深模结构简图

1. 下模座　2. 定位销　3. 拉深凹模　4. 拉深凸模
5. 顶杆　6. 顶料块　7. 压边圈

5. 拉深级进模

拉深级进模是在一副模具内完成一个或几个工件的多次、连续的拉深,工件拉深成形后才从坯料上冲裁下来的拉深方法,习惯上称之为连续拉深级进模。使用这种拉深方法,生产效率很高,但模具结构复杂,只有在大批量生产且工件不大的情况下才宜采用。若工件外形尺寸特别小,操作很不安全时,即使生产批量不大,考虑到操作的安全性也可采用。

适合级进模进行连续拉深的条件:工件外形尺寸最好小于 50mm,材料厚度小于 2mm(最好在 1.2mm 以下),材料塑性好。常用于连续拉深的材料有黄铜、纯铜、低碳钢、软铝等。

图 4-71a 所示工件,采用料厚为 0.8mm 的 08 料制成,该工件采用的拉深级进模如图 4-71b所示。

整套模具采用六工位,其冲压工艺顺序为:

冲工艺切口⟶一次拉深⟶二次拉深⟶冲底孔 ϕ12.4mm⟶底孔翻边⟶落料

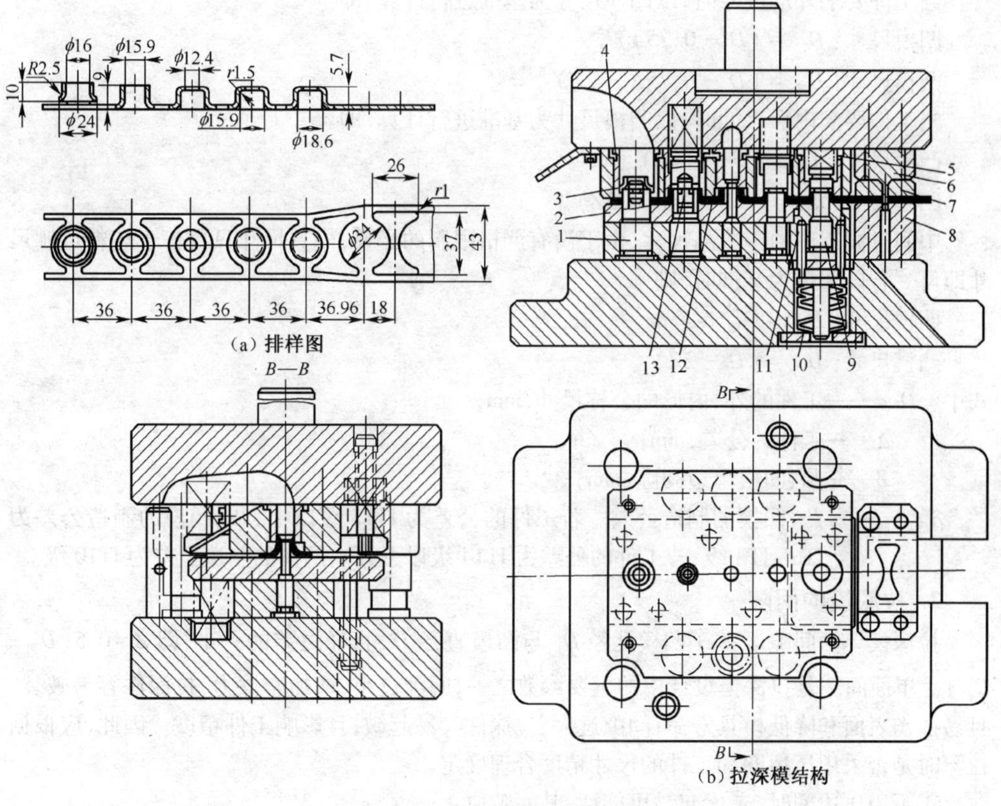

图 4-71 拉深级进模结构

1. 落料凸模 2. 弹压卸料板 3、13. 定位销 4. 落料凹模 5. 拉深凹模 6. 冲切口凸模 7. 压料板 8. 冲切口凹模 9. 拉深凸模 10. 碟簧 11. 压料圈 12. 定位套

4.6 拉深模主要零部件的设计及选用

与冲裁模、弯曲模的组成结构一样,拉深模也是由工作零件、定位零件及卸料、导向等零部件组成,各类通用件(如定位、卸料、导向、夹持及紧固等零部件)设计及选用也相同。其设计主要是工作零件及其压边装置的设计、选用。

4.6.1 拉深模工作部分的设计

拉深模工作部分的设计主要是确定拉深凸、凹模的尺寸与制造公差、圆角半径、拉深凹模的断面形状等。

1. 工作部分尺寸的确定

确定拉深凸、凹模工作部分尺寸,应考虑模具的磨损和拉深件的弹复,其尺寸公差只在最后一道工序考虑。对于最后一道工序的拉深模,其凸模和凹模尺寸及其公差应按工件的要求确定。

当工件要求外形尺寸时,以凹模尺寸为基准进行计算,即

凹模尺寸: $D_{凹}=(D-0.75\Delta)_{0}^{+\delta_{凹}}$

凸模尺寸: $D_{凸}=(D-0.75\Delta-2Z)_{-\delta_{凸}}^{0}$

当工件要求内形尺寸时,以凸模尺寸为基准进行计算,即

凸模尺寸: $d_{凸}=(d+0.4\Delta)_{-\delta_{凸}}^{0}$

凹模尺寸: $d_{凹}=(d+0.4\Delta+2Z)_{0}^{+\delta_{凹}}$

中间过渡工序的半成品尺寸,由于没有严格限制的必要,模具尺寸只要等于坯料过渡尺寸即可。若以凹模为基准时,则

凹模尺寸: $D_{凹}=D_{0}^{+\delta_{凹}}$

凸模尺寸: $D_{凸}=(D-2Z)_{-\delta_{凸}}^{0}$

式中 D、d——工件的外、内形的公称尺寸,mm;

Δ——工件的公差,mm;

Z——凸、凹模单边间隙,mm;

$\delta_{凸}$、$\delta_{凹}$——凸、凹模的制造公差。若工件的公差为IT13级以上,凸、凹模的制造公差为IT6~IT8级;若工件的公差为IT14级以下,凸、凹模的制造公差为IT10级。

2. 拉深模的间隙

拉深模单面间隙Z等于凹模孔径$D_{凹}$与凸模直径$D_{凸}$直径之差的一半,即$Z=0.5(D_{凹}-D_{凸})$。单面间隙是拉深模设计中的重要参数之一,间隙过小,增加摩擦力,拉深件容易破裂,且易擦伤表面和降低模具寿命;间隙过大,拉深件又易起皱,且影响工件精度。因此,应根据拉深时是否采用压边圈和工件的尺寸精度合理确定。

①不用压边圈时,考虑起皱可能性,其间隙取:

$$Z=(1\sim1.1)t_{max}$$

式中 Z——单边间隙,末次拉深或精密拉深取小值,中间拉深取大值,mm;

t_{max}——材料厚度的最大极限尺寸,mm。

②用压边圈时,间隙值按表4-35选取。

表4-35 有压边圈拉深时单边间隙值Z (mm)

拉深工序	拉深件精度等级	
	IT11、IT12	IT13~IT16
第一次拉深	$Z=t_{max}+a$	$Z=t_{max}+(1.5\sim2)a$
中间拉深	$Z=t_{max}+2a$	$Z=t_{max}+(2.5\sim3)a$
最后拉深	$Z=t$	$Z=t+2a$

注:较厚材料取括号中的小值,较薄材料($t/D\times100=1\sim0.3$)取括号中的大值。

式中 Z——凸、凹模的单向间隙,mm; t_{max}——材料厚度最大极限尺寸,mm;

t——材料公称厚度,mm; a——增大值,mm;见表4-36。

在拉深矩形件时,拉深模间隙在矩形件的角部应取比直边部分间隙大$0.1t$的数值,这是由于材料在角部会大大变厚的缘故。

表 4-36 增大值 a

材料厚度	0.2	0.5	0.8	1	1.2	1.5	1.8	2	2.5	3	4	5
增大值 a	0.05	0.1	0.12	0.15	0.17	0.19	0.21	0.22	0.25	0.3	0.35	0.4

当矩形件公差等级达到 IT11 ~ IT13 时,则最后一次拉深工序的单面间隙 Z 按(0.95~1.05)t 取值(黑色金属取1.05,有色金属取0.95);当矩形件公差等级要求不高时,单面间隙 Z 按(1.1~1.3)t 取值,并且考虑到角部金属的变形量最大,在确定最后一次的拉深间隙时,应将角部间隙比直边部分的间隙增大 0.1t。如果工件要求内径尺寸,则此增大值由修正凹模得到;如果工件要求外径尺寸,则此增大值由修正凸模得到。

在拉深锥形件时,锥形模具的间隙选取不宜太大,否则材料厚度增厚,容易起皱;但也不宜选取太小,否则坯料容易拉裂,一般间隙取 $Z=(1\sim1.1)t$。黑色金属材料一般间隙取 $Z=1.1t$;有色金属一般间隙取 $Z=1.05t$。

在有硬性压边圈的双动压力机上工作时,对一定厚度的材料规定最小的间隙,既不将坯料压死不动,又不允许发生皱纹,其增大值 a 可按 $a\approx0.15t$(t 为材料厚度)确定。

生产中,对精度要求较高的拉深件,也常采用负间隙,即拉深间隙取(0.9~0.95)t。

3. 圆角半径的确定

拉深模工作零件圆角半径的确定主要包括:拉深凹模圆角半径的确定、拉深凸模圆角半径的确定。

(1)拉深凹模圆角半径 $r_凹$ 的确定　拉深凹模的圆角半径对拉深过程影响很大。一般说来,凹模圆角半径尽可能大些,大的圆角半径可以降低极限拉深系数,而且还可以提高拉深件质量,但凹模圆角半径太大,会削弱压边圈的作用,且可能引起起皱现象。一般首次拉深的凹模圆角半径 $r_凹$ 可以按以下经验公式确定:

$$r_凹 = 0.8\sqrt{(D-d)t}$$

式中　D——坯料直径,mm;

　　d——拉深凹模工作部分直径,mm;　t——材料厚度,mm。

以后各次拉深的凹模圆角半径 $r_{凹n}$ 可逐渐缩小,一般取 $r_{凹n}=(0.6\sim0.8)r_{凹n-1}$,但不应小于 $2t$。

当选取正常拉深系数时,带压边圈的首次拉深的凹模圆角半径 $r_凹$ 按表 4-37 选取。

表 4-37 带压边圈的首次拉深凹模圆角半径 $r_凹$

拉深方式	坯料相对厚度 $t/D\times100$		
	2~1	1~0.3	0.3~0.1
无凸缘	(6~8)t	(8~10)t	(10~15)t
带凸缘	(10~15)t	(15~20)t	(20~30)t
有拉深筋	(4~6)t	(6~8)t	(8~10)t

当选取正常拉深系数时,无压边圈的首次拉深的凹模圆角半径 $r_凹$ 按表 4-38 选取。

拉深时,一般凹模圆角半径的选取按上表查取便可,但选取需注意以下几点。

①在浅拉深中,如拉深系数 m 的值相当大,则 $r_凹$ 应取较小的数值。

②在不用压边圈的很浅的拉深中,对大件其 $r_凹$ 应取介于(2~4)t 之间的数值,对小件用

呈锥形或呈渐开线的凹模。

表 4-38 无压边圈的首次拉深凹模半径 $r_凹$

材　料	厚度 t	$r_凹$	
		第一次拉深	以后的拉深
钢、黄铜、紫铜、铝	4~6	$(3\sim4)t$	$(2\sim3)t$
	6~10	$(1.8\sim2.5)t$	$(1.5\sim2.5)t$
	10~15	$(1.6\sim1.8)t$	$(1.2\sim1.5)t$
	15~20	$(1.3\sim1.5)t$	$(1\sim1.2)t$

③在一道工序内拉深出带凸缘的工件时,凹模的 $r_凹$ 即等于图样上的凸缘处的半径尺寸。

④在后续的各次拉深中, $r_凹$ 逐渐减小,后一工序的 $r_凹$ 宜取前一工序的 0.6~0.8 倍数值,在最初几次工序中,其减小量可大些。

⑤对于矩形件的拉深,考虑到角部的变形量较大,为便于金属流动,角部的拉深凹模圆角半径可略大于直边部分的半径。

(2)拉深凸模圆角半径 $r_凸$ 的确定　凸模圆角半径 $r_凸$ 对拉深的影响不如凹模圆角半径 $r_凹$ 那样显著。但过小的 $r_凸$ 会降低筒壁传力区危险断面的有效抗拉强度,使危险断面处严重变薄;若过大,会使在拉深初始阶段不与模具表面接触的坯料宽度加大,因而这部分坯料容易起皱。凸模圆角半径 $r_凸$ 的选取一般按如下原则。

①第一次拉深时,当 $\frac{t}{D}\times100>0.6$, 取 $r_凸=r_凹$。

②当 $\frac{t}{D}\times100=(0.3\sim0.6)$,取 $r_凸=1.5r_凹$。

③当 $\frac{t}{D}\times100<0.3$,取 $r_凸=2r_凹$。

④中间各次压延时,可取 $r_凸=\frac{d_{n-1}-d_n-2t}{2}$,也可取和凹模圆角半径 $r_凹$ 相等或略小一些的数值,即取 $r_凸=(0.7\sim1.0)r_凹$,最后一次拉深时,应取 $r_凸$ 为等于图样半径的数值。

⑤矩形件,为便于最后一道工序容易成形,在过渡工序中,凸模底部具有与图样相似的矩形,然后用45°斜角向壁部过渡。凸、凹模圆角半径应采用小的允许值。

⑥多次拉深的深锥形件的凸模圆角半径 $r_凸$ 应取大于或等于 $8t$,而在倒数第二道工序的圆角半径应等于工件相应的圆角半径。

4. 拉深凹模的断面形状设计

拉深凹模的断面形状正确与否是保证拉深件正确形状及较高精度的关键。图 4-72 为简单筒形件的拉深模断面图。圆角以下的垂直直壁 h 是金属材料形成圆筒壁、产生滑动的区域,因此,h 值应尽量小,但是,若 h 过小,在拉深过程结束后,会有较大的弹性回跳,拉深件的高度尺寸不能保证,而当 h 过大时,又容易使拉深件侧壁与凹模洞口垂直直壁滑动时的摩擦力增大,造成过分变薄。一般凹模洞口直壁部分的高度 h 值在普通拉深精度时,按 $h=9$

~13 选取；在较高精度拉深时，按 h=6~10 选取。

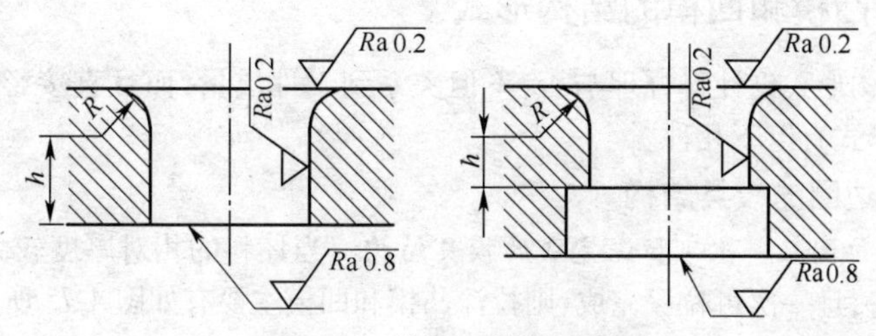

图 4-72 拉深凹模断面图

如果拉深时选用锥形或渐开线形凹模，尽管锥形或渐开线形凹模比平端面凹模有利于防皱，且可大大减小拉深系数，但设计如不合理，就起不到应有的作用，甚至产生废次品。图 4-73 为锥形或渐开线形凹模的结构。

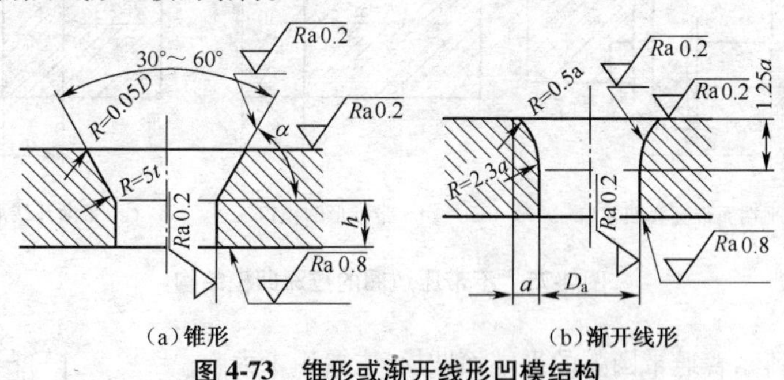

图 4-73 锥形或渐开线形凹模结构

锥形口部的锥度一般取 30°~60°，锥形在和凹模表面以及内孔面相接的地方用光滑的圆弧连接。锥形口部以下的垂直直壁 h 值的选取与直筒形凹模相同。

设计时应保证锥形孔上口的直径一般要比坯料的直径小 2~10 mm(<$3t$)。如果上口太大，坯料不易放正，易产生拉深件拉深高度不齐的缺陷；如果上口太小，则锥形孔就不起作用，由于拉深件变形程度不足，就很可能产生拉破。

5. 拉深凸模上排气孔的设计

拉深时，由于拉深力的作用或润滑油的因素，工件很容易被粘在凸模上，工件与凸模间形成真空，既增加卸料困难，还造成工件底部不平，材料厚度较薄的拉深件甚至会被压瘪。因此，凸模上应设计排气孔。拉深凸模的排气孔结构如图 4-74 所示。

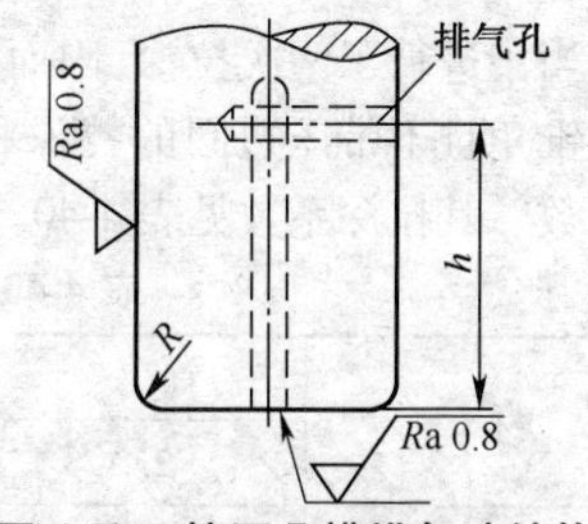

图 4-74 拉深凸模排气孔结构

排气孔的开口高度 h 应大于拉深件的高度 H，一般取 $h=H+(5\sim10)$。排气孔的直径不宜太小，否则，容易被润滑剂堵塞，或因排气量不够而使气孔不起作用。凸模排气孔直径可参照表 4-39 设计。

表 4-39 拉深凸模排气孔直径 (mm)

凸模直径	≤50	50~100	100~200	>200
排气孔直径	5	6.5	8	9.5

4.6.2 拉深凸模和凹模的结构形式

凸、凹模结构形式设计得合理与否，不但关系到工件质量，而且直接影响到拉深变形。其常见的结构形式有以下几种。

1. 不带压边圈的模具结构

(1)不带压边圈且一次可拉深完成的模具结构　当坯料的相对厚度较大时，不易起皱，可不用压边装置，且一次可拉深完成，则拉深凸模和凹模主要有如图 4-75 所示的结构。

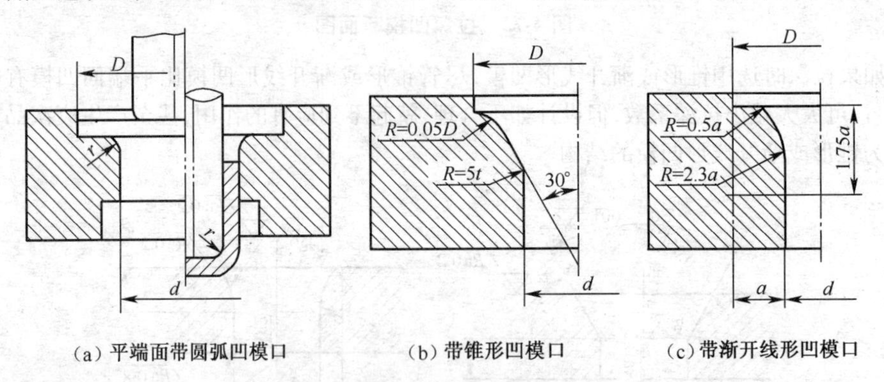

图 4-75　不带压边圈的拉深凹模结构

图 4-75a 所示普通带圆弧的平端面凹模，主要用于大件的加工。图 4-75b 所示带锥形凹模口、图 4-76c 所示带渐开线形凹模口，适用于小件的加工。由于图 4-75b、c 类凹模结构在拉深时坯料的过渡形状呈曲面形状，因而增大了抗失稳能力，凹模口部对坯料变形区的作用力也有助于材料产生切向压缩变形，减小摩擦阻力和弯曲变形阻力，对拉深变形有利，可以提高工件质量。其拉深过程如图 4-76 所示，由于带锥形凹模先把坯料预压成锥形，再用凸模拉深，相当于进行了两次拉深，因而能降低拉深系数。与不带凹模锥角且不带压边圈的拉深相比，能降低 25%～30% 拉深系数。其拉深系数见表 4-40。

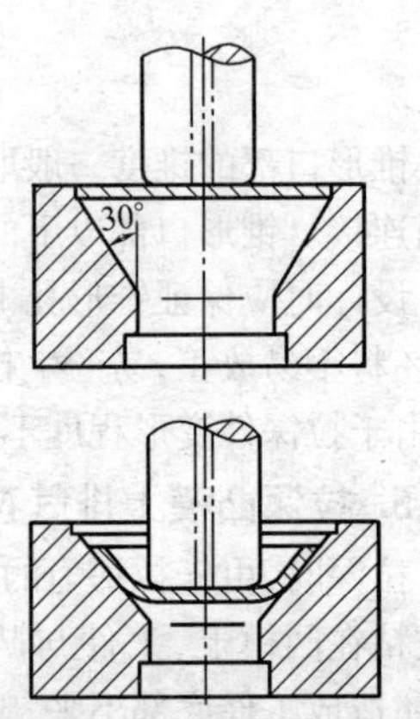

图 4-76　锥形凹模拉深过程

表 4-40　不带压边圈的锥形凹模第一道拉深系数

材　料	材料厚度/mm				
	2.2	2.0	1.7	1.5	1.25
08F	0.412	—	—	0.406	0.427
2Cr13	—	0.575	—	0.538	0.538
Cr20Ni80Ti	—	—	0.416	0.426	0.443

(2)不带压边圈需多次拉深完成的模具结构　对于两次以上不带压边圈的拉深件拉深，其凸模和凹模的结构如图 4-77 所示。

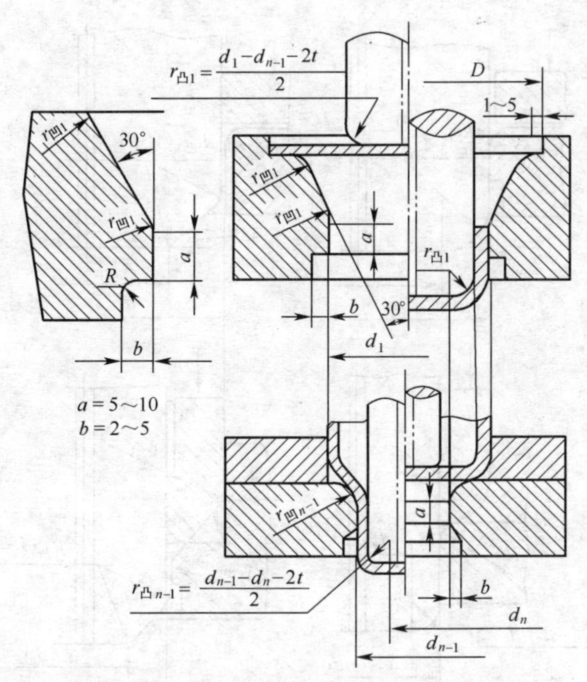

图 4-77 无压边圈的多次拉深模工作部分结构

2. 采用压边圈的模具结构

对直径 $d \leqslant 100$ 的拉深件及有凸缘或形状复杂的拉深件，为有利于拉深成形，应注意前后道工序的冲模形状和尺寸关系，做到前道工序制成的中间坯料形状有利于在后续工序中成形。各拉深工序尺寸及圆角半径关系如图 4-78a 所示，其中 t 为材料厚度。

对直径 $d > 100$ 的大、中型圆筒拉深件，其前几次拉深及最后成形前的一次拉深，圆筒转角常使用45°斜角连接的结构，以避免材料在圆角处的过分变薄，并有利于拉深成形。采用这种结构不仅使坯料在下次工序中容易定位，而且能减轻坯料的反复弯曲定位，改善拉深时材料变形的条件，减少材料的变薄，有利于提高拉深件侧壁的质量。但应注意其底部直径的大小应等于下一次拉深时凸模的外径。前、后道工序中凸模和凹模圆角半径、压边圈的圆角半径的关系，如图 4-78b 所示。

3. 带限制型腔的模具结构

对不经中间热处理的多次拉深工序，在拉深之后或稍隔一段时间，在工件的口部往往会出现龟裂，这种现象对硬化严重的金属，如不锈钢、耐热钢、黄铜等尤为严重。为改善这一状况，可以采用限制型腔，即在凹模上不加坯料限制圈，如图 4-79 所示。其结构可以将凹模壁加高，也可以单独做成分离式。

限制型腔的高度 h 在各次拉深工序中可认为是不变的，一般取：

$$h=(0.4\sim0.6)d_1$$

式中 d_1——第一次拉深的凹模直径，mm。

限制型腔的直径，略小于前一道工序的凹模直径 0.1~0.2mm。

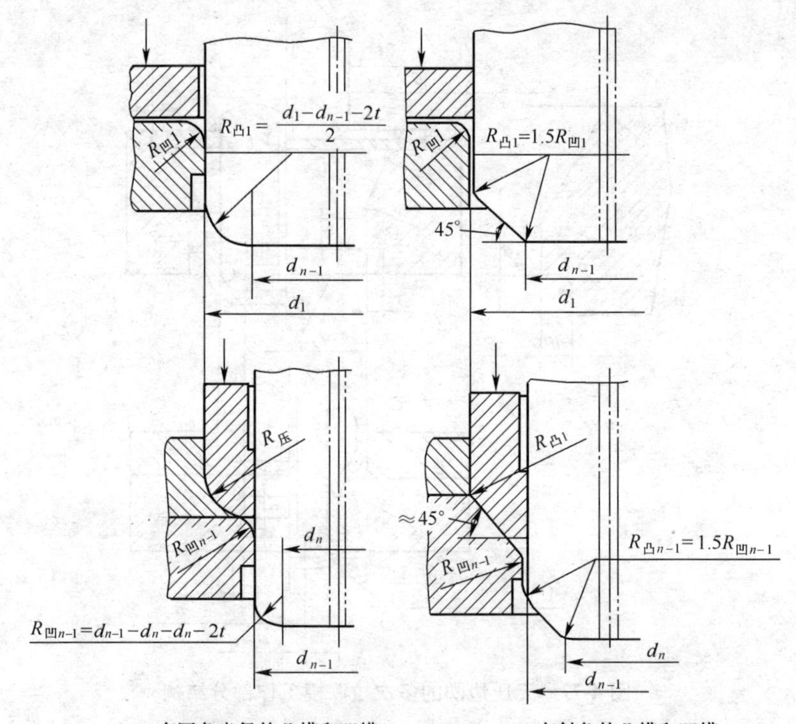

(a) 有圆角半径的凸模和凹模　　(b) 有斜角的凸模和凹模

图 4-78　带压边圈的多次拉深模工作部分结构

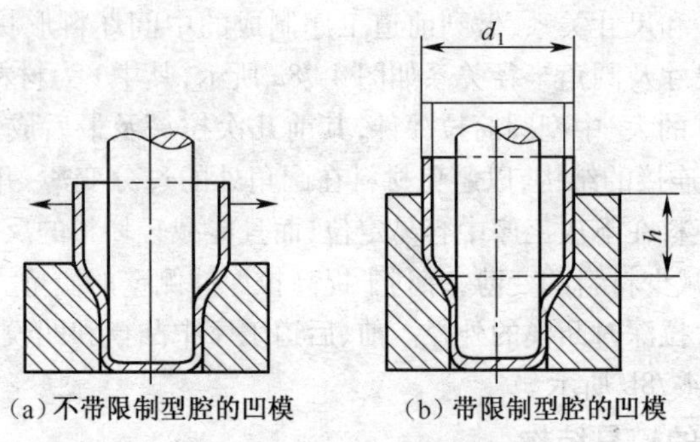

(a) 不带限制型腔的凹模　　(b) 带限制型腔的凹模

图 4-79　不带限制型腔与带限制型腔的凹模

4.6.3　压料装置及压边圈

通过上述拉深变形过程分析可知：在拉深过程中，若凸缘变形区的的切向压应力过大，将使凸缘部分失去稳定，产生波浪形的连续弯曲，即所谓的起皱，因此，压边具有防皱的作用。但压边力 F_Y 大小不可随意，若压边力太小，防皱效果不好；若压边力太大，则拉深力也将增大，并会增加危险断面处的拉应力，导致拉裂破坏或严重变薄超差。因此，压边力的大小应合适，应在保证变形区不起皱的前提下，尽量选用小的压边力。压边力对拉深力的影响如图 4-80 所示。

为保证拉深件的加工质量，在进行相应拉深模的结构设计时，就应根据加工件特性，在工件拉深成形时，根据材料流动的需要设置压边装置，并选用合适的压边圈形式。

1. 压边力的特性

在拉深加工过程中，压边力的大小除应合适外，其所需最小压边力也是变化的。图 4-81 为拉深过程所需最小压边力的实验曲线。由图可以看出，随着拉深系数的减小，所需最小压边力增大，一般起皱可能性最大时，所需压边力最大。

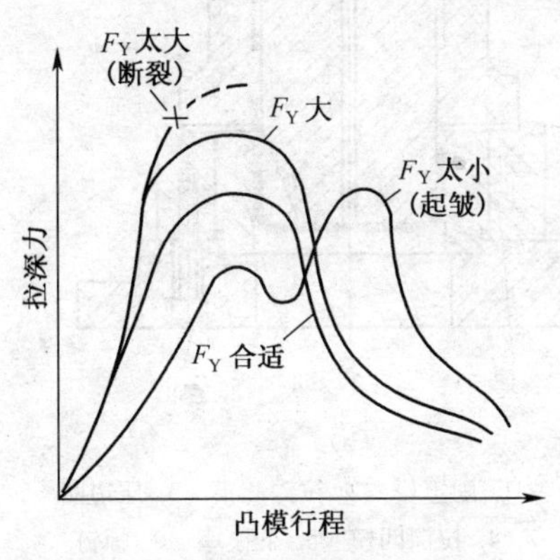

图 4-80　拉深力与压边力的关系

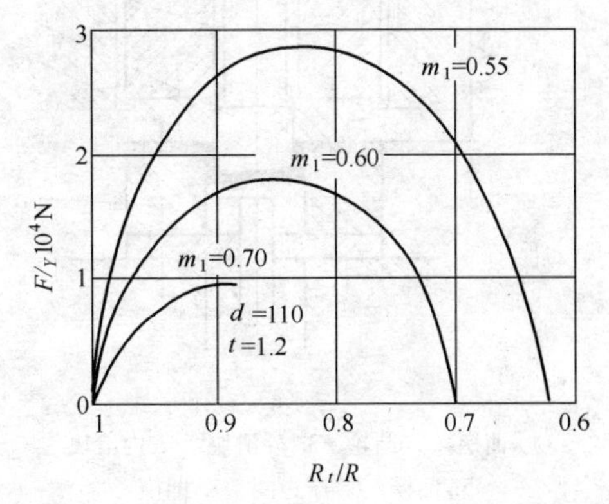

图 4-81　拉深过程所需最小压边力的实验曲线

R_t——拉深过程凸缘外缘半径　R——坯料半径

此外，压边力的大小允许在一定范围内调节，如图 4-82 所示。由图可以看出，随着拉深系数的减小，压边力许可调节范围减小，这对拉深工作不利，因为当压边力稍大时，就会产生破裂；压边力稍小时，就会产生起皱。这就是说，拉深工艺稳定性不好。相反，拉深系数增大，压边力可调节范围增大，工艺稳定性较好。

2. 压料装置的种类

目前，生产中使用压料装置所产生的压边力难以符合图 4-82 所示的变化曲线。常用的压料装置有两类。

(1) 刚性压料装置　刚性压料装置常用于双动压力机拉深模，其压料作用通过调整压料圈与凹模平面之间的间隙获得，而压料圈与凹模之间的间隙则靠调节压力机外滑块得到。考虑到拉深过程中坯料凸缘区有增厚现象，所以，这一间隙应略大于板料厚度。

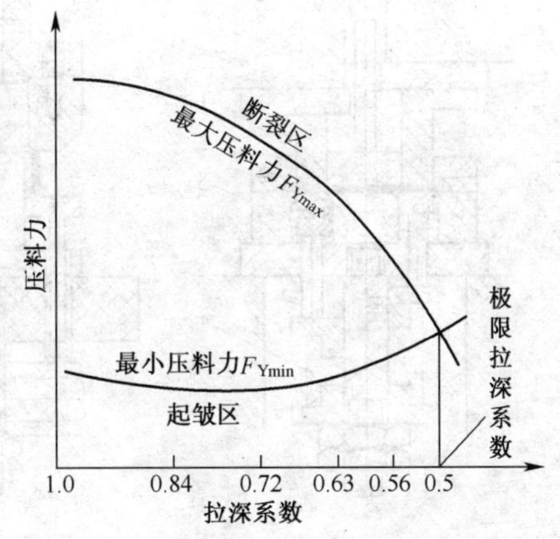

图 4-82　压边力调节范围与拉深系数的关系

图 4-83a 为双动压力机拉深模工作原理，曲柄 1 旋转，首先通过凸轮 2 带动外滑块 3，使压边圈 6 将坯料压在凹模 7 上，随后由内滑块 4 带动凸模 5 对坯料进行拉深。在拉深过程中，外滑块保持不动。

图 4-83b 为带刚性压边装置的拉深模。刚性压边圈 3，固定在外滑块上。每次冲压行程

开始时,外滑块带动压料圈下降,压在坯料的凸缘上,并停止不动;随后内滑块带动凸模下降,进行拉深变形。采用带刚性压边装置的拉深模可以拉深高度较大的工件。

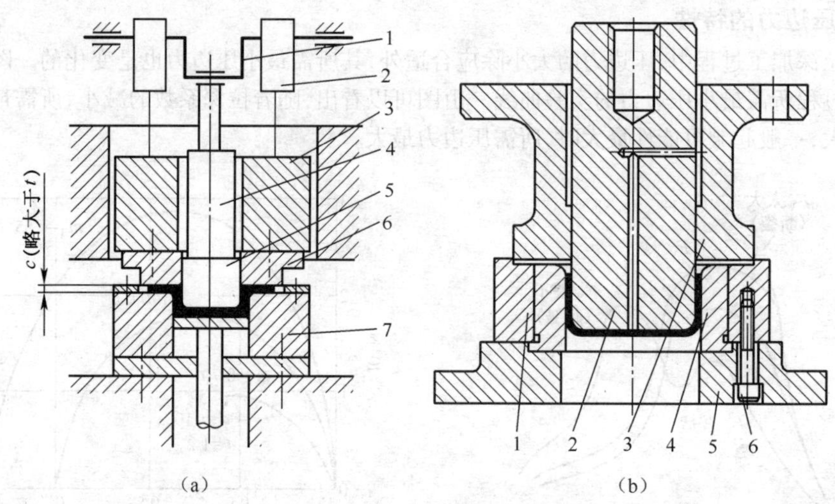

1. 曲柄　2. 凸轮　3. 外滑块　4. 内滑块　5. 凸模　6. 压边圈　7. 凹模

1. 固定板　2. 拉深凸模　3. 压边圈　4. 拉深凹模　5. 下模座　6. 螺钉

图 4-83　双动压力机用拉深模

刚性压料装置的特点是压边力不随拉深工作行程变化,压料效果较好,模具结构简单。

(2)弹性压料装置　弹性压料装置多用于普通的单动压力机,通常有三种结构:弹簧式压料装置(图 4-84a)、橡胶式压料装置(图 4-84b)、气垫式压料装置(图 4-84c)。三种压料装置的压边力变化曲线如图 4-85 所示。

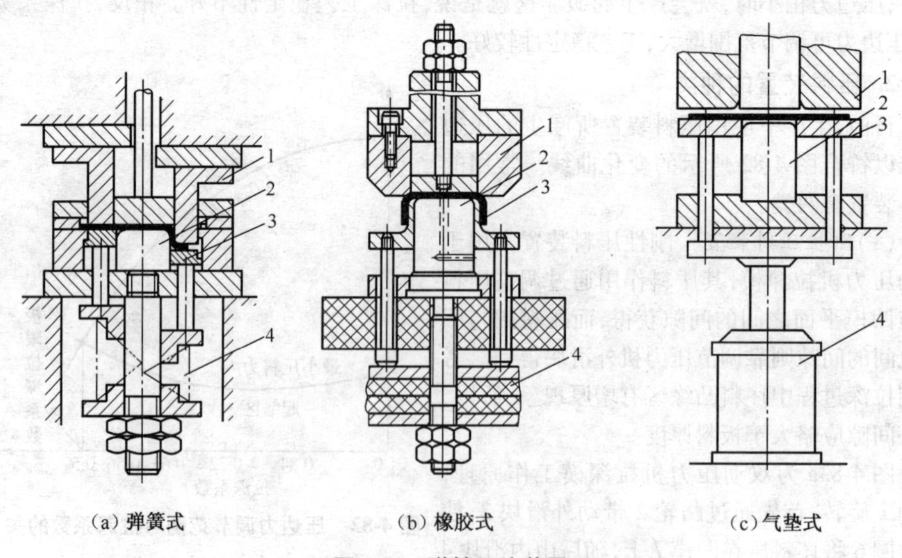

(a) 弹簧式　(b) 橡胶式　(c) 气垫式

图 4-84　弹性压边装置

1. 凹模　2. 凸模　3. 压边圈　4. 弹性元件(弹顶器)

由图可以看出,弹簧和橡胶压料装置的压边力随着工作行程(拉深深度)的增加而增大,尤其橡胶式压料装置更为明显。这种压边力的变化特性会使拉深过程的拉深力不断增大,从而增大拉裂的危险性。因此,弹簧和橡胶压料装置通常只用于浅拉深。但是,这两种压料装置结构简单,在中小型压力机上使用较为方便,只要正确地选择弹簧的规格和橡胶的牌号及尺寸,就能减少其不利方面。弹簧应选总压缩量大,压力随压缩量增加而缓慢增大的规格;橡胶应选用软橡胶,并保证相对压缩量不过大,建议橡胶总厚度不小于拉深工作行程的五倍。

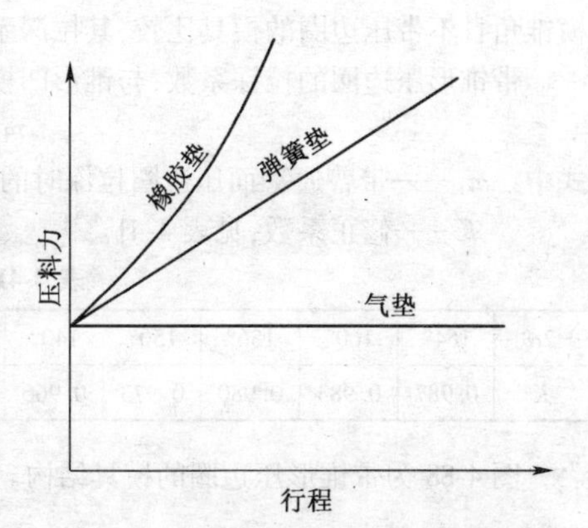

图 4-85　弹性压料装置的压边力曲线

气垫式是以压缩空气作用或空气液压联动作用防止起皱的压料装置,具有压料效果较好,压边力基本不随工作行程而变化(压边力的变化可控制在 10%~15%内)的特点,但气垫装置结构复杂。

3. 压边圈的形式及选用

压边圈是压料装置的关键零件,如果经计算不符合不采用压边圈的条件时,则拉深中须采用压边装置。压边圈的形式有多种,应根据拉深件特性及结构形式合理选用。常用压边圈形式有以下几种。

(1)平面压边圈　平面压边圈是最常用的压边形式。该类压边圈既可用于筒形件,也可用于带凸缘拉深件的拉深。压边圈既可安装在上模,也可安装在下模,压边力既可通过弹簧也可利用压力机的气缸获得,可根据拉深件压边力大小及模具结构需要进行设计。图 4-86 为带平面压边圈的模具结构。

(2)弧形压边圈　弧形压边圈主要用于坯料在凸凹模间的悬空度大,第一次拉深相对厚度 $t/D\times100$ 小于 0.3,且有小凸缘和很大圆角半径的工件。该类压边圈可增加压边圈压边的有效作用面积,防止压边圈过早失去作用。图 4-87 为带弧形压边圈的模具结构。

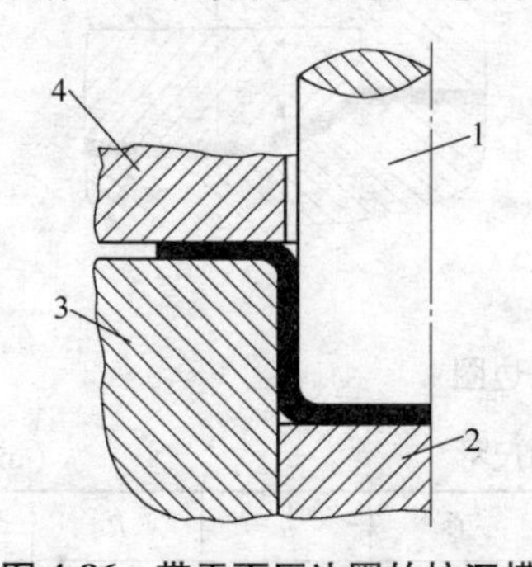

图 4-86　带平面压边圈的拉深模

1. 凸模　2. 顶板　3. 凹模　4. 压边圈

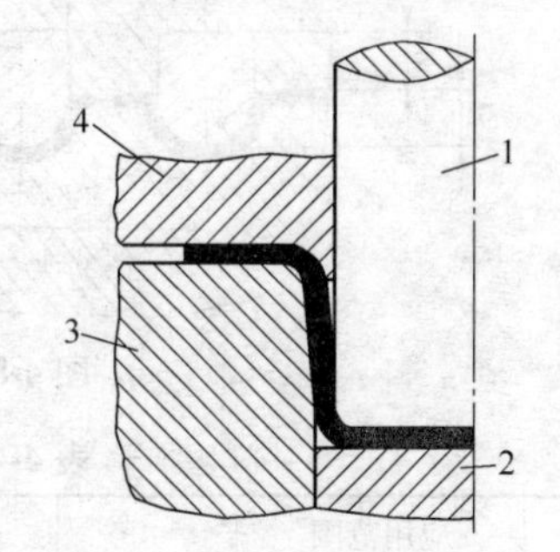

图 4-87　带弧形压边圈的拉深模

1. 凸模　2. 顶板　3. 凹模　4. 压边圈

(3)锥形压边圈　锥形压边圈一般与采用的锥形凹模一起配合使用。采用锥形压边圈的拉深模进行拉深,可显著提高拉深件的变形程度,降低拉深系数,减少拉深次数,与不带凹模锥角且不带压边圈的模具比较，其拉深系数可降低25%~30%。

带锥形压边圈的拉深系数，与锥形凹模的包角 α 有关，其数值按下式确定：

$$m_k = K\ m_1$$

式中　m_1——带普通平面压边圈拉深时的首次拉深系数；

K——修正系数，见表4-41。

表4-41　修正系数 K

2α	164°	160°	156°	150°	140°	130°	120°	110°	100°	90°	80°	60°
K	0.987	0.983	0.980	0.973	0.966	0.957	0.947	0.940	0.932	0.925	0.908	0.900

图4-88为带锥形压边圈的模具结构。

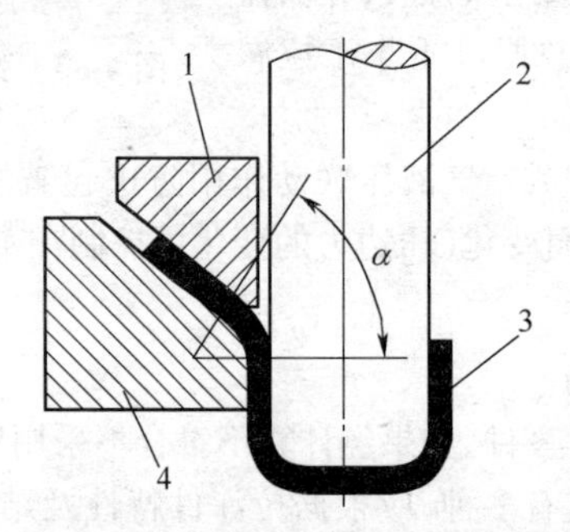

图4-88　带锥形压边圈的拉深模

1. 锥形压边圈　2. 凸模　3. 工件　4. 凹模

(4)带拉深筋的压边圈　对凸缘特别小或半球形工件，在工艺上可增大凸缘面积，采用带拉深筋的压边圈，以增大压边力。带拉深筋压边圈的结构如图4-89所示。拉深筋的尺寸见表4-42。

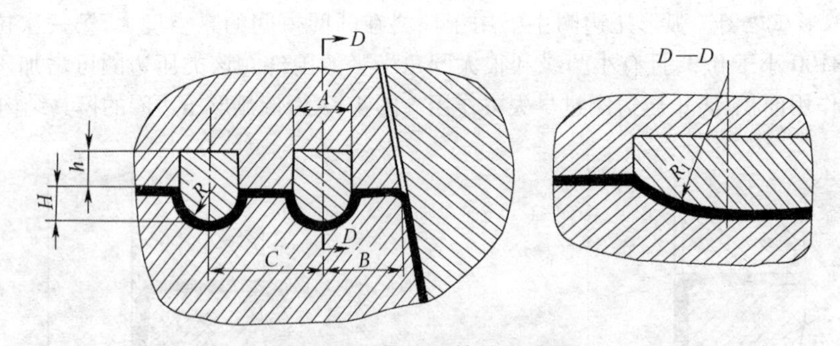

图4-89　带拉深筋的压边圈

表4-42　拉深筋的结构尺寸　(mm)

序号	应用范围	A	H	B	C	h	R	R_1
1	中小型拉深件	14	6	25~32	25~30	5	7	125
2	大中型拉深件	16	7	28~35	28~32	6	8	150
3	大型拉深件	20	8	32~38	32~38	7	10	150

(5)带限位装置的压边圈　在拉深材料较薄且有较宽凸缘的工件时，为保证压边力均衡和防止压边圈将坯料夹得过紧，可选用图 4-90 所示带限位装置的压边圈结构。其压边圈和凹模之间始终保持一定的距离 S。对于有凸缘工件的拉深，$S=t+(0.05\sim0.1)$ mm；铝合金的拉深，$S=1.1t$；钢板的拉深，$S=1.2t$（t 为板料厚度）。

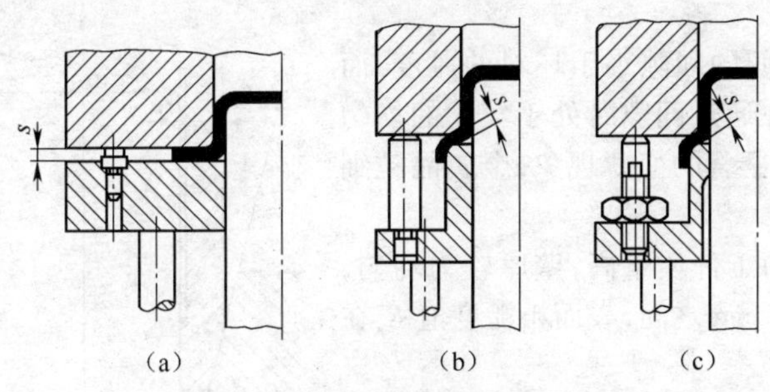

图 4-90　带限位装置的压边圈

(6)带凸肋或斜度的压边圈　在拉深材料较厚且有宽凸缘的工件时，应考虑减小压边圈与坯料的接触面积，采用的压边方法如图 4-91 所示，图中 C 取$(0.2\sim0.5)t$。

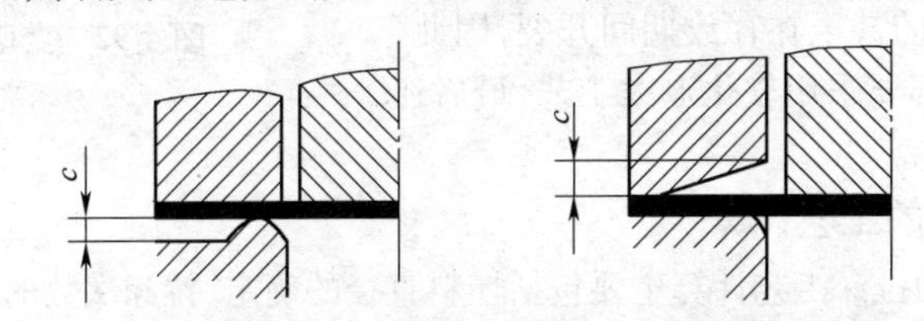

(a)带凸肋的压边圈带限位装置的压边圈　(b)带斜度的压边圈

图 4-91　拉深宽凸缘件的压边圈

4.7　其他拉深方法

为简化拉深加工工艺、增大变形程度、提高生产率，或解决一些特殊金属材料的拉深问题，在实际生产中，还有一些其他拉深方法，如变薄拉深、温差拉深、柔性模拉深及反拉深。这些拉深方法是前述基本方法的补充和发展，因此，应根据拉深特点及应用场合恰当地选用。

4.7.1　变薄拉深

变薄拉深主要是在拉深变形过程中改变拉深件筒壁的厚度，而坯料直径变化很小的一种拉深方法，通常用于制造弹壳、雷管套、高压容器、高压锅等，或用于制备薄壁管状坯料。变薄拉深的材料有铜、铝、低碳钢、不锈钢等塑性较好的金属。

1. 变薄拉深的特点

变薄拉深时，变形区是凹模孔内的锥形部分，传力区是已从凹模内孔拉出的侧壁部分和底部。在变形区内金属处于径向和切向受压、轴向受拉的应力状态，产生厚度变薄、高度增大的变形，为达到变薄拉深的目的，必须有足够大的拉深力通过传力区使变形区产生预期的塑性变形。显然，变形程度越大，拉深力也越大，当壁部拉应力超过材料的抗拉强度时，则会产生拉裂。所以，拉深的变形程度受侧壁传力区强度的限制。通常底部厚而壁部薄的工件需要经过多次变薄拉深才可获得。变薄拉深变形过程如图4-92所示。

根据上述变薄拉深变形过程分析，变薄拉深具有以下特点。

①凸、凹模之间的间隙小于坯料的厚度，而坯料的直壁部分在通过间隙时处于较大的均匀压应力之下，产生显著的变薄现象，金属晶粒细密，强度提高。

②变薄拉深的工件质量高，壁厚较为均匀，壁厚偏差在±0.01 mm之间，表面粗糙度值R_a在0.2μm以下。

③与不变薄拉深相比，变薄拉深没有起皱问题，因此，拉深模中不需要压边装置。

④由于变薄拉深变形程度较大，硬化严重，残余应力很大，有的甚至在存放期间开裂，因此，几乎每次拉深后都要采用软化退火工艺，最后还要进行低温回火。

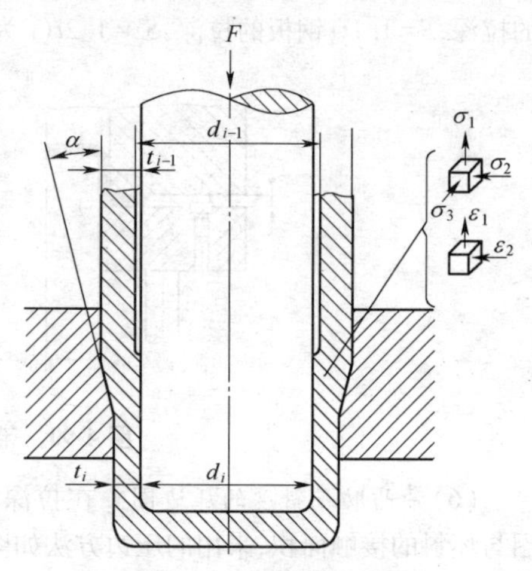

图4-92　变薄拉深分析

2. 变薄拉深的工艺计算

变薄拉深件的拉深工艺计算主要包括坯料直径的确定、拉深次数的确定等。

(1)变薄拉深系数　变薄拉深时的最大变形程度受传力区强度的限制，不能过大，一般变薄拉深的变形程度采用变薄拉深系数m_i表示。

$$m_i = \frac{t_i}{t_{i-1}} \quad (i = 1, 2, 3, \cdots, n)$$

式中　t_{i-1}，t_i——拉深前后两工序的工序件壁厚。

对于大多数金属，极限变薄拉深系数可取0.65~0.70，常用材料的变薄系数见表4-43。

表4-43　变薄系数的极限值

材　料	首次变薄系数	中间工序变薄系数	末次变薄系数
铜、黄铜(1168、1180)	0.45~0.55	0.58~0.65	0.65~0.73
铝	0.50~0.60	0.62~0.68	0.72~0.77
低碳钢、拉深钢板	0.53~0.63	0.63~0.72	0.75~0.77
中碳钢(w_C=0.25%~0.35%)	0.70~0.75	0.78~0.82	0.85~0.90
不锈钢	0.65~0.70	0.70~0.75	0.75~0.80

注：表中的中碳钢拉深系数为试用数据；厚料取较小值，薄料取较大值。

(2)变薄拉深坯料的尺寸计算　变薄拉深大多是采用由普通拉深(不变薄)方法获得的筒形坯料，有时亦可直接采用平板坯料，其坯料尺寸按坯料体积和工件体积相等的原则求得。坯料直径D按下式计算：

$$D = 1.13\sqrt{\frac{V}{t}} = 1.13\sqrt{\frac{kV_1}{t}}$$

式中 t——坯料的厚度；

V——包括修边余量和退火损耗的工件体积；

V_1——为按工件基本尺寸计算的体积；

k——为考虑到修边余量和退火损耗系数，一般取 1.15～1.2，相对高度 H/d 越大时，取上限值。

坯料厚度取工件底部厚度，若底部需要切削加工，则需加上切削加工余量。

(3) 变薄拉深次数的确定　变薄拉深次数 n 由下式确定：

$$n=\frac{\lg t_n-\lg t}{\lg m}$$

式中 t_n——工件壁厚；t——坯件壁厚；

m——平均变薄系数（查表 4-40 中间工序变薄系数）。

坯料制备时的不变薄拉深次数 n'：

$$n'=\frac{\lg d'_n-\lg(m_1D)}{\lg m}+1$$

式中 D——坯料直径；m_1——不变薄首次拉深系数；m——不变薄平均拉深系数；

d'_n——不变薄拉深最后一次半成品外径。

d'_n可按 $d'_n=(1/c)^n d_n+2t$ 推算得到。

式中 d_n——工件内径；n——变薄拉深次数；c——系数。

为保证拉深时，半成品能方便地套入凸模，通常将凸模直径选得比前次半成品直径稍小些，取 $c=0.97$～0.99。

因此，拉深件总的拉深次数为：$N=n+n'$

(4) 变薄拉深工序件尺寸的确定

1) 各次变薄拉深工序的坯料壁厚　$t_1=m_1t,\ t_2=m_2t_1,\ \cdots,\ t_n=m_nt_{n-l}$

式中 t——坯料的壁厚；$t_l,t_2,\cdots,t_{n-1}$——中间各次工序半成品的壁厚；

t_n——工件壁厚；m_1——首次变薄拉深的变薄系数；

$m_2,\cdots,m_{n-1}$——中间各工序的变薄系数；m_n——末次变薄拉深的变薄系数。

2) 确定各次变薄拉深工序的直径　为了使凸模能顺利地套入上次工序的坯料中，其直径需比坯料内径小 1%～3%（头几次变薄工序取大值，以后逐次取小值；壁厚时，取大值，壁薄时，取小值）。

$$d_{(n-1)}=d_n(1.01\sim1.03),d_{(n-2)}=d_{(n-1)}(1.01\sim1.03),\cdots,d_1=d_2(1.01\sim1.03)$$

式中 d_n——工件内径；$d_1,d_2,\cdots,d_{(n-1)}$——各工序坯料内径（即各工序凸模直径）。

3) 确定各次变薄拉深工序的工件高度　变薄拉深工序的工件高度 h_n 如图 4-93 所示。

①不考虑圆角半径（$r_n\approx0$）

$$h_n=\frac{t(D^2-d_{外}^2)}{2t_n(d_{外}+d_{内})}$$

式中 D——坯料直径；t——坯料厚度；

$d_{外}$——该道工序的工件外径；$d_{内}$——该道工序的工件内径；

t_n——该道工序的工件壁厚；h_n——该道工序的工件高度（不包括底部厚度 t）。

②考虑圆角半径（$r_n\neq0$）

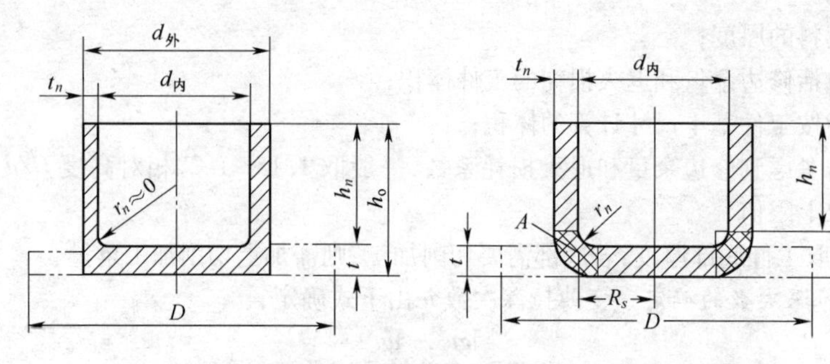

(a) 不考虑圆角半径　　(b) 考虑圆角半径

图 4-93 变薄拉深件的高度计算

$$h_n = \frac{t[D^2 - (d_{内} - 2r_n)^2] - 8R_S A}{4t_n(d_{内} + t_n)}$$

式中 r_n——凸模圆角半径； A——圆弧区的面积；

R_s——圆弧区面积的旋转半径(面积重心到转轴的距离)；

h_n——该道工序的工件高度(不包括底部厚度 t 及圆角半径 r_n)。

3. 变薄拉深力的计算

各道拉深工序的拉深力,可按下式计算:

$$F_n = \pi d_n (t_{n-1} - t_n) \sigma_b k$$

式中 F_n——拉深力； d_n——该道工序件直径； t_n——该道工序件壁厚；

t_{n-1}——前道工序件壁厚； σ_b——材料的抗拉强度；

k——系数,钢取 1.8~2.25;黄铜取 1.6~1.8。

4. 变薄拉深工序计算实例

如图 4-94 所示变薄拉深件,采用料厚 4 mm 的 10 钢制成,试计算其拉深工序尺寸,并设计相应的模具结构。

解:①计算工件体积。按工件图上的基本尺寸进行计算:

$$V_1 = \frac{\pi}{4}(d_{外6}^2 h_0 - d_{内6}^2 h) = \frac{3.14}{4}(25^2 \times 79 - 24^2 \times 74)$$

$$= 4\ 804\ (\text{mm}^3)$$

②计算坯料体积:

$V = kV_1 = 1.15V_1 = 1.15 \times 4\ 840 = 5\ 560\ (\text{mm}^3)$

③坯料厚度:$t = 4$ mm (t 工件底部厚度)

④计算坯料直径:$D = 1.13\sqrt{\dfrac{V}{t}} = 1.13\sqrt{\dfrac{5\ 560}{4}}$

$$\approx 41.5(\text{mm})$$

⑤计算拉深次数。估算变薄拉深次数 n:

$$n = \frac{\lg t_n - \lg t}{\lg m} = \frac{\lg 0.5 - \lg 4}{\lg 0.7} \approx 5.8 \quad 取\ n = 6$$

(式中 $m = 0.70$,由表 4-43 查得)

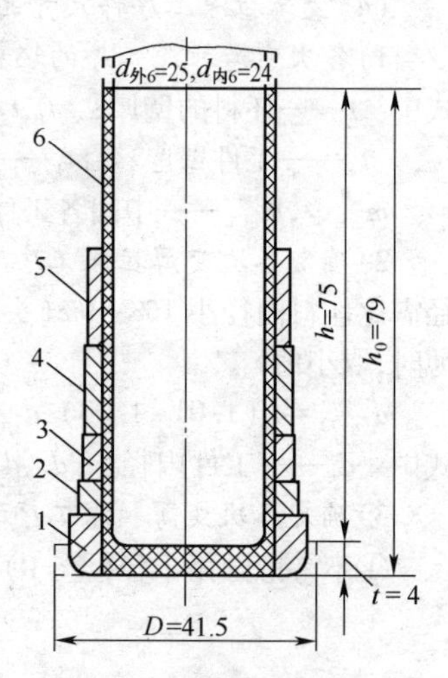

图 4-94 变薄拉深件的工序尺寸及程序计算

$$d'_n = (1/c)^n d_n + 2t = \left(\frac{1}{0.99}\right)^6 \times 24 + 2 \times 4 = 33.25(\text{mm})$$

估算不变薄拉深次数 n'

由于 $m_1 = \dfrac{d_1}{D} = \dfrac{33.25}{41.5} = 0.877 > [m_1] = 0.50$。

故可由平板坯料直接进行第一次变薄拉深。

因此，拉深件总的拉深次数为：$N = n + n' = 6 + 0 = 6$

⑥计算各次变薄拉深后的半成品壁厚。

首次工序的变薄系数定为：$m_1 = 0.63$

中间各次的变薄系数定为：$m = 0.72$

末次工序的变薄系数定为：$m_n = 0.75$

计算结果见表 4-44。

表 4-44　各次变薄拉深后的半成品壁厚

工序号	原来材料厚度/mm	变薄系数	变薄后的材料厚度/mm	工序号	原来材料厚度/mm	变薄系数	变薄后的材料厚度/mm
1	4.0	0.63	2.5	4	1.3	0.72	0.93
2	2.5	0.72	1.8	5	0.93	0.72	0.67
3	1.8	0.72	1.3	6	0.67	0.75	0.50

⑦计算各工序工件的内、外径。计算结果见表 4-45。

表 4-45　各工序工件的内、外直径

工序号	1	2	3	4	5	6
内径 $d_{内}$/mm	25.25	25.00	24.75	24.50	24.25	24.00
壁厚 t/mm	2.50	1.80	1.30	0.93	0.67	0.50
外径 $d_{外}$/mm	30.25	28.60	27.35	26.36	25.59	25.00
高度 h/mm	11.6	18.7	29.5	43.4	64.0	89.6

⑧计算各工序的工件高度。不考虑圆角半径，则各工序的工件高度为：

$$h_1 = \frac{4 \times (41.5^2 - 30.25^2)}{2 \times (30.25 + 25.25) \times 2.5} = 11.6(\text{mm})$$

$$h_2 = \frac{4 \times (41.5^2 - 28.6^2)}{2 \times (28.6 + 25) \times 1.8} = 18.7(\text{mm})$$

$$h_3 = \frac{4 \times (41.5^2 - 27.35^2)}{2 \times (27.35 + 24.75) \times 1.3} = 29.5(\text{mm})$$

$$h_4 = \frac{4 \times (41.5^2 - 26.36^2)}{2 \times (26.36 + 24.5) \times 0.93} = 43.4(\text{mm})$$

$$h_5 = \frac{4 \times (41.5^2 - 25.59^2)}{2 \times (25.59 + 24.25) \times 0.67} = 64(\text{mm})$$

$$h_6 = \frac{4 \times (41.5^2 - 25^2)}{2 \times (25 + 24) \times 0.5} = 89.6(\text{mm})$$

⑨变薄拉深模的结构。采用的变薄拉深模结构如图 4-95 所示，该模具有以下特点。

采用通用模架,凸、凹模与模座的配合部位采用标准尺寸,并用紧固件分别紧固于上、下模座上,装配、更换较方便,适用于中、小批量的生产;采用两个(也可三个)内径不同的凹模7,按变薄拉深顺序装在下模座5中,在一次工作行程中进行两次变薄拉深,提高了生产率;模具借助校模圈9进行凸、凹模对中,待上、下模安装后,拿掉校模圈,便可进行冲压;拉深后的冲件由卸件器4自凸模上卸下。

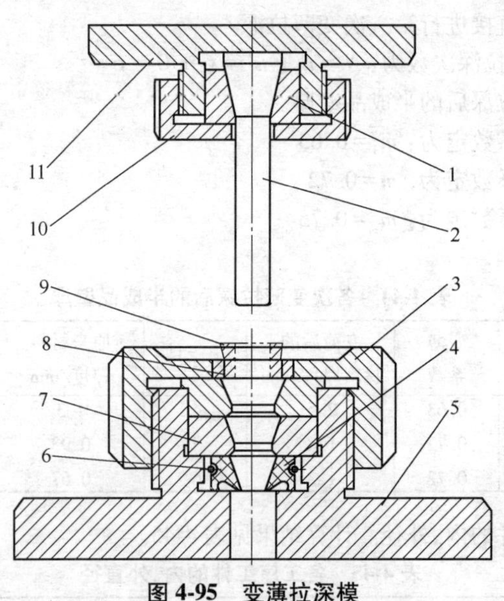

图 4-95　变薄拉深模

1. 压圈　2. 凸模　3. 下紧固圈　4. 卸料器　5. 下模座

6. 拉簧　7. 凹模　8. 定位圈　9. 校模圈　10. 上紧固圈　11. 上模座

⑩变薄拉深模工作部分的参数。变薄拉深时,凹模结构对变形过程和变形抗力影响很大,主要是凹模锥角和工作带高度如图4-96所示,其中,凹模锥角 $\alpha=7°\sim10°$。α 过大,变形困难;$\alpha_1=2\alpha$ 时,工作带高度(h)应适宜,太大增加摩擦阻力,太小则易磨损,一般可按表4-46选取。

表 4-46　工作带高度　(mm)

D	<10	10~20	20~30	30~50	>50
h	0.9	1	1.5~2	2.5~3	3~4

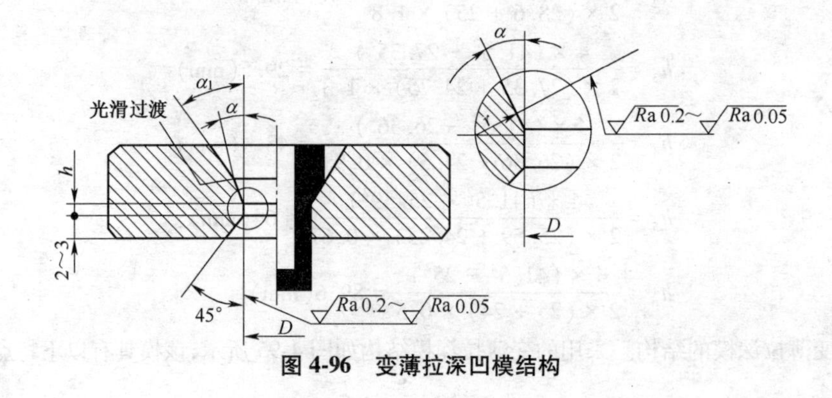

图 4-96　变薄拉深凹模结构

图 4-97 所示为变薄拉深凸模结构。为便于脱模,取凸模的斜度 $\beta=1°$,凸模工作部分长度大于工件长度(加上修边余量),凸模出气孔直径 $D=(1/3\sim1/6)d$。对于不锈钢变薄拉深,由于冲件在凸模上的抱合力较大,可利用凸模上的油嘴,借助液压力卸件。

4.7.2 特种拉深成形

常用的特种拉深成形方法主要有:温差拉深、软模拉深。此外,还有爆炸成形(爆炸成形是将火药、炸药等爆炸物质放置在一特制的装置中,借助爆炸时所产生的冲击波,并以此冲击波的形式作为凸模,使其作用于加工坯料,产生塑性变形,形成所需的几何形状)、电磁成形(利用强磁场的电磁能成形)等高速成形方法。

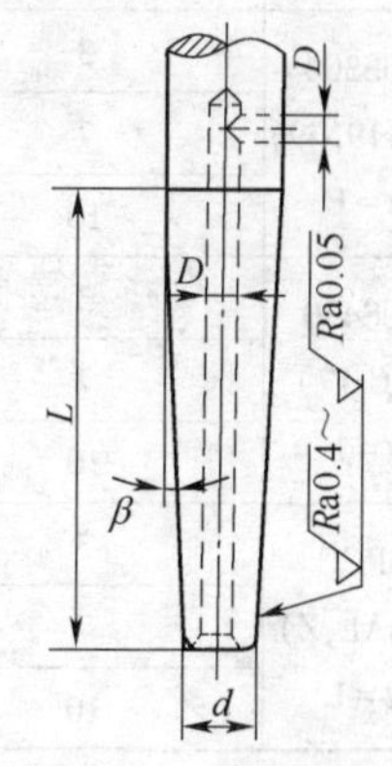

图 4-97 变薄拉深凸模结构

1. 温差拉深

温差拉深是拉深过程有效的强化方法,其实质是借变形区(一般指坯料凸缘区)局部加热和传力区危险断面(侧壁与底部过渡区)局部冷却的办法,一方面减小变形区材料的变形抗力,另一方面又不致减少、甚至提高传力区的承载能力,亦即造成两方合理的温差,而获得较大的强度差,最大限度提高一次拉深变形的变形程度,大大降低材料的极限拉深系数。温差拉深可以分为局部加热拉深和局部深冷拉深两种方法。

(1)*局部加热拉深* 所谓局部加热拉深通常是指坯料的凸缘部分置于凹模及压边圈之间,使坯料的变形区加热到一定的温度进行拉深,以提高材料的塑性,降低凸缘的变形抗力,达到增加变形深度的目的。在加热拉深过程中,凹模圆角部分和凸模内部要进行通水冷却,使拉入凸、凹模之间的金属被通有流动水的凸模将其热量散出,使坯料传力区的强度保持不降低,从而在提高坯料危险断面强度的同时,也增加了坯料凸缘部分的塑性。故在一道工序中,可以使极限变形程度增加很多,其极限拉深系数可降低到 0.3~0.35 左右,用一道工序可以代替普通拉深方法 2~3 道工序。局部加热拉深法最适宜于拉深低塑性材料(例如镁合金、钛合金)及形状复杂的拉深件,其模具结构如图 4-98 所示。

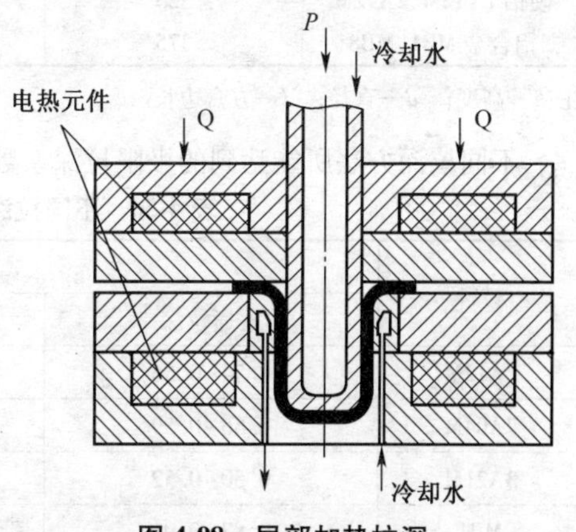

图 4-98 局部加热拉深

局部加热拉深的合理温度可查表 4-47。

表 4-47 局部加热拉深的合理温度

材料	铝合金	镁合金	铜合金
合理温度/℃	320~340	330~350	480~500

局部加热拉深时的变形程度受加热温度的影响。表 4-48 为不同模具温度下,圆筒形拉深件的极限拉深系数。

表 4-48　不同模具温度时圆筒形拉深件的极限拉深系数

材料	凹模圆角半径/mm	凹模、压边圈的表面温度/℃				
		常温	60	90	120	150
SUS304 (0Cr19Ni9) $t=1$	3	0.5	0.4	0.37	0.39	0.43
	7	0.48	0.37	0.33	0.36	0.42
	10	0.48	0.36	0.32	0.34	0.4
SUS430 (1Cr17) $t=1$	3	0.45	0.42	0.4	0.44	0.45
	7	0.45	0.39	0.4	0.42	0.45
	10	0.43	0.39	0.39	0.42	0.45
SPCC (08AL,Z) $t=1$	3	0.48	0.42	0.42	0.43	0.48
	7	0.48	0.4	0.38	0.4	0.48
	10	0.48	0.4	0.38	—	0.48

注：凸模冷却温度为0℃~2℃，直径为70 mm，圆角半径为7 mm。

局部加热拉深的极限高度见表4-49。

表 4-49　局部加热拉深的极限高度

材料	凸缘加热温度/℃	零件的极限高度 h/d 及 h/l		
		筒形	方形	矩形
铝合金 LF21M、3A21M	325	1.30	1.44~1.46	1.44~1.55
硬铝 LY12M、2A12M	325	1.65	1.58~1.82	1.50~1.83
铝合金 MB1、MB8	375	2.56	2.7~3.0	2.93~3.22

注：h—高度；　d—直径；　l—方盒边长。

不同拉深方法所能达到的极限拉深系数见表4-50。

表 4-50　不同拉深方法的极限拉深系数

材料	极限拉深系数		
	普通拉深	局部加热（加热温度）	软凹模拉深
2A12M	0.54~0.56	0.37（320℃~340℃）	0.46
7A04M	0.56~0.59	—	0.47
3A21M	0.50~0.52	0.42（320℃~340℃）	0.45
MB1	0.87~0.91	0.42~0.46（300℃~350℃）	—
MB8	0.81~0.83	0.40~0.44（280℃~350℃）	—
TA2	0.57~0.59	0.42~0.50（350℃~400℃）	—
TA3	0.58~0.61	0.42~0.50（350℃~400℃）	—
1Cr18Ni9Ti	0.53~0.57	—	0.44

（2）*局部深冷拉深*　局部深冷拉深的模具结构如图4-99所示。在进行局部深冷拉深时，将液态空气（−183℃）或液态氮（−195℃）注入空心的凸模内，当坯料的传力区（冲件的

侧壁部分和底部）和处于低温的凸模相接触时，使坯料的传力区冷却到-160℃～-170℃，从而使这部分的材料得到大大的强化。在这样的低温下，10～20钢的强度可提高1.9～2.1倍；而18-8型不锈钢则能提高到2.3倍。因此，显著地降低了拉深系数，对于10～20钢，拉深系数$m=0.37\sim0.385$；对于1Cr18Ni9及1Cr18Ni9Ti不锈钢，则拉深系数$m=0.35\sim0.37$。

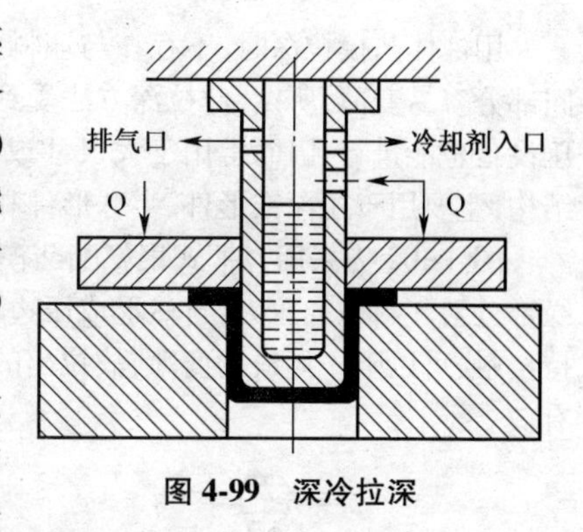

图4-99 深冷拉深

目前，局部深冷拉深法的应用还受到生产率不高和冷却方法麻烦等缺点的限制，在生产中的应用还很不普遍。主要仅用于不锈钢、耐热钢等特种金属或形状复杂而高度大的盒形零件。

2. 软模拉深

软模拉深是指用橡胶（包括聚氨酯橡胶）、液体或气体的压力代替刚性凸模或刚性凹模，对板料进行拉深，分为软凸模拉深和软凹模拉深两种。用软模拉深可进行多种冲压工序，如弯曲、拉深、翻边、平板坯料的胀形或空间坯料胀形。由于该法使模具简单化，特别在成批及小批生产中，获得较为广泛的应用。

（1）软凸模拉深　软凸模拉深有液体凸模拉深及聚氨酯凸模拉深两种形式。图4-100为用液体的压力代替金属凸模进行拉深的变形过程。整个过程分如下三个阶段。

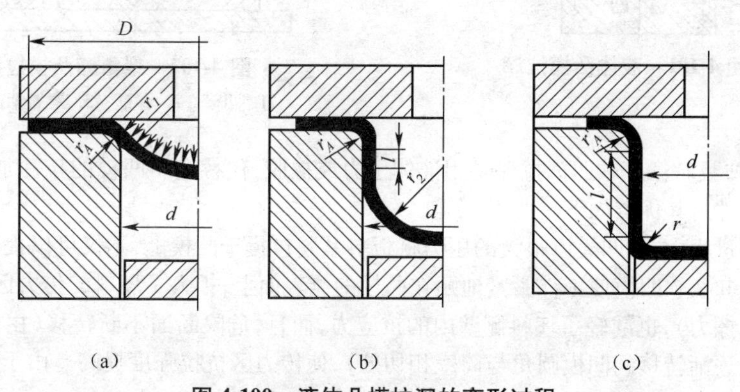

图4-100 液体凸模拉深的变形过程

胀形阶段（如图4-100a所示）：在液体压力作用下，平板坯料的中间部分首先受两向拉应力作用产生胀形，形状由平面变成半球形，压力增加很快。

拉深阶段（如图4-100b所示）：当液体压力继续增大，径向拉应力达到足以使凸缘变形区产生拉深变形时，材料逐渐进入凹模，并形成筒壁，压力趋于平缓。

整形阶段（如图4-100c所示）：在形成平底和小圆角的整形时，压力急剧上升。形成圆角半径r的最后时刻所需液体压力近似值按下式计算：

$$P=\frac{t}{r}\sigma_b$$

式中　t——板料厚度，mm；　r——零件底部圆角半径，mm；

σ_b——板料的抗拉强度，MPa；　P——单位面积上液体压力，N。

用液体凸模拉深时,不存在与坯料之间的摩擦力,坯料的稳定性不好,容易偏斜,而且中间部分容易变薄,所以,此拉深方法受到一定限制。但是,由于所用的模具简单,有时不用冲压设备也能进行,因而常用于大尺寸或形状复杂工件的拉深。图 4-101 为液体凸模拉深模结构,主要用于拉深锥形件、半球形件和抛物线形件等。

图 4-102 为采用容框式聚氨酯凸模的软凸模拉深,拉深时,聚氨酯橡胶与钢制凹模的边缘部分对坯料施加压力,自然形成压边装置,起到防皱作用。由于聚氨酯橡胶始终与坯料保持接触,可以阻止坯料的变薄,故拉出的工件边缘平整,壁厚均匀,对深度不大的拉深件十分有效。

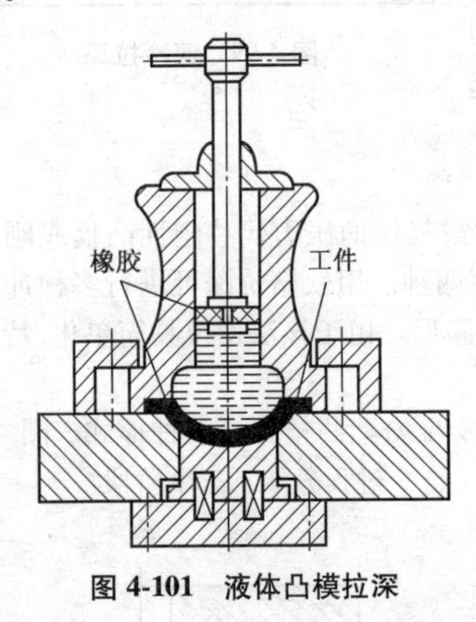

图 4-101 液体凸模拉深

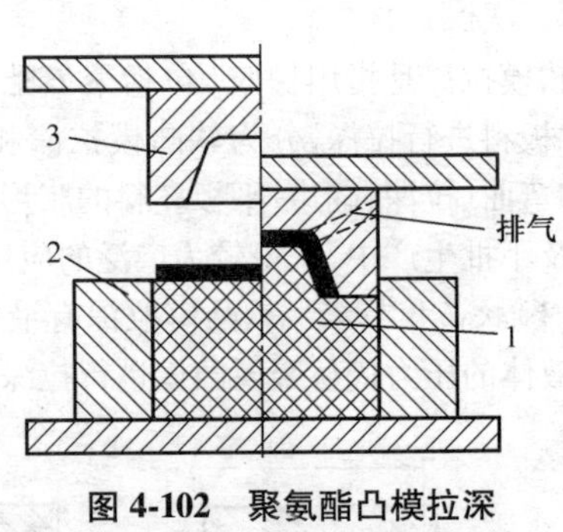

图 4-102 聚氨酯凸模拉深

1. 凹模 2. 容框 3. 聚氨酯凸模

(2)软凹模拉深 软凹模拉深是用液体压力或橡胶,代替金属凹模的拉深加工,具有理想的拉深条件。其优点如下。

①拉深过程中,软凹模以很大的压力将板料紧紧包覆于凸模上,不仅可以提高工件的成形准确度,同时,软凹模使工件紧紧地贴在凸模的侧表面上,扩大了坯料的传力区(侧壁与凸模表面的摩擦力),也减轻了坯料侧壁内的拉应力,而且,危险断面不断转移(由凸模圆角与筒壁相切处逐渐转移到凹模圆角与筒壁相切处),使传力区抗拉强度提高。由于增加了凸模与板料间的有利摩擦力,可使拉出的工件壁厚均匀,变薄率大大减小。

②可以减少板料与软凹模一侧的相对滑动。

③软凹模拉深时,凹模圆角半径与刚性凹模不同,在拉深过程中由大变小,变形初始产生峰值压力时,具有较大的凹模圆角半径 $r_{凹}$,可降低材料通过凹模圆角半径时的弯曲变形阻力。

④拉深过程中,软凹模有侧向推动凹缘边缘向内流动的作用,从而有利于拉深变形。

软凹模拉深具有上述理想拉深条件,导致软凹模拉深要比普通拉深的极限变形程度要大得多,而拉深系数要小得多。一些复杂形状的工件,如盒形、球形件、锥形件和非对称曲面形状的工件(斜底、斜凸缘、底部或凸缘有凸起、凹陷件等)均可用软凹模拉深,且拉深件的壁厚均匀,尺寸精确,表面质量好。又由于软凹模拉深的模具结构比较简单,因此,在生产中应用较广泛。如图 4-103 所示的抛物线形加工件,其相对高度 $h/d=0.88$,如用普通方法要多次拉深,而采用软凹模拉深则可一次成形。

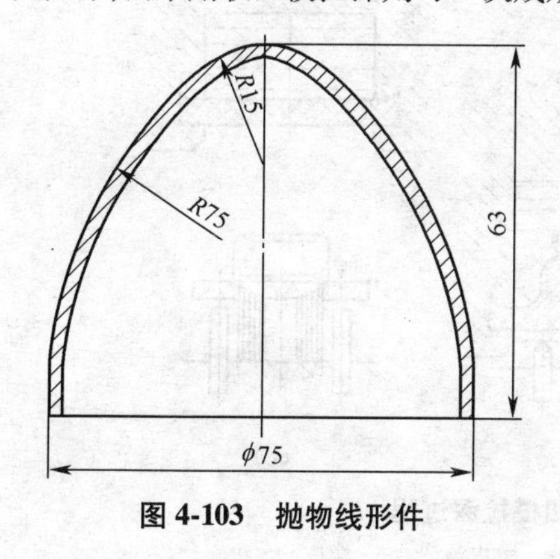

图 4-103 抛物线形件

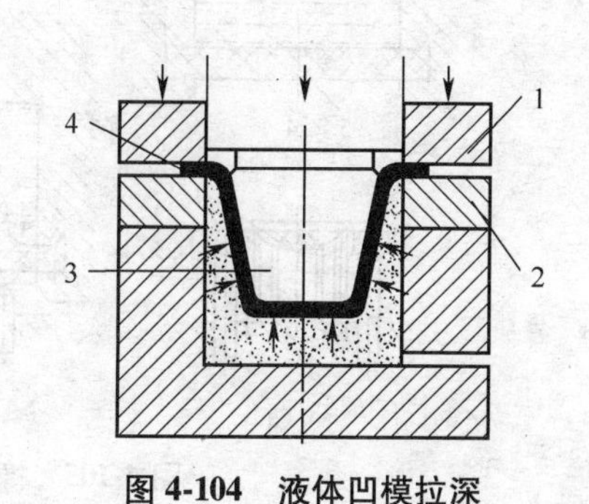

图 4-104 液体凹模拉深

1. 上压边圈 2. 下压边圈 3. 凸模 4. 坯料

软凹模拉深有液体凹模拉深及橡胶(普通与聚氨酯橡胶)凹模拉深两种形式。

1)液体凹模拉深 图 4-104 为液体凹模拉深示意图,拉深时,高压液体使板材紧贴凸模成形,与液体凸模拉深相比,具有材料变形阻力小,工件底部不易变薄,坯料定位较为容易等优点。

液体凹模拉深时,液压力与拉深件的形状、变形程度和材料性能等有关。表 4-51 列出了由试验得出的拉深成形所需最低液压力。

表 4-51 几种材料所需最低液体压力 (MPa)

材料 / 料厚/mm	纯铜	黄铜	08、08F	不锈钢
1	13.7		47	
1.2		56.8	56.8	117.6

注:拉深系数 $m=0.4$

图 4-105 为橡皮液囊凹模拉深。橡皮液囊凹模拉深是由专用设备上的橡皮液囊作为凹模,凸模与压边圈为刚性的专用件进行的拉深。其拉深过程如图 4-105 所示。首先将平板坯料 1 置于刚性压边圈 2 上(图 4-105a),随着弹性凹模 4 下行,坯料与橡皮垫 5 接触,然后凹模继续下降,迫使压边圈向下运动,凸模 3 即将坯料拉入凹模腔内逐渐拉深出工件(图 4-105b)。拉深结束后,压边圈上升,推出工件,弹性凹模 4 上行与拉深件脱离接触。

橡皮液囊凹模拉深过程中,液囊内的单位面积压力 P 是变化的,其大小可通过液压系统进行控制调节。单位面积压力 P 的变化范围随拉深件的形状、变形程度和材料性质而不同。拉深时,液囊内的单位面积压力应保证足以防止坯料起皱,并在坯料与凸模间产生足够的表面摩擦力。表 4-52 所列数据为拉深不同材料、不同拉深系数的筒形件时,单位压力的变化范围,而拉深比较复杂的工件(如锥形、球形、底部或凸缘有凹陷的工件以及非对称件等),所需最大单位压力会更大。

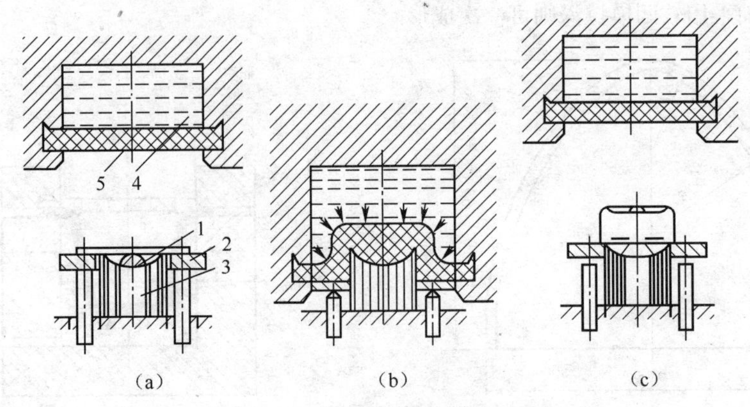

图 4-105　橡皮液囊凹模拉深过程

1. 板材　2. 压边圈　3. 凸模　4. 橡皮液囊　5. 橡皮

表 4-52　单位压力 P 的变化范围(加工板厚 t=1 mm)　(MPa)

材料	拉深系数 m					
	0.72	0.60	0.50	0.45	0.44	0.43
硬铝合金	0~22.5	0~31.5	0~34	0~34.5	0~35	0~35
低碳钢	0~50	0~55	0~60	0~60	0~65	—
不锈钢	0~60	0~60	0~70	0~75	0~75	0~90

由于液体凹模拉深能够达到更大的单位压力,因此,与橡胶凹模拉深相比,其具有更大的拉深变形,易获得更大的拉深深度。

2)*橡皮凹模拉深*　图 4-106 为普通橡皮凹模拉深结构图。橡皮装在上模的容框内,凸模可根据工件的形状进行更换。拉深初期,坯料被压边圈和橡皮压紧,拉深成形后,压边圈起顶件器的作用,将工件从凸模上卸下。橡皮拉深常在液压机上进行。

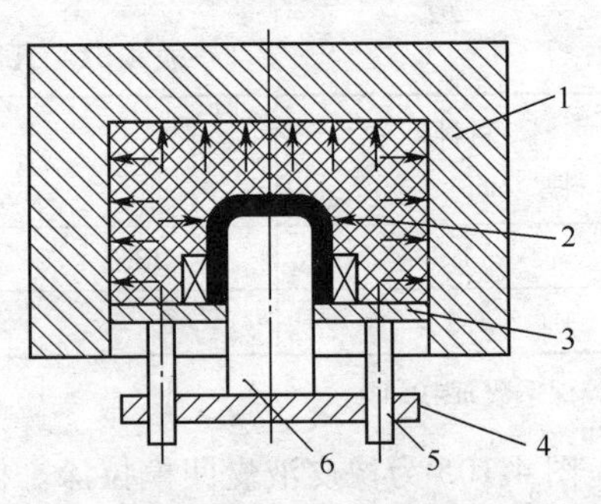

图 4-106　橡皮凹模拉深

1. 容框　2. 橡皮　3. 压边圈
4. 凸模座　5. 缓冲器顶杆　6. 凸模

橡皮凹模拉深时,所需橡皮的单位压力随拉深系数和坯料相对厚度的大小而不同。表 4-53 为拉深硬铝时橡皮的最大单位压力。

表 4-53　拉深硬铝时橡皮的最大单位压力　(MPa)

拉深系数 m	坯料相对厚度 t/D×100			
	1.3	1.0	0.66	0.4
0.6	26	28	32	36
0.5	28	30	34	38
0.4	30	32	35	40

橡皮凹模拉深时,其变形程度与橡皮压力、凸模圆角半径等因素有关,表 4-54 所列为橡

皮压力为40MPa、凸模圆角半径 $r_{凸}=4t$ 的情况下，筒形件的极限拉深系数和拉深深度。

表4-54 橡皮拉深筒形件的极限拉深系数和拉深深度

材料	拉深系数	拉深最大深度	坯料最小相对厚度 $t/D\times100$	凸缘部分最小圆角半径
3A21	0.45	1.0d	1，但 t 不小于0.4mm	1.5t
5A02、2A12	0.50	0.75d		2~3t
08深拉深钢	0.50	0.75d	0.5，但 t 不小于0.2mm	4t
1Cr18Ni9Ti	0.65	0.33d		8t

注：表中 D—坯料直径； d—拉深直径； t—料厚

在用橡皮拉深矩形或方形盒件时，其角部的最小圆角半径推荐值：盒件高度 $h\leqslant100$ mm时，最小圆角半径 $r_{角}=0.25b$（盒件宽度）；盒件高度 h 为100~125mm时，最小圆角半径 $r_{角}=0.20b$；盒件高度 h 为125~150mm时，最小圆角半径 $r_{角}=0.17b$；

橡皮拉深筒形件时，凸模的最小圆角半径见表4-55。

表4-55 橡皮拉深筒形件时凸模的最小圆角半径（橡皮单位压力为40MPa）

拉深系数 m_1	拉深深度	材料			
		L、LF2、LF21	LF12	08	1Cr18Ni9Ti
0.70	0.25d	1t	2t	0.5t	2t
0.60	0.50d	2t	3t	1t	—
0.50	0.75d	3t	4t	2t	—
0.45	1.00d	4t	—	—	—

由于聚氨酯具有高强度、高弹性、高耐磨性和易于机械加工等特性，已成为最理想的软模材料。因此，生产中广泛用聚氨酯作为凹模拉深材料。聚氨酯凹模拉深的形式可以是型腔式（图4-107a），也可以是容框式（图4-107b）。

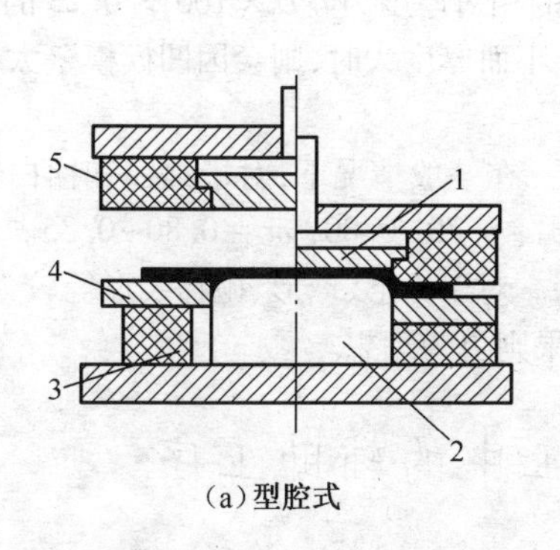

（a）型腔式

1. 顶件器 2. 凸模 3. 橡皮 4. 压边圈 5. 聚氨酯凹模

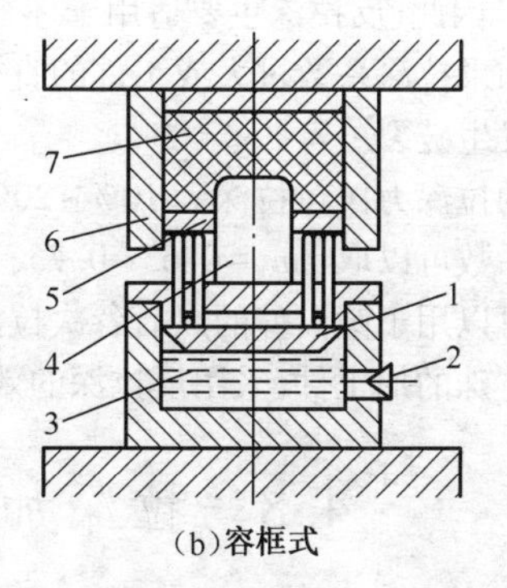

（b）容框式

1. 活塞 2. 溢流阀 3. 油缸 4. 凸模 5. 压边圈 6. 容框 7. 层状聚氨酯

图4-107 聚氨酯凹模

聚氨酯硬度选择很重要，对于型腔式凹模，应采用硬度很高的聚氨酯（硬度约为邵氏90A）；对于容框式凹模，应采用较软的聚氨酯（以邵氏80A为宜）。

4.7.3　反拉深

反拉深是指拉深方向与前一次拉深的方向相反，即将第一次拉深后的半成品倒放在第二次的拉深凹模上拉深，从而使得坯料材料翻转，将第一次拉深时所得半成品的外表面变成反拉深件的里层。反拉深模结构见图4-108所示。

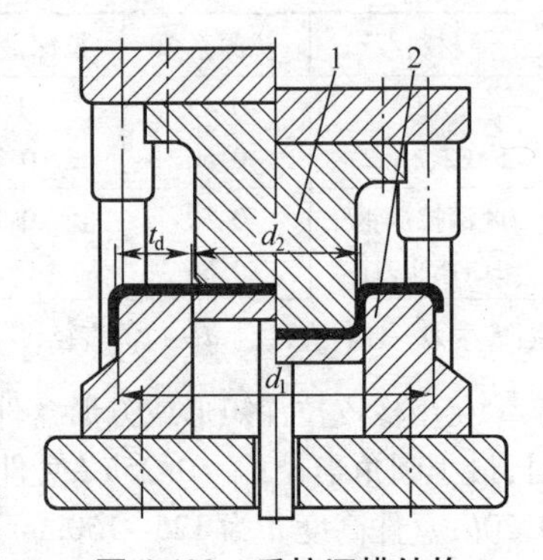

图4-108　反拉深模结构

1. 拉深凸模　2. 拉深凹模

由于反拉深时坯料与凹模圆角的接触角较大，$\alpha\approx180°$，而一般拉深 $\alpha\approx90°$，所以，材料沿凹模流动的摩擦阻力引起的径向拉应力要比普通拉深时大得多，减小了引起起皱的切向压应力，而且也因拉应力的作用使板料紧靠在凸模的表面上，使其更好地按凸模的形状成形。反拉深的拉深系数一般要比普通的拉深方法小10%~15%。

在反拉深过程中，由于把原来应力大的内层翻转到了外层，坯料侧壁反复弯曲的次数减小，引起材料硬化的程度比正拉深时降低，残余应力要比一般的拉深方法有所减小，使冲件的形状更为准确，表面粗糙度和尺寸精度则有所提高。

反拉深的应用也有其一定的局限性，其凹模壁的厚度 t_d（见图4-108）不能完全根据构造上的理由来选择，而是取决于拉深件的尺寸，即

$$d_d=\frac{d_1-d_2}{2}$$

式中　t_d——凹模模壁厚度；

d_1,d_2——凹模的外径与孔径（第一次拉深件的内径与反拉深时工件的外径）。

此外，凹模的圆角半径也受到工件尺寸的限制。圆角半径不能过大，其最大值不能超过 $(d_1-d_2)/4$。因此，反拉深主要适用于坯料的相对厚度为 $t/D\times100>0.25$ 的大、中尺寸工件的拉深。如果拉深系数过大或工件的直径小而厚度大时，则会因凹模模壁太薄，而使其强度超过极限发生破裂。

反拉深的拉深力比正拉深大10%~20%。在一般情况下，对于纯铜和锰白铜来说，反拉深时的拉深系数可以取：$m_1=0.65\sim0.75$；$m_2=0.70\sim0.80$；$m_3=0.80\sim0.85$。

反拉深可以用于圆筒件的以后各次拉深。对于锥形、球形、抛物线形等较为复杂的旋转体以及形状特殊的加工件，采用反拉深的效果则更为理想。

4.8　拉深加工中的辅助工序

为保证拉深工艺的顺利进行，提高拉深件的尺寸精度和表面质量，在拉深加工中，有时还需要安排一些必要的辅助工序，如退火、润滑、酸洗等。

1. 各种金属的退火规范

在拉深过程中，由于材料的塑性变形产生加工硬化，使强度和硬度增高，而塑性降低，需要进行中间退火，以恢复材料的塑性。但进行中间退火会增加成本，降低效益，应尽量少用或不用。材料在不需中间退火情况下，所能达到的拉深次数见表4-56，退火规范见表4-57。

表 4-56 无需中间退火所能达到的拉深次数

材料	08、10、15 钢	铝	黄铜	纯铜	不锈钢	镁合金	钛合金
次数	3~4	4~5	2~4	1~2	1~2	1	1

表 4-57 各种金属的退火规范

金 属	加热温度/℃	加热时间/min	冷 却
08、10、15 钢	760~780	20~40	在箱内空气中冷却
Q195、Q215 钢	900~920	20~40	在箱内空气中冷却
20、25、30、Q235、Q255 钢	700~720	60	随炉冷却
30CrMnSiA 钢	650~700	12~18	在空气中冷却
1Cr18Ni9Ti 不锈钢	1150~1170	30	在气流或水中冷却
T1、T2 纯铜	600~650	30	在空气或水中冷却
H62、H68 黄铜	650~700	15~30	在空气中冷却
Ni	750~850	20	在空气中冷却
铝(L)、防锈铝(5A02、3A21 等)	300~350	30	由 250℃起在空气中冷却
2A11、2A12、硬铝合金	350~400	30	由 250℃起在空气中冷却

生产中,为消除拉深后的硬化及恢复塑性,也可采用低温退火。低温退火规范见表 4-58。

表 4-58 低温退火(再结晶)温度

金 属	加热温度/℃	附 注
08、10、15、20 钢	600~650	在空气中冷却
T1、T2 纯铜	400~450	在空气中冷却
H62、H68 黄铜	500~540	在空气中冷却
铝(L)、防锈铝(5A02、3A21 等)	220~250	保温 40~45 分钟
镁合金 MB1、MB8	260~350	保温 60 分钟
钛合金 TA1	550~600	在空气中冷却
钛合金 TA5	650~700	在空气中冷却

2. 润滑

在拉深过程中,材料的塑性变形强烈,材料与模具工作表面之间存在很大的摩擦力和相对滑动。为减小材料与模具之间的摩擦,降低拉深力,提高变形程度(减少拉深系数)和模具使用寿命,保护模具工作表面和拉深表面。在拉深过程中,常常每隔一定的时间在凹模圆角和压边圈表面及相应的坯料表面涂抹一层润滑剂,但不允许涂在与凸模接触的表面,因为这样会促使材料与凸模的滑动,导致材料的变薄。拉深用的润滑剂配方是特制的。表 4-59 为拉深低碳钢使用的润滑剂,表 4-60 为拉深不锈钢及有色金属用的润滑剂,表 4-61 为拉深钛合金使用的润滑剂。

表 4-59 拉深低碳钢用的润滑剂

简称号	润滑剂成分	质量分数/%	附注
5号	锭子油 鱼肝油 石墨 油酸 硫磺 钾肥皂 水	43 8 15 8 5 6 15	用这种润滑剂可得到最好的效果,硫磺应以粉末状加入
6号	锭子油 黄油 滑石粉 硫磺 酒精	40 40 11 8 1	硫磺应以粉末状加入
9号	锭子油 黄油 石墨 硫磺 酒精 水	20 40 20 7 1 12	将硫磺溶于温度约为160℃的锭子油内。缺点是保存太久会分层
15号	锭子油 硫化蓖麻油 鱼肝油 白垩粉 油酸 苛性钠 水	33 1.6 1.2 45 5.5 0.1 13	润滑剂很容易去掉,用于单位压力大的拉深件
2号	锭子油 黄油 鱼肝油 白垩粉 油酸 水	12 25 12 20.5 5.5 25	这种润滑剂比以上几种略差
8号	钾肥皂 水	20 80	将肥皂溶于温度为60℃~70℃的水内。用于半球形及抛物线工件的拉深
10号	乳化液 白垩粉 焙烧苏打 水	37 45 1.3 16.7	可溶解的润滑剂,加3%的硫化蓖麻油后,可改善其功用

表 4-60 拉深不锈钢及有色金属用的润滑剂

金属材料	润滑方式
2Cr13 不锈钢	锭子油、石墨,钾肥皂与水的膏状混合剂
1Cr18Ni9Ti 不锈钢	氯化石蜡,氯化乙烯漆
铝	植物(豆)油、工业凡士林,肥皂水,十八醇
纯铜、黄铜、青铜	菜油或肥皂与油的乳浊液(将油与浓肥皂水溶液混合起来)
硬铝合金	植物油乳浊液,废航空润滑油
镍及其合金	肥皂与水的乳浊液(肥皂 1.6kg,苏打 1kg,溶于 200L 的水中)
膨胀合金	二硫化钼,蓖麻油

表 4-61 拉深钛合金用的润滑剂

材料及拉深方法	润滑剂	备注
钛合金 BT1、BT5 不加热镦及拉深	石墨水胶质制剂(B-0,B-1)	用排笔刷涂在坯料的表面上,在 20 的温度下干燥 15~20s
	氯化乙烯漆	用稀释剂溶解的方法来清除
钛合金 BT1、BT5 加热镦头及拉深	石墨水胶质制剂(B-0,B-1)	—
	耐热漆	用甲苯和二甲苯油溶解涂于凹模及压边圈

在拉深工序中应重视润滑剂的涂刷部位,涂刷要均匀,间隔一定周期,并应保持润滑部位清洁。对于较薄的坯料(t/D×100<0.3)第一次拉深时,除凹模圆角及压边圈部位外,不必在坯料上涂抹润滑剂,以免助长皱折的形成。

冲压之后从工件上清除润滑剂有多种方法,通常用软抹布手工擦净、在碱液中电解除油、在专门的溶液中热除油、将润滑剂溶解于三氯化乙烯中和在汽油或其他溶剂中消除。

除拉深加工进行润滑外,在冲裁、弯曲等冲压工序中,大多数工厂在模具工作零件(凸、凹模)表面、导向零件表面和坯料表面涂刷 20 号和 30 号机械油进行润滑。

3. 酸洗

酸洗的目的是为了清除拉深件表面的氧化皮、污物,避免在后续的工序中损坏模具。退火后必须要酸洗,有时坯料也要酸洗。

酸洗前先去油,酸洗后,在冷水中漂洗,再在弱碱中将残留的酸液中和,最后在热水中洗涤,在烘房中烘干。各种材料酸洗液见表 4-62。

表 4-62 酸洗溶液成分

工件材料	化学成分	含量	说明
低碳钢	硫酸或盐酸	15%~20%(质量分数)	—
	水	其余	
高碳钢	硫酸	10%~15%(质量分数)	预浸
	水	其余	
	苛性钠或苛性钾	50~100g/L	最后酸洗
不锈钢	硝酸	10%(质量分数)	得到光亮的表面
	盐酸	1%~2%(质量分数)	
	硫化胶	0.1%(质量分数)	
	水	其余	

续表 4-62

工件材料	化学成分	含 量	说 明
铜及其合金	硝酸	200 份(质量)	预浸
	盐酸	1~2 份(质量)	
	炭黑	1~2 份(质量)	
	硝酸	75 份(质量)	光亮酸洗
	硫酸	100 份(质量)	
	盐酸	1 份(质量)	
铝及锌	苛性钠或苛性钾	100~200kg/L	闪光酸洗
	食盐	130g/L	
	盐酸	50~100g/L	

4.9 拉深模设计实例

一般来讲,对形状规则的旋转体,由于资料上已有成熟的工艺方案及相应的模具结构,模具的设计较为规范,相对也容易些;对多种规则曲面组合而成的拉深件,由于没有现成的工艺方案及模具结构可供借鉴,在生产实际中,往往根据其形状,先将该工件划分成不同的部分,然后,依照规则曲面拉深件的变形特点,运用金属的塑性变形规律,对其进行综合分析,由此得出解决问题的措施;对非旋转体曲面工件,由于种类多,没有现成的工艺方案及模具结构可借鉴,生产中,根据其既有曲面形状中间部分胀形、凸缘部分拉深的复合变形特点,又有盒形件沿坯料周边分布不均匀的特点,灵活运用曲面工件或盒形件拉深变形的分析方法、得出的结论,然后综合考虑各种因素的相互关系和影响,由此得出解决问题的方法;对不规则曲面拉深件也可参照相关工件的成功设计,采用类比法、经验法对其进行分析判断。

一般来说,拉深模设计应考虑如下的特点。

①拉制圆筒件时,应考虑材料的厚度、材质,模具圆角半径 $r_凸$、$r_凹$ 等情况,依据合理的拉深系数和第一次拉深以后各次的拉深系数确定拉深工序;拉深工艺的计算要有较高的准确性,在拉深凸模上必须有一定要求的通气孔。

②设计非旋转体工件(如矩形)的拉深模时,其凸模和凹模在模板上的装配位置必须准确可靠,防止松动后发生旋转、偏移,影响工件的质量,甚至损坏模具。

③对于形状复杂、多次拉深的工件,很难计算出准确的坯料形状和尺寸,因此,在设计模具时,应先做拉深模,经试压确定合适的坯料形状和尺寸后,再制作落料模。

④对有工艺切口的带料拉深与单个带凸缘工件的拉深相似,由于相邻两个拉深件间仍有部分材料相连,其变形比单个带凸缘工件的拉深要困难,因此,其第一次的拉深系数要稍大,而以后各次的拉深系数可取带凸缘工件拉深系数的上限值;无工艺切口的带料拉深可以看成是宽凸缘工件的拉深,由于相邻两个拉深件在变形时,材料互有牵制,变形比较困难,因此,其第一次拉深时的拉深系数要选得更大。

1. 拉深模设计步骤

拉深模设计一般采取如下步骤。

①根据取得的资料，分析拉深件的冲压工艺性。

②进行必要的工序计算，主要包括坯料直径、拉深系数、拉深次数、拉深高度等。

③综合分析确定加工工艺方案。

④进行必要的计算，主要包括：压边力、拉深力等的计算，模具工作部分尺寸的计算。

⑤模具总体设计。

⑥选择压力机的型号或验算已选的设备。

⑦绘制模具总图。

⑧绘制模具非标准零件图。

事实上，上述的设计步骤并没有严格的先后顺序，具体设计时，这些内容往往需要交错进行。

2. 圆筒拉深模设计实例

如图 4-109 所示圆筒件，材料为 10 钢，厚 1mm，大批量生产。

设计步骤：

(1) 工艺分析　该工件为无凸缘圆筒形工件，要求内形尺寸，没有厚度不变的要求。工件形状满足拉深工艺要求，可用拉深工序加工。又由于该工件尺寸要求不高，可满足拉深工序对工件的公差等级要求。10 钢的拉深性能较好，整个工件的拉深工艺性较好。为确定工艺方案，首先需计算出各工序尺寸。

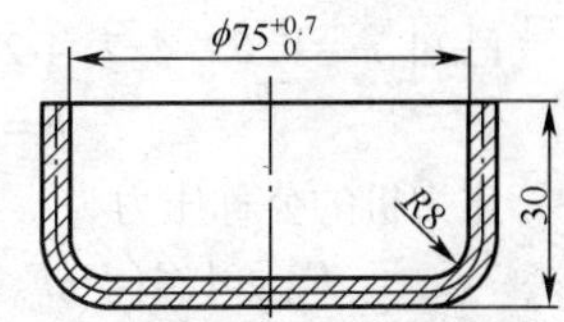

图 4-109　圆筒件结构图

工件底部圆角半径 $r=8$mm，大于拉深凸模圆角半径 $r_{凸}=$ 4～6mm（见表 4-37，首次拉深凹模的圆角半径 $r_{凹}=6t=6$mm，而 $r_{凸}$ 的实际合理值 $r_{凸}=0.6r_{凹}\sim1r_{凹}=4\sim6$mm），满足首次拉深对圆角半径的要求。尺寸 $\phi72.5^{+0.7}_{0}$mm，对照公差表，满足拉深工序对工件公差等级的要求。

另外，10 钢的拉深性能较好，延伸率为 31%，需进行以下的工序计算，来判断拉深次数。

(2) 计算坯料直径，确定拉深次数

①计算坯料直径 D。

由图 4-109 可知：$h=30-0.5=29.5$(mm)，$d=72.5+0.35+1=73.85$(mm)≈74mm，$r=8+0.5=8.5$(mm)。

根据工件高度 h 及工件相对高度 $h/d=29.5/74=0.4$，查表 4-1 可确定修边余量 $\triangle h=2$mm，因此，工件拉深高度 H 为：$H=h+\triangle h=29.5+2=31.5$(mm)

坯料直径 D：查表 4-5 得

$$D=\sqrt{d^2+4dH-1.72dr-0.56r^2}$$
$$=\sqrt{74^2+4\times74\times31.5-1.72\times74\times8.5-0.56\times8.5^2}$$
$$=117(\text{mm})$$

②计算拉深系数，确定能否一次拉成。

工件总拉深系数：$m=d/D=74/117=0.63$

坯料的相对厚度：$t/D=1/117=0.0085$

判断拉深时是否需要压边：$0.045(1-m)=0.045(1-0.63)=0.0167$

因 $t/D<0.045(1-m)$，故需采用压边圈。

查表 4-9 得，当 $t/D\times100=0.85$，$H/d=31.5/74=0.43$ 时，拉深次数为 $n=1$

故工件只需一次拉深。

(3) *确定工艺方案* 根据上述计算,确定加工方案为:工件首先落料制成直径 $D=\phi117$ mm 的坯料,然后,将此坯料拉深成为内径为 $\phi72.5^{+0.7}_{0}$mm、内圆角 $r=8$mm 的无凸缘圆筒,最后按 $h=30$mm 进行修边。

(4) *进行必要的计算*

1) *计算压边力、拉深力*

①压边力的计算公式为: $F_Y=\frac{\pi}{4}[D^2-(d+2r_{凹})^2]P$

式中 $r_{凸}=r_{凹}=8$, $D=117$mm, $d=74$mm,查表4-33得 $P=2.7$MPa。

将已知数据代入上式,得压边力为:

$$F_Y=\frac{\pi}{4}[117^2-(74+2\times8)^2]\times2.7=10\ 509(\mathrm{N})$$

②拉深力的计算公式为: $F=k\pi dt\sigma_b$

已知, $m=0.63$,查表4-28得 $k=1$,10钢的强度极限 $\sigma_b=440$MPa,代入上式,得:

$$F=(0.75\times3.14\times74\times1\times440)=76\ 700(\mathrm{N})$$

压力机的公称压力为:

$$F_{压}\geqslant1.4(F+F_Y)=1.4\times(76\ 700+10\ 590)=122\ 092(\mathrm{N})\approx122.1\mathrm{kN}$$

故压力机的公称压力要大于123kN。

2) *模具工作部分尺寸的计算*

①拉深模的间隙。取模具拉深单边间隙为: $Z/2=1.1t=1.1$mm,则拉深模的间隙 $Z=2\times1.1$mm$=2.2$mm

②拉深模的圆角半径。凹模的圆角半径 $r_{凹}$ 按表4-37选取, $r_{凹}=8t=8$ mm。凸模的圆角半径等于工件的内圆角半径,即 $r_{凸}=r_{凹}=8$mm。

③凸、凹模工作部分的尺寸和公差。由于工件要求保证内形尺寸,则以凸模为设计基准,根据凸模尺寸的计算公式: $d_{凸}=(d+0.4\Delta)^{0}_{-\delta凸}$

将模具公差按IT0级选取,则 $\delta_{凸}=0.12$mm。

将 $d=72.5$mm, $\Delta=0.7$mm, $\delta_{凸}=0.12$mm 代入上式,则凸模尺寸为:

$$d_{凸}=(d+0.4\Delta)^{0}_{-\delta凸}=72.78^{0}_{-0.12}\mathrm{mm}$$

间隙取在凹模上,则凹模尺寸为: $d_{凹}=(d+0.4\Delta+Z)^{+\delta凹}_{0}$

将 $d=72.5$mm, $\Delta=0.7$mm, $Z=2.2$mm, $\delta_{凹}=0.12$mm 代入上式,得:

$$d_{凹}=74.98^{+0.12}_{0}\mathrm{mm}$$

④确定凸模的通气孔。由表4-37查得凸模的通气孔直径为6.5mm。

(5) *模具的总体设计* 由于工件料厚为1mm,且为大批量生产,尺寸精度要求较低,故可选用单工序模,模具采用倒装式结构,出件时用卸料螺钉顶出。压边圈采用平面式,坯料用压边圈的凹槽定位,凹槽深度小于1mm,以便压料,压边力用弹性元件控制。设计的拉深模总装图如图4-110所示。

由于此拉深模为非标准形式,需计算模具闭合高度,其中各模板的尺寸按国标选定。

$H_{模}=H_{上模}+H_{压}+H_{固}+H_{下模座}+25$mm,式中,25mm是模具闭合时,压边圈和固定板之间的距离。

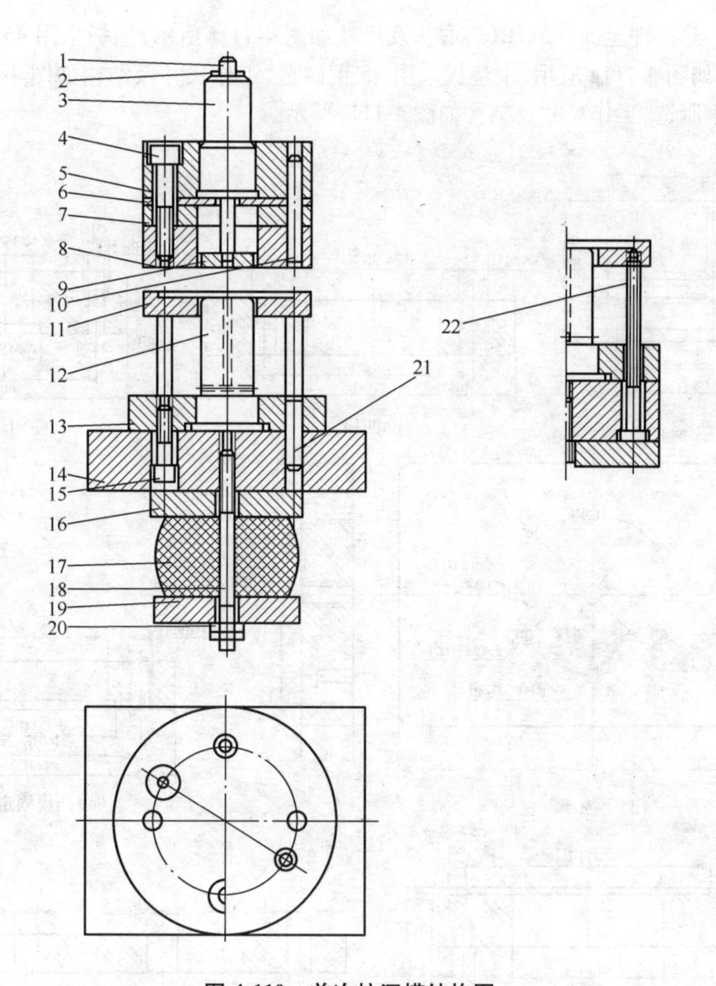

图 4-110 首次拉深模结构图

1. 打杆 2. 挡环 3. 模柄 4、15. 螺钉 5. 上模座 6. 垫板 7. 中垫板 8. 凹模 9. 打板 10、21. 销钉 11. 压边圈 12. 凸模 13. 固定板 14. 下模座 16、19. 托板 17. 橡胶板 18. 螺柱 20. 螺母 22. 卸料螺钉

取 $H_{上模} = 30 + 8 + 14 + 30 = 82(\mathrm{mm})$, $H_{压} = 20\mathrm{mm}$, $H_{固} = 20\mathrm{mm}$, $H_{下模座} = 40\mathrm{mm}$,

则 $H_{模} = H_{上模} + H_{压} + H_{固} + H_{下模座} + 25 = 82 + 20 + 20 + 40 + 25 = 187(\mathrm{mm})$

(6)设备的选择　选择设备工作行程需要考虑工件成形和方便取件,因此,工作行程 $s \geqslant 2.5h_{工件} = 2.5 \times 31.5 = 78(\mathrm{mm})$。

模具的闭合高度应介于压力机的最大闭合高度及最小闭合高度之间,一般取 $H_{max} - 5\mathrm{mm} \geqslant H_{模} \geqslant H_{min} + 10\mathrm{mm}$。根据相关计算,可确定选用 JB23—160 型压力机。

(7)模具主要零部件的设计　设计的凸模如图 4-112a 所示,凸模采用 T10A 制造,并热处理至 58~62HRC;凹模采用 T10A 制造,热处理至 60~64HRC,形状及尺寸如图 4-111b 所示;上模座采用 45 钢制造,形状及尺寸如图 4-111c 所示;下模座采用 45 钢制造,形状及尺寸如图 4-111d 所示;凸模固定板采用 45 钢制造,形状及尺寸如图 4-111e 所示;压边圈采用

T8A 钢制造,热处理至 54~58HRC,形状及尺寸如图 4-111f 所示;垫板采用 45 钢制造,工作尺寸及结构如图 4-111g 所示;中垫板采用 45 钢制造,工作尺寸及结构如图 4-111h 所示;托板采用 45 钢制造,工作尺寸及结构如图 4-111i 所示。

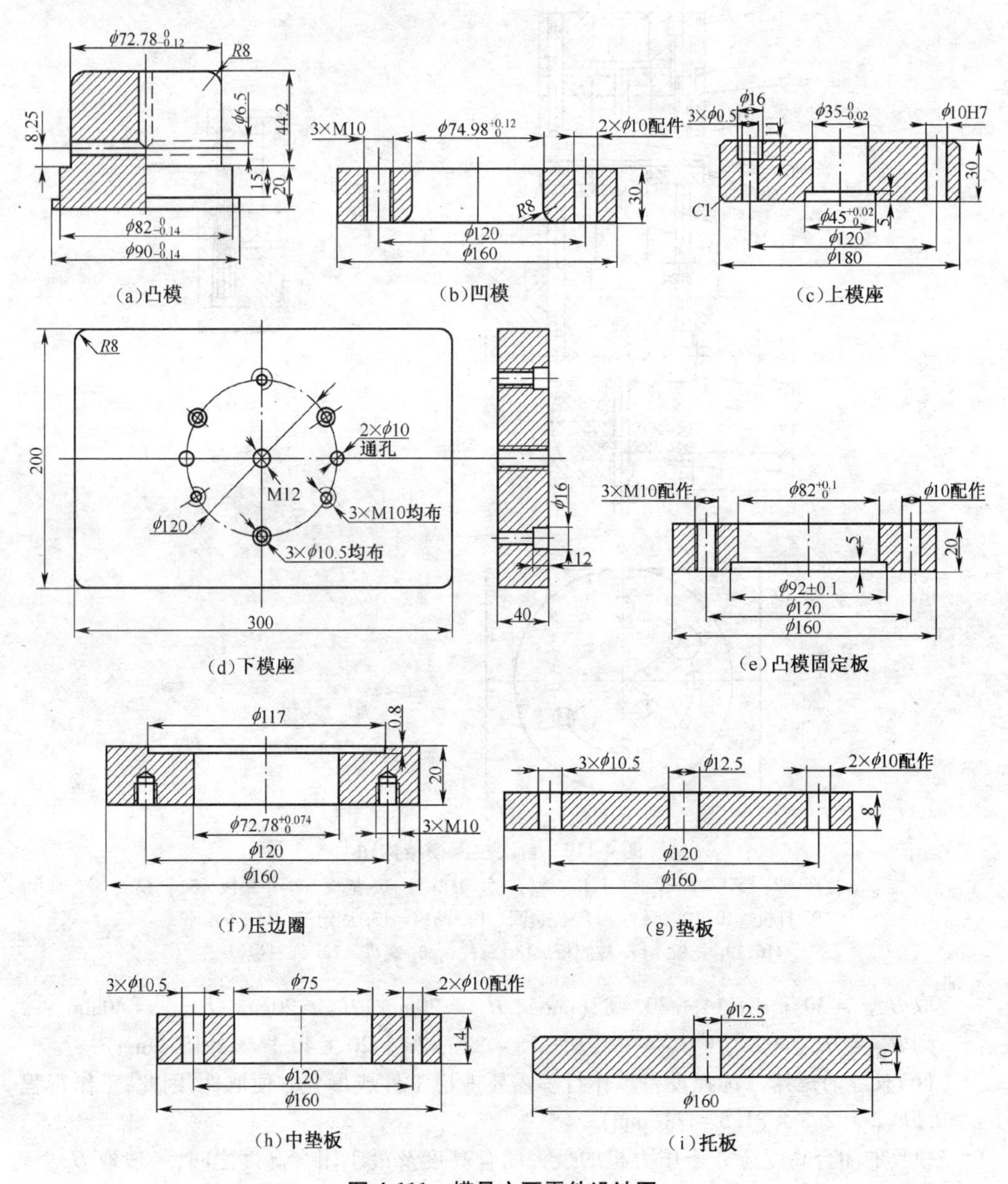

图 4-111　模具主要零件设计图

4.10　拉深模的安装与调整

为保证拉深件的加工质量,必须做好拉深模的安装与调整。拉深模的安装与调整分单动冲床及双动冲床两种。

1. 单动冲床上安装拉深模的方法

拉深模的安装调整同弯曲模相似，除了在冲裁模、弯曲模调试中遇到的问题之外，还特别有一个压边圈的调整问题。压边圈的压力过大，则拉深件易破裂；过小则易使拉深件出现皱折。因此，应边试、边调整，直到合适为止。

如果拉深对称或封闭形状的拉深件（如筒形件），安装调整模具时，可将上模紧固在冲床滑块上，下模放在工作台上不紧固，先在凹模洞壁均匀放置几个与工件料厚相等的衬垫，再使上、下模吻合，就能自动对正，间隙均匀。在调整好闭合位置后，才可把下模紧固在工作台上。

从一定程度上说，压边圈压力的调整是拉深模加工成败的关键，压边圈压力的调整需根据模具所采用压边装置的不同而采取针对性的措施。

目前，在生产实际中常用的压边装置有两大类，即弹性压边装置和刚性压边装置。弹性压边装置主要有橡胶压边装置、弹簧压边装置及气垫式压边装置三种类型。橡胶、弹簧压边装置具有结构简单、使用方便等优点，常用于中小型压力机的浅拉深零件的加工，其调整压边力常用的方法有：调节橡胶或弹簧位置以改变其压缩量、改变橡胶的压缩面积、更换单位压力的橡胶、改变弹簧的数量、更换弹簧的刚度等；气垫式压边装置可采取调节气缸压力、改变压边圈对坯料的接触面积或压缩量来实现对压边力的调整。气垫式压边装置具有压边效果好、调整方便等优点，是拉深类成形类模具常用的压边方式。

刚性压边装置主要用于双动压力机，其压边圈压力的调整主要通过调整压边圈与凹模之间的间隙或接触面积，以及双动压力机外滑块的单位压力等来实现。

2. 双动冲床上安装拉深模的方法

双动拉深模是应用于双动拉深机的拉深模具，一般用于大型或覆盖件的拉深加工，图4-112为用于大型覆盖件的双动拉深模结构图。

双动拉深模的总体结构较为简单，一般分为凸模（凸模固定板）、压边圈和下模三部分。其结构多采用正装式结构（凹模装在下模），一般情况下，压边圈与凸模有导板配合。安装时，凸模和凸模固定板直接或间接地（通过过渡垫板）紧固在冲床内滑块上，压边圈直接或间接地（通过过渡垫板）被紧固在冲床外滑块上，下模在冲床上被直接或间接地（通过过渡垫板）紧固在工作台上。

由于所用设备及模具结构的不同，其安装和调整与单动冲床模也不同，一般按如下步骤进行。

①准备工作。根据所用拉深模的闭合高度，确定双动冲床的内、外滑块是否需要过渡垫板及所需垫板的形式及规格。

过渡垫板是用来连接拉深模和冲床，并调节内、外滑块不同闭合高度的辅助连接板，一般车间的双动压力机都准备有不同规格、不同厚度的过渡垫板。外滑块的过渡垫板用来将外滑块和压边圈连接，内滑块的过渡垫板用来将内滑块与凸模连接，下模的过渡垫板是用来将工作台与下模连接。

②模具预装。先将压边圈及其过渡垫板、凸模及其过渡垫板分别用螺栓紧固在一起。

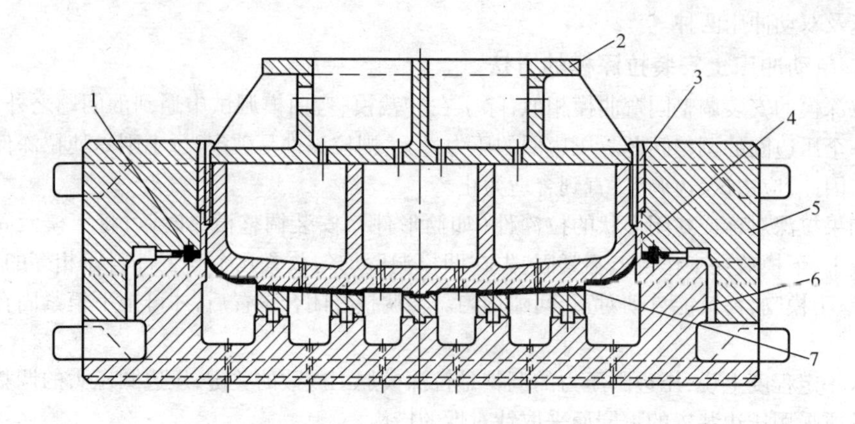

图 4-112 大型覆盖件的双动拉深模

1. 拉深筋 2. 凸模固定板 3. 导板 4. 凸模 5. 压边圈 6. 凹模 7. 工件

③凸模的安装。凸模安装在内滑块上,其安装过程为:操纵内滑块使其降到下止点。操纵内滑块的连杆调节机构,使内滑块上升到一定位置,并使其下平面比凸、凹模闭合时的凸模过渡垫板的上平面高出 10~15mm;操纵内、外滑块使其上升到上止点;将模具安放到冲床工作台上,凸、凹模呈闭合状态;再使内滑块下降到下止点;操纵内滑块连杆调节机构,使内滑块继续下降到与凸模过渡垫板的上平面相接触;最后用螺栓将凸模过渡垫板紧固在内滑块上。

④压边圈的安装。压边圈安装在外滑块上,其安装程序与凸模类似,最后将压边圈过渡垫板用螺栓紧固在外滑块上。

⑤下模的安装。操纵内、外滑块下降,使凸模、压边圈与下模闭合,由导向件决定下模的正确位置,然后用紧固零件将下模过渡垫板紧固在工作台上。

⑥空车检查。通过内、外滑块的连续几次行程,检查模具安装是否正确、牢固,检查压边圈各处的压力是否均匀。一般双动冲床外滑块有四个连杆连接,所以,通过调整四个连杆的长度,可以小量地调整压边圈的压力。

⑦试生产。由于覆盖件形状比较复杂,所以,一般要经过多次试拉深和修磨拉深模的工作零件,方能确定坯料的尺寸和形状,然后转入正式生产。

3. 拉深模的调整要点

(1)进料阻力的调整 在拉深过程中,若拉深模进料阻力较大,则易使制品拉裂;进料阻力小,则又会起皱。因此,在调整过程中,关键是调整进料阻力的大小。拉深阻力的调整方法如下。

①调整压力机滑块的压力,使之处于正常压力下进行工作。

②调整拉深模压边圈的压边面,使之与坯料有良好的配合。

③修整凹模的圆角半径,使之合适。

④采用良好的润滑剂及增加或减少润滑次数。

(2)拉深深度及间隙的调整

①在调整时,可把拉深深度分成 2~3 段进行调整,即先将较浅的一段调整后,再往下调

深一段,直至调到所需的拉深深度为止。

②在调整时,先将上模紧固在压力机滑块上,下模放在工作台上先不固紧,然后在凹模内放入样件,再将上、下模吻合对正,调整各方向间隙,使之均匀一致后,再将模具处于闭合位置,拧紧螺栓,将下模紧固在工作台上,取出样件,即可试冲。

4.11 拉深件的加工缺陷及控制

在拉深加工过程中,对遇到的问题,应仔细观察、细心分析,从拉深加工工艺、所操作拉深模各零部件的结构、拉深材料等众多的影响因素中找出具体的原因,并采取正确的处理措施。以下通过几个实例加以分析说明。

1. 制品的外形及尺寸发生变化

拉深模工作一段时间以后,制品经检查以后,发现其形状和尺寸发生变化,根据生产经验可从以下方面对其产生原因进行分析、检查。

①检查压边圈在工作时是否有不平现象。如果压边圈不平整,会使板料在拉深过程中进入凹模的阻力不均匀,致使变形阻力小的那一面的侧壁高度小而厚;阻力大的那一面侧壁高而薄,如图 4-113 所示。

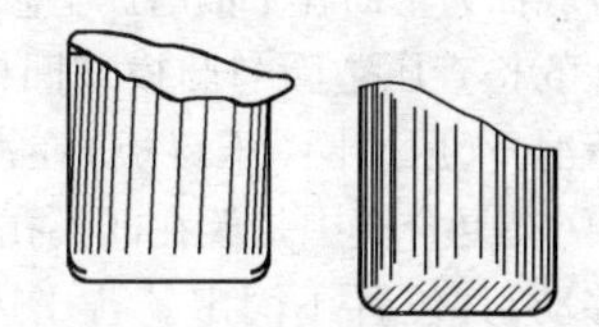

图 4-113 压边圈不平所致缺陷

调整修复措施:检查凸模与凹模的轴心线是否由于长期振动而不重合;压边圈螺钉是否长短不一;凹模的几何形状是否发生变化,或其四周的圆角半径由于磨损严重而不一致。根据不同情况加以修整。

②检查凹模圆角半径是否均匀。如果凹模圆角半径由于长期磨损而变得不均匀(特别是拉深盒形件),拉深时板料各部位流动和变形情况不一致,所以,在拉深件的边缘上常常伸出大小不均的余边,使制件的边缘参差不齐、厚薄不均,或者使制件局部产生细小的折皱,影响制件质量。解决措施:修磨凹模圆角半径,使之保持均匀。

③检查凸模与凹模是否在同一中心线上。如果凸模与凹模不在同一中心线,如图 4-114 所示,则凸模与凹模间隙不均,这样在制件侧壁上就会出现一边高一边低,一边薄一边厚的加工缺陷,有时制品还会在间隙小的一边出现裂洞。发生这种现象的主要原因是模具的定位部分产生偏差,例如定位销孔的孔距或孔径由于受长期振动而有所变动。解决措施:对冲模进行重新装配与调整,使之恢复到原来的状态。

此外,检查板料定位板的中心是否与凹模中心重合,若不同心,也会产生上述问题,即由于板料的滑动变形量各不相同,一边多而另一边少,制品发生一侧高一侧低形状。此时,必须调整或更换定位板备件。

④检查凸模在使用过程中是否松动而导致冲压时歪斜。假如凸模在冲压时歪斜进入凹模,则凸、凹模各处的间隙不均,使制件壁的变形不一致,发生一边高一边低,一边薄一边厚的现象,严重时还会被拉裂,如图 4-115 所示。若经检查产生的缺陷仅因凸模歪斜,而其他尺寸没问题,则可以用凸模的工作柱面作为基础面进行找正,将定位底面修磨到与其垂直;若尺寸还有问题,则在保证定位底面与工作柱面垂直后,还需进行尺寸修整。

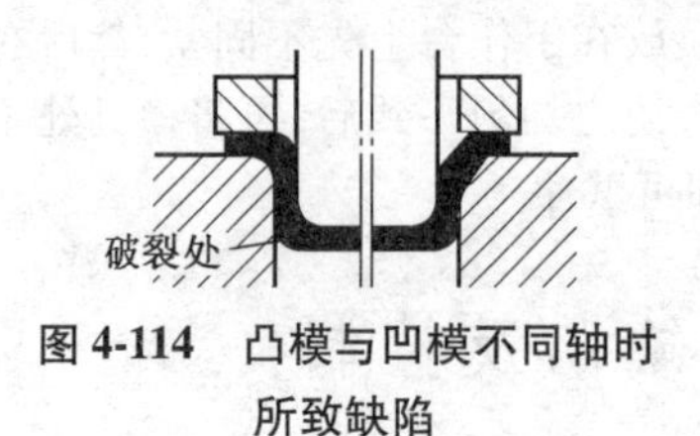

图4-114　凸模与凹模不同轴时所致缺陷

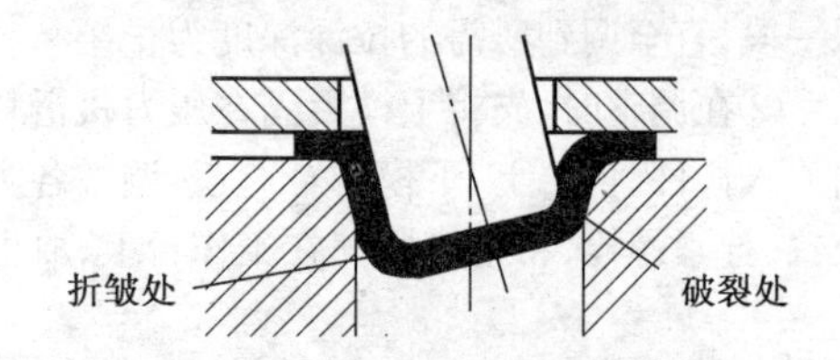

图4-115　凸模中心线与凹模平面不垂直时所致缺陷

造成凸模与凹模中心线不平行的原因,还可能是凹模的定位底面与工作柱面不垂直。要避免这种缺陷,在使用机床磨削或钳工进行修整时,应当用千分表或直角尺来校正,使孔壁同顶平面保持垂直,如图4-116所示。

解决措施:先用凹模的工作柱面作基面进行找正,将定位底面修磨到与其垂直后,再以定位底面为基面在平面磨床上修磨另一平面。

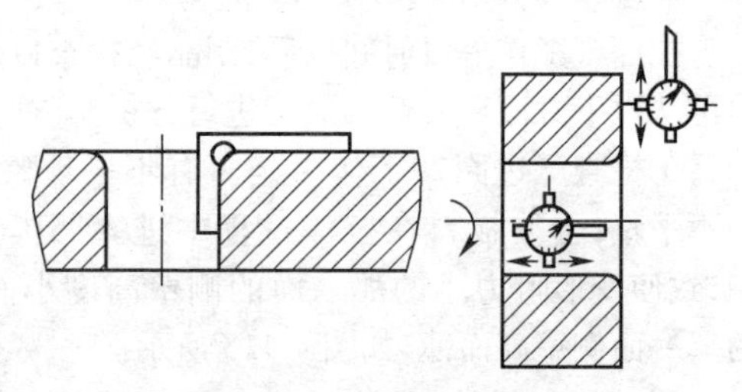

图4-116　凹模孔垂直度的检查方法

⑤检查压边圈与凸模或凹模的间隙。一般情况下,压边圈(压料板)在冲模中是套在凸模(在复合模中是放在凹模孔内)上沿着凸模移动,其位置不固定。若压边圈与凸模间隙过大,会造成彼此偏心,使压料不正而引起压力不均,造成板料移动和变形不一致,造成上述同样的加工缺陷。解决措施:对压边圈与凸模或凹模的间隙进行调整,使之各边间隙在0.01~0.02mm范围内;若压边圈(压料板)磨损太大,应更换新的备件。

⑥检查冲模各部件装配的牢固性。这是因为冲模零件在冲模中的准确位置是由定位销(圆柱销)和螺钉来保证,而紧固后的各零件在冲模工作一段时间后,会因振动而失去原有的牢固性,致使各个零件间相对位置发生变化,特别是凸模与凹模的位置变化,不仅加工不出合格的制品,有时还会使模具裂损报废,出现不必要的生产事故。所以,冲模在使用一段时间后,维修工必须对其进行修整和检查,经常保持销钉及螺钉的定位和紧固作用。

2. 拉深件出现起皱、裂纹或破裂现象

在拉深件的拉深过程中,制品起皱、裂纹或破裂经常发生,这可以从以下方面对其产生原因进行、检查分析。

①检查压边圈的压力。当压边圈压力过大时,会增加板料在凹模上的滑动和变形阻力,使板料受凸模的强烈拉力而发生裂纹。在故障初期,材料仅发生变薄情况,当拉力超过材料的抗拉强度时,就形成了韧性裂口。解决措施:减少压边圈的压料力,如减少压料面积、设置限位柱减小压紧程度;气垫压料,可将气垫的单位压力减小一些。

②检查凸模与凹模的圆角半径是否损坏或磨损。当圆角磨损加大时,所需要的拉深力变小,板料外缘受压部位减少而圆周方向上压缩力范围增大,致使制品拉成后所留下皱纹的周边加大;当圆角半径变小时,板料所产生的内应力增大,又会造成制品的破裂或整个底部被冲掉,特别是拉深矩形盒工件时,因其变形主要集中在四个角部,其凸、凹模的圆角对产品质量有很大影响。解决措施:修复凸、凹模的圆角半径,尽量使其大小合适。

③检查凸、凹模的间隙。拉深模间隙对制品质量有很大影响，合理的间隙值是比料厚稍大，这样能使多余的材料逐渐上移，不至于将制件拉破、折皱或产生裂纹。当间隙变化时（如凸、凹模由于振动影响，位置发生变化），会造成一边间隙大，一边间隙变小。间隙过小的一面，制件会被拉毛，壁厚变薄，使拉深力突然增大，结果会使制品的底边被拉裂并加速凹模的磨损；间隙过大的一面，会发生折皱或使制件壁倾斜，造成底小口大。解决措施：调整凸、凹模，保证其间隙均匀；若经磨损间隙变大无法修复时，更换新的备件。

④检查凸、凹模的表面质量，特别是在凹模圆角部及圆角部附近，除了要求有足够的强度外，其表面必须光洁，因为这是板料产生最大变形的区。若冲模在使用一段时间后，由于表面质量降低，在凹模面上就会粘结一些碎片或被拉成凹坑，不但会影响制品表面质量，也会被拉裂或折皱。解决措施：模具在使用一段时间后，必须对凸、凹模表面进行表面抛光。

⑤检查压料板（压边圈）是否平整，表面是否光滑，否则，板料在拉深过程中流动不均，失去压料作用，致使制品起皱。压边圈在使用一段时间后，应及时取下磨光。

⑥检查凸、凹模的中心是否在同一轴线上，凸模工作时，是否与凹模垂直。解决措施：调整或修复凸模与凹模。

⑦检查压力机滑块的运动速度是否符合冲压生产工艺的要求。对拉深工艺来说，若速度过高，易引起工件的破裂。拉深速度的合理范围如表 4-63 所示，进行拉深工艺的压力机滑块速度不应超过这个数值。

表 4-63 拉深工艺的合理速度范围 （mm/s）

拉深材料	钢	不锈钢	铝	硬铝	黄铜	铜	锌
最大拉深速度	400	180	890	200	1020	760	760

3. 制品表面出现擦伤

在拉深件的变形过程中，由于坯料要逐渐滑过拉深凹模圆角部位的变形区，拉深件侧壁均会出现滑动的痕迹。这是一种具有金属表面光泽的细微划痕。这种细微划痕对拉深件来说是普遍存在的问题，也是允许的，通过擦拭或简单的抛光便可消除。若出现严重划痕或划伤，则称为制品表面擦伤，这不允许，但可以从以下方面对其产生的原因进行分析和检查。

①检查凸、凹模工作部分是否有裂纹或损坏，表面是否光洁，这是因为拉深坯料在通过这些损伤表面时，将不可避免地出现严重划痕。解决措施：修磨或抛光损伤表面。

②检查凸、凹模间隙是否不均匀，或研配不好，或导向不良等，因为出现这些问题都可能造成局部压料力增高，使侧面产生局部接触划痕或变薄性质的擦伤。解决措施：调整凸、凹模的间隙均匀，保证凸、凹模工作部位的研配质量，保证低的表面粗糙度值和尺寸的一致性。

③检查所加工坯料表面是否清洁，坯料剪切面毛刺和模具及材料上的脏物或杂质是否清除，因为这些因素对此类缺陷的产生有直接影响。解决措施：清洁坯料表面，清除坯料剪切面的毛刺和模具及材料上的脏物或杂质。

此外，正确选用模具材料和确定其热处理硬度，也是减轻拉深擦伤的一个有效措施。一般来说，应选用硬材质的模具来加工较软材料，选用软材质的模具来加工硬材料。例如，拉深铝制件时，可采用热处理硬度较高的材料制作模具，也可用镀硬质铬的模具；加工不锈钢制件时，可采用铝青铜模具（或用铝青铜镶拼覆盖的结构形式），这样可以收到较好的拉深效果。另外，在拉深时，采用带有耐压添加剂的高黏度润滑油，或坯料使用表面保护涂层（如不锈钢采用乙烯涂层)，效果也较好。

4. 制品表面出现高温粘结

拉深件表面出现的另一种缺陷是摩擦高温粘结，即在侧壁的拉深方向上产生表面熔化和堆积状的痕迹。这种痕迹出现初期，会在模具或制件表面产生一两条短的、浅的线痕，呈条形或线形，如不及时消除，将很快出现更多、更深的线痕直至模具不能使用。这不仅给制件表面质量造成损害，严重时甚至引发生产故障。这种情况最易发生在凹模的棱边部位，即凹模的圆角部位。因为在拉深过程中，这些部位的压力很大，因而滑动面的摩擦阻力很大，甚至可能达到 1 000℃左右的高温，从而导致模具表面硬度降低，并使被软化的材料呈颗粒状脱落，局部熔化粘结在模具上，破坏制件。

摩擦高温粘结，必须引起充分重视，硬而厚难加工的材料(如钢、不锈钢)进行复杂形状和变形程度不大的拉深时，容易产生这类问题，因此，在拉深工作开始前就应进行充分研究和采取预防措施，当问题已经发生再进行修复或解决就比较困难。

凹模材料及其热处理、凹模表面的加工质量是影响摩擦高温粘结的主要因素，因此，对于在拉深过程中容易发生高温粘结的模具，应选用材质较好的合金工具钢、优质模具钢或硬质合金这类材料，并执行正确的热处理工艺，以保持材料良好的组织、足够的硬度和刚性。这一点极为重要。对于凹模的边棱、圆角表面，应进行精加工，使之有利于材料滑动；对于摩擦高温粘结特别严重的模具部位，应考虑采用镶拼式结构，以便于及时更换和维修。

此外，在拉深硬而厚难加工的材料时，应在凹模和材料的接触表面合理、正确地使用润滑剂。

5. 模具磨损严重

模具磨损严重是指模具的正常使用寿命大大缩短的非正常磨损，且导致拉深件质量和精度的严重降低。

(1)*磨损部位* 拉深模产生磨损主要有以下部位。

①坯料流入较多和流动阻力较大的地方，如凹模圆角处、凹模表面和拉深凸梗处。这些部位由于表面压力大，模具的磨损大，模具在这些部位的磨损和粘结是造成划痕和异物凸起问题的主要原因。

②板厚增加较大的部位磨损也大。板厚加大，虽然在这个拉深变形区不会产生皱纹，但该部位的表面压力增加，同样容易引起粘结和磨损。

③形成皱纹的部位也使磨损增加。皱纹不同的高低部位，对凸模和凹模的局部表面都增加了表面压力，并造成磨损。通常，容易发生皱纹是因为拉深深度过大、材料流动大，这一因素和皱纹的共同影响，将使磨损变得更加严重。

(2)*措施* 改善磨损通常采取以下措施。

①应根据板料变厚的实际情况，取凸、凹模的间隙值，这样可以防止局部压力增强，减少粘结和磨损。

②正确的润滑。在黏度不高的润滑油里添加耐高压的添加剂，对减少模具磨损能起到很大的作用。此外，正确和合理的润滑也可改善拉深条件，有时还能减少制件起皱现象。

③使用耐磨性好的材料，并进行正确的热处理，使模具具有较高的硬度和耐磨性。

④消除皱纹。通过消除皱纹来减少由于皱纹引起的磨损，如改善凹模表面形状和精度，合理地布置拉深筋。

第5章 成　形

5.1 翻　　边

翻边是将工件的孔边缘或外边缘在模具的作用下翻成竖立直边的加工工序，如图5-1所示。用翻边方法可以加工形状较为复杂、具有良好刚度和合理空间形状的工件。根据工件边缘的性质和应力状态不同，翻边可分为内孔翻边和外缘翻边；按竖边壁厚的变化情况，可分为不变薄翻边（简称为翻边）和变薄翻边。

5.1.1 内孔翻边

内孔翻边又称翻孔，是在预先加工孔（有时也未预先加工孔）的板坯上进行冲压加工，得到具有与板面垂直的竖起凸缘孔。

1. 内孔翻边过程分析

内孔翻边过程如图5-2所示，翻边前坯料孔径为 d_0，翻边变形区是内径为 d_0，外径为 D 的环形区域。当冲头下行时，d_0 不断扩大，并向侧边转移，最后使平面环形变成竖边。变形区的坯料受切向拉应力 σ_θ 和径向拉应力 σ_r 的作用，其中切向拉应力 σ_θ 最大，是主应力，而径向拉应力 σ_r 值较小，由坯料与模具的摩擦产生。在整个变形区内，应力、应变不断变化，孔外缘处于单向切向拉应力状态，其值最大，应变在变形区也最大，边缘材料在翻边过程中不断变薄，翻边后成为最薄处，也是翻边过程中最危险部位，当变形超过许用变形时，此处就会开裂。

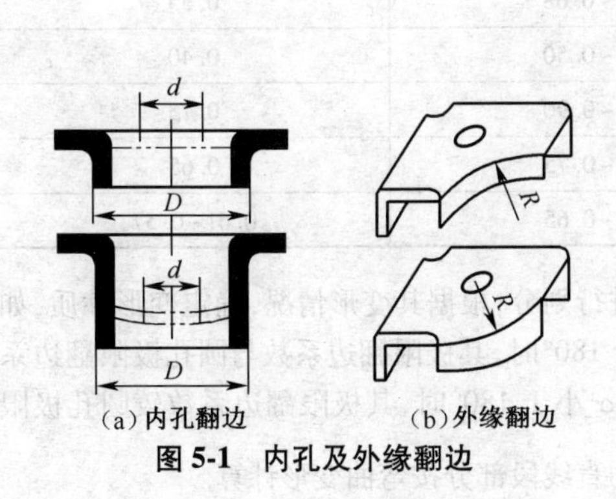

图5-1　内孔及外缘翻边

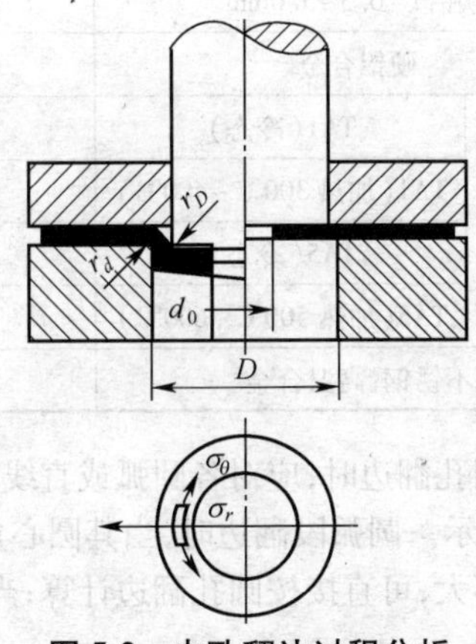

图5-2　内孔翻边过程分析

2. 内孔翻边加工工艺参数的确定

（1）翻边系数的确定　内孔翻边主要有内圆孔翻边及非圆孔的翻边两种。内孔翻边的变形程度用翻边前孔径 d 与翻边后孔径 D 的比值 m 来表示，即 $m=\frac{d}{D}$。

m 称为翻边系数。m 值越大，变形程度越小；m 值越小，变形程度越大。翻边时孔不破裂所能达到的最小翻边系数称为极限翻边系数。表5-1为不同的翻边凸模、采用不同的预制孔加工时的低碳钢极限翻边系数。

表5-1　低碳钢的极限翻边系数

翻边凸模形状	孔的加工方法	材料相对厚度 d/t										
		100	50	35	20	15	10	8	6.5	5	3	1
球形凸模	钻后去毛刺	0.70	0.60	0.52	0.45	0.40	0.36	0.33	0.31	0.30	0.25	0.20
	冲孔模冲孔	0.75	0.65	0.57	0.52	0.48	0.45	0.44	0.43	0.42	0.42	—
圆柱形凸模	钻后去毛刺	0.80	0.70	0.60	0.50	0.45	0.42	0.40	0.37	0.35	0.30	0.25
	冲孔模冲孔	0.85	0.75	0.65	0.60	0.55	0.52	0.50	0.50	0.48	0.47	—

注：按表中翻边系数翻孔后，口部边缘会出现不很大开裂，若工件不允许，翻边系数须加大10%~15%。

表5-2为圆孔翻边时各种材料的翻边系数，其中 m_{min} 为翻边壁上允许有不大的裂痕时，可以达到的最小翻边系数。

表5-2　各种材料的翻边系数

经退火的坯料材料		翻边系数	
		m	m_{min}
镀锌钢板（白铁皮）		0.70	0.65
软钢	软钢 t=0.25~2.0mm	0.72	0.68
	t=3.0~6.0mm	0.78	0.75
黄铜H62t=0.5~6.0mm		0.68	0.62
软铝 t=0.5~5.0mm		0.70	0.64
硬铝合金		0.89	0.80
钛合金	TA1（冷态）	0.64~0.68	0.55
	TA1（加热300℃~400℃）	0.40~0.50	0.40
	TA5（冷态）	0.85~0.90	0.75
	TA5（加热500℃~600℃）	0.70~0.75	0.65
不锈钢、高温合金		0.69~0.65	0.61~0.57

非圆孔翻边时，应对各圆弧或直线段部分进行划分，根据其变形情况，确定变形性质，如图5-3所示。圆弧段翻边时，当其圆心角 α 大于180°时，其极限翻边系数与圆孔极限翻边系数相差不大，可直接按圆孔翻边计算；当圆心角 α 小于180°时，其极限翻边系数较圆孔极限翻边系数要小，按 $m'=\frac{\alpha}{180°}m$ 近似计算。图中的直线段部分按弯曲变形计算。

(2)翻边高度的确定　在平板坯料上翻边，对其预制孔直径 d 进行翻边工艺计算时，应根据工件翻边后的尺寸 D 计算出预制孔直径 d，并核算其翻边高度 H。当采用平板坯料不能直接翻出所要求的高度时,则应预先拉深,然后,在拉深件底部冲孔再翻边,或采用直接切筒底等工艺方案。

①平板坯料上翻边。如图 5-4 所示,在平板坯料上翻边时,其预冲孔直径 d 的计算公式为:

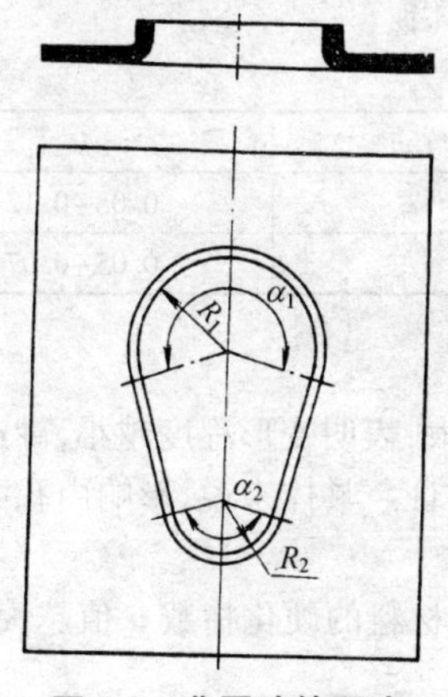

图 5-3 非圆孔的翻边

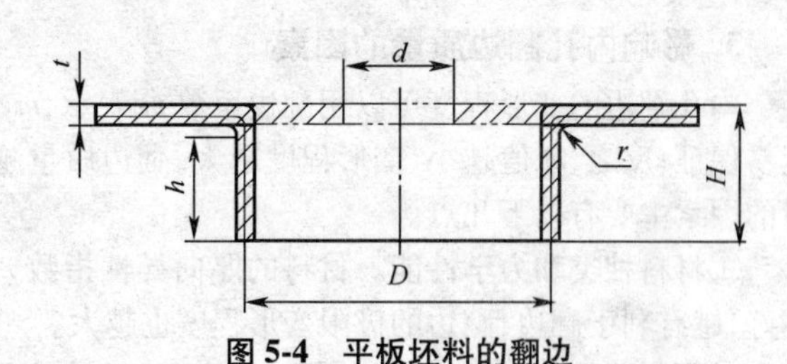

图 5-4 平板坯料的翻边

$$d = D - 2(H - 0.43r - 0.72t)$$

翻边高度 H 的计算公式为:

$$H = \frac{(D - d)}{2} + 0.43r + 0.72t$$

或 $$H = \frac{D}{2}\left(1 - \frac{d}{D}\right) + 0.43r + 0.72t = \frac{D}{2}(1 - m) + 0.43r + 0.72t$$

由于极限翻边系数为 m_{min},因此,许用最大翻边高度 H_{max} 的计算公式为:

$$H_{max} = \frac{D}{2}(1 - m_{min}) + 0.43r + 0.72t$$

②预拉深后翻边。当工件的高度 H 大于 H_{max} 时,则应拉深后,在其底部预冲孔 d 再翻边,如图 5-5 所示。这时,先要决定翻边所能达到的最大高度 h_{max},然后根据翻边高度来确定拉深高度 h_1,此时

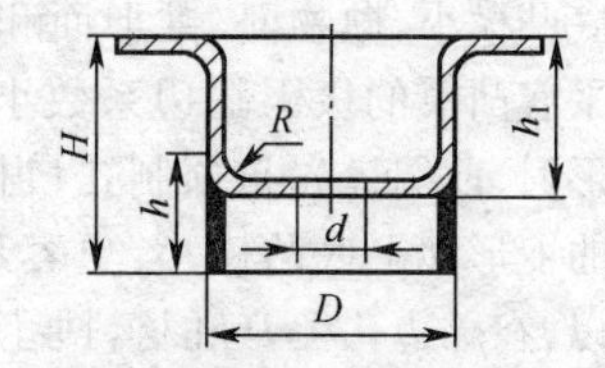

图 5-5 拉深件底部冲孔翻边

翻边高度 h 的计算公式为: $h = \frac{(D - d)}{2} + 0.57r$

许用最大翻边高度 h_{max} 的计算公式为:

$$h_{max} = \frac{D}{2}(1 - m_{min}) + 0.57r$$

拉深高度 h_1 的计算公式为: $h_1 = H - h_{max} + r + t$

预冲孔直径 d 的计算公式为: $d = D + 1.14r - 2h$ 或 $d = m_{min}D$

(3)翻边力的计算 翻边力 F 与凸模形式及凸、凹模间隙有关。

当采用平底凸模时,翻边力 F 近似计算公式为: $F = 1.1\pi(D - d)t\sigma_s$

当采用球底凸模时，翻边力 F 近似计算公式为：$F=1.2\pi kDt\sigma_s$

式中　D——翻边后直径，mm；　d——预冲孔直径，mm；

t——材料厚度，mm；　k——系数，可由表5-3查出；

σ_S——材料屈服点，MPa。

无预制孔的翻边力比有预制孔的翻边力大1.33~1.75倍。

表5-3　k 的取值

翻边系数 m	k	翻边系数 m	k
0.5	0.20~0.25	0.7	0.08~0.12
0.6	0.14~0.18	0.8	0.05~0.07

3. 影响内孔翻边质量的因素

内孔翻边的变形程度可以用翻边系数 m 表示，m 值越大，表明变形程度越小，翻边质量越易保证；反之，m 值越小，变形程度越大，翻边质量越难保证。具体来说，影响内孔翻边质量的因素主要有以下几点。

①材料种类和力学性能。材料的厚向异性指数 r 值与材料的硬化指数 n 值越大，塑性越好，越有利于翻边，翻边的极限变形程度也越大。

②预制孔的加工方法。预制孔的加工方法决定了孔的边缘状况，孔的边缘无毛刺、撕裂、硬化层等缺陷时，有利于翻边，极限翻边系数也小。如采用常规冲孔方法加工预制孔，尽管生产效率较高，但孔口表面会形成硬化层、毛刺、撕裂等缺陷，使极限翻边系数变大；而用钻孔、除去毛刺的方法，可获得较低的极限翻边系数。通常，为保证翻边质量，获得较低的极限翻边系数，可采用冲孔后进行热处理退火、整修孔边缘、使翻孔方向与冲孔方向相反等方法。此外，采用锋利的刃口和大于料厚的间隙，使剪断面近似拉伸断裂，减少加工硬化与损伤，也有利于翻边。但采用大间隙，孔的直壁部分将会减少。

③翻边前孔径 d 和材料厚度 t 的比值 d/t 越小，即材料相对厚度大，材料的绝对伸长大，材料的极限翻边系数可以取小值。

④翻孔凸模的形状。一般球形凸模的翻边系数比平底凸模小，抛物面、锥形面和较大圆角半径的凸模也比平底凸模的极限翻边系数小。球形或锥形凸模翻边变形时，前端最先与预制孔口接触，在凹模口区产生的弯曲变形比平底凸模小，更容易使孔口产生塑性变形，所以，在翻边孔径 D 和材料厚度 t 相同时，球形或锥形凸模可以翻边的预制孔更小，极限翻边系数更小。

4. 内孔翻边模的设计

(1)翻孔模的结构　内孔翻边模的结构与一般拉深模相似，图5-6为圆孔翻边模。与拉深模不同的是翻边凸模圆角半径一般较大，甚至做成球形或抛物面形，以利于变形。

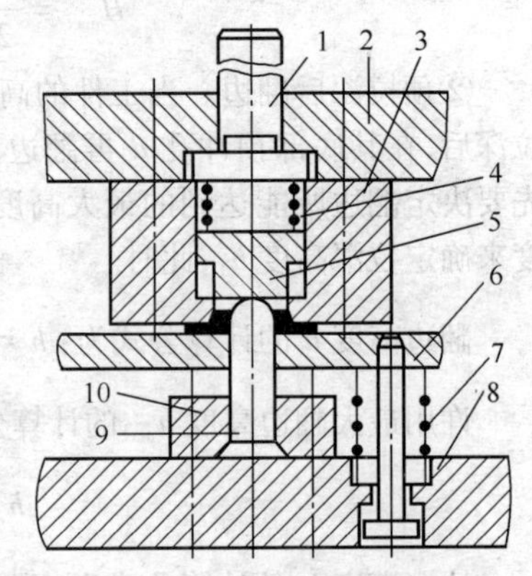

图5-6　圆孔翻边模结构

1. 模柄　2. 上模板　3. 凹模　4、7. 弹簧　5. 顶件器　6. 退件器　8. 下模板　9. 凸模　10. 凸模固定板

(2)翻孔模工作部分的设计

①翻孔凸模、凹模圆角半径的选取。由于翻孔时板

料相对凹模没有滑动,因而对翻孔凹模的圆角半径没有严格要求,可直接选取该值为加工件的圆角半径。凸模的圆角半径尽量取大值,有利于翻孔。

②凸模形状与尺寸的确定。翻孔凸模的形状与尺寸如图 5-7 所示,其中,图 5-7a、b、c 用于较大孔的翻边,且凸模底部没有定位设置;而图 5-7d、e、f 的翻孔凸模底部带有定位设置,图 5-7d 用于圆孔直径为 10mm 以上的翻边;图 5-7e 用于圆孔直径为 10mm 以下的翻边、图 5-7f 用于无预制孔的不精确翻边。当翻孔模采用压边圈时,可不用凸模肩部。图 5-7g 为相应的翻边凹模及翻边工件的尺寸。

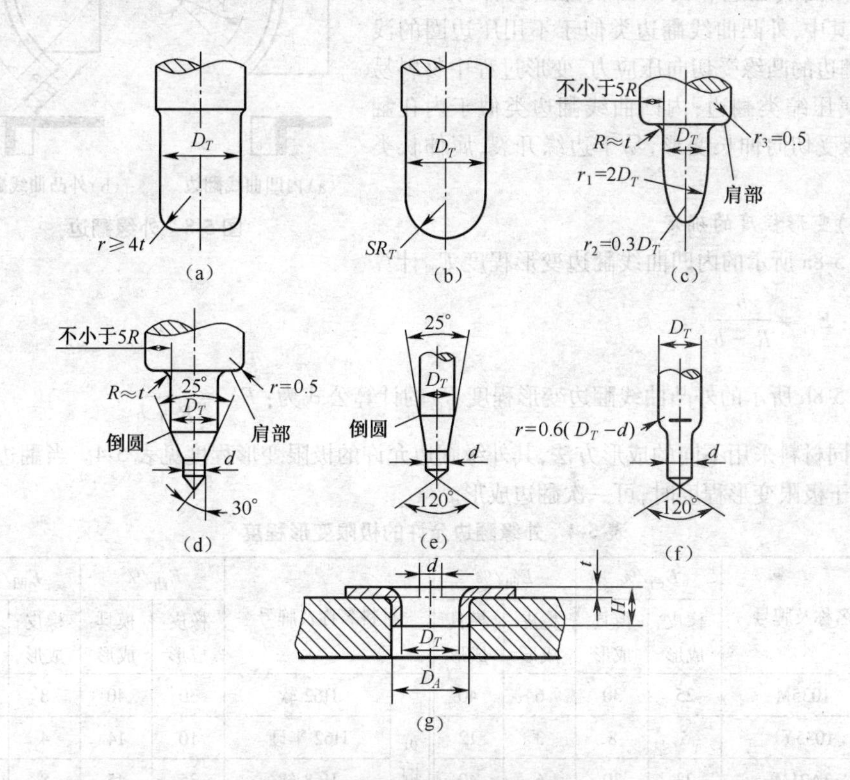

图 5-7 翻孔凸模的形状与尺寸

③翻孔模的间隙。由于翻边时有壁厚变薄现象,所以翻边模单边间隙 Z 一般小于料厚 t,可取 $Z=(0.75\sim0.85)t$。式中系数 0.75 用于拉深后孔的翻边,0.85 用于平坯料孔的翻边。

5. 内孔翻边质量的控制

内孔翻边产生的缺陷主要是拉裂,是否被拉裂主要取决于变形程度的大小。为保证翻边件的质量,首先应合理选择翻边材料,保证材料的塑性。对于翻孔时材料的变形程度,在加工工艺及模具设计时,应作充分的考虑,保证翻边工件的翻边系数小于极限翻边系数,合理确定预制孔的加工方式,保证孔的边缘状况。

此外,在模具制造、安装、调试过程中,应保证翻边凸、凹模间隙的均匀及凸模对凹模的垂直度要求,对生产加工中可能出现的问题,一般应从材料性能、工艺方案、模具设计的正确性,及翻边模安装、调试方面进行检查。

5.1.2 外缘翻边

按翻边形状不同,外缘翻边可分为平面外缘翻边和曲面外缘翻边。

1. 平面外缘翻边

外缘翻边是沿不封闭的平面进行的翻边,称为平面外缘翻边。按变形性质的不同,平面外缘翻边分为外凸曲线翻边和内凹曲线翻边两种,如图 5-8 所示。其中,外凸曲线翻边类似于不用压边圈的浅拉深,翻边的凸缘受切向压应力,变形过程中材料易起皱,属压缩类翻边;内凹曲线翻边类似于内孔翻边,凸缘受切向伸长变形,易于边缘开裂,属伸长类翻边。

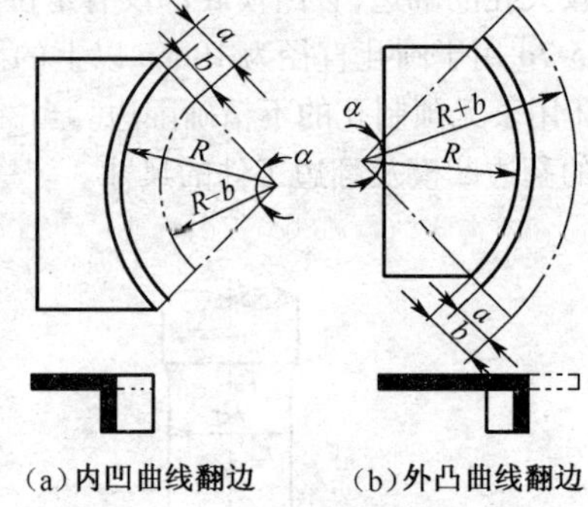

(a)内凹曲线翻边 (b)外凸曲线翻边

图 5-8 外缘翻边

(1)变形程度的确定

图 5-8a 所示的内凹曲线翻边变形程度 $E_{凹}$ 计算公式为:$E_{凹}=\dfrac{b}{R-b}$

图 5-8b 所示的外凸曲线翻边变形程度 $E_{凸}$ 的计算公式为:$E_{凸}=\dfrac{b}{R+b}$

不同材料采用不同的成形方法,其外缘翻边允许的极限变形程度见表 5-4。当翻边变形程度小于极限变形程度时,可一次翻边成形。

表 5-4 外缘翻边允许的极限变形程度

材料名称及牌号		$E_{凸}$/%		$E_{凹}$/%		材料名称及牌号		$E_{凸}$/%		$E_{凹}$/%	
		橡皮成形	模具成形	橡皮成形	模具成形			橡皮成形	模具成形	橡皮成形	模具成形
铝合金	1035M	25	30	6	40	黄铜	H62 软	30	40	8	45
	1035Y1	5	8	3	12		H62 半硬	10	14	4	16
	3A21M	23	30	6	40		H68 软	35	45	8	55
	3A21Y	5	8	3	12		H68 半硬	10	14	4	16
	5A02M	20	25	6	35	钢	10	—	38	—	10
	3A03Y1	5	8	3	12		20	—	22	—	10
	2A12M	14	20	6	30		1Cr18Ni9 软	—	15	—	10
	2A12Y	6	8	0.5	9		1Cr18Ni9 硬	—	40	—	10
	2A11M	14	20	4	30		2Cr18Ni9	—	40	—	10
	2A11Y	5	6	0	0	—					

(2)坯料尺寸的确定 内凹曲线翻边时,其极限变形程度主要受边缘拉裂的限制,坯料形状原则上可参照内孔翻边的方法计算,但内凹曲线翻边变形区各处的切向拉深变形不如内孔翻边均匀,两端部的变形程度小于中间部分。当翻边曲线夹角 $\alpha>150°$ 时,可按圆孔翻

边方法确定坯料尺寸；当 $60° < \alpha < 150°$ 时，为得到一致的翻边高度，需对坯料轮廓进行修正，坯料修正值可参考表 5-5 进行，表中符号如图 5-9 所示。实验表明，随着翻边系数（r/R）的减小，曲率半径 ρ 和角度 α 增大。

表 5-5　内凹曲线翻边坯料修正值

α/(°)	r/R	β/(°)	ρ/mm	α/(°)	r/R	β/(°)	ρ/mm
150	0.62	25	10.0	90	0.25	38	65.0
120	0.50	30	17.5	85	0.40	38	32.0
120	0.37	30	20.0	70	0.43	32	35.0
120	0.34	47	26.0	60	0.25	30	+∞

注：材料为 08，料厚 1mm，$2r = 32.5$mm

外凸曲线翻边时，其极限变形程度主要受变形区材料失稳的限制，坯料形状原则上可参照浅拉深的方法计算，但外凸曲线翻边是沿不封闭曲线边缘进行的局部非轴对称的变形，变形区各处的切向压应力和径向拉应力的分布不均匀，因而变形也不均匀。当翻边曲线夹角 $\alpha > 150°$ 时，坯料形状可参照浅拉深的方法计算；当 $60° < \alpha < 150°$ 时，坯料形状也应进行修正，修正方向与内凹曲线翻边相反。

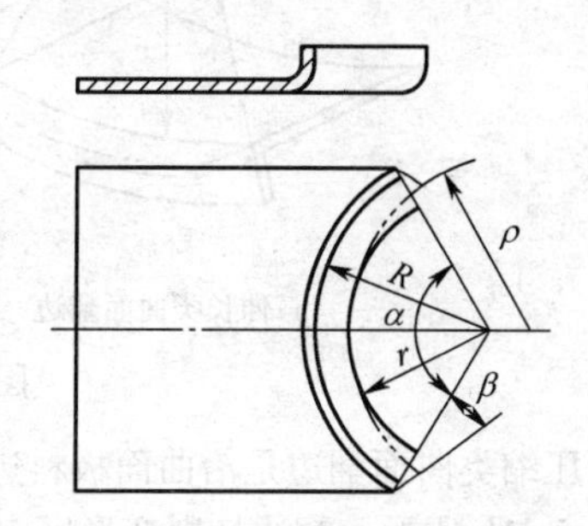

图 5-9　内凹曲线翻边的坯料修正

（3）**翻边力的计算**　平面外缘翻边力 F 可近似按带压料的单面弯曲力计算：

$$F = K L t \sigma_b$$

式中　K——系数，可取 0.5~0.8；　L——翻边曲线长度，mm；
　　t——材料厚度，mm；　σ_b——材料抗拉强度，MPa。

（4）**翻边模的设计**　外凸曲线翻边的模具设计，主要考虑防止起皱问题，当工件翻边高度较大时，应设置防皱的压紧装置，压紧坯料的变形区。内凹曲线翻边的模具设计，主要注意设置定位压紧装置，压紧平面不变形区部分，还可采用两件对称的冲压方法，使水平方向冲压力平衡，减少坯料的窜动。

外缘翻边模除采用钢材作为凸、凹模的钢质模结构外，生产中还广泛采用橡胶作为凸、凹模材料的结构形式。图 5-10 为橡胶模内进行外缘翻边采用的几种成形方法。橡胶模多用于薄料、变形程度不大、小批量生产的翻边，翻边件的质量一般。若对翻边质量要求较高，常常需要进行后续工序的修整。

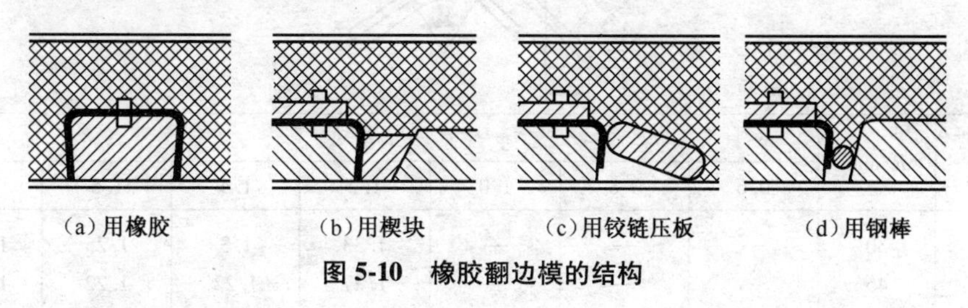

（a）用橡胶　（b）用楔块　（c）用铰链压板　（d）用钢棒

图 5-10　橡胶翻边模的结构

2. 曲面外缘翻边

沿不封闭的曲面进行的翻边称为曲面外缘翻边。按变形性质不同,曲面外缘翻边分为伸长类曲面翻边和压缩类曲面翻边两种,如图5-11所示。

（1）变形特点　伸长类曲面翻边是沿曲面板料的边缘向曲面的曲率中心相反方向翻起与曲面垂直的竖边如图5-11a所示。由于翻边过程中,成形坯料的圆弧与直边部分相互作用,使圆弧部分产生切向伸长变形,直边部分产生剪切变形,坯料底面产生切向压缩变形。

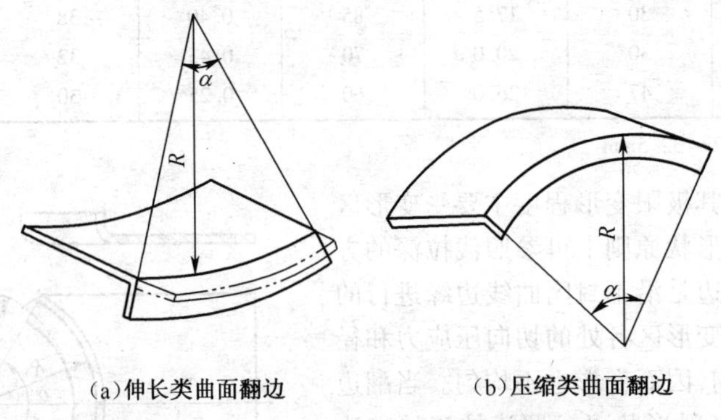

图5-11　曲面外缘翻边

压缩类曲面翻边是沿曲面板料边缘向曲面曲率中心相同方向翻起与曲面垂直的竖边,如图5-11b所示。翻边坯料变形区内绝对值最大的切向（沿翻边线方向）压应力,在该方向产生压缩变形,其发生在圆弧部分,所以,容易在此处产生失稳起皱,这是限制压缩类曲面翻边成形极限的主要原因。因而减小圆弧部分的压应力,防止侧边失稳起皱,是提高压缩类曲面翻边成形极限的关键。

（2）成形极限　伸长类曲面翻边的成形极限可用极限相对翻边高度表示,即坯料不产生破坏的条件下,可能达到的最大翻边高度 h_{max} 与圆弧曲率半径 R 的比值。表5-6为冷轧低碳钢板、黄铜及铝板的极限相对翻边高度。

压缩类曲面翻边的成形极限用极限翻边高度表示,即侧边不起皱的条件下,可能达到的最大翻边高度 h_{max}。无两侧压边时,纯铝板的极限翻边高度见表5-7,因翻边高度较小,直边长度 l 无明显影响。

表5-6　伸长类曲面翻边的成形极限 h_{max}/R

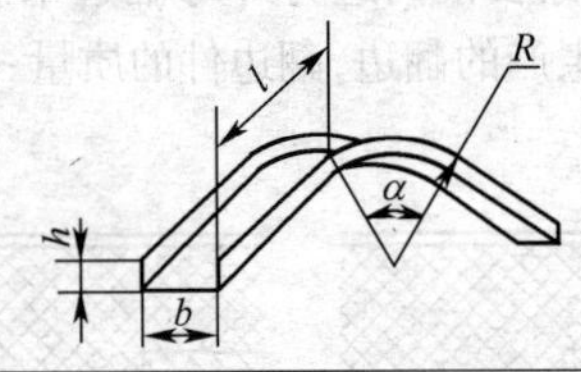

材料	R/mm	l/R						
		0.6	0.8	1.0	1.2	1.4	1.8	>2
低碳钢板	30	—	—	—	1.33	1.3	1.25	1.25
	45	—	—	—	1.27	1.22	1.22	1.22

续表 6-6

材料	R/mm	l/R						
		0.6	0.8	1.0	1.2	1.4	1.8	>2
黄铜板	30	—	—	—	1.25	1.2	1.16	1.16
H62	45	—	—	—	1.22	1.16	1.05	1.05
	30	—	—	—	0.83	0.8	0.66	0.66
纯铝板	45	—	1.38	—	0.77	0.77	0.77	0.77
	70	0.86	0.82	0.82	0.82	0.82	0.82	0.82

注:此表适于 $\alpha=90°$。

表 5-7 纯铝板的极限翻边高度 h_{max} (mm)

		R=30		R=45		R=70	
		b=25	b=45	b=25	b=45	b=25	b=45
	l=0	5.5	4.5	6.0	5.0	6.5	5.5
	l=10	5.5	4.5	6.0	5.0	7.5	6.0
	l=20	5.5	4.5	6.0	5.0	—	6.5
	l=30	5.5	4.5	6.0	5.0	—	6.5

注:此表适于 $\alpha=90°$。

(3)模具设计注意事项 设计曲面翻边模具时应注意以下事项。

1)伸长类曲面翻边模 图 5-12 为伸长类曲面翻边模结构。设计时,应注意以下几点。

①翻边后工件形状决定于凸模尺寸,所以,凸模曲率半径 R_p 与圆角半径 r_p 应等于工件的相应尺寸。

②凹模圆角半径虽然不决定工件形状,但对成形过程中坯料的变形有较大影响,应取尽量大的圆角半径,一般应保证 $r_d>8t$。

③为创造有利于翻边变形的条件,防止在坯料中间部位上过早的进行翻边,引起径向和切向方向上过大的伸长变形,甚至开裂,应使凸模和压料板的曲面形状与工件的曲面形状相同,而凹模的曲面形状应作必要的修正,使凹模曲面的曲率半径 R_d 大于凸模曲率半径 R_p,如图 5-13 所示。

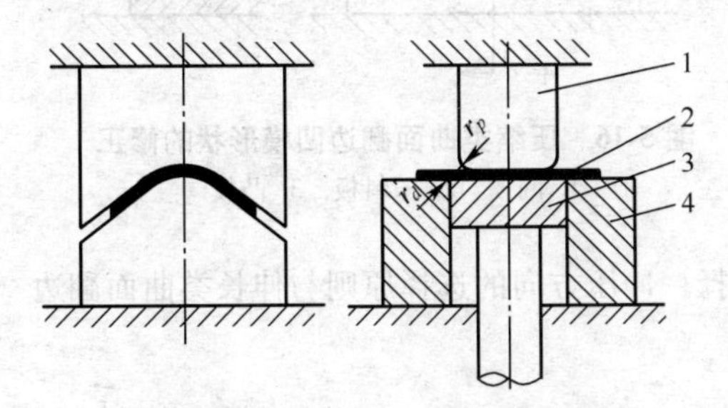

图 5-12 伸长类曲面翻边模结构

1. 凸模 2. 坯料 3. 压料板 4. 凹模

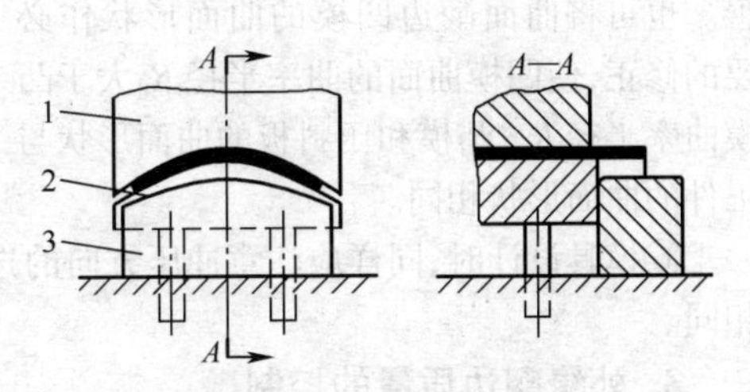

图 5-13 伸长类曲面翻边凹模形状的修正

1. 凸模 2. 压料板 3. 凹模

④底面应有压边措施,防止底面由于切向压应力引起起皱。

⑤为提高工件质量,防止坯料侧壁起皱,应取凸、凹模单边间隙值等于或略小于料厚,同时应使凹模与模座间固定可靠,保证间隙不变。

⑥注意冲压方向的选择,成形时坯料应处于便于成形的位置。对称形状工件翻边时,应使坯料或工件的对称轴线与凸模轴线相重合。如果工件的形状不对称,应使成形后工件在模具中的位置保证两直边与凸模轴线所成的角度相同,如图5-14所示。如果两直边长度不等,可能出现较大的水平方向的侧向力,在模具上应考虑设置侧向力的平衡装置。

2)压缩类曲面翻边模　图5-15为压缩类曲面翻边模结构,设计时应注意以下几点。

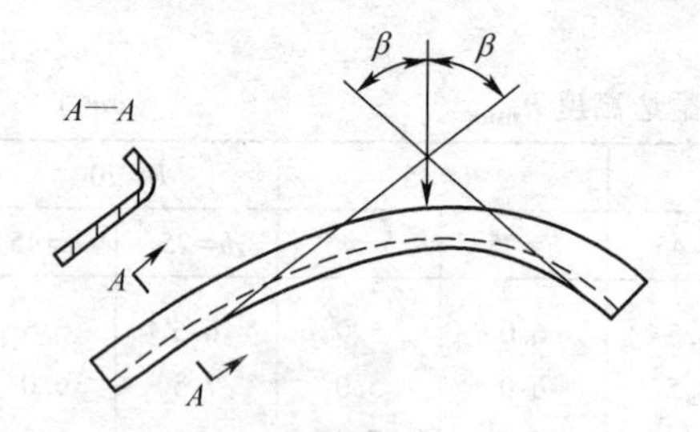

图5-14　曲面翻边时冲压方向

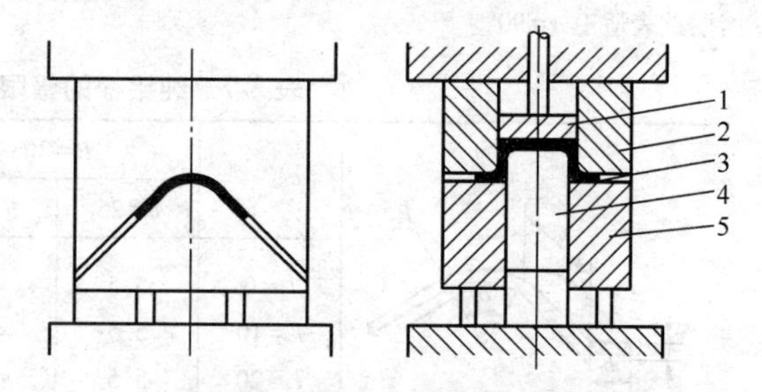

图5-15　压缩类曲面翻边模结构

1. 压料板　2. 凹模　3. 坯料　4. 凸模　5. 侧压边

①工件的形状决定于凸模尺寸,因此,应使凸模尺寸与工件相应尺寸相等。

②当工件翻边高度较大时,应采用带两侧压边的模具结构,以防止变形过程中侧边起皱。

③压缩类曲面翻边时,底面应压料,且应保证足够的压料力。

④模具应保证足够的刚度,特别是凹模与模板的可靠固定,以保证模具间隙不致在翻边过程中因侧向力的作用而增大。

⑤为控制翻边时,坯料变形区在切向压应力作用下产生失稳起皱,可将凹模的形状做成图5-16所示结构,中间部分的切向压缩变形向两侧扩展,使局部的集中变形趋向均匀,减少起皱的可能性,同时,对坯料两侧在偏斜方向上进行冲压的情况也有一定的改善。也可将曲面翻边凹模的曲面形状作必要的修正,使凹模曲面的曲率半径R_d大于凸模曲率半径R_p,凸模和压料板的曲面形状与工件的曲面形状相同。

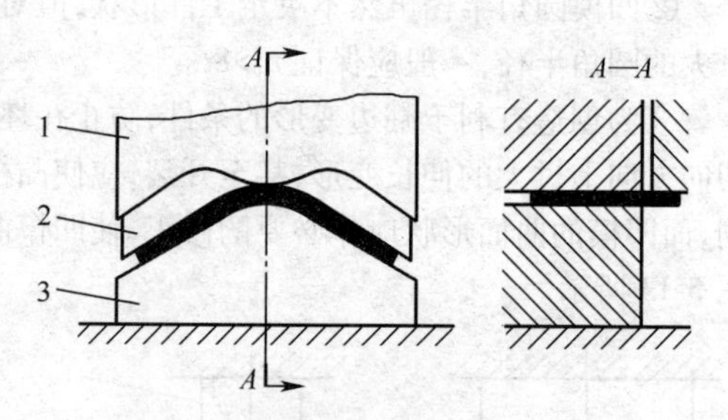

图5-16　压缩类曲面翻边凹模形状的修正

1. 凹模　2. 压料板　3. 凸模

⑥模具设计时,同样应注意冲压方向的选择。冲压方向的选择原则与伸长类曲面翻边相同。

3. 外缘翻边质量的控制

外凸的外缘翻边变形过程中产生的缺陷主要是起皱,内凹的外缘翻边变形过程中产生的缺陷主要是边缘开裂。为保证外缘的翻边质量,产品设计时,在工件使用条件许可情况下,应尽量减小翻边凸缘的高度,控制外缘翻边材料的变形程度;在制定加工工艺时,还应充分考虑并保证翻边工件的变形程度小于极限变形程度。另外，对不封闭曲线外缘翻边工件，由于是非轴对称，在翻边模设计时，为控制翻边时坯料的窜动，一般均设置定位压紧装置，加大压料板的压料力，或采用两件对称翻边，翻边后再从中切开的加工方法。

此外，在实际生产中，应保证翻边材料的塑性；在模具制造、安装、调试过程中，应保证翻边凸、凹模间隙的均匀及凸模对凹模的位置要求。对生产加工中可能出现的问题，一般也是从材料性能、工艺方案、模具设计、制造及翻边模安装、调试的正确性等方面进行检查，如凸、凹模的间隙是否均匀，凸模与凹模相互位置是否正确。

5.1.3 变薄翻边

当工件翻边高度很高时，可以采用减少凸、凹模之间的间隙，强迫材料变薄的方法（即变薄翻边）进行，提高生产效率和节约原材料。

变薄翻边时，在凸模压力作用下，变形区材料先受到拉深变形，使孔径逐步扩大，而后又在小于板料厚度的凸、凹模间隙中受到挤压变形，材料厚度显著变薄。

变薄翻边的变形程度不仅决定于翻边系数，而且取决于壁部的变薄程度。变薄翻边的变薄程度用变薄系数 K 表示：$K=\frac{t_1}{t}$

式中　t_1——变薄翻边后工件竖边的厚度，mm；

t——坯料厚度，mm。

一次变薄翻边的变薄系数 K 可取 0.4~0.5。若变薄程度超过变薄系数，则应采用多次变薄翻边加工工艺，或应用直径逐渐增大的阶梯环形凸模在冲床一次行程中将其厚度逐渐减小来获得。如图 5-17b 所示翻边凸模用于直径较小孔（成形工件直径 D 为 ϕ13.7mm）的翻边，图 5-17a 为其坯料形状，坯料采用料厚为 2mm 的 H68 料制成，预制孔直径为 ϕ4mm，图 5-17d 所示翻边凸模用于直径较大孔的翻边，图 5-17c 为翻边的工件结构图。

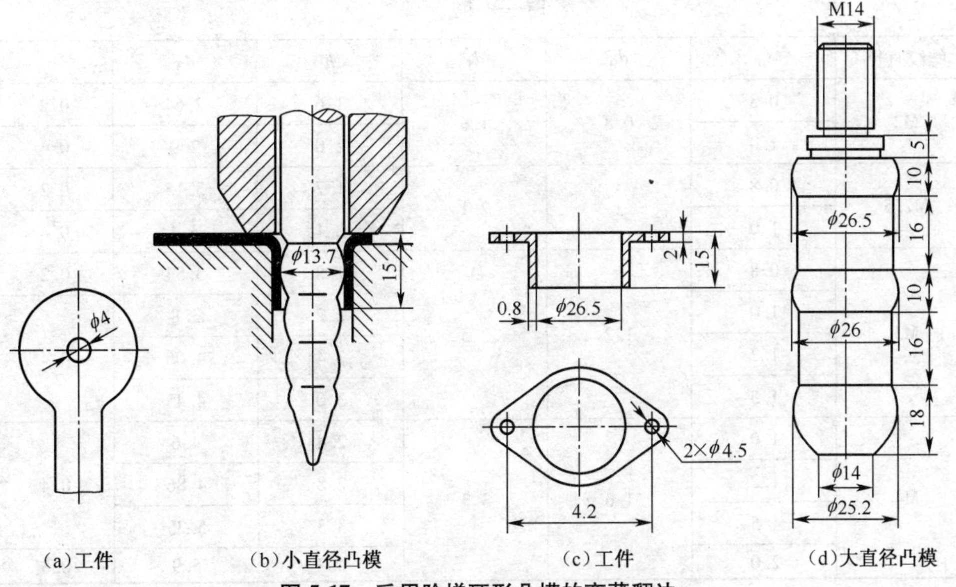

图 5-17　采用阶梯环形凸模的变薄翻边

阶梯形凸模的阶梯数按下式进行计算：

$$n = \frac{\lg t - \lg t_1}{\lg\left(\dfrac{100}{100-E}\right)}$$

式中　t——材料厚度；

t_1——变薄后材料的厚度；　E——变形程度，见表5-8。

表5-8　变薄翻边时材料的平均变形程度 E

材　料	第一次变形/%	继续变形/%
软　钢	55~60	30~45
黄　铜	60~77	50~60
铝	60~65	40~50

变薄翻边属于体积成形，因此，变薄后竖边高度按变薄翻边前后体积不变的原则进行计算。变薄翻边力比普通翻边力大得多，力的大小与变形量成正比。

在工业生产中，变薄翻边广泛应用于平板坯料或半成品工件中M5以下小螺纹孔直径的翻边，此时，壁部变薄量一般较小。表5-9给出了低碳钢、黄铜、紫铜和铝的普通螺纹底孔翻边的尺寸，但对于M5以上的螺纹孔，则不宜采用翻边的方法加工。

表5-9　普通螺纹底孔翻边的尺寸

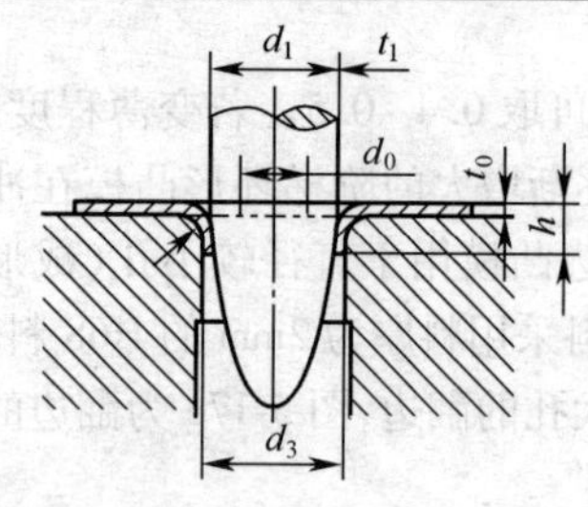

螺纹直径	t_0	d_0	d_1	h	d_3	r
M2	0.8	0.8	1.6	1.6	2.64	0.2
	1.0			2.0	2.9	0.4
M2.5	0.8	1	2.1	1.7	3.15	0.2
	1.0			2.1	3.4	0.4
M3	0.8	1.2	2.5	1.8	3.54	0.2
	1.0			2.2	3.8	0.4
	1.2			2.4	4.06	
	1.5			3.0	4.45	
M4	1.0	1.6	3.3	2.4	4.6	0.4
	1.2			2.8	4.86	
	1.5			3.3	5.25	
	2.0			4.2	5.9	0.6

5.2 胀 形

胀形加工属于伸长类的成形加工，主要有用于平板坯料的局部胀形（俗称起伏成形）和圆柱空心坯料或管类坯料的胀形（俗称凸肚）等，如图 5-18 所示。

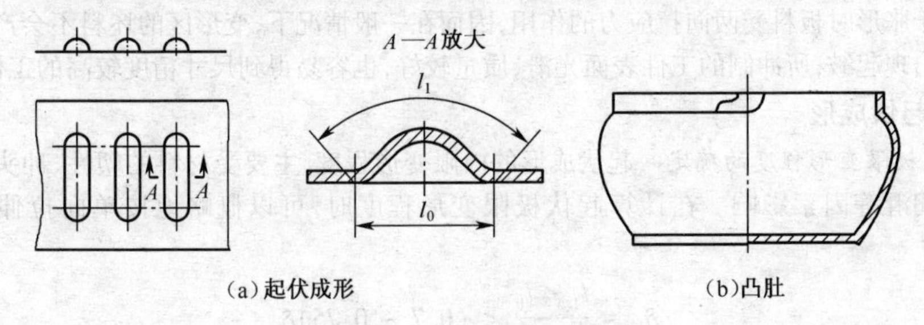

（a）起伏成形　　（b）凸肚

图 5-18　胀形加工的类型

如图 5-18a 所示起伏成形是平板坯料在模具作用下，依靠材料的局部拉深，使坯料或工件的形状改变而形成局部下凹和凸起的一种冲压方法，实质上是一种局部的胀形，主要用于增加工件的刚度和强度。此外，常用的局部胀形还有压筋、压凸包、压字、压花纹等，如图 5-19 所示。图 5-18b 所示凸肚是将空心件或管状坯料向外扩张，胀出所需凸起曲面的一种冲压方法。此法还可用来制造如高压气瓶、波纹管等异形空心件等。

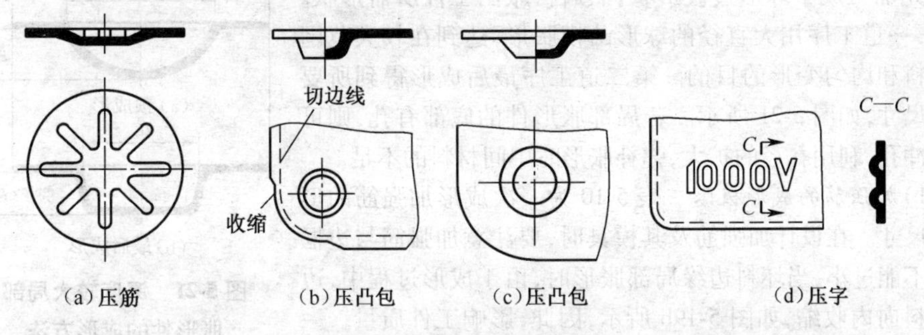

（a）压筋　　（b）压凸包　　（c）压凸包　　（d）压字

图 5-19　局部胀形的种类

1. 胀形加工过程分析

不论是起伏成形类的平板坯料局部胀形，还是凸肚类的空心坯料胀形，在胀形时，坯料的塑性变形局限于一个固定的变形范围内，板料既不向变形区以外转移，也不从外部进入变形区。图 5-20 为胀形加工变形过程，变形只局限于直径为 d 的圆周以内，而其以外的环形部分并不参与变形，凸缘部分的材料处于不流动的状

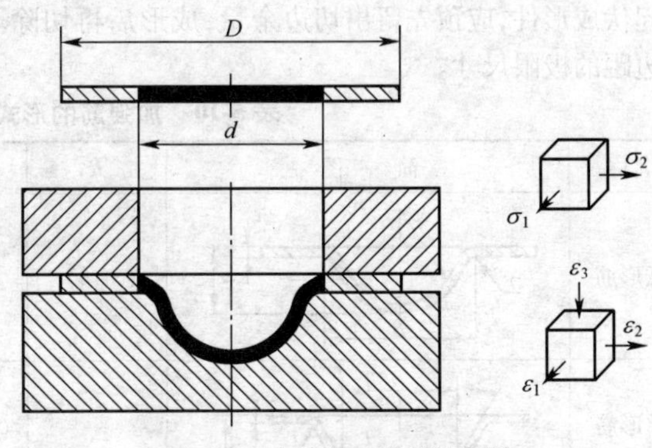

图 5-20　胀形变形过程分析

态，只是当凸模作用到材料时，在变形区内发生伸长，表面积增加。

胀形变形区金属处于两向受拉的应力状态，变形区内的板料形状的变化，主要是由其表面积的局部增大来实现，所以，胀形时坯料厚度不可避免地产生变薄。由于在胀形过程中材料逐级伸长，变形最剧烈的部分最终要出现缩颈甚至破裂，因而胀形的深度（胀形量）受到一定的限制。

由于胀形时板料受两向拉应力的作用，因而在一般情况下，变形区的坯料不会产生塑性失稳而出现起皱，所冲制的工件表面光滑，质量较好，也容易得到尺寸精度较高的工件。

2. 起伏成形

（1）极限变形程度的确定　起伏成形的极限变形程度，主要受材料的塑性、冲头的几何形状和润滑等因素影响。在计算起伏极限变形程度时，可以概略地按单向拉伸变形处理，即：

$$\delta_{极} = \frac{l_1 - l_0}{l_0} < (0.7 \sim 0.75)\delta$$

式中　$\delta_{极}$——起伏变形的极限变形程度；

δ——材料的伸长率；

l_0、l_1——变形前、后长度，如图 5-18a 所示。

系数 0.7~0.75 视胀形时断面形状而定，球形肋取大值，梯形肋取小值。

如果计算结果符合上述条件，则可一次成形。否则，一般可先加工成半球形过渡形状，然后再胀出工件所需形状。即，第一道工序用大直径的球形凸模胀形，达到在较大范围内聚料和均匀变形的目的。第二道工序最后成形得到所要求的尺寸，如图 5-21 所示。若局部胀形件的底部有孔，则可先预冲孔，利用孔径的扩大，弥补胀形时中间材料的不足。

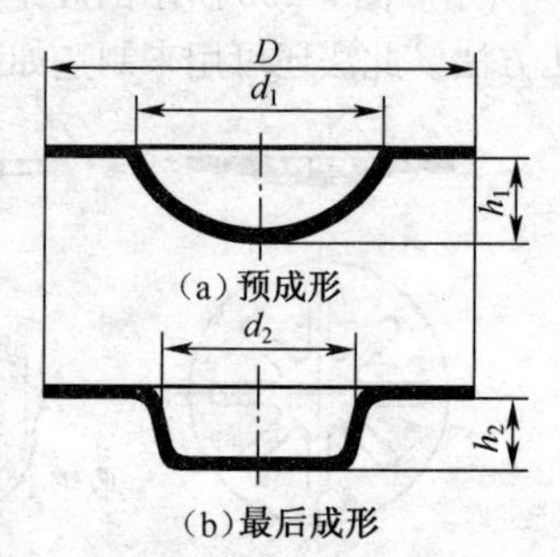

图 5-21　深度较大局部胀形件的成形方法

1）加强筋的成形极限　表 5-10 为一次成形加强筋的形式和尺寸。在设计加强筋及其模具时，要注意加强筋与边框距离不能过小，当坯料边缘局部胀形时，由于成形过程中，边缘材料向内收缩，如图 5-19b 所示，因此，影响工件质量。一般加强筋与边框距离应大于（3~3.5）t，对产生边缘材料收缩的起伏成形件，应预先留出切边余量，成形后再切除。表 5-11 给出了起伏成形的间距及起伏边距的极限尺寸。

表 5-10　加强筋的形式和尺寸　（mm）

名称	简　图	R	h	D 或 B	r	α
弧形筋		$(3\sim4)t$	$(2\sim3)t$	$(7\sim10)t$	$(1\sim2)t$	—
梯形筋		—	$(1.5\sim2)t$	$\geqslant 3h$	$(0.5\sim1.5)t$	15°~30°

表 5-11 起伏间距及起伏边距的极限尺寸 (mm)

简 图	D	L	l
	6.5	10	6
	8.5	13	7.5
	10.5	15	9
	13	18	11
	15	22	13
	18	26	16
	24	34	20
	31	44	26
	36	51	30
	43	60	35
	48	68	40
	55	78	45

2)成形凸包的极限高度　图 5-22 所示为带凸缘筒形件加工示意图。

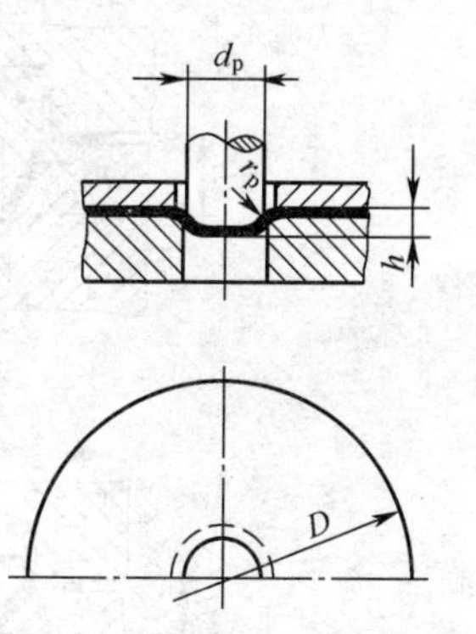

图 5-22 带凸缘筒形件的加工

当拉深带凸缘的筒形件时，若增大凸缘直径 D，不改变圆筒部分直径 d，则凸缘部分变形阻力将增加，凸缘材料流入凹模内参与变形将更困难。实践证明，当 $D/d_P>3$ 时，凸缘材料基本上不流入圆筒部分。这时圆筒部分的成形只能在凸模作用下，靠局部材料两向受拉而变薄成形，发生局部成形，形成的圆筒为凸包；当 $D/d_P<3$ 时，大致属于拉深变形。当然，这不是很严格的区分，因为其间常常有过渡性质的变形。

在生产中对压凸包的判断，也可依据成形部分的坯料直径与凸模直径的比值，若大于 4，则属于胀形性质的起伏成形；否则，便成为拉深。

凸包成形高度受材料塑性、模具几何形状及润滑条件的限制，一般不能太大。表 5-12 为平板坯料压凸包时的许用成形高度。如果工件要求的凸包高度超过表 5-12 所列的数值，同样可采取图 5-21 所示的加工方法。

表 5-12 平板坯料压凸包时的许用成形高度 (mm)

简图	材料	许用凸包成形高度 h_{min}
	软钢	≤(0.15~0.2)d
	铝	≤(0.1~0.15)d
	黄铜	≤(0.15~0.22)d

(2)冲压力的确定　用刚性凸模压制加强肋所需的冲压力 F 按下式计算：

$$F = KLt\sigma_b$$

在曲轴压力机上对薄料（ $t<1.5$ mm ）小工件（ $A<2000$ mm^2 ）进行压筋之外的局部

胀形时，其冲压力 F 的数值可用以下经验公式计算：

$$F = K_1 A t^2$$

式中 K——系数，K=0.7~1（加强肋形状窄而深时取大值，宽而浅时取小值）；

L——加强筋的周长，mm； t——料厚，mm；

σ_b——材料的抗拉强度，MPa； A——局部胀形的面积，mm^2；

K_1——系数，对于钢 K=200~300 N/mm^2，对于黄铜 K=150~200 N/mm^2。

（3）起伏成形模的结构 起伏成形模结构较为简单，加工件的质量与模具的结构形式及尺寸有着密切的关系，正确合理地设计起伏成形模不仅可以使工件易于成形，保证成形件的形状和尺寸，避免各种缺陷，而且简化模具结构。

图5-23为压筋模的几种结构形式和尺寸的确定方法。图中 A_1 为凸模上部宽度，即工件上加强筋的上口宽度（一般产品图上都标注此尺寸）；A_2 为凹模的宽度；A_3 为凹模底部宽度；A_4 为凸模底部宽度；A_5 为凹模上部宽度；H 为凸模高度；h 为凹模深度（等于凸模高再加0.5~2 mm 间隙）；$R_{凸}$、$R_{凹}$ 分别为凸模、凹模的圆角半径（等于产品图上的 R 数值，一般产品图上都标注此尺寸）。

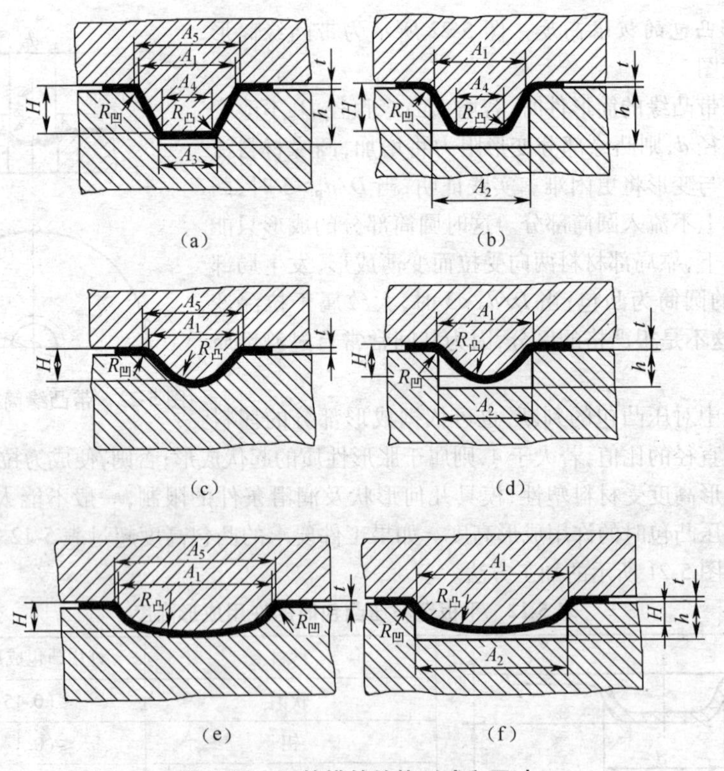

图5-23 压筋模的结构形式和尺寸

其中，图5-23a、c、e所示形式，多用于压制封闭形加强筋的转角处及"T"形筋交叉处等材料变形比较复杂的部位，可减少壁部的波浪变形。图5-23b、d、f所示形式，多用于压制条形筋或"T"形筋、封闭形筋的直线部分，即材料变形比较单一的部分。

图 5-24 为货车车窗板的压筋模，由于压筋件一般外形较大，为节省贵重材料，检修方便，所以模具的工作部分多采用镶块式结构。

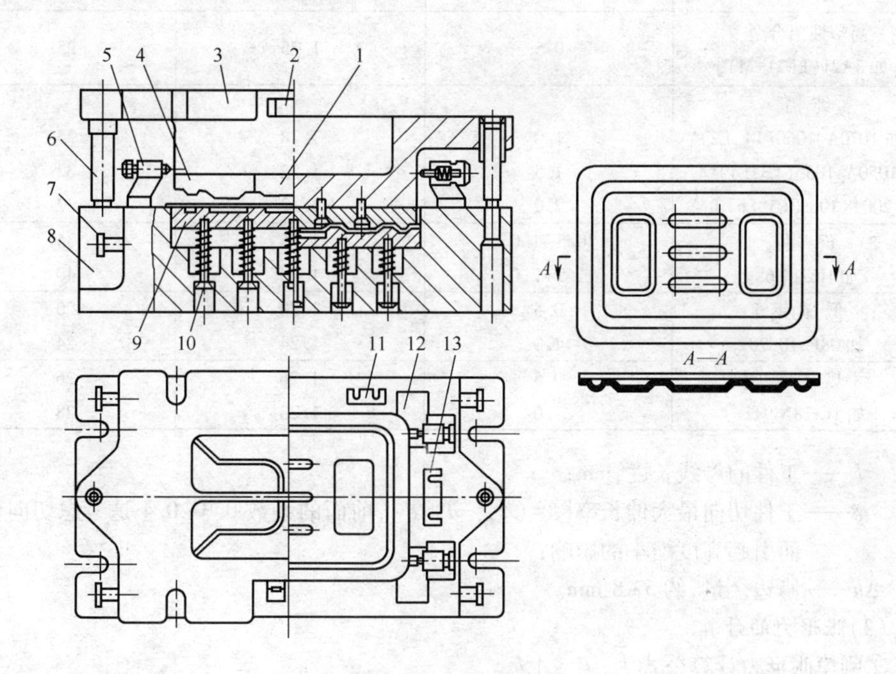

图 5-24　压筋模结构

1、4. 成形镶块　2. 润滑装置　3. 上模板　5. 卸料装置　6. 导向装置　7. 起重销　8. 下模板　9. 成形下模　10. 弹簧　11、13. 挡料板　12. 下模镶块

3. 胀形

（1）胀形系数　凸肚的变形特点是材料受切向和母线方向拉应力，主要问题是防止拉深过头而胀裂。空心坯料胀形的变形程度以胀形系数 m 来表示：

$$m = \frac{d_{max}}{d}$$

式中　d_{max}——工件最大变形处变形后的直径，mm；

d——坯料原始直径，mm，如图 5-25 所示。

胀形系数 m 与坯料的伸长率 δ 的关系为：

$$\delta = \frac{d_{max} - d}{d} = m - 1 \text{ 或 } m = 1 + \delta$$

表 5-13 是部分材料的极限胀形系数和极限变形程度的实验值。

（2）坯料尺寸的计算　胀形坯料的直径 d 按下式计算：

$$d = \frac{d_{max}}{m}$$

胀形坯料的原始长度 L_0 如图 5-25 所示，按下式近似计算：

$$L_0 = L[1 + (0.3 \sim 0.4)\delta] + \Delta h$$

表5-13 极限胀形系数和材料许用伸长率的试验值

材料	厚度/mm	极限胀形系数 m	材料许用伸长率 $\delta\times100$
高塑性铝合金［如3A21（LF21-M）］	0.5	1.25	25
纯铝［如1070A、1060（L1,L2）	1.0	1.28	25
1050A、1035（L3,L4）	1.5	1.32	32
1200、8A06（L5,L6）］	2.0	1.32	32
黄铜	0.5~1.0	1.35	35
如H62、H68	1.5~2.0	1.40	40
低碳钢	0.5	1.20	20
如08F、10,20	1.0	1.24	24
耐热不锈钢	0.5	1.26	26
如1Cr18Ni9Ti	1.0	1.28	28

式中 L——工件的母线长度,mm;

δ——工件切向最大伸长率[$\delta=(d_{max}-d)/d$],前面的系数0.3~0.4是考虑切向伸长而引起高度缩小的影响;

Δh——修边余量,约5~8 mm。

(3)胀形力的计算

①刚模胀形力计算公式为:$F=AP$

$$P=1.15\sigma_b\frac{2t}{d_{max}}$$

式中 F——胀形力,N; A——胀形面积,mm^2;

P——单位胀形力,MPa; σ_b——材料抗拉强度,MPa;

d_{max}——胀形最大直径,mm; t——材料厚度,mm。

②软模胀形时所需单位压力 P:

两端不固定允许坯料轴向自由收缩 $P=\dfrac{2t\,\sigma_b}{d_{max}}$

两端固定坯料轴向不能收缩 $P=2t\,\sigma_b\left(\dfrac{1}{d_{max}}+\dfrac{1}{2R}\right)$

式中 σ_b——材料抗拉强度,MPa,其他符号如图5-25所示。

③液压胀形的单位压力 P,在实际生产中,考虑许多因素,可按经验公式计算:

$$P=\frac{600\,t\,\sigma_s}{d_{max}}$$

式中 σ_s——材料屈服点,MPa;

d_{max}——胀形最大直径,mm; t——材料厚度,mm。

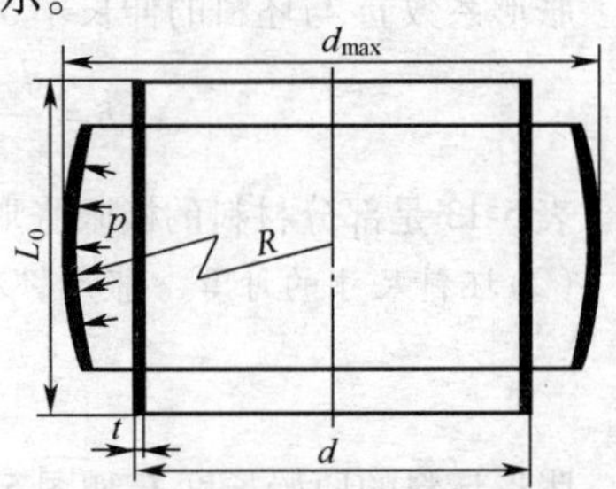

图5-25 坯料胀形计算示意图

(4)胀形模的结构形式 根据所用胀形凸模的不同,分为刚性凸模胀形和软体凸模胀形。软体凸模主要包括:橡胶、石蜡、高压液体等。

1)刚性凸模胀形　如图 5-26a 所示底座工件,采用料厚为 1mm 的 08 钢制成,图 5-26b 为其胀形坯料结构,设计的刚性胀形模如图 5-26c 所示。

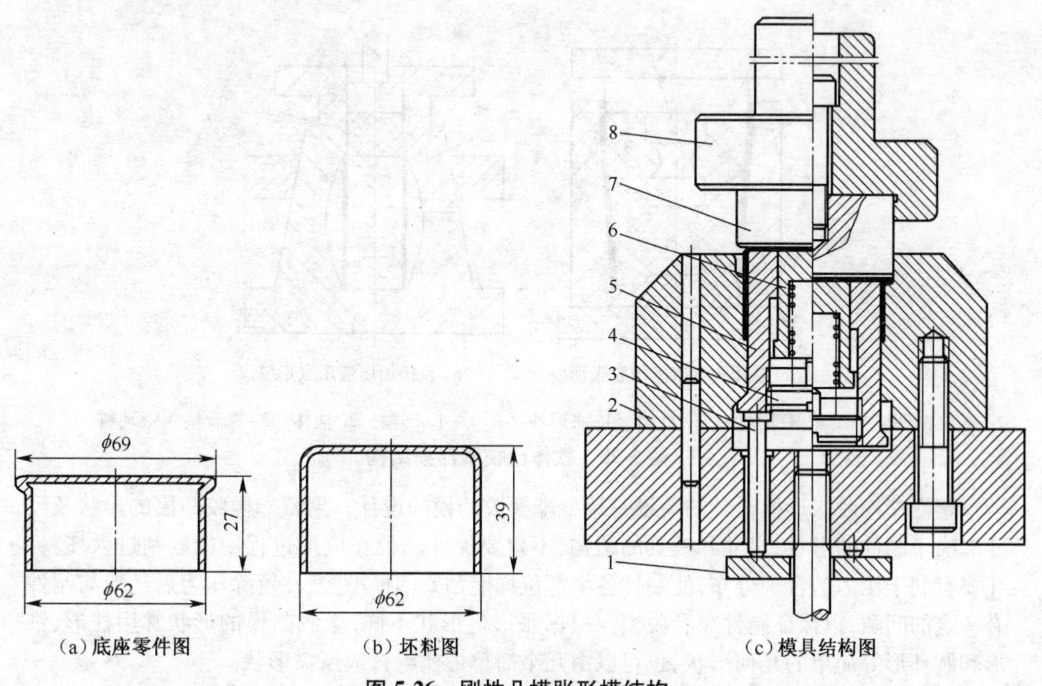

(a) 底座零件图　(b) 坯料图　(c) 模具结构图

图 5-26　刚性凸模胀形模结构

1. 弹顶器　2. 凹模　3. 顶杆　4. 螺塞　5. 活动下模　6. 顶件块　7. 凸模　8. 模柄

由于底座成形的区域小,又在筒形件的底部,软凸模充填及取件较困难,因此,不宜采用软凸模胀形,应采用刚性凸模胀形。

此外,外形形状较复杂的胀形件,为获得工件所要求的形状,采用刚性凸模时,往往需要将其分解成几块模瓣,刚性胀形模具结构复杂且成本提高;由于模瓣和坯料之间有较大的摩擦力,材料的切向应力和应变分布不均匀,成形后,工件的表面会有明显的直线和棱角,工件精度不高。

图 5-27 为分块式刚性胀形模,利用锥形芯块将分瓣凸模分开,一般情况下,模瓣数目取 8~12 块,当胀形变形程度小、精度要求低时,采用较少的模瓣数;反之,采用较多的瓣数,但模瓣数目不宜少于 6 块;模瓣圆角取$(1.5\sim2)t$;半锥角α选用 8°、10°、12°或 15°,较小的半锥角有利于提高胀形力,但却增大了工作行程,因此,半锥角的选取应由压力机的行程决定。

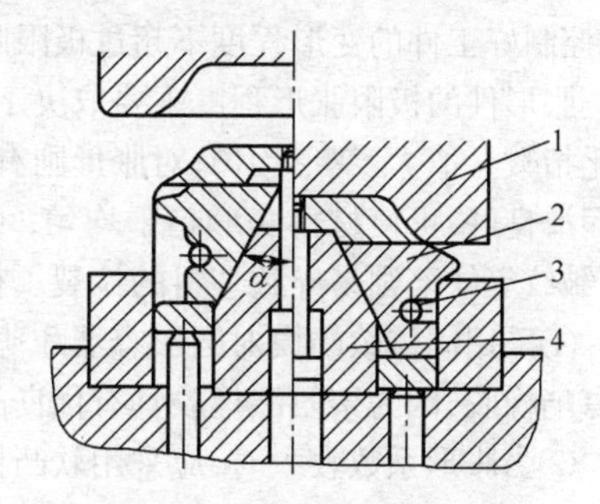

图 5-27　分块式刚性胀形模

1. 凹模　2. 分瓣凸模
3. 拉簧　4. 锥形芯块

2)软体凸模胀形　根据所用凸模材料的不同,软体凸模胀形又分固体软凸模和液体软凸模两种。生产中应用最广的是聚氨酯橡胶胀形,其具有强度好、弹性好、耐油性好和寿命长等优点，一般用于成形面积区域较大、成形形状圆滑件的胀形。用于胀形的聚氨酯橡胶一般硬度为邵氏65~85A，压缩量一般为15%~35%。根据胀形件的形状，胀形模有可分式及整体式两种。图5-28a为整体式聚氨酯橡胶胀形模。

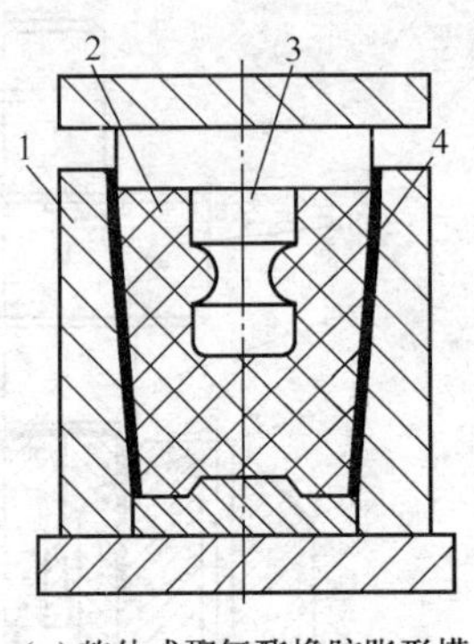

（a）整体式聚氨酯橡胶胀形模　　（b）直接加压液压胀形模

1. 凹模　2. 聚氨酯橡胶　3. 凸模　4. 胀形件　　1. 凹模　2. 液体　3. 橡胶垫　4. 坯料

图5-28　软体凸模胀形模结构

聚氨酯橡胶胀形模设计的关键是聚氨酯橡胶凸模的设计。聚氨酯橡胶凸模的形状及尺寸取决于制件的形状、尺寸和模具的结构，不仅要保证凸模在成形过程中能顺利进入坯料，还要有利于压力的合理分布，使制件各个部位均能贴紧凹模型腔，在解除压力后还应与制件有一定的间隙，以保证制件顺利脱模。根据胀形件形状不同，橡胶凸模的形状常用柱形、锥形和圆环形等简单的几何形状，也可以由几个简单形状组合成所需形状。

图5-28b为直接加压液压胀形模，用这种方法成形之后，还须将液体倒出，生产效率低。根据制件形状和大小，考虑到操作的方便程度及取件的难易等因素，凹模也有整体式与分块式两种。在模具的凹模壁上还要开设不大的排气孔，以便坯料充分贴模。

液体软凸模胀形是在无摩擦状态下成形，且液体的传力均匀，工件表面质量好。液体胀形可加工大型工件，多用于生产表面质量和精度要求较高的复杂形状工件。

4. 胀形件的质量控制

胀形裂纹是胀形加工最致命的质量缺陷，一般情况下，只要在胀形加工工艺及模具设计时，控制好工件的变形程度不超过极限胀形程度，就不会产生胀形破裂。

胀形件的极限胀形程度主要取决于变形的均匀性和材料的塑性。材料的塑性好，加工硬化指数n值大，变形均匀，对胀形则有利。模具工作部分表面粗糙度小、圆角光滑无棱以及润滑良好，可使材料变形趋于均匀，可以提高胀形件的变形程度；反之坯料上的擦伤、划痕、皱纹等缺陷则易导致坯料的拉裂。在控制胀形件的加工质量时，还应注意以下事项。

①采用固体软凸模对圆形容器和薄壁管进行胀形加工时，不宜使用天然橡胶，而应采用聚氨酯橡胶，因为聚氨酯橡胶具有优良的物理力学性能，容易得到所需的压力。

②当胀形系数较大时，应采用软凸模胀形代替刚性凸模胀形，或采用在坯料径向施压胀形的同时，也在轴向施压胀形，即采用如图5-29b所示的加轴向压缩的软凸模胀形（俗称压缩胀形）。图5-29a为普通软凸模胀形（俗称自然胀形）。

图5-30为采用轴向压缩和高压液体联合作用的胀形方法。首先将管坯置于下模，然后

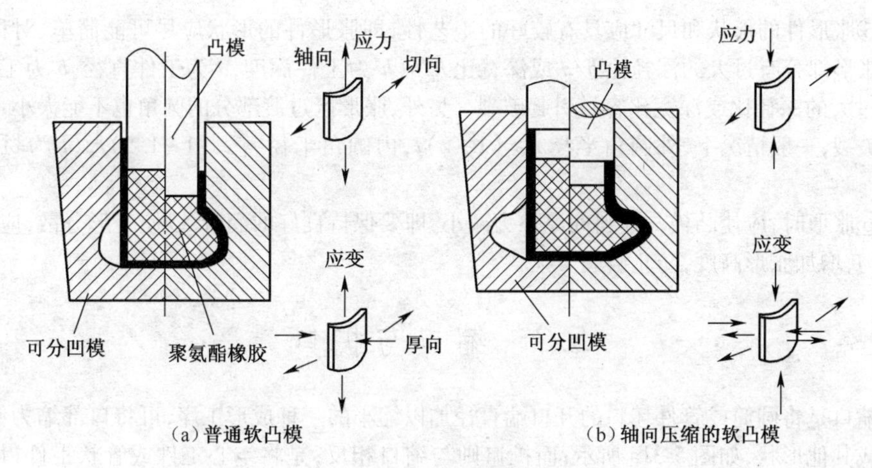

图 5-29 胀形模的选用

将上模压下，再使两端的轴头压紧管坯端部，继而由轴中心孔通入高压液体。在高压液体和轴向压缩力的共同作用下胀形获得所需的工件。用这种方法加工高压管接头、自行车的管接头和其他工件效果很好。

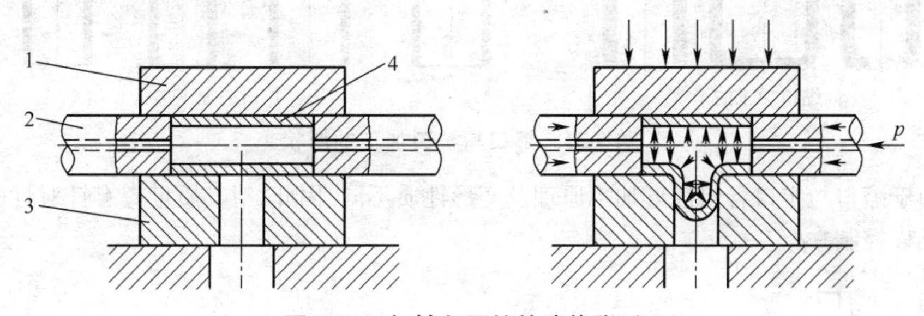

图 5-30 加轴向压缩的液体胀形

1. 上模 2. 轴头 3. 下模 4. 管坯

此外，对坯料变形区进行局部加热也会增大变形程度，提高胀形系数。表 5-14 列出了铝管坯料在不同条件下胀形时，由实验确定的胀形系数。

表 5-14 铝管坯料胀形系数实验值

胀 形 条 件	极限胀形系数 m
用橡胶的简单胀形	1.2~1.25
用橡胶并对管坯轴向加压胀形	1.6~1.7
变形区加热至 200℃ ~250℃胀形	2.0~2.1

③当变形程度超过上述极限胀形系数时，应采用多次胀形加工工艺，但由于金属已产生冷作硬化现象，因此，应增加中间退火工序，以恢复材料的塑性。

④胀形用的坯料表面不能有擦伤、划痕和冷作硬化，使用拉深工件作为胀形的坯料，由于经过了拉深工序，金属已有冷作硬化现象，故在胀形前应退火。若落料坯料上有擦伤、划痕、皱纹等缺陷，不应转入胀形加工，否则，易产生胀形破裂。

⑤胀形件的形状和尺寸应具有较好的工艺性,即胀形件的形状应尽可能简单、对称,并避免胀形部分有过大的深径比 h/d 或深宽比 h/b(h 为工件深度,d 为工件直径,b 为工件宽度),过大的深径比或深宽比容易引起破裂。另外,胀形区过渡部分的圆角也不能太小,否则容易破裂,一般情况下,外圆角半径 $r \geqslant (1\sim2)t$,内圆角半径 $r_1 \geqslant (1\sim1.5)t$,($t$ 为材料厚度)。

⑥胀形时,应使凸模与坯料间摩擦力减小,即要保持良好的润滑,以使变形分散,应力分布均匀,增加胀形高度,防止破裂。

5.3 缩口与扩口

缩口是将圆筒或管件坯料的开口端直径加以缩小的一种成形工序,可将口部缩为锥形、球形或其他形状,如图 5-31a 所示;而扩口则与缩口相反,是将空心工件或管状工件口部直径扩大的一种成形工序,可制出管端为锥形、筒形或其他形状的工件,如图 5-31b 所示。

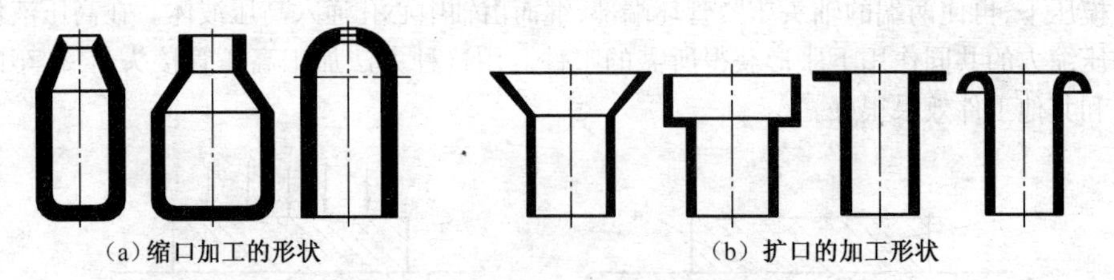
(a)缩口加工的形状 (b)扩口的加工形状

图 5-31 缩口与扩口加工的形状

由于缩口与扩口各自成形加工原理及变形性质不同,因此,对其质量应有针对性的采取措施加以控制。

5.3.1 缩口

1. 缩口变形过程分析

在模具压力作用下的缩口变形如图 5-32 所示。根据其变形过程及其作用,可将坯料分为传力区、变形区和已变形区三部分。缩口变形初期,随着凹模的下降,传力区 ab 不断减小,迫使金属材料由传力区转移到此后的变形区,而变形区的材料在变形的过程中将变形坯料转化为工件所要的形状部分。随着凹模继续下降,变形区 bc 不断扩大,当缩口发展到一定阶段时,变形区的尺寸达到一定值而不再变化,此时,即形成稳定变形阶段。随着凹模的下降,传力区不断减小,而已变形区则不断增大,从传力区进入变形区的金属和变形区转移到已变形区的金属体积相等。

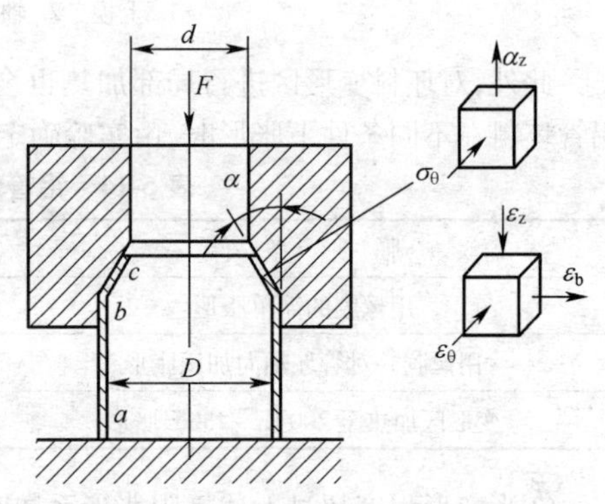

图 5-32 缩口变形过程分析

缩口时,变形区金属受切向和轴向压应力,而使直径缩小,壁厚和高度增加。切向压应力使变形区材料易于失稳起皱,而在非变形区的筒壁,由于承受全部缩口压力,也有可能发生失稳变形。因此,防止失稳起皱是缩口工艺的主要问题。

2. 缩口加工工艺参数的确定

(1)缩口系数 缩口变形的极限变形程度,受侧壁的抗压强度或稳定性的限制,其缩口变形程度以切向压缩变形大小来衡量,用缩口系数 m 表示:$m=\dfrac{d}{D}$

式中 d——缩口后直径,mm; D——缩口前直径,mm。

极限缩口系数的大小主要与材料种类、料厚、模具形式和坯料表面质量有关。材料相对厚度小,则极限缩口系数要相应增大。表 5-15 为不同材料、不同厚度的平均缩口系数。表 5-16 为不同材料、不同支承方式的极限缩口系数。

表 5-15 平均缩口系数 m

材料	材料厚度/mm		
	~0.5	0.5~1	>1
黄铜	0.85	0.8~0.7	0.7~0.65
钢	0.85	0.75	0.7~0.65

表 5-16 锥形凹模缩口的极限缩口系数 m_{min}

材料	支承方式		
	无支承	外支承	内外支承
软钢	0.70~0.75	0.55~0.60	0.3~0.35
黄铜 H62,H68	0.65~0.70	0.50~0.55	0.27~0.32
铝	0.68~0.72	0.53~0.57	0.27~0.32
硬铝(退火)	0.73~0.80	0.60~0.63	0.35~0.40
硬铝(淬火)	0.75~0.80	0.63~0.72	0.40~0.43

注:凹模半锥角 α 为 15°,相对厚度 t/D 为 0.02~0.10;无支承、外支承及内外支承分别指图 5-34a、b、c 所示的模具。

表 5-17、表 5-18 分别是球形凹模及钢管的极限缩口系数。

表 5-17 球形凹模缩口的极限缩口系数 m_{min}

材料抗拉强度 σ_b/MPa	相对料厚 $t/D\times100$					
	5	5~2	2~1	1~0.5	0.5~0.3	0.3~0.2
有外部支承的情况						
150	0.48~0.50	0.50~0.52	0.52~0.55	0.56~0.60	0.58~0.61	0.61~0.67
150~250	0.51~0.53	0.52~0.54	0.54~0.57	0.57~0.60	0.60~0.62	0.62~0.67
250~350	0.53~0.55	0.54~0.57	0.57~0.60	0.64~0.67	0.67~0.69	0.69~0.72
350~450	0.57~0.60	0.61~0.64	0.66~0.69	0.70~0.72	0.72~0.74	0.77~0.80
450	0.61~0.64	0.64~0.67	0.68~0.71	0.72~0.74	0.74~0.76	0.78~0.82

续表 5-17

材料抗拉强度 σ_b/MPa	相对料厚 $t/D\times100$					
	5	5~2	2~1	1~0.5	0.5~0.3	0.3~0.2
有内外支承的情况						
150	0.32~0.34	0.34~0.35	0.35~0.37	0.37~0.39	0.39~0.40	0.40~0.43
150~250	0.36~0.38	0.38~0.40	0.40~0.42	0.42~0.44	0.44~0.46	0.46~0.50
250~350	0.40~0.42	0.42~0.45	0.45~0.48	0.48~0.50	0.50~0.52	0.52~0.56
350~450	0.45~0.48	0.48~0.52	0.56~0.59	0.59~0.62	0.64~0.66	0.66~0.68
450	0.50~0.52	0.52~0.54	0.57~0.60	0.60~0.63	0.66~0.68	0.68~0.77

表 5-18　钢管的极限缩口系数 $m_{\min}$

凹模半角	相对料厚 $t/D\times100$					
	2	3	5	8	12	16
10°	0.75	0.72	0.69	0.67	0.65	0.63
20°	0.81	0.77	0.73	0.70	0.67	0.64

(2)缩口次数的确定　如果工件的缩口系数小于极限缩口系数 $m_{\min}$，则需多次缩口。缩口次数 n 可根据工件总缩口系数 $m_{总}$ 与平均缩口系数 m 来估算，即：

$$n=\frac{\lg m_{总}}{\lg m}=\frac{\lg d-\lg D}{\lg m}$$

式中　d——缩口后直径，mm；　D——缩口前直径，mm；

m——平均缩口系数，参看表 5-15。

(3)颈口直径的计算　多次缩口时，最好每道缩口工序之后进行中间退火，每次缩口系数可按以下公式计算：

首次缩口系数 $m_1=0.9m$

以后各次缩口系数 $m_n=(1.05\sim1.10)m$

式中　m——平均缩口系数，参看表 5-15。

各次缩口后的缩口直径为：

$d_1=m_1D$，　$d_2=m_nD=m_1m_nD$，　$d_3=m_nD=m_1m_n^2D$，　$\cdots$，$d_n=m_nd_{n-1}=m_1m_n^{n-1}D$。

d_n应等于工件的颈口直径。由于缩口加工后，材料产生回弹现象，一般口部直径要比缩口凹模大 0.5%~0.8%，所以，设计凹模时，可对口部的基本尺寸乘以 0.992~0.995 作为凹模实际标注尺寸，以便补偿回弹。

(4)坯料高度的计算　缩口时，坯料计算可根据变形前后体积不变的原则进行，坯料高度按缩口形式的不同，如图 5-33 所示，分别按以下公式计算。

图 5-33a 所示的斜口形式 $H=(1\sim1.05)\left[h_1+\frac{D^2-d^2}{8D\sin\alpha}\left(1+\sqrt{\frac{D}{d}}\right)\right]$

图 5-33b 所示的直口形式 $H=(1\sim1.05)\left[h_1+h_2\sqrt{\frac{d}{D}}+\frac{D^2-d^2}{8D\sin\alpha}\left(1+\sqrt{\frac{D}{d}}\right)\right]$

图 5-33c 所示的球面形式 $H=h_1+\frac{1}{4}\left(1+\sqrt{\frac{D}{d}}\right)\sqrt{D^2-d^2}$

(5)颈口厚度的计算　缩口变形主要是切向压缩变形，但在长度与厚度方向上也有一

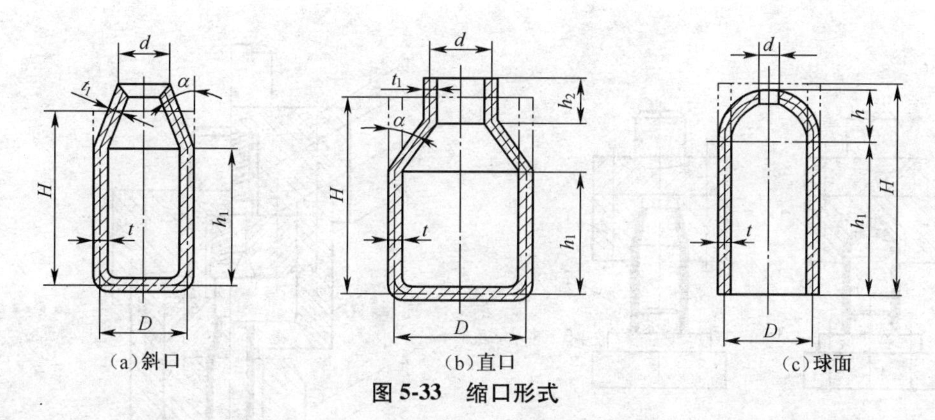

(a)斜口 (b)直口 (c)球面

图 5-33 缩口形式

定变形。长度方向上,当凹模半角不大时,会发生少量伸长变形;当凹模半角较大时,也发生少量压缩变形。厚度方向上,缩口时颈口略有增厚,通常不予以考虑;若需要精确计算时,颈口厚度按下式计算:

$$t_1 = t\sqrt{\frac{D}{d_1}},\quad t_n = t_{n-1}\sqrt{\frac{d_{n-1}}{d_n}}$$

式中 t——材料缩口前厚度,mm; D——缩口前直径,mm;

t_1、t_{n-1}、t_n——各次缩口后颈口壁厚,mm;

d_1、d_{n-1}、d_n——各次缩口后颈口直径,mm。

(6)缩口力的确定 缩口力的大小可按经验公式计算。对于无支承的缩口,缩口力 F 为:

$$F = (2.4 \sim 3.4)\pi t_0 \sigma_b (d_0 - d)$$

式中 t_0——工件缩口前材料厚度,mm; d_0——工件缩口前中心层直径,mm;

d——工件缩口后口部中心层直径,mm; σ_b——材料抗拉强度,MPa。

3. 缩口模具结构形式

根据坯料及工件的形状、变形程度及产品技术要求,可以采用自由缩口模具,即无支承、外支承及内外支承的模具形式,如图 5-34 所示。

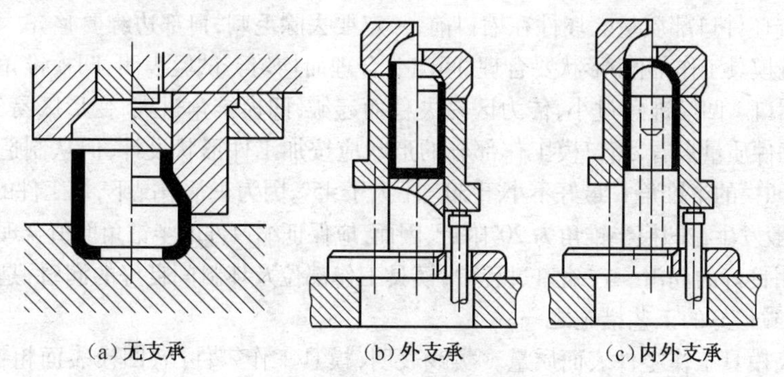
(a)无支承 (b)外支承 (c)内外支承

图 5-34 缩口模具形式

缩口模具结构比较规范,变化不大。图 5-35 为最简单缩口模具,适用于缩口变形程度较小、相对料厚较大的中小尺寸缩口件。图 5-36 为口部有芯棒、外部有机械夹持装置的缩口模具。

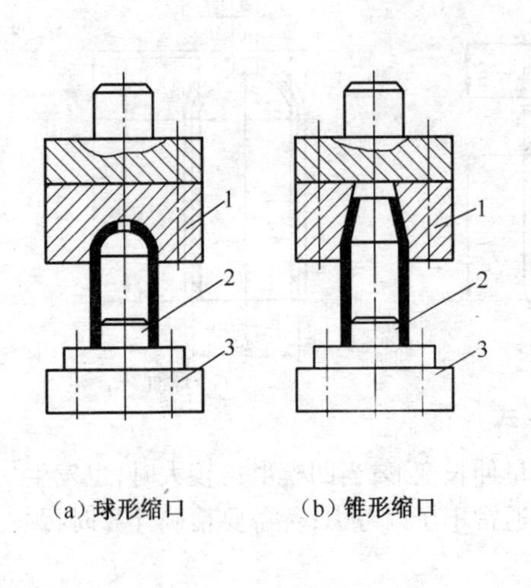

（a）球形缩口　（b）锥形缩口

图 5-35 简单缩口模

1. 凹模 2. 定位器 3. 下模板

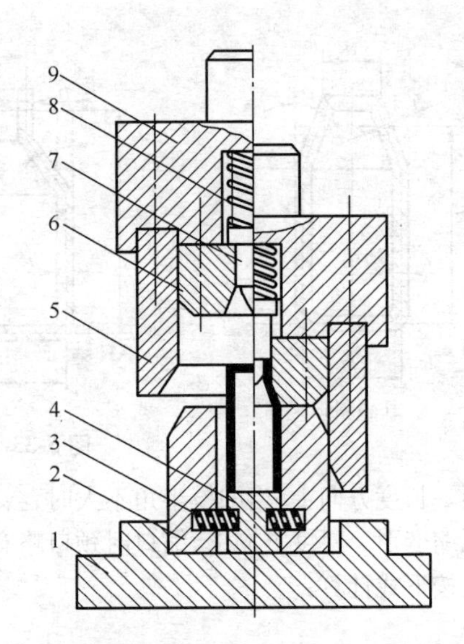

图 5-36 口部有芯棒、外部有机械夹持装置的缩口模具

1. 下模板 2. 夹紧器 3、8. 弹簧 4. 垫块 5. 锥形套筒 6. 凹模 7. 芯轴 9. 模柄

图 5-36 所示缩口模具工作时，管件由下模的夹紧器 2 夹住，提高了传力区直壁的稳定性。夹紧器由两个或等分的三个模块组成，其夹紧动作由上模中的锥形套筒 5 实现，弹簧 3 起复位作用，使取件、放料方便。上模内装有芯轴 7，不仅可提高缩口部分的内径尺寸精度，而且上模回程时，通过弹簧 8 作用可将管件从凹模 6 内推出。

4. 缩口的质量控制

由于缩口时，变形区金属主要是受切向压应力的作用，易于失稳起皱，因此，防皱是缩口加工的主要控制对象，采用的具体措施主要有以下几方面。

①选用塑性较好的缩口材料，必要时在缩口前进行退火处理，提高塑性，易于变形，防止皱纹的产生。

②检查坯件口部质量。坯件在缩口前，一定要去除毛刺，口部边缘要整齐。

③检查模具工作部位，形状要合理，间隙要合理而均匀。试验表明，凹模锥角过大或过小都不利于缩口。凹模锥角过小，传力区易失稳而起皱；凹模锥角过大，变形区易失稳而起皱。从保证加工件质量来看，缩口模工作部分的形状应按加工件形状设计，但从制造工艺性质考虑，则希望凹模的半锥角 α 最好不小于 30°、不大于 45°，因为正常情况下，加工件的最大极限缩口变形，一般发生在凹模半锥角为 20°附近，因而，应保证缩口件的半锥角取值合理。

④采用良好的润滑。在缩口过程中，模具工作部位及坯料间良好的润滑，是保证工件成形、防止起皱最好的工艺措施之一。

⑤提高模具工作零件表面质量。实践表明，模具工作零件凸、凹模表面粗糙度越低，越容易使工件成形，减少起皱。因此，模具在工作一段时间后，应对凸、凹模工作表面进行研磨与抛光，提高表面粗糙度等级。

在上述措施均采用后，若加工件仍起皱，则可将坯料进行局部加热后再缩口，或在缩口时,采用填充材料(一般用于大型加工件)进行缩口,也能收到良好的防皱效果。

5.3.2 扩口

1. 扩口变形过程分析

在模具压力作用下的扩口变形如图 5-37 所示,根据其变形过程及其作用,也可把坯料划分为传力区、变形区和已变形区三部分。扩口时,变形区 bc 不断增大,传力区 ab 则相应减小,传力区的材料逐渐向变形区转移。

扩口时,变形区的材料受到切向拉应力和轴向压应力,在切向拉应力的作用下,产生切向伸长变形。越靠近变形区的外缘(切向边缘 c 处),切向拉应力 σ_θ 越大,切向拉应变 ε_θ 也就越大,故壁厚减薄严重。若扩口变形程度过大,则扩口边缘 ε_θ 由于变薄过度而导致破裂。

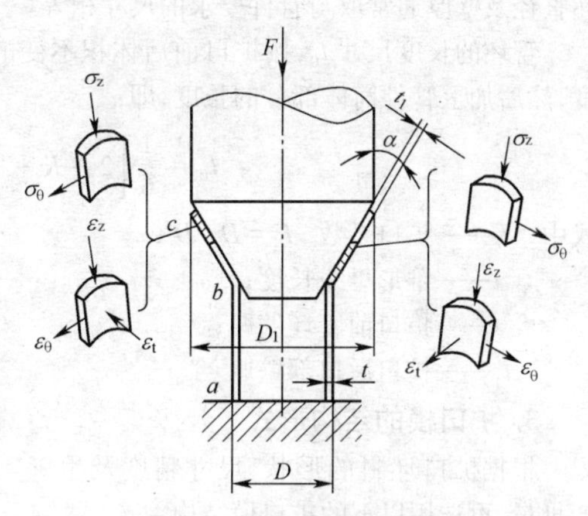

图 5-37 扩口变形过程分析

在靠近变形区的内缘(扩口颈部 b 处),因扩口凸模对材料的镦压作用以及摩擦效应明显,切向拉伸应变又较小,故该部位的壁厚略有增加,但这不会影响加工件的 ε_θ 作用。在非变形区的管壁(传力区 ab 段)上,由于承受全部的扩口压力 F,当管壁较长、相对壁厚 t/D 较小时,容易丧失稳定。因此,防止变形区材料的破裂和传力区的失稳是扩口成形的主要问题。

2. 扩口加工工艺参数的确定

(1)扩口系数 扩口变形的极限变形程度,主要受扩口变形区材料的破裂和传力区的失稳两因素的限制,其变形程度以扩口系数 K 来衡量,$K=\dfrac{D_1}{D}$

式中 D_1——扩口后外缘的直径,mm; D——扩口前管坯的直径,mm。

极限扩口系数的大小主要与材料种类、相对料厚、模具结构型式和凸模锥角等因素有关。极限扩口系数 K_{max} 可按失稳理论计算,即:

$$K_{max}=\frac{1}{\left[1-\dfrac{\sigma_k}{\sigma_m}\cdot\dfrac{1}{1.1(1+\tan\alpha/\mu)}\right]^{\tan\alpha/\mu}}$$

式中 σ_k——抗失稳的临界应力,MPa;

σ_m——变形区平均变形抗力,MPa;

α——凸模的半锥度(°);

μ——摩擦系数。

从上式可以看出,比值 σ_k/σ_m 是影响极限扩口系数的重要因素,提高 σ_k/σ_m 比值就可提高极限扩口系数,为此,可采取对管坯的传力区增加约束,提高抗失稳的能力,以及对扩口变形区局部加热等措施来达到目的。此外,t/D 值越大,允许的极限变形程度也越大。钢管扩

口时,极限扩口系数与相对壁厚的经验关系式为: $K_{max} = 1.35 + \frac{3t}{D}$

当采用半锥角 $\alpha = 20°$ 的刚性凸模进行扩口时,其极限扩口系数见表5-19。

表5-19　极限扩口系数 K_{max} 与相对厚度 t/D 之关系

t/D	0.04	0.06	0.08	0.10	0.12	0.14
K_{max}	1.45	1.52	1.54	1.56	1.58	1.60

(2)坯料尺寸计算　在扩口件坯料尺寸计算时,对于给定形状、尺寸的扩口管件,其管坯直径及壁厚通常取与管件要求的尺寸相等。

管坯的长度尺寸 l_0,按扩口前后体积不变的条件来确定,等于扩口部分所需的管坯长度,然后加上管件筒体部分的长度,即:

$$l_0 = \frac{1}{6}\left[2 + K + \frac{t_1}{t}(l + 2K)\right]$$

式中　K——扩口系数。$K = D_1/D$;

l——锥形母线长度;

t——扩口前管坯壁厚;

t_1——扩口后口部壁厚。

3. 扩口模的结构形式

根据扩口坯料的形状、尺寸精度及生产批量,可选用以下的扩口模结构。

对直径小于20 mm,壁厚小于1 mm的管材,如果生产批量不大,可采用图5-38所示的简单手工工具扩口,但扩口的精度、粗糙度不理想。

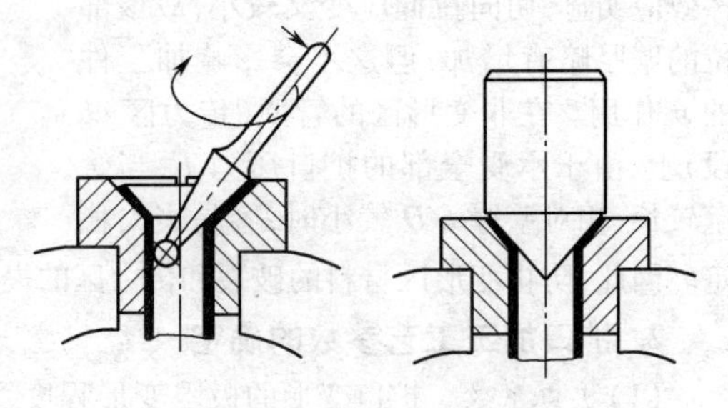

图5-38　手工工具扩口

当生产批量较大;扩口质量要求较高时,可采用模具扩口或用专用设备加工。图5-39为简单扩口模结构,适用于短管坯的扩口加工。

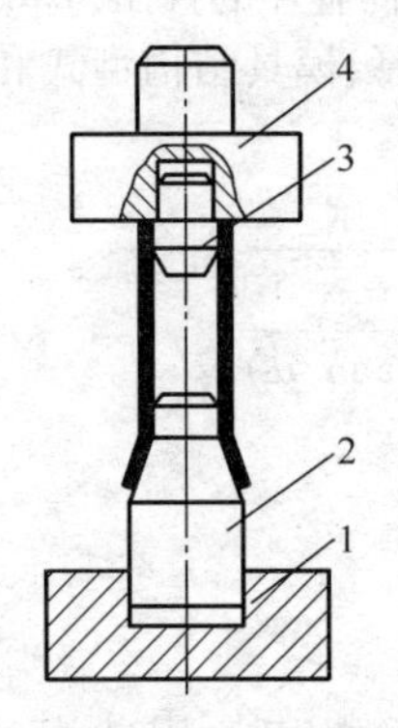

(a)用于较大管坯相对壁厚的扩口模

1. 凸模固定板　2. 凸模　3. 衬块　4. 模柄

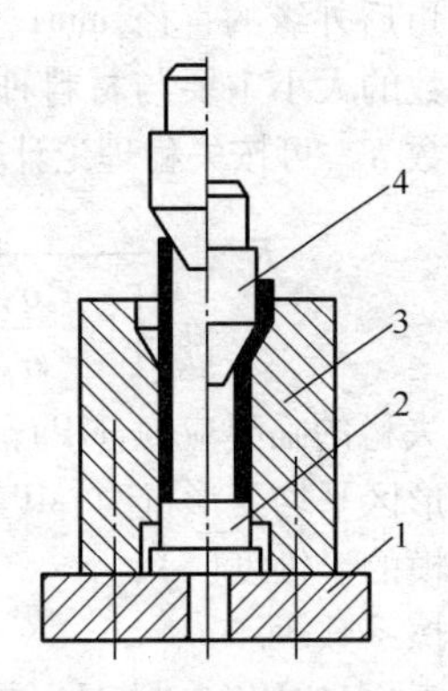

(b)用于较小管坯相对壁厚的扩口模

1. 凹模固定板　2. 顶件块　3. 凹模　4. 凸模

图5-39　简单扩口模

图 5-39a 由于扩口成形过程中，管壁传力区外无约束，传力区易失稳，故常用于管坯相对壁厚（t/d）较大的扩口加工。图 5-39b 由于凹模 3 对管壁传力区有约束作用，故可用于相对壁厚（t/d）较小的管坯扩口加工。

图 5-40 为有夹紧装置的扩口模结构。凹模做成对开式，固定凹模 8 紧固在下模板 1 上，活动凹模 4 在斜楔 5 作用下做水平运动，以实现夹紧管坯的动作。扩口时，对开式凹模 4、8 将管坯夹紧，增加传力区管坯的稳定性。扩口完毕后，弹簧 9 起复位作用，使取件、放料方便。此扩口模适用于生产批量较大的扩口件加工。

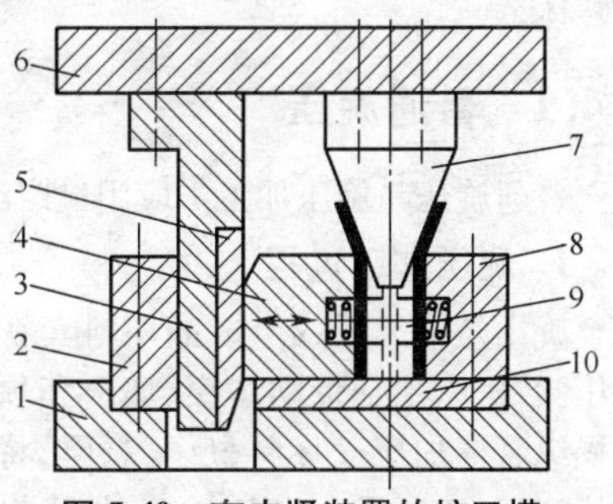

图 5-40 有夹紧装置的扩口模

1. 下模板 2. 挡块 3. 斜楔座 4. 活动凹模 5. 斜楔 6. 上模板 7. 凸模 8. 固定凹模 9. 弹簧 10. 垫板

4. 扩口的质量控制

扩口时，变形部分主要受切向拉应力，其口部破裂是扩口加工的主要缺陷，在采用刚性锥形凸模沿轴向扩口时，传力区还可能发生失稳而起皱。因此，必须采取必要措施，克服口部裂纹、主体失稳起皱缺陷，常采用以下措施。

①检查模具工作部位。如凸、凹模的结构形式，凸模尽量采用整体式。因为整体式锥形凸模要比分瓣式扩口有利，比较稳定且变形均匀；而采用分瓣式，使得坯料变形不均匀，易使口部破裂。同时，凸、凹模一定要间隙合理，表面光滑。

②检查坯件的厚薄。坯件厚薄一定要均匀，符合工艺要求。通常，管材原始壁厚与直径之比大，最有利于扩口。

③检查管料或拉深筒体扩口端部的加工质量。坯料端部不能有毛刺及参差不齐，粗糙的端口在成形时，往往由于应力集中而导致口部开裂。因此，坯件在扩口前应进行口部清理，去除毛刺，使口部边缘整齐，光洁、平整、无杂物。

④为防止非变形区失稳而形成的皱纹，在模具结构上，一定要有对传力区进行约束的措施，使之在扩口时，不偏置而失稳。

⑤降低冲压速度。在扩口时，冲压速度不要过快，一般应在液压螺旋压力机或液压机上扩口，尽量不使用普通冲床。因普通冲床由于受冲击及振动的影响，很容易使口部发生裂纹。加工过程注意良好的润滑，减少摩擦，使之在润滑良好状态下进行工作。

⑥采用局部加热后进行扩口。采用局部加热或在扩口前进行坯件退火，可使材料塑性提高，便于加大变形，同时，使材料软化后也不容易产生裂纹和起皱。

5.4 旋 压

旋压是将坯料固定在旋压机的模具上，在坯料随机床主轴转动的同时，用旋压轮或赶棒加压于坯料，使之产生局部的塑性变形。由于旋轮的进给运动和坯料的旋转运动，使局部的塑性变形逐步地扩展到坯料的全部表面，完成工件的加工。旋压已逐渐成为薄壁空心回转件的特殊成形工艺。

根据旋压过程中，材料厚度是否发生明显变化，分为普通旋压和变薄旋压两种。普通旋压在旋压过程中,材料厚度不变或只有少许变化;变薄旋压在旋压过程中壁厚变薄明显,又叫强力旋压。

旋压多用于加工轴对称形状的工件,如圆筒形、锥形、抛物面形或其他各种曲线构成的旋转体。

5.4.1　普通旋压

普通旋压是旋压加工中应用最广泛的方法,也是变薄旋压加工的基础。

1. 旋压加工过程

旋压是将平板或半成品坯料套在芯模上,并用顶块压紧,机床主轴带动芯模、坯料和顶块一起旋转,手工操纵赶棒加压于坯料,反复赶碾,将坯料由点到线,由线到面,逐渐紧贴芯模成形,从而获得所要求的工件形状。图5-41为旋压操作过程示意图,其中,1′~9′为坯料连续旋压成形位置。

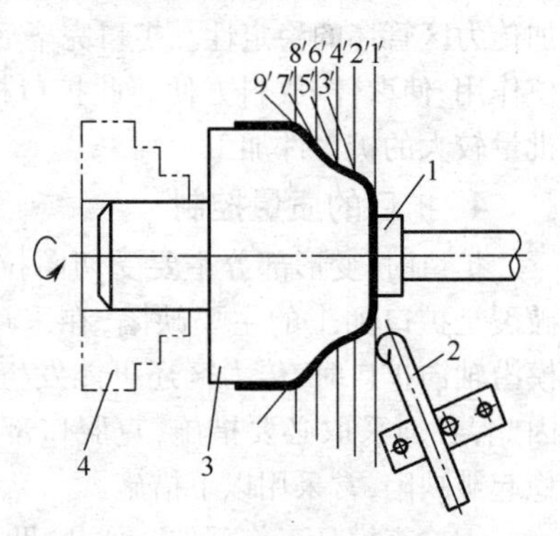

图5-41　旋压过程示意图

1. 顶块　2. 赶棒　3. 芯模　4. 卡盘

2. 旋压加工的特点

根据旋压加工过程可知,旋压加工的优点是设备和模具都比较简单(生产加工中,若没有专用的旋压机时可用车床代替),且多采用手工旋压加工,各种形状旋转体的拉深、翻边、缩口、胀形和卷边均适用,加工范围广,机动性大,但生产效率低,劳动强度大。故手工旋压只适用于单件、小批量及薄软坯料的加工。若采用半自动及自动旋压,则可用于大批量及厚硬坯料的加工。表5-20为旋压加工常用材料。

表5-20　旋压加工常用材料

材　料	牌　　号
优质碳素钢	20、30、45、60、15Mn、16Mn
合金钢	40Cr、40Mn2、30CrMnSi、15MnPV、15MnCrMoV、14MnNi、40SiMnCrMnV、45CrNiMoV
不锈钢	1Cr13、1Cr18Ni9Ti、1Cr21Ni5Ti
耐热合金	CH-30、CH128、Ni-Cr-Mo
非铁金属及合金	T2、HNi65-5、HSn62-1、5A03、5A05、5A06、5A12、3A21、6A02、2A14、7A04、7A31
难熔金属稀有金属	烧结纯钼、纯钨、纯钽、铌合金C-103、Cb-275、纯钛、TC4、TB2、6Al-4V-Ti、纯锆、Zr-2

常用材料中,纯铝、金、银、铝锰系铝合金及纯铜对普通旋压的适应性优良;铝镁锰系合金、黄铜、低碳钢较好;高镁含量的铝镁系铝合金较差。难熔合金、钛合金等宜用加热旋压。

在旋压变形过程中,坯料在赶棒的加压作用下,由点到线、由线到面,最后逐级紧贴芯模成形。坯料切向受压、径向受拉,一方面与赶棒的接触点产生局部塑性变形,另一方面沿赶棒加压的方向倒伏,如操作不当,会引起材料失稳起皱或破裂。因此,采用手工旋压对操作工人的技术水平要求较高,产品质量稳定性较差。表 5-21 为手工旋压的最大适宜厚度。

表 5-21 手工旋压的最大适宜厚度 (mm)

材料	铝	纯铜	软钢	不锈钢
厚度	3~4	3	2	1.35

旋压件的尺寸公差等级可达 IT8 级左右,表面粗糙度 $Ra<3.2\mu m$,强度和硬度均有显著提高。表 5-22 为旋压加工能达到的直径精度。

表 5-22 旋压件直径精度 (mm)

工件直径		<610	610~1220	1220~2440	2440~5335	5335~6605	6605~7915
精度	一般	±0.4~0.8	±0.8~1.6	±1.6~3.2	±3.2~4.8	±4.8~7.9	±7.9~12.7
	特殊	±0.02~0.12	±0.12~0.38	±0.38~0.63	±0.63~1.01	±1.01~1.27	±1.27~1.52

3. 旋压加工的工艺要点

旋压成形虽然属于局部成形,但是如果材料的变形量过大(即坯料直径太大,主芯模直径太小)便容易起皱,应两次或多次旋压成形。旋压的变形程度以旋压系数 m 表示:

$$m=\frac{d}{D}$$

式中 d——工件直径(若是锥形件指小端直径),mm; D——坯料直径,mm;

筒形件极限旋压系数可取 0.6~0.8,当相对厚度 $t/D\times100=0.5$ 时取大值;当 $t/D\times100=2.5$ 时取小值。锥形件极限旋压系数可取 0.2~0.3。

若工件需要的变形程度比较大(即 m 较小),不能在一道工序中旋压完成时,应多次旋压。多次旋压是由连续几道工序在不同的芯模上进行,但芯模都以底部直径相同的锥形过渡,如图 5-42 所示。由于旋压过程材料的硬化程度比在压力机上拉深时要大得多,故多次旋压时必须进行中间退火。

对用平板坯料通过旋压生产拉深件的坯料尺寸可参照拉深相关公式,按等面积原则计算,但应考虑旋压时壁厚减薄,引起表面积的增加,有时可增加到 20%~30%。旋压浅形件时,面积变化较小,坯料直径可比理论值小 3%~5%。

旋压加工主要由芯模和赶棒共同完成,芯模通过专供旋压车床的三爪对其进行固定,其相关尺寸按照图样标注尺寸进行设计。考虑到旋压成形后工件产生的回弹作用影响到旋压件的尺寸质量,因此,应考虑回弹量对主芯模尺寸的影响。

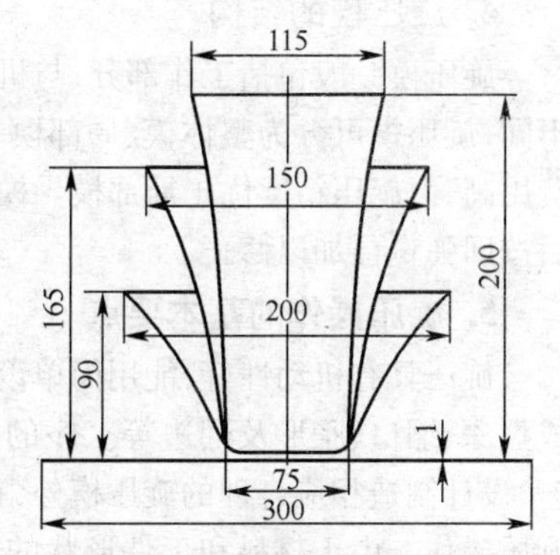

图 5-42 几道连续工序的旋压

芯模的材料主要与工件的形状和产量有关。当产量很小且尺寸精度要求不太高时,芯模可采用木质、铝及铸铝等材料,或采用金属与木质合制;当产量较大且尺寸精度要求较高时,芯模可采用铸铁或钢来制造;当产量很大,则芯模应选择 Cr12 等材料,并经热处理硬度达到 58~62HRC,同时,芯模应有较低数值的表面粗糙度及较轻的重量。芯模的外形应符合工件内表面的要求。

对于旋压用的大型芯模应考虑平衡和固定问题。一般情况下,旋压用的小型芯模可直接固定在车床的三爪夹盘上,而大型芯模可用螺纹形式直接固定在机床主轴上,但要考虑螺纹方向应有自锁功能,并且拆卸方便。

旋压用的旋压轮结构有多种类型,一般材料用组织坚实的硬木(核桃木、枣木)或碳素工具钢制成。为达到高质量的旋压工件,应设计成形刀具。图 5-43 为在旋压机上使用的各种旋轮形状,表 5-23 为相应型号旋轮的尺寸。

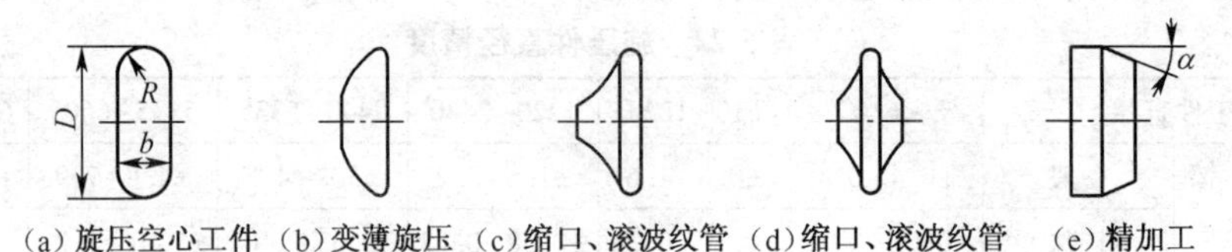

(a) 旋压空心工件 (b) 变薄旋压 (c) 缩口、滚波纹管 (d) 缩口、滚波纹管 (e) 精加工

图 5-43 旋轮的形状

表 5-23 旋轮尺寸 (mm)

旋轮直径 D	旋轮宽度 b	旋轮圆角半径 R				
		a	b	c	d	e[α/(°)]
140	45	22.5	6	5	6	4(2)
160	47	23.5	8	6	10	4(2)
180	47	23.5	8	8	10	4(2)
200	47	23.5	10	10	12	4(2)
220	52	26	10	10	12	4(2)
250	62	31	10	10	12	4(2)

注: a、b、c、d、e 见图 5-43。

4. 旋压模的结构

旋压模一般包括工作部分、与机床配合部分以及供坯料定位、压紧部分,按结构组成的不同,旋压模可分为整体模、局部模、组合模、空气模,其结构如图 5-44 所示。其组合模制造费用高,但旋压精度优于局部模。模具型面尺寸按工件相应尺寸的中、下偏差确定,经试旋后按回弹量再加以修正。

5. 旋压操作的基本要点

旋压具有机动性好,能用简单设备和模具加工出形状复杂的工件,且生产周期短,能完成拉深、缩口、胀形及翻边等工序的操作。但旋压加工件的质量除了应制定合理的加工工艺、设计制造相应合理的旋压模外,在很大程度上还取决于旋压操作参数的选择及其相应的旋压操作。由于材料和工件形状的不同,旋压操作也有所不同,但基本要领是防止起皱和旋裂。

在旋压过程中,外缘不宜过多赶料,因为该处的稳定性差,用力过大,就会起皱。但可在离开外缘较远处赶料,由于外缘刚性凸缘的牵制,仍比较稳定,可以施加较大的压力加速材

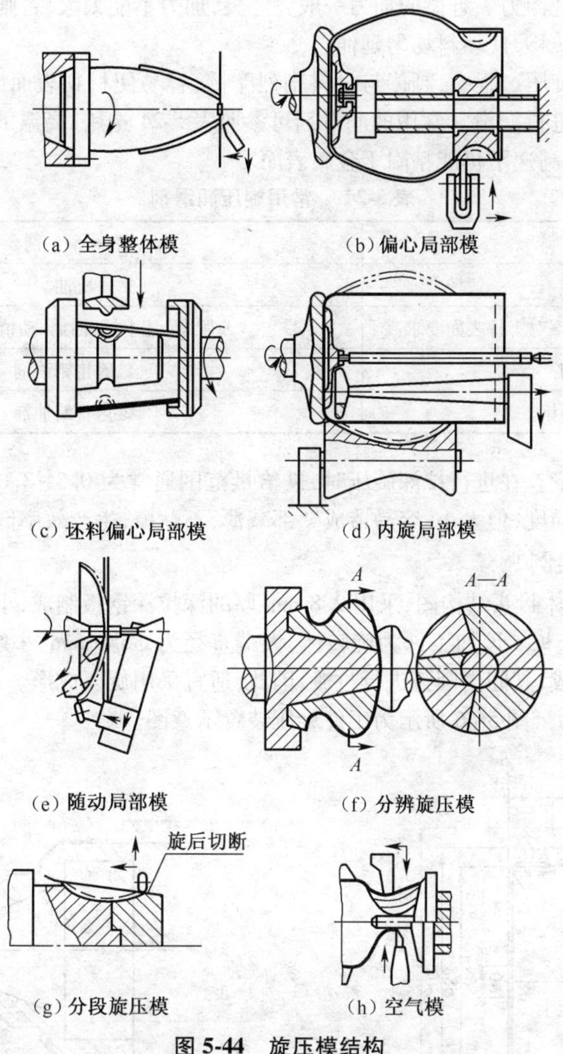

(a) 全身整体模　(b) 偏心局部模

(c) 坯料偏心局部模　(d) 内旋局部模

(e) 随动局部模　(f) 分辨旋压模

(g) 分段旋压模　(h) 空气模

图 5-44　旋压模结构

料流动。在赶料过程中,如果外缘不起皱,则内缘也不易起皱;如果开始不起皱,以后起皱可能性也较小。一般说来,旋压操作的基本要点如下。

①选择合理的转速。如果转速太低,坯料将在赶棒作用下翻腾起伏极不稳定,使旋压工作难以进行;如果转速太高,则材料与赶棒接触次数太多,容易使材料过度辗薄。合理转速一般是:软钢为 400~600 r/min; 铝为 800~1 200 r/min。当坯料直径较大,厚度较薄时,取小值,反之,则取较大值。

②应按合理的过渡形状操作。旋压操作如图 5-41 所示。首先应从坯料靠近模具底部圆角处开始,得出过渡形状 2′,此后,再轻赶坯料的外缘,使之变为浅锥形,得出过渡形状 3′。因为锥形的抗压稳定性比平板高,材料不易起皱。以后的操作步骤和前述相同,即先赶辗锥形的内缘,使这部分材料贴模(过渡形状 4′),然后再轻赶外缘(过渡形状 5′)。如此多次反辗,直到工件完全贴模为止。

③选择合理的赶棒力。赶棒的加力一般凭经验,加力不能太大,否则容易起皱。同时赶棒着力点必须不断转移,使坯料均匀延伸。

④合理润滑。旋压过程中,赶棒与材料剧烈摩擦,容易使材料表面或摩擦生热变硬,因此,在旋压时,必须进行润滑。常用的润滑剂可参照表5-24选用,高温下可用石墨或凡士林的混合油膏,使其在高速下仍能粘附于金属表面。

表5-24　常用旋压润滑剂

坯　料		润　滑　剂
铝、铜、软钢	一般场合	机油
	对工件表面要求高	肥皂、凡士林、白蜡、动植物脂等
钢		二硫化钼油剂
不锈钢		氯化石蜡油剂

⑤合理的进给量。在进行拉深旋压时,进给量范围通常为0.3~3.0 mm/r。进给量小,有利于改善表面粗糙度,但太小,容易造成壁部减薄,不贴模,生产效率低。

6. 旋压加工实例

图5-45为旋转体封头结构图,采用2.8 mm厚的深拉深钢板制成,小批量生产。

(1)加工工艺分析　该加工件为旋转体,大端直径为ϕ680 mm,小端直径为ϕ568 mm,由多个圆形台阶构成,其间由圆弧进行过渡,因此,适宜采用旋压成形。

(2)旋压模结构　图5-46所示为工件旋压装置示意图。

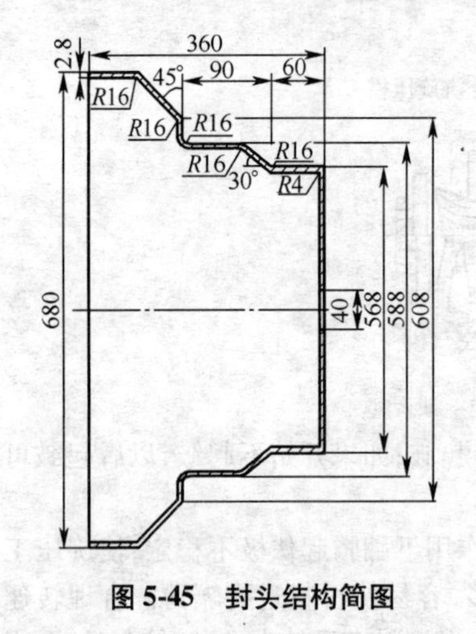

图5-45　封头结构简图

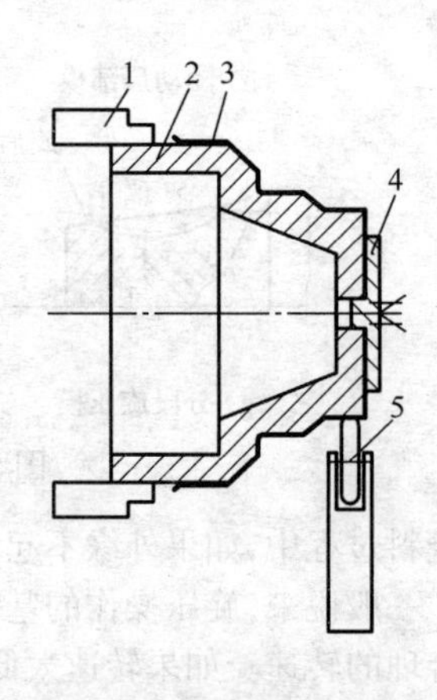

图5-46　旋压装置示意图

1. 车床卡盘　2. 主芯模　3. 工件　4. 定位压板　5. 成形刀具

压料板装在旋压车床的专用顶针上,压料板中心轴对坯料中心孔进行定位,合模后由专用顶针将坯料压在主芯模上。调整车床转速并调整成形刀具到合适的位置后,进行试生产,直到符合加工件技术要求后转入批量生产。

(3)设计要点

①主芯模设计。图5-47为主芯模结构简图,通过专供旋压车床的三爪对主芯模进行固

定，其相关尺寸按照图样标注尺寸进行设计。考虑到旋压成形后工件产生的回弹作用，影响到旋压件的尺寸质量，因此应考虑回弹量对主芯模尺寸的影响。

该模具设计中，主芯模选择 Cr12 材料，经热处理后硬度为 58～62HRC，并有较低数值的表面粗糙度及足够的硬度，外形应符合工件内表面的要求。

②成形刀具设计。为了能够达到高质量的旋压工件，设计了图 5-48 所示成形刀具。

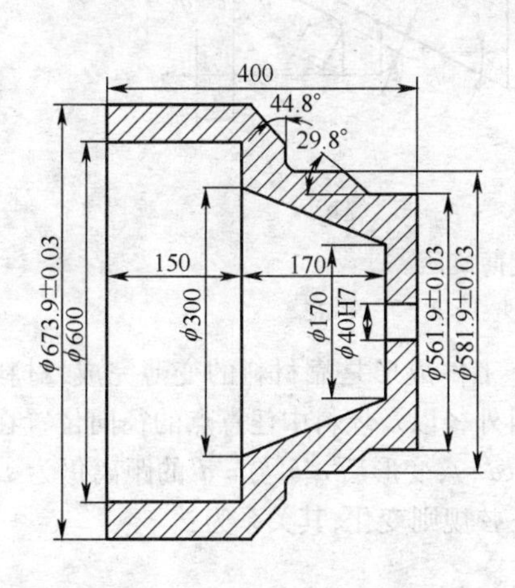

图 5-47 主芯模尺寸简图

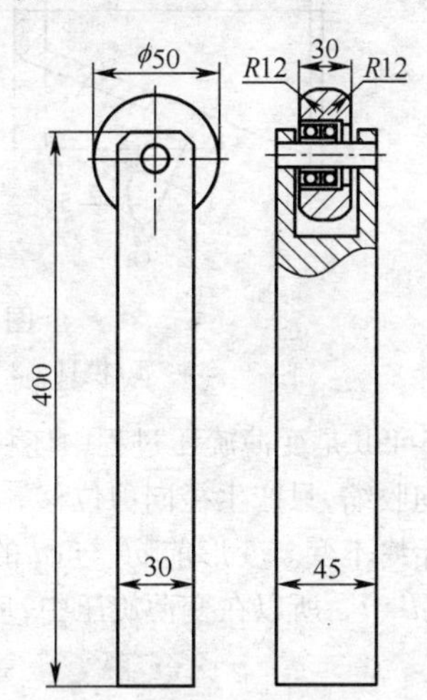

图 5-48 成形刀具结构尺寸简图

其中刃口为一能够围绕轴心进行自由旋转的弧形旋轮。弧形旋轮的圆角半径 R 应根据工件的尺寸与料厚等因素来选择。R 越大，旋压后的工件表面越光滑，但操作时较费力；反之，使用 R 小的弧形旋轮时，成形刀具使用起来比较省力，但工件表明容易出现沟槽。通常根据实际试验结果进行微调整。

为增加弧形旋压轮旋转灵敏度，仿照轴承式样设计了滚动钢球。弧形旋轮刃口选用 Cr12 材料，并经热处理后硬度为 55～58HRC，刀具表面精抛光处理。

采用弧形旋轮时，成形刀具应进行适度控制。成形刀具不宜过长或过短，过短，操作力增大，过长，容易发生振动，影响旋压质量。

5.4.2 变薄旋压

变薄旋压按变形性质和工件形状不同，可分为锥形件变薄旋压和筒形件变薄旋压两类；按旋压轮与坯料相对流动方向不同分为正旋压与反旋压两类。锥形件变薄旋压又称为剪切旋压，用于加工锥形、抛物线形和半球形等工件。筒形件变薄旋压又称为挤出旋压或流动旋压，用于筒形件和管形件的加工。

正旋压指材料流动方向与旋压轮运动方向相同时的旋压，而反旋压则指材料流动方向与旋轮运动方向相反时的旋压。

1. 变薄旋压变形的特点

图 5-49 所示为锥形件变薄旋压过程示意图。旋压机的尾架顶块将坯料压紧在模具上，使其随同模具一起旋转，旋轮通过机械或液压传动加压于坯料，其单位面积压力可达 2500～3000 MPa。旋轮沿给定轨迹移动并与模具保持一定间隙，使坯料厚度产生预定的变薄加工，

最终成形。

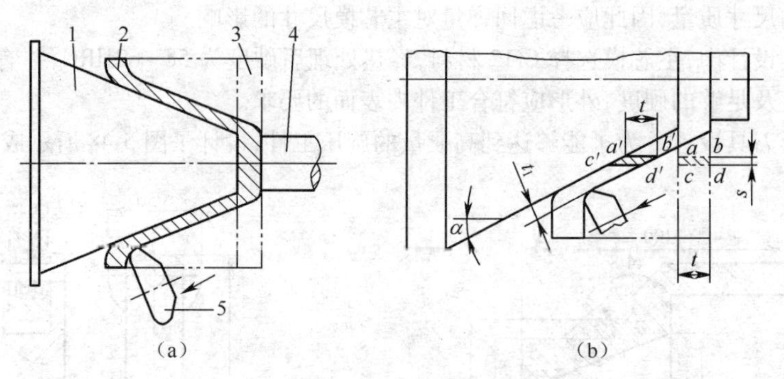

图 5-49 锥形件变薄旋压

1. 模具 2. 工件 3. 坯料 4. 顶块 5. 旋轮

图 5-49b 是变薄旋压过程中坯料的变形情况。工件成形是靠材料的变薄完成，材料不发生切向收缩，只产生径向剪位移。试验证明，坯料外径以及坯料中任意点的径向位置在变形前后始终不变。变形前 ab 与 cd 的距离为 s，$ab=cd=t$，变形后 $a'b'$ 与 $c'd'$ 的距离仍为 s，且 $a'b'=c'd'=t$。所以在变薄旋压中，坯料的厚度按正弦规则变化，其关系为：

$$t_1 = t\sin\alpha$$

式中 t_1——工件厚度，mm； t——坯料厚度，mm； α——模具半锥角，(°)。

旋轮与模具之间的间隙应符合正弦定则，如果间隙偏大，旋出的工件不贴模，母线不直，壁厚不均，凸缘在旋压过程中向前翻倒甚至起皱；间隙偏小，旋轮前面将出现材料堆积现象，工件的内应力大，甚至局部破裂，凸缘也发生翻倒，但工件内壁贴模好，而壁厚的均匀度和母线直线度较差。

变薄旋压时，坯料的尺寸按外径等于工件外缘直径，厚度由正弦定则变化求得。尽管这一规律由锥形件所推出，但对抛物线形和半球形等异形件基本上都适用，但又有各自的特点。

抛物线和半球形件变薄旋压时，由于抛物线形和半球形工件的母线均为曲线，曲母线上各点的半锥角 α 角是一个有规律的变数，而锥形件母线的半锥角 α 是一常数。根据正弦定则，若利用等厚平坯料则只能加工出不等厚的工件。图 5-50 即为用等断面坯料旋压半球形工件的变形原理图，在工件凸缘直径不变的情况下，不同的位置（不同的 α 角）上得到不同的壁厚。

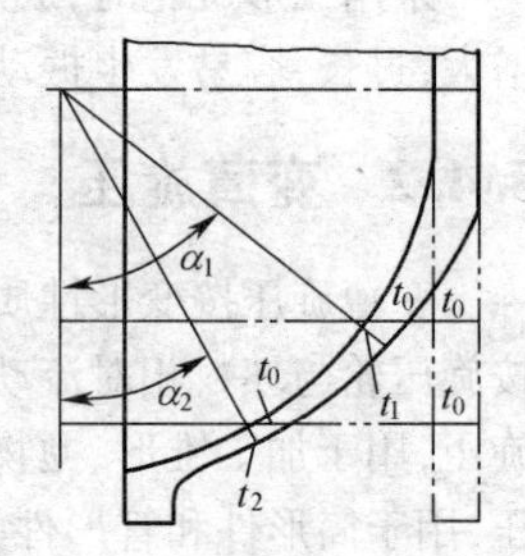

图 5-50 用等断面坯料旋压半球形工件

如果要获得等厚度的工件，其坯料就应不等厚，这时坯料各个位置的厚度仍按正弦定则求出。对于不等厚的坯料，可用车削或预成形的方法获得。

筒形件的变薄旋压变形不存在锥形件的那种正弦关系，只是体积的位移，遵循塑性变形体积不变条件和金属流动的最小阻力定律。这是因为筒形件变薄旋压时，筒形件的半锥角 $\alpha=0$，按正弦定则坯料厚度 $t=t_1/\sin\alpha=\infty$，很显然不能用平坯料旋出。因此，筒形件的变薄旋压只能采用壁厚较大、长度较短而内径与制件相同的圆筒形坯料,如图5-51所示坯料3(可用普通旋压或拉深的方法制得)。筒形件的变薄旋压,一般只用于批量较小、不宜采用冷挤压或其他方法成形的情况,计算坯料时应按工件和坯料体积相等,并考虑留切边余量的原则进行。

2. 变薄旋压加工的特点

根据变薄旋压的变形情况,可以分析其加工特点。

①与普通旋压相比,变薄旋压在加工过程中坯料凸缘不产生收缩变形,因此,没有凸缘起皱问题,也不受坯料相对厚度的限制,可以一次旋压出相对深度较大的工件。变薄旋压一般要求使用功率大、刚度大并有精确靠模机构的专用强力旋压机。

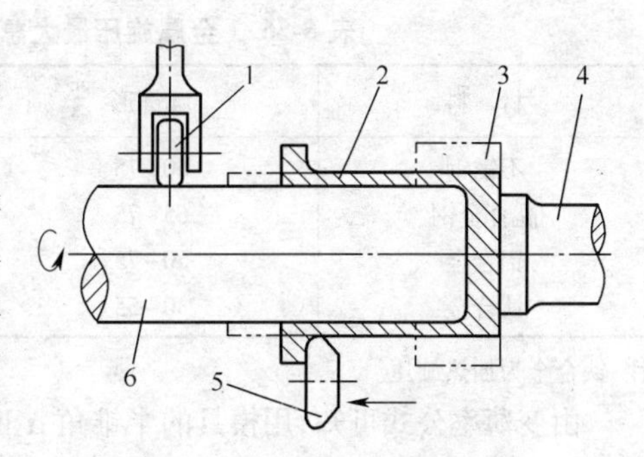

图5-51 筒形件的变薄旋压

1. 支承滚轮 2. 制件 3. 坯料 4. 顶块 5. 旋轮 6. 芯模

②与普通旋压及拉深相比,变薄旋压可以得到较高的直径精度。表5-25给出了筒形件变薄旋压的尺寸精度。

表5-25 筒形件变薄旋压的精度 (mm)

内 径	≤150			150~250			250~400			400~600		
壁 厚	<1	1~2	>2	<1	1~2	>2	<1	1~2	>2	<1	1~2	>2
内径公差(±)	0.10	0.10	0.15	0.10	0.15	0.15	0.20	0.25	0.25	0.25	0.30	0.35
椭圆度(≤)	0.05	0.05	0.10	0.10	0.12	0.15	0.20	0.25	0.30	0.35	0.40	0.50
弯曲度/m(≤)	0.20	0.15	0.15	0.35	0.25	0.25	0.45	0.45	0.45	0.45	0.50	0.50
壁厚差/批(±)	0.02	0.03	0.03	0.03	0.03	0.04	0.03	0.03	0.04	0.03	0.04	0.05
壁厚差/件(±)	0.02	0.02	0.02	0.02	0.02	0.03	0.02	0.02	0.04	0.03	0.03	0.04

③与普通旋压相比,变薄旋压工作条件更为恶劣,工作时要承受巨大的接触压力和剧烈摩擦,因此,旋轮及芯模材料多选用工具钢或含钒的高速钢、轴承钢制造,并淬火到硬度55~58HRC,抛光成镜面状态使用,以满足旋压时所具有的足够强度、硬度和耐热性要求。

④经变薄旋压后,材料晶粒紧密细化,提高了工件的强度和表面质量,表面粗糙度 R_a 可达0.4 μm。

⑤与冷挤压相比,变薄旋压是局部变形,因此,变形力比冷挤压小得多。某些用冷挤压加工困难的材料,用变薄旋压则可加工。

3. 变薄旋压成形极限

变薄旋压的变形程度用变薄率 ε 表示:

$$\varepsilon = \frac{t - t_1}{t} = 1 - \frac{t_1}{t} = 1 - \sin\alpha$$

旋压时各种金属的最大总变薄率见表 5-26。

表 5-26 金属旋压最大总变薄率 $\varepsilon \times 100$(无中间退火) (%)

材 料	圆锥形	半球形	圆筒形
不锈钢	60~75	45~50	65~75
高合金钢	65~75	50	75~82
铝合金	50~75	35~50	70~75
钛合金	30~55	—	30~35

注:钛合金为加热旋压。

由变薄率公式可知,用模具的半锥角 α 也可以表示变薄旋压的变形程度。α 越小则变薄率越大,当超过材料的极限变薄率时,制件壁部将被拉裂。因此,应当限制每次变薄旋压的半锥角。

当 $t_1 = t_{1\min}$ 时,$\varepsilon = \varepsilon_{\max}$、$\alpha = \alpha_{\min}$,所以极限变薄率 $\varepsilon_{\max}$ 和极限半锥角 $\alpha_{\min}$ 的关系为

$$\varepsilon_{\max} = \frac{t - t_{1\min}}{t} = 1 - \sin\alpha_{\min}$$

根据试验结果,极限变薄率 $\varepsilon_{\max}$ 和材料断面收缩率 ψ 之间有下式近似关系:

$$\varepsilon_{\max} = \frac{\psi}{0.17 + \psi}$$

表 5-27 为常用的几种材料,一次变薄旋压的极限半锥角 $\alpha_{\min}$ 值。

表 5-27 一次变薄旋压的极限半锥角 $\alpha_{\min}$ 值

料厚 t/mm	允许的最小半锥角 $\alpha_{\min}$/(°)				
	LF21 软	LY12 软	1Cr18Ni9Ti	20	08F
1	15	17.5	20	17.5	15
2	12.5	15	15	15	12.5
3	10	15	15	15	12.5

当工件的半锥角小于极限半锥角时,则需二次或多次变薄旋压,并应进行工序间退火,也可以用其他加工方法预先制出锥形坯料,再进行变薄旋压。材料经过多次变薄旋压,可达到的半锥角 α 为 6°~3°,相应于变薄率 ε 为 0.9~0.95。

4. 变薄旋压工艺参数的确定

确定变薄旋压工艺通常要考虑以下参数。

①旋压方向。异形件、筒形件一般采用正旋压加工;管形件采用反旋压加工。

②变薄率。变薄率直接影响旋压力的大小和旋压精度的高低。试验表明,许多材料一次旋压常取变薄率 < 30% 时,可保证工件达到较高的尺寸精度。旋压时各种金属的最大总变薄率应符合表 5-26 中所列数值。此外,也可按工件的半锥角确定变薄旋压次数及工序尺寸。

③主轴转速。主轴转速对旋压过程影响不显著,但提高转速可提高生产率和工件表面

质量。对于铝、黄铜和锌最大转速约为1 500 m/min;对于钢则为此数的35%~50%。不锈钢板常取120~300 m/min。

④进给量。芯模转一周旋轮沿母线移动的距离称为进给量。进给量对旋压过程影响较大,大多数体心立方晶格的金属可取0.3~3 mm/r。

⑤其他如芯模与旋轮之间的间隙、旋压温度、旋轮的结构尺寸等对旋压过程也有影响。

细长薄壁旋转件的变薄旋压,常采用钢球旋压法代替旋轮进行变薄旋压,即在模具中装有一圈钢球,由于旋压点增多,不仅提高了生产率,而且也降低了制件的表面粗糙度值,如图5-52所示。工作时,模具由旋压机带动作高速旋转,坯料套在芯模上,当芯模推动坯料向旋转着的模具移动时,钢球将坯料旋薄成工件。图5-52a是芯模推力作用于坯料的已变形区,由于材料流动方向与旋轮移动方向相同,故为正旋压;图5-52b则是作用于坯料的待变形区,由于芯模上部台肩的阻挡作用,迫使材料沿芯模下方移动,故为反旋压加工。反旋压加工可制造细长工件。

反旋压加工的特点是未旋压的部分不动,已旋压的部分向旋轮移动的反方向移动,这样,使坯料夹持简化,旋压轮移动距离短,被旋出的筒壁长(可以取下机床的尾架,使旋出长度超过机床的正常加工长度),但已旋出部分脱离芯模后,工件易产生轴向弯曲。

正旋压加工的特点则是坯料已旋压后的部分不再移动,因此,贴模性好,但由于旋轮移动距离长(应等于工件长度),故生产率低,如加工件小而长,芯模易产生纵弯曲。

在钢球变薄旋压中,钢球直径应根据压下量和咬入角来计算,由图5-53可知

$$\alpha = \arccos \frac{\dfrac{d}{2} - \Delta t}{\dfrac{d}{2}}$$

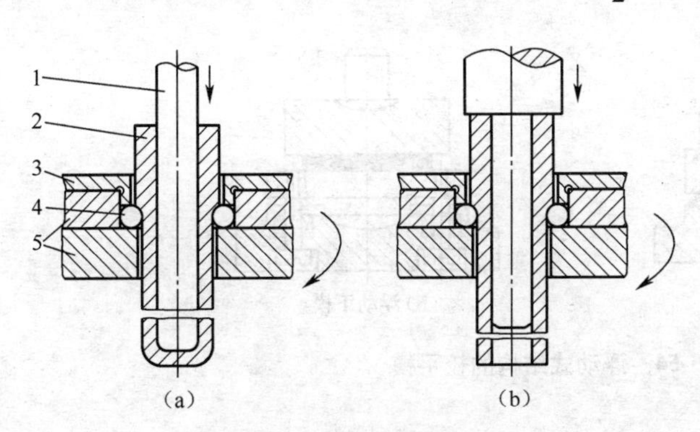

图5-52 钢球旋压

1. 芯模 2. 坯料 3. 压环 4. 钢球 5. 模具

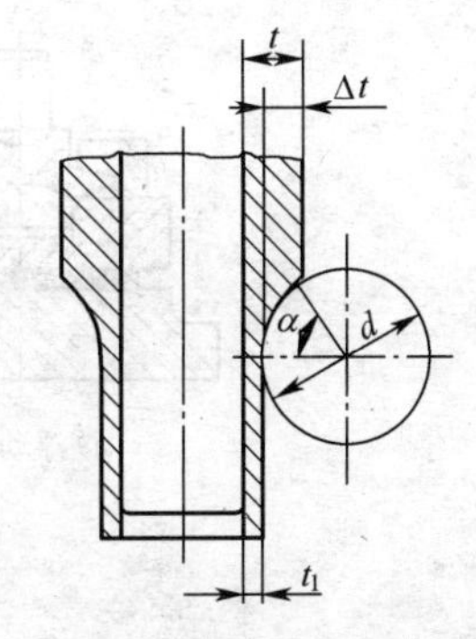

图5-53 钢球直径的计算

钢球直径 d 为: $d = \dfrac{2\Delta t}{1 - \cos\alpha}$

式中 α——咬入角,最佳咬入角参看表5-28;

Δt——压下量,压下量 Δt 与变薄率 ε 的关系为 $\varepsilon = \Delta t / t$。未经中间退火材料的最大总变薄率 ε 见表5-26。

表5-28　钢球变薄旋压的最佳咬入角

材　　料	α/(°)	材　　料	α/(°)
QSn6.5-0.1、QSn4-3	20~25	1Cr18Ni9Ti	20~22
铝合金	20~22	4Cr13	20~22
钼及钼合金	20~22		

按计算的钢球直径选相近的标准钢球。钢球的数目随工件的大小而不同,一般在模具内排列后,应保证钢球组成一个圆圈后,在圆周方向有0.5~1 mm的间隙,钢球之间最小间隙为0.005 mm。

5.5　校平与整形

校平与整形属修整性的成形工序,用以消除钣金件经过各种成形加工后几何形状与尺寸的缺陷。校平与整形是控制冲压产品质量、提高尺寸精度、形状精度的重要工艺措施。

5.5.1　校平

将坯料或冲裁件的不平度和翘曲度压平,称为校平。

1. 平板工件的校平

根据板料厚度不同和工件表面平直度要求,校平模具主要有平面校平模和齿形校平模两种。平面校平模是上下模均为光面平板,为避免压力机台面和滑块精度的影响,一般校平模都采用浮动式结构,如图5-54所示。齿形校平模分尖齿模和平齿模,结构如图5-55。

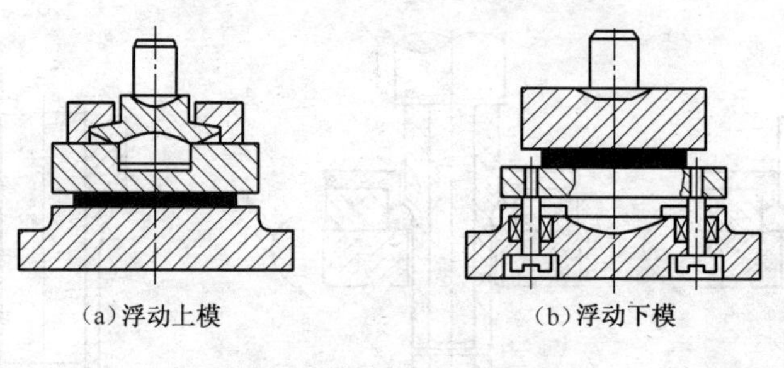

(a)浮动上模　(b)浮动下模

图5-54　浮动式结构的校平模

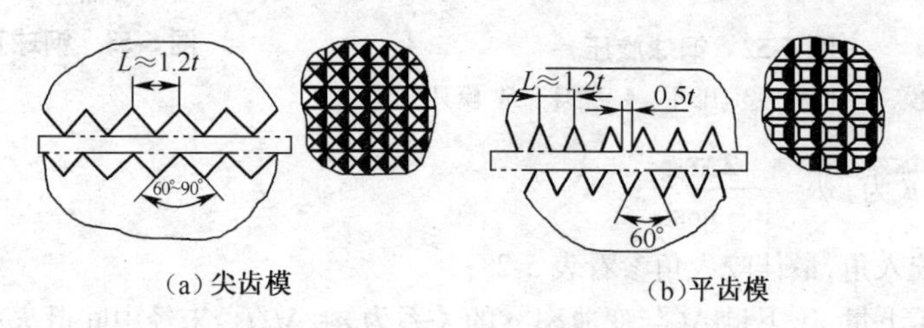

(a)尖齿模　(b)平齿模

图5-55　齿形校平模

2. 校平加工的正确使用

正确使用校平加工工艺,可提高加工件质量。校平加工过程中应注意以下几点。

①正确选用校平模。平面校平模主要用于薄料工件,或表面不允许有压痕的较厚料且表面平直度要求不高的工件。

尖齿校平模主要用于料厚大于 3 mm,表面允许有细痕的平直度要求较高的工件;平齿校平模主要用于料厚 0.3~1.0 mm 的铝合金、黄铜、青铜等表面不允许有深压痕的加工件。

齿形模的上下模齿尖应相互错开。当加工件的表面不允许有压痕时,可以采用一面平板、另一面带齿模板的校平方法。

②合理选用压力机。校平加工一般可选用摩擦压力机或液压机进行,但均应保证压力机的公称压力大于校平力 F。校平力 F 由下式计算:

$$F = A q$$

式中 A——校平投影面面积,mm; q——校平单位压力,MPa,一般取 50~200 MPa。

5.5.2 整形

将弯曲、拉深或其他成形件校整成最终的正确形状,称为整形。

1. 成形工件的整形

成形工件的整形是在弯曲、拉深或其他成形工序之后进行,此时,工件已接近于成品件的形状和尺寸,但圆角半径可能较大,或是某些部位尺寸形状精确度不高,需要整形使之完全达到图样要求。整形模和先行成形工序模大体相似,只是模具工作部分的公差等级较高、粗糙度更低、圆角半径和间隙较小。

2.整形加工的正确使用

正确使用整形加工工艺,同样有助于加工件质量的保证,一般来说,应注意以下几点。

(1)*正确选用整形加工方法* 正确的整形加工方法,有助于保证整形质量,若整形加工方法不对,还可能对工件起反作用。

①弯曲件整形方法的选用。弯曲件的整形方法主要有压校法和镦校法两种。压校法(如图 5-56a 所示)一般只对弯曲半径与弯角进行整形,主要用来校形一般用折弯方法获得的工件,工件一般尺寸较大,并可与弯曲工序结合进行;镦校法(如图 5-56b 所示)由于除了在工件表面垂直方向上施加压力作用外,还通过使整形部位的展开长度稍大于工件相应部位的长度,从而使弯边长度方向上也产生压缩变形,使工件断面内各点形成三向受压的应力状态,使工件得到正确的形状,因此,镦校法除可对弯曲件的弯曲半径与弯角进行整形外,还可兼对弯曲件的直边长度整形,但对于有孔或宽、窄不等的弯曲件,则不宜采用。

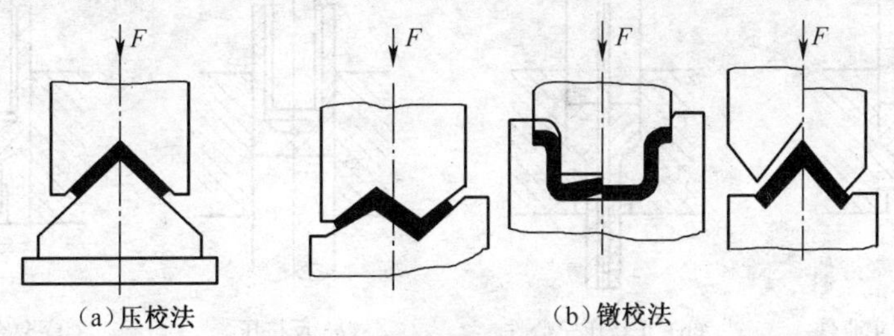

(a)压校法 (b)镦校法

图 5-56 弯曲件的整形方法

②拉深或成形件整形方法的选用。对于直壁筒形件,通常采用变薄拉深法进行整形,一般取较大的拉深系数,并把整形与最后一道工序结合起来,通过取负间隙,达到整形效果。单面间隙 Z 取材料厚度的0.9~0.95倍。

带凸缘工件整形时,为达到整形目的,常对工件以下部位进行校平:校平底部平面及校直侧面曲面;校平凸缘平面;校正凸缘根部与壁部之间的圆角半径。其中,校平底部平面与校直侧壁的校形工作,一般同直壁工件整形法一样,即采用负间隙变薄拉深整形法;而对于校平凸缘平面,应采用模具的压料装置完成。

(2)合理选用压力机　整形加工一般可选用摩擦压力机、液压机或机械压力机,但均应保证压力机的公称压力大于整形力 F。整形力 F 可按下式计算:

$$F = A q$$

式中　A——整形投影面面积,mm^2;　q——单位整形力,MPa,一般为150~200 MPa。

5.6 冷挤压加工

冷挤压是将金属体积进行重新分布的体积冲压工序之一,是一种先进的少、无切削加工工艺。利用冷挤压加工可以生产各种形状的管件、空心杯形及各种带有突起的复杂形状的空心件,且加工件表面粗糙度低,加工精度高(可达IT7级),在一定范围内,可大大减少切削加工量,甚至代替切削加工。由于在冷挤压过程中,金属处于三向压应力状态,变形后材料组织致密且具有连续的纤维流向,因而,加工件的强度、刚度较好,可用一般钢材代替贵重材料。正因为冷挤压具有众多的优越性,因此,应用已日益广泛。

5.6.1 冷挤压的加工方式

冷挤压是在常温下,利用模具在压力机上对模腔内的金属坯料施加压力,使其在三向受压的应力状态下产生塑性变形,并将金属从凹模下通孔,或凸模和凹模的环形间隙中挤出,从而获得所需工件。按挤压过程中,金属流动方向与凸模运动方向是否相同分类,冷挤压的加工方式分为正挤压、反挤压。复合挤压、径向挤压四种基本方式。

挤压时,金属流动方向与凸模运动方向一致,称为正挤压。正挤压可利用实心或空心坯料制造各种形状的空心件和实心件,如图5-57a、b所示。挤压时,金属流动方向与凸模运动的方向相反,称为反挤压。反挤压可制造各种形状的杯形件,如图5-57c所示。挤压时,金

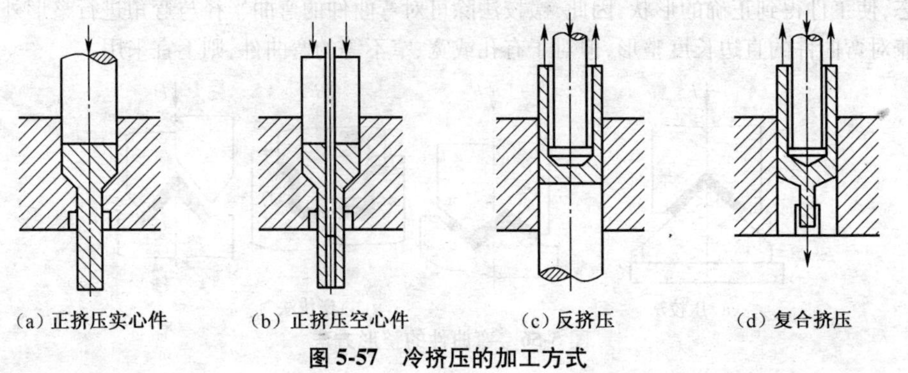

(a)正挤压实心件　(b)正挤压空心件　(c)反挤压　(d)复合挤压

图5-57　冷挤压的加工方式

属朝凸模运动方向和相反方向同时流动,称为复合挤压。复合挤压可制造各种形状的加工件,如图 5-57d 所示。这三种挤压方式的金属流动方向都是与凸模运动的方向平行,故统称为轴向挤压。

挤压时,金属流动方向与凸模运动的方向垂直,称为径向挤压。径向挤压又分为离心挤压和向心挤压两种。离心挤压是金属在凸模作用下沿径向外流,如图 5-58 所示;而向心挤压则是沿径向内流。径向挤压主要用于制造带凸缘的加工件。

把上述轴向挤压和径向挤压联合的加工方法称为镦挤法。采用镦挤法使冷挤压工艺的应用范围进一步扩大。镦挤法能成形较为复杂的工件,及以单独的轴向或径向难以成形的工件。

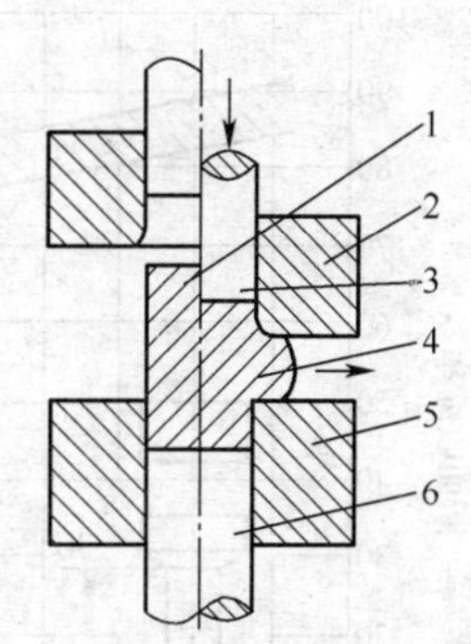

图 5-58 径向挤压

1. 坯料 2. 上模 3. 凸模 4. 挤压件 5. 下模 6. 顶杆

5.6.2 冷挤压的变形程度

冷挤压的变形程度越大,挤压的变形抗力也就越大。由于受到模具强度的限制,因此,要选择合适的挤压变形程度。

1. 冷挤压变形程度的表示方法

冷挤压变形程度是指挤压时金属材料变形量的大小,其表示方法以断面缩减率 ε_A、挤压比 G 和对数挤压比 ϕ 表示,其中:

断面缩减率 $\varepsilon_A = \dfrac{A_0 - A_1}{A_0} \times 100\%$

挤压比 $G = \dfrac{A_0}{A_1}$

对数挤压比 $\phi = \ln \dfrac{A_0}{A_1}$

式中 A_0——坯料横截面积,mm^2; A_1——挤压件横截面积,mm^2。

2. 冷挤压的极限变形程度

冷挤压时,一次挤压加工可能达到的最大变形程度称为极限变形程度。由于在冷挤压时,挤压金属处于三向压应力状态下产生塑性变形,可达到很大的变形程度,但变形程度很大时,单位挤压力很大,会显著降低模具的使用寿命,如果单位挤压力超过模具强度所许可的范围,则会造成模具的早期破坏。所以,冷挤压变形程度实际上是受模具强度和模具寿命的限制。因此,冷挤压极限变形程度实际上也是指在模具强度(模具钢的单位应力一般不宜超过 2500~3000 MPa)允许条件下,保持模具具有一定寿命的一次挤压变形程度。表 5-29 列出了常用金属材料一次挤压的极限变形程度参考值。

表 5-29 常用金属一次挤压的极限变形程度参考值

金属材料	断面缩减率 ε_A/%		备 注
铅、锡、锌、铝、防锈铝、无氧铜等软金属	正挤	95~99	低强度的金属取上限,高强度的金属取下限
	反挤	90	
硬铝、纯铜、黄铜、镁	正挤	90~95	
	反挤	75~90	
黑色金属	正挤	60~84	上限用于低碳钢,下限用于含碳量较高的钢与合金钢
	反挤	40~75	

图5-59、图5-60、图5-61分别为正挤压实心件、正挤压空心件及反挤压件，碳钢含碳量ω_C(质量分数)对极限变形程度的影响。

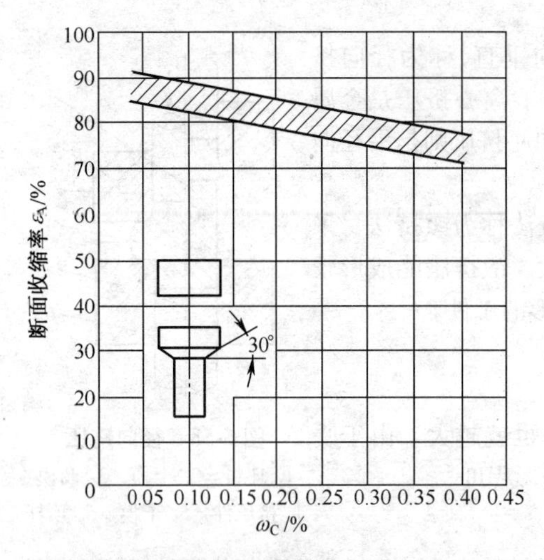

图5-59　正挤压碳钢实心件的极限变形程度

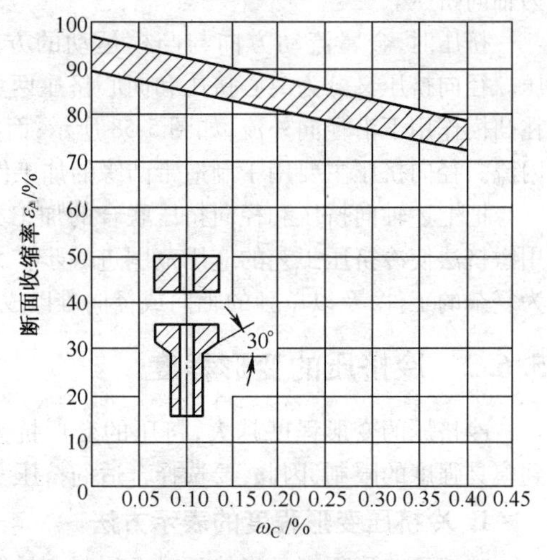

图5-60　正挤压碳钢空心件的极限变形程度

上述极限变形程度值是按模具钢的许用单位压力为2000~2500 MPa、正挤压凹模中心锥角为120°并经退火、磷化、润滑处理后进行挤压试验得到的数值。变形图中斜线以下为一次挤压的极限变形程度区域，斜线以上为待发展的区域，随着挤压技术的发展，斜线上限可能被突破。上、下斜线之间的阴影部分是过渡区域，其上限适用于模具钢质量高，挤压条件好的情况；下限适用于一般情况。

图中斜线以下可以保证模具的工作寿命达到1万件至10万件。如果需要模具寿命达到10万件以上，则斜线就要降低，即变形程度就要减少。表5-30给出了正挤压35钢时，变形程度对模具寿命的影响。

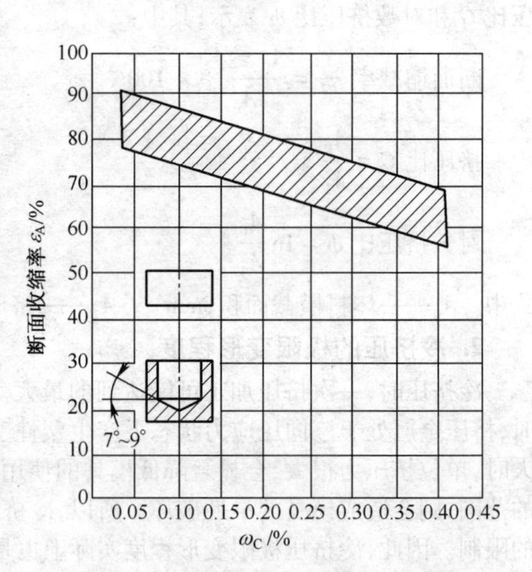

图5-61　反挤压碳钢的极限变形程度

表5-30　正挤压35钢时变形程度对模具寿命的影响

断面缩减率 ε_A/%	单位挤压力/MPa	模具寿命/万件
60	1250	20
80	2000	5~8
90	3000	0.5~0.8

如果实际生产条件与上述各图的实验条件不符，则应进行适当的修正。影响极限变形程度的因素主要有两个方面：一是模具本身的许用单位压力，这取决于模具材料、模具结构

和模具制造；另一方面是挤压金属产生塑性变形所需的单位挤压力，这取决于挤压金属的性质、挤压方式、模具工作部分的几何形状、坯料表面处理和润滑等。

3. 极限变形程度的正确使用

极限变形程度，主要用来校核一次挤压的变形量。当计算变形程度小于或等于极限变形程度时，可一次挤压成形，否则必须分成两道或多道挤压工序完成。图 5-62 所示挤压件，采用 10 钢制成，试校核其变形程度。

解：工件的断面缩减率 ε_A 为：

$$\varepsilon_A = \frac{A_0 - A_1}{A_0} \times 100\% = \frac{\frac{\pi}{4} \times 50^2 - \frac{\pi}{4} \times (50.2^2 - 40^2)}{\frac{\pi}{4} \times 50^2} \times 100\% = 64\%$$

从图 5-61 可知，断面缩减率 ε_A 在许用的范围内，故可一次挤压成形。

对于复合挤压，应分别对正、反挤的变形程度进行校核。只有当正、反挤压的变形程度均在极限变形范围内，才能一次挤压成形工件。

如图 5-63 所示挤压件为黄铜 H62，试校核其变形程度。

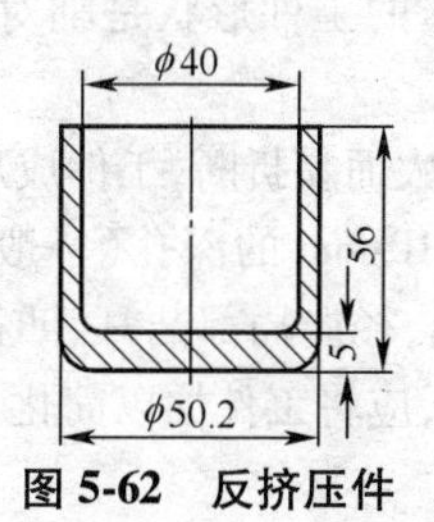

图 5-62 反挤压件

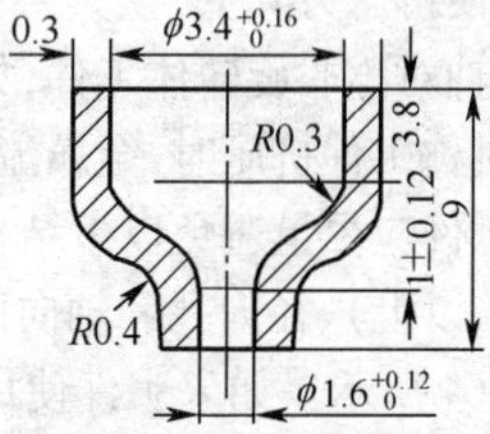

图 5-63 复合挤压件

解：为计算简便起见，可将环状坯料外径视为与工件大端外径相等，环状坯料孔径视为与工件小端内径相等，故

$$\varepsilon_{A1} = \frac{A_0 - A_1}{A_0} \times 100\% = \frac{\frac{\pi}{4} \times (4^2 - 1.6^2) - \frac{\pi}{4} \times (4^2 - 3.4^2)}{\frac{\pi}{4} \times (4^2 - 1.6^2)} \times 100\% = 67\%$$

$$\varepsilon_{A2} = \frac{A_0 - A_1}{A_0} \times 100\% = \frac{\frac{\pi}{4} \times (4^2 - 1.6^2) - \frac{\pi}{4} \times (2.2^2 - 1.6^2)}{\frac{\pi}{4} \times (4^2 - 1.6^2)} \times 100\% = 83\%$$

由表 5-29 可知：黄铜正挤压极限变形程度为 90%~95%，反挤压为 75%~90%，由于

$$\varepsilon_{A1} = 67\% < 75\%$$

$$\varepsilon_{A2} = 83\% < 90\%$$

因此，可以一次挤压成形。

5.6.3 冷挤压的加工要求

1. 金属材料的要求

冷挤压时，摩擦力的影响会导致挤压件表层金属在附加拉应力作用下开裂，因此，冷挤

压加工要求金属的塑性好,即材料强度、硬度低,硬化模数小,有一定的塑性;化学成分要求较严格,钢的硫、磷含量小,以减小冷作硬化。

目前可用于冷挤压的金属材料有:有色金属及其合金、低碳钢、中碳钢、低合金钢。主要有:铅、锡、银、纯铝(L1~L5)、铝合金(LF2、LF5、LF21、LY11、LY12、LD10等)、纯铜与无氧铜(T1、T2、T3、TU1、TU2等)、黄铜(H62、H68、H80等)、锡磷青铜(QSn6.5-0.1等)、镍(N1、N2等)、锌及锌隔合金、纯铁、碳素钢(A1、A2、A3、B1、B2、B3、08、10、15、20、25、30、35、40、45、50等)、低合金钢(15Cr、20Cr、20MnB、16Mn、30CrMnSiA、12CrNiTi、35CrMnSi等)、不锈钢(1Cr13、2Cr13、1Cr18Ni9Ti等)。

此外,对于钛和某些钛合金、钽、锆以及可伐合金、坡莫合金等也可以进行冷挤压,甚至轴承钢(GCr9、GCr15)和高速钢(W6Mo5Cr4V2)当挤压件的形状、变形程度适宜时,适当采取措施后,也可以进行冷挤压加工。随着冷挤压技术的发展和新模具材料的应用,可用于冷挤压的金属必将逐步增多。

2. 形状与尺寸的要求

根据冷挤压工艺的特点,理想的冷挤压件形状,要保证金属在挤出方向的变形均匀,流速一致,能使挤压力降低,模具寿命较高。最适宜于冷挤压的工件形状是轴对称旋转体工件,其次是轴对称非旋转体工件,如方形、矩形、齿形等工件。

非轴对称工件挤压时,金属流速差较大,凸模因偏负荷大而易折断,工件成形较困难。

冷挤压件应尽量避免以下结构:锥体、锐角、直径小于10 mm的深孔(一般孔深应为直径的1.5倍以上)、径向孔和轴向两端小而中间大的阶梯孔、径向局部凸耳、凹槽、加强筋等等,如图5-64所示。如果工件使用要求必须具有上述结构,应将工件加以简化,以改善挤压工艺性,在挤压后用切削加工方法进行加工。

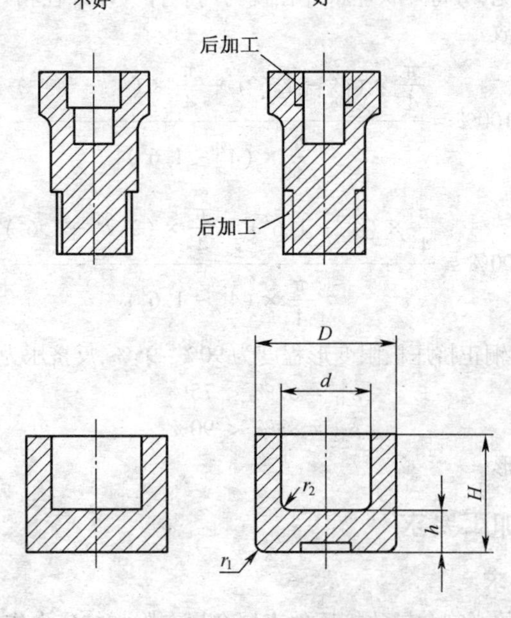

图5-64　冷挤压件的结构工艺性

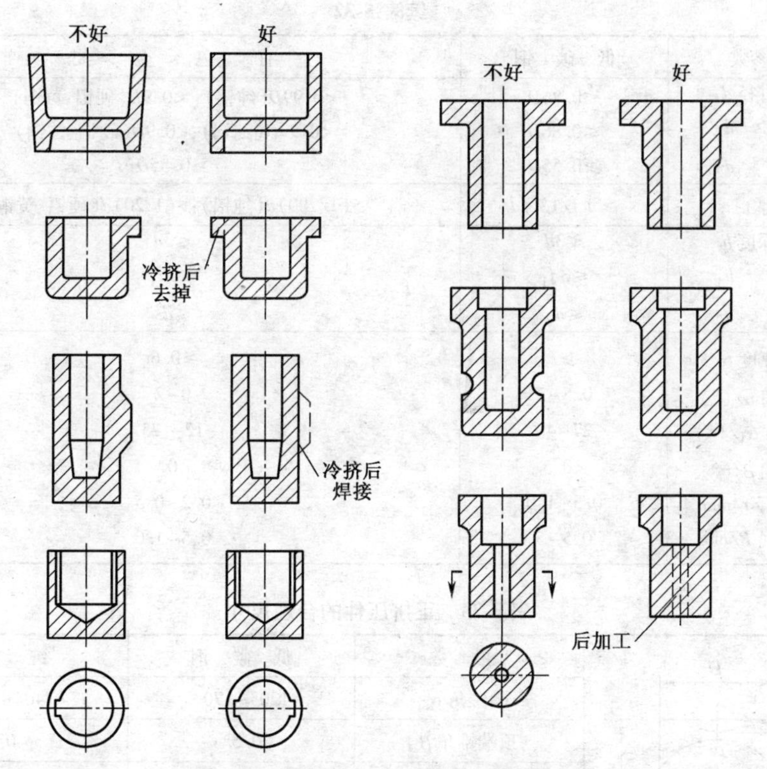

图 5-64 冷挤压件的结构工艺性(续)

冷挤压钢件的最小壁厚见表 5-31。

表 5-31 冷挤压钢件的最小壁厚 (mm)

工件直径	最小壁厚	工件直径	最小壁厚
9~19	0.5	75	1.0
25	0.6	>75	2.0

冷挤压工件采用反挤压和正挤压的合理尺寸分别见表 5-32、表 5-33。

表 5-32 反挤压件的合理尺寸

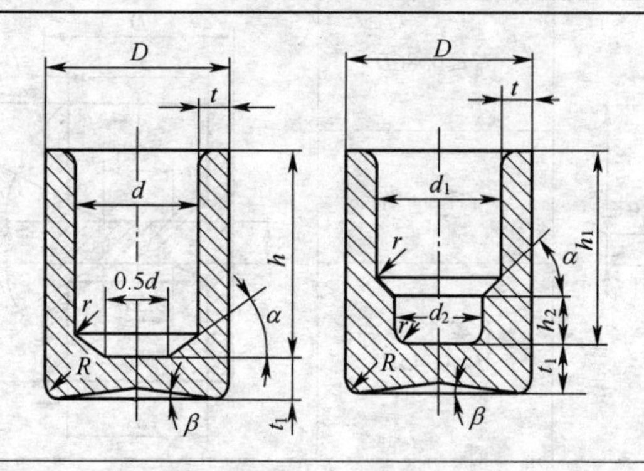

续表 5-32

尺寸参数	低　碳　钢	有　色　金　属
内孔直径 d	$\leqslant 0.86D$	$<0.99D$(纯铝)；$<0.9D$(硬铝、黄铜)
d_1	$\leqslant 0.86D$	$<0.99D$(纯铝)；$<0.9D$(硬铝、黄铜)
d_2	$\geqslant 0.55D$	$\geqslant 0.55D$
壁厚 t	$\geqslant (1/12)d$	$>(1/200)d$(纯铝)；$>(1/20)d$(硬铝、黄铜)
内孔深度 h	$\leqslant 3d$	$\leqslant 3d$
h_1	$\leqslant 3d_1$	$\leqslant 3d_1$
h_2	$\leqslant d_2$	$\leqslant d_2$
底部厚度 t_1	$\geqslant t$	$\geqslant 0.6t$
孔底锥角 α/(°)	0.5~3	0~2
过渡锥角 α_1/(°)	27~40	12~25
底部锥角 β/(°)	<0.5	0
凹角半径 r/mm	0.5~1.0	0.2~0.5
凸角半径 R/mm	0.5~5	0.5~1.0

表 5-33　正挤压件的合理尺寸

尺寸参数	低　碳　钢	纯　　铝
圆锥角 α	120°~170°	140°~170°
顶端锥角 β	0.5°	0°
凸角半径 R/mm	3	3~5
凹角半径 r/mm	0.5~1.0	0.2~0.5
杆部直径 d_1	$\geqslant 0.45D$	$\geqslant 0.22D$
杆部长度 h	$\leqslant 10d_1$	$\leqslant 10d_1$
压余厚度 δ_1	$\geqslant 0.5d_1$	$\geqslant 0.5d_1$

复合挤压件的合理形状及尺寸参数见表 5-34，各部分合理尺寸也可参照单一的正挤压和反挤压尺寸。

表 5-34　复合挤压件的合理尺寸

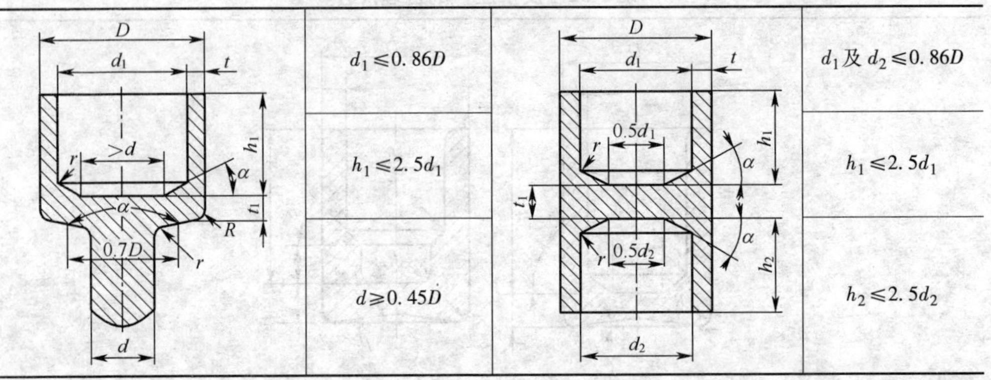

左图	右图
$d_1 \leqslant 0.86D$	d_1及$d_2 \leqslant 0.86D$
$h_1 \leqslant 2.5d_1$	$h_1 \leqslant 2.5d_1$
$d \geqslant 0.45D$	$h_2 \leqslant 2.5d_2$

如果给定工件的尺寸超出以上表中所列的尺寸范围,应考虑增加工序或改变挤压方法。

3. 公差与表面粗糙度的要求

冷挤压件的尺寸精度受模具精度、压力机刚度和导向精度、挤压坯料的制造及表面处理、冷挤压工艺方案的合理性等因素影响。随着冷挤压技术的进步,目前,已经可以获得尺寸精度达 IT7 的冷挤压件。冷挤压件的表面粗糙度与模具的表面粗糙度、润滑等因素有关,目前,冷挤压件的表面粗糙度 Ra 达 0.2 μm。

5.6.4 冷挤压坯料的制备

正确制备冷挤压坯料是生产合格挤压件的前提和基础,一般有如下要求。

1. 冷挤压对坯料的要求

冷挤压用坯料表面应保持光滑,不能有裂纹、折叠等缺陷,否则,挤压后,上述缺陷进一步扩大而导致挤压件报废,一般要求坯料表面粗糙度在 6.3 以下,几何形状保持对称、规则,两端面保持平行,否则,在挤压单位压力很大的黑色金属时,倾斜的坯料端面将使凸模单面受力而易折断。

2. 冷挤压坯料形状和尺寸的确定

(1)冷挤压坯料的形状　冷挤压坯料的形状主要根据挤压件的截面形状和挤压方式决定。坯料的横截面轮廓应尽量与挤压件轮廓相同,并与挤压模型腔吻合,以便定位。

常用的冷挤压坯料及其适用的挤压方式如图 5-65 所示,即实心坯料和空心环状坯料可用于正挤压、反挤压、复合挤压和径向挤压,如图 5-65a、b 所示。而预成形坯料一般用于正挤压,个别用于反挤压和径向挤压,如图 5-65c、d 所示。

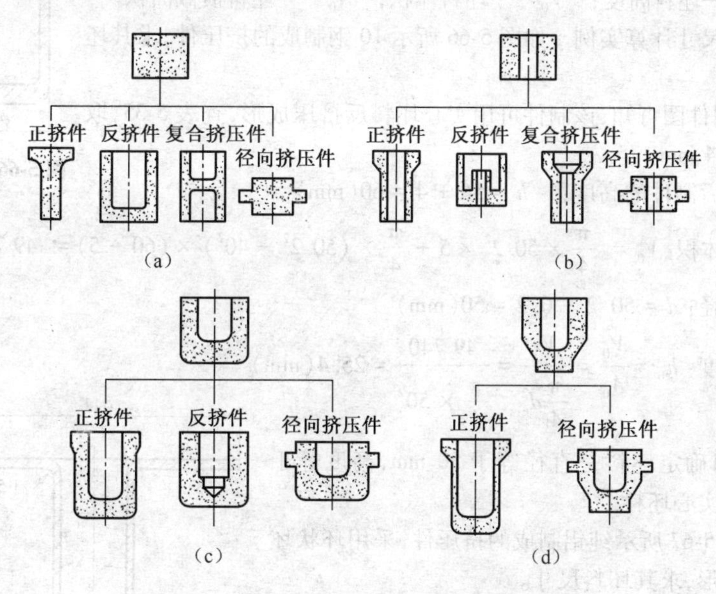

图 5-65　冷挤压用坯料及其适用挤压的方式

(2)坯料尺寸的确定　冷挤压的坯料尺寸直接关系到挤压件的成形尺寸及质量。

①冷挤压坯料尺寸确定的要求　冷挤压坯料尺寸是根据制件体积 V_0 与坯料体积 V 相

等的原则进行计算,即:$V_0=V$; 如果冷挤压后还需进行切削加工,则坯料的体积应等于工件体积与切削量体积之和。如果冷挤压后还需进行修边,则坯料的体积应等于工件体积与修边余量体积之和。不同挤压件的修边余量参见表5-35、表5-36选取。

表5-35　挤压件的修边余量　(mm)

工件高度 h	≤10	10~20	20~30	30~40	40~60	60~80	80~100
修边余量 Δh	2	2.5	3	3.5	4	4.5	5

注:当工件高度大于100mm时,修边余量 Δh 为工件高度的6%;对复合挤压件,Δh 应适当放大;对矩形件,Δh 按表中的数值加倍。

表5-36　大量生产铝质外壳的修边余量　(mm)

工件高度 h	10~20	20~50	50~100
修边余量 Δh	8~10	10~15	15~20

注:表列数值适用于大量生产壁厚为0.3~0.4 mm的薄壁铝制反挤杯形件。

考虑到工件定位的要求,坯料的外径应比凹模尺寸(挤压件外径)小0.1~0.2 mm,而反挤压薄壁有色金属工件时,坯料外径比凹模尺寸(挤压件外径)小0.01~0.05 mm;坯料内孔一般比挤压件的孔径(或芯轴直径)小0.01~0.05 mm;当挤压件内孔粗糙度要求不高时,坯料内孔也可以比挤压件内孔大0.1~0.2 mm。

坯料的高度 $h_0=\dfrac{V_0}{A_0}$

式中　h_0——坯料高度;　V_0——坯料体积;　A_0——坯料横截面积。

②坯料尺寸计算实例　如图5-66所示10钢制成的挤压件,求其坯料尺寸。

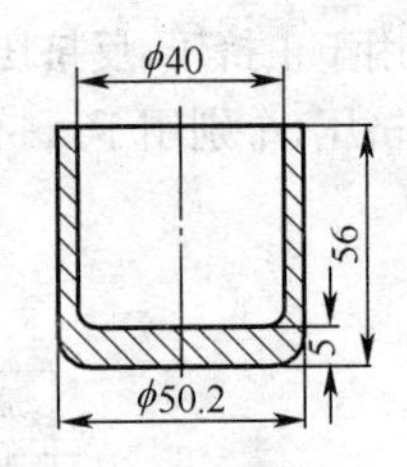

图5-66　冷挤压件

解:由制件图可知,该制件可用实心坯料反挤压成形,查表5-35,取修边量 $\Delta h=4$ mm。

冷挤压后制件的高度:　$h=56+4=60(\text{mm})$

挤压件体积:$V_0=\dfrac{\pi}{4}\times 50.2^2\times 5+\dfrac{\pi}{4}\times(50.2^2-40^2)\times(60-5)=49\ 740(\text{mm}^3)$

坯料直径:$d=50.2-0.2=50(\text{mm})$

坯料高度:$h_0=\dfrac{V_0}{A_0}=\dfrac{V_0}{\dfrac{\pi}{4}d^2}=\dfrac{49\ 740}{\dfrac{\pi}{4}\times 50^2}=25.4(\text{mm})$

因此,可确定坯料是直径等于50 mm,高度等于25.4 mm的实心坯料。

又如图5-67所示纯铝制成的挤压件,采用环状坯料正挤压成形,求其坯料尺寸。

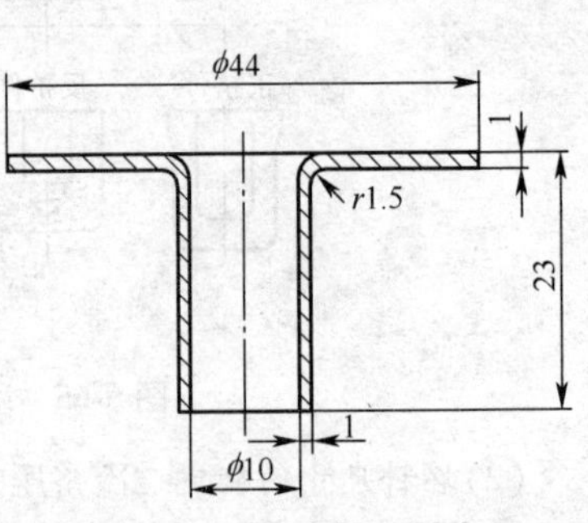

图5-67　冷挤压件

解:查表5-35,取修边量 $\Delta h=3$ mm。

按图求得坯料体积 $V_0=2\ 278\ \text{mm}^3$;坯料外径取 $d_0=44-0.2=43.8(\text{mm})$;坯料内径取 $d_2=10$ mm;则

坯料高度为

$$h_0 = \frac{V_0}{A_0} = \frac{2\,278}{\frac{\pi}{4}(43.8^2 - 10^2)} = 1.6(\text{mm})$$

采用上述尺寸的坯料进行正挤压成形，其变形程度为

$$\varepsilon_A = \frac{A_0 - A_1}{A_0} \times 100\% = \frac{(43.8^2 - 10^2) - (12^2 - 10^2)}{(43.8^2 - 10^2)} \times 100\% = 97.5\%$$

查表5-29，纯铝正挤压极限变形程度为95%~99%，即，挤压变形程度接近极限变形程度上限。为了减少变形程度，减少单位挤压力，将坯料外径减小到 ϕ38 mm，采用正挤压和径向挤压复合成形。此时，坯料高度为

$$h_0 = \frac{V_0}{A_0} = \frac{2\,278}{\frac{\pi}{4}(38^2 - 10^2)} = 2.2(\text{mm})$$

因此，可确定坯料形状及尺寸如图5-68所示。

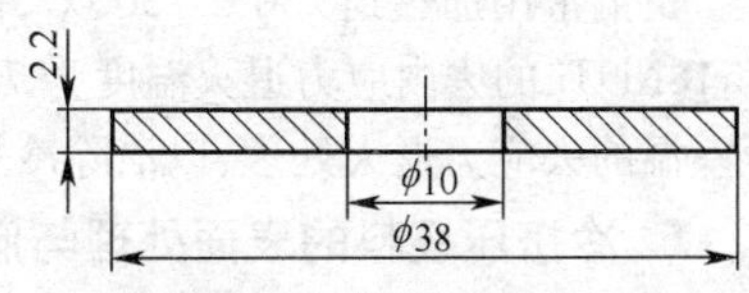

图5-68 坯料形状及尺寸

3. 冷挤压坯料的加工方法

加工冷挤压坯料的原材料常用板料和棒料，其加工方法通常有：切削加工、剪切、冲裁、拉深或反挤压等四种。

究竟采用哪一种方法制造坯料，应根据坯料的形状和尺寸、挤压件的精度和粗糙度、生产率及材料利用率等实际要求来选择。各种加工方法的特点及应用如下。

①切削加工。在单件小批量生产中，常用车削、铣削和锯切将棒料加工成单个冷挤压坯料。车削和铣削加工的坯料公差小，表面粗糙度较小，一般尺寸可准确到±0.05 mm，粗糙度 *R*a 可达6.3~1.6μm，几何形状也比较规则。锯切坯料质量较差，适用于直径较大的坯料加工。切削加工坯料的材料利用率一般为70%~90%。铣削生产率略高，车削次之，锯切最低。车削可加工实心和环状坯料，铣削和锯切一般用来加工实心坯料（如原料为管料，也可加工环状坯料）。

②剪切加工。在批量生产中，常将棒料在剪切模上剪切加工成冷挤压坯料。其优点是生产率高，材料利用率高，坯料重量误差可控制在±2%之内；其缺点是普通剪切法剪切的坯料形状不规则，端部有压塌现象，端面倾斜，断面质量低。如果直接用于挤压，会造成凸模因单面受力而折断。因此，坯料在剪切后都要进行镦压，或同时进行镦压与预成形。采用镦压或预成形工序可以使坯料满足冷挤压的要求，但增加了工序，降低了生产率。因此，国内外研究了坯料剪切的新方法，其剪切坯料可直接用于挤压。如果对钢加热至300℃左右的蓝脆区进行半封闭式的蓝脆剪切，或在500℃~700℃的温度范围内用封闭式的剪切模进行塑性剪切，都可收到良好的效果。

③冲裁加工。对于坯料高度与直径之比 $h_0/d_0 \leqslant 3/4$ 的冷挤压坯料，在批量生产中，常用板料在小间隙圆角凹模的冲裁模上落料获得。其坯料尺寸公差可达IT11~IT8，粗糙度 *R*a 可达1.6~0.4 μm，坯料平直，质量高，生产率高，但材料利用率低，一般只有40%~60%，通常用于有色金属挤压坯料的加工。

对于黑色金属坯料，可用普通冲裁模落料加工，但要求落料后滚光毛刺和断面的缺陷，

否则将影响到挤压件的表面质量。冲裁可加工实心坯料和环状坯料。

④用拉深和反挤压加工坯料。对于杯形坯料,一般用拉深或反挤压加工而成。如果用反挤压加工坯料,还可把坯料底部压出与正挤凹模相应的形状。

4. 冷挤压坯料的软化处理

冷挤压坯料软化处理的目的是降低材料的硬度,提高塑性,获得良好的金相组织,消除内应力,降低变形抗力,提高挤压件质量和模具寿命。从冷挤压工艺性来看,晶粒度大小适中的球状组织最好。

由于冷挤压金属变形程度较大,冷作硬化较严重,所以,在冷挤压工序之间,还应根据变形程度和冷作硬化程度的大小,安排适当的工序间软化热处理工序。

黄铜与不锈钢挤压件,经冷挤后,务必进行消除内应力的退火。否则,挤压件在空气中搁置一段时间后,会发生蚀裂现象。这主要是空气含有如氨气等腐蚀性气体,腐蚀沿晶界向内部深入而导致破裂。

黄铜常用加热到250℃~300℃,保温2小时缓冷至室温的退火方法去除内应力;不锈钢1Cr18Ni9Ti的去内应力退火温度为750℃;硬铝挤压件,常用加热到110℃,保温6小时缓冷至室温的去应力退火处理,以消除冷挤压所产生的残余应力。

5. 冷挤压坯料的表面处理与润滑

润滑对冷挤压的影响十分重要。坯料与凸、凹模和芯轴接触面上的摩擦,不仅影响金属的变形和挤压件的质量,而且直接影响挤压单位压力的大小、模具的强度和寿命等,所以,冷挤压时的润滑常常可能成为冷挤压成败的关键。为尽量减小摩擦的不利影响,除要求模具工作表面应具有较低的粗糙度值($Ra < 0.10\ \mu m$)外,还要采用良好而可靠的润滑方法。

润滑剂有液态的(如动物油、植物油、矿物油等),也有固态的(如硬脂酸锌、硬脂酸钠、二硫化钼、石墨等),它们可以单独使用,也可以混合使用。有色金属冷挤压常用润滑剂见表5-37。

表5-37 有色金属常用冷挤压润滑剂

材料	润滑成分	说明
纯铝	硬脂酸锌 100%	用坯料重量的0.3%的粉状硬脂酸锌与坯料一起放入滚筒滚转15~30 min。 最适用于反挤压,粗糙度 Ra 可达 $0.8\ \mu m$
	18醇加硬脂酸锌 (比例4∶1)	将坯料加热到100℃后,倒入滚筒内,加入18醇,滚转2~3 min,出冷却后再放入硬脂酸锌滚动2~3 min,效果与上同
	14醇 80% 酒精 20%	一般按板料混合后即可使用,当环境温度较低时,将十四醇稍加烘热,以增加其流动性,使其与酒精混合良好。适用于冷挤压润滑,使用效果较高
	猪油、工业豆油(或菜油)、蓖麻油、炮油	冷挤压时,金属流动性较好,冷挤压件表面光洁,粗糙度 Ra 可达 $1.6\ \mu m$
硬铝	工业豆油(或菜油)	润滑前需进行氧化处理、磷化处理或氟硅化处理 表面粗糙度 Ra,内孔可达 $0.1\ \mu m$,外表可达 $0.8\ \mu m$

续表 5-37

材料	润滑成分	说　明
钢及其合金	工业豆油(或菜油)、蓖麻油、硬脂酸锌	单独也可使用。润滑前钝化处理或酸洗去氧化皮,黄铜以硬脂酸锌润滑效果最佳,但挤压力略有增加
纯镍	氯化石蜡	保护退火后镀铜再润滑
钛	石墨、二硫化钼	氟-磷酸盐表面处理后再润滑
锌合金	羊毛脂、硬脂酸锌	—
镁合金	石墨	对坯料加热到 230℃~370℃时润滑挤压

对于某些材料,有时为了确保冷挤压过程中的润滑层不被过大的单位接触压力所破坏,坯料要经过表面化学处理,例如,碳钢的磷酸盐处理(磷化)、奥氏体不锈钢的草酸盐处理、铝合金的氧化、磷化或氟硅化处理、黄铜的钝化处理等。经化学处理后的坯料表面,覆盖一层很薄的多孔状结晶膜,能随坯料一起变形而不剥离脱落,在孔内吸附的润滑剂可以保持挤压过程中,润滑的连续性和有效的润滑效果。例如,通过磷化处理,在坯料表面形成一层细致的很薄的磷酸盐薄膜覆盖层。实践证明,其吸附润滑油的能力为光滑钢表面的 13 倍;未经磷化处理的摩擦系数为 0.108,而磷化处理后却降至 0.013;磷化层还有 400℃~500℃短时间的耐热能力。

碳钢磷化处理液的配方有多种,现介绍一种配方供参考,见表 5-38。

表 5-38　碳钢磷化处理液的配方及方法

化学成分	用　量	处 理 方 法
氧化锌(Zno)	9 g	将待处理钢材在常温除油除锈后,放入加热温度为 85℃~95℃的磷化处理液中浸泡约 30 min 后即可
磷酸(H_3P0_4)	23 ml	
水	1 L	

注:①上述配方配制的处理液,需分析测定其总酸度及游离酸度,分别达到总酸度 16~20 点,游离酸度 2.5~4.5 点的配制要求。

②配方中的"点"是当分析总酸度及游离酸度时,用 0.1N(当量浓度)的 NaOH 溶液去中和磷化溶液的酸度所消耗的 NaOH 的毫升数,1 毫升就是一个"点"。

这种磷化方法能取得良好的磷化质量。配制方法:将白色氧化锌(Zno)粉末加入微量的水调成白色浆状,再加入磷酸,白色粉末逐渐溶解变成磷酸二氢锌,到白色粉末全部溶解后,按比例加水即成。将坯料放入加热的磷化溶液中即可进行磷化处理。

碳钢坯料经磷化处理后再进行皂化处理,即可进行冷挤压;也可以在皂化处理后,再用工业菜油或豆油润滑坯料,其正挤压力可降低 15%。

不锈钢(1Cr18Ni9Ti)在磷化液中,不能生成所需要的磷化结晶薄膜,但可用草酸盐处理，使坯料表面生成一种与磷化膜作用相同的草酸亚铁（$FeC_2O_4 \cdot 2H_2O$），其配方仍然有多种，其中一种配方见表5-39。

表5-39　不锈钢磷化处理液的配方

化学成分	用　量	化学成分	用　量
草酸（$H_2C_2O_4$）	37.5 g	硫代硫酸钠（$Na_2S_2O_3$）	1.2 g
三硫酸二铁[$Fe_2(SO_4)_3$]	8.7 g	水（H_2O）	1 L
硫酸氢钠（$NaHSO_4$）	3.75 g		

配制过程：先将草酸、三硫酸二铁与硫酸氢钠放入50℃~55℃的热水中，加热到65℃，再加入1.2 g的硫代硫酸钠，最后将坯料放入，处理时间为20~30 min，处理后的坯料颜色为淡绿色。

不锈钢经草酸盐处理后，再用85%的氯化石蜡加15%的二硫化钼润滑坯料，使用效果较好。有些容易粘模的金属（如镍），可在挤压前镀一层薄铜（约0.02 mm），其效果较好。

5.6.5　冷挤压力的计算

确定冷挤压力的目的，一是确定此工序凸模上所承受的单位压力P，作为设计模具的重要依据；二是确定此工序变形所需的压力F（单位压力P乘凸模工作部分的投影面积），作为选择设备的依据。由于冷挤压时单位压力与变形力通常都很大，所以，正确确定挤压力对模具的设计及设备的安全使用都有很大的意义。

1. 冷挤压力的计算

冷挤压力受挤压金属的性能、变形程度、坯料相对高度、模具几何形状、润滑条件等因素的影响，冷挤压力计算复杂，因此，目前要较为精确地确定冷挤压的单位压力及总挤压力，还没有一个十分完善的方法，在理论上，可以由主应力法、滑移线法、变形功法或用有限元法计算单位挤压力，而在实用上通常采用图算法（也叫诺模图法）和经验公式法来确定。

（1）图算法　使用图算法只需根据诺模图（根据实验建立的部分材料在稳定变形过程中的变形力曲线）中的曲线查出相对应材料总挤压力。当遇到表中未列出的其他金属材料时，可在表中找出与其含碳量相接近的金属挤压力，再根据这两种金属退火后的极限强度比，求得被挤压材料的挤压力。由于使用方便，因此，实际生产中应用广泛，但计算的误差偏大（约±10%），常用于估算。

图5-69~图5-71为常见黑色金属正挤、反挤的单位挤压力计算图。

例如，正挤压实心件，已知冷挤压材料为纯铁，坯料直径（凸模直径）$d_0=75$mm，坯料的高度$h_0=110$ mm，挤压后的直径$d_1=45$ mm，凹模锥部角度$\alpha=90°$，求单位挤压力P和总挤压力F。

解：由图5-69先从①区找到$d_0=75$ mm，作水平线与$d_1=45$ mm曲线相交，从交点垂直向上投影，得断面收缩率$\varepsilon_A=64\%$；再按$\varepsilon_A=64\%$向上投影，到②中与材料曲线相交，再向左作水平线，即可在纵坐标上查得未经校正的挤压力$\overline{P}=850$ MPa，再投影至③K中$h_0/d_0=110/75=1.5$的线上，再顺斜线而下与$\alpha=90°$的斜线相交，再投影到横坐标上，即可得到单位挤压力$P=1050$MPa，然后由坯料直径d_0与单位挤压力P，从图④中查得总挤压力$F=4\ 500$ kN。

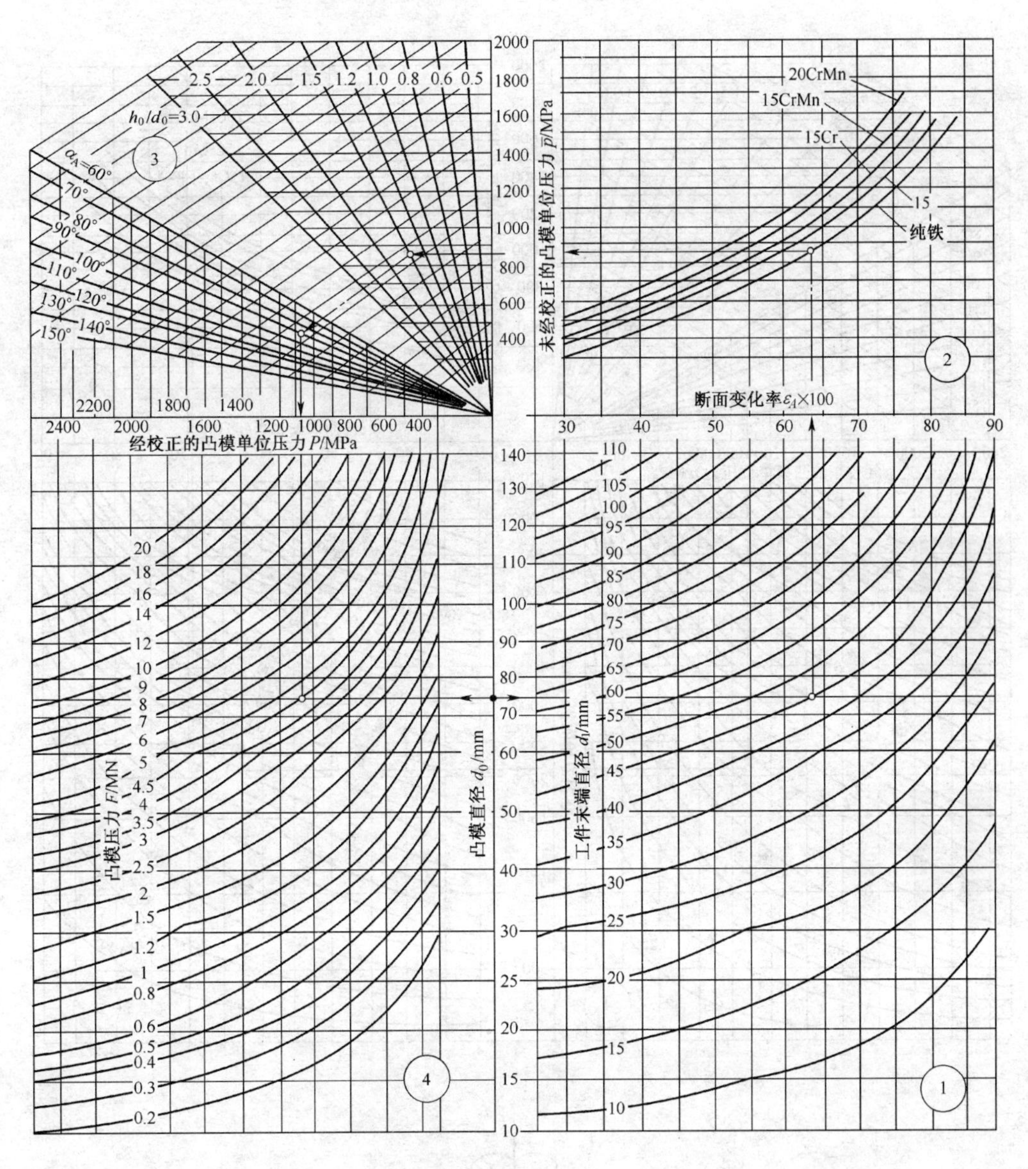

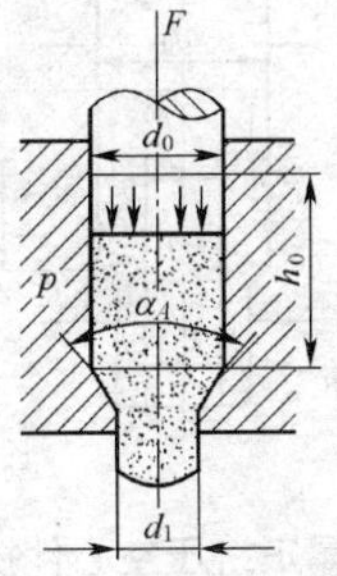

图 5-69 黑色金属正挤压实心件挤压力计算图

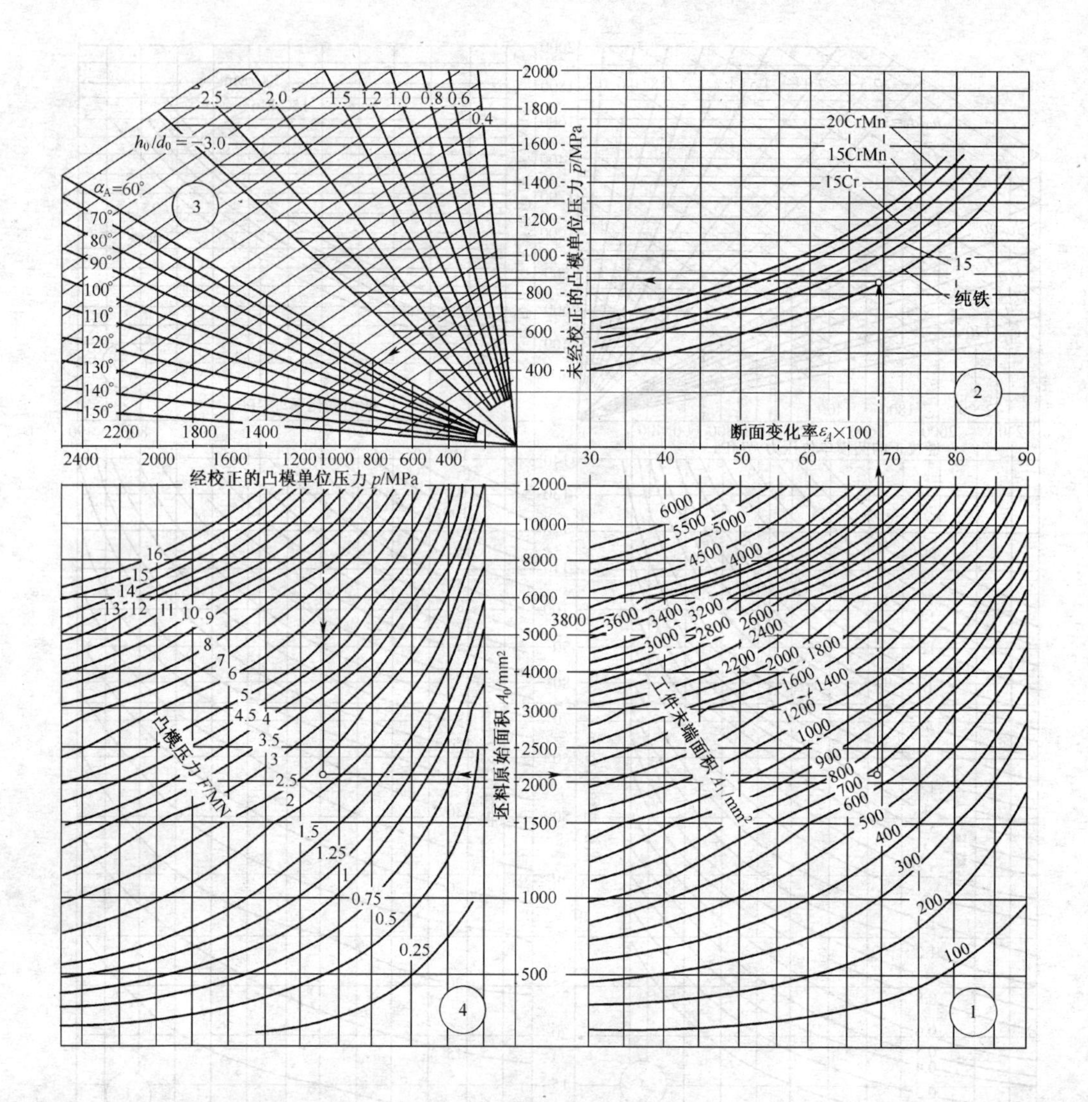

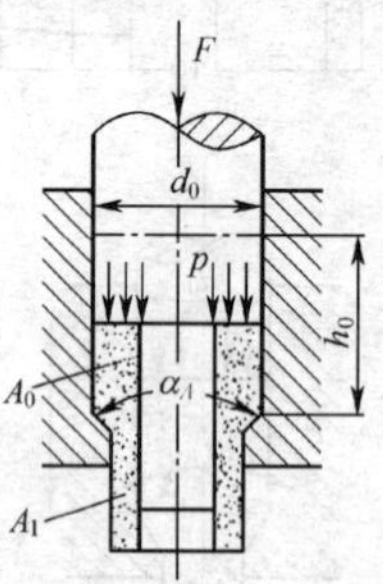

图 5-70 黑色金属正挤压空心件挤压力计算图

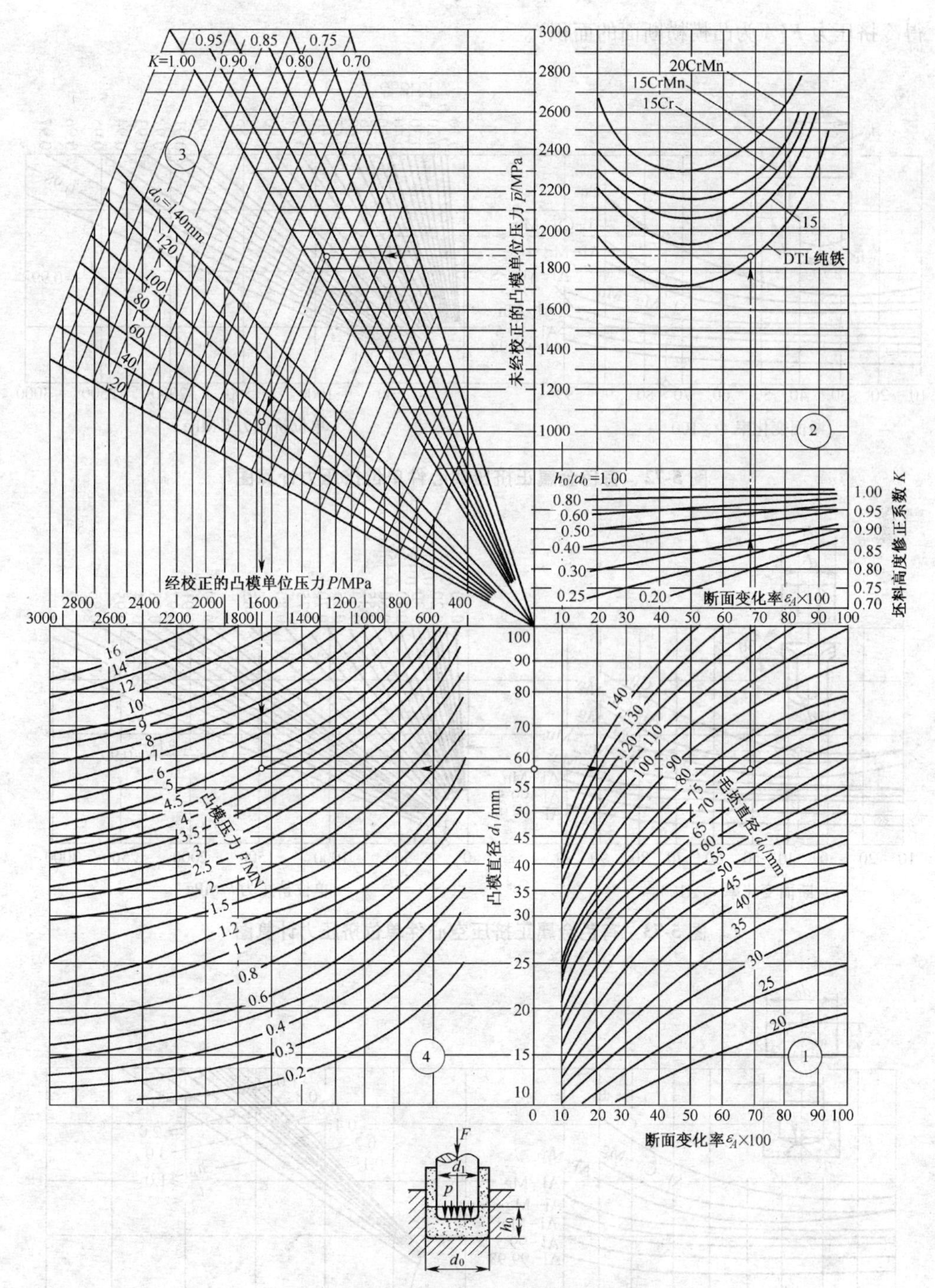

图 5-71 黑色金属反挤压挤压力计算图

图 5-72~图 5-74 为常见有色金属冷挤压的单位挤压力计算图，使用时，首先求出挤压件的断面收缩率 ε_A，然后参照图中箭头方向所示的求解步骤，求得单位挤压力，再按 $F=Ap$ 求

得冷挤压力 F(A 为凸模横断面的面积)。

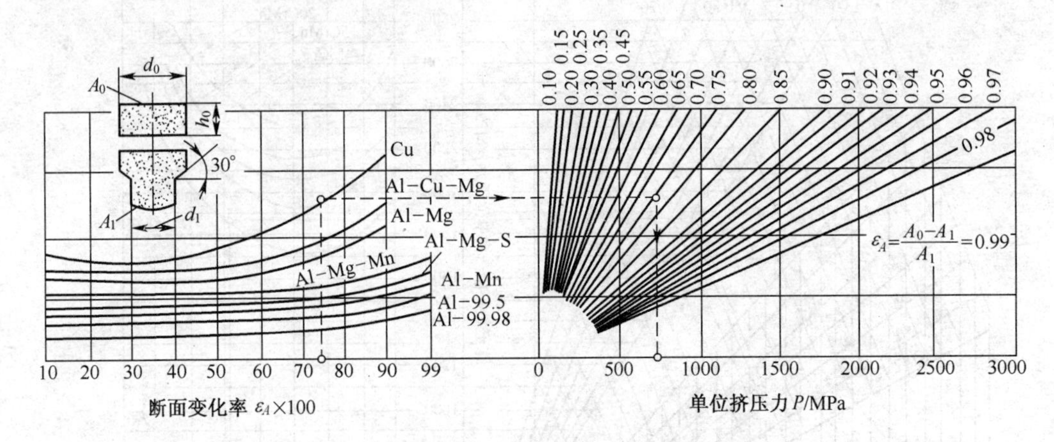

图 5-72 有色金属正挤压实心件单位挤压力计算图

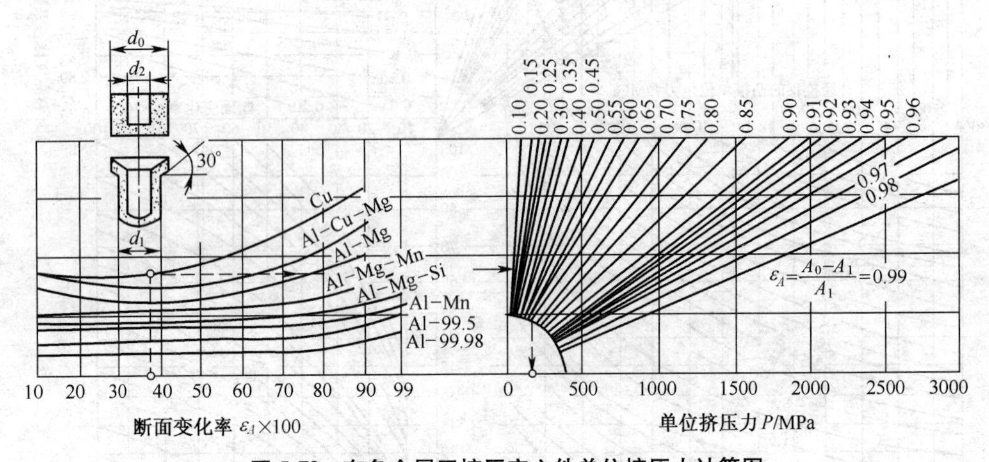

图 5-73 有色金属正挤压空心件单位挤压力计算图

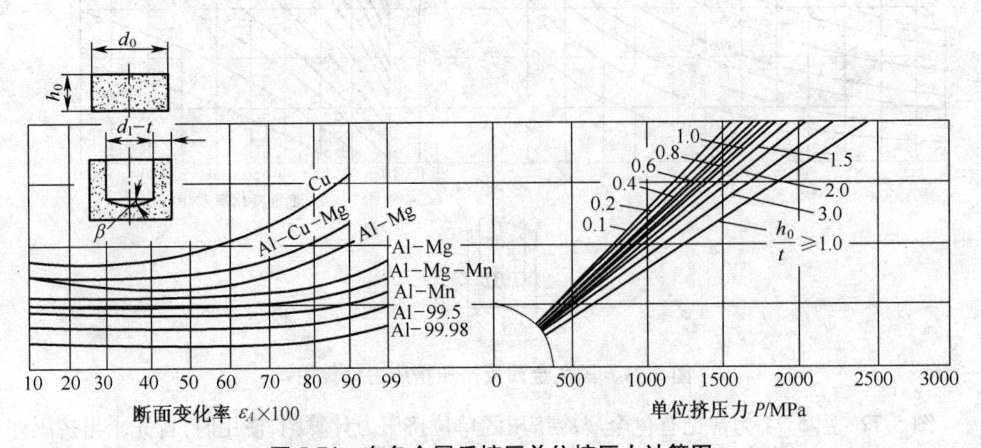

图 5-74 有色金属反挤压单位挤压力计算图

另外，在使用图5-73时，还需根据坯料高度 h_0、制件厚度 t 求出 h_0/t 值。

（2）经验公式法　冷挤压的挤压力计算方法很多，但经验公式法由于使用方便且准确，因此，广为采用。其计算公式为：

$$F = A P = AZn\sigma_b$$

式中　F——总挤压力，kN；　P——单位挤压力，MPa；

Z——模具形状因数，如图5-75所示；　A——凸模工作部分横断面积，mm^2；

σ_b——挤压前材料抗拉强度，MPa；　n——挤压方式及变形程度修正因数，见表5-40。

模具形状因数 Z 如图5-75所示，其中图5-75a～d为正挤压，图5-75e～h为反挤压。

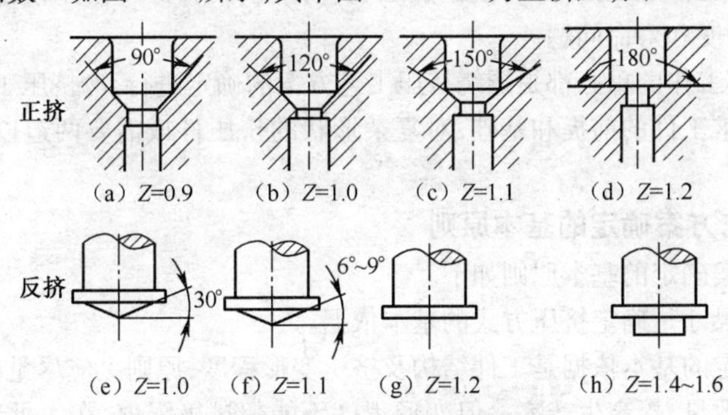

图5-75　模具形状因数

变形程度修正因数 n 见表5-40。

表5-40　变形程度修正因数 n

挤压方法	变形程度 ε_A/%			备　注
	40	60	80	
正挤压	3	4	5	正挤压空心件与实心件 n 值相同
反挤压	4	5	6	

2. 冷挤压力机的选用

选择压力机吨位时，首先应保证压力机公称压力大于冷挤压力 F，但由于冷挤压时的单位压力和工作行程都很大，冷挤压件的精度要求又很高，因而对冷挤压使用的压力机提出了一些特殊要求，如能量大、刚度好、导向精度高、具备顶出机构和过载保护装置等。

用于冷挤压的压力机主要有机械压力机和液压机。用于冷挤压的偏心齿轮式压力机，做功能力比通用压力机大得多，公称压力角度也比通用压力机大，一般在0°～46°，适用于冷挤压工作行程较大的挤压。肘杆式和拉力肘杆式压力机，其公称压力行程仅3～10 mm，因而，只适用于工作行程较小的挤压，但这种压力机比曲轴式（或偏心齿轮式）压力机工作平稳，冲击力小。

由于冷挤压工作行程一般较大，故应与拉深成形工艺一样，必须校核冷挤压的压力-行程曲线是否在压力机的许用负荷曲线范围内，不能只根据冷挤压力选择压力机的公称压力。

5.6.6　冷挤压工艺方案的确定

与板料的拉深工艺比较，冷挤压能加工出一些拉深无法成形的制件，有些薄壁空心件虽然用拉深和冷挤压都可以成形，但采用冷挤压成形，其变形程度大，成形工序少，生产效率高。正因为如此，冷挤压在机械、电子、电器、航空航天等工业部门得到广泛应用。

然而，冷挤压加工时，由于冷挤压坯料处于立体应力应变状态，金属变形所需要的单位挤压力很大，而且作用时间较长，所以，应用冷挤压加工必须解决强大的变形抗力与模具承载能力的矛盾。为此，在进行冷挤压工艺过程设计时，应分析挤压件的工艺性，使设计的冷挤压件工艺性良好；通过坯料的形状、尺寸、重量及备料方法的分析、挤压力的计算、及现有挤压设备，确定包括冷挤压方式、工序数目及有关辅助工序的挤压工艺方案，并编制好加工工艺卡片，制定冷挤压件加工工序图；根据加工工艺方案，设计好冷挤压模，采取有效措施，解决模具的强度、刚度和寿命问题。

显然，上述全部工作的重心都是围绕挤压工艺方案的确定进行，冷挤压工艺方案的正确确定是生产符合要求工件的前提和基础，对复杂形状的挤压件或需要两道以上挤压成形的工件尤其如此。

1. 冷挤压工艺方案确定的基本原则

冷挤压工艺方案确定的基本原则如下。

①工件的形状尺寸是确定挤压方式的基本依据。

②工序数量确定的基本依据是工件结构及挤压变形程度，原则上应尽量减少工序数量，以减少模具和设备数量，提高生产率。但变形程度不能超过极限值，在大批量生产时，应考虑适当减小变形程度，以提高模具寿命，做到以最合适的变形程度和最经济的挤压次数来生产工件。

③采用的挤压工序和工艺顺序应符合挤压金属变形规律，有利于金属流动和变形的均匀性。图5-76a所示工件，如果采用复合挤压，如图5-76b所示，反挤部分的变形程度 ε_A = 31%，远小于正挤部分的变形程度 ε_A = 94%，由于正、反挤压变形程度相差甚大，因而正、反两边金属流速相差很大。这样，在挤压时，金属首先向上流动，产生反挤，待上部完全充满型腔后，在凸模封闭环的作用下，金属开始向下流动，产生正挤。这种很不正常的变形过程，将引起封闭环的早期破坏。因此，在这种情况下，不宜用复合挤压，而应该采用图5-76c所示的挤压过程。

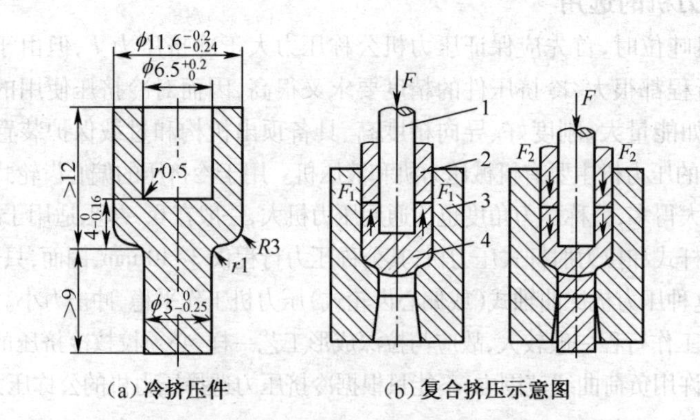

(a) 冷挤压件　　(b) 复合挤压示意图

图5-76　挤压工艺方案比较

1. 凸模　2. 封闭环　3. 凹模　4. 挤压件

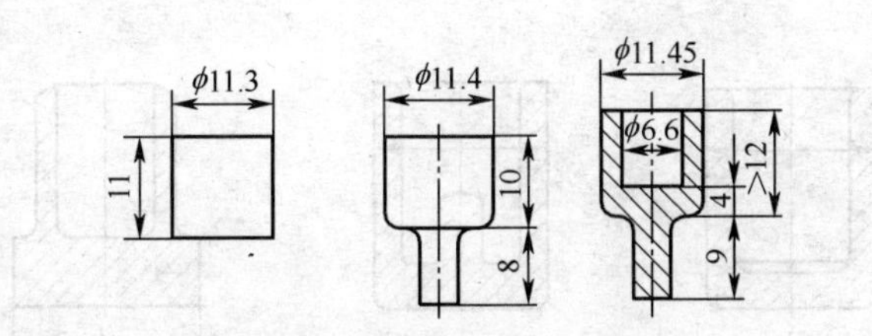

（c）合理的挤压工艺方案

图 5-76 挤压工艺方案比较（续）

④在保证工件顺利成形的条件下，尽量采用冷挤压力较低的挤压工序。图 5-77 为 20 钢两种反挤工艺方案的单位挤压力比较。由图可以看出，一次挤压比两次挤压成形的最大单位挤压力大 15%～20%。因此，对这类挤压件，通常采用先挤大孔，后挤小孔的两次挤压成形的方法。但小孔的深度比其直径小或阶梯孔直径差较小的，也可以一次挤压成形。

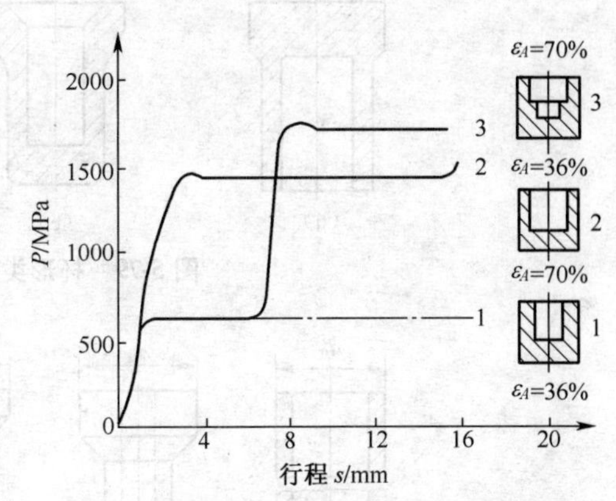

图 5-77 挤压工艺过程对单位挤压力的影响

⑤挤压工艺方案必须考虑工件的尺寸及精度要求。图 5-78 为钢制杯形件的挤压过程。之所以采用两次反挤成形，是因为孔的相对深度 $h_2/d_1 \geqslant 2.5$，实践证明，孔的相对深度越大，一次挤压成形所得工件的壁厚偏差越大。为保证壁厚的均匀性，两道挤压成形时，第一道挤出的深度 $h_2 \geqslant 1.5d_1$，第二道挤出所要求的尺寸。为了提高这类工件的精度，必要时可加一道壁厚修整工序。

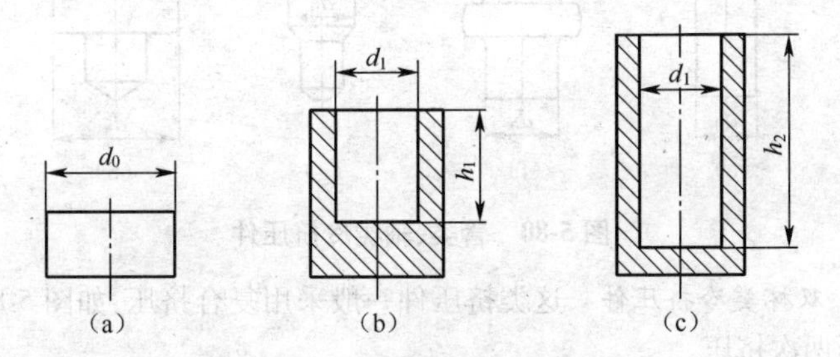

图 5-78 深杯形件的挤压

2. 常见冷挤压件及其挤压方式

（1）杯形类冷挤压件　这类工件一般采用反挤压，如图 5-79a、b、c 所示，或反挤压制坯后再以正挤压成形，如图 5-79e 所示。有的杯形件也可用正挤压成形，如图 5-79d 所示。带凸缘的则用反挤压与径向挤压联合成形，如图 5-79f 所示。

（2）管类、轴类挤压件　这类工件一般采用正挤压。有的工件也可用反挤压，如图 5-80d 所示；有的用径向挤压，如图 5-80e、f 所示；阶梯相差较大的可用正挤压与径向挤压联合的镦挤成形，如图 5-80g 所示；双杆的工件也可用复合挤压，如图 5-80h 所示。

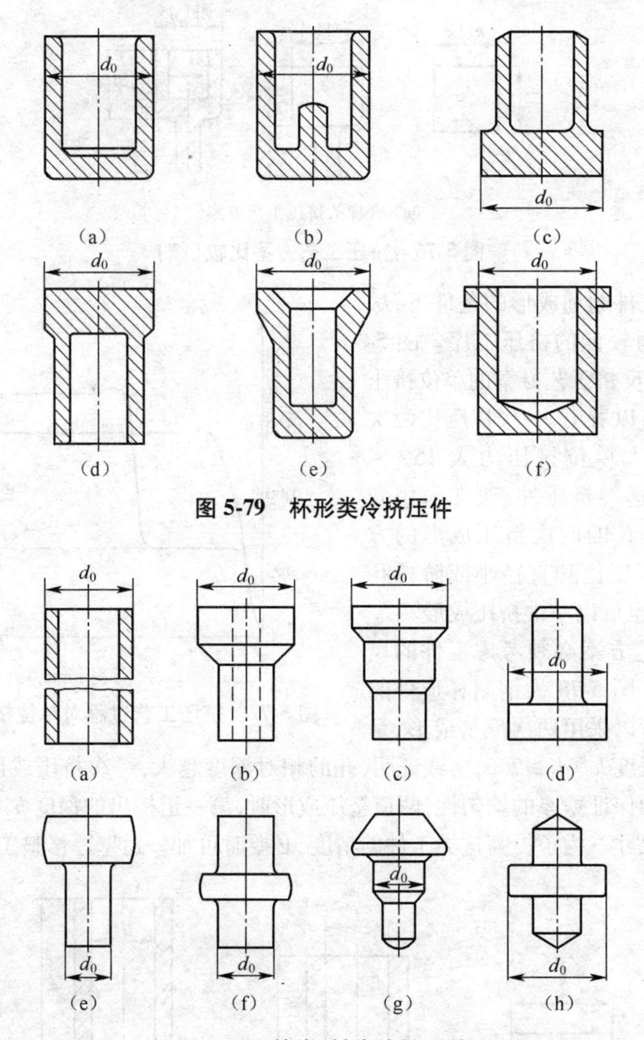

图 5-79　杯形类冷挤压件

图 5-80　管类、轴类冷挤压件

(3)杯杆类、双杯类冷挤压件　这类挤压件一般采用复合挤压，如图 5-81 所示，也有用正挤压和反挤压两次挤压。

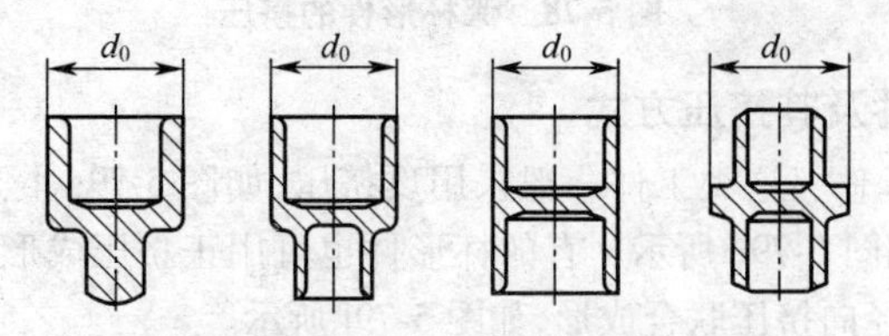

图 5-81　杯杆类、双杯类冷挤压件

(4)复杂形状的冷挤压件　带有齿形或花键的轴对称挤压件可以用正挤压、反挤压、复合挤压或径向挤压成形，如图 5-82 所示。

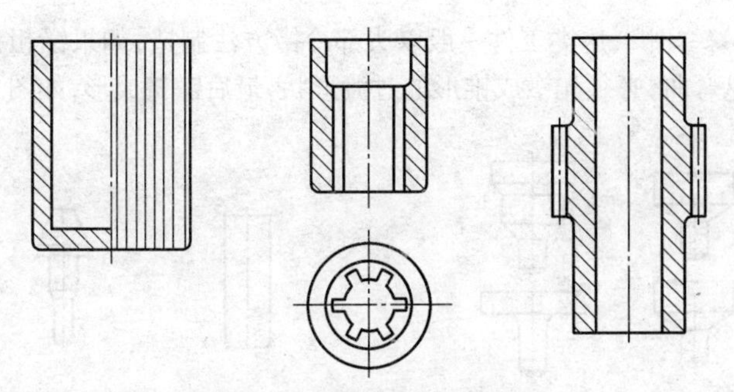

图 5-82 复杂形状冷挤压件

3. 几种典型工件的冷挤压工艺方案

(1)带底的外阶梯杯形件 这类工件通常采用预先反挤压,然后,从小阶梯到大阶梯进行两道正挤压成形,以利于金属流动,如图 5-83 所示。

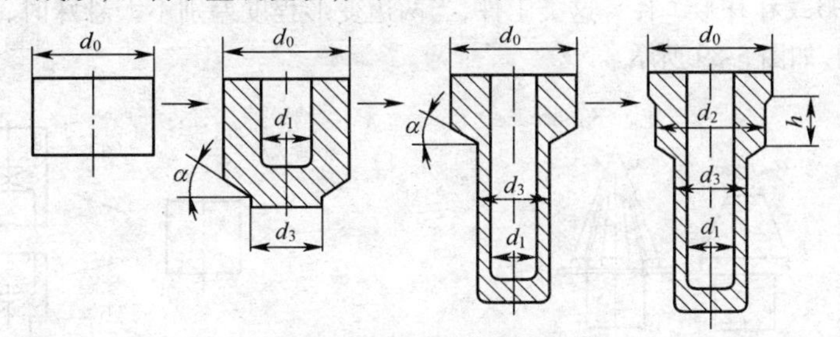

图 5-83 带底的外阶梯杯形件

(2)口部有较大凸缘的杯形件 这类工件的加工工艺是先反挤成筒形,再冷镦口部成形。冷镦口部必须保证 $H/t<1.8$,否则,可能产生皱折。如果 $H/t>1.8$,可采用反挤、正挤、冷镦口部或反挤和两道冷镦口部成形,如图 5-84 所示。

(3)内孔深度 h_2 大于外圆柱高度 H_0 的凸缘件 这类工件有两种挤压工艺方案。两种工艺方案的工序件孔深与外圆柱高度均相等(均为 h_1),而且 $h_1 \leqslant H$,如图 5-85 所示。

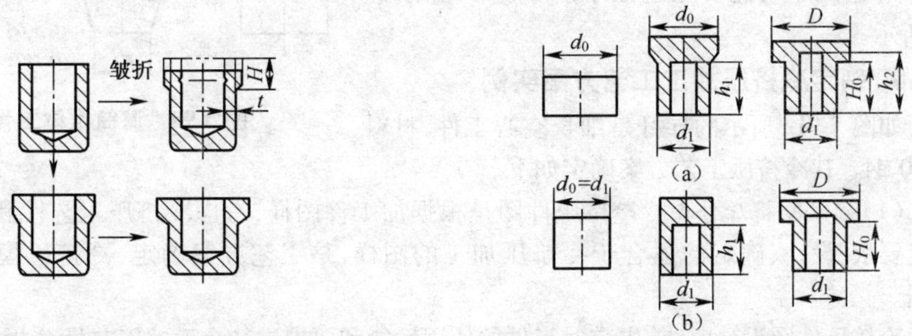

图 5-84 口部有较大凸缘的杯形件　　图 5-85 内孔深度大于外圆柱高度的凸缘件

(4)阶梯轴类工件 这类工件挤压的顺序是从小直径到大直径依次正挤压成形。由于第二道挤压时,会影响到前道已挤压的部分,使之产生弯曲,故最终需要校形。如果工件精度要求高的,相邻阶梯直径相差不大,可一次挤压成形。如果头部直径与杆部直径相差很大,可以采用先正挤,后镦粗头部的工艺过程,如图 5-86 所示。

(5)头部带凸缘工件　这类工件一般以头部冷镦方法制造，如果镦粗比大于2.5~4.5，一次冷镦会产生纵弯曲，必须先镦成锥形的过渡形状，最后镦挤成形，如图5-87所示。

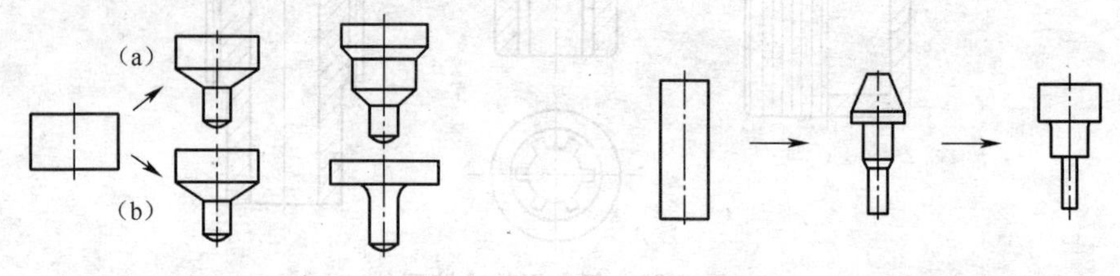

图5-86　阶梯轴类工件　　图5-87　头部带凸缘工件

(6)圆锥齿轮　以镦挤方法制造圆锥齿轮，工序件的圆锥角口非常重要，实践证明取 $\alpha=\alpha-(7^\circ\sim12^\circ)$ 最合适，否则，不利于齿形的成形，如图5-88所示。

(7)双杯形或杯杆形工件　这类工件，当两边变形程度差别不太悬殊时，一般采用复合挤压较为有利，如图5-89所示。

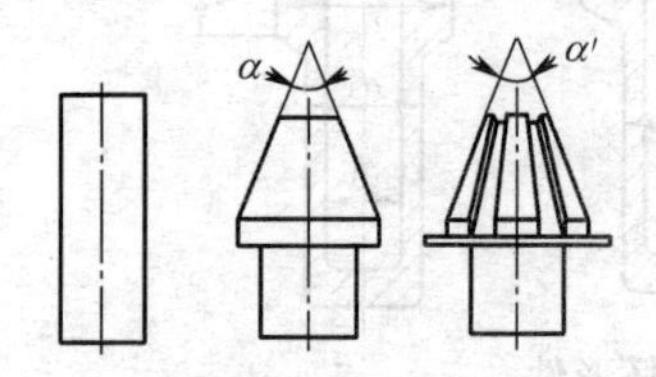

图5-88　圆锥齿轮

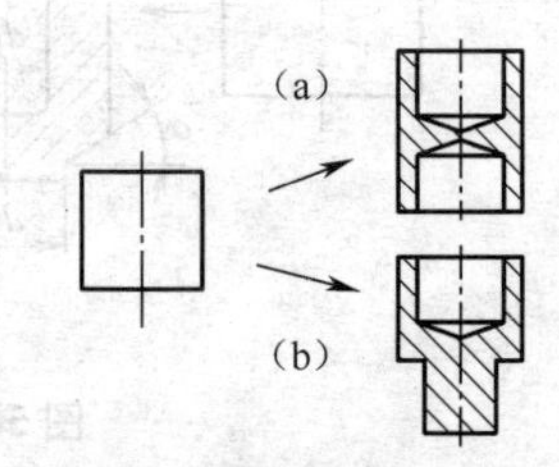

图5-89　双杯形或杯杆形工件

(8)深筒锥体工件　如果锥体角度较大、长度较小且上、下变形程度相近，可以一次挤压成形，否则，可采用逐步成形，通常取 $d_1\geqslant d_2$，$\alpha_1\geqslant\alpha_2$。如果孔的深度很大，可能要三道工序逐步成形，如图5-90所示。

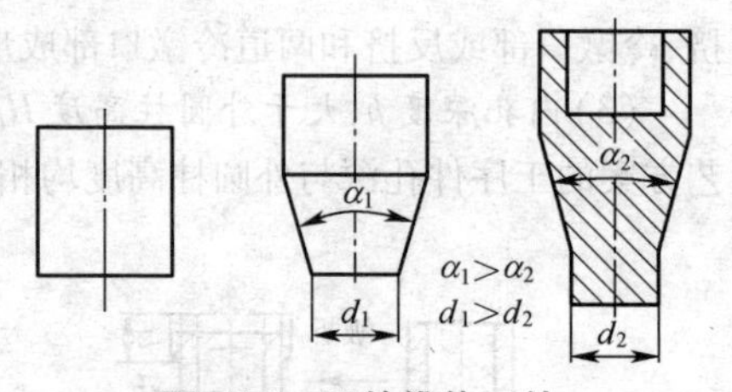

图5-90　深筒锥体工件

4. 确定冷挤压加工工艺方案实例

如图5-91a所示的导杆是细长空心工件，材料为30钢。其冷挤压工艺方案确定如下。

(1)确定冷挤压件图　冷挤压件图是根据加工件图样，考虑冷挤压工艺性和机械加工工艺要求，设计、确定的适合于冷挤压加工的图样，是工艺方案确定、冷挤压模具设计的依据。

冷挤压件图设计时，首先应对工件的使用性能和要求进行全面的工艺性分析，初步确定工件的成形工艺、冷挤压方式，在此基础上，对工件进行必要的简化，确定冷挤压件的形状、尺寸。需要机械加工的部位应根据需要加上余量和公差；不需要机械加工的部分应直接按工件要求的尺寸与公差设计。

图5-91所示导杆是轴对称旋转体工件，材料为30钢，适宜于冷挤压成形。根据工件特

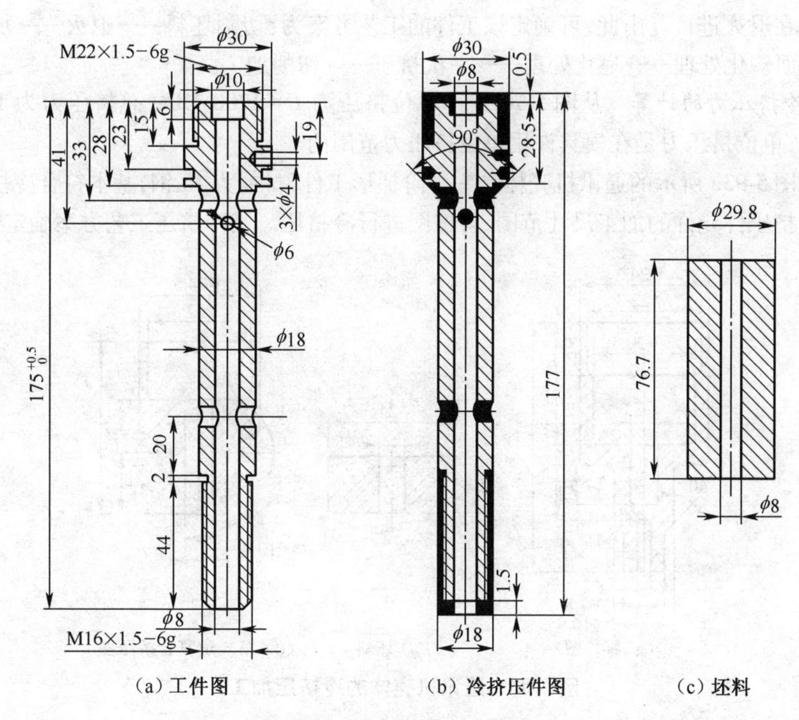

（a）工件图　（b）冷挤压件图　（c）坯料

图 5-91　导杆的冷挤压加工

点以正挤压成形为宜。由于 $\phi30$ 与 M22×1.5 直径相差不大，可一律改为 $\phi30$，否则凸模壁容易破裂，如图 5-92 所示。$\phi18$ 与 M16×1.5 直径相差不大，为了简化挤压凹模、减少挤压力，可一律改为 $\phi18$。考虑到坯料制造的误差和压力机行程下止点控制的误差，在长度上应加修整量 2 mm。为改善正挤压金属变形的均匀性，减少单位挤压力，取挤压凹模中心锥角为 90°。简化后的冷挤压件如图 5-91b 所示。

（2）*确定坯料形状和尺寸*　采用空心坯料，坯料外径取 d_0 = 29.8 mm，坯料内径取 d_2 = 8 mm，经计算后，坯料尺寸如图 5-91c 所示。

（3）*确定冷挤压加工工艺方案*　以正挤压方法加工，从图 5-60 可知，30 钢的极限变形程度为 79%～83.5%，而该挤压件总的变形程度为：

$$\varepsilon_A = \frac{A_0 - A_1}{A_0} \times 100\% = \frac{30^2 - 18^2}{30^2 - 8^2} \times 100\% = 69\%$$

因挤压件总变形程度小于极限变形程度，故可一次挤压成形。

考虑到如果孔在退火之前加工出来，空心坯料在退火之后，其表面都附有氧化皮，内孔氧化皮很难在表面清理时清理干净，影响磷化和皂化效果，致使在挤压时内孔与芯轴间的摩擦力增大，容易造成芯轴断裂。为此，在冷挤压工艺过程中，将坯料孔的

图 5-92　不合理的挤压件形状与凸模结构

加工安排在退火进行。由此,可确定该工件的工艺方案为:切割坯料⟶退火⟶加工坯料孔⟶表面磷化处理⟶皂化处理⟶一次挤压⟶切削加工。

(4)冷挤压力的计算 从图5-70查得单位挤压力 $P=1700$ MPa,总挤压力为1.1 MN。由此可见,单位挤压力是在模具许用单位挤压力范围内。

又如图5-93a所示的通讯机壳体是一个阶梯形工件,材料为10钢,基本符合冷挤压工艺性要求和挤压件允许的加工尺寸范围,可按图进行冷挤压。其冷挤压工艺方案确定如下。

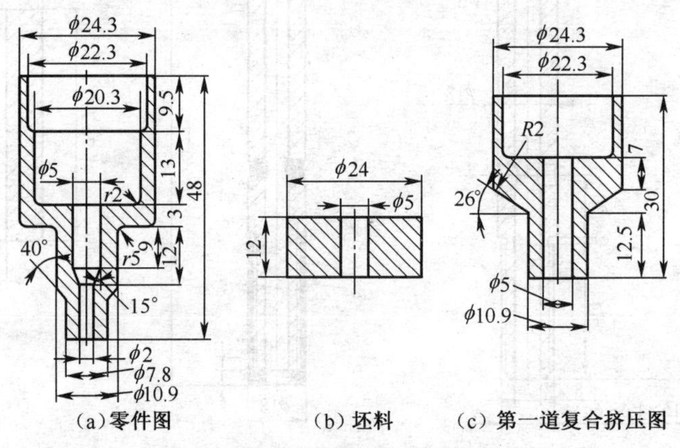

(a)零件图 (b)坯料 (c)第一道复合挤压图

图5-93 通讯机壳体的冷挤压加工

(1)冷挤压坯料形状和尺寸的确定 采用空心坯料。坯料外径取 $d_0=24$ mm,坯料内径取 $d_2=5$ mm,经计算,坯料尺寸如图5-93b所示。

(2)冷挤压工艺方案的确定 根据该工件的形状特征确定采用复合挤压,工序数目视其总变形程度而定。

①正、反挤压变形程度校核。正挤压最小直径的变形程度为

$$\varepsilon_A=\frac{A_0-A_1}{A_0}\times100\%=\frac{(24^2-5^2)-(7.8^2-2^2)}{(24^2-5^2)}\times100\%=83\%$$

查图5-60,正挤压极限变形程度为85%~90%。

反挤压上端薄壁部分的变形程度为

$$\varepsilon_A=\frac{A_0-A_1}{A_0}\times100\%=\frac{(24^2-5^2)-(24.3^2-22.3^2)}{(24^2-5^2)}\times100\%=83\%$$

查图5-61反挤压极限变形程度为77%~86%。

②确定挤压的工序数目。根据上述计算结果,单纯的正挤压部分与反挤压部分的变形程度都接近于极限变形程度的上限。为了改善金属变形的摩擦条件,此类工件应采用两道挤压成形为宜。

第一道复合挤压得图5-93c所示工序件,其正、反挤压断面变化率均为83%。第二道复合挤压成所需加工零件。

因此,由图5-93c所示工序件挤压成图5-93a所示工件的变形中,其正挤压部分采用阶梯形的凸模芯轴(外径由10.9 mm,内孔为5mm正挤压成外径为7.8 mm,内孔为2 mm)进行缩径,其断面变化率为

$$\varepsilon_A = \frac{A_1 - A_2}{A_1} \times 100\% = \frac{(10.9^2 - 5^2) - (7.8^2 - 2^2)}{(10.9^2 - 5^2)} \times 100\% = 39\%;$$

而反挤压是将图 5-93c 所示工序件的厚壁部分(内径为 22.3 mm,孔径为 5 mm 反挤压成外径为 24.3 mm,内孔为 20.3 mm)反挤出来,使已成形部分向上刚性平移,从而获得阶梯形孔,其断面变化率为

$$\varepsilon_A = \frac{A_1 - A_2}{A_1} \times 100\% = \frac{(22.3^2 - 5^2) - (24.3^2 - 20.3^2)}{(22.3^2 - 5^2)} \times 100\% = 62\%$$

由此可见,两道复合挤压的变形程度均在允许变形之内。

所以,该挤压件的挤压工艺方案可确定为:车床上制坯⟶退火⟶钻坯料孔⟶酸洗⟶磷化⟶皂化⟶第一次复合挤压⟶酸洗⟶磷化⟶皂化⟶第二次复合挤压。

(3)冷挤压力的计算　第一道复合挤压时,单纯正挤压的单位挤压力根据图 5-70 查得 P=1 850 MPa,单纯反挤压的单位挤压力根据图 5-71 查得 P=2 350 MPa。

第二道复合挤压时,由直径 ϕ10.9 mm 缩小到 ϕ7.8 mm,其挤压力很小。单纯反挤压的单位挤压力查图 5-71 得 $P \approx$1 800 MPa。

两道挤压工序均属复合挤压。实践证明,复合挤压力小于或接近于单一挤压力较小值。根据这一规律,第一道复合挤压的单位挤压力大约为 1 850 MPa,第二道复合挤压的单位挤压力约为 1 800 MPa。两道工序的单位挤压力都在模具许用单位压力范围之内。

5.6.7 冷挤压模典型结构分析

按冷挤压方式的不同,冷挤压模可分为:正挤压模、反挤压模、复合挤压模及其他冷挤压模;按模具是否具有通用性可分为:专用冷挤压模和通用冷挤压模;按模具是否具有调整的可能性分为:可调式冷挤压模和不可调式的冷挤压模。生产中,为适应冷挤压金属成形的需要和降低模具制造成本,往往采用可调式冷挤压模和通用式冷挤压模。

1. 冷挤压模的特点

不论采用何种结构,冷挤压模具必须适应冷挤压金属变形特点和强大的冷挤压力对模具提出的要求。因此,要求模具应有足够的强度和刚度,垫板有足够的厚度和硬度,上、下模座都用碳钢制作,且具有良好的导向装置;模具工作部分的形状、尺寸参数及表面粗糙度应有利于金属的塑性变形,有利于减小挤压力;模具材料的选择、加工方案及热处理工艺规范都应符合冷挤压加工要求;模具安装牢固可靠,易损件拆卸、更换方便;模具制造容易,成本低;进、出件方便,操作简单、安全等等。

2. 正挤压模结构

图 5-94 为挤压带凸缘的纯铝工件的正挤压模该模具的主要特点如下。

①采用通用模架,通过更换凸、凹模可挤压不同的冷挤压件。凸模 6 通过弹性夹头 4、凸模固定圈 5 和紧固圈 7 固定;凹模通过凹模固定圈 10 和紧固圈 8 固定,凹模固定圈与紧固圈以 H6/h5 配合。

②以导柱导套导向。为了增加导柱长度,特将导柱固定于上模。当然也可以根据需要

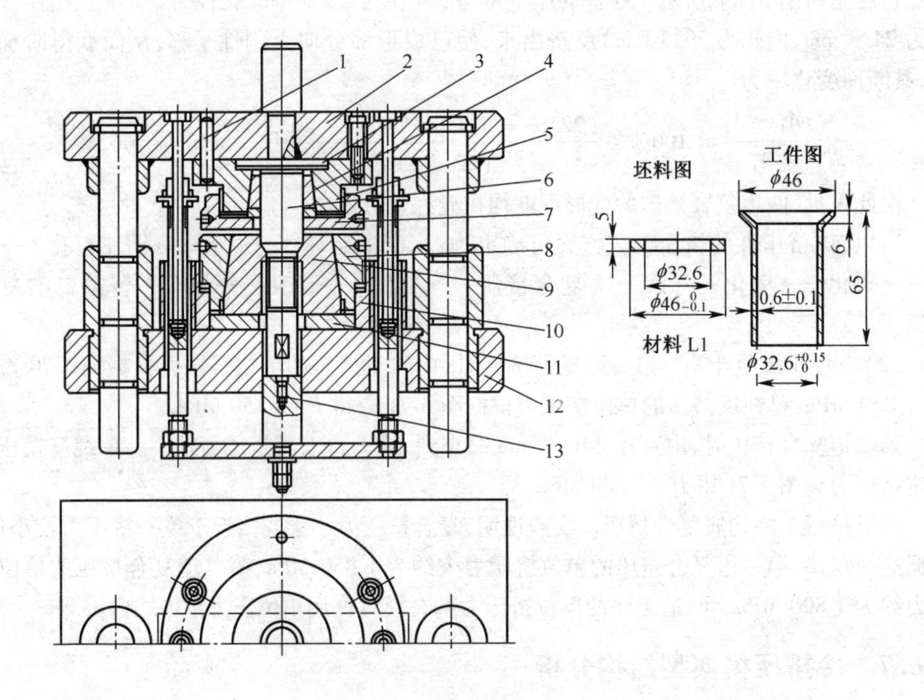

图 5-94 正挤压模

1. 定位销 2. 上模座 3、11. 垫板 4. 弹性夹头 5. 凸模固定圈 6. 凸模 7、8. 紧固圈 9. 凹模 10. 凹模固定圈 12. 下模座 13. 顶杆

将导柱固定于下模。导柱导套以 H6/h5 配合。

③挤压件留在凹模中，采用拉杆式顶出装置通过顶杆 13 将挤压件顶出，卸件工作可靠。

④上、下模座用中碳钢，凸、凹模分别用较厚的淬硬垫板支承。

3. 反挤压模结构

图 5-95 为挤压黑色金属空心件的反挤压模具。该模具的主要特点如下。

①采用通用模架，更换凸模、组合凹模等零件，可以反挤压不同挤压件，还可以进行正挤压、复合挤压。

②凸、凹模同轴度可以调整，即通过螺钉和月牙形板调整凹模的位置，以保证凸、凹模的同轴度。同时，可以依靠月牙形板和压板 1 压紧定位，以防挤压过程中凹模位移。

③凹模为预应力组合凹模结构，承受单位挤压力较大。

④对于黑色金属反挤压，其挤压件可能箍在凸模上，因而设置了卸件装置。卸件板做成弯形是为了减少凸模长度。但挤压件更容易留在凹模内，故又设置了顶件装置。

⑤因黑色金属挤压力很大，所以，凸模上端和顶件器下端做成锥度，以扩大支承面积，并加以厚垫板。

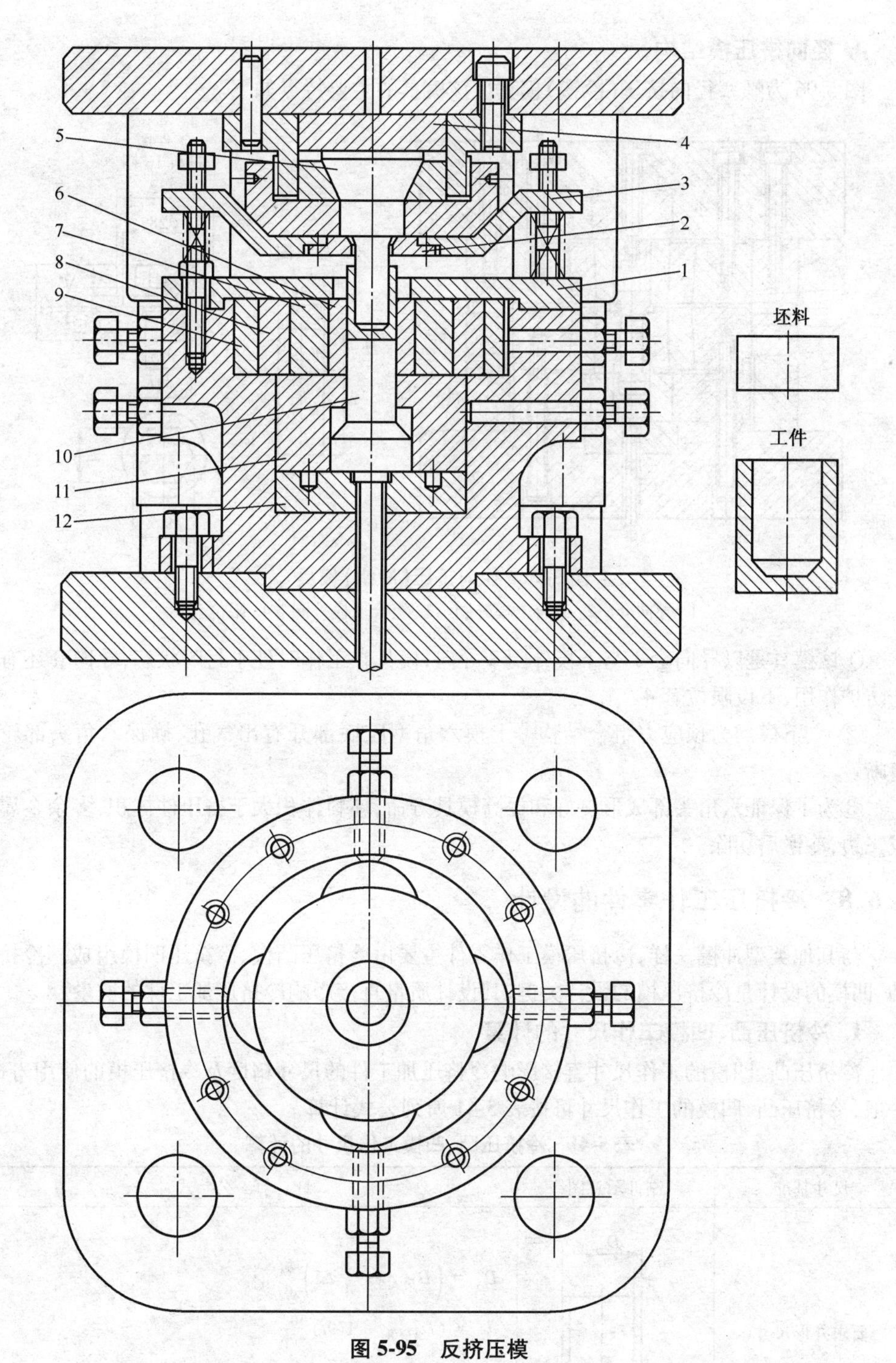

图 5-95 反挤压模

1. 压板 2. 卸件器 3. 卸件板 4、12. 垫板 5. 凸模 6. 凹模
7. 组合凹模中圈 8. 组合凹模外圈 9. 月牙形板 10. 顶出器 11. 垫块

4. 径向挤压模结构

图5-96为螺塞径向挤压(冷镦)模具。该模具的主要特点如下。

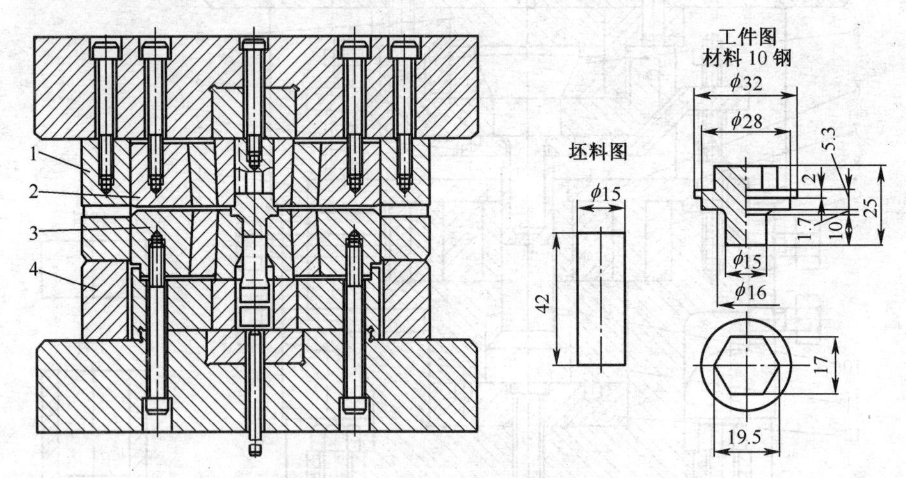

图5-96　径向挤压(冷镦)模具

1. 导向套　2. 组合上模外圈　3. 组合下模外圈　4. 限位套

①该模具是以导向套1与下模外圈3导向,模具在工作时处于封闭状态,导向套还有安全防护作用,下设限位套4。

②上、下模均为预应力组合结构。上模六角型腔底部开有出气孔,确保六角头部轮廓清晰。

③为了保证六角头部成形良好和提高模具寿命,坯料体积大于挤压件体积,多余金属形成飞边,冷镦后切除。

5.6.8　冷挤压工作零件的设计

与其他类型冲模一样,冷挤压模工作零件主要由冷挤压凸模、冷挤压凹模组成。冷挤压凸、凹模的设计是冷挤压模的设计关键,其设计质量直接影响冷挤压加工件的质量。

1. 冷挤压凸、凹模工作尺寸的计算

冷挤压凸、凹模的工作尺寸直接影响冷挤压加工件的尺寸精度及冷挤压模的使用寿命,一般,冷挤压凸、凹模的工作尺寸可按表5-41所列公式计算。

表5-41　冷挤压凸、凹模工作尺寸的计算

尺寸基准	制件示意图	计算公式
要求外形尺寸	$D_{-\Delta_1}^{\ 0}$ t	$D_A = \left(D_{最大} - \frac{3}{4}\Delta_1\right)_{\ 0}^{+\delta_A}$ $d_T = (D_{A最大} - 1.9t)_{-\delta_T}^{\ \ 0}$ $\delta_A = \delta_T = \frac{1}{5}\Delta_1$

续表 5-41

尺寸基准	制件示意图	计算公式
要求内形尺寸	$d^{+\Delta_2}_{0}$ t	$d_T = \left(d_{最小} + \frac{1}{2}\Delta_2\right)^{0}_{-\delta_T}$ $D_A = (d_{T最小} + 1.9t)^{+\delta_A}_{0}$ $\delta_T = \delta_A = \frac{1}{5}\Delta_2$
要求外形尺寸和壁厚	$D^{0}_{-\Delta_1}$ $t^{+\Delta_3}_{-\Delta_4}$	$D_A = (D - \Delta_1 + \varepsilon)^{+\delta_A}_{0}$ $d_T = [D - \Delta_1 + \varepsilon - 2(t - \Delta_4) - 2K]^{0}_{-\delta_T}$ 当 $\Delta_1 > \Delta_3 + \Delta_4$ 时, $\delta_A = \delta_T = \frac{1}{5}(\Delta_3 + \Delta_4)$ 当 $\Delta_1 \leqslant \Delta_3 + \Delta_4$ 时, $\delta_A = \frac{1}{5}\Delta_1, \delta_T = \frac{1}{5}(\Delta_3 + \Delta_4)$
要求内形尺寸和壁厚	$d^{+\Delta_2}_{0}$ $t^{+\Delta_3}_{-\Delta_4}$	$d_T = (d + \Delta_2 + \varepsilon)^{0}_{-\delta_T}$ $D_A = [d + \Delta_2 + \varepsilon + 2(t - \Delta_4) + 2K]^{0}_{-\delta_A}$ 当 $\Delta_2 > \Delta_3 + \Delta_4$ 时, $\delta_A = \delta_T = \frac{1}{5}(\Delta_3 + \Delta_4)$ 当 $\Delta_2 \leqslant \Delta_3 + \Delta_4$ 时, $\delta_T = \frac{1}{5}\Delta_1, \delta_A = \frac{1}{5}(\Delta_3 + \Delta_4)$

注:表中 D——冷挤压工件外形基本尺寸,mm; d——冷挤压工件内形基本尺寸,mm;

D_A——凹模的制造基本尺寸,mm,当采用组合凹模时,应增加(0.005~0.01)D_A 的收缩量;

d_T——凸模的制造基本尺寸,mm;

δ_A、δ_T——分别为凹模、凸模的制造公差,mm; $\delta_A = \delta_T = (1/5 \sim 1/10)\Delta$,$\Delta$ 为挤压件的公差;

ε——冷挤压件的收缩量,mm;当冷挤压件有较高的壁厚精度要求时,还应考虑冷挤后壁厚的收缩量 ε,其数值根据经验确定,一般当挤压件尺寸 $d<10$ mm 时,ε 为 0.03~0.04 mm;当 $d \geqslant 10 \sim 60$ mm时,ε 为 0.05~0.06 mm;

K——冷挤模在工作时凸、凹模的同轴度,mm,见表 5-42。

表 5-42 冷挤模工作时凸、凹模的同轴度 K 的经验数值 (mm)

序号	工 作 条 件	K
1	在专用冷挤设备上正常的挤压工艺条件下,模具各方面都能达到应有要求(如表面粗糙度、对称性、平行度、垂直度和配合等)的情况下进行的冷挤压	0.03
2	在一般"C"形偏心或曲轴压力机上,模具无导向装置,模具工作部分达到设计要求,在正常的工艺条件下进行的冷挤压	0.05

续表 5-42

序号	工 作 条 件	K
3	在上述条件下,采用导柱式固定模架进行冷挤压,模具同轴度为0.01 mm	0.03
4	在"Π"形双柱式压力机上,模具本身的同轴度不超过0.01 mm,且导向十分可靠、稳定、准确,工作部分及配合部分都能达到质量要求。在正常的工艺条件下进行冷挤压	0.03
5	用可调节的导柱模在专用挤压设备上,或在高精度的立柱式冲压设备上,并加有导头导向(该种情况只适用于挤压底部有孔的工件)	0.01
6	在一切均为正常的条件下,模具自身有准确的导向装置而不受设备导向的影响。如用导筒模进行冷挤压,而导筒模的同轴度不超过0.01 mm。	0.01
7	正常的工艺条件下,在高精度立柱式冲压设备上,模具有较粗大的导柱、导套导向(有时可用4个导柱),模具本身的同轴度超过0.01 mm	0.01~0.02

2. 冷挤压凸、凹模的结构设计

冷挤压凸、凹模主要分正挤压和反挤压两种加工形式进行结构设计,主要内容是确定凸、凹模的结构形式及其相关的结构尺寸。复合挤压可分别参考单独的正挤压及反挤压形式进行设计。

(1)正挤压凸、凹模结构的设计 图5-97为采用的正挤压凸模的结构形式。

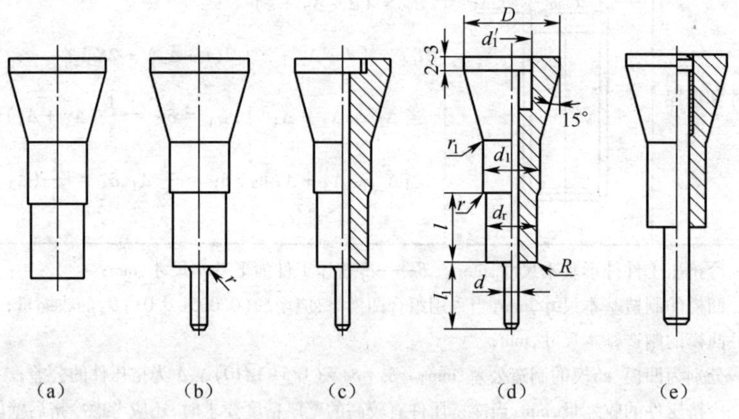

图5-97 正挤压凸模

其中,图5-97a是正挤压实心件用凸模;图5-97b~e为正挤压空心件用凸模。正挤压空心件凸模设计的关键是芯轴结构。芯轴受径向压力和轴向拉力的作用,工作条件差,容易产生断裂。图5-97b是整体式的凸模,适用于挤压纯铝等软金属或芯轴与凸模直径相差不大,芯轴长度不长的情况。图5-97c是固定组合式的凸模,一般凸模孔与芯轴之间采用H7/k6的过渡配合,适用于较硬金属的正挤压。图5-97d、e是浮动式组合凸模,一般凸模孔与芯轴之间采用H7/h6的间隙配合,用于黑色金属的正挤压,挤压过程中,芯轴可随变形金属的流动一起向下滑动,减少了芯轴被拉断的可能,提高了芯轴的寿命。

正挤压凸模的主要几何参数如图5-97d所示。凸模的横截面形状取决于挤压件的头部形状，d_T等于挤压件头部尺寸并与凹模保持最小间隙等于零的间隙配合。芯轴直径 d 等于空心件内孔直径。芯轴露出凸模端面长度 l_1，对于正挤压杯形件，为坯料内孔深度；对于正挤压无底空心件，为坯料高度加上凹模工作带高度。凸模工作部分长度 l 等于坯料变形高度加上凸模接触坯料时已导入凹模的深度。

图 5-98 为常见的正挤压凹模结构形式。正挤压凹模是正挤压模的关键零件，一般采用预应力组合结构。

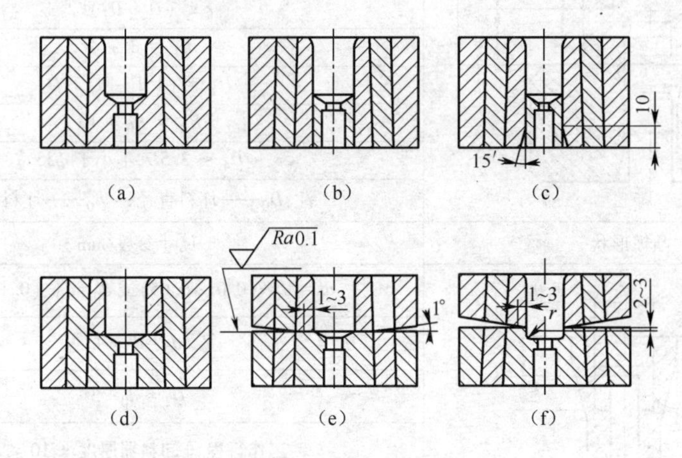

图 5-98 正挤压凹模

其中，图 5-98a 所示凹模内层是整体式结构，制造容易，应用较广，但型腔内转角处容易因应力集中而产生横向开裂；图 5-98b、c 凹模内层为纵向分割结构，最内层小凹模与挤压筒之间采用过盈配合，过盈量一般应大于 0.02 mm；图 5-98d、e、f 凹模为横向分割式结构，制造时应严格保证上、下两部分的同轴度，为防止金属流入拼合面，上、下两部分的拼合面不宜过宽，一般取 1～3 mm，而且要求抛光；图 5-98f 结构能有效地防止金属流入拼合面，但寿命较低。

正挤压凹模的主要几何参数如图 5-99 所示。其中，凹模中心锥角 α_A 一般取 90°～126°，挤压塑性好的材料时，可以增大；凹模工作带高度对于纯铝 $h_A=1\sim2$ mm；对于硬铝、纯铜、黄铜 $h_A=1\sim3$ mm；对于低碳钢 $h_A=2\sim4$ mm。凹模型腔的过渡圆角 r_1最好取$(D_A-d_A)/2$，不小于2～3 mm；$R=3\sim5$ mm；凹模型腔深度 h 为：

$$h = h_0 + R + r_1 + h_3$$

式中 h_0——坯料高度；

h_3——凸模接触坯料时已进入凹模直壁部分的深度，对于钢 h_3取 10 mm，对于有色金属 h_3取 3～5 mm。

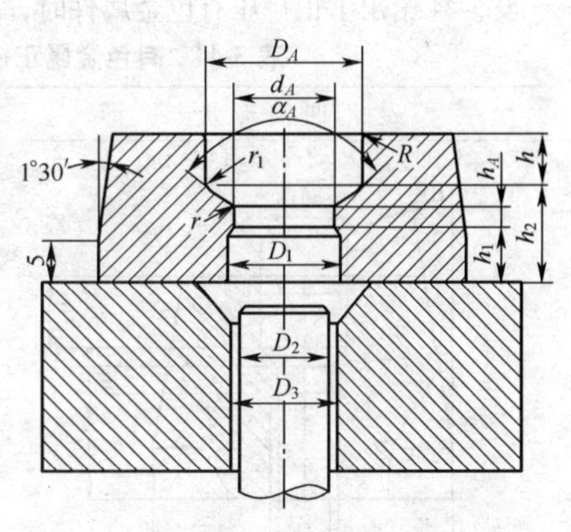

图 5-99 正挤压凹模的几何参数

表 5-43 给出了正挤压钢件时，冷挤压凸、凹模结构尺寸设计的计算公式。

表 5-43　钢件正挤压凸、凹模的结构尺寸设计

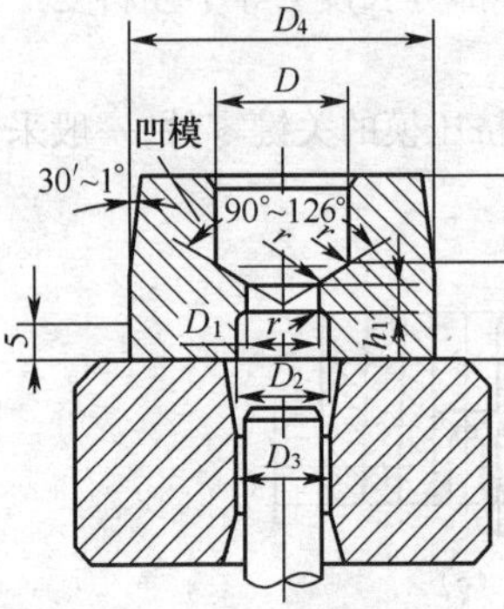

凹 模 形 状	尺寸参数/mm
	$D = D_0 + (0.1 \sim 0.2)$
	D_1=挤压件外径
	$D_2 = D_1 + (0.5 \sim 1)$
	$D_3 = D_1 + 0.02$
	$r \leqslant (D - D_1)/2$
	$h_1 = 3 \sim 4$
	$H_1 = (1.1 \sim 1.2)D$
	$H_2 = h_0 + 10$
	$D_4 \approx 3.5D$,不小于 $\phi 35$
	注:D_0——坯料直径；　h_0——坯料高度
凸模形状	**尺寸参数/mm**
	$d_0' = d_0 - (0.01 \sim 0.05)$ 或 $d_0' = d_0 - (0.1 \sim 0.5)$
	$d_1 = d_0' + 4$
	$D_2 = d_0' + 3$
	l = 工作行程 + 卸料器厚度 + 10 ≤ $2.5D$
	$l_1 = h_0 + 2$
	h_0大于卸料器厚度
	$h = 0.7d_0$
	注:d_0——坯料内径；　h_0——坯料高度

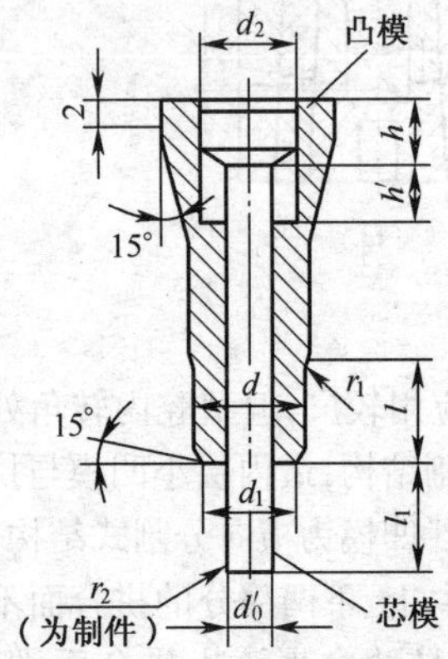

表 5-44 给出了正挤压有色金属件时,冷挤压凸、凹模结构尺寸设计的计算公式。

表 5-44　有色金属正挤压凸、凹模的结构尺寸设计

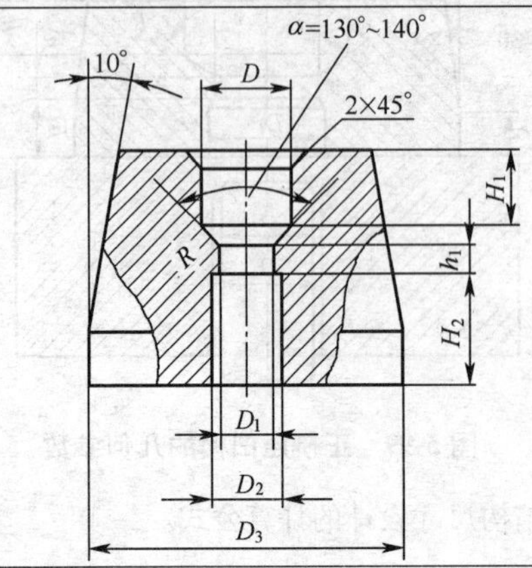

凹 模 形 状	尺寸参数/mm				
	$D = D_0 + (0.1 \sim 0.2)$				
	D_1=挤压件外径				
	$D_2 = D_1 + 0.1$				
	$D_3 \approx 3D$,不小于 $\phi 35$				
	$H_1 = h_0 + (3 \sim 5)$				
	H_2不小于$(1.1 \sim 1.2)D$				
	D_2	<5	5~10	10~30	>30
	h_1	1.0	1.5	2.0	2.5
	R	0.3	0.5	1.0	1.0

续表 5-44

凸模形状	尺寸参数/mm
	d=挤压件内径
	$d_1 = D$
	$l_1 = H_1 + 5$
	$l_2 = h_0 + (2 \sim 4)$
	R 不小于 $d_1/8$
	注：D_0——坯料内径； h_0——坯料高度； D、H_1——凹模尺寸。

(2)反挤压凸、凹模的结构设计　图 5-100 为黑色金属反挤压凸模的结构形式。反挤压凸模是反挤压模的关键零件。

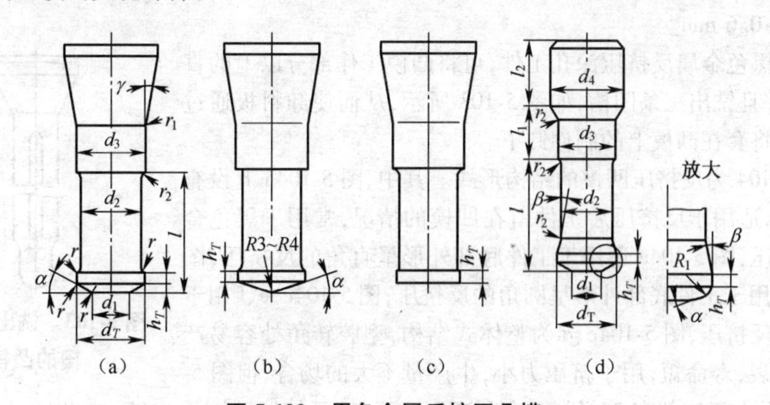

图 5-100　黑色金属反挤压凸模

其中，图 5-100a 应用较普遍；图 5-100b 挤压力小，但容易受到坯料不平度的不良影响，易造成挤压件壁厚不均匀；图 5-100c 挤压力较大，用于挤压件为平底结构或单位挤压力不大的情况；图 5-100d 结构有利于金属流动，但制造较麻烦。

黑色金属反挤压凸模的重要几何参数如下：凸模锥顶角 $\alpha_T = 180° - 2\alpha$，$\alpha = 7° \sim 27°$；工作带高度 $h_T = 2 \sim 3$ mm；圆角半径 $r = 0.5 \sim 4$ mm，$R_1 = 0.05d_T$；小圆台直径 $d_1 = 0.5d_T$。

有色金属反挤压凸模原则上与黑色金属一样，但因为单位挤压力较小，因而工作带高度可以较小($h_T = 0.5 \sim 1.5$ mm)，α 角亦较小($r = 0.2 \sim 0.5$ mm)。纯铝反挤压凸模工作部分的结构及尺寸如图 5-101 所示。铜和硬铝等的反挤压凸模，参照黑色金属和纯铝的反挤压凸模进行设计。

反挤压凸模的工作部分长度 l 不宜过长，否则会失稳折断。其长度范围为：纯铝，$l < 6d_T$；黄铜 $l < 4d_T$；纯铜 $l < 5d_T$；钢 $l < 2.5d_T$。

反挤压塑性较好、深度较大的有色金属薄壁件，为增强凸模稳定性，可在其工作端面开设如图 5-102 所示的对称工艺槽，以增大端面与金属的摩擦，从而防止凸模滑向一侧，导致挤压件壁厚不均匀和凸模折断。工艺凹槽必须对称、同轴，其宽度一般取 0.3~0.8 mm，深

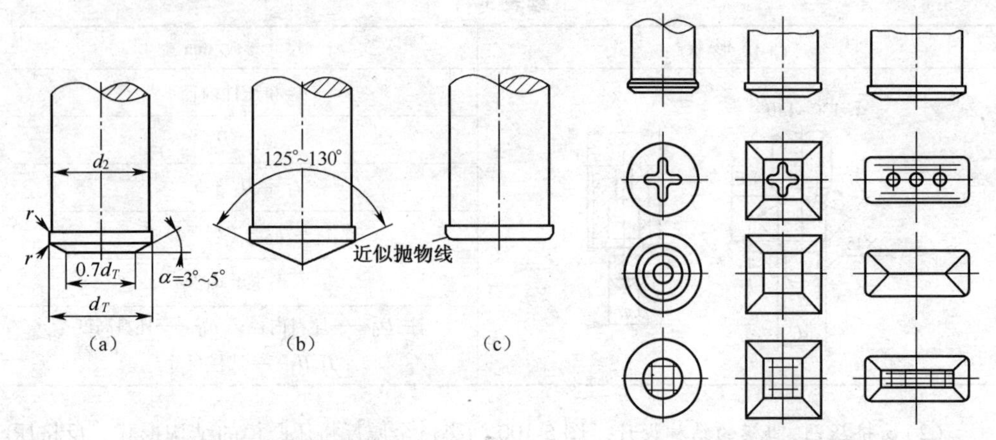

图 5-101　纯铝反挤压凸模　　**图 5-102　凸模工作端面的工艺槽形状**

度取 0.3~0.6 mm。

对于黑色金属反挤压深孔工件，可将凸模工作部分以上的直径加粗，并且铣出三条凹槽，如图 5-103 所示，从而使卸料板通过三条凹槽将套在凸模上的制件卸下。

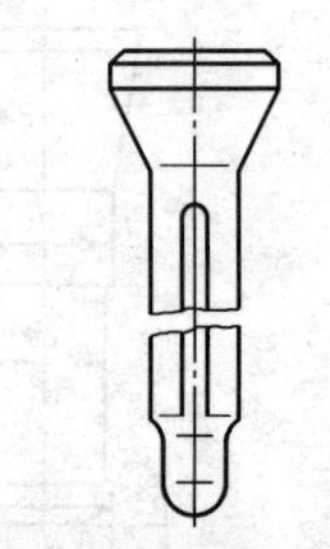

图 5-103　铣出三条凹槽的凸模

图 5-104 为反挤压凹模的结构形式。其中，图 5-104a、b 设有顶出装置，适用于反挤压后工件留在凹模的情况，常用于黑色金属的反挤压，图 5-104a 适用于工件底部外形呈直角的反挤压，图 5-104b 适用于工件底部外形呈圆角的反挤压；图 5-104c、e、f 用于有色金属反挤压，图 5-104c、d 为整体式结构，型腔转角处容易产生横向破裂，寿命短，用于挤压力小，生产量不大的场合，但图 5-104d 凹模，由于底部有 25°斜角，有利于金属流动，可挤压壁厚为 0.07 mm 以上的薄壁铝制筒件；图 5-104e、f 为组合式结构，图5-104e设有硬质合金镶块，寿命较长，但对制造要求较高，适用于大批量生产，图 5-104f 凹模，为避免金属被挤入拼合夹缝，拼合面的宽度应小于 3 mm，其余部分留出 0.2 mm 空隙。

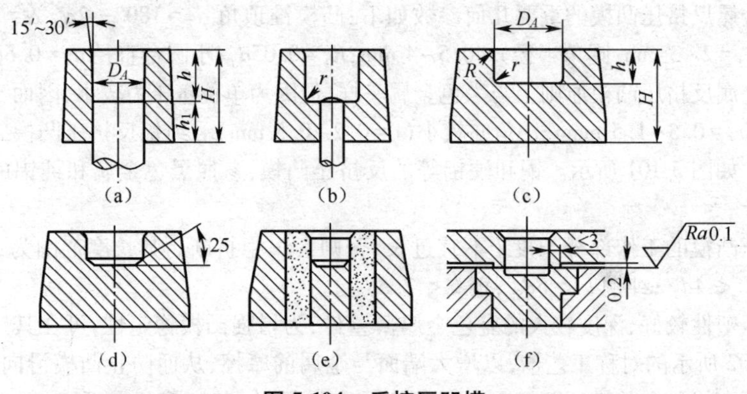

图 5-104　反挤压凹模

反挤压凹模的几何参数如下：型腔内壁有一定斜度，以利于金属的流动；凹模底部圆角根据挤压件要求而定，r 可取 $(0.1\sim0.2)D_A$，但应大于 0.5 mm；$R=2\sim3$ mm，型腔深度为：

$$h = h_0 + r + R + (2 \sim 3)\,\text{mm}$$

式中　h_0——坯料高度。

表 5-45 给出了反挤压钢件时，冷挤压凸、凹模结构尺寸设计的计算公式。

表 5-45　钢件反挤压凸、凹模结构尺寸的设计

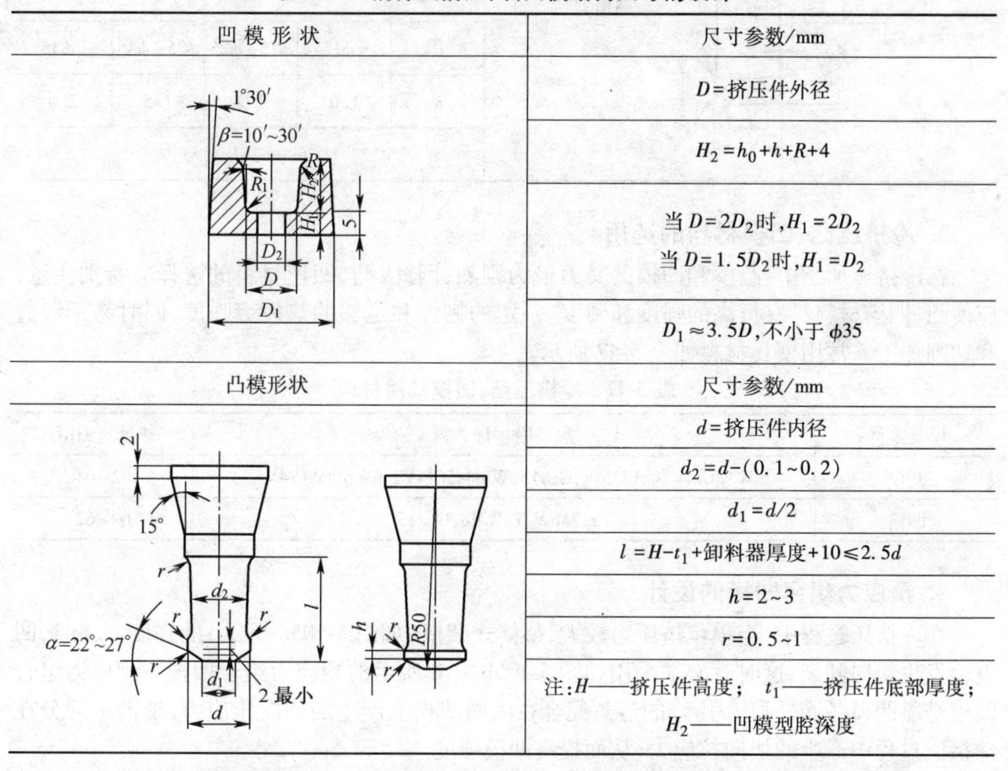

凹模形状	尺寸参数/mm
	D=挤压件外径
	$H_2=h_0+h+R+4$
	当 $D=2D_2$ 时，$H_1=2D_2$ 当 $D=1.5D_2$ 时，$H_1=D_2$
	$D_1\approx3.5D$，不小于 $\phi35$
凸模形状	**尺寸参数/mm**
	d=挤压件内径
	$d_2=d-(0.1\sim0.2)$
	$d_1=d/2$
	$l=H-t_1$+卸料器厚度$+10\leqslant2.5d$
	$h=2\sim3$
	$r=0.5\sim1$
	注：H——挤压件高度；　t_1——挤压件底部厚度； H_2——凹模型腔深度

表 5-46 给出了反挤压有色金属件时，冷挤压凸、凹模结构尺寸设计的计算公式。

表 5-46　有色金属反挤压凸、凹模结构尺寸的设计

凹模形状	尺寸参数/mm
	D=挤压件外径
	$D_1\approx3.5D$，不小于 $\phi35$
	$h=\dfrac{2}{3}h_0$
	$H_1=h_0+(3\sim5)$
	$H\geqslant3H_1$
	$R>0.5$
	注：h_0——坯料高度

续表 5-46

凸模形状	尺寸参数/mm				
宽 1.2~1.5 深 0.3~0.5 圆槽 d_2 0.05 R0.5 R0.5 10°~20° h d_1 d R0.5	d=挤压件内径				
	$d_1 \geqslant t$				
	$d_2=d-(0.1\sim0.2)$				
	d	<ϕ15	ϕ15~ϕ25	ϕ25~ϕ35	>ϕ35
	h	1.0	1.2	1.5	2.0
	注:t——挤压件壁厚				

3. 冷挤压凸、凹模材料的选用

在冷挤压加工中,凸模和凹模的受力最为剧烈,因此,凸、凹模材料的选择应特别注意,应使凸、凹模材料具有很高的强度和硬度、一定的韧性和足够的热疲劳强度,同时易于锻造和切削加工。常用模具材料如表 5-47 所示。

表 5-47　冷挤压凸、凹模常用材料

模具零件	常　用　材　料	热处理 HRC
凸模	W18Cr4V,Cr12MoV,GCr15,W6Mo5Cr4V2,6W6Mo5Cr4V1	62~64
凹模	Cr12MoV,CrWMo,GCr15	60~62

4. 预应力组合凹模的设计

在冷挤压过程中,当单位挤压力较大,整体式凹模(如图 5-105a 所示)的强度不够时,凹模会发生切向开裂,这时就必须采用如图 5-105b、c、d 所示的预应力组合凹模。预应力组合凹模是靠凹模各圈(预应力圈)的过盈配合在内圈凹模上产生的切向压应力,抵消一部分在冷挤压过程中产生的切向拉应力,从而提高凹模强度。

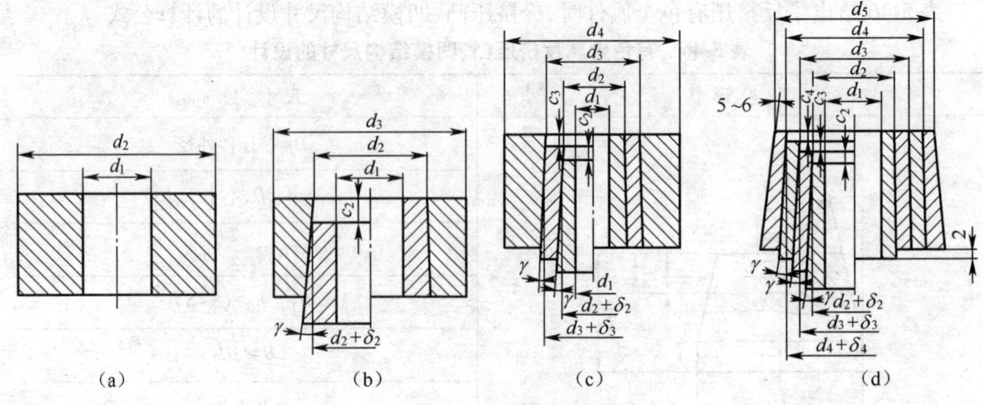

图 5-105　冷挤压凹模结构

(1)冷挤压凹模的受力分析　图 5-106 所示为凹模内部的应力分布情况。其中 σ_θ 为切向拉应力，σ_r为径向压应力，σ_v为相当应力（等效应力或应力强度）。

由图可以看出，在凹模内壁表面（$r=r_1$）处，σ_θ、σ_r、σ_v的绝对值均最大，也是凹模的危险部位。如果这里的相当应力超过一定值（σ_s），凹模就会产生塑性变形直至破坏。经推导得

$$\sigma_v=\frac{\sqrt{3+\left(\frac{1}{a}\right)^4}}{1-\left(\frac{1}{a}\right)^2}P,\ 则\ \frac{\sigma_v}{P}=\frac{\sqrt{3+\left(\frac{1}{a}\right)^4}}{1-\left(\frac{1}{a}\right)^2}$$

式中　P——凹模内壁径向单位压力；

a——凹模直径比，$a=d_2/d_1=r_2/r_1$；

r_1、r_2——凹模内、外半径。

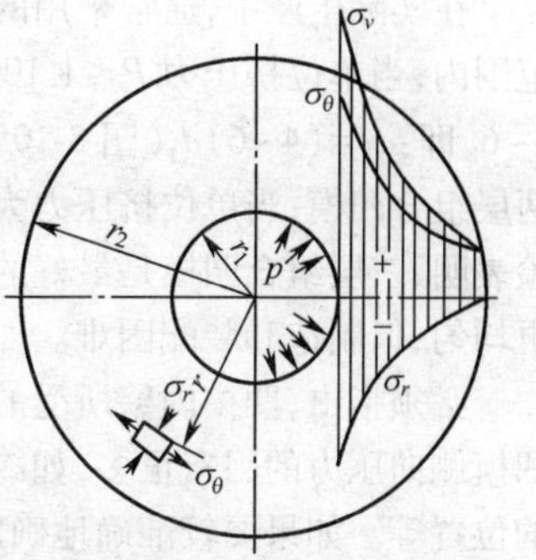

图 5-106　凹模内部的应力分布

图 5-107 为凹模内表面相当应力 σ_v与凹模直径比 a 的关系。

由图可以看出，当凹模直径比增大时，相当应力下降，即凹模强度增大。但当 $a>4$ 时，a 值再增大，应力降低趋于平稳，当 $a=5$ 以后，增加 a 值，其相当应力几乎不再减小。这说明凹模强度不再增大。因此，当凹模直径比 $a=4\sim6$ 时，如果要提高凹模强度，不宜再用增加壁厚的办法，而要用预应力组合凹模结构。根据理论分析，对于同一尺寸的凹模，两层组合凹模（图 5-105b）的强度是整体式凹模的 1.3 倍，三层组合凹模（图 5-105c）的强度是整体式凹模的 1.8 倍。

（2）*凹模的结构形式和尺寸的确定*　由于组合凹模强度比整体式凹模强度高，所以，当冷挤压的单位挤压力较小时，采用整体式凹模；当单位挤压力较大时，则采用两层或多层组合凹模。

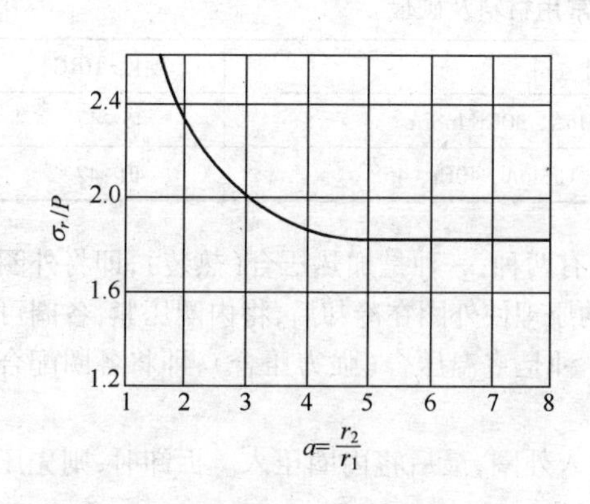

图 5-107　凹模直径比与内壁应力的关系

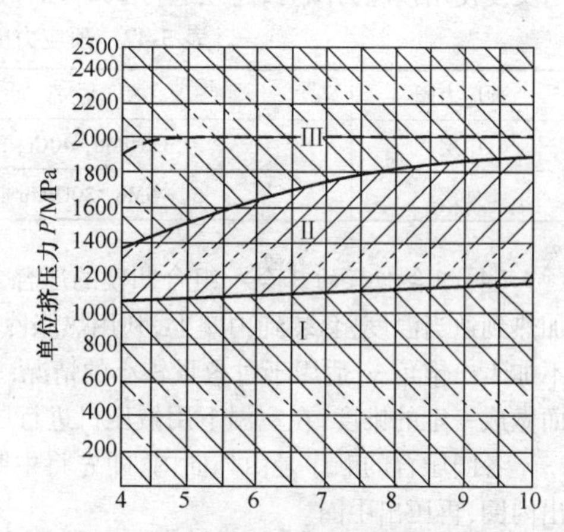

图 5-108　各种形式凹模的许用单位挤压力与直径比的关系

图 5-108 为不同结构形式的组合凹模，其许用单位挤压力 P 与凹模直径比 a 的关系，对于整体式凹模 $a=d_2/d_1$（见图 5-105a）；对于双层凹模 $a=d_3/d_1$（图 5-105b）；对于三层凹模$a=d_4/d_1$（图 5-105c）。图中Ⅰ区是整体式凹模许用范围；Ⅱ区是两层组合凹模的许用范围；Ⅲ

区是三层组合凹模的许用范围。

在实际生产中，通常采用的凹模直径比为 $a = 4 \sim 6$。由图 5-108 可以看出，在 $a = 4 \sim 6$ 的范围内，当单位挤压力 $P \leqslant 1\,100$ MPa 时，应采用整体式凹模，也就是外径 d_2 应为内径 d_1 的 4~6，即：$d_2 = (4 \sim 6) d_1$（图 5-105a）；当单位挤压力为 1 100 MPa $< P \leqslant$ 1 400 MPa 时，应采用两层组合凹模；当单位挤压力为 1 400 MPa $< P \leqslant$ 2 500 MPa 时，应采用三层组合凹模。经验表明，三层组合凹模是最好的结构形式，进一步增加层数，可以使凹模中的应力分布趋于更均匀，但制造和装配困难。

必须指出，凹模内壁所受的侧向压力不等于凸模上的单位挤压力，也不均匀分布。影响凹模侧向压力的因素很多，如冷挤压方式、变形程度、凹模几何形状、摩擦情况以及变形区域的位置等。如果要较准确地确定凹模内的工作压力，应根据不同的情况加以计算。所以，目前把单位挤压力作为设计凹模的工作压力只是近似的。

预应力组合凹模各层的直径与过盈量可以通过计算法确定，也可参照表 5-48 确定。$\gamma = 1° \sim 1.5°$（不超过 3°）；轴向压合量 c 与径向过盈量 δ 的关系是：$c = \delta / (2\tan\gamma)$。

表 5-48　组合凹模预应力圈的直径与过盈量

预应力圈层数	预应力圈直径				过盈量		
	d_2	d_3	d_4	d_5	δ_2	δ_3	δ_4
1（即两层凹模）	$(2 \sim 3) d_1$	$2d_2$	—	—	$0.008d_2$	—	—
2（即三层凹模）	$1.6d_1$	$1.6d_2$	$1.6d_3$	—	$0.01d_2$	$0.006d_3$	—
3（即四层凹模）	$1.2d_1$	$1.6d_2$	$2.2d_3$	$3d_4$	$0.025d_2$	$0.008d_3$	$0.004d_4$

（3）*预应力组合凹模材料及硬度要求*　组合凹模的预应力圈应具有足够的强度与韧性，其内层材料及硬度要求按表 5-48 选用；中层及外层的材料及硬度要求可按表 5-49 选用。当反复使用预应力圈时，还须进行 200℃ 的低温回火，以消除其内应力。

表 5-49　预应力圈的常用材料及硬度

预应力圈	常用材料	硬度/HRC
中层	5CrNiMo, 40Cr, 35CrMoA, 30CrMnSiA	45~47
外层	5CrNiMo, 30CrMnSiA, 35CrMoA, 40Cr, 45	40~42

（4）*组合凹模的压合*　组合凹模的压合方法有两种：一种是加热压合（热装），即将外圈加热到适当温度，套装到内圈上，利用热胀冷缩的原理使外圈在冷却后，将内圈压紧，各圈可不加工出锥角 γ，适用于过盈量较小的情况；另一种是室温压合（强力压合），即将各圈配合面做成一定的锥度，在室温下用液压机进行压合。

各圈压合的顺序是由外向内，即先将中圈压入外圈，最后将内圈压入。拆卸时，则先压出内圈，再压出中圈。

5.6.9　顶出和卸件装置的设计

1. 顶出装置

顶杆是常见的将工件从凹模中顶出的装置，其常用形状如图 5-109 所示。顶杆的工作部分带有 5°锥度，可延长使用寿命；顶杆端面直径 $d_1 = d_0 / 1.5$；下端采用锥形结构，增大支承面积，取 $d_2=(2\sim4)d_0$。顶杆的长度根据模具结构而定，应尽量短。装配后，顶杆的工作端比凹模底面高出 0.1 mm 左右。

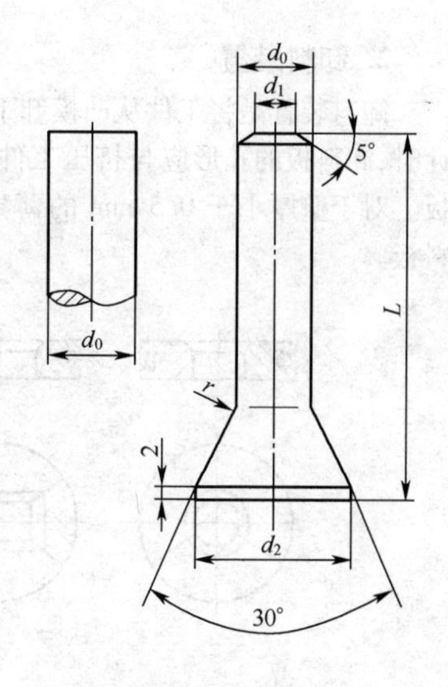

图 5-109 典型顶杆形状

图 5-110 为常见的三种顶出装置。采用顶出装置时，有时会妨碍下次挤压坯料的放置。此时，可在底座上安装图 5-111 所示的活动板，当工件顶出一定距离后，通过斜面的移动，将活动板撑开，使顶出杆的底面悬空，依靠顶杆自重而复位。

小型挤压件采用正挤或复合挤压模时，也可用图 5-112 所示的杠杆式顶出装置。由于拉杆要穿过下模，挤压件尺寸较大的模具，将受到压力机台孔尺寸的限制。为使顶出装置通用化，也可采用如图 5-113 所示的气动通用顶出装置，并可根据不同的挤压工件，更换装于活塞轴上的顶杆（用螺钉压紧连接）。顶出力可取挤压力的10%～15%。

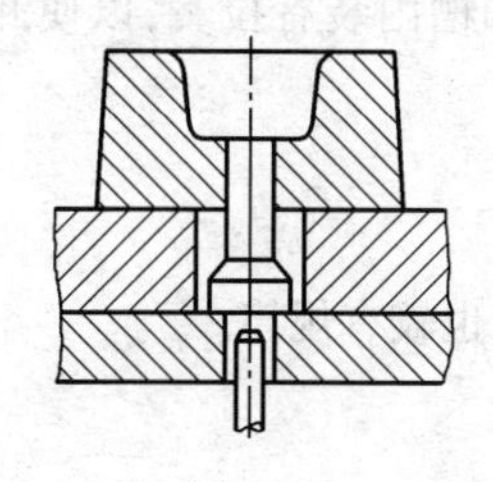

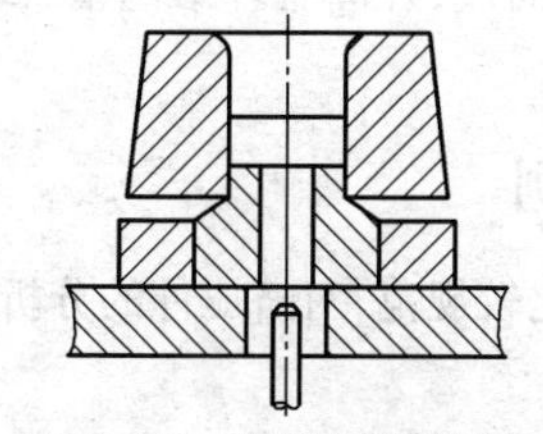

图 5-110 三种顶出装置

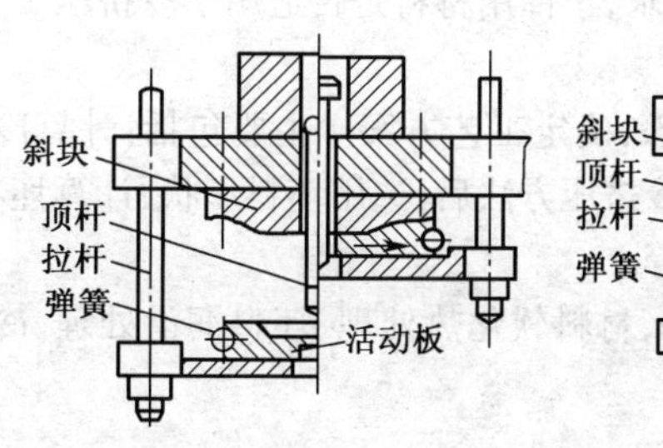

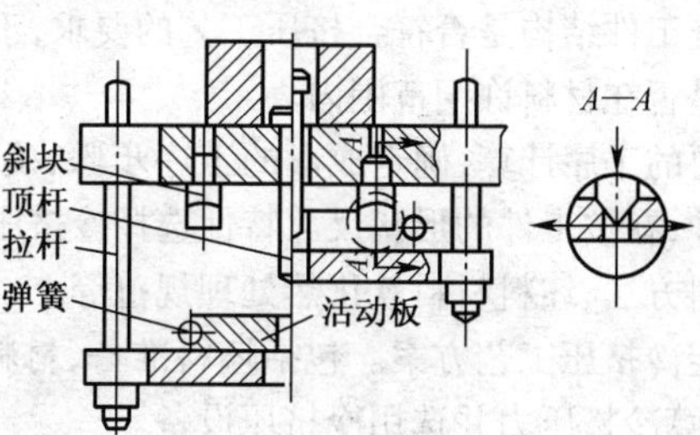

图 5-111 活动板拉杆式顶出装置

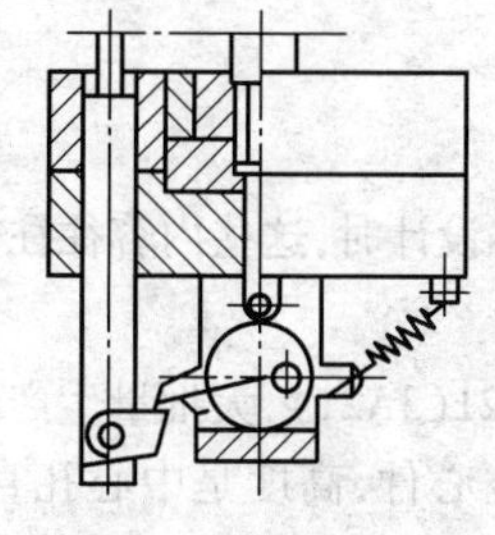

图 5-112 杠杆式顶出装置

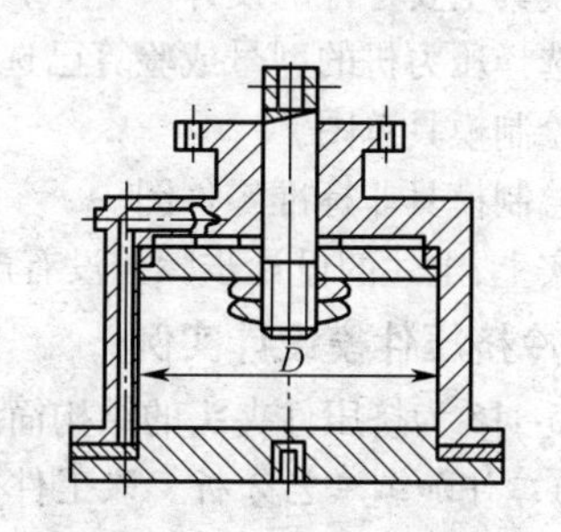

图 5-113 气动通用顶出装置

2. 卸料装置

卸料装置是将工件从凸模卸下的装置。常见的卸料板装置有整体式和组合式两种。设计时,卸料板的孔形应与挤压工件外形相适应。对于黑色金属反挤压,可选用整体式卸料板。对于壁厚小于0.5 mm的薄壁有色金属反挤件,可采用如图5-114所示的组合式卸料板。

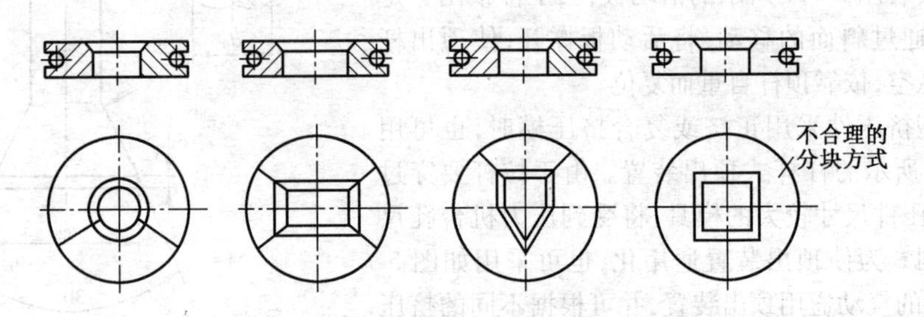

图5-114　组合式卸料板

组合式卸料板分为几块组合而成,外周有环形凹槽,凹槽内装有拉簧,以使卸料板各块始终与反挤凸模贴紧。

5.6.10　冷挤压模设计实例

一般来说,冷挤压模的设计比较规范,对挤压件的分析也较有规律。

1. 设计步骤

冷挤压模可按以下步骤进行设计。

①检查工件结构是否符合挤压工艺的要求,工件用材料是否适用于冷挤压工艺、工件的变形程度是否在材料许用范围内。

②必要的工序计算,确定成形的工序步骤,确定工艺方案。主要包括:计算冷挤压坯料形状和尺寸;在按工件的形状尺寸特性选择冷挤压方法后,选用坯料形状、计算坯料尺寸、选用坯料备料方法、坯料材料软化热处理规范等。

③确定冷挤压工艺方案。包括坯料准备、材料软化热处理、坯料润滑处理、冷挤压工艺过程等,计算冷挤压力并选用冷挤压设备。

④模具总体设计。

⑤模具主要零件的设计。

⑥选择压力机的型号或验算已选的设备。

⑦绘制模具总图。

⑧绘制模具非标准零件图。

事实上,上述的设计步骤并没有严格的先后顺序,具体设计时,这些内容往往交错进行。

2. 冷挤压件模设计实例

图5-115为挤压件夹头的结构简图,材料为防锈铝LF21(3A21),大批量生产。

(1)工件加工工艺分析　该工件是具有较大凸缘的空心件,高度是中心孔直径的2倍多,无法用板料冲压翻边工艺成形,若采用拉深加工工艺,则需多次拉深,且需冲底孔后翻边完成,工序多,加工流程长,故考虑采用挤压成形。

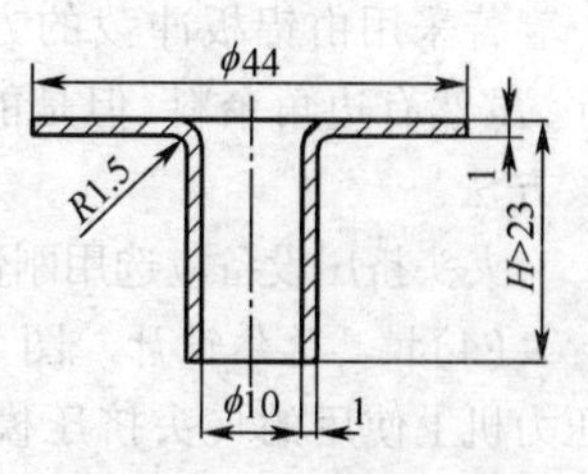

图 5-115 夹头结构简图

根据夹头的材质和尺寸精度要求,初步确定冷挤压工艺流程为:

材料退火⟶制备坯料⟶磷化⟶皂化⟶挤压成形⟶清除毛刺⟶清理工件表面

(2)坯料计算　工件要求 $H>23$ mm。计算坯料时,考虑到挤压件小端不平齐,应在工件小端留出齐边余量。该余量取 2 mm,则 $H=25$ mm,如图 5-116a 所示。将工件的体积分为三部分:圆环部分 V_1、圆筒部分 V_2、圆角部分 V_3,可算出前两者的体积分别为 $V_1=\pi\times427.8\ \mathrm{mm}^3$,$V_2=\pi\times247.5\mathrm{mm}^3$。

圆角部分的体积 V_3 等于该部分中心层的面积乘以厚度,而该部分中心层面积为中心层轮廓线(母线)的长度乘以母线重心(形心)绕旋转轴一周所得的周长,因此

$$V_3=2\times\frac{\pi}{2}\left(15-2\times\frac{2}{\pi}\right)\times1=\pi\times13.7\mathrm{mm}^3$$

因此,夹头体积为 $V=V_1+V_2+V_3=\pi\times689\ \mathrm{mm}^3$

显然坯料必定为一圆环,设其厚度为 t,外径为 d_0,内径为 $\phi10$ mm,按工件与坯料体积相等的原则可得:

$$(d_0^2-10^2)\times\frac{\pi}{4}\times t=\pi\times689,\ d_0=\sqrt{689\times\frac{4}{t}+100}$$

如果采用铝板冲裁获得坯料,坯料厚度应按已有的铝板厚度规格确定。比较合适的标准规格防锈铝板材厚度有 2 mm、2.3 mm、2.5 mm、3 mm,将这些数据代入上式,求得圆环形坯料相应的外径分别为 $\phi38.7$ mm、$\phi36$ mm、$\phi34.7$ mm、$\phi31.9$ mm。

综合考虑方便成形、模具寿命、材料利用率、制坯效率和成本以及坯料定位等各方面因素,确定坯料厚度为 2 mm、外径为 $\phi38.7$ mm、内径为 $\phi10$ mm,如图 5-116b 所示。

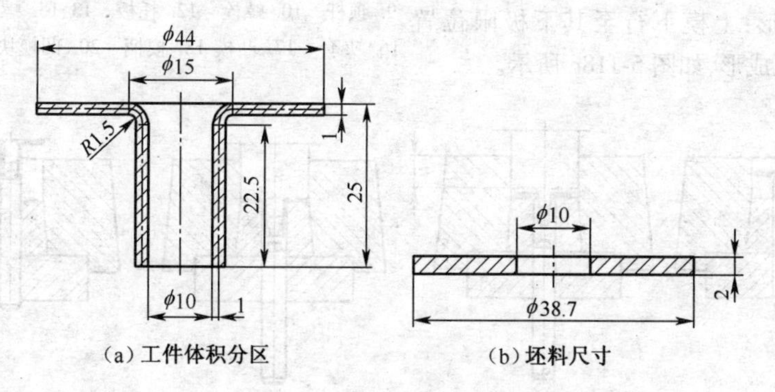

(a) 工件体积分区　(b) 坯料尺寸

图 5-116 坯料计算示意图

(3)坯料制备　若采用将直径较小的棒料用剪切模剪切后加热墩粗再制孔的方法,下料效率高,材料利用率较高,但是需剪切、加热、镦粗、表面清理和冲孔五道工序,耗时耗能,而且需要专用模具控制镦粗尺寸。

若采用由铝板冲裁的方法，仅需一道（用落料冲孔复合模）或两道（单工序模）工序，虽然有边角余料，但是能很好地保证坯料的尺寸精度，而且制坯效率高，因此，采用该方法。

夹头挤压设备应选用刚性好、导向精度高的压力机或液压机。

（4）模具总体设计　图5-117是在曲柄压力机上使用的夹头挤压模结构。若用于液压机上，则需在现有模具结构上安装限位装置。模具采用模具口导向，模口圆角 $R=1.5\sim2$ mm，如果压力机导向精度较差，则应采用导柱导套导向。

模具工作过程如图5-118所示，共分四个步骤。

坯料置放：坯料先按图5-118a所示置放，出件后顶杆9处于其上极限位置，将坯料内孔套在顶杆上端部的锥面上，使坯料定位。

坯料对中：随着上模下行，顶杆回到其下极限位置，坯料垂直落在凹模块20上，随着上模继续下行，凸模17下端的锥台插入和穿过坯料内孔，使坯料对中。图5-118b是坯料对中后即将被压缩变形的状态，此时，凸模插入部分（模芯）根部的过渡圆弧刚好与坯料接触，凸模导向部分插入凹模的深度为 h，一般应保证 $h>20$ mm。

挤压成形：上模下行至其下极限位置时，工件挤压成形，如图5-118c所示。

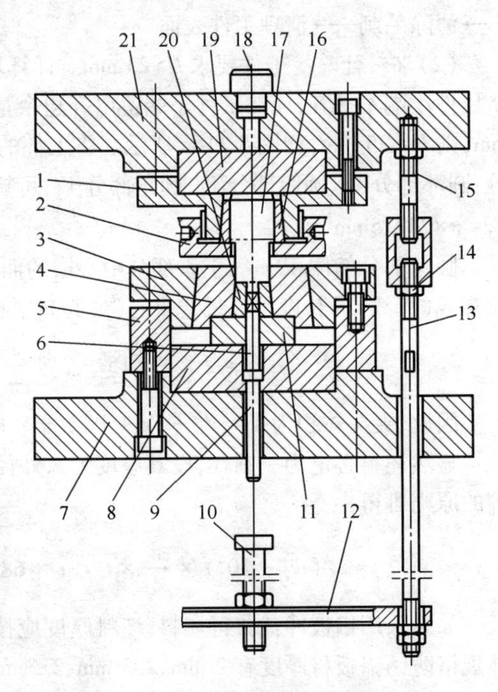

图5-117　模具结构简图

1. 定位板　2. 凸模压圈　3. 凹模压圈　4. 凹模套　5. 定位环　6. 顶杆　7. 下模座　8、11、19. 压力板　9. 顶杆　10. 螺栓　12. 托板　13、15. 螺杆　14. 螺母　16. 夹套　17. 凸模　18. 模柄　20. 凹模块　21. 上模座

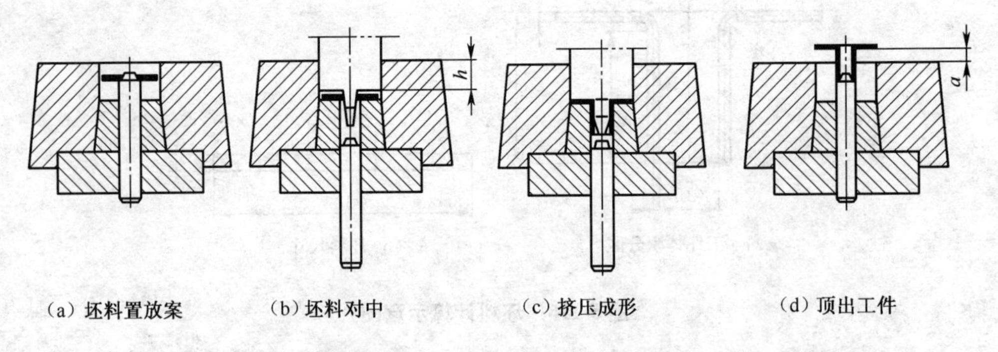

（a）坯料置放案　（b）坯料对中　（c）挤压成形　（d）顶出工件

图5-118　模具工作过程示意图

工件出模：上模上行，先走一段空行程，距离上止点 h 时顶杆开始推动工件，上模达到上

止点时，工件被顶出凹模，如图 5-118d 所示。此时，需保证工件法兰下表面与模套上端面的距离 $a > 10$ mm，以便于夹取工件。

模具具有以下设计特点。

①由于夹头是回转体，所以凸、凹模及其压力板的定位未采用定位销，而采用止口定位，便于制造和装配。

②由于凸模回程时，凹模对工件的摩擦力要大于凸模对工件的摩擦力，工件脱离凸模，故无需设计上卸料装置，通过调整螺栓 10，可调节下顶料行程。

③工件成形过程中，对凹模侧壁的径向单位压力比对模腔底面的垂直压力小，且变形金属高度很小，凹模体较高，所以，凹模周向单位长度受力较小。模腔下表面受力较大，如果凹模导向部分和模腔底面采用整体结构，则凹模易于在模腔导向柱面与底面交界处产生横向开裂，同时，挤出金属的凹模孔圆角处最易于磨损，需定期更换。为此采用图 5-117 中的组合凹模结构，由凹模套 4、凹模块 20 组成。该结构可有效地防止凹模的横向开裂，并降低更新凹模的成本。凹模套 4 的工作表面为圆柱形，与凹模块 20 的配合面为圆锥形，锥度为 2°。

④凹模压圈 3 对凹模具有定位、压紧和径向顶紧、增加凹模径向强度的多重作用。为既便于拆装，又较大地增加凹模强度，凹模压圈 3 与凹模套 4 的配合面锥度取 4°，与定位环 5 的配合可取 H9/f8。

⑤凸模 17 由弹性夹套 16 夹紧定位，凸模上部的紧固段为圆柱形，无锥度，便于制造和更换凸模。弹性夹套有单槽夹套（图 5-119）和多槽夹套（图 5-120）两种。图 5-119 模具结构中的夹套是单槽夹套。单槽夹套将豁口开通，制造简单，但是径向弹性比多槽夹套小。多槽夹套的豁口不开通，豁口数为不小于 4 的偶数，均匀分布，豁口的方向间隔颠倒排列，豁口一般为 6 个。图 5-120 是 8 个豁口的弹簧夹套。

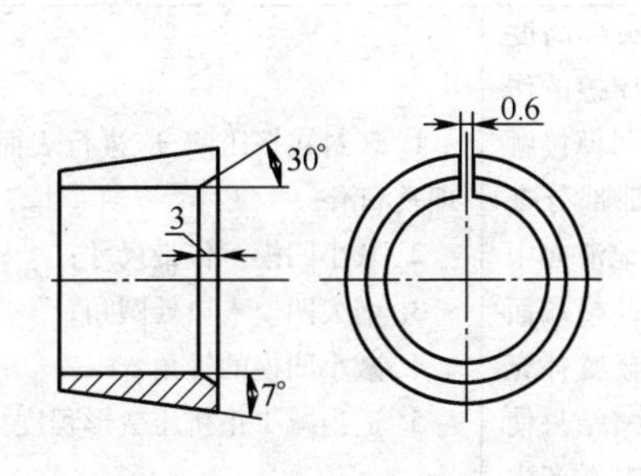

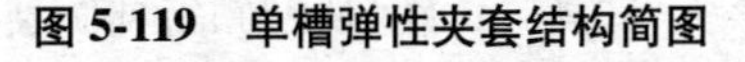
图 5-119 单槽弹性夹套结构简图

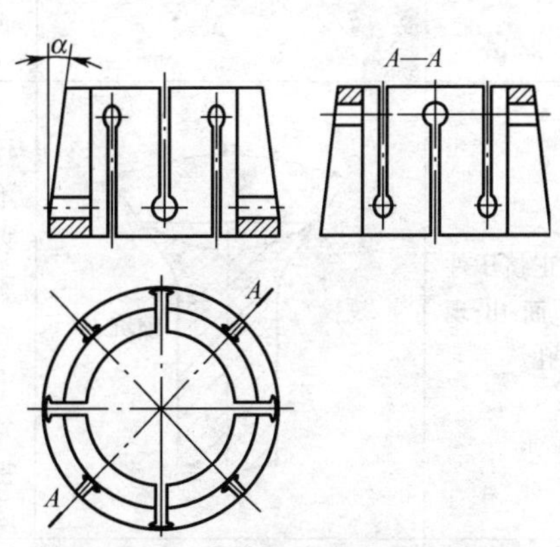

图 5-120 八槽弹性夹套结构简图

（5）模具主要零件的设计（略）。

（6）选择压力机的型号或验算已选的设备（略）。

（7）绘制模具总图（略）。

（8）绘制模具非标准零件图（略）。

5.6.11 冷挤压质量控制方法

采用冷挤压工艺加工制品时,为保证制品质量,延长模具的使用寿命,应采取必要的措施,主要有以下几方面。

①在冷挤压模设计及制定工艺时,要正确地选择冷挤压变形程度,避免因变形程度过大,而使制品挤裂、变形或使模具过早损坏。

②合理选择冷挤压材料,为降低材料的变形抗力,一般在冷挤压前,坯料都应进行热处理,使材料软化,塑性提高。

③在冷挤压时,应在坯料及模具之间涂以适当的润滑剂,降低挤压摩擦力及变形抗力。

④设计合理的模具结构,并选用合适的冷挤压模具材料。

⑤合理选用冷挤压设备及冷挤压坯料形状、尺寸及结构。

冷挤压件常见的质量问题及产生原因和解决措施,见表5-50。

表5-50 冷挤压件常见缺陷的产生原因及解决措施

质量缺陷	图例	产生原因	解决措施
正挤压件外表面环形或鱼鳞裂纹	鱼鳞状裂纹或环状裂纹	工件和凹模之间存在摩擦,在摩擦力的作用下,金属中心层的流动速度比外表层外。中心层金属对外表层金属产生附加拉应力,当附加拉应力足够大时,便使零件出现环形或鱼鳞状裂纹	1. 选用正确的坯料退火规范,提高金属的塑性; 2. 黑色金属正常正挤压前,应进行磷化表面处理; 3. 改用性能良好的润滑剂进行润滑; 4. 减小凹模锥角α; 5. 采用带反向推力的挤压方法; 6. 适当增加正挤变形程度; 7. 改用塑性良好的金属材料
正挤压件表面出现缩孔	α 缩坑	在挤压件头部高度较小时,由于摩擦的作用,常会使与凹模接触表面附近的那部分金属,不能顺利地流向中心,于是便由凸模端面中心附近的金属补充到中心部位去,结果使零件的头部中心产生缩孔形成废品	1. 坯料在挤压前,应进行表面处理及润滑; 2. 减小凹模工作带尺寸; 3. 增大凹模入口处圆角; 4. 减小凹模的锥角α; 5. 适当减少正挤压变形程度
正挤压件弯曲		模具工作部位形状不对称或由于润滑不均匀而引起	1. 修改模具的工作部位,使其形状对称; 2. 在正挤压凹模上面,加装导向套,对正挤出的工件部分,进行导向,以防弯曲; 3. 采用性能良好的润滑剂,并且在挤压时要涂抹均匀

续表 5-50

质量缺陷	图例	产生原因	解决措施
正挤压空心件内孔产生裂纹	裂纹	工件和凹模之间存在摩擦,在摩擦力的作用下,金属中心层的流动速度比外层块。中心层金属对空心件内孔表层金属产生附加拉应力,当附加拉应力足够大时,便使零件出现裂纹	1. 选用良好的坯料退火规范对坯件退火,以提高金属的塑性,或改用塑性较好的金属材料进行挤压; 2. 改善表面处理及润滑方法。如正挤压钢材时,应先进行磷化,而后用皂化润滑会比用豆油润滑更能收到良好的挤压效果; 3. 缩小冷挤压坯料孔径,使坯料内孔小于凸模心轴直径 0.01 mm。这样在挤压开始前先用心轴将坯料内孔挤光。然后再进行挤压成形
正挤压空心件侧壁断裂或皱曲		凸模心轴露出凸模的长度太长	心轴的装配及露出凸模的高度一定要长短合适。一般使其露出长度应与坯料孔的深浅相适应,取 0.5 mm 为合适
		凸模心轴露出凸模太短	
反挤压件表面产生环状裂纹	裂纹	内层金属在挤压时流动不均匀,而引起的附加拉应力引起的	1. 增加反挤压坯料的外径,使坯料与凹模孔配合紧一些,甚至坯料直径大于型腔直径 0.01~0.02 mm; 2. 采用良好的坯料表面处理工艺及润滑方法; 3. 提高反挤压凹模型腔的表面质量、进行研磨或抛光,使表面粗糙度减小到 R_a 小于 0.2 μm
反挤压件内孔产生裂纹	内部裂纹	冷挤压低塑性材料时,润滑不合理,由于附加拉应力的作用而引起的内孔裂纹	1. 采取良好的坯料表面处理及润滑。如铝合金 2A11、2A12 在挤压前,应先磷化再用工业菜油润滑; 2. 抛光及研磨反挤压凸模,减小其的表面粗糙度值; 3. 改进热处理退火规范,提高坯料的塑性

续表 5-50

质量缺陷	图　　例	产生原因	解决措施
反挤压空心件壁部出现孔洞	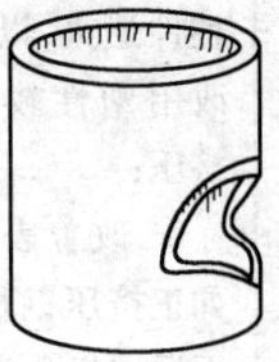	1. 凸、凹模间隙不均匀； 2. 上、下模的平行度及垂直度超差； 3. 挤压时，润滑剂涂得太多； 4. 凸模细长稳定性差	1. 调整凸、凹模间隙均匀； 2. 调整凸、凹模的位置，使上、下模的平行度及垂直度合格； 3. 减少润滑剂用量并涂抹均匀； 4. 设法提高凸模挤压时的稳定性或在凸模工作面上加开工艺槽
反挤压件单面起皱	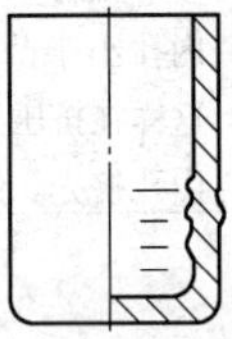	1. 凸凹模间隙不均匀； 2. 润滑剂涂抹太多或不均匀	1. 调整凸凹模间隙，使之均匀； 2. 正确使用润滑剂，并涂抹均匀一致
反挤压件顶端口部不直或侧壁、底部变薄	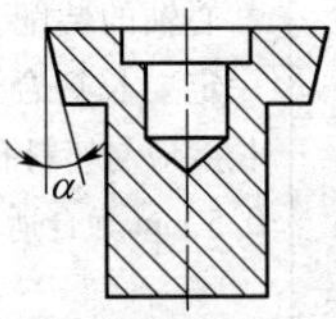	1. 凹模型孔太浅； 2. 卸件装置安装太低； 3. 凹模口出现锥度	1. 加大凹模型腔深度； 2. 将卸件板安装高度提高； 3. 检查凹模口，修正凹模口的锥度
	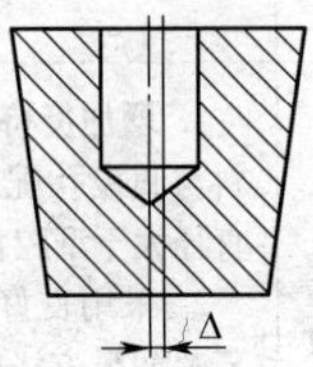	1. 坯料退火后硬度不均匀； 2. 坯料尺寸超差； 3. 润滑不均匀； 4. 上、下模中心线错位	1. 提高热处理退火质量； 2. 控制好坯料尺寸； 3. 适当使用及均匀涂抹润滑剂； 4. 检查模具上、下模是否错位，并给以调整使其上、下模中心线重合
矩形挤压件口部开裂	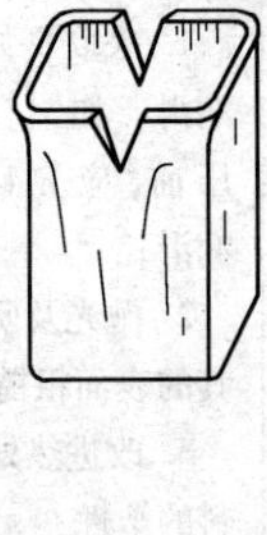	长边金属在挤压时流动太快，短边金属流动太慢，二者流动速度不均形成两面拉力不对称而造成的	1. 合理地选择凸、凹模间隙，即长边间隙应稍小于短边间隙值； 2. 凸模圆角半径要修理合理，长边的凸模圆角半径要比短边的凸模圆角半径小； 3. 检查凸模的工作带，长边工作带应大于短边工作带； 4. 修整凸模锥角，即凸模工作端面长边锥角应大于短边端面锥角； 5. 改进坯料退火规范，或选用塑性更好的材料

5.7 温热挤压

温热挤压简称温挤,是将金属加热到低于热压力加工温度以下进行的挤压,是在冷挤压工艺基础上发展起来的一项新工艺,其目的是通过加热到一定温度,较大幅度地降低挤压力,提高变形程度,或解决一些变形抗力很大的材料难以采用冷挤压的问题。

温热挤压有很多优点,其加工温度一般不超过再结晶温度,既降低了变形抗力,又不至于严重氧化、脱碳。产品的公差等级和表面粗糙度及力学性能与冷挤压相近,而比热挤压高。温挤温度较高时,坯料或工序件不需要退火处理和磷化处理,便于组织连续生产,且可以顺利地成形一些非轴对称的工件。

但温挤需要加热设备和温度控制装置,挤压件质量比冷挤压件稍差,对润滑剂要求较高。因此,温挤宜用于挤压高合金钢、高强度材料及其他难以用冷挤压成形的材料,或一般材料用冷挤压加工时压力机压力不够等场合。

温热挤压加热温度的确定很重要但又很复杂,牵涉到金属学等多方面的问题。一般来说,温度高,变形抗力小,塑性好,但模具抗压能力低;温度低,氧化少,挤压件质量高,但挤压力大,对模具也不利。总之,必须根据影响温挤温度确定的各种因素,结合实际情况,选择适当的温挤温度。例如,低碳钢、中碳钢和低合金结构钢在机械压力机上挤压时,温度为650℃~800℃,在液压机上挤压时,温度为500℃~800℃;碳素工具钢、Cr12MoV、W6M05Cr4V2Al、GCr15等温挤温度为700℃~800℃;铝及铝合金温挤温度小于或等于250℃;铜及铜合金温挤温度小于或等于350℃等。

当温挤温度较低时,用猪油加二硫化钼作润滑剂;碳钢、合金钢、不锈钢在700℃~800℃范围温挤,使用低温玻璃粉加二硫化钼油剂。近年我国使用油酸57%、二硫化钼17%、石墨26%的混合物为润滑剂,效果良好。

第 6 章　采用复合模的加工技术

6.1　复合模加工的特点及选用原则

冲床一次冲压行程中，在一副模具同一工位上能同时完成两种或两种以上冲压工序的模具称为复合模。采用复合模，能将原来由多套模具完成的工序复合在一套模具上完成，因此，能成倍提高生产效率。

1. 采用复合模加工的特点

采用复合模加工，除了能大大提高生产效率外，还具有以下特点。

①由于复合模可以在一副模具、一次冲压行程中完成几道工序，因此，采用复合模加工的冲压件精度较高，毛刺在同一侧，且形位误差小。一般采用复合模加工的工件尺寸精度可达 IT9~IT11 级，同轴度可达±(0.02~0.04)mm。表 6-1 为复合模与单工序冲孔模加工的孔对外缘轮廓的标准公差对照。

表 6-1　孔对外缘轮廓的标准公差　(mm)

模具形式和定位方法	模具精度	工件尺寸		
		<30	30~100	100~200
复合模	高精度	±0.015	±0.02	±0.025
	普通精度	±0.02	±0.03	±0.04
外形定位的冲孔模	高精度	±0.08	±0.12	±0.18
	普通精度	±0.15	±0.20	±0.30

②由于复合模复合了多道加工工序，从而使模具设计、制造比单工序模复杂，成本也提高。

③加工工件能否采用复合模，决定于设计的模具是否具备各种工序复合的条件，且能顺利完成各种工序的加工。

④由于操作时，出件困难，因此，较难实现自动化生产；又因手需伸入模具工作区中取件，故生产的安全性受到一定的影响。

2. 选用复合模加工的原则

一个工件加工是否采用复合模加工工艺，主要考虑以下几个方面。

①生产批量。由于复合模可以在一副模具、一次冲压行程中完成几道工序，因此，能成倍提高生产效率。复合模结构一般比单工序模复杂，模具的制造成本也有所提高，因此，是否采用复合模需重点考虑工件的生产批量。因为，小批量生产中采用的单工序模，由于模具结构简单，几个单工序模可能比一套复合模的成本还低。

②生产能力。是否采用复合模，还应对模具生产厂家的设备、模具制造能力要有准确的

评估。

③冲压工件的精度。当冲压工件的尺寸精度、同轴度、对称度等位置精度要求较高时，应考虑采用复合模。形状较复杂，重新定位可能产生较大加工误差的冲压工件，也可采用复合模具。

④分析加工件是否具备复合的条件。采用复合加工的各工序机构应易于实现动作要求，且动作可靠性高。

6.2 常见工序的复合形式及其复合条件

1. 复合模的种类

按复合模复合工序的性质分类，主要分为冲裁类复合模、成形类复合模、冲裁与成形复合模三大类。

（1）冲裁类复合模　冲裁类复合模主要有：冲孔－落料复合模、冲孔－切断复合模、冲孔－挤边复合模等。

（2）成形类复合模　成形类复合模主要有：弯曲复合模、挤压复合模、弯曲－翻边复合模等。

（3）冲裁与成形复合模　冲裁与成形复合模主要有：落料－拉深复合模、落料－弯曲复合模、冲孔－翻边复合模、拉深－切边复合模、冲孔－挤压成形复合模等。

2. 常见工序的复合形式及其复合条件

（1）预弯和落料工序复合　卷边工件的落料和预弯可复合为一个成形冲裁工序，只需将落料凸模对应的预弯一侧倒圆，就能在落料的同时完成预弯工序。此种工序复合用于薄料的预弯及落料，如图 6-1 所示。

（2）浅成形件和冲裁工序复合　浅锥形件、浅球面件、浅弯曲件等成形件，可采用成形与冲裁复合一次冲出。成形冲裁是将冲裁凸模端面加工成冲压件形状，冲裁时，材料自动贴紧凸模而形成。一般浅成形件均属于局部成形性质，不需要成形凹模。图 6-2 为浅锥形和冲孔复合模。同样，该模具结构形式稍加改进后，便可实现其他浅成形件与落料的复合。

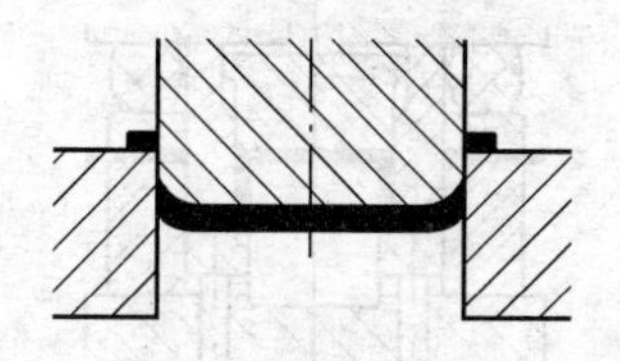

图 6-1　预弯－落料复合模结构简图

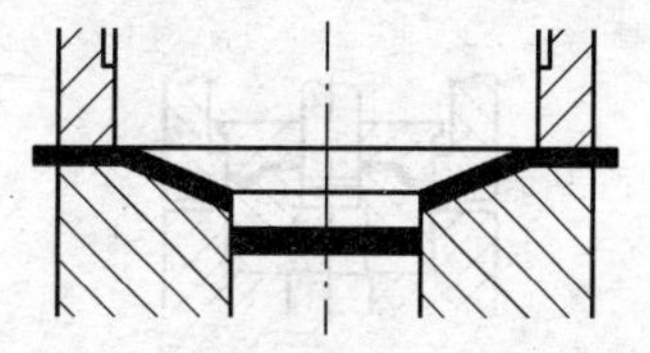

图 6-2　浅锥形－冲孔复合模

（3）落料和冲孔工序复合　落料和冲孔复合是一种常用的复合形式，有正装和倒装式两种结构。图 6-3 为凸凹模在下模、落料凹模在上模的倒装式结构，其复合条件为：凸凹模最小壁厚应符合表 2-23 的要求。当采用正装式复合模结构时（凸凹模装在上模、落料凹模在下模），其复合条件为：当冲裁硬材料时，凸凹模最小壁厚不小于 $1.5t$；冲裁软材料时，凸凹模最小壁厚不小于 t。

落料、冲孔复合在冲压低碳钢材料时，凸凹模允许的最小壁厚为料厚的2~3倍，一般应大于1.2 mm；采取以下措施后，凸凹模最小壁厚可至料厚的1.2倍，最小可达0.5 mm。

①适当加大冲裁间隙。落料双面间隙可取料厚的10%，冲孔双面间隙可取料厚的15%。

②凸凹模的冲孔刃口设计为1°锥度，采用线切割加工，由于刃口没有直边高度，减少了废料对凹模型腔的胀形压力，确保冲孔废料顺利排出。

③实行阶梯冲裁。冲孔凸模比落料凹模低1~2 mm，凸凹模进入凹模后，开始冲孔，落料废料紧紧套在凸凹模外面，相当于一个预应力圈，起到保护凸凹模的作用。

④凸凹模刃口工作部分以外的非工作部分适当放大，卸料板或顶料板与凸凹模配合部分，通过局部减薄来避让凸凹模放大了的非工作部分。

⑤采用整体橡胶卸料。卸料橡胶紧套在凸凹模上，以增大凸凹模强度。

⑥对于带悬臂的窄长槽类冲压件，可在凹模下部增加一块楔紧块，悬臂部分与凹模下部形成一个固定整体，使凹模有效工作深度缩为12~15mm，防止悬臂折断。同样，凸模或凸凹模悬臂部分也需用固定板固定，以缩短凸模或凸凹模悬臂部分的工作高度。

⑦卸料板和顶料板用小导柱导向，防止因受力不平衡而倾斜，从而折断小凸模和凹模悬臂部分。

⑧模具材料用Cr12MoV，反复锻造，保证碳化物不均匀性达3级。

⑨对较薄的凸凹模，选用高强度、高韧性的模具钢，如LD、LD-2、LM1、LM2、65Nb等。

落料和冲孔复合是各种复合的基础，以此为基础可扩展为：冲孔、落料、成形复合和冲孔、落料、翻边复合等形式。图6-3所示模具结构，同样适用于落料与切口工序的复合；图6-4为冲孔与切边工序的复合形式，其凸凹模零件壁厚可参照落料、冲孔复合条件。

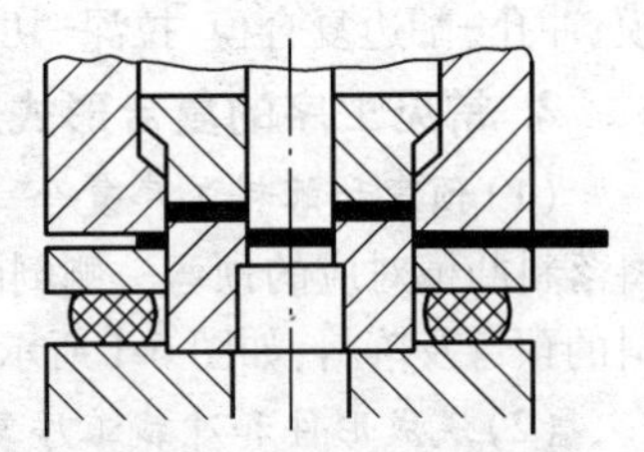

图6-3 落料-冲孔复合模

(4)落料和拉深工序复合 落料、拉深复合也是常见的复合形式，模具结构如图6-5所示。使用时须注意拉深凹模应有足够的壁厚，即保证该拉深件的展开料与拉深件外形的差值，应大于表2-23中复合凸凹模相应料厚对应的最小壁厚 a 值，否则会影响模具寿命，必要时须对此进行强度校核。

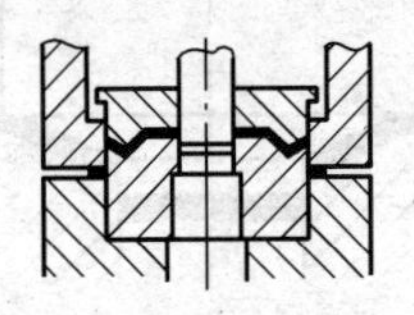

图6-4 冲孔-切边复合模

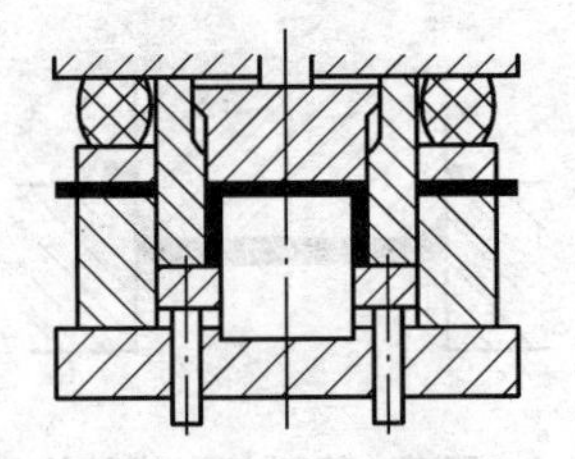

图6-5 落料-拉深复合模

(5)落料、拉深、冲孔工序复合 模具结构如图6-6所示。落料、拉深、冲孔复合，须同时保证拉深凹模、拉深凸模（同时也是冲孔凹模）有足够壁厚。

(6)落料、拉深、冲孔、挤边工序复合 模具结构如图6-7所示。落料、拉深、冲孔、挤边复合，须同时保证拉深凹模、拉深凸模（同时也是冲孔凹模、挤边凸模）有足够壁厚。挤边多用于料厚较薄($t \leq 3$ mm)的无凸缘拉深件的修边。

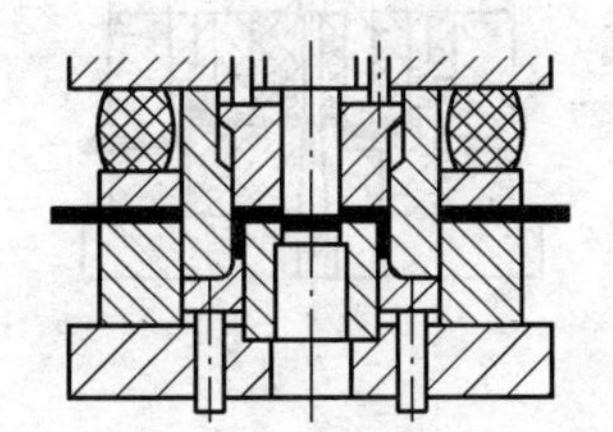

图 6-6 落料-拉深-冲孔复合模

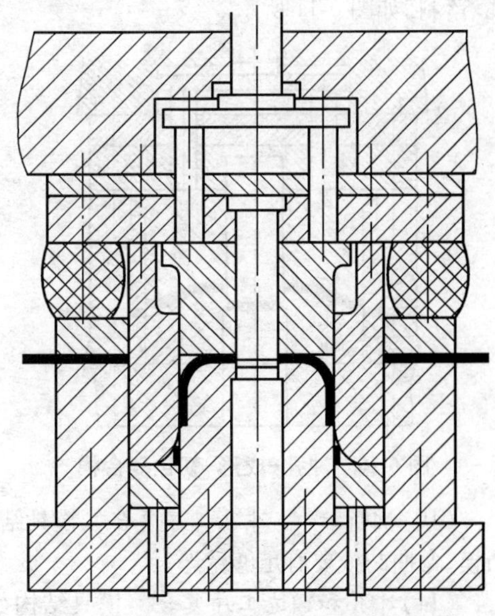

图 6-7 落料-拉深和冲孔-挤边复合模

(7)落料、拉深、冲孔、翻边工序复合 模具结构如图 6-8 所示。落料、拉深、冲孔、翻边复合时,应注意控制各工序完成的顺序,即先落料、拉深,最后才冲孔、翻边,否则,会因材料流动影响冲孔后工件的尺寸,造成翻边高度不合要求。由于凸凹模为冲孔、拉深、翻边复合工作零件,因此,须保证其有足够壁厚。

(8)切断、弯曲工序复合 模具结构如图 6-9 所示。切断、弯曲工序复合时,切断凸模要有足够的壁厚,同时弯曲的直边要足够长,否则,弯后的工件圆角不清晰、明显,且回弹较大。

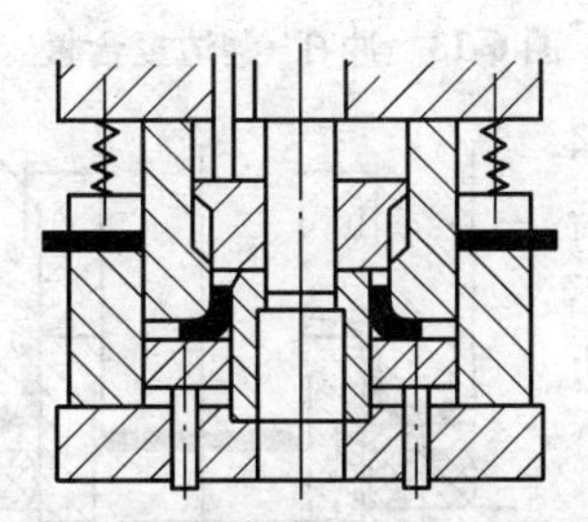

图 6-8 落料-拉深和冲孔-翻边复合模

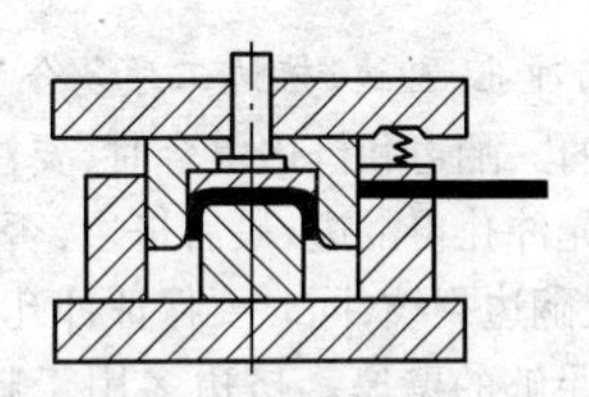

图 6-9 切断-弯曲复合模

(9)冲孔、成形、切边工序复合 模具结构如图 6-10 所示。冲孔、成形、切边复合时,应注意控制各工序完成的顺序,即先成形,最后才冲孔、切边,否则,会因材料流动影响切边及冲孔后工件的尺寸。为达到控制冲压顺序的目的,成形凸模常采用弹力足够的弹性元件(聚氨酯或强力弹簧)支承的浮动结构。也可根据工件要求,通过试验或经验采用变形补偿法进行调整,即预留变形尺寸进行反补偿。

只要控制好图 6-11 所示模具的闭合高度,便可增加冲孔、成形、切边复合后成形件的校正功能。上述分析同样适用于落料、胀形、冲孔工序的复合，工序的顺序为先胀形，最后才冲孔、落料，如图6-11所示。

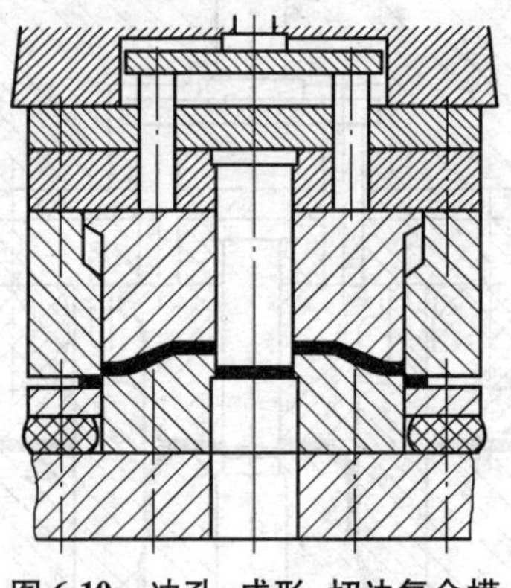

图6-10　冲孔-成形-切边复合模

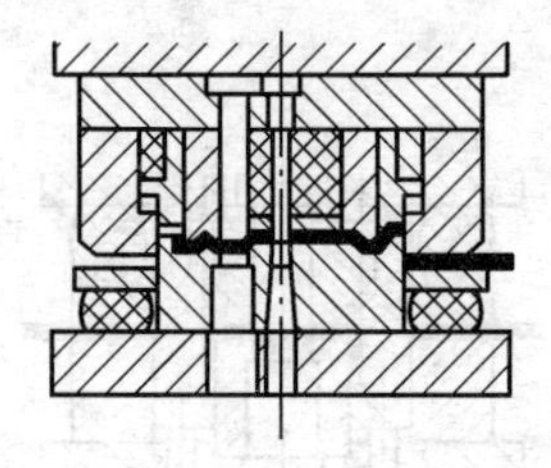

图6-11　落料-胀形-冲孔复合模

(10)切断、弯曲-冲孔工序复合　模具结构如图6-12所示。切断、弯曲、冲孔复合，切断凸模、弯曲凸模要有足够壁厚。

(11)冲孔和翻边工序复合　模具结构如图6-13所示。冲孔、翻边复合时，要注意控制加工的先后顺序，即先冲孔再翻边，否则，将使翻边高度不准或导致翻边裂纹，同时要保证冲孔凹模(同时也是翻边凸模)有足够的壁厚。

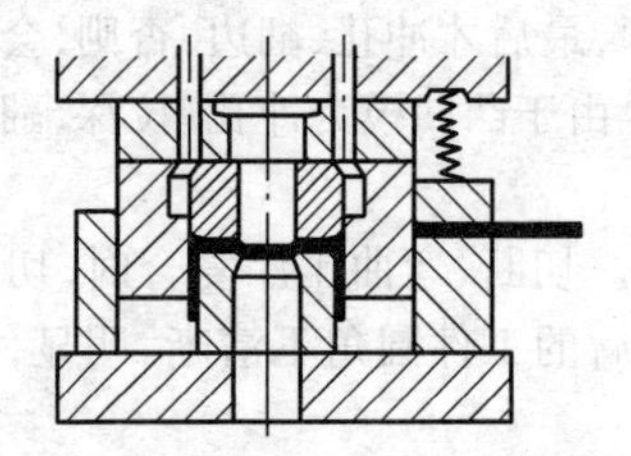

图6-12　切断-弯曲-冲孔复合模

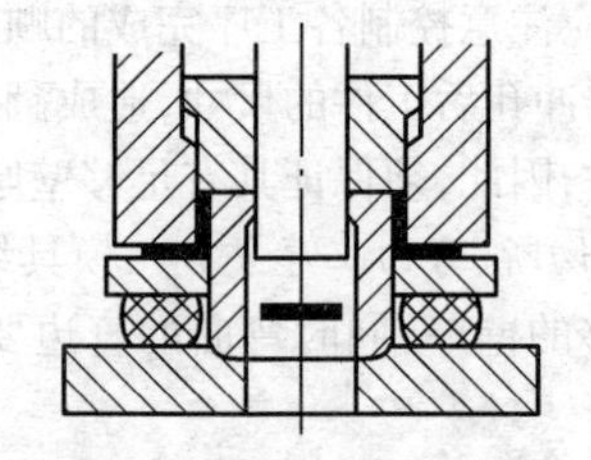

图6-13　冲孔-翻边复合模

(12)冲孔、翻边、挤边工序复合　模具结构如图6-14所示。冲孔、翻边和挤边复合时，要注意控制加工的先后顺序，即先冲孔再翻边，最后挤边，否则，会使翻边高度不准或导致翻边裂纹，同时要保证冲孔凹模(同时也是翻边凸模)有足够的壁厚。挤边多用于料厚较薄($t \leqslant 3$ mm)件的修边。

(13)多方向冲裁、成形、弯曲等工序的复合　在模具设计中采用斜楔和滑块配对应用，变垂直运动为水平运动或倾斜运动，可实现侧冲孔、水平修边或倾斜修边、多向弯曲、侧向成形和按顺序成形等功能。

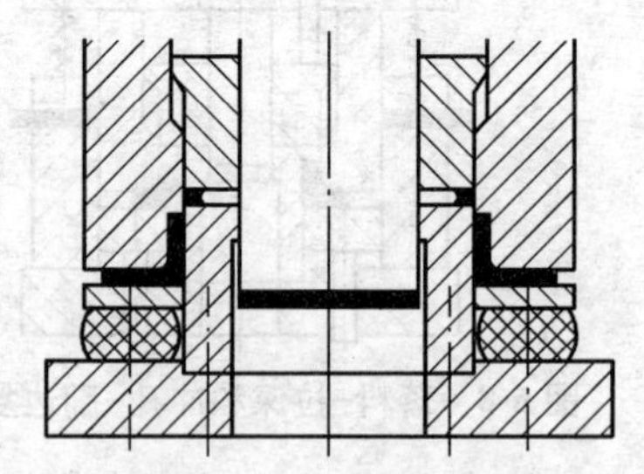

图6-14　冲孔-翻边-挤边复合模

此外，采用摆块弯曲模可实现几个方向弯曲，材料弯曲变形较缓和，材料流动阻力小，适合于多角弯曲件、半封闭弯曲件和封闭弯曲件。

当冲压件周边弯曲方向相反时，也可用橡胶或强力弹簧支承下浮动凸模，用弱弹簧支承上浮动凸模，下浮动凸模与上凹模先弯曲向下的边，接着上浮动凸模的顶部与模具的相关零件刚性接触后，上浮动凸模与下凹模弯曲向上的边，实现多方向弯曲的复合。

6.3 复合模典型结构分析

1. 冲孔-落料复合模

冲孔-落料复合模是在一次冲压行程中、模具同一部位上，同时完成冲孔、落料二道工序的模具。按落料凹模的安装位置不同，复合模的基本结构形式分为两种：落料凹模安装在下模部分的称为正装式复合模；落料凹模安装在上模部分的称为倒装式复合模。其模具结构参见图 2-24。

设计冲孔-落料复合模时，须保证复合加工的凸凹模零件有足够的壁厚，即保证其壁厚大于表 2-23 中所列的相应料厚对应的最小壁厚 a 值，否则，会影响模具寿命。其他冲裁类复合模也可参照进行，必要时，须对此进行强度校核。

2. 落料-拉深复合模

落料-拉深复合模属冲裁与成形复合模，是在一次冲压行程中、模具同一部位上，同时完成落料、拉深二道工序的模具。该类复合模由于模具结构并不复杂，而生产效率明显提高，因此，在生产中应用广泛，同时也是各种复合的基础，据此可复合出落料、拉深、成形和落料、拉深、翻边等各种复合模。

图 6-15b 为加工图 6-15a 所示表壳工件采用的落料-拉深复合模结构图。

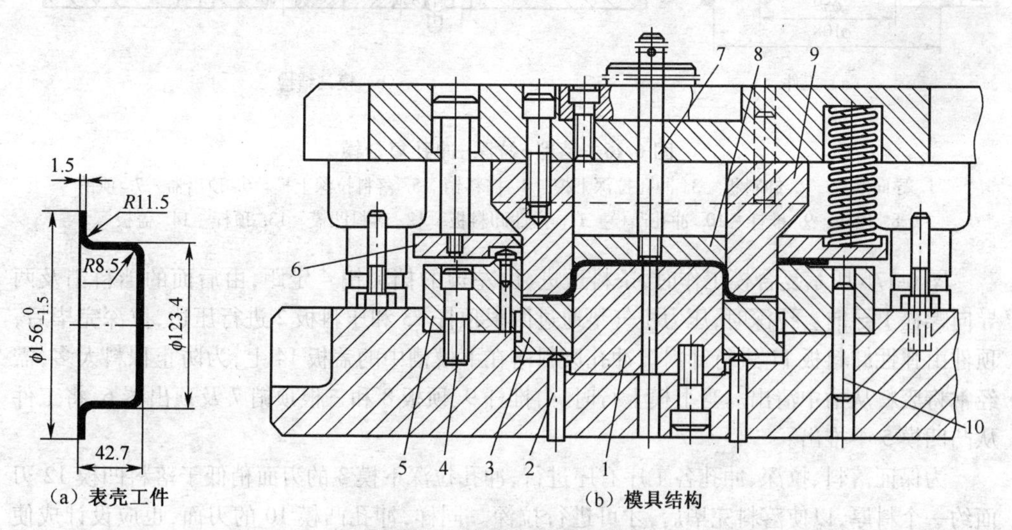

(a) 表壳工件　　(b) 模具结构

图 6-15　落料-拉深复合模

1. 拉深凸模　2. 顶杆　3. 顶件器　4. 螺钉　5. 凹模　6. 弹压卸料板　7. 打料杆　8. 推板　9. 凸模　10. 圆柱销

模具工作时，将剪切好的条料置于凹模 5 合适位置，压力机滑块下行，弹压卸料板 6 先对坯料实施压紧，随后在凹模 5、凸模 9 及拉深凸模 1 共同作用下，完成坯料的落料和拉深。

3. 落料-拉深-冲孔复合模

落料-拉深-冲孔复合模属冲裁与成形复合模，是在落料-拉深复合模的基础上，进一步复合了冲孔加工工序，提高了生产效率，保证拉深件与孔的同轴度要求。

图 6-16a 所示工件，采用料厚 1.5 mm 的 20 钢板制成，大批量生产。由于内孔直径及所拉深件的内径相差较大，且工件拉深高度不大，能一次拉深成形，因此，可采用落料-拉深-冲孔复合模加工。

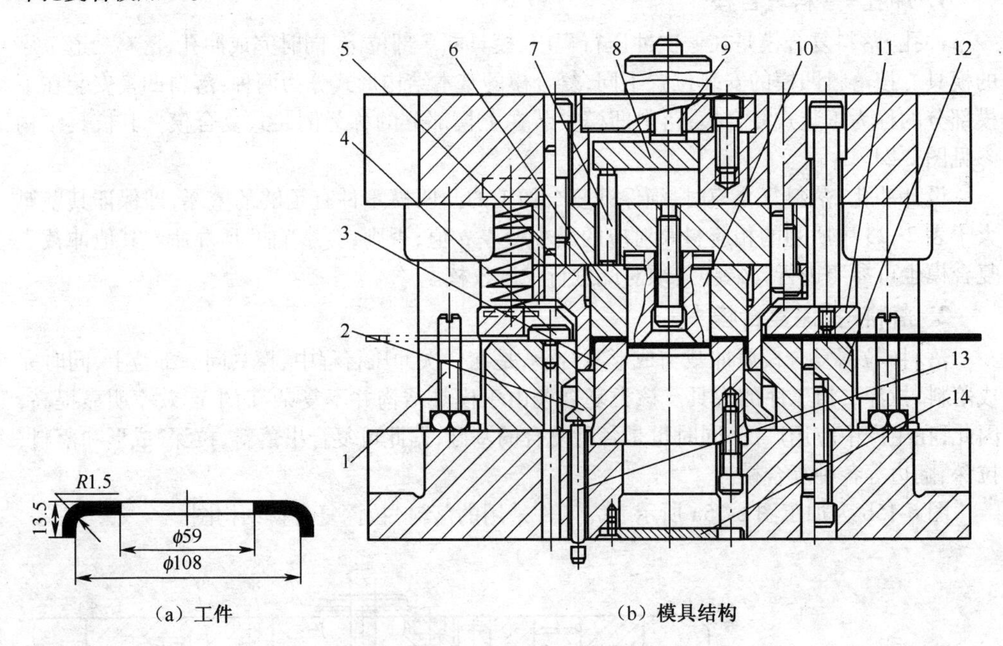

（a）工件　　（b）模具结构

图 6-16　落料-拉深-冲孔复合模

1. 导向螺栓　2. 卸料板　3. 冲孔拉深下模　4. 挡料销　5. 落料拉深上模　6. 顶出器　7. 顶销　8. 顶板　9. 推杆　10. 冲孔凸模　11. 弹性卸料板　12. 落料凹模　13. 顶杆　14. 盖板

图 6-17b 所示复合模工作时，条料送进，由左边的挡料销 4 定距，由后面的挡料销及两导向螺栓 1 导向。拉深时，压力机气垫通过四根顶杆 13 和压料板 2 进行压边，拉深完毕后，顶件由弹性卸料板 11 进行卸料。冲孔废料落在下模槽中的盖板 14 上，为防止积料太多，需经常将废料从槽中清出。当上模上行时，由推杆 9、顶板 8 和三根顶销 7 及顶出器 6，将工件从凸凹模 5 中推出。

为保证落料、拉深、冲孔各工序有序进行，冲孔拉深下模 3 的刃面稍低于落料凹模 12 刃面约一个料厚，以使落料完毕后，才可进行拉深。同样，冲孔凸模 10 的刃面，也应设计成使工件拉深完毕后才进行冲孔。

4. 翻边-拉深复合模

翻边-拉深复合模属成形类复合模，是在一次冲压行程中、模具同一部位上，同时完成翻边、拉深二道工序的模具。采用成形类复合模主要基于以下考虑：一是为了提高工效，二是为保证产品质量。若几类成形分别单独加工完成，将相互影响彼此的成形尺寸，难以或无法保证产品质量的要求。

图 6-17a 所示工件，采用料厚 1 mm 的 20 钢板制成，中等生产批量。由于内孔翻边及其相邻部位的拉深成形相互影响，单独分别加工难以保证产品质量，因此，确定加工工艺为：先冲孔、落料成图 6-17b 所示坯料后，再利用图 6-17c 所示翻边-拉深复合模加工成半成品，最后切除凸缘边缘成形。

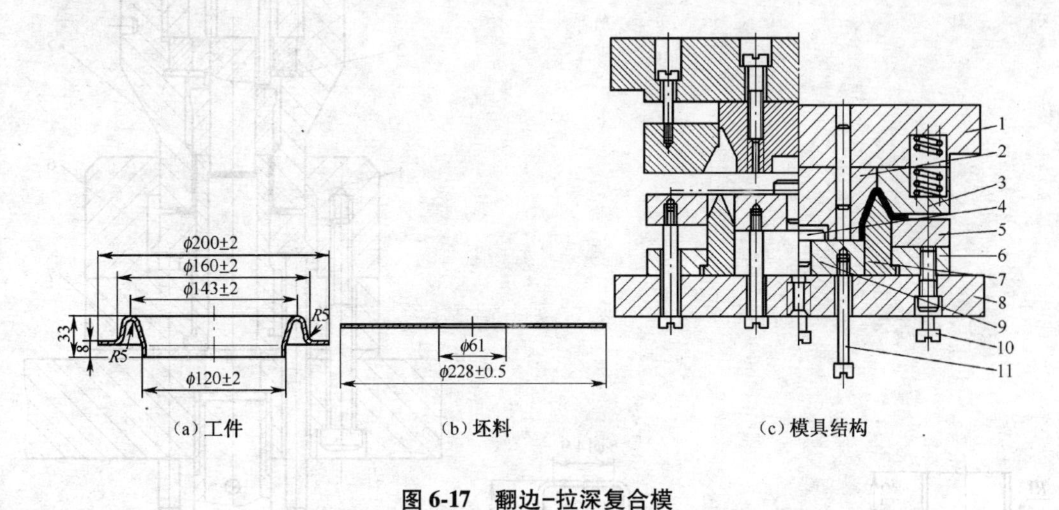

图 6-17 翻边-拉深复合模

1. 上模板 2. 上凸模 3. 凹模 4. 定位销 5. 卸料板 6. 固定板 7. 下凸模 8. 下模板 9. 顶板 10、11. 顶杆

模具工作时，坯料用定位销 4 定位。上模下行时，坯料被压紧，凹模 3 压缩弹簧而上移。在上凸模 2 和下凸模 7 的作用下，坯料内孔 $\phi61$ 产生翻边变形。当凹模 3 与上模板 1 接触后，卸料板 5 向下运动，在凹模 3 与下凸模 7 作用下，工件外侧发生翻边变形，完成工件最后成形。

5. 落料-拉深-冲孔-翻边复合模

落料-拉深-冲孔-翻边复合模属冲裁与成形复合模，是在拉深-翻边复合模的基础上，进一步复合落料、冲孔加工工序，进一步提高生产效率，保证拉深件与孔的同轴度要求。

图 6-18b 所示工件，采用料厚 0.8 mm 的 H62 黄铜制成，大批量生产。由于翻边高度较大，无法一次翻成，需先采用坯料拉深成一定高度的筒形件，再通过在底部的预冲孔翻边达到工件的高度，如图 6-18c 所示。为提高生产效率，同时，考虑料厚较薄，工件凸缘与拉深件内径相差较大，且预冲孔直径与拉深件内径（翻边孔径）也相差较大，因此，可采用落料、拉深、冲孔、翻边复合模加工。

图 6-18a 为坯料尺寸，图 6-18d 为落料-拉深-冲孔-翻边复合模结构。模具工作前半段过程与图 6-16 所示的落料-拉深-冲孔复合模基本相同，完成图 6-18c 所示中间工序的加工，然后，在后半段通过落料拉深翻边上模 1、拉深冲孔翻边下模 5 完成工件的加工。

为保证加工件质量，在图 6-18d 所示模具结构中，采取了以下措施：凸凹模 5 与凹模 6 由固定板 7 固定，并保证其同轴度。凸模 3 轻轻压合在凸凹模 1 内以螺绞拧紧在模柄 4 上，这样不仅装拆容易，而且易于保证它们的同轴度。翻边前的拉深高度由垫片 2 调整控制，以保证翻边制件的高度合格。

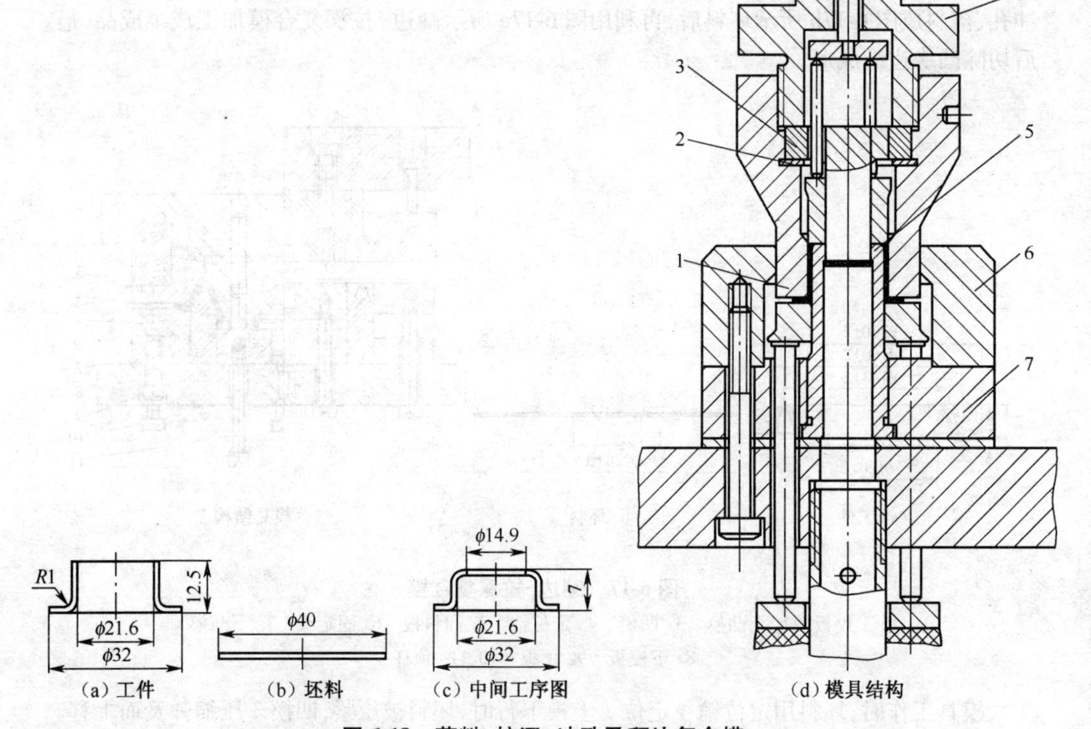

图6-18　落料-拉深-冲孔及翻边复合模

1. 落料拉深翻边上模　2. 垫片　3. 冲孔凸模　4. 模柄　5. 拉深冲孔翻边下模　6. 落料凹模　7. 固定板

6.4　复合模的设计要点

从根本上讲，复合模的设计与单工序模相比差别不大，因此，单工序模的设计要点对复合模来说均适用，但由于复合模本身所具有的特性，在实际生产中，为保证复合模生产加工件的质量，在复合模具体设计时，主要应注意以下几方面。

1. 复合模设计的特点

①采用复合模加工的冲压件，应具备复合的条件。

②变薄拉深工件一般不考虑复合冲压，拉深件料厚以小于3mm的薄板复合为宜，大于3mm进行复合冲压时，将会出现废料、工件出模困难的问题。

③为保证复合模的强度、刚度、可靠性，一般复合模，复合的工序数目不宜超过4个，否则，会使模具结构过于复杂，不利于制造及后期的维修。

④选用精度较高的模架，最好选择滚珠式模架，模架中的模板应选用强度高，加工工艺性好的钢板。

⑤复合模工作部分的零件应选用加工性较好、耐磨性好、淬透性高、强度高、热处理变形

小的模具材料，尤其复合模中凸凹模的强度要足够高。

⑥复合模压力机的选用原则是冲压力曲线不能超过曲柄压力机的公称压力曲线，否则，设备会因超载而损坏。但由于复合冲压时，要求所选用的压力机有更大比例的工作行程，这样就容易造成超载，尤其是落料、拉深复合模，落料在先，拉深在后，落料力一般较大，拉深力较小，而设备压力曲线的变化趋势则相反，所以极易产生超载，因此，在选择设备时要特别注意这一点。

2. 不同种类复合模结构的总体设计

由于不同种类的复合模在一副模具的同一工位上，可能集中了许多冲压性质不同的分离、成形工序，因而在设计具体的模具结构时，应根据不同的模具复合形式，有针对性地采取措施，主要应注意以下事项。

①在设计冲裁类复合模（如冲孔-落料复合模、冲孔-切边复合模）时，为便于凸凹模刃口的刃磨，设计时应使冲孔和落料同时进行。

②在设计冲裁与成形复合模时，为便于顺利成形，应先安排工序或采取措施保证成形质量，一般先安排落料再成形。若还有其他冲裁加工且其冲裁部位在成形变形区内，则应在成形完成或即将完成后，再进行冲裁。如设计落料-拉深-冲孔复合模时，应先落料再拉深，最后冲孔。若设计落料-局部成形-冲孔复合模时，由于板料局部成形主要依靠自身的料厚变薄形成，若其局部成形不影响工件外形，则可采取先局部成形，再落料、冲孔或局部成形与落料同步加工、最后再冲孔的加工步骤。

③在设计成形类复合模时，应具体分析各工序相互间的影响，按既有利于工件成形，保证工件的质量，又利于模具的制造及修理的原则进行。

在设计复合模时，为使模具工作顺畅，且保证工件的加工质量，常常须保证各复合工序冲压加工的顺序。一般来说，在模具结构上最常用且简便有效的方法是：通过对模具中相应工作零件的高度进行适当安排，控制其与坯料先后接触的顺序，从而保证加工件加工的顺序；或通过设置聚氨酯橡胶作为压料、卸料力源，并对模具中相应的工作零件高度进行适当安排，以控制其与坯料先后接触的顺序，满足加工的先后步骤；或设计斜楔滑块机构来控制加工顺序。

3. 复合模零部件的设计

复合模的凹模、凸凹模及凸模等工作零件的刃口尺寸及公差选择与单工序冲模相同，但考虑到复合模形状的复杂性及加工件的批量，复合模的工作零件多采用合金工具钢制造，如9Mn2V、9SiCr、GCr15、CrWMn、9CrWMn、Cr6WV、Cr12、Cr12MoV，通常凸模、凸凹模热处理54~58HRC，凹模热处理58~60HRC。

设计凹模、凸凹模与凸模等工作零件的固定板时，若工作零件与其固定板采用嵌入式定位配合时，其嵌入固定板及底座的深度一般要达到5~10mm。

由于复合模为一模多工序加工，相互的配合间隙较多，为保证模具间的配合精度，复合模均应配制模架，但不论采用何种形式的模架，模架的导柱和导套配合间隙均应小于模具的间隙，一般可根据凸、凹模间隙选用模架等级。若凸、凹模间隙小于0.03 mm，可选用Ⅰ级精度滑动导向模架或0Ⅰ级精度滚动导向模架；大于0.03 mm时，则可选用Ⅱ级精度滑动导向模架或0Ⅱ级精度滚动导向模架。此外，为保证加工件质量，薄料、大中型冲压件选用模架时，均应适当提高模架精度。表6-2为模架导柱、导套配合间隙（或过盈量）。

表 6-2 导柱、导套配合间隙(或过盈量) (mm)

配合形式	导柱直径	模架精度等级		配合后的过盈量
		Ⅰ级	Ⅱ级	
		配合后的间隙值		
滑动配合	<18	≤0.010	≤0.015	
	>18~30	≤0.011	≤0.017	
	>30~50	≤0.014	≤0.021	
	>50~80	≤0.016	≤0.025	
滚动配合	>18~35	—	—	0.01~0.02

对加工精度较高的冲压件,为减少冲压设备或模具安装误差对模具精度的影响,可采用浮动模柄。浮动模柄一般配合滚动导向模架使用,也可在滑动导向模架中使用,但使用中应始终保证导柱不离开导套。一般精度的加工件,可根据模架结构,按国标选用压入式、旋入式、凸缘式等模柄的结构形式。

4. 出件和卸料机构的设计

在复合模设计时,由于要同时进行多道工序的加工,其中,既要保证完成加工件与冲切条料的顺利分离及冲切废料从模腔中排出,还要保证后续加工安全、顺利进行,以及待冲条料的平整,因此,应正确选用合适的出件和卸料机构。常见的出件机构如图 6-19 所示。

采用图 6-19 所示的顶杆传力出件机构时,所设计的顶杆不能太长,以免顶杆在行程下止点时受力,应保证有一定的间隙,以免损坏顶杆或模具。

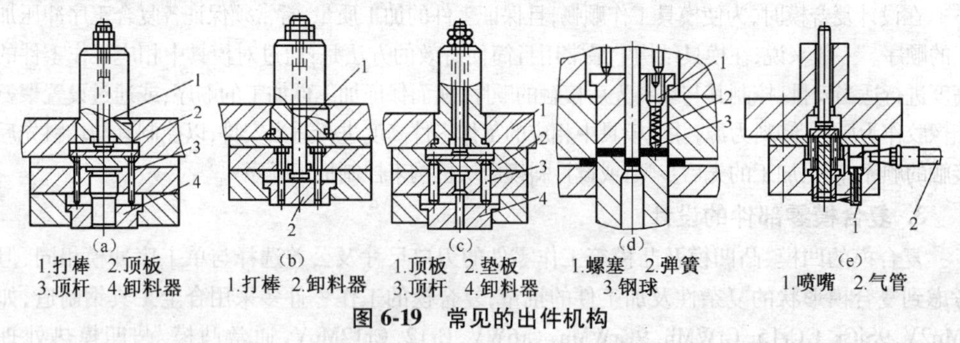

图 6-19 常见的出件机构

图 6-19a 所示出件机构,工件卸料是在完成加工件、压力机回程时,打棒 1 与压力机滑块上安装的打料横杆相撞,通过顶板 2、顶杆 3 将卸料力传递到卸料器 4 上完成。由于顶板设置在上模座的凹槽内,使上模板的强度有所减弱,一般适用于打棒投影范围内有凸模,模具闭合高度受到限制的复合模;图 6-19b 所示出件机构,工件的卸料直接由打棒 1 通过卸料器 2 完成,主要用于打棒投影范围内无凸模的复合模;图 6-19c 出件机构与图 6-19a 基本相同,不同的是为不减弱上模板的强度,顶板 2 设置在垫板 2 凹槽内,主要适用于卸料力较大的复合模;图 6-19d 所示出件机构,主要用于薄板料的卸料,为防止薄料或涂油的冲裁件粘附在卸料器上,其上安有弹顶器;图 6-19e 所示出件机构,采用压缩空气吹件,常与其他出件装置配合使用,也可单独使用,主要用于小尺寸工件或大批量生产件的复合模加工。

复合模的卸料主要采用弹性卸料装置，通过弹性零件（弹簧、橡胶等）的弹力实现卸料，其中，图6-20a所示的弹性卸料装置安装在复合模的下模内，由于受弹簧弹力的限制，卸料力有限，因此，主要用于小型工件的卸料，而图6-20b所示的弹性卸料装置的卸料力，除了可通过安装在下模板下的弹性零件提供，也可通过安装压力机工作台面孔内的弹簧或橡胶（俗称缓冲器）供给，由于安装空间加大，使卸料力也有所增大，如图6-20c所示，故可用于中型工件的卸料。此外，还可利用气压或液压力的作用，产生卸料力进行卸料。

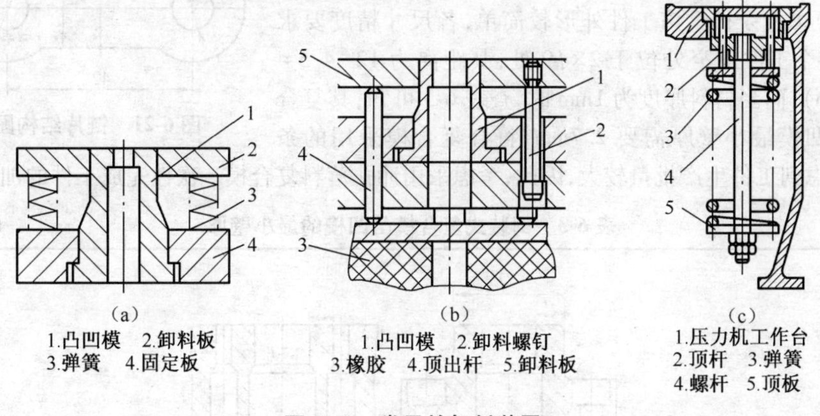

图6-20 常见的卸料装置

不论采用何种出件或卸料机构，设计时应均保证卸料器（卸料板）运动灵活，复位及出件（卸料）可靠。一般卸料器（卸料板）在工作结束时，其端面应凸出模具工作零件的工作面约0.2~0.5mm，并要注意卸料器和凸模、凹模间的配合。若冲裁件内形尺寸较小，外形形状相对简单，卸料器外形与凹模应采用H8/f8配合，卸料器内孔与凸模为非配合关系；若冲裁件内形尺寸较大，外形形状相对复杂，卸料器内孔与凸模应采用H8/f8配合，外形与凹模为非配合关系。卸料板和凸模的单边间隙一般取0.1~0.3 mm，当弹性卸料板用来作凸模导向时，凸模与卸料板的配合为H7/h6。

6.5 复合模设计实例

复合模是较复杂的冲压模之一，但其设计方法和步骤与单工序模基本一致，一般可按以下步骤进行设计。

1. 复合模的设计步骤

①根据冲压件的外形大小、尺寸精度、生产批量以及企业加工设备、模具制造能力等因素，分析比较各种不同工艺方案的特点，确定复合工序的冲压工艺方案。

②进行必要的计算（包括坯料尺寸计算、选择排样方法、确定搭边值、计算送料步距、画出排样图、各基本工序冲压力的计算、压力中心的计算等等）。

③确定所设计复合模的类型和总体结构的框架（草图）。

④进行复合模零件的设计。

⑤模具零件设计完成后，在此基础上最终确定模具总装配图。

复合模中各零件的设计顺序是：先设计凹模，再设计凸凹模、凸模等有关的工作零件，确定凹模、凸凹模及凸模等工作零件的安装固定方法，设计相关工作零件的固定板，然后，根据凹模外形尺寸选定或设计相应的模架，最后，围绕复合模各工作零件的工作要求完成压边、定位、卸料、出件等机构零件的设计。

2. 复合模设计实例

图 6-21 为链片结构图，材料为 Q235-A，厚 1mm，大批量生产。

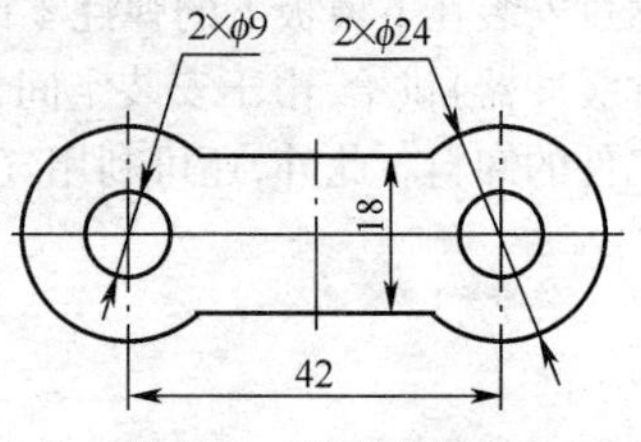

图 6-21　链片结构图

(1)工艺分析　该工件外形较简单，各尺寸精度要求不高，整个工件最窄处位于 2×ϕ9 处，其距离为 12-4.5=7.5(mm)，而当材料厚度为 1mm 时，查表 6-3 可知，其复合模的凸凹模最小壁厚需要 2.7mm，符合复合模采用的条件。考虑到工件生产批量较大，因此，考虑采用冲孔落料复合模一次性完成工件的加工。

表 6-3　倒装式复合模凸凹模的最小壁厚　(mm)

料厚	0.4	0.5	0.6	0.7	0.8	0.9	1	1.2	1.5	1.75
最小壁厚 a	1.4	1.6	1.8	2	2.3	2.5	2.7	3.2	3.8	4
最小直径 D	15					18			21	
料厚	2	3.1	3.5	3.75	3	3.5	4	4.5	5	5.5
最小壁厚 a	4.9	5	5.8	6.3	6.7	7.8	8.5	9.3	10	12
最小直径 D	21	25		28		32		35	40	45

(2)模具结构　设计的冲孔落料复合模结构如图 6-22 所示。

模具工作时，压力机上行，上、下模脱离接触，此时，将剪切好的条料置于卸料板 18 上，通过导料销 6 定位。随着压力机滑块的下行，落料凹模 7 与卸料板 18 首先将板料压紧，随后，落料凹模 7、凸模 16 与凸凹模 19 共同作用将工件冲切成形。

由于模具复合了冲孔及落料加工，冲裁间隙较小，为保证模具零件的装配及加工质量，整套模具采用导柱导套导向的倒装式复合模结构。

上模通过打杆 11 经压力机打料横杆，将冲切好的工件卸出，下模通过卸料板 18，将完成冲切卡在凸凹模 19 外形上的废条料，顶至卸料板上平面上。

(3)主要零件设计

①落料凹模的设计。设计的落料凹模结构如图 6-23 所示，选用材料 Cr12MoV，热处理 60~64HRC。与落料模的设计一样，冲孔-落料复合模中的落料凹模工作部分尺寸，由加工件的外形尺寸决定，而凹模又是整套模具的主要工作零件，其外形尺寸决定着上、下模座的选用，因此，在整套复合模工作零件的设计中，也应将落料凹模设计放在首位。冲孔-落料复合模中的落料凹模的设计，与落料模的凹模设计相类似。

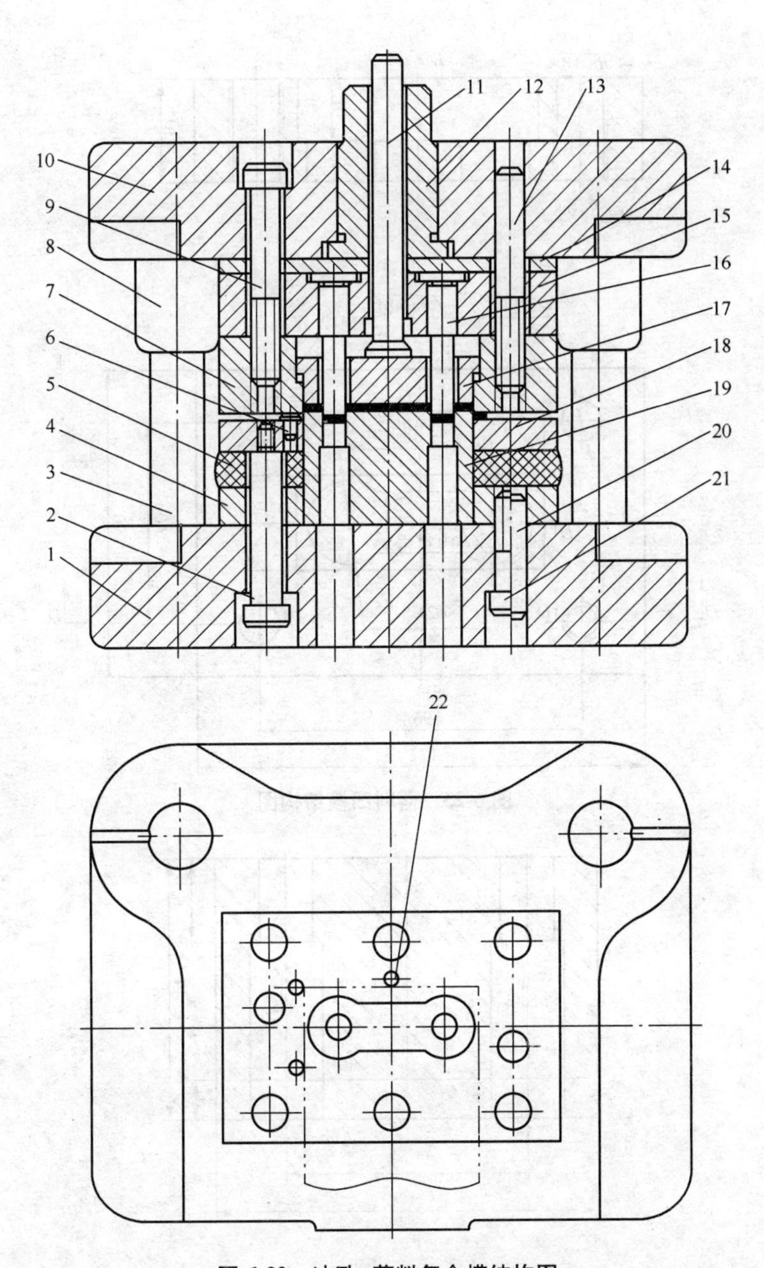

图 6-22 冲孔-落料复合模结构图

1. 下模座 2. 卸料螺钉 3. 导柱 4. 凸凹模固定板 5. 橡胶 6. 导料销 7. 落料凹模 8. 导套 9、21. 螺钉 10. 上模座 11. 打杆 12. 模柄 13、20. 圆柱销 14. 垫板 15. 凸模固定板 16. 凸模 17. 推件板 18. 卸料板 19. 凸凹模 22. 销钉

②凸凹模的设计。设计的凸凹模结构如图 6-24 所示。凸凹模材料选用 Cr12MoV，热处理 60~64HRC，其中，带 * 尺寸热处理 38~42HRC。该部位与凸凹模固定板采用铆接，工作部分的尺寸分别与凸模、凹模配作，保持单边过盈 0.04~0.06 mm。

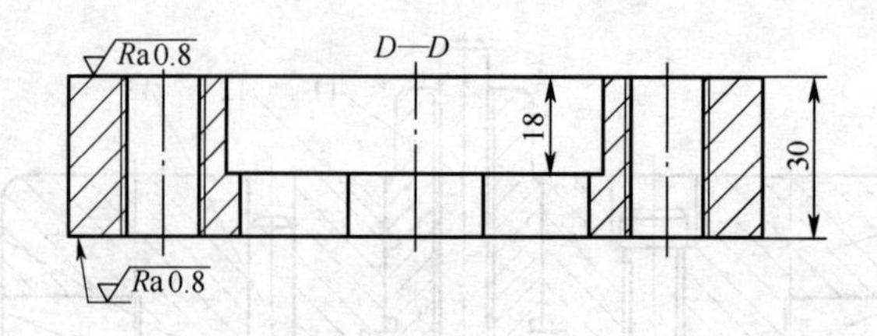

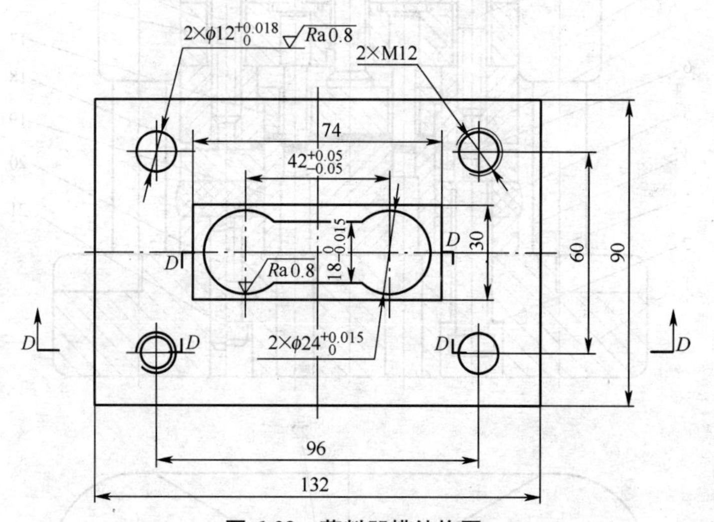

图6-23　落料凹模结构图

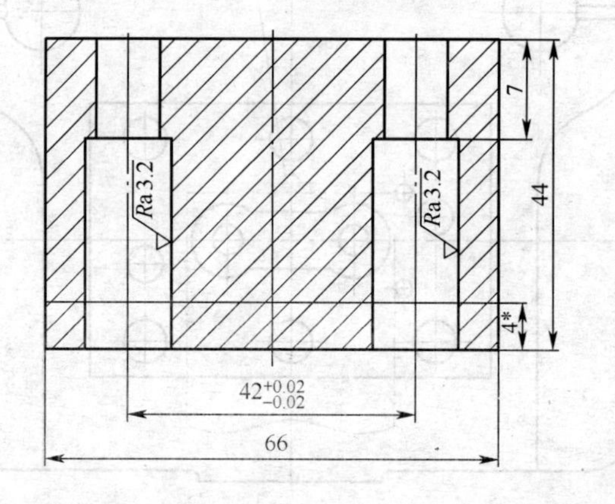

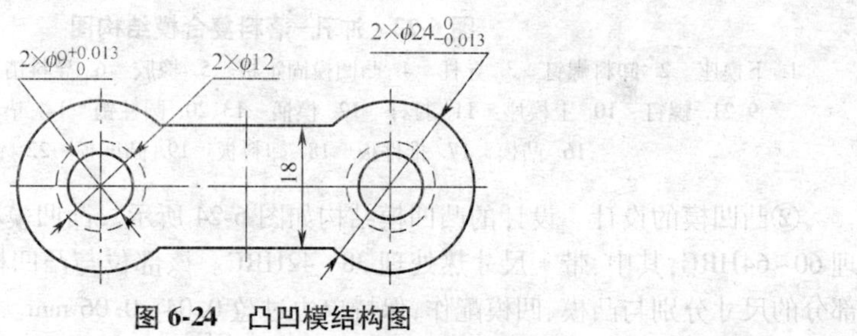

图6-24　凸凹模结构图

③凸模的设计。凸模材料选用 Cr12MoV，热处理 56~60HRC，其结构如图 6-25 所示。

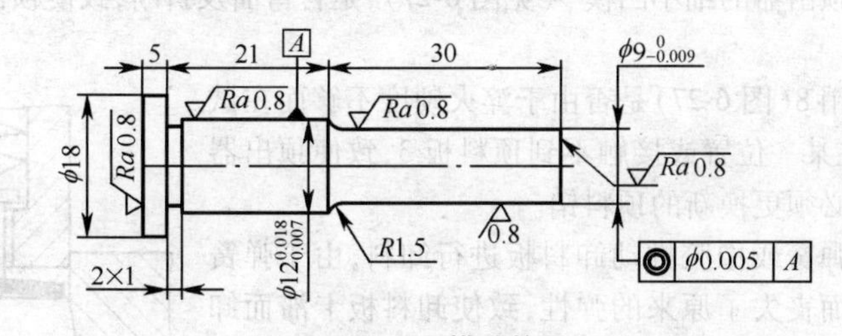

图 6-25 凸模结构图

6.6 复合模加工的安全正确操作

复合模的生产操作与单工序模基本相同，但由于复合模有较多工序要在冲床的一次行程中完成，因此，其出件及卸料装置（参见图 6-19、图 6-20）较为复杂，且易产生故障。

该类装置在长期使用过程中，有时会出现顶出器顶不出料的故障，这多数是由于冲下来的工件或废料被卡在凹模中，当这种卡紧力大于顶出器的顶出力时，工件或废料就很难从凹模中顶出来。此外，还应从以下几个方面进行检查。

①检查冲模的顶杆是否由于长期使用而弯曲或被折断，或因热处理硬度过低而被镦粗，致使顶杆不起作用，制品卸不下来。如果发生这种情况，应重新更换新的顶杆。

②检查冲模中的一组顶杆长度是否一致。这是由于一组顶杆热处理的硬度并不尽相同，加之长期使用而受力弯曲，使本来长短一致的顶杆变为长短不一，致使顶出器工作时，受力不均而偏斜，难以卸料。如果发生这种情况，应重新更换一组新的顶杆。

③检查压力机的推杆是否被卡住，或者制动螺钉位置上移，致使模具中的顶杆接触不到推杆而不能下料。如果发生这种情况，应重新调整推杆及制动螺钉的位置，使之工作正常，如图 6-26 所示。

④检查顶料板 3 及顶出器 6 是否发生变形，或卡住在某一位置，顶料销 8 是否弯曲，如图 6-27 所示。

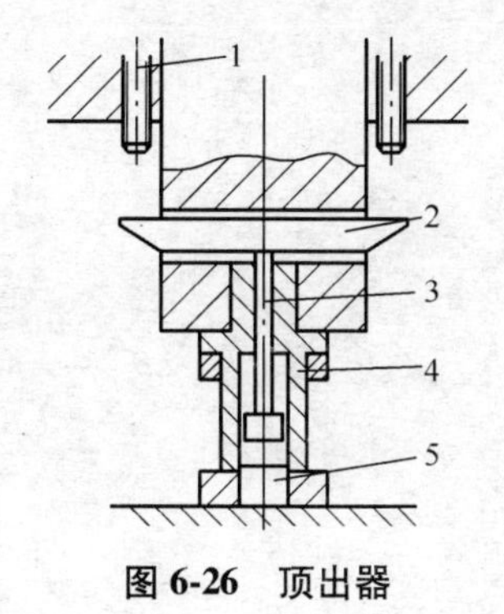

图 6-26 顶出器

1. 制动螺钉 2. 推杆 3. 顶杆 4. 凹模 5. 凸模

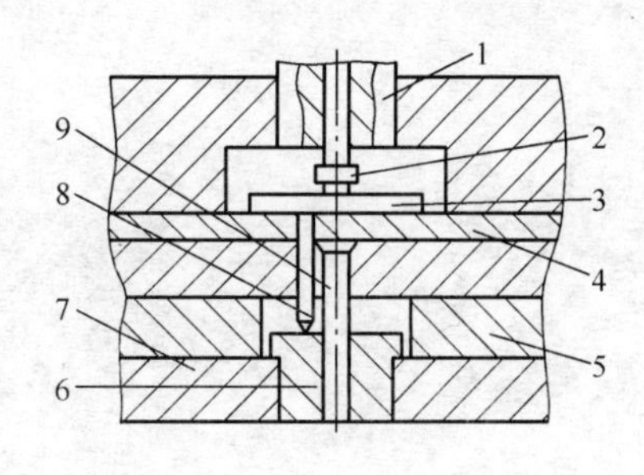

图 6-27 复合模顶出器

1. 模柄 2. 顶杆 3. 顶料板 4. 上垫板 5. 衬套 6. 顶出器 7. 凹模 8. 顶料销 9. 凸模

⑤检查通过顶出器的细小凸模9(见图6-27),是否弯曲及折断,致使顶出器卡在某一位置,料退不下来。

⑥检查顶料销8(图6-27)是否由于淬火硬度不够而在试模时被镦粗,卡在某一位置或接触不到顶料板3,致使顶出器不起作用。这时必须更换新的顶料销。

⑦如果使用弹簧或橡胶推动卸料板进行卸料,由于弹簧及橡胶长期使用而丧失了原来的弹性,致使卸料板卡滞而卸不出制品。这时,应更换新的弹簧和橡胶。如图6-28所示使用弹簧顶料时,若弹簧弹力不够或被卡紧,也会使工件顶不出来,这时,必须更换新的弹簧。

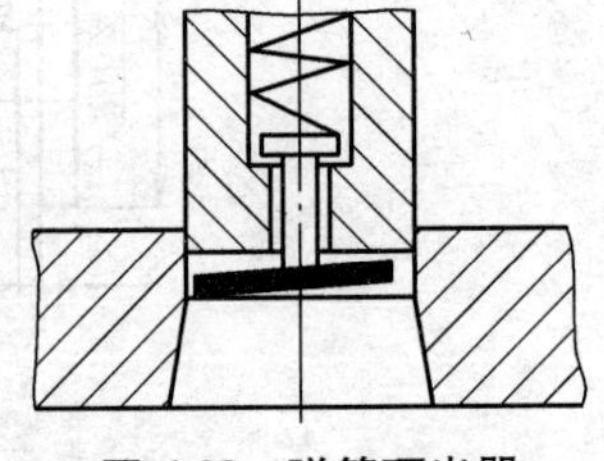

图6-28　弹簧顶出器

第7章　采用级进模的加工技术

7.1　级进模加工的特点及选用原则

冲床一次冲压行程中，在一副模具的不同部位同时完成二道或二道以上工序的冲模称为级进模，又称为多工位级进模、连续模、跳步模。采用级进模可以在一套模具不同部位逐步完成冲裁、弯曲、拉深等多道工序，因此，生产效率高。

1. 采用级进模加工的特点

采用级进模加工，除了能提高生产效率外，还具有以下特点。

①由于级进模要在不同工位完成不同的工序加工，因此，与单工序模和复合模相比，级进模的结构复杂、零件数量多、导向精度和定位精度及热处理要求高、装配与制造复杂，要求精确控制步距，以保证工件的加工精度。

②由于级进模是一种多工序、高效率、高精度的冲压模具，因此，模具制造精度要求高，周期长，成本高，只有在生产批量较大时使用，经济效益才显著，适用于大批量或外形尺寸较小、材料厚度较薄的冲压件生产。

③级进模加工时，大多采用条料、带料自动送料，冲床或模具内装有安全检测装置，易实现机械化和自动化加工，也可以采用高速压力机生产，需要的设备和操作人员较少且操作安全，但材料利用率偏低。

④由于级进模可分别在不同等距离的工位完成一个，或几个基本冲压工序，经多个工序组合形成工件，因此，采用级进模能完成许多工艺性较差冲压件的加工，也不存在复合模中的最小壁厚问题，因而模具强度相对较高，寿命较长。

⑤使用级进模可以减少压力机，减少半成品的运输，车间面积和仓库面积可大大减小。

⑥由于模具制造精度高，因此，生产加工的工件精度也较高。表7-1为级进模冲孔对外缘轮廓的标准公差值，但因级进模是将工件的内、外形逐次冲出，每次冲压都有定位误差，故较难保持工件内、外形相对位置的一次性。

表7-1　孔对外缘轮廓的标准公差　　(mm)

模具形式和定位方法	模具精度	工件尺寸		
		<30	30~100	100~200
有导正销的级进模	高精度	±0.05	±0.10	±0.12
	普通精度	±0.10	±0.15	±0.20
无导正销的级进模	高精度	±0.10	±0.15	±0.25
	普通精度	±0.20	±0.30	±0.40

2. 选用级进模加工的原则

一个加工件是否采用级进模加工,主要考虑以下几方面的问题。

①生产批量。在一副级进模内,可以包括冲裁、弯曲、成形等多道工序,故能成倍提高生产效率,但材料利用率偏低,因此,需重点考虑该加工件的生产批量是否适合使用级进模。因为小批量生产时,采用单工序模,由于模具结构简单,几个单工序模可能比一套级进模的成本还低。

②冲压工件的精度。当冲压工件内、外形的尺寸精度或同轴度、对称度等位置精度要求较高时,采用级进模时,应考虑在同一工位加工精度较高的尺寸,若仍无法保证,则需考虑采用复合模具。

③冲压工件的外形结构尺寸。对外形小的冲压件,由于加工的安全性及可操作性均较差,即使生产批量不大,也须考虑使用级进模。

④若工件结构尺寸太大,即使工位数不多,考虑到模具与冲床的匹配性、模具加工的复杂性,应考虑限制级进模的使用。

7.2 常见工序的组合形式及其级进模结构

1. 级进模的种类

级进模按照各冲压组合工序的不同,可分为冲裁类级进模、成形类级进模、多工序复合类级进模,以及多工位压力机上的多工位级进模。各类级进模中有以下几种常见的形式。

①冲裁类级进模。冲裁类级进模主要有:冲孔-落料级进模、冲孔-切断级进模。

②成形类级进模。成形类级进模主要有:弯曲级进模;拉深级进模。

③多工序复合类级进模。多工序复合类级进模主要有:冲裁-拉深-弯曲级进模、冲裁-压印-弯曲级进模。

2. 常见工序的组合形式及其级进模结构

常见工序的组合形式及其级进模结构见表7-2。

表7-2　常见工序的组合形式及其级进模结构

工序组合方式	模具结构简图	工序组合方式	模具结构简图
冲孔、落料	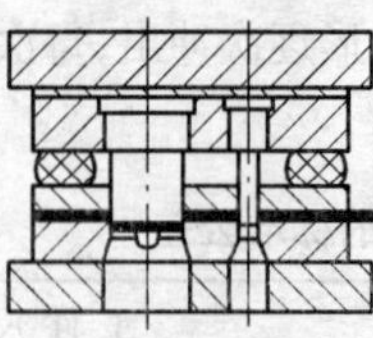	冲孔、切断	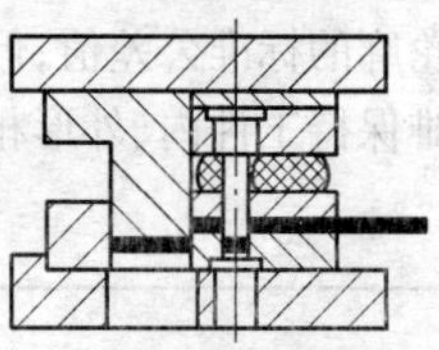
冲孔、截断	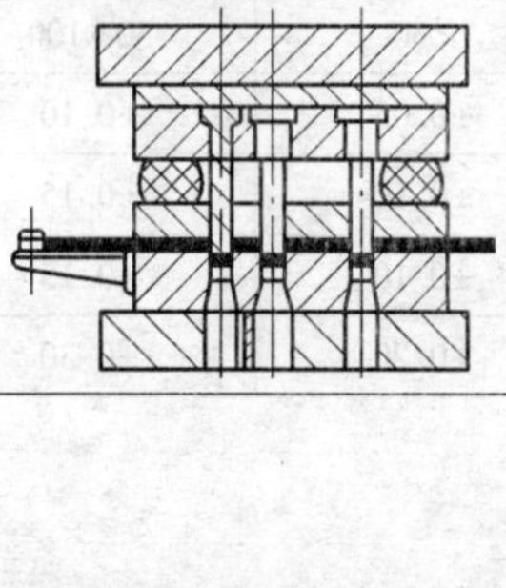	连续拉深、落料	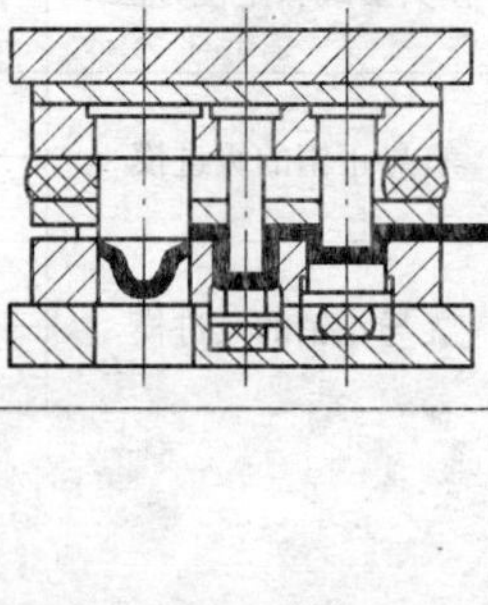

续表 7-2

工序组合方式	模具结构简图	工序组合方式	模具结构简图
冲孔、弯曲、切断		冲孔、翻边、落料	
冲孔、切断、弯曲		冲孔、压印、落料	
冲孔、翻边、落料		连续拉深、冲孔、落料	

7.3　级进模典型结构分析

级进模尽管形式多样结构多变，但分析其构成可发现，级进模是由多个零件组合起来完成特定功能的有机整体。根据其所要实现的功能，通过一定的结构单元组合来完成，其结构和功能之间的联系见表 7-3。

表 7-3　级进模结构和功能之间的关系

结构单元	典 型 零 件	实现的功能	功能分类
工作单元	凸模、凹模、凸凹模	工作功能零件	基本功能
卸料单元	卸料板、卸料螺钉、卸料弹簧	出件和卸料功能	辅助功能
导向单元	模架、导柱、导套、导板	模具导向功能	
定位单元	导料板、侧刃、挡料销、侧压板、导正销	板料、工序件定位功能	
安装单元	模座、模柄	安装、定位功能	
紧固单元	固定板、落钉、圆柱销	工作零件的紧固和定位功能	
安全保护单元	设备、模具误差的安全检测零件	安全保护功能	

相对于单工序模，由于冲压件是依次在几个不同位置上逐步成形的，因此，级进模的定位系统、送料系统就更复杂些。

1. 冲裁类级进模

相对于单工序冲裁模，由于冲裁类级进模中的冲裁件是依次在不同位置上逐步成形，因此，要控制冲裁件孔与外形的相对位置精度，就必须严格控制送料步距。一般定距采用导正销及侧刃两种类型。

采用导正销定距、手工送料的冲孔-落料级进模结构如图2-27所示；采用双侧刃定距的冲孔-落料级进模如图2-28所示。

此外，冲裁类级进模往往与自动送料装置联合起来使用，构成自动送料模。

一般工件的送料及定位应根据加工件的尺寸大小、加工精度、材料种类以及原材料的类型、状态等决定，主要考虑以下几方面的问题。

①板裁条料广泛用于中小型冲裁件成批和大量生产，多采用手工送料，但与模具附设的送料装置配合使用，也能实现自动送料；带料和卷料适用于料厚 $t \leqslant 2$mm 的中小型冲裁件大量生产，常采用自动送料。当配用通用自动送料装置时，可用送料装置控制送料进距。当定位精度要求不高时，可不在冲模上安装送料定位系统；当定位精度要求很高时，一般在模具上安装导正销导正，定位精度可达±0.02mm以上。

②固定挡料销与始用挡料销构成的定位系统，多用于手工送料，大多是板材条料或带料加工。送料至固定挡料销时，必须将材料抬起，越过挡料销才能靠搭边定位，定位精度可达±0.3mm。若增加导正销可校准送料步距，定位精度可达±0.15mm。

③用侧刃切边定位既适于手工送料，更适于自动送料，原材料只用贴着凹模表面，紧靠导料板送进，生产效率高。

生产中广泛采用单侧刃或双侧刃进行粗定位，再用导正销进行导正的定距方式。当采用滚珠导柱模架，并选用结构合理适宜的导正销时，能使定位精度达到±0.002mm。对外形尺寸较大、生产批量不大的加工件，一般采用挡料销或始用挡料销手推作粗定位，后续工序也可用导正销进行精定位的定位方式。

上述送料、定位系统的设置，不仅适用于冲裁级进模，对其他种类级进模也同样适用。

2. 成形类级进模

与冲裁类级进模一样，成形类级进模相对于单工序成形模的定位及送进较复杂。

图7-1为采用手工送料的连续拉深级进模结构图。拉深级进模是在一副模具内完成一个或几个工件的多次连续的拉深，工件成形后才从带料上冲裁下来的拉深方式，习惯上又称为连续拉深。

模具工作时，由目测预定位，分别由压边圈9、凸模4及导正销22插入坯料中定位。工作顺序是切口、首次拉深、二次拉深、三次拉深、整形，最后将工件分离，从下模中漏落。

其中，第一工位的切口凸模13和第六工位的落料凸模2与上模板均以球面接触。考虑到凸模磨钝，修磨后会变短，分别装有螺塞11、12和螺塞1、3，以便于调节凸模高度，不影响拉深高度。凹模23磨钝，修磨后也可由螺塞20、21调节（但必须把垫圈24与凹模，修磨等量高度）。

第二、三工位的拉深凸模10、8顶面分别有斜楔6调节凸模高度，便于调节首次和二次拉深件的高度，以便成形合格的工件。

3. 多工序复合类级进模

多工序复合类级进模按其送料的自动程度分为：自动模和手工送料模两种。

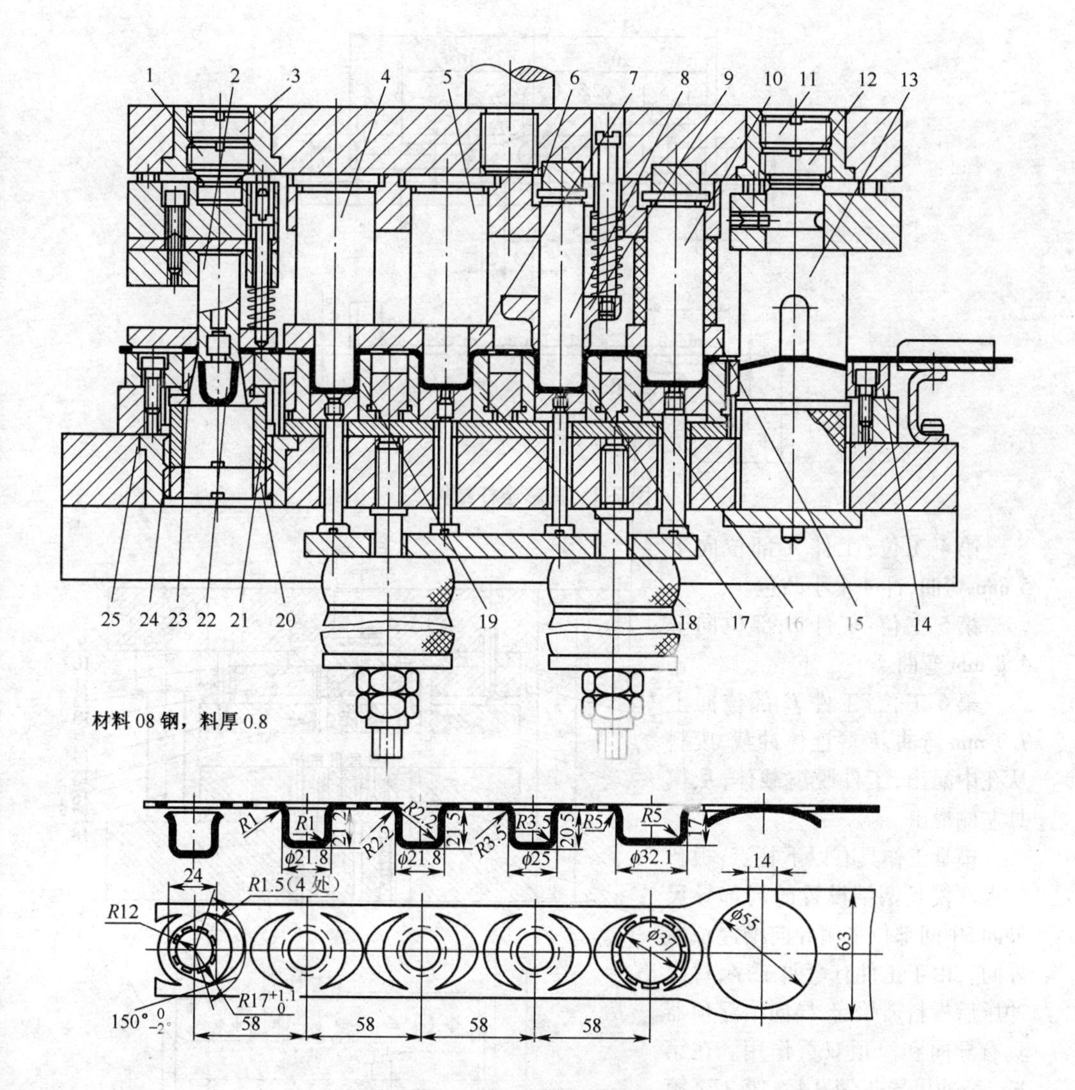

图 7-1　连续拉深级进模

1、3、11、12、20、21. 螺塞　2、4、5、8、10、13. 凸模　6. 斜楔　7、25. 卸料板
9、15. 压边圈　14、16、17、18、19、23. 凹模　22. 导正销　24. 垫圈

图 7-2 为机芯连杆加工件，采用 0.8 mm 厚的 10 钢制成，大批量生产。

图 7-3 为机芯连杆的冲裁、弯曲、胀形级进模结构。整套模具采用滑动对角导柱模架，冲压材料使用钢带卷料，自动送料器送料，用导正销进行精确定位。模具共分 6 个工位，图 7-4 为加工件排样图。

第 1 工位：冲导正销孔，冲 ϕ2.8mm 圆孔，冲 K 区 1mm×5mm 的窄长孔，冲 T 区的 T 形孔。

第 2 工位：冲工件右侧 M 区外形，连同下一工位冲裁 E 区的外形。

第 3 工位：冲工件左侧 N 区外形。

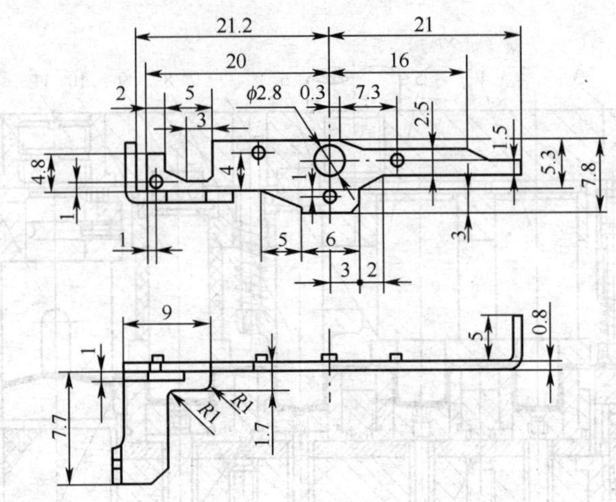

图7-2　机芯连杆结构

第4工位:工件 A 部位向上5 mm弯曲,冲4个小凸包。

第5工位:工件 B 部位向上4.8 mm弯曲。

第6工位:工件 C 部位向上7.7 mm弯曲,F 区连体冲裁,废料从孔中漏出,工件脱离载体,从模具左侧滑出。

模具工作具有以下特点:板料依靠在模具两端设置的局部导尺导向,中间部位采用导向槽浮顶器导向。由于工件有弯曲工序,每次冲压后板料需抬起,导向槽浮顶器具有导向和浮顶双重作用。在第1工位冲出导正销孔后,第2至第5工位均设置导正销导正,从根本上保证工件冲压加工精度的稳定性。在第3工位,E 区已被切除,边缘无板料,因此,在其下侧只能装3个导向槽浮顶器。在第4、5工位的下侧是具有弯曲工序的部位,为使板料在冲压过程中能可靠地浮起,同时,防止浮顶器钩住带料上的孔而引起送料不畅,保证送料稳定,在该部位共设置了3个弹

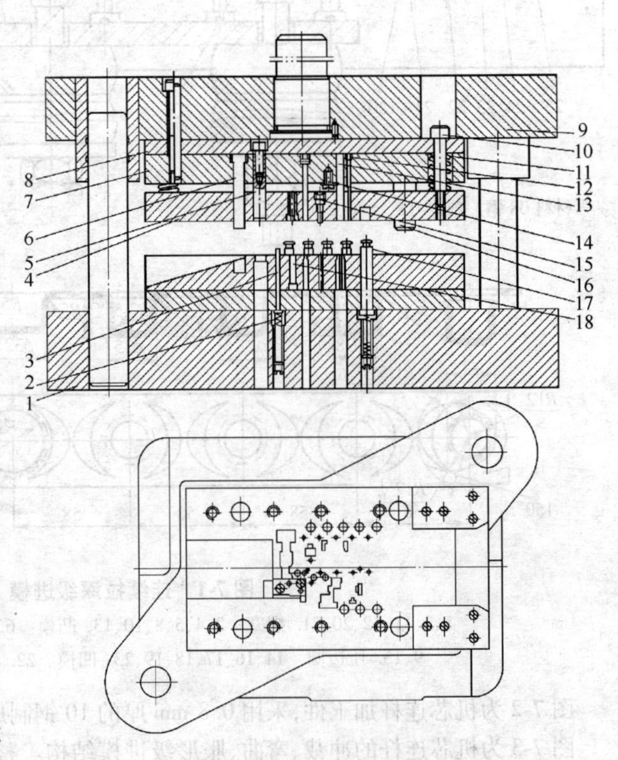

图7-3　冲裁、弯曲、胀形级进模

1. 下模座　2. 弹簧　3. 浮顶器　4. 卸料板　5. F区冲裁凸模　6. 弯曲凸模　7. 凸模固定板　8. 垫板　9. 上模座　10. 卸料螺钉　11. 弹簧　12. 冲孔凸模　13. T区冲裁凸模　14. 固定凸模用压板　15 导正销　16. 小导柱　17. 导向槽浮顶器　18. 凸包凸模

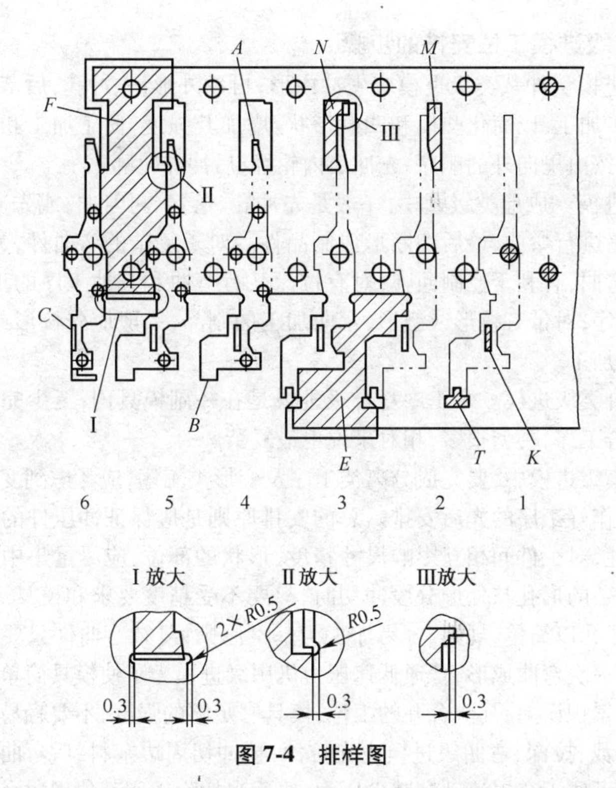

图 7-4 排样图

性浮顶器。工件在最后一个工位从载体上脱离后处于自由状态,容易贴在凸模或凹模上,为此,上模和凹模镶块上各装一个弹性顶料钉。凹模板侧面加工出斜面,使工件从侧面滑出,在适当部位安装气管喷嘴,利用压缩空气将成品件吹出凹模。

7.4 级进模的设计要点

从根本上讲,级进模的设计与单工序模相比差别不大,因此,单工序模的设计要点对级进模来说均适用,但由于级进模本身所具有的特性,在实际生产中,为保证加工件质量,级进模具体设计时,应注意以下事项。

1. 级进模设计的特点

①级进模要求精度高和寿命长,其工作元件常采用高速钢或硬质合金制造。工作元件的加工多采用电火花加工、成形磨削方法。

②级进模凸模尺寸小、数量多,通常使用固定板定位,吊装在垫板上。

③级进模的凹模型腔尺寸复杂,为便于加工时磨削,将封闭型腔分块加工,然后镶嵌组合成整体型腔。

④为保护小凸模,卸料板安装护套,同时对小凸模起导向作用。卸料板通常采用拼合加工,不采用整体结构形式。

⑤级进模大量采用导向机构,除用导柱、导套进行外导向外,还有小导柱、导套等中间导向机构。

2. 不同种类级进模工位安排的步骤

①冲裁类级进模。冲裁类级进模应先冲内形，再冲外形；先冲孔，后落料或切断。若外形复杂可采用分步加工，以简化凸模和凹模形状，增加其强度，便于加工和装配。若采用工件套料冲裁，则应按由里向外的顺序，先冲出内轮廓，后冲外轮廓。

②成形类级进模。成形类级进模，一般是先冲孔、落料，再弯曲，或先冲孔，再切掉弯曲部位周边的废料后进行弯曲，最后切断形成制品件。对于复杂的弯曲件，为保证弯曲角度，可以分几次进行弯曲，有利于控制回弹；对有拉深又有弯曲和其他工序的工件，应先进行拉深，再安排其他工序；对带有校形或镦形、弯曲加工的制品，一般应先校形或镦形，再冲切余料，最后进行弯曲加工。

③多工序复合类级进模。多工序复合级进模是在一副模具内，至少完成一种分离类或变形类工序的复合工序，类型很多，相对来说也最复杂。

由于在同一套级进模中，要完成分离类工序及变形类工序，应考虑到变形类工序对分离类工序的影响，而作好工序的先后安排。总的安排原则是应保证冲压件的精度要求和工件几何形状的正确性，对工件间相互影响尺寸精度、形状的部位，应尽量集中在一个工位一次冲压完成；对于复杂的形孔与外形分段冲切时，只要不受精度要求和模具周界尺寸的限制，应力求做到各段形孔以简单、规则、容易加工为基本原则；复杂弯曲件只要能分几次弯曲的工件，切不可强行一次弯曲成形；普通低速压力机用级进模为了使模具简单、实用、缩小模具体积、减少步距的累积误差，凡能合并的工位，模具有足够的强度，不要轻易分解，增加工位。

一般来说，冲裁、拉深、弯曲级进模应先拉深，再冲切周边余料，后弯曲成形；对冲裁、带有压印冲压件，为了便于金属流动和减少压力，要适当切除压印部位周边余料，再安排压印，最后再精确冲切余料。压印部位有孔时，原则上压印后，再冲孔；冲裁、压印、弯曲的冲压件，原则上先压印，后冲切余料，再弯曲。

3. 排样图的设计

采用级进模加工是冲压件依次在模具不同位置上逐步完成，设计排样图就成为级进模设计的重点。从一定程度上说，级进模的设计就是排样图的设计。

排样图设计是否正确合理，对整套模具的设计影响很大，因此，一般都应设计多种排样方案，然后分析、比较、综合归纳，确定一个经济、技术效果相对较合理的方案。

(1) 排样设计　排样的要求是切除废料，将工件留在条料上，分步完成各个工序，最后，根据需要将工件从条料上分离出来。其设计的内容主要包括以下几点。

①确定模具的工位数目、各工序加工内容及各工位冲压顺序。

②确定被冲工件在条料上的排样方式。

③确定条料的宽度和步距尺寸，从而确定材料利用率。

④确定导料与定距方式、弹顶器的设置和导正销的安排。

⑤基本确定模具各工位的结构。

(2) 工位设计　进行工位设计时，一般应注意以下设计原则。

①对复杂的冲裁、弯曲或成形，尽量采用简单形状的凸模和凹模或简单的机构多次冲压，不要采用复杂形状的凸模和凹模或复杂机构一次完成。对卷圆类工件，常采用无芯轴逐渐弯曲成形的方法；若采用芯轴，则易造成高速冲压时，机构动作不协调而影响正常工作。

尽量简化模具结构,有利于保证冲压过程连续工作的可靠性,也有利于模具制造、装配、更换与维修。

②对有严格要求的局部内、外形及成组的孔,应考虑在同一工位上冲出,以保证其位置精度。如果在一个工位上完成有困难,则应尽量缩短两个相关工位的距离,以减少定位误差。对于弯曲件,在每一个工位的变形程度不宜过大,否则,易回弹和开裂,难以保证质量。

③空位设置应慎重。只有当相邻工位之间空间距离(一般步距小大于5 mm)过小,难以保证凸模和凹模强度或难以安置必要的机构时,才可设置空位。模具步距大于19 mm时,不宜多设置空工位;步距大于30mm以上时,更不能轻易设置空工位。

(3)定位设计　多工位级进模采用的定距形式,一般都用侧刃或自动送料机构作粗定位,用导正销进行精定位。当料厚小于0.3 mm,且材料较软时,由于采用导正销导正,易将导正孔边冲弯或使条料变形,应合理选用导正销形状,并采取必要的措施。

侧刃定距适用于0.1~1.5 mm厚的板料。太薄的板料用挡块定位时,因板料易产生变形而影响定位精度;太厚的板不适用于侧刃冲切。

采用自动送料机构时,在第1工位就应冲出导正用的工艺孔,在第2工位即设置导正销。在以后的送进时,由于导正销的位置及尺寸误差,可在其后的每3~5步再设置若干导正销,以纠正首次导正销形成的送料误差。导正销孔一般选在条料载体或余料上。较厚的料也可用工件上的孔作导正,但在最后工位应予以精修。导正销应设置在产品尺寸要求较严的工位,采用双排导正销有利于增加条料的横向稳定性,提高送料的精度。

采用导正销作精定位时,必须保证条料在被导正时,处于自由状态。在多工位级进模中,广泛使用弹压卸料板,冲压过程时,先压紧条料,再冲压。因此,可将导正销略伸出弹压卸料板$(0.5\sim0.8)t$的长度,以保证导正销的导正余地。导正销的形状可设计成圆形、扇形、钩形等。

手工送料的简单级进模,多采用挡料销定距,利用工件落料后的废料孔与凹模上的定位钉实现定位。一次冲压后,用手将条料上冲裁的废料孔顶在挡料销上定位,再进行下一次的冲压。这种定位常用于冲床的单次工作,不适宜连续工作。以上的定距是粗定距,若工件精度较高,则在后续工序中,还可设置导正销将工件导正,实现精确定距。

自动送料器有定型产品可选购,可配合冲床的冲压动作,使条料能按时、定量送进高速冲床。自动冲压必须采用自动送料器送料,目前较多选用气动送料器实现自动送料,且气动送料器已形成系列和标准,用户可根据需要直接购买选用。使用时,只需将其直接装在级进模条料的入口处,整套装置由压缩空气驱动向模具送料,送料精度高,因此,在模具中一般只需加导正销导正,不必再设定距装置。

(4)步距精度　步距精度直接影响冲件的精度。步距误差和积累误差,不仅影响分段切除中切口汇合点的位置和轮廓形状,而且给冲件的外形尺寸带来误差,并对孔及内、外形的相对位置造成影响。若步距精度过高,虽可冲高精度的冲件,但模具制造难度也增大。因此,设计模具时,应根据工件的具体情况合理地确定步距精度。

步距精度与工件的精度等级、形状的复杂程度、模具的工位数、采用的定位方式以及材料种类和厚度等因素有关。采用导正销定距的多工位级进模,步距精度可按如下经验公式确定:

$$\delta = \pm \left(\frac{\beta}{2\sqrt[3]{n}}\right) K$$

式中 δ——多工位级进模步距的对称偏差值,mm;

β——工件展开尺寸沿条料送进方向最大轮廓公称尺寸的精度等级,提高三级后的实际公差值,mm;

n——模具工位数;

K——与冲裁间隙值有关的修正系数,见表7-4。

表7-4 修正系数K值

冲裁(双面)间隙Z	K值	冲裁(双面)间隙Z	K值
0.01~0.03	0.85	0.12~0.15	1.03
0.03~0.05	0.90	0.15~0.18	1.06
0.05~0.08	0.95	0.18~0.22	1.10
0.08~0.012	1.00		

步距公差值δ与工位间的公称尺寸无关。为避免连续工位间的积累误差对送料精度的影响,在标注各工位尺寸的步距公差时,采用同一基准标注法。

4. 级进模工作零件设计及固定

级进模的凹模、凸模等工作零件刃口尺寸及公差选择与单工序冲模相同,但考虑到级进模形状的复杂性及生产批量大,级进模的工作零件多采用合金工具钢制造,如9Mn2V、9SiCr、GCr15、CrWMn、9CrWMn、Cr6WV、Cr12、Cr12MoV等,通常凸模、凸凹模热处理54~58HRC,凹模热处理58~60HRC。对生产批量特别大的高速冲裁级进模(冲裁速度为400~1000次/min),凹模与凸模材料则选用高铬耐磨工具钢SKD11、高速钢SKH51和硬质合金G5、G8制造,甚至采用横向断裂强度更高的V30(HIP)、V40(HIP)及超微粒子硬质合金。

在一副级进模中,凸模的种类及形状一般都比较多,由于受安装空间的限制,级进模凸模的固定方法较多,图7-5为级进模不同形状凸模的固定方法。

其中,图7-5a、b为圆凸模常用的固定法,主要用于较小尺寸凸模的安装;图7-5c、d、e为圆凸模快换固定法,主要用于小尺寸易损凸模,或生产加工的冲压件为大批量时的凸模安装;图7-5f、g为带护套凸模的固定法,主要用于小尺寸深孔冲裁加工凸模的安装;图7-5h为异形凸模用圆柱面固定,主要用于较小尺寸凸模的安装;图7-5i为异形凸模用大小固定板的固定,主要也用于较小尺寸凸模的安装;图7-5j为异形凸模直接固定,主要用于较大尺寸凸模的安装;图7-5k为异形凸模快换式固定,主要用于小尺寸易损凸模,或生产加工的冲压件为大批量时凸模的安装;图7-5l、m为异形直通凸模压板固定,主要用于较小尺寸易损凸模,或生产加工的冲压件为大批量时,而凸模采用线切割直接加工时的安装;图7-5n为异形凸模焊接台阶固定,主要用于凸模采用线切割直接加工时的安装;图7-5o为异形凸模直接固定,主要用于较大尺寸凸模的安装;图7-5p、q为异形凸模粘接剂固定,主要用于凸模采用线切割加工时的小尺寸凸模安装;图7-5r为楔块固定,主要用于较大尺寸易损凸模的安装;图7-5s为可调凸模高度的安装结构,主要用于对凸模高度有较严格要求(如保证刃磨后的拉深凸模高度)时凸模的安装。

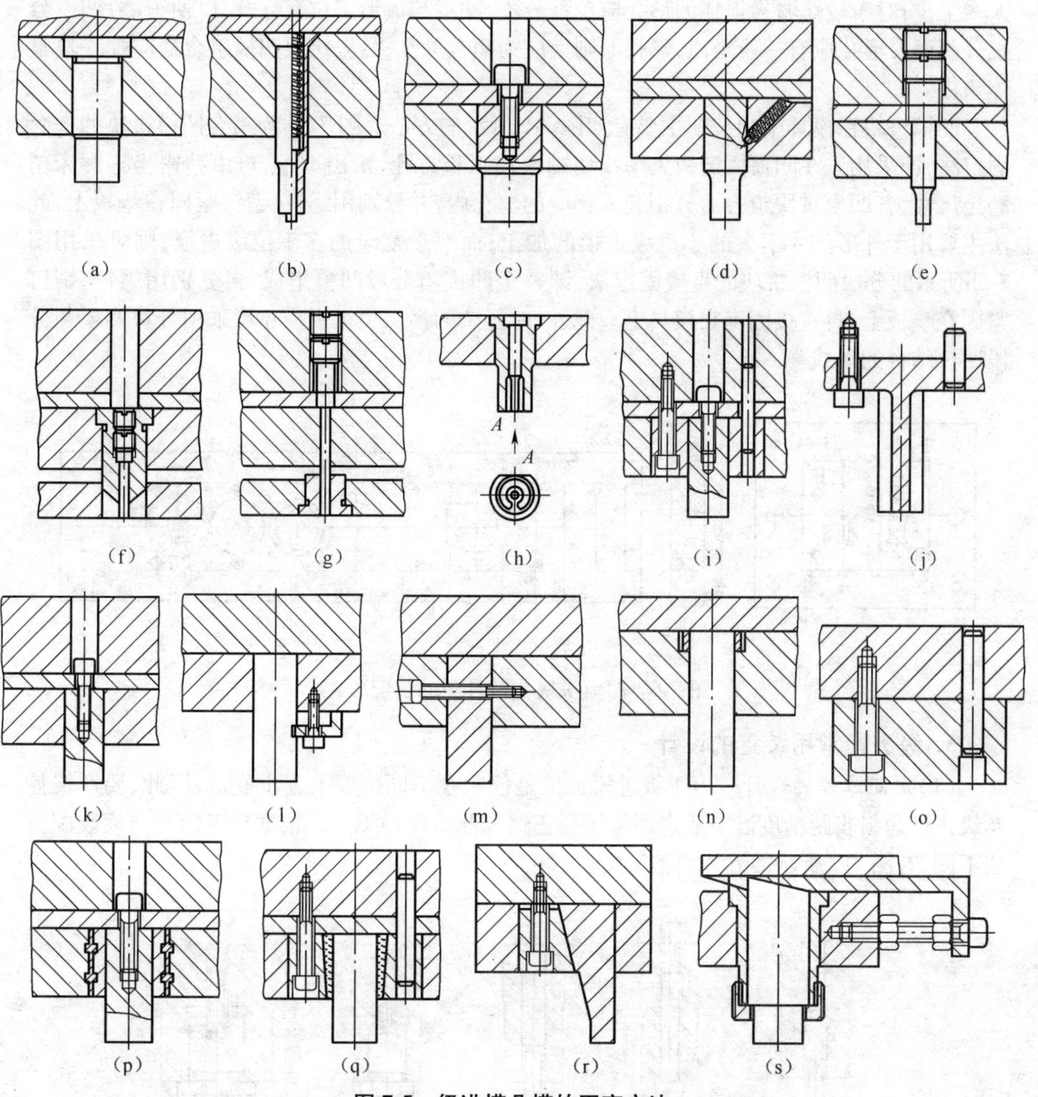

图 7-5　级进模凸模的固定方法

在同一副级进模中,凸模的固定方法应基本一致,而易损的小凸模,则应力求更换方便、快捷,凸模与固定板间的配合关系与单工序模相同,即采用传统的过盈压入(一般选用 H7/m6 配合)后,靠凸模台肩吊挂或铆头的装配方法,但高速冲裁级进模,则采用小间隙呈"浮动"配合,凸模与固定板单面间隙仅为 0.003～0.005 mm 之间,通过凸模工作部分与卸料板的精密配合,提高凸模的垂直精度,并使凸模装配简易,维修和调换易损备件更方便。

对工位数较少、精度要求不高的中小型冲裁级进模,凹模采用整体式结构;而对工位数较多、精度要求较高、主要用于弯曲、拉深、成形的成形类级进模,则多采用拼块式结构。凹模镶拼原则与普通单工序冲模基本相同,但应注意以下几点:分段时最好以直线分割,必要时也可用折线或圆弧分割;同一工位最好分在同一段,也可包含两个工位以上,但不能包含太多工位;对于较薄弱易损坏的形孔应单独分段,冲裁与成形工位宜分开,以便刃磨;凹模分段分割面刀形孔应有一段距离,形孔原则上应为闭合形孔;分段拼块凹模组合后应加一块整体垫板。

凹模拼块在模具中的装配主要有如图7-6所示的方法。图7-6a为组合凹模拼块的框套固定法,即采用先在凹模固定板上用线切割预加工长方孔,留出磨量,再由精密坐标磨床精磨至尺寸,各凹模拼块组合后分别装入相应的框孔内,并分别用螺钉、销钉紧固在垫板上,此法主要用于外形尺寸不大的小型级进模的加工;而对于复杂的多工位级进模,则可采用图7-6b所示的分段凹模拼块的直接固定法,即整个凹模由分段凹模组成,再分别用螺钉、销钉紧固在垫板上,再直接固定在模具上。此外,对复杂的多工位级进模还可采用分块凹模与分段凹模结合的形式。

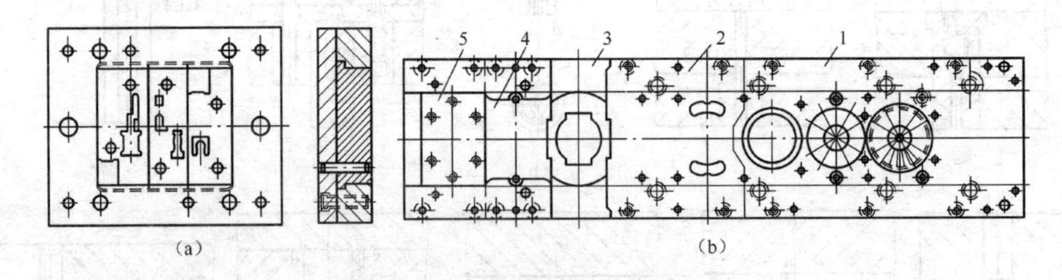

图7-6　凹模拼块在模具中的装配形式

5. 级进模常用装置的设计

(1)定距零件的设计　由于级进模加工是依次在不同位置上逐步成形,因此,要严格控制级进模送料步距精度。一般定距采用导正销和侧刃两种类型。根据导正销与凸模装配方法不同,有图7-7所示的五种典型结构。

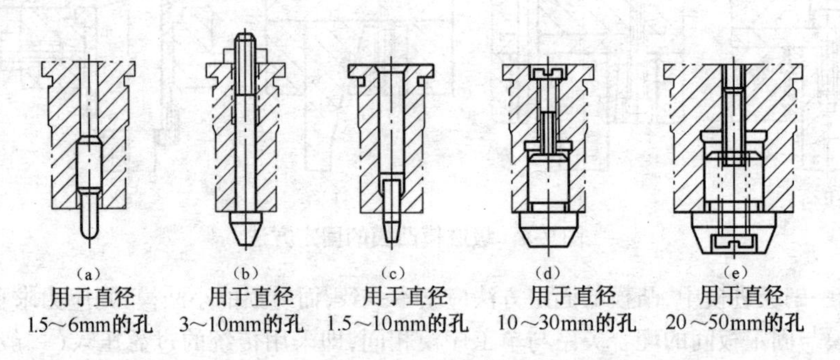

图7-7　导正销与凸模装配类型

导正销直径: $D = d - 2a$

式中　d——冲导正孔的凸模直径,即表7-5中的工件直径,mm;

$2a$——导正销与导正孔的双面间隙,查表7-5。

导正销圆柱部分的高度 h 按材料厚度和冲孔直径确定,见表7-6。

表 7-5 导正销与导正孔的双面间隙 2*a* (mm)

材料厚度 *t*/mm	工件直径 *d*						
	1.5~6	6~10	10~16	16~24	24~32	32~42	42~50
≤1.5	0.04	0.06	0.06	0.08	0.09	0.10	0.12
1.5~3	0.05	0.07	0.08	0.10	0.12	0.14	0.16
3.0~5.0	0.06	0.08	0.10	0.12	0.16	0.18	0.20

表 7-6 导正销圆柱部分的高度 *h* (mm)

材料厚度 *t*/mm	工件直径 *d*		
	1.5~6	10~25	25~50
≤1.5	1	1.2	1.5
1.5~3	0.6*t*	0.8*t*	*t*
3.0~5.0	0.5*t*	0.6*t*	0.8*t*

侧刃的公称尺寸等于步距的公称尺寸,其偏差值一般为±0.01mm。在有导正销时,侧刃的公称尺寸等于步距的公称尺寸加 0.05 ~ 0.10mm, 制造偏差取负值,一般取 -0.01~-0.02mm。

侧刃工作部分的形式如图 7-8 所示。图 7-8a 所示侧刃制造简单,由于制造误差和侧刃变钝,在冲料接缝处易产生毛刺,影响定位精度;图 7-8b、c 侧刃虽制造困难,条料宽度增加,但可避免上述缺点,定位准确;图 7-8d 为成形侧刃,主要根据工件要求决定。

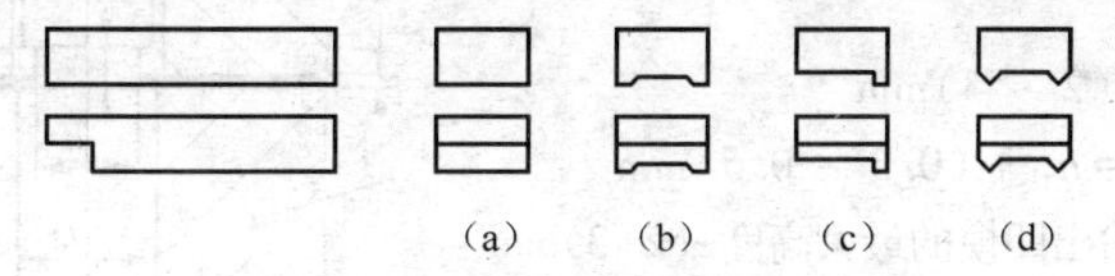

图 7-8 侧刃工作部分形式

(2)浮料装置的设计 级进模中若存在拉深、弯曲等工序,条料的下面就必然不平整,送进就会有障碍,对此有两条措施,一是在凹模上开槽;二是每次冲压后都用浮顶器将条料或成形零件抬高,托至凹模工作表面以上,使条料在浮顶器上送进,从而避开障碍。对于前者,只能在最后几个工步采用。浮顶器结构如图 7-9 所示。

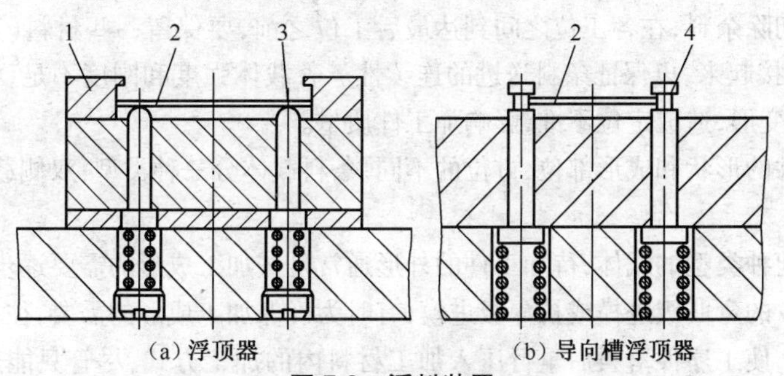

图 7-9 浮料装置

1. 侧导板 2. 坯料 3. 抬料销 4. 导向抬料销

选用图7-9a型浮顶器应与侧导板配合使用，图7-9b型导向槽浮顶器既有弹顶作用，也有取代导料板导向的作用，并可减少送进阻力。但选择这种导向槽浮顶器应在模具进料端或进、出料两端加局部导料板配合使用。

一般来说，浮顶器可选用T10A、Cr12MoV制作，热处理硬度为56~60HRC。如采用图7-9a所示的浮顶器，则应保证加工条料与各工作零件的关系如图7-10所示。

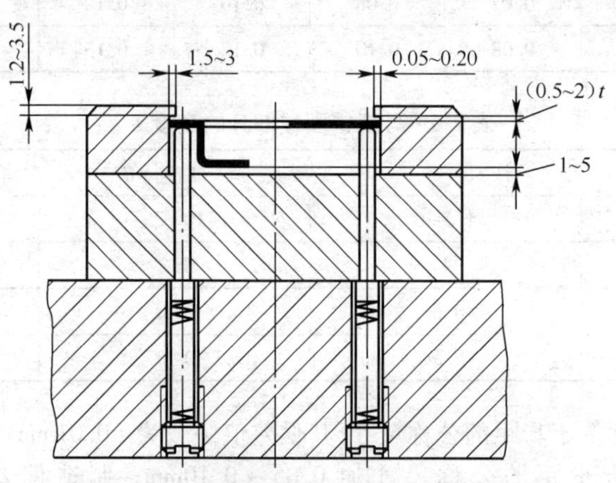

图7-10　浮顶器与各工作零件的关系图

采用图7-9b所示导向槽浮顶器，各部分的尺寸关系如图7-11所示。

导向槽宽：$h_2 = t + (0.6 \sim 1)\text{mm}$

槽深：$\frac{1}{2}(D - d) = (3 \sim 5)t$

头高：$h_1 = (2 \sim 3)\text{mm}$

卸料板孔深：$T = h_1 + (0.3 \sim 0.5)\text{mm}$

浮动高度h=需抬出凹模的最大高度±(2~3)mm

浮顶器的外径D按结构设计和顶出部分的尺寸决定。

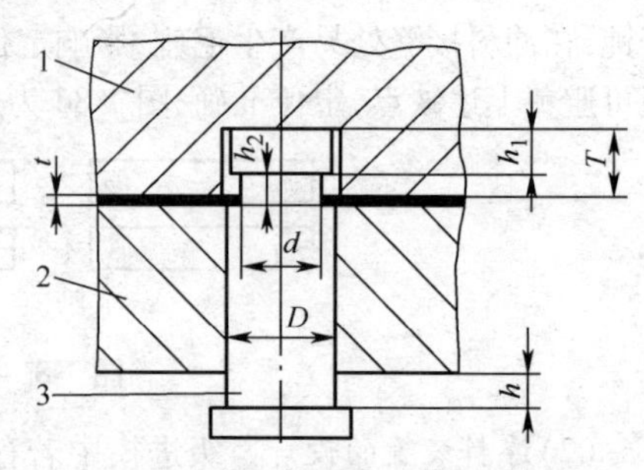

图7-11　导向槽浮顶器各部分的尺寸关系图

1. 卸料板　2. 凹模　3. 浮顶器

(3)载体的正确选用　为保证冲制件质量的一致性，冲制件与载体的连接必须有足够的强度和刚度。这是因为在多工位级进模条料送进过程中，由于要不断地被切除余料，在各工位之间到达最后工位之前，要保留一些材料(这部分材料称为载体)将其连接起来，以保证条料送进的连续性。若载体强度和刚度不足，将使条料送料不平稳，条料易变形，造成定位不准，影响加工件质量。

根据加工件的形状和成形部位、方位的不同，条料载体分三种类型：双侧载体、单侧载体和中间载体。

不论采用何种类型的载体，待加工件的外形通常是按加工成形的需要逐步冲裁完成的，但对于工步较少的弯曲级进模或拉深级进模，有时为确保加工成形的需要，往往采用在落料工位上、下加压，使工序件落料后重行压入加工材料内的加工方式，尽管只能进入材料厚度的1/3，但足以使工序件随材料送进至下一工序；在此后工序被冲弯成形，直至最后脱离条料漏出。这种方式的落料输送适宜厚料，不适宜薄料。因为薄料容易起拱、折皱或弯曲，从而使落料平坯松出，不随条料前进而停留在某工位上引起事故。而对单纯冲裁的级进模，有时为了确保工件平整，也采取落料后重行压入材料内的办法，在后一工序把工件推落，但因落料后被重行压入的工件，不能在厚度方向全部进入材料孔内，故在落料工位以后的凹模平面，要相应低一些。

三种条料载体中，最理想的载体是双侧载体，即到最后一个工位前，条料两侧仍保持有完整的外形，有利于保证产品质量，但材料浪费较大。对于一些有弯曲工序的工件，很难形成双侧载体，只能选用单侧载体或中间载体。为保证条料送进的强度和刚度，应正确选用载体，选用原则如下。

①冲裁、弯曲类的多工位级进模，若弯曲线的方向垂直于送料方向，可选用双侧载体的排样方式。如图 7-12a 所示的工件，可采用图 7-12b 双侧载体排样。

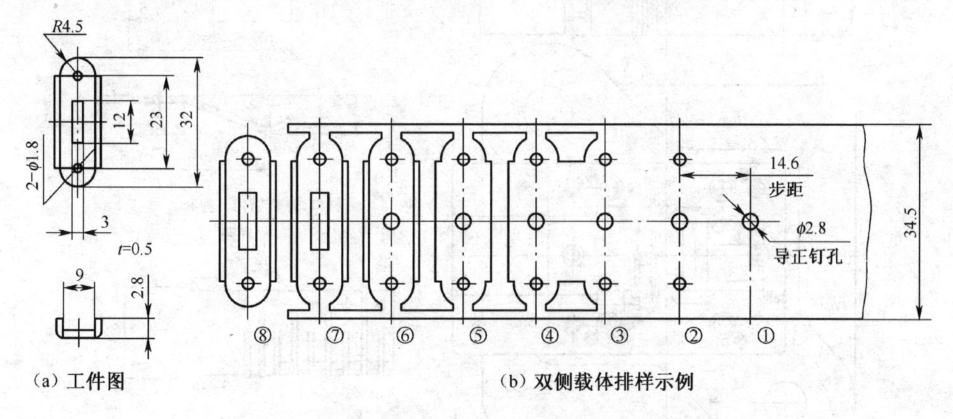

图 7-12　冲裁、弯曲类工件的双侧载体排样示意图

②工件的一端需要弯曲的场合，选用单侧载体排样方式。这种载体形式的导正孔只能设置在单侧载体上，对条料的导正与定位都会造成一些困难，在设计中要给予注意。图 7-13 为该类加工件的排样方式及模具结构。

整套模具采用双侧刃 16 切边定位及导正销 4 导正，板料从右边送进，第一步由侧刃切边定位，第二步冲出工件上的圆孔、槽及两个工件之间的分离长槽，第三步空位，第四步压弯、第五步空位，第六步切断，使工件成形。

模具采用弹压导板模架，各凸模与凸模固定板 9 之间呈间隙配合，凸模的装拆、更换方便。凸模由弹压导板 5 导向，导向准确，导板由卸料螺钉与上模连接。这种导向结构能消除因压力机导向误差对模具的影响，模具寿命长，工件质量好。弯曲凹模镶块 2 与凹模 18 之间做成镶拼形式，以便冲孔凹模磨损刃磨后能通过磨削凹模镶块 2 的底面来调整两者的高度，保证工件的高度尺寸。凹模 18 在镶块 2 左边的上面做成和工件底部同样的形状，目的是方便工件的推出。

③弯边位于条料两边的弯曲件，选用中间载体的形式。中间载体还可采用桥接的形式，即在不增加料宽的情况下，用冲件之间的一小段材料作为连接部分，如图 7-14 所示。

采用桥接形式能提高材料利用率，由于加工件结构的因素，其应用受到限制，如冲压图 7-15a 所示加工件就不宜采用桥接排样形式，其中间载体排样如图 7-15b 所示。

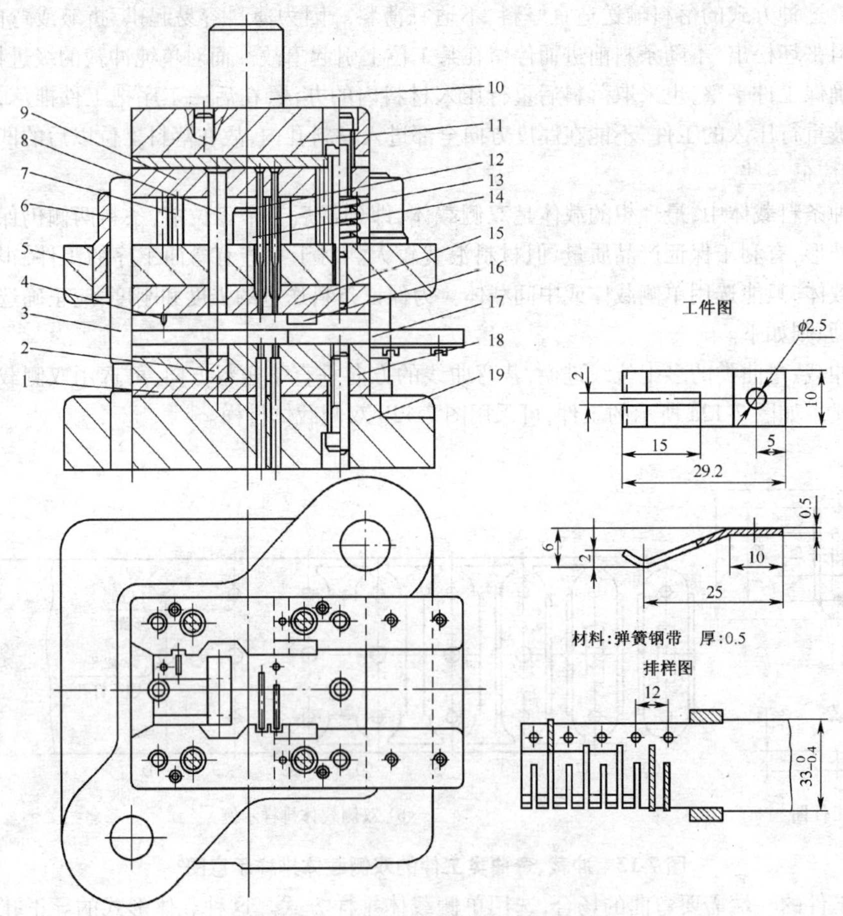

图7-13 单侧载体排样及其模具结构

1. 垫板 2. 凹模镶块 3. 导柱 4. 导正销 5. 弹压导板 6. 导套 7. 切断凸模 8. 弯曲凸模 9. 凸模固定板 10. 模柄 11. 上模座 12. 冲分离凸模 13. 冲槽凸模 14. 限位柱 15. 导板镶块 16. 侧刃 17. 导料板 18. 凹模 19. 下模座

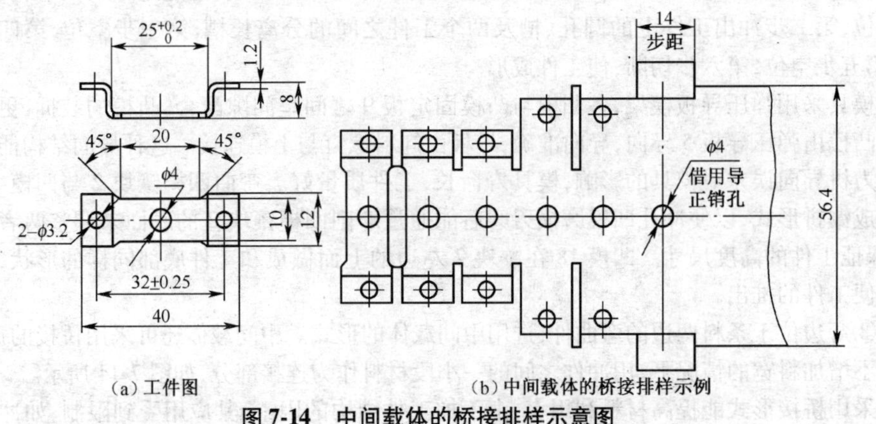

图7-14 中间载体的桥接排样示意图

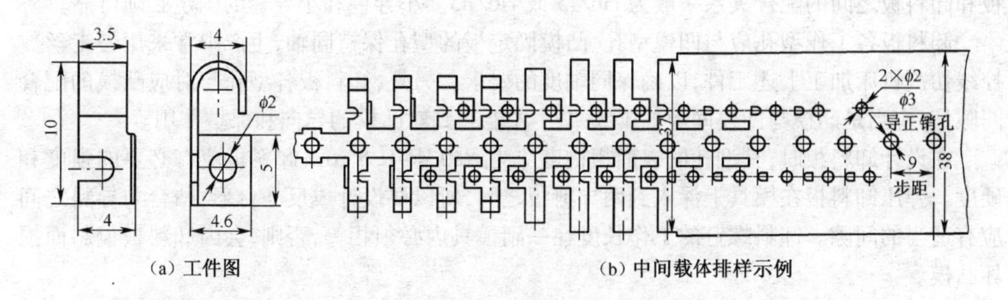

(a) 工件图 (b) 中间载体排样示例

图 7-15 冲裁、弯曲类工件的中间载体排样示意图

(4) 卸料及导向装置的设计 级进模上的卸料装置，常用弹压卸料板。卸料板应卸料平稳，有足够的卸料力。级进模中卸料板的另一个重要作用是保护细小的凸模。级进模中经常要使用细小的凸模，由于工件形状的多样性，这些小凸模在高速连续的冲压中主要依靠卸料板对其保护，以确保有足够的使用周期。另外，在卸料板上还可以安装一些小凸模、导正销等工作部件。

在复杂的级进模中，卸料板常采用镶拼结构。在整体的卸料板基体上，根据各工位的需要镶拼卸料板镶块，镶拼块用螺钉、销钉固定在基体上。

由于卸料板具有保护小凸模的作用，要求卸料板有很高的运动精度，为此在卸料板与上模座之间经常采用增设小导柱、导套的结构，其常用结构形式如图 7-16 所示。图 7-16a、b 在固定板与卸料板之间导向，图 7-16c、d 是将上模板、固定板、卸料板、下模板连接在一起。导柱、导套的设计可参阅相关标准，当冲压的材料厚度≤0.3 mm，工位较多、精度要求高时，应选用滚珠导向的导柱、导套。一般来说，冲裁间隙在 0.05 mm 以内的级进模，普遍采用滚珠导向的模架，并在卸料板上采用小导柱导向。设置的小导柱和小导套之间的间隙要小，一般为凸模与卸料板之间配合间隙的 1/2，这样才能起到对卸料板的导向作用。小导柱和小导套之间可以设计成间隙配合，一般为 H6/h5。当冲裁间隙在 0.05 mm 之内时，为提高模具寿命可采用导向机构。

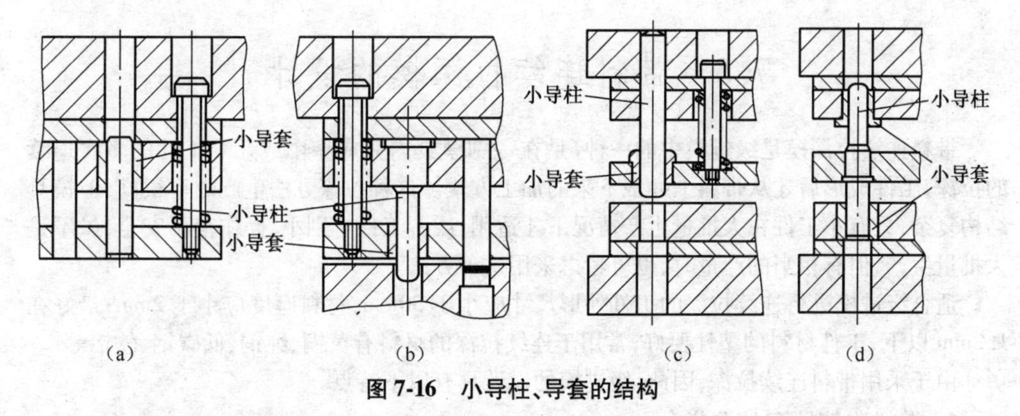

(a) (b) (c) (d)

图 7-16 小导柱、导套的结构

在小导柱和小导套的结构中，小导柱的长度不宜太长，一般 $L<8D$（D 为导柱直径），最好$L<6D$。小导套的长度不宜太短，一般 $L>1.3D$，最好 $L>1.6D$。小导柱和小导套与固定

板和卸料板之间的配合关系一般为 H6/r5 或 H6/n5。小导柱和小导套的固定必须可靠。

卸料板各工作型孔应与凹模型孔、凸模固定板的型孔保持同轴,生产中常采用慢走丝数控线切割机床加工上述工件,以确保同轴度的要求。另外,卸料板各型孔与对应凸模的配合间隙值,应当是凸模与凹模间隙的 1/3~1/4 才能起到对凸模的导向和保护作用。

在设计卸料板时,其型孔的表面粗糙度应为 *R*a0.4~0.8 μm,卸料板应有必要的强度和硬度。弹压卸料板在模具上深入到两导料板之间,所以要设计成反凸台形,凸台与导料之间应有适当的间隙。卸料螺钉的工作长度在一副模具内必须相等,否则,会因卸料板偏斜而损坏凸模。

(5)限位装置的设计　级进模结构较复杂,凸模较多,在存放、搬运、试模过程中,若凸模过多地进入凹模,容易损伤模具,为此在级进模中应安装限位装置。如图 7-17 所示,限位装置由限位柱和限位垫块、限位套组成。在冲床上安装模具时,将限位垫装上,模具应处于闭合状态,固定好模具,取下限位垫块,模具就可工作,安装十分方便。从冲床上拆下模具前,将限位套放在限位柱上,模具处于开启状态,便于搬运和存放。

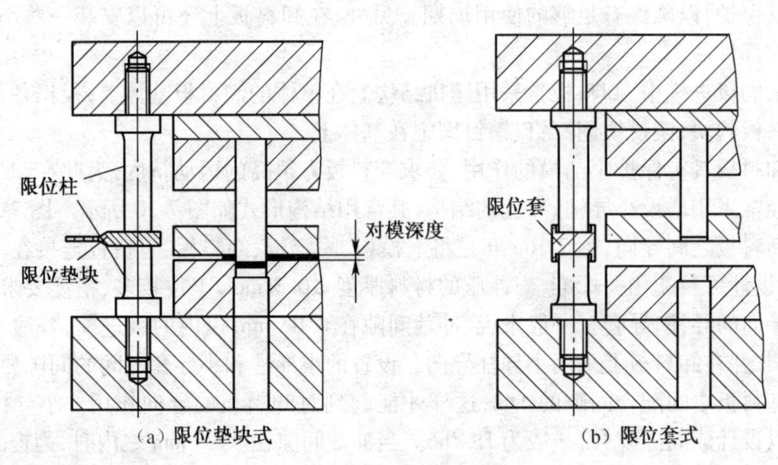

图 7-17　限位装置

7.5　带料连续拉深模的设计

带料连续拉深模是级进模中的一种,是在一副模具内完成一个或几个工件的多次连续的拉深,工件成形后才从带料上冲裁下来的加工方式。这种拉深方法生产效率很高,但模具结构复杂,只有小工件在大批量生产情况下才适用;或者工件特别小,操作很不安全,虽不是大批量生产,但有相当的产量时,也可考虑采用这种方法。

适合级进模进行连续拉深的工件外形尺寸应小于 50mm,材料厚度应小于 2mm,最好在 1.2mm 以下,工件材料的塑性要好,常用于连续拉深的材料有黄铜、纯铜、低碳钢、软铝等。

由于采用带料连续拉深,因此,级进模的设计具有以下特点。

1. 带料连续拉深的分类

带料连续拉深分无切口和有切口两种。无切口的连续拉深是在整体带料上拉深,由于相邻拉深件之间相互牵制，因此，材料纵向流动较困难、变形程度大时就容易拉破。所以，每道工序应采用较大的拉深系数，增多了工序数，但比有切口的连续拉深节省材料。这种方法一般用于坯料相对厚度 $t/D\times100>1$、相对凸缘直径 $d_{凸}/d=1.1\sim1.5$ 及相对高度 $h/d\leqslant0.3$ 的拉深件。

有切口的连续拉深是在两拉深件的相邻处切开，以减小相互间的影响和约束。这种拉深方法与单个坯料拉深较相似。因此，每道工序的拉深系数可以较小些，即拉深次数少，但材料消耗较多，可用于拉深较困难的工件，即坯料相对厚度 $t/D\times100<1$、相对凸缘直径 $d_{凸}/d>1.5$ 及相对高度 $h/d>0.3$ 的拉深件。

2. 常用的切口形式

带料连续拉深常用切口形式如图 7-18 所示。图 7-18a 所示的切口，适用于材料厚度小于 1mm，直径大于 5mm 的圆形件拉深，其缺点是拉深后侧搭边区产生变形。图 7-18b 所示的切口，用于材料厚度大于 0.5mm 的圆形小工件，应用广泛，不易起皱，拉深中带料会缩小，切口形式较为费料。图 7-18c 所示的切口，带料的宽度及送进步距在拉深过程中不改变，可用于有导正销的场合，但模具制造比较困难，比较费料。图 7-18d、e 所示的切口，适用于矩形拉深件。图 7-18f 所示的切口，适用于单排或双排的单头焊片。

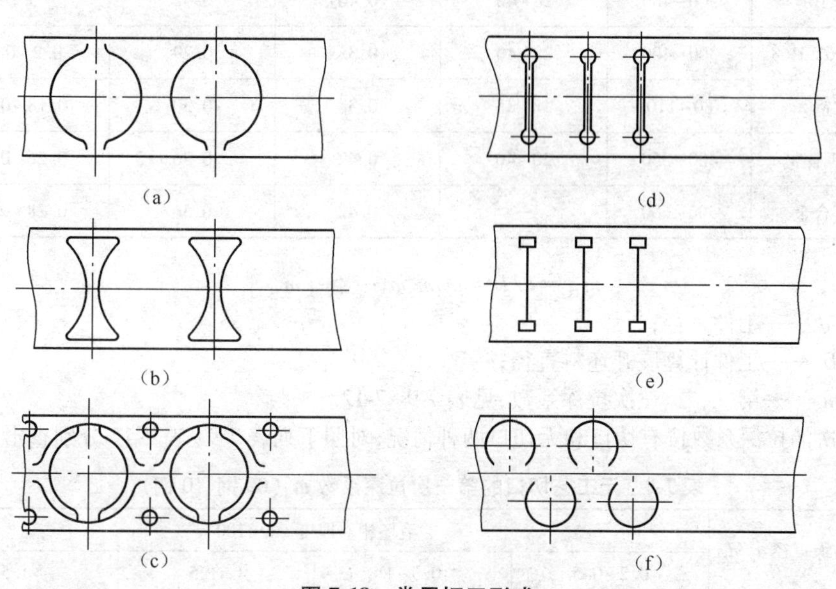

图 7-18 常用切口形式

3. 连续拉深模的工艺计算

计算连续拉深模的坯料时，可先按照单工序模的计算方法求出工件尺寸，计算所需坯料的直径 D_1，查表 7-7 得出修边余量 δ，D_1 与 δ 之和为所使用的坯料直径 D。后续料宽的计算则根据计算出的坯料尺寸，再加上带料的搭边值或侧刃切除量，便得到条料的宽度。

由于带料连续拉深中，不允许工件进行中间退火，因此，应审查总拉深系数 $m_{总}$，是否满足材料不进行中间退火时的极限总拉深系数$[m_{总}]$，见表 7-8。带料连续拉深次数的判定与带凸缘筒形件多次拉深的计算方法相同，即应满足：

表7-7 修边余量δ值表 (mm)

坯料计算直径 D_1	材料厚度 t								
	0.2	0.3	0.5	0.6	0.8	1.0	1.2	1.5	2.0
≤10	1.0	1.0	1.2	1.5	1.8	2.0	–	–	–
10~30	1.2	1.2	1.5	1.8	2.0	2.2	2.5	3.0	–
30~60	1.2	1.5	1.8	2.0	2.2	2.5	2.8	3.0	3.5
>60	–	–	2.0	2.2	2.5	3.0	3.5	4.0	4.5

表7-8 连续拉深的极限总拉深系数[$m_{总}$]

材 料	强度极限 σ_b/MPa	伸长率 δ/%	极限总拉深系数		
			不带推件装置		带推件装置
			材料厚度 t<1.2 mm	材料厚度 t=1.2~2 mm	
08F、10F	300~400	28~40	0.40	0.32	0.16
黄铜 H62、H68	300~400	28~40	0.35	0.29	0.2~0.24
软铝	80~110	22~25	0.38	0.30	0.18~0.24
不锈钢镍带	400~550	20~40	0.42	0.36	0.26~0.32
精密合金	500~600	—	0.42	0.36	0.28~0.34

$$m_{总} = d/D = m_1 m_2 m_3 \cdots \geqslant [m_{总}]$$

式中 d——工件直径；

D——工件计算展开坯料直径；

m_1、m_2、m_3——第一、二、三次拉深系数，见表7-9~7-12。

各次的拉深系数按有切口和无切口两种情况，对照下列表7-9~表7-12分别查出。

表7-9 无工艺切口的第一次拉深系数 m_1(08钢、10钢)

相对凸缘直径 d_t/d	毛坯相对厚度 t/D×100			
	0.2~0.5	0.5~1	1~1.5	>1.5
≤1.1	0.71	0.69	0.66	0.63
1.1~1.3	0.68	0.66	0.64	0.61
1.3~1.5	0.64	0.63	0.61	0.59
1.5~1.8	0.54	0.53	0.52	0.51
1.8~2	0.48	0.47	0.46	0.45

表 7-10 无工艺切口的以后各次拉深系数(08 钢、10 钢)

拉深系数 m_n	毛坯相对厚度 $t/D\times100$			
	0.2~0.5	0.5~1	1~1.5	>1.5
m_2	0.86	0.84	0.82	0.8
m_3	0.88	0.86	0.84	0.82
m_4	0.89	0.87	0.86	0.85
m_5	0.90	0.89	0.88	0.87

表 7-11 有工艺切口的第一次拉深系数 m_1

相对凸缘直径 d_t/d	坯料相对厚度 $t/D\times100$			
	0.2~0.5	0.5~1	1~1.5	>1.5
≤1.1	0.62	0.60	0.58	0.55
1.1~1.3	0.59	0.58	0.56	0.53
1.3~1.5	0.56	0.55	0.53	0.51
1.5~1.8	0.52	0.51	0.50	0.49
1.8~2	0.46	0.45	0.44	0.43
2~2.2	0.43	0.42	0.42	0.41
2.2~2.5	0.38	0.38	0.38	0.37
2.5~2.8	0.35	0.35	0.35	0.34
2.8~3	0.33	0.33	0.33	0.30

表 7-12 有工艺切口的以后各次拉深系数

拉深系数 m_n	坯料相对厚度 $t/D\times100$			
	0.2~0.5	0.5~1	1~1.5	1.5~2
m_2	0.79	0.78	0.76	0.75
m_3	0.81	0.80	0.79	0.78
m_4	0.83	0.82	0.81	0.80
m_5	0.86	0.85	0.84	0.82

带料连续拉深的次数 n,就是保证 $m_1m_2m_3\cdots m_n\leqslant m_{总}$ 成立的最小的 n 值。对无工艺切口的拉深也可根据坯料相对厚度 $t/D\times100$ 及相对凸缘直径 $d_{凸}/d$,由表 7-13 查出一次拉深所能达到的最大相对高度 h_1/d_1,并计算出所要加工工件的 h_1/d_1 值与其比较,确定能否一次拉深成形。如工件的 h_1/d_1 小于表中所列值,则可一次拉深成功,否则,需多次拉深。

在计算各工序的拉深直径时,应使用调整后的各次拉深系数(调整后的拉深系数可以比表中的拉深系数数值大,但不能小),计算各工序的拉深直径,即:$d_1=m_1D$, $d_2=m_2d_1$,…, $d_n=m_nd_{n-1}$。

表 7-13　无切口工艺的第一次拉深的最大相对高度 h_1/d_1(08 钢、10 钢)

相对凸缘直径 d_t/d	坯料相对厚度 $t/D\times100$			
	0.2~0.5	0.5~1	1~1.5	>1.5
≤1.1	0.36	0.39	0.42	0.45
1.1~1.3	0.34	0.36	0.38	0.40
1.3~1.5	0.32	0.34	0.36	0.38
1.5~1.8	0.30	0.32	0.34	0.36
1.8~2	0.28	0.30	0.32	0.35

在计算各工序的拉深高度时,应根据一定的坯料直径 D 来计算最后一道工序的凸缘直径。这一直径应该是固定值,即从第一道工序到最后拉深工序都保持不变。根据坯料和凸缘的直径,用一般方法计算各工序的拉深高度。每一工序的拉深面积应与坯料面积相等。

4. 拉深模的设计要点

连续拉深级进模的结构尽管比较复杂,但相对来说比较规范。生产批量大且使用带料或卷料的原材料,一般广泛采用自动送料机构进行送料并进行定距,由于拉深间隙比较大,并且各次的拉深成形能利用凸模进行自动找正,因而可以不设导正销,有时仅仅在最后工位,为保证最后落料时内外形的位置精度而用导正销进行精定位。

采用板裁条料进行的连续拉深,一般采用手工送料,但与自制的送料装置配合使用,也能实现自动或半自动送料。为保证条料的正常送进及后续拉深的稳定进行,对因拉深而造成零件在条料上形成的高低不平,一般采用浮动式导料槽或浮顶器,将拉深部分托出凹模工作表面。

连续拉深级进模有关参数的确定如下。

①凸、凹模圆角半径。首次拉深的凸、凹模圆角半径按下式确定,即:

$$凸模:r_{凸1}=(3\sim5)t \qquad 凹模:r_{凹1}=(0.6\sim0.9)r_{凸1}$$

中间各次拉深时,$r_{凸}$与 $r_{凹}$逐次递减,最后达到规定的工件圆角半径。如果工件的圆角半径与凹模接触部位的圆角半径小于 t,与凸模接触部位的圆角半径小于 $2t$,则应考虑增加校正工位,通过校正的方法,使圆角半径符合工件的要求。

②间隙的选取。在选取拉深级进模的间隙时,在前几步取值可大些,以后逐渐减小。整形工步的凸、凹模单面间隙取值可小于材料厚度 t,具体取值可参考表 7-14 选取。

表 7-14　材料厚度小于 0.6mm 的拉深级进模间隙表　(mm)

材　料	单面间隙值		
	第一步拉深	中间各步拉深	最后拉深
软钢	$(1.2\sim1.3)t$	$(1.1\sim1.2)t$	$(1\sim1.1)t$
黄铜、铝	$(1.1\sim1.2)t$	$(1.05\sim1.1)t$	$(0.95\sim1.05)t$

5. 连续拉深级进模加工实例

如图 7-19a 所示加工件,采用料厚为 0.8mm 的 08 料制成,大批量生产,试确定其加工工艺及模具结构。

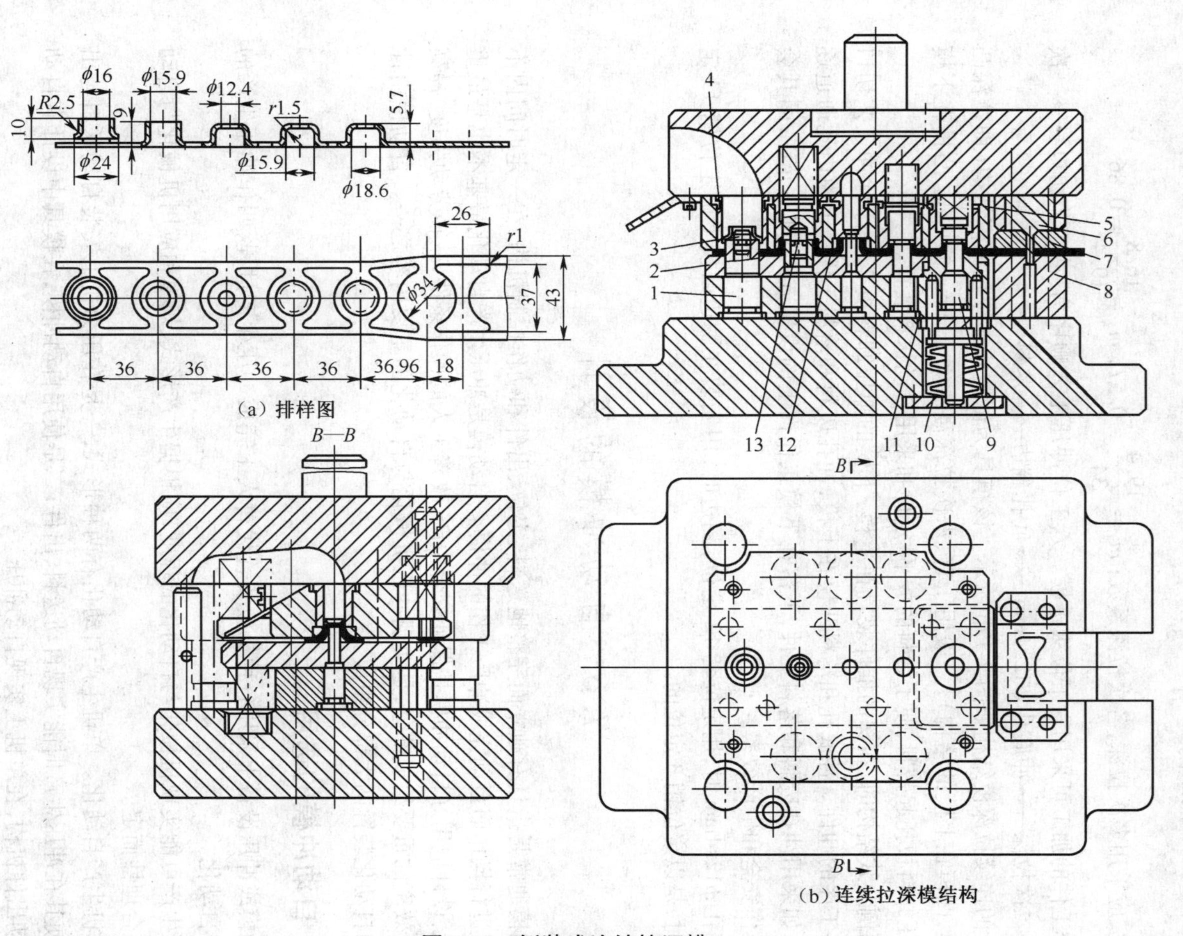

图 7-19 倒装式连续拉深模

1. 落料凸模 2. 弹压卸料板 3、13. 定位销 4. 落料凹模 5. 拉深凹模 6. 冲切口凸模 7. 压料板 8. 冲切口凹模 9. 拉深凸模 10. 碟簧 11. 压料圈 12. 定位套

考虑到工件外形尺寸小、生产批量大，为保证操作的安全性，应采用带料连续拉深。经工艺分析，选用图7-18b型工艺切口。

根据坯料尺寸计算公式，可算出该工件坯料直径为ϕ34mm。

该工件总拉深系数 $m_{总}=\frac{d}{D}=\frac{16.8}{34}=0.49>[m_{总}]$

因此，应采用多次拉深，各次拉深系数：$m_1=\frac{19.4}{34}=0.57$，$m_2=\frac{16.8}{19.4}=0.86$

整个工件的加工可采用六工位级进模。六工位冲压工艺顺序为：冲工艺切口⟶一次拉深⟶二次拉深⟶冲底孔ϕ12.4mm⟶底孔翻边⟶落料。

设计的连续拉深模结构如图7-19b所示。该模具为倒装式连续拉深模结构（即拉深凸模在下模，凹模在上模的结构），一般用于首、末次拉深高度大于3mm的情况，凸模在下模时，用弹压卸料板托起带料，便于带料的放平、定位和采用自动送料装置。

使用倒装式结构时，拉深的推件装置在上模，下模的弹压卸料板2，用于除冲工艺切口外其余各工序的卸件。冲底孔和落料凹模在上模，冲孔废料和落料工件经上模内孔通道逐个顶出。如采用冲孔废料和落料工件，下落在下模工作面上的设置方式，则不允许，因其会影响到操作安全和生产效率。

冲底孔ϕ12.4mm时，用定位套12定位，翻边时，用安装在翻边凸模上的定位销13定位，落料时，是以定位销3定位的。

7.6 自动冲模的设计

自动模通常是指具有独立而完整地送料、定位、出件和动作控制机构，在一定时间内不需要人工进行操作而自动完成冲压工作的冲模。自动模是冲压生产自动化最基本也是最重要的单元，设计应用好自动冲模是保证安全生产，改善工人的操作条件、减轻劳动强度，提高冲压生产效率的重要组成部分，是实现冲压机械化与自动化的重要内容之一。自动模由冲模本身和自动化装置两大部分组成。

7.6.1 自动冲模的选用

在冲模或冲压设备上采用各种机械装置代替人工完成冲压生产过程，叫作冲压生产的机械化与自动化。

冲压生产可能实现机械化与自动化的程度，应根据生产形式、规模和应用机械化与自动化的经济合理性而定。

①单机生产自动化。单机生产自动化有两种形式，一是在压力机上安装自动送料与出件装置，使其在冲压生产时能实现自动送料、出件；二是使用自动冲模，在模具中设计有自动送料、自动出件机构，在单机上实现自动冲压。

②冲压生产自动线。将各种冲压设备通过机械手、自动传送机构等装置连接起来，自动完成某一种冲压件生产的若干道工序的整个加工过程。冲压生产自动线特别适合于大批量生产形状复杂的冲压件。

③数控自动冲压机床。选用冲压加工中心、全自动落料冲床、数控转塔冲床等，以计算

机控制的全自动冲压加工系统,实现冲压加工的自动化。

数控自动冲压机床是随着近代工业技术的发展,特别是以电子计算机控制的全自动冲压加工系统的迅速发展而兴起的具有高新技术的冲压自动化生产设备,能完成许多由人工完成的冲压生产过程,使传统的冲压设备发生了巨大的转变,为冲压生产机械化与自动化开辟了新的发展途径。

自动冲模是在普通压力机上实现单机生产自动化及冲压生产自动线的基础,是冲压机械化与自动化的重要内容之一。

7.6.2 自动冲模常用装置

在自动冲模上实现冲压生产的机械化与自动化,主要是由模具中附加的自动送料装置、自动出件装置、自动检测与保护装置等常用装置来帮助完成。

1. 自动送料装置

根据输送对象的不同,送料装置分为一次送料和二次送料两种。凡输送条、带、卷料等原材料用的送料装置,称为一次送料装置;而输送坯料和半成品用的送料装置,称为二次送料装置。

一次送料装置用于普通压力机上加工的模具,安放于级进模条料入口处,整套模具通过该装置实现送料。

二次送料装置主要用于单工序模或复合模的送料,其种类较多,一般经落料得到的外形简单的平板坯料,需要再进行校平、弯曲、冲孔(槽)、拉深等工序加工时,可选用滑(推)板式送料装置。一般拉深的半成品需要冲孔(槽)、切边、切底或再拉深等工序加工时,可选用转盘式送料装置等。

(1)一次送料装置

1)钩式送料装置　钩式送料装置是条料、卷料送料装置中结构最简单的一种,送料钩子可以由压力机滑块驱动,也可由冲模的上模驱动。

上模驱动的钩式送料装置送料进距的大小,由压力机滑块行程及斜楔压力角而定。图7-20为其中的一种形式。斜楔2紧固在上模座1上,其下端的斜面推动滑块3在T形导轨板10内滑动,滑块的右端用圆柱销12连接送料钩6,在簧片11的压力下始终与卷料接触,滑块3的下面通过螺钉4装有复位弹簧5。当上模带动斜楔向下移动时,斜楔2推动滑块3向左移动,卷料在送料钩6的带动下向左送进。当斜楔的斜面完全进入送料滑块时,卷料送进完毕。随后凸模9进入凹模7完成冲压。上模回程时,送料滑块及送料钩在复位弹簧5的作用下向右复位,送料钩滑起进入卷料的下一个料孔。卷料被压料簧片8压紧而不能退回。在T形导轨座上还可安装定位销,以保证滑块复位时正确定位,提高送料精度。这种结构是滑块下降时同时送料,因此,要求卷料的送进必须在冲压开始前结束,即冲压时卷料停止不动。

图7-21为上模驱动的钩式送料装置中的另一种形式。与图7-20的不同之处在于斜楔2通过滚轮5带动送料滑块13,使送料钩11左右移动。斜楔的形状,使送料在上模回升时进行,因此,卷料的送进必须在凸模上升并离开凹模后才开始。挡料销8的作用是防止卷料后退,以保证送料精度。

图7-22为压力机滑块带动的钩式送料装置,与上述两种送料装置一样,也是靠料钩拉

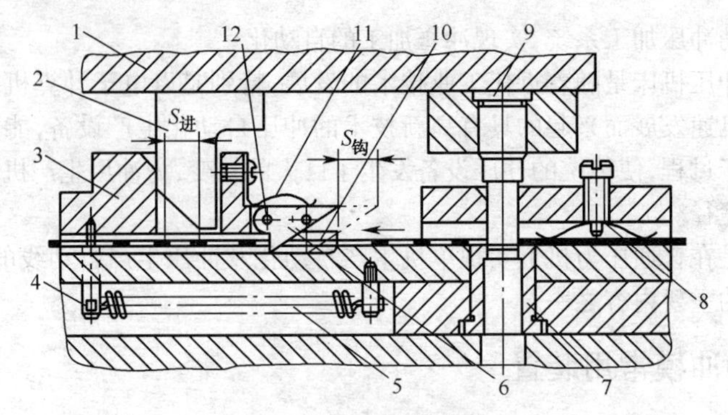

图 7-20 钩式送料装置 Ⅰ

1. 上模座 2. 斜楔 3. 滑块 4. 螺钉 5. 复位弹簧 6. 送料钩 7. 凹模 8. 压料簧片 9. 凸模 10. T 形导轨板 11. 簧片 12. 圆柱销

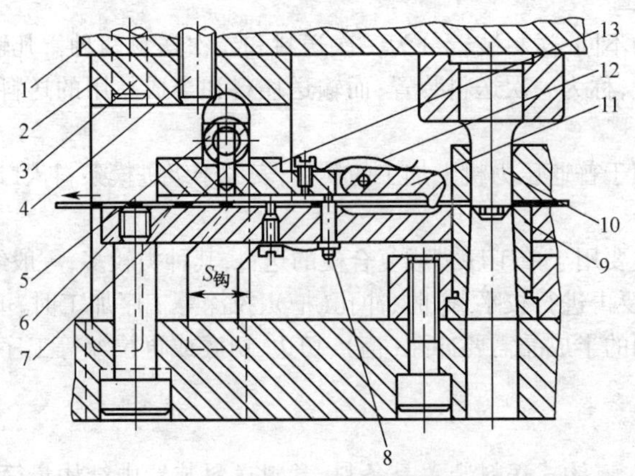

图 7-21 钩式送料装置 Ⅱ

1. 凸模垫板 2. 斜楔 3. 定位销 4. 螺钉 5. 滚轮 6. 承料板 7. 销钉 8. 挡料销 9. 凹模 10. 凸模 11. 送料钩 12. 簧片 13. 送料滑块

动废料搭边送料，送料精度较差且开始几件需手工送进，至料钩可以进入搭边空挡时，才能自动送料。

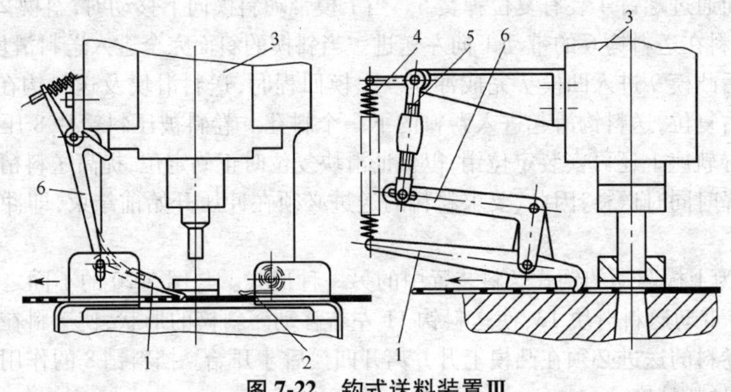

图 7-22 钩式送料装置Ⅲ

1. 料钩 2. 弹簧 3. 压力机滑块 4. 拉力弹簧 5. 调节连杆 6. 拐臂杠杆

钩式送料装置可以达到的送料精度见表 7-15。

表 7-15 钩式送料装置可以达到的送料精度 (mm)

进距/mm	≤10	10~20	20~30	30~50	50~75
送料精度/mm	±0.15	±0.2	±0.25	±0.3	±0.5

由压力机带动的钩式送料装置的主要数据计算方法,如图 7-23 所示,即:

$$H_{钩}=S_{进}+S_{钩}$$

式中 $H_{钩}$——送料钩的进距,mm;

$S_{进}$——材料进距,mm,宜取 10~75mm;

$S_{钩}$——送料钩的附加进距,mm。

根据图 7-23 的相似三角关系得:

$$\frac{a}{b}=\frac{S_{进}}{H_{行}-h_{行}};\quad \frac{a}{b}=\frac{S_{钩}}{h_{行}}$$

式中 $h_{行}$——送料钩的附加行程,mm;

a——拐臂杠杆连接压力机滑块端的臂长,mm;

b——拐臂杠杆连接送料钩端的臂长,mm;

$H_{行}$——送料钩的行程,mm。

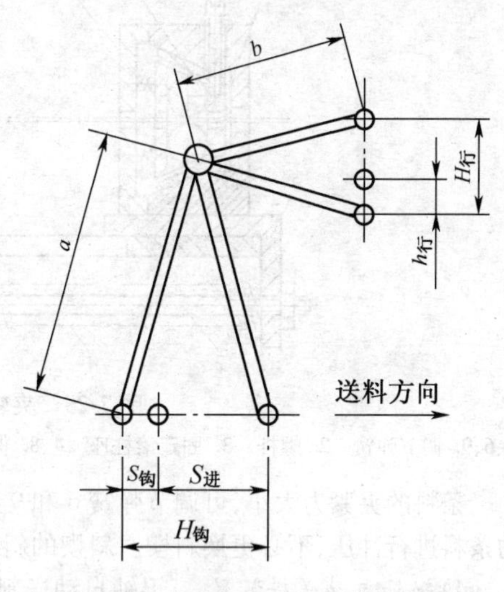

图 7-23 钩式送料装置计算示意图

上述式中取:$S_{钩}=(0.2\sim0.8)S_{进}$;当 $h_{行}>t$(材料厚度)时,建议取 $h_{行}=(2\sim3)t$。

适合采用钩式送料装置的材料宽度与厚度:条料和带料,宽度为 10~150 mm,厚度为 0.5~5 mm;卷料,宽度为 10~100 mm,厚度为 0.3~1 mm。

2) 夹持式自动送料装置　夹持式自动送料装置是一种应用最为广泛的自动送料装置。图 7-24 所示为气动夹板式自动送料装置的示意图,送料装置分为两个部分:固定钳和移动钳。送料时,固定钳松开,移动钳夹紧条料向前送进;退回时,固定钳夹紧条料,移动钳松开并向后退回。

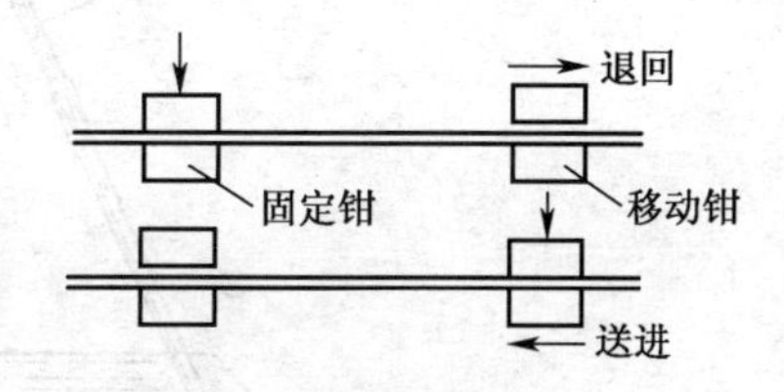

图 7-24 气动夹板式自动送料装置示意图

气动夹板式自动送料装置的最大特点是动作灵活、调整方便、送料步距精度高及送料速度快。送料后经模具导正销导正的送进距误差可达±0.003 mm,送料后无导正的也能达到±0.02 mm。气动夹板式自动送料装置广泛用于级进模的送料。

3) 夹辊式自动送料装置　图 7-25 为夹辊式自动送料装置,由右边为送料用的活动夹辊及左边为止退用的固定夹辊组成。当装在压力机滑块或冲模上的斜楔 10 随滑块下降并与滚轮 11 接触后推动活动夹辊向左运动,此时,活动夹辊中的滚柱 7 松开,而左边固定夹辊中的滚柱 5 则将条料夹紧,使条料不再向左移动。由于条料对送料活动滚柱 7 的摩擦力方向与活动滚柱座 12 的方向相反,所以滚柱 7 对条料放松,失去夹持作用。当滑块回程时,斜楔

10也随之回程。此时,活动夹辊在弹簧1作用下,又回复到原位置,但由于滚柱7对条料的摩擦力与活动滚柱座方向相同,故夹紧条料使之向右送进一个距离,而左边固定夹辊中的滚柱5,因受条料对其摩擦力作用而放松条料。故压力机滑块每一次往复运动,就使条料送进一个步距,从而完成自动送料工作。

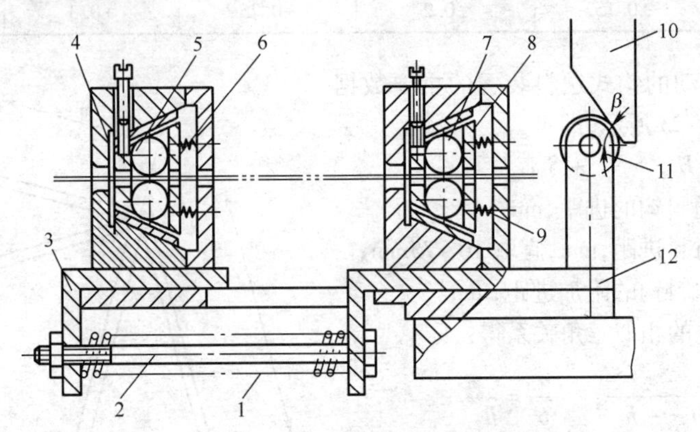

图7-25　夹辊式自动送料装置

1、6、9. 调节弹簧　2. 螺杆　3. 固定滚柱座　4、8. 保持架　5、7. 滚柱　10. 斜楔　11. 滚轮　12. 活动滚柱座

条料的夹紧力大小,可调节弹簧6和9的松紧。调节螺杆2的长短,可以对不同步距离的条料进行冲压,不必更换斜楔。斜楔的斜角β一般不小于60°。

4)辊轴自动送料装置　辊轴自动送料装置是通过一对辊轴定向间歇转动而进行定向间歇送料。图7-26为一种常用的双边卧辊式辊轴自动送料装置。

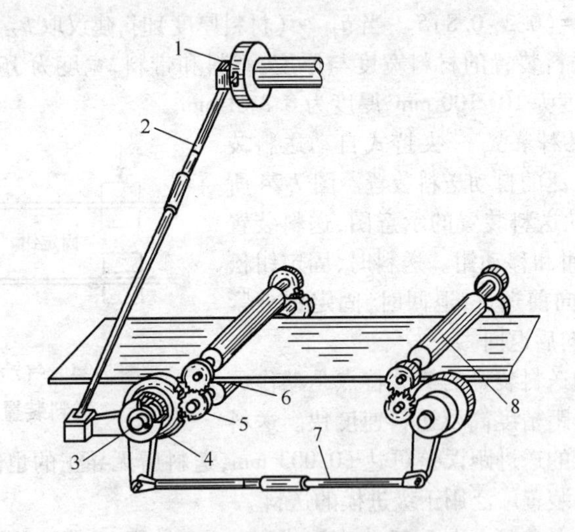

图7-26　辊轴自动送料装置

1. 偏心盘　2. 拉杆　3. 棘轮　4、5. 齿轮　6. 卧辊　7. 推杆　8. 辊轴

其工作过程为:安装在曲轴端部的可调偏心盘1通过拉杆2,带动棘轮3作来回摆动;棘轮3带动齿轮4、5使左侧卧辊6推料;同时棘轮3通过推杆7,使辊轴8转动,进行送料。

双边卧式辊轴自动送料装置,特别适合于较薄的条、带、卷料的送料。

(2)二次送料装置

1)滑(推)板式送料装置　滑(推)板式送料装置一般有手动、模具带动和冲床带动的三种,其中模具带动的使用广泛,多采用弹簧拉动和杠杆作用的结构形式。

图 7-27 为模具带动的滑板式送料装置。冲压时,上模旁附带的侧楔 2 靠自身斜面推动滑板 5 向后移,同时使拉簧 6 受拉张开。当冲床回程向上时,模具侧楔 2 向上,滑板 5 由拉簧 6 向前拉。冲模连续冲压,滑板 5 就自动往复移动,不断推送由料斗 4 中靠自重落下的平板坯料,按次序逐个进入工作位置,进行冲压。

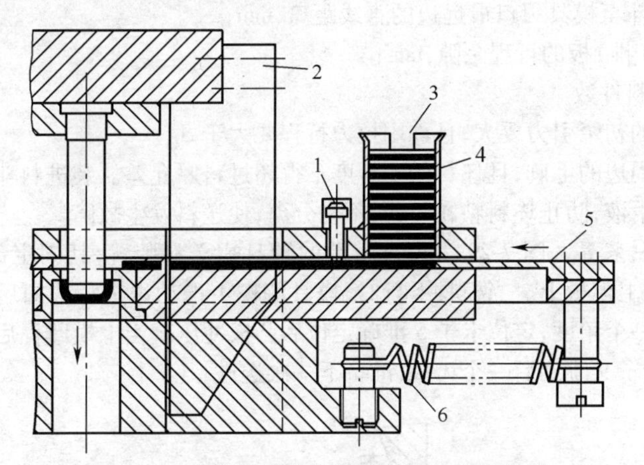

图 7-27　由模具带动的滑(推)板式送料装置

1. 制动销　2. 侧楔　3. 坯料　4. 料斗　5. 滑(推)板　6. 拉簧

图 7-28 为冲床带动的杠杆机构操纵滑板自动往复动作的滑板式送料装置。该装置中滑板 3 由刚性的杠杆复位,而送进时,则有弹簧缓冲其动作。

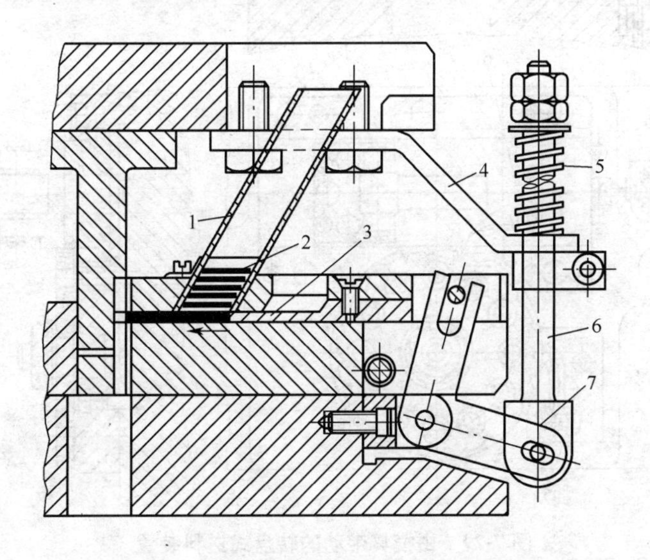

图 7-28　由冲床带动的滑(推)板式送料装置

1. 料斗　2. 坯料　3. 滑(推)板　4. 支臂　5. 压簧　6. 连杆　7. 拉杆

设计滑(推)板式送料装置应考虑如下事项。

①合理确定滑(推)板的厚度 $H_{板}$ 及滑道高度 $H_{道}$

$$H_{板}=(0.6\sim0.7)t;\quad H_{道}=(1.2\sim1.4)t$$

式中 t——材料厚度,mm。

②滑板行程 $S_{板}$ 的计算

$$S_{板}=(2\sim n)L_{坯}=L+b$$

式中 $L_{坯}$——坯料沿送进方向的长度,mm;

L——料斗至模具刃口最远边的直线距离,mm;

b——滑(推)板的行程余隙,mm;

n——坯料件数。

③拉力弹簧的初牵引力要大,且许用拉力行程要大于 $S_{板}$。

④清除坯料周边的毛刺,且坯料的平行度不得超过料厚允差。装进料斗1的坯料,表面不得有过多的润滑液,防止坯料粘在一起,不易分离,使送料发生故障。

2)转盘式送料装置 图7-29为模具带动的转盘式送料装置,其固定部分装在下模板上,活动部分装在上模板上。当模具下行时,模具侧楔1推动送进滑块向后,其上安装的卡子拨动转盘转动一个角度,定位卡子5准确定位后凸模冲压。当上模回程后,拉簧将送进滑块拉回原位,而卡子又跳到后一个齿根,准备下一次送进。

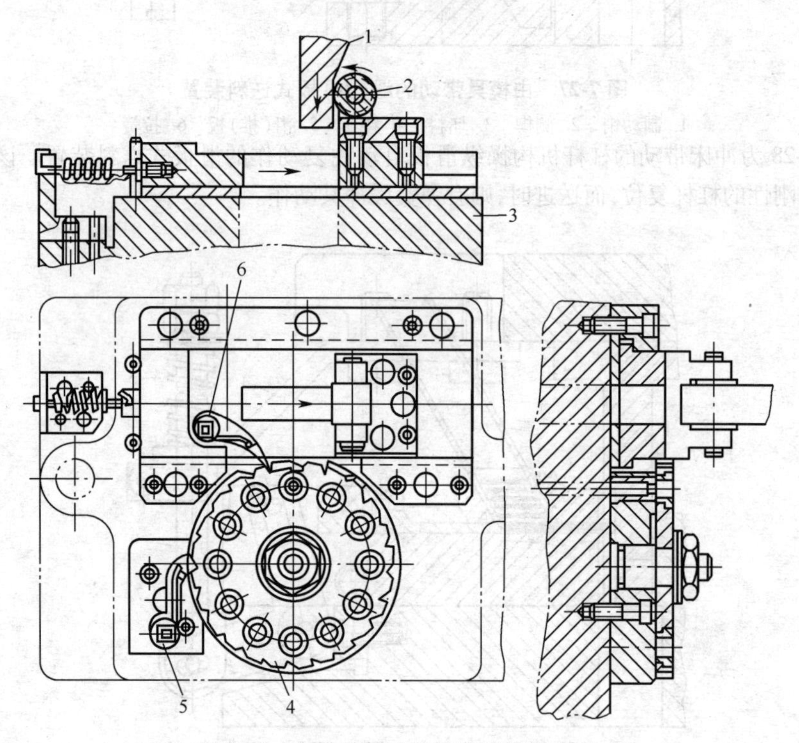

图7-29 由模具带动的转盘式送料装置

1. 侧楔 2. 滚柱 3. 模板 4. 转盘 5. 定位卡子 6. 轮闸卡子

2. 自动出件装置

自动出件装置是使冲压加工后的冲压件自动送离冲模具的装置,有气动式、机械式、机械手式等多种方式。其中,气动式出件装置在生产中应用广泛,如图 7-30 所示。

工作原理:凸轮 1 装在压力机曲轴的一端,凸轮 1 控制着气阀 2 的开闭,当冲压加工结束时,凸轮 1 的最高点压迫气阀 2 内的弹簧,使气阀 2 打开,由空气压缩机进来的空气经气阀 2 和喷嘴 3 吹出,将工件吹到模外。当凸轮 1 转过最高点后,气阀中的弹簧使气阀关闭,此时可以进行送料和冲压。

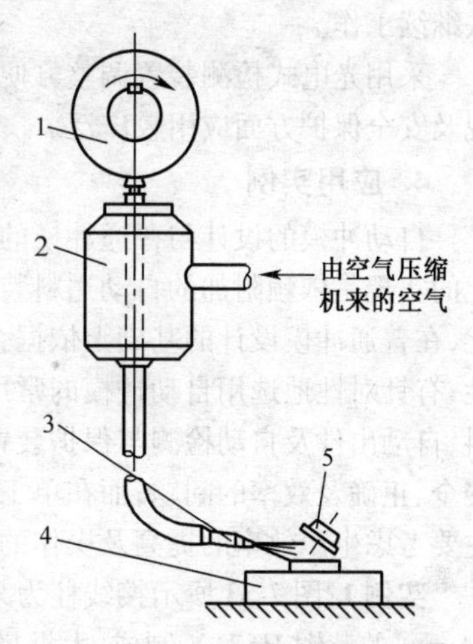

图 7-30 气动式出件装置

1. 凸轮 2. 气阀 3. 喷嘴 4. 下模 5. 工件

气动式出件装置的气体压力一般为 0.4～0.6MPa。此种装置结构简单,广泛用于小型工件的出件,但吹出的工件无定向,噪声大。

机械式、机械手式装置常与自动送料装置配合使用。

3. 自动检测与保护装置

为使冲压生产的自动化能够顺利进行,必须防止整个冲压过程中发生故障,防止冲压工作中断,或发生模具、设备的损坏,甚至造成人身事故。为此,在必要的环节必须采用各种监视和检测装置。当发生送料差错、材料重叠、料宽超差,工件未推出、材料用完等情况时,检测装置便会发出信号,使压力机自动停止运转,保证生产过程的安全。常用的检测方法有以下几种。

(1) 原材料的检测与自动保护 图 7-31 为一种料厚检测自动保护装置。检测用的顶销 4 压在被检测材料的表面上,当材料太厚时,顶销 4 顶起杠杆 2 的一端,使之绕铰接轴逆时针方向转动,从而压下常闭开关 1 的触头,切断电源,压力机停止运行。

(2) 模具内的检测与保护装置 图 7-32 为模具内送料位置检测与保护装置。模具内安装监测导正销,当监测导正销能顺利进入条料的导正孔内时,模具、设备正常工作;当监测导正销不能进入条料导正孔时,监测导正销后退,迫使侧面的顶杆推动一个微动开关,使压力机停止运行。

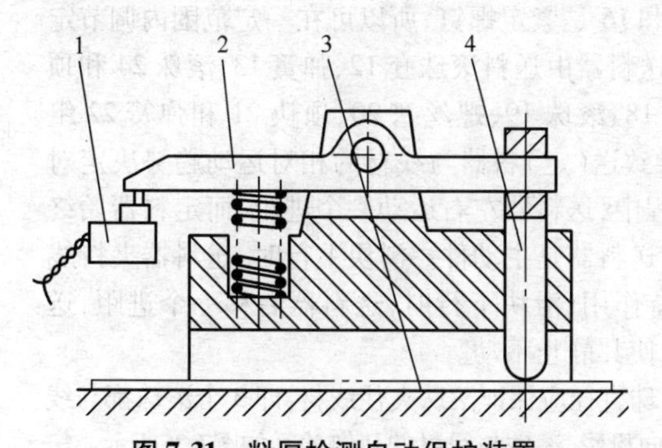

图 7-31 料厚检测自动保护装置

1. 常闭开关 2. 杠杆 3. 材料 4. 顶销

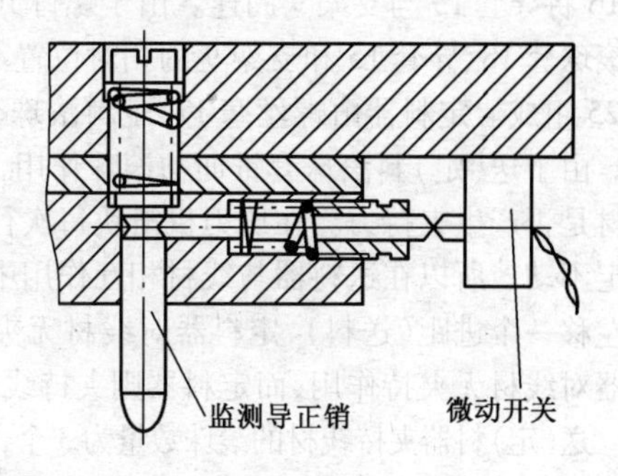

图 7-32 模具内送料位置检测与保护装置

(3)出件检测与自动保护装置　出件检测与自动保护装置,多采用光电式检测装置,利用光电二极管检测模具中工件推出的区域。当工件通过时,会遮挡光线,使光电二极管发出信号,压力机能够继续工作;当没有工件推出时,光电二极管就不会发出电信号,压力机就无法继续工作。

采用光电式检测装置调整方便,抗振性强,工作灵敏度高,因而在送料、推件等过程的监视及安全保护方面应用较广泛。

4. 应用实例

自动冲模的设计与普通冲模的设计没有本质上的区别,由于其冲压生产机械化与自动化的实现是依赖附加的自动送料装置、自动出件装置、自动检测与保护装置等帮助完成,因此,在普通冲模设计的基础上依据企业的生产形式、规模和应用机械化与自动化的经济合理性,有针对性地选用自动冲模的常用装置就成了自动冲模设计的关键。一般地讲,带自动送料、自动出件及自动检测与保护装置的自动冲模在级进模中应用广泛,主要解决工件生产的安全、正确及效率的问题;而在单工序模中,则多采用坯料的二次送料装置或一次送料装置,主要考虑生产效率的提高及操作的安全性。以下通过两个实例说明。

实例1:图7-33所示接线柱为某电器上的产品,采用$\phi1$ mm的黄铜H62-Y制成,大批量生产。

由于加工件小、生产批量大,故考虑采用自动级进模加工。图7-34为设计的自动送料切槽、切断级进模结构。

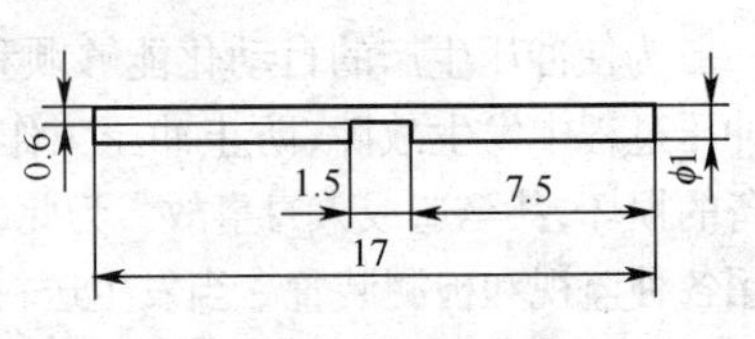

图7-33　接线柱结构

模具工作时,线材由螺丝塞20的进料口插入,沿箭头方向通过定料器送至凹模4处。上模下行时,斜楔8推动滚轮14使送料器向右滑动一个进距,此时弹簧23被压缩,送料器上的滚珠24与线材打滑,而定料器上的滚珠19卡紧线材,阻止线材后退。同时由切槽凸模1和切断凸模7分别完成切槽和切断线材工作。当上模回程时,斜楔8上行而脱离滚轮14,送料器夹持线材在弹簧23作用下复位,向前移动一个送料进距。此时,送料器上的滚珠24卡紧线材,而定料器上的滚珠19则与线材打滑,从而完成一个进距的送料任务。

整套模具由滚珠式自动送料机构完成自动送料,步距由斜楔8控制,两个夹滚器分别起送料和定料作用,分别称为送料器和定料器。螺钉10将定料滚珠套18与导套15固连,螺钉16将导套15与支架9固连。由于螺钉10和16是紧定螺钉,所以可在一定范围内调节定料滚珠套18、导套15和支架9的相对位置。送料器由送料滚珠套12、弹簧13、滚珠24和顶块25组成。定料器由螺丝塞17、定料滚珠套18、滚珠19、螺丝塞20、顶块21和弹簧22组成。由于送(定)料滚珠套锥面与滚珠作用,导致送(定)料器与线材的相对运动趋势决定对线材是否产生夹持力。在压力机滑块每次行程中,送料器左右运动一个进距,而定料器始终固定不动。所以在送料器与线材相互作用中,送料器是主动件。滑块上行时,送料器夹持线材左移一个进距(送料),定料器对线材无夹持作用;滑块下行时,送料器右移一个进距,送料器对线材无夹持作用,而定料器则夹持线材使其静止不动。

送(定)料器夹持线材的滚珠数量为3个,滚珠直径应保证滚珠夹住线材,即3个滚珠都与线材接触时,滚珠之间仍有一定的间隙。沿线材轴向投影,滚珠与线材的几何关系如图7-35所示。

由图得：　$(D+d)\cos30° = a+D$

解之得：　$D=6.5d-7.5a$

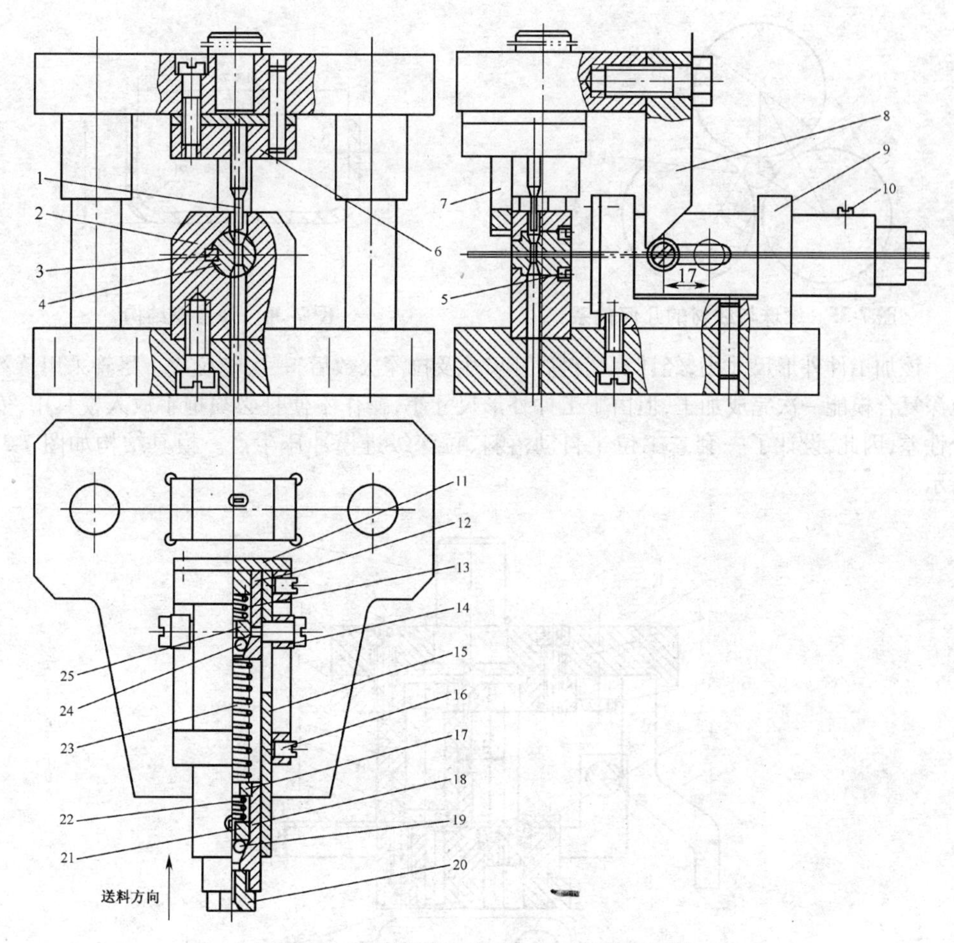

图 7-34 接线柱自动送料切槽、切断级进模

1. 切槽凸模 2. 固定板 3. 方键 4. 凹模 5. 螺环 6. 固定板 7. 切断凸模 8. 斜楔 9. 支架 10、16. 螺钉 11. 盖板 12. 送料滚珠套 13、22、23. 弹簧 14. 滚轮 15. 导套 17、20. 螺丝塞 18. 定料滚珠套 19、24. 滚珠 21、25. 顶块

式中 D——滚珠直径,mm; d——线材直径,mm;

a——滚珠夹住线材时滚珠之间的间隙,mm。

间隙 a 按 $(0.2\sim0.3)\sqrt{d}$ 选取,若其值小于 0.3mm,则取 0.3mm。

从理论上说,已知坯料直径,给定间隙 a 值,即可确定滚珠直径 D,但为降低模具制造难度和成本,应选用标准轴承滚珠,通过选定使其直径符合上述要求。

本例中采用的是夹辊式送料装置,利用滚珠在斜面上移动对材料实行夹紧或放松,一般除采用图示的斜楔外,还有采用摆杆、气缸等传动实现间歇送料。滚珠用于线材的传动,而将滚珠换成滚柱则可用于条料、带料的送进。

实例 2:图 7-36 所示弹簧盖是一个薄型拉深件,采用 0.5mm 厚的 08F 低碳钢制造,生产批量较大。

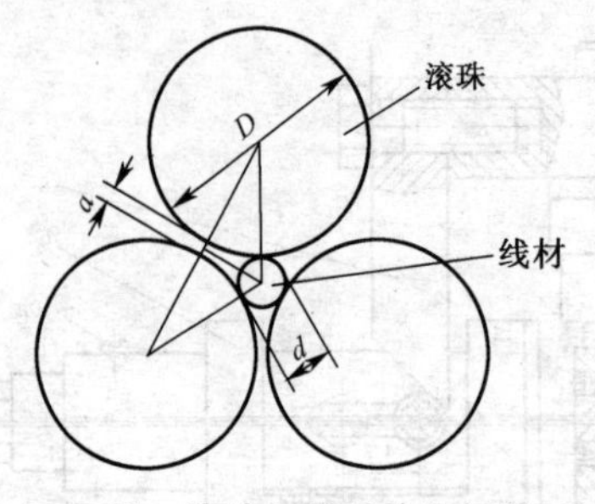

图 7-35　滚珠与线材的几何关系

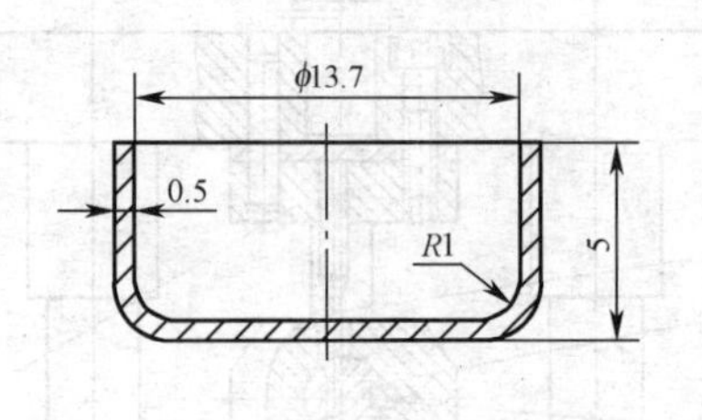

图 7-36　弹簧盖结构

该加工件外形尺寸小，经计算坯料展开尺寸及拉深次数后，一次能拉成。尽管采用落料拉深复合模能一次完成加工，但由于工件外形尺寸小，操作不便且必须把手放入模具中，安全性差，因此，设计了一套二工位半自动落料、拉深级进模冲压生产。模具结构如图 7-37 所示。

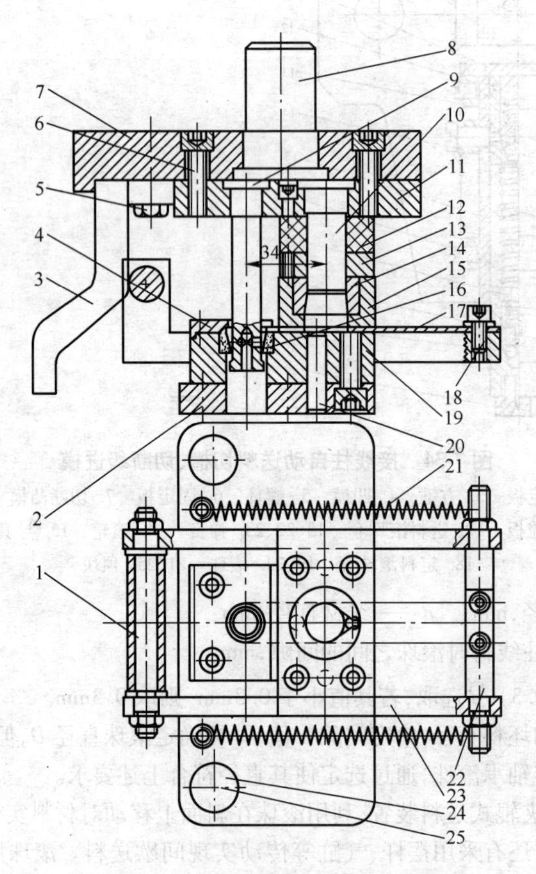

图 7-37　半自动落料、拉深级进模

1. 滚柱　2. 下模板　3. 凸轮　4. 盖板　5、6、18. 螺钉　7. 上模垫　8. 模柄　9. 拉深凸模　10. 落料凸模　11. 凸模座　12. 橡胶垫　13. 压料板　14. 落料凹模　15. 落料模座　16. 拉深凹模　17. 推料板　19. 固模座　20. 圆柱销　21. 拉簧　22. 圆柱　23. 送料架　24. 导柱　25. 导套

工作时,先手动将条料放进落料凹模14的固定板上,冲模下行时,落料凸模10下行落料,同时,模柄8带动凸轮3一起下滑,推动滚柱1逆弹簧之力向右运行,使料落在推料板17前端。冲模上行时,推料板在弹簧力作用下把落下来的料推送到拉深凹模16上,冲模再下行时,拉深凸模9使工件拉深成形,同时推出工件。

该模具能在落料后,通过弹簧力的作用将工件推送到拉深工位进行拉深成形。当然,该工件若能采用先在条料上完成落料,再将落料坯料压入条料上,最后再送入下一工位拉深的模具结构形式,同时模具配合自动送料装置使用,也可完成自动送料加工。至于采用何种形式,需根据企业生产实际决定。

7.7 级进模设计实例

级进模特别适用于复杂的小型工件、孔边距较小的冲压件以及生产批量大的加工件。级进模的设计从本质上讲与单工序模没有什么区别,但与单工序模比较起来,一般要注意考虑加工件结构及其模具生产厂家的设备、模具制造能力、生产批量等情况,分析工件的冲压工艺性,初步判断该工件加工成形需要的基本工序。

1. 设计步骤

级进模的设计,一般采取如下步骤。

①根据取得的资料,分析加工件的冲压工艺性。

②设计加工件的排样图,主要包括:确定模具的工位数目、各工位的加工内容及各工位冲压工序顺序的安排;确定被冲工件在条料上的排列方式;确定条料宽度和步距尺寸,从而确定材料的利用率;基本确定模具各工位的结构。

③模具总体设计。

④进行必要的计算(包括冲压力、压力中心等)。

⑤选择压力机的型号或验算已选的设备。

⑥绘制模具总图。

⑦绘制模具非标准零件图。

事实上,上述的设计步骤并没有严格的先后顺序,具体设计时,这些内容往往是交错进行的。

2. 级进模设计实例

图7-38为垫片结构,材料为Q235-A,$t=2$mm,小批量生产。

(1)根据取得的资料分析加工件的冲压工艺性确定工艺方案 工件形状简单、对称,精度要求不高,整个工件仅有落料、冲孔两个工序。由于工件最窄处距离为3mm,小于当材料厚度为2mm时复合模的凸凹模最小壁厚5.3mm,因此,不符合复合模采用的条件,如果采用将造成模具寿命的降低,因此,考虑采用级进模。综合上述分析,确定级进模加工的

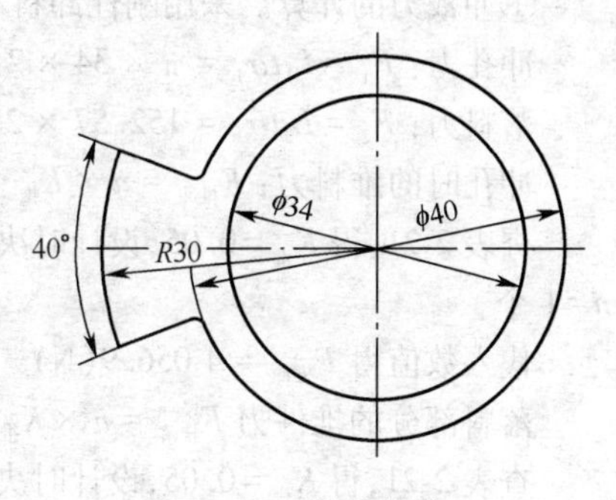

图7-38 垫片结构

工艺步骤为:先冲孔再落料,整个工件的加工在一套级进模上加工完成。

(2)排样 查表2-16,得最小搭边值 $a_1=2.5$mm,因此,可计算出条料宽度为53.5mm。考虑到提高材料利用率,采用斜排的排样方式,又注意到级进模设计上凹模强度的要求,在第二工位上设置空位,整个工件的排样图如图7-39所示。

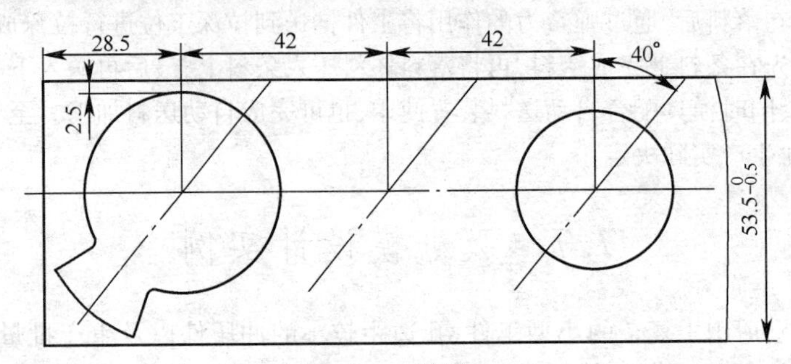

图7-39 排样图

由于整个工件加工中只有三个工位,又是批量生产,因此,采用挡料销定位。送料时废料孔与挡料销作为粗定位,在落料凸模底部安装导正销,利用条料上的第一工位冲出的 $\phi34$ 孔进行导正,以此作为条料送进的精确定距。为保证首件的定位正确,采用了两个始用挡料装置。在操作条料首件时,用手推第一个始用挡料销,使其从导料板中伸出抵住条料的前端,即可冲第一件上的 $\phi34$ 孔。完成第一步冲压后,将条料抬起向前移动,用手推第二个始用挡料销,使其从导料板中伸出抵住条料的前端,继续冲出第一件上后续料上的 $\phi34$ 孔,并压平前续已冲出的孔的条料,从第三工位开始,利用固定挡料销控制送料步距作初定位,以导正销作精确定距。

固定挡料销的设定位置比预定的几何位置向前偏移0.2mm,冲压过程中,初定位完成后,用导正销作精确定位时,由导正销上锥形斜面再将条料向后拉回0.2mm而完成精确定位。

(3)绘制模具总图 设计的模具结构如图7-40所示,上、下模采用导板导向,冲孔废料和成品件均从漏料孔漏出。

(4)进行必要的计算

①冲裁力的计算。采用刚性卸料和下出料方式:

冲孔力:$F_1=L_1t\sigma_b=\pi\times34\times2\times380=81\,137.6$(N)

落料力:$F_2=L_2t\sigma_b=152.57\times2\times380=115\,953.2$(N)

冲孔时的推料力:$F_{推冲}=n\times K_{推}\times F_1$

查表2-21,得 $K_{推}=0.05$,设计时决定选取锥形凹模刃口,则卡在凹模洞口的工件数目为 $n=1$ 个

代入数值得 $F_{推冲}=4\,056.9$(N)

落料部分的推件力 $F_{推落}=n\times K_{推}\times F_2$

查表2-21,得 $K_{推}=0.05$,设计时决定选取锥形凹模刃口,则卡在凹模洞口的工件数目为 $n=1$ 个

代入数值得 $F_{推落}=5\,797.7$(N)

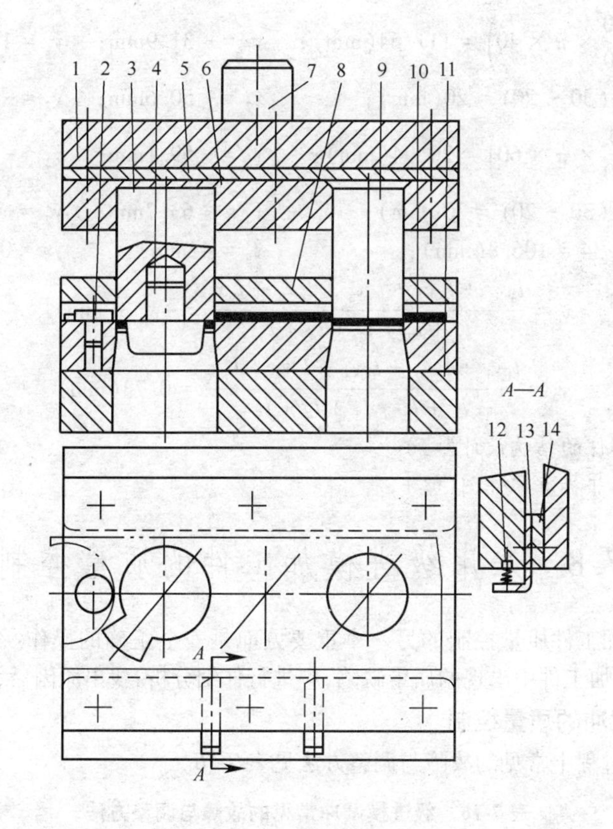

图 7-40 级进模结构

1. 上模板 2. 固定挡料销 3. 落料凸模 4. 导正销 5. 垫板 6. 固定板 7. 模柄 8. 导板 9. 冲孔凸模 10. 凹模 11. 下模板 12. 弹簧 13. 始用挡料销 14. 导尺

选择冲床时的总冲压力为：$F_{总} = F_1 + F_2 + F_{推冲} + F_{推落} = 206945.4(\mathrm{N}) \approx 206.9\mathrm{kN}$

②压力中心的计算。根据凹模刃口形状，选定坐标系 xOy 如图 7-41 所示，在图中将冲裁线分成 $l_1 \sim l_5$ 共 5 段，每组线段均计算出线段总长度、力的作用点到 x 轴、y 轴的距离。各段由直线及圆弧组成，查阅相关的资料并计算可得出图 7-41 所示各段的重心位置：

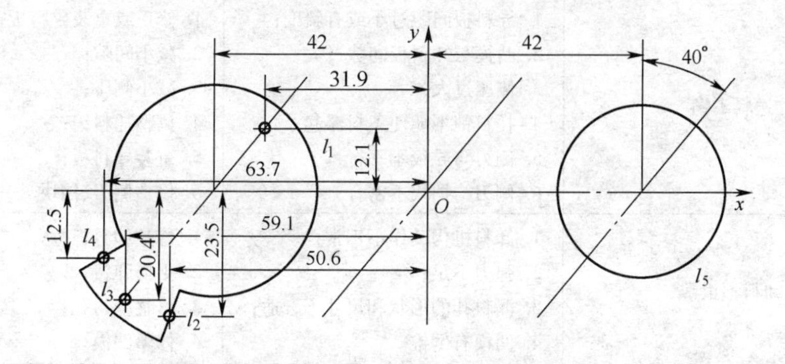

图 7-41 压力中心计算图

$$l_1 = \left(\frac{320}{360} \times \pi \times 40\right) = 111.64(\text{mm}); \quad x_1 = -31.9\text{mm}; \quad y_1 = 12.1\text{mm}$$

$$l_2 = 2 \times (30 - 20) = 20(\text{mm}); \quad x_2 = -50.6\text{mm}; \quad y_2 = -23.5\text{mm}$$

$$l_3 = \left(\frac{40}{360} \times \pi \times 60\right) = 20.94(\text{mm}); \quad x_3 = -59.1\text{mm}; \quad y_3 = -20.4\text{mm}$$

$$l_4 = 2 \times (30 - 20) = 20(\text{mm}); \quad x_4 = -63.7\text{mm}; \quad y_2 = -12.5\text{mm}$$

$$l_5 = \pi \times 34 = 106.8(\text{mm}); \quad x_5 = 42\text{mm}; \quad y_5 = 0\text{mm}$$

$$x_c = \frac{l_1x_1 + l_2x_2 + l_3x_3 + l_4x_4 + l_5x_5}{l_1 + l_2 + l_3 + l_4 + l_5} = -9.3(\text{mm})$$

$$y_c = \frac{l_1y_1 + l_2y_2 + l_3y_3 + l_4y_4 + l_5y_5}{l_1 + l_2 + l_3 + l_4 + l_5} = 0.73(\text{mm})$$

(5)主要零部件的结构设计(略)

(6)绘制模具非标准零件图(略)

7.8 采用级进模加工件的质量控制

采用级进模加工件质量控制的另一个重要方面是安全正确的操作。在生产加工过程中,对采用级进模加工件中出现的质量缺陷,应进行仔细分析,找出原因后,再进行调整。

1. 级进模试冲的质量控制

级进模试冲过程中常见的故障与调整方法见表7-16。

表7-16 级进模试冲常见的故障与调整方法

故 障	产生的原因	调整的方法
制件毛刺长	1. 配合间隙过大; 2. 配合间隙不均匀	1. 整修或更换凸模; 2. 调整间隙
工位型孔偏移	1. 侧刃长度大于步距; 2. 侧刃长度小于步距; 3. 凹模位置超差; 4. 导正销过小; 5. 挡料销位置不正	1. 减少侧刃长度,加宽挡块; 2. 加长侧刃长度,减窄挡块; 3. 扩大型孔镶件,重新加工; 4. 更换导正销; 5. 修正挡料销
送料不畅	1. 导料板间距过小或有斜度; 2. 凸模与卸料板间隙过大; 3. 侧压过大; 4. 托料销不能使条料浮起; 5. 侧刃与导板不平行; 6. 侧刃与挡块不密合	1. 修正或重装导料板; 2. 减小间隙; 3. 减小侧压; 4. 调整托料销; 5. 重装导料板; 6. 修整侧刃、挡块
卸料不正常	1. 卸料机构动作不正常; 2. 弹力不足; 3. 漏料孔的形状和尺寸不合适; 4. 凹模有倒锥	1. 修整卸料板; 2. 更换弹簧; 3. 修整漏料孔; 4. 修整凹模

续表 7-16

故　障	产生的原因	调整的方法
刃口相咬	1. 板类零件安装面不平行； 2. 凸模、导柱、模柄安装不垂直； 3. 导向不准确； 4. 卸料板孔位歪斜	1. 修整有关零件； 2. 重装凸模、导柱或模柄； 3. 更换导向装置； 4. 修整卸料板

2. 产品弯曲发生变形或尺寸变异的措施

级进模弯曲时，产品发生变形或尺寸变异，可从以下几方面分析原因及采取措施。

①导正销磨损，导正销直径太小；更换导正销。

②折弯校正部位精度差磨损；重新研磨或更换。

③折弯凸、凹模磨损；重新研磨或更换。

④模具让位不足；检查修正即可。

⑤材料滑移，折弯凸、凹模无校正功能，折弯时未能预施压力；可修改模具设计，增加顶料装置。

⑥模具结构及设计尺寸不良；可以采取修改设计尺寸，分解折弯，增加折弯整形等措施。

⑦冲件毛刺过大，引发折弯不良、可将毛刺面朝向折弯凸模，或研磨或修理下料部位的刃口。

⑧折弯部位凸、凹模加设垫片过多，造成尺寸不稳定；需调整采用整体钢垫。

⑨材料厚度尺寸或力学性能变异；需更换材料，控制进料质量。

3. 产品表面高低不平的措施

级进模一模多件加工时，产品表面高低不平，原因可从以下几方面分析采取措施。

①冲裁件毛边；研修下料位刃口。冲件有压伤，模内有屑料；清理模具，解决屑料上浮问题。

②凸、凹模或折弯块压损或损伤；需重新研修或更换新件。

③冲剪时翻料；研修冲切刃口，调整或增设强压功能。

④相关压料部位磨损压损；检查实施维护或更换。

⑤相关撕切位撕切尺寸不一致、刃口磨损；维修或更换，保证撕切状况一致。

⑥相关易断位预切深度不一致，凸、凹模有磨损或崩刃；检查预切凸、凹模状况，实施维护或更换。

⑦模具设计缺陷；修改设计，加设高低调整或增设整形工位。

第8章　冲模的寿命及模具材料

8.1　冲模的失效形式

冲模是冲压加工的重要工艺装备,设计使用不同种类的模具,能完成各种类型的冲压加工工序。工作时,冲裁模刃口要承受较大的挤压应力和摩擦力;弯曲模和拉深模工作表面(尤其是凹模)要承受较强烈的摩擦力;挤压模的凸模和凹模模腔不但承受巨大的压力,而且工作表面受到强烈的摩擦,其表面的瞬时温度可达200℃~300℃。

分析各类模具的工作条件,以冷挤压模和冲裁模,尤其是冷挤压模,工作条件最为恶劣;比较模具各零件的受力情况,又以工作零件受力最大,工作条件最差。由于各种冲模的工作零件都承受一定的压力和摩擦力,其中凸模在工作时承受着压力,在回程时又承受着脱模所产生的拉力,构成拉-压循环应力,易导致凸模的折断或疲劳断裂;而凹模在工作时一般承受径向压应力和切向拉应力,且呈周期性变化的循环,易导致疲劳破坏。

由于上述原因,模具经一定时间使用后,便易发生失效。模具由于种种原因,经过使用,不能再冲出合格的冲件,称为模具失效。冲模失效形式主要有以下几种。

(1)磨损失效　在正常使用情况下,凸、凹模刃口磨损过程如图8-1所示。

模具刃口的磨损有三个阶段:刚使用初期,磨损量增加较快,这时叫作初期磨损,也称为第一次磨损,曲线的这一区域称为初期磨损区域;以后在一个相当长的时间里,磨损量几乎不发生变化,这时该磨损曲线的区域称为稳定磨损区域;此后,刃口的磨损量又急剧增加,该曲线的区域称为急剧磨损区域,也称为第二磨损区域。为延长冲模使用寿命,应尽可能地增大稳定磨损区域和推迟第二磨损区域的到来。

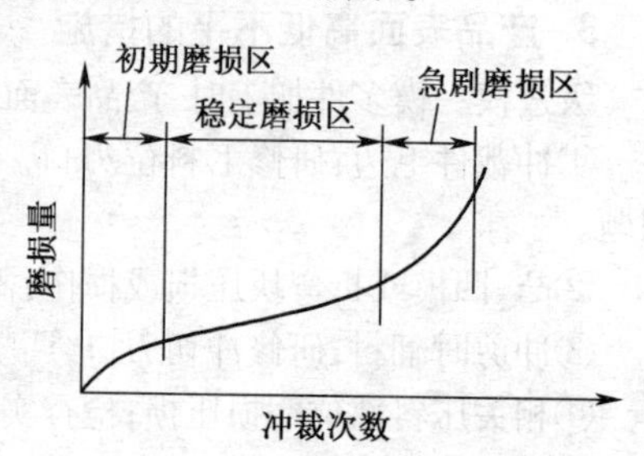

图8-1　冲模刃口的磨损曲线

模具磨损可以分为摩擦磨损和粘合磨损两种。在冷冲压加工中,粘合磨损必须引起注意。所谓粘合磨损是指模具工作零件粘合了被加工材料的微粒和碎屑,使模具工作零件表面变得很粗糙,导致摩擦阻力增大,磨损加剧。其结果使模具工作零件表面与材料间的局部压力和温度升高,进一步促进了粘合现象的产生,从而又进一步加剧了模具的磨损,形成恶性循环,致使模具寿命急骤下降。当产生粘合磨损后,冲件表面就会出现拉痕。此时应对模具进行整修、研磨。

不同冲压工序的模具,其工作零件的磨损形式和磨损严重程度不同。对于拉深、弯曲、特别是冷挤压工序,磨损较严重,摩擦磨损和粘合磨损都存在;对于冲裁模,摩擦磨损较突出。有些金属材料,如奥氏体不锈钢、镍基合金、精密合金等,对模具表面有较强烈的粘合作用,更容易产生粘合磨损。

模具在使用过程中因磨损而失效,通常认为是一种正常的失效方式。在薄板冲压中,模具的磨损失效一般是模具失效的主要形式。

一般冲裁模按表 8-1 所列数据生产后,应及时对冲模零件进行修磨,否则,冲模零件后期磨损将会越来越大,从而降低模具的正常使用寿命。

表 8-1 冲裁模的平均耐用度 (件/每刃磨一次)

工件材料	模具材料	工件材料厚度/mm	
		3~6	<3
35、45(硬钢)	T10A	4 000~6 000	6 000~8 000
	Cr12MoV	8 000~10 000	10 000~12 000
20、16Mn(中硬钢)	T10A	8 000~12 000	12 000~16 000
	Cr12MoV	18 000~22 000	22 000~26 000
08、10(软钢)	T10A	12 000~18 000	18 000~22 000
	Cr12MoV	22 000~24 000	24 000~30 000

在实际生产中,若达不到表列数据并在制品边缘产生毛刺,则说明刃口磨损过快,其产生原因及其采取措施主要有以下方面。

①凸、凹模工作部分润滑不良;定时给凸、凹模工作刃口进行润滑。

②凸、凹模间隙过大或过小,不均匀;更换凸、凹模工作零件,并调整间隙合理。

③凸、凹模选材不当或热处理不合理;改进设计,更改材料,重新热处理。

④所冲材料性能超过所规定范围或表面锈斑、杂质、表面不平、厚薄不均;使用合格材料。

⑤压力机精度较差;采用精度较高的压力机。

⑥模具安装不当或紧固冲模螺钉松动;正确安装模具并对紧固件采取放松措施。

(2)变形失效 当模具工作零件内的应力超过了材料本身的屈服强度时,便会产生塑性变形。过量的塑性变形使模具工作零件的形状和尺寸超过许可范围就是变形失效,如凸模的镦粗和弯曲、模具工作零件表面的压塌和皱纹。

(3)断裂失效 断裂失效是指冲模在使用过程中突然出现裂纹而失效。按损坏的范围可分为局部破损,如剥落、崩刃(图 8-2a、b);整体破损,如断裂、胀裂(图 8-2c、d)。按断裂过程特征可分为疲劳断裂和早期断裂。疲劳断裂一般是在承受周期变化重荷载模具上冲压一定数量工件之后发生,如冷挤压模、冷镦模;早期断裂是由于模具材料存在冶金、热加工、切削加工等缺陷所致。早期断裂一般发生比较突然,还可能发生事故,必须引起注意。

(4)啃伤失效 由于模具装配质量差,压力机导向精度低,模具安装调整不当,送料误差等原因,使凸、凹模相碰,造成刃口崩裂,冲压件毛刺突然增大。一旦发生啃伤,模具复磨量很大,甚至不可能修复。

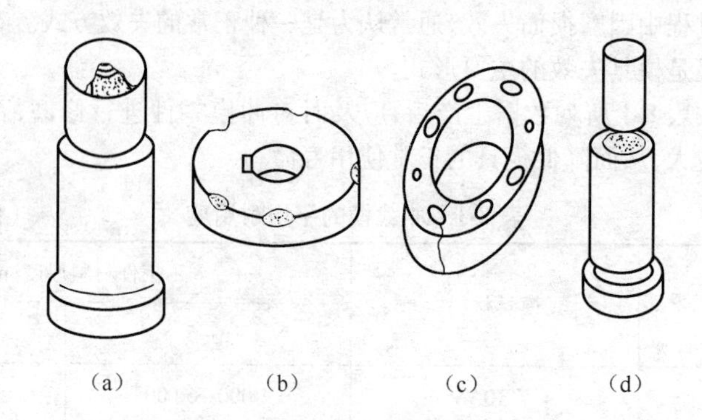

图 8-2　冲模的局部破损与整体破损

8.2　冲模的寿命

冲压模具寿命有两重含义:两次复磨间的最大冲压件数称为模具的复磨寿命;一副模具从开始使用到不能修复所冲冲压件的总数量称为模具的总寿命。在生产中应该重视提高模具的总寿命,更应该重视提高模具的复磨寿命。

表8-2为冲裁模的寿命,这也是目前冲裁模寿命的最低值,小于表列数值应视为不合格。

表 8-2　国内冲裁模的最低寿命

冲裁模的首次刃磨寿命(万冲次)			
工作部分材料	冲模类型		
	单工序模	级进模	复合模
碳素工具钢	2	1.5	1
合金工具钢	2.5	2	1.5
硬质合金	40	30	20
冲裁模的总寿命			
碳素工具钢	20	15	10
合金工具钢	50	40	30
硬质合金	1 000		

注:①表中数值使用条件:冲件材料强度 $\sigma_b = 500$ MPa,材料厚度 $t = 1$ mm。

②当冲件材料强度 $\sigma_b \neq 500$ MPa,料厚 $t \neq 1$ mm时,须将表中的数值分别乘以表8-3、表8-4所列的材料强度系数 K_σ 及材料厚度系数 K_S。

表 8-3　冲件的材料强度系数 K_σ

冲件材料	σ_b/MPa	K_σ
结构钢、碳钢	≤500	1.0
	>500	0.8

续表 8-3

冲件材料	σ_b/MPa	K_σ
合金钢	≤900	0.7
	>900	0.6
软青铜、青铜	—	1.8
硬青铜	—	1.5
铝	—	2.0

表 8-4 材料厚度系数 K_S

料厚 t/mm	K_S	料厚 t/mm	K_S
≤0.3	0.8	1.0~3.0	0.8
0.3~1.0	1.0	>3.0	0.5

模具寿命与工作零件所采用的材料关系极大。我国试用的新钢种有 65Cr4W3M02VNb（65Nb）、Cr7M03V2Si（LD）、6Cr4M03Ni2WV（CG2）及 5Cr4M03SiMnVAl（012Al）等。采用新钢种制造冲裁模的凸、凹模，可大大提高模具的使用寿命。表 8-5 列出了新旧模具材料制造的模具寿命对比情况。此外，65Nb 钢适用于加工形状复杂的有色金属冷挤压模具和单位压力为 2450MPa 左右的黑色金属冷挤压模具，以及轴承、汽车、标准件行业的冷镦模等。LD 钢有良好的韧性及耐磨性，可用于制造冷挤压、冷镦模。CG2 和 012A1 钢是冷热模具兼用钢，主要用于冷镦用的凸、凹模、冲头、搓丝板、多工位自动冷镦机上生产螺柱用切边模、内六角冲头等，其寿命比 Cr12MoV 钢大幅度提高。

表 8-5 用新旧材料制造模具时模具寿命对比表

序号	模具材料	模具	加工产品材料	硬度 HRC	平均寿命/件	寿命提高/倍
1	Cr12MoV	冲裁凸模	冷轧硅钢 t=0.35mm	62~64	2 万~5 万	5~10
	V3N			67~69	25 万	
2	Cr12MoV	冲裁凸凹模	55SiMnVB 钢 t=9~11mm	58~60	400~600	5~8
	65Nb			57~59	3 477	
3	Cr12MoV	冲裁凸凹模	55SiMnVB 钢 t=9~11mm，330~350HB	58~60	400~600	6~9
	012Al			58~60	3 785	
4	Cr12MoV	冲裁凸凹模	55SiMnVB 钢 t=9~11mm，330~350HB	58~60	400~600	4~7
	CG2			58~60	2 952	
5	Cr12MoV	冲裁凸凹模	55SiMnVB 钢 t=9~11mm，330~350HB	58~60	400~600	7~10
	LD-1			60~62	4 458	
6	Cr12	冲裁凸模	锡青铜带 t=0.3~0.4mm，180~200HV	60~62	10 万~15 万	4~5
	GD			60~62	40 万~50 万	

续表 8-5

序号	模具材料	模具	加工产品材料	硬度 HRC	平均寿命/件	寿命提高/倍
7	Cr12	冲裁凸凹模	锡青铜带 t=0.2~0.3mm，160~180HV	58~60	10万~15万	3~4
	CH-1			58~60	30万~40万	
8	8Cr3	剪切模（镶件）	圆钢和方钢 ϕ10~ϕ130	44~48	1万	1.5~6
	6Cr3VSi			48~52	6万	
9	Cr12MoV	冲裁凸凹模	锡青铜带 t=0.3~0.4mm，180~200HV	62~64	15万~20万	2~3
	GM			64~66	40万~50万	
10	Cr12MoV	冷镦模	螺母20钢	58~61	7万~9万	2~4
	SR-1			64~67	40万~60万	

注：横线“-”以下为新材料，以上为旧材料。

国内冲裁模寿命与国外先进水平相比，总体寿命较低，且存在较大差距。但国外的先进水平也不均衡，并且发达国家之间也存在明显的差距。表8-6列出了截至2008年底国内、外冲裁模寿命对比情况。

表 8-6 国内外冲裁模寿命对比

冲件材料及其尺寸	冲模凸、凹模材料	冲模总寿命（冲次）	
		国外已达到水平	国内目前水平
料厚 $t \leqslant 1$ mm 黄铜、低碳钢平板冲裁件尺寸为 40 mm×40 mm、ϕ45 mm	碳素工具钢 T8~T10	400万~700万	<100万
	合金工具钢 Cr12、Cr12MoV	800万~1 000万	300万~500万
	硬质合金 YG20、YG15	6亿~30亿	<5 000万
料厚 $t \leqslant 0.5$ mm 硅钢片（电机转、定子片）	硬质合金（多工位级进冲裁模）	美国 Limina 公司：3亿 日本黑田精工：2.7亿 瑞士 Statomat：0.8亿 英 Stellrem 公司：1亿	3 800万~5 000万

8.3 影响冲模寿命的因素

冲模寿命受多种因素的影响，除与冲压用原材料的材质、机械性能及厚度、表面质量等直接相关外，还与冲模的设计、制造，冲压加工设备的特性以及操作人员的正确操作性等多种因素有关，因此，具体分析出影响冲模寿命的各类因素，可针对性地采取有效措施。影响冲模的寿命主要有以下因素。

（1）模具的结构设计　模具的结构设计对模具承载能力影响很大，如果模具结构不合理，可能引起严重的应力集中，导致模具早期失效，具体有以下方面。

①模具的导向结构。必要和可靠的导向，对于减小工作零件的磨损，避免凸、凹模啃伤极为有效，尤其对无间隙或小间隙冲裁模、复合模和多工位级进模更为重要。为提高模具寿命，必须根据工序性质和加工件精度等要求，正确选择导向形式和导向精度。导向精度应比

凸凹模配合精度高。

②模具的几何参数。凸、凹模的形状、间隙和圆角半径不仅对冲件成形影响极大，而且对模具的磨损影响也很大。图 8-3 为间隙值和搭边值对凸模磨损的影响，从总的趋向看，采取较大间隙和较大搭边值，有利于减小磨损，提高模具寿命。

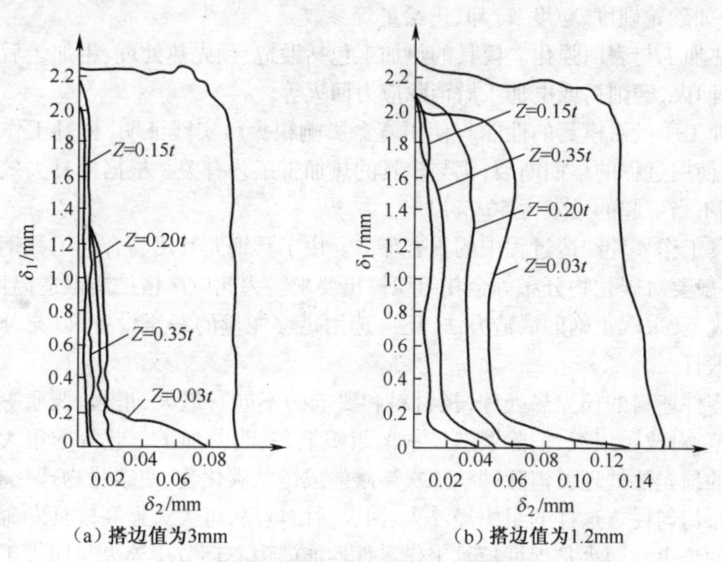

图 8-3 冲裁间隙和搭边值对凸模磨损的影响

δ_1—轴向磨损量 δ_2—径向磨损量

图 8-4 为正挤压凹模金属入口处的形状和圆角半径对模具寿命的影响。图 8-4a 的寿命为 1.5 万件；图 8-4b 为 2 万件；图 8-4c 为 8 万件；图 8-4d 为 15 万件；图 8-4e 为 30 万件。

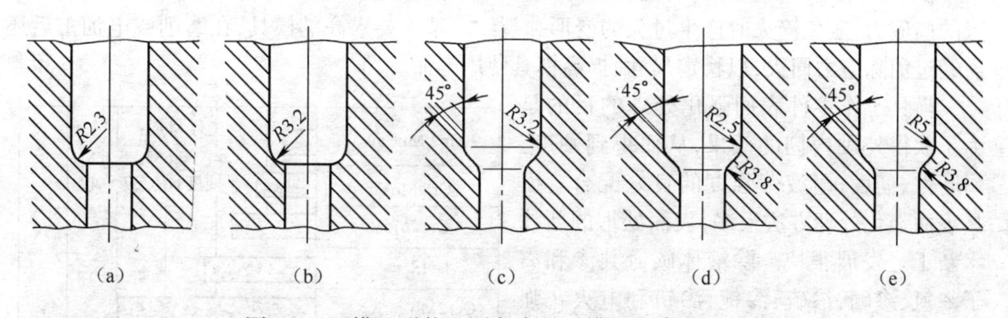

图 8-4 凹模口形状及圆角半径对模具寿命的影响

(2) 模具的制造质量　模具的制造质量对模具寿命的影响表现在以下几方面。

①模具的加工工艺。模具工作零件需要经过车、刨、铣、钻、磨、冷压、刻印、电加工等多道加工工序，加工过程中要防止模具工作零件表面有刀痕、夹层、裂纹、撞击伤痕等宏观缺陷。如果这些缺陷位于工作应力较大部位，将成为断裂根源，促使模具早期断裂。

电加工（电火花线切割、电火花成形加工）时，火花放电处的瞬时温度较高，容易产生电烧伤层。电烧伤层中存在较大的内应力，当其厚度较大时会出现微裂纹，从而降低模具的韧性和断裂抗力，导致模具发生早期开裂和表面剥落。因此，应调整电加工规范，尽量减小电烧伤层的深度。

模具表面的粗糙度对模具寿命影响很大，因此，要求模具工作零件表面的粗糙度值很小，为此，一般都要经过磨削、研磨、抛光等精加工和精细加工。

在模具工作零件加工过程中，必须防止磨削烧伤零件表面，为此应严格控制磨削工艺条件和工艺方法（如砂轮硬度、粒度、冷却、进给量等参数）。

②模具的热加工与表面强化。模具的热加工包括锻造、预先热处理、粗加工后的消除应力退火、淬火与回火、磨削后或电加工后消除应力回火等。

模具的热加工质量对模具的性能与使用寿命影响很大。实践证明，模具工作零件的淬火变形与开裂、使用过程的早期断裂，都与模具的热加工工艺有关。根据模具失效原因的分析统计，热处理不当引起的失效占50/%以上。

锻造是模具工作零件制造过程中的重要环节。用工具钢尤其用高合金工具钢制造模具工作零件时，一般要对碳化物分布等金相组织提出要求。为此应严格控制锻造温度范围，制定正确的加热规范，采取正确的锻造方法，还应选用足够能量的锻压设备，以充分的变形量进行多向反复锻打。

模具工作零件坯料的预先热处理，视材料和要求的不同有退火、正火、调质等。正确的预先热处理规范，对改善组织、消除锻造坯料的组织缺陷、改善加工工艺等起很大作用。模具钢经过适当的预先热处理可消除网状二次渗碳体或链状碳化物，使碳化物球化和细化，并提高碳化物分布均匀性。这样的组织经淬火、回火后质量高，可大大提高模具寿命。

模具材料的淬火与回火是保证模具工作零件性能的中心环节。淬火与回火工艺合理与否，对模具承载能力和寿命有直接的影响。对于用工具钢制造的冷冲模应特别注意在淬火加热时防止氧化和脱碳，为此应严格控制热处理工艺规范或采用真空热处理等先进的热处理方法。

模具工作零件在粗加工后进行消除应力退火（或称高温回火）的目的是消除粗加工带来的内应力，避免淬火时产生过大的变形和裂纹。精度要求高的模具，在磨削或电加工后还需经过消除应力回火，以稳定尺寸、提高模具使用寿命。

模具工作零件表面强化处理的目的是为了获得外硬内韧的效果，从而得到硬度、耐磨性、韧度、耐疲劳强度的良好配合。模具表面强化处理方法很多，表面处理的新技术新工艺发展很快。除液体碳氮共渗和离子渗氮、渗硼、渗硫、渗铌、渗钒和电火花强化外，化学气相沉积（CVD）和物理气相沉积（PVD）已逐步应用。用高频淬火、喷丸、滚压等表面硬化处理，可使模具工作零件表面产生压应力，提高耐疲劳强度。

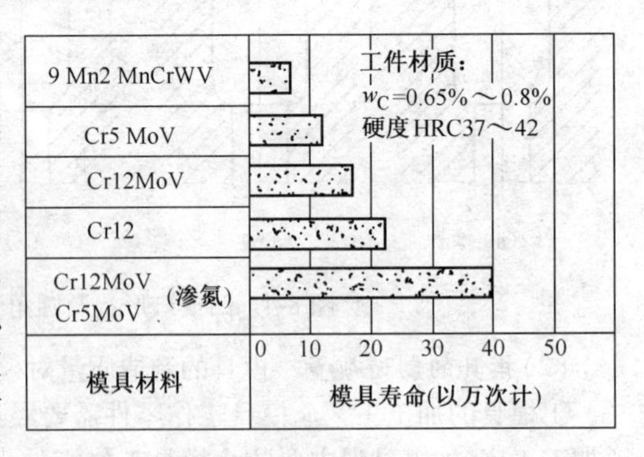

图8-5　模具材料种类对模具寿命的影响

（3）模具材料　据统计，模具材料是影响模具寿命诸因素中最重要的因素。模具材料的影响主要体现在以下几方面。

①模具材料种类。模具材料的种类对模具寿命影响很大，图8-5为不同模具钢制造的弯曲模，对同一种弹簧钢板进行弯曲试验的结果。

②模具工作零件的硬度。模具工作零件的硬度对模具寿命的影响也很大,这是因为硬度指标与材料的其他力学性能指标密切相关,但并不是硬度越高,模具寿命越长。有的冷冲模要求硬度高、寿命长。例如采用T10钢制造硅钢片的小孔冲模,硬度为56~58HRC,只冲几千次,冲件毛刺就很大;如果将硬度提高到60~62HRC,则刃磨寿命可达2万~3万次;但如果继续提高硬度,则会出现早期断裂。有的冷冲模则硬度不宜过高,例如采用Cr12MoV制造六角螺母冷镦冲头,其硬度为57~59HRC,一般寿命为2万~3万件,失效形式是崩裂;如将硬度降到52~54HRC,寿命提高到6万~8万件。

由此可见,模具硬度必须根据冲压工序性质和失效形式而定,应使硬度、强度、韧度、耐磨性、耐疲劳强度等达到特定冲压工序所需要的最佳配合。

(4)模具的使用　在模具的使用过程中,有许多因素影响模具的寿命,主要有以下几方面。

①压力机的精度与刚性。使用精度高、刚性好的压力机,冲模寿命可以大大提高。例如用Cr12MoV制造的复杂硅钢片冲模,在普通开式压力机上使用时,平均复磨寿命为1万~4万次;而在新式的高精度压力机上使用时,可达8万~15万次。因此,小间隙或无间隙冲模、硬质合金冲模、高精度冲模必须选择精度高、刚性好的压力机,才能获得良好的效果。否则,将损坏模具,降低模具寿命。

②模具的正确安装与使用。模具的正确安装与使用可有效地提高模具寿命。其主要包括模具的正确安装与调整,加工过程中按操作规程进行并正确选用润滑剂,加工完成后,模具的正确维护和保管等。图8-6为精冲板料厚度为5.8mm、经球化退火的20Cr4钢,不同润滑剂对模具寿命的影响。

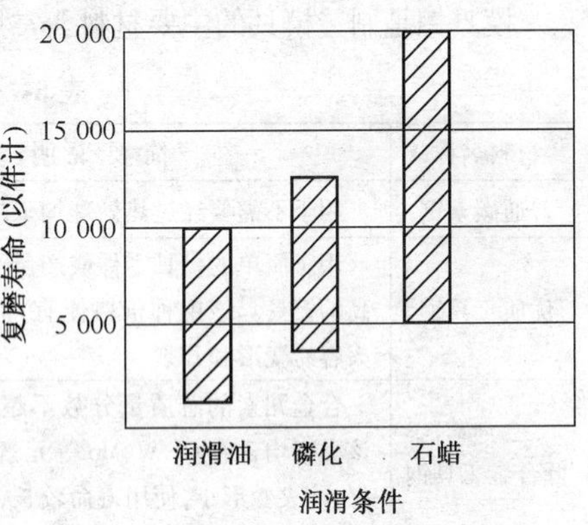

图8-6　润滑剂与模具寿命的关系

8.4 冲模材料的选用

冲压模具材料主要有各种金属材料和非金属材料,如碳钢、合金钢、铸铁、铸钢、聚氨酯橡胶等。合理地选取模具材料是保证模具寿命的关键,通常冷冲模材料主要是指模具工作零件所用的材料,因其是影响模具寿命的最关键因素。

目前,用于制造模具工作零件的金属材料主要有工具钢、硬质合金等模具钢。对制造模具工作零件用的模具钢,首先必须具有高硬度(≥58~64HRC)和强度、高耐磨性、足够的韧度,热处理变形小,有一定的热硬性等使用性能的基本要求。此外,由于冷冲模工作零件一般要经过较复杂的制造过程,因而必须具有对各种加工工艺的适应性,具体主要包括可锻性、加工工艺性、脱碳、氧化的敏感性、淬硬性、淬透性、过热敏感性、淬火裂纹敏感性、磨削加工性等。

选用模具材料还必须考虑到冲压加工件的生产批量、生产成本。为降低生产成本、缩短模具制造周期,在小批量生产和新产品试制时,还广泛采用聚氨酯橡胶。聚氨酯橡胶在冲模上除了用于卸料、脱件橡皮垫外,还在冲裁、弯曲、浅拉深及成形工序中作为工作零件使用。

由于用途不同的模具对模具钢的性能要求有区别。例如,冲裁模要求高硬度、高耐磨性和一定的韧度;拉深等成形模要求高耐磨、抗粘合能力;冷挤压模要求高的耐磨性、抗疲劳强度和较高的韧度。因此,冲模材料的选用还必须考虑到不同模具的工作状态、受力条件及被加工材料的性能,并对上述要求的各项性能有所侧重。

8.4.1　模具钢的选用

模具钢种类较多,冲压工序和被冲材料种类也多,而实际生产条件又复杂多变,因此,合理选择模具钢,既要考虑所选材料制作模具的寿命长短,同时还要兼顾材料的工艺性和经济性。

1. 模具钢的分类与特性

模具钢是制造模具的主要材料。常用模具钢分类见表8-7。

表8-7　常用模具钢分类

材料名称	简要说明	钢号举例
普通碳素钢	用于不需要经过热处理加工的模具零件	45、55
优质工具钢	用于简单的模具零件或产量小,精度要求不高的模具。该钢种价格便宜,但耐磨性差,淬火容易变形和开裂	T7A、T8A、T10A、T12A
低合金工具钢	合金元素的总质量分数不超过5/%。由于该类钢均含有Cr、W、Mo等元素,所以,耐磨性好,淬火变形小,使用寿命较长,是常用的中档模具钢	CrWMn、9SiCr、9Mn2V、GCr15、9CrWMn、7CrSiMnMoV(CH-1)、6CrNiMnSiMoV(GD)、6Cr3VSi、5CrW2Si
中合金工具钢	合金元素的总质量分数大于5/%,小于10/%。由于合金元素的增加,模具的耐磨性、耐冲击性进一步增加,是中上等模具钢	Cr4W2MoV、Cr4WV、Cr6WV、Cr2Mn2SiWMoV
高合金工具钢	合金元素的总质量分数大于10/%。由于淬火硬度高,淬透性好,淬火变形小等特点,适用于制造精密、耐磨性好的模具	Cr12、Cr12MoV、D2、3Cr2W8、4Cr5MoSiV、9Cr6W3Mo2V
高速工具钢	该工具钢比高合金工具钢更好的模具钢,但价格昂贵,用于制造高精度、高效率、高寿命的模具	W18Cr4V、W9Cr4V2、W12Mo3Cr4V3N(V3N)、W6Mo5Cr4V2、6W6Mo5Cr4V(6W6)
超高强度基体钢	基体钢是以高速钢成分为基体,具有高速钢正常淬火后的基本成分,碳的质量分数一般为0.5/%,合金元素的质量分数为10/%~12/%。这类钢具有高速钢基体的淬火性质,耐磨性好,强度高,而且韧性好、红硬性好,价格便宜,性能略次于(某些方面)高速钢。多用于热处理中容易开裂的冲模,经淬火、回火、低温氮碳共渗处理后,用作冷挤压凸模,寿命比高速钢寿命高。	65Nb、CG-2、LD-1、012Al

续表 8-7

材料名称	简要说明	钢号举例
钢结硬质合金	钢结硬质合金是用粉末冶金方法制造的铬钼合金钢,其中钢为粘接相,WC 或 TiC 为硬质相,性能介于钢与硬质合金之间,可进行淬火等热处理,因此,加工比硬质合金方便,而硬度比钢却高得多	GT35、TLMW50、TMW50、GW50、DT
硬质合金	硬质合金是以难熔的金属碳化物(如碳化钨、碳化钛)为基体,用钴或镍为粘接剂,用粉末冶金法生产的组合材料,硬度高,耐磨性好,红硬性好,缺点是脆性大。用于大批量冲压件的生产	YG8、YG8C、YG11、YG11C、YG15、YG20、YG20C、YG25

按工作条件的不同,模具钢一般分为三类,即冷作模具钢、热作模具钢和塑料模具钢。冷作模具钢用于制造冲裁模、挤压模、拉深模、冷镦模、弯曲模、成形模、剪切模、滚丝模和拉丝模等模具。按工艺性能和承载能力将冷作模具钢分类见表 8-8。

表 8-8 冷作模具钢分类

类 型	钢 号
低淬透性冷作模具钢	T7A、T8A、T9A、TlOA、TllA、T12A、8MnSi、Cr2、9Cr2、Cr06、GCr15、CrW5
低变形冷作模具钢	9Mn2V、CrWMn、9CrWMn、9Mn2、MnCrWV、SiMnMo、CrWMo
高耐磨微变形冷作模具钢	Cr12、Cr12MolVl、Cr12MoV、Cr5MolV、Cr4W2MoV、Cr2Mn2SiWMoV、Cr6WV
高强度高耐磨冷作模具钢	W18Cr4V、W6Mo5Cr4V2、W12Mo3Cr4V3N
高韧性冷作模具钢	6W6Mo5Cr4V、6Cr4W3Mo2VN6、7Cr7Mo2V2Si、65Nb、LD、7CrSiMnMoV
抗冲击冷作模具钢	4CrW2Si、5CrW2Si、6CrW2Si、9CrSi、60Si2Mn、5CrMnMo、5CrNiMo、5SiMnMoV
高耐磨高韧性冷作模具钢	9Cr6W3Mo2V2(GM)、Cr8MoWV3Si(ER5)
特殊用途冷作模具钢	9Cr18、Cr18MoV、Cr14Mo、Cr14M04、lCr18Ni9Ti、5Cr21Mn9Ni4W

①低淬透性冷作模具钢包括碳素工具钢和部分低合金工具钢。其特点是价格便宜,来源丰富,锻造工艺性较好,退火后软化,便于加工模具,具有一定的韧性和疲劳抗力,但淬透性、回火稳定性和耐磨性较低,承载能力也较低,热处理变形开裂的倾向大,模具的使用寿命短。此类模具钢主要用于制造中小批量生产、要求具有一定抗冲击荷载的冲压模具。

②低变形冷作模具钢是在碳素工具钢的基础上加入少量合金元素的,低合金工具钢。其特点是淬硬性(61~64HRC)和淬透性较好,淬火开裂、变形倾向小,但回火稳定性、韧性和耐磨性较低。此类模具钢主要用于制造中小批量生产、形状比较复杂的冲压模具。

③高耐磨微变形冷作模具钢为高合金钢,具有高淬透性、高淬硬性、高耐磨性、微变形、高回火稳定性、高抗压强度,但变形抗力和抗冲击能力有限。这组钢是冲压模具的主要材料,常用于制造生产批量大、荷载较大、耐磨性高、热处理变形小、形状较复杂的冲压模具。

④高强度高耐磨冷作模具钢为通用高速钢。其特点是具有高硬度、高抗压强度、高淬透性、高耐磨性，同时，具有很高的回火稳定性和较高热硬性，承载能力强，但价格贵，导热差、韧性不足，冷、热加工工艺性差，热处理工艺复杂。此类模具钢主要用于制造中厚钢板冲孔凸模，小直径凸模，冲裁弹簧钢、高强度钢板的中小型凸模以及各种高寿命冷冲、剪工具。

⑤高韧性冷作模具钢是国内外近年研制开发的一种综合性能优良的新材料。其强度、韧性、耐冲击能力均优于高速钢或高碳高铬钢，但耐磨性较差。在重载冲模中，其使用寿命比高速钢和高碳高铬钢高很多。

⑥抗冲击冷作模具钢为中碳低合金工具钢。其特点是具有高韧性、高耐冲击疲劳能力，但抗压和耐磨性不高。此类模具钢主要用于冲、剪工具和大中型冲压模具、精压模具等。

⑦高耐磨、高韧性冷作模具钢。高强韧性钢虽然克服了高铬、高速钢的脆断倾向，但由于钢中含碳量的减少，其耐磨性不如高铬和高速钢，为此，近年研制了高耐磨、高韧性冷作模具钢 GM 和 ER5。

2. 常用冷作模具钢的性能比较

常用冷作模具钢的性能比较见表 8-9。

表 8-9　常用冷作模具钢的性能比较

材料类别	材料牌号	性能比较					
		耐磨性	韧性	切削加工性	淬火不变形性	回火稳定性	淬硬深度
碳素工具钢	T7A	差	较好	好	较差	差	水淬 15~18mm 油淬 5~7mm
	T10A	较差	中等	好	较差	差	
	T12A	较差	中等	好	较差	差	
合金工具钢	9SiCr、Cr2	中等	中等	较好	中等	较差	油淬 40~50mm
	9Mn2V	中等	中等	较好	较好	差	油淬≤30mm
	CrWMn	中等	中等	中等	中等	较差	油淬≤60mm
	9CrWMn	中等	中等	中等	中等	较差	油淬 40~50mm
	Cr12	好	差	较差	好	较好	油淬≤200mm
	Cr12MoV	好	差	较差	好	较好	油淬 200~300mm
	Cr4W2MoV	较好	较差	中等	中等	中等	150×150mm 可 内外淬硬达 60HRC 空淬 40~50mm
	6W6M05Cr4V	较好	较好	中等	中等	中等	较深
	SiMnMo	较好	中等	较好	较好	较差	较浅
轴承钢	GCr15	中等	中等	较好	中等	较差	油淬 30~35mm
高速工具钢	W18Cr4V	较好	较差	较差	中等	好	深
	W6Mo5Cr4V2	较好	中等	较差	中等	好	深
基体钢	CG-2	较好	较好	中等	中等	好	深
	65Nb	较好	较好	中等	较好	中等	空淬≤50mm 油淬≤80mm

续表 8-9

材料类别	材料牌号	性能比较					
		耐磨性	韧性	切削加工性	淬火不变形性	回火稳定性	淬硬深度
普通硬质合金	YG3X YG6 YG8、YG8C YG15 YG20C、YG25	最好	差 差 差 差 差	差 差 差 差 差	不经热处理,无变形	最好,可达800℃~900℃	不经热处理,内外硬度均匀一致
钢结硬质合金	YE65(GT35) YE50(GW50)	好	较差,但优于普通硬质合金	可机械加工	可热处理,几乎不变形	好	深

表 8-10 给出了硬质合金钢的化学成分和力学性能。

表 8-11 给出了钢结硬质合金钢的化学成分和力学性能。

表 8-10 硬质合金钢的化学成分和力学性能

序号	钨钴类硬质合金牌号	化学成分(质量分数/%)				物理性能	力学性能				主要用途
		WC	Ti	Co	TaC	密度/(g/cm³)	硬度 HRA(HRC)	抗弯强度/MPa	抗压强度/MPa	冲击韧度/(J/cm²)	举例
1	YG6	94	—	6	—	14.6~15.0	89.5(74)	1450	4600	2.6	拉丝模
2	YG8	92	—	8	—	14.5~14.9	89(73)	1500	4470	2.5	拉深模
3	YG8C	92	—	8	—	14.5~14.9	88(72)	1750	3900	3.5	拉深模
4	YG11	89	—	11	—	14.0~14.4	87.5(71)	2100		3.8	拉深模
5	YG11C	89	—	11	—	14.0~14.4	87.5(71)	2100		3.8	拉深模
6	YG15	85	—	15	—	13.9~14.2	87(70)	2100	3660	4	冲裁模
7	YG20	80	—	20	—	13.4~13.7	85.5(68)	2600	3500	4.8	冲裁模、冲挤压模
8	YG20C	80	—	20	—	13.4~13.6	82(62)	2200			冲裁模、冷挤压模
9	YG25	75	—	25	—	12.9~13.2	84.5(60)	2700	3300	5.5	冷挤压模

表 8-11　钢结硬质合金钢的化学成分和力学性能

序号	钢结合金的名称	钢结合金型号	化学成分/(质量分数/%)						力学性能			
			硬质相		基体成分				硬度 HRC		抗弯强度(淬火态)/MPa	冲击韧度(淬火态)/(J/cm²)
			TiC	ω_C	c	Cr	Mo	Fe	退火态	淬火态		
1	铬钼合金钢	GT35	35		0.05	2.00	2.00	余量	39~46	68~72	1 400~1 840	6
2	高碳铬钼合金钢	TLW50		50	0.50	1.25	1.25	余量	35~40	66~68	2 000	8
3	高碳低铬钼钢	GW50		50	<0.60	0.55	0.15	余量	38~43	69~70	1 700~2 300	12

3. 冷作模具钢的选择

冲模工作零件常用材料及硬度要求见表 8-12。

表 8-12　冲模工作零件常用材料及硬度要求

类别	模具名称	使用条件	推荐使用钢号	代用钢号	工作硬度(HRC)
冲剪	直剪刃(长剪刃)	薄板(<3mm)	7CrSiMnMoV	T8A、9CrWMn	57~60
		中板(3~10mm)	9SiCr	T10A、5CrWMn	56~58
		厚板(>10mm)	5CrW2Si	5SiMnMoV	52~56
		硅钢片及不锈、耐热钢薄板	Cr12MoV	—	57~59
	圆剪刃(圆盘剪)	薄板	9SiCr	Cr12MoV	57~60
		中板	5CrW2Si	—	52~56
		硅钢片	Cr12MoV	—	57~60
	成型剪刃	圆钢(一般)	T8A	8Cr3、Cr12MoV	54~58
		(小型高寿命)	6W6Mo5Cr4V	—	58~60
		塑钢	5CrW2Si	5CrNiMo	52~56
		废钢	5CrMnMo	5CrMnMoV	48~53
	穿孔冲头	薄板、中板	T10A、T8A	T8A、60Si2Mn	54~58
		厚板	5CrW2Si	6CrW2Si	52~56
		奥氏体钢薄板	Cr12MoV	W18Cr4V	58~60
		高强度钢板	65Nb	6W6M05Cr4V	58~60
		偏心荷载	55SiMoV	5SiMnMoV	57~60

续表 8-12

类别	模具名称	使用条件	推荐使用钢号	代用钢号	工作硬度(HRC)
冲裁模	精冲模		Cr12MoV	Cr12、Cr5MolV	61~63(凹模)
			Cr4W2MoV	W6Mo5Cr4V2	60~62(凸模)
	轻载冲裁模(t<2 mm)	<0.3 mm 软料箔带	Tl0A	T8A	56~60(凸模)
					37~40(凹模)
		硬料箔带	7CrSiMnMoV	CrWMn	62~64(凹模)
		小批量、简单形状	Tl0A	Cr2	48~52(凸模)
		中批量、复杂形状	MnCrWV	9Mn2V	58~62
		高精度要求	Cr12、MnCrWV	9 CrWMn	(易脆折件56~58)
		大批量生产	Cr12MoV、Cr5Mo1V	Cr4W2MoV	
		高硅钢片(小型)	Cr12	Cr12MoV	
		高硅钢片(中型)	Cr12MoV		
		各种易损小冲头	W6Mo5Cr4V2	W18Cr4V	59~61
	重载冲裁模	中厚钢板及高强度薄板	Cr12MoV、Cr4W4MoV	Cr5MolV	54~58
		易损小尺寸凸模	W6Mo5Cr4V2	W18Cr4V、V3N	58~61
成形模	轻载拉深模	简单圆筒浅拉深			
		成形浅拉深	Tl0A	Cr2	60~62
		大批量用落料或拉深复合模	MnCrWV	9Mn2V、CrWMn	60~62
		(普通材料薄板)	Cr12MoV	Cr6WV	58~60
	重载拉深模	大批量小型拉深模	SiMnMo	Cr12	60~62
		大批量大、中型拉深模	Ni-Cr 合金铸铁	球墨铸铁	45~50
		耐热钢、不锈钢拉深模	Cr12MoV(大型)		65~67(渗氮)
			65Nb(小型)	GT-15	64~66
	弯曲、翻边模	轻型、简单	Tl0A		57~60
		简单易裂	T7A		54~56
		轻型复杂	CrWMn	9CrWMn	57~60
		大量生产用	Cr12MoV		57~60
		高强度钢板及奥氏体钢板	Cr12MoV		65~67(渗氮)
	大中型弯板机通用模具	互换性要求严格、形状复杂	5CrMnMo	5CrNiMo	42~48
冷精压	平面精压模	有色金属	Tl0A	Cr2	59~61
		钢件	Cr12MoV		59~61
	刻印精压模	有色金属	9Mn2V	9Cr2	
		钢件	Cr5Mo1V、65Nb	Cr12WMoV	58~60
		不锈钢等高强度材料	6W6Mo5Cr4V、65Nb	5Crw2Si	
	立体精压模		Cr2	GCr15、9Cr2	60~62
		浅型腔	Cr5MolV		56~58
		复杂型腔	5CrNiMo	5CrW2Si	54~56
			9Cr2.	5CrMnMo	57~60

续表 8-12

类别	模具名称	使用条件		推荐使用钢号	代用钢号	工作硬度(HRC)
冷挤压	轻载冷挤压	铝合金(单位压力<1 500MPa)		Cr2(小型) 65Nb(中型)	MnCrWV、YG8 Cr12MoV、YG15	60~62 56~58
	重载冷挤压	钢件(单位压力1 500~2 000MPa)		6W6Mo5Cr4V(凸模)	W6M05Cr4V2	60~62
		钢件(单位压力2 000~2 500MPa)		Cr12MoV(凹模) W6Mo5cCr4V2(凸模)	65Nb、CrWMn W18Cr4V	58~ 60 61~63
	模具型腔冷挤压凸模	一般中、小型		9SiCr	Cr2、Tl0A	
		大型复杂件		5CrW2Si		59~61
		复杂精密件		Cr12MoV	Cr5MolV	59~61(渗碳)
		成批压制用		65Nb	6W6Mo5Cr4V	59~61
		高单位压力(>2500MPa)		W6Mo5Cr4V2	W18Cr4V、Cr12	59~63
冷镦模	切料模	整体式	小规格	GCr15、T10A	W18Cr4V	58~60
			大、中规格	9SiCr	Cr12MoV	56~58
	光冲	整体式	中、小规格 大规格	T10A	W18Cr4V 9Cr2	59~61 57~59
	压球模	整体式	小规格	YG20	YG20C	—
			大、中规格	GCr15、Cr12MoV	65Nb	57~59
	切边模	整体式	大、中规格	Cr12MoV	65Nb	
			中、小规格	9SiCr	W6Mo5Cr4V2	
	凹模	整体式	<M6	9SiCr、Cr12MoV	—	59~61
			>M6	T10A	MnSi、9Cr2	56~59
		组合式	模芯>M10	Cr12MoV W6Mo5Cr4V2	65Nb、YG20C	52~59 57~61
			模芯<M10	YG20	GT35、TLMW50	
			模套	T10A、GCr15 60Si2Mn	5CrNiMo	48~52(内) 44~48(外)
	成形冲头	凹穴冲头,中、小规格		60Si2Mn、5CrMnMo	65Nb、CG2	57~59
		外六角冲头,大、中规格		Cr12MoV、Cr6WV	6W6Mo5Cr4V	57~59
		内六角冲头	中、小规格 大规格	60Si2Mn W6Mo5Cr4V2 W18Cr4V	65Nb、CG2 6W6MoCr4V	52~57 59~61
		十字冲头	小规格 大、中规格	W18Cr4V W6Mo5Cr4V2 60Si2Mn	65Nb、CG2 6W6MoCr4V	59~61 55~57
	冲孔冲头	强烈磨损和断裂		W18Cr4V	W6Mo5Cr4V2	59~61
冷滚压模	搓丝板	≤M20		9SiCr	Cr12MoV	58~61
	滚丝模及滚齿纹模	一般 螺距>3mm 梯形螺纹、齿纹		Cr12MoV	Cr5MolV 9SiCr	58~61 56~58 54~56
	成形滚压模	型材校直辊,无缝金属管轧辊等		9Cr2	Cr2	61~63

续表 8-12

类别	模具名称	使用条件	推荐使用钢号	代用钢号	工作硬度(HRC)
拉拔模	钢管、圆钢冷拔模	强烈磨损、咬合及张应力作用特殊形状规格	Tl0、Cr2、45 Cr12MoV	石墨钢 Cr12	(碳氮共渗淬火) 61~63(渗硼淬火) 40~45(心部) 61~63(表面)

8.4.2 聚氨酯橡胶的选用

聚氨酯橡胶在冲模上除了用于卸料、脱件橡胶垫外,还在冲裁、弯曲、浅拉深及成形工序中得到广泛应用。图 8-7 为聚氨酯橡胶的压缩特性曲线。图 8-8 为聚氨酯橡胶与普通橡胶所能承受的加载力比较图。

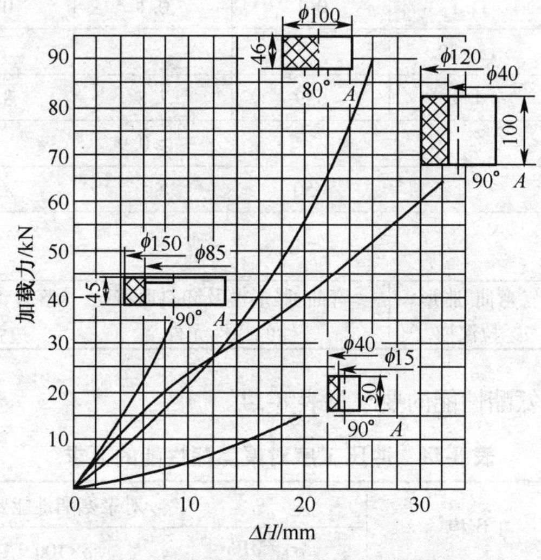

图 8-7　聚氨酯橡胶压缩特性曲线

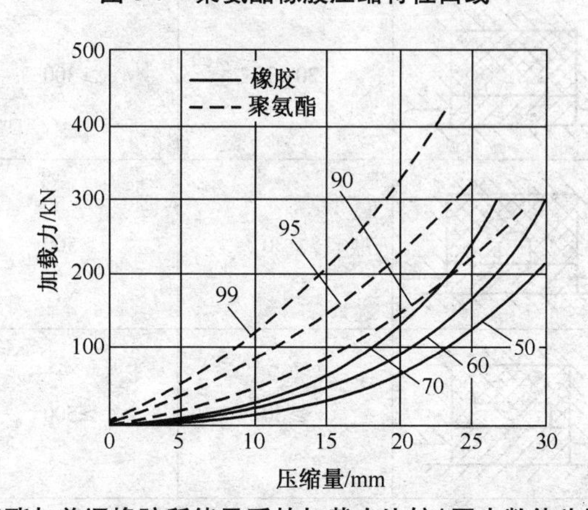

图 8-8　聚氨酯与普通橡胶所能承受的加载力比较(图中数值为邵氏硬度 A)

常用的聚氨酯橡胶的性能见表8-13。用于一般卸料橡胶垫的聚氨酯橡胶,可选用硬度80~90A;用于冲裁模的工作零件时,应选用硬度不小于90A为宜。冲压制件越软,橡胶硬度值应越大;而拉深、成形、弯曲时,可选用硬度值小于90A的聚氨酯。

表8-13 聚氨酯橡胶的性能指标

项目	聚氨酯橡胶的牌号				
	8260	8270	8280	8290	8295
邵氏硬度A	63±5	73±5	83±5	90±3	95±3
伸长率×100	550	500	450	450	400
断裂强度/MPa	29.4	39.2	44.1	44.1	44.1
300/%定伸抗拉强度/MPa	2.5	4.9	9.8	12.7	14.7
断裂永久变形×100	8	8	12	15	18
阿克隆磨耗 cm^3/1.61 km	0.1	0.1	0.1	0.1	0.1
冲击回弹性×100	15~30				
抗撕力/MPa	4.9	6.9	7.8	8.8	9.8
老化系数/100℃×72 h	≥0.9				
脆性温度/℃	-50			-40	
耐油性(煤油、室温、72 h)增重率×100	≤4			≤3	
适用范围	弯曲、胀形拉深模	弯曲、胀形模及卸料退料件的弹性元件		落料、精冲压边弹簧	薄软件无毛刺冲裁

各种冲压工序对聚氨酯性能的要求见表8-14。

表8-14 冲压工序对聚氨酯性能的要求

工序名称	工序模	对聚氨酯性能要求		
		σ_b/MPa	δ×100	硬度/A
切断、落料冲孔		20~30	≥300	80~95
弯曲成形		≥30	≥500	>70
按凹模拉深		≥30	≥500	<50

续表 8-14

工序名称	工序模	对聚氨酯性能要求		
		σ_b/MPa	$\delta\times100$	硬度/A
按凸模拉深(带活动压边圈)		>40	~700	~60
按凸模拉深(不带活动压边圈)		>40	600~650	≤50
空间工件成形		>10	~600	~50
复杂工件的局部连续成形		≥30	≥500	>60

8.5 模具钢的热处理

为保证模具寿命,除了正确选用模具材料外,还常对冲模的工作零件进行合理的热处理。热处理效果的好坏直接关系到模具的寿命及冲件的质量。

1. 常用模具材料的热处理规范

为保证冲模的性能,同时有利于加工件的加工制造,冲模主要零件的制造工艺流程大致有以下四种安排。

①锻造⟶球化退火⟶加工成形⟶淬火与回火⟶钳修装配。

②锻造⟶球化退火⟶粗加工⟶淬火与回火⟶精加工⟶钳修装配。

③锻造⟶球化退火⟶粗加工⟶高温回火或调质⟶加工成形⟶淬火与回火⟶精加工⟶钳修装配。

④高温回火(或退火)⟶加工成形⟶淬火与回火⟶钳修装配。

(1) 常用模具钢的退火规范　为消除锻坯的内应力,改善组织和降低硬度,以利于机械加工,常用模具钢一般采用等温球化退火。等温球化退火工艺如图 8-9 所示。

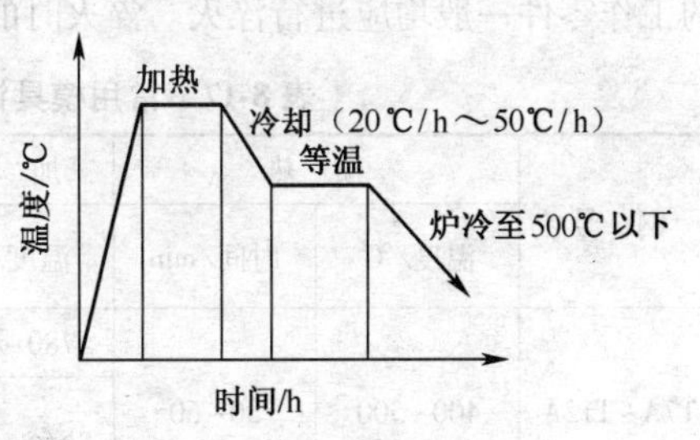

图 8-9　等温球化退火工艺

常用模具钢的等温球化退火规范见表8-15。

表8-15　常用模具钢的等温球化退火规范

钢　　号	加　热		等　温		冷却方式	退火硬度(HB)
	温度/℃	时间/h	温度/℃	时间/h		
T7、T8	750~770	1~2	680~700	2~3	炉冷至500℃以下空冷	163~187
T10、T12	750~770	1~2	680~700	2~3		179~207
9MnV2	750~770	1~2	680~700	2~3		≤229
CrWMn	790~810	2~3	690~710	3~4		≤241
9SiCr、9CrWMn	790~810	2~3	700~720	3~4		≤229
Cr6WV、Cr2、Cr12MoV、W18Cr4V	850~870	3~4	740~760	4~5		≤241
6W6Mo5Cr4V、W6Mo5Cr4V2 4Cr5W2VSi、4Cr5MoSiV	850~870	3~4	740~760	4~5		≤229
Cr12	850~870	3~5	740~760	4~5		≤255
Cr4W2MoV	900	3~4	740~760	6~8		≤255

为消除机械加工应力和降低电火花加工层的硬度,以利于修磨,可采用高温回火。其规范见表8-16。为防止回火时的氧化和脱碳,一般都采用保护气氛、木炭屑或铸铁屑来保护。

表8-16　常用模具钢的高温回火规范

钢　种	钢　　号	加热温度/℃	保温时间/h	冷却方式
碳素工具钢	T7A~T12A	600~650	2	空冷
低合金工具钢	9Mn2V、9SiCr、GCr15、CrWMn、9CrWMn	650~700	2~3	
高合金工具钢	Cr6WV、Cr12、Cr12MoV	720~750	3~4	
中碳低合金钢	5CrWMn	680~700	4~6	
	5CrW2Si	710~740	4~6	

(2)常用模具钢的淬火规范　为提高模具材料的硬度及强度,同时提高其耐磨性,模具的工作零件一般均应进行淬火。淬火时的加热和冷却工艺规范见表8-17。

表8-17　常用模具钢在盐浴中的加热及淬火规范

钢　号	预　热		加　热	加　热	冷却剂	硬度 HRC
	温度/℃	时间/min	温度/℃	时间/(min/mm)		
T7A~T12A	400~500	30~60	780~800	0.4~0.5	盐水转油	>58
			810~830	0.4~0.5	140℃~180℃碱浴	
					160℃~180℃硝盐浴	

续表 8-17

钢 号	预热 温度/℃	预热 时间/min	加热 温度/℃	加热 时间/(min/mm)	冷却剂	硬度 HRC
9Mn2V	400~500	30~60	780~800	0.5~0.6	冷油或热油	>58
			790~810	0.5~0.6	160℃~180℃碱浴	
					160℃~180℃硝盐浴	
					260~280℃硝盐	>48
CrWMn	400~500	30~60	810~830	0.5~0.6	冷油或热油	>58
			820~840	0.5~0.6	160℃~180℃碱浴	
					160℃~180℃硝盐浴	
					260℃~280℃硝盐	>48
GCr15	400~500	30~60	830~850	0.5~0.6	冷油或热油	>58
			840~960	0.5~0.6	160℃~180℃碱浴	
					160℃~180℃硝盐	
					260℃~280℃硝盐	>48
5CrWMn	400~500	30~60	830~850	0.5~0.6	热油	>55
			840~860	0.5~0.6	160℃~180℃硝盐	
5CrW2Si	400~500	30~60	870~890	0.5~0.6	热油	>55
			880~900	0.5~0.6	160℃~180℃硝盐	
9SiCr	400~500	30~60	850~870	0.4~0.5	冷油或热油	>58
			860~880	0.5~0.6	160℃~180℃碱浴	
					160℃~180℃硝盐	
Cr6WV	500~550	30~60	960~980	0.25~0.35	冷油	>60
					160℃~180℃硝盐	
Cr12	500~550	30~60	960~980	0.25~0.35	冷油、水溶性有机液、铜板、空气	>60
					260℃~320℃硝盐	
Cr12MoV	500~550	30~60	1 020~1 050	0.25~0.35	冷油、水溶性有机液、铜板、空气	>60
					260℃~320℃硝盐	
W18Cr4V	800~850	0.3~0.4min/mm	1 260~1 280	0.15~0.20	冷油、水溶性有机液	>60
W6Mo5Cr4V2	800~850	0.3~0.4min/mm	1 180~1 200	0.15~0.20	冷油、水溶性有机液	>60
Cr4W2MoV	500~550	30~60	960~980	0.25~0.35	油冷	
			1 020~1 040			

续表 8-17

钢号	预热		加热	加热	冷却剂	硬度 HRC
	温度/℃	时间/min	温度/℃	时间/(min/mm)		
Cr2Mn2Si-WMoV	400~500	30~60	840~860	0.5~0.6	空冷或油冷	
6W6Mo5Cr4V	830~850	0.3~0.4min/mm	1 180~1 200	0.15~0.20	油冷 550℃, 350℃ ~400℃二次分级冷却, 280℃~300℃等温 2~3h	51~56

模具材料经淬火,在冷至室温后应立即进行回火。其回火工艺规范见表 8-18。必须注意的是应避开回火脆性温度范围。如 9Mn2Si 的回火脆性温度为 190℃~230℃;GCr15 为 200℃~240℃;9CrSi 为 200℃~250℃;CrWMn 为 250℃~300℃;Cr12 和 Cr12MoV 为 290℃~330℃。

表 8-18 常用模具钢的回火温度

钢号	达到下列硬度范围(HRC)时的回火温度/℃			
	40~50	52~56	54~58	58~62
T7A	330	250	220	170
T8A	350	270	230	190
T10A、T12A	370	290	250	210
Cr6WV	—	380	290	240
9Mn2V	380	300	250	220
CrWMn	400	320	270	230
9SiCr	450	350	320	250
5CrW2Si	420	280	250	—
Cr12	—		400	250
Cr12MoV(1030℃淬火)	—	540	400	230
Cr4W2MoV(1030℃淬火)	—	—	—	400

回火保温时间:材料厚度≤30mm 时,在硝盐槽中保温 40~80min,在箱式炉中保温 60~120min;材料厚度 > 30mm 时,在硝盐槽中保温 60~120min,在箱式炉为保温 90~180min。

2. 模具零件热处理的质量检验

热处理质量的好坏对模具的使用寿命有着很大的影响,而加强模具零件热处理前后及热处理工序时间的质量检验,是确保零件热处理质量的重要手段。表 8-19 和 8-20 为模具零件正火和退火与淬火后的检验内容和技术要求。表 8-21 和表 8-22 为几种模具零件淬火后允许变形的范围。

表 8-19 模具零件正火与退火后的检验内容及技术要求

名称		一般技术要求
尺寸检验		坯料尺寸按图纸规定的尺寸公差进行检验;氧化皮厚度、尺寸变形量不大于机械加工余量的1/3
硬度检验		按图纸或有关技术文件规定检验坯料退火后的硬度值
金相检验	脱碳层厚度检验	坯料表面脱碳层厚度不得大于机械加工余量的1/3
	网状碳化物级别检验	不大于改锻后的允许级别
	球光体级别检验	1. 碳素工具钢:按GB/T 1298—2008所附第一级别图,6级标准检验,一般2~4级为合格 2. 合金工具钢:按GB/T 1299—2000所附第一级别图,6级标准检验,一般2~4级为合格,Cr12型等高合金及高速工具钢不评定珠光体球化等级

表 8-20 模具零件淬火与回火前后的检验内容及技术要求

名称	内容与一般技术要求
淬火前检验	1. 是否符合加工工艺路线; 2. 零件有无裂纹、碰伤、变形等缺陷; 3. 材料是否符合图纸规定,表面是否存在残余脱碳层; 4. 对重要零件及易变形的零件测量记录有关部位的尺寸
淬火与回火后外观检验	不允许有裂纹、烧伤、碰伤、腐蚀和严重氧化
淬火与回火后硬度检验	按图纸及有关工艺文件规定检验零件的硬度
淬火与回火后变形量检验	测量淬火、回火后零件的有关尺寸
淬火与回火后金相检验	必要时进行下列金相检验: 1. 马氏体等级。一般按6级标准进行评定,碳素工具钢≤3级为合格;合金工具钢≤2级为合格 2. 淬火实际晶粒度等级。Cr12型等高合金工具钢与高速工具钢,常用淬火实际晶粒度的大小作为淬火组织的评定依据。一般Cr12型钢为6~11号、高速工具钢为8~11号 3. 网状碳化物。模具的主要零件,特别是要求高的重要零件,不允许存在有网状碳化物 4. 残余奥氏体量。要求精度高的模具零件必要时测定其残余奥氏体量。CrWMn、GCr15等为9/%以下;Cr12型钢为12/%以下

表 8-21 模具主要零件淬火允许的变形范围

部位尺寸/mm	材料		
	碳素工具钢	CrWMn、9Mn2V	Cr12MoV、Cr6WV
	允许变形量/mm		
201~300	-0.20	+0.06 -0.15	+0.04 -0.08

续表 8-21

部位尺寸/mm	材料		
	碳素工具钢	CrWMn、9Mn2V	Cr12MoV、Cr6WV
	允许变形量/mm		
120~200	-0.15	+0.05 -0.10	+0.03 -0.06
51~119	-0.10	±0.06	+0.02 -0.04
≤50	-0.05	±0.03	±0.02

表 8-22 孔中心距淬火允许变形率

钢 号	碳素工具钢	CrWMn、9Mn2V	Cr12MoV、Cr6WV
变形率//%	-0.08	±0.06	±0.04

3. 模具零件热处理缺陷的防止及补救措施

模具零件的热处理缺陷直接影响到整套模具的制造质量，因此，应尽量避免。

(1)淬火、回火及退火的疵病防止及补救措施 表 8-23、表 8-24、表 8-25 为模具零件淬火、回火及退火后出现的疵病及其防止措施和补救方法。

表 8-23 模具零件淬火的疵病及其防止措施与补救方法

疵病		产 生 原 因	防止措施与补救方法
过热与过烧		1. 材料钢号混淆； 2. 加热温度过高； 3. 在过高温度下，保温时间过长	1. 淬火前材料经火花鉴别； 2. 过热工件经正火或退火后，按正常工艺重新淬火； 3. 过烧工件不能补救
裂纹		原材料内有裂纹； 原材料碳化物偏析严重或存在锻造裂纹	加强对原材料的管理与检验； 合理锻造及加强对锻件的质量检验
	淬火裂纹	1. 未经预热，加热过快； 2. 加热温度过高或高温保温时间过长，造成脆性； 3. 冷却剂选择不当，冷却速度过于剧烈； 4. Ms点以下，冷却速度过快；水、油双液淬火时，工件在水中停留的时间过长；分级淬火时，工件自分级冷却剂中取出后，立即放入水中清洗； 5. 应力集中； 6. 多次淬火而中间未经充分退火； 7. 淬火后未及时回火； 8. 表面增碳或脱碳	1. 采取预热，高合金钢应尽量采用两次预热； 2. 严格控制淬火温度与保温时间； 3. 正确选择冷却剂，尽可能采用分级，等温冷却工艺； 4. 严格按正确冷却工艺处理； 5. 模具零件结构不合理造成应力集中的应提高设计工艺合理性；在应力集中处包扎或堵塞耐火材料，冷却时尽量采取预冷； 6. 重新淬火的零件应进行中间退火； 7. 淬火后应及时回火； 8. 模具零件加热时应注意保护措施；如盐浴脱氧，箱式炉通入保护气氛等

续表 8-23

疵病	产 生 原 因	防止措施与补救方法
淬火软点	1. 原材料显微组织不均匀,如碳化物偏析,碳化物聚集等; 2. 加热时工件表面有氧化皮,锈斑等,造成表面局部脱碳; 3. 淬火介质老化或有较多的杂质,致使冷却速度不均匀;碱浴中水分过多或过少; 4. 较大尺寸的工件淬入冷却介质后,没作平稳的上下或左右的移动,以致工件凹模或厚截面处蒸汽膜不易破裂,降低了这部分的冷却	1. 原材料需经合理锻造与球化退火; 2. 淬火加热前检查工件的表面,去除氧化皮、锈斑等,盐浴要定时脱氧; 3. 冷却介质保持洁净,定期清理与更换;碱浴要定期测量水分; 4. 工件淬入冷却介质时需正确操作
硬度不足	1. 钢材淬透性低,而模具的截面又较大; 2. 淬火加热时表面脱碳; 3. 淬火温度过高,淬火后残余奥氏体量过多,淬火温度过低或保温时间不足; 4. 分级淬火时,在分级冷却介质中停留时间过长(会发生部分贝氏体转变)或过短。水-油淬火时,在水中停留时间太短; 5. 碱浴水分过少	1. 正确选用钢材; 2. 注意加热保护,盐浴充分脱氧; 3. 严格控制各种钢材的淬火加热工艺规范; 4. 按正确冷却工艺规范做; 5. 严格控制碱浴水分
表面腐蚀	1. 在箱式炉中加热,表面由于保护不良而氧化脱碳; 2. 在盐浴炉中加热,盐浴脱氧不良; 3. 工件进行空冷淬火或在空气中预冷的时间过长; 4. 硝盐浴使用温度过高或硝盐浴中存在大量的氯离子,使工件产生电化学腐蚀; 5. 淬火后工件没有及时清洗,以致残存盐渍腐蚀表面	1. 工件需装箱保护,保护剂在使用前要烘干,或通入保护气体; 2. 盐浴需充分及时脱氧; 3. 高合金钢尽量不进行空冷淬火; 4. 硝盐浴使用温度不宜超过 500℃,要保持硝盐浴的洁净; 5. 淬火后工件要及时清洗干净; 6. 采用真空热处理

表 8-24 模具零件退火的疵病及其补救措施

疵 病	产 生 原 因	补救措施
退火后硬度过高	1. 加热温度不当; 2. 保温时间不足; 3. 冷却速度太快	按正确工艺规范重新退火
退火组织中存在网状碳化物组织	1. 锻造工艺不合理; 2. 球化退火工艺不对,例如过热到 Acm 以上,随后冷却缓慢	正火或调质后再按正确的球化工艺重做

表8-25　模具零件回火的疵病及其防止措施与补救方法

疵　病	产生原因	防止措施与补救方法
一般脆性	回火温度偏低或回火时间不足	选择合理的回火温度与充分的回火时间;各种材料避开其回火脆性区
第一类回火脆性	原因尚不十分清楚。一般认为是由于马氏体分解析出碳化物,从而降低了晶界断裂强度,引起脆性	可在钢中加入钨、钼合金元素来防止钢材在回火时产生的脆性,或在回火后进行快冷(可在水或油中快冷,然后再在300℃~500℃加温保温消除应力)。已出现这类回火脆性时,可以用再次回火并快冷的方式来消除
第二类回火脆性(某些钢材在450℃~550℃回火时,若回火缓慢冷却,会产生脆性)	原因尚不十分清楚。一般认为与晶界间析出某些物质有关,但析出物质的类型以及在钢中的分布方式则未肯定	淬火后要充分回火,高合金钢要采用二次回火
磨削裂纹	除磨削不当会产生裂纹外,回火不足也可能造成裂纹	回火后应及时清洗
表面腐蚀	回火后没有及时清洗	

(2)热处理变形的防止及控制措施　模具零件热处理产生变形是必然趋势,模具热处理后形状和尺寸的准确性直接影响到产品的质量,为控制热处理变形,可从以下方面采取措施。

①正确控制淬火温度。在一般情况下,为减少变形量,对淬火合金工具钢零件应选用淬火温度下限进行加热,而对碳素工具钢零件应采用淬火温度上限温度加热(系指水或油冷却工艺)。

②对形状比较复杂、厚薄相差较大的工件,在设计时,应选用合金工具钢;淬火时,应进行适当的预热,以减少热应力,防止其变形。

③在保证硬度的前提下,尽量采用缓冷方式或采用预冷与热介质(热油、碱浴、硝盐)中分级淬火或等温淬火的方法。

④在易变形处预先留有变形量,待热处理后再进行修整,不至于使工件由于变形太大而报废。

⑤淬火前,在工件上还可以适当开设工艺孔、留设工艺肋,以防工件产生裂纹和变形。

⑥做好零件淬火时的保护。零件淬火前,必须经过仔细认真的分析和研究。对于容易发生变形的部位,一定要进行包扎、捆绑和堵塞,尽量使零件的形状和截面积大小趋于对称,使淬火时应力分布均匀,以减少变形。

第 9 章 冲压工艺规程的编制

9.1 冲压工艺规程编制的一般步骤

冲压工艺规程是指导冲压件生产的技术文件，是零件技术准备的主要内容，也是冲模设计前的战略谋划。

在编制冲压工艺规程时，通常根据冲压件的特点、生产批量、现有设备和生产能力等，拟订出几种可能的工艺方案，在对各种工艺方案进行周密的综合分析与比较之后，优选出一种技术上可行、经济上合理的最佳工艺方案。一般说来，冲压工艺规程编制的内容如下。

1. 分析冲压件的冲压工艺性

根据产品图样分析冲压件的形状特征、尺寸大小、精度要求、表面质量及所用材料是否符合冲压工艺要求。如发现冲压工艺性不好，冲压加工困难，则应在不影响产品使用性能的前提下，向设计人员提出修改意见，经协商同意后对产品图样做适合工艺性的修改。

2. 分析、比较和确定工艺方案

在分析冲压件工艺性的基础上，提出各种可能的冲压工艺方案，经过综合分析、比较，最后确定适合于所给生产条件的最佳方案。主要包括：工序性质、工序数目、工序顺序以及其他辅助工序(热处理等)的安排。

(1) *工序性质的确定* 一般的冲压件均可以从产品图样上直观看出冲压该加工件所需的工序性质。如板状工件应采用冲裁工序；如平面度要求较高，应增加校平工序；各种弯曲件应采用弯曲工序；弯曲半径太小时，应增加整形工序；各类空心件应采用拉深工序；圆角半径太小时，也要加整形工序；复杂形状的冲压件可采用拉深、冲孔、翻边等复合工序等等。

严格地讲，工序性质应根据冲压件的结构形状、尺寸精度，由弱区的变形性质所决定。弱区和强区是相对的，通过计算与比较才能确定。为了使每道工序都能顺利地完成既定的任务，必须使在该道工序中应该变形的部分位于弱区。

如图 9-1a 所示油封内夹圈，及图 9-1b 所示油封外夹圈，材料均为 08 钢，两工件形状尽管相同，但由于尺寸不同，为保证变形区为弱区，需采用不同的加工工艺方案。

图 9-1a 为油封内夹圈的冲压工艺过程：先进行落料冲孔的复合工序，后翻孔。翻孔系数为 0.8，翻孔时的变形区是外径为 $\phi92$ mm、内径 $\phi76$ mm 的环形部分，翻孔力较小，而外环为 $\phi117$ mm、内径为 $\phi92$ mm 的外环部分，产生切向收缩拉深变形需要的变形力较大，故不参加变形，因此，可以保证"变形区为弱区"的条件。图 9-1b 为油封外夹圈，高度为 13.5 mm。如果也采用油封内夹圈的冲压工艺，则预冲孔直径为 $\phi61$ mm，翻孔系数为 0.68。虽然翻孔系数在允许的范围内(当采用球形凸模翻孔时)，但翻孔力较大。此时坯

料外径为 $\phi117$ mm、内径为 $\phi90$ mm 的外环部分，产生切向收缩拉深变形所需要的力与翻孔力相差不大，故无法保证“变形区为弱区”的条件，即在翻孔变形的同时，坯料的外径也可能产生切向收缩变形，这是不允许的。因此，油封外夹圈的冲压工艺过程应为图 9-1b 所示的落料⟶拉深⟶冲孔⟶翻孔。这时翻孔系数 $d_0/D=80/90\approx0.9$，此时，“变形区为弱区”的条件得到保证。

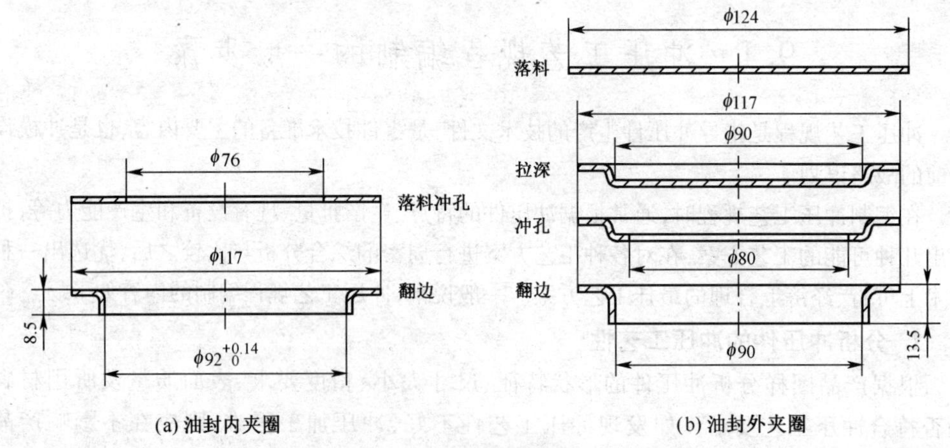

(a) 油封内夹圈　　(b) 油封外夹圈

图 9-1　油封内、外夹圈的冲压工艺过程

有时，为保证“变形区为弱区”的条件，需要增加一些工序，如图 9-2 所示两个形状相似的工件，材料均为 08 钢，板料厚度为 0.8 mm。图 9-2a 为冲压工艺过程：落料⟶拉深⟶冲孔。而图 9-2b 所示由于拉深前的坯料直径经计算为 $\phi81$ mm，其拉深系数为 $33/81=0.4$，小于极限拉深系数。因此，外径为 $\phi81$ mm、内径为 $\phi33$ mm 的环形部分，在拉深时不是弱区，如果也采

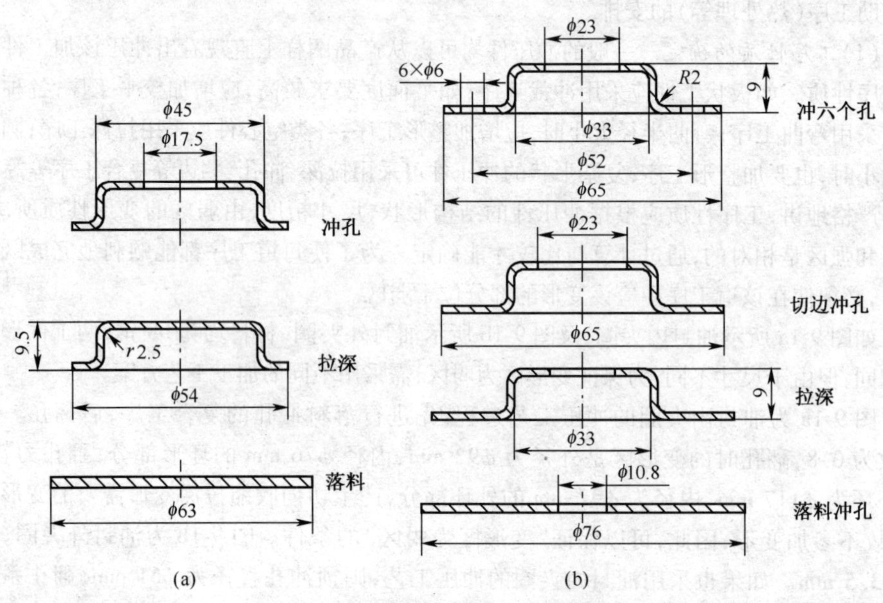

(a)　　(b)

图 9-2　两种相似工件冲压工艺的比较

用图 9-2a 所示的工艺过程,就不可能完成。为增加变形程度,采用图 9-2b 所示的工艺过程,即先经过落料冲孔的复合工序,再拉深、冲底孔与切边,最后冲 6 个 ϕ6 mm 孔。预先冲出 ϕ10.8 mm 孔,使拉深时坯料内部(小于 ϕ33 mm 的部分)和外部(大于 ϕ33 mm 的部分)都成为弱区,产生一定量的变形,内部金属向外扩展,外部金属向内收缩,从而一次拉深即可得到直径为 33 mm、高度为 9 mm 的形状。

(2) *工序数目的确定* 工序数目主要根据工件的形状及尺寸要求、工序合并情况、材料极限变形参数(如拉深系数、翻边系数、缩口系数、胀形系数等)来确定。对于形状复杂的冲裁件,由于受模具结构或强度限制,常常将其内、外轮廓分成几部分,用几套模具冲裁或用连续模分段冲裁;非常靠近的孔,不能同时冲出;弯曲件的工序数目决定于弯角的多少、相对位置和弯曲方向;工序的合并主要取决于生产批量。在大量生产中,应尽可能将冲压基本工序合并起来,采用复合模或连续模冲压,以提高生产率,减少劳动量,降低成本;反之,以采用单工序分散冲压为宜。但有时为了保证工件精度的要求,保障安全生产,批量虽小,也需要把工序适当的集中,用复合模或连续模冲压。工序是否合并,还要考虑工件尺寸大小、冲压设备的能力和模具制造的可能性与使用的可靠性。

(3) *工序顺序的确定* 工序顺序的安排,主要根据冲压件的形状、工序性质、材料的变形规律及冲压件的精度和定位要求决定。

所有的孔,只要其形状和尺寸不受后续工序变形的影响,都应在平板坯料上冲出,因为在立体冲压件上冲孔时操作不方便,定位困难,模具结构复杂;先冲的孔还可作为后续工序的定位孔。对于有孔的平板件,采用单工序模具冲裁时,一般先落料,后冲孔;采用连续模冲裁时,应先冲孔,后落料。对于多角弯曲件采用简单模分次弯曲成形时,应先弯外角,后弯内角。当孔位于变形区或孔与基准面有较高要求时,应先弯曲,后冲孔,否则,都应先冲孔,后弯曲。对于复杂的旋转体拉深件,一般以由大到小为序进行拉深,或先拉深大尺寸的外形,后拉深小尺寸的外形。对非旋转体的拉深件则相反。对于有孔或缺口的拉深件,一般先拉深,后冲孔(或缺口)。对于带底孔的拉深件,当孔径要求不高时,可先冲孔,后拉深;当底孔要求较高时,一般应先拉深,后冲孔;也可先冲孔,后拉深,再冲切底孔边缘达到要求。校平、整形、切边工序一般安排在冲裁、弯曲和拉深工序之后。

同一个冲压件在不同位置冲压时,当在这些位置的变形相互间不发生作用时,从变形可能性方面看,在各个部位上同时成形或者在任意位置先成形都是可行的。这时,工序顺序的安排要根据模具结构、定位和操作的难易程度来决定。

安排工序顺序时还要注意不同工艺过程对材料极限变形程度的影响,要使确定的工序有利于发挥材料的塑性,以减少工序数量。

(4) *半成品形状与尺寸的确定* 在冲压加工中,中间工序加工得到的半成品可以分为两个部分:已成形部分,其形状和尺寸与冲压件相同;有待于以后继续成形加工的部分,其形状和尺寸与冲压件不同,属过渡形状。这些过渡性的形状与尺寸对保证冲压件的质量与尺寸精度有极其重要的影响。

有些冲压件的半成品尺寸可以根据该道工序的极限变形参数的计算求得,如多次拉深件的半成品尺寸,可由各次拉深系数确定。

半成品中已成为成品部分的形状和尺寸,是以后工序中的强区,不允许再产生变形,即其他未成形部分在以后的加工中,不能由已成形区来补充金属,也不能将多余的金属转移到已成形部分。

图9-3为出气阀罩盖的冲压工艺过程。在第二道拉深工序之后，便已形成了直径为$\phi16.5$ mm的圆筒形部分。这部分形状和尺寸在以后的加工过程中不再发生变化。在确定半成品尺寸时，必须使被这部分隔开的两端的金属材料，正好等于以后各道工序里形成成品相应部分的金属材料。为使第三道反向拉深成为可能，将第二道工序后的半成品底部做成球形，使第三道成形的部位储存较多的材料，以便于第三道工序的成形。显然，如果第二道工序后，半成品底部为平面，则反向拉深系数为$m=5.8/16.5=0.35$，第三道反向拉深就不可能一次完成，将造成工件底部开裂。

确定冲压件半成品尺寸时，还要考虑模具强度、对成品的质量影响、是否有利于下道工序的成形等各种因素。

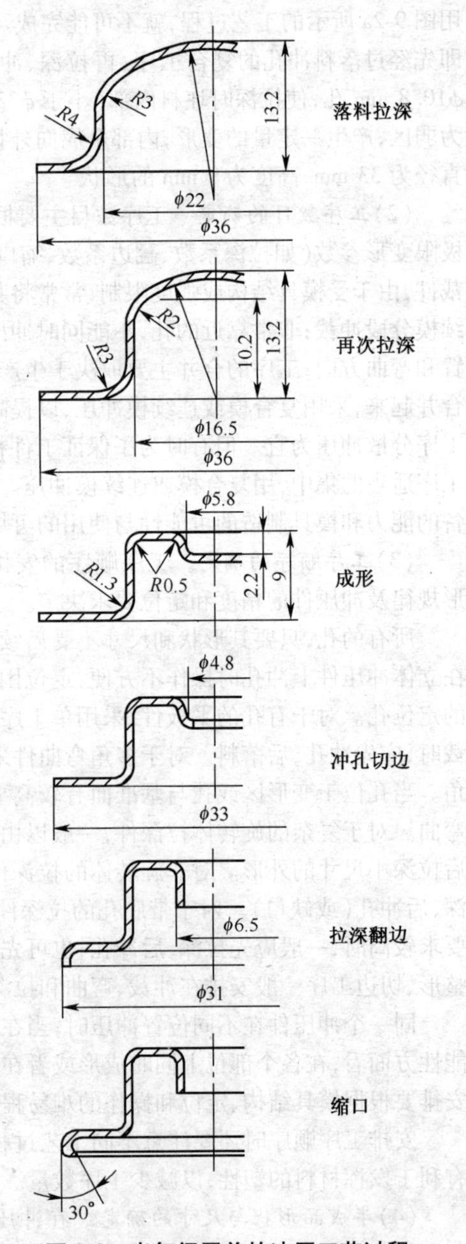

图9-3 出气阀罩盖的冲压工艺过程

3. 选择冲模类型及结构形式

根据确定的工艺方案和冲压件的形状特点、精度要求、生产批量、模具加工条件、操作方便与安全的要求等，选定冲模类型及结构形式。

4. 选择冲压设备

根据工厂现有设备情况以及要完成的冲压工序性质，冲压加工所需的变形力或变形功，模具的闭合高度及轮廓尺寸的大小等主要因素，合理选定设备类型和公称压力。

常用冲压设备有曲柄压力机、液压机等，其中曲柄压力机应用最广。冲裁类冲压工序多在曲柄压力机上进行，一般不用液压机；而成形类冲压工序可在曲柄压力机或液压机上进行。

5. 编写冲压工艺文件

冲压工艺规程文件一般以工艺过程卡形式表示，内容包括工序名称、工序次数、工序草图(半成品形状和尺寸)、模具形式及种类、选用设备、检验要求等。

6. 模具设计

模具设计包括模具结构形式的选择与设计、模具结构参数计算、模具图绘制等内容。

①模具结构形式的选择与设计。根据拟定的工艺方案，考虑冲压件的形状特点、零件尺

寸大小、精度要求、生产批量、模具加工条件、操作方便与安全的要求等选定与设计冲模结构形式。

②模具结构参数计算。确定模具结构形式后，需计算或校核模具结构上的有关参数，如模具工作部分（凸、凹模等）的几何尺寸、模具零件的强度与刚度、模具运动部件的运动参数、模具与设备之间的安装尺寸、选用和核算弹性元件等。

③绘制模具图。模具图是冲压工艺与模具设计结果的最终体现，一套完整的模具图应该包括制造模具和使用模具的完备信息。模具图的绘制应该符合国家制定的制图标准，同时考虑到模具行业的特殊要求与习惯。

模具图由总装配图和非标准件的零件图组成。总装配图主要反映整个模具各零件之间的装配关系，应该对应绘制说明模具构造的投影图，主要是主视图和俯视图及必要的剖面、剖视图，并注明主要结构尺寸，如闭合高度、轮廓尺寸等。习惯上俯视图由下模部分投影而得，同时在图纸的右上角绘出工件图、排样图，右下方列出模具零件的明细表，写明技术要求等。零件图一般根据模具总装配图测绘，也应该有足够的投影和必要的剖面、剖视图以将零件结构表达清楚。此外，要标注出零件加工所需的所有结构尺寸、公差、表面粗糙度、热处理及其他技术要求。

对于一个完整的生产过程，冲压工艺与模具设计密不可分，二者相互联系，相互影响，因此，有些步骤可能需要交叉、反复进行。

在实际生产中，由于企业规模及管理设置的不同，加工工艺方案的确定与模具的设计可能在相同或不同部门由同一个人或不同的人员协作完成，但不管怎样，加工工艺方案的确定与模具的设计应相互联系，须统筹兼顾、相互配合，若方案有变化，则需重新进行设计计算。

9.2　半圆法兰的冲压工艺规程编制

图 9-4 所示加工件为某企业的半圆法兰，采用 2 mm 厚的 08 钢制成，小批量生产。

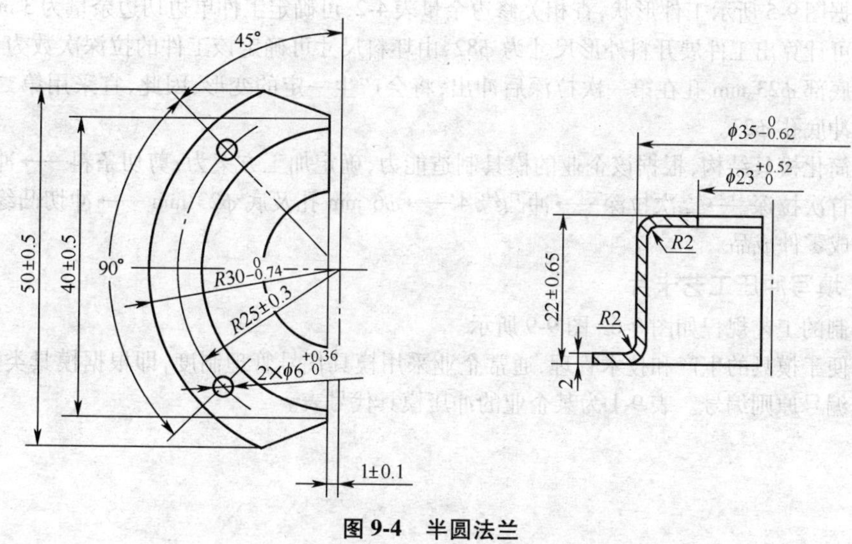

图 9-4　半圆法兰

1. 工艺分析

该加工件为非对称拉深件，拉深的几何尺寸精度要求不高，从拉深的工艺性考虑，应使该加工件组合成对后，再进行拉深。

2. 工艺计算及工艺方案的确定

考虑到工件生产批量不大，因此，不宜设计剖切模进行剖切，宜采用机械加工进行，由此，可决定组合拉深的加工件半成品的形状为如图 9-5 所示。

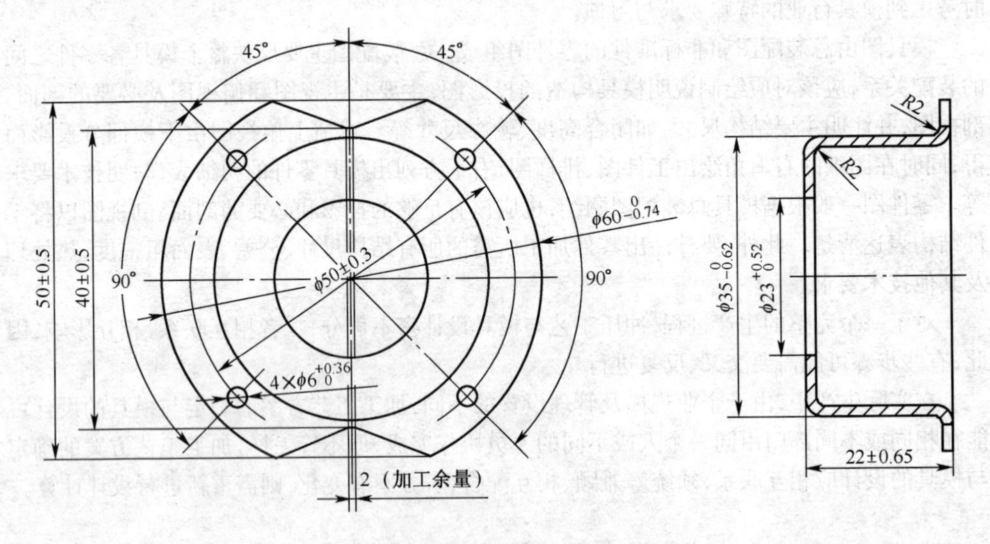

图 9-5 半圆法兰组合图

根据图 9-5 所示工件形状，查相关修边余量表 4-2，可确定工件单边切边余量为 3 mm，根据外形可计算出工件展开料外形尺寸为 $\phi82$，由坯料尺寸可确定该工件的拉深次数为 2 次。考虑到底部 $\phi23$ mm 孔在第一次拉深后冲出，将会产生一定的变形，因此，宜采用第二次拉深后再冲底孔 $\phi23$。

为简化模具结构，根据该企业的模具制造能力，确定加工方案为：剪切条料 ⟶ 冲切展开料并首次拉深 ⟶ 二次拉深 ⟶ 冲凸缘 4 ⟶ $\phi6$ mm 孔及底 $\phi23$ mm ⟶ 冲切凸缘外形 ⟶ 铣成零件成品。

3. 填写冲压工艺卡片

编制的工艺规程如图 9-6~图 9-9 所示。

为便于模具的生产和技术管理，通常企业采用模具代号管理制度，即根据模具类型，依照一定编号原则编号。表 9-1 为某企业的冲压模具代号表。

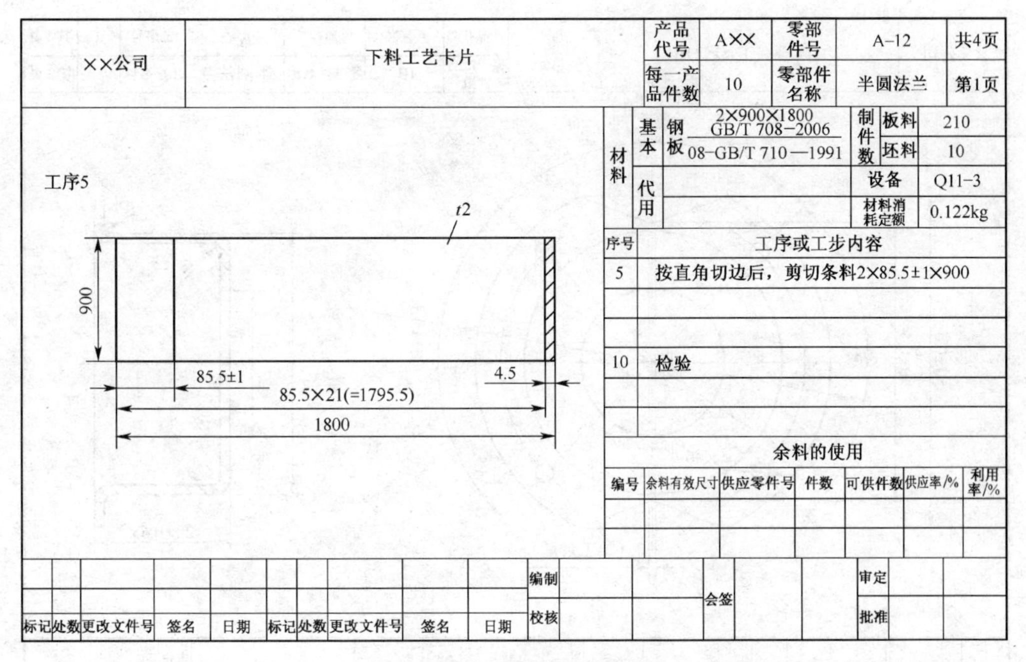

××公司	下料工艺卡片	产品代号	A××	零部件号	A-12	共4页
		每一产品件数	10	零部件名称	半圆法兰	第1页

材料			制件数		
基本	钢板	$\frac{2\times900\times1800\ \text{GB/T 708-2006}}{08\text{-GB/T 710—1991}}$		板料	210
				坯料	10
代用			设备		Q11-3
			材料消耗定额		0.122kg

序号	工序或工步内容
5	按直角切边后，剪切条料2×85.5±1×900
10	检验

余料的使用

编号	余料有效尺寸	供应零件号	件数	可供件数	供应率/%	利用率/%

										编制		会签		审定	
标记	处数	更改文件号	签名	日期	标记	处数	更改文件号	签名	日期	校核				批准	

图 9-6 半圆法兰下料卡片

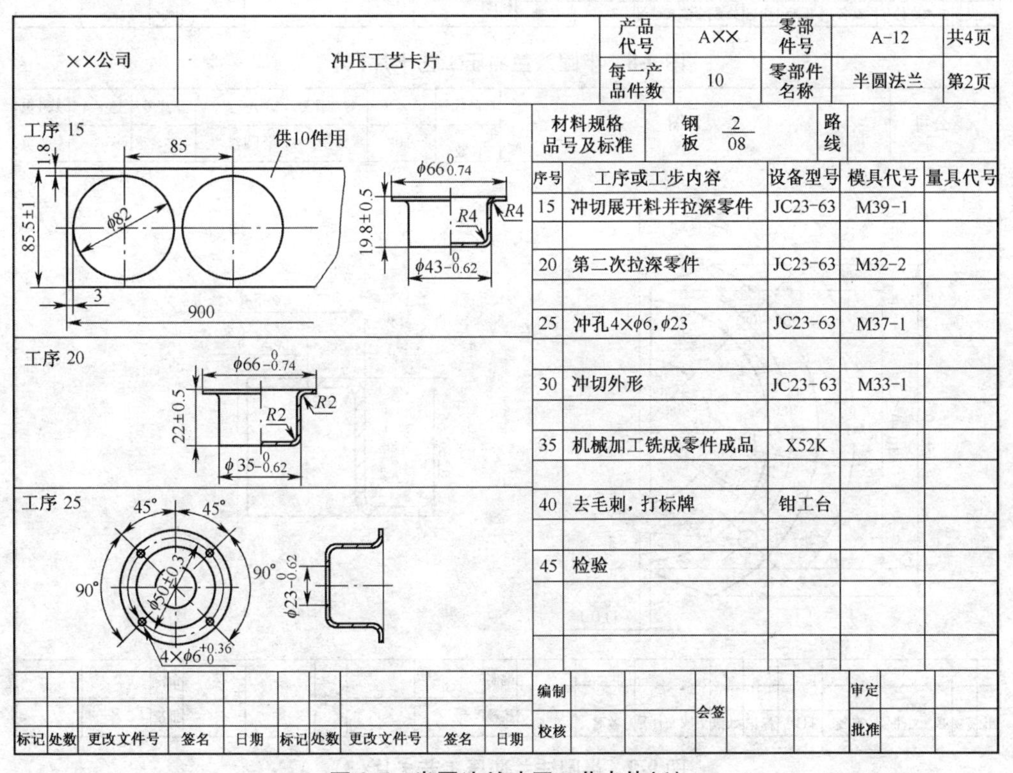

××公司	冲压工艺卡片	产品代号	A××	零部件号	A-12	共4页
		每一产品件数	10	零部件名称	半圆法兰	第2页

材料规格品号及标准	钢板 $\frac{2}{08}$	路线

序号	工序或工步内容	设备型号	模具代号	量具代号
15	冲切展开料并拉深零件	JC23-63	M39-1	
20	第二次拉深零件	JC23-63	M32-2	
25	冲孔4×ϕ6,ϕ23	JC23-63	M37-1	
30	冲切外形	JC23-63	M33-1	
35	机械加工铣成零件成品	X52K		
40	去毛刺，打标牌	钳工台		
45	检验			

										编制		会签		审定	
标记	处数	更改文件号	签名	日期	标记	处数	更改文件号	签名	日期	校核				批准	

图 9-7 半圆法兰冲压工艺卡片(1)

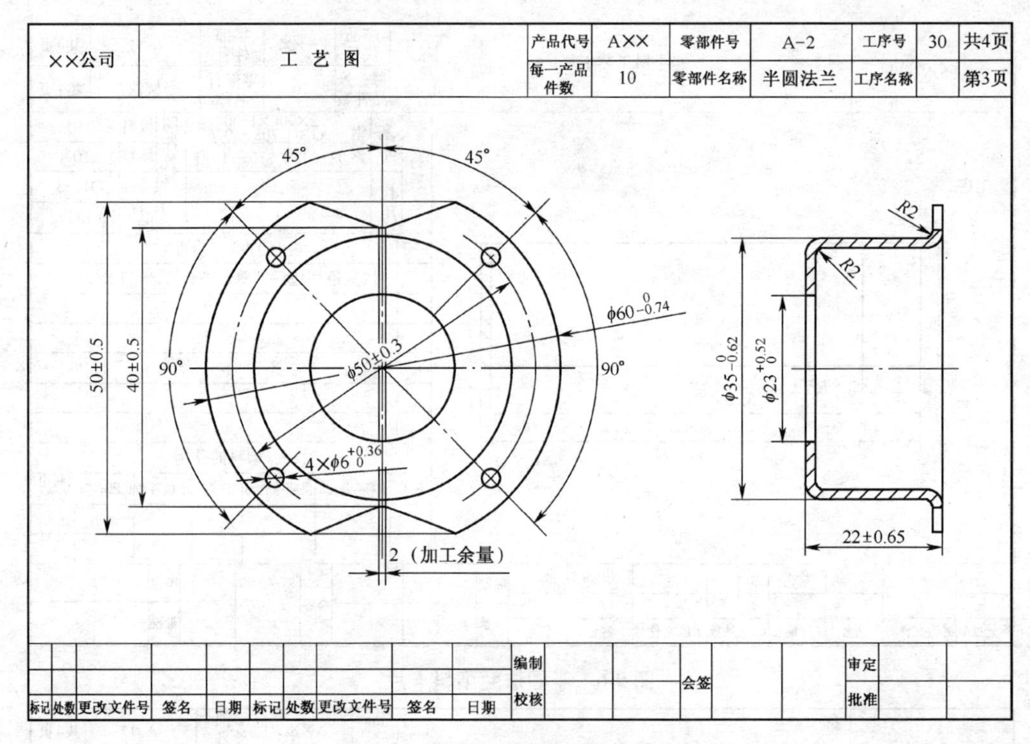

图 9-8 半圆法兰冲压工艺卡片(2)

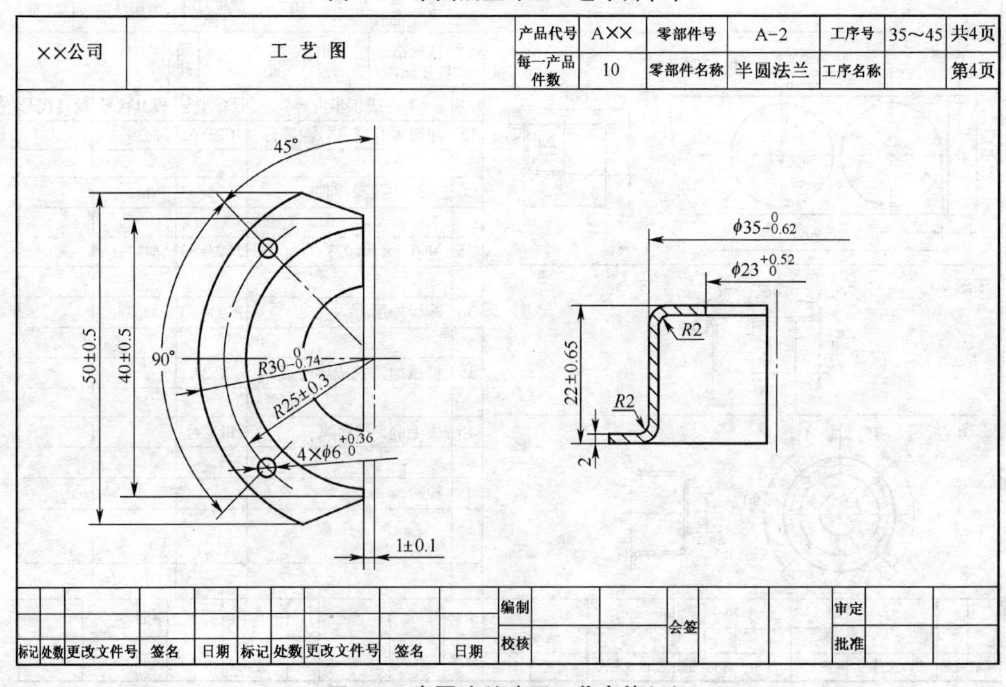

图 9-9 半圆法兰冲压工艺卡片(3)

表 9-1 冲压模具代号表

M30	M31	M32	M33	M34	M35	M36	M37	M38	M39	M40
落料模	弯曲模	拉深模	切口模	冷挤压模	辊压模	成形模	冲孔模	芯棒	复合模	级进模

同样,为便于加工件的测量及检测,根据情况可设计制造一定的检具(量具),其代号也是按编号原则进行管理。

为生产及技术管理的需要,有些企业通常将冲压件的下料工序,安排为一独立的车间,其冲压加工的作业指导书也统称下料卡片。有些企业依据自身的特点,冲压件的下料有可能与冲压卡片合为一体。

9.3 内弧板的冲压工艺规程编制

图 9-13 为内弧板,采用 1.5 mm 厚的 LF3-M 制成,小批量生产。

1. 工艺分析及工艺计算

该工件外形尺寸较大,尺寸精度要求不高,由于生产批量不大,形状较为规矩,因此,其圆弧成形通过在成形凹部加垫橡皮,在三辊滚弯机上可以实现滚弯。又由于几处凸凹成形部位,其伸长率约为 7%,小于该材料的极限伸长率(20%),因此容易成形。注意到其距边缘较近,易在成形时发生变形,故边缘须留有一定的修边余量 8 mm。尽管该工件成形力并不大,但由于工件外形较大,从工作台面上考虑,应选用与其大小相适宜的工作台面。根据企业设备情况,选用 J36-630 压力机。

2. 工艺方案的确定

根据上述分析,可确定该工件加工工艺为:剪切条料⟶成形凸凹部位⟶冲切工件外形并成形中部四孔⟶去毛刺⟶滚半圆⟶校正

3. 填写冲压工艺卡片

编制的工艺规程如图 9-10~图 9-13 所示。

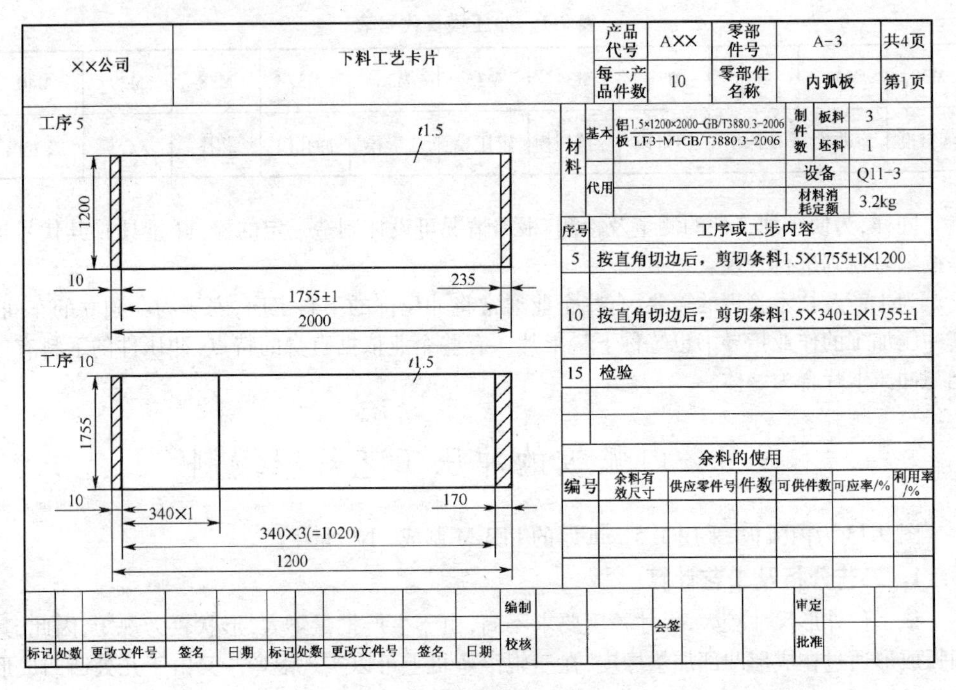

××公司	下料工艺卡片	产品代号	A××	零部件号	A-3	共4页
		每一产品件数	10	零部件名称	内弧板	第1页

材料			制件数		
基本	铝 1.5×1200×2000-GB/T3880.3-2006 板 LF3-M-GB/T3880.3-2006		板料	3	
			坯料	1	
代用			设备	Q11-3	
			材料消耗定额	3.2kg	

序号	工序或工步内容
5	按直角切边后，剪切条料1.5×1755±1×1200
10	按直角切边后，剪切条料1.5×340±1×1755±1
15	检验

余料的使用

编号	余料有效尺寸	供应零件号	件数	可供件数	可应率/%	利用率/%

标记	处数	更改文件号	签名	日期	标记	处数	更改文件号	签名	日期	编制		会签		审定	
										校核				批准	

图 9-10　内弧板下料卡片

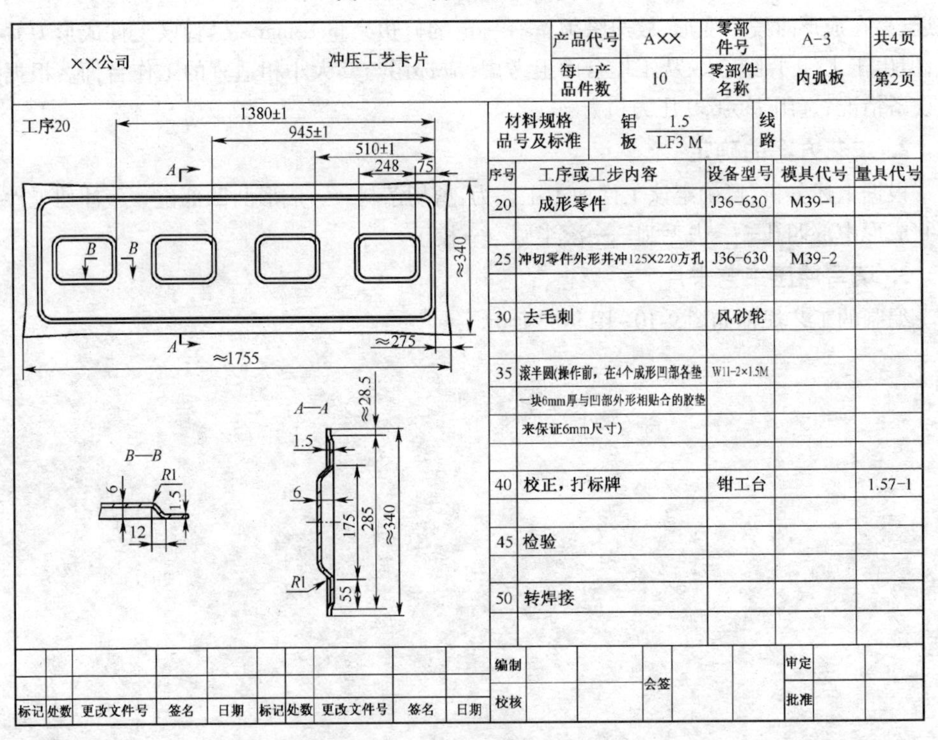

××公司	冲压工艺卡片	产品代号	A××	零部件号	A-3	共4页
		每一产品件数	10	零部件名称	内弧板	第2页

材料规格品号及标准	铝板 1.5 / LF3 M	线路	

序号	工序或工步内容	设备型号	模具代号	量具代号
20	成形零件	J36-630	M39-1	
25	冲切零件外形并冲125×220方孔	J36-630	M39-2	
30	去毛刺	风砂轮		
35	滚半圆(操作前，在4个成形凹部各垫一块6mm厚与凹部外形相贴合的胶垫来保证6mm尺寸)	W11-2×1.5M		
40	校正，打标牌	钳工台		1.57-1
45	检验			
50	转焊接			

标记	处数	更改文件号	签名	日期	标记	处数	更改文件号	签名	日期	编制		会签		审定	
										校核				批准	

图 9-11　内弧板冲压工艺卡片(1)

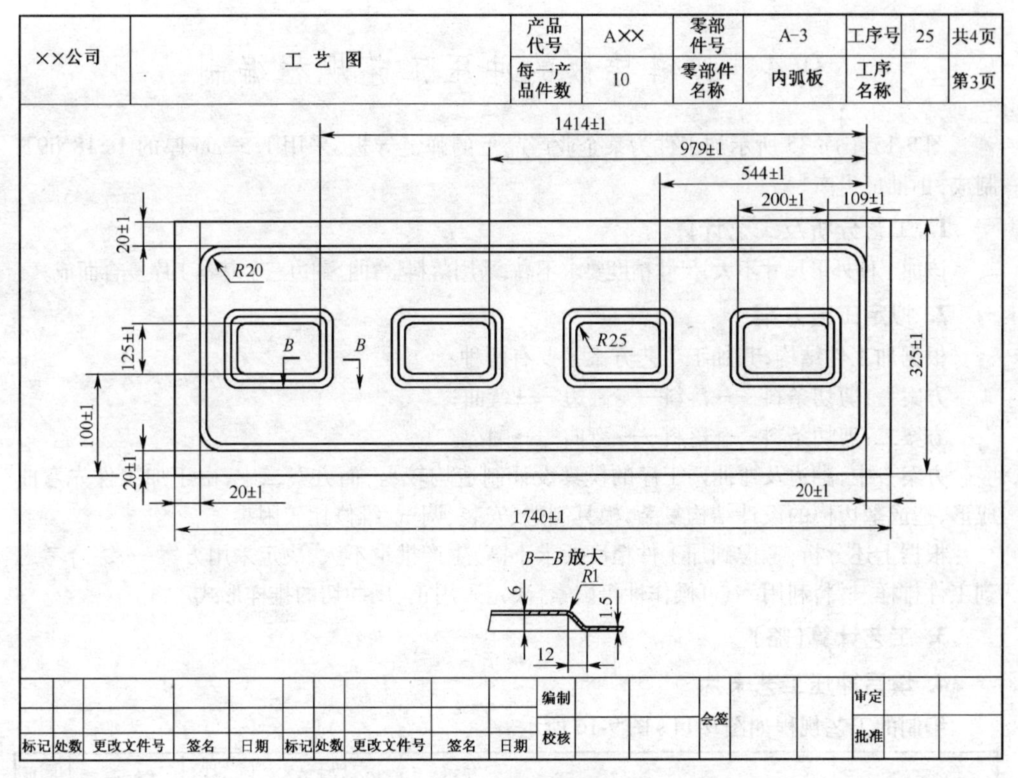

图 9-12 内弧板冲压工艺卡片(2)

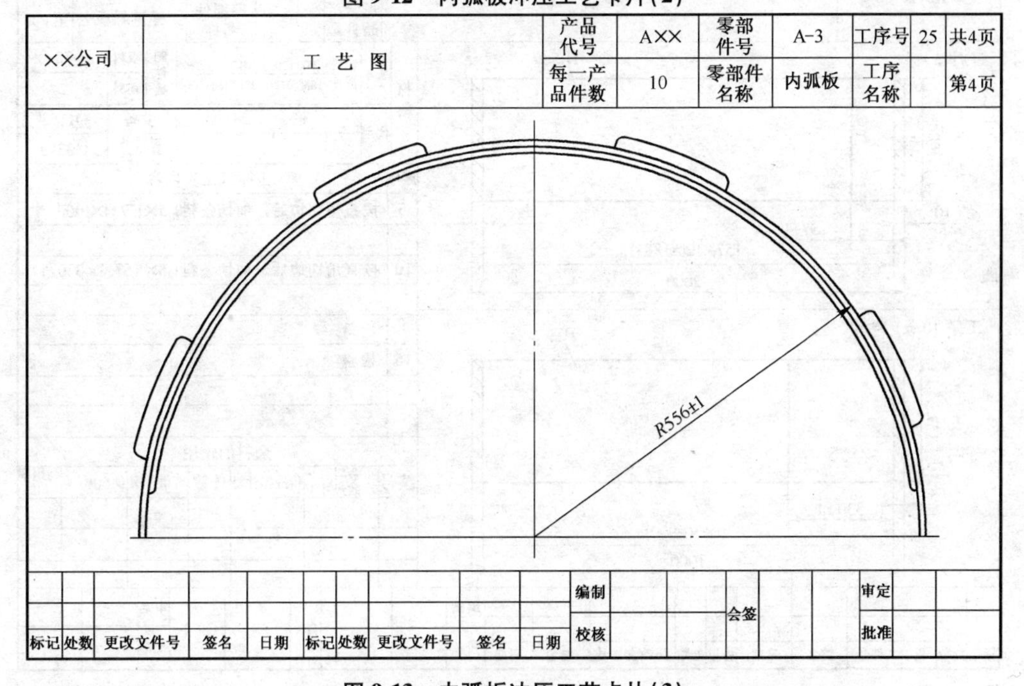

图 9-13 内弧板冲压工艺卡片(3)

9.4　弹链导板的冲压工艺规程编制

图9-15工序35所示加工件为某企业产品上的弹链导板，采用1.5 mm厚的1cr18Ni9Ti制成，小批量生产。

1. 工艺分析及工艺计算

该加工件外形尺寸不大，尺寸精度要求不高，采用落料、弯曲、翻边三个基本工序复合而成。

2. 拟定工艺方案

根据加工件结构，其加工工艺方案主要有两种：

方案一：剪切条料⟶落料⟶翻边⟶弯曲；

方案二：剪切条料⟶落料⟶弯曲⟶翻边。

方案一中，翻边及弯曲两工序的模具设计制造均较易，而方案二中，由于加工件先弯曲成形，造成翻边模的设计结构复杂，模具制造、安装、调试、维修比较困难。

根据上述分析，考虑到加工件精度要求不高，生产批量不大，决定采用方案一，综合考虑到工件排样、材料利用率、可操作性等因素，决定采用正、反冲切的排样形式。

3. 工艺计算(略)

4. 填写冲压工艺卡片

编制的工艺规程如图9-14~图9-16所示。

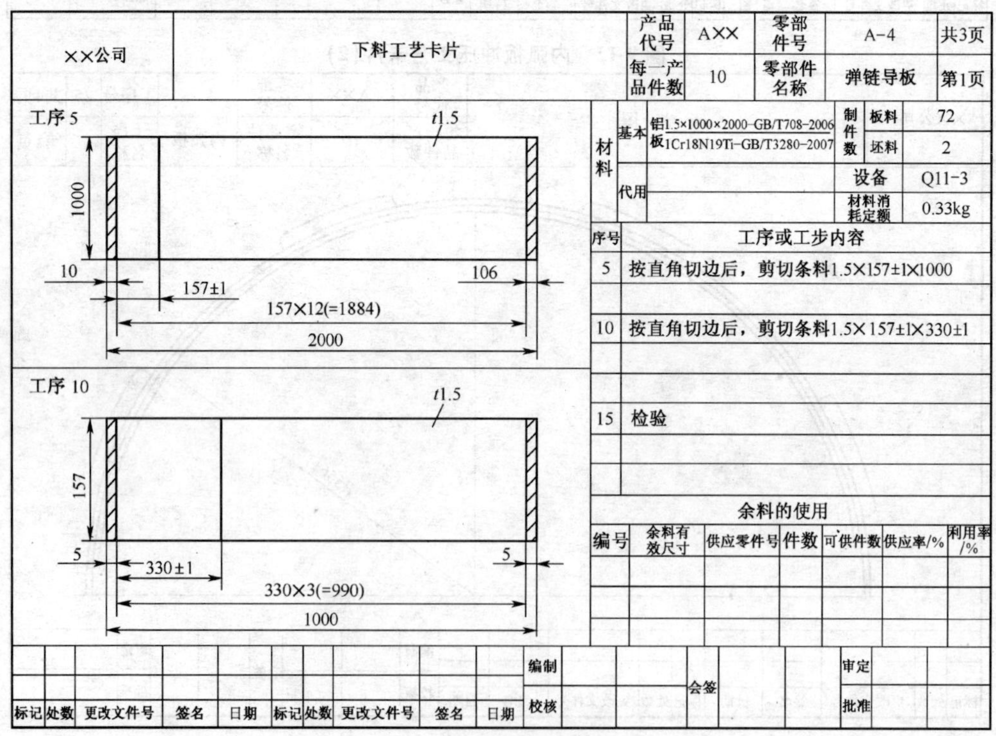

××公司	下料工艺卡片	产品代号	A××	零部件号	A-4	共3页
		每一产品件数	10	零部件名称	弹链导板	第1页

材料				
基本	铝板 1.5×1000×2000-GB/T708-2006 / 1Cr18N19Ti-GB/T3280-2007	制件数	板料	72
			坯料	2
代用		设备		Q11-3
		材料消耗定额		0.33kg

序号	工序或工步内容
5	按直角切边后，剪切条料1.5×157±1×1000
10	按直角切边后，剪切条料1.5×157±1×330±1
15	检验

余料的使用

编号	余料有效尺寸	供应零件号	件数	可供件数	供应率/%	利用率/%

										编制		会签		审定	
标记	处数	更改文件号	签名	日期	标记	处数	更改文件号	签名	日期	校核				批准	

图9-14　弹链导板下料卡片

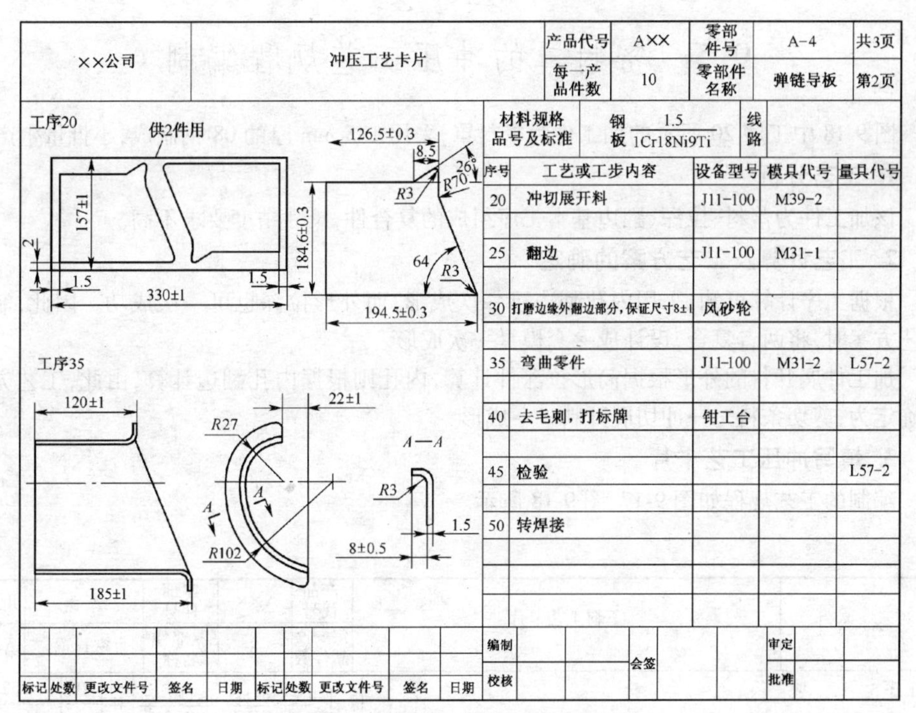

××公司	冲压工艺卡片	产品代号	A××	零部件号	A-4	共3页
		每一产品件数	10	零部件名称	弹链导板	第2页

材料规格品号及标准	钢板 1.5 1Cr18Ni9Ti	线路		
序号	工艺或工步内容	设备型号	模具代号	量具代号
20	冲切展开料	J11-100	M39-2	
25	翻边	J11-100	M31-1	
30	打磨边缘外翻边部分，保证尺寸8±1	风砂轮		
35	弯曲零件	J11-100	M31-2	L57-2
40	去毛刺，打标牌	钳工台		
45	检验			L57-2
50	转焊接			

标记	处数	更改文件号	签名	日期	标记	处数	更改文件号	签名	日期	编制 / 校核	会签	审定 / 批准

图 9-15 弹链导板冲压工艺卡片(1)

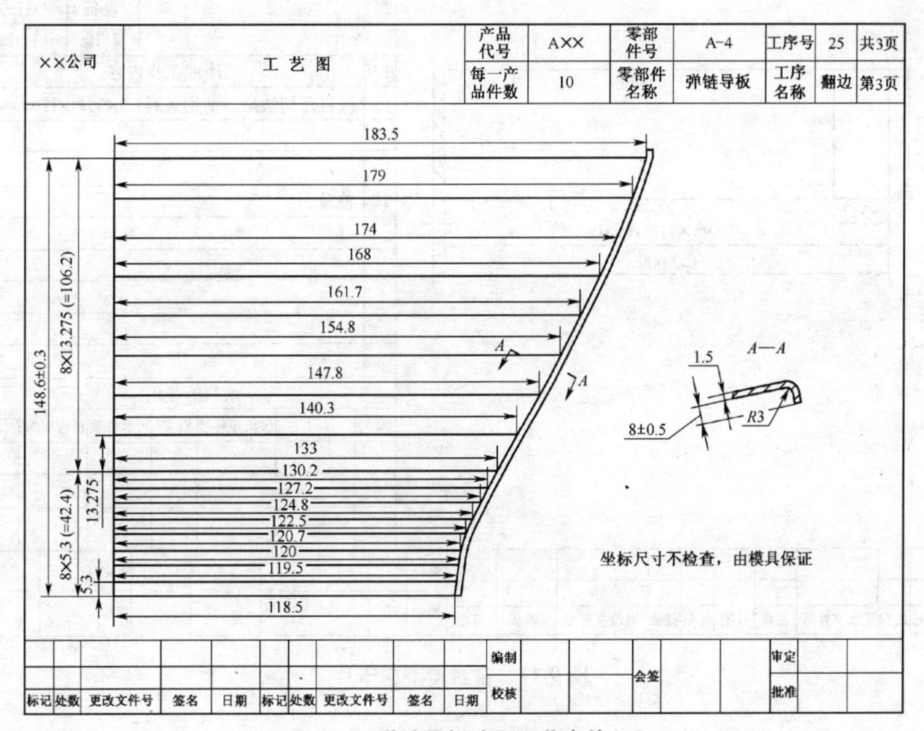

××公司	工艺图	产品代号	A××	零部件号	A-4	工序号	25	共3页
		每一产品件数	10	零部件名称	弹链导板	工序名称	翻边	第3页

标记	处数	更改文件号	签名	日期	标记	处数	更改文件号	签名	日期	编制 / 校核	会签	审定 / 批准

图 9-16 弹链导板冲压工艺卡片(2)

9.5 密封罩的冲压工艺规程编制

图9-18中工序20所示的加工件为密封罩，采用1.5 mm厚的08钢制成，小批量生产。

1. 工艺分析

该加工件为落料、拉深、翻边基本工序组成的复合件，尺寸精度要求不高。

2. 工艺计算及工艺方案的确定

根据工序计算可知，采用内孔翻边可一次成形，而外形拉深也可一次成功。因此，制订工艺方案时，将两者复合，设计成一套模具一次成形。

加工件展开料的外形根据筒形拉深件计算，内孔则根据内孔翻边计算，由此，工艺方案可确定为：剪切条料——→冲切展开料——→成形

3. 填写冲压工艺卡片

编制的工艺规程如图9-17、图9-18所示。

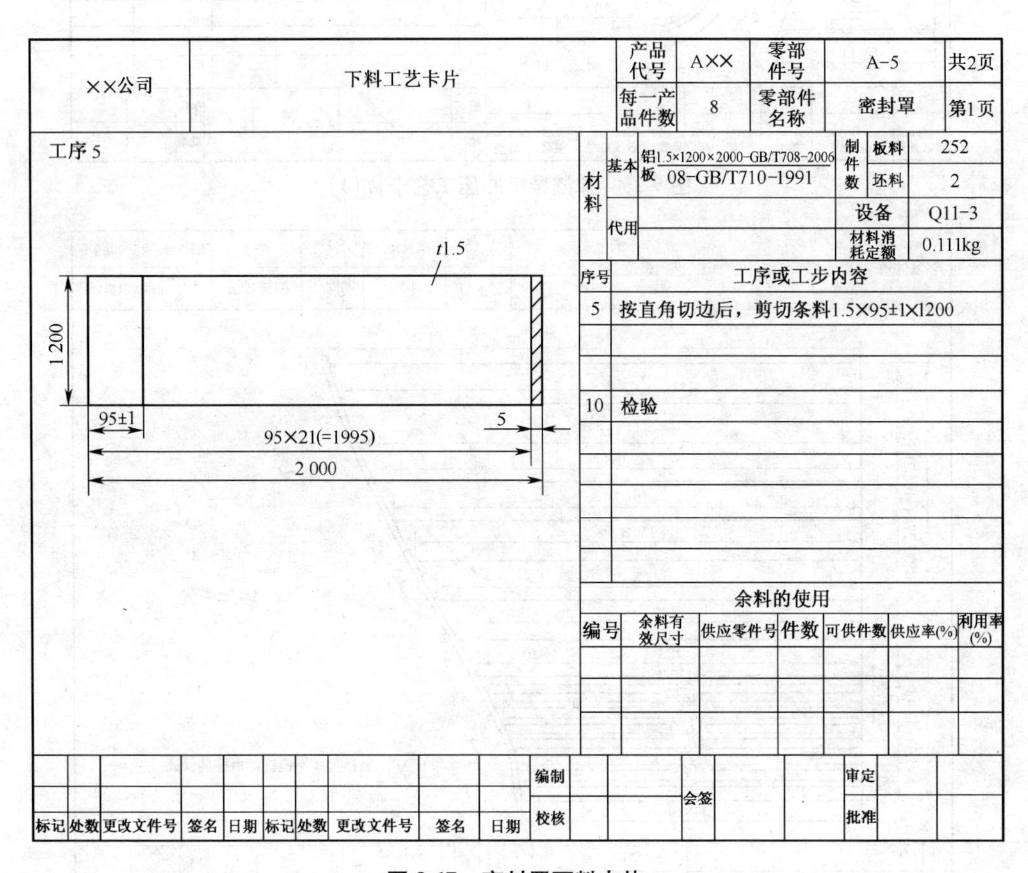

××公司	下料工艺卡片	产品代号	A××	零部件号	A-5	共2页
		每一产品件数	8	零部件名称	密封罩	第1页

材料			制件数	板料	252
	基本	铝板 1.5×1200×2000-GB/T708-2006 / 08-GB/T710-1991		坯料	2
	代用		设备		Q11-3
			材料消耗定额		0.111kg

序号	工序或工步内容
5	按直角切边后，剪切条料1.5×95±1×1200
10	检验

余料的使用

编号	余料有效尺寸	供应零件号	件数	可供件数	供应率(%)	利用率(%)

标记	处数	更改文件号	签名	日期	标记	处数	更改文件号	签名	日期	编制		会签		审定	
										校核				批准	

图9-17 密封罩下料卡片

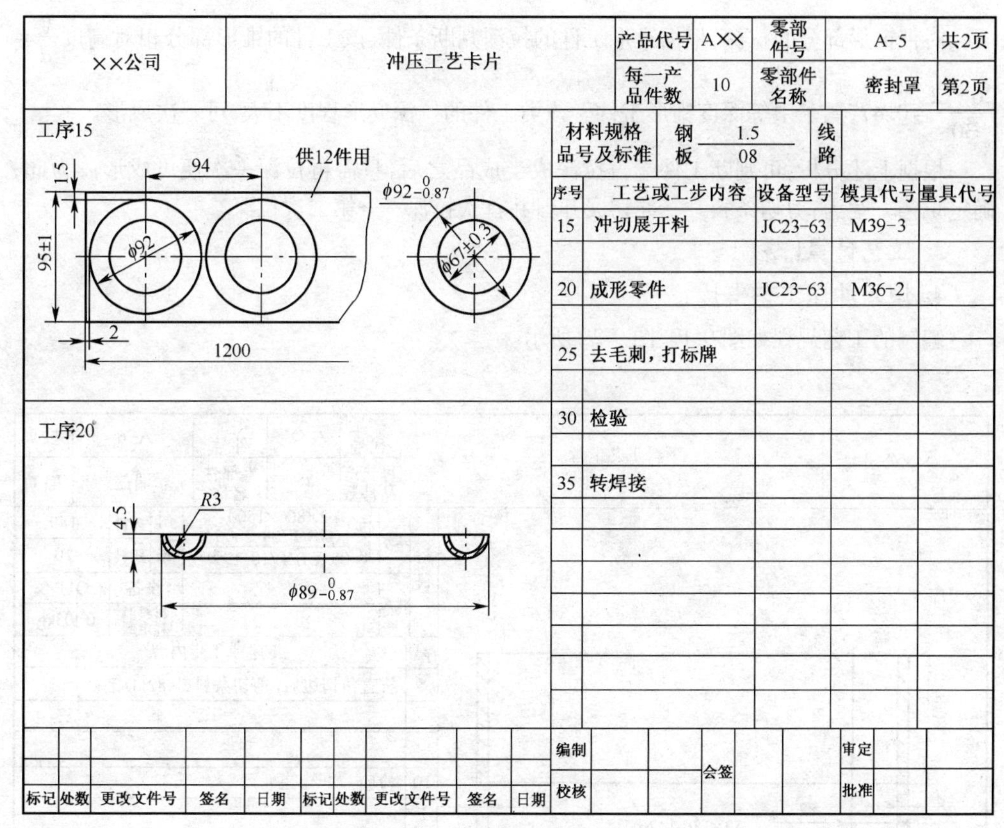

××公司	冲压工艺卡片	产品代号	A××	零部件号	A-5	共2页
		每一产品件数	10	零部件名称	密封罩	第2页

材料规格品号及标准	钢板	1.5 / 08	线路	

序号	工艺或工步内容	设备型号	模具代号	量具代号
15	冲切展开料	JC23-63	M39-3	
20	成形零件	JC23-63	M36-2	
25	去毛刺，打标牌			
30	检验			
35	转焊接			

标记	处数	更改文件号	签名	日期	标记	处数	更改文件号	签名	日期	编制 / 校核	会签	审定 / 批准

图 9-18 密封罩冲压工艺卡片

9.6 端盖的冲压工艺规程编制

图 9-20 中的工序 20 所示的加工件为某企业产品上的端盖，采用 2 mm 厚的 08 钢制成，生产批量较大。

1. 工艺分析

该加工件为球形底的带凸缘锥形盖，为球形件拉深、锥形盖拉深的复合件，尺寸精度要求不高，满足冲压加工的要求。

2. 拟定工艺方案

该工件工艺规程编制的关键是如何制定其拉深次数及过程。

根据工件拉深前、后表面积不变的原则，可计算出坯料展开尺寸为 $\phi78$，根据带凸缘拉深件的成熟加工方案，即首次拉深直接拉到凸缘直径，可计算出工序 15 所示的半成品尺寸。

由于该加工件球形部分的坯料相对厚度为

$\frac{t}{D}\times 100=\frac{t}{\sqrt{2}r}\times 100=\frac{2}{\sqrt{2}\times 12}\times 100\approx 12$，属于 $\frac{t}{D}\times 100>3$ 范围，故，判断为：不采用带压边圈的拉深模一次拉成。

对带锥形部分的拉深，根据锥形工件的拉深判断条件，该工件的锥形部分相对高度$\frac{h}{d}=\frac{26-12}{30}=0.47$，属于中等深度锥形工件。该类工件的拉深变形程度不大，可一次成形。

根据上述分析，可判断工件端盖拉深成半成品之后，只需再拉深一次便可成形。为此，确定工艺方案为：剪切条料⟶冲切展开料并首次拉深⟶第二次拉深

3. 工艺计算(略)

4. 填写冲压工艺卡片

编制的工艺规程如图9-19、图9-20所示。

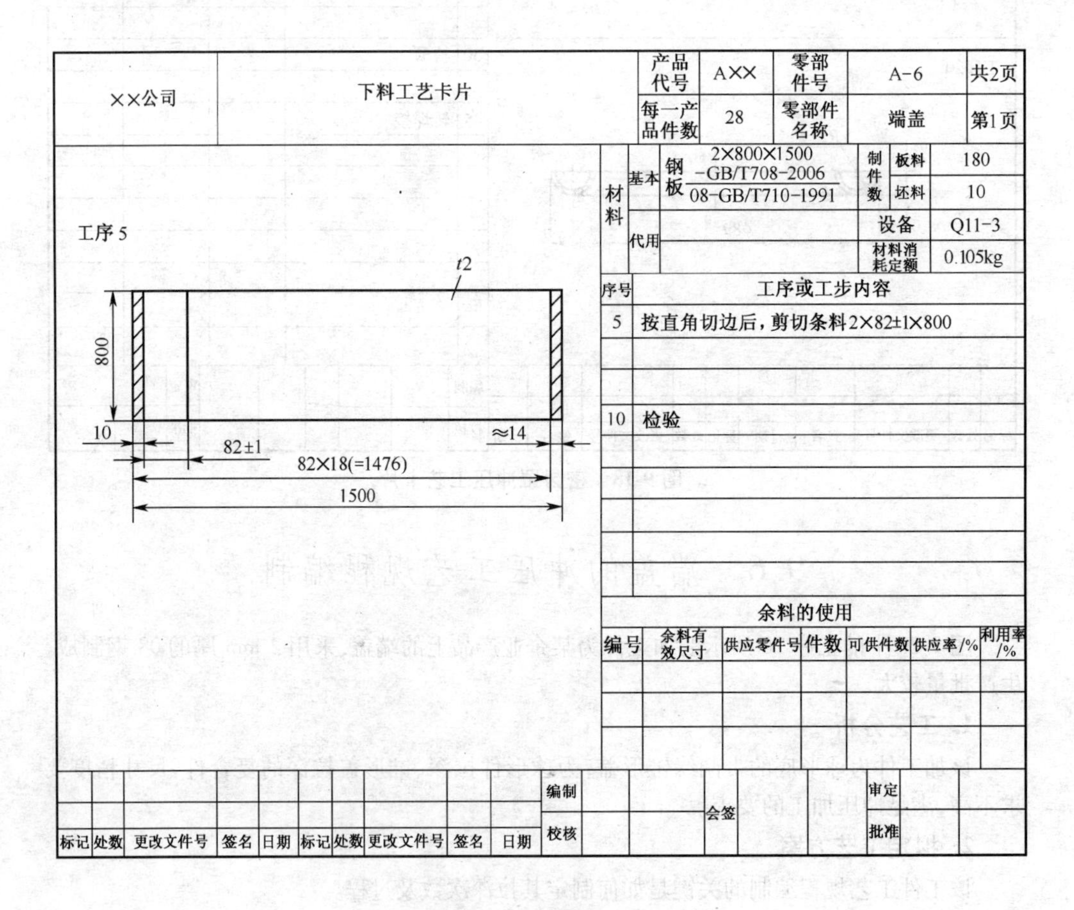

××公司	下料工艺卡片	产品代号	A××	零部件号	A-6	共2页
		每一产品件数	28	零部件名称	端盖	第1页

材料					
基本	钢板	2×800×1500 -GB/T708-2006 08-GB/T710-1991	制件数	板料	180
				坯料	10
			设备		Q11-3
代用			材料消耗定额		0.105kg

序号	工序或工步内容
5	按直角切边后，剪切条料2×82±1×800
10	检验

余料的使用

编号	余料有效尺寸	供应零件号	件数	可供件数	供应率/%	利用率/%

										编制		会签		审定	
标记	处数	更改文件号	签名	日期	标记	处数	更改文件号	签名	日期	校核				批准	

图9-19　端盖下料卡片

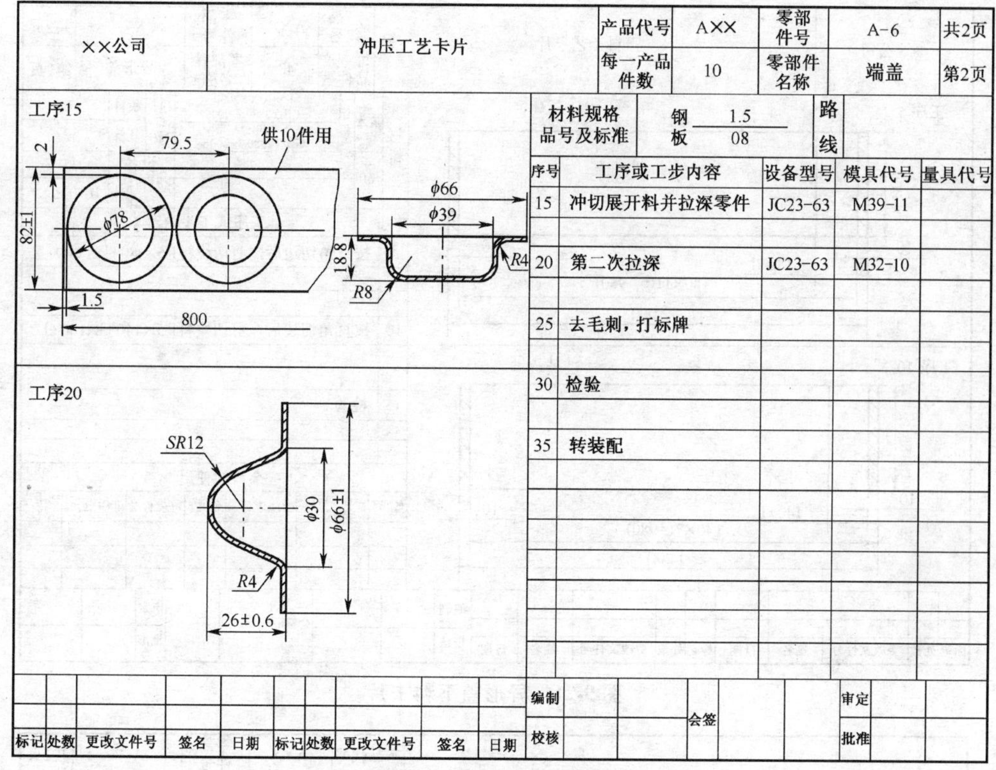

××公司	冲压工艺卡片	产品代号	A××	零部件号	A-6	共2页
		每一产品件数	10	零部件名称	端盖	第2页

材料规格品号及标准	钢板 1.5 08	路线

序号	工序或工步内容	设备型号	模具代号	量具代号
15	冲切展开料并拉深零件	JC23-63	M39-11	
20	第二次拉深	JC23-63	M32-10	
25	去毛刺，打标牌			
30	检验			
35	转装配			

标记	处数	更改文件号	签名	日期	标记	处数	更改文件号	签名	日期	编制		会签		审定	
										校核				批准	

图 9-20 端盖冲压工艺卡片

9.7 异形盖的冲压工艺规程编制

图 9-22 中工序 30 所示的加工件为某产品的异形盖，采用 1.5 mm 厚的 LF3-M 料制成，生产批量较大。

1. 工艺分析

该加工件为含有冲裁、成形基本工序的复合件，尺寸精度要求不高，满足冲压加工的要求。

2. 工艺方案的确定

由于成形高度及面积范围均较大，而且加工件四周离边缘均较近，因此，其临近边缘均要发生变形，工件最终外形必须切边获得。又由于加工件成形发生的变形程度较大，为拉深变形。为此，依照其最大变形部位进行拉深核算，可判定能一次拉深成形。由于各部位发生的变形较为复杂，因而，在坯料拉深前需对材料进行软化退火，以提高塑性，得到良好的金相组织和消除内应力，从而有助于坯料的成形。

为此，确定工艺方案为：剪切坯料⟶退火⟶成形⟶冲孔且切边。

3. 工艺计算（略）

4. 填写冲压工艺卡片

编制的工艺规程如图 9-21、图 9-22 所示。

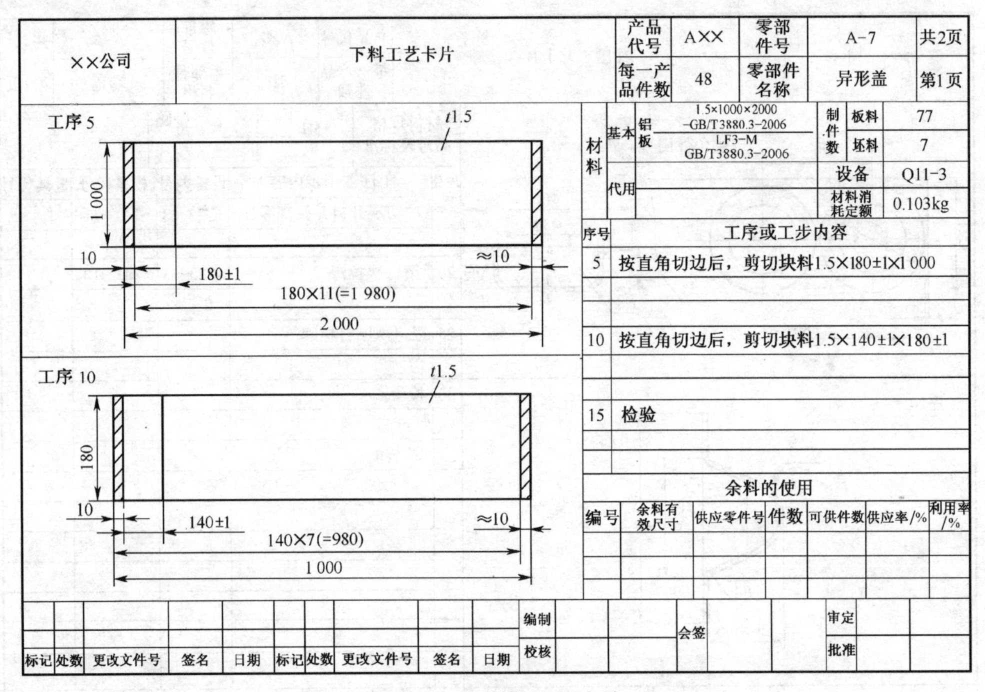

××公司	下料工艺卡片	产品代号	A××	零部件号	A-7	共2页
		每一产品件数	48	零部件名称	异形盖	第1页

材料			制件数	
基本	铝板	1.5×1000×2000-GB/T3880.3-2006 LF3-M GB/T3880.3-2006	板料	77
			坯料	7
代用			设备	Q11-3
			材料消耗定额	0.103kg

序号	工序或工步内容
5	按直角切边后，剪切块料1.5×180±1×1 000
10	按直角切边后，剪切块料1.5×140±1×180±1
15	检验

余料的使用

编号	余料有效尺寸	供应零件号	件数	可供件数	供应率/%	利用率/%

标记	处数	更改文件号	签名	日期	标记	处数	更改文件号	签名	日期	编制		会签		审定	
										校核				批准	

图 9-21　异形盖下料卡片

××公司	冲压工艺卡片	产品代号	A××	零部件号	A-7	共2页
		每一产品件数	48	零部件名称	异形盖	第2页

工序25：R32，R7，86，68，24.5，92，R3，SR16，R3，32^{+1}_{0}

工序30：R32，R54，R82.5，133，86，68，R7，6±0.5，70，92，108，23，R3，SR16，R3，32^{+1}_{0}

材料规格品号及标准	铝板 1.5/LF3	线路		
序号	**工序或工步内容**	**设备型号**	**模具代号**	**量具代号**
20	退火			
25	成形零件	JA31-160A	M36-3	
30	冲切零件外形并冲孔	JC23-63	M39-4	
35	去毛刺，打标牌			
40	检验			
40	转装配			

标记	处数	更改文件号	签名	日期	标记	处数	更改文件号	签名	日期	编制		会签		审定	
										校核				批准	

图 9-22　异形盖冲压工艺卡片

9.8 盖的冲压工艺规程编制

图9-24中工序30所示的加工件为某企业产品的盖,采用1.5 mm厚的08料制成,小批量生产。

1. 工艺分析

该加工件为带球形的锥形盖,精度要求不高,满足冲压加工的要求。

2. 工艺方案的确定

对独立结构的半球形、锥形件已有成熟的加工工艺方案,因此,其球形与锥形的复合件,可分别参照各自的判断条件,然后综合分析。

考虑到拉深后最终端面的平直及模具设计压边的需要,采用拉深成带凸缘圆角最终切边的加工方案,加工工艺方案为:剪切条料⟶冲切展开料并首次拉深⟶第二次拉深⟶第三次拉深⟶切边。

3. 工艺计算(略)

4. 填写冲压工艺卡片

编制的工艺规程如图9-23、图9-24所示。

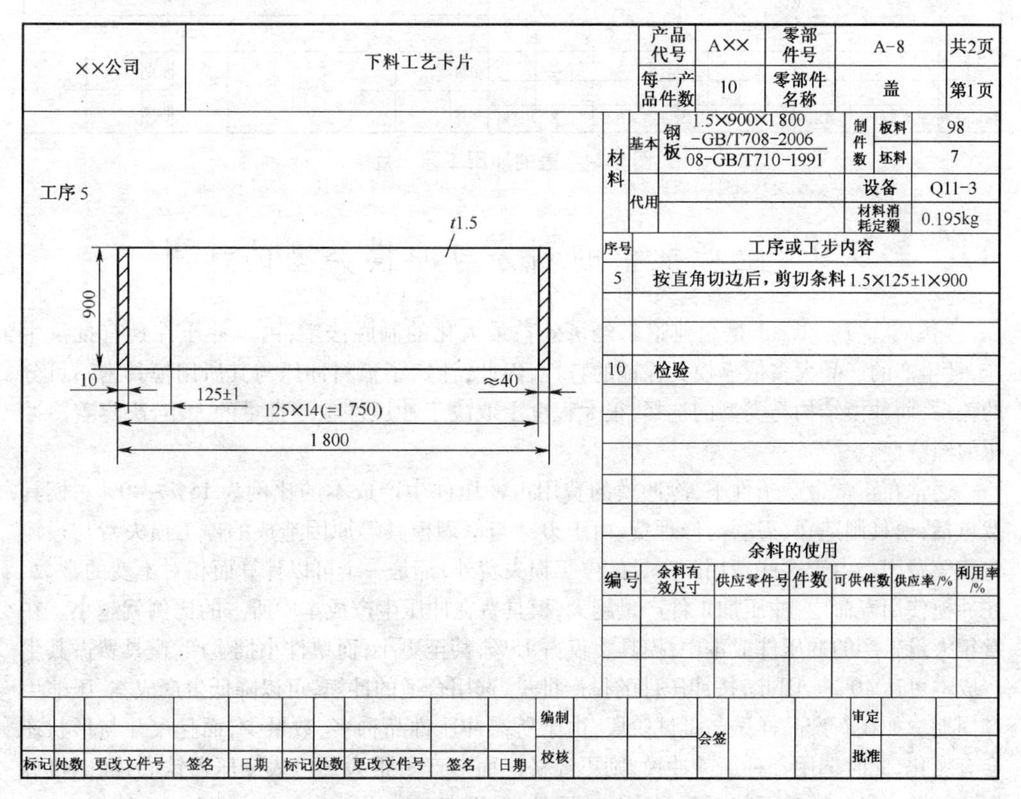

××公司	下料工艺卡片	产品代号	A××	零部件号	A-8	共2页
		每一产品件数	10	零部件名称	盖	第1页

材料			制件数	
基本	钢板	$\frac{1.5\times900\times1\,800-\text{GB/T708-2006}}{08\text{-GB/T710-1991}}$	板料	98
			坯料	7
代用			设备	Q11-3
			材料消耗定额	0.195kg

序号	工序或工步内容
5	按直角切边后,剪切条料1.5×125±1×900
10	检验

余料的使用

编号	余料有效尺寸	供应零件号	件数	可供件数	供应率/%	利用率/%

										编制		会签		审定	
标记	处数	更改文件号	签名	日期	标记	处数	更改文件号	签名	日期	校核				批准	

图9-23 盖的下料卡片

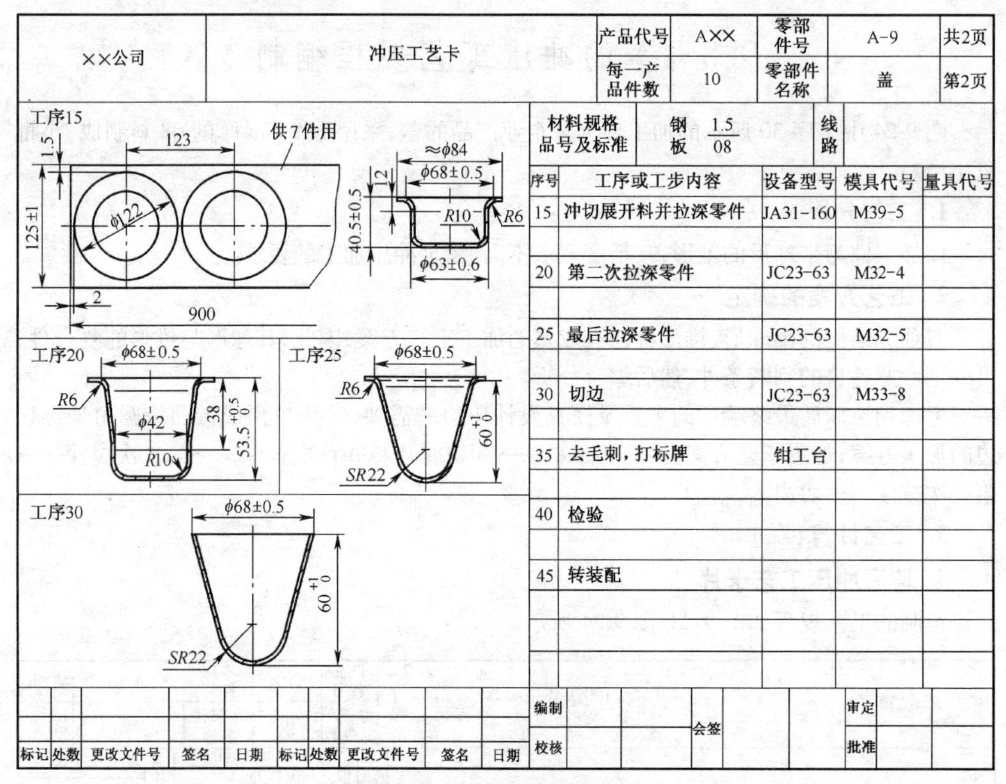

××公司	冲压工艺卡	产品代号	A××	零部件号	A-9	共2页
		每一产品件数	10	零部件名称	盖	第2页

材料规格品号及标准	钢板 $\frac{1.5}{08}$	线路		
序号	工序或工步内容	设备型号	模具代号	量具代号
15	冲切展开料并拉深零件	JA31-160	M39-5	
20	第二次拉深零件	JC23-63	M32-4	
25	最后拉深零件	JC23-63	M32-5	
30	切边	JC23-63	M33-8	
35	去毛刺，打标牌	钳工台		
40	检验			
45	转装配			

图 9-24 盖的冲压工艺卡片

9.9 生产批量的划分与冲模类型的选用

“优质、高产、低耗”是企业追求经济效益最大化的制胜法宝，由于冲压件具有批量生产，且生产的产品大多依靠模具保证的特性，因此，注定了板料冲压与其所用模具密不可分的关系，而冲模结构与类型的选择，很大程度上取决于冲压件生产批量的大小，决定着冷冲压的经济性。

通常在正常生产条件下，冷冲模的费用占冲压件生产成本的比例为15%~40%。模具费包括：模具制造费、刃磨与修理费、由于刃磨与修理模具等原因造成的停工损失费与运输包装等费用。由于这些费用除少量的停工损失费外，都是一个可以计算而相对不变的常数，在冲模使用寿命内，冲压加工件产量越大，模具费在冲压生产成本中所占的比例就越小。在常年大量生产的冲压件成本中，模具费仅占15%，甚至更小；而单件小批生产，模具费占其生产成本可达40%。因此，按冲压件的投产批量，选用合适的冲模，可以降低生产成本、压缩生产周期。如在新产品样试与批试阶段，由于所需冲压件品种多、数量少，而且尺寸与形状还会有变化，此时选用各种简易冲模，则更经济。而对产量很大的电表变压器铁心片、电机硅钢片等总产量达数千万甚至几亿片的冲压件，采用高寿命的硬质合金冲模则更合算。

表9-2列出了按冲压件的生产性质选用冲模的类型，表9-3为简易模的种类及适用情

况,可供冲压工艺规程编制及生产加工中选用冲模类型时进行参考。

表 9-2 按冲压件生产性质选用冲模类型

冲压件的类别	冲压件的生产性质					
	单件小批	小批小量	中批	大批	大量	常年大量
	数量/万件					
大型件(>500 mm)	<0.025	0.25	2.5	25	250	>250
中型件(≥250 m,≤500 mm)	<0.05	0.5	5	50	500	>500
小型件(<250 mm)	<0.1	1	10	100	1 000	>1 000
推荐选用冲模						
冲模类型	各种简易冲模,组合冲模	组合冲模、寿命较高的简易冲模、结构简单的敞开式冲模	单工序冲模、导板式冲模、工位不多的简单级进模、复合模	多工位级进模、复合模及小型半自动冲模	多工位级进模、硬质合金及其他高寿命冲模、自动冲模	
生产方式	板裁条料或单个片料、半成品坯料,手工送料,分工序间断冲压	板裁条料或带料、单个坯料,手工送料,间断冲压	板裁条料、带料,手工送料	带料或卷料自动或半自动送料;板裁条料也可手工送料	卷料自动送进,全自动冲压,建立多机联动专用生产线或多工位专用压力机自动冲压	
冲压件生产成本构成/%						
材料费 C_z	<30	40	50	60	70	80
加工费 C_G	≥30	25	20	15	10	>5
模具费 C_M	40	35	30	25	<20	<15
总生产成本 $\sum C$	100	100	100	100	100	100

注:①表中数值适用于普通薄板冷冲压。

②材料费包括;板、条、带、卷料等原材料购置费;辅助生产材料,如润滑剂、棉纱、防护包装材料等费用;生产能耗费,如电、水、压缩空气、蒸汽等费用。

③加工费包括:工人与技术、管理人员工资、福利和固定资产折旧、车间经费等。

④模具费包括:模具制造费、刃磨与修理费、修模误工损失费等。

⑤若模具选型得当,模具费会进一步降低。

表 9-3 简易模的种类及适用情况

名称	用 途	适用范围(t 为料厚)	寿命/件数	备 注
薄板模	冲裁	t≤3 mm 形状较简单的中小型件	数千~数万	多用于电器仪表和电子工业
钢皮模	冲裁	t≤6 mm 形状较简单的中小型件、非金属件、软金属件	数千~数万	多用于汽车、拖拉机、飞机零件的冲裁

续表 9-3

名称	用　途	适用范围(t为料厚)	寿命/件数	备　注
组合冷冲模	修边、冲孔、弯曲、拉深	$t \leqslant 3$ mm 的中小型件	0.1万~1万	可重复使用
聚氨酯橡胶模	冲裁、成形、胀形、弯曲	$t \leqslant 1.5$ mm 的小型件	0.1万~1万	可重复使用
锌合金模	落料、拉深、成形、弯曲	冲裁$t \leqslant 1$ mm 拉深、成形$t \leqslant 1$ mm 的大、中、小型件	0.2万 0.1万	可熔解再利用
低熔点合金模	成形	成形薄板工件	1千~数千	可熔解再利用
喷焊刃口模	外形落料	$t \leqslant 1$ mm 的大型件	1万	可重复使用

9.10 托架的冲压工艺与模具设计

图9-25为托架的结构图，采用Q235钢板制成，厚度1.5 mm，年生产量5万件，要求编制该加工件的冲压工艺方案及设计模具。

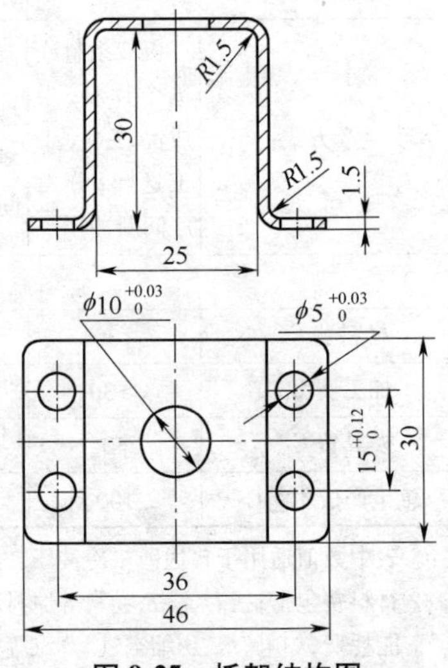

图9-25 托架结构图

1. 加工件及其冲压工艺性分析

该加工件5个孔的公差均为IT9级，可用高精度冲模冲出，外观要求不高，只需平整，因此，可不必整形。此外，$\phi 10$孔边至弯曲半径R中心的距离为6 mm，大于材料厚度(1.5 mm)，位于弯曲变形区之外，故，弯曲时不会引起孔变形。该孔可在弯形前冲出，作为后续弯曲的定位孔。

2. 确定工艺方案

首先根据加工件的形状确定冲压工序类型和选择工序顺序。冲压该工件需要的基本工序有剪切(或落料)、冲孔和弯曲，其中弯曲决定了加工件的总体形状和尺寸，因此，选择合理的弯曲方法十分重要。该工件弯曲变形的方法可采用如图9-26所示中的任何一种。

图9-26a为一次成形，其优点是用一副模具成形，提高生产率，减少所需设备和操作人员。缺点是坯料的整个面积几乎都参与剧烈的变形，工件表面擦伤严重，且擦伤面积大，工件的形状与尺寸均不精确，弯曲处变薄严重。这些缺陷将随工件“腿”长的增加和“脚”长的减小而越加明显。

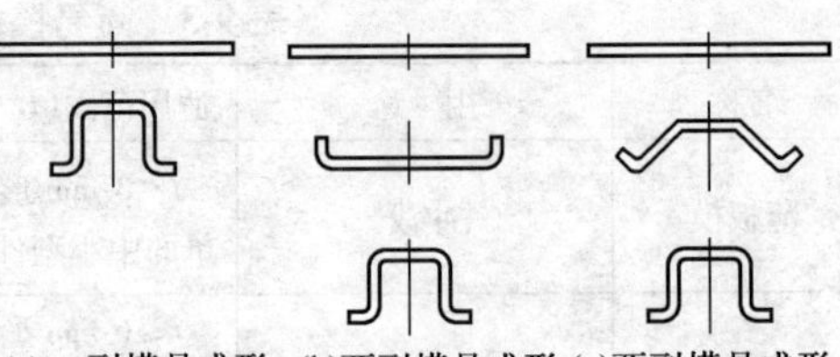
(a)一副模具成形 (b)两副模具成形 (c)两副模具成形

图9-26 弯曲成形方法

图 9-26b 是先用一副模具弯曲端部两角，然后在另一副模具上弯曲中间两角。这显然比第一种方法弯曲变形的剧烈程度缓和得多，但回弹现象仍难以控制，且增加了模具、设备和操作人员。

图 9-26c 是先在一副模具上弯曲端部两角并使中间两角预弯 45°，然后在另一副模具上弯曲成形。这样由于能够实现过弯曲和校正弯曲来控制回弹，故工件的形状和尺寸精确度高。此外，由于成形过程中材料受凸、凹模圆角的阻力较小，工件的表面质量较好。这种弯曲变形方法对于精度要求高或长“腿”短“脚”弯曲件的成形特别有利。

综合上述分析可知，该加工件虽然对表面外观要求不高，但由于“腿”特别长，需要有效地利用过弯曲和校正弯曲来控制回弹，故应考虑采用图 9-26c 所示方法成形，又由于工件生产批量不大，外形尺寸不是太小，故不考虑采用级进模加工。其冲压加工工艺方案为：冲孔落料──→第一次弯形（弯曲端部两角并使中间两角预弯 45°）──→第二次弯形（弯曲中间两角）──→冲 4×ϕ5 孔。

3. 工艺计算

工艺计算主要根据所确定的工艺加工方案，计算各工序的坯料尺寸、半成品尺寸以及各加工工序的冲压力，并选择冲压设备。具体计算参见本书相关章节。计算结果参见表 9-4。

表 9-4　托架工艺计算结果

序号	工序名称	工　序　图	模具名称	设备型号
1	冲孔落料	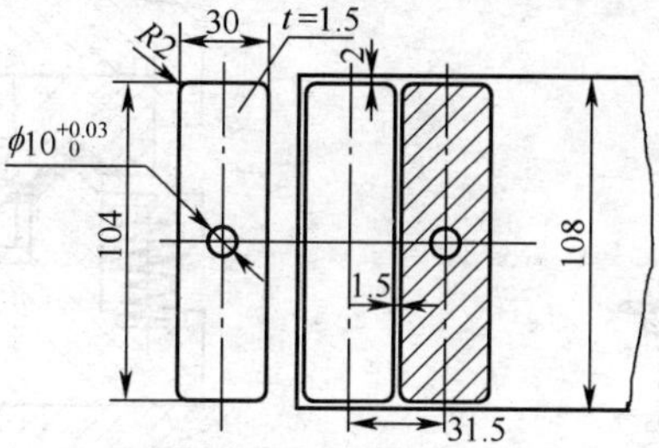 30, t=1.5, R2, 2, $\phi10^{+0.03}_{0}$, 104, 108, 1.5, 31.5	冲孔-落料复合模	250kN
2	第一次弯形	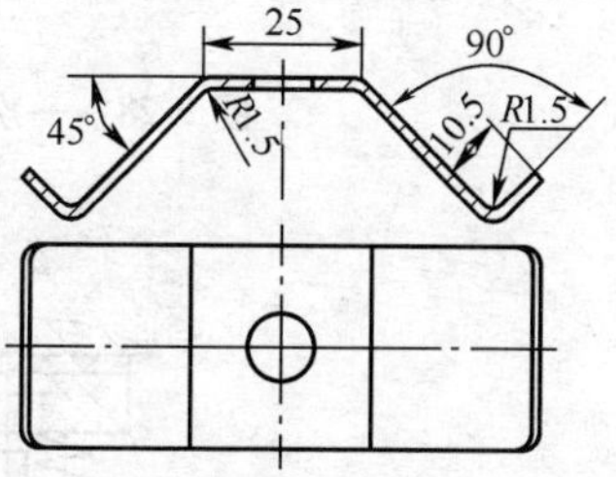 25, 90°, 45°, R1.5, 10.5, R1.5	弯曲模	160kN
3	第二次弯形	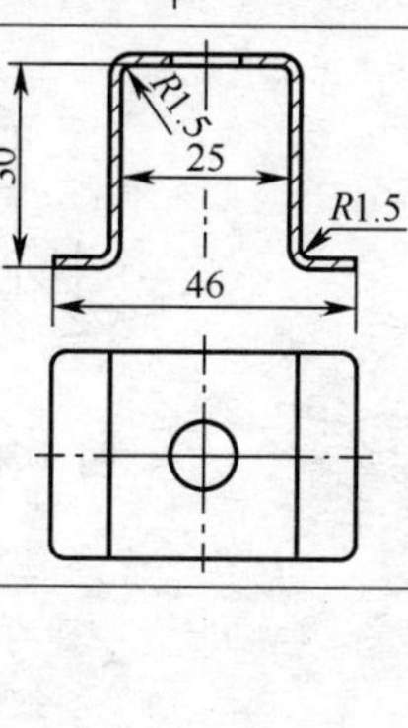 R1.5, 30, 25, R1.5, 46	弯曲模	160kN

续表 9-4

序号	工序名称	工　序　图	模具名称	设备型号
4	冲 4×ϕ5 孔	$4\times\phi5^{+0.03}_{0}$　$15^{+0.12}_{0}$　36	冲孔模	160kN

根据表 9-4 计算结果便可编制详细的冲压工艺规程卡片。

4. 模具结构形式的确定

根据工艺方案，该加工件共需 4 套单工序模。其落料冲孔模、一次弯形模、二次弯形模、冲孔模结构如图 9-27～图 9-30 所示。

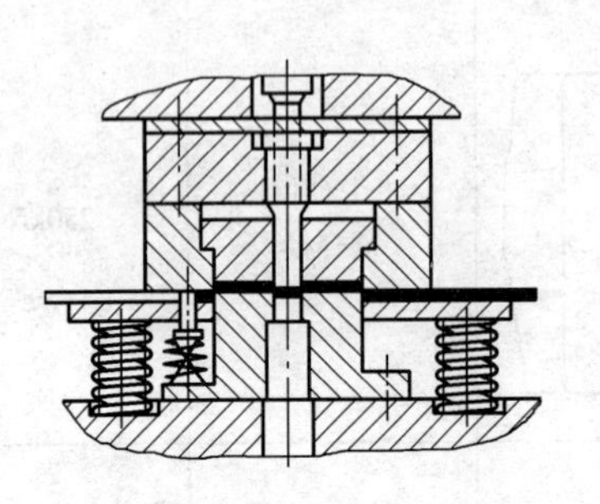

图 9-27　落料冲孔模具结构形式

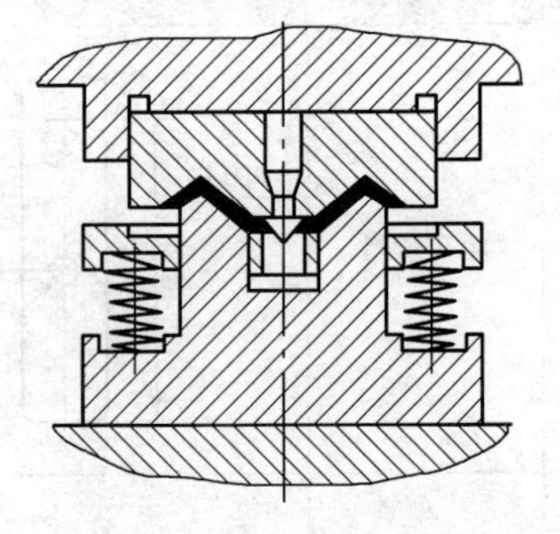

图 9-28　一次弯形模具结构形式

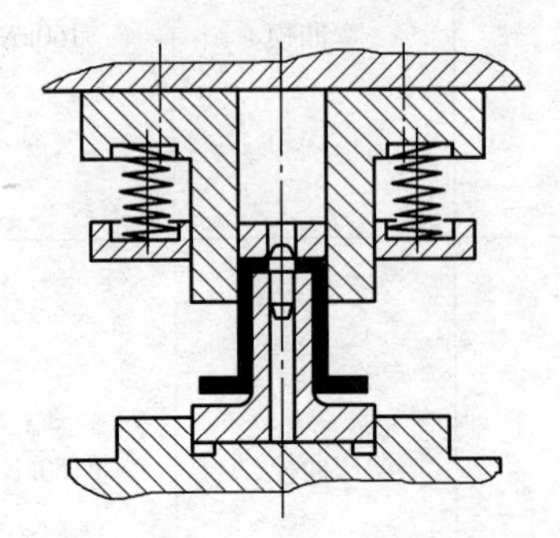

图 9-29　二次弯形模具结构形式

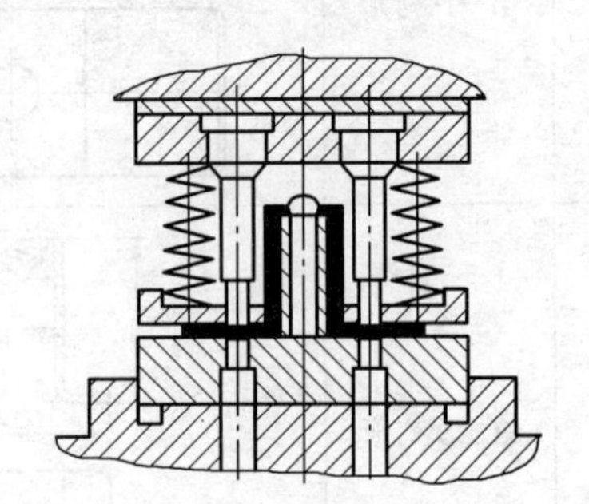

图 9-30　冲凸包模具结构形式

9.11 升降器外壳冲压工艺及模具设计

图9-31为升降器外壳结构图,采用板料厚度为1.5 mm的08钢板制成,年生产量10万件,要求编制该加工件的冲压工艺方案及设计模具。

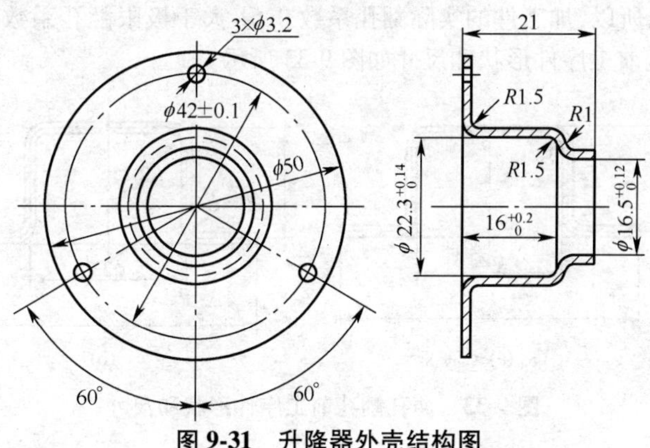

图9-31 升降器外壳结构图

1. 加工件及其冲压工艺性分析

该加工件属于旋转体带凸缘圆筒形件,外形简单对称,所用材料的加工性能较好,年产量属于中批量,外壳内腔的尺寸ϕ16.5 mm、ϕ22.3 mm和16为IT11~IT12,三个孔ϕ3.2 mm与ϕ16.5 mm的相互位置要准确,小孔中心圆直径ϕ42 mm±0.1 mm为IT10。由于外壳内腔的配合尺寸精度较高,因此,拉深时必须用较高精度的模具和较小的凸、凹模间隙,并且需要整形工序。由于ϕ3.2 mm小孔中心距要求较高,与ϕ16.5 mm相互位置要求准确,所以,必须采用高级精度冲模同时冲出三个孔,并以ϕ22.3 mm定位。

综合上述分析,该工件形状、尺寸符合工艺性要求,冲压工艺性较好。

2. 确定工艺方案

(1)工序性质与数量的确定 为了确定拉深次数,首先应确定ϕ16.5 mm部位的冲压方法。该部位的冲压方法如图9-32所示。

一种是拉深成阶梯形,然后以切削加工法切去底部,如图9-32a所示;另一种是拉深成阶梯形,然后以冲孔法冲去底部,如图9-32b所示;再一种是拉深、冲孔、翻孔如图9-32c所示。第一种方法口部质量较高,但生产率低;第二种要求拉深后的工序件底部圆角较小,需增加整形工序,即使这样,口部仍是锋利的锐角;第三种生产率高且省料,在高度尺寸21 mm未注公差的情况下,翻孔可以达到要求。

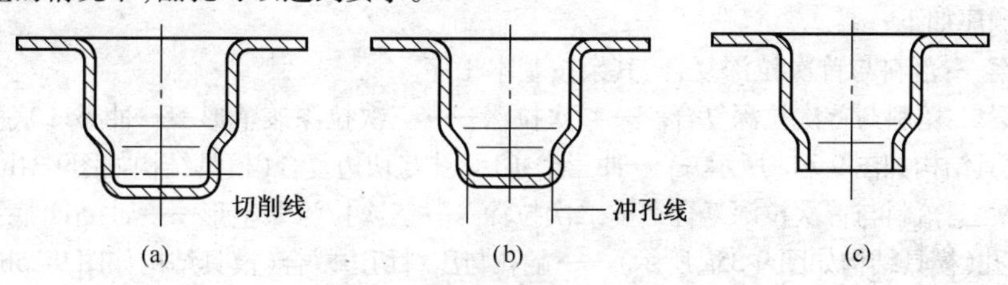

图9-32 外壳底部的冲压方法

为此，需判断能否一次翻孔成形。以 $t=1.5$ mm，$R=1$ mm，$H=5$ mm，$D=16.5+1.5$ mm=18 mm 代入下式得：

$$K=1-D(H-0.43R-0.72t)/2=0.61$$

预冲孔直径 $d=KD-0.61\times18$ mm=11 mm

根据 $d/t=11/1.5=7.3$，查表5-1，当采用圆柱形凸模翻孔并以冲孔模预冲孔时，极限翻孔系数 $m_{极}=0.50$，所以，加工件的实际翻孔系数0.61大于极限翻孔系数0.50，可以一次翻孔成形。冲孔翻孔前工序件形状和尺寸如图9-33所示。

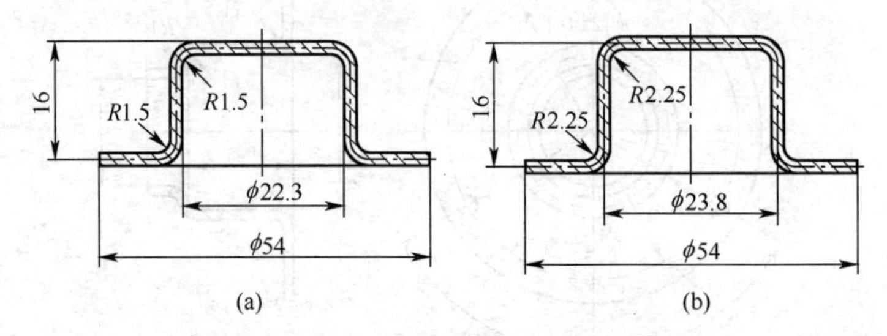

图9-33　冲孔翻孔前工序件形状和尺寸

拉深次数确定如下：

根据 $d_凸/d=50/23.8=2.10$，查表4-2得，修边余量 $\Delta h=1.8$ mm。实际凸缘直径 $d'_凸=(50+2\times1.8)$ mm≈54 mm。

坯料直径按图9-33b计算，得　$D\approx65$ mm

根据　$\dfrac{d'_凸}{d}=\dfrac{54}{23.8}=2.26$；　$\dfrac{t}{D}\times100=\dfrac{1.5}{65}\times100=2.3$

查表4-13得，首次拉深可达到的相对高度为 $h_1/d_1=0.35\sim0.45$。而实际工序件相对高度 $h/d=16/23.8=0.67>0.35$，故一次不能拉深成形，需多次拉深。

由表4-12查出，$m_1=0.4$，$m_2=0.73$，$m_3=0.75$，并预算各工序的拉深直径：$d_1=m_1D=0.4\times65=26$，$d_2=m_2d_1=0.73\times26=19<23.8$，通过计算，可用两次拉深成形。但考虑到两次拉深时，接近极限拉深系数，为了提高工艺稳定性，保证加工件质量，采用三次拉深。

由于工序件总的拉深系数 $m_总=23.8/65=0.366$

经调整后的拉深系数为 $m_1=0.56$，$m_2=0.805$，$m_3=0.81$

$$m_1m_2m_3=0.366$$

根据上面的分析，外壳加工成形需要以下基本工序：落料⟶首次拉深⟶二次拉深⟶三次拉深兼整形⟶冲 ϕ11 孔⟶翻孔⟶冲三个 ϕ3.2 孔⟶切边。

(2)冲压工艺方案的确定　根据以上基本工序，可以拟定出五种冲压工艺方案。各方案及其顺序如下：

方案一：落料与首次拉深复合，其余按基本工序。

方案二：落料与首次拉深复合⟶二次拉深⟶三次拉深兼整形⟶冲 ϕ11 底孔与翻孔复合（模具结构如图9-34a所示）⟶冲三个 ϕ3.2 孔与切边复合（模具结构如图9-34b所示）。

方案三：落料与首次拉深复合⟶二次拉深⟶三次拉深兼整形⟶冲 ϕ11 底孔与冲三个43.2孔（模具结构如图9-35a所示）⟶翻孔与压料切边复合（模具结构如图9-35b所示）。

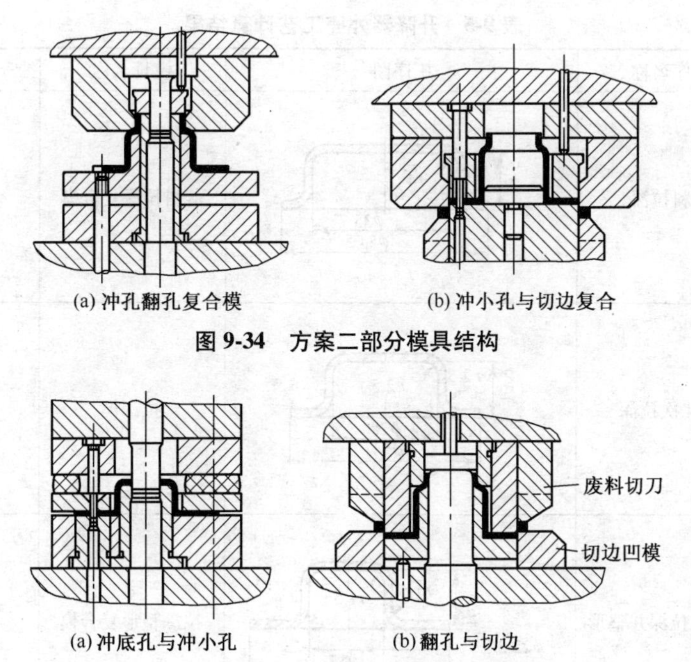

(a) 冲孔翻孔复合模　　(b) 冲小孔与切边复合

图 9-34　方案二部分模具结构

(a) 冲底孔与冲小孔　　(b) 翻孔与切边

图 9-35　方案三部分模具结构

方案四：落料、首次拉深与冲 $\phi11$ 底孔复合（模具结构如图 9-36 所示）⟶二次拉深⟶三次拉深兼整形⟶翻孔⟶冲三个 $\phi3.2$ 孔⟶切边。

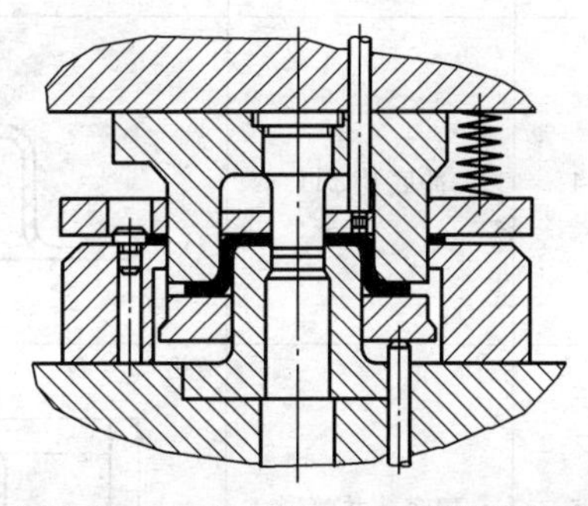

图 9-36　方案四第一道工序模具结构

方案五：带料连续拉深或多工位自动压力机上冲压。

分析比较上述五种工艺方案可以看出，方案二符合冲压成形规律，但冲孔与翻孔复合和冲孔兼切边复合都存在凸凹模壁厚太薄的问题，故不宜采用。方案三也符合冲压成形规律，但冲模工作零件不在同一平面，刃磨不方便。方案四不仅存在工作零件刃磨不方便，而且预冲的底孔在二、三道拉深时可能会变形，影响翻孔高度和口部质量，不符合冲压成形规律。方案五生产率高、安全，避免了上述方案的缺点，但需要自动模或专用压力机，适用于大批量生产。方案一没有上述缺点，模具结构简单，成本低，但生产率低，适于中小批量生产，因此，采用方案一为外壳的冲压工艺方案。

3. 工艺计算

工艺计算主要根据所确定的工艺加工方案，计算各工序的坯料尺寸、半成品尺寸以及各加工工序的冲压力，并选择冲压设备。具体计算参见本书相关章节。计算结果参见表 9-5。

根据表 9-5 计算结果便可编制详细的冲压工艺规程卡片。

4. 模具结构形式的确定

根据工艺方案，该加工件共需 7 套模具，各工序模具结构如图 9-37 所示。

表 9-5 升降器外壳工艺计算结果

序号	工序名称	工序图	模具名称	设备型号
1	落料拉深	13.5 r5 r4 $\phi35$ $\phi54$	落料拉深复合模	350 kN
2	第二次拉深	13.9 r2.5 r2.5 $\phi28$ $\phi54$	拉深模	250 kN
3	第三次拉深并整形	$16^{+0.2}_{0}$ r1.5 r1.5 $\phi22.3^{+0.14}_{0}$ $\phi54$	拉深整形复合模	350 kN
4	冲底孔 $\phi11$	$\phi11$	冲孔模	250 kN
5	翻底孔并整形	$\phi16.5^{+0.12}_{0}$ r1 21 r1.5 $16^{+0.2}_{0}$	翻孔整形复合模	250 kN
6	冲三个小孔 $\phi3.2$	3×$\phi3.2$ 均布 $\phi42\pm0.1$	冲孔模	250 kN
7	切凸缘边	$\phi50$	切边模	250 kN

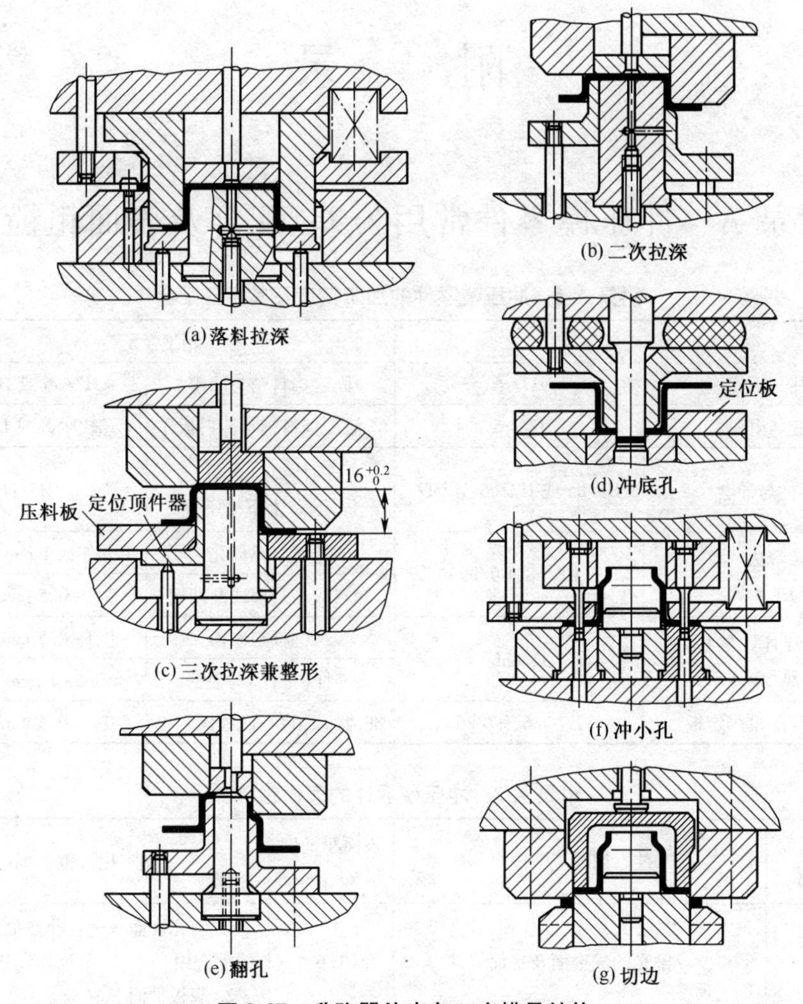

图 9-37　升降器外壳各工序模具结构

附　录

附录A　冲压模零件常用公差、配合及表面粗糙度

附录A-1　冲压模零件的加工精度及其相互配合

配合零件名称		精度及配合	
导柱与下模座	H7/r6	固定挡料销与凹模	H7/n6或H7/m6
导套与上模座	H7/r6	活动挡料销与卸料板	H9/h8或H9/h9
导柱与导套	H6/h5或H7/h6、H7/f7	圆柱销与凸模固定板、上下模座等	H7/n6
模柄（带法兰盘）与上模座	H8/h8、H9/h9	螺钉与螺杆孔	0.5或1 mm（单边）
		卸料板与凸模或凸凹模	0.1~0.5 mm（单边）
凸模（凹模）与上、下模座（镶入式）	H7/h6	顶件板与凹模	0.1~0.5 mm（单边）
		推杆（打杆）与模柄	0.5~1 mm（单边）
凸模与凸模固定板	H7/m6、H7/k6	推销（顶销）与凸模固定板	0.2~0.5 mm（单边）

附录A-2　冲压模零件的表面粗糙度

表面粗糙度 $Ra/\mu m$	使　用　范　围	表面粗糙度 $Ra/\mu m$	使　用　范　围
0.2	抛光的成形面及平面	1.6	1. 内孔表面——在非热处理零件上的配合用 2. 底板平面
0.4	1. 压弯、拉深、成形的凸模和凹模工作表面 2. 圆柱表面和平面的刃口 3. 滑动和精确导向的表面	3.2	1. 不磨加工的支承，定位和紧固表面（用于非热处理零件） 2. 底板平面
0.8	1. 成形的凸模和凹模刃口 2. 凸模凹模镶块的接合面 3. 过盈配合和过渡配合的表面（用于热处理零件） 4. 支承定位和紧固表面（用于热处理零件） 5. 磨加工的基准平面 6. 要求准确的工艺基准表面	6.3~12.5	不与冲制件及冲模零件接触的表面
		25	粗糙的不重要的表面

附录 B　常用材料的软化热处理规范

附录 B　常用材料的软化热处理规范

挤压坯料材料	热处理	规　范	软化后硬度 HBS	附注
纯铝 1070A~1200（L1~L5）	退火	加热到 420℃，保温 2~4 h，随炉冷却	15~19	
铝镁合金	退火	加热到 390℃~400℃，保温 4 h，炉冷至120℃~160℃	38~39	
硬铝 2A12（LY12）	退火	加热到 400℃~420℃，保温 4 h，炉冷至120℃~160℃	50~60	
硬铝 2A11（LY11）	退火	加热到 410℃~420℃，保温 4 h，炉冷至 150℃	53.5~55	
锻铝 2A50（LD5）	退火	加热到（420±10）℃，保温 6 h，炉冷至 150℃	50~51	
纯铜 T1—T4 无氧铜	退火	加热到 710℃~720℃，保温 4 h，炉冷至150℃~180℃	38~42	也可用水淬软化
黄铜 H62	退火	加热到 670℃~680℃，保温 5 h，炉冷至150℃~180℃	50~55	也可用 700℃~750℃水淬
黄铜 H68	退火	加热到 600℃~760℃，保温 4 h，炉冷至100℃~150℃	45~55	也可用（700±10）℃水淬
08	退火	（Ⅰ）加热到 740℃~760℃，保温 3 h，随炉冷却 （Ⅱ）加热到 870℃~890℃，保温 1 h，空冷，再加热到 680℃~700℃，保温 4 h，随炉冷却 （Ⅲ）加热到 760℃~780℃，保温 1 h，保温 1 h，循环 4 次，随炉冷却 （Ⅳ）加热到 760℃，保温 4 h，炉冷至 700℃，保温 12 h，随炉冷却。（硬度为 140~145HBS）	102	只采用方案（Ⅰ）
10			107	
15			112	
20			123	
25			129	只采用方案（Ⅰ）、（Ⅱ）
30			138	
35			145	只采用方案（Ⅰ）、（Ⅱ）、（Ⅲ）
40			157	
45			160	采用方案（Ⅰ）、（Ⅱ）、（Ⅲ）、（Ⅳ）
50			187	只采用方案（Ⅰ）、（Ⅱ）、（Ⅲ）
15Mn			129	只采用方案（Ⅰ）、（Ⅱ）
20Mn			143	

续表附录 B

挤压坯料材料	热处理	规　范	软化后硬度 HBS	附注
Q345(16Mn)	退火	加热到 760℃,保温 5 h,随炉冷却	134	
45Mn	退火	加热到 880℃,保温 4 h,随炉冷却	155	
15Cr,20Cr	退火	加热到 860℃,保温 4 h,炉冷至 300℃	130	
18CrMnTi	退火	加热到 760℃,保温 4 h,炉冷至 700℃,保温 12 h,随炉冷却	135~140	
碳素钢 Q215	退火	加热至 920℃~960℃,保温 8 h,缓冷 10 h,至 500℃,再加热至 920℃~960℃,保温 8 h,缓冷 96 h。	100~110	
纯铁 DT1	退火	加热至(900±10)℃,保温 3 h,随炉冷却	60~80	
1Cr13	退火	760℃退火	180	
1Cr13Mo(2Cr13)			185	
Cr17Ni8(1Cr18Ni9Ti)	淬火	加热到 1150℃,保温 5 min,用 100℃沸水淬软	130~140	
镍 N1、N2	退火	加热到(850±25)℃,保温 0.5 h,炉冷(气体保护)	62~65	冷挤前可镀铜
封接合金 4J29	退火	加热到 950℃~980℃,保温 1 h,炉冷(气体保护)	130 以下	

附录 C　冲压常用材料的力学性能

附录 C-1　金属材料的力学性能

材料名称	牌　号	材料的状态	力学性能			
			抗剪强度 τ	抗拉强度 σ_b	屈服点 σ_s	伸长率 δ_{10}
			/MPa			/%
电工纯铁 Wc<0.025	DT1、DT2、DT3	退火	177	225		26
电工硅钢	D11、D12、D21、D31、D32	退火	186	225		26
	D41~D48、D310~D340	未退火	549	637		
普通碳素钢	Q195(A0)	未退火	255~314	314~392	195	28~33
	Q235(A3)		304~373	372~461	235	21~25
	Q275(A5)		392~490	490~608	275	15~19

续表附录 C-1

材料名称	牌号		材料的状态	力学性能			
				抗剪强度 τ	抗拉强度 σ_b	屈服点 σ_s	伸长率 δ_{10}
				/MPa			/%
碳素结构钢	08F		退火	216~304	275~383	177	32
	08			255~353	324~441	196	32
	10F			216~333	275~412	186	30
	10			255~333	294~432	206	29
	15			265~373	333~471	225	26
	20			275~392	353~500	245	25
	30			353~471	441~588	294	22
	35			392~511	490~637	314	20
	45			432~549	539~686	353	16
冷轧深拉深钢	08Al—ZF		退火		255~324	196	44
	08Al—HF				255~334	206	42
	08Al—F	$t>1.2$			255~343	216	39
		$t=1.2$			255~343	216	42
		$t<1.2$			255~343	235	42
优质碳素钢	10Mn2		退火	314~451	392~569	225	22
	65Mn			588	736	392	12
合金结构钢	25CrMnSiA 25CrMnSi		低温退火	392~549	490~686		18
	30CrMnSiA 30CrMnSi			432~588	539~736		16
不锈钢	2Cr13		退火	314~392	392~490	441	20
	1Cr18Ni9Ti		热处理	451~511	529~686	196	35
铝	1060(L2)、1050A(L3)、1200(L5)		退火	78	74~108	49~78	25
			冷作硬化	98	118~147		4
铝锰合金	3A21(LF21)		退火	69~98	108~142	49	19
			半冷作硬化	98~137	152~196	127	13
铝镁合金铝铜镁合金	5A02(LF2)		退火	127~158	177~225	98	20
			半冷作硬化	158~196	225~275	206	

续表附录 C-1

材料名称	牌号	材料的状态	力学性能			
			抗剪强度 τ	抗拉强度 σ_b	屈服点 σ_s	伸长率 δ_{10}
			/MPa			/%
硬铝	2A12(LY12)	退火	103~147	147~211	104	12
		淬火并经自然时效	275~304	392~432	361	15
		淬火后冷作硬化	275~314	392~451	333	10
纯铜	T1、T2、T3	软	157	196	69	30
		硬	235	294		3
黄铜	H62	软	255	294		35
		半硬	294	373	196	20
		硬	412	412		10
	H68	软	235	294	98	40
		半硬	275	343		25
		硬	392	392	245	15
锡磷青铜 锡锌青铜	QSn4-4-2.5 QSn4-3	软	255	294	137	38
		硬	471	539		3~5
		特硬	490	637	535	1~2

附录 C-2 非金属材料的力学性能

材料名称	抗剪强度 τ/MPa		材料名称	抗剪强度 τ/MPa	
	用尖刃凸模冲裁	用平刃凸模冲裁		用尖刃凸模冲裁	用平刃凸模冲裁
纸胶板	100~130	140~200	橡胶	1~6	20~80
布胶板	90~100	120~180	人造橡胶、硬橡胶	40~70	—
玻璃布胶板	120~140	160~190	柔软的皮革	6~8	30~50
石棉纤维塑料	80~90	120~180	硝过的及铬化的皮革	—	50~60
有机玻璃	70~80	90~100	未硝过的皮革	—	80~100
聚氯乙烯塑料、透明塑料	60~80	100~130	云母	50~80	60~100
赛璐珞	40~60	80~100	人造云母	120~150	140~180
聚乙烯	30~40	50	红纸板	—	140~200
石棉板	40~50	—	绝缘板	150~160	180~240

附录 C-3 不同温度条件下非金属材料的力学性能

材料	温度/℃	孔的直径/mm			
		1~3	3~5	5~10	>10 和外形
		抗剪强度 τ/MPa			
纸胶板	22	150~180	120~150	110~120	100~110
	70~100	120~140	100~120	90~100	95
	105~130	110~130	100~110	90~100	90
布胶板	22	130~150	120~130	105~120	90~100
	80~100	100~120	80~110	90~100	70~80
玻璃布胶板	22	160~185	150~155	150	40~130
	80~100	121~140	115~120	110	90~100
有机玻璃	22	90~100	80~90	70~80	70
	70~80	60~8	70	50	40
聚氯乙烯塑料	22	120~130	100~110	50~90	60~80
	80~100	60~80	50~60	40~50	40
赛璐珞	22	80~100	70~80	60~65	60
	70	50	40	35	30

附录D 冲压常用金属板材的规格尺寸

附录 D-1 冷轧切边钢板、钢带的宽度允许偏差(GB/T 708—2006) (mm)

公称宽度	宽度允许偏差	
	普通精度	较高精度
≤1 200	+4 0	+2 0
1 200~1 500	+5 0	+2 0
>1 500	+6 0	+3 0

注:①表中规定的数值适用于冷轧切边钢板、钢带的宽度允许偏差,不切边钢板、钢带的宽度允许偏差由供需双方商定。

②钢板和钢带的公称宽度 600~2 050 mm,在此范围内按 10 mm 倍数的任何尺寸。

附录 D-2 冷轧纵切钢带的宽度允许偏差(GB/T 708—2006) (mm)

公称厚度	宽度允许偏差				
	公称宽度				
	≤125	125~250	250~400	400~600	>600
≤0.40	+0.3 0	+0.6 0	+1.0 0	+1.5 0	+2.0 0
0.40~1.0	+0.5 0	+0.8 0	+1.2 0	+1.5 0	+2.0 0
1.0~1.8	+0.7 0	+1.0 0	+1.5 0	+2.0 0	+2.5 0
1.8~4.0	+1.0 0	+1.3 0	+1.7 0	+2.0 0	+2.5 0

附表 D-3 冷轧钢板的长度允许偏差(GB/T 708—2006) (mm)

公称长度	长度允许偏差	
	普通精度	较高精度
≤2 000	+6 0	+3 0
>2 000	+0.3%×公称长度 0	+0.15%×公称长度 0

注:钢板的公称长度 1 000~6 000 mm,在此范围内按 50 mm 倍数的任何尺寸。

附录 D-4 冷轧钢板和钢带的厚度允许偏差(GB/T 708—2006) (mm)

公称厚度	厚度允许偏差					
	普通精度			较高精度		
	公称宽度			公称宽度		
	≤1 200	1 200~1 500	>1 500	≤1 200	1 200~1 500	>1 500
≤0.40	±0.04	±0.05	±0.05	±0.025	±0.035	±0.045
0.40~0.60	±0.05	±0.06	±0.07	±0.035	±0.045	±0.050
0.60~0.80	±0.06	±0.07	±0.08	±0.040	±0.050	±0.060
0.80~1.00	±0.07	±0.08	±0.09	±0.045	±0.060	±0.060
1.00~1.20	±0.08	±0.90	±0.10	±0.055	±0.070	±0.070
1.20~1.60	±0.10	±0.11	±0.11	±0.070	±0.080	±0.080
1.60~2.00	±0.12	±0.13	±0.13	±0.080	±0.090	±0.090
2.00~2.50	±0.14	±0.15	±0.15	±0.100	±0.110	±0.110
2.50~3.00	±0.16	±0.17	±0.17	±0.110	±0.120	±0.120
3.00~4.00	±0.17	±0.19	±0.19	±0.140	±0.150	±0.150

注:①表中规定的数值为最小屈服强度小于 280 MPa 的冷轧钢板和钢带的厚度允许偏差。对最小屈服强度大于 280 MPa、小于 360 MPa 的钢板和钢带,其厚度允许偏差应比本表规定增加 20%;对最小屈强度不小于 360 MPa的钢板和钢带,其厚度允许偏差应比本表规定增加 40%。

②钢板和钢带(包括纵向钢带)的公称厚度 0.30~4.00 mm,公称厚度小于 1 mm 的钢板和钢带按0.50 mm的倍数的任何尺寸,公称厚度不小于 1 mm 的钢板和钢带按 0.1 mm 的倍数的任何尺寸。

附录 D-5 热轧单张轧制钢板厚度的允许偏差(N 类)(GB/T 709—2006)

(mm)

公称厚度	厚度允许偏差			
	≤1 500	1 500~2 500	2 500~4 000	4 000~4 800
3.00~5.00	±0.45	±0.55	±0.65	—
5.00~8.00	±0.50	±0.60	±0.75	—
8.00~15.0	±0.55	±0.65	±0.80	±0.90
15.0~25.0	±0.65	±0.75	±0.90	±1.10
25.0~40.0	±0.70	±0.80	±1.00	±1.20
40.0~60.0	±0.80	±0.90	±1.10	±1.30
60.0~100	±0.90	±1.10	±1.30	±1.50
100~150	±1.20	±1.40	±1.60	±1.80
150~200	±1.40	±1.60	±1.80	±1.90
200~250	±1.60	±1.80	±2.00	±2.20
250~300	±1.80	±2.00	±2.20	±2.40
300~400	±2.00	±2.20	±2.40	±2.60

注:①热轧单张轧制钢板公称厚度 3~400 mm,热轧单张轧制钢板公称宽度 600~4 800 mm。在此范围内,厚度小于 30 mm 的钢板按 0.5 mm 倍数的任何尺寸;厚度不小于 30 mm 的钢板按 1 mm 倍数的任何尺寸,公称宽度按 10 mm 或 50 mm 倍数的任何尺寸。

②钢板的公称长度 2 000~20 000 mm,在此范围内,公称长度按 50 mm 或 100 mm 倍数的任何尺寸。

附录 D-6 热轧单张轧制钢板厚度的允许偏差(A 类)(GB/T 709—2006)

(mm)

公称厚度	厚度允许偏差			
	≤1 500	1 500~2 500	2 500~4 000	4 000~4 800
3.00~5.00	+0.55 −0.35	+0.70 −0.40	+0.85 −0.45	—
5.00~8.00	+0.65 −0.35	+0.75 −0.45	+0.95 −0.55	—
8.00~15.0	+0.70 −0.40	+0.85 −0.45	+1.05 −0.55	+1.20 −0.60
15.0~25.0	+0.85 −0.45	+1.00 −0.50	+1.15 −0.65	+1.50 −0.70
25.0~40.0	+0.90 −0.50	+1.05 −0.55	+1.30 −0.70	+1.60 −0.80
40.0~60.0	+1.05 −0.55	+1.20 −0.60	+1.45 −0.75	+1.70 −0.90
60.0~100	+1.20 −0.60	+1.50 −0.70	+1.75 −0.85	+2.00 −1.00
100~150	+1.60 −0.80	+1.90 −0.90	+2.45 −1.05	+2.40 −1.20
150~200	+1.90 −0.90	+2.20 −1.00	+2.45 −1.15	+2.50 −1.30
200~250	+2.20 −1.00	+2.40 −1.20	+2.70 −1.30	+3.00 −1.40
250~300	+2.40 −1.20	+2.70 −1.30	+2.95 −1.45	+3.20 −1.60
300~400	+2.70 −1.30	+3.00 −1.40	+3.25 −1.55	+3.50 −1.70

附录 D-7 热轧单张轧制板厚度的允许偏差(B 类)

(GB/T 709—2006) (mm)

公称厚度	厚度允许偏差							
	≤1 500		1 500~2 500		2 500~4 000		4 000~4 800	
3.00~5.00	-0.30	+0.60	-0.30	+0.80	-0.30	+1.00		—
5.00~8.00		+0.70		+0.90		+1.20		—
8.00~15.0		+0.80		+1.00		+1.30	-0.30	+1.50
15.0~25.0		+1.00		+1.20		+1.50		+1.90
25.0~40.0		+1.10		+1.30		1.70		+2.10
40.0~60.0		+1.30		+1.50		1.90		+2.30
60.0~100		+1.50		+1.80		+2.30		+2.70
100~150		+2.10		+2.50		+2.90		+3.30
150~200		+2.50		+2.90		+3.30		+3.50
200~250		+2.90		+3.30		+3.70		+4.10
250~300		+3.30		+3.70		+4.10		+4.50
300~400		+3.70		+4.10		+4.50		+4.90

附录 D-8 热轧单张轧制钢板厚度的允许偏差(C 类)

(GB/T 709—2006) (mm)

公称厚度	厚度允许偏差							
	≤1 500		1 500~2 500		2 500~4 000		4 000~4 800	
3.00~5.00	0	+0.90	0	+1.10	0	+1.30		—
5.00~8.00		+1.00		+1.20		+1.50		—
8.00~15.0		+1.10		+1.30		+1.60	0	+1.80
15.0~25.0		+1.30		+1.50		+1.80		+2.20
25.0~40.0		+1.40		+1.60		+2.00		+2.40
40.0~60.0		+1.60		+1.80		+2.20		+2.60
60.0~100		+1.80		+2.20		+2.60		+3.00
100~150		+2.40		+2.80		+3.20		+3.60
150~200		+2.80		+3.20		+3.60		+3.80
200~250		+3.20		+3.60		+4.00		+4.40
250~300		+3.60		+4.00		+4.40		+4.80
300~400		+4.00		+4.40		+4.80		+5.20

附录 D-9　热轧钢带(包括由宽钢板剪切而成的连轧钢板)厚度的允许偏差(GB/T 709—2006)

(mm)

公称厚度	厚度允许偏差							
	公称宽度				公称宽度			
	600~1 200	1 200~1 500	1 500~1 800	>1 800	600~1 200	1 200~1 500	1 500~1 800	>1 800
0. 8~1. 5	±0. 15	±0. 17	—	—	±0. 10	±0. 12	—	—
1. 5~2. 0	±0. 17	±0. 19	±0. 21	—	±0. 13	±0. 14	±0. 14	—
2. 0~2. 5	±0. 18	±0. 21	±0. 23	±0. 25	±0. 14	±0. 15	±0. 17	±0. 20
2. 5~3. 0	±0. 20	±0. 22	±0. 24	±0. 26	±0. 15	±0. 17	±0. 19	±0. 21
3. 0~4. 0	±0. 22	±0. 24	±0. 26	±0. 27	±0. 17	±0. 18	±0. 21	±0. 22
4. 0~5. 0	±0. 24	±0. 26	±0. 28	±0. 29	±0. 19	±0. 21	±0. 22	±0. 23
5. 0~6. 0	±0. 26	±0. 28	±0. 29	±0. 31	±0. 21	±0. 22	±0. 23	±0. 25
6. 0~8. 0	±0. 29	±0. 30	±0. 31	±0. 35	±0. 23	±0. 24	±0. 25	±0. 28
8. 0~10. 0	±0. 32	±0. 33	±0. 34	±0. 40	±0. 26	±0. 26	±0. 27	±0. 32
10. 0~12. 5	±0. 35	±0. 36	±0. 37	±0. 43	±0. 28	±0. 29	±0. 30	±0. 36
12. 5~15. 0	±0. 37	±0. 38	±0. 40	±0. 46	±0. 30	±0. 31	±0. 33	±0. 39
15. 0~25. 4	±0. 40	±0. 42	±0. 45	±0. 50	±0. 32	±0. 34	±0. 37	±0. 42

注:①对最小屈服强度大于 345 MPa 的钢带,其厚度允许偏差应比本表规定增加 10%。

②对不切头尾的不切边钢带检查厚度、宽度时,两端不考核的总长度 L 为 L(m)= 90/公称厚度(mm),但两端最大总长度不得大于 20 m。

③热轧钢带(包括由宽钢板剪切而成的连轧钢板)公称厚度 0. 8 mm~25. 4 mm,热轧钢带(包括由宽钢板剪切而成的连轧钢板)公称宽度 600~2 200 mm。在此范围内,厚度按 0. 1 mm 倍数的任何尺寸,公称宽度按 10 mm倍数的任何尺寸。

④纵切钢带公称宽度 120~900 mm。

⑤钢板的公称长度 2 000~20 000 mm,在此范围内,公称长度按 50 mm 或 100 mm 倍数的任何尺寸。

附录 D-10 碳素结构钢和低合金结构钢热轧钢带厚度允许偏差（GB/T 3524—2005）

（mm）

钢带宽度	允许偏差							
	≤1.5	1.5~2.0	2.0~4.0	4.0~5.0	5.0~6.0	6.0~8.0	8.0~10.0	10.0~12.0
50~100	0.13	0.15	0.17	0.18	0.19	0.20	0.21	—
100~600	0.15	0.18	0.19	0.20	0.21	0.22	0.24	0.30

注：钢带厚度应均匀，在同一横截面的中间部分和两边部分测量三点厚度，其最大差值（三点差）应符合下表1的规定。

表1 钢带三点差

（mm）

钢带宽度	三点差不大于	钢带宽度	三点差不大于
≤100	0.10	150~350	0.15
100~150	0.12	350~600	0.17
150~200	0.14		

附录 D-11 碳素结构钢和低合金结构钢热轧钢带宽度允许偏差（GB/T 3524—2005）

（mm）

<table>
<tr><th rowspan="4">钢带宽度</th><th colspan="3">允许偏差</th></tr>
<tr><th rowspan="3">不切边</th><th colspan="2">切边</th></tr>
<tr><th colspan="2">厚度</th></tr>
<tr><th>≤3</th><th>>3</th></tr>
<tr><td>≤200</td><td>+2.00
−1.00</td><td>±0.5</td><td>0.6</td></tr>
<tr><td>200~300</td><td>+2.50
−1.00</td><td rowspan="3">0.7</td><td rowspan="3">0.8</td></tr>
<tr><td>300~350</td><td>+3.00
−2.00</td></tr>
<tr><td>350~450</td><td>±4.00</td></tr>
<tr><td>450~600</td><td>±5.00</td><td>0.9</td><td>1.1</td></tr>
</table>

注：①表中规定的数值不适用于卷带两端7m以内没有切头的钢带。

②经协商同意，钢带可以只按正偏差订货。在这种情况下，表中正偏差数值应增加一倍。

附录 D-12 普通碳素钢冷轧钢带尺寸（GB/T 716—1991）

（mm）

厚　度	宽度
0.05,0.06,0.08	5~100
0.10	5~150
0.15,0.20,0.30,0.35,0.40,0.45,0.50,0.55,0.60,0.65,0.70,0.75,0,80,0.85,0.90,0.95,1.00,1.05,1.10,1.15,1.20,1.25,1.30,1.35,1.40,1.45,1.50	10~200
1.60,1.70,1.80,1.90,2.00,2.10,2.20,2.30,2.40,2.50,2.60,2.70,2.80,2.90,3.00	50~200

注：宽度在150 mm以下的，宽度按5 mm进级，大于150 mm的，宽度按10 mm进级。

附录 D-13 优质碳素钢冷轧钢带尺寸(GB/T 716—1991) (mm)

厚度	0.05,0.06,0.08,0.10,0.12,0.15,0.18,0.20,0.22,0.25,0.28,0.30,0.35,0.40,0.45,0.50,0.55,0.60,0.65,0.70,0.75,0.80,0.85,0.90,0.95,1.00,1.05,1.10,1.15,1.20,1.25,1.30,1.35,1.40,1.45,1.50,1.55,1.60,1.65,1.70,1.75,1.80,1.85,1.90,1.95,2.00,2.10,2.20,2.30,2.40,2.50,2.60,2.70,2.80,2.90,3.00,3.10,3.20,3.30,3.40,3.50,3.60
宽度	4~20(按1 mm进级),22~40(按2 mm进级),43,46,50,53,56,60,63,66,70,73,76,80,83,86,90,93,96,100,105~250(按5 mm进级),260,270,280,290,300

注:宽度在0.2 mm以下的钢带,只订制TR(特级)及Y(硬)两种。

附录 D-14 铝及合金板的厚度、宽度允差 (mm)

公称厚度	板料宽度								宽度公差
	400~500	600	800	1 000	1 200	1 400	1 500	2 000	
	厚度公差								
0.3	-0.05								宽度≤1 000时,宽度公差为$^{+5}_{-3}$ 宽度>1 000时,宽度公差为$^{+10}_{-5}$
0.4	-0.05								
0.5	-0.05	-0.05	-0.08	-0.10	-0.12				
0.6	-0.05	-0.06	-0.10	-0.12	-0.12				
0.8	-0.08	-0.08	-0.12	-0.12	-0.13	-0.14	-0.14		
1.0	-0.10	-0.10	-0.15	-0.15	-0.16	-0.17	-0.17		
1.2	-0.10	-0.10	-0.10	-0.15	-0.16	-0.17	-0.17		
1.5	-0.15	-0.15	-0.20	-0.20	-0.22	-0.25	-0.25	-0.27	
1.8	-0.15	-0.15	-0.20	-0.20	-0.22	-0.25	-0.25	-0.27	
2.0	-0.15	-0.15	-0.20	-0.20	-0.24	-0.26	-0.26	-0.28	
2.5	-0.20	-0.20	-0.25	-0.25	-0.28	-0.29	-0.29	-0.30	
3.0	-0.25	-0.25	-0.30	-0.30	-0.33	-0.34	-0.34	-0.35	

附录 D-15 铜板厚度尺寸允差 (mm)

<table>
<tr><th rowspan="4"></th><th colspan="2">黄铜板</th><th colspan="6">宽度和长度</th></tr>
<tr><th colspan="2">宽 200~500</th><th colspan="2">700×1 430</th><th colspan="2">800×1 500</th><th colspan="2">1 000×2 000</th></tr>
<tr><th colspan="8">厚 度 允 差</th></tr>
<tr><th>普通级</th><th>较高级</th><th>纯铜</th><th>黄铜</th><th>纯铜</th><th>黄铜</th><th>纯铜</th><th>黄铜</th></tr>
<tr><td>0.4</td><td rowspan="4">-0.07</td><td rowspan="6">—</td><td rowspan="3">-0.09</td><td rowspan="2">—</td><td colspan="2" rowspan="5">—</td><td rowspan="5">—</td><td rowspan="7">—</td></tr>
<tr><td>0.45</td></tr>
<tr><td>0.5</td><td>-0.09</td></tr>
<tr><td>0.6</td><td colspan="2" rowspan="3">-0.10</td></tr>
<tr><td>0.7</td><td rowspan="2">-0.08</td></tr>
<tr><td>0.8</td><td colspan="2">-0.12</td><td>-0.15</td></tr>
<tr><td>0.9</td><td rowspan="2">-0.09</td><td rowspan="2">-0.08</td><td colspan="2" rowspan="3">-0.12</td><td rowspan="3">-0.14</td><td>-0.12</td><td>-0.17</td></tr>
<tr><td>1.0</td><td>-0.14</td><td>-0.17</td><td rowspan="4">-0.18</td></tr>
<tr><td>1.1</td><td rowspan="4">-0.10</td><td rowspan="4">-0.09</td><td>-0.14</td><td rowspan="3">-0.18</td></tr>
<tr><td>1.2</td><td colspan="2">-0.14</td><td colspan="2" rowspan="2">-0.16</td></tr>
<tr><td>1.35</td><td>-0.14</td><td rowspan="3">-0.16</td></tr>
<tr><td>1.5</td><td rowspan="2">-0.16</td><td colspan="2" rowspan="2">-0.18</td><td colspan="2" rowspan="2">-0.21</td></tr>
<tr><td>1.65</td><td>-0.12</td><td>-0.10</td></tr>
</table>

附录 E　常用冲压设备的规格

附录 E-1　闭式单点压力机基本参数

公称压力/kN	公称压力行程/mm	滑块行程/mm		滑块行程次数/min^{-1}		最大封闭高度/mm	封闭高度调节量/mm	导轨间距离/mm	滑块底面前后尺寸/mm	工作台板尺寸/mm	
		Ⅰ型	Ⅱ型	Ⅰ型	Ⅱ型					左右	前后
1 600	13	250	200	20	32	450	200	880	700	800	800
2 000	13	250	200	20	32	450	200	980	800	900	900
2 500	13	315	250	20	28	500	250	1 080	900	1 000	1 000
3 150	13	400	250	16	28	500	250	1 200	1 020	1 120	1 120
4 000	13	400	315	16	25	550	250	1 330	1 150	1 250	1 250
5 000	13	400	—	12	—	550	250	1 480	1 300	1 400	1 400
6 300	13	500	—	12	—	700	315	1 580	1 400	1 500	1 500
8 000	13	500	—	10	—	700	315	1 680	1 500	1 600	1 600
10 000	13	500	—	10	—	850	400	1 680	1 500	1 600	1 600
12 500	13	500	—	8	—	850	400	1 880	1 700	1 800	1 800
16 000	13	500	—	8	—	950	400	1 880	1 700	1 800	1 800
20 000	13	500	—	8	—	950	400	1 880	1 700	1 800	1 800

附录 E-2　开式压力机基本参数

名称		量值														
公称压力/kN		40	63	100	160	250	400	630	800	1 000	1 250	1 600	2 000	2 500	3 150	4 000
发生公称压力时,滑块离下死点距离/mm		3	3.5	4	5	6	7	8	9	10	10	12	12	13	13	15
滑块行程/mm		40	50	60	70	80	100	120	130	140	140	160	160	200	200	250
标准行程次数/min^{-1}		200	160	135	115	100	80	70	60	60	50	40	40	30	30	25
最大封闭高度/mm		160	170	180	220	250	300	360	380	400	430	450	450	500	500	550
封闭高度调节量/mm		35	40	50	60	70	80	90	100	110	120	130	130	150	150	170
工作台尺寸/mm	左右	280	315	360	450	560	630	710	800	900	970	1 120	1 120	1 250	1 250	1 400
	前后	180	200	240	300	360	420	480	540	600	650	710	710	800	800	900

续表附录 E-2

名称		量值														
工作台孔尺寸/mm	左右	130	150	180	220	260	300	340	380	420	460	530	530	650	650	700
	前后	60	70	90	110	130	150	180	210	230	250	300	300	350	350	400
	直径	100	110	130	160	180	200	230	260	300	340	400	400	460	460	530
立柱距离(不小于)/mm		130	150	180	220	260	300	340	380	420	460	530	530	650	650	700
模柄孔尺寸(直径×深度)/mm		ϕ30×50				ϕ50×70			ϕ60×75			ϕ70×80		T 型槽		
工作台板厚度/mm		35	40	50	60	70	80	90	100	110	120	130	130	150	150	170
倾斜角(不小于)/(°)		30	30	30	30	30	30	30	30	25	25	25				

附录 E-3 四柱万能液压机

主要技术规格	型号							
	Y32-50	YB32-63	Y32-100A	Y32-200	Y32-300	Y32-315	Y32-500	Y32-2000
公称压力/kN	500	630	1 000	2 000	3 000	3 150	5 000	20 000
滑块行程/mm	400	400	600	700	800	800	900	1 200
顶出力/kN	75	95	165	300	300	630	1 000	1 000
工作台尺寸(前后×左右×距地面高)/mm×mm×mm	490×520×800		600×600×700	760×710×900	1 140×1 210×700	1 160×1 260	1 400×1 400	2 400×2 000
工作行程速度/mm·s^{-1}	16	6	20	6	4.3	8	10	5
活动横梁至工作台最大距离/mm	600	600	850	1 100	1 240	1 250	1 500	800~2 000
液体工作压力/N·mm^{-2}	2 000	2 500	2 100	2 000	2 000	2 500	2 500	2 600

附录 F 冲模螺钉的选用原则

在模具设计中,选用螺钉时应注意以下几个方面。

①螺钉主要承受拉应力,其尺寸及数量一般根据冲压力大小、凹模厚度和其他的设计经验来确定,中、小型模具一般采用 M6、M8、M10 或 M12 等,大型模具可选 M12、M16 或更大规格,但是选用过大的螺钉也会给攻螺纹带来困难。螺钉的规格可根据凹模厚度来确定,参见表 F-1。

表 F-1　螺钉规格的选用

凹模厚度 H/mm	≤13	13~19	19~25	25~32	>35
螺钉规格	M4、M5	M5、M6	M6、M8	M8、M10	M10、M12

螺钉要按具体位置、尽量在被固定件的外形轮廓附近均匀布置。当被固定件为圆形时，一般采用 3~4 个螺钉；当为矩形时，一般采用 4~6 个。

②螺钉拧入的深度不能太浅，否则紧固不牢靠；也不能太深，否则拆装工作量大。一般钢制或铸铁材料零件间的螺钉联接，其螺钉拧入深度分别为 d 及 $1.5d$（d 为选用的螺钉联接螺纹直径）。螺钉之间、螺钉与销钉之间的距离及螺钉、销钉距离刃口及外缘距离，均不应过小，以防降低强度。

③螺栓用来连接两个不太厚并能钻成通孔的零件，一般的连接方式是将螺杆穿过两个零件的通孔，再套上垫圈。

附录 G　冲模常用销钉及选用原则

冷冲模常用销钉按类型分主要有圆柱销和圆锥销两类。圆柱销按照制作材料可分为不淬火硬钢和奥氏体不锈钢圆柱销，以及淬硬钢和马氏体不锈钢圆柱销两类；按照有无内螺纹可分为普通圆柱销和内螺纹圆柱销两类。圆锥销则分为普通圆锥销和内螺纹圆锥销。

冷冲模中的销钉用于连接两个带通孔的零件，起定位作用，承受一般的错移力。同一个组合的圆柱销不少于两个，尽量置于被固定件的外形轮廓附近，一般离模具刃口较远且尽量错开布置，以保证定位可靠。对于中、小型模具一般选用 d=6 mm、8 mm、10 mm、12 mm 等几种尺寸。错移力较大的情况可适当选大一些的尺寸。圆柱销的配合深度一般不小于其直径的两倍，也不宜太深。圆柱销钉孔的形式及其装配尺寸参见表 G-1。

表 G-1　圆柱销钉孔的形式及其装配尺寸

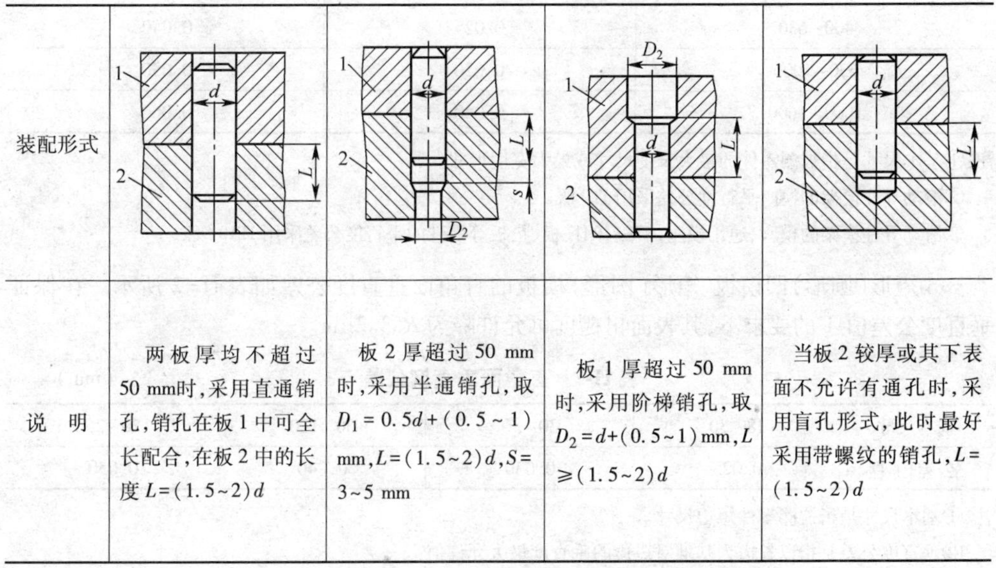

装配形式				
说　明	两板厚均不超过 50 mm时，采用直通销孔，销孔在板 1 中可全长配合，在板 2 中的长度 $L=(1.5\sim2)d$	板 2 厚超过 50 mm 时，采用半通销孔，取 $D_1=0.5d+(0.5\sim1)$ mm，$L=(1.5\sim2)d$，S=3~5 mm	板 1 厚超过 50 mm 时，采用阶梯销孔，取 $D_2=d+(0.5\sim1)$ mm，$L\geqslant(1.5\sim2)d$	当板 2 较厚或其下表面不允许有通孔时，采用盲孔形式，此时最好采用带螺纹的销孔，$L=(1.5\sim2)d$

附录H　冲模零件的技术要求

冲模零件的加工质量主要包括:加工精度及表面加工质量两方面。其中,加工精度主要包含:尺寸精度、形状及位置精度等;表面加工质量主要包含:表面粗糙度、零件表面缺陷等。一般来说,加工的冲模零件应满足以下技术条件规定。

①零件的尺寸精度、表面粗糙度和热处理等应符合有关零件标准的技术要求。

②零件图上未标注公差尺寸的极限偏差按 GB/T 1804—2000《公差与配合,未注公差尺寸的极限偏差》规定的 IT14 级精度,即:孔的尺寸为 H14,轴的尺寸为 h14,长度尺寸为 js14。

③零件加工后的表面不允许有影响使用的砂眼、缩孔、裂纹和机械损伤等缺陷。

④所有的模座、凹模板、模板、垫板及单凸模固定板和单凸模垫板的两平面的平行度公差应符合表 F-1 的规定:各种模座在保证平行度要求下,其上、下两平面的表面粗糙度可允许降为 $Ra3.2\mu m$。

表 H-1　平行度公差　(mm)

基本尺寸	公差等级	
	IT9	IT10
	公差值 T	
40~63	0.008	0.012
63~100	0.010	0.015
100~160	0.012	0.020
160~250	0.015	0.025
250~400	0.020	0.030
400~630	0.025	0.040
630~1000	0.030	0.050
1000~1600	0.040	0.060

注:①基本尺寸是指被测零件的最大长度尺寸或最大宽度尺寸。

②滚动导柱模架的模座平行度公差采用 IT9 级。

③滑动导柱模架的模座、通用模座、模板、凹模板、垫板等零件的平行度公差采用 IT10 级。

⑤矩形(圆形)凹模板、矩形(圆形)模板的直角面垂直度公差如表 H-2 所示。在保证垂直度公差值 T 的要求下,其表面粗糙度可允许降为 $Ra3.2\mu m$。

表 H-2　直角面垂直度公差　(mm)

基本尺寸	18~30	30~50	50~120	120~250
公差值 T	0.025	0.030	0.040	0.050

注:①基本尺寸是指被测零件短边尺寸。

②垂直度公差是指以长边为基准对短边的垂直度最大允许值。

⑥各种模柄(包括带柄上模座)的圆跳动公差值见表F-3。

表H-3 模柄圆跳动公差

(mm)

基本尺寸	40~63	63~100	100~160	160~250
公差值T	0.012	0.015	0.020	0.025

注:基本尺寸是指被测零件的短边长度。

⑦上、下模座的导柱、导套安装孔的轴心线应与基准面相垂直,其垂直度公差应满足以下要求:安装滑动导柱或导套的模座为100∶0.01 mm;安装滚动导柱或导套的模座为100∶0.005 mm。

⑧导套的导入端孔允许有扩大的锥孔,孔的最小直径小于或等于55 mm时,在3 mm长度内为0.02 mm;孔径大于55 mm时,在5 mm长度内为0.04 mm。

⑨导柱和导套的压入端圆角与圆柱面交接处的$R=0.2$ mm的小圆角应在精磨后用油石修出。

⑩滑动和滚动的可卸导柱与导套的锥度配合面,其吻合长度和吻合面积均应在80%以上。

参 考 文 献

[1] 钟翔山. 冷冲模设计应知应会[M]. 北京:机械工业出版社, 2008.
[2] 钟翔山. 冷冲模设计案例剖析[M]. 北京:机械工业出版社, 2009.
[3] 钟翔山. 冲压工速成与提高[M]. 北京:机械工业出版社, 2010.
[4] 王孝培. 实用冲压技术手册[M]. 北京:机械工业出版社, 2001.
[5] 涂光祺. 冲模技术[M]. 北京:机械工业出版社, 2002.
[6] 郑家贤. 冲压工艺与模具设计实用技术[M]. 北京:机械工业出版社, 2005.
[7] 翁其金. 冲压工艺与冲模设计[M]. 北京:机械工业出版社, 1999.
[8] 冯晓曾. 模具用钢和热处理[M]. 北京:机械工业出版社, 1984.
[9] 范玉成. 冲压工操作技术要领图解[M]. 济南:山东科学技术出版社, 2007.
[10] 原红玲. 冲压工艺与模具设计[M]. 北京:机械工业出版社, 2008.
[11] 汤习成. 冷冲压工艺与模具设计[M]. 北京:中国劳动社会保障出版社, 2006.
[12] 丁松聚. 冷冲模设计[M]. 北京:机械工业出版社, 2001.
[13] 模具实用技术丛书编委会编. 冲模设计应用实例[M]. 北京:机械工业出版社,2006.
[14] 杨玉英. 实用冲压工艺与模具设计手册[M]. 北京:机械工业出版社, 2005.
[15] 彭建声. 冷冲压技术问答(上、下册)[M]. 北京:机械工业出版社, 2006.